Robert Etheridge

Fossils of the British Islands, Stratigraphically and Zoologically Arranged

Volume I: Palæozoic

Robert Etheridge

Fossils of the British Islands, Stratigraphically and Zoologically Arranged
Volume I: Palæozoic

ISBN/EAN: 9783744728348

Printed in Europe, USA, Canada, Australia, Japan

Cover: Foto ©berggeist007 / pixelio.de

More available books at **www.hansebooks.com**

FOSSILS

OF

THE BRITISH ISLANDS

VOLUME I

PALÆOZOIC

ETHERIDGE

London
HENRY FROWDE

Oxford University Press Warehouse
Amen Corner, E.C.

FOSSILS

OF

THE BRITISH ISLANDS

STRATIGRAPHICALLY AND ZOOLOGICALLY ARRANGED

VOLUME I

PALÆOZOIC

COMPRISING THE

CAMBRIAN, SILURIAN, DEVONIAN, CARBONIFEROUS, AND PERMIAN SPECIES

WITH SUPPLEMENTARY APPENDIX BROUGHT DOWN TO THE END OF 1886

BY

ROBERT ETHERIDGE, F.R.S. L. & E., F.G.S.

GEOLOGICAL DEPARTMENT, BRITISH MUSEUM (NATURAL HISTORY); CORRESPONDENT, IMPERIAL GEOLOGICAL INSTITUTE, VIENNA
HON. MEMBER, GEOLOGICAL SOCIETY, BELGIUM; HON. MEMBER, NEW ZEALAND INSTITUTE; HON. MEMBER, ROYAL
GEOLOGICAL SOCIETY, CORNWALL; HON. MEMBER, PHILOSOPHICAL SOCIETIES OF YORKSHIRE AND BRISTOL;
HON. MEMBER, GEOLOGISTS' ASSOCIATION, LONDON; HON. MEMBER, GEOLOGICAL SOCIETY, NORWICH;
HON. MEMBER, COTSWOLD NATURALISTS' FIELD CLUB; HON. MEMBER, HERTFORDSHIRE
NATURAL HISTORY SOCIETY; HON. MEMBER, DORSET NATURAL HISTORY AND
ANTIQUARIAN FIELD CLUB; HON. MEMBER, NOTTINGHAM NATURALISTS'
SOCIETY; HON. MEMBER, NORTHAMPTONSHIRE NATURAL
HISTORY SOCIETY AND FIELD CLUB,
ETC., ETC.

Oxford

AT THE CLARENDON PRESS

1888

[*All rights reserved*]

TO

THE COUNCIL AND FELLOWS OF THE ROYAL SOCIETY

WITH GRATEFUL ACKNOWLEDGMENTS FOR THEIR EARLY RECOGNITION

OF MY WORK WHEN IN MANUSCRIPT.

PREFACE.

The preparation of the MS. of this "Catalogue of the Fossils of the British Islands Stratigraphically and Zoologically arranged" was commenced in 1865. At the outset it was intended merely to facilitate my own work as Palæontologist to the Geological Survey of Great Britain; more particularly when it became my duty to name, classify and arrange the great accumulation of fossils contained in the general collection and in the stores of the Museum of Practical and Economical Geology in Jermyn Street.

In order to convey some idea of the importance that attaches to the history and determination of the species which illustrate the succession of life in the Rocks comprising the stratigraphical or sedimentary strata in the British Islands, I may mention that nearly 18,000 extinct species have been described, and in great part figured, in the Memoirs, Monographs, and Transactions of Societies; and it will show yet more clearly the significance of the Historical Census or Distribution of Life through time, from the lowest *known* Cambrian strata up to the end of the Pliocene or commencement of Modern or Quaternary deposits, if I give the details of the progress of Palæontological discovery.

In the year 1822 only 752 extinct species of all classes in the Animal and Vegetable Kingdom were known and described. In 1854, 1280 genera and 4000 species were catalogued by Professor J. Morris; at the close of the year 1874 no less than 13,300 species had been described and for the most part figured; now 3750 genera and 18,000 species comprise the census of the British Fossil Fauna and Flora, all of which have been recorded in Monographs and serial works dealing with British Geology and Palæontology. The present volume is devoted to the complete analysis of the Palæozoic species *only*, ranging from the Cambrian to the close of the Permian deposits. They comprise altogether 1588 genera and 6022 species arranged stratigraphically (or in the order of time), and also classified zoologically.

The SUPPLEMENTARY APPENDIX is brought down to the end of 1886. It not only contains all additional species described since the Catalogue was in type, but also records the changes in the nomenclature and distribution of many Zoological groups and species previously catalogued which have been rendered necessary by the progress of research. This is especially the case with

PREFACE.

the *Hydrozoa* of the Cambrian and Silurian rocks. Since the early portion of the volume (pp. 4–14)[1] was printed, I have been compelled by the researches of Professors Lapworth and Nicholson, Mr. Hopkinson and others, to rearrange in part the Group *Graptolithoidea*. The old genus *Graptolithus* has thus been entirely recast and other genera have been greatly modified. The Flora of the Carboniferous Rocks, through Professor Williamson and Mr. Kidston, and the *Cephalopoda* (*Tetrabranchiata*) of the Silurian Rocks, through the able monograph by Professor F. Blake, M.A., have received material additions; and the investigations of Mr. J. W. Davis, of Halifax, have largely increased our knowledge of the Fishes of the Carboniferous Rocks. The SUPPLEMENTARY INDEX (p. 465) fully attests the numerous additions which have come to hand since the printing of the volume began, and references are therein made to 409 genera, 305 of which are new, illustrating 1156 species. The species catalogued in this volume through the five divisions of Palæozoic time, as before stated, number 6022. It is hoped that only a few may have escaped notice, and that, if such omissions occur, they will be pardoned by those who have passed through the ordeal of critical research extending over many years and carried on after the hours devoted to official duties [2].

The publication of this Catalogue of the British Palæozoic Fossils is wholly due to the liberality and consideration of the Delegates of the Oxford University Press, for which I beg to tender my sincere thanks.

R. ETHERIDGE.

14 CARLYLE SQUARE, CHELSEA:
Aug. 1, 1888.

---

[1] See note on Monograptus, p. 394.

[2] The remainder of the Catalogue, comprising the Mesozoic and Cainozoic genera and species, to the number of 13,000, is completed in manuscript, and the history of all the known British fossils is thus brought down to the present year (1888). The pressure of departmental duties does not leave me sufficient leisure to prepare this work for publication, so as to render it available to those who might find it of equal value with myself in the prosecution of Palæontological research.

FOSSILS OF THE BRITISH ISLANDS

STRATIGRAPHICALLY ARRANGED.

PART I.

PALÆOZOIC.

CAMBRIAN AND SILURIAN SPECIES.

Abbreviations used in the heading to the several columns of Strata. The names not abbreviated explain themselves.

Har. St. David's =	Harlech and St. David's beds, including the Longmynd, Llanberris, and Bray Head series, or Lowest Cambrian rocks of England, Wales, and Ireland.	Woolhope Lmst. = Woolhope Limestone. Wenlock Lmst. = Wenlock Limestone. Aymestry Lmst. = Aymestry Limestone.
Low. Llandovery =	Lower Llandovery.	Tilest. & Passage = Passage beds and Downton Sandstones.
Up. Llandovery =	Upper Llandovery or May Hill beds.	Pass up. = To show that the species passes to the next formation.

PALÆOZOIC.   PLANTÆ.   CAMBRIAN AND SILURIAN.

	CAMBRIAN.			LOWER SIL.				UPPER SILURIAN.					
SPECIES.	Har. St. David's	Menevian.	Lingula Flags.	Tremadoc.	Arenig.	Llandeilo.	Caradoc or Bala.	Low. Llandovery.	Up. Llandovery.	Woolhope Lmst.	Wenlock Shale.	Wenlock Lmst.	Lower Ludlow.	Upper Ludlow.	Tilest. & Passage.	Pass up.	REFERENCES.

Kingdom, **PLANTÆ**.
Sub-Kingdom, **CRYPTOGAMIA**.

Actinophyllum ... *Phillips,* 1848.
— plicatum .... *Phill.* ....   *   Mem. Geol. Surv. vol. ii, pt. 1, p. 386, t. 30, f. 4.

ALGÆ.
Chondrites .... *Sternberg,* 1833.
— versimilis ...... *Salt.* .... a *   Mem. Geol. Surv. Geol. Edinb. (Map 32), p. 134, t. 2, f. 1, 3.

? ALGÆ.
Fucoides .... *Brongniart,* 1822.
— gracilis .... *Hall* .... * ...... Geol. New York, pt. 4, 1843, p. 69, f. 14. Sil. 4 ed. p. 96, Foss. f. 16.

ALGÆ.
Pachytheca .... *Hooker,* 1851...
— sphærica .... *Hook.* .... * * ... *Sphæroidal bodies,* Q. J. Geol. Soc. vol. ix, p. 12, and p. 9, 10, f. 1-3. Pachytheca sphærica (Hook). Salt. Q. J. Geol. Soc. vol. xvii, p. 163; Id. Sil. t. 35, f. 30.

? ALGÆ.
Pachysporangium *Salter,* MS. ...
— pilula .... *Salt.* MS. .... *   M. P. Geol. Coll.

? ALGÆ.
Palæochorda ...... *M'Coy,* 1849... *Vide* Palæochorda (Class, Annelida).

PALÆOZOIC.   RHIZOPODA.   CAMBRIAN AND SILURIAN.

SPECIES.	CAMBRIAN.				LOWER SIL.				UPPER SILURIAN.									REFERENCES.
	Hor. St. David's	Menevian	Lingula Flags	Tremadoc	Arenig	Llandeilo	Caradoc or Bala	Low. Llandovery	Up. Llandovery	Woolhope Lmst.	Wenlock Shale	Wenlock Lmst.	Lower Ludlow	Aymestry Lmst.	Upper Ludlow	Tilest. & Passage	Pass up.	
Kingdom, ANIMALIA.																		
Sub-Kingdom, PROTOZOA.																		
Class, *RHIZOPODA.* Dujardin.																		
Order, *Spongida.* (*Amorphozoa.*)																		
SPONGIDA.																		
Acanthospongia .. *M'Coy*, 1846																		
— Siluriensis ..... *M'Coy*						*	*											Sil. Foss. Ireland, p. 67.
SPONGIDA.																		
Amphispongia ... *Salter*, 1861																		
— oblonga .... *Salt.*															*			Mem. Geol. Surv. Expl. Map 32, Edinb. p. 135, t. 2, f. 3.
SPONGIDA.																		
Astylospongia ... *Römer*, 1860																		
— grata .... *Salt.*						*												Cat. Camb. and Sil. Foss. Camb. Mus. p. 40.
— pericarpum ...... *Salt.*						*												*Vide* Q. J. Geol. Soc. vol. xx, p. 239, foot note. (Sp. in M. P. Geol. Coll.)
HALICHONDRIDÆ.																		
Cliona .... *Grant*, 1827																		
Vioa .... *Nardo*, 1831																		
Entobia .... *Bronn*, 1836, *Portlock*, 1843																		
— antiqua .... *Portl.*						*												*Entobia*, Geol. Rept. Lond. p. 360, t. 21, f. 5.
— prisca .... *M'Coy*						*	?	*			?	?						*Vioa*, Pal. Foss. p. 260, t. 1 B, f. 1. (May be one of the *Annelida*.)
? SIPHONIDÆ.																		
Cnemidium ...... *Goldfuss*, 1830																		
— tenue .... *Lonsd.*										*		*		*				Sil. Syst. t. 16 bis, f. 10; ib. Sil. t. 38, f. 11. (? Calcareous sponge.)
Entobia .... *Bronn*, 1836																		*Vide* Cliona.
SPONGIDA.																		
Favospongia ...... *M'Coy, Salter.*																		
— Ruthveni .... *Salt.*													*					M'Coy, Brit. Pal. Foss. t. 1 D, f. 9. (? *Alveolites.*)
? SPONGIDA.																		
Ischadites *Murchison*,1839																		
— antiquus .... *Salt.*					*		*											Mem. Geol. Surv. vol. iii, p. 282, woodcut f. 4.
— Kœnigi .... *Murch.*					?		*			*		*						Sil. Syst. p. 697, t. 26, f. 11; ib. Sil. ed. 4, t. 12, f. 4. ? *Receptaculites Neptuni*, Defr. Dict. vol. xlv, p. 5. Ischadites Kœnigi, Salt. Cat. Camb. and Sil. Foss. Camb. Mus. p. 100, top fig.
? SPONGIDA.																		
Nidulites .... *Salter*, 1851																		
— favus .... *Salt.*					*		*	*										Q. J. Geol. Soc. vol. vii, p. 174, t. 9, f. 16, 17; ib. Sil. 4 ed. p. 188, Foss. 20, f. 3. ? *Pasceolus*, Billings, Geol. Surv. Canada (Pal. Foss.), p. 390.
AMORPHOZOA.																		
Pasceolus .... *Billings*, 1857																		
— Goughii .... *Salt.*									*									Cat. Camb. and Sil. Foss. Camb. Mus. p. 175. (Salter MS.)

RHIZOPODA.

CAMBRIAN AND SILURIAN.

SPECIES.	CAMBRIAN.			LOWER SIL.				UPPER SILURIAN.							REFERENCES.
	Har. St. David's.	Menevian.	Lingula Flags.	Tremadoc.	Arenig.	Llandeilo.	Caradoc or Bala.	Low. Llandovery.	Up. Llandovery.	Woolhope Lmst.	Wenlock Shale.	Wenlock Lmst.	Lower Ludlow.	Aymestry Lmst.	Upper Ludlow.	Tilest. & Passage.	Pass sp.	
SPONGIDA.																		
Protospongia ...... *Salter*, 1864																		Brit. Assoc. Reports, 1864, p. 185.
— diffusa .... *Salt.*	•	•	•	...	...	...	...	...	...	...	...	...	...	...	...	...	...	Q. J. Geol. Soc. vol. xx, p. 238, t. 13, f. 12; ib. vol. xxvii, p. 401, t. 16, f. 20.
— fenestrata ...... *Salt.*	•	•	•	...	...	...	...	...	...	...	...	...	...	...	...	...	...	Q. J. Geol. Soc. vol. xxvii, p. 401, t. 16, f. 19.
— flabellata ...... *Hicks*	...	•	•	...	...	...	...	...	...	...	...	...	...	...	...	...	...	Q. J. Geol. Soc. vol. xxvii, p. 401, t. 16, f. 14–18.
— major .... *Hicks*	...	•	•	...	...	...	...	...	...	...	...	...	...	...	...	...	...	
INCERTÆ SEDIS. ? FORAMINIFERA.																		
Receptaculites ...... *Defrance*, 1827																		*Vide* Ischadites.
Neptuni .... *Defr.*																		
SPONGIDA.																		
Sphærospongia ... *Salter*,																		Trans. Woolhope Nat. Club, No. 4, p. 25. For genus, see Strachey's Geol. of India.
— hospitalis ...... *Salt.*	...	...	...	...	...	...	•	...	...	...	...	...	...	...	...	...	...	
? SPONGIDA.																		
Spongarium ...... *M'Edw.* 1839																		
Discophyllum... *Hall*																		
Actinophyllum... *Phill.* 1848																		
Calcispites of *some Authors*...																		
— equistriatum ... *M'Coy*	...	...	...	...	...	...	...	...	...	...	...	•	•	...	...	...	...	Brit. Pal. Foss. p. 42, t. 1 B, f. 15.
— Edwardsii ...... *March.*	...	...	...	...	...	...	...	...	•	...	•	•	...	...	...	...	...	Sil. Syst. p. 606, t. 26, f. 10; ib. M'Coy, Brit. Pal. Foss. p. 42; id. Sil. 4 ed. p. 508, t. 12, f. 3.
— interlineatum ... *M'Coy*	...	...	...	...	...	...	...	...	...	...	...	•	•	...	...	...	...	Brit. Pal. Foss. p. 43, t. 1 B, f. 14.
— interruptum ... *M'Coy*	...	...	...	...	...	...	...	...	...	...	...	•	•	...	...	...	...	Brit. Pal. Foss. p. 43, t. 1 B, f. 16, 17.
— umbrella .... *Edgell.*	...	...	...	...	•	...	...	...	...	...	...	...	...	...	...	...	...	MS. in Geol. Surv. Coll.
AMORPHOSPONGIDÆ.																		
Stromatopora ... *Goldf.* 1830																		
Caunopora ...... *Phill.* 1841																		
Stromatocerium *Hall*, 1847 ...																		
— striatella .... *D'Orb.*	...	...	...	...	...	?	•	...	...	•	•	•	•	...	...	...	...	Prod. p. 51; ib. M'Coy, Pal. Foss. p. 12. *S. concentrica*, Lonsd. Sil. Syst. t. 15, f. 3!, non Goldf. Sil. 4 ed. p. 218, Foss. 52; ib. Hall, Pal. New York, vol. ii, p. 136, t. 37, f. 1; p. 325, t. 73, f. 2. (? Calcareous sponge.)
— concentrica ...... *Lonsd.*	...	...	...	...	...	...	...	...	...	...	...	...	...	...	...	...	...	*Vide* S. striatella.
? SPONGIDA.																		
Tetragonis .... *Eichwald*, 1842																		Brit. Pal. Foss. p. 62, t. 1 D, f. 7, 8. *Receptaculites*, Salt. MS. *T. Danbyi*, Salt. Cat. Camb. and Sil. Foss. Camb. Mus. p. 176.
— Danbyi .... *M'Coy*	...	...	...	...	...	...	...	...	...	...	...	...	...	•	...	...	...	
SIPHONIDÆ.																		
Verticillipora ...... *Blainville*, 1830																		
Verticillites ... *Defrance*, 1828																		
— abnormis .... *Lonsd.*	...	...	...	...	...	...	...	...	...	...	...	...	...	...	...	...	...	*Vide* Ceriopora. (Polyzoa.)
— rios .... *Nardo*																		*Vide* Clione.

PALÆOZOIC.   HYDROZOA.   CAMBRIAN AND SILURIAN.

SPECIES.	Har. St. David's.	Menevian.	Lingula Flags.	Tremadoc.	Arenig.	Llandeilo.	Caradoc or Bala.	Low. Llandovery.	Up. Llandovery.	Woolhope Lmst.	Wenlock Shale.	Wenlock Lmst.	Lower Ludlow.	Aymestry Lmst.	Upper Ludlow.	Tilest. & Psmsp.	Pass up.	REFERENCES.
Sub-Kingdom, CŒLENTERATA *Frey and Leuchart*, 1819.																		
Class, *HYDROZOA.*																		
NEMAGRAPTIDÆ.																		
Azygograptus ... *Nicholson and Lapw.* 1875 ...																		
— Lapworthi ...... *Nich.*								•										Ann. Mag. Nat. Hist. 4 ser. vol. xvi, p. 269, t. 7, f. 2.
CALLOGRAPTIDÆ.																		
Callograptus ...... *Hall*, 1865																		
— elegans .... *Hall*							•											Grapto. Quebec Group, p. 134, t. 19, f. 1-4; ib. Hopk. and Lapw. Q. J. Geol. Soc. vol. xxxi, p. 666, t. 36, f. 9.
— radiatus .... *Hopk.*							•											Q. J. Geol. Soc. vol. xxxi, p. 665, t. 36, f. 8.
— radicans .... *Hopk.*							•											Ann. Mag. Nat. Hist. 4 ser. vol. x, p. 233, t. 10.
— Salteri .... *Hall*							•											Grapto. Quebec Group, p.135, t. 19, f. 5-8; ib. Hopk. and Lapw. Q. J. Geol. Soc. vol. xxxi, p. 667, t. 36, f. 10.
NEMAGRAPTIDÆ.																		
Cladograptus ...... *Geinitz*, 1852 ... *Carruthers*,1858																		
Pleurograptus .. *Nicholson*, 1867																		
— capillaris ...... *Carr.*																		*Vide* Nemagraptus.
— gracilis .... *Hall*																		*Vide* Helicograptus.
— linearis .... *Carr.*																		*Vide* Pleurograptus.
DICHOGRAPTIDÆ.																		
Clematograptus ...*Hopkinson*,1875																		
— implicatus ...... *Hopk.*						•												*Loganograptus*, Brit. Assoc. Rept. 1872, p. 107. Clematograptus, Grapto. of Arenig and Lland. Rocks, St. David's, Q. J. Geol. Soc. vol. xxxi, p. 652, t. 34, f. 1.
DIPLOGRAPTIDÆ.																		
Climacograptus ... *Hall*, 1865																		
— antennarius ... *Hall*																		*Vide* Diplograptus.
— bicornis .... *Hall*							•	•										Diplograptus, Pal. New York, vol. i, p. 268, t. 73, f. 2; ib. Mem. Geol. Surv. vol. iii, p. 329, t. 11 a, f. 1 b, c. *Vide* Nicholson, A. M. N. Hist. 4 ser. vol. vi, p. 380, 1870.
— bullatus .... *Salt.*								•										Diplograptus, Q. J. Geol. Soc. vol. vii, p. 174, t. 10, f. 2.
— cælatus .... *Lapw.*							•											Hopk. and Lapw. Grapto. Arenig and Lland. Rocks, St. David's, Q. J. Geol. Soc. vol. xxxi, p. 655, t. 35, f. 8.
— confertus .... *Lapw.*							•											Grapto. Arenig and Lland. Rocks, St. David's, Q. J. Geol. Soc. vol. xxxi, p. 655, t. 34, f. 4.
— implicatus ...... *Hopk.*																		*Vide* Clematograptus.
— innotatus ...... *Nich.*							•											Ann. Mag. Nat. Hist. 4 ser. vol. iv, p. 238, t. 11, f. 16.
— minutus .... *Carr.*							•											Geol. Mag. vol. v, p. 131, t. 5, f. 10.
— rectangularis ... *M'Coy*							•											Diplograptus, Brit. Pal. Foss. p. 8, t. 1 B, f. 8; ib. Leth. Succ. t. 38, f. 4. Diplograp. Salt. Q. J. Geol. Soc. vol. vii, p. 63, t. 1, f. 11. (? *C. scalaris.*)
— scalaris .... *Linn.*							•											Grapto. Skanska Resa, p. 147. *Prionotus*, His. Leth. Succ. p. 113. *C. scalaris*, Hall, Grap. Quebec Group, p. 111. Silurin, 4 edl. Foss. p. 61, f. 4. *Diplo. rectangularis*, M'Coy, Brit. Pal. Foss. p. 8, t. 1 B, f. 8.
— teretiusculus ... *His.*							•	•										*Prionotus*, Leth. Succ. supp. 2, p. 5, t. 38, f. 4. *Grapto. perconatus*, Schärenberg ueber Graptolithen, t. 2, f. 17, 3a. *Diplograp.* teretiusculus, Salt. Q. J. Geol. Soc. vol. viii, p. 389, t. 21, f. 3, 4. Climaco. Nich. Q. J. Geol. Soc. vol. xxiv, p. 139, t. 5, f. 11-13.
— tuberculatus ... *Nich.*							•											Ann. Mag. Nat. Hist. 4 ser. vol. iv, p. 239, t. 11, f. 18.

HYDROZOA

SPECIES.	Har. St. David's.	Menevian.	Lingula Flags.	Tremadoc.	Arenig.	Llandeilo.	Caradoc or Bala.	Low. Llandovery.	Up. Llandovery.	Woolhope Lim.	Wenlock Shale.	Wenlock Lim.	Lower Ludlow.	Aymestry Lim.	Upper Ludlow.	Tilest. & Passage.	Pass up.	REFERENCES.
NEMAGRAPTIDÆ.																		
Cænograptus ...... *Hall*, 1868																		*Vide* Helicograptus. (Nich. 1868.)
CORYNOIDEA.																		
Corynoides .... *Nicholson*, 1867																		
Corynograptus . Hop.&Lap.1875																		
— calicularis ...... *Nich.*							*											Geol. Mag. vol. iv, p. 108, t. 7, f. 9-11.
— gracilis .... *Hopk.*							*											Geol. Mag. vol. ix, p. 502, t. 12, f. 1.
MONOGRAPTIDÆ.																		
Cyrtograptus *Carruthers,*1867																		
— hamatus .... *Baily*											*							Q. J. Roy. Geol. Soc. Dub. 1861, t. 4, f. 6; ib. Mem. Geol. Surv. Irel. Expl. Sheet 133, p. 14, f. 7.
— Murchisoni ..... *Carr.*																		Siluria, 4 ed. p. 541, Foss. 90, f. 1; ib. Geol. Mag. vol. v, p. 128, t. 5, f. 17.
CALLOGRAPTIDÆ.																		
Dendrograptus ... *Hall*, 1862, 3 ...																		
— arbuscula ...... *Salt.* MS.						*												Hop. and Lapw. Q J. Geol. Soc. vol. xxxi, p. 663, t. 36, f. 5.
— diffusus .... *Hall*						*												Grapto. Quebec Group, p. 132, t. 18, f. 1-3; Ib. Hopk. and Lapw. Q. J. Geol. Soc. vol. xxxi, p. 664, t. 36, f. 7.
— divergens........ *Hall*						*												Grapto. Quebec Group, p. 129, t. 17, f. 3-4; ib. Hopk. and Lapw. Q. J. Geol. Soc. vol. xxxi, p. 664, t. 36, f. 6.
— flexuosus......... *Hall*						*	*											Grapto. Quebec Group, p. 127, t. 17, f. 1, 2; ib. Hopk. and Lapw. Q. J. Geol. Soc. vol. xxxi, p. 662, t. 36, f. 3.
— furcatulus ...... *Salt.*						*												Mems. Geol. Surv. vol. iii, p. 331, t. 11 A, f. 5. *D. Hallianus,* Prout, Am. Jour. Science, vol. ix; Ib. Nichol. Q. J. Geol. Soc. vol. xxiv, p. 142, t. 5, f. 6, 7.
— Hallianus ...... *Prout.*																		Am. Jour. Science, vol. ix; Id. Nich. Skiddaw, Grapto. Q. J. Geol. Soc. vol. xxiv, p. 142, t. 5, f. 6, 7. ? *D. furcatula,* Salter.
— lentus .... *Carr.*						*												Murch. Siluria, 4 ed. p. 543, Foss. 90, p. 541, f. 5.
— linearis .... *Carr.*																		*Vide* Pleurograptus.
— persculptus ..... *Hopk.*						*												Q. J. Geol. Soc. vol. xxxi, p. 663, t. 36, f. 4.
— Rammyi .... *Hopk.*						*												Q. J. Geol. Soc. vol. xxxi, p. 664, t. 36, f. 2.
— ramulus .... *Hopk.*																		Geol. Mag. vol. ix, p. 503, t. 12, f. 2.
— serpens .... *Hopk.*																		Hopk. and Lapw. Q. J. Geol. Soc. vol. xxxi, p. 665, t. 37, f. 3.
— Sp.												*						*Vide* Ptilograptus anglicus.
DICHRANOGRAPTIDÆ.																		
Dicellograptus ... *Hopkinson,*1870																		
Didymograptus. Part. (auct.) ...																		
— anceps .... *Nich.*						*												Didymo. Geol. Mag. vol. iv, p. 110, t. 8, f. 18-20. Dicellog. Hopk. Geol. Mag. vol. viii, p. 26, t. 1, f. 5.
— elegans .... *Carr.*						*												Didymo. Geol. Mag. vol. v, p. 129, t. 5, f. 8 a. *D. flaccidus,* Hall; Nich. Geol. Mag. vol. iv, p. 110, t. 7, f. 1-3. Dicellog. Hopk. Geol. Mag. vol. viii, p. 24, t. 1, f. 3.
— Forchhammeri.. *Gein.*						*												Cladograp. Die Grapto. p. 31, t. 5, f. 28-31. Didymo. Baily, Expl. sheet 133, Geol. Surv. Irel. p. 14, f. 6; id. Jour. Geol. Soc. Dublin, vol. ix, p. 305, t. 4, f. 7. Dicellograp. Hopk. Geol. Mag. vol. viii, p. 23, t. 1, f. 1.
— Moffatensis..... *Carr.*						*												Didymo. Proc. Roy. Phys. Soc. Edinb. vol. i, p. 460, f. 3. *Grap. divaricatus,* Hall, Pal. New York, vol. iii, Sup. p 513, f. 1-4. *Didym. divaricatus,* Nich. Ann. Mag. Nat. Hist. 4 ser. vol. v, p. 351, t. 7, f. 4. Dicellog. Hopk. Geol. Mag. vol. viii, p. 25, t. 1, f. 4; ib. Hopk. and Lapw. Grapto. Arenig and Lland. Rocks, St. David's, Q. J. Geol. Soc. vol. xxxi, p. 654, t. 34, f. 3, 35, f. 5.

PALÆOZOIC. HYDROZOA. CAMBRIAN AND SILURIAN.

SPECIES.	CAMBRIAN.	LOWER SIL.			UPPER SILURIAN.									REFERENCES.
	Har. St. David's.	Menevian.	Lingula Flags.	Tremadoc.	Arenig.	Llandeilo.	Caradoc or Bala.	Low. Llandovery.	Up. Llandovery.	Woolhope Lmst.	Wenlock Shale.	Wenlock Lmst.	Lower Ludlow.	Aymestry Lmst.	Upper Ludlow.	Tilest. & Passage.	Pass up.	
Dicellograptus (*continued*).																		
— Morrisii .... *Hopk*							*											Geol. Mag. vol. viii, p. 24, t. 1, f. 2. *Didym. flaccidus*, Nich. Geol. Mag. vol. iv, p. 110, t. 8, f. 1-3. *Didymo. elegans*, Carr. (part.), Geol. Mag. vol. v, p. 129, t. 5, f. 3. *Dicellog.* Hopk. Geol. Mag. vol. viii, p. 24, t. 1, f. 2.
DICHOGRAPTIDÆ.																		
Dichograptus ...... *Salter*, 1862 ...																		
— annulatus ...... *Nich*.							*											Ann. Mag. Nat. Hist. 4 ser. vol. iv, p. 233, t. 11, f. 4, 5.
— fragilis .... *Nich*.							*											Ann. Mag. Nat. Hist. 4 ser. vol. iv, p. 232, t. 11, f. 1-3.
— Logani .... *Hall*																		*Vide* Loganograptus.
— multiplex .... *Nich*.							*											Q. J. Geol. Soc. vol. xxiv, p. 129, t. 6, f. 1-3.
— octobrachiatus .. *Hall*							*											*Graptolithus*, Geol. Surv. Canada, Grap. Quebec Group, p. 96, t. 7, 8; ib. Nichol. Q. J. Geol. Soc. vol. xxiv, p. 129, t. 5, f. 1, 2. *D. Sedgwickii*, Salt. lb. vol. xix, p. 138. *D. aranea*, Salt. ib. p. 137, f. 9.
— reticulatus ...... *Nich*.							*											Q. J. Geol. Soc. vol. xxiv, p. 143, t. 5, f. 3, 5.
— Sedgwickii .... *Salt*.							*											*Vide* D. octobrachiatus.
— Sp. (*small branches*) *Salt.*							*											Q. J. Geol. Soc. vol. xix, p. 138, p. 137, f. 12.
DICRANOGRAPTIDÆ.																		
Dicranograptus ... *Hall*, 1865																		
— Clingani ...... *Carr*.							*											Geol. Mag. vol. v, p. 132, t. 5, f. 6; ib. Hopk. vol. vii, p. 358, t. 16, f. 4.
— formosus ...... *Hopk*.							*											Geol. Mag. vol. vii, p. 356, t. 16, f. 2.
— Nicholsoni ...... *Hopk*.							*											Geol. Mag. vol. vii, p. 357, t. 16, f. 3.
— ramosus .... *Hall*							*	?										*Diplograp.* Grap. Quebec Group, p. 137. *Grapto.* Pal. New York, vol. i, p. 260, t. 73, f. 3. Salter, Q. J. Geol. Soc. vol. v, p. 16, t. 1, f. 7. *D. ramosus*, Men. Geol. Surv. vol. iii, p. 330, t. 11 A, f. 1. Cladog. Geinitz. Dicranograp. Hall, Geol. Mag. vol. vii, t. 16, f. 4.
— rectus .... *Hopk*.																		Geol. Mag. vol. ix, p. 508, t. 12, f. 10.
— sextans .... *Hall*																		*Vide* Didymograptus.
CALLOGRAPTIDÆ.																		
Dictyograptus ... *Hall* (*Hopk*. 1875)																		*fide* Hopkinson and Lapw. 1875.
Dictyonema ... *Hall*, 1852																		
— cancellatus ...... *Hopk*.							*											Hopk. and Lapw. Q. J. Geol. Soc. vol. xxxi, p. 668, t. 36, f. 11.
— Homfrayi ...... *Hopk*.							*											Hopk. and Lapw. Q. J. Geol. Soc. vol. xxxi, p. 668, t. 36, f. 12.
— irregularis ...... *Hall*																		*Dictyonema*, Grapto. Quebec Group, p. 136, t. 20, f. 1, 2; ib. Hopk. and Lapw. Q. J. Geol. Soc. vol. xxxi, p. 668, t. 36, f. 12.
— Sp. .... *Hop. and Lapw.*							*											Q. J. Geol. Soc. vol. xxxi, p. 669, t. 37, f. 4.
Dictyonema ... *Hall*, 1851																		
Graptopora ... *Hall*, 1852																		
— radicans .... *Hopk*.																		*Vide* Callograptus.
— sociale .... *Salt*.		*	*															Siluria, 4 ed. p. 46, Foss. 8, f. 3. *Graptopora*, Hall, Pal. New York, vol. ii, p. 174; Salter, Mem. Geol. Surv. vol. iii, p. 331, t. 4, f. 1 a-c; Baily, Char. Foss. t. 3, f. 2 a-d; ib. Expl. sheets 167, &c. Geol. Surv. Irel. p. 28. (? Dictyograptus.)
DICHOGRAPTIDÆ.																		
Didymograptus ... *M'Coy*, 1851 ...																		
Dichranograptus *Hall*, 1865 ...																		
Cladograptus ... *Geinitz*, 1841 ...																		
Tetragraptus ... *Salter*, (*part.*)																		

HYDROZOA

CAMBRIAN AND SILURIAN

SPECIES.	Her. St. David's.	Menevian.	Lingula Flags.	Tremadoc.	Arenig.	Llandeilo.	Caradoc or Bala.	Low. Llandovery.	Up. Llandovery.	Woolhope Lmst.	Wenlock Shale.	Wenlock Lmst.	Lower Ludlow.	Aymestry Lmst.	Upper Ludlow.	Tilest. & Passage.	Pass. up.	REFERENCES.
Didymograptus (*continued*).																		
— affinis .... *Nich.*					*													Didymo. sp. Salt. Q. J. Geol. Soc. vol. xix, p. 137, f. 13 d. D. affinis, Nich. Ann. Mag. Nat. Hist. 4 ser. vol. iv, p. 240, t. 11, f. 20; ib. Hopk. and Lapw. Grapto. of Arenig and Lland. Group, Q. J. Geol. Soc. vol. xxxi, p. 648, t. 33, f. 6.
— anceps .... *Nich.*																		*Vide* Dicellograptus.
— argutus .... *Lapw.*					*													Didymo. Hopk. and Lapw. Grapto. Arenig and Llandeilo, St. David's, Q. J. Geol. Soc. vol. xxxi, p. 646, t. 33, f. 8.
— bifidus .... *Hall*					*													Graptolithus, Grapto. Quebec Group, p. 73, t. 1, f. 16-18; t. 3, f. 9-10. Nich. Q. J. Geol. Soc. vol. xxiv, p. 136; Ann. Mag. Nat. Hist. 4 ser. vol. v, p. 346, f. 7.
— caduceus .... *Salt.*																		*Vide* Tetragraptus bryonoides.
— crucialis .... *Salt.*																		*Vide* Tetragraptus quadri-brachiatus.
— divaricatus ...... *Hall*																		*Vide* Dicellograptus Moffatensis.
— elegans .... *Carr.*																		*Vide* Dicellograptus Morrisii or D. flaccidus, Hall.
— enodus .... *Lapw.*					*													Hopk. and Lapw. Grapto. Arenig and Llandeilo Rocks, St. David's, Q. J. Geol. Soc. vol. xxxi, p. 648, t. 35, f. 1.
— extensus .... *Hall*					*													Graptolithus, Report of Geol. Surv. of Canada, 1857, p. 131; Id. Hall, Grapto. Quebec Group, p. 80, t. 2, f. 11-16, 1865. Didymograptus, Nich. Ann. Mag. Nat. Hist. 4 ser. vol. v, p. 341, t. 7, f. 2; id. Hopk. and Lapw. Grapto. of Arenig and Llandeilo Group, Q. J. Geol. Soc. vol. xxxi, p. 642, t. 33, f. 1.
— flaccidus .... *Hall*					*													Graptolithus, Grapto. Quebec Group, Supp. p. 143, t. 2, f. 17-19. Didy. Nich. Geol. Mag. vol. iv, p. 110, t. 7, f. 1-3; ib. Ann. Mag. Nat. Hist. 4 ser. vol. v, p. 353, t. 7, f. 6. Leptograp. Lapw. Geol. Mag. vol. x, p. 556. (Nemagraptus.)
— fasciculatus ..... *Nich.*					*													Ann. Mag. Nat. Hist. 4 ser. vol. iv, p. 241, t. 11, f. 21, 22.
— furcillatus .... *Lapw.*					*													Grapto. of Arenig and Llandeilo Rocks, St. David's, Q. J. Geol. Soc. vol. xxxi, p. 649, t. 35, f. 3. *Grapto. geminus*, Schärenberg (non His.), Ueber Graptolithen, t. 1, f. 1, 3, 4.
— geminus .... *His.*					*													Leth. Suec. t. 38, f. 3; ib. Salt. Mem. Geol. Surv. vol. iii, p. 331, t. 11 B, f. 8; ib. Q. J. Geol. Soc. vol. xix, p. 138, woodcut p. 137, f. 13 a.
— gibberulus .... *Nich.*					*													Ann. Mag. Nat. Hist. 4 ser. vol. xvi, p. 271, t. 7, f. 3.
— hamatus .... *Baily*																		*Vide* Cyrtograptus.
— hirundo .... *Salt.*					*													Q. J. Geol. Soc. vol. xix, p. 137, f. 13 f; ib. Salt. Mem. Geol. Surv. vol. iii, p. 331, t. 11 K, f. 6-8. D. constrictus, Hall, Grapto. Quebec Group, p. 76. D. Geminus, His. Siluria, 4 ed. Foss. 9, f. 8, p. 48. ? D. patulus, Hall.
— indentus .... *Hall*					*													Graptolithus, Grapto. Quebec Group, p. 74, t. 1, f. 20. Didymo. indentus, Hopk. and Lapw. Grapto. Arenig and Llandeilo Rocks, Q. J. Geol. Soc. vol. xxxi, p. 647, t. 33, f. 4, c. Var. D. nanus, Lapw. id. t. 33, f. 7 d, and t. 35, f. 4. Didymo. geminus, Nich. (non His.), Q. J. Geol. Soc. vol. xxiv, p. 134, t. 5, f. 8, 9; ib. Ann. Mag. Nat. Hist. 4 ser. vol. v, p. 346, f. 6.
— latus .... *M'Coy*					*	*	*?											Graptolithus, Brit. Pal. Foss. p. 2, t. 1 B, f. 7; ib. Geinitz, Verst. Grauw. die Grapto. p. 39, t. 2, f. 37, 38.
— Moffatensis ...... *Carr.*																		*Vide* Dicellograptus.
— Murchisoni ...... *Beck.*					*													Sil. Syst. p. 694-711, t. 26, f. 4. *Prionotus geminus*, His. Leth. Suec. Supp. 2, p. 5, t. 38, f. 3. *Cladograp.* Geinitz, Die Grapto. 1852, p. 30, t. 2, f. 40. Didymo. Bally, Q. J. Roy. Geol. Soc. Dublin, 1861, t. 4, f. 11; ib. Salt. Siluria, 4 ed. p. 51, Foss. 11, f. 13; Foss. 12, p. 61, f. 9, t. 1, f. 1; ib. Hopk. Jour. Quackett Micro. Club, vol. i, t. 8, f. 6; ib. Nichol. Ann. Mag. Nat. His. 4 ser. vol. v, p. 349, t. 7, f. 7 a, b; ib. Hopk. and Lapw. Q. J. Geol. Soc. vol. xxxi, p. 648, t. 35, f. 2 a-f.

HYDROZOA

CAMBRIAN AND SILURIAN

SPECIES.	Her. St. David's.	Menevian.	Lingula Flags.	Tremadoc.	Arenig.	Llandeilo.	Caradoc or Bala.	Low. Llandovery	Up. Llandovery	Woolhope Limst.	Wenlock Shale.	Wenlock Limst.	Lower Ludlow.	Aymestry Limst.	Upper Ludlow.	Tilest. & Passage.	Pass up.	REFERENCES.
Didymograptus (*continued*).																		
— Nicholsoni ...... *Lapw.*							*											Q. J. Geol. Soc. vol. xxxi, p. 644, t. 33, f. 5. *D. serratulus*, Nich. Ann. Mag. Nat. Hist. 4 ser. vol. v, p. 343, t. 7, f. 3. (non Hall.)
— nitidus .... *Hall*						*												*Grapto.* Quebec Group, p. 69, t. 1, f. 1–9; ib. Nich. Q. J. Geol. Soc. vol. xxiv, p. 135.
— patulus .... *Hall*						*												*Grapto.* Grap. Quebec Group, p. 71, t. 1, f. 10–13. ? *D. Mirandus*, Salt. (loc. cit.) ; ib. Nich. Q. J. Geol. Soc. vol. xxiv, p. 135; Ann. Mag. Nat. Hist. 4 ser. vol. v, p. 340, t. 7, f. 1 ; id. Hopk. and Lapw. Grapto. of Arenig and Llandeilo Group, Q. J. Geol. Soc. vol. xxxi, p. 644, t. 33, f. 4.
— pennatulus ...... *Hall*						*												*Grapto.* Quebec Group, p. 82, t. 3, f. 1–8, t. 5, f. 9 ? id. Hopk. and Lapw. Grapto. Arenig and Lland. Q. J. Geol. Soc. vol. xxxi, p. 643, t. 33, f. 3.
— serratulus ...... *Nich.*																		*Vide* D. Nicholsoni, Lapw.
— sextans .... *Hall*						*												Grapto. Pal. New York, vol. i, p. 273, t. 74, f. 3; ib. Nich. Q. J. Geol. Soc. vol. xxiv, p. 134; ib. Siluria, 4 ed. p. 61, Foss. 12, f. 8. Dicranograptus, Hopk. Geol. Mag. vol. vii, p. 356, t. 16, f. 1.
— sparsus .... *Hopk.*																		Hopk. and Lapw. Grapto. of Arenig and Lland. Group, Q. J. Geol. Soc. vol. xxxi, p. 643, t. 33, f. 2.
— V. fractus ...... *Salt.*						*												Q. J. Geol. Soc. vol. xix, p. 138, woodcut p. 137, f. 13 c; ib. Nich. vol. xxiv, p. 134.
DIPLOGRAPTIDÆ.																		
Diplograptus ...... *M'Coy,* 1850 ...																		
Prionotus ...... *Hisinger,* 1837.																		
Diprion ...... *Barrande*																		
Palæolithus ... *Suess,* 1851 ...																		
— acuminatus ...... *Nich.*							*	*										Geol. Mag. vol. iv, p. 109, t. 7, f. 16, 17.
— angustifolius ... *Hall*						*	*											Graptolithus, Pal. New York, vol. iii, p. 515, t. 1, 2. *D. angustifolius*, Nich. Q. J. Geol. Soc. vol. xxiv, p. 525, t. 19, f. 8, 9.
— antennarius...... *Hall*							*											*Climacograptus*, Grapto. Quebec Group, p. 112, t. 18, f. 11–13. *Diplograptus*, Nich. Q. J. Geol. Soc. vol. xxiv, p. 139. *Vide* Nich. Ann. Mag. Nat. Hist. 4 ser. vol. vi, p. 382, 1870.
— barbatulus ...... *Salt.*																		Mem. Geol. Surv. vol. iii, p. 330, t. 11 A, f. 1.
— bimucronatus ... *Nich.*																		Ann. Mag. Nat. Hist. 4 ser. vol. iv, p. 236, t. 11, f. 12.
— bullatus ...... *Salt.*																		*Vide* Climacograptus.
— armatus ...... *Nich.*																		Ann. Mag. Nat. Hist. 4 ser. vol. iv, p. 234, t. 11, f. 8.
— cometa .... *Geinitz*							*											'*Cephalograptus*,' Verst. Grauw. die Grapt. p. 26, t. 1, f. 28. *Diplo.* Carruthers, Geol. Mag. vol. v, p. 131, t. 5, f. 4; ib. Richter, Zeitschrift, 1853, t. 12, f. 16, 17. *D. tubulariformis*, Nich. Geol. Mag. vol. iv, p. 169, t. 7, f. 12–15.
— confertus .... *Nich.*								*										Q. J. Geol. Soc. vol. xxiv, p. 526, t. 19, f. 14, 15.
— dentatus .... *Brong.*																		*Fucoides*, Hist. Végét. Foss. t. 6, f. 9–12. Diplo. *pristiniformis*, Hall, Grapto. Quebec Group, p. 110, t. 13, f. 15–17; ib. Nich. Q. J. Geol. Soc. vol. xxiv, p. 140, t. 5, f. 14–15. Diplo. dentatus, Hopk. and Lapw. Grapto. of Arenig and Lland. St. David's, Q. J. Geol. Soc. vol. xxxi, p. 656, t. 34, f. 5 a–k.
— Etheridgii ...... *Hopk.*							*											Geol. Mag. vol. ix, p. 504, t. 12, f. 5.
— fimbriatus ...... *Hopk.*								*										Geol. Mag. vol. ix, p. 506, t. 12, f. 8.
— foliaceus ...... *Murch.*																		*Vide* D. pristis.

PALÆOZOIC. HYDROZOA. CAMBRIAN AND SILURIAN.

SPECIES.	Har. St. David's.	Menevian.	Lingula Flags.	Tremadoc.	Arenig.	Llandeilo.	Caradoc or Bala.	Low. Llandovery.	Up. Llandovery.	Woolhope Lmst.	Wenlock Shale.	Wenlock Lmst.	Lower Ludlow.	Aymestry Lmst.	Upper Ludlow.	Tilest. & Passage.	Pass up.	REFERENCES.
Diplograptus (continued).																		
— folium ? .... His.							*	*										*Prionotus*, Leth. Succ. p. 114, t. 39, f. 8; id. Portl. Geol. Rept. p. 320, t. 20, f. 5. *Diprion*, Hark. Q. J. Geol. Soc. vol. vii, p. 63, t. 1, f. 12. D. folium, Siluria, p. 61, Foss. 12, f. 6, 4ᵃ. *G. ovatus*, Harr. Grapto. de Bohême, t. 3, f. 8, 9. Nich. Q. J. Geol. Soc. vol. xxiv, p. 524, t. 19, f. 4-7.
— Hopkinsoni ...... Nich.								*										Ann. Mag. Nat. Hist. 4 ser. vol. iv, p. 234, t. 11, f. 7.
— Harknessii ...... Nich.								*										Geol. Mag. vol. iv, p. 262, t. 11, f. 6.
— Hincksii .... Hopk.								*										Geol. Mag. vol. ix, p. 507, t. 12, f. 9.
— incisus .... Hark.								*										Q. J. Geol. Soc. vol. vii, p. 61, t. 1, f. 8.
— minutus .... Carr.								*										Geol. Mag. vol. v, p. 130, t. 5, f. 12. ? *D. pristis*, Hisinger.
— mucronatus ...... Hall							*											*Graptolithus*, Pal. New York, vol. i, p. 263, t. 73, f. 1. Diplo. Mem. Geol. Surv. vol. iii, p. 330, t. 11 A, f. 6, t. 12, f. 1. D. mucro. Nich. Q. J. Geol. Soc. vol. xxiv, p. 139; ib. Carr. Geol. Mag. vol. v, p. 131, t. 5, f. 2; ib. Baily, Q. J. Roy. Geol. Soc. Dub. 1861, t. 4, f. 4.
— insectiformis ... Nich.								*										Ann. Mag. Nat. Hist. 1869, vol. iv, p. 236, t. 11, f. 13.
— palmæus .... Barr.								*										*Graptolithus*, Grapto. de Bohême, t. 3, f. 1, 4, 7. Diplo. Geinitz, Grapto. t. 1, f. 5-15; ib. Nich. Q. J. Geol. Soc. vol. xxiv, p. 523, t. 19, f. 1-3. ? *D. folium*, His.
— penna .... Hopk.											*							Jour. Queckett Micro. Club, vol. i, p. 159, t. 8, f. 12; id. Geol. Mag. vol. ix, p. 505, t. 12, f. 6.
— pennatus ...... Hark.								*										*Diprion*, Q. J. Geol. Soc. vol. vii, p. 62, t. 1, f. 9.
— persculptus ...... Salt.								*										Cat. Foss. Mus. Pract. Geol. p. 25; ib. Carr. Geol. Mag. 1868, p. 130.
— pinguis .... Hopk.								*										Geol. Mag. vol. ix, p. 506, t. 12, f. 7.
— pristis .... His.							*	*	*		*							*Prionotus*, Leth. Succ. p. 114, t. 35, f. 5. *Grapto.* Portl. Geol. Rept. p. 320, t. 19, f. 10. D. pristis, Geinitz, die Grapto. Grauw. p. 22, t. 1, f. 10-24. *Grapto. foliaceus*, Murch. Sil. Syst. p. 694, t. 26, f. 3. *Fucoides dentatus*, Brong. Hist. Végét. Foss. t. 1, p. 70. Diplo. pristis, Geinitz. Carr. Geol. Mag. vol. v, p. 130, t. 5, f. 13; ib. Baily, Q. J. Roy. Geol. Soc. Dub. 1861, t. 4, f. 3. Var. *scalariformis*, ib. f. 2. D. pristis, ib. Char. Brit. Foss. t. 9, f. 3 a-f; ib. Siluria, p. 68, Foss. 13, f. 14, t. 1, f. 2. *Diplo. barbatulus*, Salt. Mem. Geol. Surv. vol. iii, p. 339, t. 11 A, f. 1 a, d. Diplo. foliaceus, Hopk. and Lapw. Grapto. Arenig and Llandl. St. David's, Q. J. Geol. Soc. vol. xxxi, p. 656, t. 35, f. 7 a-g. *Diprion*, Hark. Q. J. Geol. Soc. vol. vii, p. 64, t. 1, f. 13.
— pristiniformis ... Hall								*										Vide D. dentatus.
— putillus .... Hall								*										*Graptolithus*, Grapto. Quebec Group, p. 44, t. A, f. 10-12. Diplograptus, Nich. Q. J. Geol. Soc. vol. xxiv, p. 527, t. 19, f. 17, 18.
— quadri-mucronatus Hall					*	*												*Graptolithus*, Grap. Quebec Group, Supp. p. 144, t. 13, f. 1-10; ib. Nich. Geol. Mag. vol. iv, p. 111, t. 7, f. 6, 8.
— sinuatus .... Nich.								*								?		Ann. Mag. Nat. Hist. 4 ser. vol. iv, p. 235, t. 11, f. 11.
— rectangularis ... M'Coy								*										Brit. Pal. Foss. p. 8, t. 1 B, f. 8; His. Leth. Succ. t. 38, f. 4. ? *Climacograptus scalaris*.
— scalariformis								*										
— tamariscus ...... Nich.								*										Q. J. Geol. Soc. vol. xxiv, p. 526, t. 19, f. 10-13.
— teretiusculus ... His. (Salt.)						*	*											Vide Climacograptus.
— tricornis ...... Carr.								*										Ann. Mag. Nat. Hist. 3 ser. 1859, vol. iii, p. 25, f. 2; ib. Trans. Roy. Phys. Soc. Edinb. 1858, p. 468, f. 3; ib. Geol. Mag. vol. v, p. 131, t. 5, f. 11. ? *Grapto. marcidus*, Hall, Pal. New York, vol. iii, p. 514, f. 1-3. D. tricornis, Hopk. and Lapw. Q. J. Geol. Soc. vol. xxxi, p. 658, t. 35, f. 6.
— tubulariformis . Nich.								*										Vide D. cometa.
— Hughesii .... Nich.								*							?			Ann. Mag. Nat. Hist. 4 ser. vol. iv, p. 235, t. 11, f. 9, 10.

PALÆOZOIC. HYDROZOA. CAMBRIAN AND SILURIAN.

SPECIES.	Har. St. David's.	Menevian.	Lingula Flags.	Tremadoc.	Arenig.	Llandeilo.	Caradoc or Bala.	Low. Llandovery.	Up. Llandovery.	Woolhope Lmst.	Wenlock Shale.	Wenlock Lmst.	Lower Ludlow.	Aymestry Lmst.	Upper Ludlow.	Tilest. & Downtop.	Foss up.	REFERENCES.
Diplograptus (*continued*).																		
— vesiculosus ...... *Nich.*						•												Ann. Mag. Nat. Hist. 4 ser. vol. iv, p. 237, t. 11, f. 14, 15.
— Whitfieldi ...... *Hall*						•												Pal. New York, vol. iii, Supp. p. 516, f. 1; ib. Nich. Geol. Mag. vol. iv, p. 111, t. 7, f. 4; ib. Carr. Geol. Mag. vol. v, p. 131, t. 5, f. 3.
Gladiolites .... *Barrande*, 1850																		*Vide* Retiolites.
Gorgonia .... *Lamarck* ...																		*Vide* Fenestella. (Polyzoa.)
GLOSSOGRAPTIDÆ.																		
Glossograptus ... *Emmons*, 1855 .																		
— ciliatus .... *Emm.*						•												Am. Geol. vol. i, p. 108, t. 1, f. 25; Hopk. and Lapw. Grapto. Arenig and Lland. Rocks, St. David's, Q. J. Geol. Soc. vol. xxxi, p. 659, t. 34, f. 7.
MONOGRAPTIDÆ.																		
Graptolithus ...... *His. Linn.* 1751																		
Monoprion ...... *Barrande*																		
Monograpsus ... *Geinitz*, 1853...																		
Priodon .... *Nilsson*																		
Lomatoceras ... *Bronn*																		
Prionotus ...... *Nilsson*																		
— acutus .... *Hopk.*						•												Geol. Mag. vol. ix, p. 504, t. 12, f. 4.
— argenteus ...... *Nich.*							•											Ann. Mag. Nat. Hist. 4 ser. vol. iv, p. 239, t. 11, f. 19.
— attenuatus ...... *Hopk.*						•												Geol. Surv. Scotland, Expl. sheet 15; Id. Geol. Mag. vol. ix, p. 503, t. 12, f. 3.
— Becki .... *Barr.*						•												Grapto. de Bohême, p. 50, t. 3, f. 14–18; Mono. Geinitz, Graw. Grapto. p. 41, t. 3, f. 14–18; Grapto, Hark. Q. J. Geol. Soc. vol. vii, p. 60, t. 1, f. 6. *G. lobiferus*, M'Coy, Brit. Pal. Foss. p. 4, t. 1 B, f. 3. *Diplo. nodosus*, Hark. Q. J. Geol. Soc. vol. vii, p. 63, t. 1, f. 10.
— Bohemicus ...... *Barr.*						•	?	•										Grapto. de Bohême, t. 1, f. 15–18; ib. Nich. Q. J. Geol. Soc. vol. xxiv, p. 539, t. 20, f. 22–24.
— bryonoides ...... *Hall*																		*Vide* Tetragraptus.
— clingani .... *Carr.*						•												Geol. Mag. vol. v, p. 127, t. 5, f. 19.
— colonus .... *Barr.*									•									Nich. Q. J. Geol. Soc. vol. xxiv, p. 540, t. 20, f. 9–11.
— Conybeari ...... *Portl.*																		*Vide* G. Hisingeri.
— convolutus ...... *His.*								•										*Prionotus*, Leth. Succ. p. 114, t. 35, f. 7. *Grap. spiralis*, Geinitz, Leonh. aud Bronn's Jahrb. für Min. 1842, t. 10, f. 24, 28, 29. *Grap. Sedgwickii*, M'Coy (non Portl.), Brit. Pal. Foss. p. 6, t. 1 B, f. 2. *Monog.* Geinitz, p. 43, t. 4, f. 24, 26, 28, 30, 35. Grapto. convolutus, Carr. Geol. Mag. vol. v, p. 127, t. 5, f. 1. *Rastrites*, Salt. Cat. Camb. and Sil. Foss. Camb. Mus. p. 27.
— discretus .... *Nich.*							?											Q. J. Geol. Soc. vol. xxiv, p. 539, t. 20, f. 12, 13 b.
— distans .... *Portl.*							•											*Vide* G. Sedgwickii.
— exiguus .... *Nich.*							•											*Vide* G. lobiferus.
— fimbriatus ...... *Nich.*							•											Q. J. Geol. Soc. vol. xxiv, p. 536, t. 20, f. 3–5.
— Fleminghi ...... *Salt.*									•									Q. J. Geol. Soc. vol. viii, p. 390, t. 21, f. 5–7.
— gracilis .... *Hall*																		*Vide* Helicograptus.
— Griestonensis... *Nicol.*							•											Q. J. Geol. Soc. vol. vi, p. 63. ? Grapto. priodon, Barr.
— hamatus ...... *Baily*							•											*Vide* Cyrtograptus.
— Hallii .... *Barr.*						•												Grapto. de Bohême, p. 48, t. 2, f. 12, 13.

HYDROZOA.

CAMBRIAN AND SILURIAN.

SPECIES.	CAMBRIAN.				LOWER SIL.				UPPER SILURIAN.								REFERENCES.
	Har. St. David's	Menevian	Lingula Flags	Tremadoc	Arenig	Llandeilo	Caradoc or Bala	Low. Llandovery	Up. Llandovery	Woolhope Lmst.	Wenlock Shale	Wenlock Lmst.	Lower Ludlow	Aymestry Lmst.	Upper Ludlow	Tilest. & Passage	Pass up	
Graptolithus (*continued*).																		
— Hisingeri ...... *Carr.*							•	•	•									Geol. Mag. vol. v, p. 72, 126. Grapto. *sagittarius*, His. et auct. (non Linn.) *G. scalaris*, Geinitz, Leonh. and Bronn, Jahrb. 1842. *G. taenia*, Sow. and Salt. Q. J. Geol. Soc. vol. v. *G. latus*, Nich. Q. J. Geol. Soc. vol. vi, p. 54. *G. Conybeari*, Portl. Geol. Rept. p. 320. *G. incisus*, Hark. Q. J. Geol. Soc. vol. vii, p. 62, t. 1, f. 8. ? *G. sagittarius*, Linn.
— *incisus* .... *Hark.*																		*Vide G.* Hisingeri and G. sagittarius.
— intermedius ...... *Carr.*							•											Geol. Mag. vol. v, p. 126, t. 5, f. 18. ? *G. Nilssoni*, Barr.
— latus .... *M'Coy*																		*Vide* Didymograptus.
— lobiferus .... *M'Coy*							•	•		?	?							Brit. Pal. Foss. t. 1 ll, f. 3; ib. Nich. Q. J. Geol. Soc. vol. xxiv, p. 532, t. 19, f. 27-30. Var. a, *G. Nicoli*, Hark. ib. vol. vii, p. 62, t. 1, f. 5; var. β, *exiguus*, Nich. ib. p. 533, t. 19, f. 27, 28. *G. millepeda*, M'Coy, Brit. Pal. Foss. t. 1 ll, f. 6; ib. Geinitz, Mono. Verst. Grauw. die Grapto. p. 42, t. 3, f. 33; t. 4, f. 1-3, 5, 21, 22. ? *G. clingani*, Carr. Geol. Mag. vol. v, p. 74, t. 5, f. 19. ? *G. Sedgwickii*, Portl.
— Ludensis .... *Murch.*																		*Vide G.* priodon.
— millepeda ...... *M'Coy*																		*Vide G.* lobiferus (young of).
— Murchisoni...... *Beck.*																		*Vide* Didymograptus.
— Nicoli .... *Hark.*																		*Vide G.* lobiferus.
— Nilssoni .... *Barr.*							•	•	•									Grapto. de Bohême, t. 2, f. 16, 17; ib. Hark. Q. J. Geol. Soc. vol. vii, p. 61, t. 1, f. 7; ib. Geinitz, Verst. Grauw. die Grapto. p. 35, t. 2, f. 17-20, 24, 25; ib. Nich. var. a, *major*, Q. J. Geol. Soc. vol. xxiv, p. 507, t. 20, f. 20, 21; ib. var. β, *minor*, t. 20, f. 16, 17.
— Var. *minor* } — Var. *major* } ... *Nich.*																		*Vide G.* Nilssoni.
— priodon .... *Bronn.*							•	•	•	•	•	•						*Lomatoceras*, Leth. Geog. p. 56, t. 1, f. 13. *G. Ludensis*, Murch. Sil. Syst. p. 694, t. 26, f. 1, 2. M'Coy, Brit. Pal. Foss. p. 4. *G. priodon*, Geinitz, Graptolithea, t. 3, f. 20, 27, 29, 32, 34; ib. Nich. Q. J. Geol. Soc. vol. xxiv, p. 540, t. 20, f. 6, 8; ib. Siluria, 4 ed. p. 61, Foss. 12, f. 3; p. 68, Foss. 13, f. 15, t. 12. f. 1.
— sagittarius ...... *Linn.*							•	•	•	?								*Prionotus*, His. Leth. Suec. Supp. p. 114, t. 35, f. 6. *G. Barrandii*, Schär. Ueber Grapto. t. 1, f. 5-7. *G. virgulatus*, ib. loc. cit. p. 8, 11. *Monograptus*, Geinitz, Grapto. Grauw. p. 32, t. 2, f. 2-7, 21; t. 3, f. 9, 10; t. 6, f. 20. *G. incisus*, Hark. Q. J. Geol. Soc. vol. vii, p. 62, t. 1, f. 8. *G. sagitt.* Salt. Mem. Geol. Surv. vol. III, p. 329, t. 11 a, f. 2. *Grapto. priono. sagitt.* Portl. Geol. Rept. p. 320, t. 19, f. 8. *G. sagitt.* Hall, Pal. New York, vol. I, p. 272, t. 74, f. 1. *G. sagitt.* Nich. Q. J. Geol. Soc. vol. xxiv, p. 541, t. 20, f. 25, 27.
— Salteri .... *Geinitz*																		*Vide G.* tenuis.
— Sedgwickii ...... *Portl.*							•	•										Grapto. (*Prionotus*) Geol. Rept. p. 318, t. 19, f. 1-3. *G. distans*, ib. p. 319, t. 19, f. 4. *G.* Sedgw. Hark. Q. J. Geol. Soc. vol. vii, p. 60, t. 1, f. 4. Var. a, *G. spinigerus*, Nich. Q. J. Geol. Soc. vol. xxiv, p. 535, t. 19, f. 32; var. β, *Rastrites triangulatus*, Hark. ib. p. 59, t. 1, f. 3. *G.* Sedgwickii, M'Coy, Brit. Pal. Foss. p. 6, t. 1 B, f. 2; ib. Siluria, 4 ed. p. 61, Foss. 12, f. 2; ib. Nich. Q. J. Geol. Soc. p. 533, t. 19, f. 31-34; t. 20, f. 1, 2, 28. *Monograp.* Geinitz, Verst. Grauw. die Grapto. p. 40, t. 3, f. 1, 4.
— Var. a *spinigerus* *Nich.*																		*Vide G.* Sedgwickii.

PALÆOZOIC.   HYDROZOA.   CAMBRIAN AND SILURIAN.

SPECIES.	Har. St. David's.	Menevian.	Lingula Flags.	Tremadoc.	Arenig.	Llandeilo.	Caradoc or Bala.	Low. Llandovery.	Up. Llandovery.	Woolhope Lmst.	Wenlock Shale.	Wenlock Lmst.	Lower Ludlow.	Aymestry Lmst.	Upper Ludlow.	Tilest. & Passage.	Pass. up.	REFERENCES.
Graptolithus (*continued*).																		
— tennis .... *Port.*					•	•	•											Geol. Rept. p. 319, t. 19, f. 7; ? ib. M'Coy, Brit. Pal. Foss. p. 6, t. 1 H, f. 4, 5; ib. Salt. Q. J. Geol. Soc. vol. vii, p. 173, t. 10, f. 1; ib. vol. v, p. 13, t. 1, f. 9. *Monograp. Salter,* Geinitz, Vorst. Grauw. die Grapto. p. 36. G. tennis, Salt. Siluria, 4 ed. p. 51, Foss. 11, f. 12; ib. Nich. Q. J. Geol. Soc. vol. xxiv, p. 538, t. 20, f. 31; ib. Hall, Pal. New York, vol. i, p. 272, t. 74, f. 2.
— *tenia* .... *Sow.*																		*Vide* G. Hisingeri.
— turriculatus ... *Barr.*									?									Grapto. de Bohême, p. 56, t. 4, f. 7, 11; ib. Nich. Q. J. Geol. Soc. vol. xxiv, p. 542, t. 20, f. 29, 30.
— vomerinus ...... *Nich.*										•								Mono. Brit. Grapto. pt. 1, 1872, p. 53, woodcuts A, B, C.
Graptopora .... *Hall,* 1857																		
— socialis .... *Salt.*																		*Vide* Dictyonema.
NEMAGRAPTIDÆ.																		
Helicograptus ... *Nicholson,* 1868																		
Cænograptus ... *Hall,* 1868																		
— gracilis .... *Hall*					•													Pal. New York, vol. i, p. 274, t. 74, f. 9; ib. Baily, Q. J. Roy. Geol. Soc. Dub. 1861, t. 4, f. 5; ib. Mem. Geol. Surv. Ireland, Sheet 133, p. 12, f. 3.
DICHOGRAPTIDÆ.																		
Loganograptus ... *Hall,* 1868 ? ...																		
— Logani .... *Hall*					•		•											Grapto. Quebec Group, p. 100, t. 9; ib. Hall, Pal. New York, vol. iii. Dichograp. Salt. Q. J. Geol. Soc. vol. xix, p. 138, woodcut, p. 137, f. 11. Dichograp. Nich. Q. J. Geol. Soc. vol. xxiv, p. 128.
Murchisonites ...... *Göppert,* 1859																		*Vide* Oldhamia. (Antiqua.)
NEMAGRAPTIDÆ.																		
Nemagraptus ...... *Emmons,* 1855 .																		
— capillaris .... *Emm.*					•		•											Am. Geol. vol. i, p. 109, t. 1, f. 7; ib. Hopk. and Lapw. Grapto. of Arenig and Lland. Rocks, St. David's, Q. J. Geol. Soc. vol. xxxi, p. 653, t. 34, f. 2. ? *Cladograptus capillaris,* Carr. Geol. Mag. vol. v, p. 130, t. 5, f. 7.
Oldhamia ...... *Forbes,* 1848 ...																		Jour. Geol. Soc. Dublin, vol. iv, p. 20.
— antiqua .... *Forbes*	•																	Kinahan, Trans. Royal Irish Acad. vol. xxiii, p. 557, f. 5; Salt. Mem. Geol. Surv. vol. iii (Geol. N. Wales), p. 282, t. 16, f. 1-3. *Murchisonites* Forbesi (Oldhamia), Göpp. Ueber Foss. Flora Sil. Dev. Unter-Kohl. p. 441, t. 35, f. 1, In Acta Acad. Cæs. Leop. Carol. Naturæ Curio. Novo Acti, vol. xxvii, 1860; Oldhamia, Baily, Fig. Char. Brit. Foss. vol. i, p. 2-xii, Expl. plate, p. 1, t. 1, f. 1 a–f. Oldhamia antiqua, Baily, Geol. Mag. vol. ii, p. 385, 397, woodcuts, p. 391–4, f. 3, 4.
— var. *discreta* ... *Kin.*	•																	Trans. Roy. Irish Acad. vol. xxiii, p. 556: var. of O. antiqua.
— radiata .... *Forbes*	•																	Kinahan, Trans. Roy. Irish Acad. vol. xxiii, p. 557, f. 3–5, 8–10; ib. Salt. Mem. Geol. Surv. vol. iii (Geol. N. Wales), p. 282, t. 16, f. 4, 5, and vars. No. 6, 7; ib. Baily, Geol. Mag. vol. ii, p. 385–397, woodcut, p. 395, (2 vars.) Oldhamia, Göpp. Ueber Foss. Flora Sil. der Dev. und Unter-Kohlen, p. 437, t. 34, f. 1, 2, in Acta Acad. Cæs. Leop. Carol. &c. vol. xxvii, 1860. O. radiata, Baily, Fig. Char. Brit. Foss. vol. i, p. 2, t. 1, f. 2.
NEMAGRAPTIDÆ.																		
Pleurograptus ... *Nicholson,* 1867																		
— linearis .... *Carr.*							•											*Cladograptus,* Ann. Mag. Nat. Hist. vol. iii. *Dendrograptus,* Geol. Mag. vol. iv, p. 70. Pleurograptus linearis, Nich. Geol. Mag. vol. iv, p. 258, t. 11, f. 1–4. *Cladograptus,* Siluria, 4 ed. p. 541, Foss. 90, f. 8, Carruthers, Trans. Roy. Phys. Soc. Edinb. 1858, p. 467, f. 1.

PALÆOZOIC.   HYDROZOA.   CAMBRIAN AND SILURIAN.

SPECIES.	Har. St. David's	Menevian	Lingula Flags	Tremadoc	Arenig	Llandeilo	Caradoc or Bala	Low. Llandovery	Up. Llandovery	Woolhope Lmst.	Wenlock Shale	Wenlock Lmst.	Lower Ludlow	Aymestry Lmst.	Upper Ludlow	Tilest. & Passage	Pass up.	REFERENCES.
Pleurograptus (continued).																		
— vagans .... Nich.					*													Q. J. Geol. Soc. vol. xxiv, p. 144, t. 6, f. 4, 5.
PHYLLOGRAPTIDÆ.																		
Phyllograptus ... Hall, 1865																		
Thamnograptus? Hall																		
— angustifolius ... Hall					*													Grapto. Quebec Group, p. 125, t. 16, f. 17-21; ib. Salt. Q. J. Geol. Soc. vol. xix, p. 138, woodcut, p. 137, f. 7 a, b; ib. Nich. Q. J. Geol. Soc. vol. xxiv, p. 132; Siluria, 4 ed. p. 541, Foss. 90, f. 7.
— stella .... Hopk.					*													Q. J. Geol. Soc. vol. xxxi, p. 658, t. 34, f. 6.
— typus .... Hall					*													Grapto. Quebec Group, p. 119, t. 15, f. 1-12; ib. Nich. Q. J. Geol. Soc. vol. xxiv, p. 133, t. 5, f. 16.
? GORGONIDÆ.																		
Protovirgularis... M'Coy, 1850 ...																		
— dichotoma ...... M'Coy					*	*												Brit. Pal. Foss. p. 10, t. 1 B, f. 11, 12; Hark. Q. J. Geol. Soc. vol. xi, p. 475; ib. Baily, Char. Foss. p. 6, f. 4.
— Harknessi ...... Lapw.					*													Geol. Mag. vol. vii, p. 279, 281.
PTILOGRAPTIDÆ.																		
Ptilograptus ...... Hall, 1865																		
— acutus .... Hopk.																		Hopk. and Lapw. Arenig Rocks, St. David's, Q. J. Geol. Soc. vol. xxxi, p. 662, t. 37, f. 1.
— anglicus .... Nich.											*		*					Ann. Mag. Nat. Hist. 4 ser. vol. i, p. 238, woodcut, p. 240, f. 1-5.
— cristula .... Hopk.					*													Hopk. and Lapw. Grapto. Arenig and Lland. Rocks, St. David's, Q. J. Geol. Soc. vol. xxxi, p. 661, t. 36, f. 2.
— elegans .... Hopk.														*				Geol. Mag. 1873, vol. x, p. 520.
— Hicksii .... Hopk.					*													Hopk. and Lapw. Grapto. Arenig and Lland. Rocks, St. David's, Q. J. Geol. Soc. vol. xxxi, p. 661, t. 36, f. 1.
MONOGRAPTIDÆ.																		
Rastrites .... Barrande, 1850																		
— Barrandii ...... Hark.							*											Q. J. Geol. Soc. vol. xi, p. 475. ? Cladograp. gracilis, Carr.
— capillaris .... Carr.							*											Geol. Mag. vol. v, p. 126, t. 5, f. 16. R. gemmatus, Barr. Richter Zeltschr. Deutsch. Geol. Gesellscob. 1853, t. 12, f. 34°.
— Linnæi .... Barr.								*	*									Grapto. de Bohême, p. 65, t. 4, f. 2-4; ib. Carr. Geol. Mag. vol. v, p. 126, t. 5, f. 153 ib. Nich. Q. J. Geol. Soc. vol. xxiv, p. 531, t. 19, f. 25, 26.
— maximus .... Carr.							*											Geol. Mag. vol. v, p. 126, t. 5, f. 14; ib. Siluria, 4 ed. p. 541, Foss. 90, f. 6.
— peregrinus ...... Barr.								*	*									Grapto. de Bohême, p. 67, t. 3, f. 10-13; t. 4, f. 5; ib. Hark. Q. J. Geol. Soc. vol. vii, p. 59, t. 1, f. 1; ib. Nich. vol. xxiv, t. 19, f. 23, 24; ib. Siluria, 4 ed. p. 61, Foss. 12, f. 1; ib. Baily, Char. Brit. Foss. vol. i, p. 26, t. 9, f. 7.
— triangulatus ... Hark.																		Vide Graptolithus Sedgwickii.
GRAPTOLITIDÆ.																		
Retiolites .... Barrande, 1850																		
Gladiolites .... Barr. 1850 ...																		
? Retiograptus . Hall																		

PALÆOZOIC. HYDROZOA. CAMBRIAN AND SILURIAN.

SPECIES.	Her. St. David's	Menevian	Lingula Flags	Tremadoc	Arenig	Llandeilo	Caradoc or Bala	Low. Llandovery	Up. Llandovery	Woolhope Lmst.	Wenlock Shale	Wenlock Lmst.	Lower Ludlow	Aymestry Lmst.	Upper Ludlow	Tilest. & Passage	Pass. up	REFERENCES.
Retiolites (*continued*).																		
— Geinitzianus ... *Barr.*								*	*		*							*Gladiolites,* Grapto. de Bohême, p. 69, t. 4, f. 16, 33. ? *R. foliaceus,* Geinitz, Verst. t. 10, f. 12 a; R. Geinitzianus, Nich. Q. J. Geol. Soc. vol. xxiv, p. 530, t. 19, f. 19, 20; ? ib. Hall, Pal. New York, vol. iii, p. 518; ib. Siluria, 4 ed. p. 540, Foss. 90, f. 2; Nich. Mono. Brit. Grap. pt. I, p. 121.
— perlatus .... *Nich.*									*									Q. J. Geol. Soc. vol. xxiv, p. 530, t. 19, f. 21, 22.
— venosus .... *Hall*								*										Pal. New York, vol. ii, p. 40, t. 17 A, f. 2.
DICHOGRAPTIDÆ.																		
Tetragraptus ...... *Salter,* 1862 ...																		
— bryonoides ...... *Hall*					*													*Graptolithus,* Grapto. Quebec Group, p. 84, t. 4, f. 1–11; ib. Salt. Q. J. Geol. Soc. vol. xix, p. 138, woodcut, p. 137, f. 8 a. *Didymograptus caduceus,* Salt. Ib. p. 137, woodcut, f. 13 a, b. *Grapto. latus,* M'Coy (part.), Q. J. Geol. Soc. vol. iv, p. 223. T. bryonoides, Nich. Q. J. Geol. Soc. vol. xxiv, p. 131.
— *crucialis* .... *Salt.*																		*Vide* T. quadri-brachiatus.
— crucifer .... *Hall*					*													*Graptolithus,* Grapto. Quebec Group, p. 92, t. 5, f. 10; ib. Nich. Q. J. Geol. Soc. vol. xxiv, p. 144.
— Halli .... *Hopk.*					*													Hopk. and Lapw. Arenig and Lland. Rocks, St. David's, Q. J. Geol. Soc. vol. xxxi, p. 651, t. 33, f. 11.
— Headi .... *Hall*					*													*Graptolithus,* Grapto. Quebec Group, p. 94, t. 6, f. 8; t. 5, f. 11, 12; ib. Nich. Q. J. Geol. Soc. vol. xxiv, p. 131.
— Hicksii .... *Hopk.*					*													Hopk. and Lapw. Arenig and Lland. Rocks, St. David's, Q. J. Geol. Soc. vol. xxxi, p. 651, t. 33, f. 12.
— quadri-brachiatus... *Hall*					*													*Graptolithus,* Grapto. Quebec Group, p. 91, t. 5, f. 1–5, t. 6, f. 6, f. 5, 6. *Tetragrap. crucialis,* Salt. Q. J. Geol. Soc. vol. xix, p. 138, woodcut, p. 137, f. 8 b. Tetra. quadri-brachiatus, Ether. Junr. Ann. Mag. Nat. Hist. 4 ser. xiv, p. 3, t. 3, f. 5–8; ib. Hopk. and Lapw. Q. J. Geol. Soc. vol. xxxi, p. 649, t. 33, f. 9.
— serra .... *Brong.*					*													*Fucoides,* Hist. Végét. Foss. vol. i, p. 71, t. 6, f. 7, 8. *Cladograptus,* Geinitz, Die Graptolithen, p. 30, t. 5, f. 32–35. *Tetragraptus bryonoides,* Salt. Q. J. Geol. Soc. vol. xix, p. 137, f. 8; ib. Ether. Junr. Ann. Mag. Nat. Hist. 4 ser. vol. xiv, p. 2, t. 3, f. 1–4. Tetragraptus serra, Hopk. and Lapw. Q. J. Geol. Soc. vol. xxxi, p. 650, t. 33, f. 10.
THAMNOGRAPTIDÆ.																		
Thamnograptus ... *Hall,* 1859																		
— Dovrei .... *Nich.*																		Ann. Mag. Nat. Hist. 4 ser. vol. xvi, p. 271, t. 7, f. 1.
GLADIOGRAPTIDÆ.																		
Trigonograptus ... *Nicholson,* 1869																		
— ensiformis ...... *Hall*																		Grapto. Rept. Geol. Surv. Canada, 1850, p. 133. *Retiolites,* Grapto. Quebec Group, p. 114, t. 14, f. 1–5. Trigono. Hopk. and Lapw. Q. J. Geol. Soc. vol. xxxi, p. 659, t. 34, f. 8.
— lanceolatus ...... *Nich.*																		Ann. Mag. Nat. His. 1869, 4 ser. p. 231, t. 11.
— truncatus ...... *Lapw.*					*													Q. J. Geol. Soc. vol. xxxi, p. 660, t. 34, f. 9.
INCERTÆ SEDIS.																		
Dichotomous Polyzoon...*Salt.*						*												Q. J. Geol. Soc. vol. xix, p. 138, woodcut, p. 137, f. 14.

PALÆOZOIC. ACTINOZOA. CAMBRIAN AND SILURIAN.

SPECIES.	Har. St. David's.	Menevian.	Lingula Flags.	Tremadoc.	Arenig.	Llandeilo.	Caradoc or Bala.	Low. Llandovery.	Up. Llandovery.	Woolhope Lmst.	Wenlock Shale.	Wenlock Lmst.	Lower Ludlow.	Aymestry Lmst.	Upper Ludlow.	Tilest. & Passage.	Pass up.	REFERENCES.
	CAMBRIAN.			LOWER SIL.					UPPER SILURIAN.									
Sub-Kingdom, CŒLENTERATA. *Frey and Leuchart*, 1829.																		
Class, *ACTINOZOA*.																		
Sub-Class, CORALLARIA. M'Edw.																		
ACTINOIDEA. Dana.																		
Order, *Zoantharia*. (*Z. sclerodermata*.)																		
CYATHOPHYLLIDÆ.																		
Acervularia ...... *Schweig*, 1820.																		
Lithostrotion ... *D'Orb.* (part.)																		RUGOSA.
Astraea ...... Auctorum ...																		*Vide* A. luxurians.
— ananas............ *Linn*.																		*Vide* Arachnophyllum typus.
— Baltica .... *Schw.*																		
— luxurians........ *Eichw.*								•	•									*Flascularia*, Zool. Spec. vol. i, p. 188, t. 11, f. 5. *Mad. ananas* (pars), Linné. Syst. Nat. 12 ed. p. 1275. *Astrea*, His. Leth. Succ. p. 98, t. 28, f. 1. *Astrea ananas*, Lonsd. Murch. Sil. Syst. p. 688, t. 16, f. 6. *Cyatho. dianthus* (pars), ib. p. 690, t. 16, f. 12 a-d. *Acervularia ananas*, Siluria, 4 ed. p. 220, Foss. 54, f. 6; t. 39, f. 6. A. luxurians, M'Edw. Mono. Brit. Sil. Corals, Pal. Soc. 1854, p. 292, t. 69, f. 2. *A. ananas*, M'Coy, Brit. Pal. Foss. p. 35.
FAVOSITIDÆ.																		TABULATA.
Alveolites .... *Lam.* 1801 ...																		*Vide* Favosites.
— fibrosa............ *Lonsd*.																		MS. Cat. Camb. and Sil. Foss. Cambr. Mus. p. 107.
— Fletcheri.......... *Seeley*,												•						Pol. Foss. des Terr. Pal. (Arch. du Mus.) vol. v, p. 258; ib. Mono. Brit. Sil. Corals, Pal. Soc. 1854, p. 262, t. 61, f. 2.
— Grayii............ *M'Edw.*												•						Pol. Foss. des Terr. Pal. (Arch. du Mus.) vol. v, p. 257. *Favosites spongites* (pars), Lonsd. Sil. Syst. t. 15 bis, f. 8. Alveolites, Siluria, 4 ed. p. 119, Foss. 18, f. 5; t. 40, f. 6. Alveolites, M'Edw. Mono. Brit. Foss. Corals, Pal. Soc. 1854, p. 262, t. 61, f. 6.
— La Beebei ...... *M'Edw.*									•	•								
— pulchellus ...... *M'Edw.*																		*Vide* Monticulipora.
— repens .... *Fougt.*																		*Millepora*, Amer. Acad. vol. i, p. 99, t. 4, f. 25 (1749). *Millepora*, His. Leth. Suec. p. 108, t. 29, f. 5; ? ib. Lonsd. Sil. Syst. p. 680, t. 15, f. 30 a. *Chaletes*, D'Orb. Prod. Pal. vol. i, p. 49. *Cladopora seriata*, Hall, Pal. New York, vol. ii, p. 137, t. 38, f. 1. A. repens, M'Edw. Mono. Brit. Sil. Corals, Pal. Soc. 1854, p. 263, t. 62, f. 1.
— Seeleyi............ *Salt*.												•						Cat. Camb. and Sil. Foss. Cambr. Mus. p. 107.
— seriatoporoides.. *M'Edw.*												•						Pol. Foss. des Terr. Pal. (Arch. du Mus.) vol. v, p. 260. *Cladopora multipora*, Hall, Pal. New York, vol. ii, p. 140, t. 39, f. 1. Alveolites, M'Edw. Mono. Brit. Sil. Corals, Pal. Soc. 1854, p. 263, t. 62, f. 2. *Millepora repens* (pars), Lonsd. Sil. Syst. t. 15, f. 30 a.
CYATHOPHYLLIDÆ.																		RUGOSA.
Arachnophyllum. *Dana*, 1846 ...																		
— typus .... *M'Coy*							?	•	•									Ann. Mag. Nat. Hist. 2 ser. vol. vi, p. 278; ib. Brit. Pal. Foss. p. 38, t. 1 B, f. 27; ib. Sil. 4 ed. p. 219, Foss. 53, f. 6. *Acervularia Baltica* (pars), Lonsd. Sil. Syst. t. 16, f. 8. *Strombodes*, M'Edw. Mono. Brit. Sil. Corals, Pal. Soc. 1854, p. 293, t. 71, f. 1; ib. Siluria, 4 ed. p. 219, Foss. 53, f. 6, t. 39, f. 8.

ACTINOZOA

CAMBRIAN AND SILURIAN.

SPECIES.	Her. St. David's.	Menevian.	Lingula Flags.	Tremadoc.	Arenig.	Llandeilo.	Caradoc or Bala.	Low. Llandovery.	Up. Llandovery.	Woolhope Lmst.	Wenlock Shale.	Wenlock Lmst.	Lower Ludlow.	Aymestry Lmst.	Upper Ludlow.	Tilest. & Passage.	Pass. up.	REFERENCES.
Astræa .... *Gmelin*, 1789...																		
— *ananas* .... *Linn*.																		*Vide* Acervularia luxurians.
CYATHOPHYLLIDÆ.																		
Aulacophyllum Edw.&Haime,1850																		RUGOSA.
— *mitratum* ...... *His*............						•	•	?		•	•							*Hippurites*, Schloth, Petref. Part I, p. 352. *Turb. mitrata*, Hís. Leth. Succ. p. 109, t. 28, f. 10. *Cyathophyllum*, Geinitz, Grunov. der Verst. p. 571, t. 33 A. f. 8. *Petraia æquisulcata*, M'Coy, Brit. Pal. Foss. p. 39, t. 1 B, f. 23, 24. Aulacophyllum, M'Edw. Mono. Brit. Sil. Corals, Pal. Soc. 1854, p. 180, t. 66, f. 1.
Aulopora ...... *Goldfuss*, 1826. (creeping base of Syriugopora)..																		
— *conglomerata* .. *Lonsd*.																		*Vide* Syringopora serpens.
— *tubæformis* .... *Lonsd*.																		*Vide* Syringopora fascicularis.
Caninia............ *Michelin*, 1841																		*Vide* Omphyma.
Caryophyllia ...... *Lamarck*,1801.																		
— *flexuosa* ...... *Lonsd*.																		*Vide* Cyathophyllum flexuosum.
Catenipora ...... *Lam*. 1816 ...																		
— *Escharoides* ... *Lonsd*.																		*Vide* Halysites catenularia.
Chætetes .... *Fischer*, 1837...																		
— *Bowerbanki* .... *M'Edw*.																		*Vide* Monticulipora Bowerbanki.
— *Fletcheri*........ *M'Edw*.																		*Vide* Monticulipora Fletcheri.
CYATHOPHYLLIDÆ.																		
Chonophyllum Edw.&Haime,1850																		RUGOSA.
Heliophyllum ... *Hall*, 1846......																		*Cyathophyllum*, Goldf. Pet. Germ. vol. i, p. 59, t. 18, f. 5.
— *perfoliatum* ? ... *M'Edw*.												•					?	Chonophyllum, Mono. Brit. Sil. Corals, Pal. Soc. p. 291, t. 68, f. 2. ? Also Devonian.
Cladocora............ *Lamarck*,1832.																		
— *sulcata*............ *Lonsd*.																		*Vide* Cyathophyllum articulatum.
CYATHOPHYLLIDÆ.																		
Clisiophyllum ...... *Dana*, 1846 ...																		
— *vortex* .... *M'Coy*																		A carboniferous Limestone species.
FAVOSITIDÆ.																		
Cœnites .... *Eichw*. 1829 ...																		
Limaria *Steininger*,1823																		
Ib. .... *Lonsdale*(pars.)																		
— *intertextus* ...... *Eichw*.									•	•	•	•		•				Zool. Spec. vol. i, p.179, t. 2, f.16. *Limaria fruticosa*, Lonsd. Sil. Syst. p. 692, t. 16 bis, f. 7, 8; ib. Hall, Pal. New York, vol. ii, p. 143, t. 3, f. 9. *Cœnites*, Sil. 4 ed. t. 38, f. 8; ib. M'Edw. Mono. Brit. Sil. Corals, Pal. Soc. 1854, p. 276, t. 65, f. 5.
— *juniperinus* ...... *Eichw*.									•	•	•	•						Zool. Spec. vol. i, p.179. *Limaria clathrata*, Lonsd. Sil. Syst. p. 692, t. 16 bis, f. 17. *Cœnites*, Sil. 4 ed. t. 38, f. 7. *Limaria ramulosa*, Hall, Pal. New York, vol. ii, p.142, t. 39, f. 4. *Cœnites*, M'Edw. Mono. Brit. Sil. Corals, Pal. Soc. 1854, p. 276, t. 65, f. 4.
— *labrosus* .... *Edw*.											•	•						Mono. Brit. Sil. Corals, Pal. Soc. 1854, p. 277, t. 65, f. 6.
— *linearis* .... *Edw*.											•	•						Mono. Brit. Sil. Corals, Pal. Soc.1854, p. 277, t. 65, f. 3.
— *strigatus* .... *M'Coy*												•						Brit. Pal. Foss. p. 22, t. 1 C, f. 8; ib. M'Edw. Brit. Sil. Corals, Pal. Soc. 1854, p. 278.
— Sp. Nos. 1, 2, 3. *Salt*.												•						Vars. allied to C. linearis and C. labrosus in Cat. Camb. and Sil. Foss. Cambr. Mus. p. 106.

PALÆOZOIC.   ACTINOZOA.   CAMBRIAN AND SILURIAN.

SPECIES.	Har. St. David's.	Mcnevian.	Lingula Flags.	Tremadoc.	Arenig.	Llandeilo.	Caradoc or Bala.	Low. Llandovery.	Up. Llandovery.	Wenlock Lime.	Wenlock Shale.	Wenlock Lime.	Lower Ludlow.	Aymestry Lime.	Upper Ludlow.	Tilest. & Passage.	Pass up.	REFERENCES.
Compound Madreporite...Park	...	...	...	...	...	...	...	...	...	...	...	...	...	...	...	...	•	*Vide* Heliolites Murchisoni.
CYATHAXONIDÆ.																		
Cyathaxonia ? ... *Mich.* 1846																	•	RUGOSA.
— Siluriensis ...... *M'Coy*	...	...	...	...	...	...	...	...	•	•	•	•	...	...	...			Ann. Mag. Nat. Hist. 2 ser. vol. iv, p. 281, 1850; ib. Brit. Pal. Foss. p. 36, t. 1 C, f. 11; ib. M. Edw. Mono. Brit. Sil. Corals, Pal. Soc. 1854, p. 279.
CYATHOPHYLLIDÆ.																		
Cyathophyllum ... *Goldf.* 1826																		RUGOSA.
— angustum ...... *Lonsd.*	...	...	...	...	...	...	•	...	•	•	•	...	...	...	...			Sil. Syst. p. 690, t. 16, f. 9; ib. Siluria, 4 ed. t. 39, f. 9. *Cystiphyllum brevilamellatum*, M'Coy, Brit. Pal. Foss. p. 32, t. 1 B, f. 19. *C. angustum*, M. Edw. Mono. Brit. Sil. Corals, Pal. Soc. 1854, p. 281, t. 66, f. 4.
— articulatum ...... *Wahl.*	...	...	...	...	...	...	■	■	•	•	•	...	...	...	...			*Madreporites*, Nov. Act. Soc. Upsal, vol. viii, p. 87, 1821. *C. vermiculare*, Hiss. Antechningar, vol. v, p. 130, t. 8, f. 8; ib. Loth. Succ. p. 102, t. 29, f. 2. *C. cæspitosum*, Lonsd. Sil. Syst. p. 696, t. 16, f. 10. *Cladocora sulcata*, Sil. Syst. p. 693, t. 16, f. 9. *Strephodes craigensis*, M'Coy, Brit. Pal. Foss. p. 30, t. 1 C, f. 10. Cyatho. Siluria, 4 ed. p. 220, Foss. f. 1; t. 38, f. 9, t. 39, f. 10. *C. articulatum*, M. Edw. Mono. Brit. Sil. Corals, Pal. Soc. 1854, p. 282, t. 67, f. 1.
— cæspitosum ...... *Lonsd.*																		*Vide* C. articulatum.
— dianthus (pars). *Lonsd.*																		*Vide* Acervularia luxurians.
— flexuosum ...... *Linn.*	...	...	...	...	...	...	...	...	...	...	•	...	...	...	...			*Madrepora*, Syst. Nat. 12 ed. p. 1278. *Caryophyllia*, Lonsd. Sil. Syst. p. 689, t. 16, f. 7. Cyathophyllum, Siluria, 4 ed. t. 39, f. 7; ib. M. Edw. Mono. Brit. Sil. Corals, Pal. Soc. 1854, p. 285, t. 67, f. 2.
— Loveni .... *M. Edw.*	...	...	...	...	...	...	...	...	...	...	•	...	...	...	...			Pol. Foss. des Terr. Pal. (Arch. du Mus.) vol. v, p. 364. *C. flexuosum*, ? Hiss. Leth. Succ. p. 102, t. 29, f. 3. *C. Loveni*, M. Edw. Mono. Brit. Sil. Corals, Pal. Soc. 1854, p. 280, t. 61, f. 2. *Tryplasma articulata*, Lonsd. Murch. Vern. Keys, Russ. and Ural, &c. vol. i, t. A, f. 8.
— Murchisoni ...... *M. Edw. & Haime*																		*Vide* Omphyma Murchisoni.
— pseudo-ceratites *M'Coy*	...	...	...	...	...	...	...	...	•	•	•	•	...	...	...			*Strephodes*, Ann. Mag. Nat. Hist. 2 ser. vol. vi, p. 275; ib. Brit. Pal. Foss. p. 30, t. 1 B, f. 20. Cyatho. M. Edw. Mono. Brit. Sil. Corals, Pal. Soc. 1854, p. 282, t. 66, f. 3.
— trochiforme ...... *M'Coy*	...	...	...	...	...	...	...	...	...	...	•	...	...	...	...			*Strephodes*, Brit. Pal. Foss. p. 31, t. 1 B, f. 21. Cyatho. M. Edw. Mono. Brit. Sil. Corals, Pal. Soc. 1854, p. 285.
— truncatum ...... *Linn.*	...	...	...	...	...	...	...	...	•	•	•	•	...	...	...			*Madrepora*, Syst. Nat. 12 ed. p. 1277 (1758). *C. dianthus*, Lonsd. Murch. Sil. Syst. p. 690, t. 16, f. 12. *Strephodes vermiculoides*, M'Coy, Brit. Pal. Foss. p. 31, t. 1 B, f. 22. *C. truncatum*, Sil. 4 ed. p. 220, f. 2, 3; ib. t. 39, f. 12; ib. M. Edw. Mono. Brit. Foss. Sil. Corals, Pal. Soc. 1854, p. 284, t. 66, f. 5.
— turbinatum ...... *Lonsd.*																		*Vide* Omphyma subturbinata.
— vermiculoides ... *M'Coy*																		*Vide* C. truncatum.
— vortex .... *M'Coy*																		A carboniferous limestone species.
CYSTIPHYLLIDÆ.																		
Cystiphyllum...... *Lonsdale*, 1839																		RUGOSA.
Cystiophyllum .. *Dana*																		
— brevilamellatum *M'Coy*																		Brit. Pal. Foss. p. 32, t. 1 B, f. 19. ? *Cyst. silurense*, Lonsd. Sil. Syst. t. 16 bis, f. 2.
— cylindricum ... *Lonsd.*	...	...	...	...	...	...	...	...	•	•	•	•	...	...	...			Sil. Syst. p. 691, t. 16 bis, f. 3; Siluria, 4 ed. p. 220, Foss. 54, f. 8; ib. t. 38, f. 3; ib. M. Edw. Mono. Brit. Sil. Foss. Pal. Soc. 1854, p. 297, t. 72, f. 2.

D   17

PALÆOZOIC. ACTINOZOA. CAMBRIAN AND SILURIAN.

SPECIES.	Her. St. David's.	Menevian.	Lingula Flags.	Tremadoc.	Arenig.	Llandeilo.	Caradoc or Bala.	Low. Llandovery.	Up. Llandovery.	Wenlope Lmst.	Wenlock Shale.	Wenlock Lmst.	Lower Ludlow.	Aymestry Lmst.	Upper Ludlow.	Tilest. & Passage.	Pass. up.	REFERENCES.
Cystiphyllum (*continued*).																		
— Grayii .... *M. Edw.*										•								Mono. Brit. Foss. Corals, Pal. Soc. 1854, p. 297, t. 72, f. 3.
— Siluriense ...... *Lonsd.*										•								Sil. Syst. p. 691, t. 16 bis, f. 1 (non f. 2); ib. Siluria, 4 ed. p. 220, Foss. 54, f. 7, t. 38, f. 1; ib. M. Edw. Mono. Brit. Foss. Corals, Pal. Soc. 1854, p. 298, t. 72, f. 1.
— Sp. .... *Salt.*										•								Cat. Camb. and Sil. Foss. Woodw. Mus. Cambr. p. 116.
CYATHOPHYLLIDÆ.																		
Diphyphyllum ... *Lonsd.* 1845 ...																		
— *flexuosum* ...... *Linn.*																		*Vide* Cyathophyllum flexuosum.
FAVOSITIDÆ.																		
Favosites .... *Lam.* 1816																		
Calamopora ...... *Goldf.* 1826 ...																		
Thamnopora ... *Steininger*, 1831																		
Stenopora (pars) *Lonsdale*, 1844																		TABULATA.
— *alveolaris* ...... *Goldf.*																		*Vide* F. aspera.
— aspera .... *D'Orb.*						•	•	•	•	u	•	•	•	•				Calamopora alveolaris (pars), Goldf. Petref. Germ. vol. i, p. 77, t. 26, f. 1 b, 1829. F. alveolaris, Lonsd. Sil. Syst. p. 681, t. 15 bis, f. 2. F. prismatica, Stein. Mem. Soc. Geol. France, 1834, p. 335. F. aspera, Siluria, 4 ed. p. 119, Foss. 18, f. 4; ib. t. 40, f. 1, 2. F. aspera, D'Orb. Prod. Pal. vol. i, p. 49. F. alveolaris, M'Coy, Brit. Pal. Foss. p. 191; ib. M. Edw. Mono. Brit. Sil. Corals, Pal. Soc. 1854, p. 257, t. 60, f. 3.
— crassa .... *M'Coy*							•											Ann. Mag. Nat. Hist. 2 ser. vol. vi, p. 284; ib. Brit. Pal. Foss. p. 20, t. 1 C, f. 9; ib. M. Edw. Mono. Brit. Sil. Corals, Pal. Soc. 1854, p. 261.
— cristata .... *Blum.*										•	•	•	•					Madreporites, Comment. Soc. Scient. Gött. vol. xv, p. 154, t. 3, f. 12, 1803. Favo. crassa, M'Coy, Brit. Pal. Foss. p. 20, t. 1 C, f. 9. Favo. polymorpha, Lonsd. Murch. Sil. Syst. p. 684, t. 15, f. 2. Favo. cristata, Siluria, 4 ed. p. 119, Foss. 18, f. 1; ib. t. 41, f. 2; ib. M. Edw. Mono. Brit. Sil. Corals, Pal. Soc. 1854, p. 260, t. 61, f. 3, 4. Calamopora polymorpha, Hiss. Leth. Suec. p. 97, t. 27, f. 6.
— *favulosa* .... *Phill.*																		*Vide* Monticulipora favulosa.
— fibrosa .... *Goldf.*							+	•	•	u	•	u	•	?			?	Calamopora, var. Tuberosa ramosa, Goldf. Petref. Germ. vol. i, p. 82, t. 28, f. 3. Alveolites, Lonsd. Sil. Syst. p. 683, t. 15, f. 1. Favosites, Phill. Pal. Foss. p. 17, f. 9, t. 25. Stenopora, M'Coy, Brit. Pal. Foss. p. 24. Astrocerium constrictum, Hall, Pal. New York, vol. ii, p. 123, t. 34 A, f. 2, 3. Stenop. fibrosa, Baily, Char. Foss. p. 1, t. 10, f. 1. Favo. Siluria, 4 ed. p. 119, Foss. 18, f. 7, and p. 189, Foss. 30, f. 1, 2; ib. t. 40, f. 6, 7, var. F. incrustans, M'Coy; ib. Siluria, 4 ed. p. 119, Foss. 18, f. 8; t. 41, f. 1. F. fibrosa, M. Edw. Mono. Brit. Foss. Sil. Corals, Pal. Soc. 1854, p. 217, 261, t. 48, f. 3, and t. 61, f. 5; see Billings, Geol. and Pal. Canada, p. 157, f. 116. ? *Favosites ramulosa*, Phill. Mem. Geol. Surv. vol. xii, pt. 1, p. 385. ? *Favo. lycopodites*, Say and Hall, Pal. New York, t. 23, f. 1-3; t. 24, f. 1.
— Var. *regularis* ... *M'Coy*																		*Vide* F. regularis.
— Forbesii .... *M. Edw.*										•	•		•					Pol. Foss. des Terr. Pal. (Arch. du Mus.) vol. v, p. 238, 1851. ? Favo. Gothlandica, Lonsd. Sil. Syst. p. 681, t. 15 bis, f. 3, 4. F. Forbesii, M. Edw. Mono. Brit. Sil. Corals, Pal. Soc. 1854, p. 258, t. 60, f. 2 a-g. Calamopora basaltica, Goldf. Petref. Germ. t. 26, f. 4. F. basaltica, Billings (part), Canadian Jour. New Series, vol. iv, p. 106. F. Forbesii, Nichol. Report upon the Pal. of the Prov. of Ontario, 1874, p. 48, t. 7, f. 8; t. 8, f. 4.

ACTINOZOA. CAMBRIAN AND SILURIAN.

SPECIES.	CAMBRIAN.			LOWER SIL.				UPPER SILURIAN.								Pass. up.	REFERENCES.
	Har. St. David's.	Menevian.	Lingula Flags.	Tremadoc.	Arenig.	Llandeilo.	Caradoc or Bala.	Low. Llandovery.	Up. Llandovery.	Woolhope Lmst.	Wenlock Shale.	Wenlock Lmst.	Lower Ludlow.	Aymestry Lmst.	Upper Ludlow.	Tilest. & Passage.		
Favosites (continued).																		
— Gothlandica ... *Fougt.*							•	•	•	•	•	•	•					*Corallium Gothlandicum*, &c. Fougt. Amœn Acad. 1749, vol. I, p. 106, t. 4, f. 27. *Favosites*, Lam. Hist. Anim sans Vert. vol. ii, p. 206. *Calamopora*, Goldf. Petref. Germ. vol. I, p. 78, t. 26, f. 3, 3 a; ib. Kutorga, Eichwald, &c. *Cal. basaltica*, His. Leth. Succ. p. 96, t. 27, f. 4, 5. Favo. Gothlandica, Hall, Pal. New York, vol. iv, p. 157, woodcut, f. 2. ? *F. Niagarensis*, Hall, ib. p. 125, t. 34 A bis, f. 4; t. 75, f. 1. Favo. Gothlandica, Siluria, 4 ed. p. 119, Foss. 18, f. 1, 3; p. 188, Foss. 30, f. 6; t. 40, f. 3, 4; ib. M. Edw. Mono. Brit. Sil. Corals, Pal. Soc. 1854, p. 256, t. 60, f. 1; ib. M'Coy, Brit. Pal. Foss. p. 20; ib. Billings, Canadian Jour. New Series, vol. iv, p. 99, f. 2–4.
— Hisingeri ...... *M. Edw.*												•						Pol. Foss. des Terr. Pal. (Arch. du Mus.) vol. v, p. 240, t. 17, f. 2, 1851. *Astrocerium venustum*, Hall, Pal. New York, vol. ii, p. 120, t. 34, f. 1. F. Hisingeri, M. Edw. Mono. Brit. Sil. Corals, Pal. Soc. 1854, p. 259, t. 61, f. 1.
— lycoperdon ...... *Hall*							•		•									Var. of Favosites fibrosa, Siluria, 4 ed. p. 189, Foss. 31, t. 2. (Alveolites.)
— multipora ...... *Lonsd.*							•		•	•	•							Sil. Syst. p. 683, t. 15 bis, f. 5; ib. M. Edw. Mono. Brit. Sil. Corals, Pal. Soc. 1854, p. 258, t. 60, f. 4; ib. Siluria, 4 ed. t. 40, f. 5.
— oculata ...... *Goldf.*																		*Vide* Ceriopora oculata.
— polymorpha ... *Lonsd.*																		*Vide* Favosites cristata.
— ramulosa .... *Phill.*																		*Vide* Favosites fibrosa.
— regularis .... *M'Coy*							•					•				•		*Stenopora fibrosa*, var. β, regularis, Brit. Pal. Foss. p. 25. ? *Alveolites fibrosa*, Lonsd. Sil. Syst. t. 15, f. 1.
— spongites .... *Lonsd.*																		*Vide* Alveolites La Bechei.
TUBIPORIDÆ.																		TABULATA.
Fistulipora .... *M'Coy*, 1849 ...																		
— decipiens .... *M'Coy*										•	•	•						Ann. Mag. Nat. Hist. 2 ser. vol. vi, p. 285, 1850; ib. Brit. Pal. Foss. p. 11, t. 1 C, f. 1.
CYATHOPHYLLIDÆ.																		RUGOSA.
Goniophyllum *M.Ed.&Haime*,1850																		
— Fletcheri .... *M. Edw.*								?			•	•						Pol. Foss. des Terr. Pal. (Arch. du Mus.) vol. v, p. 405; ib. Mono. Brit. Sil. Corals, Pal. Soc. 1854, p. 290, t. 68, f. 3.
— pyramidale ...... *His.*									•	•	•							*Turbinolia*, Anteck. vol. v, p. 128, t. 7, f. 5. *Calceola*, Girard, Jahrb. für Miner. und Geol. p. 232, f. a–e. *Petraia quadrata*, M'Coy, Syn. Sil. Foss. Irel. p. 61, t. 4, f. 18. Goniophyllum, Lind. Geol. Mag. vol. iii, p. 383, woodcut, p. 356, t. 16, f. 1–7; ib. M. Edw. Mono. Brit. Foss. Corals, Pal. Soc. p. 290.
FAVOSITIDÆ.																		
Sub-Fam. *Halysitina*.																		
Halysites .... *Fischer*, 1813...																		
Alysites (ib. olim)																		TABULATA.
Catenipora ...... *Lam.* 1816																		
— catenularia ...... *Linn.*							•		•	•	•	•	•					*Tubipora*, Syst. Nat. 12 ed. p. 1270 (1767). *Tubiporites*, Schloth. Petref. pt. 1, p. 366. *Tubipora*, Park. Org. Rem. vol. ii, t. 3, f. 5, 6. *Catenipora labyrinthica*, Goldf. Petref. Germ. vol. i, p. 75, t. 25, f. 5; ib. His. Leth. Succ. p. 95, t. 26, f. 10. *Catenipora escharoides*, Lonsd. Sil. Syst. p. 685, t. 15 bis, f. 14; ib. M. K.V. Russ. Ural Mts. p. 685, t. 15 b, f. 14; ib. Hall, Pal. New York, vol. ii, p. 44, t. 27, t. 18, f. 1; t. 35, f. 2. Halysites, Siluria, 4 ed. p. 120, Foss. 20, f. 6; p. 189, Foss. 31, f. 4, t. 40, f. 14; ib. M. Edw. Mono. Brit. Sil. Corals, Pal. Soc. 1854, p. 270, t. 64, f. 1. *Hal. catenulatus*, Bill. Geol. Canada, p. 305, f. 303.

ACTINOZOA.

CAMBRIAN AND SILURIAN.

SPECIES.	Hist. St. David's	Menevian	Lingula Flags	Tremadoc	Arenig	Llandeilo	Caradoc or Bala	Low. Llandovery	Up. Llandovery	Woolhope Lmst.	Wenlock Shale	Wenlock Lmst.	Lower Ludlow	Aymestry Lmst.	Upper Ludlow	Tilest. & Passage	Pass. up.	REFERENCES.
Halysites (continued).																		
— Var. *labyrinthica*											*							*Vide* H. catenularia.
— *cactaroides* ...... *Lonsd.*									*		*	*	*					Catenipora, Hist. des Anim. sans Vert. vol. ii, p. 207, 1816; 2nd ed. p. 322; Ib. Goldf. Petref. Germ. vol. i, p. 74, t. 25, f. 4. *Catenipora*, His. Leth. Suec. p. 94, t. 26, f. 9. Halysites, M. Edw. Mono. Brit. Sil. Corals, Pal. Soc. 1854, p. 272, t. 64, f. 2.
Harmodites .... *Fischer*, 1828..																		*Vide* Syringopora.
MILLEPORIDÆ.																		
Heliolites .... *Dana*, 1846 ...																		
*Porites Lamk.*1816 & *Lonsd.*1839																		
Palæopora ...... *M'Coy*, 1849 ...																		
Lonsdaleia ? ... *D'Orb.* 1849 ...																		
Geoporites ...... *D'Orb.* 1850 ...																		
Propora.. *M.Edw.&Haime*,1849																		TABULATA.
— *cæspitosa* .... *Salt.*							*											Cat. Camb. and Sil. Foss. Woodw. Mus. Cambr. p. 104.
— *discoideus* .... *Lonsd.*							*											*Porites*, Sil. Syst. vol. ii, p. 688, t. 16, f. 1. Heliolites, Sil. 4 ed. t. 39, f. 1.
— *favosus* .... *M'Coy*						*	*	*										*Palæopora*, Brit. Pal. Foss. p. 15, t. 1 C, f. 3; Ib. Ann. Mag. Nat. Hist. 2 ser. vol. iv, p. 285.
— Grayii .... *M. Edw.*									*									Pol. Foss. des Terr. Pal. (Arch. du Mus.) vol. v, p. 217; ib. M. Edw. Mono. Brit. Sil. Corals, Pal. Soc. 1854, p. 252, t. 58, f. 1.
— *inordinatus* ...... *Lonsd.*							*	*										*Porites*, Sil. Syst. p. 687, t. 16 bis, f. 12. *Palæopora subtilis*, M'Coy, Brit. Pal. Foss. p. 17. Heliolites inordinatus, Siluria, 4 ed. p. 188, Foss. 30, f. 3, t. 38, f. 12. Helio. inordinatus, M. Edw. Mono. Brit. Sil. Corals, Pal. Soc. 1854, p. 253, t. 57, f. 7.
— *interstinctus* ... *Linn.*						*	*	*	*	*	*	*						*Madrepora*, Syst. Nat. 12 ed. p. 1276. *Madreporites*, Wahl. Nov. Act. Soc. Scient. Upsal, 1821, vol. viii, p. 98. *Porites pyriformis*, Lonsd. Sil. Syst. p. 686, t. 16, f. 2. *Astræa porosa*, Ills. Leth. Suec. p. 98, t. 28, f. 2. *Heliolites interstinctus*, Siluria, 4 ed. p. 120, Foss. 19, f. 3, t. 39, f. 2. H. interstinctus, Hill. Geol. Canada, p. 305, f. 301; ib. M. Edw. Mono. Brit. Sil. Corals, Pal. Soc. 1854, p. 249, t. 57, f. 5. ? *Geoporites*, D'Orb. Prod. p. 49. *Palæopora*, M'Coy, Brit. Pal. Foss. p. 15.
— *megastoma* ...... *M'Coy*						*	*		*		*	*						*Palæopora*, Brit. Pal. Foss. p. 16, t. 1 C, f. 4. *Porites*, ib. Sil. Foss. Ireland, p. 62, t. 4, f. 19. Heliolites, Siluria, 4 ed. p. 188, Foss. 30, f. 7; ib. M. Edw. Mono. Brit. Foss. Corals, Pal. Soc. 1854, p. 251, t. 58, f. 2. *Porites pyriformis* (pars), Lonsd. Sil. Syst. p. 686, t. 16, f. 2.
— Murchisoni ...... *M. Edw.*											*							Pol. Foss. des Terr. Pal. (Arch. du Mus.) vol. v, p. 215. *Palæopora interstincta*, var. subtubulata, M'Coy, Brit. Pal. Foss. p. 16, t. 1 C, f. 2. Heliolites, M. Edw. Mono. Brit. Sil. Corals, Pal. Soc. 1854, p. 250, t. 57, f. 6. Compound Madreporite, Park. Org. Item. vol. ii, t. 7. f. 10.
— *patelliformis* ... *Lonsd.*																		*Vide* Plasmopora patelliformis.
— *pyriformis* ...... *Lonsd.*																		*Vide* Heliolites interstinctus.
— *subtilis* .... *M'Coy*																		*Vide* Heliolites inordinatus.
— Var. *subtubulata M'Coy*																		Brit. Pal. Foss. p. 16, t. 1 C, f. 2.
— *tubulatus* .... *Lonsd.*						*	*	*	*	*	*	*			*			*Porites*, Sil. Syst. p. 678, t. 16, f. 3. *Propora*, M. Edw. Mono. Brit. Sil. Corals, Pal. Soc. 1854, p. 255, t. 59, f. 3. Heliolites, Siluria, 4 ed. p. 120, Foss. 19, f. 11; ib. t. 39, f. 3. *Palæopora*, M'Coy, Brit. Pal. Foss. p. 18. *Astræopora*, D'Orb. Prod. p. 50.

PALÆOZOIC. ACTINOZOA. CAMBRIAN AND SILURIAN.

SPECIES.	CAMBRIAN.			LOWER SIL.				UPPER SILURIAN.								REFERENCES.
	Mar. St. David's.	Menevian.	Lingula Flags.	Tremadoc.	Arenig.	Llandeilo.	Caradoc or Bala.	Lev. Llandovery.	Up. Llandovery.	Woolhope Limst.	Wenlock Shale.	Wenlock Limst.	Lower Ludlow.	Aymestry Limst.	Upper Ludlow.	Tilest. & Passage.	Pass up.	
CHÆTETINÆ.																	
La Bechoia.......... *Milne Edw.*1851																	
Monticularia ... *Lonsdale*, 1839																	
— conferta .... *Lonsd.*								•	•	•	•	•					*Monticularia*, Sil. Syst. p. 688, t. 16, f. 5. La Becheia, M. Edw. and Haime, Pol. Foss. des Terr. Pal. (Arch. du Mus.) vol. v, p. 280; ib. M. Edw. Mono. Brit. Sil. Corals, Pal. Soc. 1854, p. 269, t. 62, f. 6; ib. Sil. 4 ed. t. 39, f. 5.
FAVOSITIDÆ.																	
Limaria *Steininger*,1833																	
— clathrata .... *Lonsd.*																	*Vide* Cœnites juniperinus.
— fruticosa......... *Lonsd.*																	*Vide* Cœnites intertextus.
CYATHOPHYLLIDÆ.																	
Lonsdaleia ...... *M'Coy*, 1849...																	RUGOSA.
— *Wenlockensis* ... *M'Coy*																	A carboniferous limestone species.
Millepora .... *Linnæus*, 1748.																	
— repens .... *Lonsd.*																	*Vide* Ceriopora oculata. (Polyzoa.)
Monticularia ...... *Lonsd.* 1839 ...																	*Vide* La Becheia.
FAVOSITIDÆ.																	
Monticulipora ... *D'Orb.* 1850 ...																	
Chætetes .... *Fischer*, 1837...																	
Nebulipora...... *M'Coy*, 1849 ...																	
Rhinopora ...... *Hall*, 1852......																	TABULATA.
— ? Bowerbankii... *M. Edw.*										•		•					*Chætetes*, Pol. Foss. des Terr. Pal. (Arch. du Mus.) vol. v, p. 272. *Favosites spongites*, Lonsd. (pars) Sil. Syst. p. 683, t. 15 bis, f. 8 a-c. Monticulipora, M. Edw. Mono. Brit. Sil. Corals, Pal. Soc. 1854, p. 268, t. 63, f. 1.
— explanata ...... *M'Coy*								•	•								*Nebulipora*, Ann. Mag. Nat. Hist. 2 ser. 1850, vol. vi, p. 283; ib. Brit. Pal. Foss. p. 23, t. 1 C, f. 6. Monticulipora, M. Edw. Mono. Brit. Sil. Corals, Pal. Soc. 1854, p. 268.
— favulosa .... *Phill.*								•	•								*Favosites*, Mem. Geol. Surv. Gt. Brit. vol. ii, pt. 1, p. 385, t. 30, f. 3. *Favosites*, var. β, Neb. lens, M'Coy, Synop. Sil. Foss. Irel. t. 12, f. 13, App. vol. iii; Mem. Geol. Surv. N. Wales, p. 283, t. 19, f. 10. *Mont. favulosa*, Siluria, 4 ed. p. 51, Foss. 11, f. 22.
— Fletcheri .... *M. Edw.*																	*Chætetes*, Pol. Foss. des Terr. Pal. (Arch. du Mus.) vol. v, p. 271. *Calamopora spongites*, Goldf. Pet. Germ. vol. 1, p. 216, t. 64, f. 10. *Favo. spongites* (pars), Lonsd. Sil. Syst. t. 15 bis, f. 9. Monticulipora, M. Edw. Mono. Brit. Sil. Corals, Pal. Soc. 1854, p. 267, t. 62, f. 3.
— lens .... *M'Coy*								•	•								*Nebulipora*, M'Coy, Ann. Mag. Nat. Hist. 2 ser. vol. vi, p. 283; ib. Brit. Pal. Foss. p. 23, t. 1 C, f. 7. Monticulipora, M. Edw. Mono. Brit. Sil. Corals, Pal. Soc. 1854, p. 269; ib. Siluria, 4 ed. p. 68, Foss. 13, f. 13.
— papillata .... *M'Coy*								•	•	•		•					*Nebulipora*, Ann. Mag. Nat. Hist. 2 ser. vol. vi, p. 284; ib. Brit. Pal. Foss. p. 24, t. 1 C, f. 5. *Rhinopora tuberculosa*, Hall, Pal. New York, vol. ii, p. 170, t. 40 E, f. 4. Monticulipora, M. Edw. Mono. Brit. Sil. Corals, Pal. Soc. 1854, p. 266, t. 62, f. 4. *Chætetes tuberculatus*, M. Edw. and Haime, Pol. Foss. Terr. Pal. (Arch. du Mus.) vol. v, p. 268, t. 19, f. 3.
— petropolitana ... *Pander*							•											*Favosites*, Russ. Reiche, p. 105, t. 1, f. 6, 7, 10, 11. *Chætetes*, Lonsd Sil. Syst. March. Vern. and Keys, Russ. and Ural, vol. 1, p. 596, t. A, f. 10. *Favosites*, M'Coy, Synop. Sil. Foss. Irel. p. 64, t. 4, f. 21. *Calamopora fibrosa* (pars), Goldf. Petref. Germ. vol. i, p. 215, t. 64, f. 9. *Chætetes lycoperdon*, Hall (pars), vol. 1, p. 64, t. 23, f. 1; t. 24, f. 1; ib. vol. ii, p. 40, t. 17, f. 1. Monticulipora, M. Edw. Mono. Brit. Sil. Corals, Pal. Soc. 1854, p. 264.

ACTINOZOA

SPECIES.	CAMBRIAN. LOWER SIL.							UPPER SILURIAN.							REFERENCES.
	Her. St. David's.	Menevian.	Lingula Flags.	Tremadoc.	Arenig.	Llandeilo.	Caradoc or Bala.	Low. Llandovery.	Up. Llandovery.	Woolhope Lmst.	Wenlock Shale.	Wenlock Lmst.	Lower Ludlow.	Aymestry Lmst.	Upper Ludlow.	Tiled. & Passage.	Pass. up.	
Monticulipora (*continued*).																		
— pulchella .... *M. Edw.*											*							Chætetes, M.Edw. and Haime, Pol. Foss. des Terr. Pal. (Arch. du Mus.) vol. v, p. 271. Monticulipora, M Edw. Mono. Brit. Sil. Corals, Pal. Soc. 1854, p. 267, t. 42, f. 5.
— Sp. Nos. 1, 2, 3, 4, 5, 6 ... *Salt*.											*							*Vide* Cat. Camb. and Sil. Foss. Woodw. Mus. Cambr. p. 108, 109.
FAVOSITIDÆ.																		
Nebulipora .... *M'Coy*, 1849 ...																		
Monticulipora .. *D'Orbigny*,1850																		
— *explanata* .... *M'Coy*																		
— *lens* .... *M'Coy*																		*Vide* Monticulipora.
— *papillata* .... *M'Coy*																		
CYATHOPHYLLIDÆ.																		
Omphyma .... *Rafinesque*, 1820																		
Caninia .... *Michelin*, 1841.																		RUGOSA.
— *lata* .... *M'Coy*																		*Vide* O. turbinata.
— Murchisoni...... *M.Edw.&Haime*											*							Pol. Foss. des Terr. Pal. (Arch. du Mus.) vol. v, p. 402. *Cystiphyllum Siluriense* (pars), Lonsd. Sil. Syst. p. 691, t. 16 bis, f. 2. Omphyma, M. Edw. Mono. Brit. Sil. Corals, Pal. Soc. 1854, p. 289, t. 67, f. 3; ib. Siluria, 4 ed. t. 38, f. 2.
— subturbinata ... *D'Orb.*											*							*Cyathophyllum*, Prod. de Pal. vol. I, p. 47; ib. Lonsd. Sil. Syst. p. 690, t. 16, f. 11. *Turbinolia verrucosa* and *echinata*, His. Anteck. vol. v, p. 128, t. 8, f. 5, 6; ib. Leth. Suec. p. 100, t. 28, f. 7, 8. Omphyma, M. Edw. Mono. Brit. Sil. Corals, Pal. Soc. 1854, p. 288, t. 68, f. 1.
— turbinata......... *Fougt*.							*	*	*	*	*	*	*			?		*Mad. simplex, turbinata*, &c. Amœn. Acad. vol. i, p. 87, t. 4, f. 1, 2. *Caninia lata*, M'Coy, Brit. Pal. Foss. p. 28, t. 1 C, f. 13. Omphyma, M. Edw. Mono. Brit. Sil. Corals, Pal. Soc. 1854, p. 287, t. 69, f. 1; ib. Siluria, 4 ed. p. 220, Foss. 54, f. 4, 5; t. 39, f. 11.
CYATHOPHYLLIDÆ.																		
Palæocyatus M.Edw.&Haime,1849																		RUGOSA.
— Fletcheri .... *M. Edw.*											*							Pol. Foss. des Terr. Pal. (Arch. du Mus.) vol. v, p. 205; ib. Mono. Brit. Sil. Corals, Pal. Soc. 1854, p. 248, t. 57, f. 3 a-f.
— porpita............. *Linn.*							*	*		*	*	*						*Madrepora*, Syst. Nat. 12 ed. p. 1273. *Cyclolites numismalis*, His. Letth. Suec. p. 100, t. 28, f. 5. *Cyclolites lenticulata*, Lonsd. Sil. Syst. t. 15, f. 4, 5. Palæocyclus, 4 ed. p. 219, Foss. 53, f. 3, 4; ib. M. Edw. Mono. Brit. Sil. Corals, Pal. Soc. 1854, p. 246, t. 57, f. 1.
— præacutus ...... *Lonsd*.								*	*	*	*							*Cyclolites*, Sil. Syst. p. 693, t. 19, f. 4. *Cyclolites lenticulata*, ib. p. 693, t. 15, f. 5. Palæocyclus, M. Edw. Mono. Brit. Sil. Corals, Pal. Soc. 1854, p. 247, t. 57, f. 2, Siluria, 4 ed. t. 41, f. 4, 5.
— rugosus .... *M. Edw.*																		Pol. Foss. des Terr. Pal. (Arch. du Mus.) vol. v, p. 206; ib. Mono. Brit. Sil. Corals, Pal. Soc. 1854, p. 248, t. 57, f. 4 a-d.
MILLEPORIDÆ.																		
Palæopora .... *M'Coy*, 1849																		TABULATA.
Geoporites ...... *D'Orb.* 1850																		
Plasmopora M.Ed.&Haime,1849																		Chiefly referable to Heliolites.
Propora ... *M.Ed.&Haime*,1849																		
— *expatiata* .... *M'Coy*																		*Vide* Thecia Swindernana.
— *favosa* .... *M'Coy*																		*Vide* Heliolites favosus.
— *interstincta*...... *Wahl*.																		*Vide* Heliolites interstinctus.

PALÆOZOIC.   ACTINOZOA.   CAMBRIAN AND SILURIAN.

SPECIES.	Har. St. David's.	Menevian.	Lingula Flags.	Tremadoc.	Arenig.	Llandeilo.	Caradoc or Bala.	Low. Llandovery.	Up. Llandovery.	Woolhope Lmst.	Wenlock Shale.	Wenlock Lmst.	Lower Ludlow.	Aymestry Lmst.	Upper Ludlow.	Tilest. & Passage.	Pass up.	REFERENCES.
Palæopora (*continued*).																		
— *megastoma* ...... M'Coy																		*Vide* Heliolites megastoma.
— *patelliformis* ... Lonsd.																		*Vide* Plasmopora patelliformis.
— *subtilis* .... M'Coy																		*Vide* Heliolites inordinatus.
— *subtetrahedra*... M'Coy																		*Vide* Heliolites Murchisoni.
— *tubulata* .... Lonsd.																		*Vide* Propora. (Heliolites tubulata.)
— Var. *subtubulata* M'Coy																		*Vide* Heliolites subtubulata.
CYATHOPHYLLIDÆ.																		
Petraia .... *Munst.* 1839																		
Turbinolopsis... Phill. 1841																		
Streptelasma ... Hall, 1847																		RUGOSA.
— *æquisulcata* ... M'Coy																		*Vide* Aulacophyllum mitratum.
— *bina* .... Lonsd.							*	*	*		*	*	*					*Turbinolopsis*, Sil. Syst. p. 692, t.16 bis, f. 5; ib. Phill. Pal. Foss. p. 4, t. 1, f. 2; ib. M'Coy, Brit. Pal. Foss. p. 40. Petraia, Siluria, 4 ed. p. 119, Foss. 53, f. 7, 8; ib. t. 38, f. 5.
— *crenulata* .... M'Coy								*			*							Var. of P. subduplicata (*vide*).
— Du Noyeri ...... Baily									*									Expl. sheet 143, Geol. Surv. Ireland, p. 11, f. 1 a d.
— *elongata* .... Phill.								*	*		*	*						*Turbinolopsis*, Pal. Foss. p. 6, t. 2, f. 6 B; ib. Lonsd. Sil. Syst. t. 16 bis, f. 6; ib. Portl. Geol. Rept. p. 329, t. 24, f. 9; Siluria, 4 ed. t. 38, f.6.
— *gracilis* .... M'Coy																		Var. of P. uniserialis (*vide*).
— *quadrata* .... M'Coy																		*Vide* Goniophyllum pyramidale.
— *rugosa* .... Phill.							*	*										*Turbinolopsis*, Pal. Foss. p. 7, t. 2, f. 7 C.
— *subduplicata* ... M'Coy							*	*	*		*	*						Brit. Pal. Foss. p. 40, t. 1 B, f. 26. Var. *a*, *crenulata*, M'Coy, ib. p. 41. Petr. subduplicata, Salt. Q. J. Geol. Soc. vol. vii, t. 9, f. 7, 8; ib. Siluria, 4 ed. p. 90, Foss. 15, f. 11; ib. p. 189, Foss. 31, f. 3.
— *uniserialis* ...... M'Coy								*										Brit. Pal. Foss. p. 41, t. 1 B, f. 25. Var. *a*, P. gracilis, Brit. Pal. Foss. p. 41.
— *zizac* .... M'Coy								*										Syn. Sil. Foss. Irel. p. 60, t. 4, f. 17.
MILLEPORIDÆ.																		TABULATA.
Plasmopora *M.Edw.&Haime*,1849																		
— *patelliformis* ... Lonsd.								*	*			*	*					*Porites*, Sil. Syst. p. 687, t. 16, f. 4. *Palæopora*, M'Coy, Brit. Pal. Foss p. 17. Plasmopora, M. Edw. Mono. Brit. Sil. Corals, Pal. Soc. 1854, p. 253, t. 59, f. 1; ib. Siluria, 4 ed. p. 120, Foss. 19, f. 2; ib. t. 39, f. 4.
— *scita* .... M. Edw.												*	*					M. Edw. and Haime, Pol. Foss. des Terr. Pal. (Arch. du Mus.) vol. v, p. 222; ib. Mono. Brit. Sil. Corals, Pal. Soc. 1854, p. 254, t. 59, f. 2.
Porites .... Lonsd. 1839																		
— *espatiata* ...... Lonsd.																		*Vide* Thecia Swindernana.
— *inordinata* ...... Lonsd.																		*Vide* Heliolites inordinatus.
— *patelliformis* ... Lonsd.																		*Vide* Plasmopora patelliformis.
— *pyriformis* ...... Lonsd.																		*Vide* Heliolites interstincta.
— *pyriformis* (*part.*) Lonsd.																		*Vide* Heliolites megastoma.
MILLEPORIDÆ.																		
Propora ...... *M.Edw.&Haime*,1849																		TABULATA.
— *tubulata* .... Lonsd.																		*Vide* Heliolites tubulatus.

23

PALÆOZOIC. ACTINOZOA. CAMBRIAN AND SILURIAN.

SPECIES.	Har. St. David's	Menevian	Lingula Flags	Tremadoc	Arenig	Llandeilo	Caradoc or Bala	Low. Llandovery	Up. Llandovery	Woolhope Lmst.	Wenlock Shale	Wenlock Lmst.	Lower Ludlow	Aymestry Lmst.	Upper Ludlow	Tilest. & Passage	Pass up.	REFERENCES.
CYATHOPHYLLIDÆ.																		
Sarcinula .... *Lamk.* 1816	...	...	...	...	...	...	...	...	...	...	...	...	...	...	...	...	...	*Vide* Syringophyllum.
CYATHOPHYLLIDÆ.																		
Ptychophyllum... *Milne Edw.*1850																		RUGOSA.
Helixphyllum... *Hall*, 1846																		
— *patellatum* ...... *Schloth.*	...	...	...	...	...	...	...	•	•	•	•	...	...	...	...	...	...	*Favgites*, Petref. pt. i, p. 247. *Strombodes plicatum*, Lonsd. Sil. Syst. p. 691, t. 16 bis, f. 4. Ptyebophyllum, Siluria, 4 ed. p. 219. Foss. 53. f. 5; ib. t. 38, f. 4; ib. M. Edw. Mono. Brit. Sil. Corals, Pal. Soc. 1854, p. 291, t. 67, f. 4.
FAVOSITIDÆ.																		
Stenopora......... *Lonsdale*, 1845																		TABULATA.
— *fibrosa* ...... *Goldf.*	...	...	...	...	...	...	...	...	...	...	...	...	...	...	...	...	...	*Vide* Favosites fibrosa.
— *granulosa* ...... *Goldf.*	...	...	...	...	...	...	...	...	...	...	...	...	...	...	...	...	...	*Vide* Ceriopora granulosa.
CYATHOPHYLLIDÆ.																		
Strephodes .... *M'Coy*, 1848...																		RUGOSA.
— *craigensis* .... *M'Coy*	...	...	...	...	...	...	...	...	...	...	...	...	...	...	...	...	...	*Vide* Cyathophyllum articulatum.
— *pseudoceratites*.. *M'Coy*	...	...	...	...	...	...	...	...	...	...	...	...	...	...	...	...	...	*Vide* Cyathophyllum pseudo-ceratites.
— *trochiformis* ... *M'Coy*	...	...	...	...	...	...	...	...	...	...	...	...	...	...	...	...	...	*Vide* Cyathophyllum trochiforme.
— *vermiculoides*... *M'Coy*	...	...	...	...	...	...	...	...	...	...	...	...	...	...	...	...	...	*Vide* Cyathophyllum truncatum.
CYATHOPHYLLIDÆ.																		
Strombodes ...... *Schweigger*,1820 non *Lonsdale* ...																		
Lithostrotion ... *Lonsd.*																		
Acervularia ... *Lonsd*, 1839 non *Schweigger*																		
Actinocyathus.. *D'Orb.* 1850																		RUGOSA.
— *diffluens* .... *M. Edw.*	...	...	...	...	...	...	...	...	...	...	...	•	...	...	...	...	...	Pol. Foss. Terr. Pal. (Arch. du Mus.) vol. v, p. 431. *Acervularia Baltica* (pars), Lonsd. Sil. Syst. t. 16, f. 8 a. Strombodes, M. Edw. Mono. Brit. Sil. Corals, Pal. Soc. 1854, p. 294, t. 71, f. 2.
— Murchisoni ...... *M. Edw.*	...	...	...	...	...	...	...	...	...	...	•	...	...	...	...	...	...	Pol. Foss. Terr. Pal. (Arch. du Mus.) vol. v, p. 428. *Acervularia Baltica* (pars), Lonsd. Sil. Syst. p. 689, t. 16, f. 8 b. Strombodes, M. Edw. Mono. Brit. Sil. Corals, Pal. Soc. 1854, p. 293, t. 70, f. 1.
— Phillipsii .... *D'Orb.*	...	...	...	...	...	...	...	...	...	...	•	...	...	...	...	...	...	*Actinocyathus*, Prodr. de Pal. vol. i, p. 108. *Acervularia Baltica*, Phill. Pal. Foss. Dev. and Cornw. p. 13, t. 7, f. 19 E. Strombodes, M. Edw. Mono. Brit. Sil. Corals, Pal. Soc. 1854, p. 294, t. 70, f. 2.
— *plicatum* .... *Lonsd.*	...	...	...	...	...	...	...	...	...	...	...	...	...	...	...	...	...	*Vide* Ptychophyllum patellatum.
— *typus* .... *M'Coy*	...	...	...	...	...	...	...	...	...	...	...	...	...	...	...	...	...	*Vide* Arachnophyllum typus.
— Wenlockensis ... *M'Coy*	...	...	...	...	...	...	...	...	...	...	...	...	...	...	...	...	...	*Vide* Lonsdaleia Wenlockensis (a carboniferous limestone species).
FAVOSITIDÆ.																		
Syringopora ...... *Goldf.* 1826																		
Harmodites ... *Fischer*, 1828..																		
Cladochonus (pars)... *M'Coy* ...																		
Aulopora ... *Goldfuss*, 1826 (creeping base of Syringopora)																		

ACTINOZOA.

CAMBRIAN AND SILURIAN.

SPECIES.	Har. St. David's.	Menevian.	Lingula Flags.	Tremadoc.	Arenig.	Llandeilo.	Caradoc or Bala.	Low. Llandovery.	Up. Llandovery.	Woolhope Lmst.	Wenlock Shale.	Wenlock Lmst.	Lower Ludlow.	Aymestry Lmst.	Upper Ludlow.	Tilest. & Passage	Pass up.	REFERENCES.
Syringopora (continued).																		**TABULATA.**
— bifurcata .... Lonsd.									...	•	...	•	•	...	...	...	...	Sil. Syst. p. 685, t. 15 bis, f. 11. *Syringo. reticulata*, ib. p. 684, t. 15 bis, f. 10. *Harmodites catenatus*, Geinitz, Grundr. der Verst. p. 565. *S. reticulata*, His. Leth. Suec. p. 95, t. 27, f. 2. S. bifurcata, Siluria, 4 ed. p. 120, Foss. 20, f. 2, 4, 5; ib. t. 40, f. 10, 11; ib. M. Edw. Mono. Brit. Sil. Corals, Pal. Soc. 1854, p. 273, t. 64, f. 3.
— ? cæspitosa ...... Lonsd.									...	...	...	•	...	...	...	...	...	Sil. Syst. t. 15 bis, f. 13, (non Goldf.) *Harmodites Lonsdalei*, D'Orb. Prodr. vol. i, p. 50; Siluria, 4 ed. t. 40, f. 13. ? Syringopora.
— conglomerata ... Lonsd.									...	...	...	...	...	...	...	...	...	*Vide* S. serpens.
— fascicularis ...... Linn.									...	•	...	•	•	...	...	...	...	*Tubipora*, Syst. Nat. 12 ed. p. 1271 (1767). *Syring. filiformis*, Goldf. Pet. Germ. vol. i, p. 113, t. 38, f. 16; lb. Lonsd. Sil. Syst. p. 685, t. 15 bis, f. 12. *Aulopora tubæformis*, ib. p. 676, t. 15, f. 8. ? *Aulopora serpens*, ib. p. 675, t. 15, f. 6. Syringopora fascicularis, M. Edw. Mono. Brit. Sil. Corals, Pal. Soc. 1854, p. 274, t. 65, f. 1; Siluria, 4 ed. t. 40, f. 12; t. 41, f. 8. *Aulopora tubæformis*, Lonsd. Sil. Syst. p. 676, t. 15, f. 8. *Syring. filiformis*, Lonsd. Sil. Syst. p. 685, t. 16 bis, f. 12.
— filiformis ...... Lonsd.									...	...	...	...	...	...	...	...	...	*Vide* Syringopora fascicularis.
— Lonsdaleana ... M'Coy									...	•	...	?	?	...	...	...	...	Sil. Foss. Irel. p. 65, t. 4, f. 20. (*Harmodites*) *Syring. reticulata*, Sil. Syst. t. 15 bis, f. 10.
— serpens .... Linn.									...	•	...	•	•	•	...	...	...	*Tubipora*, Syst. Nat. 12 ed. p. 1371. *Aulopora conglomerata*, Lonsd. Sil. Syst. p. 678, t. 15, f. 3. Syringopora, M. Edw. Mono. Brit. Sil. Corals, Pal. Soc. 1854; ib. Siluria, 4 ed. t. 41, f. 6, 9.
— tubæformis ...... Lonsd.									...	...	...	...	...	...	...	...	...	*Vide* S. fascicularis.
CYATHOPHYLLIDÆ.																		
Syringophyllum *M.Edw.&H.*1850																		
Sarcinula Dana (non Lam.)1846																		
— organum .... Linn.							...	•	...	...	...	•	...	...	...	...	...	*Madrepora*, Syst. Nat. 12 ed. p. 1278. *Sarcinula*, His. Leth. Suec. t. 27, f. 8. *Sarcinula*, Goldf. Petref. Germ. vol. i, p. 73, t. 24, f. 10; ib. M'Coy, Brit. Pal. Foss. p. 37. Syringophyllum, M. Edw. Mono. Brit. Sil. Corals, Pal. Soc. 1854, p. 295, t. 71, f. 3; ib. Siluria, 4 ed. p. 188, Foss. 30, f. 4.
THECIDÆ.																		**TABULATA.**
Thecia ...... *M. Edw.&Haime*,1849																		
— Grayana .... *M. Edw.*									...	...	...	•	•	...	...	...	...	Pol. Foss. des Terr. Pal. (Arch. du Mus.) vol. v, p. 307; ib. Mono. Brit. Sil. Corals, Pal. Soc. 1854, p. 279, t. 65, f. 8.
— Swindernana ... *Goldf.*									...	...	...	•	•	...	...	...	...	*Agaricia*, Goldf. Petref. Germ. vol. i, p. 109, t. 38, f. 3. *Porites expatiata*, Lonsd. Sil. Syst. p. 687, t. 15, f. 3. Thecia Swindernana, Siluria, 4 ed. p. 219, Foss. 53, f. 1, 2; ib. t. 41, f. 3; ib. M.Edw. Mono. Brit. Sil. Corals, Pal. Soc. 1854, p. 278, t. 65, f. 7. *Palæopora* (Thecia) *expatiata*, M'Coy, Brit. Pal. Foss. p. 14.
— Sp. (*Seeley*) ... Salt.									...	...	...	...	•	...	...	...	...	*Vide* Cat. Camb. and Sil. Foss. Woodw. Mus. Cambr. p. 110.
CYATHOPHYLLIDÆ.																		
Zaphrentis *Rafinesque*,1820																		
Caninia .... *Mich.* 1841																		**RUGOSA.**
Siphonophyllia *Scouler*, 1844...																		
— lata .... *M'Coy*									...	...	...	•	...	...	...	...	...	Brit. Pal. Foss. p. 26, t. 1 C, f. 12.

PALÆOZOIC.   ECHINODERMATA.   CAMBRIAN AND SILURIAN.

SPECIES.	Har. St. David's.	Menevian.	Lingula Flags.	Tremadoc.	Arenig.	Llandeilo.	Caradoc or Bala.	Low. Llandovery.	Up. Llandovery.	Woolhope Lmst.	Wenlock Shale.	Wenlock Lmst.	Lower Ludlow.	Aymestry Lmst.	Upper Ludlow.	Tilest. & Passage.	Pass up.	REFERENCES.
Sub-King. ANNULOIDA. Huxley.																		
Echinozoa. Allman.																		
Class, *ECHINODERMATA*.																		
Pal. Orders, *Crinoidea*.																		
" *Cystoidea*.																		
" *Blastoidea*.																		
" *Asteroidea*.																		
" *Ophiuroidea*.																		
" *Perischoechinoidea*.																		
MELOCRINIDÆ.																		
Actinocrinus ...... *Miller*, 1821 ...																		
— *arthriticus* ...... Phill.																			*Vide* Cyathocrinus arthriticus.
— *expansus* .... Phill.																			*Vide* Glyptocrinus expansus.
— *moniliformis* ... Mill.																			*Vide* Pericehocrinus moniliformis.
— *pulcher* .... Salt.							*		*	*	*	*	*				M'Coy, Brit. Pal. Foss. p. 55, t. 1 D, f. 3.
— *retiarius* .... Phill.											*						Sil. Syst. p. 674, t. 17, f. 9.
— *simplex* .... Phill.																			*Vide* Taxocrinus.
— *Wynnei* .... Baily						*												Geol. Surv. Ireland, Mem. Expl. sheet 145, p. 10, f. 1 a-i, 1860.
CYSTIDEÆ.																		
Agelacrinites...... *Vanuxem*, 1842																		
Edrioaster ...... Billings, 1858 ..																		
Cyclaster ...... Billings, 1857 ..																		
— Buchianus ...... Forbes							*											Mem. Geol. Surv. vol. ii, p. 521, t. 23, f. 1, 2; Siluria, 4 ed. p. 191, Foss. 33, f. 6; Ib. App. vol. iii, Mem. Geol. Surv. p. 291, t. 20, f. 13.
CYSTIDEÆ.																		
Apiocystites ...... *Forbes*, 1848 ...																		
— pentremetoides Forbes												*						Mem. Geol. Surv. vol. ii, p. 503, t. 15; Siluria, 4 ed. p. 222, Foss. 55, f. 4.
CYSTIDEÆ.																		
Atelocystites ...... *Billings*, 1858 ..																		
— Fletcheri......... Salt.																			Cat. Camb. and Sil. Foss. Woodw. Mus. Cambr. p. 128.
— oblongus						*												
ASTERIADÆ.																		
Bdellacoma ...... *Salter*, 1857 ...																		
Sub-genus of *Palæocoma* ... Salt.																		
— vermiformis ... Salt.												*						Ann. Mag. Nat. Hist. 1857, vol. xx, p. 329. ? *Palæocoma*.
CYSTIDEÆ.																		
Caryocystites ...... *Von Buch*, 1844																		
— *Davisii* .... M'Coy																			} *Vide* Echnio-sphærites.
— *granatus* ...... Forbes																			
— *Litchii* .... Forbes																			
— *munitus* .... Forbes																			} *Vide* Sphæronites.
— *pyriformis* ...... Forbes																			
Chirocrinus ...... *Salter*, 1859 ...																		
Pendulocrinus .. Austin MS. ...																		
— abdominalis...... Salt.												*						Cat. Camb. and Sil. Foss. Woodw. Mus. Cambr. p. 118.
— Fletcheri......... Salt.												*						Cat. Camb. and Sil. Foss. Woodw. Mus. Cambr. p. 119.

ECHINODERMATA.

CAMBRIAN AND SILURIAN.

SPECIES.	Har. R. David's	Menevian	Lingula Flags	Tremadoc	Arenig	Llandeilo	Caradoc or Bala	Low. Llandovery	Up. Llandovery	Woolhope Lmst.	Wenlock Shale	Wenlock Lmst.	Lower Ludlow	Aymestry Lmst.	Upper Ludlow	Tilest. & Passage	Pass up	REFERENCES.
Cheirocrinus (*continued*)																		
— gradatus ...... *Salt.*											•							Cat. Camb. and Sil. Foss. Woodw. Mus. Cambr. p. 118.
— serialis .... *Austin*											•							Cat. Camb. and Sil. Foss. Woodw. Mus. Cambr. p. 118.
CYATHOCRINIDÆ.																		
Calocrinus ...... *Salter*, 1866																		*Vide* Glyptocrinus.
Cophinus .... *König*, 1839																		
— dubius .... *König*											•							Siluria, 4 ed. t. 12, f. 5 (marks of crinoidal stems).
CYATHOCRINIDÆ.																		
Crotalocrinus ...... *Austin*, 1843																		
— rugosus .... *Miller*											•							Crinoidea, p. 89; Goldf. Petref. Germ. p. 192, t. 59, f. 1; Phill. Sil. Syst. p. 672, t. 18, f. 11; Siluria, 4 ed. t. 13, f. 3, Foss. 56, f. 4-7, p. 224. C. rugosus, Geinitz, Verst. Grauw. vol. ii, p. 69, t. 16, f. 12-15.
CYATHOCRINIDÆ.																		
Cyathocrinus ... *Miller*, 1821																		
— arboreus .... *Salt.*											•							Cat. Camb. and Sil. Foss. Woodw. Mus. Cambr. p. 125.
— arthriticus ...... *Phill.*											•							*Actinocrinites*, Sil. Syst. p. 674, t. 17, f. 8; Siluria, 4 ed. t. 14, f. 7.
— capillaris .... *Phill.*											•							Sil. Syst. p. 671, t. 17, f. 2; Siluria, 4 ed. t. 15, f. 3.
— decadactylus ... *Salt.*											•							Cat. Camb. and Sil. Foss. Woodw. Mus. Cambr. p. 123.
— Dudleyensis ... *Aust.*											•							*Poteriocrinus*, Ann. Mag. Nat. Hist. 1843, vol. ii, p. 195.
— Goniodactylus .. *Phill.*											•							Sil. Syst. p. 671, t. 17, f. 1; Siluria, 4 ed. t. 14, f. 3.
— monile .... *Salt.*											•							Cat. Camb. and Sil. Foss. Woodw. Mus. Cambr. p. 124.
— nodulosus ...... *Salt.*											•							Cat. Camb. and Sil. Foss. Woodw. Mus. Cambr. p. 124.
— punctatus ...... *His.*											•							*Apiocrinus*, Leth. Suec. p. 89, t. 25, f. 2. Cyathocrinus, Salt. Cat. Camb. and Sil. Foss. Woodw. Mus. Cambr. p. 125.
— pyriformis ...... *Phill.*											•							Sil. Syst. p. 672, t. 17, f. 6.
— quindecimalis ... *Salt.*											•							Cat. Camb. and Sil. Foss. Woodw. Mus. Cambr. p. 124.
— quinquangularis *Phill.*									?		•							*Rhodocrinus*, Mill. Crino. p. 109; ib. Sil. Syst. t. 18, f. 5.
— scoparius ...... *Salt.*											•							Cat. Camb. and Sil. Foss. Woodw. Mus. Cambr. p. 125.
— squamiferus ... *Salt.*											•							Cat. Camb. and Sil. Foss. Woodw. Mus. Cambr. p. 124.
— tesseracontadactylus... *His.*																		*Vide* Taxocrinus.
— tuberculatus ... *Mill.*																		*Vide* Taxocrinus.
— Sp. .... *Salt.*						•												Mem. Geol. Surv. vol. iii, App. p. 284, t. 11 D, f. 9.
— Sp. .... *Salt.*																		*Vide* Cat. Camb. and Sil. Foss. Woodw. Mus. Cambr. p. 123-125.
CYSTIDÆ.																		
Cyclocystoides ... *Bill. & Salt.* 1858																		
— Davisii .... *Salt.*							•											Geol. Surv. Canada, vol. iii, p. 89, t. 10 bis, f. 8. (Decade.)
CYATHOCRINIDÆ.																		
Dendrocrinus ? ... *Hall*, 1852																		
— Cambrensis ...... *Hicks.*			•															Q. J. Geol. Soc. vol. xxix, p. 51, t. 4, f. 17-20.
CYATHOCRINIDÆ.																		
Dimerocrinus ...... *Phillips*, 1839																		
— decadactylus ... *Phill.*												•						Sil. Syst. p. 17, f. 7-9; ib. Siluria, t. 13, f. 5.
— icosidactylus ... *Phill.*												•						Siluria, 4 ed. t. 13, f. 4.
— multiplex ...... *Salt.*											•							Cat. Camb. and Sil. Foss. Woodw. Mus. Cambr. p. 120.

27

PALÆOZOIC. ECHINODERMATA. CAMBRIAN AND SILURIAN.

SPECIES.	CAMBRIAN, LOWER SIL.								UPPER SILURIAN.									REFERENCES.
	Hor. St. David's.	Menevian.	Lingula Flags.	Tremadoc.	Arenig.	Llandeilo.	Caradoc or Bala.	Low. Llandovery.	Up. Llandovery.	Wenlope Lime.	Wenlock Shale.	Wenlock Lime.	Lower Ludlow.	Aymestry Lime.	Upper Ludlow.	Tilest. & Passage.	Pass. up.	
Dimerocrinus (continued).																		
— simplex .... Phill. ...																		Vide Taxocrinus tesseracontadactylus.
— uniformis ...... Salt.									*	*								Cat. Camb. and Sil. Foss. Woodw. Mus. Cambr. p. 120.
CYSTIDÆ.																		
Echinocystites ... Thomson, 1861																		
— pomum .... Gylt										*								Echinus, Akad. Vetensk. Handl. 1772, p. 242, 253, t. 8, f. 1-3. Sphæronites, His. Antoek. vol. iv, p. 196, t. 5, f. 7. Vide Mem. Geol. Surv. vol. iii, p. 290. Echinocystites, Edinb. New Phil. Jour. 1861, p. 109, t. 3, f. 1-3; t. 4, f. 1-3.
— uva .... Thom.										*								Edinb. New Philo. Jour. 1861, p. 109, t. 4, f. 4, 5.
CYSTIDÆ.																		
Echino-encrinites Meyer, 1826 ...																		
Echino-encrinus Volbr. 1847 ...																		
Goniocrinites ... Eichw. 1840 ...																		
Sycocystites ... V. Buch, 1844...																		
Cycocystites ... D'Orb.																		
— armatus .... Forbes							*		*									Mem. Geol. Surv. vol. ii, p. 506, t. 18, 19; ib. Geol. Mag. vol. ii, t. 8, f. 10, 11; Siluria, 4 ed. p. 222, Foss. 55, f. 6.
— baccatus .... Forbes									*									Mem. Geol. Surv. vol. ii, p. 506, t. 17; Siluria, 4 ed. p. 222, Foss. 55, f. 5.
CYSTIDÆ.																		
Echino-sphærites Wahl.1821,pars																		
Sphæronites ... His. 1828, pars																		
Caryocistites V. Buch, 1844, pars																		
— arachnoideus ... Forbes						*	*											Sphæronites, Mem. Geol. Surv. vol. ii, pt. 2, p. 518, t. 22, f. 4; ib. vol. iii, p. 287, t. 20, f. 8.
— aurantium ...... Gylt							*											Vide Sphæronites stelluliferus.
— balticus .... Eichw.							*											Zool. Spec. vol. i, p. 231, t. 3, f. 12; ib. Vern. Geol. Russ. p. 25, t. 1, f. 9. Heliocrinites, Eichw. Sil. Syst. Esthland, p. 169. Sphæronites, Forbes, Mem. Geol. Surv. vol. ii, pt. 2, p. 518, t. 22, f. 3; ib. vol. iii, p. 287, t. 20, f. 7; ib. Siluria, 4 ed. p. 191, Foss. 33, f. 1.
— Davisii .... M'Coy							*											Brit. Pal. Foss. p. 61, t. 1 D, f. 5. Caryocistites, Forbes, Mem. Geol. Surv. vol. ii, pt. 2, p. 513, t. 21, f. 5; ib. vol. iii, t. 20, f. 9, p. 287.
— granatus .... Wahl.							*											Echino-sphærites, Act. Soc. Upsal, vol. viii, p. 53. Sphærotestudinarius, His. Leth. Succ. p. 92, t. 25, f. 9; ib. Von Buch, Cystid. p. 17, t. 1, f. 8-10. E. granatus, Forbes, Mem. Geol. Surv. vol. ii, pt. 2, p. 512, t. 21, f. 4; ib. Siluria, 4 ed. p. 291, Foss. 33, f. 2.
— granulatus ...... M'Coy							*											Synop. Sil. Foss. Irel. p. 59, t. 4, f. 16; ib. Sil. Syst. t. 30, f. 3; ib. Siluria, 4 ed. p. 291, Foss. 33, f. 3.
— punctatus ...... Forbes																		Vide Sphæronites.
CYATHOCRINIDÆ.																		
Ennallocrinus ... D'Orb. 1839 ...																		
Apiocrinites ... Hisinger.																		
— punctatus ...... His.											*							Apiocrinites, Leth. Succ. p. 89, t. 25, f. 2. Ennallocrinus, D'Orb. Crinoid. p. 94, t. 16, f. 30.
— scriptus .... His.											*							Apiocrinites, Leth. Succ. p. 89, t. 25, f. 1. Ennallocrinus, D'Orb. Crinoid. p. 94, t. 16, f. 29.

PALÆOZOIC.   ECHINODERMATA.   CAMBRIAN AND SILURIAN.

SPECIES.	Har. St. David's.	Menevian.	Lingula Flags.	Tremadoc.	Arenig.	Llandeilo.	Caradoc or Bala.	Low. Llandovery.	Up. Llandovery.	Woolhope Lmst.	Wenlock Shale.	Wenlock Lmst.	Lower Ludlow.	Aymestry Lmst.	Upper Ludlow.	Tilest. & Passage.	Pass. up.	REFERENCES.
Poteriocrinidæ.																		
Eucalyptocrinus *Goldf.* 1826																		
Hypanthocrinus *Phill.* 1839																		
— decorus .... *Phill.*										•								*Hypanthocrinus*, Sil. Syst. p. 672, t. 17, f. 3; ib. M'Coy, Brit. Pal. Foss. p. 58; ib. Hall, Pal. New York, vol. ii, p. 207, t. 47, f. 1–3; ib. Siluria, 4 ed. t. 14, f. 2.
— granulatus ...... *Lewis*										•								Lonsd. Geol. Jour. vol. i, p. 99, t. 21 (1847).
— polydactylus ... *M'Coy*										•								Brit. Pal. Foss. p. 58, t. 1 D, f. 2.
Ophiuridæ.																		
Eucladia .... *Woodward,* 1869																		
— Johnsoni .... *H. Woodw.*										•	?							Geol. Mag. vol. vi, p. 241, t. 8.
Pycnocrinidæ.																		
Eugeniacrinites... *Miller,* 1821																		
Haplocrinus ... *Steininger,* 1834																		
Symphytocrinus.. *König*																		
— laciniatus										•								
— mespiliformis... *Goldf.*										•								Petref. Germ. vol. i, p. 213, t. 64, f. 6.
Cyathocrinidæ.																		
Glyptocrinus ...... *Hall,* 1847																		
Calocrinus ...... *Salt.* 1866																		
Sagenocrinus ... *Austin,* 1843																		
— basalis.......... *M'Coy*						?	•											Brit. Pal. Foss. p. 57, t. 1 D, f. 41 ib. Siluria, 4 ed. p. 190, Foss. 32. *Calocrinus*, Salter, Mem. Geol. Surv. vol. iii, App. p. 283, t. 23, f. 4, 5. Glypto.? Baily, Char. Brit. Foss. p. 1, t. 10, f. 7.
— expansus .... *Phill.*									•	•								*Actinocrinus*, Sil. Syst. t. 17, f. 9. Glypto. Siluria, 4 ed. t. 15, f. 1, 2.
— lævis .... *Portl.*									•									Trochocrinus, Geol. Rept. p. 345, t. 15, f. 1.
— Sp.										•								Siluria, 4 ed. t. 10, f. 1.
Cystidæ.																		
Glyptocystites ...... *Billings,* 1854																		*Vide* Pleurocystites, Billings.
Cystidæ.																		
Hemicosmites ... *Von Buch,* 1840																		
Echino-sphærites (*pars*) *Pander*																		*Vide* Hemicosmites rugatus.
— Jamesii .... *M'Coy*										•								*Echino-sphærites*, Deltr. p. 146, t. 2, f. 21, 23. *Hemicosmites*, Forbes, Mem. Geol. Surv. vol. ii, pt. 2, p. 511, t. 20, f. 6; ib. Geol. N. Wales, vol. iii, p. 288, t. 20, f. 11.
— oblongus .... *Pand.*										•								
— pyriformis ...... *Von Buch*									•									Beitr. Russl. p. 32, t. 1, f. 1–3; ib. Forbes, Mem. Geol. Surv. vol. ii, pt. 2, p. 511, t. 20, f. 2–5; De Vern. Geol. Russ. &c. p. 34, t. 1, f. 3. *Echino-sphærites malum*, Pander, Beitr. p. 145, t. 29, f. 1, 1830.
— rugatus .... *Forbes*										•								Mem. Geol. Surv. vol. ii, pt. 1, p. 302; ib. vol. iii, p. 288, t. 20, f. 12. *Echino-sphærites malum*, Pander, Beitr. p. 145, t. 29, f. 1 a. *Acantholepis Jamesii*, M'Coy, Synop. Sil. Foss. Irel. p. 7, t. 1, f. 1, 2. Hemicosmites, *vide* Forbes, Mem. Geol. Surv. Gt. Brit. Mono. Cystideæ, vol. ii, pt. 2, p. 511, t. 20, f. 2–5.
— squamosus ...... *Forbes*										•								Mem. Geol. Surv. vol. ii, pt. 2, p. 510.

PALÆOZOIC. ECHINODERMATA. CAMBRIAN AND SILURIAN.

SPECIES.	CAMBRIAN.			LOWER SIL.					UPPER SILURIAN.								REFERENCES.
	Har. St. David's.	Menevian.	Lingula Flags.	Tremadoc.	Arenig.	Llandeilo.	Caradoc or Bala.	Low. Llandovery.	Up. Llandovery.	Woolhope Lmst.	Wenlock Shale.	Wenlock Lmst.	Lower Ludlow.	Aymestry Lmst.	Upper Ludlow.	Tilest. & Passage.	Base up.	
Herpetocrinus ... *Salter*, 1873 ...																		
Myelodactylus.. Hall, 1852......																		
— Fletcheri ...... *Salt.*									*									Cat. Camb. and Sil. Foss. Woodw. Mus. Cambr. p. 118.
POLYCRINIDÆ.																		
Hypanthocrinus ... Phillips, 1839..																		
Eucalyptocrinus Goldfuss, 1836																		
— decorus ...... *Phill.*																		*Vide* Eucalyptocrinus.
CYATHOCRINIDÆ.																		
Ichthyocrinus ... Conrad, 1838 ...																		
— Bacchus ...... *Salt.* (MS.)......									*									Cat. Camb. and Sil. Foss. Woodw. Mus. Cambr. p. 126.
— pyriformis ...... *Phill.*									*	*	*	*						Cyathocrinus, Sil. Syst. t. 17, f. 6; Siluria, 4 ed. t. 14, f. 8.
— M'Coyanus ...... *Salt.*																		Cat. Camb. and Sil. Foss. Woodw. Mus. Cambr. p. 163.
ASTERIADÆ.																		
Lepidaster ...... Forbes, 1850 ...																		
— Grayii .... *Forbes.*............												*						Mem. Geol. Surv. Dec. III, t. 1, f. 1–3.
Mariacrinus ...... Hall, 1859......																		
— flabellatus ...... *Salt.*																		Cat. Camb. and Sil. Foss. Woodw. Mus. Cambr. p. 121.
MELOCRINIDÆ.																		
Marsupiocrinus... Phillips, 1839 ..																		
— cœlatus .... *Phill.*											*							Sil. Syst. p. 672, t. 18, f. 3; ib. Siluria, 4 ed. p. 224, Foss. 56, f. 1–3, t. 14, f. 1.
ASTERIADÆ.																		
Palæaster .... Hall, 1851......																		
Uraterella... M'Coy,1851 (part)																		
Uraster .... Agassiz																		
Stenaster ...... Billings, 1858..																		
— asperrimus ...... *Salt.*						*												Siluria, 4 ed. p. 191, Foss. 34, f. 2; ib. Ann. Mag. Nat. Hist. 2 ser. vol. xx, p. 825, t. 9, f. 1; ib. Mem. Geol. Surv. vol. iii, p. 289, t. 23, f. 2.
— caractaci ...... *Salt.*							*											Cat. Mus. Pract. Geol. Coll. p. 30.
— coronella ...... *Salt.*							*											Ann. Mag. Nat. Hist. 2 ser. vol. xx, p. 326.
— hirudo .... *Forbes*														*				Uraster, Mem. Geol. Surv. Dec. I, t. 1, f. 4.
— imbricatus ...... *Salt.*							*											Mem. Geol. Surv. vol. iii, p. 289, t. 23, f. 8.
— obtusus .... *Forbes*							*											Uraster, Mem. Geol. Surv. Dec. I, t. 1, f. 3; Salter, Ann. Mag. Nat. Hist. vol. xx, p. 326. Palæaster, Mem. Geol. Surv. vol. iii, p. 289, t. 23, f. 1; ib. Siluria, 4 ed. p. 191, Foss. 34, f. 1.
— primævus .... *Forbes*																		*Vide* Palæasterina.
— Ruthveni ...... *Forbes*													*	*				Uraster, Mem. Geol. Surv. vol. ii, pt. 2, p. 463; ib. Decade I, t. 1, f. 1. Palæaster, Siluria, 4 ed. p. 225, Foss. 57, f. 3. (Uraterella.)
· ASTERIADÆ.																		
Palæasterina ...... M'Coy, 1851 ...																		
Uraterella ...... M'Coy, 1851 ...																		
— primæva .... *Forbes*												*	*	*				Uraster, Mem. Geol. Surv. vol. ii, pt. 2, p. 463; ib. Decade I, t. 1 and 9, f. 2. Pal. primæva, Siluria, 4 ed. p. 225, Foss. 57, f. 1; ib. Salt. Ann. Mag. Nat. Hist. 1857, vol. xx, p. 328, t. 9, f. 2.
— Ramseyensis ...... *Hicks*		*																Q. J. Geol. Soc. vol. xxix, p. 51, t. 4, f. 21–23.

PALÆOZOIC.   ECHINODERMATA.   CAMBRIAN AND SILURIAN.

SPECIES.	CAMBRIAN.			LOWER SIL.				UPPER SILURIAN.							REFERENCES.
	Har. St. David's.	Menevian.	Lingula Flags.	Tremadoc.	Arenig.	Llandeilo.	Caradoc or Bala.	Low. Llandovery.	Up. Llandovery.	Woolhope Lmst.	Wenlock Shale.	Wenlock Lmst.	Lower Ludlow.	Aymestry Lmst.	Upper Ludlow.	Tilest. & Passage.	Pass. up.	
PALÆCHINIDÆ.																		
Palæchinus ? ...... *Scouler*, 1840...																		
— Phillipsiæ ...... *Forbes*	...	...	...	...	...	...	...	*	...	...	...	...	...	...	...	...	Mem. Geol. Surv. vol. ii, p. 384, t. 29.
ASTERIADÆ.																		
Palæocoma......... *Salter*, 1857 ...																		
— colvini .... *Salt.*	...	...	...	...	...	...	...	...	...	...	...	*	...	...	...	...	Ann. Mag. Nat. Hist. 1857, vol. xx, p. 328; ib. Siluria, 4 ed. p. 127, Foss. 21, f. 4.
— cygnipes .... *Salt.*	...	...	...	...	...	...	...	...	...	...	...	*	...	...	...	...	Ann. Mag. Nat. Hist. 2 ser. vol. xx, p. 329.
— Marstoni .... *Salt.*	...	...	...	...	...	...	...	...	...	...	...	*	...	...	...	...	Ann. Mag. Nat. Hist. 2 ser. vol. xx, p. 328, t. 9, f. 3; ib. Siluria, 4 ed. p. 127, Foss. 21, f. 3.
— pyrotechnica ... *Salt.*																		*Vide* Rhophalocoma.
— vermiformis ... *Salt.*	...	...	...	...	...	...	...	...	...	...	...	*	...	...	...	...	Bdellacoma, Ann. Mag. Nat. Hist. 2 ser. vol. xx, p. 329.
OPHIURIDÆ.																		
Palæodiscus ...... *Salter*, 1857 ...																		
— ferox .... *Salt.*	...	...	...	...	...	...	...	...	...	...	...	*	...	...	...	...	Ann. Mag. Nat. Hist. 2 ser. vol. xx, p. 333, t. 9, f. 6.
MELOCRINIDÆ.																		
Periechocrinus ... *Austin*, 1843 ...																		
Genecrinus ...... *D'Orb.* 1847 ...																		
— articulosus ...... *Aust.*	...	...	...	...	...	...	...	...	...	...	*	...	...	...	...	...	Ann. Mag. Nat. Hist. 1843, p. 204.
— limonium ...... *Salt.*	...	...	...	...	...	...	...	...	...	...	*	...	...	...	...	...	Cat. Camb. and Sil. Foss. Woodw. Mus. Cambr. p. 121.
— moniliformis ... *Mill.*	...	...	...	...	...	...	...	...	...	*	...	...	...	...	...	...	Actinocrinus, Phill. Sil. Syst. t. 18, f. 4. Genecrinus, D'Orb. Prod. p. 46. P. costatus, Austin, Ann. Mag. Nat. Hist. 1843, p. 204; Siluria, 4 ed. t. 13, f. 1, 2; Nat. Hist. Crinoid. p. 116, t. c.
— simplex .... *Salt.*	...	...	...	...	...	...	...	...	...	...	*	...	...	...	...	...	Cat. Camb. and Sil. Foss. Woodw. Mus. Cambr. p. 121.
Phænicocrinus ... *Austin*, 1843 ...																		*Vide* Actinocrinus.
PISOCRINIDÆ.																		
Pisocrinus .... *Koninck*, 1858..																		
— ornatus .... *Kon.*	...	...	...	...	...	...	...	...	...	...	*	...	...	...	...	...	Bull. Ac. Roy. Scien. Brux. 2 ser. vol. iv, p. 107, t. 2, f. 12, 13; ib. Geologist, 1858, vol. i, p. 184, t. 4, f. 12, 13.
— pilula .... *Kon.*	...	...	...	...	...	...	...	...	...	*	...	*	...	...	...	...	Bull. Ac. Roy. Scien. Brux. 2 ser. vol. iv, p. 106, t. 2, f. 8-11; ib. Geologist, 1858, vol. i, p. 183, t. 4, f. 8-11.
MELOCRINIDÆ.																		
Platycrinus ? ...... *Miller*, 1821 ...																		
Actinocrinus (*pars*)																		
— pecten .... *Salt.*	...	...	...	...	...	...	...	...	...	...	*	...	...	...	...	...	Cat. Camb. and Sil. Foss. Woodw. Mus. Cambr. p. 122.
— retiarius .... *Phill.*	...	...	...	...	...	...	...	...	...	...	*	...	...	...	...	...	Sil. Syst. p. 674, t. 17, f. 9; ib. Siluria, 4 ed. t. 14, f. 9.
— Sp. .... *Salt.*	...	...	...	...	...	...	...	...	...	...	*	...	...	...	...	...	Cat. Camb. and Sil. Foss. Woodw. Mus. Cambr. p. 162.
CYSTIDEÆ.																		
Pleurocystites ... *Billings*, 1854...																		
— Rugeri .... *Salt.*	...	...	...	...	...	*	...	...	...	...	...	...	...	...	...	...	Mem. Geol. Surv. vol. iii, p. 288, t. 23, f. 5.
CYATHOCRINIDÆ.																		
Poteriocrinus ...... *Miller*, 1821...																		
— Dudleyensis ... *Aust.*	...	...	...	...	...	...	...	...	...	...	...	...	...	...	...	...	*Vide* Cyathocrinus.

ECHINODERMATA

CAMBRIAN AND SILURIAN

SPECIES.	CAMBRIAN.			LOWER SIL.				UPPER SILURIAN.							REFERENCES.
	Mar. St. David's.	Menevian.	Lingula Flags.	Tremadoc.	Arenig.	Llandeilo.	Caradoc or Bala.	Low. Llandovery.	Up. Llandovery.	Woolhope Lmst.	Wenlock Shale.	Wenlock Lmst.	Lower Ludlow.	Aymestry Lmst.	Tilest. & Passage.	Passup.	

OPHIURIDÆ.
Protaster .... *Forbes*, 1849 ...
    Taeniaster ...... *Billings*, 1858 ..
— leptosoma ...... *Salt.* .... · Ann. Mag. Nat. Hist. 2 ser. vol. xx, p. 331, t. 9, f. 5.
— Miltoni .... *Salt.* .... · Ann. Mag. Nat. Hist. 2 ser. vol. xx, p. 330, t. 9, f. 4; ib. Siluria, 4 ed. p. 127, Foss. 21, f. 1, 2.
— Salteri........... *Forbes* .... · Ophiura, Q. J. Geol. Soc. vol. i, p. 20, t. 9, f. 45. Protaster, Siluria, 4 ed. p. 513. Taeniaster, App. Mem. Geol. Surv. vol. iii, p. 289, t. 23, f. 3.
— Sedgwickii ...... *Forbes* .... · · · Mem. Geol. Surv. Dec. I, t. 4, f. 1–4; ib. Siluria, 4 ed. p. 225, Foss. 57, f. 4; ib. Salt. Mem. Geol. Surv. Geol. Edinb. sheet 32, t. 2, f. 4; M'Coy, Brit. Pal. Foss. p. 60; Salt. Ann. Mag. Nat. Hist. 1857, vol. xx, p. 332.

CYSTIDEÆ.
Protocystites... *Salter*, 1865 ...
— menevensis ...... *Hicks* .... · · Brit. Assoc. Reports, 1865, p. 285; ib. Q. J. Geol. Soc. vol. xxviii, p. 180, t. 5, f. 19.

CYSTIDEÆ.
Prunocystites ... *Forbes*, 1848 ...
— Fletcheri......... *Forbes* .... · · Mem. Geol. Surv. vol. ii, p. 504, t. 16; ib. Siluria, 4 ed. p. 222, Foss. 55, f. 3.

CYSTIDEÆ.
Pseudocrinites ... *Pearce*, 1842 ...
— bifasciatus ...... *Pearce* .... · · Proc. Geol. Soc. vol. iv, p. 160; ib. Forbes, Mem. Geol. Surv. vol. ii, p. 496, t. 11.
— magnificus ...... *Forbes* .... · · Mem. Geol. Surv. vol. ii, p. 497, t. 12; ib. Siluria, 4 ed. p. 222, Foss. 55, f. 1.
— oblongus .... *Forbes* .... Mem. Geol. Surv. vol. ii, p. 499, t. 14.
— quadrifasciatus *Pearce* .... · · Proc. Geol. Soc. vol. iv, p. 160; ib. Forbes, Mem. Geol. Surv. vol. ii, p. 498, t. 13; ib. Siluria, 4 ed. p. 222, Foss. 55, f. 2.

CYATHOCRINIDÆ.
Rhodocrinus......... *Miller*, 1821 ...
    Gilbertsocrinus *Phillips*, 1836..
    Thysanocrinus.. *Hall*, 1852......
— quinquangularis *Phill.* .... · *Vide* Cyathocrinus quinquangularis.

ASTERIADÆ.
Rhopalocoma ... *Salter*, 1857 ...
    Sub-genus of *Palæocoma*... *Salt.*
— pyrotechnica ... *Salt.* .... · Ann. Mag. Nat. Hist. 1857, vol. xx, p. 329.

CYATHOCRINIDÆ.
Sagenocrinus...... *Austin*, 1843 ...
— basalis............ *M'Coy* .... *Vide* Glyptocrinus basalis.
— expansus .... *Phill.* .... *Vide* Glyptocrinus expansus.
— giganteus ...... *Aust.* .... · Ann. Mag. Nat. Hist. 1843, p. 705.

CYSTIDEÆ.
Sphæronites ...... *Hisinger*, 1828
— Balticus .... *Eichw.* .... *Vide* Echino-sphærites Balticus.

ECHINODERMATA.

CAMBRIAN AND SILURIAN.

SPECIES.	CAMBRIAN.			LOWER SIL.			UPPER SILURIAN.							REFERENCES.
	Har. St. David's.	Menevian.	Lingula Flags.	Tremadoc.	Arenig.	Llandeilo.	Caradoc or Bala.	Low. Llandovery.	Up. Llandovery.	Woolhope Limst.	Wenlock Shale.	Wenlock Limst.	Lower Ludlow.	Aymestry Limst.	Upper Ludlow.	Pass up.	

SPECIES.																	REFERENCES.
Sphæronites (*continued*).																	
— litchi .... *Forbes*								*									*Caryocistites*, Mem. Geol. Surv. vol. ii, pt. 2, p. 514, t. 21, f. 2; ib. Sil. Syst. p. 207. *Sphæronites*, Mem. Geol. Surv. vol. iii, p. 286, t. 20, f. 4.
— munitus .... *Forbes*								*									*Caryocistites*, Mem. Geol. Surv. vol. ii, pt. 2, p. 514, t. 21, f. 3. *Sphæronites, Siluria*, 4 ed. p. 191, Foss. 33, f. 4; ib. Mem Geol. Surv. vol. iii, p. 285.
— punctatus ...... *Forbes*								*									Mem. Geol. Surv. vol. ii, pt. 2, p. 518, t. 22, f. 2; ib. vol. iii, p. 286, t. 20, f. 7; ib. Siluria, 4 ed. p. 191, Foss. 33, f. 2.
— pyriformis ...... *Forbes*								*									*Caryocistites*, Mem. Geol. Surv. vol. ii, pt. 2, p. 515, t. 21, f. 1. Sphæronites, ib. vol. iii, p. 285, t. 20, f. 1, 2
— stelluliferus ... *Salt.*							*										App. vol. iii, Mem. Geol. Surv. (Geol. N. Wales), p. 287, t. 20, f. 6. *S. aurantium*, Forbes, ib. vol. ii, pt. 2, t. 22, f. 1.
Syriocrinus .... *Hall*																	? Marsupiocrinus.
Tæniaster .... *Billings*, 1858..							*										*Vide* Protaster.
CYATHOCRINIDÆ.																	
Taxocrinus .... *Phillips*, 1843..																	
Isocrinus ...... *Phillips* (non *Meyer*), 1837																	
Cladocrinites ... *Austin* (non *Agassiz*), 1834																	
— granulatus ...... *Salt.*											*						Cat. Camb. and Sil. Foss. Woodw. Mus. Cambr. p. 126.
— marmoratus ... *Salt.*											*						Cat. Camb. and Sil. Foss. Woodw. Mus. Cambr. p 125.
— manus .... *Salt.*											*						Cat. Camb. and Sil. Foss. Woodw. Mus. Cambr. p. 126.
— ? Orbignyi ...... *M'Coy*							?		*								Brit. Pal. Foss. p. 53, t. 1 D, f. 1.
— simplex .... *Phill.*									*								*Actinocrinus*, Sil. Syst. p. 673, t. 18, f. 8. *Phænicocrinus*, Austin.
— tesseracontadactylus ... *His*											*						Leth. Suec. p. 90, t. 25, f. 4. ? *Cyathocrinus*, Siluria, 4 ed. t. 14, f. 4. ? *Actinocrinus simplex*, Sil. Syst. p. 673, t. 18, f. 8.
— tuberculatus ... *Mill.*						?			*								*Cyathocrinites*, Crinoid, p. 88; ib. Goldf. Pet. Germ. vol. i, p. 190, t. 58, f. 6; ib. Phill. Sil. Syst. p. 671, t. 18, f. 6, 7. *Cladocrinites*, Austin, Zool. Jour. vol. ii, p. 197. *Encrinites armatus*, Schloth. Petref. vol. iii, p. 24, t. 1, f. 1. Taxocrinus tuberculatus, Siluria, 4 ed. t. 14, f. 5.
CYATHOCRINIDÆ.																	
Trochocrinus ...... *Portlock*, 1843.																	
— lævis .... *Portl.*																	*Vide* Glyptocrinus.
ACTINOCRINIDÆ.																	
Tetramerocrinus ... *Austin*, 1843 ..																	
— formosus .... *Aust.*									*								Ann. Mag. Nat. Hist. vol. xi, p. 203, 1843.
ASTERIADÆ.																	
Uraster .... *Agassiz*																	*Vide* Palmaster and Palæasterina.
Urasterella ...... *M'Coy*, 1851...																	

PALÆOZOIC. ANNELIDA. CAMBRIAN AND SILURIAN.

SPECIES.	Har. St. David's.	Menevian.	Lingula Flags.	Tremadoc.	Arenig.	Llandeilo.	Caradoc or Bala.	Low. Llandovery.	Up. Llandovery.	Wenlock Limst.	Wenlock Shale.	Wenlock Limst.	Lower Ludlow.	Aymestry Limst.	Upper Ludlow.	Tilest. & Passage.	Passage.	REFERENCES.
Sub-Kingdom, ANNULOSA.																		
Div. ANARTHROPODA.																		
Class, *ANNELIDA*.																		
Orders, *Tubicola* } Palæozoic.																		
" *Errantia*																		
DORSIBRANCHIATA.																		ERRANTIA.
Annelida, tracks of ... *Salt*.........	*	*	*	*	...	*	*	*	*	*	*	*	*	*	*	...	*	occur through all the Palæozoic rocks, under various generic names.
DORSIBRANCHIATA.																		
Aphrodita? ...... *Linn.* 1735																		ERRANTIA.
— Sp. .... *Portl.*	...	...	...	...	...	*	...	...	...	...	...	...	...	...	...	...	...	Geol. Rept. Lond. p. 362, t. 24, f. 8.
DORSIBRANCHIATA.																		
Arenicolites ...... *Salter*, 1856 ...																		
(*Double annelidan burrows*)......																		
Scolithus......... *Hall* (*part*) ...																		ERRANTIA.
— didymus .... *Salt*.	*	*	*	...	...	...	...	...	...	...	...	...	...	...	...	...	...	*Arenicola*, Q. J. Geol. Soc. vol. xii, p. 246, t. 4, f. 1; lb. Siluria, 4 ed. p. 28, Foss. 2, f. 1.
— linearis .... *Hall*	...	...	...	*	*	...	...	...	...	...	...	...	...	...	...	...	...	*Scolithus*, Pal. New. York, vol. i, t. 1, f. 1. Arenicolites, Mem. Geol. Surv. vol. iii, p. 292, t. 11 B, f. 27; lb. Siluria, 4 ed. p. 40, Foss. 4; lb. Q. J. Geol. Soc. vol. xv, p. 368, woodcut.
— sparsus .... *Salt*.	*	*	*	...	...	...	...	...	...	...	...	...	...	...	...	...	...	Q. J. Geol. Soc. vol. xv, p. 203, t. 5, f. 1–4 (small and large conditions or habit).
— Sp. .... *Salt*.	...	...	...	...	...	*	...	...	...	...	...	...	...	...	...	...	...	Q. J. Geol. Soc. vol. xv, p. 380, t. 13, f. 29, 30.
— Sp. .... *Salt*.	*	...	...	...	*	...	...	...	...	...	...	...	...	...	...	...	...	Mem. Geol. Surv. (Geol. N. Wales), vol. iii, p. 243, f. 2, woodcut. (*Scolicites*.)
DORSIBRANCHIATA.																		
Chondrites? ...... *Sternb.* 1833 ...																		
(*Annelide burrows, filled up*) ...																		ERRANTIA.
— acutangulus ... *M'Coy*	...	...	...	...	...	*	...	...	...	...	...	...	...	...	...	...	...	Brit. Pal. Foss. t. 1 A, f. 5; lb. M'Coy, Q. J. Geol. Soc. vol. iv, p. 224.
— informis .... *M'Coy*	...	...	...	...	...	*	...	...	...	...	...	...	...	...	...	...	...	Brit. Pal. Foss. t. 1 A, f. 4; lb. M'Coy, Q. J. Geol. Soc. vol. iv, p. 223; lb. Harkness, Q. J. Geol. Soc. vol. xi, p. 473.
— regularis .... *Hark*.	...	...	...	...	...	*	...	...	...	...	...	...	...	...	...	...	...	Q. J. Geol. Soc. vol. xi, p. 473.
— Sp. .... *Salt*.	*	...	...	...	...	...	...	...	...	...	...	...	...	...	...	...	...	Mem. Geol. Surv. (Geol. N. Wales), vol. iii, p. 243, f. 1, woodcut; lb. Q. J. Geol. Soc. vol. xii, p. 246.
— Sp. .... *Salt*.	*	...	...	...	*	...	...	...	...	...	...	...	...	...	...	...	...	Mem. Geol. Surv. (Geol. N. Wales), vol. iii, p. 292, t. 3, f. 4, f. 4; f. 13.
CEPHALOBRANCHIATA.																		
Cornulites .... *Schloth.* 1820 ...																		TUBICOLA.
— serpularius ...... *Schloth.*	...	...	...	...	...	...	*	*	*	*	*	*	*	*	...	...	...	Petref. t. 29, f. 7; lb. Sil. Syst. p. 672, t. 26, f. 5, 8; lb. Siluria, 4 ed. t. 16, f. 3, 10; t. 10, f. 2.
DORSIBRANCHIATA.																		
Crossopodia ...... *M'Coy*, 1848 ...																		ERRANTIA.
— lata .... *M'Coy*	...	...	...	...	...	...	...	...	...	*	*	...	*	...	...	...	...	Brit. Pal. Foss. p. 130, t. 1 D, f. 14.
— Scotica .... *M'Coy*	...	...	...	...	*	*	...	...	...	...	...	...	...	...	...	...	...	Brit. Pal. Foss. p. 130, t. 1 D, f. 15; lb. Siluria, 4 ed. p. 201, Foss. 44, f. 4.

PALÆOZOIC. ANNELIDA. CAMBRIAN AND SILURIAN.

SPECIES.	CAMBRIAN.			LOWER SIL.				UPPER SILURIAN.							REFERENCES.
	Har. St. David's.	Menevian.	Lingula Flags.	Tremadoc.	Arenig.	Llandeilo.	Caradoc or Bala.	Low. Llandovery.	Up. Llandovery.	Woolhope Lmst.	Wenlock Shale.	Wenlock Lmst.	Lower Ludlow.	Aymestry Lmst.	Upper Ludlow.	Tilest. & Passage.	Pass. up.	
DORSIBRANCHIATA.																	
Crusiana .... *D'Orb.* 1842 ...																	
(*Coriaceous annelide tubes*)																	ERRANTIA.
Frena............ *Rouult*																	
— semipilicata ...... *Salt.*			*	...	...	...	...	...	...	...	...	...	...	...	...	...	Brit. Assoc. Rept. 1852, vol. v, p. 58; ib. Mem. Geol. Surv. (Geol. N. Wales), vol. iii, p. 291, t. 3, f. 1-3; ib. Siluria, 4 ed. p. 43, Foss. 5, f. 3; ib. Baily, Char. Foss. pt. 1, t. 3, f. 1. ? *Trilobite burrows*, Dawson.
DORSIBRANCHIATA.																	
Dexolites *Hopkinson*,1870																	ERRANTIA.
— gracilis .... *Hopk.*	...	...	...	...	...	*	...	...	...	...	...	...	...	...	...	...	Geol. Mag. vol. vii, p. 77, woodcut; p. 78, f. 1, 1 a, woodcut.
DORSIBRANCHIATA.																	
Haughtonia ...... *Kinahan*, 1858.																	ERRANTIA.
— pusilla .... *Kin.*	*	...	*	...	...	...	...	...	...	...	...	...	...	...	...	...	Jour. Roy. Geol. Soc. Dub. vol. viii, 1858, p. 116-120, woodcuts; ib. p. 118, f. 2.
DORSIBRANCHIATA.																	
Helminthites ...... *Salter*, 1866 ...																	ERRANTIA.
(*Surface annelide markings*) ...																	
— Sp. .... *Salt.*	...	...	...	...	...	...	?	?	...	*	...	...	...	...	...	...	Q. J. Geol. Soc. vol. xv, p. 380, t. 13, f. 28; ib. Mem. Geol. Surv. (Geol. N. Wales), vol. iii, p. 247, f. 3, woodcut.
DORSIBRANCHIATA.																	
Histioderma ...... *Kinahan*, 1858.																	
(*Curved burrows of annelida*) ...																	ERRANTIA.
— Hibernica, ... *Kin.*	...	...	*	...	...	...	...	...	...	...	...	...	...	...	...	...	Jour. Roy. Geol. Soc. Dub. vol. viii, p. 70, t. 6, f. 1, 2; ib. Baily, Geol. Mag. vol. ii, p. 398, f. 6, woodcut; ib. Baily, Figs. of Char. Brit. Foss. p. 3, t. 2, f. 4 a–c.
DORSIBRANCHIATA.																	
Lumbricaria ...... *Münst.* 1826 ...																	ERRANTIA.
(*Trails of annelida*)																	
— antiqua .... *Portl.*	...	...	...	...	*	...	*	...	...	...	...	...	...	...	...	...	Geol. Rept. Lond. p. 361, t. 24, f. 7.
— gregaria .... *Portl.*	...	...	...	...	...	...	*	...	...	...	...	...	...	...	...	...	Geol. Rept. Lond. p. 361.
DORSIBRANCHIATA.																	
Myrianites .... *M*Leay*, 1839 ..																	ERRANTIA.
— M*Leayi .... *Murch.*	...	...	...	...	...	*	...	...	...	...	...	...	...	...	...	...	Sil. Syst. p. 700, t. 27, f. 3; ib. Siluria, 4 ed. p. 201, Foss. 44, f. 1.
— tenuis .... *M*Coy*	...	...	...	...	...	*	...	...	...	...	...	...	...	...	...	...	Brit. Pal. Foss. p. 130, t. 1 D, f. 13.
ABRANCHIA ?																	
Nemertites .... *M*Leay*, 1839 ..																	
(*Long involved narrow trails of annelida*)																	
— Ollivanti .... *Murch.*	...	...	...	...	...	*	...	...	...	...	...	...	...	...	...	...	Sil. Syst. p. 701, t. 27, f. 4.
DORSIBRANCHIATA.																	
Nereites .... *M*Leay*, 1839 ..																	
(*Impressions of annelida with branchia*)																	ERRANTIA.
— Cambrensis,...... *Murch.*	...	...	*	*	...	*	...	...	...	...	...	...	...	...	...	...	Sil. Syst. p. 700, t. 27, f. 1; ib. Siluria, 4 ed. p. 201, Foss. 44, f. 3; ib. M*Coy, Brit. Pal. Foss. p. 129.
— multiformis ... *Hark.*	...	...	...	...	*	...	...	...	...	...	...	...	...	...	...	...	Q. J. Geol. Soc. vol. xi, p. 476.

35

PALÆOZOIC.   ANNELIDA.   CAMBRIAN AND SILURIAN.

SPECIES.	Ilae. St. David's	Menevian.	Lingula Flags.	Tremadoc.	Arenig.	Llandeilo.	Caradoc or Bala.	Low. Llandovery.	Up. Llandovery.	Woolhope Lmst.	Wenlock Shale.	Wenlock Lmst.	Lower Ludlow.	Aymestry Lmst.	Upper Ludlow.	Tilest. & Passage.	Pass up.	REFERENCES.
Nereites (continued).																		
— Sedgwickii ...... Murch.		...	...	...	...	...	...	*	...	...	...	...	...	...	...	...		Sil. Syst. p. 700, t. 27, f. 2; ib. Siluria, 4 ed. p. 201, Foss. 44, f. 2; ib. M'Coy, Brit. Pal. Foss. p. 139.
DORSIBRANCHIATA.																		
Palæochorda ...... M'Coy, 1849 ...																		
Fucoids .... Auct.																		ERRANTIA.
— major .... M'Coy	...	...	...	...	*	...	...	...	...	...	...	...	...	...	...	...		Brit. Pal. Foss. t. 1 A, f. 3; ib. Baily, Char. Brit. Foss. t. 6, f. 1; ib. Eichw. Lethea Rossica, Pal. Ituss. vol. i, p. 58, t. 1, f. 3; ib. M'Coy, Q. J. Geol. Soc. vol. iv, p. 225; ib. Harkness, Q. J. Geol. Soc. vol. xi, p. 474.
— minor .... M'Coy	...	...	...	...	*	...	...	...	...	...	...	...	...	...	...	...		Brit. Pal. Foss. t. 1 A, f. 1; ib. Q. J. Geol. Soc. vol. iv, p. 225.
— teres .... Hark.	...	...	...	...	*	...	...	...	...	...	...	...	...	...	...	...		Q. J. Geol. Soc. vol. xi, p. 474, 1855.
Pyritonema ...... M'Coy, 1850 ...																		TUBICOLA.
— fasciculus ...... M'Coy	...	...	...	...	*	...	...	...	...	...	...	...	...	...	...	...		Brit. Pal. Foss. p. 10, t. 1 B, f. 13.
DORSIBRANCHIATA.																		
Salterella .... Billings, 1865..																		ERRANTIA.
— MacCullochii ... Salt.	...	...	...	...	*	...	...	...	...	...	...	...	...	...	...	...		Serpulites, Q. J. Geol. Soc. vol. xv, p. 381, t. 13, f. 31, 1858. Salterella, Siluria, 4 ed. p. 166, Foss. 28.
DORSIBRANCHIATA.																		
Scolecoderma ... Salter, 1866 ...																		
(Membranous tubes of annelida)																		ERRANTIA.
— antiquissima ... Salt.	...	*	...	...	...	...	...	...	...	...	...	...	...	...	...	...		Trachyderma, Trans. Malvern Club, pt. 1.
— tuberculata, ... Salt.	...	*	...	...	...	...	...	...	...	...	...	...	...	...	...	...		Mem. Geol. Surv. (Geol. N. Wales), vol. iii, p. 293, t. 5, f. 24.
DORSIBRANCHIATA.																		
Scolites .... Salter, 1866 ...																		
(Solid filled up annelide or vermicular burrows)																		ERRANTIA.
— Sp. .... Salt.	...	*	*	*	*	...	...	...	...	...	...	...	...	...	...	...		Annelide burrows, Mem. Geol. Surv. (Geol. N. Wales), vol. iii, p. 292, t. 12, f. 2; ib. Kinahan, Jour. Roy. Geol. Soc. Dub. 1857, t. 1; ib. 1858, t. 7.
DORSIBRANCHIATA.																		
Scolithus .... Hall, 1846 ...																		
Tigillites .... Rowalt, 1850																		ERRANTIA.
(Vertical burrows of annelida)																		Arenicolites.
CEPHALOBRANCHIATA.																		
Serpulites .... M'Leay, 1839 ..																		TUBICOLA.
— curtus .... Salt.	...	...	...	...	...	...	...	...	*	...	...	...	...	...	...	...		Mem. Geol. Surv. vol. ii, p. 333, t. 29, f. 1, 2.
— dispar .... Salt.	...	...	...	...	*	...	...	*	*	...	*	...	*	...	*	...		App. A, M'Coy, Brit. Pal. Foss. p. 1, t. 1 D, f. 11, 12; ib. M'Coy, Brit. Pal. Foss. p. 132.
— fistula .... Hall	?	*	...	...	...	...	...	...	...	...	...	...	...	...	...	...		Q. J. Geol. Soc. vol. xxi, p. 102, woodcut.
— longissimus ... Murch.	...	...	...	...	...	?	...	...	...	...	*	...	*	...	*	...		Sil. Syst. p. 700, t. 5, f. 1; ib. Siluria, 4 ed. t. 16, f. 1.
— MacCullochii ... Salt.	...	...	...	...	...	...	...	...	...	...	...	...	...	...	...	...		Vide Salterella.
— perversus .... M'Coy	...	...	...	...	...	...	...	...	...	...	...	...	*	...	...	...		Q. J. Geol. Soc. vol. ix, p. 15.
CEPHALOBRANCHIATA.																		
Spirorbis .... Lamarck, 1818																		TUBICOLA.
— Lewisii .... Sow.	...	...	...	...	...	...	...	...	...	*	*	...	*	...	*	...		Sil. Syst. t. 8, f. 11; t. 11, f. 8; ib. Siluria, 4 ed. t. 16, f. 2. ? Spirorbis tenuis, Sow.

PALÆOZOIC. ANNELIDA. CAMBRIAN AND SILURIAN.

SPECIES.	CAMBRIAN.			LOWER SIL.					UPPER SILURIAN.									REFERENCES.
	Har. St. David's	Menevian	Lingula Flags	Tremadoc	Arenig	Llandeilo	Caradoc or Bala	Low. Llandovery	Up. Llandovery	Woolhope Lmst.	Wenlock Shale	Wenlock Lmst.	Lower Ludlow	Aymestry Lmst.	Upper Ludlow	Tiles. & Passage	Pass up.	
DORSIBRANCHIATA.																		
Stella-Scolites ... *Etheridge,* 1875																		ERRANTIA.
(*Radiating annelide burrows*)...																		
— radiatus .... *Eth.*					*													Mem. Geol. Surv. (Geology of the Northern part of the English Lake District), p. 109, t. 13.
CEPHALOBRANCHIATA.																		
Tentaculites ...... *Schloth.* 1820...																		TUBICOLA.
(*Clavate shelly tubes*)																		
— anglicus .... *Salt.*							*	*	*		*	*				*		Siluria, 3 ed. p. 74; Caradoc, Foss. 12, f. 4, 1859; ib. 4 ed. p. 68, Foss. 13, f. 4, t. 1, f. 3, t. 10, f. 3; ib. Baily, Char. Brit. Foss. p. 28, t. 10, f. 3.
— annulatus ...... *Schloth.*								*								*		Petref. p. 377, t. 29, f. 8; Ib. Sil. Syst. t. 19, f. 16. *T. scalaris*, id. Petref. p. 377, t. 29, f. 9 b; ib. Sil. Syst. t. 19, f. 15.
— ornatus .... *Sow.*								*	*		*	*				*		Sil. Syst. t. 12, f. 25. ? *T. annulatus*, Schloth. Hlic. Leth. Suec. t. 35, f. 2. T. ornatus, Siluria, 4 ed. t. 16, f. 11.
— tennis .... *Sow.*											*					*		Sil. Syst. p. 613, t. 5, f. 33; ib. Siluria, 4 ed. t. 16, f. 12; ib. Geinitz, Verst. Grauw. p. 73, t. 19, f. 14.
— scalaris .... *Schloth.*																		*Vide* T. annulatus.
CEPHALOBRANCHIATA.																		
Trachyderma...... *Phillips,* 1848.,																		TUBICOLA.
— antiquissima ... *Salt.*																		*Vide* Scolecoderma.
— coriacea .... *Phill.*														*				Mem. Geol. Surv. vol. ii, p. 331, t. 4, f. 1, 2.
— lævis .... *M'Coy*						*												Brit. Pal. Foss. p. 133, t 1 D, f. 10.
— serrata............ *Salt.*						?												Q. J. Geol. Soc. vol. xx, p. 290, t. 15, f. 9 (Budleigh Salterton beds).
— squamosa ...... *Salt.*								*					*					Mem. Geol. Surv. vol. ii, p. 332, t. 4, f. 3.
Trichoides .... *Harkness,* 1855																		
— ambiguus ...... *Hark.*				*														Q. J. Geol. Soc. vol. xi, p. 474, 1855.

PALÆOZOIC.   CRUSTACEA.   CAMBRIAN AND SILURIAN.

SPECIES.	Har. St. David's	Menevian	Lingula Flags	Tremadoc	Arenig	Llandeilo	Caradoc or Bala	Low. Llandovery	Up. Llandovery	Woolhope Lmst.	Wenlock Shale	Wenlock Lmst.	Lower Ludlow	Aymestry Lmst.	Upper Ludlow	Tilest. & Passage	Pass up.	REFERENCES.
Sub-Kingdom, ANNULOSA. Div. ARTHROPODA (= ARTICULATA) Class, CRUSTACEA. Pal. Orders, Ostracoda. „ Phyllopoda. „ Trilobita. „ Merostomata.																		
Acanthopyge... Hawle & Corda, 1847																		Vide Lichas.
PHACOPIDÆ.																		
Acaste .... Goldfuss, 1843																		
Sub-genus of Phacops																		Vide Phacops.
ACIDASPIDÆ.																		
Acidaspis Murchison,1839																		
Odontopleura... Emmerich,1839																		
— Barrandii .... Fletcher												*						Mém. Geol. Surv. vol. ii, pt. 1, t. 9, f. 4; ib. Siluria, 4 ed. p. 235, Foss. 65, f. 9.
— bispinosus ...... M'Coy							*											Synop. Sil. Foss. Irel. p. 45, t. 4, f. 7; ib. Salt. Mem. Geol. Surv. Dec. VII, t. 6, f. 4; ib. Siluria, 4 ed. p. 206, Foss. 48, f. 6.
— Brightii .... Murch.							*	*	*	*	*	*	*	?				Sil. Syst. p. 658, t. 14, f. 15; ib. Salt. Mem. Geol. Surv. vol. ii, pt. 1, p. 348, t. 9, f. 6. *Paradoxides quadrimucronatus*, Sil. Syst. t. 14, f. 10. A. Brightii, Siluria, 4 ed. p. 235, Foss. 65, f. 8, t. 18, f. 7, 8.
— calliparcos ...... Thomp.							*											Q. J. Geol. Soc. vol. xlii, p. 208, t. 6, f. 11, 12.
— Caractaci ...... Salt.							*											Mem. Geol. Surv. Dec. VII, t. 6, f. 7; ib. Q. J. Geol. Soc. vol. xii, p. 211, t. 6, f. 15-17.
— coronatus ...... Salt.												*	*					Q. J. Geol. Soc. vol. xiii, p. 210. *A. Brightii*, Salt. Mem. Geol. Surv. vol. ii, pt. 1, p. 348, t. 9, f. 8, 9.
— crenatus .... Emm.												*						*Odontopleura*, N. Jahrb. 1845, p. 44. *Ceraurus*, Lovén. of. Vers. Konigl. Vetensk. Akad. 1845, t. 1, f. 1.
— dama .... Fl. & Salt.							*											MSS. Mor. Cat. p. 99, 1854.
— dumetosus ...... Fl. & Salt.							*											MSS. Mor. Cat. p. 99, 1854.
— hystrix .... Thoms.						*												Q. J. Geol. Soc. vol. xlii, p. 206, t. 6, f. 6-10.
— Jamesii .... Salt.							*											Mem. Geol. Surv. Dec. VII, t. 6, f. 1-3. ? *A. bispinosus*, Mem. Geol. Surv. vol. ii, pt. 1, p. 349, t. 9, f. 5.
— Lalage .... Thoms.							*											Q. J. Geol. Soc. vol. xiii, p. 206, t. 6, f. 1-5.
— latispinus ...... Salt.																		? Acidaspis Jamesii.
— quinquespinosus Fl. & Salt.												*						MSS. *Odontopleura Brightii*, Beyr. Böhm. Tril. pt. 2, t. 3, f. 6.
— unica .... Thoms.																		Vide Staurocephalus unicus.
CHEIRURIDÆ.	*																	
Actinopeltis .... Corda, 1847																		
Sub-genus of Cheirurus																		
— Juvenis .... Salt.																		Vide Cheirurus.
ÆGLINIDÆ.																		
Æglina .... Barrande, 1847																		
Cyclopyga ..... Corda																		

PALÆOZOIC.   CRUSTACEA.   CAMBRIAN AND SILURIAN.

SPECIES.	Hen. St. David's.	Menevian.	Lingula Flags.	Tremadoc.	Arenig.	Llandeilo.	Caradoc or Bala.	Low. Llandovery.	Up. Llandovery.	Woolhope Lmst.	Wenlock Shale.	Wenlock Lmst.	Lower Ludlow.	Aymestry Lmst.	Upper Ludlow.	Tilest. & Passage.	Pass. up.	REFERENCES.
Æglina (*continued*).																		
— binodosa .... *Salt.*						*												Siluria, 4 ed. p. 48, Foss. 9, f. 6; Mem. Geol. Surv. Dec. XI, p. 4, t. 4, f. 1–6; ib. vol. iii (Geol. N. Wales), p. 317, t. 11 h, f. 5.
— bois .... *Hicks.*					*													Cat. Camb. and Sil. Foss. Woodw. Mus. Cambr. p. 23; ib. Q. J. Geol. Soc. vol. xxxi, p. 185, t. 10, f. 9.
— caliginosa ...... *Salt.*						*												Mem. Geol. Surv. vol. iii (Geol. N. Wales), p. 318, t. 11 A, f. 10.
— grandis .... *Salt.*						*												Siluria, 4 ed. p. 51, Foss. 10, f. 6; ib. Mem. Geol. Surv. Dec. VII, t. 10, f. 8, and Dec. XI, t. 9, f. 7, 8; ib. vol. iii (Geol. N. Wales), p. 317, t. 12, f. 11.
— major .... *Salt.*							*											Mem. Geol. Surv. Dec. VII, pt. 10, t. 10, p. 4, f. 9.
— mirabilis .... *Forbes.*						*	*											Salt. Dec. VII, t. 10, f. 1–7; ib. Siluria, 4 ed. p. 174, Foss. 29, f. 3.
— obtusicaudata ... *Hicks.*						*												Q. J. Geol. Soc. vol. xxxi, p. 185, t. 10, f. 3.
— Sp. cye of ... *Salt.*								*										Mem. Geol. Surv. vol. iii (Geol. N. Wales), p. 317, t. 12, f. 13; ib. Dec. XI, t. 4, f. 6.
CYTHERIDÆ.																		
Bohmina .... *Jones & Holl,* 1869																		
— clavulus ...... *Jones & Holl...*													*					Ann. Mag. Nat. Hist. 4 ser. vol. iii, p. 218, f. 3, woodcut.
— cuspidata ..... *Jones & Holl...*													*					Ann. Mag. Nat. Hist. 4 ser. vol. iii, p. 218, t. 14, f. 8, and woodcut f. 2; Monthly Micro. Jour. 1870, p. 185, t. 61, f. 6.
AGNOSTIDÆ.																		
Agnostus .... *Brong.* 1822																		
Battus .... *Dalm.* 1826																		
Trinodus .... *M'Coy*																		
Arthorachus ... *Hawle & Corda,* 1847																		
— Barlowii ...... *Belt*					*													Geol. Mag. vol. v, p. 11, t. 2, f. 17, 18.
— Barrandii ..... *Salt.*	*	*																Brit. Assoc. Rept. 1865, p. 285; ib. Hicks, Q. J. Geol. Soc. vol. xxviii, p. 176, t. 5, f. 5, 6.
— Cambrensis .... *Hicks*	*	*																Q. J. Geol. Soc. vol. xxvii, p. 400, t. 16, f. 11, 12.
— Davidis .... *Salt.*	*	*																Brit. Assoc. Rept. 1865, p. 285; ib. Hicks, Q. J. Geol. Soc. vol. xxviii, p. 174, t. 5, f. 2–4.
— Eskriggei ...... *Hicks*	*																	Q. J. Geol. Soc. vol. xxviii, p. 175, t. 5, f. 7.
— hirundo .... *Salt.*	*																	Doubtful species.
— limbatus ...... *Salt.*		*																Mem. Geol. Surv. Dec. XI, p. 7. *A. trinodus* (part), ib. vol. ii, pt. 1, t. 8, f. 11, non. 12, 13; ib. vol. iii, p. 298.
— Sp. allied to limbatus... *Salt.*					*													Mem. Geol. Surv. vol. iii (Geol. N. Wales), p. 299, t. 11 A, f. 7; ib. Dec. XI, t. 1, f. 12.
— M'Coyi .... *Salt.*					*													Mem. Geol. Surv. Dec. XI, p. 5, t. 1, f. 6, 7. *A. pisiformis*? March. Sil. Syst. p. 664, t. 25, f. 6. *Diplorhina triplicata*, M'Coy, Brit. Pal. Foss. t. 1 E, f. 11. Agnostus, Siluria, 4 ed. p. 51, Foss. 11, f. 5, t. 3, f. 7, 8. Agnostus, Mem. Geol. Surv. vol. iii, p. 297, t. 13, f. 8; ib. Baily, Char. Foss. t. 7, f. 1.
— Menevensis		*																Doubtful species.
— Morei .... *Salt.*												*						Mem. Geol. Surv. Dec. XI, p. 7, t. 1, f. 13; ib. Q. J. Geol. Soc. vol. xxii, p. 487, woodcuts a, b, p. 486.
— nodosus .... *Belt*					*													Geol. Mag. vol. iv, p. 295, t. 12, f. 3. ? *A. reticulatus*, Angel, Pal. Suev.
— obtusus .... *Belt*					*													Geol. Mag. vol. v, p. 10, t. 2, f. 15, 16.

PALÆOZOIC.   CRUSTACEA.   CAMBRIAN AND SILURIAN.

SPECIES.	Har. St. David's	Menevian	Lingula Flags	Tremadoc	Arenig	Llandeilo	Caradoc or Bala	Low. Llandovery	Up. Llandovery	Woolhope Lime.	Wenlock Shale	Wenlock Lime.	Lower Ludlow	Aymestry Lime.	Upper Ludlow	Tilest. & Passage	Pass up	REFERENCES.
Agnostus *(continued).*																		
— *pisiformis* ...... *Linn.*																		*Vide* A. princeps.
— princeps .... *Salt.*		•	•															Q. J. Geol. Soc. vol. xx, p. 237, t. 13, f. 6; Mem. Geol. Surv. Dec. XI, t. 1, f. 1-5; ib. vol. iii, p. 296, t. 4, f. 2, 11; t. 5, f. 1. *A. pisiformis*, Salt. Siluria, 4 ed. p. 43, Foss. 8, f. 4; p. 51, Foss. 10, f. 9; var. A. obesus, Belt, Geol. Mag. vol. iv, p. 295, t. 12, f. 4 a-d.
— *scarabæoides* ... *Salt.*		•	•															Hicks, Q. J. Geol. Soc. vol. xxviii, p. 175, t. 5, f. 8.
— scutalis .... *Salt.*		•	•															Brit. Assoc. Rept. 1865, p. 285; ib. Hicks, Q. J. Geol. Soc. vol. xxviii, p. 175, t. 5, f. 9-14.
— *tardus* .... *Barr.*																		*Vide* A. trinodus.
— trinodus .... *Salt.*							•											Mem. Geol. Surv. vol. ii, pt. 1, t. 8, f. 12, 13. (*β, Concavus*), A. trinodus, ib. Dec. XI, t. 1, f. 8-10. *Trinodus angustifrons*, M'Coy, Synop. Sil. Foss. Irel. t. 4, f. 31 ib. Brit. Pal. Foss. t. 1 E, f. 10, 12, 13. *T. tardus*, Barr. M'Coy, ib. t. 1 E, f. 9. Ag. trinodus, Salt. Mem. Geol. Surv. vol. iii, p. 297, t. 19, f. 8; ib. Siluria, 4 ed. p. 204, Foss. 46, f. 6.
— triseetus .... *Salt.*			•															Mem. Geol. Surv. Dec. XI, p. 10, t. 1, f. 10; ib. Geol. Mag. vol. v, p. 11.
— *tuberculatus*																		*Vide* Beyrichia Wilckensiana.
— Turneri .... *Salt.*																		
— venulosus .... *Salt.*			•															Doubtful species.
CHEIRURIDÆ.																		
Amphion .... *Pander, 1830*...																		
— benevolens ...... *Salt.*																		Mono. Brit. Trilob. Pal. Soc. 1862, p. 82, t. 6, f. 31.
— *gelasinosus* ...... *Portl.*																		*Vide* Cheirurus.
— *multisegmentalis* Portl.																		*Vide* Encrinurus.
— pauper .... *Salt.*																		Mono. Brit. Trilob. Pal. Soc. 1862, p. 83, t. 6, f. 32.
— pseudoarticulatus ... *Portl.*																		Amphion, Geol. Rept. Lond. p. 291, t. 3, f. 5; ib. Salt. Mono. Brit. Sil. Trilob. Pal. Soc. 1862, p. 80, t. 6, f. 29, 30; ib. Siluria, 4 ed. p. 515.
Ampyx .... *Dalman, 1827*																		
— *Austini* .... *Portl.*																		*Vide* Mammillatus.
— *baccatus* .... *Portl.*																		*Vide* Encrinurus multisegmentatus.
— *latus* .... *M'Coy*																		*Vide* A. nudus.
— mammilaris ...... *Sars*							•	•										Isis, 1835, p. 335, t. 8, f. 4. *A. Austini*, Portl. Geol. Rept. p. 261, t. 1 B, f. 1, 2.
— nasutus .... *Dalm.*							?	?										Palæad. t. 5, f. 3. ? *A. mammilaris*.
— nudus .... *Murch.*							•	•										*Trinucleus*, Sil. Syst. p. 660, t. 23, f. 5. Ampyx, Forbes, Mem. Geol. Surv. Dec. II, t. 10. *Ampyx latus*, M'Coy, Brit. Pal. Foss. p. 147, t. 1 E, f. 13. A. nudus, Siluria, 4 ed. p. 206, Foss. 48, f. 7, t. 4, f. 9, 10.
— parvulus .... *Forbes*...									•									Mem. Geol. Surv. vol. ii, pt. 1, p. 350, t. 10.
— pennatus .... *Salt.*																		Cat. Foss. Mus. Pract. Geol. p. 4.
— prænuntius ...... *Salt.*						•												Mem. Geol. Surv. vol iii (Geol. N. Wales), p. 321, t. 8, f. 5; ib. Siluria, 4 ed. p. 203, Foss. 45, f. 6.
— rostratus .... *Sars*																		Isis, 1835, p. 334, t. 8, f. 3. *A. Sarsii*, Portlock, Geol. Rept. p. 260, t. 1, f. 9, 10.
— Salteri .... *Hicks*						•												Q. J. Geol. Soc. vol. xxxi, p. 182, t. 10, f. 7, 8.
— *Sarsii* .... *Portl.*																		*Vide* A. rostratus, Sars.
— tumidus .... *Forbes*...							•											Mem. Geol. Surv. Dec. II, t. 10, f. 4; ib. vol. iii (Geol. N. Wales), p. 320, woodcut 9, t. 23, f. 6.

CRUSTACEA

CAMBRIAN AND SILURIAN

SPECIES.	CAMBRIAN.			LOWER SIL.					UPPER SILURIAN.							REFERENCES.
	Harlech, St. David's.	Menevian.	Lingula Flags.	Tremadoc.	Arenig.	Llandeilo.	Caradoc or Bala.	Lwr. Llandovery.	Up. Llandovery.	Woolhope Lmst.	Wenlock Shale.	Wenlock Lmst.	Lower Ludlow.	Aymestry Lmst.	Upper Ludlow.	Tilest. & Passage.	Passage.	

CONOCEPHALIDÆ.

Angelina .... *Salter*, 1853
— Sedgwickii ...... *Salt.* — Siluria, 4 ed. p. 51, Foss. 10, f. 2; p. 203, Foss. 45, f. 5; ib. Mem. Geol. Surv. Dec. II, t. 7, f. 1–5; ib. vol. iii (Geol. N. Wales), p. 308, t. 7, f. 1–5.

— Var. *sub-armata* Salt. — Var. of A. Sedgwickii. Siluria, 4 ed. p. 51, Foss. 10, f. 3 (compressed); ib. Mem. Geol. Surv. vol. iii (Geol. N. Wales), t. 7, f. 3.

OLENIDÆ.

Anopolenus ...... *Salter*, 1864
— Henrici .... *Salt.* — Q. J. Geol. Soc. vol. xx, p. 236, t. 13, f. 4, 5; ib. vol. xxi, p. 481, f. 2, 3, woodcut; Brit. Assoc. Rept. 1865, p. 285.

— impar .... *Hicks* — Q. J. Geol. Soc. vol. xxviii, p. 179, t. 7, f. 1–7.
— Salteri .... *Hicks* — Q. J. Geol. Soc. vol. xxi, p. 478, woodcut, p. 481, f. 1; ib. vol. xxviii, p. 179, t. 7, f. 8–11; Brit. Assoc. Rept. 1865, p. 285.

Aptychopsis ... *H. Woodward*, 1872
— glabra .... *H. Woodw.* — Geol. Mag. vol. ix, p. 565, 1872.
— Lapworthi ...... *H. Woodw.* — Geol. Mag. vol. ix, p. 565, 1872.
— Wilsoni .... *H. Woodw.* — Geol. Mag. vol. ix, p. 565, 1872.

Argos .... *Goldf.* 1839
— planospinosus ... *Portl.* — *Vide* Cheirurus gelasinosus.

Argas .... *Scouler* — *Vide* Dithyrocaris.

CONOCEPHALIDÆ.

Arionellus .... *Barrande*.
— longicephalus ... *Hicks* — Q. J. Geol. Soc. vol. xxviii, p. 176, t. 5, f. 20–26.

ASAPHIDÆ.

Asaphus .... *Brong.* 1822

Sub-genera:
- *Nileus* .... *Dalm.* 1826
- *Isotelus* ...... *De Kay*, 1824
- *Basilicus* ... *Salter*, 1849
- *Cryptonymus* *Eichw.* 1825, pars
- *Hemicrypturus* *Green*, 1833
- *Asaphogus* ... *Troost*, 1834
- *Ptychopyge* ... *Angelin*
- *Megalaspis* ... *Angelin*, 1852
- *Symphysurus* *Goldfuss*, 1843

— affinis .... *M'Coy* — *Isotelus*, Synop. Brit. Pal. Foss. p. 169, t. 1 F, f. 3. Asaphus, Salt. Mem. Geol. Surv. vol. iii, p. 310, t. 8, f. 15, t. 12, f. 4; ib. Salt. Mono. Brit. Sil. Trilob. Pal. Soc. p. 164, t. 24, f. 13, 14.

— arcuatus .... *Portl.* — *Vide* A. rectifrons.
— corndensis ...... *Murch.* — *Vide* Ogygia corndensis.
— dilatatus .... *Dalm.* — *Vide* Ogygia Portlockii.

PALÆOZOIC. CRUSTACEA. CAMBRIAN AND SILURIAN.

SPECIES.	Har. St. David's.	Menevian.	Lingula Flags.	Tremadoc.	Arenig.	Llandeilo.	Caradoc or Bala.	Lwr. Llandovery.	Up. Llandovery.	Woolhope Lmst.	Wenlock Shale.	Wenlock Lmst.	Lower Ludlow.	Aymestry Lmst.	Upper Ludlow.	Tilest. & Passage.	Pass up.	REFERENCES.
Asaphus (continued).																		
— gigas .... *De Kay*							*											(*Isotelus*), Lyc. Nat Hist. N. York, vol. i, p. 176, t. 12, 13, f. 1, 2. Asaphus platycephalus, Stokes, Trans. Geol. Soc. 1 ser. vol. viii, p. 208, t. 27, 1822. *Iso. gigas, I. planus*, Portl. Geol. Rept. p. 295, t. 8, f. 7; t. 7, f. 2, 3. *I. gigas*, Hall, Pal. N. York, vol. i, p. 231, t. 60, f. 7, t. 61, f. 3, 4, t. 62, f. 1, 2, t. 63. Asaphus, (*Isotelus*) gigas, Salt. Mem. Geol. Surv. Dec. XI, Sec. 3, p. 1, t. 3. *I. ovatus, I. eclerops*, Portl. Geol. Rept. t. 8, f. 5, t. 10, f. 2. Asaphus, (*Isotelus*) gigas, Salt. Mono. Brit. Sil. Trilob. Pal. Soc. 1866, p. 161, t. 24, f. 1–5, t. 25, f. 1 (var.); ib. Siluria, 4 ed. p. 174, Foss. 29, f. 1. *Isotelus intermedius*, Portl. Geol. Rept. t. 9, f. 5; ib. Salt. Pal. Soc. loc. cit. p. 169, t. 25, f. 1 (var.).
— Homfrayi ...... *Salt.*					*	*												Mem. Geol. Surv. vol. iii, p. 311, t. 8, f. 11–14; ib. Mono. Brit. Sil. Trilob. Pal. Soc. 1866, p. 165, t. 24, f. 6–11; ib. Siluria, 4 ed. p. 203, Foss. 45, f. 9.
— hybridus ...... *Salt.*						*												(*Basilicus*), Mono. Brit. Sil. Trilob. Pal. Soc. 1866, p. 153, t. 23, f. 8, 9.
— insperatus ...... *Salt.*					*													
— intermedius ...... *Portl.*							*											*Vide A. gigas.*
— latifrons							*											*Vide Stygina latifrons.*
— laticostatus ...... *M'Coy*						*												Isotelus (*Basilicus*), Brit. Pal. Foss. p. 170, t. 1 E, f. 18; ib. Salt. Mono. Brit. Sil. Trilob. Pal. Soc. p. 158, t. 18, f. 6.
— laeviceps ...... *Salt.*																		*Vide Asaphus scutalis.*
— marginatus ...... *Portl.*																		*Vide Stygina latifrons.*
— Marstoni ...... *Salt.*							*											(*Basilicus*), Mono. Brit. Sil. Trilob. Pal. Soc. 1866, p. 156, t. 23, f. 1.
— Menapiæ ...... *Hicks*					*													Cat. Camb. and Sil. Foss. Camb. Mus. p. 23.
— ovatus ...... *Portl.*							*											*Vide A. gigas.*
— peltastes ...... *Salt.*							*											(*Basilicus*), Mono. Brit. Sil. Trilob. Pal. Soc. 1866, p. 152, t. 22, f. 1–4.
— Powisii ...... *Murch.*							*	*										Sil. Syst. t. 23, f. 9 a; ib. Portl. p. 297, t. 6, f. 1; ib. Salt. Mem. Geol. Surv. Dec. II, t. 3, p. 5; ib. Siluria, 4 ed. p. 204, Foss. 46, f. 1, t. 2, f. 2. *A.* (*Basilicus*), Salt. Mono. Brit. Sil. Trilob. Pal. Soc. 1866, p. 154, t. 23, f. 2–7; ib. Mem. Geol. Surv. vol. iii, p. 312, t. 15, f. 1–5.
— radiatus ...... *Salt.*							*											Ogygia, App. Burmeister, Org. Trilob. Ray. Soc. p. 125. Isotelus, (*Basilicus*) laticostatus, M'Coy, part, Brit. Pal. Foss. t. 1 E, f. 18. Asaphus, Mem. Geol. Surv. vol. iii, p. 311, t. 23, f. 7; ib. Mono. Brit. Sil. Trilob. Pal. Soc. 1866, p. 157, t. 18, f. 1–5.
— rectifrons ...... *Portl.*							*											(*Isotelus*), Geol. Rept. p. 298, t. 9, f. 1, t. 8, f. 2, 3, 7, head. *I. arcuatus*, ib. t. 9, f. 2, 3, tail. Asaphus (*Brachyaspis*), rectifrons, Salt. Mono Brit. Sil. Trilob. Pal. Soc. 1866, p. 166, t. 25, f. 6–10. ? *A. laevigatus*, Angelin, Pal. Surv. t. 29, f. 1.
— eclerops																		*Vide A. gigas.*
— scutalis ...... *Salt.*							*											(*Cryptonymus*), Cat. Foss. Mus. Pract. Geology, p. 5; ib. Mono. Brit. Sil. Trilob. Pal. Soc. 1866, p. 169, t. 25, f. 2, 3. *Isotelus laeviceps*, Portl. Geol. Rept. p. 299, t. 9, f. 4 (non Dalman). Asaphus, (*Crypton*) laeviceps, Salt. Mem. Geol. Surv. Dec. XI (*As. gigas*), sec. 3, p. 4.
— Selwynii ...... *Salt.*																		*Vide Ogygia Selwynii.*
— Solvensis ...... *Hicks*					*													Cat Camb. and Sil. Foss. Cambr. Mus. p. 23.
— Stokesii ...... *Murch.*																		*Vide Proetus Stokesii.*

42

CRUSTACEA

CAMBRIAN AND SILURIAN

SPECIES	Har. St. David's	Menevian	Lingula Flags	Tremadoc	Arenig	Llandeilo	Caradoc or Bala	Low. Llandovery	Up. Llandovery	Woolhope Lmst.	Wenlock Shale	Wenlock Lmst.	Lower Ludlow	Aymestry Lmst.	Upper Ludlow	Hist. & Passage	Pass up.	REFERENCES
Asaphus *(continued)*																		
— tyrannus .... *March*							•											Var ornatus, Sil. Syst. p. 648, 650, t. 24. A. tyrannus, t. 25, f. 1. Asaphus, Mem. Geol. Surv. vol. iii, p. 312, t. 13, f. 1-6; ib. Salt. Dec. II, t. 5; lb. Siluria, 4 ed. p. 51, Foss. 11, f. 1, t. 1, f. 4, 5, t. 2, f. 1. Asaphus (*Basilicus*), Salt. Mono. Brit. Sil. Trilob. Pal. Soc. 1866, p. 149, t. 21, f. and t. 22, f. 5-12. P A. heros, Dalm.
— Sp. .... *Salt.*						?												Q. J. Geol. Soc. vol. vii, t. 8, f. 2 (Pygidium).
— Sp. .... *Salt.*							•											Q. J. Geol. Soc. vol. iv, p. 205.
PORTIONS OF CRUSTACEA.																		
Astacoderma...... *Harley*, 1861...																		
Conodonts ...... *Ponder*																		
— bicuspidatum ... *Har.*															•			Q. J. Geol. Soc. vol. xvii, p. 542, 552, t. 17, f. 2, 3, 4. 7.
— declinatum ...... *Har.*															•			,, ,, ,, ,, f. 9.
— Var. expansum *Har.*															•			,, ,, ,, ,, f. 9.
— depressum ...... *Har.*															•			,, ,, ,, ,, f. 9.
— Var. expanso-acuminatum...*Har*															•			,, ,, ,, ,, f. 8, 10.
— planum .... *Har.*															•			,, ,, ,, ,, f. 18-20.
— Var. monotuberculatum ... *Har.*															•			,, ,, ,, ,, f. 19, 20.
— Var. trituberculatum ...... *Har.*															•			,, ,, ,, ,, f. 18.
— reniforme ...... *Har.*															•			,, ,, ,, ,, f. 17.
— seriatum .... *Har.*															•			,, ,, ,, ,, f. 14.
— spinosum......... *Har.*															•			,, ,, ,, ,, f. 16.
— terminale ...... *Har.*															•			,, ,, ,, ,, f. 1, 14.
— triangulare ...... *Har.*															•			,, ,, ,, ,, f. 5.
— undulatum ...... *Har.*															•			,, ,, ,, ,, f. 11-13.
— Var. compositum *Har.*															•			
Atractopyge......... *Corda*............																		*Vide* Cybele.
CYPRIDÆ.																		
Bairdia .... *M'Coy*, 1844...																		
(*Sub-genus of Cythere*)............																		
— Griffithiana ... *Jones*								•										Ann. Mag. Nat. Hist. 4 ser. vol. ii, p. 58, t. 7, f. 10.
— Marchisoniana *Jones*								•										Ann. Mag. Nat. Hist. 4 ser. vol. ii, p. 58, t. 7, f. 9.
— Salteriana ...... *Jones*								•										Ann. Mag. Nat. Hist. 4 ser. vol. ii, p. 58, t. 7, f. 11.
— Phillipsiana ... *Jones & H.*													•					Ann. Mag. Nat. Hist. 4 ser. vol. iii, 1869, p. 213, t. 14, f. 7.
ASAPHIDÆ.																		
Barrandia .... *M'Coy*, 1849...																		
— Cordai............ *M'Coy*						•												Ann. Mag. Nat. Hist. 2 ser. vol. iv, p. 409; ib. Brit. Pal. Foss. p. 149, t. 1 F, f. 1. *Ogygia Portlockii*, Salt. Mor. Cat. 2 ed. p. 112; ib. Mono. Brit. Sil. Trilob. Pal. Soc. 1866, p. 142, t. 19, f. 5.
— Homfrayi ...... *Hicks*					•													Q. J. Geol. Soc. vol. xxxi, p. 185, t. 9, f. 8.
— longifrons ...... *Edgell*					•													(*Homalopteon*), Salt. Mono. Brit. Sil. Trilob. Pal. Soc. 1867, p. 179, woodcut, f. 42, 43.
— Portlockii ...... *Salt.*						•												(*Homalopteon*), Mono. Brit. Sil. Trilob. Pal. Soc. 1866, p. 138, t. 19, f. 6-10. *Ogygia*, Salt. Mem. Geol. Surv. Dec. II, t. 7, f 1, 2, 6, 7. *Asaphus dilatatus*, Portl. Geol. Rept. p. 293, t. 24, f. 2. *Ogygia*, Mem. Geol. Surv. vol. ii, pt. 1, p. 239.

CRUSTACEA

CAMBRIAN AND SILURIAN

SPECIES	CAMBRIAN			LOWER SIL.				UPPER SILURIAN.							REFERENCES
	Har. St. David's.	Menevian.	Lingula Flags.	Tremadoc.	Arenig.	Llandeilo.	Caradoc or Bala.	Low. Llandovery.	Up. Llandovery.	Woolhope Lmst.	Wenlock Shale.	Wenlock Lmst.	Lower Ludlow.	Aymestry Lmst.	Upper Ludlow.	Tilest. & Passage.	Pass up.	
Barrandia (*continued*).																		
— radians .... *M'Coy*							*											Ogygia, Ann. Mag. Nat. Hist. 2 ser. vol. iv, p. 408; ib. Brit. Pal. Foss. p. 140, t. 1 F, f. 2. Barrandia (*Homalopteon*), Mono. Brit. Sil. Trilob. Pal. Soc. 1866, p. 140, t. 19, f. 1-4. Ogygia Portlockii, junr. Salt. Mem. Geol. Surv. Dec. II, t. 7, f. 3, 5.
ASAPHIDÆ.																		
Basilicus .... *Salter*, 1849																		*Vide* Asaphus.
LEPERDITIADÆ.																		
Beyrichia *M'Coy*, 1846 ...																		
— affinis .... *Jones*								*										Ann. Mag. Nat. Hist. 2 ser. vol. xvi, p. 170, t. 6, f. 16, 1855.
— Barrandiana ... *Jones*							*											Ann. Mag. Nat. Hist. 2 ser. vol. xvi, p. 171, t. 6, f. 17.
— bicornis .... *Jones*							*											*Vide* Primitia bicornis.
— bipunctata ...... *Edgell*							*											MS. Geol. Survey Coll.
— complicata ...... *Salt.*							*	*									*	Ann. Mag. Nat. Hist. 2 ser. vol. xvi, p. 163, t. 6, f. 1-5. Var. β, *decorata*, f. 6; Salt. Mem. Geol. Surv. vol. ii, pt. 1, p. 352, t. 8, f. 16; ib. M'Coy, Brit. Pal. Foss. p. 136, t. 1 E, f. 3; ib. Salt. App. A, p. 2; ib. Siluria, 4 ed. p. 51, Foss. 11, f. 10*; ib. p. 204, Foss. 46, f. 7; ib. Mem. Geol. Surv. vol. iii, p. 295, t. 19, f. 9. B. complicata, Jones, Monthly Micro. Jour. 1870, p. 185, t. 61, f. 21. Agnostus pisiformis, Salt. Q. J. Geol. Soc. vol. i, p. 20.
— Var. *decorata* ... *Jones.*																		
— intermedia ...... *Jones & Holl*										*		*						Ann. Mag. Nat. Hist. 4 ser. vol. iii, 1869, p. 218, t. 15, f. 7.
— Klœdeni .... *M'Coy*							*	*			*	*			*	*	*	Synop. Sil. Foss. Irel. p. 58, woodcuts; Brit. Pal. Foss. p. 135, t. 1 E, f. 2. *Battus tuberculatus* (*Agnostus tuberculatus*), Klöden. Verstein der Mark. Brandenb. p. 112, t. 1, f. 16, 17, 18. *Agnostus*, Sil. Syst. p. 604, t. 3, f. 17. *B. tuberculata*, Mem. Geol. Surv. vol. ii, pt. 1, p. 352, t. 8, f. 14, 15. Var. B, antiquata, Jones, Ann. Mag. Nat. Hist. vol. xvi, p. 167, t. 6, f. 8; var. B. torosa; ib. f. 10-12; ib. p. 36, 164, t. 5, f. 4-9; var. in Mem. Geol. Surv. sheet 32, Geol. Edinb. t. 2, f. 5. B. Klödeni, Siluria, 4 ed. p. 234, Foss. 64, f. 4; ib. Jones, Monthly Micro. Jour. 1870, t. 61, f. 20, p. 185.
— Salteriana ...... *Jones*																		*Vide* Primitia.
— seminulum ...... *Jones*																		*Vide* Primitia.
— siliqua .... *Jones*																		*Vide* Cytherellina.
— strangulata ...... *Salt.*																		*Vide* Primitia.
— tuberculata ...... *Klöd.*																		*Vide* B. Wilckensiana.
— Wilckensiana ... *Jones*												*			*	*		Ann. Mag. Nat. Hist. 1855, vol. xvi, p. 89, t. 5, f. 17, 18. (*Agnostus tuberculatus*), Sil. Syst. p. 604, t. 3, f. 17; var. *plicata*, Jones, Ann. Mag. Nat. Hist. vol. xvi, 1855, p. 90, t. 5, f. 19, 21.
ASAPHIDÆ.																		
— *Brachyaspis* ... *Salt.* 1866																		*Vide* Asaphus.
CALYMENIDÆ.																		
Brongniartia .... *Salt.* 1865																		*Vide* Homalonotus.
BRONTEIDÆ.																		
Bronteus .... *Burm.* 1843																		
„ .... *Goldf.* 1844																		
Brontes .... *Goldf.* 1839																		

44

PALÆOZOIC.   CRUSTACEA.   CAMBRIAN AND SILURIAN.

SPECIES.	Har. St. David's.	Menevian	Lingula Flags.	Tremadoc.	Arenig.	Llandeilo.	Caradoc or Bala.	Low. Llandovery.	Up. Llandovery.	Woolhope Lmst.	Wenlock Shale.	Wenlock Lmst.	Lower Ludlow.	Aymestry Lmst.	Upper Ludlow.	Tilst. & Passage.	Pass. up.	REFERENCES.
Bronteus (*continued*).																		
— Hibernicus .... *Portl.*								•										Geol. Rept. p. 270, t. 5, f. 8.
— laticauda .... *Wahl.*							?			•								Entomostracites, Nov. Act. Upsal, vol. viii, p. 28, t. 2, f. 7, 8. Beyr. Trilob. 1847, p. 42, f. 8, 9. ? *B. signatus*, Phill. Pal. Foss. p. 229, t. 57, f. 255.
— signatus .... *Phill.*																		*Vide* B. laticauda.
Bronteopsis .... *Salter*, M.S. 1865																		
— Thomsoni ...... *Salt.*																		*Vide* Illænopsis.
ASAPHIDÆ.																		
Bumastus .... *Murch.* 1839 ...																		*Vide* Illænus.
CALYMENIDÆ.																		
Calymene .... *Brong.* 1822 ...																		
Amphion .... *Ponder*																		
Lethus .... *Ponder*, pars ...																		
— arenosa .... *M'Coy*						•												Synop. Sil. Foss. Irel. p. 47, t. 4, f. 12.
— Baylei .... *M'Coy*																		*Vide* C. brevicapitata.
— Blumenbachii ... *Brong.*			•			•	•	•	•	•	•	•						Crust. Foss. vol. ii, pt. 1, t. 1, f. 1 A–C. *Entomolithus paradoxus*, Park. Org. Rem. vol. iii, t. 17, f. 11–14. C. Blumenbachii, Sil. Syst. p. 653, t. 7, f. 6, 7. *Cal. subdiademata*, M'Coy, Brit. Pal. Foss. p. 166, t. 1 F, f. 9. *C. Niagarensis*, Hall, Geol. Rept. 4th District, p. 101, f. 3; var. Pal. New York, vol. ii, p. 307, t. 67, f. 11, 12. C. Blumenb. Mem. Geol. Surv. vol. iii, p. 326, t. 17, f. 1–7; Siluria, 4 ed. p. 68, Foss. 13, f. 1; t. 17, f. 1; t. 18, f. 10; ib. Salt. Mono. Brit. Sil. Trilob. Pal. Soc. 1864, p. 93, t. 8, f. 7–16; t. 9, f. 1, 2. Var. *C. pulchella*, Dalm. Palæade, p. 35; Salt. Pal. Soc. p. 95. *Cal. spectabilis*, Angelin, Pal. Suec. t. 19, f. 5.
— Var. *Allportiana Salt.*						•	•	•	•	•	•	•						Mono. Brit. Sil. Trilob. Pal. Soc. 1864, p. 95, woodcut; p. 95, f. 20.
— Var. *Cambrensis Salt.*						•												C. brevicep. part, Mem. Geol. Surv. vol. ii, pt. 1, t. 11, f. 3, 5; ib. Mono. Brit. Trilob. Pal. Soc. p. 98, t. 9, f. 12–14; ib. Mem. Geol. Surv. vol. iii, p. 336, t. 17, f. 13, 14.
— Var. *Caractaci Salt.*						•												Mono. Brit. Sil. Trilob. Pal. Soc. 1864, p. 96, t. 9, f. 3–5. *C. subdiademata*, M'Coy, Brit. Pal. Foss. t. 1 F, f. 10. C. Blum. var. *brevicapitata*, pars, Salt. Mono. Geol. Surv. vol. iii, t. 17, f. 9; ib. Mono. Brit. Sil. Trilob. Pal. Soc. p. 96, t. 9, f. 3–5.
— brevicapitata ... *Portl.*						•	•	•	•	•								Geol. Rept. p. 286, t. 3, f. 31. ib. Salt. Mem. Geol. Surv. vol. ii, p. 341, t. 11; ib. M'Coy, Brit. Pal. Foss. p. 165, t. 1 F, f. 4, 6. *Cal. forcipata*, M'Coy, Synop. Foss. Irel. t. 4, f. 14; head only. *Cal. cesaria*, Conrad, Salt. Mono. Brit. Sil Trilob. Pal. Soc. p. 97, t. 9, f. 6–11, and Conrad, in Hall, Pal. New York, vol. 1, t. 64, f. 3; ib. Salt. Mem. Geol. Surv. vol. iii, p. 336, t. 17, f. 9; ib. Siluria, 4 ed. p. 51, Foss. 11, f. 9; p. 204, Foss. 46, f. 4. Var. of *C. Blumenbachii*. *C. Baylei*, M'Coy, Pal. Foss. p. 165, t. 1 F, f. 8 (non Barrande).
— duplicata .... *Murch.*							•											Phill. and Salt. Mem. Geol. Surv. vol. ii, pt. 1, p. 336. *Asaphus*, Sil. Syst. t. 25, f. 7. Calymene, Mem. Geol. Surv. vol. iii, p. 327, t. 17, f. 15, 20; ib. Siluria, 4 ed. p. 51, Foss. 11, f. 10, t. 3, f. 6; ib. Mono. Brit. Sil. Trilob. Pal. Soc. p 100, t. 9, f. 19–24.
— Davisii .... *Salt.*									•									Mono. Brit. Sil. Trilob. Pal. Soc. p. 103, f. 23, woodcut.
— forcipata .... *M'Coy*																		*Vide* Lichas laxatus.
— Hopkinsoni ...... *Hicks*					•													Q. J. Geol. Soc. vol. xxxi, p. 187, t. 10, f. 4, 5.
— macrophthalma... *Burm.*																		*Vide* Phacops Stokesii.

45

PALÆOZOIC.   CRUSTACEA.   CAMBRIAN AND SILURIAN.

SPECIES.	Har. St. David's.	Menevian.	Lingula Flags.	Tremadoc.	Arenig.	Llandeilo.	Caradoc or Bala.	Low. Llandovery.	Up. Llandovery.	Wenlock Lmst.	Wenlock Shale.	Lower Ludlow.	Aymestry Lmst.	Upper Ludlow.	Tilest. & Passage.	Pass up.	REFERENCES.
Calymene (*continued*).																	
— Murchisoni ...... *Salt*.					•												Mono. Brit. Sil. Trilob. Pal. Soc. p. 102, t. 9, f. 26-28; var. of *C. parvifrons*.
— obtusa .... *M'Coy*							•										Otarion, Synop. Sil. Foss. Irel. p. 54, t. 4, f. 6.
— parvifrons ...... *Salt*.					•												Brit. Pal. Foss. App A, p. iii, t. 1 F, f. 7; ib. M'Coy, p. 167, t. 1 F, f. 7; ib. Salt. Mono. Brit. Sil. Trilob. Pal. Soc. p. 101, t. 9, f. 25-28; p. 102, f. 22; ib. Mem. Geol. Surv. vol. iii, p. 325, t. 12, f. 3; Siluria, 4 ed. p. 51, Foss. 10, f. 4.
— Var. *Murchisoni Salt*.					•												Mono. Brit. Sil. Trilob. Pal. Soc. p. 102, t. 9, f. 26-28.
— *pulchella* (var.) *Dalm*.																	Vide C. Blumenbachii.
— *senaria* ...... Conrad																	Vide C. brevicapitata.
— *sub-diademata* .. *M'Coy*																	Vide C. Blumenbachii.
— tuberculosa ...... *Salt*.										•	•	•		•	•		Mem. Geol. Surv. vol. ii, pt. 1, p. 342, t. 12; ib. Decade II, t. 8. *C. Blumenb.* var. a, tuberculosa, Dalm p. 36; ib Sil. Syst. t. 7, f. 5; ib. Siluria, 4 ed. p 234, Foss. 64, f. 2, t. 18, f. 11; ib Salt. Mem. Geol Surv. vol. ii, pt. 1, t 12; ib. Dec. II, t. 8, 1849; ib. Mono. Brit. Sil. Trilob. Pal. Soc. p. 91, t. 8, f. 1-6. ? *Calymene Blumenbachii*, var. Hall, Pal. New York, vol. ii, t. 66 A, f. 6, 7.
— Tristani ...... *Brong*.																	Crust. Foss. p. 12, t. 1, f. 2, 1822; ib. De Vern. Soc. Géol. Franco, 2 ser. vol. xii, t. 25, f. 3; ib. Salt. Q. J. Geol. Soc. vol. xx, p. 291, t. 15, f. 5. (Dudleigh, Salt. *derived*), C. Tristani, Salt. Mono. Brit. Sil. Trilob. Pal. Soc. p 99, t. 9, f. 15-18.
— ultima ...... *Salt*.					•												Named in Cat. Camb. and Sil. Foss. Woodw. Mus. Cambr. p. 22.
— *variolarius* ...... *Brong*.																	Vide Encrinurus.
— vexata ...... *Salt*.					•												Named in Cat. Camb. and Sil. Foss. Woodw. Mus. Cambr. p. 22.
CONOCEPHALIDÆ ?																	
Carausia ...... *Hicks*, 1872																	
— Monnensis ...... *Hicks*		•															Q. J. Geol. Soc. vol. xxviii, p. 178, t. 6, f. 7
NEBALIADÆ. PHYLLOPODA.																	
Caryocaris ...... *Salter*, 1863																	
— Wrightii ...... *Salt*.					•												Q. J. Geol. Soc. vol. xix, p. 139, woodcut, p. 137, f. 15.
NEBALIADÆ. PHYLLOPODA.																	
Ceratiocaris ...... *M'Coy*, 1850																	
— cassia ...... *Salt*.											•						Ann. Mag. Nat. Hist. 3 ser. vol. v, p. 159.
— decorus ...... *Phill*.															•		Mem. Geol. Surv. vol. ii, pt. 2, t. 30, f. 3.
— ellipticus ...... *M'Coy*													•	•			Leptocheles, Brit. Pal. Foss. p. 137, t. 1 F, f. 8.
— ensis ...... *Salt*.													•				Ann. Mag. Nat. Hist. vol. v, p. 159.
— gigas ...... *Salt*.																	Doubtful species.
— inornatus ...... *M'Coy*														•			Brit. Pal. Foss. p. 137, t. 1 E, f. 4.
— *imperatus* ...... *Salt*.			•														Mem. Geol. Surv. vol. iii (Geol. N. Wales), p. 295, f. 6.
— latus ...... *Salt*.			•														Mem. Geol. Surv. vol. iii (Geol. N. Wales), p. 294, 5, woodcut, f. 5.
— leptodactylus ... *M'Coy*														•			Pterygotus, Brit. Pal. Foss. p. 175, t. 1 E, f. 7. (*Leptocheles*.)
— Ludensis ...... *H. Woodw*.													•				Geol. Mag. vol. viii, p. 104, t. 3, f. 3.
— Murchisoni ...... *M'Coy*														•			Onchus, Ag. Pois. Foss. vol. iii, t. 1, f. 2; Sil. Syst. t. 4, f. 10 (non 9-11) Leptocheles, M'Coy, Q. J. Geol. Soc. vol. ix, p. 13; Siluria, 4 ed. t. 19, f. 1, 2.

CRUSTACEA.

CAMBRIAN AND SILURIAN.

SPECIES.	CAMBRIAN.			LOWER SIL.				UPPER SILURIAN.								REFERENCES.
	Har. St. Davids.	Menevian.	Lingula Flags.	Tremadoc.	Arenig.	Llandeilo.	Caradoc or Bala.	Low. Llandovery.	Up. Llandovery.	Woolhope Lmst.	Wenlock Shale.	Wenlock Lmst.	Lower Ludlow.	Aymestry Lmst.	Upper Ludlow.	Tilest. & Passage	Pass up	

Ceratiocaris (continued).
— papilio............. *Salt.* .... | | | | | | | | | | | | | * | | | | Ann. Mag. Nat. Hist. 3 ser. vol. v, p. 155, woodcut, p. 154; H. Woodw. Crust. teeth, Geol. Mag. vol. ii, p. 401–408, t. 11, f. 1, 2; Salt. Siluria, 4 ed. p. 236, Foss. 66, f. 1.
— peroruatus .... | | | | | | | | | | | | | | | | |
— robustus .... *Salt.* .... | | | | | | | | | | | | * | | | | | Ann. Mag. Nat. Hist. 3 ser. vol. v, p. 158. *Pterygotus (Leptocheles),* M'Coy, part, Brit. Pal. Foss. t. 1 E, f. 7.
— solenoides ...... *M'Coy* .... | | | | | | | | | | | | * | ... | * | | | Brit. Pal. Foss. p. 138, t. 1 F, f. 5.
— stygius .... *Salt.* .... | | | | | | | | | | | | * | ... | * | | | Ann. Mag. Nat. Hist. 3 ser. vol. v, p. 156.
— umbonatus ...... *Salt.* .... | | | | | * | | | | | | | | | | | | *Cythere,* App. M'Coy, Brit. Pal. Foss. pt. 2 A, t. 1 E, f. 6; ib. p. 38.
— vesica .... *Salt.* .... | | | | | | | | | | | | * | | | | | Ann. Mag. Nat. Hist. vol. v, p. 159. (*Phyllocaris.*)

CHEIRURIDÆ.
Ceraurus .... *Green,* 1832 ... | | | | | | | | | | | | | | | | |
— globiceps......... *Portl.* .... | | | | | | | | | | | | | | | | | *Vide* Staurocephalus globiceps.
— Williamsii ...... *M'Coy* .... | | | | | | | | | | | | | | | | | *Vide* Cheirurus bimucronatus.

PHACOPIDÆ.
Chasmops .... *M'Coy,* 1849 ... | | | | | | | | | | | | | | | | |
Sub-genus of Phacops .... | | | | | | | | | | | | | | | | |
— amphora .... *Salt.* .... | | | | | | | | | | | | | | | | |
— Bailyi .... *Salt.* .... | | | | | | | | | | | | | | | | |
— conopthalmus... *Back.* .... | | | | | | | | | | | | | | | | | *Vide* Phacops for these species.
— Jukesii .... *Salt.* .... | | | | | | | | | | | | | | | | |
— macroura ...... *Sjog.* .... | | | | | | | | | | | | | | | | |
— odini .... *Eichw.* .... | | | | | | | | | | | | | | | | |
— truncato-caudatus *Portl.* ...... | | | | | | | | | | | | | | | | |

CHEIRURIDÆ.
Cheirurus .... *Beyrich,* 1845 .. | | | | | | | | | | | | | | | | |
Ceraurus,........ *Green* .... | | | | | | | | | | | | | | | | |
— bimucronatus... *Murch.* .... | | | | | | * | * | * | * | * | * | * | | | | Paradoxides, Sil. Syst. t. 14, f. 8, 9. *Cal. speciosa,* Hising. Leth. Succ. t. 39, f. 2. *C. speciosus,* Salt. Mem. Geol. Surv. vol. ii, pt. 1, t. 7, f. 4–6. Cheirurus bimucronatus, Salt Dec VII, t. 2, *Ceraurus Williamsii,* Brit. Pal. Foss. p. 155, t. 1 F, f. 13. Cheirurus bimucronatus, Salt. Mono. Brit. Sil. Trilob. Pal. Soc. p. 63, t. 5, f. 1–5; t. 6, f. 9–18. Var. a, bimucronatus, Ib. p. 64, f. 6, f. 15–17; ib. Dec VII, Geol. Surv. t. 2, f. 4–6; var β, *C. centralis,* Salt. Mono. Brit. Sil. Trilob. Pal. Soc. p. 64, t. 6, f. 9–14, 18; ib. Mem. Geol. Surv. Dec. VII, t. 2, f. 16. C. bimucronatus, Salt. Mem. Geol. Surv. vol. iii (Geol. N. Wales), p. 323, t. 18, f. 4–6; ib. Siluria, 4 ed. p. 235, Foss. 65, f. 4; t. 3, f. 5; t. 19, f. 10–11.
— cancrurus ...... *Salt.* .... | | | | | | | * | | | | | | | | | | Mem. Geol. Surv. Dec VII, art. 2, p. 11. *Cheirurus gelasinosus,* M'Coy, Synop. Sil. Foss. Irel. p. 44 (non Portl.). C. cancrurus, Salt. Mono. Brit. Sil. Trilob. Pal. Soc. p. 72, t. 5, f. 15 (16? head).
— clavifrons ...... *Dalm.* .... | | | | | | | * | | | | | | | | | | *Calymene,* Palead. p. 59; Salt. Mem. Geol. Surv. Dec. VII; ib. App. Brit. Pal. Foss. p. iii, tab. 1 G, f. 9? p. 154, t. 1 F, f. 11, 12. *Sphaerexochus Jurenis,* Salt. Mem. Geol. Surv. vol. ii, pt. 1, t. 7, f. 1–3 (non 3 b). C. clavifrons, Siluria, 4 ed. p. 106, Foss. 48, f. 1.

CRUSTACEA

SPECIES.	CAMBRIAN.				LOWER SIL.			UPPER SILURIAN.							Pass up.	REFERENCES.
	Har. St. David's.	Menevian.	Lingula Flags.	Tremadoc.	Arenig.	Llandeilo.	Caradoc or Bala.	Low. Llandovery.	Up. Llandovery.	Wenlock Shale.	Wenlock Lmst.	Lower Ludlow.	Aymestry Lmst.	Tilest. & Passage.		
Cheirurus *(continued).*																
— Frederici ...... *Salt.*			*	*												*(Eccoptochile),* Mem. Geol. Surv. vol. iii, p. 322, t. 6, f. 1–3, woodcut, f. 10; ib. Mono. Brit. Sil. Trilob. Pal. Soc. p. 74, t. 5, f. 18–21; ib. Siluria, 4 ed. p. 203, Foss. 45, f. 7.
— gelasinosus ...... *Portl.*					*	*										*Amphion,* Geol. Rept. p. 289, t. 2, f. 4. *Argus planospinosus,* ib. p. 272, t. 5, f. 9. Cheirurus, Salt. Q. J. Geol. Soc. vol. vii, t. 6, f. 1; ib. Dec. VII, Mem. Geol. Surv. art. 2, p. 11; M'Coy, Synop. Sil. Foss. Ircl. p. 44. *C. gelasinosus,* Salt. Mono. Brit. Sil. Trilob. Pal. Soc. p. 71, t. 5, f. 6–8.
— Juvenis ...... *Salt.*						*	*									*(Actinopeltis), Sphærexocus,* Mem. Geol. Surv. vol. ii, pt. 1, t. 7, f. 1–3; ib. vol. iii, p. 323, t. 18, f. 1, 2. Cheirurus, Salt. Mono. Brit. Sil. Trilob. Pal. Soc. p. 67, t. 5, f. 9–12. *C. clavifrons,* Salt. App. Synop. Pal. Foss. Woodw. Mus. t. 1 F, f. 11, t. 1 G, f. 9.
— octolobatus ...... *M'Coy*							*									*(Actinopeltis), Ceraurus,* Synop. Foss. Woodw. Mus. Brit. Pal. Foss. t. 1 G, f. 10, p. 154; ib. Mem. Geol. Surv. Dec. VII, art. 2, p. 11. *Sparexochus clavifrons,* Salt. Mem. Geol. Surv. vol. ii, pt. 1, t. 7, f. 3. *C. octolobatus,* Salt. Mem. Geol. Surv. vol. iii, p. 323, t. 18, f. 31 ib. Mono. Brit. Sil. Trilob. Pal. Soc. p. 69, t. 5, f. 13, 14.
— pectinatus					*											Doubtful species.
— Sedgwickii ...... *M'Coy*						*										*(Eccoptochile), Cryphæus,* Ann. Mag. Nat. Hist. 2 ser. vol. iv, p. 406. *Eccoptochile,* ib. Brit. Pal. Foss. p. 155, t. 1 F, f. 14. *C. Sedgwickii,* Salt. Mono. Brit. Sil. Brach. Pal. Soc. p. 73, t. 5, f. 17.
— speciosus ...... *Salt.*																*Vide C. bimucronatus.*
CONOCEPHALIDÆ.																
Conocephalus ...... *Barrande*																} *Vide Conocoryphe.*
Conocephalites ...... *Zenker, 1833*																
CONOCEPHALIDÆ.																
Conocoryphe ...... *Corda, 1847*																
Conocephalites.. Zenker, 1833																
Conocephalus ... Barrande																
Ptychoparia ... Corda																
— ablita ...... *Salt.*			*													Mem. Geol. Surv. vol. iii (Geol. N. Wales), p. 306, t. 5, f. 13.
— applanata ...... *Salt.*		*	*													Brit. Assoc. Rept. 1865, p. 285; ib. Q. J. Geol. Soc. vol. xxv, p. 53, t. 2; f. 1, 2, 4, 5.
— bucephala ...... *Belt.*		*														Geol. Mag. vol. v, p. 10, t. 2, f. 1–6.
— Bufo ...... *Hicks*	*	*														Brit. Assoc. Rept. 1865, p. 285; ib. Q. J. Geol. Soc. vol. xxv, p. 52, t. 2, f. 8.
— coronata ...... *Barr.*																*Conocephalites,* Syst. Sil. t. 13, f. 10. Conocoryphe, Hicks, Q. J. Geol. Soc. vol. xxviii, p. 178, t. 6, f. 11.
— depressa ...... *Salt.*																*Ellipsocephalus,* Siluria, 2 ed. p. 47, Foss. 7, f. 2. Conocoryphe, ib. 4 ed. p. 46, Foss. 8, f. 2; Foss. 45, f. 8. Conocor. *(Solenopleura)* depressa, Salt. Mem. Geol. Surv. vol. iii (Geol. N. Wales), p. 307, t. 6, f. 1–3; ib. Baily, Char. Foss. t. 5, f. 1.
— Hoiafrayi ...... *Salt.*		*														Q. J. Geol. Soc. vol. xxviii, p. 178, t. 6, f. 12.
— humerosa ...... *Salt.*	*	*	*													Brit. Assoc. Rept. 1865, p. 285; ib. Q. J. Geol. Soc. vol. xxv, p. 54, t. 2, f. 7.
— invita ...... *Salt.*			*													*Conocephalus,* Sil. 2 ed. p. 47, Foss. 7, f. 1; 4 ed. p. 46, Foss. 8, f. 1. Conocoryphe, Mem. Geol. Surv. vol. iii (Geol. N. Wales), p. 305, t. 4, f. 5–7, t. 7, f. 6.

CRUSTACEA

CAMBRIAN AND SILURIAN.

SPECIES.	Hor. St. David's.	Menevian.	Lingula Flags.	Tremadoc.	Arenig.	Llandeilo.	Caradoc or Bala.	Low. Llandovery.	Up. Llandovery.	Woolhope Lmst.	Wenlock Shale.	Wenlock Lmst.	Lower Ludlow.	Aymestry Lmst.	Upper Ludlow.	Tilest. & Passage.	Pass up.	REFERENCES.
Conocoryphe (*continued*).																		
— longispina ..... *Belt*.			*															Geol. Mag. vol. v, p. 9, t. 2, f. 12-14.
— Lyellii .... *Hicks*	*																	Q. J. Geol. Soc. vol. xxvii, p. 399, t. 16, f. 1-7.
— Malvernius ..... *Phill*.			*															Conocephalus, Geol. Oxford, Valley of the Thames, p. 68, f. 5. ? *C. innotata*, Barr.
— monile .... *Salt*.				?														Cat. Camb. and Sil. Foss. Cambr. p. 32.
— olenoides ..... *Salt*.			*															Mem. Geol. Surv. vol. iii, p. 308, t. 8, f. 6.
— perdita	?																	Doubtful species.
— Plantii .... *Salt*.			*															Q. J. Geol. Soc. vol. xxii, p. 506.
— simplex .... *Salt*.			*															Mem. Geol. Surv. vol. iii, p. 306, t. 5, f. 17.
— Solvensis ...... *Hicks*	*																	Q. J. Geol. Soc. vol. xxvii, p. 400, t. 16, f. 8.
— variolaris ...... *Salt*.		*	*															Q. J. Geol. Soc. vol. xx, p. 236, t. 13, f. 6, 7.
— verisimilis ..... *Salt*.			*															Mem. Geol. Surv. vol. iii, p. 308, t. 6, f. 13.
— vexata .... *Salt*.			*															Mem. Geol. Surv. vol. iii, p. 307, t. 8, f. 7.
— Williamsonii ... *Belt*.			*															Geol. Mag. vol. v, p. 9, t. 2, f. 7-11.
CHEIRURIDÆ.																		
Crotalocephalus ... *Salter*, 1853																		
Sub-genus of Cheirurus																		*Vide* Cheirurus.
PHACOPIDÆ.																		
Cryphæus .... *Green*, 1837																		
Sub-genus of Phacops Emm. 1839																		
— punctatus																		*Vide* Phacops punctatus (Devonian).
ASAPHIDÆ.																		
Cryptonymus ..... *Eichwald*, 1825																		Sub-genus of Asaphus.
CHEIRURIDÆ.																		
Cybele .... *Lovén*, 1845																		
Zethus .... *Pander*, 1830																		
Atractopyge ... *Corda*, 1847																		
— rugosa .... *Portl*.							*											*Ogygia*, Geol. Rept. p. 302, t. 5, f. 10. Cybele, Salt. App. A, M'Coy, Brit. Pal. Foss. p. iii, t. 1 G, f. 8; ib. M'Coy, loc. cit. p. 188.
— sexcostatus ... *Salt*.																		*Vide* C. verrucosa, pars, and Encrinurus, pars.
— verrucosa ..... *Dalm*.										*	*							Brong. t. 4, f. 11. Cybele verrucosa, Lovén. of. v. Vetenskapa. Acad. 1854, t. 1, f. 5, and p. 111. Atractopyge, Hawle and Corda, Böhm. Trilob. t. 5, f. 52. Zethus atractopyge, M'Coy, Brit. Pal. Foss. p. 156, t. 1 G, f. 1-5. C. sexcostatus, Salt. Mem. Geol. Surv. vol. ii, pt. 1, p. 343, t. 8, f. 9, 10 (non 10). C. verrucosa, Salt. ib. Dec. VII, t. 4, f. 4; ib. Mem. Geol. Surv. vol. iii, p. 324, t. 19, f. 7; head; ib. Siluria, 4 ed. p. 206, Foss. 48, f. 2.
PROETIDÆ.																		
Cyphaspis ...... *Burm.* 1843										*								
Harpidella ...... *M'Coy*, 1849																		Salt. Mem. Geol. Surv. Dec. VII, p. 6. ? *C. pygmæus*.
— elegantula ..... *Angelin*														*				*Harpes*, Sil. Foss. Irel. t. 4, f. 5. *Harpidella*, M'Coy, Pal. Foss. p. 143; Cyphaspis, Salt. Mem. Geol. Surv. Dec. VII, t. 5; ib. Siluria, 4 ed. p. 235, Foss. 65, f. 2.
— megalops .... *M'Coy*										*	*		*					
— pygmæus ..... *Salt*.										*								Mem. Geol. Surv. Dec. VII, p. 6. *Proetus elegantulus*, Angelin, Pal. Succ. t. 17, f. 7.
OLENIDÆ.																		
Cyphoniscus ..... *Salter*, 1852																		
— socialis .... *Salt*.												*						Proc. Brit. Assoc. 1852, p. 60; Mem. Geol. Surv. Dec. VII, t. 9; Siluria, 4 ed. p. 206, Foss. 48, f. 8.

PALÆOZOIC.   CRUSTACEA.   CAMBRIAN AND SILURIAN.

SPECIES.	Hist. St. David's.	Menevian.	Lingula Flags.	Tremadoc.	Arenig.	Llandeilo.	Caradoc or Bala.	Low. Llandovery.	Up. Llandovery.	Woolhope Lmst.	Wenlock Shale.	Wenlock Lmst.	Lower Ludlow.	Aymestry Lmst.	Upper Ludlow.	Tilest. & Passage.	Pass. up.	REFERENCES.
CYPRIDINIDÆ.																		
Cypridina ... *Milne Edwards*, 1837																		
— Sp. .... *Haew.*													?	?	?			Sil. Form. Pentland Hills, p. 43 (note), t. 3, f. 13.
CYTHERIDÆ.																		
Cythere .... *Müller*, 1785 ...																		
Cytherina ...... *Auct.*																		
— Aldensis .... *M'Coy*							•											Cytheropsis, Brit. Assoc. Rept. 1850, p. 107; ib. Brit. Pal. Foss. t. 1 L, f. 2. Cythere, Jones, Ann. Mag. Nat. Hist. 4 ser. vol. ii, p. 60, t. 7, f. 12.
— Bailyana .... *Jones*							•											Ann. Mag. Nat. Hist. 4 ser. vol. ii, p. 57, t. 7, f. 7.
— corbuloides ...... *Jones & Holl*...										•	•	•						Ann. Mag. Nat. Hist. 4 ser. vol. iii, 1869, p. 211, t. 15, f. 4, 5.
— Grindrodiana ... *Jones & Holl*...											•							Ann. Mag. Nat. Hist. 4 ser. vol. iii, 1869, p. 212, woodcut, f. 1.
— Jukesiana ...... *Jones*							•											Ann. Mag. Nat. Hist. 4 ser. vol. ii, t. 7, f. 6; ib. Monthly Micro. Jour. 1870, p. 185, t. 61, f. 3.
— Harknessiana ... *Jones*																		Ann. Mag. Nat. Hist. 4 ser. vol. ii, t. 7, f. 8.
— phaseolus ...... *M'Coy*																		*Vide* Primitia Maccoyii.
— umbonata ...... *Salt.*																		*Vide* Leperditia.
— Wrightiana...... *Jones*							•											Ann. Mag. Nat. Hist. 4 ser. vol. ii, p. 57; vol. vii, f. 5.
CYTHERIDÆ.																		
Cytherellina ... *Jones & Holl*, 1869																		
— siliqua .... *Jones*										•	•		•	•				Beyrichia, Ann. Mag. Nat. Hist. 2 ser. vol. xvi, p. 90, t. 5, f. 22, 1855. Cytherellius, id. ib. vol. iii, 4 ser. 1869, p. 216, t. 14, f. 1, 2, 5, 6; ib. Monthly Micro. Jour. 1870, p. 185, t. 61, f. 5.
— Var. *grandis.*																		
— Var. *teres* ...... *Jones*											•							Ann. Mag. Nat. Hist. ib. p. 217, t. 14, f. 3.
— Var. *ovata* ...... *Jones*											•							Ann. Mag. Nat. Hist. ib. p. 27, t. 14, f. 4.
CYTHERIDÆ.																		
Cytheropsis .... *M'Coy*, 1855...																		
— Aldensis																		*Vide* Cythere.
PHACOPIDÆ.																		
Dalmannia .... *Emmerich*, 1845																		
Phacops .... *Emmerich*, 1839																		*Vide* Phacops.
Acaste............ *Goldfuss*, 1843																		
CHEIRURIDÆ.																		
Deiphon .... *Barrande*, 1850																		
— Forbesii .... *Barr.*										•	•							Sil. Syst. Bohêmia, p. 814; ib. Salt. Mono. Brit. Trilob. Pal. Soc. p. 88, t. 7, f. 1-12.
LICHADIDÆ.																		
Dicranogmus ...... *Corda*, 1847 ...																		*Vide* Lichas.
LICHADIDÆ.																		
Dicranopeltis ...... *Corda*, 1847 ...																		*Vide* Lichas.
NEBALIADÆ.																		
PHYLLOPODA.																		
Dictyocaris......... *Salter*, 1860 ...																		
— Ramsayi .... *Salt.*															•			Q. J. Geol. Soc. vol. viii; ib. Mem. Geol. Surv. sheet 32, Geol. Edinb. p 133, t. 2, f. 20.

PALÆOZOIC.   CRUSTACEA.   CAMBRIAN AND SILURIAN.

SPECIES.	Har. St. David's.	Menevian.	Lingula Flags.	Tremadoc.	Arenig.	Llandeilo.	Caradoc or Bala.	Low. Llandovery.	Up. Llandovery.	Woolhope Lmst.	Wenlock Shale.	Wenlock Lmst.	Lower Ludlow.	Aymestry Lmst.	Upper Ludlow.	Tilst. & Passage.	Pass up	REFERENCES.
Dictyocaris (continued).																		
— Slimoni .... Salt.													*					Ann. Mag. Nat. Hist. 1860, 3 ser. vol. v, p. 162, woodcut.
CONOCEPHALIDÆ.																		
Dikelocephalus... D. Owen, 1852.																		
Centropleurus .. Angelin, 1852...																		
— Celticus .... Salt.			*															(Centropleura), Mem. Geol. Surv. vol. iii, p. 304, t. 5, f. 21, 22. ? Neseuretus.
— discoidalis ...... Salt.			*															(Centropleura), Mem. Geol. Surv. vol. iii, p. 304, t. 5, f. 18, 19. ? Neseuretus.
— furca .... Salt.			*															(Centropleura), Mem. Geol. Surv. vol. iii, p. 305, t. 6, f. 4 (t. 8, f. 10, tail of Neseuretus ?).
— Sp.			*															(Centropleura), Mem. Geol. Surv. vol. iii, p. 305, t 5, f. 20. ? Neseuretus.
TRINUCLEIDÆ.																		
Dionide .... Barrande, 1846																		
— atra .... Salt.					*													Mem. Geol. Surv. vol. iii, p. 321, t. 11 a, f. 9.
PHYLLOPODA.																		
Discinocaris ...... H. Woodw. 1866																		
— Browniana ...... H. Woodw.									*									Geol. Mag. vol. iii, p. 503, 1866; ib. Q. J. Geol. Soc. vol. xxii, p. 503, t. 25, f. 4-7.
NEBALIADÆ. PHYLLOPODA.																		
Dithyrocaris ...... Scouler, 1835...																		
Argas .... Scouler, 1835...																		
— aptychoides ...... Salt.																		Vide Peltocaris.
ASAPHIDÆ.																		
Dysplanus .... Burmeister, 1843																		Sub-genus of Illænus.
CHEIRURIDÆ.																		
Eccoptochile ...... Corda, 1847 ...																		
Cryphæus (pars) Green, 1837 ...																		
— Frederici ...... Salt.																		Vide Cheirurus.
— Sedgwickii ...... M'Coy																		
ASAPHIDÆ.																		
Ectillænus .... Salter, 1866 ...																		Sub-genus of Illænus.
CONOCEPHALIDÆ.																		
Ellipsocephalus ... Zenker, 1833...																		
— depressus ...... Salt.																		Vide Conocoryphe.
— simplex .... Salt.																		
CHEIRURIDÆ.																		
Encrinurus .... Emmerich, 1845																		
— Fletcheri ...... Brong.																		Vide E. variolaris.
— multisegmentatus ... Portl.						*												Amphion, Geol. Report, Lond. p. 291, t. 3, f. 6; M'Coy, Sil. Foss. Irel. p. 46, Ampyx baccatus, Portl. Geol. Rept. Lond. p. 267, t. A, f. 11. E. multisegmentatus, Salt. Mem. Geol. Surv. Dec. VII, sec. 4, p. 7.

51

CRUSTACEA

CAMBRIAN AND SILURIAN

SPECIES	Har. St. David's	Menevian	Lingula Flags.	Tremadoc.	Arenig.	Llandeilo.	Caradoc or Bala.	Low. Llandovery.	Up. Llandovery.	Woolhope Lmst.	Wenlock Shale.	Wenlock Lmst.	Lower Ludlow.	Aymestry Lmst.	Upper Ludlow.	Tilest. & Passage.	Pass. up.	REFERENCES
Encrinurus (*continued*).																		
— punctatus ..... *Brünn.*					·		*	*	*	*	*	*		*				Trilob. Kjobenh. Selsk. Skrivt nye, Samml. i. 394. *Entomostracites*, Wahl. Act. Soc. Sc. Ups. vol. viii, p. 32, t. 2, f. 1, tail. *Calymene*, Murch. Sil. Syst. t. 23, f. 8. *E. Stokesii*, M'Coy, Synop. Sil. Foss. Irel. t. 4, f. 15. *Cybele*, Fletcher, Q. J. Geol. Soc. vol. iv, t. 32, f. 1-5. Encrinurus, Salt. Mem. Geol. Surv. Dec. VII, sec. 4, p. 6, t. 4, f. 15, 16; ib. Siluria, p. 90, Foss. 15, f. 10, p. 235, Foss. 65, f. 5, t. 10, f. 5.
— sexcostatus ..... *Salt.*								*										*Cybele*, Mem. Geol. Surv. vol. ii, pt. 1, t. 8, f. 10. *Zethus*, M'Coy, Synops. Pal. Foss. Woodw. Mus. p. 256. Encrinurus, Salt. ib. App. A, p. iv, t. 1 G, f. 6, 7; ib. Mem. Geol. Surv. Dec. VII, t. 4, f. 1-12; ib. vol iii, p. 324, t. 19, f. 5, 6.
— Stokesii ..... *M'Coy*																		*Vide* E. punctatus.
— variolaris ..... *Brong.*								*	*	*	*	*						*Calymene*, Crust. Foss. t. 1, f. 3 B; ib. Sil. Syst. p. 655, t. 14, f. 1. *Encrinurus Fletcheri*, Q. J. Geol. Soc. vol. vi, t. 32, f. 6-10. *Encrinurus*, Salt. Mem. Geol. Surv. Dec. VII, pt. 4, p. 7, t. 4, f. 13, 14; ib. Siluria, 4 ed. p. 235, Foss. 65, f. 6, t. 10, f. 9. *Zethus*, M'Coy, Brit. Pal. Foss. p. 157.
Entomis ..... *Jones*, 1861																		
Cypridina De Kon. id. *Sauberger*																		
— buprestris ..... *Salt.*		*	*															*Leperditia*, Brit. Assoc. Rept. 1865, p. 285. *L. punctatissima*, Salt. Siluria, App. p. 519. Entomis, Jones, Q. J. Geol. Soc. vol. xxviii, p. 183, t. 5, f. 15.
— divisa ..... *Jones*													*					Mem. Geol. Surv. Expl. sheet 32, Geol. Edinb. p. 137; ib. Monthly Micro. Jour. 1870, p. 185, t. 61, f. 12.
— impendens ..... *Howse*															*			Sil. Pentland Hills, p. 38, t. 3, f. 11.
— tuberosa ..... *Jones*													*					Mem. Geol. Surv. Expl. sheet 32, Geol. Edinb. p. 137, t. 2, f. 5.
CALYMENIDÆ.																		
Entomolithes ..... *Linnæus*, 1759																		
Paradoxus ..... *Park.*																		*Vide* Calymene Blumenbachii.
ESTHERIA.																		
Brinnye ..... *Salter*, 1865																		
Harpides ..... *Beyrich*, 1846																		
— venulosa ..... *Salt.*	*	*	*															Brit. Assoc. Rept. 1865, p. 285; ib. Hicks, Q. J. Geol. Soc. vol. xxviii, p. 177, t. 6, f. 1-6.
EURYPTERIDÆ.																		
Eurypterus ..... *De Kay*, 1826																		
Eidothea ..... *Scouler*, 1831																		MEROSTOMATA.
— abbreviatus ..... *Salt.*															*	*		Q. J. Geol. Soc. vol. xv, p. 234, t. 10, f. 18; ib. H. Woodw. Mono. Foss. Crust. Pal. Soc. 1872, p. 148, t. 28, f. 14.
— acuminatus ..... *Salt.*															*	*		Q. J. Geol. Soc. vol. xv, p. 233, t. 10, f. 17, 19; ib. H. Woodw. Mono. Foss. Crust. Pal. Soc. 1872, p. 146, t. 28, f. 13-15.
— Brodiei ..... *Woodw.*															?			Q. J. Geol. Soc. vol. xxvii, p. 261, f. 1-3, p. 262; ib. Mono. Foss. Crust. Pal. Soc. 1872, p. 161, 162, woodcut; ib. Trans. Woolhope Nat. Field Club, 1870, p. 276, Foss. Sketches, Nos. 7, 8.
— cephalaspis ..... *Salt.*												*		*				App. M'Coy, Brit. Pal. Foss. p. 5, t. 1 E, f. 21; M'Coy, ib. p. 175.
— chartarius ..... *Salt.*														*				Q. J. Geol. Soc. vol. xv, p. 234, t. 10, f. 17.

PALÆOZOIC. CRUSTACEA. CAMBRIAN AND SILURIAN.

SPECIES.	Har. St. David's	Menevian	Lingula Flags	Tremadoc	Arenig	Llandeilo	Caradoc or Bala	Low. Llandovery	Up. Llandovery	Woolhope Lmst.	Wenlock Shale	Wenlock Lmst.	Lower Ludlow	Aymestry Lmst.	Upper Ludlow	Tilest. & Passage	Pass up.	REFERENCES.
Eurypterus (*continued*).																		
— lanceolatus ...... *Salt.*																*		Mem. Geol. Surv. Dec. X, t. 1, f. 17; Hibb. Trans. Roy. Soc. Edinb. vol. xiii, t. 12, f. 1–5. *Eidothea*, Scouler, Check's Edinb. Jour. vol. iii, t. 10; H. Woodw. Geol. Mag. 1864, p. 107, t. 5, f. 7–9. *Himantopterus*, Salt. Q. J. Geol. Soc. vol. xii, p. 32, woodcut 5, p. 28. Eurypterus, H. Woodw. Mono. Foss. Crust. Pal. Soc. 1872, p. 140, t. 28, f. 1–3.
— linearis .... *Salt.*															*	*		Q. J. Geol. Soc. vol. xv, p. 234, t. 10, f. 15, 16; ib. H. Woodw. Mono. Brit. Foss. Crust. Pal. Soc. 1872, p. 147, t. 28, f. 10–12.
— megalops .... *Salt.*															*			*Vide* Stylonurus.
— obesus .... *H. Woodw.*															*			Q. J. Geol. Soc. vol. xxiv, p. 292, t. 10, f. 1; ib. Mono. Foss. Crust. Pal. Soc. 1872, p. 160, t. 30, f. 6.
— punctatus ...... *Salt.*									?	*		*						*Pterygotus*, Mem. Geol. Surv. Mono. I, 1859, p. 99, t. 10, 11, f. 8–9, 12–15, t. 13, f. 5, 6, 9, 10, 11, 14; H. Woodw. Q. J. Geol. Soc. vol. xxiv, p. 290; ib. Mono. Foss. Crust. Pal. Soc. 1872, p. 153, t. 29, f. 2.
— pygmæus ...... *Salt.*												? *	*	*				Siluria, 4 ed. p. 239, Foss. 67, f. 1; Q. J. Geol. Soc. vol. xii, p. 99, t. 2, f. 4; ib. vol. xv, p. 132, t. 10, f. 4, 5.
— scorpioides ...... *H. Woodw.*														*				Q. J. Geol. Soc. vol. xxiv, p. 292, t. 9, 10, f. 2; ib. Mono. Brit. Foss. Crust. Pal. Soc. 1872, p. 152, t. 29, f. 1, t. 30, f. 9.
PROETIDÆ.																		
Forbesia .... *M'Coy*, 1862 ...																		
— *latifrons* ...... *M'Coy*																		*Vide* Proetus latifrons.
— *Stokesii* ...... *Murch.*																		*Vide* Proetus Stokesii.
HARPEDIDÆ.																		
Harpes........ *Goldfuss*, 1839																		
— Doranni .... *Portl.*					*													Geol. Rept. p. 267, t. 5, f. 4.
— Flanagani ...... *Portl.*					*													Geol. Rept. p. 268, t. 5, f. 5–7.
— megalops ...... *M'Coy*																		*Vide* Cypharpis.
— parvulus ...... *M'Coy*					*													Brit. Pal. Foss. t. 1 L, f. 3.
PROETIDÆ.																		
Harpidella .... *M'Coy*, 1849 ...																		*Vide* Cypharpis.
EURYPTERIDÆ.																		
Hemiaspis ...... *H. Woodw.*1865																		
— horridus ...... *H. Woodw.*													*	*				Geol. Mag. vol. ix, p. 437, t. 10, f. 6, woodcut; ib. Mono. Brit. Crust. Pal. Soc. p. 179, t. 30, f. 6.
— limuloides ...... *H. Woodw.*															*	?		Q. J. Geol. Soc. 1865, vol. xxi, p. 490, t. 14, f. 7 a–c; ib. vol. xiii, t. 2, f. 3; ib. Geol. Mag. vol. ix, p. 433, t. 10, f. 1, 2, woodcut, p 435; ib. Mono. Brit. Foss. Crust. Pal. Soc. p. 174, t. 30, f. 1, 2, woodcut, p. 177.
— speratus .... *Salt.*													*					H. Woodw. Geol. Mag. vol. ix, p. 436, t. 10, f. 5–7, p. 437, f. 5; ib. Mono. Brit. Crust. Pal. Soc. p.178, t. 30, f. 5–7.
— Salweyi .... *Salt.*															*			Lourys, Chart. Foss. Crust.; ib. Woodw. Notes on Pal. Crust. Geol. Mag. vol. ix, p. 438, f. 7, t. 10, f. 4; ib. Mono. Brit. Crust. Pal. Soc. p. 179, t. 30, f. 4.
— tuberculatus ... *Salt.*														*				
Himantopterus ... *Salter*, 1855 ...																		
— acuminatus .... *Salt.*																		*Vide* Slimonia.
— Banksii .... *Salt.*																		*Vide* Pterygotus.
— bilobus .... *Salt.*																		*Vide* Pterygotus.

53

SPECIES.	Har. St. David's.	Menevian.	Lingula Flags.	Tremadoc.	Arenig.	Llandeilo.	Caradoc or Bala.	Low. Llandovery.	Up. Llandovery.	Woolhope Lmst.	Wenlock Shale.	Wenlock Lmst.	Lower Ludlow.	Aymestry Lmst.	Upper Ludlow.	Tilest. & Passage.	Pass up.	REFERENCES.
Himantopterus (continued).																		
— lanceolatus ... Salt.																		Vide Eurypterus.
— perornatus ...... Salt.																		Vide Pterygotus.
— maximus ...... Salt.																•		Q. J. Geol. Soc. vol. xli, p. 19, woodcut 3, p. 28. Vide Huxley on the structure and affinities of Himantopterus, Q. J. Geol. Soc. vol. xli, p. 34.
CONOCEPHALIDÆ.																		
Holocephalina ... Salter, 1864																		
— primordialis ... Salt.		•	•															Q. J. Geol. Soc. vol. xx, p. 237, t. 13, f. 9; Brit. Assoc. Rept. 1865, p. 285.
— inflata .... Hicks		•																Q. J. Geol. Soc. vol. xxviii, p. 178, t. 6, f. 8-10.
ASAPHIDÆ.																		
Homalopteon ...... Salter, 1865																		
Sub-genus of Barrandia																		Vide Barrandia.
CALYMENIDÆ.																		
Homalonotus ...... König. 1825																		
Trimerus ...... Green, 1833																		
Dipleura .... Green, 1833																		
Brongniartia ... Salter, 1865																		
— bisulcatus ...... Salt.						•	•	?										(Brongniartia), Homalonotus, App. A, p. v, M'Coy, Brit. Pal. Foss. t. 1 G, f. 24-31, and p. 168; Mem. Geol. Surv. vol. iii, App. p. 327-8, t. 16, f. 1-8; t. 11 A, f. 8: ib. Siluria, 4 ed. p. 51, Foss. 10, f. 5; p. 68, Foss. 13, f. 2: ib. Salt. Mono. Brit. Sil. Trilob. Pal. Soc. p. 105, t. 10, f. 2-10; p. 106, f. 24, woodcut.
— Brongniarti ... Deslong						?	?											Asaphus, Trans. Linn. Soc. de Calvados, 1825, vol. ii, t. 19, 20. Homalonotus, Rouult, Bull. Soc. Géol. France, 2 ser. vol. vi, 1849; vol. viii, p. 370, 1850 : Salt. Q. J. Geol. Soc. vol. xx, p. 290, t. 14, f. 1, 2, and Homalo. sp. t. 15, f. 3 : ib. Mono. Brit. Sil. Trilob. Pal. Soc. p. 110, t. 10, f. 15-17, t. 13, f. 9.
— cylindricus ...... Salt.										•		•						Mono. Brit. Sil. Trilob. Pal. Soc. p. 115, t. 11, f. 12, p. 116, 117, woodcuts, f. 27, 28. (Trimerus.)
— delphinocephalus Green										•	•	•	•					Trimerus, Mono. Trilob. p. 82, t. 1, f. 1. Brongniartia platy-cephala, Eaton, Geol. Text-book, p. 32, t. 2, f. 30. Homalonotus, Sil. Syst. p. 651-704, t. 7 bis, f. 1 ; ib. Hall, Pal. New York, vol. ii, p. 309, t. 68, f. 1-14; ib. Billings, Geol. Canada, p. 319, f. 339. Homalo. delph. Siluria, 4 ed. p. 111, Foss. 17, f. 1. Homalo. delph. Salt. Mono. Brit. Sil. Trilob. Pal. Soc. p. 113, t. 11, f. 1-11. (Trimerus.)
— Edgelli .... Salt.										•								Mono. Brit. Sil. Trilob. Pal. Soc. p. 108, t. 10, f. 11 (10?). (Brongniartia.)
— Johannis .... Salt.													•					Mono. Brit. Sil. Trilob. Pal. Soc. p. 117, t. 12, f. 11 ; t. 13, f. 1-7. H. Johannis, Salt. Trans. Woolhope Nat. Field Club, 1868, p. 241, Foss. Sketches, Nos. 5, 6. (Trimerus.)
— Knightii .... König.										•	•		•					Icones, Foss. Sectiles, t. 7, f. 85 ; ib. Sil. Syst. t. 7, f. 1, 2. H. Ludensis, Murch. Sil. Syst. t. 7, f. 3, 4. Homal. rhinopteris, Angelin, Palæont. Succ. t. 20, f. 1. Homal. Knightii, Siluria, 4 ed. t. 19, f. 7-9; ib. Salt. Mono. Brit. Sil. Trilob. Pal. Soc. p. 119, t. 12, f. 2-10, t. 13, f. 8, (see Kœnigia,) young form ; ib. p. 120, f. 29, woodcut.
— Ludensis ...... Salt.															•			(Non Sil. Syst.) Mono. Brit. Sil. Trilob. Pal. Soc. p. 121, t. 12, f. 1. (Kœnigia.)
— monstrator ...... Salt.				•														Vide Cat. Camb. and Sil. Foss. Camb. Mus. p 22.

54

PALÆOZOIC. CRUSTACEA. CAMBRIAN AND SILURIAN

SPECIES.	CAMBRIAN.			LOWER SIL.				UPPER SILURIAN.							REFERENCES.
	Har. St. David's.	Menevian.	Lingula Flags.	Tremadoc.	Arenig.	Llandeilo.	Caradoc or Bala.	Low. Llandovery.	Up. Llandovery.	Woolhope Lmst.	Wenlock Shale.	Wenlock Lmst.	Lower Ludlow.	Aymestry Lmst.	Upper Ludlow.	Tilest. & Passage.	Pass up.	
Homalonotus (*continued*).																		
— rudis .... Salt.	...	...	...	...	...	...	*	...	...	...	...	...	...	...	...	...	App. A, M'Coy, Brit. Pal. Foss. p. v, t. 1 E, f. 10; ib. Mem. Geol. Surv. vol. iii, p. 328, t. 16, f. 9–11. (*Brongniartia.*) H. rudis, Salt. Mono. Brit. Sil. Trilob. Pal. Soc. p. 109, t. 10, f. 12–14.
— Sedgwickii ...... Salt.	...	...	...	...	...	...	*	...	...	...	...	...	...	...	...	...	Mono. Brit. Sil. Trilob. Pal. Soc. p. 107, f. 25. (*Brongniartia.*)
— Vicaryi .... Salt.	...	...	...	...	...	...	?	...	...	...	...	...	...	...	...	...	Mono. Brit. Sil. Trilob. Pal. Soc. p. 111', t. 13, f. 10. *Budleigh pebbles.* (Brongniartia.)
— Vulcani .... Murch.	...	...	...	...	*	...	...	...	...	...	...	...	...	...	...	...	*Asaphus*, Sil. Syst. p. 663, t. 25, f. 5. Homalonotus, Siluria, 4 ed. t. 2, f. 3, 4. *Vide* Salt. Mono. Brit. Sil. Trilob. Pal. Soc. p. 113.
— Sp. .... Salt.	...	...	...	...	...	?	...	...	...	...	...	...	...	...	...	...	Mono. Brit. Sil. Trilob. Pal. Soc. p. 112, t. 10, f. 18. *Budleigh pebbles.*
— Sp. .... Salt.	...	...	...	...	...	?	...	...	...	...	...	...	...	...	...	...	Mono. Brit. Sil. Trilob. Pal. Soc. p. 112, woodcut, f. 16; Geol. Mag. vol. i, p. 9.
ASAPHIDÆ.																		
Homalopteon ...... Salter, 1865																		
Sub-genus of *Barrandia*																		
NEBALIADÆ.																		
Hymenocaris ...... Salter, 1852																		
Saccocaris.																		
— vermicauda ... Salt.	...	*	?	...	...	...	...	...	...	...	...	...	...	...	...	...	Proc. Brit. Assoc. 1852, p. 58; ib. Q. J. Geol. Soc. vol. x, p. 210, woodcut; ib. Mem. Geol. Surv. vol. iii, p. 293, t. 2, f. 1–4; t. 5, f. 25; t. 1, tracks of: ib. Baily, Char. Foss. t. 4, f. 1; ib. Siluria, 4 ed. p. 44, Foss. 6, f. 1.
ASAPHIDÆ.																		
Illænopsis .... Salter, 1865																		
— acuticaudata ... Hicks																		*Vide* Illænus.
— Thomsoni ...... Salt.	...	...	...	*	...	...	...	...	...	...	...	...	...	...	...	...	Mem. Geol. Surv. vol. iii, p. 316, t. 11 B, f. 1, 2; ib. Mono. Brit. Sil. Trilob. Pal. Soc. p. 213, t. 20, f. 1.
ASAPHIDÆ.																		
Illænus .... Dalman, 1826																		
Bumastus ...... Murchison, 1837																		
Sub-genera { *Octillænus* Salter, 1866																		
Ponderia Vollarth, 1863																		
Dysplanus Burmeister, 1843																		
Bumastus Burmeister, 1843																		
Ectillænus Salter, 1866																		
Hydrolænus Salter, 1866																		
Illænopsis Salter, 1865 }																		
— rosulus .... Salt.	...	...	...	...	...	...	*	...	...	...	...	...	...	...	...	...	(*Dysplanus*), Mono. Brit. Sil. Trilob. Pal. Soc. p. 187, t. 28, f. 5.
— ? acuticaudatus *Hicks*	...	...	...	*	...	...	...	...	...	...	...	...	...	...	...	...	Q. J. Geol. Soc. vol. xxxi, p. 184, t. 9, f. 5.
— Baily .... Salt.	...	...	...	...	*	...	...	...	...	...	...	...	...	...	...	...	Mono. Brit. Sil. Trilob. Pal. Soc. p. 192, t. 28, f. 14. (*Vide* woodcuts for comparison, f. 49, 50, p. 192.)
— Barriensis ...... Murch.	...	...	...	...	...	*	*	*	*	...	...	...	...	...	...	...	'A new species of Trilobita.' Jukes, Ann. Mag. Nat. Hist. vol. ii, p. 42, f. 8–10, 1849. *Bumastus*, Murch. Sil. Syst. p. 656, t. 7 bis, f. 2? t. 14, f. 7. Illænus, Salt. Mem. Geol. Surv. Dec. II, t. 3, (non f. 2, t. 4; non f. 9–11). *Bumastus*, Billings, Geol. Canada, p. 319, f. 358. Illænus, Siluria, 4 ed. p. 111, f. 2, Foss. 17; ib. Salt. Mono. Brit. Sil. Trilob. Pal. Soc. p. 202, t. 27, f. 1–5, p. 203, f. 53. *Bum. Barriensis*, Hall, Pal. New York, vol. ii, p. 302, t. 66, f. 1–15. *Nileus glomerinus*, Dalm. Acsherött, p. 136, 1828.

PALÆOZOIC.   CRUSTACEA.   CAMBRIAN AND SILURIAN.

SPECIES.	CAMBRIAN.			LOWER SIL.				UPPER SILURIAN.								REFERENCES.
	Har. St. David's.	Menevian.	Lingula Flags.	Tremadoc.	Arenig.	Llandeilo.	Caradoc or Bala.	Low. Llandovery.	Up. Llandovery.	Woolhope Lmst.	Wenlock Shale.	Wenlock Lmst.	Lower Ludlow.	Aymestry Lmst.	Upper Ludlow.	Tilest. & Passage.	Pass. up.	
Illænus (continued).																		
— Bowmanni ...... Salt.							•	•	•	•								(Dysplanus), Mem. Geol. Surv. vol. ii, pt. 1, t. 8, f. 1-3, 1848. I. centrotus, Portl. Geol. Rept. t. 10, f. 3-6 (non 9). Dysplanus, M'Coy, Brit. Pal. Foss. p. 173, t. 1 E, f. 19. Illænus latus, M'Coy, ib. p. 172, f. 17. Illænus Bowmanni, Salt. Mem. Geol. Surv. vol. iii, p. 317, t. 18, f. 8; ib. App. A, M'Coy, Brit. Pal. Foss. p. iv, t. 1 E, f. 19. Ill. (Dysplanus) Bowmanni, Mono. Brit. Sil. Trilob. Pal. Soc. p. 185, t. 26, f. 6-13, t. 30, f. 6, (p. 215, f. 55. I. latus, M'Coy.)
— carinatus .... Salt.											•							Mono. Brit. Sil. Trilob. Pal. Soc. p. 209, t. 27, f. 8, 9; p. 205, f. 51, woodcut. (Bumastus.)
— centrotus .... Portl.																		Vide Illænus Bowmanni.
— centrotus .... M'Coy																		Vide Illænus Bowmanni.
— crassicauda ... Dalm.																		Vide Illænus Portlockii.
— crassicauda ... Sharpe																		Vide Illænus Davisii.
— Davisii .... Salt.									•									Mem. Geol. Surv. Dec. II, t. 2; ib. M'Coy, Brit. Pal. Foss. p. 171, t. 1 G, f. 36; ib. Mem. Geol. Surv. vol. iii, p. 317, t. 18, f. 9; ib. Siluria, 4 ed. p. 204, Foss. 46, f. 2; ib. Mono. Brit. Sil. Trilob. Pal. Soc. p. 194, t. 29, f. 10-16. Ill. crassicauda, Sharpe, Q. J. Geol. Soc. vol. iv, p. 149.
— Var. β, involutus Salt.																		Mono. Brit. Sil. Trilob. Pal. Soc. p. 196; ib. Dec. II, Geol. Surv. t. 2, f. 8.
— Hughesii........ Hicks					•													Q. J. Geol. Soc. vol. xxxi, p. 184, t. 9, f. 7.
— insignis .... Hall											•		•					Ill. Barriensis (pars), Sil. Syst. p. 565, t. 7 bis, f. 3, t. 14, f. 7. I. insignis, Hall, 18th Report New York Soc. Cat. 1865; ib. Salt. Mono. Brit. Sil. Trilob. Pal. Soc. p. 207, t. 27, f. 6, 7; p. 205, l. 52; ib. Siluria, 4 ed. t. 17, f. 9, 11.
— latus .... M'Coy																		Vide Il. Bowmanni.
— Lewisii .... Salt.																		Mono. Brit. Sil. Trilob. Pal. Soc. p. 183, t. 26, f. 2. (Panderia.)
— Maccallumi .... Salt.							•	•										Mono. Brit. Sil. Trilob. Pal. Soc. p. 210, t. 28, f. 1, t. 30, f. 2, 3. (Bumastus.)
— Murchisoni ...... Salt.							•	•										M'Coy, Brit. Pal. Foss. App. A, p. iv, t. 1 G, f. 33-35; ib. Mono. Geol. Surv. Dec. II, Art. 2, p. 4. Il. Murchisoni, Mono. Brit. Sil. Trilob. Pal. Soc. p. 201, t. 26, f. 1, t. 30, f. 7. Illænus Rosenbergi, Salt. Mem. Geol. Surv. vol. ii, pt. 1, t. 5, f. 6-8.
— nexilis .... Salt.							?											Mono. Brit. Sil. Trilob. Pal. Soc. p. 190, t. 30, f. 4, 5; p. 191, f. 48.
— ocularis .... Salt.							•											Mem. Geol. Surv. Dec. II, p. 4, t. 2; ib. Mono. Brit. Sil. Trilob. Pal. Soc. p. 198, t. 29, f. 7, 8 (9 ?).
— perovalis .... Murch.						•												Sil. Syst. p. 661, t. 23, f. 7; Siluria, 4 ed. t. 4, f. 13, t. 23, f. 7; ib. Salt. Mono. Brit. Sil. Trilob. Pal. Soc. p. 211, t. 26, f. 5-8. (Eotillænus.)
— Portlockii ...... Salt.																		Mem. Geol. Surv. Dec. II, p. 3, t. 2. Illænus crassicauda, Portl. Geol. Rept. Tyrone, &c. t. 10, f. 7, 8, p. 301. Il. Portlockii, Salt. Mono. Brit. Sil. Trilob. Pal. Soc. p. 197, t. 26, f. 3, 4.
— quadrato-caudatus Portl.							•											Geol. Rept. p. 302, t. 24, f. 2.
— Rosenbergi ..... Eichw.							•											Geogn. Zool. per Ingrium. Trilob. Obs. &c. t. 3, f. 3; ib. Salt. Mem. Geol. Surv. vol. ii, pt. 1, p. 338 (not plate). Il. Murch. Salt. M'Coy, App. Brit. Pal. Foss. t. 1 G, f. 33-35 (non Dec. II, Geol. Surv.). Il. Rosenb. ib. Mono. Brit. Sil. Trilob. Pal. Soc. p. 199, t. 29, f. 1-6.
— Thomsoni .... Salt.							?	•	•									Dysplanus, Q. J. Geol. Soc. vol. vii, p. 171, t. 9, f. 3. Illænopsis, Salt. Mem. Geol. Surv. vol. iii, p. 360, t. 11 B, f. 1, 2. Illænus (Dysplanus), Mono. Brit. Sil. Trilob. Pal. Soc. p. 188, t. 28, f. 2-4, t. 30, f. 8-10.

CRUSTACEA

CAMBRIAN AND SILURIAN

SPECIES.	Har. St. David's	Menevian	Lingula Flags.	Tremadoc	Arenig	Llandeilo	Caradoc or Bala	Low. Llandovery	Up. Llandovery	Woolhope Lmst.	Wenlock Shale	Wenlock Lmst.	Lower Ludlow	Aymestry Lmst.	Upper Ludlow	Tilst. & Passage	Pass. up.	REFERENCES.
Illænus (continued).																		
— Sp. .... Salt.					•													Mono. Brit. Sil. Trilob. Pal. Soc. p. 215, f. 57.
ASAPHIDÆ.																		
Isotelus .... De Kay, 1824																		
— arcuatus .... Portl.																		Vide Asaphus rectifrons.
— intermedius ... Portl.																		Vide Asaphus gigas.
— læviceps ...... Salt.																		Vide Asaphus scutalis.
— ovatus .... Portl.																		Vide Asaphus gigas.
— planus .... Portl.																		Vide Asaphus gigas.
— Powisii .... Murch.																		Vide Asaphus Powisii.
— rectifrons ...... Portl.																		Vide Asaphus rectifrons.
— sclerops .... Portl.																		Vide Asaphus gigas.
CALYMENIDÆ.																		
Kœnigia .... Salter, 1865																		Vide Homalonotus.
LEPERDITIADÆ.																		
Kirkbya .... Jones, 1859																		
— fibula .... Jones & Holl															•			Ann. Mag. Nat. Hist. 4 ser. vol. iii, 1869, p. 224, t. 15, f. 9.
LEPERDITIADÆ.																		
Leperditia ...... Rouult, 1851																		
— bupresitis .... Salt.		•																Vide Primitia.
— Cambrensis ...... Hicks	•																	Q. J. Geol. Soc. vol. xxvii, p. 401, t. 15, f. 15-17.
— Hicksii .... Jones	•	•	•															Q. J. Geol. Soc. vol. xxvii, p. 138, t. 5, f. 16.
— marginata ...... Keys.															•			Cypridina, Wissen Beobach Petschoraland, 1846, p. 288, t. 11, f. 16. Leperditia, Jones, Ann. Mag. Nat. Hist. 2 ser. vol. xviii, p. 91, t. 7, f. 11-15. Cypridina Balthica, Eichw. Bullet. Imp. Soc. Moscow, 1864, No. 1, p. 99, t. 2, f. 6.
— solvensis .... Jones																		Vide Primitia.
— vexata .... Hicks	•																	Q J. Geol. Soc. vol. xxvii, p. 396. Larval trilobite ? Jones, Q. J. Geol. Soc. vol. xxviii, p. 184, t. 5, f. 17-18. ? Primitia.
NEBALIADÆ.																		
Leptocheles ...... M'Coy, 1849																		
— leptodactylus ... M'Coy																•		} Vide Ceratiocaris.
— Murchisonii ... Ag.																		
LICHADIDÆ.																		
Lichas .... Dalman, 1826																		
Acanthopyge ... Hawle & Corda, 1847																		
Corydocephalus Hawle & Corda, 1847																		
Dicranogmus ... Corda, 1847																		
Dicranopeltis ... Corda, 1847																		
Nuttainia ... Eaton & Emmerich, 1845																		

PALÆOZOIC. CRUSTACEA. CAMBRIAN AND SILURIAN.

SPECIES.	Iber. St. David's	Menevian	Lingula Flags	Tremadoc	Arenig	Llandeilo	Caradoc or Bala	Low. Llandovery	Up. Llandovery	Woolhope Lmst.	Wenlock Shale	Wenlock Lmst.	Lower Ludlow	Aymestry Lmst.	Upper Ludlow	Tilest. & Passage	Passage sp.	REFERENCES.
Lichas (continued).																		
Trochurus ...... *Beyrich*, 1846.																		
Platynotus ,..... *Conrad (Castlenau)*, 1843 ...																		
Metopias ...... *Eichw*. 1843 ...																		
— anglicus ...... *Beyrich*										•	•	•	•					Arges, Unt. über Trilob. t. 1, f. 3. *Acanthopyge*, M'Coy, Brit. Pal. Foss. p. 151. *Lichas Bucklandi*, M.Edw. Q. J. Geol. Soc. vol. vi, p. 235, t. 27, f. 1–5; Fletcher, ib. t. 27 bis, f. 1. L. anglicus, Siluria, 4 ed. p. 235, Foss. 64, f. 1. *Peltura Bucklandi*, M. Edw. Crust. vol. iii, p. 345, t. 34, f. 12.
— Barrandii ...... *Fletcher*											•	•						Q. J. Geol. Soc. vol. vi, p. 238, t. 27, f. 10, t. 27 bis, f. 5; Salt. Siluria, 4 ed. p. 235, Foss. 64, f. 3.
— Bucklandi ..... *M. Edw.*																		Vide L. anglicus.
— Grayii .... *Fletcher*												•						Q. J. Geol. Soc. p. 237, t. 27, f. 8; t. 27 bis, f. 3.
— hirsutus .... *Fletcher*											•							Q. J. Geol. Soc. p. 236, t. 27, f. 6, 7.
— Hibernicus ...... *Portl.*																		*Nuttainia*, Geol. Rept. p. 274, t. 4, f. 1; t. 1, f. 1; t. 5, f. 1–3.
— laciniatus ...... *Dalm.*							•		•									Pal. t. 6, f. 2; ib. Lovén. af. vers. Vetensk. Acad. 1845, t. 1, f. 7. *L. sub-propinqua*, M'Coy, Brit. Pal. Foss. p. 150, t. 1 F, f. 17 (note to plate).
— laxatus .... *M'Coy*						•	•											Sil. Foss. Irel. p. 52, t. 4, f. 9; ib. Salt. Mem. Geol. Surv. vol. ii, pt. 1, p. 340, t. 8, f. 4–6; ib. Synop. Sil. Foss. Irel. t. 4, f. 9. *L. pumila*, M'Coy, ib. t. 4, f. 8. *Calymene forcipata*, ib. f. 14. L. laxatus, Mem. Geol. Surv. vol. iii, p. 234, t. 19, f. 1–3; ib. Siluria, 4 ed. p. 204, Foss. 46, f. 5.
— nodulosus ...... *Salt.*							•											App. A, M'Coy, Brit. Pal. Foss. t. 1 F, f. 16. *Trochurus*, M'Coy, ib. p. 151.
— obscurus ...... *Portl.*																		*Nuttainia*, Geol. Rept. p. 274, t. 24, f. 4.
— patriarchus ...... *Edgell*							•											Geol. Mag. vol. iii, p. 160–162, f. 1–6.
— pumila .... *M'Coy*																		Vide L. laxatus.
— propinqua ...... *M'Coy*																		Vide sub-propinqua in L. laciniatus.
— Salteri .... *Fletcher*												•						Q. J. Geol. Soc. vol. vi, p. 237, t. 27, f. 9.
— verrucosus ...... *Eichw.*							•											*Metopias*, Urw. Russl. pt. 2, t. 3, f. 13; Salt. Mem. Geol. Surv. vol. ii, pt. 1, p. 340, t. 8, f. 7.
— Sp. .... *Salt.*															•			Mem. Geol. Surv. vol. ii, pt. 1, p. 340, t. 8, f. 8.
? NEBALIADÆ.																		
Lingulocaris ...... *Salter*, 1866 ...																		PHYLLOPODA.
Mytilocaris ... *Salter*																		
— lingulæcomes ... *M'Coy*					•													Mem. Geol. Surv. vol. iii, p. 294, t. 10, f. 1, 2.
? TRINUCLEIDÆ.																		
Microdiscus ...... *Emmons*, 1855 ...																		
— punctatus ...... *Salt.*	•	•	•															Q. J. Geol. Soc. vol. xx, p. 237, t. 13, f. 11.
— sculptus ...... *Hicks*	*																	Q. J. Geol. Soc. vol. xxvii, p. 400, t. 16, f. 8.
LEPERDITIADÆ.																		
Moorea .... *Jones & Kirkby* MS. 1867 ...																		
— Silurica .... *Jones & Holl*														•				Ann. Mag. Nat. Hist. 4 ser. vol. iii, 1869, p. 226, t. 15, f. 6; ib. Monthly Micro. Jour. 1870, p. 185, t. 61, f. 16.
NEBALIADÆ.																		
Myocaris............ *Salter*, 1864 ...																		

PALÆOZOIC.   CRUSTACEA.   CAMBRIAN AND SILURIAN.

SPECIES.	Har. St. David's.	Menevian.	Lingula Flags.	Tremadoc.	Arenig.	Llandeilo.	Caradoc or Bala.	Low. Llandovery.	Up. Llandovery.	Woolhope Lmst.	Wenlock Shale.	Wenlock Lmst.	Lower Ludlow.	Aymestry Lmst.	Upper Ludlow.	Tilest. & Passage.	Pass. up.	REFERENCES.
Myocaris (continued).																		PHYLLOPODA.
— lutraria .... Salter						?												Geol. Mag. vol. i, p. 11, f. 4; Q. J. Geol. Soc. vol. xx, p. 292. (Dudleigh Salterton beds: horizon doubtful.)
Necrogammarus.. H. Woodward..																		AMPHIPODA.
— Salweyi .... H. Woodw. ...												*						Trans. Woolhope Club, 1870, p. 271, t. 11.
LIMULIDÆ.																		
Neolimulus... H. Woodward, 1868																		
— falcatus .... H. Woodw. ...													*					Geol. Mag. vol. v, p. 1, t. 1, f. 1.
ASAPHIDÆ.																		
Nileus .... Dalman, 1826...																		
Sub-group of Asaphus.																		
Nessuretus........ Hicks, 1872 ...																		
— elongatus ...... Hicks			*															Q. J. Geol. Soc. vol. xxix, p. 45, t. 3, f. 1-3.
— Ramseyensis ... Hicks			*															Q. J. Geol. Soc. vol. xxix, p. 44, t. 3, f. 7-10, 16-22.
— recurvatus ..... Hicks			*															Q. J. Geol. Soc. vol. xxix, p. 45, t. 3, f. 5-6.
— quadratus ...... Hicks			*															Q. J. Geol. Soc. vol. xxix, p. 45, t. 3, f. 11-13, 23-26.
ASAPHIDÆ.																		
Niobe .... Angelin, 1852...																		
— Doveri .... Ether.				*														Mem. Geol. Surv. Geol. of the N. Lake District, 1876, p. 110, t. 12, f. 2.
— Homfrayi ...... Salt.		*																Mono. Brit. Sil. Trilob. Pal. Soc. p. 143, t. 20, f. 3-12; ib. App. Mem. Geol. Surv. vol. iii, p. 314, t. 6, f. 5-8.
— Menapiensis ... Hicks			*															Q. J. Geol. Soc. vol. xxix, p. 46, t. 4, f. 1-9.
— solvensis .... Hicks			*															Q. J. Geol. Soc. vol. xxix, p. 47, t. 4, f. 10-16.
LICHADIDÆ.																		
Nuttainia .... Eaton, 1845 ...																		
Platynotus ...... Conrad, 1838...																		
— Hibernica ...... Portl.																		Vide Lichas.
— obscura .... Portl.																		Vide Lichas.
PHACOPIDÆ.																		
Odontochile .... Corda, 1847 ...																		
Dalmannia ...... Emmerich, 1845																		
— caudatus ...... Brünn.																		
— imbricatulus ... Angelin																		
— longicaudatus... Murch.																		Vide Phacops.
— mucronatus ... Brong.																		
— obtusicaudatus.. Salt.																		
— Weaveri .... Salt.																		
ACIDASPIDÆ.																		
Odontopleura ...... Emmerich, 1845																		Vide Acidaspis.

CRUSTACEA

CAMBRIAN AND SILURIAN

SPECIES.	Har. St. David's	Menevian	Lingula Flags	Tremadoc	Arenig	Llandeilo	Caradoc or Bala	Low. Llandovery	Up. Llandovery	Wenlope Lmst.	Wenlock Shale	Wenlock Lmst.	Lower Ludlow	Aymestry Lmst.	Upper Ludlow	Tilest. & Passage	Plas np.	REFERENCES.
ASAPHIDÆ.																		
Ogygia .... *Brongniart*, 1817																		
— angustissima ... *Salt*.						*												Mono. Brit. Sil. Trilob. Pal. Soc. p. 129, t. 14, f. 8, 9, woodcut, f. 30.
— Buchii............ *Brong*.						*												Asaphus, Crust. Foss. t. 2, f. 1, 1821; ib. Sil. Syst. t. 25, f. 2. *Trinucleus asaphoides*, Sil. Syst. t. 23, f. 6. Asaphus, Barr. Sil. Syst. de Bohême, t. 2 A, f. 25, 26. Ogygia Buchii, Salt. Mem. Geol. Surv. Dec. II, t. 6; ib. Siluria, 4 ed. p. 51, Foss. 11, f. 2, t. 3, f. 1, 2; ib. Mono. Brit. Sil. Trilob. Pal. Soc. p. 125, t. 14, f. 1–7, t. 15, f. 1–6; ib. Daily, Char. Foss. t. 7, f. 3.
— ib. junior ...... *Salt*.						*												*Trinucleus asaphoides*, Murch. Sil. Syst. t. 23, f. 6 (original fig.); ib. Salt. Mono. Brit. Sil. Trilob. Pal. Soc. p. 125, t. 14, f. 5, 6.
— bullina .... *Salt*.						*												Mono. Brit. Sil. Trilob. Pal. Soc. p. 178, t. 25a, f. 5.
— corndensis ..... *Murch*.						*												Asaphus, Sil. Syst. t. 25, f. 4. Ogygia, Siluria, 4 ed. t. 3, f. 4. Ogygia corndensis, Salt. Mono. Brit. Sil. Trilob. Pal. Soc. p. 130, t. 16, f. 1–14; ib. p. 160, woodcuts, f. 32, 33.
— Cordai .... *M'Coy*																		*Vide* Barrandia Cordai.
— convexa .... *Salt*.						*												Doubtful species.
— dilatata .... *Portl*.																		*Vide* O. Portlockii.
— Murchisoniæ ... *Murch*.																		*Vide* Stygina.
— peltata .... *Salt*.					*	*												App. Mem. Geol. Surv. vol. iii, p. 313, t. 11, f. 8. *O. scutatrix*, Salt. Siluria, 2 ed. p. 53, Foss. 9, f. 1. O. peltata, Mono. Brit. Sil. Trilob. Pal. Soc. p. 135, t. 17, f. 8–10; ib. p. 177, t. 25a, f. 1–4.
— Portlockii .... *Salt*.																		*Vide* Barrandia Portlockii.
— radians .... *M'Coy*																		*Vide* Barrandia radians.
— rugosa .... *Portl*.																		*Vide* Cybele rugosa.
— scutatrix .... *Salt*.					*	*												Siluria, 2 ed. p. 53, Foss. 9, f. 1; ib. Mem. Geol. Surv. vol. iii, p. 312, t. 8, f. 8, t. 9, f. 1; ib. Mono. Brit. Sil. Trilob. Pal. Soc. p. 133, t. 17, f. 9–13.
— Selwynii .... *Salt*.					*	*												*Asaphus*, Trans. Rept. Brit. Assoc. p. 57. Ogygia, Mem. Geol. Surv. vol. iii, p. 312, t. 9, f. 2–6, t. 11 B, f. 5, Geol. of N. Wales; ib. Mono. Brit. Sil. Trilob. Pal. Soc. p. 136, t. 17, f. 1–7, woodcut, f. 31, p. 136; ib. Siluria, 4 ed. p. 51, Foss. 10, f. 8.
— sub-duplicata .. *Salt*.																		*Vide* Phacops.
OLENIDÆ.																		
Olenus .... *Dalman*, 1826																		
Leptoplastus ... Angelin, 1852																		
Sphæropthalmus .. Angelin, 1852																		
Parabolina (part) Angelin, 1852 Salter, 1849																		
— alatus .... *Back*.		*																Geæ. Norwegica, p. 143. *Sphæropthalmus*, Angelin, Pal. Succ. t. 26, f. 9. *Olenus bisulcatus*, Phill. Mem. Geol. Surv. vol. ii, pt. 1, p. 55, f. 1, 2; ib. Salt. Dec. XI, t. 8, f. 6; ib. Siluria, 2 ed. p. 47, 538. O. alatus, Salt. Mem. Geol. Surv. vol. iii, p. 302, t. 4, f. 3. O. bisulcatus, Phill. Geol. Oxford, p. 69, Diag. 17, f. 7.
— bisulcatus ...... *Phill*.		*																*Vide* O. alatus. It is probable that Olenus (Sphæropthalmus) pecten, Salter, and O. (Sphærop.) flagellifer, Salter, and Olenus alatus are all referable to Sphæropthalmus bisulcatus, Phill.

PALÆOZOIC.   CRUSTACEA.   CAMBRIAN AND SILURIAN

SPECIES.	Bar. St. David's.	Menevian.	Lingula Flags.	Tremadoc.	Arenig.	Llandeilo.	Caradoc or Bala.	Low. Llandovery.	Up. Llandovery.	Woolhope Lmst.	Wenlock Shale.	Wenlock Lmst.	Lower Ludlow.	Aymestry Lmst.	Upper Ludlow.	Tilest. & Passage.	Pass up.	REFERENCES.
Olenus (continued).																		
— cataractaci ...... Salt.			*															Mem. Geol. Surv. Geol. N. Wales, vol. iii, p. 42 (name only).
— cataractes ...... Salt.			*															Mem. Geol. Surv. vol. iii, t. 5, f. 23, p. 300; Ib. Dec. XI, t. 8, f. 14.
— flagellifer...... Angelin			*	?														Sphæropthalmus, Pal. Suecica, t. 26, f. 7; Ib. Mem. Geol. Surv. vol. iii, p. 302, t. 5, f. 8, 9; Ib. Dec. XI, t. 6, f. 7, 8. Sphærop. bisulcatus ? Phill.
— gibbosus .... Wahl.			*															Entomostracites, Upsal, vol. viii, p. 30, t. 1, f. 4; Ib. Dalm. and Burm. Trilob. p. 81, t. 3, f. 9; Belt. Geol. Mag. vol. iv, p. 295, t. 12, f. 5.
— humilis .... Phill.			*															Mem. Geol. Surv. vol. ii, pt. 1, p. 55, f. 4-6 and p. 347; Ib. Mem. Geol. Surv. Dec. XI, t. 8, f. 9-11; Ib. vol. iii, p. 302, t. 5, f. 12. (Sphæropthalmus), Ib. Siluria, 4 ed. p. 45, Foss. 7, f. 1; Ib. Baily, Char. Foss. t. 4, f. 6. Olenus, Phill. Geol. Oxford, &c. p. 68, Diag. 17, f. 8.
— impar .... Salt.			*	*														Mem. Geol. Surv. vol. iii, p. 302, t. 8, f. 4.
— micrurus .... Salt.			*															Mem. Geol. Surv. Dec. 11, t. 9; Ib. vol. iii, p. 300, t. 2, f. 5, 6; Ib. Siluria, 2 ed. p. 45, Foss. 4, f. 2; Ib. 4 ed. Foss. 5, f. 2, and 45, f. 2; Ib. Baily, Char. Foss. t. 4, f. 4.
— obesus .... Salt.			*															Var. of O. scarabæoides. (Vide.)
— pauper .... Phill.			*															Geol. of Oxford, &c. p. 68, Diag. 17, f. 4.
— pectea .... Salt.			*															Sphæropthalmus, Mem. Geol. Surv. Dec. XI, t. 8, f. 12, 13; Q. J. Geol. Soc. vol. xxi, woodcut, p. 481, f. 4, 5. Sphærop. bisulcatus, Phill. ? Olenus (Sphærop.) bisulcatus, Phill. Sphærop. Phill. Geol. of Oxford, &c. p. 68, Diag. 17, f. 3.
— scarabæoides ... Wahl.			*															Entomostracites, Nova Act. Soc. Upsal, vol. iii, t. 1, f. 2. Olenus, Dalman. Palæadæ, p. 257. Paradox, Brong. Crust. p. 34, t. 3, f. 5. Peltura, M.Edw. Crustacea. Pelt. scarab. Angelin, Palæont. Suecica, t. 25, f. 8 (mala). O. spinu-losus ? Phill. Mem. Geol. Surv. vol. ii, p4. 1, p. 55, 239; Ib. vol. iii, p. 301, t. 5, f. 2-5; Ib. Siluria, 4 ed. p. 45, Foss. 7, f. 3; Ib. Dec. XI, t. 8, f. 1-3. Var. Obesus, Salt. ib. t. 8, f. 4. Olenus, Phill. Geol. of Oxford, &c. p. 68, Diag. 17, f. 6.
— serratus .... Salt.			*															Parabolina, Mem. Geol. Surv. Dec. XI, t. 8, f. 5; Ib. vol. iii, p. 301, t. 5, f. 6, 7.
— spinulosus ...... Wahl.			*															(Parabolina), Angelin, Pal. Suec. t. 25, f. 9.
— subarmatus...... Salt.			*															Doubtful species.
CALYMENIDÆ.																		
Otarion .... Zenker, 1833																		
— obtusum																		Vide Calymene.
? CONOCEPHALIDÆ.																		
Palæopyge ...... Salter, 1855																		
— Rammyi ...... Salt.	*																	Q. J. Geol. Soc. vol. xii, p. 249, t. 4, f. 3; Siluria, 4 ed. Foss. p. 28, f. 2. (Pygidium.)
ASAPHIDÆ.																		
Ponderia .... Volbroth, 1863																		Sub-genus of Illænus.
Parka .... Fleming																		
— decepiens...... Fleming															*	*		Probably ova or ova-sacs of Pterygoti.
Parabolina .... Salter, 1849																		Vide Olenus.

61

PALÆOZOIC. CRUSTACEA. CAMBRIAN AND SILURIAN.

SPECIES.	Har. St. David's.	Menevian.	Lingula Flags.	Tremadoc.	Arenig.	Llandeilo.	Caradoc or Bala.	Low. Llandovery.	Up. Llandovery.	Woolhope Lmst.	Wenlock Shale.	Wenlock Lmst.	Lower Ludlow.	Aymestry Lmst.	Upper Ludlow.	Tilest. & Passage.	Pass. up.	REFERENCES.
PARADOXIDÆ.																		
Paradoxides...... *Brongniart*, 1822																		
— aurora .... *Salt.*	*	*	*															Brit. Assoc. Rept. 1865, p. 285; ib. Q. J. Geol. Soc. vol. xxv, p. 54, t. 2, f. 9–12.
— bimucronatus																		Vide Cheirurus.
— Davidis .... *Salt.*	*	*	*															Q. J. Geol. Soc. vol. xix, p. 274, woodcut, p. 275; ib. vol. xx, 1864, p. 234, t. 13, f. 1–3; Salt. Mem. Geol. Surv. Dec. XI, t. 10, f. 1–8; ib. vol. iii, p. 247.
— Forchammeri ... *Angelin*																		Palæont. Suec. t. 2, ib. Mem. Geol. Surv. Dec. XI, pl. 10, p. 4, t. 10, f. 9; P. Hicksii, vol. iii, p. 299, P. Forchammeri on t. 4, f. 12. P. Forcham. Siluris, 2 ed. p. 45, Foss. 5, f. 2.
— Harknessii ...... *Hicks*	*																	Q. J. Geol. Soc. vol. xxvii, p. 399, t. 15, f. 9–11.
— Hicksii .... *Salt.*	*	*	*															Brit. Assoc. Rept. 1865, p. 285; Mem. Geol. Surv. vol. iii, p. 299, t. 4, f. 12 (as Forchammeri), vide Dec. XI, t. 10. P. Hicksii, Q. J. Geol. Soc. vol. xxv, p. 55, t. 3, f. 1–10.
— quadri-mucronatus...*Murch.*																		Vide Acidaspis Brightii.
NEBALIADÆ.																		
Peltocaris .... *Salter*, 1863 ...																		PHYLLOPODA.
— anatina .... *Salt.*										?								Cat. Camb. and Sil. Foss. Cambr. Mus. p. 93.
— aptychoides..... *Salt.*					*													Dithyrocaris, Q. J. Geol. Soc. vol. viii, p. 391, t. 21, f. 10. Peltocaris, Salt. Q. J. Geol. Soc. vol. xix, p. 87, 88, woodcut, p. 88, f. 1.
— Harknessii ...... *Salt.*								*										Q. J. Geol. Soc. vol. xix, p. 88, woodcut, p. 89, f. 2 A, B.
— tracks of								*										Q. J. Geol. Soc. vol. xix, p. 93, 95, woodcut, p. 94.
Peltura .... *M. Edwards*, 1840 ...																		Vide Lichas.
PHACOPIDÆ.																		
Phacops .... *Emmerich*, 1839																		
Asaphus .... *Brong.*, 1822 ...																		
Portlockia ...... *M'Coy*, 1855 ...																		
Acaste............ *Goldfuss*, 1843																		
Odontochile ... *Corda*, 1847 ...																		
Cryphæus ...... *Green*, 1837 ...																		
Asteropyge ...... *Corda*, 1847 ...																		
Metacanthus ... *Corda*, 1847 ...																		
Dalmannia ...... *Emmerich*, 1844																		
— alifrons .... *Salt.*							*											App. A, p. li, M'Coy, Brit. Pal. Foss. fasc. 2, t. 1 G, f. 12–14; ib. Mem. Geol. Surv. Dec. VII, Art. 1, p. 10; ib. Mono. Brit. Sil. Trilob. Pal. Soc. p. 33, t. 1, f. 31–34.
— amphora .... *Salt.*									*									(*Chasmops*), Mono. Brit. Sil. Trilob. Pal. Soc. p. 42, t. 4, f. 16. Phacops (*Dalmannia*) amphora, Mem. Geol. Surv. Dec. VII, Art. 1, p. 12.
— apiculatus ...... *Salt.*							*											M'Coy, Brit. Pal. Foss. App. A, p. lii, t. 1 G, f. 17–19. Portlockia, ib. fasc. 1, p. 162. Phacops, Mem. Geol. Surv. Dec. VII, Art. 1, p. 9. P. (Acaste) apiculatus, Mono. Brit. Sil. Trilob. Pal. Soc. p. 28, t. 1, f. 36–38; Siluria, 4 ed. p. 69, Foss. 14, f. 3.
— Bailyi .... *Salt.*									*									(*Chasmops*), Mono. Brit. Sil. Trilob. Pal. Soc. p. 44, t. 6, f. 21–24.
— Brongniarti ... *Portl.*							*											Geol. Rept. p. 282, t. 2, f. 8. P. Murchisoni, ib. f. 9. Var. P. Dalmanni, ib. f. 7. P. Brongniarti, P. Dalmanni, Salt. Mem. Geol. Surv. Dec. VII, Art. 1, p. 10. P. (*Acaste*) Brongniarti, Salt. Mono. Brit. Sil. Trilob. Pal. Soc. p. 34, t. 1, f. 20–25, or var. P. Dalmanni, ib. p. 34, f. 25, 26.

PALÆOZOIC. CRUSTACEA. CAMBRIAN AND SILURIAN.

SPECIES.	Har. St. David's.	Menevian.	Lingula Flags.	Tremadoc.	Arenig.	Llandeilo.	Caradoc or Bala.	Low. Llandovery.	Up. Llandovery.	Wenlock Shale.	Wenlock Lmst.	Lower Ludlow.	Aymestry Lmst.	Upper Ludlow.	Tilest. & Passage.	Pass. up.	REFERENCES.
Phacops (continued).																	
— Bucephali ...... *Wahl*........								*									Portl. Geol. Rept. p. 258, t. 1, f. 8. ? *Paradoxides*.
— caudatus .... *Brünn*.......							*	*	*	*	*	*	*	?			*Trilobus*, Kjobenh. Sellsk. nye Samml. vol. i, p. 392. *Asaphus*, Sil. Syst. t. 7, f. 6 a, and *A. tuberculato-caudatus*, ib. f. 6 b. Phacops, Salt. Mem. Geol. Surv. Dec. II, t. 1, f. 1–12, 15 (non longicaudatus). *Odontochile*, M'Coy, Brit. Pal. Foss. p. 160, t. 3, f. 4–17. *A*. (Odontochile) caudatus, Salt. Mono. Brit. Sil. Trilob. Pal. Soc. p. 40, t. 3, f. 4–18, t. 4, f. 1–5. Var. *a*, P. vulgaris, t. 3, f. 4–17, p. 51 ; ib. young forms, p. 52, t. 3, f. 18, t. 4, f. 2 ; ib. Dec. II, Mem. Geol. Surv. t. 1, f. 7 ; var. *β*, P. tuberculato-caudatus, t. 4, f. 1, p. 53 ; var. *γ*, P. nexilis, Salt. t. 4, f. 3–5, p. 54, woodcut, f. 13 ; var. *δ*, P. senicatus, Salt. t. 3, f. 18, p. 54. *A*. caudatus, Siluria, 4 ed. t. 17, f. 2, t. 18, f. 1.
— conicopthalmus ... *Buck*........								*									*Trilob. conicopthalmus*, Gæa. Norwægica, vol. i, p. 4. Phacops *sclerops*, Burm. Org. Trilob. 2 ed. t. 4, f. 5. *Phacops conicopthalmus*, Angelin, Pal. Succ. t. 7, f. 5, 6. *Charmops Odini*, M'Coy, Brit. Pal. Foss. t. 1 O, f. 22, 23. Phacops, Salt. Mem. Geol. Surv. Dec. VII, Art. 1, p. 7 ; ib. Siluria, 4 ed. p. 206, Foss. 48, f. 3, 1, 4, f. 11, 12. P. (Chasmops) conicopth. Salt. Mono. Brit. Trilob. Pal. Soc. p. 40, t. 4, f. 24, 25, t. 7, f. 35.
— constrictus ... *Salt*.............							*	*	*	*	*	*					Mono. Brit. Sil. Trilob. Pal. Soc. p. 27, t. 2, f. 13–16. Var. or sub-species of P. Downingiæ (var. E. constrictus).
— Dalmanni ...... *Portl*.........								*									Geol. Rept. p. 282, t. 2, f. 7, t. 3, f. 7.
— Downingiæ ... *March*........								*	*	*	*	?	*				Calymene, Sil. Syst. p. 655, t. 14, f. 3. *Asaphus sub-caudatus* and *A. Cawdori*, ib. t. 7, f. 9, 10. *Acaste*, Downingiæ, Gchlf. Syst. Uebersicht der Trilob. Neues. Jahrb. p. 563. Phacops Downingiæ, Salt. Mem. Geol. Surv. vol. ii, pt. 1, p. 336, t. 5, f. 2–41 ib. Dec. VII, t. 1. Phacops (Acaste), Mono. Brit. Sil. Trilob. Pal. Soc. p. 24, t. 2, f. 17–36. Var. *a*, P. vulgaris, p. 26, t. 2, f. 17–25 ; var. *β*, P. macrops, p. 26, t. 2, f. 26–29 ; var. *γ*, P. infiatus, p. 27, t. 2, f. 30, 31 ; var. *δ*, P. spinosus, p. 27, woodcut, f. 7. P. Downingiæ, Siluria, 4 ed. p. 235, Foss. 65, f. 3, t. 18, f. 2. P. Downingiæ, var. ζ, cuneatus, Salt. Pal. Soc. p. 28, woodcut, f. 8. (For ranges, see Pal. Soc. 1864, Mono. Trilob. p. 24–28.)
— imbricatulus ... *Angelin* ?								*									(Odontochile), Palæont. Succ. t. 7, f. 5 ; ib. Salt. Mono. Sil. Trilob. Pal. Soc. p. 48, t. 4, f. 10.
— incertus .... *Deslong*.......							?	*									Asaphus, Trans. Linn. Soc. Calvados, vol. ll, p. 298, t. 20, f. 5, 1825 ; ib. Ronalt, Soc. Géol. de France, vol. viii, p. 371, 1851. (*Budleigh Pebbles*), P. incertus, Salt. Mono. Brit. Trilob. Pal. Soc. 1864, p. 30, t. 1, f. 27, 28.
— Var. γ, inflatus . *Salt*...........																	*Vide* P. Downingiæ (var. γ).
— Jamesii .... *Portl*...........							*										Geol. Rept. Tyrone and Lond. p. 283, t. 3, f. 10 ; ib. Mem. Geol. Surv. Dec. VII, Art. 1, p. 10. P. (Acaste) Jamesii, Salt. Mono. Brit. Sil. Trilob. Pal. Soc. p. 32, t. 1, f. 39–41.
— Jukesii .... *Salt*.............								*									Mem. Geol. Surv. Dec. VII, Art. 1, p. 11, 1853. P. (*Chasmops*) Jukesii, Salt. Mono. Brit. Sil. Trilob. Pal. Soc. p. 36, t. 1, f. 29, 30.
— Lanvernensis ... *Hicks*.........					*												Q. J. Geol. Soc. vol. xxxi, p. 187, t. 9, f. 3, 4.
— longicaudatus... *March*.......									*	*							*Asaphus*, Sil. Syst. p. 656, t. 14, f. 11–14. P. longicaudatus, Salt. Geol. Surv. Dec. II, t. 1, f. 13, 14. P. (*Odontochile*) longicaudatus, Salt. Mono. Brit. Sil. Trilob. Pal. Soc. p. 55, t. 3, f. 19–28. Var. *a*, *Armiger*, p. 56, t. 3, f. 19–21. P. longicaudatus of Authors (woodcut, p. 56, f. 14). Var. *β*, *Grindrodianus*, p. 57, t. 3, f. 22–28. P. longicaudatus, Siluria, 4 ed. t. 17, f. 3–6.
— Var. β, macrops. *Salt*..........																	*Vide* P. Downingiæ, var. β.

63

CRUSTACEA

SPECIES.	Har. St. David's.	Menevian.	Lingula Flags.	Tremadoc.	Arenig.	Llandeilo.	Caradoc or Bala.	Low. Llandovery.	Up. Llandovery.	Woolhope Lmst.	Wenlock Shale.	Wenlock Lmst.	Lower Ludlow.	Aymestry Lmst.	Upper Ludlow.	Tilest. & Passage.	Pass up.	REFERENCES.
Phacops (continued).																		
— macroura ...... *Sjogren.*							*											*Asaphus Powisii*, Sil. Syst. t. 23, f. 9 (head only). *Dalmannia affinis*, Salt. Mem. Geol. Surv. vol. ii, pt. 1, t. 5, f. 5. *Phacops truncato-caudatus*, var. *S. affinis*, Dec. 11, Art. 1, p. 7. *Chasmops Odini*, Hoffm. Trilob. Russlands Verhandl. Kaisell. Miner. Gesellsat zu St. Petersberg, 1858, t. 4, f. 7. *Odontochile truncato-caudata*, M'Coy, Brit. Pal. Foss. t. 1 G, f. 20 (non *C. Odini*, same plate, f. 22, 23). P. macroura, Angelin, Palæont. Suec. t. 7, f. 3, 4. P. (*Chasmops*) macroura, Salt. Mono. Brit. Sil. Trilob. Pal. Soc. p. 37, t. 4, f. 18–23, woodcut, p. 39, head.
— minus .... *Salt.*							*											*Phacops* (*Acaste*) minus, Mono. Brit. Sil. Trilob. Pal. Soc. p. 29, t. 1, f. 35.
— mucronatus ...... *Brong.*							*											*Asaphus*, Crust, p. 14, t. 3, f. 9; ib. Dalm. Palæade, p. 136, t. 2, f. 3. Phacops, Angelin, Palmont. Suec. t. 8, f. 1, 2; ib. Salt. Mono. Dec. VII, Art. 1, p. 12. Phacops (Odontochile), Salt. Mono. Brit. Sil. Trilob. Pal. Soc. p. 46, t. 4, f. 11, 12. (Woodcut, f. 10, p. 47, from *Vestrogothia.*)
— *Murchisoni* ...... *Portl.*																		Vide P. Brongniarti.
— Musheni ...... *Salt.*												*	*					Mono. Brit. Sil. Trilob. Pal. Soc. p. 23, t. 2, f. 7-12.
— Nicholsoni ...... *Salt.*							*											Q. J. Geol. Soc. vol. xxii, p. 486, f. a–d.
— nudus .... *Salt.*											?		?					Mono. Brit. Sil. Trilob. Pal. Soc. p. 22, t. 4, f. 19, 20.
— obtusi-caudatus . *Salt.*																		M'Coy, Brit. Pal. Foss. App. A, p. ii, t. 1 G, f. 15, 16; ib. Mem. Geol. Surv. Dec. 11, t. 1, p. 7, note. P. (Odontochile), Mono. Brit. Sil. Trilob. Pal. Soc. p. 45, t. 1, f. 42-45.
— Var. 8, spinosus. . *Salt.*																		Vide P. Downingiæ (var. 8).
— Stokesii .... *M. Edw.*							*	*	*		*	*			?			Crustaces, iii, p. 324, 1840. *Portlockia sub-lævis*, M'Coy, Sil. Foss. Irel. p. 51, t. 4, f. 13. P. Stokesii, Salt. Mem. Geol. Surv. vol. ii, pt. 1, t. 5, f. 1; ib. Q. J. Geol. Soc. vol. vii, t. 9, f. 2. *Calymene macrophthalma*, Sil. Syst. t. 14, f. 2; ib. Buckl. Bridw. Treatise, t. 64, f. 5. P. Stokesii, Siluria, 4 ed. t. 10, f. 6, t. 18, f. 6; ib. Mono. Brit. Sil. Trilob. Pal. Soc. p. 21, t. 2, f. 1–6.
— sub-duplicatus .. *Salt.*																		Ogygia? Mono. Brit. Sil. Trilob. Pal. Soc. p. 130, t. 15, f. 7, 8. (*Chasmops.*)
— sub-lævis .... *M'Coy*																		*Portlockia*, Synop. Sil. Foss. Irel. p. 51, t. 4, f. 13. ? P. Stokesii, M. Edw.
— truncato-caudatus ... *Portl.*																		Geol. Rept. Tyrone, &c. p. 281, t. 2, f. 1–4. *Paradoxides incephali*, ib. (*labrum*), t. 1, f. 8. *Dalmannia*, Salt. Mem. Geol. Surv. Dec. 11, Art. 1, p. 7. *Odontochile*, M'Coy, Brit. Pal. Foss. t. 1 G, f. 20, 21. P. (Chasmops), Salt. Mono. Brit. Sil. Trilob. Pal. Soc. p. 44, t. 4, f. 13-15; ib. Siluria, 4 ed. p. 68, Foss. 13, f. 3.
— *verrucosa*																		Vide Cybele.
— Var. *vulgaris* ... *Salt.*																		Vide P. Downingiæ (var. a).
— Var. *vulgaris* ... *Salt.*																		Vide P. (Odontochile) caudatus (var. a).
— Weaveri .... *Salt.*							*							?				Mem. Geol. Surv. Dec. 11, Art. 1, p. 7, t. 1, f. 16; ib. Dec. VII, t. 1, p. 13; ib. Mono. Brit. Sil. Trilob. Pal. Soc. p. 57, t. 3, f. 1–3, t. 4, f. 6–9.
CONOCEPHALIDÆ.																		
Placoparia .... *Corda*, 1847																		
— Cambrensis ...... *Hicks*					*													Q. J. Geol. Soc. vol. xxxi, p. 186, t. 9, f. 1, 2.
OLENIDÆ.																		
Plutonia .... *Hicks*, 1871																		
— Sedgwickii ...... *Hicks*	*																	Q. J. Geol. Soc. vol. xxvii, p. 399, t. 15, f. 1–8.

CRUSTACEA

SPECIES	Har. St. David's	Menevian	Lingula Flags	Tremadoc	Arenig	Llandeilo	Caradoc or Bala	Low. Llandovery	Up. Llandovery	Wenlock Lmst.	Wenlock Shale	Aymestry Lmst.	Lower Ludlow	Upper Ludlow	Tilest. & Passage	Pass. up.	REFERENCES
PHACOPIDÆ.																	
Portlockia .... *M'Coy*, 1855 ...																	
Sub-lævis...............................	...	...	...	...	...	...	...	...	...	...	...	...	...	...	...	...	} *Vide* Phacops.
Stokesii	...	...	...	...	...	...	...	...	...	...	...	...	...	...	...	...	
LEPERDITIADÆ.																	
Primitia .... *R. Jones*, 1865 .																	
Beyrichia .... *Auct.* (*pars*) ...																	
— bicornis .... *Jones*	...	...	...	...	...	?	•	...	...	...	...	...	...	...	...	...	Beyrichia, Ann. Mag. Nat. Hist. vol. xvi, p. 173, t. 6, f. 23; ib. vol. xxvi, p. 420, 3rd series.
— bipunctata ...... *Salt.*	...	...	...	...	•	...	...	...	...	...	...	...	...	...	...	...	MS. Cat. Foss. Mus. P. G. 1865, p. 16; ib. Jones and Holl, Ann. Mag. Nat. Hist. 4 ser. vol. iii, p. 210, woodcut, f. 5.
— buprestis .... *Salt.*																	*Vide* Entomis.
— concinna .... *Jones*	...	...	...	...	...	?	?	...	...	...	•	...	•	...	...	...	Cytheropsis, Ann. M. N. Hist. 3 ser. vol. i, p. 249, t. 10, f. 3, 4.
— cristata .... *Jones*	...	...	...	...	...	...	•	...	...	...	...	...	...	...	...	...	Ann. Mag. Nat. Hist. vol. xvi, p. 420, t. 13, f. 1.
— oxcavata ...... *Jones & Holl* ...	...	...	...	...	...	...	...	...	...	•	...	...	...	...	...	...	Ann. Mag. Nat. Hist. 4 ser. vol. iii, p. 222, t. 15, f. 10.
— lenticularis ...... *Jones & Holl* ...	...	...	...	...	...	...	•	...	...	...	...	...	...	...	...	...	Ann. Mag. Nat. Hist. 4 ser. vol. iii, p. 219, woodcut, f. 4 a, b, c.
— Maccoyii .... *Salt.*	...	•	...	...	...	...	•	...	...	...	...	...	...	...	...	...	Mor. Cat. Brit. Foss. 2 ed. p. 105. *Cythere phaseolus*, M'Coy, Synop. Sil. Foss. Irel. p. 58; ib. Salt. Siluria, 3 ed. p. 517; ib. Jones, Ann. Mag. Nat. Hist. 4 ser. vol. ii, p. 55, t. 8, f. 1-3. Forbes, n. sp. Baily, Desc. Quarter-sheet, 35 N E, Geol. Surv. Irel. 1858, p. 10.
— matutina .... *Jones*	...	...	...	...	...	...	•	...	...	...	...	...	...	...	...	...	Ann. Mag. Nat. Hist. 3 ser. vol. xvi, 1865, p. 418, t. 13, f. 7.
— mundula .... *Jones*	...	...	...	...	...	...	•	...	...	...	•	...	...	...	...	...	Beyrichia, Ann. Mag. Nat. Hist. 2 ser. vol. xvi, p. 90 and 174, t. 5, f. 23; t. 6, f. 28-31.
— nana .... *Jones*	...	...	...	...	?	•	...	...	...	...	...	...	...	...	...	...	Bey. strangulata, var. γ, Ann. Mag. Nat. Hist. 2 ser. vol. xvi, p. 173, t. 6, f. 22. P. nana, Id. vol. xvi, 3 ser. p. 420.
— ovata .... *Jones & Holl* ...	...	...	...	...	...	...	...	...	...	...	?	?	?	...	...	...	Ann. Mag. Nat. Hist. 3 ser. vol. xvi, p. 423, t. 13, f. 13.
— pusilla .... *Jones*	...	...	...	...	...	...	...	...	...	...	•	...	...	...	...	...	Ann. Mag. Nat. Hist. 3 ser. vol. xvi, p. 424, t. 13, f. 11.
— renulina .... *Jones*	...	...	...	...	...	...	...	...	...	...	•	...	...	...	...	...	Ann. Mag. Nat. Hist. 3 ser. vol. xvi, p. 419, t. 13, f. 5; Ib. Monthly Micro. Jour. 1870, p. 185, t. 61, f. 14.
— Roemeriana ...... *Jones*	...	...	...	...	...	...	•	...	...	...	...	...	...	...	...	...	Ann. Mag. Nat. Hist. 3 ser. vol. xvi, p. 422, t. 13, f. 8.
— Salteriana ...... *Jones*	...	...	...	...	...	...	•	...	...	...	...	...	...	...	...	...	Beyrichia strangulata, var. β, Ann. Mag. Nat. Hist. 2 ser. vol. xvi, p. 89, 172, t. 5, f. 15, 16, &c. t. 6, f. 20.
— sancti-patricii ... *Jones*	...	...	...	...	...	...	•	...	...	...	...	...	...	...	...	...	Ann. Mag. Nat. Hist. 4 ser. vol. ii, p. 56, t. 7, f. 4.
— semicordata ...... *Jones*	...	...	...	...	...	...	•	...	...	...	...	...	...	...	...	...	Beyrichia strangulata, var. β, young, ib. t. 6, f. 21.
— seminulum ...... *Jones*	...	...	...	...	...	...	...	...	...	•	•	...	•	...	•	...	Beyrichia, Ann. Mag. Nat. Hist. 2 ser. vol. xvi, p. 173, t. 6, f. 24; ib. 3 ser. vol. xvi, p. 418.
— simplex .... *Jones*	...	...	...	...	...	...	•	...	...	...	...	...	...	...	...	...	Ann. Mag. Nat. Hist. vol. xvi, 3 ser. p. 417; ib. Beyrichia, vol. xvi, t. 16, f. 25-27.
— solvensis .... *Jones*	•	•	...	...	...	...	...	...	...	...	...	...	...	...	...	...	Leperditia, Ann. Mag. Nat. Hist. vol. xvii, 2 ser. p. 95, t. 7, f. 16. Primitia, Ann. Mag. Nat. Hist. 4 ser. vol. ii, p. 55.
— strangulata ...... *Salt.*	...	...	...	...	...	...	•	...	...	...	...	...	...	...	...	...	Cytherina lævigata, Salt. Q. J. Geol. Soc. vol. i, p. 445. Beyr. strangulata, Brit. Pal. Foss. App. A, p. ii, t. I E, f. 1; M'Coy, ib. p. 156. Primitia, Jones, Ann. Mag. Nat. Hist. 2 ser. vol. xvi, p. 171, t. 6, f. 18; var. a, ib. p. 172, t. 6, f. 19; var. β, t. 6, f. 20, 21; var. γ, t. 6, f. 22; ib. Ann. Mag. Nat. Hist. 3 ser. p. 416, and var. a, p. 417.
— teres .... *Jones*	...	...	...	...	...	...	...	...	...	...	•	...	•	...	...	...	Ann. Mag. Nat. Hist. 3 ser. vol. xvi, p. 421, t. 13, f. 3.
— trigonalis .... *Jones*	...	...	...	...	...	...	...	...	...	...	•	...	•	...	...	...	Ann. Mag. Nat. Hist. 3 ser. vol. xvi, p. 421, t. 13, f. 4.
— umbilicata ...... *Jones*	...	...	...	...	...	...	...	...	...	...	•	•	...	...	...	...	Ann. Mag. Nat. Hist. 3 ser. vol. xvi, p. 421, t. 13, f. 2 a-d; ib. 4 ser. vol. iii, p. 220, t. 15, f. 6.

PALÆOZOIC.   CRUSTACEA.   CAMBRIAN AND SILURIAN.

SPECIES.	CAMBRIAN.			LOWER SIL.				UPPER SILURIAN.								REFERENCES.
	Har. St. David's.	Menevian.	Lingula Flags.	Tremadoc.	Arenig.	Llandeilo.	Caradoc or Bala.	Low. Llandovery.	Up. Llandovery.	Woolhope Lmst.	Wenlock Shale.	Wenlock Lmst.	Lower Ludlow.	Aymestry Lmst.	Upper Ludlow.	Tilest. & Passage.	Pass. up.	

Primitia (*continued*).
— variolata .... *Jones* .... | | | | | | | | | | * | | | | | | | | Ann. Mag. Nat. Hist. 3 ser. vol. xvi, p. 418, t. 13, f. 6 a, b; var. *paucipunctata*, p. 419, t. 13 f, c, d.

PROETIDÆ.
Proetus .... *Steininger*, 1831
Forbesia .... *M'Coy*, 1861
Æonia .... *Burmeister*, 1844
— latifrons .... *M'Coy* .... | | | | | | | | | * | | * | | * | * | | | | Forbesia, Synop. Sil. Foss. Irel. p. 49, t. 4, f. 11; ib. Brit. Pal. Foss. p. 174. P. latifrons, Salt. Mem. Geol. Surv. vol. ii, pt. 1, p. 337, t. 6, f. 1; Siluria, 4 ed. p. 235, Foss. f. 7.
— Stokesii .... *Murch.* .... | | | | | | | | | * | | * | | * | * | | | | Asaphus, Sil. Syst. p. 646, t. 14, f. 6. Forbesia, M'Coy, Brit. Pal. Foss. p. 174. Proetus, Siluria, A. 17, f. 7; Loven. of. vers. 1 c. 1845.

CRUSTACEAN TRACK.
Protichnites .... *R. Owen*, 1852.
— Scoticus .... *Salt.* .... | | | | | * | | | | | | | | | | | | | Siluria, 4 ed. p. 151, Foss. 24.

ASAPHIDÆ.
Psilocephalus .... *Salter*, 1866
— inflatus .... *Salt.* .... | | | | * | | | | | | | | | | | | | | App. Mem. Geol. Surv. vol. iii, p. 316, woodcut, f. 8; ib. Salt. Mono. Brit. Sil. Trilob. Pal. Soc. p. 176, woodcut, f. 41.
— innotatus .... *Salt.* .... | | | | | | | | | | | | | | | | | | Mono. Brit. Sil. Trilob. Pal. Soc. p. 175, t. 20, f. 13–19; ib. App. Mem. Geol. Surv. Geol. N. Wales, vol. iii, p. 315, t. 6, f. 9–12.

EURYPTERIDÆ.
Pterygotus .... *Agassiz*, 1839
Himantopterus *Salter*, 1856
— acuminatus .... *Salt.* .... | | | | | | | | | | | | | | | | | | MEROSTOMATA. *Vide Slimonia*.
— arcuatus .... *Salt.* .... | | | | | | | | | | | | | * | | * | | | Mem. Geol. Surv. Monog. I, p. 95, t. 13, f. 8–13, 15, 16; ib. H. Woodw. Mono. Foss. Crust. Pal. Soc. p. 88, 90, f. 11–13.
— bilobus .... *Salt.* .... | | | | | | | | | | | | | | * | | | | Himantopterus, Salt. Q. J. Geol. Soc. vol. xii, p. 29, f. 1; ib. Siluria, 2 ed. p. 155, Foss. 21; ib. Mono. vol. I, Brit. Org. Rem. Mem. Geol. Surv. 1859, p. 39, t. 1, f. 1–12.
— ib. var. a, *inornatus* *H. Woodw.* .... | | | | | | | | | | | | | | * | | | | Mono. Brit. Foss. Crustacea (Merostomata), Pal. Soc. 1869, p. 55, t. 10, f. 1–3, woodcuts, p. 56–59, 61.
— ib. var. β, *crassus* ... *H. Woodw.* .... | | | | | | | | | | | | | | * | | | | Mono. Brit. Foss. Crust. (Merostomata), Pal. Soc. p. 62, t. 11, f. 1.
— ib. var. δ, *acidens* ... *H. Woodw.* .... | | | | | | | | | | | | | | * | | | | Mono. Brit. Foss. Crust. (Merostomata), Pal. Soc. p. 68, t. 12.
— Banksii .... *Salt.* .... | | | | | | | | | | | | | | * | | * | | Himantopterus, Q. J. Geol. Soc. vol. vii, p. 32; ib. p. 99, t. 2, f. 5; ib. Pt. Siluria, 4 ed. p. 239, Foss. 67, f. 2. Pterygotus, Mem. Geol. Surv. Mono. I, p. 51, t. 12, f. 32–46; ib. Woodw. Mono. Foss. Crust. Pal. Soc. p. 72, t. 16, f. 2–5.
— gigas .... *Salt.* .... | | | | | | | | | | | | | * | | * | | | Mem. Geol. Surv. Mono. I, p. 83, t. 8, 9. *P. problematicus*, Banks, Q. J. Geol. Soc. vol. xii, p. 93, &c.; ib. H. Woodw. Mono. Foss. Crust. Pal. Soc. p. 79–85, f. 17.
— leptodactylus ... *M'Coy* .... | | | | | | | | | | | | | | | | | | Doubtful. Probably telson of another species.
— Ludensis .... *Salt.* .... | | * | | | | | | | | | | | | | | | * | Mem. Geol. Surv. Mono. I, p. 79, t. 14, f. 1–13, t. 9, f. 18? t. 12, f. 1–5; ib. H. Woodw. Mono. Foss. Crust. Pal. Soc. p. 76, t. 16, f. 7–9; p. 78, f. 15, 16.
— maximus .... *Salt.* .... | | | | | | | | | | | | | | | | | | *Vide Slimonia acuminata*.

CRUSTACEA — CAMBRIAN AND SILURIAN

SPECIES.	Bar. St. David's.	Menevian.	Lingula Flags.	Tremadoc.	Arenig.	Llandeilo.	Caradoc or Bala.	Low. Llandovery.	Up. Llandovery.	Woolhope Lmst.	Wenlock Shale.	Wenlock Lmst.	Lower Ludlow.	Aymestry Lmst.	Upper Ludlow.	Tilest. & Passage.	Pass. up.	REFERENCES.
Pterygotus (*continued*).																		
— perornatus ...... *Salt.*	...	...	...	...	...	...	...	...	...	...	...	...	...	...	*	...	...	Himantopterus, Q. J. Geol. Soc. vol. xii, p. 31, f. 6. Pterygotus, Mem. Geol. Surv. Mono. I, p. 46, t. 1, f. 13-15 (var. 16); t. 15, f. 2, var. of P. bilobus. II. Woodw. Mono. Brit. Foss. Crust. (Merostomata), Pal. Soc. p. 63, t. 11, f. 2; t. 13-15.
— problematicus ... *Ag.*	...	...	...	...	...	...	...	...	?	...	*	...	*	...	...	...	...	Sil. Syst. p. 606, t. 4, f. 5, 6; ib. Strick. and Salt. Q. J. Geol. Soc. vol. viii, t. 21, f. 1, 2; Siluria, 4 ed. t. 19, f. 4-6. (*Sphagodus pristodontus*, Ag. tooth, Sil. Syst. t. 4, f. 6). Pterygotus problematicus, Strickland and Salter, Q. J. Geol. Soc. vol. viii, t. 21, f. 1, 2, p. 386; ib. Mem. Geol. Surv. Mono. I, p. 89, t. 12, f. 7-16, 20, 21, t. 14, f. 16-18; ib. II. Woodw. Mono. Foss. Crust. Pal. Soc. p. 85-88, f. 20.
— punctatus ...... *Salt.*	...	...	...	...	...	...	...	...	...	...	...	...	...	...	...	...	...	*Vide* Eurypterus.
— ranicyps .... *H. Woodw.*	...	...	...	...	...	...	...	...	...	...	...	...	...	...	*	...	...	Q. J. Geol. Soc. vol. xxiv, p. 294, t. 9, f. 3; ib. Mono. Brit. Foss. Crust. Pal. Soc. p. 72, t. 16, f. 1.
— stylops .... *Salt.*	...	...	...	...	...	...	...	...	...	...	...	...	...	...	?	?	...	Mem. Geol. Surv. Mono. I, p. 54, t. 12, f. 47; ib. H. Woodw. Mono. Foss. Crust. Pal. Soc. p. 91, f. 24.
— taurinus ...... *Salt.*	...	...	...	...	...	...	...	...	...	...	...	...	...	...	*	...	...	Rept. Brit. Assoc. Norwich, 1868, Trans. Sect. p. 78; ib. H. Woodw. Mono. Foss. Crust. Pal. Soc. p. 76, woodcut, f. 14, p. 75.
OLENIDÆ.																		
Remopleurides ... *Portl.* 1843 ...																		
Brachypleura .. *Angelin*																		
Amphitryon ... *Corda*, 1847 ...																		
— Colbii .... *Portl.*	...	...	...	...	...	...	*	...	...	...	...	...	...	...	...	...	...	Geol. Rept. p. 256, t. 1, f. 1; ib. Salt. Mem. Geol. Surv. Dec. VII, t. 8, f. 1.
— dorso-spinifer ... *Portl.*	...	...	...	...	...	...	*	...	...	...	...	...	...	...	...	...	...	Geol. Rept. p. 256, t. 1, f. 3; ib. Salt. Mono. Dec. VII, t. 8, f. 3, 4; ib. Siluria, 4 ed. p. 206, Foss. 48, f. 5.
— lateri-spinifer ... *Portl.*	...	...	...	...	...	...	*	...	...	...	...	...	...	...	...	...	...	Geol. Rept. p. 256, t. 1, f. 2; ib. Salt. Mem. Geol. Surv. Dec. VII, t. 8, f. 2.
— longi-capitatus *Portl.*	...	...	...	...	...	...	...	...	...	...	...	...	...	...	...	...	...	*Vide* R. longi-costatus.
— longi-costatus ... *Portl.*	...	...	...	...	...	...	*	...	...	...	...	...	...	...	...	...	...	Geol. Rept. p. 257, t. 1, f. 6; ib. Salt. Mem. Geol. Surv. Dec. VII, sect. 8, p. 9. *R. longi-capitatus*, Portl. ib. p. 257, t. 1, f. 5.
— obtusus .... *Salt.*	...	...	...	...	...	...	*	...	...	...	...	...	...	...	...	...	...	Mem. Geol. Surv. Dec. VII, sect. 8, p. 9.
— platyceps ...... *M'Coy*	...	...	...	...	...	...	*	...	...	...	...	...	...	...	...	...	...	Synop. Sil. Foss. Irel. p. 44, t. 4, f. 2.
— radians .... *Barr.*	...	...	...	...	...	...	*	...	...	...	...	...	...	...	...	...	...	Remo. (*Cophyra*), Sil. Syst. Bohême, p. 359, t. 43, f. 33-39. *Amphitryon Murchisoni*, Corda, Prodr. Böhm. t. 4, f. 58. Remo. (*Cophyra*), Salt. Mem. Geol. Surv. Dec. VII, sect. 8, p. 9.
TRINUCLEIDÆ.																		
Salteria .... *W. Thomson*, 1864																		
— involuta ...... *Thom.*	...	...	...	...	...	*	...	...	...	...	...	...	...	...	...	...	...	Mem. Geol. Surv. Dec. XI, t. 6, p. 4.
— primæva ...... *Thom.*	...	...	...	...	...	*	...	...	...	...	...	...	...	...	...	...	...	Mem. Geol. Surv. Dec. XI, t. 6, f. 1, 2.
EURYPTERIDÆ.																		
Slimonia ...... *Page*, 1856																		
— acuminata ..... *Salt.*	...	...	...	...	...	...	...	...	...	...	...	...	...	*	*	...	...	Himantopterus, Q. J. Geol. Soc. vol. xii, p. 29, f. 4. *M. maximus*, ib. p. 28, f. 3. *Pterygotus*, Mem. Geol. Surv. Mono. I, p. 57, t. 2, 12, f. 1-4; t. 15, f. 1. Slim. Siluria, 4 ed. p. 162, Foss. 26, f. 6. Slimonia, H. Woodw. Mono. Foss. Crust. Pal. Soc. p. 105-170, t. 17-20, woodcuts, f. 30-38.
— punctata .... *Salt.*	...	...	...	...	...	...	...	...	...	...	...	...	...	...	...	...	...	*Vide* Eurypterus.

67

CRUSTACEA.

SPECIES.	CAMBRIAN. LOWER SIL.						UPPER SILURIAN.								REFERENCES.
	Har. St. David's.	Menevian.	Lingula Flags.	Tremadoc.	Arenig.	Llandeilo.	Caradoc or Bala.	Low. Llandovery.	Up. Llandovery.	Woolhope Lmst.	Wenlock Shale.	Wenlock Lmst.	Lower Ludlow.	Aymestry Lmst.	Upper Ludlow.	Tilest. & Passage.	Pass up.	
CHEIRURIDÆ																		
Sphærocoochus ... *Beyrich*, 1845																		
— boops .... *Salt.*								*										Mono. Brit. Sil. Trilob. Pal. Soc. p. 79, t. 6, f. 27, 28. ? *Cheirurus clavifrons*, M'Coy, Brit. Pal. Foss. p. 154 (non Dalm. Angelin, Sars, or Boeck.).
— calvus .... *Salt.*																		*Vide* S. mirus.
— juvenis .... *Salt.*																		*Vide* Cheirurus.
— mirus .... *Beyrich*									*	*	*	*						Ueber Einige. Böhm. Trilob. p. 21; ib. Zweite Stück. t. 1, f. 8. *S. calvus*, M'Coy, Sil. Foss. Irel. t. 4, f. 10. S. mirus, Barr. Syst. Sil. de Bohême, vol. i, t. 42, f. 11, 18; Ib. Salt. Mem. Geol. Surv. Dec. VII, t. 3; Ib. Mono. Brit. Sil. Trilob. Pal. Soc. p. 76, t. 6, f. 1-6. Hawle and Corda, Prodr. p. 138, t. 7, f. 72.
OLENIDÆ																		
Sphæropthalmus ... *Angelin*, 1852-4																		*Vide* Olenus.
Sub-genus of Olenus ... *Dalman*																		
CHEIRURIDÆ																		
Staurocephalus ... *Barrande*, 1846																		
Trochurus ...... *Beyrich*, 1846...																		
Ceraurus .... *Green*, 1833 ...																		
— globiceps .... *Portl.*							*											*Ceraurus*, Geol. Rept. p. 257, t. 1, f. 7. Stauro. Salt. Mem. Geol. Surv. Dec. XI, t. 5, f. 6; ib. Mono. Brit. Sil. Trilob. Pal. Soc. p. 85, t. 7, f. 21; woodcut, p. 86.
— Maclareni .... *Thom.*								*										*Acidaspis unica*, Thom. Q. J. Geol. Soc. vol. xiii, t. 6, f. 13. Staurocephalus, Mem. Geol. Surv. Dec. XI, art. 5, p. 4.
— Murchisoni .... *Barr.*								*	*	*		*						Syst. Sil. Bohême, t. 43, f. 28-32; ib. M'Coy, Brit. Pal. Foss. p. 153, t. 1 F, f. 18; ib. Salt. Mem. Geol. Surv. Dec. XI, t. 5, f. 1-5; ib. Siluria, 4 ed. p. 521; Ib. Mono. Brit. Sil. Trilob. Pal. Soc. p. 84, t. 7, f. 13-20.
— unicus .... *Thom.*							*											*Acidaspis*, Q. J. Geol. Soc. vol. xiii, t. 6, f. 13, 14. Staurocephalus, Salt. Mem. Geol. Surv. Dec. XI, art. 5. Stauro. ? unicus, Salt. Mono. Brit. Foss. Trilob. Pal. Soc. p. 86, t. 7, f. 22, 24.
— Sp. .... *Salt.*								*										Mono. Brit. Trilob. Pal. Soc. p. 87, t. 7, f. 25.
ASAPHIDÆ																		
Stygina .... *Salter*, 1853																		
— latifrons .... *Portl.*							*	*	?									*Asaphus*, Geol. Rept. Lond. &c. p. 292, t. 7, f. 3, 6. *A. marginatus*, ib. f. 7. Stygina, Salt. Mem. Geol. Surv. Dec. XI, sect. 2, p. 1, t. 2; ib. Siluria, 4 ed. p. 174, Foss. 29, f. 2; ib. Mono. Brit. Sil. Trilob. Pal. Soc. p. 172, t. 18, f. 7-10.
— Murchisoniæ ...... *Murch.*							*	*										*Ogygia*, Sil. Syst. t. 664, t. 25, f. 3; ib. Salt. Mem. Geol. Surv. Dec. XI, sect. 2, p. 3; ib. Siluria, 4 ed. p. 51, Foss. 11, f. 4, t. 4, f. 1; ib. Mono. Brit. Sil. Trilob. Pal. Soc. p. 173, t. 18, f. 11.
— Musheni .... *Salt.*								*										Mono. Brit. Sil. Trilob. Pal. Soc. p. 174, t. 29, f. 1.
— Sp.								*										Mono. Brit. Sil. Trilob. Pal. Soc. p. 174, woodcut, f. 40.
EURYPTERIDÆ																		
Stylonurus .... *Page*, 1855																		
— Logani .... *H. Woodw.*																*		Geol. Mag. vol. i, p. 197, t. 10, f. 1, 1864. *S. spinicepts*, Page, Adv. Text-book of Geology, p. 214. Stylo. Logani, H. Woodw. Mono. Brit. Foss. Crust. Pal. Soc. 1874, p. 129, t. 24, f. 1, woodcuts, p. 131.
— megalops .... *Salt.*																*		Q. J. Geol. Soc. vol. xv, p. 233, t. 10, f. 9-14.

SPECIES.	Har. St. David's.	Menevian.	Lingula Flags.	Tremadoc.	Arenig.	Llandeilo.	Caradoc or Bala.	Low. Llandovery.	Up. Llandovery.	Woolhope Lmst.	Wenlock Shale.	Wenlock Lmst.	Lower Ludlow.	Aymestry Lmst.	Upper Ludlow.	Tilest. & Passage.	Pass sp.	REFERENCES.
CYTHERIDÆ.																		
Thlipsura ...... *Jones & Holl*, 1869																		
— corpulenta ...... *Jones & Holl* ...										*	*							Ann. Mag. Nat. Hist. 4 ser. vol. iii, 1869, p. 214, t. 15, f. 1; ib. Jones, Monthly Micro. Jour. 1870, p. 185, t. 61, f. 2.
— tuberosa .... *Jones & Holl* ...											*							Ann. Mag. Nat. Hist. 4 ser. vol. iii, 1869, p. 214, t. 15, f. 2.
— Var. scripta ... *Jones & Holl* ...									?	*								Ann. Mag. Nat. Hist. 4 ser. vol. iii, 1869, p. 214, t. 15, f. 3.
PARADOXIDÆ.																		
Tiresias .... *M'Coy*, 1846 ...																		
— insculptus ...... *M'Coy*						*												Synop. Sil. Syst. Irel. p. 43, t. 4, f. 1.
TRINUCLEIDÆ.																		
Tretaspis .... *M'Coy*, 1849 ...																		
— fimbriatus ...... *Murch.*																		} Vide Trinucleus.
— seticornis .... *Hising.*																		
PHACOPIDÆ.																		
Trimerocephalus ... *M'Coy*, 1849 ...																		Vide Phacops. (Devonian.)
Sub-genus of Phacops.																		
CALYMENIDÆ.																		
Trimerus .... *Green*, 1832 ...																		Vide Homalonotus.
AGNOSTIDÆ.																		
Trinodus .... *M'Coy*																		Vide Agnostus.
TRINUCLEIDÆ.																		
Trinucleus .... *Lhwyd*, 1689 ...																		
Tretaspis .... *M'Coy*, 1849 ...																		
Cryptolithus ... *Green*, 1833 ...																		
— caractaci ...... *Murch.*																		Vide T. concentricus.
— concentricus ... *Eaton*							*	*										Nuttania, Text-book, t. 1, f. 2. T. concentricus, Hall, Pal. N. York, vol. i, p. 249, t. 65, f. 43 t. 67, f. 1. Crypto. tessellatus, Jan'. Green. Mono. p. 73. T. ornatus, Sternb. Trilob. p. 67; ib. Salt. Q. J. Geol. Soc. vol. iii, p. 253, 1847. T. caractaci, Sil. Syst. t. 25, f. 1; ib. Portl. Geol. Rept. t. 1 B, f. 3–5. T. elongatus, ib. f. 7. T. concentricus, Siluria, 4 ed. p. 51, Foss. 11, f. 8; p. 106, Foss. 47, t. 4, f. 1–5. T. concent. Mem. Geol. Surv. vol. iii, p. 320, t. 19, f. 4. T. gibbifrons, M'Coy, Brit. Pal. Foss. t. 1 E, f. 14. T. concent. Mem. Geol. Surv. Dec. VII, sect. 7, p. 6; vars. β, γ, δ, ε. T. latus, Portl. Geol. Rept. p. 264.
— elongatus ...... *Portl.*																		Vide T. concentricus.
— Etheridgei ...... *Hicks*			*															Q. J. Geol. Soc. vol. xxxi, p. 183, t. 9, f. 6.
— favus .... *Salt.*						*												Mem. Geol. Surv. vol. ii, pt. 1, t. 9, f. 3 (var. of concentricus); ib. Dec. VII, sect. 7, p. 6; ib. vol. iii, p. 320, t. 13, f. 9.
— fimbriatus ...... *Murch.*					*	*												Sil. Syst. t. 23, f. 2. Tretaspis, M'Coy, Brit. Pal. Foss. p. 146, t. 1 E, f. 16. T. fimbriatus, Salt. Dec. VII, sect. 7, p. 8; ib. Portl. Geol. Rept. p. 264, t. 1 B, f. 11, 12; ib. Siluria, 4 ed. p. 51, Foss. 11, f. 6, t. 4, f. 7. (Tretaspis.)
— Gibbsii .... *Salt.*					*	*												Siluria, 2 ed. p. 53, Foss. 9, f. 7; ib. Mem. Geol. Surv. vol. iii, p. 319, t. 13, f. 10; Siluria, 4 ed. p. 51, Foss. 10, f. 7.
— gibbifrons ...... *M'Coy*						*												Vide T. concentricus.

CRUSTACEA

SPECIES.	CAMBRIAN.			LOWER SIL.				UPPER SILURIAN.								REFERENCES.
	Har. St. David's.	Menevian.	Lingula Flags.	Tremadoc.	Arenig.	Llandeilo.	Caradoc or Bala.	Low. Llandovery.	Up. Llandovery.	Woolhope Lmst.	Wenlock Shale.	Wenlock Lmst.	Lower Ludlow.	Aymestry Lmst.	Upper Ludlow.	Tilest. & Passage.	Pass. up.	
Trinucleus (*continued*).																		
— latus .... *Portl.*																		*Vide* T. concentricus.
— Lloydii .... *Murch.*						•	•											Sil. Syst. p. 660, t. 23, f. 4; Ib. Siluria, 4 ed. p. 51, Foss. 11, f. 7, t. 4, f. 6; Ib. Salt. Mem. Geol. Surv. Dec. VII, t. 7.
— Murchisonii ... *Salt.*					•													Siluria, 2 ed. p. 50, f. 7; 4 ed. Foss. 9, f. 7, p. 48; Ib. Mem. Geol. Surv. vol. iii, p. 318, t. 11 B, f. 4.
— ornatus .... *Sternb.*																		*Vide* T. concentricus.
— radiatus .... *Murch.*					?	•												Sil. Syst. p. 660, t. 23, f. 3; ib. Siluria, 4 ed. t. 4, f. 8; ih. Portl. Geol. Rept. p. 364, t. 1 B, f. 9; ib. Dec. VII, pt. 7, p. 8. (Tretaspis.)
— Ramsayi .... *Hicks*					•	•												Q. J. Geol. Soc. vol. xxxi, p. 183, t. 10, f. 1, 2.
— Sedgwickii ...... *Salt.*					•	•												Mem. Geol. Surv. vol. iii, p. 319, t. 12, f. 9.
— seticornis ...... *His.*						•												*Asaphus*, Leth. Succ. t. 37, f. 2; ib. Portl. Geol. Rept. p. 263, t. 1 B, f. 8. *T. radiatus*, ib. f. 9. *Tretaspis*, M'Coy, Brit. Pal. Foss. p. 147. *T. seticornis*, Siluria, 4 ed. p. 69, Foss. 14, f. 1, 2; Ib. Dec. VII, pt. 7, p. 7. (Tretaspis.)
— tessellatus ...... *Green*						•												*Vide* T. concentricus.
— thorsites .... *Salt.*						•												Mem. Geol. Surv. Dec. VII, sect. 7, p. 7.
LICHADIDÆ.																		
Trochurus............ *Beyrich*, 1846.																		*Vide* Lichas.
CIRRIPEDIA.																		
Turrilepas ...... *H. Woodward*, 1865																		
Chiton ...... *De Koninck*, 1857					•													
Oploscolex... *Salter*																		
— Wrightianus *De Kon.*										•	•							*Chiton*, Bull. de l'Acad. Roy. Sci. Belg. 2 ser. vol. iii, p. 199, t. 1, f. 2, 1857. Turrilepas, H. Woodw. Q. J. Geol. Soc. vol. xxi, p. 486, t. 14, f. 1 a–k, 1865.
CHEIBURIDÆ.																		
Æthus .... *Pander*, 1832.																		*Vide* Cybele and Encrinurus.

POLYZOA.

CAMBRIAN AND SILURIAN.

SPECIES.	Hur. St. David's.	Menevian.	Lingula Flags.	Tremadoc.	Arenig.	Llandeilo.	Caradoc or Bala.	Low. Llandovery.	Up. Llandovery.	Woolhope Lmst.	Wenlock Shale.	Wenlock Lmst.	Lower Ludlow.	Aymestry Lmst.	Upper Ludlow.	Tilest. & Passage.	Pass. sp.	REFERENCES.
Sub-Kingdom, MOLLUSCA.																		
Province, MOLLUSCOIDA.																		
Class, POLYZOA Thomson.																		
Bryozoa Ehrenberg																		
Aulopora .... *Goldfuss*, 1829																		
— *consimilis* ...... *Lonsdale*																		*Vide* Diastopora.
TUBULIPORIDÆ.																		
Berenicea *Lamouroux*,1821																		
Diastopora *Lamouroux*,1821																		
— *heterogyra* ...... *M'Coy*																		} *Vide* Diastopora.
— *irregularis* ...... *Lonsd.*																		
CELLEPORIDÆ.																		
Cellepora .... *Gmelin*, 1789																		
— *favosa* .... *Goldf.*												*						Petref. Germ. vol. I, p. 217, t. 64, f. 16.
TUBIPORIDÆ.																		
Ceriopora .... *Goldfuss*, 1826																		
Verticillites ... *Defrance*, 1820																		
— *abnormis* .... *Lonsd.*												*						Verticillipora, Sil. Syst. p. 693, t. 16 bis, f. 10; ib. Sil. 4 ed. t. 38, f. 10.
— *affinis* .... *Goldf.*												*						Petref. Germ. vol. I, p. 216, t. 64, f. 11.
— *granulosa* ...... *Goldf.*												*						Petref. Germ. vol. I, p. 216, t. 64, f. 13; ib. Lonsd. Sil. Syst. p. 680, t. 15, f. 19; ib. Sil. 4 ed. t. 41, f. 21; ib. Salt. Mem. Geol. Surv. sheet 32, Edinb. p. 138, t. 2, f. 6. Trematopora, Hall, Pal. N. York, vol. II, p. 153, t. 40 A, f. 7, 8. Stenopora, M'Coy, Pal. Foss. p. 16.
— *oculata* .... *Goldf.*												*						Petref. Germ. vol. I, t. 64, f. 14. Favosites, M'Coy, Brit. Pal. Foss. p. 21. Ceriopora, Sil. 4 ed. p. 119, Foss. 18, f. 5. Millepora repens, Lonsd. Sil. Syst. p. 680, t. 15, f. 30 a (non His.).
TUBULIPORIDÆ.																		
Diastopora .... *Lamx.* 1821																		
Berenicea ...... *Lamx.* 1821																		
Mesenteripora Blainv. 1830 ...																		
— *consimilis* ...... *Lonsd.*												*						Aulopora, Sil. Syst. p. 678, t. 15, f. 7; ib. Sil. 4 ed. t. 41, f. 7; Foss. 20, f. 1, p. 13.
— *heterogyra* ...... *M'Coy*							*											Berenicea, Brit. Pal. Foss. p. 45, t. 1 C, f. 17.
— *irregularis* ...... *Lonsd.*												*						Berenicea, Sil. Syst. t. 15, f. 20.
CELLEPORIDÆ.																		
Discopora .... *Lamarck*, 1816																		
Cellepora .... *Gmelin*, 1789 ...																		
— *antiqua* .... *Lamk.*												*						Sil. Syst. p. 679, t 15, f. 21. Cellepora, Goldf. Petref. Germ. vol. I, p. 27, t. 9, f. 8. Discopora, Sil. 4 ed. t. 41, f. 21.
— *favosa* .... *Lonsd.*												*						Sil. Syst. p. 679, t. 15, f. 22. Cellepora, Goldf. Petref. Germ. vol. I, p. 217, t. 64, f. 16. Discopora, Sil. 4 ed. t. 41, f. 22.
— *squamata* ...... *Lonsd.*												*						Sil. Syst. p. 679, t. 15, f. 23. Discopora, Sil. 4 ed. t. 41, f. 23.

PALÆOZOIC. POLYZOA. CAMBRIAN AND SILURIAN.

SPECIES.	Har. St. David's.	Menevian.	Lingula Flags.	Tremadoc.	Arenig.	Llandeilo.	Caradoc or Bala.	Low. Llandovery.	Up. Llandovery.	Woolhope Lmst.	Wenlock Shale.	Wenlock Lmst.	Lower Ludlow.	Aymestry Lmst.	Upper Ludlow.	Tilest. & Passage.	Pass. up.	REFERENCES.
ESCHARIDÆ.																		
Escharina ...... *M. Edwards*, 1836																		
— angularis .... *Lonsd.*											?	?						Sil. Syst. p. 676, t. 15, f. 10; ib. Siluria, 4 ed. t. 41, f. 10.
RETEPORIDÆ.																		
Fenestella .... *Lonsdale*, 1839																		
Gorgonia ..... *Goldfuss* (part)																		
Retepora ...... *Phillips* (part)																		
Reteporina...... *D'Orbigny*, 1847																		
Fenestrellina ... *D'Orbigny*, 1847																		
— antiqua .... *Lonsd.*																		Vide F. sub-antiqua.
— assimilis .... *Lonsd.*										*		*						Gorgonia, Sil. Syst. p. 680, t. 15, f. 27. Fenestella, Sil. 4 ed. p. 216, Foss. 50, f. 2; t. 41, f. 27.
— capillaris........ *Portl.*							?			*								Gorgonia, Portl. Geol. Rept. p. 323, t. 21, f. 1.
— Lonsdalei .... *D'Orb.*							?					*						Prodr. vol. i, p. 44. F. prisca, Lonsd. Sil. Syst. p. 678, t. 15, f. 15, 18. F. Lonsdalei, Sil. 4 ed. p. 216, Foss. 50, f. 2; t. 41, f. 15–18.
— Milleri .... *Lonsd.*										*		*						Sil. Syst. p. 678, t. 15, f. 17; Siluria, 4 ed. p. 216, Foss. 50, f. 4; t. 41, f. 17.
— prisca																		Vide F. Lonsdalei.
— patula .... *M'Coy*							*											Brit. Pal. Foss. p. 50, t. 1 C, f. 20.
— regularis .... *Portl.*												*						Gorgonia, Geol. Rept. p. 323, t. 20, f. 6.
— reticulata ...... *Lonsd.*										*		*						Sil. Syst. p. 678, t. 15, f. 19; ib. Siluria, 4 ed. t. 41, f. 19.
— regidula .... *M'Coy*																		Brit. Pal. Foss. p. 50, t. 1 C, f. 19.
— sculpellum ...... *Lonsd.*											*	*						Eschara, Sil. Syst. p. 679, t. 15, f. 25. Ptilodictya, Sil. 4 ed. p. 217, Foss. 51, t. 41, f. 25.
— sub-antiqua ...... *D'Orb.*					*	*	*	*		*								Prodr. vol. i, p. 44. Gorgonia, F. antiqua, Goldf. Petref. Germ. vol. i, p. 99, t. 36, f. 3. Retepora, ib. p. 103, t. 18, f. 9, 10. F. antiqua, Sil. Syst. p. 678, t. 15, f. 16; ib. Siluria, 4 ed. p. 188, Foss. 30, f. 1, t. 41, f. 16; ib. M'Coy, Brit. Pal. Foss. p. 50.
— undulata .... *Portl.*							*											Gorgonia, Geol. Rept. p. 322, t. 20, f. 8.
ESCHARIDÆ.																		
Glauconome ...... *Lonsdale*, 1839																		
Penniretipora .. *D'Orbigny*, 1847																		
Acanthocladia *King*, 1849																		
— disticha .... *Goldf.*							*					*						Petref. Germ. vol. i, p. 217, t. 64, f. 15; ib. Sil. Syst. t. 15, f. 12; ib. Siluria, 4 ed. p. 216, Foss. 50, f. 5; t. 41, f. 12. Penniretipora Lonsdalei, D'Orb. Prodr. p. 45.
Gorgonia .... *Lamarck*																		Vide Fenestella.
TUBULIPORIDÆ.																		
Heteropora .... *Blainville*, 1830																		
Ceriopora ...... *Goldfuss*, 1826																		
Polypora ...... *M'Coy*, 1844 ...																		
— crassa .... *Lonsd.*																		Hornera, Sil. Syst. p. 677, t. 15, f. 13, 14; ib. Siluria, 4 ed. t. 41, f. 13, 14. Polypora, p. 216, Foss. 50, f. 1.
ESCHARIDÆ.																		
Intricaria .... *Defrance*, 1822																		
— obscura .... *Portl.*							*											Geol. Rept. p. 316, t. 21, f. 4.

72

POLYZOA.

CAMBRIAN AND SILURIAN.

SPECIES.	Har. St. David's	Menevian	Lingula Flags.	Tremadoc.	Arenig.	Llandeilo.	Caradoc or Bala.	Low. Llandovery	Up. Llandovery	Woolhope Lmst.	Wenlock Shale.	Wenlock Lmst.	Lower Ludlow.	Aymestry Lmst.	Upper Ludlow.	Tilest. & Passage.	Pass. up.	REFERENCES.
Millepora .... *Linn.* 1748																		
— *repens*	...	...	...	...	...	...	...	...	...	...	...	...	...	...	...	...	...	*Vide* Coriopora oculata.
RETEPORIDÆ.																		
Phyllopora .... *King,* 1849																		
Elasmopora ...... *King,* 1849																		
Retepora .... *Lamk.* 1816 ...																		
— *Hisingeri* ...... *M'Coy*	...	...	...	...	...	*	...	...	...	...	...	...	...	...	...	...	...	*Retepora,* Brit. Pal. Foss. p. 48, t. 1 C, f. 18; ib. Siluria, 4 ed. p. 189, Foss. 31, f. 6.
RETEPORIDÆ.																		
Polypora .... *M'Coy,* 1844 ...																		
Hornera .... *Lamx.* 1821 ...																		
— *crassa* .... *Lonsd.*	...	...	...	...	...	...	...	...	*	*	...	...	...	...	...	...	...	*Hornera,* Sil. Syst. p. 677, t. 15, f. 13. Polypora, Siluria, 4 ed. p. 216, Foss. 50, f. 1; t. 41, f. 13.
ESCHARIDÆ.																		
Ptilodictya .... *Lonsdale,* 1839 .																		
Stictopora .... *Hall,* 1847																		
Escharopora ... *Hall,* 1847																		
— *acuta* .... *Hall*	...	...	...	...	...	*	*	...	...	...	...	...	...	...	...	...	...	*Stictopora,* Pal. New York, vol. 1, p. 74, t. 26, f. 3. Ptilodictya, M'Coy, Brit. Pal. Foss. p. 45; ib. Siluria, 4 ed. p. 188, Foss. 30, f. 2.
— *acuta, var. minor* ... *M'Coy*	...	...	...	...	...	*	*	...	...	...	...	...	...	...	...	...	...	Brit. Pal. Foss. p. 46.
— *costellata* ...... *M'Coy*	...	...	...	...	...	*	*	...	...	...	...	...	...	...	...	...	...	Brit. Pal. Foss. p. 46, t. 1 C, f. 15.
— *dichotoma* ..... *Portl.*	...	...	...	...	...	*	*	*	...	...	...	...	...	...	...	...	...	Geol. Rept. p. 339, t. 21, f. 3; Siluria, 4 ed. p. 189, Foss. 31, f. 5.
— *explanata* ...... *M'Coy*	...	...	...	...	...	*	*	...	...	...	...	...	...	...	...	...	...	Brit. Pal. Foss. p. 46, t. 1 C, f. 16.
— *fucoides* .... *M'Coy*	...	...	...	...	...	*	...	...	...	...	...	...	...	...	...	...	...	Brit. Pal. Foss. p. 47, t. 1 C, f. 14.
— *lanceolata* ...... *Goldf.*	...	...	...	...	...	*	*	*	...	*	*	*	*	...	...	...	...	*Flustra,* Petref. Germ. p. 104, t. 37, f. 2. Ptilodictya, Sil. Syst. p. 676, t. 15, f. 11; ib. Siluria, 4 ed. p. 216, Foss. 50, f. 6, t. 41, f. 11; ib. M'Coy, Brit. Pal. Foss. p. 47.
— *procra* .... *Eichw.?*	...	...	...	...	...	*	...	...	...	...	...	...	...	...	...	...	...	*Vide* Cat. Foss. Mus. Pract. Geology, Jermyn Street, London, p. 30, 1865.
— *scalpellum* ...... *Lonsd.*	...	...	...	...	...	...	...	...	...	...	...	...	...	...	...	...	...	*Vide* Fenestella scalpellum.
RETEPORIDÆ.																		
Fenestella .... *Lamarck,* 1816																		
Elasmopora ...... *King,* 1849																		
— *Hisingeri* ...... *M'Coy*	...	...	...	...	...	...	...	...	...	...	...	...	...	...	...	...	...	*Vide* Phyllopora Hisingeri.
— *infundibulum* ... *Lonsd.*	...	...	...	...	...	...	...	...	...	...	*	...	...	...	...	...	...	Siluria, 4 ed. t. 41, f. 24; ib. Sil. Syst. p. 679, t. 15, f. 24.
— *prisca* .... *Goldf.*	...	...	...	...	...	...	...	...	...	...	...	...	...	...	...	...	...	*Vide* Fenestella Lonsdalei.
— *ramosa* .... *His.*	...	...	...	...	...	*	...	...	...	...	...	...	...	...	...	...	...	Leth. Succ. p. 103, t. 29, f. 9?

PALÆOZOIC.   BRACHIOPODA.   CAMBRIAN AND SILURIAN.

SPECIES.	Hav. St. David's.	Menevian.	Lingula Flags.	Tremadoc.	Arenig.	Llandeilo.	Caradoc or Bala.	Low. Llandovery.	Up. Llandovery.	Woolhope Lmst.	Wenlock Shale.	Wenlock Lmst.	Lower Ludlow.	Aymestry Lmst.	Upper Ludlow.	Tilest. & Passage.	Pass up.	REFERENCES.
Sub-Kingdom, MOLLUSCA.																		
Province, MOLLUSCOIDA.																		
Class, *BRACHIOPODA*... Cuvier																		
Palliobranchiata Blainv.																		
Acrotreta ? ...... *Kutorga*, 1848..																		
— Nicholsoni ...... *Dav.*							*											Geol. Mag. vol. v, p. 313, t. 16, f. 14–16; Ib. Dav. Mono. Sil. Brach. Pal. Soc. p. 343, t. 49, f. 36–40.
SPIRIFERIDÆ.																		
Athyris .... *M'Coy*, 1844 ...																		
Spirigera ...... *D'Orbigny*, 1847																		
— circe .... *Barr.*																		*Vide* Meristella.
— compressa ...... *Sow.*										*	*	*	*					*Atrypa*, Sil. Syst. t. 13, f. 5. *Tereb.* Barr. Silur. Brach. Böhmen, p. 47, t. 14, f. 3, 1847. Athyris, Dav. Trans. Geol. Soc. Glasgow, Upper Sil. Pent. Hills, p. 10, t. 1, f. 16, 17; lb. Siluria, 4 ed. t. 22, f. 22. Athyris, Dav. Mono. Brit. Sil. Brach. Pal. Soc. p. 122, t. 12, f. 16–18.
— depressa .... *Sow.*											*	*	*					*Atrypa*, Sil. Syst. t. 13, f. 6. *Atrypa*, Phill. and Salt. Mem. Geol. Surv. vol. ii, pt. 1, p. 277. *Hemithyris*, M'Coy, Brit. Pal. Foss. p. 201. *Spirigerina cordata*, Lindst. Öfvers. K. Vet. Akad. Förhandl, p. 363, t. 12, f. 3. Athyris, Siluria, 4 ed. t. 22, f. 7; lb. Dav. Mono. Brit. Sil. Brach. Pal. Soc. p. 123, t. 12, f. 11–15; t. 13, f. 6.
— didyma																		*Vide* Rhynchonella (Meristella).
— obovata ...... *Sow.*										*		*						*Atrypa*, Sil. Syst. t. 8, f. 9. Tereb. Barr. Silur. Brach. Böhmen, p. 28, t. 15, f. 8. Athyris, Siluria, 4 ed. t. 22, f. 16; lb. Dav. Mono. Brit. Sil. Brach. Pal. Soc. p. 121, t. 12, f. 19; t. 13, f. 5.
— tumida .... *Dalm.*																		*Vide* Meristella.
SPIRIFERIDÆ.																		
Atrypa............ *Dalman*, 1827																		
Spirigerina ... *D'Orbigny*, 1847																		
— affinis .... *Sow.*																		*Vide* Atrypa reticularis.
— apiculata....... *Salter & Forbes*								*										Rhyncho. Etheridge, Cat. Foss. Mus. Pract. Geol. p. 7. *Atrypa ?* Dav. Mono. Brit. Sil. Brach. Pal. Soc. p. 202, t. 25, f. 6.
— Barrandii ...... *Dav.*									*									Terebrat. Bull. Soc. Géol. France, vol. v, 2 ser. p. 333, t. 3, f. 32. *Rhynchonella*, Salt. Siluria, 2 ed. p. 250, Foss. 57, f. 6.
— crassa........... *Sow.*																		*Vide* Meristella.
— cuneata .... *Dalm.*																		*Vide* Rhynchonella.
— globosa .... *Sow.*																		*Vide* Pentamerus.
— Grayi ...... *Dav.*									?	*								Terebrat. Bull. Soc. Géol. France, 2 ser. vol. v, p. 331, t. 3, f. 33. Rhyncho. Salt. Siluria, 2 ed. p. 250, Foss. 57, f. 3; 4 ed. p. 226, Foss. 58, f. 3. Atrypa, Dav. Mono. Brit. Sil. Brach. Pal. Soc. p. 141, t. 13, f. 14, 22.
— hemispherica... *Sow.*																		
— Var. Scotica ... *M'Coy*																		*Vide* A. Scotica, M'Coy.

PALÆOZOIC.   BRACHIOPODA.   CAMBRIAN AND SILURIAN.

SPECIES.	Har. St. David's.	Menevian.	Lingula Flags.	Tremadoc.	Arenig.	Llandeilo.	Caradoc or Bala.	Low. Llandovery.	Up. Llandovery.	Woolhope Lmst.	Wenlock Shale.	Wenlock Lmst.	Lower Ludlow.	Aymestry Lmst.	Upper Ludlow.	Tilest. & Passage.	Pass up.	REFERENCES.
Atrypa (continued).																		
— ? hemisphaerica Sow.							?	•										Sil. Syst. p. 637, t. 20, f. 7; ib. Hall, Pal. New York, vol. ii, p. 74, t. 23, f. 11 a–g. Atrypa, Salt. Siluria, 2 ed. p. 100, f. 4, t. 9, f. 3. Hemithyris, M'Coy, Brit. Pal. Foss. p. 201 (and var. Scotica, p. 202). Leptocælia, Billings, Cat. Sil. Foss. Anticosti, Geol. Surv. Canada, p. 48. A. hemisphaerica, Dav. Mono. Brit. Sil. Brach. Pal. Soc. p. 136, t. 13, f. 23–30; ib. Siluria, 4 ed. p. 90, Foss. 15, f. 4, t. 9, f. 3. (Rhynchonella, Auct.)
— ? Hendii ..... Bill.								•										Dav. Mono. Brit. Sil. Brach. Pal. Soc. t. 22, f. 1–8.
— Var. Anglica																		
— imbricata ..... Sow.							•	•	•	•	•							Tereb. Sil. Syst. t. 13, f. 27; ib. Siluria, t. 22, f. 19 (lower figs.); ib. Dav. Mono. Brit. Sil. Brach. Pal. Soc. p. 135, t. 15, f. 3–8. Tereb. marginalis, Barr. Sil. Brach. Böhmen, p. 79, t. 19, f. 10.
— Lewisii																		Vide Rhynchonella.
— incerta ..... Dav.								•										Mono. Brit. Sil. Brach. Pal. Soc. p. 203, t. 24, f. 30; t. 25, f. 7, 8, 1868.
— lenticularis ..... Dalm.																		Vide Orthis.
— marginalis ..... Dalm.																		Tereb. Kongl. Akad. Handl. p. 143, t. 6, f. 6; ib. His. Leth. Suecica, p. 81, t. 23, f. 8; ib. Sow. Sil. Syst. t. 12, f. 12; ib. Siluria, 4 ed. t. 9, f. 2; t. 22, f. 19 (two up. figs.); ib. Dav. Mono. Brit. Sil. Brach. Pal. Soc. p. 133, t. 15, f. 1, 2.
— orbicularis ..... Sow.																		Var. of A. reticularis, Linn.
— reticularis ..... Linn.							•	•	•	•	•	•	•					Anomia, Syst. Nat. 12 ed. p. 1152. Tereb. asper, Schloth. Leonh. Taschenb. p. 74, t. 1, f. 7. T. priscus, ib. Petref. p. 262; Nachtr. t. 17, f. 2; t. 20, f. 4. Tereb. affinis, Sow. M.C. vol. iv, p. 324, f. 2. Atrypa reticularis, Dalm. Vet. Akad. Verhandl. p. 127, t. 4, f. 2; ib. His. Leth. Suec. p. 75, and var. β, alata; ib. t. 21, f. 11 a. Atrypa affinis, Sow. Sil. Syst. t. 6, f. 5. A. aspera, ld. ib. t. 12, f. 5. A. orbicularis, ld. ib. t. 19, f. 3. Tereb. reticularis, Murch. Vern. and Keys. Russ. and Ural, p. 91, t. 10, f. 12; ib. Barr. Sil. Böhmen, p. 95, t. 19, f. 8, 9. Atrypa, Hall, Pal. New York, vol. ii, p. 72, 270, t. 23; ib. Siluria, 4 ed. p. 90, Foss. 15, f. 5; t. 9, f. 1; t. 21, f. 12, 13; ib. Dav. Mono. Brit. Sil. Brach. Pal. Soc. p. 129, t. 14, f. 1–22; ib. Billings, Geol. Canada, p. 318, f. 335.
— serrata																		Vide Ilbyn. Llandoverians.
— Scotica ..... M'Coy								•										Hemithyris hemisphaerica, var. Scotica, Brit. Pal. Foss. p. 202, t. 1 H, f. 10. Atrypa, Q. J. Geol. Soc. vol. vii, p. 178, t. 9, f. 12, var. Scotica. Atrypa Scotica, Dav. Mono. Brit. Sil. Brach. Pal. Soc. p. 140, t. 13, f. 31; ib. Billings, Geol. Canada, p. 318, f. 337.
Camerella ..... Billings, 1865.																		Vide Merista.
PRODUCTIDÆ.																		
Chonetes ..... Fischer, 1837.																		Vide Chonetes striatella.
— lata ..... Von Buch																		
— laevigata ..... Sow.									•									Leptaena, Sil. Syst. t. 13, f. 3. Chonetes, Siluria, 4 ed. t. 20, f. 15 (Leptaena). Lep. lepisma, Salt. Mem. Geol. Surv. vol. ii, p. 284, t. 26, f. 3. Lept. laevigata, Salt. Siluria, 4 ed. t. 20, f. 15. Lept. ? Dav. Mono. Brit. Sil. Brach. Pal. Soc. p. 328, t. 49, f. 1–12.

PALÆOZOIC.   BRACHIOPODA.   CAMBRIAN AND SILURIAN.

SPECIES.	Har. St. David's	Menevian	Lingula Flags.	Tremadoc.	Arenig.	Llandeilo.	Caradoc or Bala.	Low. Llandovery.	Up. Llandovery.	Wenlock Lmst.	Wenlock Shale.	Wenlock Lmst.	Lower Ludlow.	Aymestry Lmst.	Upper Ludlow.	Tilest. & Passage.	Pass up.	REFERENCES.
Chonetes (*continued*).																		
— lepisma .... *Sow.*												•		•				*Leptæna*, Sil. Syst. p. 618, t. 8, f. 7. *Chonetes lævigata*, Ether. Cat. Foss. Mus. Pract. Geol. p. 46. *Chonetes lepisma*, Dav. Mono. Sil. Brach. Pal. Soc. p. 333, t. 49, f. 13, 14.
— minima .... *Sow.*								•		•	•	•						*Leptæna*, Sil. Syst. t. 13, f. 4; Ib. Dav. Lond. Geol. Jour. vol. i, p. 59, t. 12, f. 30. Lept. Salt. Siluria, 4 ed. t. 20, f. 16. ? Lept. Grayii, Dav. Bull. Soc. Géol. France, 2 ser. vol. vi, p. 271, t. 1. *Chonetes*, Dav. Mono. Sil. Brach. Pal. Soc. p. 334, t. 49, f. 15-19.
— striatella .... *Dalm.*								•	•	•	•	•	•		•			*Orthis*, Vet. Akad. Handl. p. 111, t. 1, f. 5. *Orthis*, Sil. Syst. t. 3, f. 10 b; t. 5, f. 13; Ih Rising. Leth. Succ. p. 70, t. 20, f. 7. *Leptæna lata*, Von Buch. Abhandl. Akad. Wiss. Berlin, p. 53, 70, t. 2, f. 1-3, 5-9, 14, 15; Ib. Sow. Sil. Syst. p. 160, t. 5, f. 13. *Chonetes striatella*, Kon. Mono. genre Chonetes, p. 200, t. 20, f. 5; Ib. Dav. Bull. Soc. Géol. France, 2 ser. vol. v, p. 315, t. 3, f. 2; Ib. Mem. Geol. Soc. Glasgow, vol. i, p. 20, t. 3, f. 14; Ib. Mono. Brit. Sil. Brach. Pal. Soc. p. 331, t. 49, f. 23-26.
CRANIADÆ.																		
Crania .... *Retzius*, 1781 ...																		
Pseudocrania ... *M'Coy*, 1857 ...																		
Spondylobulus *M'Coy*, 1857 ...																		
— antiquissima ... *M'Coy*																		*Vide* C. divaricata.
— catenulata ...... *Salt.*																		*Vide* C. divaricata.
— craniolaris ...... *M'Coy*						•												*Spondylobulus*, Brit. Pal. Foss. p. 255, t. 1 II, f. 4, 5.
— divaricata ...... *M'Coy*																		*Pseudocrania*, Ann. Mag. Nat. Hist. 2 ser. vol. viii, p. 388; Brit. Pal. Foss. p. 187, t. 1 H, f. 1, 2. *Crania antiquissima*, M'Coy, ? Elelw. Synop. Sil. Foss. Irel. p. 25. *C. catenulata*, (Salt. MS.) Baily, Desc. Quarter-sheet, 35 N E. Geol. Surv. Irel. p. 9, f. 3. C. divaricata, Dav. Mono. Brit. Sil. Brach. Pal. Soc. p. 78, t. 8, f. 7-12; Ib. Siluria, 4 ed. p. 194, Foss. 38, f. 2.
— Grayii .... *Dav.*													•					Mono. Brit. Sil. Brach. Pal. Soc. p. 82, t. 8, f. 12-14.
— implicata .... *Sow.*						•		•		•		•						*Patella*, Sil. Syst. t. 12, f. 14 a. *Orbiculoida*, M'Coy, Brit. Pal. Foss. p. 189. Crania, Salt. Siluria, 4 ed. t. 20, f. 4; ib. Dav. Mono. Brit. Sil. Brach. Pal. Soc. p. 80, t. 8, f. 13-18; Ib. Trans. Geol. Soc. Glasgow, Up. Sil. Pent. Hills, p. 9, t. 1, f. 4, 5. *Schizotreta elliptica*, Kutorga, Verhandl. der Russ. Kaiser. Min. Gesell. St. Petersh. 1846, t. 7, f. 7. *Pholidops*, Hall.
— Sedgwickii ...... *Lewis*																		MS. Dav. Mono. Brit. Brach. p. 82, t. 8, f. 25.
— Siluriana .... *Dav.*										•								Mono. Brit. Sil. Brach. Pal. Soc. p. 82, t. 8, f. 19, 20.
SPIRIFERIDÆ.																		
Cyrtia .... *Dalman*, 1827																		
— ? nsuta .... *Lindst.*										•								*Strophomena*, Öfvers. K. Akad. Förhandl. Proc. Roy. Acad. Sci. Stockholm, p. 371, t. 13, f. 15. *Cyrtia*, Dav. Mono. Brit. Sil. Brach. Pal. Soc. p. 200, t. 25, f. 1, 2.
LINGULIDÆ ?																		
Dinobolus ?																		
— Hicksii .... *Dav.*				•														Q. J. Geol. Soc. vol. xxxi, p. 188, t. 10, f. 6.
DISCINIDÆ.																		
Discina .... *Lam.* 1817																		
Orbicula .... *Cuvier*, 1798 ...																		
Orbiculoida ... *D'Orb.* 1847 ...																		
Schizotreta ...... *Kutorga*, 1848 ..																		

PALÆOZOIC.   BRACHIOPODA.   CAMBRIAN AND SILURIAN.

SPECIES.	Har. St. David's.	Menevian.	Lingula Flags.	Tremadoc.	Arenig.	Llandeilo.	Caradoc or Bala.	Low. Llandovery.	Up. Llandovery.	Wenlock Limestone.	Wenlock Shale.	Wenlock Limestone.	Lower Ludlow.	Aymestry Limestone.	Upper Ludlow.	Tilest. & Passage.	Pass up.	REFERENCES.
Discina (continued).																		
— crassa .... Hall								*	*									*Orbicula*, Pal. New York, vol. i, p. 290, t. 79, f. 8; ib. Salt. Q.J. Geol. Soc. vol. vii, p. 151, f. 7, t. 10, f. 3, 4. Discina, Dav. Mono. Brit. Sil. Brach. Pal. Soc. p. 69, t. 6, f. 6, 7.
— corona .... Salt.									*									Dav. Mono. Sil. Brach. Pal. Soc. p. 344, t. 49, f. 43, 44. (Salt. MS.)
— elongata ...... Portl.																		Geol. Rept. p. 445, t. 32, f. 10.
— Forbesii ...... Dav.																		*Vide* Orbienloldes.
— granulata																		Doubtful species.
— implicata ...... Sow.																		*Vide* Crania.
— labiosa ...... Salt.			*	*														Brit. Assoc. Rept. 1865, p. 285. ? Obolella sagittalis.
— laevigata ...... Münst.																		*Vide* D. oblongata.
— Morrisii ...... Dav.									*	*	*	*	*					*Orbicula*, Bull. Soc. Géol. de France, 2 ser. vol. v, p. 334, t. 3, f. 47. *Discina*, M'Coy, Brit. Pal. Foss. p. 190; ib. Dav. Mono. Brit. Sil. Brach. Pal. Soc. p. 65, t. 7, f. 10–12.
— oblongata ...... Portl.									*									*Orbicula*, Geol. Rept. p. 445, t. 32, f. 13. *O. laevigata*, Münst. Portl. ib. p. 445, t. 32, f. 11, 12. *O. subrotunda*, Portl. ib. t. 32, f. 10. Discina, Dav. Mono. Brit. Sil. Brach. Pal. Soc. p. 66, t. 7, f. 1–9. *O. laevigata*, Münst. Beiträge die Verst. der Uebergang mit Clymenien und Ortho. v. Oberf. vol. iii, p. 80, t. 14, f. 21.
— perrugata ...... M'Coy									*									*Orbicula*, Synop. Sil. Foss. Irel. p. 24, t. 3, f. 2. Discina, Dav. Mono. Brit. Sil. Brachiop. Pal. Soc. p. 65, t. 5, f. 19–24.
— pileolus ...... Hicks	*	*	*															Rept. Brit. Assoc. 1865, p. 285; ib. Geol. Mag. vol. v, p. 312, t. 16, f. 11, 12; ib. Dav. Mono. Sil. Brach. Pal. Soc. p. 344, t. 49, f. 41, 42.
— punctata ...... Sow.																		*Orbicula*, Sil. Syst. p. 636, t. 20, f. 5. *Trematis*, Sharpe, Q.J. Geol. Soc. vol. v, p. 69. Discina, Siluria, 4 ed. p.194, Foss. 38, f. 1, t. 5, f. 17; ib. Dav. Mono. Brit. Sil. Brach. Pal. Soc. p. 69, t. 6, f. 9.
— rugata ...... Sow.									*	*	*							*Orbicula*, Sil. Syst. t. 5, f. 11. Discina, M'Coy, Brit. Pal. Foss. p. 190; ib. Siluria, 4 ed. t. 20, f. 1, 2, t. 35, f. 27; f. 9–18; Siluria, 4 ed p. 514.
— Siluriana ...... Dav.									*									Mono. Brit. Sil. Brach. Pal. Soc. p. 71, t. 6, f. 8. (*Trematis*.)
— striata ...... Sow.											*	*						*Orbicula*, Sil. Syst. t. 5, f. 21; Siluria, 4 ed. t. 20, f. 3. Discina, M'Coy, Brit. Pal. Foss. p. 191; ib. Dav. Mono. Brit. Sil. Brach. Pal. Soc. p. 67, t. 6, f. 1–4.
— subrotunda ...... Portl.																		*Vide* D. oblongata.
— Verneuilii ...... Dav.																		Bull. Soc. Géol. de France, 2 ser. vol. v, p. 334, t. 3, f. 47; ib. Dav. Mono. Brit. Sil. Brach. Pal. Soc. p. 68, t. 6, f. 5.
— Vicaryi ...... Dav.								?										Mono. Brit. Sil. Brach. Pal. Soc. p. 67, t. 7, f. 13. Budleigh: position or horizon doubtful.
RHYNCHONELLIDÆ.																		
Eichwaldia ...... Billings, 1857-8																		
Porambonites ... Pander, 1830 ...																		
— Capewelli ...... Dav.									*									*Terebratula*, Bull. Soc. Géol. de France, vol. v, 2 ser. p. 327, t. 3, f. 34. *Porambonites*, Mor. Cat. Brit. Foss. p. 143, 1854; ib. ? Siluria, 4 ed. p. 226, Foss. 58, f. 6. Eichwaldia, Dav. Mono. Brit. Sil. Brach. Pal. Soc. p. 193, t. 25, f. 12–15. *Porambonites*, Lindst. Gotl. Brachiop. öfv. K. Akad. Förhandl. p. 364.
Hemithyris																		*Vide* Rhynchonella.

77

PALÆOZOIC.   BRACHIOPODA.   CAMBRIAN AND SILURIAN.

SPECIES.	CAMBRIAN.			LOWER SIL.				UPPER SILURIAN.							REFERENCES.
	Har. St. David's.	Menevian.	Lingula Flags.	Tremadoc.	Arenig.	Llandeilo.	Caradoc or Bala.	Low. Llandovery.	Up. Llandovery.	Woolhope Lmst.	Wenlock Shale.	Wenlock Lmst.	Lower Ludlow.	Aymestry Lmst.	Upper Ludlow. Tilest. & Passage. Pass up.	
Hypothyris																*Vide* Rhynchonella.
Kutorgina ...... *Billings*, 1861 ..																
— cingulata ...... *Bill.*		•	•													Geol. Surv. Canada, Pal. Foss. vol. i, p. 8, f. 8-10. *Obolella Phillipsii*, Hall, Q. J. Geol. Soc. vol. xxi, p. 102, woodcut 10, p. 101. O. (Kutorgina), Dav. Mono. Brit. Sil. Brach. Pal. Soc. p. 62, t. 6, f. 17-19. Kutorgina, Dav. Geol. Mag. vol. v, p. 312, t. 16, f. 10; ib. Mono. Sil. Brach. Pal. Soc. p. 342, t. 50, f. 25. *Obolella Phillipsii*, Phill. Geol. of Oxford, &c. diag. 17, f. 12, p. 68.
STROPHOMENIDÆ.																
Leptæna .... *Dalman*, 1827																
Leptagonia M'Coy (pars), 1844																
Plectambonites . Pander, 1830 ..																
Gonambonites . Pander, 1830 ...																
— calcarata .... *M'Coy*							?	?								*Orthis*, Synop. Sil. Foss. Irel. p. 28, t. 3, f. 9.
— depressa .... *Dalm.*																*Vide* Strophomena rhomboidalis.
— duplicata ...... *Sow.*																*Vide* L. transversalis.
— Fletcheri .... *Dav.*																*Vide* Strophomena Fletcheri.
— Grayii .... *Dav.*																*Vide* Chonetes minima.
— lata .... *Von Buch*																*Vide* Chonetes striatella.
— lævigata .... *Sow.*																*Vide* Chonetes lævigata.
— lepisma .... *Sow.*																*Vide* Chonetes lepisma.
— lævissima ...... *M'Coy*							•									Sil. Foss. Irel. t. 3, f. 7, p. 27. ? *Lept. lævigata*, Sow.
— Lewisii .... *Dav.*																*Vide* Strophomena antiquata.
— minima .... *Sow.*																*Vide* Chonetes minima.
— moniliformis ... *Salt.*																*Vide* Triplesia.
— Orbignyi .... *Dav.*									•	•						*Orthis*, Bull. Soc. Géol. de France, vol. v, t. 3, f. 17.
— Ouralensis ..... *Vern.*																*Vide* Strophomena.
— quinquecostata . *M'Coy*						•	•	•	•	•						Brit. Pal. Foss. t. 1 H, f. 30-32. *Orthis*, M'Coy, Synop. Sil. Foss. Irel. t. 3, f. 8. Lept. Siluria, 4 ed. p. 194, Foss. 37, f. 3; ib. Dav. Mono. Brit. Sil. Brach. Pal. Soc. p. 322, t. 48, f. 23-27.
— scissa .... *Salt.*						•	•	•								Siluria, 4 ed. p. 210; ib. Dav. Mono. Sil. Brach. Pal. Soc. p. 325, t. 47, f. 21-25.
— segmentum .... *Angelin*, MS. ..									•							Mus. Palæont. Succ. 1838; ib. Lindst. Gotland's Brachlopoder, p. 374, 1860; ib. Dav. Mono. Sil. Brach. Pal. Soc. p. 321, t. 48, f. 28-30.
— sericea .... *Sow.*						•	•	•	•							Sil. Syst. p. 636, t. 19, f. 1, 2; Siluria, p. 194, Foss. 36, f. 6; t. 5, f. 141 t. 9, f. 18; ib. M'Coy, Brit. Pal. Foss. p. 237-8. *Orthis*, Portl. Geol. Rept. p. 450, t. 32, f. 23, 24; var. *a*, *rhombica*, M'Coy, Brit. Pal. Foss. p. 239; var. *β, Spinangula*, ib. and Mem. Geol. Soc. vol. ii, pt. 1, p. 239, 286. Lep. sericea, Hall, Pal. New York, vol. i, p. 110, 287, t. 31 B, f. 2 a–b, and p. 278, t. 79, f. 3; vol. ii, p. 59, t. 21, f. 1; ib. Billings, Geol. Canada, p. 163, f. 139; ib. Dav. Mono. Sil. Brach. Pal. Soc. p. 323, t. 48, f. 10-19; ib. Nichol. Rept. Pal. Ontario, 1874, p. 16.
— Var. rhombica ? *M'Coy*							•									Brit. Pal. Foss. p. 239; ib. Dav. Mono. Brit. Sil. Brach. Pal. Soc. p. 325, t. 48, f. 10-22.
— sub-lævis ...... *M'Coy*																*Orthis*, Sil. Foss. Irel. p. 35, t. 3, f. 19.
— tenuicincta ..... *M'Coy*						•	•									Brit. Pal. Foss. p. 239, t. 1 H, f. 40. *Producta*, Synop. Sil. Foss. Irel. p. 25, t. 3, f. 4. Lept. Siluria, 4 ed. p. 194, Foss. 37, f. 4; ib. Dav. Mono. Brit. Sil. Brach. Pal. Soc. p. 326, t. 42, f. 7-18.

BRACHIOPODA.

CAMBRIAN AND SILURIAN.

SPECIES.	Har. St. David's.	Menevian.	Lingula Flags.	Tremadoc.	Arenig.	Llandeilo.	Caradoc or Bala.	Low. Llandovery.	Up. Llandovery.	Wenlock Lime.	Wenlock Shale.	Wenlock Limet.	Lower Ludlow.	Aymestry Limet.	Upper Ludlow.	Tilest. & Passage.	Passage.	REFERENCES.
Leptæna (*continued*).																		
— tenuissimestriata *M'Coy*								•	•									Brit. Pal. Foss. p. 239, t. 1 H, f. 44. *Orthis*, Synop. Sil. Foss. Irel. t. 3, f. 20. *Orthis lata*, Sow. Sil. Syst. t. 22, f. 10; ib. D'Eichwald Lethæa Rossica, vol. i, p. 871; ib. Dav. Mono. Brit. Sil. Brach. Pal. Soc. p. 330, t. 49, f. 20-22.
— *tenuistriata* ... *Sow.*																		*Vide* Strop. rhomboidalis.
— transversalis ... *Wahl.*						•	•	•	•	•	•	•						Anomites, Act. Holm. 1827, t. 1, f. 4. *Leptæna*, Sow. Sil. Syst. p. 629, t. 13, f. 3; ib. var. Davallii, Dav. Bull. Soc. Géol. France, vol. v, t. 3, f. 7. *L. duplicata*, Sow. Sil. Syst. t. 22, f. 2. L. transv. M'Coy, Brit. Pal. Foss. p. 240; ib. Salt. Mem. Geol. Soc. sheet 32, Geol. Edinb. p. 138, t. 2, f. 8, 9; ib. Hall, Pal. New York, vol ii, p. 256, t. 53, f. 5; ib. Siluria, 4 ed. t. 9, f. 17, t. 20, f. 17; ib. Haswell Sil. form. Pent. Hills. p. 35. t. 2, f. 17; ib. Dav. Geol. Soc. Glasgow, Pal. series, vol. i, p. 19, t. 3, f. 13; ib. Dav. Mono. Sil. Brach. Pal. Soc. p. 318, t. 48, f. 1-9.
— ungula........... *M'Coy*						•												(Leptagonia), Brit. Pal. Foss. p. 249, t. 1 II, f. 36, 37.
— Waltoni........... *Dav.*						•												*Vide* Strophomena.
— Youngiana ...... *Dav.*						•												Mono. Sil. Brach. Pal. Soc. p. 320, t. 47, f. 19, 20.
STROPHOMENIDÆ.																		
Leptagonia .... *M'Coy*, 1844																		*Vide* Leptæna and Strophomena.
LINGULIDÆ.																		
Lingula .... *Brug.* 1789																		
— attenuata ...... *Sow.*					•	•	•	?										Sil. Syst. t. 22, f. 13; ib. Siluria, 4 ed. p. 51, Foss. 11, f. 18, t. 5, f. 16; Portl. Geol. Rept. p. 443, t. 30, f. 4; M'Coy, Synop. Sil. Foss. Irel. p. 24; Hall, Pal. New York, vol. i, p. 94, t. 30, f. 1; Dav. Mono. Brit. Sil. Brach. Pal. Soc. p. 44, t. 3, f. 18-27.
— Beckei........... *Salt.*							•											Dav. Mono Brit. Sil. Brach. Pal. Soc. p. 44, t. 1, f. 12, 13. (Salt. MS.)
— brevis .... *Portl.*					•	•												Geol. Rept. p. 443, t. 32, f. 2; ib. Dav. Mono. Brit. Sil. Brach. Pal. Soc. p. 50, t. 3, f. 34-39.
— cornea........... *Sow.*												•	•	•				Sil. Syst. p. 603, t. 3, f. 3; Siluria, 4 ed. p. 141, Foss. 23, f. 1; p. 162, Foss. 26, f. 8, t. 34. f. 2; M'Coy, Brit. Pal. Foss. p. 253; Dav. Mono. Brit. Sil. Brach. Pal. Soc. p. 46, t. 2, f. 28-35.
— crumena........ *Phill.*																		Mem. Geol. Surv. vol. ii, pt. 1, p. 369, t. 24; Salt Siluria, 4 ed. p. 68, Foss. 13, f. 5; Dav. Mono. Brit. Sil. Brach. Pal. Soc. p. 40, t. 2, f. 1-6.
— curta .... *Conrad*																		Jour. Nat. Sci. Phill. vol. viii, p. 266, t. 15, f. 12; ib. Hall, Pal. New York, vol. i, p. 97, t. 30, f. 6; ib. Dav. Mono. Brit. Sil. Brach. Pal. Soc. p. 52, t. 3, f. 33. ? L. attenuata, young of.
— *Davisii*																		*Vide* Lingulella.
— granulata ...... *Phill.*																		Mem. Geol. Surv. vol. ii, pt. 1, p. 370, t. 25; ib. Salt. Siluria, 4 ed. p. 51, Foss. 11, f. 19; p. 194, Foss. 38, f. 4.
— Hawkeii........ *Rowalt*				?	?													Bull. Soc. Géol. de France, vol. vii, p. 728; ib. Salt. Q. J. Geol. Soc. vol. xx, p. 292, t. 17, f. 2, 3, 1863; ib. Dav. Mono. Brit. Sil. Brach. Pal. Soc. p. 43, t. 1, f. 21-26. *L. Brimonti*, Salt. Q. J. Geol. Soc. vol. xx, t. 17, f. 6, p. 293. L. Hawkeii, Dav. Q. J. Geol. Soc. vol. xxvi, p. 76, t. 4, f. 2.
— lata .... *Sow.*							?•				•	•						Sil. Syst. p. 618, t. 8, f. 11; Siluria, 4 ed. t. 20, f. 6; Dav. Mono. Brit. Sil. Brach. Pal. Soc. p. 49, t. 3, f. 40-44.
— lepis .... *Salt.*																		*Vide* Lingulella.

79

PALÆOZOIC. BRACHIOPODA. CAMBRIAN AND SILURIAN.

SPECIES.	CAMBRIAN. LOWER SIL.								UPPER SILURIAN.									REFERENCES.
	Har. St. David's	Menevian	Lingula Flags	Tremadoc	Arenig	Llandeilo	Caradoc or Bala	Low. Llandovery	Up. Llandovery	Woolhope Lmst.	Wenlock Shale	Wenlock Lmst.	Lower Ludlow	Aymestry Lmst.	Upper Ludlow	Tilst. & Passage	Pass up.	
Lingula (*continued*).																		
— Lesueuri .... *Rouult*							?	?										Bull. Soc. Géol. France, vol. vii, 2 ser. p. 727; ib. Salt. Q. J. Geol. Soc. vol. xx, p. 293, t. 17, f. 1; ib. Dav. Mono. Brit. Sil. Brach. Pal. Soc. p. 42, t. 1, f. 1-11; ib. Q. J. Geol. Soc. vol. xxvi, p. 76, t. 4, f. 1. (Budleigh pebbles.)
— Lewisii .... *Sow.*							?	•	•	•	•	•	•					Sil. Syst. t. 6, f. 9; ib. Siluria, 4 ed. t. 20, f. 5; ib. Dav. Bull. Soc. Géol. France, vol. v, 2 ser. p. 333, t. 3, f. 44; ib. Up. Sil. Pent. Hills, t. 1, f. 2; ib. Mono. Brit. Sil. Brach. Pal. Soc. p. 35, t. 3, f. 1-6.
— longissima ...... *Pander*							•											Beiträge der Geognosie des Russischen Reiches, t. 3, f. 21. De Vern. Geol. Russ. and Ural Mt. ii, p. 293, t. 1, f. 11; ib. Kutorga, Dritter Beitrag zur Pal. Russlands, p. 43, t. 7, f. 3; ib. Dav. Mono. Brit. Sil. Foss. Pal. Soc. p. 31, t. 3, f. 28-30.
— minima .... *Sow.*															•			Sil. Syst. p. 612, t. 5, f. 23. *L. unguicula*, Salt. MS. L. minima, Dav. Mono. Brit. Sil. Brach. Pal. Soc. p. 48, t. 2, f. 36-44.
— obtusa .... *Hall*			?	•														Pal. New York, vol. i, p. 98, t. 30, f. 7; ib. Billings, Geol. Canada, p. 161, f. 137; ib. M'Coy, Brit. Pal. Foss. p. 253; ib. Dav. Mono. Brit. Sil. Brach. Pal. Soc. p. 52, t. 3, f. 31, 32.
— ovata .... *M'Coy*					•	•												Synop. Sil. Foss. Irel. p. 24, t. 3, f. 1; ib. Dav. Mono. Brit. Sil. Brach. Pal. Soc. p. 38, t. 2, f. 19-23.
— parallela ...... *Phill.*							•											Mem. Geol. Surv. vol. ii, pt. 1, p. 370, t. 16, f. 1; ib. Dav. Mono. Brit. Sil. Brach. Pal. Soc. p. 39, t. 2, f. 24-27.
— petalon .... *Hicks*			•	•														Dnv. Geol. Mag. vol. v, p. 308, t. 15, f. 16; ib. Dav. Mono. Sil. Brach. Pal. Soc. p. 337, t. 49, f. 30.
— plumbea																		*Vide* Obolella.
— pygmæa .... *Salt.*		•																Q. J. Geol. Soc. vol. xxi, p. 101; ib. Dav. Mono. Brit. Sil. Brach. Pal. Soc. p. 53, t. 2, f. 8.
— Ramsayi .... *Salt.*				•														Siluria, 4 ed. p. 51, Foss. 11, f. 20; ib. Dav. Mono. Brit. Sil. Foss. Pal. Soc. p. 49, t. 3, f. 49-52.
— Roualti .... *Salt.*						?	?	?										Q. J. Geol. Soc. vol. xx, t. 17, f. 4, 5; ib. Dav. Mono. Brit. Sil. Brach. Pal. Soc. p. 40, t. 1, f. 14-20; ib. Q. J. Geol. Soc. vol. xxvi, p. 76, t. 4, f. 2. (Budleigh pebbles.)
— Salteri .... *Dav.*						?	?											Mono. Brit. Sil. Brach. Pal. Soc. p. 53, t. 1, f. 27-29. Budleigh pebbles: horizon doubtful.
— striata .... *Sow.*									•	•	•	•						Sil. Syst. t. 8, f. 12; ib. Siluria, 4 ed. t. 20, f. 7; ib. Dav. Mono. Brit. Sil. Brach. Pal. Soc. p. 45, t. 3, f. 45-48.
— Symondsii ...... *Salt.*								•	•	•								Dav. Mono. Brit. Sil. Brach. Pal. Soc. p. 45, t. 3, f. 7-17. (Salter MS.)
— squamosa ...... *Hall*		•																Q. J. Geol. Soc. vol. xxi, p. 103; ib. Dav. Mono. Brit. Sil. Brach. Pal. Soc. p. 41, t. 2, f. 7.
— tenuigranulata.. *M'Coy*						•												Ann. Mag. Nat. Hist. 2 ser. vol. viii, p. 406; Brit. Pal. Foss. p. 254, t. 1 I, f. 8; Salt. Siluria, 4 ed. p. 194, Foss. 38, f. 5; ib. Dav. Mono. Brit. Sil. Brach. Pal. Soc. p. 37, t. 2, f. 9-14.
— unguicula ...... *Salt.*																		*Vide* L. minima.
LINGULIDÆ.																		
Lingulella .... *Salter*, 1861																		

BRACHIOPODA. CAMBRIAN AND SILURIAN.

SPECIES.	Hac. St. David's.	Menevian.	Lingula Flags.	Tremadoc.	Arenig.	Llandeilo.	Caradoc or Bala.	Low. Llandovery.	Up. Llandovery.	Woolhope Lmst.	Wenlock Shale.	Wenlock Lmst.	Lower Ludlow.	Aymestry Lmst.	Upper Ludlow.	Tilest. & Passage.	Pass up.	REFERENCES.
Lingulella (continued).																		
— Davisii ...... M'Coy			*	*														*Lingula, Davis,* Q. J. Geol. Soc. vol. ii, p. 71; ib. Sedgwick, vol. iii, p. 140, 143, 147. *L. Davisii,* M'Coy, Ann. Mag. Nat. Hist. 2 ser. vol. viii, p. 405; Brit. Pal. Foss. p. 252, t. 1 L, f. 7. *Tellinomya lingulacomes,* ib. t. 1 K, f. 18. *L. ovata,* M'Coy (pars), Brit. Pal. Foss. p. 194, t. 1 L, f. 6. *Lingulella,* Salt. Mem. Geol. Surv. vol. iii, p. 333, t. 7, f. 7-11; t. 4, f. 14; ib. Siluria, 4 ed. p. 43, Foss. 5, f. 1; p. 51, Foss. 10, f. 11; ib. Dav. Mono. Brit. Brach. Pal. Soc. p. 56, t. 4, f. 1-16; ib. Dav. Geol. Mag. vol. v, p. 304, t. 15, f. 13-15.
— ferruginea ...... Salt.	*	*																Q. J. Geol. Soc. vol. xxiii, p. 340, f. 1-3, var. *ovalis. Lingulella unguicula,* Salt. Brit. Assoc. Rept. 1865, p. 285. *L. ferruginea,* Dav. Geol. Mag. vol. v, p. 306, t. 15, f. 1-8; ib. Mono. Sil. Brach. Soc. p. 336, t. 49, f. 32-35. *L. ferruginea,* var. *ovalis,* Hicks, Q. J. Geol. Soc. vol. xxiii, p. 341, f. 2, 3; p. 340.
Var. ovalis ...... Hicks	*																	*Vide L. ferruginea.*
— lepis ...... Salt.		*	*	*														Mem. Geol. Surv. vol. iii, p. 334, f. 11; ib. Dav. Mono. Brit. Sil. Brach. Pal. Soc. p. 54, t. 3, f. 54-58; ib. Dav. Geol. Mag. vol. v, p. 307, t. 15, f. 10-12.
— primæva ...... Hicks	*																	Q. J. Geol. Soc. vol. xxvii, p. 401, t. 15, f. 13, 14.
— unguiculus ...... Salt.																		*Vide L. ferruginea.*
SPIRIFERIDÆ.																		
Merista ...... Hall, 1860																		
Comaricem ? ... Hall																		
— cymbula ...... Dav.								*										Mono. Brit. Sil. Brach. Pal. Soc. p. 304, t. 22, f. 28, 29.
SPIRIFERIDÆ.																		
Meristella ...... Hall, 1860																		
Rhynchonella ... Fischer, 1809																		
Terebratula ... Llhwyd, 1696																		
— angustifrons ...... M'Coy								*	*	*								*Hemithyris,* Ann. Mag. Nat. Hist. 2 ser. vol. viii, p. 391; Brit. Pal. Foss. p. 199, t. 1 H, f. 6-8. *Terebratula,* Salt. Q. J. Geol. Soc. vol. vii, t. 9, f. 10. *Rhynchonella,* Mor. Cat. Brit. Foss. p. 146, 1854. *Meristella,* Dav. Mono. Brit. Sil. Brach. Pal. Soc. p. 111, t. 10, f. 21-27; ib. Siluria, 4 ed. p. 210, Foss. 49, f. 2.
— circe ...... Barr.													*	*				*Terebratula,* Sil. Brach. Böhm. Nat. Abhandl. vol. i, p. 37, t. 16, f. 6; ib. Dav. Bull. Soc. Géol. France, 2 ser. vol. v, p. 326, t. 3, f. 27. *Spirigera,* Lindst. Öfvers. K. Vet. Akad. Förhandl. p. 361. *Meristella,* Dav. Mono. Brit. Sil. Brach. Pal. Soc. p. 116, t. 10, f. 33-35.
— crassa ...... Sow.								*	?*									*Atrypa,* Sil. Syst. t. 21, f. 1. *Spirifera per-crassa,* M'Coy, Brit. Pal. Foss. p. 194. *Atrypa,* Siluria, 2 ed. t. 9, f. 6-8. *Meristella,* Dav. Mono. Brit. Sil. Brach. Pal. Soc. p. 117, t. 13, f. 1-3.
— didyma ...... Dalm.								*	*	*	*	*	?					*Terebratula,* K. Vet. Akad. Handl. p. 146, t. 6, f. 7. *Atrypa,* His. Leth. Succ. p. 77, t. 22, f. 7; ib. Sow. Sil. Syst. t. 6, f. 4. *Terebratula canalis,* ib. t. 5, f. 18. *Rhynchonella,* Salt. Siluria, 2 ed. t. 12, f. 15. *Meristella,* Dav. Mono. Brit. Sil. Brach. Pal. Soc. p. 113, t. 12, f. 1-10.
— furcata ...... Sow.											*							*Terebratula,* Sil. Syst. t. 21, f. 16. *Rhynchonella,* Siluria, 2 ed. t. 12, f. 9, f. 12. *Meristella,* Dav. Mono. Brit. Sil. Brach. Pal. Soc. p. 119, t. 13, f. 7-9.
— laviuscula ...... Sow.																		*Vide M. nitida.*

PALÆOZOIC.　　　　　　　　　BRACHIOPODA.　　　　　　　CAMBRIAN AND SILURIAN.

SPECIES.	Har. St. David's.	Menevian.	Lingula Flags.	Tremadoc.	Arenig.	Llandeilo.	Caradoc or Bala.	Low. Llandovery.	Up. Llandovery.	Woolhope Lmst.	Wenlock Shale.	Wenlock Lmst.	Lower Ludlow.	Aymestry Lmst.	Upper Ludlow.	Tilest. & Passage.	Pass up.	REFERENCES.
Meristella (*continued*).																		
— nitida ...... *Hall*										*	*							*Atrypa*, Hall, Pal. New York, t. 12, f. 5; ib. vol. ii, p. 268, t. 55, f. 1 a-o. *Tereb.* nitida, Dav. Bull. Soc. Géol. de France, 2 ser. vol. v, p. 327, t. 3, f. 37. *Tereb. læviuscula*, Sow. Sil. Syst. p. 631, t. 13, f. 14. Rhyncho. Salt. Siluria, 2 ed, p. 545. Meristella, ib. 4 ed. t. 23, f. 14. Meristella, Dav. Mono. Brit. Sil. Brach. Pal. Soc. p. 114, t. 10, f. 28-32.
— Maclareni ...... *Haw.*											*	?						*Merista*, Sil. Form. Pent. Hills, p. 30, t. 2, f. 5. Meristella, Dav. Mono. Brit. Sil. Brach. Pal. Soc. p. 116, t. 12, f. 20.
— subundata ...... *M'Coy*																		*Hemithyris*, Brit. Pal. Foss. p. 207, t. t H. *Rhynchonella*, Salt. Siluria, 2 ed. p. 545. Meristella, Dav. Mono. Brit. Sil. Brach. Pal. Soc. p. 120, t. 13, f. 4.
— tumida ...... *Dalm.*									*		*	*	*					*Atrypa*, Vet. Akad. Handl. p. 134, t. 5, f. 3; Ib. Hisi. Leth. Suec. p. 77, t. 22, f. 5. *Tereb.* tumida, Barr. Sil. Brach. aus Böhmen Naturw. Abhandl. vol. i, t. 15, f. 11; ib. Dav. et De Vern. Bull. Soc. Géol. France, 2 ser. vol. v, p. 326, 346, t. 3, f. 26. *Atrypa tenuistriata*, Sow. Sil. Syst. t. 12, f. 3. *Athyris*, Salt. Siluria, 2 ed. t. 22, f. 20. Meristella, Dav. Mono. Brit. Sil. Brach. Pal. Soc. p. 105, t. 11, f. 1-13; ib. Trans. Geol. Soc. Glasgow, Up. Sil. Pent. Hills, p. 11, t. 1, f. 13. *Tereb. obtusa*, Sow. Trans. Linn. Soc. vol. xii, p. 516, t. 17, f. 3, 4.
Monobolina ...... *Salter*, 1857 ... Sub-genus of *Obolella*.																		
SPIRIFERIDÆ.																		
Nucleospira ...... *Hall*, 1857																		
— pisum ...... *Sow.*										*	*							*Spirifera*, Sil. Syst. p. 630, t. 13, f. 9. *Orthis*, Hall, Pal. New York, vol. ii, p. 250, t. 52, f. 1. Nucleospira, ib. vol. iii, p. 218; ib. Dav. Mono. Brit. Sil. Brach. Pal. Soc. p. 106, t. 10, f. 16-20; ib. Trans. Geol. Soc. Glasgow, Up. Sil. Pent. Hills, p. 12, t. 1, f. 11, 12; Siluria, 4 ed. t. 23, f. 7.
LINGULIDÆ.																		
Obolella ...... *Billings*, 1861, 2																		
— Belli ...... *Dav.*			*															Geol. Mag. vol. v, p. 310, t. 15, f. 25-27; ib. Mono. Sil. Brach. Pal. Soc. p. 340, t. 50, f. 15-17.
— maculata ...... *Hicks*	*	*																Brit. Assoc. Rept. 1865, p. 285; ib. Dav. Geol. Mag. vol. v, p. 311, t. 16, f. 1-3; ib. Mono. Sil. Brach. Pal. Soc. p. 341, t. 50, f. 18-21.
— nana ...... *Plant.*	*																	Mem. Geol. Surv. vol. iii (Geol. N. Wales), p. 42 (name only).
— Phillipsii ...... *Holl*																		*Vide* Kutorgina cingulata.
— plumbea ...... *Salt.*				*														*Lingula*, Salt. Siluria, 2 ed. p. 50, Foss. 8, f. 1; 4 ed. Foss. 9, f. 1. Obolella, ib. Mem. Geol. Surv. vol. iii, p. 334, t. 11 b, f. 10; ib. Dav. Mono. Brit. Sil. Brach. Pal. Soc. p. 61, t. 4, f. 20-27. *Obolus plumbea*, var. *plicata*, Hicks, MS. Dav. Geol. Mag. vol. v, p. 311, t. 16, f. 6, 7. *Obolus*? Dav. Mono. Sil. Brach. Pal. Soc. p. 341, t. 50, f. 23, 24. (*Monobolina.*)
Var. plicata ... *Hicks*			*	*														Dav. Mono. Sil. Brach. Pal. Soc. p. 342, t. 50, f. 22.
— Salteri ...... *Holl*			*															Q. J. Geol. Soc. vol. xxi, p. 101, 102, f. 9; ib. Dav. Mono. Brit. Sil. Brach. Pal. Soc. p. 61, t. 4, f. 28, 29; ib. Geol. Mag. vol. v, p. 311, t. 16, f. 8, 9; ib. Phill. Geol. Oxford, p. 68, Diag. 17, f. 11.
— sagittalis ...... *Salt.*				*														Brit. Assoc. Rept. 1865, p. 285. ? *Discina labiosa*, Salt. O. sagittalis, Dav. Geol. Mag. vol. v, p. 309, t. 15, f. 17-24. Obolella, Dav. Mono. Sil. Brach. Pal. Soc. p. 339, t. 50, f. 1-14.
— Sp. ...... *Salt.*				*														Mem. Geol. Surv. vol. iii (Geol. N. Wales), p. 335, t. 12, f. 7.
— Sp. ...... *Salt.*				*														Mem. Geol. Surv. vol. iii (Geol. N. Wales), p. 335, t. 12, f. 6.

PALÆOZOIC.   BRACHIOPODA.   CAMBRIAN AND SILURIAN.

SPECIES.	Hav. St. David's	Menevian.	Lingula Flags.	Tremadoc.	Arenig.	Llandeilo.	Caradoc or Bala.	Up. Llandovery.	Low. Llandovery.	Woolhope Lmst.	Wenlock Shale.	Wenlock Lmst.	Lower Ludlow.	Aymestry Lmst.	Upper Ludlow.	Tilest. & Passage.	Pass up.	REFERENCES.
	CAMBRIAN.			LOWER SIL.				UPPER SILURIAN.										
LINGULIDÆ.																		
Obolus .... *Eichwald*, 1829																		
Ungula .... *Pander*, 1830 ...																		
Orthis (pars) ... *Von Buch*																		
Aulonotreta ... *Kutorga*, 1847 ..																		
— Davidsoni .... *Salt.*	...	...	...	...	...	...	?	...	*	*	?	...	...	...				Dav. Mono. Brach. vol. i (General Introd.), p. 136, f. 54-56 (Salt. MS.); ib. Dav. Mono. Brit. Sil. Brach. Pal. Soc. p. 58, t. 4, f. 30-39.
Var. tranversus *Salt.*	...	...	...	...	...	...	...	...	*	*	*	?	...	...				Dav. Mono. Brach. vol. i (General Introd.), p. 136, f. 53 (Salt. MS.); ib. Mono. Brit. Sil. Brach. Pal. Soc. p. 59, t. 5, f. 1-6.
— plumbea .... *Salt.*	...	...	...	...	...													*Vide* Obolella.
Var. Woodwardi *Salt.*									*	*	*							MS. Coll. Mus. Pract. Geology; ib. Dav. Mono. Brit. Sil. Brach. Pal. Soc. p. 60, t. 5, f. 7, 8.
DISCINIDÆ.																		
Orbiculoides ...... *D'Orbigny*, 1847																		
Schizotreta ...... *Kutorga*																		
— Beckettiana ... *Dav.*	...	...	...	...	...	...						*						Mono. Brit. Sil. Brach. Pal. Soc. p. 75, t. 7, f. 19.
— Forbesii .... *Dav.*	...	...	...	...	...	...			*	*	*							Orbicula, Bull. Soc. Géol. France, 2 ser. vol. v, p. 334, t. 3, f. 45; ib. Phill. and Salt. Mem. Geol. Surv. vol. ii, pt. 1, Pal. App. p. 371, t. 26, f. 2. Orbiculoides, Mor. Ann. Mag. Nat. Hist. 2 ser. vol. iv, p. 321, t. 7, f. 3; ib. Dav. Mono. Brit. Sil. Brach. Pal. Soc. p. 73, t. 7, f. 14-18.
— implicata .... *M'Coy*	...	...	...	...	...	...												*Vide* Crania.
Orbicula .... *Cuvier*, 1796 ...																		*Vide* Discina.
ORTHIDÆ.																		
Orthis .... *Dalman*, 1827																		
— actoniæ .... *Sow.*	...	...	...	*	*	*			...	...	...							Sil. Syst. p. 639, t. 20, f. 16; ib. M'Coy, Brit. Pal. Foss. p. 212; Siluria, 4 ed. p. 192, Foss. 35, f. 2, t. 5, f. 11; ib. Mem. Geol. Surv. vol. iii, p. 339, t. 21, f. 1-8; ib. Dav. Mono. Brit. Sil. Brach. Pal. Soc. p. 252, t. 36, f. 5-17.
— æquivalvis ...... *Dav.*				*	*	*												Bull. Soc. Géol. France, vol. v, p. 321, t. 3, f. 14; ib. Lond. Geol. Jour. t. 27, f. 5; ib. Mono. Brit. Sil. Brach. Pal. Soc. p. 263, t. 30, f. 9, 10.
— alata .... *Sow.*						*												Spirifer, Sil. Syst. t. 22, f. 7. Orthis, Salt. Siluria, 2 ed. p. 55, f. 15, t. 5, f. 6; ib. 4 ed. p. 51, Foss. 11, f. 15; t. 5, f. 6; ib. Dav. Mono. Brit. Sil. Brach. Pal. Soc. p. 232, t. 33, f. 17-21; ib. Salt. Mem. Geol. Surv. vol. iii (Geol. N. Wales), p. 337, t. 11 B, f. 13.
— alternata .... *Sow.*	...	...	...	...	...	*												Orthis, Sil. Syst. t. 19, f. 6; ib. Siluria, 4 ed. t. 6, f. 5. O. retrorsistria, M'Coy, Brit. Pal. Foss. t. 1 H, f. 12, 13; ib. Mem. Geol. Surv. vol. iii, p. 340, t. 19, f. 11-13. ? O. alternata, Dav. Mono. Brit. Sil. Brach. Pal. Soc. p. 264, t. 31, f. 1-8.
— Bailyana ...... *Dav.*						*												Mono. Brit. Sil. Brach. Pal. Soc. p. 223, t. 29, f. 19, 20.
— basalis .... *Dalm.*	...	...	...	...	...	*												Vet. Akad. Handl. p. 116, t. 2, f. 5, 1827; ib. Hising. Leth. Suec. p. 71, t. 20, f. 12; ib. Dav. Mono. Brit. Sil. Brach. Pal. Soc. p. 217, t. 27, f. 10, 11.
— Berthoisi ...... *Rouault*				?	?													Bull. Soc. Géol. France, 2 ser. vol. vi, p. 68, t. 2, f. 4; ib. Sharpe, Q. J. Geol. Soc. vol. ix, p. 154, t. 8, f. 4; ib. Dav. Mono. Brit. Sil. Brach. Pal. Soc. p. 223, t. 32, f. 21-28. (Pebble-bed, Budleigh), ib. Q. J. Geol. Soc. vol. xxvi, p. 83, t. 5, f. 13-16.
Var. *erratica* ... *Dav.*																		

PALÆOZOIC.   BRACHIOPODA.   CAMBRIAN AND SILURIAN.

SPECIES.	Har. St. David's	Menevian	Lingula Flags	Tremadoc	Arenig	Llandeilo	Caradoc or Bala	Low. Llandovery	Up. Llandovery	Woolhope Lmst	Wenlock Shale	Wenlock Lmst	Lower Ludlow	Aymestry Lmst	Upper Ludlow	Tiles. & Passage	Pass up.	REFERENCES.
Orthis (*continued*).																		
— biforata .... *Schloth.*							*	*	*	*	*	*	*					*Terebratulites*, Petrel. p. 265, 1820. *Spirifer* biforatus, et var. Lynx et dentatus, Vern. and Keys. Russia, vol. ii, p. 135, t. 3, f. 3-5. *Spirifer*, Eichw. Sil. Syst. Esthland, p. 144. *Delthyris*, S. lynx, Hall, Pal. New York, vol. i, p. 133, t. 32 D, f. 1a-u, A, U; ib. vol. ii, p. 65, t. 21, f. 1. *Delthyris fissicostatus*, M'Coy, Brit. Pal. Foss. p. 193. ? *Sp. terebratuliformis*, M'Coy, Synop. Sil. Syst. Irel. p. 38, t. 3, f. 26. Orthis biforata, Siluria, 4 ed. p. 193, Foss. 36, f. 4; p. 194, Foss. 37, f. 1; ib. Dav. Mono. Brit. Sil. Brach. Pal. Soc. p. 168, t. 38, f. 11-15; ib. Nichol. Rept. Pal. Ontario, 1874, p. 16, f. 5a.
— biloba .... *Linn.*							*	*	*	*	*	*	*					Anomia, Syst. Nat. 12ed. p. 1154. *Delthyris cardiospermiformis*, Dalm. t. 3, f. 7; ib. His. Antoek. Act. Royal Soc. Holm. t. 8, f. 6. *Spirifer sinuatus*, Sil. Syst. p. 630, t. 13, f. 10. Orthis, Dav. Bull. Soc. Géol. de France, 2 ser. vol. v, p. 321, t. 3, f. 18; ib. Dav. Mem. Geol. Surv. Glasgow, Pal. Soc. vol. i, t. 2, f. 11; ib. Mono. Brit. Sil. Brach. Pal. Soc. p. 206, t. 26, f. 10-15; ib. Siluria, 4 ed. t. 9, f. 20; t. 20, f. 14.
— *bilobata* .... *Sow.*																		*Vide* O. vespertilio.
— Bouchardii .... *Dav.*								*				*						Lond. Geol. Jour. p. 64, t. 13, f. 8, 8; ib. Bull. Soc. Géol. de France, 2 ser. vol. v, p. 322, t. 3, f. 20; ib. Siluria, p. 217, Foss. 59, f. 1; ib. Mono. Brit. Sil. Brach. Pal. Soc. p. 209, t. 26, f. 16-23.
— calligramma ...... *Dalm.*						*	*	*	*	*	*		*					Kon. Vet. Handl. p. 114, t. 2, f. 3. *Orthambonites crassicosta*, Eminene, Pand. Beitr. zur Geogn. Russl. p. 81, t. 21, f. 1, 2. O. calligramma, Ills. Leth. Suec. p. 74, t. 20, f. 10. *O. callactis*, Sow. Sil. Syst. t. 19, f. 5. O. *virgata*, ib. t. 20, f. 15. O. *callig.*, De Vern. Geol. Russ. vol. ii, p. 207, t. 13, f. 7-9. O. *Davidsoni*, ib. Bull. Soc. Géol. de France, 2 ser. vol. v, p. 341, t. 4, f. 9. *Orthisina Scotica*, Ann. Mag. Nat. Hist. 2 ser. vol. viii, p. 400; ib. Brit. Pal. Foss. p. 232, t. 1 H, f. 29. *O. flabellulum*, Hall, Pal. New York, vol. ii, p. 254, t. 52, f. 6. O. calligramma, Salt. Siluria, 4 ed. p. 51, Foss. 10, f. 12; t. 5, f. 7-9; t. 9, f. 31; t. 20, f. 10.
— ib. var. *calliptycha*... *M'Coy*							*											(Var. *plana*, Pand.) Salt. Mem. Geol. Surv. vol. iii, p. 336, t. 22, f. 2.
— ib. var. *plicata* *Sow.*							*											Sil. Syst. t. 21, f. 6; ib. Mem. Geol. Surv. vol. iii, p. 336, t. 22, f. 5.
— ib. var. *proava* *Salt.*						*												Mem. Geol. Surv. vol. iii, p. 335, t. 22, f. 1.
— ib. var. *simplex* *M'Coy*							*											Synop. Sil. Foss. Irel. t. 3, f. 18; Salt. Mem. Geol. Surv. vol. iii, p. 336, t. 22, f. 4.
— ib. var. *virgata* *Sow.*							*											Sil. Syst. t. 20, f. 15; Salt. Mem. Geol. Surv. vol. iii, p. 336, t. 22, f. 3.
— ib. var. *Walsallensis* ... *Dav.*												*						Bull. Soc. Géol. France, 2 ser. vol. v, p. 339, t. 4, f. 7; ? Sp. Salt. Mem. Geol. Surv. vol. iii, p. 337, t. 22, f. 6, 7. *O. calligramma*, Dav. Mono. Brit. Sil. Brach. Pal. Soc. p. 240, t. 35, f. 1, 17; var. *Davidsoni*, f. 18, 19; var. *Scotica*, f. 20-22; var. *virgata*, f. 23, 24, t. 37, f. 2.
— calligramma, junr. ... *Dalm.*						*												Salt. Mem. Geol. Surv. vol. iii, p. 337, t. 11 B, f. 11, 12; t. 12, f. 5.
— *canalis* .... *Sow.*																		*Vide* O. elegantula.
— Caransii .... *Salt.*					*	*												Dav. Geol. Mag. vol. v, p. 315, t. 16, f. 23; ib. Mono. Brit. Sil. Brach. Pal. Soc. p. 329, t. 33, f. 1-7. (Salt. MS.)
— canaliculata ... *Lindo.*													*					Gotlands Brach. Öfv. K. Akad. Förhandl. p. 369, t. 13, f. 10. *O. orbicularis*, F. Schmidt, Beitrag. zur Geologie der Insel. Gotland, p. 44. O. canaliculata, Dav. Pal. Soc. p. 218, t. 27, f. 13, 13.
— *calyptycha* .... *M'Coy*																		*Vide* O. calligramma.

PALÆOZOIC. BRACHIOPODA. CAMBRIAN AND SILURIAN.

SPECIES.	Har. St. David's.	Menevian.	Lingula Flags.	Tremadoc.	Arenig.	Llandeilo.	Caradoc or Bala.	Low. Llandovery.	Up. Llandovery.	Woolhope Limst.	Wenlock Shale.	Wenlock Limst.	Lower Ludlow.	Aymestry Limst.	Upper Ludlow.	Tilest. & Passage.	Pass up.	REFERENCES.
Orthis (continued).																		
— callactis .... Sow.																		Vide O. calligramma.
— compressa ...... Sow.																		Vide Strophomena compressa.
— corrugata ...... Portl.																		Vide Strophomena.
— confinis .... Salt.						*	*											Q. J. Geol. Soc. vol. v, p. 15, t. 1, f. 4; M'Coy, Brit. Pal. Foss. p. 215; ib. Dav. Mono. Brit. Sil. Brach. Pal. Soc. p. 266, t. 34, f. 1-4.
— costata .... Sow.							*											Sil. Syst. p. 639, t. 21, f. 11.
— crassa .... Linds.												*	*					Gotlands Brachiopoder, p. 369; ib. Dav. Mono. Brit. Sil. Brach. Pal. Soc. p. 213, t. 27, f. 17-19.
— crispa .... M'Coy						*	*											Sil. Foss. Irel. p. 29, t. 3, f. 10; ib. Brit. Pal. Foss. p. 216, t. 1 H, f. 43; ib. Dav. Mono. Brit. Sil. Brach. Pal. Soc. p. 256, t. 38, f. 5-10.
— Davidsoni ...... De Vern.																		Bull. Soc. Géol. de France, vol. v, t. 4, f. 9; ib. Siluria, 4 ed. p. 227, Foss. 59, f. 2. (? O. calligramma.)
— depressa .... Portl.																		Vide Stroph. rhomboidalis.
— Edgelliana ...... Salt.									*	*								Dav. Mono. Brit. Sil. Brach. Pal. Soc. p. 228, t. 32, f. 1-4. (Salt. MS.)
— elegantula ...... Dalm.					*	*	*	*	*	*	*	r	*	*		*	*	Vet. Akad. Handl. p. 117, t. 2, f. 6; ib. Ills. Leth. Succ. p. 71, t. 20, f. 13; ib. Von Buch, Ueber Delthyris und Orthis, Akad. Berlin, p. 36, t. 2, f. 3-5, and Mém. Soc. Géol. France, vol. iv, p. 207, t. 11, f. 4; ib. Barr. Sil. Brachlop. Böhmen Naturw. Abhandl. vol. ii, p. 44, t. 20, f. 4; ib. Hall, Pal. New York, vol. ii, p. 252, t. 53, f. 3; ib. Salt. Siluria, 4 ed. t. 5, f. 5, t. 9, f. 19. t. 20, f. 12; ib. Haswell, Sil. Form. Pent. Hills, p. 34, t. 2, f. 19; ib. Dav. Trans. Geol. Soc. Glasgow, Pal. series, vol. i, t. 2, f. 8, 9; Dav. Mono. Brit. Sil. Brach. Pal. Soc. p. 211, t. 27, f. 1-9, woodcuts, p. 205. O. canalis, Sow. Sil. Syst. t. 12, f. 12 a. O. orbicularis, Sow. Sil Syst. t. 5, f. 16. Var. O. orbicularis, Siluria, 4 ed. p. 132, t. 20, f. 9, and p. 526.
— expansa .... Sow.																		Vide Strophomena.
— fallax .... Salt.							*	*										Add. Synop. Sil. Foss. Irel. p. 72, t. 5, f. 3; Dav. Mono. Brit. Sil. Brach. Pal. Soc. p. 223, t. 31, f. 9-11.
— filosa .... Sow.																		Vide Strophomena.
— flabellulum .... Sow.						*	*											Sil. Syst. t. 19, f. 8, t. 21, f. 8; Salt. Mem. Geol. Surv. vol. ii, pt. i, p. 289; ib. vol. iii, p. 338, t. 21, f. 9-16; ib. Hall, Pal. New York, vol. ii, p. 254, t. 52, f. 6; ib. Siluria, 4 ed. p. 192, Foss. 35, f. 1, t. 5, f. 12; Dav. Mono. Brit. Sil. Brach. Pal. Soc. p. 248, t. 34, f. 1-12.
— grandis .... Sow.																		Vide Strophomena.
— galea .... M'Coy																		Vide O. insularis.
— Girvanensis..... Dav.						*	*											Mono. Brit. Sil. Brach. Pal. Soc. p. 217, t. 28, f. 10.
— Hicksii .... Salt.	*	*																Dav. Geol. Mag. vol. v, p. 314, t. 16, f. 17-19; ib. Mono. Brit. Sil. Brach. Pal. Soc. p. 230, t. 33, f. 13-16.
— Hirnantensis ... M'Coy							*											Brit. Pal. Foss. p. 219, t. 1 H, f. 11; ib. Dav. Mono. Brit. Sil. Brach. Pal. Soc. p. 261, t. 33, f. 5-9.
— hybrida .... Sow.							?	*	*	*								Sil. Syst. t. 13, f. 11; ib. De Vern. Bull. Soc. Géol. de France, 2 ser. vol. v, p. 321, 347, t. 3, f. 22; ib. Barr. Sil. Brach. Böhm. Naturw. Abhandl. vol. ii, p. 45, t. 19, f. 9; ib. Hall, Pal. New York, vol. ii, p. 253, t. 52, f. 4; Salt. Siluria, 4 ed. t. 20, f. 13; ib. Dav. Mono. Brit. Sil. Brach. Pal. Soc. p. 215, t. 214; t. 27, f. 15, 16.
— insularis ...... Eichw.					*	*	*											Terebratula, Urw. Russ. vol. ii, t. 2, f. 6. Spirifer, Vern. Geol. Russ. vol. ii, p. 149, t. 8, f. 7. Orthis galea, M'Coy Sil. Foss. Irel. p. 3, f. 12. Orthis, Dav. Mono. Brit. Sil. Brach. Pal. Soc. p. 272, t. 37, f. 8-15. Spirifer, D'Eichw. Leth. Rossica Ancienne Période, vol. i, p. 697.

PALÆOZOIC.   BRACHIOPODA.   CAMBRIAN AND SILURIAN.

SPECIES.	Har. St. David's.	Menevian.	Lingula Flags.	Tremadoc.	Arenig.	Llandeilo.	Caradoc or Bala.	Low. Llandovery.	Up. Llandovery.	Woolhope Lmst.	Wenlock Shale.	Wenlock Lmst.	Lower Ludlow.	Aymestry Lmst.	Upper Ludlow.	Tilest. & Passage.	Pass up.	REFERENCES.
Orthis (*continued*).																		
— intercostata ... *Portl.*							*											Geol. Rept. p. 454, t. 37, f. 3; ib. Dav. Mono. Brit. Sil. Brach. Pal. Soc. p. 236, t. 8, f. 1-3.
— interplicata ... *M'Coy*							*											Sil. Foss. Irel. p. 31, t. 3, f. 13.
— lata .... *Sow.*																		*Vide* O. protensa.
— lenticularis ...... *Wahl.*					*	*	*											*Anomites*, Nova Acta Upsal, vol. viii, p. 66. *Spirifer*, Von Buch, Berl. Akad. 1834, p. 48, t. 1, f. 13, 14. Orthis, Salt. Mem. Geol. Surv. vol. iii, p. 339, t. 4, f. 8-10; ib. Dav. Geol. Mag. vol. v, t. 16, f. 20-22; ib. Mono. Brit. Sil. Brach. Pal. Soc. p. 230, t. 33, f. 12-18; ib. Baily, Char. Foss. t. 3, f. 4. *O. vaticena*, Salt. = O. lenticularis, Dav. Geol. Mag. vol. v, p. 314, t. 16, f. 20-22.
— Lewisii .... *Dav.*									?		*	*						Bull. Soc. Géol. France, 2 sér. vol. v, p.323, t. 3, f. 19; ib. Trans. Geol. Soc. Glasgow, Pal. series, vol. i, t. 2, f. 5-7; ib. Mono. Brit. Sil. Brach. Pal. Soc. p. 208, t. 26, f. 4-9.
— ib. var. Hughesii *Dav.*											*	*						Mono. Brit. Sil. Brach. Pal. Soc. p. 254, t. 38, f. 26.
— lunata .... *Sow.*												*						Sil. Syst. t. 5, f. 15. *O. orbicularis*, Sow. ib. f. 16. *O. lunata et O. orbicularis*, M'Coy, Synop. Sil. Foss. Irel. p. 32. O. lunata, Salt. Siluria, 4 ed. t. 20, f. 11, t. 35, f. 29; ib. M'Coy, Brit. Pal. Foss. p. 220; Dav. Mono. Brit. Sil. Brach. Pal. Soc. p. 215, t. 18, f. 1-5.
— Menapiæ .... *Hicks*			*	?														Dav. Geol. Mag. vol. v, p. 314, t. 16, f. 24-28; ib. Mono. Brit. Sil. Brach. Pal. Soc. p. 228, t. 33, f. 8-12.
— minuta .... *Hanw.*																		*Vide* Strophomena pecten.
— orbicularis ...... *Sow.*																		*Vide* O. elegantula.
— parva .... *Pand.*							*											*Orthambonites*, Beitr. zur Geogn. Russ. t. 26, f. 10. Orthis, Murch. and Vern. Geol. Russ. t. 13, f. 3, 4. Orthis, M'Coy, Brit. Pal. Foss. p. 221.
— patera .... *Salt.*							*											Dav. Mono. Brit. Sil. Brach. Pal. Soc. p. 267, t. 30, f. 1-8. (Salt. MS.)
— pecten																		*Vide* Strophomena.
— plicata .... *Sow.*							*											*Spirifer*, Sow. Sil. Syst. t. 21, f. 6. *O. calligramma*, var. *plicata*, Salt. 2 ed. t. 5, f. 7; and Mem. Geol. Surv. vol. iii, p. 336, t. 22, f. 5. O. plicata, Dav. Mono. Brit. Sil. Brach. Pal. Soc. p. 245, t. 35, f. 25, 26; t. 37, f. 1. *O. plicata*, M'Coy, Brit. Pal. Foss. p. 222.
— polygramma ... *Sow.*									*		*	*						*Atrypa*, Sil. Syst. t. 21, f. 4. *O. Michelini rel reversa*, Haswell, Sil. Form. Pent. Hills, p. 34, t. 3, f. 8. O. polygramma, Dav. Trans. Geol. Soc. Glasgow, Pal. series, vol. i, t. 2, f. 12-16; ib. Mono. Brit. Sil. Brach. Pal. Soc. var. *Pentlandica*, p. 219, t. 29, f. 1-10.
— porcata .... *M'Coy* Var. retrorsa.							*	*										O. porcata, Sil. Foss. Irel. p. 32, t. 3, f. 14; Brit. Pal. Foss. p. 223, t. 1 II, f. 41, 42. ? *O. occidentalis*, ? *O. sinuata*, ? *O. subquadrata*, *O. subjugata*, Hall, Pal. New York, vol. i, t. 32 a-c, p. 126, &c. O. inflata, Salt. Q.J. Geol. Soc. vol. i; Mem. Geol. Surv. vol. ii, pt. 1, var. retrorsa, t. 19, f. 14, and t. 27, f. 3. *O. grandis*, Portl. O. porcata, Bill. Geol. Canada, p. 312, f. 319; ib. Pal. Foss. vol. i, p. 135, f. 111. O. porcata, var. retrorsa, Salt. Mem. Geol. Surv. vol. iii, p. 338, t. 19, f. 4. *O. grandis*, Portl. Rept. Lond. &c. p. 452, t. 32, f. 25 (non *grandis*, Sow.). O. porcata, Dav. Mono. Brit. Sil. Brach. Pal. Soc. p. 250, t. 31, f. 12-20; t. 46, f. 4.
— productoides																		*Vide* Tryplesia.
— protensa .... *Sow.*							*	*	*									Sil. Syst. t. 22, f. 8, 9. *O. lata*, Sow. Ib. f. 10; Siluria, 4 ed. t. 9, f. 22, 23. O. lata, var. *protensa*, Salt. Mem. Geol. Surv. vol. iii, p. 276, 361. O. protensa, Dav. Mono. Brit. Sil. Brach. Pal. Soc. p. 257, t. 36, f. 24-30.

PALÆOZOIC.   BRACHIOPODA.   CAMBRIAN AND SILURIAN.

	CAMBRIAN.			LOWER SIL.				UPPER SILURIAN.									
SPECIES.	Har. St. David's	Menevian	Lingula Flags	Tremadoc	Arenig	Llandeilo	Caradoc or Bala	Low. Llandovery	Up. Llandovery	Woolhope Lmst.	Wenlock Shale	Wenlock Lmst.	Lower Ludlow	Aymestry Lmst.	Upper Ludlow	Tilest. & Passage	REFERENCES.
Orthis (*continued*).																	
— proava .... } Salt. Var. calligramma							•	•									Mem. Geol. Surv. vol. iii.
— pseudopecten ... *M'Coy*							•										Sil. Foss. Irel. p. 33, t. 3, f. 16.
— quinquecostata .. *M'Coy*																	Vide Leptæna.
— radians .... *Sow.*							•										Sil. Syst. t. 22, f. 11; Siluria, 4 ed. t. 5, f. 10.
— redux .... *Barr.*						?											Silurische Brach. Böhmen Naturw. Abhandl. vol. ii, p. 49, t. 18, f. 7, 1848; ib. Salt. Q. J. Geol. Soc. vol. xx, p. 294, t. 17, f. 7.
Var. Undleighensis ... *Dav.*						?	?										Q. J. Geol. Soc. vol. xxvi, p. 82, t. 5, f. 9–12. (Dudleigh pebbles.)
— remota .... *Salt.*							•										Siluria, 4 ed. p. 51, Foss. 10, f. 13.
— retroflexa .... *Salt.*																	Vide Strophomena.
— retrorsa .... *M'Coy*																	Vide O. porcata retrorsa.
— retrorsistria .. *M'Coy*																	Vide O. alternata.
— reversa .... *Salt.*							?										Add. Synop. Sil. Foss. Irel. p. 72, t. 5, f. 7; Dav. Mono. Brit. Sil. Brach. Pal. Soc. p. 220, t. 29, f. 11–13.
— reversa, var. Mullockensis *Dav.*						?	•	•									O. reversa, Salt. Q. J. Geol. Soc. vol. vii, p. 171, t. 9, f. 13; ib. M'Coy, Brit. Pal. Foss. p. 225; Salt. Siluria, 2 ed. p. 230, Foss. 46, f. 3. O. reversa, var. Mullockensis, Dav. Mono. Brit. Sil. Brach. Pal. Soc. p. 221, t. 29, f. 14–18.
— rigida .... *Dav.*																	Vide O. rustica.
— rugifera																	Vide Strophomena.
— rustica .... *Sow.*								•	•	•	•						Sil. Syst. p. 624, t. 12, f. 9. O. rigida, Dav. Lond. Geol. Jour. p. 63, t. 13, f. 16, 17. O. rustica and var. rigida, Dav. Bull. Soc. Géol. France, 2 ser. vol. v, p. 322, t. 3, f. 15; O. Walcottii, id. ib. p. 339. t. 4, f. 7. O. osiliensis, Schrenk. Schmidts, Sil. Form. von Ehstland, &c. Archiv. Nat. Liv. Ehst und Kurlands, vol. ii, p. 213. O. rustica, Salt. Siluria, 2 ed. t. 20, f. 10; ib. Dav. Mono. Brit. Sil. Brach. Pal. Soc. p. 238, t. 34, f. 13–17; var. rigida, f. 18, 19; var. Walsalliensis, f. 20–22.
— sagittifera ...... *M'Coy*							•	•									Brit. Pal. Foss. p. 227, t. 1 H, f. 15–19; ib. Dav. Mono. Brit. Sil. Brach. Pal. Soc. p. 260, t. 36, f. 18–23.
— Salteri .... *Dav.*							•										Mono. Brit. Sil. Brach. Pal. Soc. p. 255, t. 36, f. 31–34.
— sarmentosa ...... *M'Coy*							•										Synop. Sil. Foss. Irel. p. 34, t. 3, f. 17; Brit. Pal. Foss. p. 227, t. 1 H, f. 25–28; ib. Dav. Mono. Brit. Sil. Brach. Pal. Soc. p. 262, t. 36, f. 35–38.
— semicircularis... *Sow.*																	Sil. Syst. p. 639, t. 21, f. 7.
— simplex .... *M'Coy*							•	•									Sil. Foss. Irel. p. 34, t. 3, f. 18. O. calligramma, var. simplex, Salt. Mem. Geol. Surv. vol. iii, p. 336. O. simplex, Dav. Mono. Brit. Sil. Brach. Pal. Soc. p. 255, t. 32, f. 10, 11.
— Sowerbyana ... *Dav.*							•										Mono. Brit. Sil. Brach. Pal. Soc. p. 247, t. 35, f. 27–31. Orthis calligr. var. Walsalliensis, Salt. (non Dav.) Mem. Geol. Surv. vol. iii, p. 337, t. 22, f. 6, 7.
— spiriferioides ... *M'Coy*							•	•									Strophomena leptæna, Brit. Pal. Foss. p. 246; Ann. Mag. Nat. Hist. 2 ser. vol. viii, p. 246, woodcut; Salt. Siluria, 4 ed. p. 194, Foss. 37, f. 2. O. spiriferoides, Dav. Mono. Brit. Sil. Brach. Pal. Soc. p. 275, t. 37, f. 3–7.
— striatula .... *Conrad*, MS. and *Emm.*						•	•										Geol. Rept. 1842, p. 394, Illust. 105, f. 3. O. testudinaria, Hall, Pal. New York, vol. i, t. 32, f. 1; Salt. Mem. Geol. Surv. vol. ii, pt. 1, t. 27, f. 6–8. O. striatula, ib. Siluria, 4 ed. p. 51, Foss. 11, f. 16; p. 193, Foss. 36, f. 3; Q. J. Geol. Soc. vol. xv, t. 13, f. 14–16; ib. Mem. Geol. Surv. vol. iii, p. 340, t. 13, f. 10–14; ib. Baily, Char. Foss. t. 8, f. 6. ? *Orthis testudinaria.*

PALÆOZOIC.   BRACHIOPODA.   CAMBRIAN AND SILURIAN.

SPECIES.	Har. St. David's.	Menevian.	Lingula Flags.	Tremadoc.	Arenig.	Llandeilo.	Caradoc or Bala.	Low. Llandovery.	Up. Llandovery.	Woolhope Lmst.	Wenlock Shale.	Wenlock Lmst.	Lower Ludlow.	Aymestry Lmst.	Upper Ludlow.	Tilest. & Passage.	Pass up.	REFERENCES.
Orthis (continued).																		
— sub-lævis ...... M'Coy							•											Vide Strophomena deltoidea.
— testudinaria ... Dalm.							•	•	•			•						Vet. Akad. Handl. Stockholm, 1827, p. 115, t. 2, f. 4; ib. His. Pet. Suecica, p. 71, t. 20, f. 11; ib. Sow. Sil. Syst. t. 20, f. 9, 10; ib. Hall, Pal. New York, vol. i, p. 117, t. 32, f. 1, and p. 288, t. 79, f. 4. O. striatula, Salt. Q. J. Geol. Soc. vol xv, p. 380, t. 13, f. 14-16; ib. Mem. Geol. Surv. vol. iii, p. 340, t. 13, f. 10-14; ib. Siluria, 2 ed. p. 74, Foss. 12, f. 6, t. 5, f. 11; ib. 4 ed. p. 68, Foss. 13, f. 6, t. 5, f. 1, 2; Dav. Mono. Brit. Sil. Brach. Pal. Soc. p. 276, t. 38, f. 13-24. O. test. Billings, Geol. Canada, p. 165, f. 144; ib. Nich. Pal. Ontario, 1874, p. 16.
— triangularis ... Sow.							•											Sil. Syst. t. 20, f. 17; Salt. Siluria, 4 ed. t. 5, f. 13; Dav. Mono. Brit. Sil. Brach. Pal. Soc. p. 277, t. 38, f. 27.
— tricenaria ...... Conrad							•	•	•									Proceed. Acad. Nat. Sci. vol. i, p. 333; ib. Hall, Pal. New York, vol. i, p. 121; ib. Billings, Geol. Canada, p. 167, f. 151; ib. Dav. Mono. Brit. Sil. Brach. Pal. Soc. p. 276, t. 38, f. 28.
— turgida .... M'Coy							•	•	•									Brit. Pal. Foss. t. 1 H, f. 20-24, p. 229; ib. Dav. Mono. Brit. Sil. Brach. Pal. Soc. p. 258, t. 12, f. 12-20.
— unguis .... Sow.								•										Terebratula, Sil. Syst. p. 640, t. 21, f. 13; Siluria, 4 ed. t. 5, f. 3, 4; ib. Dav. Mono. Brit. Sil. Brach. Pal. Soc. p. 257, t. 37, f. 16-22.
— undata .... M'Coy									•									Vide Strophomena deltoidea.
— undulata ...... M'Coy																		Vide Strophomena corrugata.
— Valpyana ...... Dav.							?	?	?									Mono. Brit. Sil. Brach. Pal. Soc. p. 235, t. 32, f. 29-33; ib. Q. J. Geol. Soc. vol. xxvi, p. 83, t. 5, f. 23-25 (derived).
— vaticena ...... Salt.																		Vide O. lenticularis.
— vespertilio ...... Sow.							•	•	•									Sil. Syst. t. 20, f. 11. O. bilobata, id. ib. t. 19, f. 7; Siluria, 4 ed. p. 69, Foss. 13, f. 7, t. 6, f. 1-3. O. vespertilio, M'Coy, Brit. Pal. Foss. p. 230; ib. Dav. Mono. Brit. Sil. Brach. Pal. Soc. p. 236, t. 30, f. 11-21.
— virgata .... Sow.																		Vide O. calligramma, var. virgata, Sow.
— Vicaryi .... Dav.							?	?	?									Q. J. Geol. Soc. vol. xxvi, p. 84, t. 5, f. 20-22 (derived).
— Sp. .... Salt.					•													Mem. Geol. Surv. vol iii (Geol. N. Wales), p. 338, t. 11 B, f. 14.
ORTHIDÆ.																		
Orthisina ...... D'Orbigny, 1849																		
Pronites .... Pander, 1830																		
— adscendens ... Pander						•	?											Pronites adscendens, P. plana, P. rotunda, P. convexa, P. præceps, P. tetragona, P. lata, P. excelsa, Beitr. zur Geol. des Russ. Riches, t. 17, f. 2-6; t. 18, f. 1-5. Orthisina, M'Coy, Brit. Pal. Foss. p. 231. Orthis adscendens, V. Buch, Mém. Soc. Géol. France, vol. iv, p. 211, t. 2, f. 10. Orthis adscendens, D'Eichw. Urwelt Russl. heift. 1, p. 15. O. pronites, heift. 2, p. 145, t. 4, f. 1, 1842; ib. De Vern. and De Key. Geol. Russ. vol. ii, p. 203, t. 12, f. 3. Orthisina, Dav. Mono. Brit. Sil. Brach. Pal. Soc. p. 278, t. 49, f. 27-29.
— Scotica							•											Vide Orthis calligramma.
RHYNCHONELLIDÆ.																		
Pentamerus ...... Sowerby, 1813																		
Gypidia .... Dalman																		
— Aylesfordii ... Sow.																		Vide P. Knightii.

PALÆOZOIC. BRACHIOPODA. CAMBRIAN AND SILURIAN.

SPECIES.	Har. St. David's.	Menevian.	Lingula Flags.	Tremadoc.	Arenig.	Llandeilo.	Caradoc or Bala.	Low. Llandovery.	Up. Llandovery.	Woolhope Limst.	Wenlock Shale.	Wenlock Limst.	Lower Ludlow.	Aymestry Limst.	Upper Ludlow.	Tilest. & Passage.	Pass up.	REFERENCES.
Pentamerus (continued).																		
— galeatus ...... Dalm.									•	•	•	•	•	•				Atrypa, Kongl. Vetens. Akad. Handl. p. 130. *Trigonotreta cassidea*, Bronn. Leth. Geog. vol. i, p. 78, t. 2, f. 9 z. Atrypa galeatea, His. Leth. Suec. p. 76, t. 12, f. 1; ib. Sow. Sil. Syst. t. 12, f. 4. Pentamerus, Murch. and Keys. and Vern. Geol. Russ. vol. ii, p. 130, t. 8, f. 3; ib. Barr. Naturw. Abhandl. vol. i, p. 465, t. 16, f. 5; ib. Schnur. Eifel. Brachiop. in W. Dunker und H. v. Meyer's Palæontogr. vol. iii, p. 196, t. 29, f. 2; ib. D'Eichwald, Leth. Rossica, Période Ancienne, vol. i, t. 35, f. 19, 20; ib. Hall, Pal. New York, vol. iii, p. 257, t. 46, f. 1 a–2; t. 47, f. 1; ib. Salt. Siluria, 4 ed. t. 21, f. 8, 9; Dav. Mono. Brit. Sil. Brach. Pal. Soc. p. 145, t. 15, f. 13–23.
— globosus ...... Sow.										•	•			•				Atrypa, Sil. Syst. t. 22, f. 2 b; ib. Phill. and Salt. Mem. Geol. Surv. vol. ii, pt. 1, p. 227; Salt. Siluria, 4 ed. t. 8, f. 8; ib. Mem. Geol. Surv. vol. iii, p. 276, 300; Dav. Mono. Brit. Sil. Brach. Pal. Soc. p. 156, t. 19, f. 10–12.
— Knightii ...... Sow.									•	•		•	•	•				Min. Conch. vol. i, p. 73, t. 28; ib. Sil. Syst. p. 615, t. 6, f. 8; ib. Gruenewalt, Verst. Silurisch. Kalkstein, Von Bogoslowsk, Mém. Sav. Étrang. vol. vii, p. 26, t. 4, f. 15; ib. De Vern. Geol. of Russ. vol. ii, t. 7, f. 1. *P. Aylesfordii*, Sow. Sil. Syst. t. 29. P. Knightii, Siluria, 4 ed. t. 21, f. 10, var. f. 11; ib. Dav. Mono. Brit. Sil. Brach. Pal. Soc. p. 142, t. 16, f. 1–3; t. 17, f. 1–10; t. 19, f. 3.
— lævis ...... Sow.																		*Vide* P. oblongus.
— lens ...... Sow.																		*Vide* Stricklandinia.
— linguifer ...... Sow.										•	•	•						Atrypa, Sil. Syst. t. 13, f. 6. P. linguifer, Dav. and De Verneuil, Bull. Soc. Géol. France, 2 ser. vol. v, p. 333–346; ib. Salt. Siluria, 4 ed. t. 22, f. 21; Dav. Mono. Brit. Sil. Brach. Pal. Soc. p. 149, t. 17, f. 11–14.
— liratus ...... Sow.																		*Vide* Stricklandinia.
— microcamerus ... M'Coy																		*Vide* Stricklandinia lens.
— oblongus ...... Sow.								•	•	•	•	•						Sil. Syst. t. 19, f. 10. *P. lævis*, ib. Min. Conch. vol. i, p. 76, t. 28; ib. Phill. and Salt. Mem. Geol. Surv. vol. ii, pt. 1, p. 292. P. oblongus, Hall, Geol. Rept. New York, p. 7, f. 1–5; ib. Pal. New York, vol. ii, p. 79, t. 25, f. 1; t. 26, f. 1; ib. Salt. Q. J. Geol. Soc. vol. vii, p. 171, 172; ib. M'Coy, Brit. Pal. Foss. p. 211; ib. Salter, Siluria, 4 ed. p. 90, Foss. 15, f. 2, t. 8, f. 1–4.
— rotundus ...... Sow.									•	•		•						Atrypa, Sil. Syst. t. 13, f. 7; ib. Phill. and Salt. Mem. Geol. Surv. vol. ii, pt. 1, p. 279. *Hemithyris*, M'Coy, Brit. Pal. Foss. p. 205. *Rhynchonella*, Salt. Siluria, 2 ed. t. 22, f. 18. Pentamerus, Dav. Mono. Brit. Sil. Brach. Pal. Soc. p. 150, t. 15, f. 9–12.
— undatus ...... Sow.									•	•								Atrypa, Sil. Syst. t. 21, f. 2. Pentamerus, M'Coy, Brit. Pal. Foss. p. 211. P. undatus, Salt. Siluria, 4 ed. p. 90, Foss. 14, f. 6, t. 8, f. 5–7; ib. Dav. Mono. Brit. Sil. Brach. Pal. Soc. p. 155, t. 19, f. 4–9.
RHYNCHONELLIDÆ.																		
Porambonites ... Pander, 1830...																		
Ivorhynchus ... King, 1850...																		
Platystrophia .. King, 1850...																		
— Capewellii ...... Dav.																		*Vide* Eichwaldia.
— intercedens ...... Pander							•											Beitr. zur Geog. des Russischen Reiches, p. 2, f. 2. *Spirifer porambonites*, Von Buch, Beitr. zur Geb. Russl. p. 13, t. 2, f. 4, 7. *Atrypa fissa*, M'Coy, Synop. Sil. Foss. Irel. p. 39, t. 3, f. 28. P. intercedens, M'Coy, Brit. Pal. Foss. p. 212. P. intercedens, Pand. var. fissa, M'Coy, Mono. Brit. Sil. Brach. Pal. Soc. p. 195, t. 25, f. 16–19; t. 26, f. 1–3.

BRACHIOPODA

CAMBRIAN AND SILURIAN.

SPECIES.	CAMBRIAN.			LOWER SIL.				UPPER SILURIAN.								REFERENCES.
	Har. St. David's.	Menevian.	Lingula Flags.	Tremadoc.	Arenig.	Llandeilo.	Caradoc or Bala.	Low. Llandovery.	Up. Llandovery.	Woolhope Lmst.	Wenlock Shale.	Wenlock Lmst.	Lower Ludlow.	Aymestry Lmst.	Upper Ludlow.	Tilest. & Passage.	Pass up.	
Producta																		
— *depressa* .... Sow.																		*Vide* Strophomena rhomboidalis.
Pseudocrania...... *M'Coy*, 1849...																		
Crania .... *Retzius*, 1781...																		
Orbicula........ *D'Orbigny*,1789																		
Palaeocrania																		
— *divaricata*																		*Vide* Crania divaricata.
SPIRIFERIDÆ.																		
Retzia .... *King*, 1849																		
Spirigera ...... *D'Orbigny*,1847																		
Rhynchonella (pars)... *Auct.* ...																		
— *Barrandii* ...... Dav.										*	*	*						Terebratula, Bull. Soc. Géol. France, vol. v, 2 ser. p. 332, t. 3, f. 32. *Rhynchonella*, Salt. Siluria, 2 ed. p. 250, Foss. 57, f. 6. Retzia, Dav. Mono. Brit. Sil. Brach. p. 128, t. 13, f. 10-13.
— *Bailyi* .... Dav.																		Var. of R. Salteri.
— *Bouchardii* .... Dav.																		Var. of R. Salteri.
— *Salteri* .... Dav.												*						Terebratula, Bull. Soc. Géol. France, 2 ser. vol. v, p. 331, t. 3, f. 31. Retzia, Schmidt, Sil. Form. Ehstland, &c. p. 212. R. Salteri, Siluria, 4 ed. p. 226, Foss. 58, f. 7-8. Var. R. Bailyi, Dav. Tereb. Bull. Soc. Géol. France, vol. v, 2 ser. p. 330, t. 3, f. 29; ib. Mono. Brit. Sil. Brach. Pal. Soc. p. 127, t. 12, f. 23-25, 27. Var. R. Bouchardii, Dav. ib. p. 332, t. 3, f. 38; ib. Pal. Soc. t. 12, f. 26-30. R. Salteri, Dav. Pal. Soc. p. 135, t. 12, f. 21, 22; Siluria, 4 ed. p. 226, Foss. 58, f. 7, 8.
— *cuneata*																		*Vide* Rhynchonella.
RHYNCHONELLIDÆ.																		
Rhynchonella ... *Fischer*, 1809...																		
Trigonella ...... *Fischer*																		
Terebratulites .. *Schloth*, 1820 ...																		
Cyclothyris ... *M'Coy*, 1844 ...																		
Hypothyris ... *Phill.* 1841 ...																		
Hemithyris ... (part) *D'Orbigny* *M'Coy* ...																		
— *æmula* .... Salt.						*												Cat. Foss. Mus. Pract. Geol. p. 7, 1865; ib. Dav. Mono. Brit. Sil. Brach. Pal. Soc. p. 188, t. 24, f. 21.
— *angustifrons*																		*Vide* Maristella.
— *apiculata*																		*Vide* Atrypa.
— *Barrandii*																		*Vide* Retzia.
— *Baltiana* ...... Dav.									*			*						Mono. Brit. Sil. Brach. Pal. Soc. p. 189, t. 24, f. 22.
— *bidentata* ...... Sow.																		*Vide* R. borealis.
— *borealis* .... Schloth					*	*	*	*	*									Terebratula, Dalm. Schloth, Systematisches der Pet. Sammlung, p. 68, No. 88; ib. Von Buch, Mem. Soc. Géol. de France, vol. iii, p. 171, t. 16, f. 15. *Ter. plicatella*, His. Leth. Suec. p. 80, t. 23, f. 4. *Tereb. lacunosa*, Sow. Sil. Syst. t. 12, f. 10. *T. bidentata*, Sow. ib. t. 12, f. 13 &. *Hypothyris borealis*, Phill. and Salt. Mem. Geol. Surv. vol. ii, pt. 1, p. 383, t. 26, f. 9-14. *Tereb. plicatella et diodonta*, Dalm. Vet. Akad. Handl. p. 140, t. 6, f. 2, 4. R. borealis, var. diodonta, Salt. Siluria, 2 ed. t. 22, f. 5. R. borealis, Dav. Mono. Brit. Sil. Brach. Pal. Soc. p. 174, t. 21, f. 14-27.

PALÆOZOIC. BRACHIOPODA. CAMBRIAN AND SILURIAN.

SPECIES	Har. St. David's.	Menevian.	Lingula Flags.	Tremadoc.	Arenig.	Llandeilo.	Caradoc or Bala.	Low. Llandovery.	Up. Llandovery.	Woolhope Lmst.	Wenlock Shale.	Wenlock Lmst.	Lower Ludlow.	Aymestry Lmst.	Upper Ludlow.	Tilest. & Passage	Pass up.	REFERENCES
Rhynchonella (continued).																		
— brevirostris																		*Vide* R. deflexa.
— compressa ...... Salt.																		*Vide* Athyris.
— crebricosta ...... Sow.																		*Vide* R. Wilsoni.
— cuneata .... Dalm.								*	*	*	*	*						Terebratula, K. Vet. Akad. Handl. p. 141, t. 6, f. 3; ib. His. Bidrag. till Sveriges Geognosi, pt. 4, p. 339, t. 6, f. 3; ib. Leth. Suec. p. 81, t. 23, f. 5; ib. Sow. Sil. Syst. p. 625, t. 12, f. 13; ib. Barr. Sil. Brach. aus Böhmen Natur. Abhandl. vol. i, p. 80, t. 17, f. 11. Hypothyris, Phill. and Salt. Mem. Geol. Surv. vol. ii, pt. 1, p. 280. Atrypa, Hall, Pal. New York, vol. ii, p. 276, t. 57, f. 4 a-f. Retzia, Salt. Siluria, 2 ed. and 4 ed. t. 22, f. 8; ib. Dav. Mono. Brit. Sil. Brach. Pal. Soc. p. 164, t. 21, f. 7–11.
— crispata .... Sow.																		*Vide* R. Stricklandi.
— Davidsoni ...... M'Coy																		Var. of R. Wilsoni (*vide*).
— decomplicata ... Sow.								?		*		?						Terebratula, Sil. Syst. t. 21, f. 17. Hypothyris, Phill. and Salt. Mem. Geol. Surv. vol. ii, pt. 1, p. 280. Rhynchonella, Siluria, 4 ed. t. 9, f. 15; ib. Mem. Geol. Surv. vol. iii, p. 287; ib. Dav. Mono. Brit. Sil. Brach. Pal. Soc. p. 177, t. 23, f. 10–24.
— deflexa .... Sow.											*	*	*					Terebratula, Sil. Syst. t. 22, f. 14. T. brevirostris, id. ib. t. 13, f. 15. T. sphaerica, id. ib. t. 13, f. 17. T. interplicata, id. ib. t. 13, f. 23. Atrypa interplicata, Hall, Pal. New York, vol. ii, p. 275, t. 57, f. 2a-g. T. deflexa, Barr. Brach. Böhm. Naturwissens Abhandl. t. 20, f. 15. Hypothyris deflexa et brevirostris, Phill. and Salt. Mem. Geol. Surv. vol. ii, pt. 1, p. 280. Rhynchonella, Salt. Siluria, 4 ed. t. 22, f. 10; ib. Dav. Mono. Brit. Sil. Brach. Pal. Soc. p. 178, t. 22, f. 24–27.
— depressa .... M'Coy																		*Vide* Triplesia Maccoyana.
— didyma .... Dalm.																		*Vide* Maristella.
— diodonta .... Dalm.																		*Vide* R. borealis.
— ? Edgelliana ... Dav.								*										Mono. Brit. Sil. Brach. Pal. Soc. p. 190, t. 24, f. 27, 28.
— Etheridgii ...... Dav. MS.																		*Vide* Atrypa apiculata.
— furcata .... Sow.																		*Vide* Meristella furcata.
— Grayii .... Dav.																		*Vide* Atrypa Grayii.
— hemisphaerica ... Sow.																		*Vide* Atrypa hemisphaerica.
— interplicata ... Sow.																		*Vide* R. deflexa.
— lacunosa .... Sow.																		*Vide* R. borealis.
— Lewisii .... Dav.								?	*	*								Terebratula, Bull. Soc. Géol. France, 2 ser. vol. v, p. 330, t. 3, f. 30. Hemithyris, M'Coy, Brit. Pal. Foss. p. 203. Rhynchonella, Salt. Siluria, 4 ed. p. 216, Foss. 58, f. 2; ib. Lindström Gotlands, Brach. p. 366; ib. Dav. Mono. Brit. Sil. Brach. Pal. Soc. p. 180, t. 23, f. 25–28.
— Llandoveriana .. Dav.								*	*			*						Siluria, 3 ed. p. 527; ib. 4 ed. p. 210, Foss. 49, f. 1. Atrypa serrata, M'Coy, Synop. Sil. Foss. Ircl. p. 41, t. 3, f. 29. Rhyncho, Morris, Cat. Brit. Foss. p. 147. R. Llandoveriana, Dav. Mono. Brit. Sil. Brach. Pal. Soc. p. 182, t. 24, f. 8–13.
— nana .... Salt.								*										Dav. Mono. Brit. Sil. Brach. Pal. Soc. p. 192, t. 24, f. 26. (Salter, MS.)
— nasuta .... M'Coy								*										Hemithyris, Ann. Mag. Nat. Hist. vol. viii, 2 ser. p. 393; Brit. Pal. Foss. p. 206, t. 1 L, f. 4; ib. Dav. Mono. Brit. Sil. Brach. Pal. Soc. p. 173, t. 23, f. 19.

PALÆOZOIC.   BRACHIOPODA.   CAMBRIAN AND SILURIAN.

SPECIES.	Har. St. David's	Menevian.	Lingula Flags.	Tremadoc.	Arenig.	Llandeilo.	Caradoc or Bala.	Low. Llandovery.	Up. Llandovery.	Woolhope Lmst.	Wenlock Shale.	Wenlock Lmst.	Lower Ludlow.	Aymestry Lmst.	Upper Ludlow.	Tilest. & Passage.	Pass up.	REFERENCES.
Rhynchonella (*continued*).																		
— *navicula* .... *Sow.*							?		*	*	*	*	*	*				*Terebratula*, Sil. Syst. t. 5, f. 17; ib. Barr. Silurische Brachiop. aus Böhmen, t. 15, f. 4. *Hypothyris*, Phill. Mem. Geol. Surv. vol. ii, pt. 1, p. 281. *Hemithyris*, M'Coy, Brit. Pal. Foss. p. 204. Rhyncho. Salt. Siluria, 4 ed. t. 22, f. 12; ib. Dav. Mono. Brit. Sil. Foss. Pal. Soc. p. 190, t. 22, f. 20–23.
— *neglecta*																		*Vide* R. nucula.
— *nitida*																		*Vide* Meristella.
— *nucula* .... *Sow.*							*	*	*	*	*	*	*	*				*Terebratula*, Sil. Syst. t. 5, f. 20. *T. pusilla*, Sow. lb. t. 21, f. 18. *T. neglecta*, id. ib. t. 21, f. 14. *T. pulchra*, id. ib. t. 5, f. 21. *Tereb. pomellii*, Dav. Bull. Soc. Géol. France, 2 ser. vol. v, p. 330, t. 3, f. 28. *Hypothyris semisulcata*, Phill. and Salt. Mem. Geol. Surv. vol. ii, pt. 1, p. 382, t. 28, f. 1–8. *Hemithyris* nucula, M'Coy, Brit. Pal. Foss. p. 204. *Atrypa*, M'Coy, Synop. Sil. Foss. Irel. p. 40. Rhynchonella, Salt. Siluria, 2 ed. t. 22, f. 1, p. 250, Foss. 57, f. 11; 4 ed. t. 9, f. 11, t. 22, f. 12, p. 226, Foss. 58, f. 1. R. nucula, Dav. Mono. Brit. Sil. Brach. Pal. Soc. p. 181, t. 24, f. 1–7; ib. Trans. Geol. Soc. Glasgow, Up. Sil. Brach. p. 14, t. 2, f. 4. *R. obtusiplicata*, Salt. Siluria, 2 ed. p. 545.
— *obtusiplicata* ... *Salt.*																		*Vide* R. nucula.
— *ovalis* .... *Dav.*							?	*										Q. J. Geol. Soc. vol. xxvi, p. 83, t. 4, f. 24, 25.
— *pentagona* ...... *Sow.*																		*Vide* R. Wilsoni.
— *pusilla* .... *Sow.*																		*Vide* R. nucula.
— *pulchra* .... *Sow.*																		*Vide* R. nucula.
— Pentlandica ... *Harv.*												*						Sil. Form. Pent. Hills, p. 31, t. 3, f. 9, 10; ib. Dav. Trans. Glasgow, Geol. Soc. t. 1, f. 22–27. R. Sp. Salt. Mem. Geol. Surv. (Scotland, sheet 32) p. 138, t. 2, f. 7, 7 a. R. Pentlandica, Dav. Mono. Brit. Sil. Brach. Pal. Soc. p. 187, t. 22, f. 9–19.
— *pomellii* .... *Dav.*																		*Vide* R. nucula.
— Portlockiana ... *Dav.*							*											Mono. Brit. Sil. Brach. Pal. Soc. p. 189, t. 24, f. 23–25.
— *rotunda* .... *Sow.*																		*Vide* Pentamerus.
— Salteri .... *Dav.*																		Mono. Brit. Sil. Brach. Pal. Soc. p. 188, t. 24, f. 19–20.
— *serrata* .... *M'Coy*																		*Vide* R. Llandoveriana.
— *semisulcata* ...... *M'Coy*																		*Vide* R. nucula.
— *sexcostata* ...... *M'Coy*							*											*Atrypa*, Synop. Sil. Foss. Irel. t. 3, f. 30.
— *sphærica* .... *Sow.*																		*Vide* R. deflexa.
— *sphæroidalis* ... *M'Coy*																		Var. of R. Wilsoni (*vide*).
— Stricklandi ...... *Sow.*										*	*	*						*Terebratula*, Sil. Syst. t. 13, f. 9. Rhyncho. Siluria, 2 ed. t. 22, f. 11. *T. crispata*, Sow. Sil. Syst. t. 12, f. 11. *Hypothyris*, Phill. and Salt. Mem. Geol. Surv. vol. ii, pt. 1, p. 282. *Hemithyris*, M'Coy, Brit. Pal. Foss. p. 206. Rhyn. Linds. Ofv. K. Vet. Akad. Förhandl. p. 366; ib. Dav. Mono. Brit. Sil. Brach. Pal. Soc. p. 166, t. 21, f. 1–6 and 28.
— *subundata* ...... *M'Coy*							*											*Hemithyris*, Brit. Pal. Foss. t. 1 ll, f. 9, p. 207.
— Thomsoni ...... *Dav.*																		Mono. Brit. Sil. Brach. Pal. Soc. p. 186, t. 24, f. 18. *Terebratula*, Sp. Q. J. Geol. Soc. vol, vii, p. 117, t. 6, f. 13.
— *tripartita* ...... *Sow.*									*									*Terebratula*, Sil. Syst. t. 21, f. 15; ib. Siluria, 2 ed. p. 545, t. 9, f. 10. Rhyncho. 4 ed. t. 9, f. 10; ib. Dav. Mono. Brit. Sil. Foss. Pal. Soc. p. 185, t. 24, f. 15, 16.
— *upsilon* .... *Barr.*							*											*Terebratula*, Natur. Abhandl. vol. i, t. 15, f. 9. *Hemithyris*, M'Coy, Brit. Pal. Foss. p. 207.

PALÆOZOIC. BRACHIOPODA. CAMBRIAN AND SILURIAN.

SPECIES.	CAMBRIAN.				LOWER SIL.				UPPER SILURIAN.									REFERENCES.
	Bar. St. David's	Menevian	Lingula Flags	Tremadoc	Arenig	Llandeilo	Caradoc or Bala	Low. Llandovery	Up. Llandovery	Woolhope Lmst.	Wenlock Shale	Wenlock Lmst.	Lower Ludlow	Aymestry Lmst.	Upper Ludlow	Tilst. & Passage	Pass. up.	
Rhynchonella *(continued)*.																		
— Weaveri ...... *Salt.*											*							Dav. Mono. Brit. Sil. Brach. Pal. Soc. p. 185, t. 24, f. 14. (Salter, MS.)
— Wilsoni ...... *Sow.*									*	*	*	*	*	*				? *Anomia lacunosa*, Linné, Syst. Nat. 12 ed. vol. i, pl. 2, p. 1153. *Treb. Wilsoni*, Sow. Min. Conch. vol. ii, p. 38, t. 118, f. 3; ib. Sil. Syst. p. 615, t. 6, f. 7. *T. crebricosta*, id. ib. t. 13, f. 18. *T. pentagona*, Sow. Sil. Syst. t. 5, f. 21. T. Wilsoni, De Vern. Geol. Russ. and Ural. p. 87, t. 10, f. 8. *Atrypa*, M'Coy, Synop. Sil. Foss. Irel. p. 43. Rhyncho. Dav. Ann. Mag. Nat. Hist. 2 ser. vol. ix, t. 13. *Hypothyris*, Phill. *Hemithyris*, M'Coy, R. Wilsoni, Schmidt, Archiv. Nat. Liv. Ehst. und Kurlands, vol. ii, p. 210; ib. Salt. Siluria, 4 ed. t. 22, f. 13. *R. pentagona*, id. ib. t. 22, f. 3. *R. crebricosta*, id. ib. t. 22, f. 7. *Treb.* Sil. Syst. R. Wilsoni, Dav. Mono. Brit. Sil. Brach. Pal. Soc. p. 167, t. 23, f. 1–9. R. Wilsoni, var. *Davidsoni*, *Hemithyris*, M'Coy, Ann. Mag. Nat. Hist. vol. viii, 2 ser. p. 397; ib. Brit. Pal. Foss. p. 200; ib. Dav. Mono. Brit. Sil. Brach. Pal.-Soc. p. 172, t. 23, f. 11–14. R. Wilsoni, var. *Sphæroidalis*, *Hemithyris*, M'Coy, ib. p. 393; Brit. Pal. Foss. p. 206, t. 1 L, f. 4. R. Wilsoni, var. *Sphæroidalis*, Dav. Mono. Brit. Sil. Brach. Pal. Soc. p. 173, t. 23, f. 10.
DISCINIDÆ.																		
Siphonotreta ...... *De Vern.* 1845 ..																		
— anglica ...... *Morris*						*	*											Ann. Mag. Nat. Hist. 2 ser. vol. iv, p. 370, t. 7, f. 12–c; ib. M'Coy, Brit. Pal. Foss. p. 188; ib. Siluria, 4 ed. p. 226, Foss. 58, f. 10; ib. Dav. Mono. Brit. Sil. Brach. Pal. Soc. 1866, p. 75, t. 8, f. 1.
— micula .... *M'Coy*					?	*												Ann. Mag. Nat. Hist. 2 ser. vol. viii, p. 389, 1851; ib. Brit. Pal. Foss. t. 1 H, f. 3, p. 188; ib. Salt. Siluria, 4 ed. p. 51, Foss. 12, f. 17; p. 226, Foss. 58, f. 3; ib. Dav. Mono. Brit. Sil. Brach. Pal. Soc. p. 76, t. 8, f. 2–6.
SPIRIFERIDÆ.																		
Spirifera .... *Phillips*																		
Spirifer .... *Sowerby,* 1815 ..													*					
Terebratulites .. *Schloth (part)* ..																		
Choristites ...... *Fischer,* 1825 ..																		
Trigonotreta ... *Kœnig,* 1825 ...																		
" *King,* 1849																		
Delthyris .... *Dalmann,* 1827, used by *Hall* ...																		
Martinia																		
Spirifera	*M'Coy*																	
Brachythyris																		
Reticularia ...																		
— biforata																		*Vide* Orthis biforata.
— bijugosa ...... *M'Coy*													*	*				Synop. Sil. Foss. Irel. p. 36, t. 3, f. 23; ib. Salt. Expl. sheets 160, 161, 171, 172, Geol. Surv. Irel. p. 13; ib. Dav. Mono. Brit. Sil. Brach. Pal. Soc. p. 89, t. 10, f. 1–3.
— crispa .... *His.*										*	*	*	*	*				*Terebratula*, Vet. Akad. Handlingar, t. 7, f. 4. *Delthyris*, Dalm. Vet. Akad. Handl. p. 222, t. 3, f. 6; ib. Hising. Anteck. vol. iv, p. 230, 238, t. 7, f. 4; ib. Leth. Suec. p. 73, t. 21, f. 5. *Spirifer*, Sow. Sil. Syst. t. 12, f. 8; ib. Hall, Pal. New York, vol. ii, p. 262, t. 54, f. 3; ib. Salt. Siluria, 4 ed. t. 21, f. 4; ib. Dav. Mono. Brit. Sil. Brach. Pal. Soc. p. 97, t. 10, f. 13–15; Id. ib. Trans. Glasgow, Geol. Soc. Up. Sil. Brach. Pent. Hills, p. 10, t. 1, f. 9, 10, 1868.

PALÆOZOIC.   BRACHIOPODA.   CAMBRIAN AND SILURIAN.

	CAMBRIAN.			LOWER SIL.					UPPER SILURIAN.									
SPECIES.	Har. St. David's	Menevian	Lingula Flags	Tremadoc	Arenig	Llandeilo	Caradoc or Bala	Low. Llandovery	Up. Llandovery	Woolhope Lmst.	Wenlock Shale	Wenlock Lmst.	Lower Ludlow	Aymestry Lmst.	Upper Ludlow	Tilest. & Passage	Pass. up.	REFERENCES.
Spirifera (continued).																		
— elevata ...... *Dalm.*								•	•	•	•	•	•	•	•			*Delthyris*, Vet. Akad. Handl. 1827, p. 130, t. 3, f. 3; ib. His. Leth. Succ. p. 73, t. 21, f. 3. *Spirifer octoplicatus*, Sow. Sil. Syst. t. 12, f. 7 (non M. C. t. 562), *Sp. ptychoides*, Sow. Sil. Syst. t. 9, f. 13. Sp. clevatus, Salt. Siluria, 4 ed. t. 21, f. 5, 6. *Sp. subpuria*, M'Coy, Brit. Pal. Foss. p. 195. Sp. elevata, Dav. Mono. Brit. Sil. Brach. Pal. Soc. p. 95, t. 10, f. 7-11. *Sp. octoplicata*, Dav. Q. J. Geol. Soc. vol. xxvi, p. 79, t. 4, f. 23.
— exporrecta ...... *Wahl.*								•	•	•	•	•		•				*Anomites*, Nova Acta Regiæ Soc. Sci. vol. viii, p. 64, No. 3, 1821. *Cyrtia*, His. Leth. Succ. p. 73, t. 21, f. 2. *Cyrtia*, Dalm. Kongl. Vet. Akad. Handl. p. 118, t. 3, f. 1. *C. trapezoidalis*, Ills. Uldrng. Svor. Geogn. Auteckn, vol. iv, p. 130, t. 4, f. 1; ib. Dalm. loc. cit. p. 119, t. 3, f. 2. Spirifer *trapezoidalis*, Sow. Sil. Syst. t. 5, f. 14; ib. Darr. Naturwiss. Abhandl. vol. ii, t. 16, f. 1. Spirifera (Cyrtia) *trapezo*. M'Coy, Brit. Pal. Foss. p. 196; ib. Salt. Siluria, 2 ed. t. 21, f. 3; ib. 4 ed. t. 9, f. 24, t. 21, f. 3. Sp. exporrecta, Dav. Mono. Brit. Sil. Brach. Pal. Soc. p. 99, t. 9, f. 13-24; ib. Trans. Geol. Soc. Glasgow, Up. Sil. Brach. Pent. Hills, p. 9, t. 1, f. 6-8.
— *insularis* ...... *Eichw.*																		*Vide* Orthis insularis.
— *lenticularis* ...... *Von Buch*																		*Vide* Orthis lenticularis.
— *octoplicata* ...... *Sow.*																		*Vide* Sp. elevata.
— *ovatus* ...... *M'Coy*																		*Vide* Stricklandinia lirata.
— *parvoassa* ...... *M'Coy*																		*Vide* Meristella crassa.
— *pisum* ...... *Sow.*																		*Vide* Nucleospira pisum.
— *plicata* ...... *Sow.*																		*Vide* Orthis calligramma, var. plicata.
— plicatella ...... *Linn.*								•	•	•	•	•	•					*Anomia*, Syst. Naturæ, 12 ed. p. 1154. *Delthyris cyrtana*, Dalm. Kongl. Veten. Handl. 1827, p. 130, t. 3, f. 3; ib. His. Leth. Succ. p. 73, t. 21, f. 4. *Sp. interlineatus*, Sow. Sil. Syst. t. 12, f. 6. *Sp. cyrtina*, M'Coy, Brit. Pal. Foss. p. 193; ib. Schmidt, Silurische Form. von Eistland, Archiv. für die Naturkunde Liv. Ehst. und Kurlands, vol. ii, p. 211. Sp. plicatella, Salt. Siluria, 4 ed. t. 9, f. 25; t. 27, f. 2; ib. Dav. Mono. Brit. Sil. Brach. Pal. Soc. p. 84, t. 9, f. 9-12.
Var. *globosa* ...... *Salt.*												•						Mem. Geol. Surv. vol. ii, pt. 1, p. 382; ib. Lindström, Proceed. Roy. Acad. Sci. Stockholm, p. 158, 1860; ib. Dav. Mono. Brit. Sil. Foss. Pal. Soc. p. 89, t. 9, f. 7, 8.
Var. *radiata* ...... *Sow.*								•	•	•	•	•	•					Sil. Syst. t. 12, f. 6. *Delthyris lineatus* (radiatus), Sow. M. C. vol. v, p. 493, f. 1, 2. *Sp. radiatus*, Hall, Pal. New York, vol. ii, p. 66, t. 22, f. 3; p. 265, t. 54, f. 6; ib. Billings, Geol. Canada, p. 317, f. 328. *Sp. plicatellus*, var. radiatus, Salt. Siluria, 4 ed. t. 9, f. 25; t. 21, f. 2; ib. Dav. Mono. Brit. Sil. Brach. Pal. Soc. p. 87, t. 9, f. 1-6.
— *ptychoides* ...... *Sow.*																		*Vide* Sp. elevata.
— *sub-spuria* ...... *D'Orb.*																		Var. of Sp. elevata.
— sulcata ...... *His.*											•	•						*Delthyris*, Antcckn. Physik. och Geognosi, p. 119, t. 3, f. 2; ib. Leth. Succ. p. 73, t. 21, f. 6. Sp. Dav. Bull. Soc. Géol. France, 2 ser. vol. v, t. 3, f. 41. Sp. sulcata, Hall, Pal. New York, vol. ii, p. 261, t. 54, f. 2; ib. Dav. Mono. Brit. Sil. Brach. Pal. Soc. p. 91, t. 10, f. 4-6.
— *terebratuliformis* ... *M'Coy*																		*Vide* Orthis biforata.
— *trapezoidalis* ... *Dalm.* (*V. Buch*) ...																		*Vide* Sp. exporrecta.
— tridens ...... *M'Coy*							•											Synop. Sil. Foss. Irel. p. 38, t. 3, f. 27. ? *Orthis biforata*, Schloth.

BRACHIOPODA. CAMBRIAN AND SILURIAN.

SPECIES.	CAMBRIAN.				LOWER SIL.				UPPER SILURIAN.							REFERENCES.
	Hue. St. David's.	Menevian.	Lingula Flags.	Tremadoc.	Arenig.	Llandeilo.	Caradoc or Bala.	Lwr. Llandovery.	Up. Llandovery.	Woolhope Shale.	Wenlock Shale.	Wenlock Lmst.	Lower Ludlow.	Aymestry Lmst.	Upper Ludlow.	Tilest. & Passage. Beds sp.	
Spirigerina .... *D'Orbigny*, 1847																	*Vide* Atrypa.
Spondylobulus ...... *M'Coy*, 1851																	*Vide* Crania.
RHYNCHONELLIDÆ.																	
Stricklandinia ... *Billings*, 1866..																	
Pentamerus ... *Sowerby*, 1813..																	
— lens .... *Sow.*							•	•									Atrypa, Sil. Syst. t. 21, f. 3. *Pentamerus*, M'Coy, Brit. Pal. Foss. p. 209. P. lens, Salt. Siluria, 2 ed. p. 100, Foss. 14, f. 1, t. 8, f. 9, 10; ib. 4 ed. p. 90, Foss. 15, f. 1, t. 8, f. 9-11. *Spirifer lævis*, Sow. Sil. Syst. t. 21, f. 21 (non *P. lævis*, Sow. M.C. t. 28, f. 2; non *P. lævis*, Sow. Sil. Syst. t. 19, f. 9. *P. lævis* is the young of *P. oblongus*). P. *microcamerus*, M'Coy, Ann. Mag. Nat. Hist. 2 ser. vol. viii, p. 290; Brit. Pal. Foss. p. 210. Stricklandinia lens, Dillings, Canadian Jour. p. 51, f. 88; ib. Cat. Sil. Anticosti, Geol. Surv. Canada, p. 45. Stricklandinia, Dav. Mono. Brit. Sil. Brach. Pal. Soc. p. 161, t. 19, f. 13-23.
— lirata .... *Sow.*							•	•	•	?	•						*Spirifer*, Sil. Syst. t. 22, f. 6. *Cardium multisulcatum*, His. Leth. Snec. Supp. 2nd, p. 4, t. 41, f. 3. *Spirifer ovatus*, M'Coy, Synop. Sil. Foss. Irel. p. 37, t. 3, f. 24. *Orthis lirata*, Phill. and Salt. Mem. Geol. Surv. vol. ii, pt. 1, p. 291. *Pentamerus*, Salt. Siluria, 2 ed. p. 100 and 230, f. 5. Stricklandinia, 4 ed. p. 90, Foss. 15, f. 3. Stricklandinia, Billings, Canad. Nat. and Geol. vol. iv, p. 434; ib. Canad. Pal. Foss. vol. i, p. 84; ib. Cat. Sil. Foss. Anticosti, Rept. Geol. Surv. Canada, p. 45, 1866; ib. Dav. Mono. Drit. Sil. Brach. Pal. Soc. p. 159, t. 20, f. 1-13.
STROPHOMENIDÆ.																	
Strophomena...... *Rafinesque*, 1825																	
Leptagonia ... *M'Coy (part)*..																	
Orthis............ *Auctorum(part)*																	
Peridiolithus ... *Hiseck*																	
Leptæna .... *Dalm.&Authors*																	
Terebratulites.. *Schloth (part)*..																	
Plectambonites *Pander (part)*..																	
— alternata......... *Conrad*							•	•									*Leptæna*, Ann. Geol. Rept. New York, p. 115, 1838; ib. De Vern. Pal, Russia and Ural Mts. p. 235, t. 14, f. 6. *Lep.* alternata, Hall. Pal. New York, vol. i, p. 102, t. 31, f. 1; t. 31 A, f. 1; ?t. 79, f. 2. Stroph. *bipartita*, Salt. Q.J. Geol. Soc. vol. x, p. 74. S. alternata, Nich. Rept. Pal. Ontario, 1874, p. 16.
— antiquata ...... *Sow.*							•	•	•	•	•						*Orthis*, Sil. Syst. t. 13, f. 13. Strophomena, Salt. Siluria, 4 ed. p. 227, Foss. 38, f. 8, t. 20, f. 18. Lep. *scabrosa*, Dav. Bull. Soc. Géol. France, vol. v, t. 3, f. 13. Strop. antiquata, Billings, Geol. Surv. Canada, Pal. Foss. p. 129, f. 107; ib. Dav. Trans. Geol. Soc. Glasgow, Pal. Soc. vol. i, p. 17, t. 2, f. 27-33; ib. Dav. Mono. Drit. Sil. Brach. Pal. Soc. p. 299, t. 44, f. 3-13. *Lept. Lewisii*, Dav. Lond. Geol. Jour. vol. i, p. 62, t. 12; f. 22-24. O. *scabrosa*, Dav. ib. p. 61, t. 13, f. 14, 15. S. antiquata, Sow. Dav. Mono. Brit. Brach. Pal. Soc. p. 299, t. 44, f. 2-13, 21, 22.
— applanata ...... *Salt.*							•	•		•	•		•				*Orthis*, Mem. Geol. Surv. vol. ii, pt. 1, p. 380, t. 27, f. 1, 2; ib. Griff. Sil. Foss. Irel. t. 5, f. 1. Stroph. Hasw. Sil. Form. Pent. Hills, p. 34, t. 2, f. 18; ib. Dav. Trans. Geol. Soc. Glasgow, vol. i, p. 19, t. 2, f. 19, 20; ib. Mono. Drit. Brach. Pal. Soc. p. 308, t. 43, f. 12-14.
— arenacea .... *Salt.*							?	•		?	?						Siluria, 2 ed. p. 231; ib. 4 ed. p. 210; ib. Dav. Mono. Drit. Sil. Brach. Pal. Soc. p. 396, t. 42, f. 6-8.
— bipartita ...... *Salt.*																	*Vide* S. alternata.
— cancellata ...... *Portl.*							•										Orthis, Geol. Rept. p. 450, t. 32, f. 9.

PALÆOZOIC.　　　　　　　　　BRACHIOPODA.　　　　　CAMBRIAN AND SILURIAN.

SPECIES.	Har. St. David's.	Menevian.	Lingula Flags.	Tremadoc.	Arenig.	Llandeilo.	Caradoc or Bala.	Low. Llandovery.	Up. Llandovery.	Wenlock Shale.	Wenlock Lmst.	Lower Ludlow.	Aymestry Lmst.	Upper Ludlow.	Tilest. & Passage.	Pass. up.	REFERENCES.
Strophomena (*continued*).																	
— complanata ...... *Sow.*								*									*Leptæna*, Sil. Syst. p. 636, t. 20, f. 6.
— compressa ...... *Sow.*					?	*		*		*	*						*Orthis*, Sil. Syst. t. 22, f. 12; ib. Mem. Geol. Surv. vol. ii, pt. 1, p. 379. Stroph. Salt. Siluria, 4 ed. p. 90, Foss. 15, f. 7, t. 9, f. 16. *Leptæna*, M'Coy, Brit. Pal. Foss. p. 242. Stroph. Dav. Mono. Sil. Brach. Pal. Soc. p. 315, t. 46, f. 7-10.
Var. Llandeiloensis,... *Dav.*						*											Mono. Sil. Brach. Pal. Soc. p. 316, t. 46, f. 11-14.
— concentrica ...... *Portl.*							*										*Orthis*, Geol. Rept. p. 452, t. 37, f. 1. O. asinosi, M'Coy, Sil. Foss. Irel. p. 28. *Orthis pseudopecten*, ib. t. 3, f. 16. ? Var. of O. expansa.
— corrugata ...... *Portl.*																	*Vide* S. corrugatella.
— corrugatella ...... *Dav.*						*	*										*Orthis corrugata*, Portl. Geol. Rept. p. 450, t. 32, f. 17, 18. *Leptæna*, M'Coy, Brit. Pal. Foss. p. 233. O. undulata, M'Coy, Synop. Sil. Foss. Irel. p. 36, t. 3, f. 22. *Leptæna corrugata*, Barr. Sil. Brach. Böhm. Naturw. Abhandl. vol. ii, t. 21, f. 16. S. corrugatella, Dav. Mono. Brit. Sil. Brach. Pal. Soc. p. 301, t. 41, f. 8-14.
— Dayi .... *Dav.*								*									Mono. Brit. Sil. Brach. Pal. Soc. p. 292, t. 41, f. 7.
— deltoides .... *Conrad*						?	*										Ann. Geol. Rept. p. 115, 1838, New York; ib. Hall, Pal. New York, vol. i, p. 106, t. 31 A, f. 3. *Leptagonia semiovalis*, M'Coy, Synop. Sil. Foss. Irel. p. 26, t. 3, f. 6. S. deltoides, Bill. Geol. Canada, p. 163, f. 141. *Orthis undata*, var. β, M'Coy, Sil. Foss. Irel. p. 36, t. 3, f. 21. *Leptæna deltoidea*, M'Coy, Brit. Pal. Foss. p. 234, t. 1 H, f. 38, 39. *Leptagonia plicatis*, M'Coy, Sil. Foss. Irel. p. 25, t. 3, f. 5. *Orthis sublævis*, M'Coy, Sil. Foss. Irel. p. 35, t. 3, f. 19. Strophomena deltoidea, Dav. Mono. Brit. Sil. Brach. Pal. Soc. p. 292, t. 42, f. 1-5; t. 39, f. 22.
— ib. var. β, undata ... *M'Coy*						*											*Orthis*, Sil. Foss. Irel. t. 3, f. 21. Strophomena, Brit. Pal. Foss. p. 234, t. 1 H, f. 38, 39. Strophomena, Dav. Mono. Brit. Sil. Brach. Pal. Soc. p. 291, t. 39, f. 23, 24.
— depressa .... *Dalm.*																	*Vide* S. rhomboidalis.
— euglypha .... *His.*								*	*	*	*	*	*	*			*Leptæna*, Autcoken. t. 6, f. 4. Lep. Dalm. Act. Holm. 1827, p. 108, t. 1, f. 3; ib. Sil. Syst. t. 12, f. 1. *Orthis*, M'Coy, Synop. Sil. Foss. Irel. p. 30. S. euglypha, Siluria, 4 ed. t. 20, f. 10. *Producta euglypha*, passim. Lept. euglypha, Sow. Sil. Syst. p. 622, t. 12, f. 1; ib. Dav. Bull. Soc. Géol. France, vol. v, t. 3, f. 4 (2 ser.). Strophomena, Dav. Mono. Brit. Sil. Brach. Pal. Soc. p. 288, t. 40, f. 1-5.
— expansa .... *Sow.*							*	*	*								*Orthis*, Sil. Syst. t. 20, f. 14. O. pecten, Sow. Ib. t. 21, f. 91; ib. Salt. Mem. Geol. Surv. vol. ii, pt. 1, p. 377. O. expansa, M'Coy, Brit. Pal. Foss. p. 217; ib. Siluria, 4 ed. p. 193, Foss. 36, f. 2, t. 6, f. 4. ? O. expansa, var. concentrica, Portl. Geol. Rept. p. 452, t. 37, f. 1. Stroph. Dav. Mono. Sil. Brach. Pal. Soc. p. 312, t. 45, f. 1-10.
— filosa .... *Sow.*								*		*	*	*		*			*Orthis*, Sil. Syst. p. 630, t. 13, f. 12; ib. Dav. Lond. Geol. Jour. vol. i, p. 62, t. 13, f. 24. *Leptæna*, Dav. Bull. Soc. Géol. France, 2 ser. vol. v, p. 318, t. 3, f. 9. *Orthis*, Salt. Siluria, 4 ed. t. 20, f. 21. Stropho. Dav. Mono. Brit. Sil. Brach. Pal. Soc. p. 307, t. 44, f. 14-20.
— Fletcheri .... *Dav.*								*									*Leptæna*, Lond. Geol. Jour. vol. i, p. 12, t. 12, f. 9, 10; ib. Bull. Soc. Géol. France, 2 ser. vol. v, t. 3, f. 12. Strophomena, Dav. Mono. Brit. Sil. Brach. Pal. Soc. p. 317, t. 47, f. 5, 6.
— funiculata ...... *M'Coy*						*	*		*	*							*Orthis*, Synop. Sil. Foss. Irel. t. 3, f. 11, p. 30. *Leptæna*, M'Coy, Brit. Pal. Foss. p. 244. *Leptæna*, Dav. Lond. Geol. Jour. t. 12, f. 5-8. Strophomena, Salt. Siluria, 4 ed. p. 227, Foss. 59, f. 4, 5. Strophomena, Dav. Mono. Brit. Sil. Brach. Pal. Soc. p. 290, t. 40, f. 9-13. Lept. Dav. Bull. Soc. Géol. France, 2 ser. vol. v, p. 317, f. 5.

PALÆOZOIC. BRACHIOPODA. CAMBRIAN AND SILURIAN.

SPECIES.	Har. St. David's.	Menevian.	Lingula Flags.	Tremadoc.	Arenig.	Llandeilo.	Caradoc or Bala.	Low. Llandovery.	Up. Llandovery.	Woolhope Lmst.	Wenlock Shale.	Wenlock Lmst.	Lower Ludlow.	Aymestry Lmst.	Upper Ludlow.	Tilest. & Passage.	Pass. up.	REFERENCES.
Strophomena (*continued*).																		
— grandis .... *Sow.*							*										*	*Orthis*, Sil. Syst. t. 20, f. 12, 13. *Leptæna*, M'Coy, Brit. Pal. Foss. p. 244. ? *Orthis cancellata*, Portl. Geol. Rept. p. 450, t. 32, f. 19. Stroph. grandis, Siluria, 4 ed. p. 68, Foss. 13, f. 9, t. 6, f. 6, 7; ib. Dav. Mono. Sil. Brach. Pal. Soc. p. 311, t. 46, f. 1–3, 5, 6.
— Hendersoni ...... *Dav.*									*									Trans. Geol. Soc. Glasgow, Pal. Series, Fasc. 1, p. 19, t. 2, f. 24; ib. Mono. Sil. Brach. Pal. Soc. p. 311, t. 43, f. 15.
— Hollii .... *Dav.*							*	?	?									Mono. Brit. Sil. Brach. Pal. Soc. p. 303, t. 42, f. 18, 19.
— imbrex .... *Pander*								?	*	*	*	*						*Orthis*, *Leptæna*, Veru. Geol. Russ. vol. ii, p. 230, t. 15, f. 3. *Plectambonites*, Pander, Beitr. p. 91, t. 19, f. 12. Strophomena, Siluria, 4 ed. p. 217, Foss. 59, f. 6, 7; ib. Bill. Geol. Canada, Pal. Foss. p. 128, f. 106. S. imbrex, Pander, var. *semiglobosa*, Dav. Mono. Brit. Sil. Brach. Pal. Soc. p. 286, t. 41, f. 1–6.
Var. semiglobosa... *Dav.*							*		*	*								Mono. Sil. Brach. Pal. Soc. p. 286. *Leptæna imbrex*, De Vern. Geol. Russ. vol. ii, p. 230, t. 15, f. 3 c; ib. Dav. Lond. Geol. Jour. vol. i, p. 55, t. 12, f. 25–28; ib. Bull. Soc. Géol. France, 2 ser. vol. v, p. 318, t. 3, f. 8. Strophomena, Billings, Geol. Surv. Canada, Pal. Foss. vol. i, p. 128, f. 106.
— Jukesii .... *Dav.*							*											Mono. Brit. Sil. Brach. Pal. Soc. p. 296, t. 27, f. 23–26.
— Orbignyi .... *Dav.*									*									*Orthis*, Bull. Soc. Géol. France, 2 ser. vol. v, p. 320, t. 3, f. 17. Strophomena, Etheridge, Cat. Mus. Pract. Geol. p. 41; ib. Dav. Mono. Brit. Sil. Brach. Pal. Soc. p. 306, t. 42, f. 12–14.
— ornatella .... *Salt.* MS.												*						Salt. and Lindström, Nomina Foss. Sil. Gotlandlæ, p. 5. Stroph. Dav. Mono. Brit. Sil. Brach. Pal. Soc. p. 309, t. 43, f. 16–20.
— Ouralensis ...... *Vern.*								?	*									*Leptæna*, Geol. Russ. t. 14, f. 1; ib. M'Coy, Brit. Pal. Foss. p. 136.
— pecten .... *Linn.*							*	*	*	*								*Anomia*, Syst. Nat. vol. i, pt. 2, p. 1152. *Orthis*, Dalm. Terch. Act. Holm. 26, t. 1, f. 6; ib. His. Leth. Succ. t. 20, f. 6. *Orthis armusi*, De Vern. Geol. Russ. t. 10, f. 17. *Leptæna*, M'Coy, Brit. Pal. Foss. p. 243; Dav. Lond. Geol. Jour. t. 13, f. 8–23. Stroph. Siluria, 4 ed. p. 227, Foss. 59, f. 3; ib. Bill. Geol. Canada, p. 311, f. 315. *Orthis minuta*, Hazw. Sil. Form. Pent. Hills, t. 3, f. 1. S. pecten, Dav. Pal. Trans. Geol. Soc. Glasgow, vol. i, p. 18, t. 3, f. 1–4; ib. Brit. Brach. Pal. Soc. p. 305, t. 43, f. 1–11.
— plicotis .... *M'Coy*							*											*Leptagona*, Synop. Sil. Foss. Irel. p. 25, t. 3, f. 5.
— retroflexa ...... *Salt.*													*					*Orthis*, Cat. Foss. Mus. Pract. Geol. p. 8, 1865. Strophomena, Dav. Mono. Brit. Sil. Brach. Pal. Soc. p. 298, t. 42, f. 15–17.
— rhomboidalis ... *Wilck.*							*	*	*	*	*	*	?			*		*Conchita*, Nachricht, &c. p. 79, t. 8, f. 43, 44, 1769. *Anomites*, Dalm. (Wahl.) Nov. Act. Upsal, vol. viii, 1827. *Producta depressa*, Sow. Min. Conch. t. 459, f. 3. *Leptæna rugosa*, His. in Act. R. Ac. Sc. Holm. p. 333, 1826. Lept. rugosa et Lept. depressa, Dahu. Vet. Akad. Handl. p. 106, 107, t. 1, f. 1, 2; ib. Hising. Leth. Suec. p. 69, t. 20, f. 2, 3. Stroph. rhomboidalis, Dav. Trans. Geol. Soc. Glasgow, Up. Sil. Brach. Pent. Hills, p. 16, t. 2, f. 17, 18. *Leptæna depressa*, Sow. Sil. Syst. p. 623, 636, t. 12, f. 2. *Leptæna tenuistriata*, ib. p. 636, t. 22, f. 2. S. *tenuistriata*, Sil. 4 ed. p. 68, Foss. 13, f. 8, 4, 5, f. 15 (non Orthis, id. Sow.). *Strophomena depressa*, Hall, Geol. Rept. 4th dist. New York, p. 77, f. 5; p. 104, f. 2. *Leptæna depressa*, Barr. Sil. Brach. Böh. vol. ii, p. 82, t. 21, f. 4–9. S. rhomboidalis, Hazw. Sil. Form. Pent. Hills, p. 33, t. 3, f. 3; ib. Dav. Trans. Geol. Soc. Glasgow, Pal. Ser. vol. i, p. 16, t. 2, f. 17, 18; ib. Dav. Mono. Brit. Sil. Brach. Pal. Soc. p. 282, t. 39, f. 1–21, t. 44, f. 1.

PALÆOZOIC.   BRACHIOPODA.   CAMBRIAN AND SILURIAN.

SPECIES.	Har. St. David's	Menevian	Lingula Flags	Tremadoc	Arenig	Llandeilo	Caradoc or Bala	Low. Llandovery	Up. Llandovery	Woolhope Lmst.	Wenlock Shale	Wenlock Lmst.	Lower Ludlow	Aymestry Lmst.	Upper Ludlow	Tilest. & Passage	Pass. up.	REFERENCES.
Strophomena (continued).																		
— rugifera .... *Portl.*							*											*Orthis*, Geol. Rept. p. 453, t. 37, f. 2.
— scabrosa .... *Dav.*																		*Vide* S. antiquata.
— Siluriana........ *Dav.*									*									Mono. Brit. Sil. Brach. Pal. Soc. p. 303, t. 47, f. 1-4.
— simulans .... *M'Coy*							*	*	?									*Leptæna*, Brit Pal. Foss. p. 246, t. 1 H, f. 33-35. *Strophomena*, Salt. Mem. Geol. Surv. vol. iii, p. 269, 361; ib. Dav. Mono. Sil. Brach. Pal. Soc. p. 297, t. 42, f. 9, 10.
— spiriferoides ... *M'Coy*																		*Vide* Orthis spiriferoides.
— tenuistriata ... *Sow.*																		*Vide* Stroph. rhomboidalis.
— undata........... *M'Coy*							*											*Orthis*, Synop. Sil. Foss. Irel. p. 36, t. 3, f. 21. *Leptæna*, var. β, *undata*, ib. Brit. Pal. Foss. p. 234, t. 1 H, f. 38, 39. Stroph. deltoides, var. β, undata, Dav. Mono. Brit. Sil. Brach. Pal. Soc. p. 298, t. 39, f. 23, 24.
— undulata........ *M'Coy*																		*Vide* S. corrugata.
— ungula .... *M'Coy*							*											*Leptæna* (*Leptagonia*), Brit. Pal. Foss. p. 249, t. 1 H, f. 36, 37; ib. Dav. Mono. Brit. Sil. Brach. Pal. Soc. p. 285, t. 42, f. 20, 21.
— Walmstodii...... *Linds.*												*	?					Proc. Roy. Acad. Stockh. t. 13, f. 16, 1860; ib. Dav. Trans. Geol. Soc. Glasgow, Pal. Ser. vol. i, p. 18, t. 3, f. 5, 6; ib. Mono. Brit. Sil. Brach. Pal. Soc. p. 290, t. 40, f. 6-8.
— Waltoni .... *Dav.*												*						*Leptæna*, Lond. Geol. Jour. vol. i, t. 26, f. 3; ib. Dall. Soc. Géol. France, 2 ser. vol. v, p. 317, t. 3, f. 6. Strophomena, Mono. Brit. Sil. Brach. Pal. Soc. p. 310, t. 42, f. 11.
TEREBRATULIDÆ.																		
Terebratula .... *Llhwyd*, 1696																		
Lampas .... *Humph.* 1797																		
Gryphus......... *Megerle*, 1811																		
Pygope (Diphya) ...... *Link*																		
Epithyris (Elongata) *Phill.* 1841																		
— bidentata ...... *Sow.*																		*Vide* Rhynchonella borealis.
— Grayii .... *Sow.*																		*Vide* Rhynchonella Grayii.
— læviuscula ...... *Sow.*																		*Vide* Meristella nitida.
— nitida .... *Hall*																		*Vide* Meristella nitida.
— unguis........... *Sow.*																		*Vide* Orthis unguis.
DISCINIDÆ.																		
Trematis .... *Sharpe*, 1847																		
Orbicella ? ...... *D'Orbigny*, 1847																		
— punctata ...... *Sharpe*																		*Vide* Discina punctata.
RHYNCHONELLIDÆ.																		
Triplesia........... *Hall*, 1859																		
Orthis (part)... *Authors*																		
Camerella ...... *Billings*, 1859																		
— Grayiæ .... *Dav.*							*											Mono. Brit. Sil. Brach. Pal. Soc. p. 198, t. 24, f. 31, 32; t. 25, f. 9-11.
— Macoeyana ...... *Dav.*							*											Mono. Brit. Sil. Brach. Pal. Soc. p. 199, t. 24, f. 29. *Hemithyris depressa*, M'Coy, Brit. Pal. Foss. p. 201 (non *Atrypa depressa*, Sow.).
— monilifera ...... *M'Coy*							*											*Producta*, Synop. Sil. Foss. Irel. p. 25, t. 3, f. 3. *Orthis monil.* Etheridge, Cat. Coll. Foss. Mus. Pract. Geol. p. 8. Trip. monilifera, Dav. Mono. Brit. Sil. Brach. Pal. Soc. p. 200, t. 25, f. 3-5.
— productoides ... *M'Coy*							*											*Orthis*, Synop. Sil. Foss. Irel. p. 32, t. 3, f. 15.

PALÆOZOIC.   CONCHIFERA.   CAMBRIAN AND SILURIAN.

SPECIES.	Har. St. David's.	Menevian.	Lingula Flags.	Tremadoc.	Arenig.	Llandeilo.	Caradoc or Bala.	Low. Llandovery.	Up. Llandovery.	Woolhope Lmst.	Wenlock Shale.	Wenlock Lmst.	Lower Ludlow.	Aymestry Lmst.	Upper Ludlow.	Tilest. & Passage.	Pass up.	REFERENCES.
Sub-Kingdom, MOLLUSCA.																		
LAMELLIBRANCHIATA.																		
Class, *CONCHIFERA*.																		
Order, *Pleuroconcha* D'Orb.																		
Pelecypoda ... Goldfuss.																		
Group, *Monomyaria*.																		
AVICULIDÆ.																		ASIPHONIDA.
Ambonychia ...... *Hall*, 1843																		
— acuticosta ...... *M'Coy*									•	•								Brit. Pal. Foss. p. 264, t. 1 K, f. 16.
— carinata .... *Conrad*								•										Hall, Pal. New York, vol. i, p. 294, t. 80, f. 5. *Pterinæa*, Goldf. Pet. Germ. vol. ii, p. 136, t. 119, f. 8.
— contorta .... *Portl.*								•										*Inoceramus*, Geol. Rept. p. 422, t. 33, f. 5.
— gryphus .... *Portl.*								•										*Uncites*, Geol. Rept. p. 455, t. 25 A, f. 8.
— prisca .... *Portl.*								•										Geol. Rept. p. 423, t. 33, f. 1-3.
— striata .... *Sow.*																		*Vide Cardiola striata.*
— transversa .... *Portl.*								•										*Posidonia*, Geol. Rept. p. 423, t. 33, f. 11.
— trigona .... *Münst.*								•										*Inoceramus*, Beitr. heft 3, t. 10, f. 3; lb. Portl. loc. cit. p. 422, t. 33, f. 4.
— triton .... *Salt.*													•					*Avicula*, Mem. Geol. Surv. vol. ii, pt. 1, t. 23, f. 5. *Ambonychia*, Siluria, 4 ed. p. 196, Foss. 39, f. 8.
— undata .... *Hall*																		Pal. New York, vol. i, p. 165, t. 36, f. 7. *Pterinæa*, Emmons, Geol. Rept. 1842, p. 395, f. 1. *Inoceramus retusus*, Portl. Geol. Rept. p. 423, t. 33, f. 2, 3.
AVICULIDÆ.																		
Avicula .... *Klein*, 1753 ...																		
Pteria .... *Scopoli*, 1777 ...																		ASIPHONIDA.
Monotis .... *Bronn*, 1830 ...																		
— ampliata ...... *Phill.*												•	•					Mem. Geol. Surv. vol. ii, pt. 1, t. 23, f. 1, p. 367.
— antiqua .... *Goldf.*												•	•					Petref. Germ. p. 283, t. 160, f. 9.
— asperula ...... *M'Coy*																		*Vide Pterinæa asperula.*
— bullata .... *M'Coy*																		*Vide Pterinæa bullata.*
— Danbyii ...... *M'Coy*												•	•					Brit. Pal. Foss. p. 258, t. 1 I, f. 11-15; lb. Siluria, 4 ed. p. 228, Foss. 60, f. 2, 3.
— lineata .... *Sow.*																		*Vide Pterinæa lineata.*
— orbicularis .... *M'Coy*																		*Vide Pterinæa orbicularis.*
— obliqua .... *Sow.*																		*Vide Modiolopsis obliqua.*
— panopæformis .. *M'Coy*																		*Vide Pterinæa panopæformis.*
— posidoniæformis *M'Coy*																		*Vide Pterinæa posidoniæformis.*
— reticulata ...... *Sow.*																		*Vide Pterinæa Sowerbyi.*
— triton .... *Salt.*																		*Vide Ambonychia triton.*
— venusta .... *Münst.*							•											*Posidonia*, Beitr. zur Pet. heft 3, t. 10, f. 12; lb. M'Coy, Synop. Sil. Foss, Irel. p. 21; lb. Portl. Geol. Rept. p. 424, t. 25 A, f. 4.
AVICULIDÆ.																		
Inoceramus ...... *Parkinson*, 1819																		
— contortus ...... *Portl.*																		*Vide Ambonychia.*
— trigonus ...... *Münst.*																		
— retusus .... *Portl.*																		*Vide Ambonychia undata.*

99

PALÆOZOIC. CONCHIFERA. CAMBRIAN AND SILURIAN.

SPECIES.	Har. St. Dwfd's.	Menevian.	Lingula Fags.	Tremadoc.	Arenig.	Llandeilo.	Caradoc or Bala.	Low. Llandovery.	Up. Llandovery.	Woolhope Lmst.	Wenlock Shale.	Wenlock Lmst.	Lower Ludlow.	Aymestry Lmst.	Upper Ludlow.	Tilest. & Passage.	Pass up.	REFERENCES.
AVICULIDÆ.																		
Pterinæa............ *Goldfuss*, 1832																		
Monopteria ... Meek & Worthen, 1866 ...																		ASIPHONIDA.
— asperula......... *M'Coy*										?	?							*Avicula*, Brit. Pal. Foss. p. 259, t. 1 I, f. 5; ib. Siluria, 4 ed. p. 228, Foss. 60, f. 4.
— Boydii .... *Conrad*																•		*Avicula*, Jour. Acad. Phil. vol. viii, t. 12, f. 4. Pterinæa, M'Coy, Brit. Pal. Foss. p. 259.
— bullata .... *M'Coy*									•									*Avicula*, Synop. Sil. Foss. Irel. p. 23, t. 2, f. 13.
— demissa .... *Conrad*															•			*Avicula*, Jour. Acad. Phil. vol. viii, t. 13, f. 3; ib. Hall, Pal. New York, t. 80, f. 2. Pterinæa, M'Coy, Brit. Pal. Foss. p. 260, t. 1 I, f. 7.
— elongata .... *Goldf*.								•										Pet. Germ. t. 119, f. 5; ib. M'Coy, Synop. Sil. Foss. Irel. p. 21.
— fimbriata .... *M'Coy*								•				?	?	•				Synop. Sil. Foss. Irel. p. 21, t. 2, f. 7.
— hians .... *M'Coy*															•	•		Brit. Pal. Foss. p. 260, t. 1 I, f. 6.
— laminosa .... *Goldf*.										?	?		•					Pet. Germ. vol. ii, p. 136, t. 120, f. 1; ib. M'Coy, Foss. Irel. p. 21.
— lineata.......... *Goldf*.								?	•	•		•	•					Pet. Germ. t. 119, f. 6; ib. M'Coy, Brit. Pal. Foss. p. 261; ib. Synop. Sil. Foss. Irel. p. 21. Av. lineata, Sow. Sil. Syst. t. 5, f. 10. Pt. lineatula, D'Orb. Prod. p. 33, Etage 1, No. 106.
— megaloba .... *M'Coy*															•			Brit. Pal. Foss. p. 261, t. 1 I, f. 19.
— orbicularis ..... *M'Coy*							?	•										*Avicula*, Synop. Sil. Foss. Irel. p. 21, t. 2, f. 8.
— janopæformis... *M'Coy*									•									*Avicula*, Pterinæa, Synop. Sil. Foss. Irel. p. 22, t. 2, f. 9. ? *P. posidoniæformis*.
— planulata ...... *Conrad*								•	•	•	•	•						Ac. M. Sci. Phil. t. 13, f. 15; Mem. Geol. Surv. vol. ii, pt. 1, p. 368; Siluria, 4 ed. p. 228, Foss. 60, f. 6.
— pleuroptera..... *Conrad*												•						*Avicula*, Jour. Acad. Sci. Phil. vol. viii, t. 13, f. 2. Pterinæa, M'Coy, Brit. Pal. Foss. p. 261, t. 1 I, f. 1, 2.
— posidoniæformis *M'Coy*									•									Synop. Sil. Foss. Ireland, p. 22, t. 2, f. 10.
— rectangularis ... *Sow*.								•										Sil. Syst. t. 5, f. 2; ib. Siluria, 4 ed. t. 34, f. 4. ? Var. of *P. retroflexa*.
— retroflexa .... *Wahl*.							?	•	•		•	•	•		•	•		Mytilus, Wahl. Upsal. *Avicula*, His. Leth. Succ. t. 17, f. 12; ib. Sil. Syst. t. 5, f. 9; var. a, ? *Avicula nariformis*, Conrad, Jour. Acad. Phil. vol. viii, t. 12, f. 11; var. β, *A. erecta*, id. ib. t. 12, f. 5. Av. *subretroflexa*, D'Orb. Prod. vol. i, p. 33. Pterinæa retroflexa, M'Coy, Brit. Pal. Foss. p. 262. *Pt. squamosa*, M'Coy, Synop. Sil. Foss. Irel. p. 22, t. 2, f. 11. P. retroflexa, Siluria, 4 ed. t. 9, f. 26; t. 23, f. 17.
— reticulata .... *Sow*.																		*Vide Pterinæa Sowerbyi*.
— Sowerbyi........ *M'Coy*									•	•	•	•	•					Brit. Pal. Foss. p. 263. *Avicula reticulata*, Sow. Sil. Syst. t. 6, f. 3 (non Hisinger, non Goldf.). ? Avicula, Octulis, Verst. Grauw. p. 49, t. 19, f. 17, 18. Pterinæa, Siluria, 4 ed. t. 23, f. 15.
— squamosa .... *M'Coy*																		*Vide P. retroflexa*.
— subfalcata ...... *Conrad*									•	•								*Avicula*, Jour. Acad. Philad. vol. viii, t. 13, f. 4. Pterinæa, M'Coy, Brit. Pal. Foss. p. 263, t. 1 I, f. 3.
— sublævis .... *M'Coy*								•										Synop. Sil. Foss. Irel. p. 23, t. 2, f. 12.
— tenuistriata..... *M'Coy*										•	•	•						Brit. Pal. Foss. p. 263, t. 1 I, f. 4; ib. Siluria, 4 ed. p. 228, Foss. 60, f. 5.

PALÆOZOIC. CONCHIFERA. CAMBRIAN AND SILURIAN.

SPECIES.	CAMBRIAN.			LOWER SIL.				UPPER SILURIAN.						REFERENCES.
	Hist. St. David's.	Menevian.	Lingula Flags.	Tremadoc.	Arenig.	Llandeilo.	Caradoc or Bala.	Low. Llandovery.	Up. Llandovery.	Woolhope Lmst.	Wenlock Shale.	Wenlock Lmst.	Lower Ludlow.	Aymestry Lmst.	Upper Ludlow.	Tilest. & Passage.	Pass up.	

LAMELLIBRANCHIATA.
Order, *Isedrolotila* M'Coy.
  Pelecypoda... Goldfuss.
Group, *Dimyaria*.

ASIPHONIDA.

Species																		References
Actinodonta........ Phillips, 1848...																		*Vide* Lyrodesma.
MYTILIDÆ.																		
Anodontopsis ... M'Coy, 1852 ...																		
— angustifrons .. M'Coy											•							Brit. Pal. Foss. p. 271, t. 1 K, f. 14, 15; ib. Ann. Mag. Nat. Hist. vol. vii, p. 54.
— bulla .... M'Coy										•		•			•	•		Brit. Pal. Foss. p. 271, t. 1 K, f. 11–13. *Lucina*, Synop. Sil. Foss. Irel. p. 17, t. 2, f. 1. Anodontopsis, Siluria, 4 ed. p. 229, Foss. 61, f. 5.
— lævis .... Sow.															•	?		*Pullastra*, Sil. Syst. t. 3, f. 1 a. Anodontopsis, M'Coy, Brit. Pal. Foss. p. 271.
— lucina .... Salt.											•							Mem. Geol. Surv. Geol. Edinb. sheet 32, p. 140, t. 2, f. 14.
— perovalis........ Salt.										•	•							*Mytilus*, Mem. Geol. Surv. vol. ii, pt. 1, p. 363, t. 20, f. 2.
— quadratus ...... M'Coy												•			•	•		Brit. Pal. Foss. p. 272, t. 1 K, f. 10. *Mytilus*, Salt. Mem. Geol. Surv. vol. ii, pt. 1, p. 368, t. 20, f. 1.
— securiformis ... M'Coy											•				•			Brit. Pal. Foss. p. 272, t. 1 L, f. 9; ib. Ann. Mag. Nat. Hist. vol. vii, p. 55. *Modiola*, Port. Rept. p. 425, t. 33, f. 8. (*Pseudaxinus*.)
ARCADÆ.																		
Arca .... Linn, 1758 ...																		
Ctenodonta (part)... Salter, 1851																		
Pectunculus ...... Authors																		ASIPHONIDA.
Nucula (part).... Authors																		
— Apjohnni ...... Portl.							•											*Pectunculus*, Geol. Rept. p. 429, t. 34, f. 8. *P. ambiguus*, ib. p. 430, t. 34, f. 11.
— ambiguus ...... Portl.																		*Vide* A. Apjohnni.
— cylindracea ... Portl.																		*Vide* Ctenodonta obliqua.
— dissimilis ...... Portl.																		*Vide* Ctenodonta dissimilis.
— Eastnori .... Sow.																		*Vide* Ctenodonta Eastnori.
— Edmondiiformis M'Coy										•	•				•			Brit. Pal. Foss. p. 283, t. 1 K, f. 2, 3; ib. Ann. Mag. Nat. Hist. 2 ser. vol. vii, p. 52.
— ? Naranjoana ... De Vern.							?											Bull. Soc. Géol. France, 2 ser. vol. xii, t. 26, f. 12; ib. Salt. Q. J. Geol. Soc. vol. xx, p. 300, t. 16, f. 8. (Dudleigh pebbles.)
— obliqua .... Portl.																		*Vide* Ctenodonta.
— primitiva ...... Phill.						?												Mem. Geol. Surv. vol. ii, pt. 1, t. 21, f. 5.
— quadrata ...... M'Coy																		
— regularis ...... Portl.																		*Vide* Ctenodonta.
— semitruncata ...																		
— scitula............ M'Coy																		(*Byssoarca*), Brit. Pal. Foss. p. 283, t. 1 K, f. 1. ? *Arca Eastnori*, Sil. Syst. t. 20, f. 1, 2 b. Ctenodonta subæqualis, Siluria, 4 ed. t. 10, f. 7, 8.
— subæqualis ...... M'Coy										•	•				•			
— subacuta .... M'Coy						?												*Nucula*, Synop. Sil. Foss. Irel. p. 19, t. 2, f. 3.

PALÆOZOIC. CONCHIFERA. CAMBRIAN AND SILURIAN.

SPECIES.	CAMBRIAN.				LOWER SIL.				UPPER SILURIAN.									REFERENCES.
	Har. St. David's	Menevian	Lingula Flags	Tremadoc	Arenig	Llandeilo	Caradoc or Bala	Low. Llandovery	Up. Llandovery	Woolhope Limst.	Wenlock Shale	Wenlock Limst.	Lower Ludlow	Aymestry Limst.	Upper Ludlow	Tilest. & Passage	Pass. up.	
Arca (continued).																		
— subtruncata ... Portl.																		Vide Ctenodonta transversa.
— transversa ... Portl.																		Vide Ctenodonta transversa.
? AVICULIDÆ.																		
Cardiola .... Broderip, 1839																		SIPHONIDA (INTEGROPALLIALIA).
— fibrosa .... Sow.										•		•	•					Sil. Syst. t. 8, f. 4; ib. Siluria, 4 ed. t. 23, f. 11.
— interrupta ... Brod.							•	•	•		•	•	•		•			Sil. Syst. p. 617, t. 8, f. 5. Cardium cornucopiæ, Goldf. vol. ii, p. 216, t. 143, f. 1; Siluria, 4 ed. t. 23, f. 12.
— semirugata ... Portl.																		Mytilus, Geol. Rept. p. 430, t. 25 A, f. 7.
— striata .... Sow.										•	•	•	•	•	•			Cardium, Sil. Syst. t. 6, f. 2. Ambonychia, M'Coy, Brit. Pal. Foss. p. 264. Cardiola, Siluria, 4 ed. t. 23, f. 13.
Cardium .... Linn. 1758																		
— striatum ...... Sow.																		Vide Cardiola.
NUCULIDÆ.																		
Cleidophorus ... Hall, 1847																		
Cucullella ... M'Coy (part),1851																		
? Pleurophorus King, 1848																		SIPHONIDA (INTEGROPALLIALIA).
— amygdalus ... Salt.						?												Q. J. Geol. Soc. vol. xx, p. 298, t. 16, f. 6 (derived Budleigh pebbles).
— ovalis .... M'Coy						•												Brit. Pal. Foss. p. 273, t. 1 K, f. 7, 8.
— planulatus ... Conrad							•											Nuculites, fide Hall, Pal. New York, vol. i, t. 82, f. 9. Cleidophorus, M'Coy, Brit. Pal. Foss. p. 273, t. 1 K, f. 9.
NUCULIDÆ.																		
Ctenodonta ...... Salter, 1851																		
Nuculana ...... Link, 1807																		
Nucula (part) } Authors																		
Arca (part) ... }																		
Leda .... Schum. 1817																		
Polyodonta ...... Megerle																		
Tellinomya (part) Hall																		
Isoarca (part) ... Münster, 1842																		
Pectunculus (part) Authors																		SIPHONIDA (INTEGROPALLIALIA).
— ambigua ...... Portl.						•												Pectunculus, Geol. Rept. p. 430, t. 34, f. 11. ? P. Apjohnni, id. ib. p. 429, t. 34, f. 8.
— anglica .... D'Orb.							•		•	•	•	?						Nucula, Prod. p. 33, Étage 1, No. 104. N. ovalis, Sow. Sil. Syst. t. 5, f. 8, p. 609. Ctenod. anglica, Siluria, 4 ed. t. 23, f. 10.
— Bertrandi ...... Rouault					?													Nucula, Bull. Soc. Géol. France, 2 ser. vol. iv, p. 322. Ctenodonta, Salt. Q. J. Geol. Soc. vol. xx, p. 301, t. 15, f. 8. (Budleigh pebbles.)
— Cambrensis ... Hicks		•																Q. J. Geol. Soc. vol. xxix, p. 47, t. 5, f. 8, 9.
— deltoidea ...... Phill.							•											Nucula, Mem. Geol. Surv. vol. ii, pt. 1, p. 366, t. 22, f. 5.
— dissimilis ...... Portl.						•												Arca, Geol. Rept. p. 428, t. 34, f. 5.
— Eastnori ...... Sow.						•												Arca, Sil. Syst. t. 20, f. 1 a; ib. Portl. Geol. Rept. p. 427, t. 34, f. 3. Ctenodonta, Siluria, t. 10, f. 9.
— grandæva ...... Goldf.					?	•												Nucula, Petref. Germ. vol. ii, p. 150, t. 124, f. 3; ib. M'Coy, Sil. Foss. Irel. p. 18.
— imbricata ...... Portl.						•												Nucula (var. of N. acuta), Geol. Rept. p. 430, t. 34, f. 10.

CONCHIFERA.

SPECIES.	Bar. St. David's.	Menevian.	Lingula Flags.	Tremadoc.	Arenig.	Llandeilo.	Caradoc or Bala.	Low. Llandovery.	Up. Llandovery.	Wenlock Lmst.	Wenlock Shale.	Wenlock Lmst.	Lower Ludlow.	Aymestry Lmst.	Upper Ludlow.	Tilest. & Passage.	Pass. up.	REFERENCES.
Ctenodonta (*continued*).																		
— lævis .... *Sow.*								●										*Nucula*, Sil. Syst. t. 22, f. 1; ib. Siluria, 4 ed. t. 7, f. 3.
— lævata .... *Hall*									?									*Nucula*, Pal. New York, t. 34, f. 1; ib. M'Coy, Brit. Pal. Foss. p. 285, t. 1 K, f. 4, 5.
— lingualis .... *Phill.*									●									*Nucula*, Mem. Geol. Surv. vol. ii, pt. 1, p. 367, t. 22, f. 6.
— Menapiensis .. *Hicks*			●															Q. J. Geol. Soc. vol. xxix, p. 47, t. 5, f. 6, 7. *C. rotunda*, Hicks, Cat. Camb. and Sil. Foss. Woodw. Mus. Cambr. p. 24.
— obesa .... *Salt.*															●			Mem. Geol. Surv. Geol. Edinb. sheet 32, p. 141, t. 2, f. 11, 12.
— obliqua .... *Porth.*	●																	*Arca*, Geol. Rept. p. 429, t. 34, f. 6. *Arca cylindrica*, id. ib. p. 428, t. 34, f. 9. Ctenodonta, Siluria, 4 ed. p. 196, Foss. 39, f. 6.
— ovalis .... *Sow.*																		*Vide C. anglica.*
— poststriata ..... *Emm.*							●											*Nuculites*, Hall, Pal. New York, t. 34, f. 2; t. 82, f. 10; ib. M'Coy, Brit. Pal. Foss. p. 286, t. 1 K, f. 6.
— protei .... *Münst.*							●											Beitr. heft 3, t. 2, f. 9; ib. M'Coy, Synop. Sil. Foss. Irel. p. 19.
— quadrata .... *M'Coy*							●											*Arca*, Synop. Sil. Foss. Irel. p. 20, t. 2, f. 5.
— radiata .... *Porth.*							●											*Nucula*, Geol. Rept. p. 430, t. 36, f. 11.
— regularis ...... *Porth.*							●											*Arca*, Geol. Rept. p. 427, t. 34, f. 2.
— rhomboides ..... *Phill.*									●									*Nucula*, Mem. Geol. Surv. vol. ii, pt. 1, p. 367, t. 22, f. 7.
— rotunda .... *Hicks*																		*Vide Cteno. Menapiensis.*
— acitula .... *M'Coy*							●											*Arca*, Synop. Sil. Foss. Irel. p. 20, t. 2, f. 6.
— semitruncata ... *Porth.*							●											*Pronucculus*, Geol. Rept. p. 429, t. 34, f. 7.
— subacuta .... *M'Coy*							●											*Nucula*, Synop. Sil. Foss. Irel. p. 19, t. 2, f. 3.
— subæqualis ..... *Sow.*																		*Vide Arca subæqualis.*
— subcylindrica .. *M'Coy*							●											*Nucula*, Synop. Sil. Foss. Irel. p. 19, t. 2, f. 4.
— subtruncata ... *Porth.*																		*Vide C. transversa.*
— sulcata .... *Ilis.*							●											Leth. Suec. Supp. 2, p. 3, t. 40, f. 2.
— thracioides ..... *Salt.*															●			Mem. Geol. Surv. Geol. Edinb. sheet 32, p. 141, t. 2, f. 13.
— transversa ..... *Porth.*							●											*Arca*, Geol. Rept. p. 428, t. 34, f. 4. ? *A. subtruncata*, id. ib. p. 427, t. 34, f. 1.
— varicosa .... *Salt.*									●									*Nucula*, Q. J. Geol. Soc. vol. x, p. 75. Ctenodonta, App. Mem. Geol. Surv. vol. iii, p. 345, woodcut, p. 343, f. 1. ? *Nucula lævata*, M'Coy, ib. Siluria, 4 ed. p. 196, Foss. 39, f. 4.
ARCADÆ.																		
Cucullella .... *M'Coy*, 1851																		
Redonia .... *Rouault*, 1851																		SIPHONIDA (INTEGROPALLIALIA).
— anglica .... *Salt.*																		*Vide Redonia.*
— angulata ...... *Baily*							●											Geol. Surv. Irel. Expl. sheet 135, 1860, p. 13, f. 4.
— antiqua .... *Sow.*								?	●		●		●					*Cucullæa*, Sil. Syst. t. 3, f. 1 and 12 a. *Cleidophorus*, Hall. Cucullella, M'Coy, Brit. Pal. Foss. p. 284. *Arca subantiqua*, D'Orb. Prod. Étage 1. *C. antiqua*, Siluria, 4 ed. t. 34, f. 16.
— Cawdori .... *Sow.*									●		●							*Cucullæa*, Sil. Syst. t. 3, f. 11. Cucullella, Siluria, 4 ed. t. 34, f. 3.
— concetrata ...... *Phill.*									●		●							*Nucula*, Mem. Geol. Surv. vol. ii, pt. 1, p. 366, t. 22, f. 1-4. Cucullella, M'Coy, Brit. Pal. Foss. p. 284.
— ovata .... *Sow.*									●		●							*Cucullæa*, Sil. Syst. t. 3, f. 12. *Arca suborata*, D'Orb. Étage 2, No. 639. Cucullella, M'Coy, Brit. Pal. Foss. p. 284; ib. Siluria, 4 ed. t. 34, f. 17.
Cypricardia ..... *Lam.* 1817																		SIPHONIDA (INTEGROPALLIALIA).
— cymbæformis ... *Sow.*																		*Vide Goniophora cymbæformis.*

PALÆOZOIC.   CONCHIFERA.   CAMBRIAN AND SILURIAN.

SPECIES.	Har. St. David's.	Menevian.	Lingula Flags.	Tremadoc.	Arenig.	Llandeilo.	Caradoc or Bala.	Low. Llandovery.	Up. Llandovery.	Woolhope Lmst.	Wenlock Shale.	Wenlock Lmst.	Lower Ludlow.	Aymestry Lmst.	Upper Ludlow.	Tilest. & Passage.	Pass. up.	REFERENCES.
Cypricardia (*continued*).																		SIPHONIDA (INTEGROPALLIALIA).
— *impressa* .... *Sow.*	...	...	...	...	...	...	...	...	...	...	...	...	...	...	...	...	...	
— *simplex* .... *Portl.*	...	...	...	...	...	...	...	...	...	...	...	...	...	...	...	...	...	*Vide* Orthonota.
— *solenoides* ..... *Sow.*	...	...	...	...	...	...	...	...	...	...	...	...	...	...	...	...	...	
Cyrtodonta .... *Billings*, 1848.	...	...	...	...	...	...	...	...	...	...	...	...	...	...	...	...	...	*Vide* Palæarca, Hall.
Davidia .... *Hicks*, 1873																		
— *ornata* .... *Hicks*	...	...	*	...	...	...	...	...	...	...	...	...	...	...	...	...	...	Q. J. Geol. Soc. vol. xxix, p. 49, t. 5, f. 12.
— *plana* .... *Hicks*	...	...	*	...	...	...	...	...	...	...	...	...	...	...	...	...	...	Q. J. Geol. Soc. vol. xxix, p. 49, t. 5, f. 13.
TRIGONIADÆ.																		
Dolabra .... *M'Coy*, 1844																		
— *elliptica* .... *M'Coy*	...	...	...	...	...	...	...	...	...	...	...	...	...	...	•	•	...	Brit. Pal. Foss. p. 269, t. 1 I, f. 10.
— *obtusa* .... *M'Coy*	...	...	...	...	...	...	...	...	...	...	...	...	...	...	•	•	...	Brit. Pal. Foss. p. 270, t. 1 K, f. 30.
ARCADÆ.																		
Glyptarca .... *Hicks*, 1873																		
— *Lobleyi* .... *Hicks*	...	...	*	...	...	...	...	...	...	...	...	...	...	...	...	...	...	Q. J. Geol. Soc. vol. xxix, p. 48, t. 5, f. 5.
— *primæva* .... *Hicks*	...	...	*	...	...	...	...	...	...	...	...	...	...	...	...	...	...	Q. J. Geol. Soc. vol. xxix, p. 48, t. 5, f. 1–4.
CYPRINIDÆ.																		
Goniophora ...... *Phillips*, 1848																		
Orthonota ...... *Conrad*, 1841																		
— *cymbæformis* ... *Sow.*	...	...	...	...	...	...	...	•	•	•	...	•	•	•	•	•	...	*Cypricardia*, Sil. Syst. t. 3, f. 10; t. 5, f. 6. *Orthonotus*, M'Coy, Brit. Pal. Foss. p. 274. *Goniophora*, Siluria, 4 ed. t. 23, f. 2; t. 34, f. 15.
ANATINIDÆ.																		
Grammysia .... *Verneuil*, 1837																		SIPHONIDA (SINUPALLIALIA).
— *cingulata* ...... *His.*	...	...	...	...	...	...	...	...	...	•	•	•	•	•	...	...	...	*Nucula*, Leth. Suec. t. 39, f. 1. *Orthonota*, Salt. Mem. Geol. Surv. vol. ii, pt. 1, t. 17, f. 1, 2. Grammysia, Siluria, 4 ed. p. 229, Foss. 61, f. 1; ib. M'Coy, Brit. Pal. Foss. p. 280. *Meristomya*, Salt. App. Wordsw. Letters, Lake Co. 1846.
— *extrasulcata* ... *Salt.*	...	...	...	...	...	...	...	...	...	...	...	...	...	...	...	...	...	*Orthonota*, Mem. Geol. Surv. vol. ii, pt. 1, p. 361, t. 17, f. 3. Grammysia, M'Coy, Brit. Pal. Foss. p. 281, t. 1 K, f. 29.
— *obliqua* .... *M'Coy*	...	...	...	...	...	...	...	...	...	...	...	...	...	...	...	...	...	Var. γ, G. cingulata, Brit. Pal. Foss. p. 280 (= G. cingulata, Mem. Geol. Surv. t. 17, f. 2).
— *rotundata* ...... *Sow.*	...	...	...	...	...	...	...	...	...	...	...	...	...	...	•	...	...	*Mya*, Sil. Syst. t. 6, f. 1. Grammysia, M'Coy, Brit. Pal. Foss. p. 281, t. 1 K, f. 26, 27.
— *triangulata* ...... *Salt.*	...	...	...	...	...	...	...	...	...	...	...	...	...	•	...	...	...	*Orthonota*, Mem. Geol. Surv. vol. ii. pt. 1, p. 361, t. 18, f. 1–7. *G. cingulata*, var. β (triangulata), M'Coy, Brit. Pal. Foss. p. 280, t. 1 K, f. 28. Grammysis, Siluria, 4 ed. p. 229, Foss. 61, f. 2.
MYTILIDÆ.																		
Hippomya .... *Salter*, 1865																		ASIPHONIDA.
— *ringens* .... *Salt.*	...	...	...	...	...	?	...	...	...	...	...	...	...	...	...	...	...	Q. J. Geol. Soc. vol. xx, p. 299, t. 15, f. 7. (Budleigh pebbles.)
Leda .... *Schumacher*, 1817	...	...	...	...	...	...	...	...	...	...	...	...	...	...	...	...	...	*Vide* Ctenodonta.
ANATINIDÆ.																		
Leptodomus .... *M'Coy*, 1844																		SIPHONIDA (SINUPALLIALIA).
Cypricardia ... *Sow.* (*part*)																		

PALÆOZOIC. CONCHIFERA. CAMBRIAN AND SILURIAN.

SPECIES.	Har. St. David's.	Menevian.	Lingula Flags.	Tremadoc.	Arenig.	Llandeilo.	Caradoc or Bala.	Low. Llandovery.	Up. Llandovery.	Woolhope Lmst.	Wenlock Shale.	Wenlock Lmst.	Lower Ludlow.	Aymestry Lmst.	Upper Ludlow.	Tilst. & Passage.	Pass up.	REFERENCES.
Leptodomus (*continued*).																		
— amygdalinus ... *Sow.*	...	...	...	...	...	...	...	...	...	...	...	...	...	...	...	...		
— globulosus ... *M'Coy*	...	...	...	...	...	...	...	...	...	...	...	...	...	...	...	...		
— impressus ... *Sow.*	...	...	...	...	...	...	...	...	...	...	...	...	...	...	...	...		*Vide* Orthonota.
— truncatus ... *M'Coy*	...	...	...	...	...	...	...	...	...	...	...	...	...	...	...	...		
— undatus ... *Sow.*	...	...	...	...	...	...	...	...	...	...	...	...	...	...	...	...		
CARDIADÆ.																		
Lunulacardium... *Münster*, 1840 ..																		
Conocardium ... *Bronn*, 1835 ...																		SIPHONIDA (INTEGROPALLIALIA).
Pleurorhynchus *Phillips*, 1836 ..																		
— aliforme? ... *Sow.*	...	...	...	...	...	...	?	*	...	...	...	...	...	...	...	...		*Cardium*, Min. Con. t. 552, f. 2. *Pleurorhynchus*, Phill. Pal. Foss. Dev. and Cornw. p. 34, t. 17, f. 51. *Cardium*, Sow. Geol. Trans. 2 ser. vol. v, t. 56, f. 2; ib. Goldf. var. a, t. 142, f. 1. ? Devonian.
— elegans ... *Salt.*	...	...	...	...	...	...	...	...	...	...	...	...	*	...	...	...		Mem. Geol. Surv. Expl. sheet 32, Geol. Edinb. p. 139, t. 2, f. 10.
TRIGONIADÆ.																		
Lyrodesma ... *Conrad*, 1841 ..																		
Actinodonta ... *Phillips*, 1848 ..																		ASIPHONIDA.
— cuntata ... *Salt.*	...	...	...	...	?	...	...	...	...	...	...	...	...	...	...	...		Q. J. Geol. Soc. vol. xx, p. 300, t. 16, f. 7. (Budleigh pebbles.)
— cuneata ... *Phill.*	...	...	...	...	...	...	*	...	...	...	...	...	...	...	...	...		*Actinodonta*, Mem. Geol. Surv. vol. ii, pt. 1, p. 366, t. 21, f. 1-4.
— plana? ... *Conrad*	...	...	...	...	...	...	*	...	...	...	...	...	...	...	...	...		Ann. Geol. Rept. and Pal. New York, t. 82, f. 11; ib. M'Coy, Brit. Pal. Foss. p. 272, t. 1 K, f. 17. *Lyrodesma*, Siluria, 4 ed. p. 196, Foss. 39, f. 5.
CYPRINIDÆ.																		
Megalomus ... *Hall*, 1852 ..																		SIPHONIDA (INTEGROPALLIALIA).
Sp. ... *Salt.*	...	...	...	...	...	...	*	...	*	...	...	...	...	...	...	...		Siluria, 4 ed. p. 196.
Modiola ... *Lam.* 1801 ...																		*Vide* Modiolopsis.
MYTILIDÆ.																		
Modiolopsis ... *Hall*, 1847 ..							*											
Pullastra ... *Sow.* 1827 ..																		
Modiola ... *Lam. & Authors*																		
Mytilus ... *Authors*																		ASIPHONIDA.
Cypricardites ... *Conrad*, 1841 ..																		
— antiqua ... *Sow.*	...	...	...	...	...	...	*	...	*	...	*	...	*	...	...	...		*Modiola*, Sil. Syst. t. 13, f. 1. *Modiolopsis*, Siluria, 4 ed. t. 23, f. 14. ? *Modiola vetusta*, Münst. Beitr. 3, p. 56, t. 12, f. 17.
— armoricii ... *Salt.*	...	...	...	...	...	?	...	...	...	...	...	...	...	...	...	...		Q. J. Geol. Soc. vol. xx, p. 297, t. 16, f. 1. (Budleigh pebbles.)
— Brycei ... *Portl.*	...	...	...	...	...	?	...	...	...	...	...	...	...	...	...	...		*Modiola*, Geol. Rept. p. 425, t. 33, f. 7.
— Cambrensis ... *Hicks*	...	...	*	...	...	...	...	...	...	...	...	...	...	...	...	...		Q. J. Geol. Soc. vol. xxix, p. 50, t. 5, f. 20.
— complanata ... *Sow.*	...	...	...	...	...	...	*	...	...	...	...	*	...	...	*	...		*Pullastra*, Sil. Syst. t. 5, f. 7. *Modiolop.* Siluria, 4 ed. t. 23, f. 1; ib. M'Coy, Brit. Pal. Foss. p. 266.
— expansus ... *Portl.*	...	...	...	...	...	*	*	...	...	...	...	...	...	...	...	...		*Modiola*, Geol. Rept. p. 425, t. 33, f. 6. *Pullastra speciosa*, M'Coy, Synop. Sil. Foss. t. 2, f. 2. *Modiolopsis*, Siluria, 4 ed. p. 196, Foss. 39, f. 2.
— gradata ... *Salt.*	...	...	...	...	...	...	*	...	...	*	...	*	*	*	...	...		*Mytilus*, Mem. Geol. Surv. vol. ii, pt. 1, p. 363, t. 20, f. 3-5. *Mytilus*, M'Coy, Brit. Pal. Foss. p. 267 (under M. Nilssoni). Mod. Ills. Leth. Sncc. t. 18, f. 13. *Modiolop.* Siluria, 4 ed. p. 229, Foss. 61, f. 6 = M. Nilssoni, Ills.

PALÆOZOIC. CONCHIFERA. CAMBRIAN AND SILURIAN.

SPECIES.	Hur. St. David's.	Menevian.	Lingula Flags.	Tremadoc.	Arenig.	Llandeilo.	Caradoc or Bala.	Low. Llandovery.	Up. Llandovery.	Woolhope Lmst.	Wenlock Shale.	Wenlock Lmst.	Lower Ludlow.	Aymestry Lmst.	Upper Ludlow.	Tilest. & Passage.	Pass. up.	REFERENCES.
Modiolopsis (continued).																		
— Homfrayi ...... *Hicks* ...							•											Q. J. Geol. Soc. vol. xxix, p. 49, t. 5, f. 16, 17.
— inflata .... *M'Coy* ...						?	•											Brit. Pal. Foss. p. 266, t. 1 L, f. 16.
— lævis .... *Sow.* ...																•		*Pullastra*, Sil. Syst. t. 3, f. 1. Modiolop. Siluria, 4 ed. t. 34, f. 7.
— liratus .... *Salt.* ...						?												Q. J. Geol. Soc. vol. xx, p. 297, t. 16, f. 4. (Budleigh pebbles.)
— modiolaris ... *Conrad* ...							•											Hall, Pal. New York, vol. i, p. 298, t. 82; ib. *Pterinea* and *Cypricardites modiolaris, C. angustifrons, C. ovatus*, Conrad, Ann. Geol. Rept. New York, 1838, 1841. M. modiol. M'Coy, Brit. Pal. Foss. p. 267, t. 1 I, f. 17, 18.
— nerei .... *Münst.* ...							•											Beitr. t. 11, f. 14, 1840. *Modiola*, Geol. Rept. t. 33, f. 10, p. 424.
— Nilssoni .... *His.* ...												•		•	•			*Modiola*, Leth. Suec. t. 18, f. 13. ? *Mod. antiqua*, Sow. Sil. Syst. t. 13, f. 1. ? *Myt. gradatus*, Salt. Mem. Geol. Surv. vol. ii, pt. 1, p. 363, t. 20, f. 4. Modiolop. M'Coy, Brit. Pal. Foss. p. 267, t. 1 I, f. 21; ib. Siluria, 4 ed. p. 229, Foss. 61, f. 8.
— obliqua .... *Sow.* ...							•											*Avicula*, Sil. Syst. t. 20, f. 4. Modiolop. Siluria, 4 ed. t. 7, f. 2.
— obliquus .... *Salt.* ...						?												Q. J. Geol. Soc. vol. xx, p. 298, t. 16, f. 5. (Budleigh pebbles.)
— orbicularis ... *Sow.* ...							•											*Avicula*, Sil. Syst. t. 20, f. 2, 3. Modiolop. Siluria, 4 ed. t. 7, f. 1.
— platyphyllus ... *Salt.* ...															•	•		*Mytilus*, Mem. Geol. Surv. vol. ii, pt. 1, p. 364, t. 20, f. 13, 14. Modiolop. Siluria, 4 ed. p. 229, Foss. 61, f. 7.
— postlineatus ... *M'Coy* ...							•											*Orthonota*, Brit. Pal. Foss. p. 268, t. 1 I, f. 22; ib. Siluria, 4 ed. p. 196, Foss. 39, f. 1.
— pyrus .... *Salt.* ...							•											Mem. Geol. Surv. vol. iii, p. 346, woodcut 12, p. 342, No. 1.
— Ramseyensis ... *Hicks* ...						•												Q. J. Geol. Soc. vol. xxix, p. 49, t. 5, f. 14.
— quadratus ...... *Salt.* ...																		*Vide* Anodontopsis.
— securiformis ... *Portl.* ...																		*Vide* Anodontopsis.
— semisulcata .... *Sow.* ...																		*Modiola*, Sil. Syst. t. 8, f. 6.
— Solvensis ...... *Hicks* ...						•												Q. J. Geol. Soc. vol. xxix, p. 50, t. 5, f. 18, 19.
— speciosa .... *M'Coy* ...												•						*Pullastra*, Synop. Sil. Foss. Irel. p. 17, t. 2, f. 2.
— solenoides ..... *Sow.* ...																		*Vide* Orthonota.
— Sp. .... *Salt.* ...						?												Q. J. Geol. Soc. vol. xx, p. 298, t. 16, f. 3 (allied to Mod. arnoricii : Budleigh pebbles).
— trapeziformis ... *Salt.* ...							•											Doubtful species.
Mya .... *Linn.* 1747 ...																		
— rotundata ...... *Sow.* ...																		*Vide* Grammysia.
MYTILIDÆ.																		
Mytilus .... *Linn.* 1758 ...																		ASIPHONIDA.
— chemungensis ... *Conrad* ...													•					*Inoceramus*, Jour. Acad. Nat. Sci. Philad. vol. viii, pt. 1, t. 13, f. 9. *Mytilus*, Salt. Mem. Geol. Surv. vol. ii, pt. 1, p. 365, t. 20, f. 10, 11.
— cinctus .... *Portl.* ...							•											Geol. Rept. t. 25 A, f. 5, 6, p. 426.
— cxasperatus ... *Phill.* ...														•				Mem. Geol. Surv. vol. ii, pt. 1, p. 364, t. 20, f. 12.
— gradatus ...... *Salt.* ...																		*Vide* Modiolopsis.
— mytilimeris ... *Conrad* ...							•	•	•	•	•	•		•				*Inoceramus*, Jour. Acad. Nat. Sci. Philad. vol. viii, pt. 1, t. 13, f. 10. *Mytilus*, Mem. Geol. Surv. vol. ii, pt. 1, p. 364, t. 20, f. 7-9; ib. Siluria, p. 229, Foss. 61, f. 6.

PALÆOZOIC.   CONCHIFERA.   CAMBRIAN AND SILURIAN.

SPECIES.	Har. St. David's.	Menevian.	Lingula Flags.	Tremadoc.	Arenig.	Llandeilo.	Caradoc or Bala.	Low. Llandovery.	Up. Llandovery.	Woolhope Lmst.	Wenlock Shale.	Wenlock Lmst.	Lower Ludlow.	Aymestry Lmst.	Upper Ludlow.	Tilest. & Passage.	Pass up.	REFERENCES.
Mytilus (continued).																		
— *perovalis*																		*Vide* Anodontopsis.
— *platyphyllus* ... *Salt.*																		*Vide* Modiolopsis.
— *semirugatus* ... *Portl.*																		*Vide* Cardiola.
— *simillimus* ...... *Forbes*								•										Mem. Geol. Surv. Ireland, Expl. sheets 119, p. 9, quarter-sheet, 35 N.E.
— ? *unguiculatus Salt.*								•										Mem. Geol. Surv. vol. ii, pt. 1, p. 365, t. 20, f. 6.
NUCULIDÆ.																		
Nucula .... *Lam.* 1799																		
Leda .... *Schum.* 1817 ...																		
— *coarctata* ...... *Phill.*																		*Vide* Cucullella.
— *deltoidea* .... *Phill.*																		
— *grandæva* ...... *Goldf.*																		
— *lævata* .... *Hall*																		
— *lingualis* .... *Phill.*																		
— *ovalis* .... *Sow.*																		
— *post-striata* ...... *Emm.*																		*Vide* Ctenodonta.
— *protei* .. .. *Münst.*																		
— *radiata* .... *Portl.*																		
— *rhomboidea* .... *Phill.*																		
— *subacuta* .... *M'Coy*																		
— *subcylindrica* ... *M'Coy*																		
MYTILIDÆ.																		
Orthonota .... *Conrad,* 1838...																		
Leptodomus (parf) M'Coy, 1844																		
*Sanguinolites (part) M'Coy,*1844																		
Tellinites ...... *Schloth,* 1820...																		ASIPHONIDA.
? *Alloriama* ...... *King,* 1844																		*Tellinites*, Brit. Pal. Foss. p. 286, t. 1 K, f. 31.
— *affinis* .... *M'Coy*									•		•		•		•			*Cypricardia*, Sil. Syst. t. 5, f. 2. *C. retusa,* id. ib. t. 5, f. 5. *Leptodomus*, M'Coy, Brit. Pal. Foss. p. 278. Orthonota,
— *amygdalina* ...... *Sow.*																		Siluria, 4 ed. t. 23, f. 6, var. f. 7. Var. Gentilis, Mem. Geol. Surv. Expl. sheet 32, Geol. Edinb. p. 139, t. 2, f. 16.
— *angulifera* ...... *M'Coy*															•	•		*Sanguinolites*, Brit. Pal. Foss. p. 276, t. 1 K, f. 19, 20. Orthonota, Siluria, 4 ed. p. 229, Foss. 61, f. 3.
— *bulla* .... *Salt.*																		Mem. Geol. Surv. Expl. sheet 32, Geol. Edinb. p. 139, t. 2, f. 15.
— *cingulata* .... *His.*																•		*Vide* Grammysia.
— *complanata* .... *Sow.*																•		*Pullastra*, Sil. Syst. t. 5, f. 7.
— *cymbæformis* ... *M'Coy*																		*Vide* Goniophora.
— *decipiens*.......... *M'Coy*																•		*Sanguinolites*, Brit. Pal. Foss. p. 277, t. 1 I, f. 24.
— *extravaricata* ... *Salt.*																		*Vide* Grammysia.
— *globulosa* .... *M'Coy*																•		*Leptodomus*, Brit. Pal. Foss. p. 278, t. 1 L, f. 11.
— *grammysioides* .. *Salt.*										?								Q. J. Geol. Soc. vol. xx, p. 300, t. 16, f. 10. (Budleigh pebbles.)
— *impressa* .... *Sow.*									•		•	•		•				*Cypricardia*, Sil. Syst. p. 609, t. 5, f. 3. Orthonota, Siluria, 4 ed. t. 23, f. 3.
— *inornata* .... *Phill.*									•		•	•						Mem. Geol. Surv. vol. ii, pt. 1, p. 362, t. 19, f. 3.

107

PALÆOZOIC. CONCHIFERA. CAMBRIAN AND SILURIAN.

SPECIES.	CAMBRIAN.			LOWER SIL.					UPPER SILURIAN.									REFERENCES.
	Har. St. David's	Menevian	Lingula Flags	Tremadoc	Arenig	Llandeilo	Caradoc or Bala	Low. Llandovery	Up. Llandovery	Woolhope Lmst.	Wenlock Shale	Wenlock Lmst.	Lower Ludlow	Aymestry Lmst.	Upper Ludlow	Tilest. & Passage	Pass up.	
Orthonota *(continued).*																		
— nasuta .... *Conrad*							*											*Cypricardites*, fide Hall, = *Modiolopsis*, id. Pal. New York, t. 18, f. 2. Orthonota, M‘Coy, Brit. Pal. Foss. p. 275; ib. Salt. Siluria, 4 ed. p. 59, Foss. 13, f. 12.
— obovata .... *Münst.*									?									*Sanguinolaria*, Boitr. heft 3, t. 12, f. 29. *Sanguinolites*, M‘Coy, Synop. Sil. Foss. Irel. p. 17.
— prora .... *Salt.*														*				Siluria, 2 ed. Foss. 60, f. 4; id. ib. Foss. 61, f. 4. ? *Mod. semisulcata*, Sow. Sil. Syst. t. 8, f. 6. Ortho. M‘Coy, Brit. Pal. Foss. p. 275, t. 1 K, f. 25.
— retusa .... *Sow.*																		*Vide* O. amygdalina.
— rigida .... *Sow.*							*			*								*Psammobia*, Sil. Syst. t. 8, f. 3. Orthonota, Siluria, 4 ed. t. 23, f. 8.
— rotundata .... *Sow.*									?	*								*Mya*, Sil. Syst. p. 613, t. 6, f. 1. Orthonota, Siluria, 4 ed. t. 23, f. 5.
— semisulcata ...... *Sow.*							*	*			*	*						*Modiola*, Sil. Syst. p. 617, t. 8, f. 6. Orthonota, M‘Coy, Brit. Pal. Foss. p. 275, t. 1 K, f. 25.
— simplex .... *Portl.*																		*Cypricardia*, Geol. Rept. p. 426. ? *C. impressa*, Sow. Sil. Syst. p. 609.
— solenoides .... *Sow.*							*					*	*					*Cypricardia*, Sil. Syst. t. 8, f. 2. *Modiolopsis*, M‘Coy, Brit. Pal. Foss. p. 269. Orthonota, Siluria, 4 ed. t. 23, f. 9.
— sulcata .... *His.*							*											? *Nucula*, Leth. Suec. Supp. vol. ii, p. 3, t. 40, f. 2. *Ctenodonta*, Siluria, 4 ed. p. 530.
— triangulata ... *Salt.*																		*Vide* Grammysia triangulata.
— truncata .... *M‘Coy*													*					*Leptodomus*, Brit. Pal. Foss. t. 1 K, f. 21, 24.
— undata .... *Sow.*														*				*Cypricardia*, Sil. Syst. t. 5, f. 4. *Leptodomus*, M‘Coy, Brit. Pal. Foss. p. 279. Orthonota, Siluria, 4 ed. t. 23, f. 4.
— versimilis .... *Salt.*																		Geol. N. Wales, vol. iii, p. 271, MS.
ARCIDÆ.																		
Palæarca .... *Hall*, 1857																		
Cyrtodonta ...... *Billings*, 1848																		ASIPHONIDA.
— amygdalus .... *Salt.*																		Mem. Geol. Surv. vol. iii, p. 344, t. 11 B, f. 17.
— anglica .... *Salt.*																		*Vide* Redonia.
— Billingsiana ... *Salt.*																		Mem. Geol. Surv. vol. iii, p. 342, woodcut 12, f. 4.
— bulla .... *Salt.*																		Mem. Geol. Surv. vol. iii, p. 344, woodcut 13, f. 3, p. 343.
— Hopkinsoni ...... *Hicks*			*															Q. J. Geol. Soc. vol. xxix, p. 48, t. 5, f. 11.
— modiolaris ...... *Salt.*																		Mem. Geol. Surv. vol. iii, p. 343, woodcut 12, f. 2, p. 342.
— obloides .... *Hicks*			*															Q. J. Geol. Soc. vol. xxix, p. 48, t. 5, f. 10.
— obscura .... *Salt.*																		Mem. Geol. Surv. vol. iii, p. 342, woodcut, p. 343, t. 13, f. 2.
— quadrata .... *Salt.*																		P. (*Matheria*), Mem. Geol. Surv. vol. iii, p. 343, woodcut, p. 342, t. 12, f. 3.
— secunda .... *Salt.*					?													Q. J. Geol. Soc. vol. xx, p. 300, t. 16, f. 9. (Budleigh pebbles, derived.)
— socialis .... *Salt.*			*															Mem. Geol. Surv. vol. iii, p. 344, t. 11 A, f. 13; ib. Bally. Char. Foss. t. 8, f. 7.
Pullastra .... *Sowerby*, 1827																		*Vide* Modiolopsis and Orthonota for species.
ARCIDÆ.																		
Pectunculus .... *Lam.* 1801																		
— ambigua .... *Portl.*																		*Vide* Arca Apjohuni.
— Apjohuni ...... *Portl.*																		*Vide* Arca Apjohuni.
— semitruncatus ... *Portl.*																		*Vide* Ctenodonta.

CONCHIFERA.

CAMBRIAN AND SILURIAN.

SPECIES.	Har. St. David's.	Menevian.	Lingula Flags.	Tremadoc.	Arenig.	Llandeilo.	Caradoc or Bala.	Low. Llandovery.	Up. Llandovery.	Woolhope Lmst.	Wenlock Shale.	Wenlock Lmst.	Lower Ludlow.	Aymestry Lmst.	Upper Ludlow.	Tilest. & Passage.	Pass up.	REFERENCES.
						CAMBRIAN.		LOWER SIL.			UPPER SILURIAN.							

CARDIADÆ.
Pleurorhynchus .. *Phillips*, 1836 ..
  Conocardium ... *Bronn*, 1835 ...
  Lunulacardium *Münst.* 1840 ...   SIPHONIDA (INTEGROPALLIALIA).
— æquicostatus ... *Phill.* ....   Mem. Geol. Surv. vol. ii, pt. 1, p. 359, t. 16, f. 1, 2; ib. Siluria, 4 ed. p. 228, Foss. 60, f. 1.
— calcis .... *Baily* ....   Geol. Surv. Irel. Expl. sheet 145, p. 11, f. 2 a, b.
— dipterus .... *Salt.* ....   Q. J. Geol. Soc. vol. vii, t. 8, f. 6; ib. Siluria, p. 196, Foss. 39. f. 7, t. 36, f. 7.
— pristis .... *Salt.* ....   Griff. Sil. Foss. Irel. p. 71, t. 5, f. 4.
Psammobia .... *Lam.* 1818 ...   *Vide* Orthonota.

TRIGONIADÆ.   ASIPHONIDA.
Pseuda-axinus ... *Salter*, 1864 ..
— trigonus .... ? *Salt.* ....   Q. J. Geol. Soc. vol. xx, p. 299, t. 15, f. 6. (Budleigh pebbles, derived.)
— securiformis ....   *Vide* Anodontopsis.

CYPRINIDÆ.
Redonia .... *Rouault*, 1851 ..
Cucullella ...... *M'Coy*, 1851 ...   SIPHONIDA (INTEGROPALLIALIA).
Pleurophorus ... *King*, 1848 .....
— anglica .... *Salt.* ....   *Cucullella*, Siluria, 2 ed. p. 50, Foss. 8, f. 2. Redonia, Mem. Geol. Surv. vol. iii, p. 345, t. 11 B, f. 15; ib. Baily, Char. Foss. t. 8, f. 8.

ANATINIDÆ.   SIPHONIDA (SINUPALLIALIA).
Ribieria .... *Sharpe*, 1853 ..
— complanata..... *Salt.* ....   *Redonia*, Siluria, 2 ed. Foss. 8, f. 2, p. 50. Ribieria, Mem. Geol. Surv. vol. iii, p. 346, t. 11 B, f. 16; ib. Baily, Char. Foss. t. 8, f. 9.

MYTILIDÆ.
Sanguinolites ...... *M'Coy*, 1844..
Sanguinolaria, Sp.
Cypricardites ... *Conrad*, 1841 ...
Allorisma .... *King*, 1844 .....
— anguliferus...... *M'Coy* ....
— decipiens .... *M'Coy* ....   *Vide* Orthonota.
— inornatus ...... *Phill.* ....
— obcata .... *Münst.* ....

SOLENIDÆ.   SIPHONIDA (SINUPALLIALIA).
Solen .... *Linn.* 1758......   Doubtful species.
— rectus .... *Salt.* ....
— ? Sp. .... *Salt.* ....   Q. J. Geol. Soc. vol. xx, p. 301, t. 16, f. 12. (Budleigh pebbles, derived.)

Tellinites .... *M'Coy*, 1855 ...
Orthonota .... *Conrad*, 1838...
— affinis .... *M'Coy* ....   *Vide* Orthonota.

Vanuxemia .... *Billings*, 1857 ..
Palæarca ?

GASTEROPODA

PALÆOZOIC — CAMBRIAN AND SILURIAN

SPECIES.	CAMBRIAN.			LOWER SIL.				UPPER SILURIAN.								REFERENCES.
	Har. St. David's	Menevian.	Lingula Flags.	Tremadoc.	Arenig.	Llandeilo.	Caradoc or Bala.	Low. Llandovery.	Up. Llandovery.	Woolhope Lmst.	Wenlock Shale.	Wenlock Lmst.	Lower Ludlow.	Aymestry Lmst.	Upper Ludlow.	Tilest. & Passage.	Passage up.	

Sub-Kingdom, MOLLUSCA.
ENCEPHALA.
Province, ODONTOPHORA.
Class, *GASTEROPODA.*

CALYPTRÆIDÆ.
Acroculia .... *Phillips,* 1841..
  Pileopsis......... *Lam.* 1822......
  Hipponyx ...... *Defrance,* 1819
  Capulus .... *Montf.* 1810 ...   HOLOSTOMATA.
— antiquata ...... *Salt.* ....   Mem. Geol. Surv. Expl. sheet 32, Geol. Edinb. p. 141, t. 2, f. 17, 18.
— euomphaloides.. *M'Coy* ....   Capulus, Brit. Pal. Foss. p. 290, t. 1 K, f. 39.
— Haliotis .... *Sow.* ....   Nerita, Sil. Syst. t. 12, f. 16. Acroculia, Siluria, 4 ed. t. 24, f. 9.
— prototypa ...... *Phill.* ....   Nerita, Mem. Geol. Surv. vol. ii, pt. 1, p. 358. ? Nerita spirata, Sow. M. C. t. 463, f. 1, 2; Ib. Sil. Syst. t. 12, f. 15. Acroculia, Siluria, 4 ed. t. 24, f. 8.
Chiton .... *Linn.* 1758......   *Vide* Turrilepas (Crustacea).

TURBINIDÆ.
Cyclonema .... *Hall,* 1852......
  Turbo (*part*)... *Authors* ....
  Litorina (*part*) *M'Coy*   HOLOSTOMATA.
— concinna .... *M'Coy* ....   Turbo, Synop. Sil. Foss. Irel. p. 12, t. 1, f. 7.
— corallii .... *Sow.* ....   Turbo, Sil. Syst. t. 5, f. 27. Litorina, M'Coy, Brit. Pal. Foss. p. 305. Cyclonema, Siluria, 4 ed. t. 24, f. 1.
— crebristria ...... *M'Coy* ....   Turbo, Brit. Pal. Foss. p. 295, t. 1 K, f. 36, t. 1 L, f. 22. Cyclonema, Salt. App. Mem. Geol. Surv. vol. iii, p. 348, woodcut, p. 347, f. 5.
— Davisii ....
— euomphaloides ....   } Doubtful species, MS.
— octaria .... *D'Orb.* ....   Turbo, Prod. vol. 1, Étage 1, p. 30. Turbo carinatus, Sil. Syst. t. 5, f. 28. Litorina, M'Coy, Brit. Pal. Foss. p. 305. Cyclonema, Siluria, 4 ed. t. 24, f. 4.
— Prycea .... *Sow.* ....   *Vide* Murchisonia.
— quadristriata ... *Phill.* ....   Pleurotomaria, Mem. Geol. Surv. vol. ii, pt. 1, p. 358, t. 14, f. 4.
— rupestris .... *Eichw.* ....   Turbo, Geol. Surv. Ireland, descrip. of sheet 35, p. 10.
— sulcifera .... *Eichw.* ....   Turbo, Urw. Russl. t. 2, f. 14, 15.
— undifera .... *M'Coy* ....   Litorina, Brit. Pal. Foss. p. 306, t. 1 K, f. 46.
— ventricosa ...... *Hall* ....   Pal. New York, vol. ii, p. 90, t. 28, f. 2.
Cyrtolites .... *Conrad,* 1838...   *Vide* Ecculiomphalus.

TURBINIDÆ.
Eunema .... *Salter,* 1859 ...   HOLOSTOMATA.
— cirrhosus......... *Sow.* ....   Turbo, Sil. Syst. t. 13, f. 22. Eunema, Siluria, 4 ed. t. 24, f. 10.

TURBINIDÆ.
Euomphalus ...... *Sowerby,* 1814..
  Cirrus............ *Sowerby,* 1818..

PALÆOZOIC. GASTEROPODA. CAMBRIAN AND SILURIAN.

SPECIES.	Har. St. David's.	Menevian.	Lingula Flags.	Tremadoc.	Arenig.	Llandeilo.	Caradoc or Bala.	Low. Llandovery.	Up. Llandovery.	Woolhope Lime.	Wenlock Shale.	Wenlock Lime.	Lower Ludlow.	Aymestry Lime.	Upper Ludlow.	Tilest. & Passage.	Pass up.	REFERENCES.
Euomphalus (*continued*).																		
Schizostoma ... *Bronn*, 1835 ...																		
Straparollus ... *Montf.* 1810 ...																		
Ophileta .... *Vanuxem*, 1843																		HOLOSTOMATA.
Platyschisma ... *M'Coy*, 1844 ...																		
— alatus .... *His.*							•	•		•		•	•	•				Leth. Suec. p. 36, t. 11, f. 7; ib. Sow. Sil. Syst. t. 13, f. 28, p. 631. Var. *subundulatus*, Salt. Mem. Geol. Surv. vol. ii, pt. 1, t. 14, f. 8, 10. Euomphalus, Siluria, 4 ed. t. 25, f. 4.
— carinatus......... *Sow.*									•		•	•						Sil. Syst. t. 6, f. 10; ib. Siluria, 4 ed. t. 24, f. 11.
— centrifugus...... *Wahl.*											?	•						Turbinites, Upsal, vol. viii, p. 71. *Helicites*, His. Antockn. 4, p. 259, t. 6, f. 2. Euomph. id. ib. vol. v, t. 1, f. d. *Inachus sulcatus*, His. Leth. Suec. p. 38, t. 12, f. 1. E. centrifugus, M'Coy, Brit. Pal. Foss. p. 297.
— corndensis ...... *Sow.*						•	•											Sil. Syst. t. 6, f. 12, f. 16; ib. Siluria, 4 ed. t. 7, f. 5.
— discors............ *Sow.*											•	•						Min. Con. vol. i, p. 113, t. 52, f. 1; Sil. Syst. p. 626, t. 12, f. 18; ib. Siluria, 4 ed. t. 24, f. 12.
— funatus .... *Sow.*							•	•		•		•						Min. Con. vol. v, p. 71, t. 450, f. 1, 2; Sil. Syst. p. 626, t. 12, f. 20; ib. Leth. Suec. t, p. 37, t. 11, f. 11.
— furcatus .... *M'Coy*																		*Vide* Bellerophon perturbatus.
— granulatus ...... *Münst.*							•											Beitr. 3, p. 86, t. 15, f. 10, 1840; ib. Portl. Geol. Rept. p. 410, t. 30, f. 5.
— lineatus .... *Portl.*							•											Geol. Rept. p. 410, t. 30, f. 6. ? *E. granulatus*, Münst.
— lyratus .... *M'Coy*																		*Vide* Trochonema.
— lentus .... *M'Coy*							•											Synop. Sil. Foss. p. 14, t. 1, f. 12.
— matutinus ...... *Hall*							•											Pal. New York, vol. i, t. 3, f. 3; ib. Salt. Q. J. Geol. Soc. vol. xv, p. 379.
— parvus........... *Portl.*							•											Geol. Rept. p. 411, t. 31, f. 1.
— perturbatus ...... *Sow.*																		*Vide* Bellerophon perturbatus.
— prænuntius...... *Phill.*							•											Mem. Geol. Surv. vol. ii, pt. 1, p. 357, t. 14, f. 11.
— qualteriatus ... *Schloth.*							•											*Helic.* Nachtr. t. 11, f. 3; ib. Goldf. Pet. Germ. t. 189, f. 3. Euom. *pseudo-qualteriatus*, V. Buch, Karst. Arch. p. 156-8; ib. Ilis. Leth. Suec. t. 11, f. 5; Phill. Mem. Geol. Surv. vol. ii, pt. 1, p. 356, t. 14, f. 7.
— rugosus .... *Sow.*										•	•	•		•				Min. Con. vol. i, p. 113, t. 52, f. 2; ib. Sil. Syst. p. 626, t. 12, f. 19. *Helicites catenulatus*, Wahl. *Delphinula* and *Euomphalus catenulatus*, His. E. rugosus, Siluria, 4 ed. t. 24, f. 13.
— sculptus .... *Sow.*								? •	•	•	•	•						Sil. Syst. p. 626, t. 12, f. 17; ib. Siluria, 4 ed. t. 9, f. 27; t. 25, f. 2; ib. Portl. Geol. Report, p. 410, t. 30, f. 2.
— subundulatus																		*Vide* E. alatus.
— subsulcatus...... *His.*							•											Leth. Suec. p. 37, t. 11, f. 10; ib. Portl. Geol. Rept. p. 409, t. 30, f. 3. *Trochus furcatus*, Baily, Mem. Geol. Surv. Irel. Expl. sheet, 35 N.E. p. 9, f. 4 a, b.
— subcarinatus ... *Münst.*																		Bair. 105; Beitr. zur Petref. heft 3, p. 85, t. 15, f. 5; ib. M'Coy, Synop. Sil. Foss. Irel. p. 14; *Delphinula*, His. Antockn. 5, t. 1, f. b, t. 8.
— tenuistriatus ... *Sow.*																		*Vide* Bellerophon perturbatus.
— tricinctus ...... *M'Coy*																		*Vide* Trochonema.
— triporcata ...... *M'Coy*																		*Vide* Trochonema.
— tubæformis ...... *Baily*							•		•									Mem. Geol. Surv. Irel. Expl. sheet 35, p. 10, f. 6 a, b.
Helminthochiton *Salter*, 1846 ...																		

PALÆOZOIC. GASTEROPODA. CAMBRIAN AND SILURIAN.

SPECIES.	Har. St. David's	Menevian	Lingula Flags	Tremadoc	Arenig	Llandeilo	Caradoc or Bala	Low. Llandovery	Up. Llandovery	Woolhope Lmst.	Wenlock Shale	Wenlock Lmst.	Lower Ludlow	Aymestry Lmst.	Upper Ludlow	Tilest. & Passage	Pass. up.	REFERENCES.
Helicotoma .... *Salter*, 1856																		*Vide* Ophileta.
HALIOTIDÆ.																		**HOLOSTOMATA.**
Holopea* .... *Hall*, 1842																		* The genera Holopea, Holopella, Cyclonema, &c. are so closely allied that it is difficult to separate them.
— carinata .... *Forbes*							•											MSS. Salt. Mem. Geol. Surv. vol. III, p. 348, woodcut, p. 347, No. 14, f. 4.
— concinna .... *M'Coy*							•											*Naticopsis*, Synop. Sil. Foss. Irel. p. 13, t. 1, f. 10. Holopea, Siluria, 4 ed. p. 197, Foss. 40, f. 5.
— conica .... *Forbes*							•											MSS. Salt. Mem. Geol. Surv. vol. III, p. 347, woodcut, No. 14, f. 2.
— constricta .... *M'Coy*							•											*Trochus*, Brit. Pal. Foss. p. 296, t. 1 K, f. 41.
— exserta .... *Forbes*							•											MSS. Salt. Mem. Geol. Surv. vol. III, p. 347, woodcut, No. 14, f. 1.
— lynnæoides .... *Forbes*							•											MSS. Salt. Mem. Geol. Surv. vol. III, p. 347, woodcut, No. 14, f. 3.
— striatella .... *Sow.*												•						*Litorina*, Sil. Syst. p. 612, t. 19, f. 12. Holopea, Siluria, 4 ed. t. 7, f. 4. *Trochus constrictus*, M'Coy, Brit. Pal. Foss. p. 296, t. 1 K, f. 41.
TURRITELLIDÆ.																		
Holopella .... *M'Coy*, 1852																		**HOLOSTOMATA.**
Turritella (part)																		
— cancellata .... *Sow.*							•	•				?						*Turritella*, Sil. Syst. p. 642, 706, t. 20, f. 18. *Murchisonia polygtypha*, Phill. Mem. Geol. Surv. vol. ii, pt. 1, p. 357, t. 14, f. 3. Holopella, Siluria, 4 ed. t. 10, f. 14, p. 90, Foss. 15, f. 8.
— conica .... *Sow.*												•		•				*Turritella*, Sil. Syst. p. 604-706, t. 3, f. 7, 8. Holopella, Siluria, 4 ed. t. 34, f. 10, t. 35, f. 26.
— gracilior .... *M'Coy*										•	•							Brit. Pal. Foss. p. 303, t. 1 K, f. 33.
— gregaria .... *Sow.*											•	•	•					*Turritella*, Sil. Syst. p. 603, t. 3, f. 1. Holopella, Siluria, 4 ed. t. 34, f. 10; 1b. M'Coy, Brit. Pal. Foss. p. 303.
— intermedia .... *M'Coy*														•				Brit. Pal. Foss. p. 304, t. 1 L, f. 16.
— mouille .... *M'Coy*														•				Brit. Pal. Foss. p. 304, t. 1 K, f. 32.
— obsoleta .... *Sow.*									•						•			
— plana .... *M'Coy*										•	•	•						*Turritella*, Synop. Sil. Foss. Irel. p. 12, t. 1, f. 6.
— tenuicincta .... *M'Coy*									•									Brit. Pal. Foss. t. 1 L, f. 17.
Hormatoma .... *Hall*																		*Vide* Murchisonia.
LITORINIDÆ.																		
Litorina .... *Férussac*, 1823																		**HOLOSTOMATA.**
— corallii .... *Sow.*																		
— octavia .... *M'Coy*																		
— undifera .... *M'Coy*																		*Vide* Cyclonema.
PYRAMIDELLIDÆ.																		
Loxonema .... *Phillips*, 1841																		**HOLOSTOMATA.**
— elegans .... *M'Coy*										•		•						Brit. Pal. Foss. p. 302, t. 1 K, f. 34.
— obscura .... *Portl.*																		*Vide* Murchisonia.
— sinuosa .... *Sow.*										•		•						*Terebra*, Sil. Syst. p. 619, t. 8, f. 15. Loxonema, Siluria, 4 ed. t. 24, f. 3.

PALÆOZOIC.   GASTEROPODA.   CAMBRIAN AND SILURIAN.

SPECIES.	Har. St. David's.	Menevian.	Lingula Flags.	Tremadoc.	Arenig.	Llandeilo.	Caradoc or Bala.	Low. Llandovery.	Up. Llandovery.	Woolhope Lmst.	Wenlock Shale.	Wenlock Lmst.	Lower Ludlow.	Aymestry Lmst.	Upper Ludlow.	Tilest. & Passage.	Pass. up.	REFERENCES.
PYRAMIDELLIDÆ.																		HOLOSTOMATA.
Macrocheilus...... *Phillips*, 1841																		
— elongatus ...... *Portl.*	...	...	...	...	...	...	*	...	...	...	...	...	...	...	...	...	...	Polyphemopsis, Geol. Rept. p. 416, t. 31, f. 2.
— fusiformis ...... *Sow.*	...	...	...	...	...	*	*	...	*	...	...	*	...	...	...	...	...	Buccinum, Sil. Syst. p. 642, t. 20, f. 19. Macrocheilus, Siluria, 4 ed. t. 10, f. 13.
HALIOTIDÆ.																		
Murchisonia ... *D'Archiac et De Verneuil*, 1841																		
Pleurotomaria (part) *Authors*																		HOLOSTOMATA.
Hormotomia ... *Hall*																		
— angulata ...... *Sow.*	...	...	...	...	...	*	*	...	...	...	...	...	...	...	...	...	...	*Pleurotomaria*, Sil. Syst. t. 21, f. 10. Murchisonia, Siluria, 4 ed. t. 10, f. 12.
— angulocincta ... *Salt.*	...	...	...	...	...	*	...	...	...	...	...	...	...	...	...	...	...	Q. J. Geol. Soc. vol. xv, p. 380, t. 13, f. 9, 10.
— angustata ...... *Hall*	...	...	...	...	...	*	...	...	...	...	...	...	...	...	...	...	...	Pal. New York, vol. i, p. 41, t. 10, f. 2.
— articulata ...... *Sow.*	...	...	...	...	...	...	...	...	...	...	...	*	...	...	*	...	...	*Pleurotoma*, Sil. Syst. p. 612, t. 5, f. 25. Murchisonia, Siluria, 4 ed. t. 24, f. 2.
— bulteata ...... *Phill.*	...	...	...	...	...	...	*	*	...	...	...	...	...	...	...	...	...	*Pleurotomaria*, Mem. Geol. Surv. vol. ii, pt. 1, p. 358, t. 15, f. 1, 2.
— bellicincta ...... *Hall*	...	...	...	...	...	...	...	...	...	...	...	...	...	...	...	...	...	Pal. New York, vol. i, p. 179, t. 39, f. 1; ib. Billings, Geol. Canada, p. 183, f. 177; Q. J. Geol. Soc. vol. xv, p. 380, t. 13, f. 11.
— bicincta ...... *M'Coy*	...	...	...	...	...	...	*	...	...	...	...	...	...	...	...	...	...	Synop. Sil. Foss. Irel. p. 16, t. 1, f. 17 (non bicincta, Hall, Pal. New York). ? M. bicincta, Salt. Geol. Surv. Canada, Dec. I, p. 19, t. 4, f. 5-7.
— cancellatula ... *M'Coy*																		Brit. Pal. Foss. p. 292, t. 1 L, f. 20.
— cingulata ...... *His.*	...	...	...	...	...	...	...	...	?	*	...	...	...	...	...	...	...	*Turritella*, Leth. Suec. t. 12, f. 6; ib. M'Coy, Synop. Sil. Foss. Irel. p. 16, t. 1, f. 18; ib. Brit. Pal. Foss. p. 293.
— corallii ...... *Sow.*	...	...	...	...	...	...	...	...	...	...	...	*	...	...	*	...	...	*Pleurotoma*, Sil. Syst. t. 5, f. 26. Murchisonia, Siluria, 4 ed. t. 24, f. 7.
— gracilis ...... *Hall*	...	...	...	...	...	...	*	...	...	...	...	...	...	...	...	...	...	Pal. New York, vol. i, p. 181, t. 39, f. 4, and t. 83, f. 1; ib. Salt. Geol. Canada, Dec. I, p. 22, t. 5, f. 1; ib. Salt. Q. J. Geol. Soc. vol. xv, p. 379, t. 13, f. 7-8. ? M. angustata, Hall, Op. cit. t. 1c, f. 2. *Hormotoma*, Hall.
— gyrogonia ...... *M'Coy*	...	...	...	...	...	...	*	*	...	...	...	...	...	...	...	...	...	Brit. Pal. Foss. p. 293, t. 1 K, f. 43; ib. Siluria, 4 ed. p. 197, Foss. 40, f. 6.
— inflata ...... *M'Coy*																		*Pleurotomaria*, Synop. Sil. Foss. Irel. p. 15, t. 1, f. 15.
— Lloydii ...... *Sow.*	...	...	...	...	...	...	...	...	...	*	*	*	*	...	*	...	...	*Pleurotomaria*, Sil. Syst. t. 8, f. 14. Murchisonia, Siluria, 4 ed. t. 24, f. 5.
— obscura ...... *Portl.*	...	...	...	...	...	...	*	...	...	...	...	...	...	...	...	...	...	*Loxonema*, Geol. Rept. p. 415, t. 31, f. 3. Murchisonia, Siluria, 4 ed. p. 197, Foss. 40, f. 3.
— polygypha ...... *Phill.*																		*Vide* Holopella cancellata.
— Pryceæ ...... *Sow.*	...	...	...	...	...	...	...	...	...	...	...	...	...	...	...	...	...	Turbo, Sil. Syst. p. 642-706, t. 21, f. 19. Murchisonia, Siluria, 4 ed. t. 10, f. 12. Cyclonema.
— pulchra ...... *M'Coy*	...	...	...	...	...	*	*	...	...	...	...	...	...	...	...	...	...	Synop. Sil. Foss. Irel. p. 16, t. 1, f. 19; ib. Brit. Pal. Foss. p. 294, t. 1 K, f. 42.
— scalaris ...... *Salt.*	...	...	...	...	...	?	*	...	...	...	...	...	...	...	...	...	...	Q. J. Geol. Soc. vol. v, p. 14, t. 1, f. 2. ? M. simplex, M'Coy, Brit. Pal. Foss. p. 294.
— simplex ...... *M'Coy*	...	...	...	...	...	*	*	...	...	...	...	...	...	...	...	...	...	Brit. Pal. Foss. p. 294, t. 1 K, f. 44. ? M. scalaris, Salt. Q. J. Geol. Soc. vol. v, p. 14, t. 1, f. 2.
— subrotundata ... *Portl.*	...	...	...	...	...	...	*	...	...	...	...	...	...	...	...	...	...	*Pleurotomaria*, Geol. Rept. p. 414, t. 30, f. 8. Murchisonia, Siluria, 4 ed. p 197, Foss. 40, f. 7.
— sulcata ...... *M'Coy*	...	...	...	...	...	*	...	...	...	...	...	...	...	...	...	...	...	Synop. Sil. Foss. Irel. p. 17, t. 1, f. 20.

PALÆOZOIC. GASTEROPODA. CAMBRIAN AND SILURIAN.

SPECIES.	Har. St. David's.	Menevian.	Lingula Flags.	Tremadoc.	Arenig.	Llandeilo.	Caradoc or Bala.	Low. Llandovery.	Up. Llandovery.	Woolhope Lmst.	Wenlock Shale.	Wenlock Lmst.	Lower Ludlow.	Aymestry Lmst.	Upper Ludlow.	Tilest. & Passage.	Pass up.	REFERENCES.
Murchisonia (*continued*).																		
— torquata .... *M'Coy*															•			Brit. Pal. Foss. p. 294, t. 1 L, f. 19.
— turrita .... *Portl.*						•												*Pleurotomaria*, Geol. Rept. p. 412, t. 30, f. 7; ib. M'Coy, Brit. Pal. Foss. p. 291.
NATICIDÆ.																		
Natica .... *Adanson*, 1757.																		HOLOSTOMATA.
Naticopsis ...... *M'Coy*, 1855 ...																		
— parva .... *Sow.*															•			Sil. Syst. p. 612, 706, t. 5, f. 24. Nat. *glaucinoides*, Sow. Ib. t. 3, f. 14. *Naticopsis*, M'Coy, Brit. Pal. Foss. p. 302, t. 1 K, f. 35. *N. parva*, Siluria, 4 ed. t. 25, f. 1.
— *glaucinoides* ... *Sow.*																		*Vide* N. parva.
Naticopsis .... *M'Coy*, 1855...																		
Platyostoma Klein,1753(*Conrad*)																		
— concinna .... *M'Coy*																		*Vide* Holopea.
— *glaucinoides* ... *M'Coy*																		*Vide* Natica parva.
Nerita .... *Linn.* 1758																		*Vide* Acroculia.
TURBINIDÆ.																		
Ophileta .... *Vanuxem*, 1842																		
Helicotoma...... *Salter*, 1856																		
Straparollus?... *Montfort*																		HOLOSTOMATA.
— compacta...... *Salt.*						•												Geol. Surv. Canada, Dec. I, p. 16, t. 3; ib. Siluria, 4 ed. p. 165, Foss. 27, f. 4; ib. Salt. Q. J. Geol. Soc. vol. xv, p. 378, t. 13, f. 12; ib. Daily, Char. Foss. t. 8, f. 11; ib. Billings, Geol. Canada, p. 115, f. 23 a, b, 1863.
— Macromphala ... *M'Coy*																		*Maclurea*, Brit. Pal. Foss. p. 300, t. 1 L, f. 12.
— Sp. .... *Salt.*					•													Mem. Geol. Surv. vol. iii, p. 348, t. 11 B, f. 21.
— Sp. .... *Hicks*					•													Q. J. Geol. Soc. vol. xxxi, p. 188, t. 11, f. 3.
PATELLIDÆ.																		
Patella? .... *Linné*, 1758																		HOLOSTOMATA.
— *Saturnii* .... *Goldf.*																		Pet. Germ. t. 167, f. 2; ib. Portl. Geol. Rept. p. 416; ib. Siluria, 4 ed. p. 197, Foss. 40, f. 9. ? Discina.
TURBINIDÆ.																		
Platyschisma ... *M'Coy*, 1844 ...																		
Trochus .... (*part*) *Auct.*																		
Turbo .... (*part*) *Auct.*																		HOLOSTOMATA.
— helicites .... *Sow.*						•		•							•		•	*Trochus*, Sil. Syst. p. 603, 706, t. 3, f. 1 a, 5. *Platyschisma*, Siluria, 4 ed. p. 162, Foss. 26, f. 9; t. 34, f. 12.
— simulans .... *Salt.*															•			Mem. Geol. Surv. Expl. sheet 32, Geol. Edinb. p. 742, t. 2, f. 19.
— Williamsii ...... *Sow.*						•									•			*Turbo*, Sil. Syst. p. 603, 706, t. 3, f. 6. *Platyschisma*, Siluria, 4 ed. t. 34, f. 14.
HALIOTIDÆ.																		
Pleurotomaria ... *Defrance*, 1825																		
Ptycomphalus ... *Agassiz*																		HOLOSTOMATA.
— angulata .... *Sow.*																		} *Vide* Murchisonia.
— balteata .... *Phill.*																		
— crenulata .... *M'Coy*															•			Brit. Pal. Foss. p. 291, t. 1 K, f. 45.

PALÆOZOIC.   GASTEROPODA.   CAMBRIAN AND SILURIAN.

SPECIES.	Har. St. David's.	Menevian.	Lingula Flags.	Tremadoc.	Arenig.	Llandeilo.	Caradoc or Bala.	Low. Llandovery.	Up. Llandovery.	Woolhope Lmst.	Wenlock Shale.	Wenlock Lmst.	Lower Ludlow.	Aymestry Lmst.	Upper Ludlow.	Tiled. & Passage.	Pass. up.	REFERENCES.
Pleurotomaria (continued).																		
— fissicarina ...... *Phill*						?	*											Mem. Geol. Surv. vol. ii, pt. 1, p. 357, t. 14, f. 5.
— latifasciata ...... *M'Coy*						*	?*											M'Coy, Sil. Foss. Irel. p. 15, t. 1, f. 16.
— Llanvirnensis ... *Hicks*					*													Q. J. Geol. Soc. vol. xxxi, p. 188, t. 11, f. 4.
— lenticularis ...... *Sow.*																		*Vide* Raphistoma.
— Moorei .... *Salt.*							*	*										Q. J. Geol. Soc. vol. v, p. 14, t. 1, f. 1.
— quadristriata ... *Phill.*														*				Mem. Geol. Surv. vol. ii, pt. 1, p. 358, t. 14, f. 4.
— subrotundata ... *Portl.*																		*Vide* Murchisonia.
— trochiformis ... *Portl.*							*											Geol. Rept. p. 414, t. 30, f. 9.
— turrita .... *Portl.*																		*Vide* Murchisonia.
— Thule .... *Salt.*						*												Q. J. Geol. Soc. vol. xv, p. 379, t. 13, f. 13.
— undata .... *Sow.*													*					Sil. Syst. p. 619, t. 8, f. 13; Siluria, t. 24, f. 6.
PYRAMIDELLIDÆ.																		
Polyphemopsis ...... Portlock, 1843																		HOLOSTOMATA.
Polyphemus ... Sowerby, 1840																		
Bulimella ...... Hall, 1848																		} *Vide* Macrocheilus.
Elongatus ...... Portlock																		
HALIOTIDÆ.																		
Raphistoma ...... Hall, 1847																		
Scalites .... Emmons, 1844																		
Scalites (part) Conrad, 1843 ...																		HOLOSTOMATA.
Helicotoma (part) Salter, 1856																		
— æqualis .... *Salt.*							*											Siluria, 2 ed. Foss. 37, f. 2. *Helicotoma* qualteriatus, Schloth, Nachtr. t. 11, f. 3; ib. Goldf. Pet. Germ. t. 189, f. 3. *Euomph. pseudo-qualteriatus*, Von Buch, 1830, Karst. Arch. p. 156, t. 1 s8; His. Leth. Suec. t. 11, f. 5. Raphistoma, Salt. Siluria, 4 ed. p. 197, Foss. 40, f. 2. Raphistoma, (Euom.) *qualteriatus*, Salt. Mem. Geol. Surv. vol. ii, pt. 1, t. 14, f. 7 (non Schloth).
— elliptica .... *His.*							*	*										Trochus, Leth. Suec. t. 11, f. 1; ib. Portl. Geol. Rept. p. 414, t. 31, f. 1.
— labiata .... *Emm.*																		
— lenticularis ...... *Sow.*							*	*					?					Trochus, Sil. Syst. p. 642, t. 19, f. 11. *Pleurotomaria*, M'Coy, Brit. Pal. Foss. p. 291. *Scalites*, Conrad. Raphistoma, Salt. Siluria, 4 ed. t. 10, f. 10.
— parva .... *Hall*							*											Pal. New York, vol. i, p. 30, t. 6, f. 3, var. of *R. planistria*.
— qualteriatus ...... *Salt.*																		*Vide* Raphistoma æqualis.
Scalites { *Emmons*, 1844 / *Conrad*, 1843 }																		*Vide* Raphistoma.
Schizostoma ...... Bronn, 1835 ...																		*Vide* Pleurotomaria.
Terebra ...... Adanson, 1757 ...																		*Vide* Loxonema.
TURBINIDÆ.																		
Trochonema ...... Salter, 1859 ...																		HOLOSTOMATA.
Euomphalus (pars) Auctorum ...																		
— latifasciata ...... *M'Coy*																		*Vide* Pleurotomaria.
— lyrata .... *M'Coy*							*											*Euomphalus*, Brit. Pal. Foss. p. 298, t. 1 L, f. 23.
— tricincta .... *M'Coy*							*	*										*Euomphalus*, Synop. Sil. Foss. Irel. p. 14, t. 1, f. 13.

115

GASTEROPODA.

PALÆOZOIC. — CAMBRIAN AND SILURIAN.

SPECIES.	Har. St. David's	Menevian	Lingula Flags	Tremadoc	Arenig	Llandeilo	Caradoc or Bala	Low. Llandovery	Up. Llandovery	Woolhope Lmst.	Wenlock Shale	Wenlock Lmst.	Lower Ludlow	Aymestry Lmst.	Upper Ludlow	Tilest. & Passage	Pass. up.	REFERENCES.
Trochonema (*continued*).																		
— triporcata .... *M'Coy*							•											*Euomphalus*, Brit. Pal. Foss. p. 299, t. 1 K, f. 37, 38.
— trochleata ..... *M'Coy*							•	•	•									*Turbo*, Synop. Sil. Foss. Irel. t. 1, f. 9, p. 12.
TURBINIDÆ.																		**HOLOSTOMATA.**
Trochus .... *Linn*. 1758																		
— cirriatulus ..... *M'Coy*									•									Brit. Pal. Foss. p. 296, t. 1 K, f. 40.
— constrictus .... *M'Coy*																		*Vide* Holopea striatella.
— helicites .... *Sow.*																		*Vide* Platyschisma.
— lenticularis .... *Sow.*																		*Vide* Raphistoma.
— Moorei .... *M'Coy*								•	•									Brit. Pal. Foss. p. 297, t. 1 L, f. 18.
— multitorquatus *M'Coy*								•	?									Synop. Sil. Foss. Irel. p. 15, t. 1, f. 14.
TURBINIDÆ.																		**HOLOSTOMATA.**
Turbo .... *Linn*. 1758																		
— carinatus ..... *Sow.*																		*Vide* Euomphalus.
— corallii .... *Sow.*																		*Vide* Cyclonema.
— cirrhosus ...... *Sow.*																		*Vide* Eunema.
— crebricosta ... *M'Coy*																		*Vide* Cyclonema.
— euomphaloides																		Doubtful species.
— Pryca .... *Sow.*																		*Vide* Murchisonia.
— rupestris ...... *Eichw.*							•											Geol. Surv. Irel. Expl. sheet 35, t. 10, f. 5.
— tritorquatus ... *M'Coy*								•	•	•								Synop. Sil. Foss. Irel. p. 12, t. 1, f. 8.
— trochleatus .... *M'Coy*																		*Vide* Trochonema.
— Williamsii ..... *Sow.*							•											*Vide* Platyschisma.

PTEROPODA.

SPECIES.	Mar. St. David's	Menevian	Lingula Flags	Tremadoc	Arenig	Llandeilo	Caradoc or Bala	Low. Llandovery	Up. Llandovery	Woolhope Lmst.	Wenlock Shale	Wenlock Lmst.	Lower Ludlow	Aymestry Lmst.	Upper Ludlow	Tiled. & Passage	Pass. up.	REFERENCES.
Sub-Kingdom, MOLLUSCA.																		
Prov. ODONTOPHORA.																		
Class, PTEROPODA.																		
Aporobranchiata. Blainville.																		THECOSOMATA.
HYALEIDÆ.																		
Centrotheca ...... Salter, 1866																		Sub-genus of Thecæ (*vide*).
Cleidotheca ...... Salter, 1866																		Sub-genus of Thecæ (T. operculata).
HYALEIDÆ.																		THECOSOMATA.
Conularia ...... Müller, 1818																		
— cancellata ...... Sandb.						•		•										Leonh. and Bronn, Jahrbuch, 1847, p. 20, t. 1, f. 11. ? C. *quadrisulcata*, Sow. Sil. Syst. l. 12, f. 22. C. cancellata, M'Coy, Brit. Pal. Foss. p. 287.
— corium ...... Salt.					•													Mem. Geol. Surv. vol. iii, p. 355, t. 11 A, f. 11.
— elongata ...... Portl.						•												Geol. Rept. p. 393, t. 29 A, f. 2; Ib. Salt. Siluria, 4 ed. p. 199, Foss. 41, f. 3.
— Homfrayi ...... Salt.			•	•														Mem. Geol. Surv. vol. iii, p. 354, t. 10, f. 11–13.
— Llanvirnensis ... Hicks					•													Q. J. Geol. Soc. vol. xxxi, p. 189, t. 13, f. 5, 6.
— lævigata ...... Salt.						•												Mem. Geol. Surv. vol. iii, p. 354, woodcut 19.
— margaritifera ... Salt.					•													Mem. Geol. Surv. vol. iii, p. 355, t. 11 A, f. 12.
— pyramidata ...... Desl.						?												Doubtful species (Dudleigh).
— quadrisulcata ... Sow.																		*Vide* C. Sowerbyi.
— Sowerbyi ...... Defr.						•	•			•		•			•			Troost. 5th Rept. on Tennessee, p. 53. C. *quadrisulcata*, Sow. Sil. Syst. p. 626, t. 12, f. 22; Ib. Min. Conch. t. 260, f. 5, 4; ? Ib. Portl. Geol. Rept. p. 393, t. 29 A, f. 3. C. Sowerbyi, Siluria, 4 ed. t. 25, f. 10, and De Hainv. Malacol. p. 377, t. 14, f. 2; Ib. De Vern. and De Keyserling, Géol. de la Russe, 1845, vol. ii, p. 348, t. 24, f. 5.
— subtilis ...... Salt.															•			M'Coy, Brit. Pal. Foss. App. A, p. vi, t. 1 L, f. 14, and p. 228, in Text.
Oressis ...... Rang, 1827																		
— primæva ...... Forbes																		
— Sedgwickii ...... Forbes																		*Vide* Orthoceras.
— ventricosus ...... Sharpe																		
HYALEIDÆ.																		THECOSOMATA.
Cyrtotheca ...... Salter																		*Vide* Q. J. Geol. Soc. vol. xxviii, p. 179; Ib. vol. xxvii, p. 397.
— hamula ...... Hicks		•																Q. J. Geol. Soc. vol. xxviii, p. 179, t. 7, f. 14.
Hyolites ...... Eichwald, 1840																		*Vide* Theca.

PTEROPODA

SPECIES.	CAMBRIAN.	LOWER SIL.					UPPER SILURIAN.								REFERENCES.
	Har. St. David's.	Menevian.	Lingula Flags.	Tremadoc.	Arenig.	Llandeilo.	Caradoc or Bala.	Low. Llandovery.	Up. Llandovery.	Woolhope Lmst.	Wenlock Shale.	Wenlock Lmst.	Lower Ludlow.	Aymestry Lmst.	Upper Ludlow.	Tilest. & Passage.	Pass. up.	

HYALEIDÆ.

Pterotheca .... *Salter*, 1852
   Cleodora .... *Pér. et Les.* 1810
   Cleoderma .... *Hall*, 1861
— auricistris .... *Salt.* — Doubtful species.
— corrugata .... *Salt.* — Brit. Assoc. Rept. 1852 (sect.), p. 61; ib. Mem. Geol. Surv. vol. iii, p. 353, woodcut 18.
— transversa .... *Portl.* — Siluria, 4 ed. p. 199, Foss. 41, f. 4.
— undulata .... *Salt.* — Mem. Geol. Surv. vol. iii, Geol. N. Wales, p. 274.

Salterella .... *Billings*, 1861 — *Vide* Annelida, p. 36.

HYALEIDÆ.

Stenotheca .... *Salter*, 1866 — THECOSOMATA.
Cyrtotheca .... *Salter*
— cornucopia ...... *Salt.* — Hicks, Q. J. Geol. Soc. vol. xxviii, p. 180, t. 7, f. 12, 13.

HYALEIDÆ.

Theca .... *Sowerby*, 1844
Hyolites? .... *Eichwald*, 1840 — THECOSOMATA.
Pugiunculus ...... *Barrande*, 1847
— alata .... *Salt.* — *Centrotheca*, Mem. Geol. Surv. vol. iii, p. 353, t. 10, f. 25.
— anceps .... *Salt.* — Mem. Geol. Surv. vol. ii, pt. 1, p. 355, t. 14, f. 1.
— antiqua .... *Hicks* — Q. J. Geol. Soc. vol. xxvii, p. 400, t. 16, f. 13.
— arata .... *Salt.* — Mem. Geol. Surv. vol iii, p. 352, t. 10, f. 15–21 (? 17, 18).
— bijugosa .... *Salt.* — Mem. Geol. Surv. vol. iii, p. 351, t. 10, f. 19, 20.
— Caereesionsis ... *Hicks* — Q. J. Geol. Soc. vol. xxxi, p. 189, t. 11, f. 7.
— cometoides ...... *Baily* — Q. J. Royal Geol. Soc. Dublin, 1861, vol. ix, p. 300, t. 1, f. 4, f. 8; ib. Expl. sheet, No. 133; Mem. Geol. Surv. Irel. p. 12, f. 4. ? Gonophores of graptolites.
— corrugata .... *Salt.* — Q. J. Geol. Soc. 1864, vol. xx, p. 238, t. 13, f. 10; ib. Brit. Assoc. Rept. 1865, p. 285.
— cuspidata .... *Salt.* — Mem. Geol. Surv. vol. iii, p. 353, t. 10, f. 25. (Sub-genus, Centrotheca.)
— Davidii .... *Hicks* — Q. J. Geol. Soc. vol. xxix, p. 50, t. 3, f. 28, 29.
— Forbesii .... *Sharpe* — Q. J. Geol. Soc. vol. ii, p. 314, t. 13, f. 1.
— Harknessi .... *Hicks* — Q. J. Geol. Soc. vol. xxxi, p. 189, t. 10, f. 11.
— Menavensis ..... *Salt.* — Cat. Camb. and Sil. Foss. Mus. Pract. Geol. p. 11.
— obtusa .... *Salt.* — Mem. Geol. Surv. vol. iii, p. 352, woodcut 17.
— operculata ...... *Salt.* — Mem. Geol. Surv. vol. iii, p. 351, t. 10, f. 22–24. (Cleidotheca.)
— penultima .... *Salt.* — Brit. Assoc. Rept. 1865, p. 285; ib. Hicks, Q. J. Geol. Soc. vol. xxviii, p. 180, t. 7, f. 15, 16.
— reversa .... *Salt.* — Siluria, 2 ed. Foss. 10, f. 21; lb. 4 ed. p. 51, Foss. 11, f. 21, and p. 199, Foss. 41, f. 1. *P. triangularis*, Hall, Pal. New York, vol. i, p. 313, t. 87, f. 1. T. reversa, Salt. Mem. Geol. Surv. vol. iii, p. 353, woodcut 14, f. 6, p. 347.

PALÆOZOIC.   HETEROPODA.   CAMBRIAN AND SILURIAN.

SPECIES.	CAMBRIAN.			LOWER SIL.				UPPER SILURIAN.								REFERENCES.
	Har. St. David's.	Menevian.	Lingula Flags.	Tremadoc.	Arenig.	Llandeilo.	Caradoc or Bala.	Low. Llandovery.	Up. Llandovery.	Woolhope Lmst.	Wenlock Shale.	Wenlock Lmst.	Lower Ludlow.	Aymestry Lmst.	Upper Ludlow.	Tilest. & Passage.	Desn up.	
Theca (*continued*).																		
— simplex .... *Salt.*				•		•												Mem. Geol. Surv. vol. iii, p. 352, t. 11 B, f. 22–26; ib. Siluria, 4 ed. p. 48, Foss. 9, f. 5.
— stiletto .... *Salt.*	•	•																Hicks, Q. J. Geol. Soc. vol. xxviii, p. 180, t. 6, f. 18, 19.
— triangularis.... *Portl.*							•											Orthoceras, Geol. Rept. p. 375, t. 28 A, f. 3. Theca, Siluria, 4 ed. p. 199, Foss. 41, f. 2.
— vaginula ...... *Salt.*				•														Siluria, 2 ed. p. 83, Foss. 9, f. 14; ib. 4 ed. p. 51, Foss. 10, f. 14; ib. Mem. Geol. Surv. vol. iii, p. 352, t. 10, f. 14.
Order, *Nucleobranchiata* Blum.																		
Heteropoda Lamarck, 1812																		
ATLANTIDÆ.																		
Bellerophon ...... *Montfort*, 1808																		
Bucania .... *Hall*, 1847																		NUCLEOBRANCHIATA.
Eophemus ...... *M'Coy*, 1844 ...																		
— acutus .... *Sow.*					•	•	?	•	•									Sil. Syst. t. 19, f. 14; ib. Siluria, 4 ed. p. 199, Foss. 44, f. 7, t. 7, f. 8. ? *B. carinatus*, Sow.
— sinus .... *Portl.*						•												Geol. Rept. p. 471, t. 33, f. 9.
— apertus .... *Murch.*																		*Vide* Bel. Wenlockensis.
— arfonensis ...... *Salt.*			•															Mem. Geol. Surv. vol. iii, p. 349, t. 10, f. 6–8.
— Aymestriensis .. *Sow.*																		*Vide* B. dilatatus.
— bilobatus ...... *Sow.*						•	?	•	•									Sil. Syst. p. 643, t. 19, f. 13; ib. Hall, Pal. New York, vol. i, p. 184, t. 40, f. 3. Var. *compressus*, Geol. Rept. p. 397, t. 29, f. 2. B. bilobatus, Brit. Geol. Canada, p. 182, f. 181. *B. elongatus, B. gibbus*, Portl. Geol. Rept. t. 29, f. 3, 4, 5, p. 397. B. bilobatus, Siluria, 4 ed. p. 68, Foss. 13, f. 10, t. 7, f. 9.
— Cambrensis ..... *Belt.*			•															Geol. Mag. vol. v, p. 11, t. 2, f. 19, 20.
— carinatus ...... *Sow.*						•	•	•					•					Sil. Syst. p. 604–705, t. 3, f. 4 and 1 d. B. acutus, Salt. Q. J. Geol. Soc. vol. vii, t. 9, f. 18. B. carinatus, Siluria, 4 ed. t. 34, f. 8.
— dilatatus ...... *Sow.*									•		•	?						Sil. Syst. p. 617–705, t. 12, f. 13, 24; ib. var. Portl. Geol. Rept. p. 398, t. 29, f. 1; ib. Siluria, 4 ed. p. 199, Foss. 41, f. 8, t. 15, f. 5, 6. *B. Aymestriensis*, Sow. Sil. Syst. p. 616–705, t. 6, f. 12.
— elongatus ...... *Portl.*																		*Vide* Bel. bilobatus.
— expansus ...... *Sow.*						? a	•		•		•							Sil. Syst. p. 613–705, t. 3, f. 32; ib. Siluria, 4 ed. t. 35, f. 6; t. 34, f. 20; t. 35, f. 28. *Bel. globatus*, Sow. Sil. Syst. t. 3, f. 15.
— gibbus .... *Portl.*																		*Vide* Bel. bilobatus.
— globatus .... *Sow.*																		*Vide* Bel. expansus.
— hippopus ...... *Salt.*				•														Mem. Geol. Surv. vol. iii, p. 350, t. 11 B, f. 2.
— Llanvirnensis ... *Hicks*					•													Q. J. Geol. Soc. vol. xxxi, p. 188, t. 11, f. 2.
— multistriatus ... *Salt.*			•	•														Mem. Geol. Surv. vol. iii, p. 350, t. 10, f. 9, 10.
— Murchisoni .... *D'Orb.*														•				Mono. t. 7, f. 1–3. *Bel. striatus*, Sow. Sil. Syst. t. 3, f. 12 e. B. Murchisoni, Siluria, 4 ed. t. 34, f. 19.
— nodosus .... *Salt.*					•													Q. J. Geol. Soc. vol. x, p. 73; ib. Siluria, 4 ed. p. 68, Foss. 13, f. 11; ib. Mem. Geol. Surv. vol. iii, p. 349, woodcut 15. *Cyrtolites ornata*, Conrad, Geol. Rept. Hall, Pal. New York, vol. i, t. 84, f. 1; ib. M'Coy, Brit. Pal. Foss. p. 310.

PALÆOZOIC.   HETEROPODA.   CAMBRIAN AND SILURIAN.

SPECIES.	Har. St. David's.	Menevian.	Lingula Flags.	Tremadoc.	Arenig.	Llandeilo.	Caradoc or Bala.	Low. Llandovery.	Up. Llandovery.	Woolhope Lmst.	Wenlock Shale.	Wenlock Lmst.	Lower Ludlow.	Aymestry Lmst.	Upper Ludlow.	Tilest. & Passage.	Pass up.	REFERENCES.
Bellerophon (continued).																		
— obtectus .... *Phill.*									•						•			Mem. Geol. Surv. vol. ii, pt. 1, p. 356, t. 14, f. 12.
— ornatus .... *Conrad*							•											*Vide* Bel. nodosus.
— perturbatus ..... *Sow.*							•	•										Euomphalus, Sil. Syst. p. 641, t. 22, f. 15. *Euom. tenuistriatus*, id. ib. t. 22, f. 14; Dell. Siluria, 4 ed. p. 190, f. 6, t. 7, f. 6, 7. Euomph. furcatus, M'Coy, Synop. Sil. Foss. Irel. p. 13, t. 1, f. 11. Bell. perturbatus, Salt. Mem. Geol. Surv. vol. iii, p. 350, woodcut, f. 16; Baily, Char. Foss. t. 8, f. 12.
— Ramseyensis ... *Hicks*			•															Q. J. Geol. Soc. vol. xxix, p. 50, t. 3, f. 30-32.
— striatus .... *Sow.*							•											Q. J. Geol. Soc. vol. xxix, p. 50, t. 3, f. 33.
— solvensis .... *Hicks*			•															*Vide* Bel. Murchisoni.
— subdecussatus ... *M'Coy*							•											Brit. Pal. Foss. p. 311, t. 1 L, f. 15.
— sulcatinus .... *Emm.*							•											Bucania, Geol. Rept. p. 313, t. 84, f. 4; Ib. Hall, Pal. New York, vol. i, p. 32, t. 6, f. 10, 10 a.
— trilobatus .... *Sow.*							?	•	•	•					•	•		Sil. Syst. p. 604-705, t. 3, f. 16. ? Phill. Pal. Foss. p. 107, t. 40, f. 200; Salt. Siluria, 4 ed. p. 90, Foss. 15, f. 9.
— Wenlockensis ... *Sow.*												•	•					Sil. Syst. p. 705, t. 13, f. 21; ib. Min. Con. t. 460. *Bel. apertus*, Murch. Sil. Syst. p. 627. B. Wenlockensis, Siluria, 4 ed. t. 25, f. 7.
— Sp. .... *Salt.*																		Q. J. Geol. Soc. vol. x, p. 74.
Cyrtolites ...... *Conrad*, 1838...						•												
— laevis .... *Sow.*																		} *Vide* Ecculiomphalus.
— Scoticus .... *M'Coy*																		
ATLANTIDÆ.																		
Ecculiomphalus... *Portlock*, 1843.																		NUCLEOBRANCHIATA.
Cyrtolites (part) Conrad, 1838.																		
— Bucklandi ..... *Portl.*							•											Geol. Rept. p. 411, t. 30, f. 10; ib. Siluria, 4 ed. p. 199, Foss. 41, f. 5. *Ecow. minor*, Portl. loc. cit. p. 412, t. 30, f. 11, 12.
— laevis .... *Sow.*												•	▾	•				Cyrtoceras, Sil. Syst. t. 8, f. 21. Ecculiomphalus, Siluria, 4 ed. t. 25, f. 9.
— minor .... *Portl.*							•											*Vide* E. Bucklandi.
— Scoticus .... *M'Coy*						•	•											Brit. Pal. Foss. p. 301, t. 1 L, f. 15.
ATLANTIDÆ.																		
Maclurea... *Lesueur, Emmons*, 1843.																		NUCLEOBRANCHIATA.
— Logani .... *Salt.*						•												Q. J. Geol. Soc. vol. vii, p. 170, t. 8, f. 7; ib. Siluria, 4 ed. p. 197, Foss. 40, f. 1.
— macromphala ... *M'Coy*							•											Brit. Pal. Foss. p. 300, t. 1 L, f. 12.
— Maccoyii .... *Salt.*							•											? M. magna.
— magna .... *Less.*						?	•											Jour. Acad. Nat. Sci. Philad. vol. i, p. 312, t. 13, f. 1-3. Hall, Pal. New York, t. 5, f. 1; ib. M'Coy, Brit. Pal. Foss. p. 300, t. 1 L, f. 13.
— Peachii .... *Salt.*						•												Q. J. Geol. Soc. vol. xv, p. 377, t. 13, f. 1-5; ib. Siluria, 4 ed. p. 165, Foss. 27, f. 1.

PALÆOZOIC.   CEPHALOPODA.   CAMBRIAN AND SILURIAN.

SPECIES.	Har. St. David's.	Menevian.	Lingula Flags.	Tremadoc.	Arenig.	Llandeilo.	Caradoc or Bala.	Low. Llandovery.	Up. Llandovery.	Woolhope Lmst.	Wenlock Shale.	Wenlock Lmst.	Lower Ludlow.	Aymestry Lmst.	Upper Ludlow.	Tilest. & Passage.	Pass up.	REFERENCES.
Sub-Kingdom, MOLLUSCA.																		
Prov. ODONTOPHORA.																		
Class, *CEPHALOPODA.*																		
Orders { *Dibranchiata.* *Tetrabranchiata.*																		
ORTHOCERATIDÆ.																		
Actinoceras ...... *Bronn*, 1835 ...																		TETRABRANCHIATA.
Ormoceras ...... *Stokes*, 1840 ...																		
— baccatum......... *H. Woodw.* ...										*								Geol. Mag. vol. v, p. 133, t. 8.
— Brightii .... *Sow.*												*						Ortho. Sil. Syst. p. 626, 706, t. 12, f. 21.
— Brongniarti ... *Troost*																		*Vide* Orthoceras.
— nummularium *Sow.*									*		*							Orthoceras, Sil. Syst. p. 632, t. 13, f. 24; ib. Siluria, 4 ed. t. 16, f. 5.
NAUTILIDÆ.																		
Ascoceras ...... *Barrande*, 1847																		TETRABRANCHIATA.
Cryptoceras ... *Barrande*, 1846																		
— Barrandii ...... *Salt.*									?		*							Q. J. Geol. Soc. vol. xii, p. 381; ib. vol. xiv, p. 180, t. 12, f. 7; ib. Siluria, 4 ed. p. 233, Foss. 63.
Cycloceras .... *M'Coy*, 1844 ...																		
— annulatum ...... *Sow.*																		
— ibex............... *Sow.*																		
— sub-annulatum *Münst.*																		*Vide* Orthoceras.
— tracheale......... *Sow.*																		
— tenui-annulatum *M'Coy*																		
ORTHOCERATIDÆ.																		
Cyrtoceras .... *Goldf.* 1832 ...																		
Campulites ...... *DesHayes*, 1832																		
Cyrtoceratites... *D'Archiac*,1842																		
Trigonoceras ... *M'Coy*, 1844 ...																		
Oncoceras ...... *J. Hall*, 1847...																		
Aploceras ...... *D'Orbigny*,1850																		TETRABRANCHIATA.
Piloceras (part) *Salter*, 1858 ...																		
— approximatum *Sow.*									*									Orthoceras, Sil. Syst. p. 642, 706, t. 21, f. 22. Cyrto. Siluria, 4 ed. t. 11, f. 4.
— stramentarium *Salt.*					*													Mem. Geol. Surv. vol. iii, p. 358, t. 25, f. 2-4.
— inæquiseptum... *Portl.*					*			*										*Phragmoceras*, Geol. Rept. p. 382, t. 28 A, f. 4. *P. Brateri*, Münst. Beitr. 3, p. 105, t. 1, f. 10; ib. Portl. Geol. Rept. p. 383, t. 28 B, f. 3, 4; ib. Geinitz, Verst. Grauw. p. 32, t. 5, f. 2, t. 6, f. 5. C. inæquiseptum, Siluria, 4 ed. p. 200, Foss. 43, f. 1.
— læve............... *Sow.*																		*Vide* Eccullomphalus.
— multicameratum *Hall*							*											Pal. New York, vol. i, p. 195, t. 42, f. 4; ib. M'Coy, Brit. Pal. Foss. p. 312.
— præcox .... *Salt.*					*													Mem. Geol. Surv. vol. iii, p. 358, t. 10, f. 3.
— sonax .... *Salt.*							*											Mem. Geol. Surv. vol. iii, p. 357, t. 25, f. 1.
— sub-arcuatum ... *Portl.*																		*Vide* Orthoceras.

PALÆOZOIC. CEPHALOPODA. CAMBRIAN AND SILURIAN.

SPECIES.	Har. St. David's.	Menevian.	Lingula Flags.	Tremadoc.	Arenig.	Llandeilo.	Caradoc or Bala.	Low. Llandovery.	Up. Llandovery.	Woolhope Lmst.	Wenlock Shale.	Wenlock Lmst.	Lower Ludlow.	Aymestry Lmst.	Upper Ludlow.	Tilest. & Passage.	Pass. up.	REFERENCES.
Diploceras ...... *Salter*, 1856							•											*Vide* Trotoceras.
ORTHOCERATIDÆ.																		
Endoceras ...... *Hall*, 1847																		TETRABRANCHIATA.
Hyolithes ...... *Eichwald*																		
— roum ...... *Edgell*						•												Geol. Mag. vol. iii, p. 161.
— proteiforme ...... *Hall* (var. beuillestum)							•											Pal. New York, vol. i, p. 208; ib. Nicholson, Geol. Mag. vol. ix, p. 102, woodcut, p. 103.
Exosiphonites ... *Salter*																		
— Edgelli ...... *Salt.*													•					MS. names in the Edgell Collection.
— striolatus ...... *Edgell*													•					
Gomphoceras ...... *Sowerby*, 1839																		
Holboceras ...... *Fischer*, 1844																		
Apioceras ...... *Fischer*, 1844																		
Poterioceras ... *M'Coy*, 1844																		
Sycoceras (part) *Pictet*, 1854																		
— *pyriforme* ...... *Sow.*							•											*Vide* Phragmoceras.
Hortolus ...... *Montfort*, 1808																		
— *giganteus* ...... *Sow.*																		*Vide* Lituites.
— *ibex* ...... *Sow.*																		*Vide* Orthoceras.
ORTHOCERATIDÆ.																		TETRABRANCHIATA.
Koleoceras ...... *Portlock*, 1843																		
— Ballii ...... *Portl.*							•											Geol. Rept. p. 380, t. 28 A, f. 2. *?Murchisonia covered with an amorphozoon.*
— pseudo-regulare *Portl.*							•											Geol. Rept. p. 379, t. 26, f. 2. *Orthoceras regulare.*
— pseudo-speciosum... *Portl.*							•											Geol. Rept. p. 380, t. 26, f. 3. *O. speciosum*, Münst. Beitr. 3, p. 107, 96, t. 18, f. 3.
NAUTILIDÆ.																		
Lituites ...... *Breynius*, 1732																		
Hortolus ...... *Montfort*, 1808																		
Spirulites ...... *Parkinson*, 1811																		TETRABRANCHIATA.
Trocholites ...... *Conrad*, 1838																		
— anguiformis ...... *Salt.*							•											*Trocholites*, M'Coy, Brit. Pal. Foss. App. A, p. viii, and p. 323, t. 1 L, f. 26.
— articulatus ...... *Sow.*											•	•	•					Sil. Syst. p. 622, 705, t. 11, f. 5, 7; ib. Siluria, 4 ed. t. 31, f. 6.
— Biddulphii ...... *Sow.*											•	•						Sil. Syst. p. 626, 705, t. 11, f. 8; ib. Siluria, 4 ed. t. 31, f. 5.
— cornu-arietis ... *Sow.*							•	•	•		•	•						Sil. Syst. p. 643, 705, t. 20, f. 20; ib. Siluria, 4 ed. p. 200, Foss. 43. f. 2, t. 7, f. 10; t. 11, f. 2; ib. Portl. Geol. Rept. p. 383, t. 28 D, f. 7; var. L. Sowerbianus, D'Orb. *? Lit. litana*, His. Leth. Succ. t. 6, f. 5.
— giganteus ...... *Sow.*									?		•	•	•					Sil. Syst. p. 622, 705, t. 11, f. 4; ib. Siluria, t. 33, f. 1-3. *Hortolus*, Montf. M'Coy, Brit. Pal. Foss. p. 324. *Trochoceras*, Hall.
— Hibernicus ...... *Salt.*																		Brit. Assoc. Rept. 1852, p. 61; ib. Salt. Siluria, 4 ed. p. 200, Foss. 43. f. 3. (*Trocholites.*)
— ibex ...... *Sow.*																		*Vide* Orthoceras.

CEPHALOPODA.

SPECIES.	Bar. St. David's.	Menevian.	Lingula Flags.	Tremadoc.	Arenig.	Llandeilo.	Caradoc or Bala.	Low. Llandovery.	Up. Llandovery.	Woolhope Land.	Wenlock Shale.	Wenlock Land.	Lower Ludlow.	Aymestry Land.	Upper Ludlow.	Tilest. & Passage.	Pass. up.	REFERENCES.
Lituites (*continued*).																		
— planorbiformis *Conrad*	...	...	...	...	...	*	...	...	...	...	...	...	...	...	...	...	...	*Trochoilites*, Jour. Acad. Nat. Sci. Philad. vol. viii, p. 274, t. 17, f. 1; ib. Hall, Pal. New York, vol. i, p. 310, t. 84, f. 3. Lituites, Salt. App. lbrit. Pal. Foss. *Nautilus primaevus*, Salt. Q. J. Geol. Soc. vol. i, p. 20. Trochoilites, M'Coy, lbrit. Pal. Foss. p. 324. Lituites, Salt. Mem. Geol. Surv. vol. iii, p. 358, t. 25, f. 5.
— tortuosus *Sow.*	...	...	...	...	...	...	...	...	...	...	*	...	...	...	...	...	...	Sil. Syst. p. 622, 705, t. 11, f. 3; ib. Siluria, 4 ed. t. 33, f. 4.
— undosus *Sow.*	...	...	...	...	...	...	*	...	...	...	...	...	...	...	...	...	...	*Nautilus*, Sil. Syst. p. 642, 705, t. 22, f. 17. Lituites, Siluria, 4 ed. t. 11, f. 3.
Nautilus *Breynius*, 1732.																		
Primaevus *Salter*																		Vide Lituites planorbiformis.
Oncoceras *Hall*, 1846																		Vide Phragmoceras.
Ormoceras *Hall*, 1846																		Vide Actinoceras.
ORTHOCERATIDÆ.																		
Orthoceras *Breynius*, 1732																		
Cycloceras M'Coy, 1844																		
Gonioceras Hall, 1847																		
Actinoceras Bronn, 1835																		**TETRABRANCHIATA.**
Koleoceras Portlock (*part*)																		
— angulatum *Wahl.*	...	...	...	...	...	...	*	...	...	*	*	*	...	...	...	...	...	Upsal. 8, p. 90; ib. His. Antock. vol. v, t. 4, f. 8; ib. Loth. Succ. p. 28, t. 10, f. 1. *O. virgatum*, Sow. Sil. Syst. p. 622, t. 9, f. 4; ib. Hall, Pal. New York, vol. ii, p. 291, t. 63, f. 2, 3. Orthoceras angulatum, Siluria, 4 ed. t. 28, f. 4.
— annulatum *Sow.*	...	...	...	...	...	...	*	*	?	*	*	...	...	...	...	...	...	Min. Conch. 2, p. 77, t. 133; ib. Sil. Syst. p. 632, t. 9, f. 5. *O. undulatus*, His. Antock. vol. v, t. 4, f. 2; ib. Loth. Succ. p. 28, t. 10, f. 2; ? var. *O. fimbriatum*, Sow. p. 620, 706, t. 13, f. 20; ib. Siluria, 4 ed. t. 26, f. 1, 2.
— approximatum *Sow.*																		Sil. Syst. p. 642, 706, t. 21, f. 22.
— arcuoliratum *Hall*	...	...	...	...	*	*	*	...	...	...	...	...	...	...	...	...	...	Pal. New York, vol. i, p. 198, t. 42, f. 7. ? *Cameroceras trentonensis*, Conrad, Emmons, Geol. Rept. p. 397, f. 4. *Cycloceras*, M'Coy, Brit. Pal. Foss. p. 319.
— articulatum *Sow.*													?		*			Sil. Syst. p. 613, 705, t. 5, f. 31. ? Lituites.
— attenuatum *Sow.*	...	...	...	...	...	...	...	...	*	*	...	...	...	...	...	...	...	Sil. Syst. p. 632, 706, t. 13, f. 25; ib. Siluria, t. 26, f. 1, 2.
— audax *Salt.*																		Mem. Geol. Surv. vol. iii, p. 357, t. 24, f. 7.
— Avelini *Salt.*	...	...	...	...	...	*	?	*	...	...	...	...	...	...	...	...	...	Siluria, 2 ed. p. 50, Foss. 8, f. 4; 4 ed. Foss. 9, f. 4; ib. Mem. Geol. Surv. vol. iii, p. 356, t. 11 B, f. 18; ib. Baily, Char. Foss. t. 8, f. 16.
— baculiforme *Salt.*															*			App. A, M'Coy, Brit. Pal. Foss. p. vi, and p. 313, t. 1 L, f. 27. ? *O. linearis*, Münst. Beitr. heft 3, t. 19, f. 1 ?
— Barrandii *Salt.*																		Q. J. Geol. Soc. vol. vii, t. 9, f. 19, p. 117.
— bilineatum *Hall*	...	...	...	...	*	?	*	...	...	...	...	...	...	...	...	...	...	Pal. New York, vol. i, p. 199, t. 43, f. 2, and p. 35, t. 7, f. 4; ib. Siluria, 4 ed. p. 200, Foss. 42, f. 2. *O. subannulare*, Münst. Beitr. 3, p. 99, t. 19, f. 3. *O. calamiteum*, id. ib. vol. i, p. 36, f. 17, f. 5. *O. tubicinella*, Sow. Geol. Trans. vol. v, p. 703, t. 57; var. Portl. Geol. Rept. p. 367, t. 25, f. 3, 4. *O. calamiteum*, *O. sub-annulare*, Portl. Geol. Rept. p. 365, t. 25, f. 1, p. 367.
— bisiphonatum *Sow.*																		Vide Tretoceras.
— breviconicum *Portl.*	...	...	...	...	...	*	...	...	...	...	...	...	...	...	...	...	...	Geol. Rept. p. 373, t. 26, f. 8.

CEPHALOPODA.

PALÆOZOIC. — CAMBRIAN AND SILURIAN.

SPECIES.	Har. St. David's	Menevian	Lingula Flags	Tremadoc	Arenig	Llandeilo	Caradoc or Bala	Low. Llandovery	Up. Llandovery	Woolhope Lmst.	Wenlock Shale	Wenlock Lmst.	Lower Ludlow	Aymestry Lmst.	Upper Ludlow	Tilest. & Passage	Pass. up.	REFERENCES.
Orthoceras (*continued*).																		
— *Brightii* .... Sow.																		*Vide* Actinoceras.
— *Bronguiarti* ... Troost						*	*											*Conotubularia*, Mém. de la Soc. Géol. de France, vol. iii, p. 88, 89. Orthoceras, Portl. Geol. Rept. p. 368, t. 28, f. 4; ib. Siluria, 4 ed. p. 200, Foss. 42, f. 4. Ortho. Geinitz, Verst. Grauw. p. 29, t. 19, f. 1.
— *bullatum*......... Sow.							*		a				*			*		Sil. Syst. p. 705, t. 5, f. 29. ? *O. striatum*, Sow. ib. p. 604; ib. Siluria, 4 ed. t. 29, f. 1.
— *Caerocense* ... *Nicks*.........						*												Q. J. Geol. Soc. vol. xxxi, p. 189, t. 11, f. 8–10.
— *calamiteum* ... Münst.																		*Vide O. bilineatum.*
— *canaliculatum* ... Sow.									*					*				Sil. Syst. p. 632, 706, t. 13, f. 26; ib. Siluria, t. 28, f. 3.
— *carinatum* ...... Barr.																		Doubtful British species.
— *centrale* .... *His.*																		Leth. Succ. p. 29, t. 9, f. 4; ib. M'Coy, Brit. Pal. Foss. p. 314.
— *circulare* .... Sow.									?									Min. Conch. vol. 1, p. 133, t. 60, f. 1–3.
— *complanato-septum* Portl. ...						a												Geol. Rept. p. 374, t. 28 B, f. 1.
— *conicum* .... Sow.						*	*											Sil. Syst. p. 642, t. 21, f. 21. ? *Conicum*, His. Leth. Succ. p. 29, t. 9, f. 5.
— *coralliforme* ... *M'Coy* ...					?	?												Synop. Foss. Irel. p. 8, t. 1, f. 3.
— *dimidiatum*...... Sow.									*		*							Sil. Syst. p. 620, 705, t. 8, f. 18; ib. Münst. Beitr. vol. iii, p. 98, t. 19, f. 3–5; ib. Salt. Siluria, 4 ed. t. 28, f. 5. *O. tenue*, Wahl. Nova Acta Reg. Soc. Scient. Upsal, vol. viii, p. 91; ib. Geinitz, Die Verst. der Grauw. p. 28, t. 19, f. 2–12.
— *distans*............ Sow.									*									Sil. Syst. p. 619, 705, t. 8, f. 17; ib. Siluria, 4 ed. t. 26, f. 4.
— *elongato-cinctum* Portl.					*													Geol. Rept. p. 372. t. 27, f. 2. ? *O. tenue*, Wahl.
— *encrinale* .... Salt.					*	? *												Siluria, 2 ed. p. 50, Foss. 8, f. 10; ib. Mem. Geol. Surv. vol. iii, p. 356, t. 11 B, f. 20.
— *excentricum* ... Sow.													*					Sil. Syst. p. 631, 706, t. 13, f. 16.
— *filosum* .... Sow.						*		*	*									Sil. Syst. p. 620, 706, t. 9, f. 3; ib. Siluria, 4 ed. p. 232, Foss. 62, f. 1.
— *fimbriatum* ... Portl.																		*Vide O. annulatum.*
— *gracile* .... Portl.																		Geol. Rept. p. 366, t. 25, f. 2.
— *gregarium* ...... Sow.															*			Sil. Syst. p. 619, 705, t. 8, f. 16; ib. Münst. Beitr. 3, p. 97, t. 18, f. 1. ? *O. angustiseptatum*, Münst.
— *ibex* .... Sow.						*	*	*						*				*Lituites*, Sil. Syst. p. 613, 705, t. 5, f. 30; ib. Siluria, 4 ed. t. 29, f. 3, 4. *Hortolus*, M'Coy, Brit. Pal. Foss. p. 324. *Orthoceratites annulatus*, His. Leth. Succ. t. 9. f. 6. ? *O. articulatum*, Sow. (Lituites), Sil. Syst. p. 612, t. 5, f. 31, t. 11, f. 6. *O.* (cyclo.) *annulatus*, M'Coy, Brit. Pal. Foss. p. 319.
— *imbricatum*...... Wahl.														*				Upsal, vol. viii, p. 89; ib. His. Leth. Succ. p. 29, t. 9, f. 9; ib. Sow. Sil. Syst. p. 620, t. 9, f. 2. ? Phill. Pal. Foss. t. 41, f. 207. *O. imbricatum*, Siluria, 4 ed. t. 29, f. 7; ib. Hall, Pal. New York, vol. ii, p. 291, t. 61, f. 4, t. 62, f. 1–3.
— *incertum* .... Portl.						*												Geol. Rept. p. 374, t. 28, f. 7.
— *irregulare* ...... Münst.						*												Beitr. 3, p. 100, t. 19, f. 11; ib. Portl. Geol. Rept. p. 375.
— *laqueatum* ...... Hall									?	*								Pal. New York. vol. i, p. 206, t. 56, f. 1; ib. M'Coy, Brit. Pal. Foss. p. 315.
— *lineatum* .... His.																		Leth. Succ. p. 29, t. 9, f. 6; ib. Portl. Geol. Rept. p. 370, t. 27, f. 3, t. 28, f. 2; ib. M'Coy, Synop. Sil. Foss. p. 9.
— *lineare*............ Münst.																		Beitr. 3, p. 99, t. 19, f. 1. ? *O. bacillus*, Eichw. Zool. 2, p. 33, t. 2, f. 14; ib. Vern. Key. and March. Geol. Russ. vol. ii, p. 353, t. 24, f. 8. ? *O. Mocktreensis*, Sow.

PALÆOZOIC.   CEPHALOPODA.   CAMBRIAN AND SILURIAN.

SPECIES.	Har. St. David's.	Menevian.	Lingula Flags.	Tremadoc.	Arenig.	Llandeilo.	Caradoc or Bala.	Low. Llandovery.	Up. Llandovery.	Woolhope Lmst.	Wenlock Shale.	Wenlock Lmst.	Lower Ludlow.	Aymestry Lmst.	Upper Ludlow.	Tilest. & Passage.	Pass up.	REFERENCES.
Orthoceras (*continued*).																		
— Ludense .... *Sow.*										•	•	•	•					Sil. Syst. p. 619, t. 9, f. 1; ib. Siluria, 4 ed. p. 232, Foss. 62, f. 2, t. 28, f. 1, 2.
— Maclareni ...... *Salt.*											•				•			Siluria, 2 ed. p. 176, f. 24; ib. Mem. Geol. Surv. Expl. sheet 32, Geol. Edinb. p. 143.
— Marloense ...... *Phill.*												•						Mem. Geol. Surv. vol. ii, pt. 2, p. 353.
— mendax .... *Salt.*									•									Q. J. Geol. Soc. vol. xv, p. 374, t. 13, f. 24.
— Mocktreense ... *Sow.*											•		•					Sil. Syst. p. 616, 705, t. 6, f. 11; ib. Siluria, 4 ed. t. 29, f. 2.
— nummularium *Sow.*																		*Vide* Actinoceras.
— perannulatum... *Portl.*								•										Geol. Rept. p. 367, t. 25, f. 5, 6.
— perelegans ...... *Salt.*										•		•			•			Mem. Geol. Surv. vol. ii, pt. 1, p. 345, t. 13, f. 2-4. *Lituites* ibex, ? *L. articulatus*, Sow. Sil. Syst. t. 11, f. 7, t. 11, f. 6. O. perelegans, Siluria, 4 ed. t. 29, f. 5, 6.
— politum .... *M'Coy*										•	•							Brit. Pal. Foss. p. 316, t. 1 L, f. 30; ib. Salt. Q. J. Geol. Soc. vol. vii, t. 10, f. 5, 6.
— Pomeroense...... *Portl.*								•										Geol. Rept. p. 370, t. 24, f. 4. ? *O. Mocktreense*, Sow.
— primævum ...... *Forbes*									•	•		•						Cressis, Q. J. Geol. Soc. vol. i, p. 146; ib. Siluria, p. 232, Foss. 62, f. 4; ib. Sharpe, Q. J. Geol. Soc. vol. ii, t. 13, f. 2.
— regulare .... *Münst.*											•							Beitr. 3, p. 95, t. 17, f. 3, 4; ib. Portl. Geol. Rept. p. 377, t. 27, f. 4. *Koleoceras pseudo-regulare*, Portl. ib. p. 379, t. 26, f. 2.
— semipartitum ... *Sow.*																		*Vide* Tretoceras.
— sericeum .... *Salt.*									•	•								Mem. Geol. Surv. vol. iii, p. 356, t. 10, f. 4, 5.
— striatopunctatum *Münst.*												•						Beitr. heft 3, t. 20, f. 1.
— subannulatum *Münst.*												•						Beitr. heft 3, t. 19, f. 3. (O. subannulare), O. subannularis, Portl. Geol. Rept. p. 368, t. 25, f. 7, 6. O. (Cycloceras) subannulatum, M'Coy, Brit. Pal. Foss. p. 320.
— subannularis ... *Portl.*																		*Vide* O. subannulatum.
— subarcuatum ... *Portl.*								•										Geol. Rept. p. 374, t. 28, f. 9.
— subcostatus .... *Portl.*								•										Geol. Rept. p. 371, t. 26, f. 6.
— subgregarium ... *M'Coy*								•										Synop. Sil. Foss. Irel. p. 9, t. 1, f. 4.
— subundulatum *Portl.*								•			•							Geol. Rept. p. 373, t. 28, f. 2. Crossia Sedgwickii, Forbes, Q. J. Geol. Soc. vol. i, p. 146, f. 2. O. subundulatum, Siluria, 4 ed. p. 232, Foss. 62, f. 3.
— tenuiannulatum *M'Coy*													•	•				Cycloceras, Brit. Pal. Foss. p. 320, t. 1 L, f. 31.
— tenuicinctum ... *Portl.*								•						?	•			Geol. Rept. p. 371, t. 27, f. 5; ib. Siluria, 4 ed. p. 200, Foss. 42, f. 3.
— tenuis .... *Wahl.*										•								Upsal, Vill. 91; ib. IIIa. Leth. 2, p. 113, t. 35, f. 3; ib. Geinitz, Die Verst. Grauw. p. 28, t. 19, f. 2-12.
— tenuistriatum ... *Münst.*											•							Beitr. heft 3, t. 19, f. 4; ib. M'Coy, Brit. Pal. Foss. p. 317.
— textile .... *Phill.*												•						Mem. Geol. Surv. vol. ii, pt. 1, p. 353, t. 13, f. 5, 6.
— torquatum ...... *Münst.*													•					Beitr. heft 3, p. 102.
— tracheale ...... *Sow.*										•		•						Sil. Syst. p. 604, 705, t. 3, f. 9; ib. Siluria, 4 ed. t. 34, f. 6. ? O. perelegans, Salt. Mem. Geol. Surv. vol. ii, pt. 1, t. 13, f. 2, 3. Cycloceras, M'Coy, Brit. Pal. Foss. p. 321.
— triangulare .... *Portl.*																		*Vide* Theca.
— tumidum ...... *Portl.*								•										Geol. Rept. p. 373, t. 28, f. 5, 6.
— undulostriatum *Hall*								•										Pal. New York, vol. i, p. 202, t. 43, f. 7; ib. Q. J. Geol. Soc. vol. xv, p. 375, t. 13, f. 25, 26.

CEPHALOPODA.

CAMBRIAN AND SILURIAN.

SPECIES.	Har. St. David's	Menevian	Lingula Flags	Tremadoc	Arenig	Llandeilo	Caradoc or Bala	Low. Llandovery	Up. Llandovery	Woolhope Lmst.	Wenlock Shale	Wenlock Lmst.	Lower Ludlow	Aymestry Lmst.	Upper Ludlow	Tilest. & Passage	Pass. up.	REFERENCES.
Orthoceras (continued).																		
— vagans ...... Salt.							*	*										Q. J. Geol. Soc. vol. v, t. 6, f. 6; ib. M'Coy, Brit. Pal. Foss. App. A, p. vi, t. 1 L, f. 28, 29, and p. 318 in text; ib. Siluria, 4 ed. p. 200, Foss. 42, f. 1; ib. Mem. Geol. Surv. vol. iii, p. 356, t. 24, f. 1-5.
— vaginatum ...... Schloth							*											Jahrb. vol. vii, p. 69, 1823; Petref. vol. i, p. 53; ib. Murch. Vern. and Keys, Geol. Russ. vol. ii, p. 349, t. 24, f. 6; ib. Bronn, Leth. Succ. p. 100, t. 1, f. 9; ib. Salt. Q. J. Geol. Soc. vol. vii, p. 377, t. 10, f. 7.
— ventricosus ...... Sharpe							?.											Cressis, Q. J. Geol. Soc. vol. ii, t. 13, f. 3.
— vertebrale ...... Hall						?	?											Pal. New York, vol. i, p. 201, t. 43, f. 5.
— virgatum ...... Sow.																		Vide O. angulatum.
ORTHOCERATIDÆ.																		
Phragmoceras ... Broderip, 1839 Sow. Barr. &c.																		
Onoceras ...... Hall, 1846																		
Gomphoceras ... Sowerby, 1839																		
Poterioceras (part) M'Coy, 1844																		
Bolboceras ...... Fischer, 1844																		
Apioceras ...... Fischer, 1844																		TETRABRANCHIATA.
Phragmoceratites D'Arch. de Verneuil																		
— approximatum M'Coy																		Vide Orthoceras.
— arcuatum ...... Sow.												*						Sil. Syst. p. 621, 705, t. 10, f. 1; var. t. 11, f. 2: ib. Portl. Geol. Rept. p. 382, t. 28 A, f. 5; ib. Siluria, 4 ed t. 31, f. 3. Comp. subpyriforme, Münst. Beitr. 3, p. 103, t. 20, f. 10; ib. Geinitz, Verst. Grauw. p. 34, t. 7, 8; ib. Portl. Geol. Rept. p. 381, t. 28, f. 1.
— Brateri ...... Münst.																		Vide Cyrtoceras inæquiseptum.
— compressum ...... Sow.									*			*						Sil. Syst. p. 621, 705, t. 11, f. 2; ib. Portl. Geol. Rept. p. 382, t. 28 B, f. 2; ib. Siluria, 4 ed. t. 31, f. 4.
— inæquiseptum ... Portl.																		Vide Cyrtoceras.
— intermedium ...... M'Coy																		Brit. Pal. Foss. p. 322; ib. Siluria, 4 ed. t. 30, f. 4. P. arcuatum, var. β, Sil. Syst. t. 11, f. 1.
— nautileum ...... Sow.									*		*			*				Sil. Syst. p. 622, 705, t. 10, f. 2, 3; ib. Siluria, 4 ed. t. 31, f. 1, 2. ? P. ventricosum.
— pyriforme ...... Sow.									*		*	*						Orthoceras, Sil. Syst. p. 620, 705, t. 8, f. 19, 20; ib. Siluria, 4 ed. t. 30, f. 1-3. Ortho. ellipticum, M'Coy. Poterio. ellip. M'Coy, Brit. Pal. Foss. p. 321. Gomphoceras, Sow.
— subfusiforme ... Münst.																		Vide Poterioceras approximatum.
— subpyriforme ... Münst.																		Vide Poterioceras approximatum.
— ventricosum ...... Sow.							?	*		*	*							Sil. Syst. p. 621, 705, t. 10, f. 4-6; ib. Siluria, 4 ed. t. 32.
ORTHOCERATIDÆ.																		
Piloceras ...... Salter, 1858																		TETRABRANCHIATA.
— invaginatum ...... Salt.						*												Q. J. Geol. Soc. vol. xv, p. 376, t. 13, f. 17-21, woodcut, 7 c, p. 376.
ORTHOCERATIDÆ.																		
Poterioceras ...... M'Coy, 1844																		TETRABRANCHIATA.
Gomphoceras ... Sowerby, 1839																		
Apioceras ...... Fischer, 1844																		

PALÆOZOIC. CEPHALOPODA. CAMBRIAN AND SILURIAN.

SPECIES.	Har. St. David's.	Menevian.	Lingula Flags.	Tremadoc.	Arenig.	Llandeilo.	Caradoc or Bala.	Low. Llandovery.	Up. Llandovery.	Woolhope Lmst.	Wenlock Shale.	Wenlock Lmst.	Lower Ludlow.	Aymestry Lmst.	Upper Ludlow.	Tilest. & Passage.	Pass. up.	REFERENCES.
Poterioceras (*continued*).																		TETRABRANCHIATA.
— approximatum *M'Coy*	...	...	...	...	...	...	*	...	...	...	...	...	...	...	...	...	...	Synop. Sil. Foss. Irel. p. 10, t. 1, f. 5. *Ortho. subfusiforme*, Münst. (Gomphoceras), Beitr. 3, p. 103, t. 20, f. 6-10; ib. Portl. Geol. Rept. p. 381, t. 24, f. 5. Gomphoceras subpyriforme, Portl. p. 381, t. 28 A, f. 1. *Phragmo. subfusiforme, P. pyriforme, P. subpyriforme*, Geinitz, Die Verst. Grauw. p. 34, t. 7; t. 8, f. 1-3.
— *ellipticum*	...	...	...	...	...	...	...	...	...	...	...	...	...	...	...	...	...	*Vide* Phragmoceras pyriforme.
ORTHOCERATIDÆ.																		
Tretoceras ...... *Salter*, 1857																		TETRABRANCHIATA.
Diploceras ...... *Conrad*, 1842																		
— bisiphonatum ... *Sow.*	...	...	...	...	...	...	...	*	*	...	...	...	...	...	...	...	...	*Orthoceras*, Sil. Syst. p. 642, t. 21, f. 23; Ib. Siluria, 4 ed. t. 11, f. 5; Ib. Salt. Q. J. Geol. Soc. vol. xiv. p. 179, t. 12, f. 1-3. Diploceras, id. ib. vol. xii, p. 381.
— semipartitum ... *Sow.*	...	...	...	...	...	...	...	...	?	...	*	...	...	...	...	...	...	*Orthoceras*, Sil. Syst. p. 604, 705, t. 3, f. 9. Tretoceras, Salt. Siluria, 4 ed. t. 34, f. 5.
Trochoceras ...... *Hall*, 1852																		
— *giganteus* ...... *Sow.*	...	...	...	...	...	...	...	...	...	...	...	...	...	...	...	...	...	*Vide* Lituites.
NAUTILIDÆ.																		
Trocholites ...... *Conrad*, 1838																		TETRABRANCHIATA.
Lituites (part) *Breynius*, 1732																		
— *anguiformis* ... *Salt.*	...	...	...	...	...	...	...	...	...	...	...	...	...	...	...	...	...	*Vide* Lituites.
— *hibernicus* ...... *Salt.*	...	...	...	...	...	...	*	...	...	...	...	...	...	...	...	...	...	Siluria, 2 ed. p. 220, Foss. 41, f. 3; ib. 4 ed. p. 200, Foss. 43, f. 3.
— *planorbiformis Conrad*	...	...	...	...	...	...	...	...	...	...	...	...	...	...	...	...	...	*Vide* Lituites.

PALÆOZOIC.   PISCES.   CAMBRIAN AND SILURIAN.

SPECIES.	Han. St. David's.	Menevian.	Lingula Flags.	Tremadoc.	Arenig.	Llandeilo.	Caradoc or Bala.	Low. Llandovery.	Up. Llandovery.	Woolhope Lmst.	Wenlock Shale.	Wenlock Lmst.	Lower Ludlow.	Aymestry Lmst.	Upper Ludlow.	Tilest. & Passage.	Pass up.	REFERENCES.
Sub-Kingdom, VERTEBRATA.																		
Class, PISCES.																		
Acanthalepis ...... *M'Coy*, 1862 ...																		
— *Jamesii* .... *M'Coy*	...	...	...	...	...	...	...	...	...	...	...	...	...	...	...	...	...	*Vide* Hemicosmites rugatus, p. 29.
CEPHALASPIDÆ (OSTRSTRACI).																		
Auchenaspis ...... *Egerton*, 1857																		GANOIDEI.
— *Egertoni* .... *Lank*..........															?	●		Mono. O. R. S. Fishes, Pal. Soc. 1870, p. 57, t. 13, f. 3-5.
— *ornatus* .... *Egert*..........															...	...		*Vide* Cephalaspis.
— *Salteri*............ *Egert*..........															●	●		Q. J. Geol. Soc. vol. xiii, p. 286, t. 9, f. 4-5; ib. Lankester, Mono. O. R. S. Fishes, Pal. Soc. 1870, p. 56, t. 13, f. 7, 8.
CEPHALASPIDÆ (OSTRSTRACI).																		
Cephalaspis ...... *Agassiz*, 1835...																		
Hemicyclaspis *Lankester*, 1870																		GANOIDEI.
— *Lightbodii* ...... *Lank*..........															...	●		Mono. O. R. S. Fishes, Pal. Soc. 1870, p. 55, t. 13, f. 19.
— *Murchisoni* ..... *Egert*..........															●	●		Q. J. Geol. Soc. vol. xiii, p. 284, t. 9, f. 1; ib. Siluria, 4 ed. p. 141, Foss. 23, f. 1. *Hemicyclaspis*, Lankester, Mono. O. R. S. Fishes, Pal. Soc. 1870, p. 51, t. 8, f. 6; t. 9, f. 1; t. 12, f. 3, 4; p. 52, woodcuts, fig. 24, 25.
— *ornatus* .... *Egert*															●	●		Q. J. Geol. Soc. vol. xiii, p. 285, t. 9, f. 2, 3; ib. Siluria, 4 ed. p. 140, Foss. 22, f. 3. ? C. Murchisoni.
OSTRSTRACI.																		
Eukeraspis *Lankester*, 1870																		
Sclerodus ...... *Agassiz*, 1839...																		GANOIDEI.
— *pustuliferus* ... *Ag*.............															●	...		*Sclerodus*, Sil. Syst. t. 4, f. 27; ib. Siluria, t. 35, f. 9-12. *Eukeraspis*, Lank. Mono. O. R. S. Fishes, Pal. Soc. 1870, p. 58, t. 13, f. 9-14.
CESTRACIONTIDÆ.																		
Onchus .... *Agassiz*, 1837...																		PLACOIDEI ?
— *Murchisoni*...... *Ag*............															●	●		Poiss. Foss. vol. iii, p. 7, t. 1, f. 1-2; ib. Sil. Syst. p. 607, 703, t. 4, f. 9-11; ib. Egert, Q. J. Geol. Soc. vol. xiii, p. 289, t. 10, f. 6. ? Tail spines of Pterygoti.
— *tenuistriatus* ... *Ag*............															●	●		Poiss. Foss. vol. iii, p. 7, t. 1, f. 10; ib. Murch. Sil. Syst. p. 607, 703, t. 4, f. 57-59. ? Tail spines of Pterygoti.
— Sp. .... *Egert*............															●	...		Q. J. Geol. Soc. vol. xiii, p. 289, t. 10, f. 5-7. ? Tail spines of Pterygoti.
Plectrodus .... *Agassiz*, 1839...																		PLACOIDEI.
— *mirabilis*........ *Ag*............															●	●		Poiss. Foss. vol. xxxiii; ib. Sil. Syst. p. 606, 704, t. 4, f. 14-16, 21, 25, 26; ib. Siluria, 4 ed. t. 35, f. 3-8. ? Eukeraspis pustuliferus, Ag.
— *pleiopristis* ...... *Ag*............															●	...		Poiss. Foss. vol. xxxiii; Sil. Syst. t. 4, f. 18, 19, 22-24.
— *pustuliferus*															●	...		*Vide* Eukeraspis.

PALÆOZOIC. PISCES. CAMBRIAN AND SILURIAN.

SPECIES.	Har. St. David's.	Menevian.	Lingula Flags.	Tremadoc.	Arenig.	Llandeilo.	Caradoc or Bala.	Low. Llandovery.	Up. Llandovery.	Wenlope Limst.	Wenlock Shale.	Wenlock Limst.	Lower Ludlow.	Aymestry Limst.	Upper Ludlow.	Tilest. & Passage.	Pass. up.	REFERENCES.
CEPHALASPIDÆ (HETEROSTRACI).																		GANOIDEI.
Pteraspis.......... *Kner*, 1847.....																		
Cephalaspis (part) Agassiz, 1835																		
— Banksii .... *Hux. & Salt* ...	...	...	...	...	...	...	...	...	...	...	...	...	...	*	...	*	*	Q. J. Geol. Soc. vol. xii, p. 100, t. 2, f. 2 a–d, 3; id. ib. vol. xiv, p. 274, t. 15; ib. Siluria, 4 ed. p. 240, Foss. 68, f. 2.
— *Ludensis* .... *Salt.*																		*Vide* Scaphaspis.
— *truncatus* ...... *Hux. & Salt.* ...																		*Vide* Scaphaspis.
Sclerodus .... *Agassiz*, 1839 ...																		PLACOIDEI.
— *pustuliferus* ... *Ag.*	...	...	...	...	...	...	...	...	...	...	...	...	...	...	...	...	...	*Vide* Eukeraspis pustuliferus.
CEPHALASPIDÆ (HETEROSTRACI).																		GANOIDEI.
Scaphaspis .... *Lankester*, 1864																		
— *Ludensis* .... *Salt.*	...	...	...	...	...	...	...	...	...	...	*	...	...	*	*	*		Pteraspis, Ann. Mag. Nat. Hist. 3 ser. vol. iv, p. 45, woodcut, p. 46. Scaphaspis, Lankester, Mono. Fishes of O. R. S. Pal. Soc. p. 25, t. 2, f. 4.
— truncatus ...... *Hux. & Salt.* ...	...	...	...	...	...	...	...	...	...	...	...	...	...	...	...	*	?	Pteraspis, Q. J. Geol. Soc. vol. xii, p. 100, t. 2, f. 1. Scaphaspis, Lankester, Mono. Fishes of O. R. S. Pal. Soc. p. 24, t. 2, f. 1–3, 1868. Pteraspis, Siluria, 4 ed. p. 240, Foss. 68, f. 1.
Sphagodus .... *Agassiz*, 1839 ...																		
— *pristodontus* ... *Ag.*	...	...	...	...	...	...	...	...	...	...	...	...	...	...	*	...		*Vide* Pterygotus problematicus (Crustacea, p. 67).
Thelodus............ *Agassiz*, 1839 ...																		PLACOIDEI.
— *parvidens* ...... *Ag.*	...	...	...	...	...	...	...	...	...	...	...	...	...	...	*	...		Sil. Syst. p. 606, 704, t. 4, f. 24–36; ib. Siluria, 4 ed. t. 35, f. 18. (Shagreen).

DEVONIAN

OR

OLD RED SANDSTONE.

PALÆOZOIC.

DEVONIAN OR OLD RED SANDSTONE SPECIES.

	NORTH DEVON.	SOUTH DEVON.	CORNWALL.	SOUTH WALES.	SCOTLAND.
Upper Devonian or Upper Old Red Sandstone.	Pilton, Braunton, Croyde, Marwood, Sloley, and Baggy beds.	No representative.	Petherwin Limestones and slates, Tintagel and Della-Bole slates.	Pembroke, Sea-ton (part), Yellow sandstone, and Upper Old Red Sandstone.	Yellow and Red Sandstone, Dura-Den beds, Holoptychius, &c., Lammermuir Hills, Fifeshire sandstones.
Middle Devonian or Middle Old Red Sandstone.	Morthoe, Woolacombe, Rockham and Lee slates; Ilfracombe, and Combe Martin slates, &c.	Dartmouth slates, Dartington, Ogwell, Torquay, Newton, Plymouth limestones, Lummaton, Ramsleigh.	Padstow, Looe grits, Polperro.	Old Red Sandstone (in part).	Caithness flagstones, &c., Elgin and Findhorn Rivers with Asterolepis, Cheirolepis, Dipterus, Osteolepis, Coccosteus, Pterichthys, &c.
Lower Devonian or Lower Old Red Sandstone.	Heddon's Mouth, Woodabay, Lee, Valley of Rocks, Watersmeet, Lynton, and Lynmouth slates, &c. The Red Grits and Sandstones of the Foreland, Countesbury, Glenthorne, &c., at the base.	Meadfoot slates with Phyllolepis concentricus, Yealmpton Creek, and Black Hill slates of Looe Island.	St. Veep, Polruan, Polperro, and Fowey grits and slates.	Lower part of Cornstones, &c., Old Red Sandstone.	Forfarshire flagstones, &c., Ross, and N.E. Highlands, Onchus, Cephalaspis, Pteraspis, &c.

PALÆOZOIC.   PLANTÆ.   DEVONIAN.

SPECIES.	Lower.	Middle.	Upper.	Pass up.	REFERENCES.
Kingdom, **PLANTÆ.**					
Sub-Kingdom, CRYPTOGAMIA.					
NEUROPTERIDEÆ.					
Adiantites .... *Göppert*, 1836 ...					
Cyclopteris .... *Brongniart*, 1828					
Palæopteris ...... *Schimper*, 1869 ...					
Naggerathia ...... *Sternberg*, 1821...					
— hibernicus .... *Forbes*			*		Proc. Brit. Assoc. 1852; ib. Göpp. Flor. d. sogen Uebergsg. p. 75, t. 38, f. 1. Cyclop. M'Coyana, Göpp. loc. cit. p. 76, t. 28, f. 2. Adiantites hibernicus, Griff. and Brong. Foss. Plants, Yellow Sandst. Jour. Roy. Soc. Dub. 1857, p. 313; ib. Q. J. Geol. Soc. Dub. vol. vii, p. 287; ib. Baily, Expl. sheets 147, 157; M.G.S. Irel. p. 13, t. 14, f. 1. Sphenop. laxa, Hall, Geol. New York, vol. iv, p. 274, t. 127. Palæopteris, Schimper, Traité Pal. Végét. Flora du Monde Primitif, &c, vol. i, p. 475, Atlas t. 36; Baily, Char. Brit. Foss. p. 84, t. 28, f. 1.
Bornia .... *Sternberg*, 1825...					
Calamites .... *Suckow*, 1784......					*Vide* Calamites.

PALÆOZOIC. PLANTÆ. DEVONIAN.

SPECIES.	DEVONIAN.				REFERENCES.
	Lower	Middle	Upper	Pass up	
CALAMITEÆ.					
Calamites .... *Suckow*, 1784......					
Calamodendron ... *Brongniart*, 1828					
Bornia .... *Sternberg*, 1825...					
— transitionis .... *Göpp.*	...	•	...		*Bornia*, Wimmer, Flora Siles. vol. ii; Uebers d. Foss. Flora Schlesiens, p. 197; ib. F.A. Röm. Dunker, n. Von Meyer, Pal. vol. iii.* I, p. 45, t. 7, f. 4–8. Calam. Göpp. Foss. Flora der Uebergang, p. 116, t. 3, 4, 38; ib. Geinitz, Verst. Grauw. p. 82, t. 18, f. 6, 7; ib. Sandb. Verst. Rhein. Schicht. Nassau, p. 436, t. 39, f. 1. *Bornia*, F.A. Röm. in H. Von Meyer, Palæontographica, vol. lii, t. 7, f. 8.
FILICINÆ.					
Cænlopteris............ *Lindley*, 1831 ...					
— Peachii .... *Salt.*	...	•	...		Q. J. Geol. Soc. vol. xv, p. 408, fig. a, b. ? *Psilophyton robustus*, Dawson.
CONIFERÆ.					
Coniferous Wood ... *Salt.*	•	•	...		Q. J. Geol. Soc. vol. xiv, p. 73, t. 5, f. 1, 2.
„ .... *Salt.*	•	•	...		Q. J. Geol. Soc. vol. xv, p. 407, 8, woodcuts.
— rootlets .... *Salt.*	•	•	...		Q. J. Geol. Soc. vol. xiv, p. 74, t. 5, f. 3–7.
Cyclopteris .... *Brongniart*, 1828	...	...	...		*Vide* Adiantites.
Cyclostigma .... *Haughton*, 1860...	...	...	...	...	
— *Griffithii* .... *Haugh.*	...	...	...	...	*Vide* Sagenaria.
— *Killorkense* ...... *Haugh.*	...	...	...	...	
— *minuta* .... *Haugh.*	...	...	...	...	
FILICINÆ.					
Filicites...... *Brong. & Schlotheim*, 1804					
— lineatus .... *Baily*	...	•	...		Mem. Geol. Surv. Irel. Expl. sheets No. 187, 195, 196, p. 19, 20, f. 2.
LYCOPODIACEÆ.					
Halisserites .... *Sternberg*, 1833 ...	...	...	...		*Vide* Psilophyton.
LYCOPODIACEÆ.					
Knorria .... *Sternberg*, 1825 ...					
— acutifolia .... *Göpp.* MS.	...	...	•	...	Dunker and Meyer, Palæonto. Naturgeschichte Vorw. vol. iii, t. 14, f. 3.
— *dichotoma* .... *Haugh.*	...	...	...		*Vide* Sagenaria Veltheimiana.
LYCOPODIACEÆ.					
Lepidodendron ... *Sternberg*, 1821 ...					
— *dichotomum* ...... *Haugh.*	...	...	...		*Vide* Sagenaria Veltheimiana.
— nothum .... *Unger*	•	•	...		Richter and Unger, Beitrag. Palæont. Thüringer Wald. Vienne Acad. Trans. 1856, t. 10, f. 4; ib. ? Salt. Q. J. Geol. Soc. vol. xiv, p. 75, t. 5, f. 9. *Lycopodites*, Miller, Test. Rocks, p. 24, 232, fig. 12, 130; Siluria, 4 ed. p. 290, Foss. 74, f. 4; Salt. Q. J. Geol. Soc. vol. xv, p. 407, f. 4.
— *Veltheimianum* ... *Stern.*	...	...	...		*Vide* Sagenaria.
Lycopodites............ *Brongniart*, 1828	...	...	...		*Vide* Psilophyton.
FILICINÆ.					
Palæopteris .... *Schimper*, 1869 ...	...	...	...		*Vide* Adiantites.
Palæophytis ...... *Mc Nab*, 187 ? ...	...	...	...		
— Milleri............... *Mc Nab*	...	...	...		Trans. Edinb. Bot. Soc. vol. x, p. 312; Jour. Bot. vol. viii, p. 54.

PLANTÆ

SPECIES.	Lower.	Middle.	Upper.	Pass. up.	REFERENCES.
LYCOPODIACEÆ.					
Psilophyton .... *Dawson*, 1859					
— Milleri .... *Salt.*	...	•	...	...	*Lycopodites*, Q. J. Geol. Soc. vol. xiv, p. 75, t. 5, f. 8; ib. vol. xv, p. 407, f. 3; ib. Murch. Siluria, 4 ed. p. 269, Foss. 73, f. 3.
— dechenianum ...... *Göpp.*	•	•	...	...	*Haliserites*, Göpp. Leonhard and Bronn, Jahrb. 1847, p. 666; ib. Flora Transitionis, p. 88, t. 2, 1852. Psilophyton, Carr. Jour. Bot. new ser. vol. ii, p. 326, t. 137, f. 1, 4, 1873. *Lepidonothum*, Salt. (non Ung.) Q. J. Geol. Soc. vol. xiv, p. 75, t. 5, f. 9. (Haliserides, Schlup.)
— Sp. .... *J. & E.*	•	...	...	...	Jack. and Etheridge on Plants in the Lower Old Red Sandstone of Callander, Q. J. Geol. Soc. vol. xxxiii, p. 213-222, woodcuts, p. 217, f. 1, 2.
LYCOPODIACEÆ.					
Sagenaria .... *Brongniart*, 1822					
Cyclostigma ...... *Haughton*, 1860 ...					
Lepidodendron *(pars) Auctorum* ...					
— Griffithii .... *Haugh.*	...	...	•	...	Jour. Roy. Geol. Soc. Dublin, vol. ix, p. 13, t. 1, 1862.
— Kiltorkense ...... *Haugh.*	...	...	•	...	*Cyclostigma*, Ann. Mag. Nat. Hist. 3 ser. vol. v, p. 444; ib. Hau. Foss. Flora Bear Island, p. 43, t. 11; ib. Schimper, Traité Pal. Végét. vol. iii, p. 451; ib. Hau. Q. J. Geol. Soc. vol. xxviii, p. 169, t. 4, f. 4, 5. *Knorria dichotoma*, Haughton.
— minuta .... *Haugh.*	...	...	»	...	*Cyclostigma*, Ann. Mag. Nat. Hist. 3 ser. vol. v, p. 444; ib. Hau. Foss. Flora Bear Island, p. 44, t. 7, f. 11, 12; t. 8, f. 3 b; t. 9, f. 5 b; ib. Q. J. Geol. Soc. vol. xxviii, p. 169, t. 4, f. 2, 3. Lepidodendron, Haughton, Jour. Roy. Geol. Soc. Dublin, vol. vi, p. 235. Cyclostigma, Schimper, Traité Pal. Végét. p. 450.
— Veltheimianus ...... *Sternb.*	...	...	•	...	*Lepidodendron*, Foss. Flora. vol. iv, p. 12, t. 52, f. 2; ib. Geinitz, Flora d. Hayn. Eberad. u. d. Flökeer. Kohlenbass, Ex. pl. p. 51, t. 5, f. 1, 2. S. Veltheimiana, Schimper, Traité Pal. Végét. vol. ii, p. 41, t. 23, 25; ib. Daily, Mem. Geol. Surv. Irel. Expl. sheets 187, 195, 196, p. 121, 122, f. 3; ib. Haughton, Dub. Bot. and Zool. Assoc. *Vide* N. Hist. Review, vol. v, p. 264, t. 8, 9, 14.
FILICEÆ.					
Sphænopteris ...... *Brongniart*, 1822					
Cheilanthites ...... *Göppert*, 1836 ...					
Gymnogramma ... *Schimper*					
— Hookeri .... *Daily*	...	...	•	...	Brit. Assoc. Rept. 1859, p. 98; ib. Mem. Geol. Surv. Irel. Expl. sheets 147, 157, p. 15, f. 2.
Sternbergia .... *Artis*, 1826					
Dadoxylon ...... *Endlicher*, 1840 ...	...	...	...	...	Of doubtful occurrence.
SIGILLARIEÆ.					
Stigmaria .... *Brongniart*, 1828	...	...	...	...	
Ficoidites .... *Artis*, 1826	...	...	...	...	Of doubtful occurrence.
Variolaria ...... *Sternberg*, 1820 ...	...	...	...	...	
Mammillaria ... *Brongniart*, 1825	...	...	...	...	
FILICEÆ.					
Trichomanites...... *Göppert*, 1836					
Schizopteris ...... *Brongniart*, 1828					
— adnascens .... *Göpp.*	...	•	•	...	Foss. Flora Schles. p. 266. *Schizopteris*, Lindl. and Hutton, Foss. Flora, t. 100, 101.

RHIZOPODA.

SPECIES.	DEVONIAN.			REFERENCES.
	Lower.	Middle.	Upper. Pass up.	
Kingdom, **ANIMALIA**.				
Sub-Kingdom, **PROTOZOA**.				
Class, *RHIZOPODA*. Dujardin.				
Order, *Spongida*. (*Amorphozoa*.)				
Caunopora .... Phillips, 1841......				*Vide* Stromatopora.
Coscinopora .... Goldfuss, 1830 ...				
Caunopora ...... Phillips, 1841.....				
— *placenta*........... Lonsd. ,,,,,,,,,,,				*Vide* Stromatopora.
Echinospharites...... Wahlenberg, 1821				*Vide* Sphærospongia.
Scyphia .... Goldfuss, 1830 ...				
— *turbinata* .... Goldf.		*		Pet. Germ. vol. i, p. 7, 243, t. 2, f. 13.
Steganodictyum ...... M'Coy, 1851				*Vide* Pteraspis. (Pisces) Shagreen of Placoid Fish.
Sphærospongia ... Salter, 1866				
Sphæronites ...... Hisinger, 1828 ...				
Echinosphærites Wahlenberg, 1821				
— *tessellata*............ Phill.		*		*Sphæronites*, Pal. Foss. Dev. p. 135, t. 59; De la Beche, Trans. Geol. Soc. vol. iii, 2 ser. p. 164, t. 20, note by Bronlcrip. *Sphæronites*, M'Coy, Brit. Pal. Foss. p. 77. *Echinosphærites*, Russia and Ural Mount. M.V.K. vol. ii, p. 381; t. 27, f. 7.
Sphæronites .... Hisinger, 1828,....				*Vide* Sphærospongia.
AMORPHOSPONGIDÆ.				
Stromatopora ...... Goldfuss, 1830 ...				
Caunopora ...... Phillips, 1841 ...				
Sparsispongia ... D'Orb, 1830 ...				
Coscinopora ..... Goldfuss, 1826.....				
— *concentrica* ...... Goldf.		*		Pet. Germ. vol. i, p. 22, t. 8, f. 5; ib. Lonsd. Sil. Syst. p. 680, t. 15, f. 31; ib. Phill. Pal. Foss. Dev. and Cornw. p. 18, t. 10, f. 28; ib. Sandb. Verst. Rhein. Schicht. Nassau, p. 380, t. 37, f. 9.
— *placenta* .... Lonsd.		*		*Coscinopora*, Lonsd. Trans. Geol. Soc. vol v, 2 ser. p. 697, t. 58, f. 5. *Caunopora*, Phill. Pal. Foss. Dev. and Cornw. p. 18, t. 10, f. 29.
— *polymorpha* ...... Goldf.		*		Pet. Germ. vol. i, p. 215, t. 64, f. 8; ib. Lonsd. Trans. Geol. Soc. vol. v, 2 ser. p. 697, t. 58, f. 2; ib. Phill. Pal. Foss. Dev. and Cornw. p. 18, t. 10, f. 27.
— *ramosa* .... Brass.	*			*Favosites*, 8do Lonsd. Trans. Geol. Soc. 2 ser. vol. v, p. 703. *Caunopora*, Phill. Pal. Foss. Dev. and Cornw. p. 19, t. 8, f. 22.
— *verticillata* ...... M'Coy		*		Pal. Foss. p. 66, f. a, b, woodcuts. (*Caunopora*.)

PALÆOZOIC.   ACTINOZOA.   DEVONIAN.

SPECIES.	Lower.	Middle.	Upper.	Pass. up.	REFERENCES.
Sub-Kingdom, COELENTERATA. Frey and Leuckart, 1829. Class, *ACTINOZOA.* Sub-Class, CORALLARIA. M. Edw. ACTINOIDEA. Dana. Order, *Zoantharia.* (*Z. sclerodermata.*)					
CYATHOPHYLLIDÆ.					Z. RUGOSA.
Acervularia .... *Schweiger*, 1820 ...					
— Battersbyii .... *Edw. & Haime* ...		*			Pol. Foss. Terr. Palæoz. vol. v, p. 419; ib. Mono. Brit. Foss. Cor. Pal. Soc. p. 239, t. 54, f. 2.
— coronata .... *Edw. & Haime* ...		*			Pol. Foss. Terr. Palæoz. vol. v, p. 416; ib. Mono. Brit. Foss. Cor. Pal. Soc. p. 237, t. 53, f. 4.
— Goldfussii .... *De Vern.*		*			Bull. Soc. Géol. Fr. 2 ser. vol. vii, p. 161. Acerv. Edw. and Haime, Mono. Brit. Foss. Cor. Pal. Soc. p. 236, t. 53, f. 3. *Cyatho. ananas*, Goldf. Pet. Germ. vol. i, p. 60, t. 19, f. 4 a. *Astræa basaltiformis*, Röm. Verst. des Harzgeb. p. 5, t. 2, f. 12.
— intercellulosa ...... *Phill.*		*			*Astræa*, Pal. Foss. Dev. and Cornw. p. 12, t. 6, f. 17. Acervularia, Edw. and Haime, Mono. Brit. Foss. Cor. Pal. Soc. p. 237, t. 53, f. 2.
— limitata .... *Edw.*					*Vide* Acervularia pentagona.
— pentagona .... *Goldf.*		*			*Cyathophyllum*, Pet. Germ. vol. i, p. 60, t. 19, f. 3. Acervularia, Mich. Icon. Zooph. p. 180, t. 49, f. 1; ib. Edw. and Haime, Mono. Brit. Foss. Cor. Pal. Soc. p. 238, t. 53, f. 5. *Astræa*, Lonsd. Trans. Geol. Soc. 2 ser. vol. v, Expl. plates, and t. 58, f. 1. *Astræa*, Phill. Pal. Foss. Dev. and Cornw. p. 11, t. 6, f. 15. *Acervu. limitata*, Edw. and Haime, Mono. Brit. Dev. Cor. Pal. Soc. p. 238, t. 54, f. 1.
— Römeri .... *De Vern.*		*			Bull. Soc. Géol. Fr. 2 ser. vol. vii, p. 162. *Astræa Hennahii*, Röm. Verst. Harzgeb. p. 5, t. 2, f. 13. Acervularia Römeri, Edw. and Haime, Mono. Brit. Dev. Cor. Pal. Soc. p. 239, t. 54, f. 3.
FAVOSITIDÆ.					
Alveolites .... *Lamarck*, 1801 ...					Z. TABULATA.
— Battersbyii .... *Edw. & Haime* ...		*			Mono. Brit. Dev. Cor. Pal. Soc. p. 220, t. 49, f. 2.
— compressa .... *Edw. & Haime* ...		*			Mono. Brit. Dev. Cor. Pal. Soc. p. 221, t. 49, f. 3.
— suborbicularis ... *Lam.*	*	*			An. S. Vert. vol. ii, p. 186, 2 ed. p. 386; ib. Edw. and Haime, Mono. Brit. Dev. Cor. Pal. Soc. p. 219, t. 49, f. 1. *Calamopora*, Mich. Icon. Zooph. p. 188, t. 48, f. 7. *C. spongites*, Goldf. Pet. Germ. vol. i, p. 80, t. 2, f. 1 (var. *tuberosa*). *Favo. spongites*, Phill. Pal. Foss. Dev. and Cornw. p. 16, t. 8, f. 23. Acerv. suborbicularis, Sand. Verst. Rhein. Schicht. Nassau, p. 410, t. 36, f. 8.
— vermicularis ...... *M'Coy*		*			Ann. Mag. Nat. Hist. 2 ser. vol. vi, p. 377; ib. Brit. Pal. Foss. p. 69; ib. Edw. and Haime, Mono. Brit. Dev. Cor. Pal. Soc. p. 220, t. 48, f. 5.
CYATHOPHYLLIDÆ.					
Amplexus .... *Sowerby*, 1814 ...					Z. RUGOSA.
Cyathopsis .... *D'Orb.* 1850					
— tortuosus .... *Phill.*		*		?	Pal. Foss. Dev. and Cornw. p. 8, t. 3, f. 8; ib. Edw. and Haime, Mono. Brit. Dev. Cor. Pal. Soc. p. 322, t. 49, f. 5; ib. Sandb. Verst. Rhein. Schicht. Nassau, p. 413. t. 37, f. 5; ib. M'Coy, Brit. Pal. Foss. p. 70.
CYATHOPHYLLIDÆ.					
Arachnophyllum... *Dana*, 1846					
— Hennahi .... *Lonsd.*					*Vide* Smithia Hennahi.
Astræa .... *Linn.* 1789					
— pentagona .... *Goldf.*					} *Vide* Acervularia.
— intercellulosa ...... *Phill.*					
— helianthoides ...... *Lonsd.*					*Vide* Cyathophyllum.
? MILLEPORIDÆ.					
Battersbyia .... *Edw. & Haime*, 1851					Z. TABULATA.
— inæqualis .... *Edw. & Haime* ...		*			Monog. Pol. Foss. Terr. Palæoz. p. 227; ib. Mono. Brit. Dev. Cor. Pal. Soc. p. 213, t. 47, f. 2.

T

PALÆOZOIC.   ACTINOZOA.   DEVONIAN.

SPECIES.	DEVONIAN.			REFERENCES.
	Lower.	Middle.	Upper. Pass up.	
FAVOSITIDÆ.				
Calamopora .... *Goldfuss*, 1826 ...				
— *spongites* .... *Goldf.*	...	...	...	*Vide* Favosites reticulata.
(var. ramosa.)				
CYATHOPHYLLIDÆ.				Z. RUGOSA.
Campophyllum ...... *Edw. & Haime*, 1850				
— *flexuosum* .... *Goldf.*	...	*	...	*Cyathophyllum*, Pet. Germ. vol. i. Campo. Edw. and Haime, Monog. Polyp. Terr. Palæoz. p. 395, t. 8, f. 4. *Cyatho. turbinatum*, Phill. Pal. Foss. Dev. and Cornw. p. 8, t. 3, f. 9.
CYATHOPHYLLIDÆ.				
Chonophyllum ... *M.Edw. & Haime*, 1851				
Heliophyllum ... *Edw. & Haime*, 1850				Z. RUGOSA.
— *perfoliatum* ...... *Goldf.* MSS.	...	*	...	M. Edw. and Haime, Pol. Foss. Terr. Palæoz. p. 405; Ib. Mono. Dev. Cor. Pal. Soc. p. 235, t. 50, f. 5. *Cyathophyllum plicatum*, Goldf. Pet. Germ. vol. i, p. 59, t. 18, f. 5 (non t. 15, f. 12).
CYATHOPHYLLIDÆ.				
Cyathophyllum ...... *Goldfuss*, 1826 ...				
Floscularia .... *Eichwald*, 1829 ...				Z. RUGOSA.
— *ananas* .... *Goldf.*	...	...	...	*Vide* Acervularia Goldfussii.
— *æquiseptum* ...... *Edw. & H.*	...	*	...	Pol. Foss. Terr. Palæoz. p. 389; ib. Mono. Dev. Cor. Pal. Soc. p. 232, t. 52, f. 1.
— *Boloniense* .... *Blainv.*	...	*	...	*Montastræa*, Dic. Sci. Nat. vol. lx, p. 339. Cyatho. Edw. and Haime, Pol. Foss. Terr. Palæoz. p. 385, t. 9, f. 1; ib. Mono. Dev. Cor. Pal. Soc. p. 230, t. 52, f. 1. *C. hexagonum*, Mich. Icon. Zooph. p. 181, t. 47, f. 2.
— *Bucklandi* .... *Edw. & H.*				*Vide* Petraia gigas.
— *cæspitosum* .... *Goldf.*	*	*	*	Pet. Germ. vol. i, p. 60, t. 19, f. 2; ib. Lonsd. Trans. Geol. Soc. 2 ser. vol. v, t. 58, f. 8; ib. Phill. Pal. Foss. Dev. and Cornw. p. 9, t. 3, f. 10. *Cladocora Goldfussii*, Geinitz, Grundr. der Verst. p. 569; Ib. Graewackenf. pt. 2, p. 75, t. 17, f. 2-7. Cyatho. cæspitosum, Edw. and Haime, Mono. Dev. Cor. Pal. Soc. p. 229, t. 51, f. 2.
— *celticum*	...	...	...	*Vide* Petraia celtica.
— *ceratites* .... *Goldf.*	...	*	*	Pet. Germ. vol. i, p. 50, t. 16, f. 8 (*C. turbinatum*, part); ib. t. 17, f. 1, 2. C. ceratites, Edw. and Haime, Mono. Dev. Cor. Pal. Soc. p. 224, t. 50, f. 2; ib. Sandb. Verst. Rhein. Schicht. Nassau, p. 415, t. 37, f. 7.
— *Damnoniense* ...... *Lonsd.*	...	*	...	*Cystiphyllum*, Trans. Geol. Soc. 2 ser. vol. v, p. 703, t. 58, f. 11 b; ib. Phill. Pal. Foss. Dev. and Cornw. p. 9, t. 4, f. 11. Cyathophyllum, Edw. and Haime, Mono. Dev. Cor. Pal. Soc. p. 225, t. 50, f. 1. Cystiphyllum, M'Coy, Brit. Pal. Foss. p. 71.
— *helianthoides* ...... *Goldf.*	*	*	...	Pet. Germ. vol. i, p. 61, t. 20, f. 2, t. 21, f. 1; ib. Edw. and Haime, Mono. Dev. Cor. Pal. Soc. p. 227, t. 51, f. 1. *Astræa*, Lonsd. Trans. Geol. Soc. 2 ser. vol. v, p. 697. *Strombodes*, Phill. Pal. Foss. Dev. and Cornw. p. 10, t. 5, f. 13. *Strephodes*, M'Coy, Brit. Pal. Foss. p. 73.
— *hexagonum* .... *Goldf.*	...	*	...	Pet. Germ. vol. i, p. 61, t. 20, f. 1; ib. Edw. and Haime, Mono. Dev. Cor. Pal. Soc. p. 228, t. 50, f. 4; ib. Sandb. Verst. Rhein. Schicht. Nassau, p. 415, t. 37, f. 2. *Favosiræa*, Blainv. *Astræa*, Stein.
— *marmini* .... *Edw. & H.*	...	*	...	Pol. Foss. Terr. Palæoz. p. 386, t. 9, f. 2, 3; ib. Edw. and Haime, Mono. Dev. Cor. Pal. Soc. p. 231, t. 52, f. 4. *C. profundum*, Mich. Icon. Zooph. p. 184, t. 48, f. 1. *C. cæspitosum*, ib. t. 47, f. 5.
— *obtortum* .... *Edw. & H.*	...	*	...	Pol. Foss. Terr. Palæoz. p. 366; ib. Edw. and Haime, Mono. Dev. Cor. Pal. Soc. p. 235, t. 49, f. 7. *Strombodes vermicularis*, Lonsd. Trans. Geol. Soc. 2 ser. vol. v, t. 58, f. 7. *Strephodes*, M'Coy, Brit. Pal. Foss. p. 73. *Strombodes vermicularis*, Phill. Pal. Foss. Dev. and Cornw. p. 11, t. 7, f. 14.
— *Römeri* .... *Edw. & H.*	...	*	...	Pol. Foss. Terr. Palæoz. p. 362, t. 8, f. 3; ib. Edw. and Haime, Mono. Dev. Cor. Pal. Soc. p. 224, t. 50, f. 3. *C. dianthus* (part), Goldf. Pet. Germ. vol. i, p. 54, t. 14, f. 1.
— *Sedgwickii* .... *M. Edw.*	...	*	...	Pol. Foss. Terr. Palæoz. p. 387; ib. Mono. Dev. Cor. Pal. Soc. p. 231, t. 52, f. 3.
— *turbinatum* .... *Goldf.*	...	...	...	*Vide* Cyathophyllum ceratites and Campophyllum flexuosum.

PALÆOZOIC. ACTINOZOA. DEVONIAN.

SPECIES.	Lower.	Middle.	Upper.	Pass up.	REFERENCES.
CYSTIPHYLLIDÆ.					Z. RUGOSA.
Cystiphyllum ..... *Lonsdale*, 1839					
— *Damnoniense* ..... *Lonsd.*					*Vide* Cyathophyllum.
— *vesiculosum* ..... *Goldf.*		*			*Cyathophyllum*, Pet. Germ. p. 58, t. 17, f. 5; t. 18, f. 1. Cystiphyllum, Phill. Pal. Foss. Dev. and Cornw. p. 10, t. 4, f. 12; ib. Edw. and Haime, Mono. Dev. Cor. Pal. Soc. p. 243, t. 56, f. 1; ib. Sandb. Verst. Rhein. Schicht. Nassau, p. 418, t. 36, f. 13; ib. M'Coy, Brit. Pal. Foss. p. 71.
FAVOSITIDÆ.					Z. TABULATA.
Emmonsia .... *Edw. & Haime*, 1850					
— *hemisphærica* ..... *Edw. & H.*		*			Pol. Foss. Terr. Palæoz. p. 247; ib. Edw. and Haime, Mono. Brit. Dev. Cor. Pal. Soc. p. 218, t. 48, f. 4. *Favosites hemispherica*, Yand. and Schum. Geol. Kentucky, p. 7, 1847. *F. alveolaris*, Hall, Geol. New York, p. 157, No. 31, f. 1, 1843.
CYATHOPHYLLIDÆ.					Z. RUGOSA.
Endophyllum ..... *Edw. & Haime*, 1851					
— *abditum* .... *Edw. & H.*		*			Pol. Foss. Terr. Palæoz. p. 394; ib. Mono. Brit. Dev. Cor. Pal. Soc. p. 233, t. 52, f. 6.
— *Bowerbankii* ..... *Edw. & H.*		*			Pol. Foss. Terr. Palæoz. p. 394; ib. Mono. Brit. Dev. Cor. Pal. Soc. p. 233, t. 53, f. 1.
FAVOSITIDÆ.					
Favosites .... *Lam.* 1816					
Calamopora ..... *Goldf.* 1829					
Thamnopora ..... *Steininger*, 1831...					Z. TABULATA.
Astrocerium ..... *Billings*					
— Goldfussii .... *D'Orb.*		*			Prodr. Palæont. vol. i, p. 107; ib. Edw. and Haime, Pol. Foss. Terr. Palæoz. p. 238, t. 20, f. 3. *Calamopora Gothlandica* (part), Goldf. Pet. Germ. p. 78, t. 26, f. 3. *Favosites Gothlandica*, Phill. Pal. Foss. Dev. and Cornw. p. 16, t. 7, f. 21. *Calamopora*, Röm. Verst. Harzgeb. p. 6, t. 3, f. 2. Favosites Goldfussii, Edw. and Haime, Mono. Brit. Dev. Cor. Pal. Soc. p. 214, t. 47, f. 3.
— *cervicornis* .... *Blainv.*		*			*Alveolites*, Dict. Sci. Nat. vol. lx, p. 369. Favo. Edw. and Haime, Mono. Brit. Dev. Cor. Pal. Soc. p. 216, t. 48, f. 2. *Calamopora polymorpha*, var. *ramosa divaricata*, Goldf. Pet. Germ. vol. i, p. 79, t. 27, f. 3, 4. *Calamopora polymorpha*, Röm. Verst. Harzgeb. p. 6, t. 2, f. 16. Favo. polymorpha, Phill. Pal. Foss. Dev. and Cornw. p. 15, t. 8, f. 20. *Calamopora celleporata*, Geinitz, Verst. Grauw. p. 79, t. 16, f. 43, 44. Favo. cervicornis, Sandb. Verst. Rhein. Schicht. Nassau, p. 409, t. 36, f. 11. F. cervicornis, Billings, Canadian Jour. new series, vol. iv, p. 110, f. 9; ib. Nichol. Rept. upon the Pal. Prov. of Ontario, p. 51, 1874.
— dubia .... *Blainv.*		*			*Alveolites*, Dict. Sci. Nat. vol. lx, p. 370. *Alveo. cervicornis*, Mich. Icon. Zooph. p. 187, t. 48, f. 2; t. 49, f. 3. ? *Favo. polymorpha*, Phill. Pal. Foss. Dev. and Cornw. p. 15, t. 8, f. 20. F. dubia, Edw. and Haime, Mono. Brit. Dev. Cor. Pal. Soc. p. 216.
— fibrosa .... *Goldf.*		*			Calamopora (var. *tuberosa ramosa*), Pet. Germ. vol. i, p. 82, t. 28, f. 3. *Alveolites*, Lonsd. Sil. Syst. p. 683, t. 15, f. 1. Favosites, ib. p. 683, t. 15 bis, f. 6; ib. Phill. Pal. Foss. Dev. and Cornw. p. 17, t. 9, f. 25; ib. Edw. and Haime, Mono. Brit. Dev. Cor. Pal. Soc. p. 217, t. 48, f. 3. *Calamopora*, Geinitz, Verst. Grauw. p. 80, t. 16, f. 45; t. 17, f. 12; ib. Röm. Verst. Harzgeb. p. 6, t. 2, f. 4.
— polymorpha ..... *M'Coy*		*			*Vide* F. cervicornis.
— reticulata .... *Blainv.*		*			*Alveolites*, Dict. Sci. Nat. vol. lx, p. 369; ib. M. Edw. Mono. Brit. Foss. Cor. Pal. Soc. p. 218, t. 48, f. 1. *Calamopora spongites*, var. *B, ramosa*, Goldf. Petref. Germ. vol. i, p. 80, t. 28, f. 2 a–g. Favosites, Sandb. Verst. Rhein. Schicht. Nassau, p. 408, t. 36, f. 9. F. reticulata, Nichol. Rept. upon the Pal. Prov. of Ontario, p. 51, t. 7, f. 2, 1874.
— spongites					*Vide* F. reticulata.
? **MILLEPORIDÆ.**					
Fistulipora .... *M'Coy*, 1849					Z. TABULATA.
Monon .... *Schweiger*, 1820...					
— cribrosa .... *Goldf.*		*			*Monon*, Petref. Germ. vol. i, p. 3, t. 1, f. 10; ib. Phill. Pal. Foss. Dev. and Cornw. p. 17, t. 9, f. 26.
CYATHOPHYLLIDÆ.					Z. RUGOSA.
Hallia .... *Edw. & Haime*, 1850					
— Pengellyi .... *M. Edw.*		*			Pol. Foss. des Terr. Pal. p. 354, 1851; ib. Mono. Brit. Foss. Cor. Pal. Soc. p. 223, t. 49, f. 6.

ACTINOZOA.

SPECIES.	Lower.	Middle.	Upper.	Pass up.	REFERENCES.
? MILLEPORIDÆ.					
Heliolites .... *Dana*, 1846					
Porites .... *Lonsdale*, 1839 ...					
Palæopora .... *M'Coy*, 1849					
Lonsdaleia .... *D'Orbigny*, 1849..					
Geoporites .... *D'Orbigny*, 1859..					Z. TABULATA.
— porosa .... *Goldf.*		*			*Astræa*, Petref. Germ. vol. i, p. 64, t. 21, f. 7. *Porites pyriformis*, Lonsd. Trans. Geol. Soc. 2 ser. vol. v, t. 58, f. 4; ib. Phill. Pal. Foss. Dev. and Cornw. p. 14, t. 7, f. 19; ib. M. Edw. and Haime, Mono. Brit. Foss. Cor. Pal. Soc. p. 212, t. 47, f. 1 a-f. *Palæopora pyriformis*, Blainv. M'Coy, Brit. Pal. Foss. p. 67.
CYATHOPHYLLIDÆ.					
Heliophyllum ...... *Edw. & Haime*, 1850					Z. RUGOSA.
— Halli .... *M. Edw.*		*			Brit. Foss. Cor. Pal. Soc. (Introduction, p. lxix). Polyp. Foss. Terr. Palæoz. p. 408, t. 7, f. 6. *Strombodes helianthoides*, Phill. Pal. Foss. Dev. p. 10, t. 5, f. 13; ib. Hall, Geol. New York, pt. 4, p. 209, No. 48, f. 3. *Heliophyllum*, M. Edw. Mono. Brit. Dev. Foss. Cor. Pal. Soc. p. 235, t. 51, f. 3. H. Halli, Bill. Canadian Jour. new series, vol. iv, f. 126; ib. Nichol. Rept. upon the Pal. Prov. of Ontario, p. 26, f. 4, 1874.
Manon .... *Schweiger*, 1810...					
Cribrosa					*Vide* Fistulipora.
STAURIDÆ.					
Metriophyllum ... *Edw. & Haime*, 1850					Z. RUGOSA.
— Battersbyii ...... *M. Edw.*		*			Edw. and Haime, Polyp. Foss. des Terr. Palæoz. p. 318, 1851; ib. Mono. Brit. Dev. Foss. Cor. Pal. Soc. p. 222, t. 49, f. 4.
FAVOSITIDÆ.					
Michelenia .... *De Koninck*, 1842					Z. TABULATA.
Dictuophyllia ... *Blainville*					
— antiqua .... *M'Coy*			*	*	*Dictuophyllia*, Carb. Foss. Irel. p. 191, t. 26, f. 10. *Michelenia compressa*, Mich. Icon. t. 59, f. 3.
— compressa .... *Mich.*					*Vide* Michelenia antiqua.
CYATHOPHYLLIDÆ.					
Pachyphyllum ... *Edw. & Haime*, 1850					Z. RUGOSA.
— Devoniense........ *M. Edw.*		*			Pol. Foss. des Terr. Palæozoic, p. 397, 1851; ib. Mono. Brit. Dev. Foss. Cor. Pal. Soc. p. 234, t. 52, f. 5.
? MILLEPORIDÆ.					
Palæopora .... *M'Coy*, 1849					
— pyriformis .... *Blainv.*					*Vide* Heliolites porosa.
CYATHOPHYLLIDÆ.					
Petraia .... *Münst*, 1839					
Turbinolopsis ... *Lam.* 1821					Z. RUGOSA.
Streptoplasma ... *Hall*, 1847					
— bina ? .... *Lonsd.*		*			*Turbinolopsis*, Sil. Syst. p. 692, t. 16 bis, f. 5; ib. Phill. Pal. Foss. Dev. and Cornw. p. 4, t. 1, f. 2; ib. M'Coy, Brit. Pal. Foss. p. 40. *Streptoplasma* bina, D'Orb. Prod. de l'al. vol. i, p. 47. *Cyathophyllum binum*, Edw. and Haime, Polyp. Foss. des Terr. Palæoz. p. 374.
— celtica............ *Lonsd.*	*	*	*		Trans. Geol. Soc. vol. v, p. 679, 703, t. 58, f. 6. *Turbinolia*, Lamaroux, Exp. Meth. p. 85, t. 78, f. 7, 8. *Turbinolopsis*, Phill. Pal. Foss. Dev. and Cornw. p. 3, t. 1, f. 1. *T. pauciradialis*, Phill. Pal. Foss. Dev. and Cornw. p. 5, t. 1, f. 4. *Cyathophyllum*, (P.) celticum, Edw. and Haime, Mono. Brit. Dev. Foss. Cor. Pal. Soc. p. 226. *Petraia celtica*, M'Coy, Brit. Pal. Foss. p. 74.
— gigas .... *M'Coy*	*	*			Ann. Mag. Nat. Hist. 2 ser. vol. iii, p. 1, 1849; ib. Brit. Pal. Foss. p. 74 and 66, f. c-e. *Cyathophyllum Bucklandi*, Edw. and Haime, Arch. Mus. 5, Foss. des Terr. Palæoz. p. 390, 1851; ib. Edw. and Haime, Mono. Brit. Dev. Foss. Cor. Pal. Soc. p. 226, 227.
— pauciradialis ...... *Phill.*					*Vide* P. celtica.
— pleuriradialis ...... *Phill.*	*				*Turbinolopsis*, Pal. Foss. Dev. and Cornw. p. 5, t. 2, f. 5 a-β.

ACTINOZOA.

SPECIES.	Lower.	Middle.	Upper.	Pass up.	REFERENCES.
CYATHOPHYLLIDÆ.					
Phillipsastraea (*part*) *D'Orbigny*, 1850..					
— *Hennahi* .... *D'Orbigny*	...	...	...	...	*Vide* Smithia.
PORITIDÆ.					Z. TABULATA.
Pleurodictyum ...... *Goldfuss*, 1829 ...					
— problematicum ... *Goldf.*	*	*	...	...	Pet. Germ. vol. i, p. 113, t. 38, f. 8; t. 160, f. 19; ib. Phill. Pal. Foss. Dev. and Cornw. p. 19, t. 9, f. 24; ib. Edw. Arch. Mus. 5, Foss. des Terr. Palæoz. t. 18, f. 3-6; ib. Sandb. Die Verstein des Rhein. Schicht. Nassau, p. 405, t. 37, f. 9; ib. Bronn, Leth. Geog. vol. i, p. 178, t. 3, f. 12. King, Ann. Mag. Nat. Hist. vol. xvii, 1856, p. 131, t. 10, f. 1-10.
Porites .... *Lam.* 1816					
— pyriformis .... *Lonsd.*	...	...	...	...	*Vide* Heliolites porosa.
Sarcinula .... *Lam.* 1816	...	...	...	...	*Vide* Syringophyllum.
CYATHOPHYLLIDÆ.					
Smithia .... *Edw. & Haime*, 1850					Z. RUGOSA.
Astraea .... *Lam.* 1789					
— Bowerbankii ...... *M. Edw.*	...	*	...	...	Mono. Brit. Foss. Cor. Pal. Soc. p. 241, t. 55, f. 2.
— Hennahi .... *Lonsd.*	...	*	...	...	*Astraea*, Trans. Geol. Soc. 2 ser. vol. v, p. 697, t. 58, f. 2; Phill. Pal. Foss. Dev. and Cornw. p. 13, t. 6, f. 16. *Arachnophyllum*, M'Coy, Brit. Pal. Foss. p. 72. Smithia, M. Edw. and Haime, Mono. Brit. Dev. Foss. Cor. Pal. Soc. p. 240, t. 54, f. 4. Septastraea, Sandb. Verst. Rhein. Schicht. Nassau, p. 416, t. 37, f. 3. *Phillipsastraea*, D'Orb. Prod. de Palæont. vol. i, p. 106, 107.
— Pengellyii .... *M. Edw.*	...	*	...	...	Mono. Brit. Dev. Foss. Cor. Pal. Soc. p. 241, t. 55, f. 1. *Astraea*, Lonsd. Geol. Trans. 2 ser. vol. v, pt. 3, p. 697, t. 58, f. 3 a, 1840.
CYATHOPHYLLIDÆ.					
Spongophyllum ... *Edw. & Haime*, 1851					Z. RUGOSA.
— Sedgwicki .... *M. Edw.*	...	*	...	...	Pol. Foss. des Terr. Palæoz. p. 425; ib. Mono. Brit. Dev. Foss. Cor. Pal. Soc. p. 242, t. 56, f. 2.
CYATHOPHYLLIDÆ.					Z. RUGOSA.
Strephodes .... *M'Coy*, 1848					
— gracilis .... *M'Coy*	...	*	...	...	Ann. Mag. Nat. Hist. 2 ser. vol. vi, p. 378; ib. Brit. Pal. Foss. p. 72. *Ptychophyllum*?
— helianthoides ...... *Goldf.*	...	...	...	...	*Vide* Cyathophyllum.
— vermicularis ...... *M'Coy*	...	...	...	...	*Vide* Cyathophyllum obtortum.
Stromatopora .... *Goldfuss*, 1830 ...	...	...	...	...	*Vide* Stromatopora. (Protozoa, p. 136.)
Strombodes .... *Schweigger*, 1820..					
— vermicularis ...... *Phill.*					*Vide* Cyathophyllum obtortum.
CYATHOPHYLLIDÆ.					
Syringophyllum,.. *Edw. & Haime*, 1851					Z. RUGOSA.
Sarcinula .... *Lam.* 1816					
— cantabricum ...... *De Vern.*	...	*	...	...	*Phillipsastraea*, Bull. Soc. Géol. France, vol. vii, p. 162. Syringophyllum, Edw. and Haime, Arch. Mus. 5, Foss. des Terr. Palæoz. p. 451; ib. Mono. Brit. Dev. Foss. Cor. Pal. Soc. p. 243, t. 55, f. 3.
CYATHOPHYLLIDÆ.					
Turbinolopsis ...... *Lons.* 1821					
— celtica .... *Lonsd.*	...	...	...	...	} *Vide* Petraia celtica.
— pauciradialis ...... *Phill.*	...	...	...	...	
— pleuriradialis ... *Phill.*	...	...	...	...	*Vide* Petraia pleuriradialis.
CYATHOPHYLLIDÆ.					
Turbinolia .... *Lamarck*, 1818 ...					
— celtica					*Vide* Petraia celtica.

ECHINODERMATA.

SPECIES.	DEVONIAN.			REFERENCES.
	Lower.	Middle.	Upper. Pass. up.	
Sub-Kingdom, ANNULOIDA.				
Class, *ECHINODERMATA*.				
Palæozoic Orders, *Asteroidea*.				
„ *Ophiuroidea.*				
„ *Crinoidea.*				
„ *Cystoidea.*				
„ *Blastoidea.*				
MELOCRINIDÆ.				CRINOIDEA.
Actinocrinus .... *Müller*, 1821				
— tenuistriatus ...... *Phill.*	•	...	...	Pal. Foss. Dev. and Cornw. p. 31, t. 16, f. 44.
— triacontadactylus *Müller*	...	•	•	Crinoidea, p. 95; ib. Phill. Pal. Foss. Dev. and Cornw. p. 31, t. 16, f. 43; ib. Baily, Mem. Geol. Surv. Irel. Expl. sheets 192,199, p. 24, f. 11 a-c.
MELOCRINIDÆ.				
Adelocrinus .... *Phillips*, 1841 ...				CRINOIDEA.
— hystrix .... *Phill.*	...	...	•	*Platycrinus*, Pol. Foss. Dev. and Cornw. p. 30, t. 16, f. 42.
CUPRESSOCRINIDÆ.				
Cupressocrinus ...... *Goldfuss*, 1832 ...				
Halocrinus........ *Steininger*, 1830...				CRINOIDEA.
— crassus .... *Goldf.*.............	...	•	...	Petref. Germ. vol. i, p. 212, t. 64, f. 4.
— · Sp.	...	•	...	Trans. Geol. Soc. 2 ser. vol. v, p. 708.
CYATHOCRINIDÆ.				
Cyathocrinus .... *Müller*, 1821				CRINOIDEA.
— distans .... *Phill.*	...	...	•	Pal. Foss. Dev. and Cornw. p. 135, t. 58, f. 49*.
— ellipticus......... *Phill.*	...	...	•	Pal. Foss. Dev. and Cornw. p. 32, t. 16, f. 49.
— geometricus ...... *Goldf.*.............	...	...	•	Petref. Germ. vol. i, p. 100, t. 58, f. 5; ib. Phill. Pal. Foss. Dev. and Cornw. p. 230, t. 60, f. 41*; ib. Austin, Crino. t. 7, f. 5.
— macrodactylus ... *Phill.*	...	•	•	Pal. Foss. Dev. and Cornw. p. 29, t. 15, f. 41.
— megastylus ...... *Phill.*	•	...	...	Pal. Foss. Dev. and Cornw. p. 32, t. 16, f. 47.
— nodulosus .... *Phill.*	...	...	•	Pal. Foss. Dev. and Cornw. p. 32, t. 16, f. 46.
— primatus.......... *Goldf.*.............	•	...	•	Petref. Germ. vol. i, p. 190, t. 58, f. 7; ib. Phill. Pal. Foss. Dev. and Cornw. p. 31, t. 16, f. 45; ib. Gcinitz, Verst. Grauw. p. 68, t. 16, f. 1-10. *Hexacrinus echinatus*, Sandb. Verst. Rhein. Schicht. p. 398, t. 35, f. 10 a-c.
— variabilis............ *Phill.*	...	...	•	Pal. Foss. Dev. and Cornw. p. 32, t. 16, f. 48.
Echinosphærites ...... *Wahlenberg*, 1821	...	...	...	*Vide* Sphærospongia.
SOLASTERIDÆ.				
Helianthaster ...... *H. Woodward*, 1874				ASTEROIDEA.
— filiciformis .... *H. Woodw.*......	...	•	...	Geol. Mag. Decade II, vol. i, p. 6-10, woodcut, p. 8.
MELOCRINIDÆ.				
Hexacrinus .... *Austin*, 1850				CRINOIDEA.
— depressus .... *Aust.*	...	•	...	Crinoidea, t. 6, f. 2.
— interscapularis ... *Phill.*	...	•	...	*Platycrinus*, Phill. Pal. Foss. Dev. and Cornw. p. 28, t. 14, f. 39. Hex. melo. et depressus, Austin, Crinoid. t. 6, f. 1.
— macrotatus .... *Aust.*	...	•	...	Crinoidea, t. 6, f. 3. *Platycrinus tuberculatus*, Phill. Pal. Foss. Dev. and Cornw. p. 134, t. 60, f. 39.
ASTERIADÆ.				
Palæaster .... *Hall*, 1851				
Urasterella ...... *M'Coy*, 1851				
— Sp. .... *H. Woodw.*......	...	...	•	Geol. Mag. new series, Dec. II, vol. i, p. 6, 1874.
— Sp. .... *H. Woodw.*......	...	•	...	Geol. Mag. new series, Dec. II, vol. i, p. 6, 1874.

PALÆOZOIC. ECHINODERMATA. DEVONIAN.

SPECIES.	Lower.	Middle.	Upper.	Pass up.	REFERENCES.
PENTREMITIDÆ.					**BLASTOIDEA.**
Pentremites .... *Say*, 1820					
— ovalis .... *Goldf.*	...	...	•	...	Petref. Germ. vol. i, p. 161, t. 50, f. 1; ib. Phill. Pal. Foss. Dev. and Cornw. p. 29, t. 14, f. 40.
MELOCRINIDÆ.					**CRINOIDEA.**
Platycrinus .... *Müller*, 1821					
— hystrix .... *Müll.*	...	...	...	...	*Vide* Adelocrinus.
— pentangularis ... *Müll.*	...	•	...	...	Crinoides, p. 81; ib. Phill. Pal. Foss. Dev. and Cornw. p. 135, t. 60, f. 42.
— tuberculatus ... *Müll.*	...	•	...	...	Crinoides, p. 81; ib. Phill. Pal. Foss. Dev. and Cornw. p. 134, t. 60, f. 39. *Encrinites*, Schloth. Petref. vol. iii, p. 97, t. 26, f. 2.
OPHIURIDÆ.					
Protaster .... *Forbes*, 1849					
Tæniaster ...... *Billings*, 1858					
— Sp. .... *H. Woodw.*	...	...	•	...	Geol. Mag. new series, Dec. II, vol. i, p. 6, 1874.
— Sp. .... *H. Woodw.*	...	...	•	...	Geol. Mag. new series, Dec. II, vol. i, p. 6, 1874.
Sphæronites .... *Hisinger*, 1828	...	...	...	...	*Vide* Sphærospongia.
CYATHOCRINIDÆ.					
Taxocrinus .... *Phillips*, 1843					
Isocrinus ... *Phillips*, MS. non *Meyer*					**CRINOIDEA.**
Cladocrinites ... *Austin*, non *Agassiz*					
— macrodactylus	...	...	•	...	*Cyathocrinus*, Pal. Foss. Dev. and Cornw. p. 29, t. 15, f. 41.

ANNELIDA.

SPECIES.	Lower.	Middle.	Upper.	Pass up.	REFERENCES.
Sub-Kingdom, ANNULOSA.					
Div. ANARTHROPODA.					
Class, ANNELIDA.					
Orders, *Tubicola* } Palæozoic.					
,, *Errantia*					
TUBICOLA.					
Serpula .... *Linnæus*, 1756					
— advena .... *Salt.*	...	...	•	...	Q. J. Geol. Soc. vol. xix, p. 496, f. 6, woodcut.
TUBICOLA.					
Tentaculites ...... *Schloth.* 1820					
— annulatus ? ...... *Schloth.*	...	•	...	...	Petref. t. 29, f. 8; ib. Murch. Sil. Syst. t. 19, f. 16. *T. scalaris*, Schloth. Pet. t. 29, f. 9 b; ib. Sil. Syst. t. 19, f. 15.

CRUSTACEA.

SPECIES.	DEVONIAN.			REFERENCES.
	Lower.	Middle.	Upper.	

SPECIES.	L	M	U	REFERENCES.
Sub-Kingdom, ANNULOSA.				
Div. ARTHROPODA or ARTICULATA.				
Class, CRUSTACEA.				
Pal. Orders, *Ostracoda,*				
,, *Phyllopoda,*				
,, *Trilobita.*				
,, *Merostomata.*				
ASAPHIDÆ.				
Asaphus .... *Brongniart,* 1822 ...				
— obsoletus .... *Phill.*	...	...	...	*Vide* Phillipsia Brongniarti.
— granuliferus ... *Phill.*	...	...	...	*Vide* Phillipsia Brongniarti.
LIMULIDÆ.				
Belinurus .... *König,* 1825				
— Kiltorkensis ...... *Baily*	...	...	...	Brit. Assoc. Reports, 1869, p. 75.
BRONTEIDÆ.				
Bronteus .... *Burmeister,* 1843 ...				
Brontes .... *Goldfuss,* 1839				
— flabellifer .... *Goldf.*		*		Nova Acad. Cæs. Leop. Nat. Cur. vol. xix, p. 361, t. 33, f. 3. Bronteus, Phill. Pal. Foss. Dev. and Cornw. p. 131, t. 57, f. 254.
Burmeisteria .... *Salter,* 1865	...	...	...	*Vide* Homalonotus.
CALYMENIDÆ.				
Calymene .... *Brongniart,* 1822				
Amphion .... *Pander,* 1830				
Zethus (part) ... *Pander,* 1830				
— accipitrina .... *Phill.*	...	...	...	Pal. Foss. Dev. and Cornw. p. 128, t. 56, f. 249. ? Phacops latifrons.
— granulata .... *Münst.*	...	...	...	*Vide* Phacops.
— lævis .... *Münst.*				*Vide* Trimerocephalus.
— Latreillii .... *Stein.*				*Vide* Phacops latifrons.
— Sternbergii ...... *Phill.*				*Vide* Cheirurus articulatus.
Campecaris .... *Page,* 1864				
— Forfarensis ...... *Page*	*	...	...	Q. J. Geol. Soc. vol. xx, p. 415.
CHEIRURIDÆ.				
Cheirurus .... *Beyrich,* 1845				
Ceraurus .... *Green,* 1833				
— articulatus .... *Münst.*	...	*	...	Calymene, Beitr. 3, t. 5, f. 7. Cheirurus, Salt. Mem. Geol. Surv. Dec. VII, art. 1, p. 10. Sub-genus, *Crotalocephalus,* Salt. Mono. Brit. Trilob. Pal. Soc. p. 61, t. 6, f. 7, 8. C. *Sternbergii,* Phill. Pal. Foss. Dev. and Cornw. p. 128, t. 56, f. 247.
CYPRIDINIDÆ.				
Cypridina .... *M. Edwards,* 1838				
Entomis .... *Jones,* 1860				OSTRACODA.
— serrato-striata ... *Sandb.*	...	*	...	Verst. Rhein. Syst. Nassau, 1850, p. 4, t. 1, f. 2. *Cytherina dimidiata,* Sandb.
Cryphæus .... *Green,* 1837	...	...	...	*Vide* Phacops.
Dithyrocaris ...... *Scouler,* 1835				PHYLLOPODA.
— striata .... *W. & E.*	...	...	...	Mem. Geol. Surv. Scotland, Expl. Map 23, p. 100; ib. Geol. Mag. Dec. II, vol. i, p. 109, t. 5, f. 6.

CRUSTACEA.

SPECIES.	DEVONIAN.				REFERENCES.
	Lower.	Middle.	Upper.	Pass. up.	
LIMNADIDÆ.					**PHYLLOPODA.**
Estheria .... *Rüppell*, 1838 ...					
— membranacea ...... *Pacht*	*	*	...	...	*Asmusia*, Der Devonische Kalk Livland, p. 44, 1849. *Posidonomya*, Pacht, Ueber. *Dimerocrinites oligoptilus*, p. 26, 1852. *E. Murchisoniana*, R. Jones, Q. J. Geol. Soc. vol. xv, p. 404, 1859, woodcuts, p. 408, f. 14 c–d. Jones, Mono. Foss. Estheriæ Pal. Soc. p. 14, t. 1, f. 1–7, 1862; ib. Monthly Micro. Jour. p. 185, t. 61, f. 23, 1870.
— *Murchisoniana* ... *Jones*	...	...	...	...	*Vide E.* membranacea.
EURYPTERIDÆ.					**MEROSTOMATA.**
Eurypterus .... *De Kay*, 1825 ...					
— abbreviatus ...... *Salt.*	*	...	...	...	Q. J. Geol. Soc. vol. xv, p. 234, t. 10, f. 18; ib. H. Woodward, Mono. Brit. Foss. Crust. Pal. Soc. p. 148, t. 28, f. 14, 1872.
— accuminatus ...... *Salt.*		...	...	...	Q. J. Geol. Soc. vol. xv, p. 233, t. 10, f. 17–19; ib. H. Woodward, Mono. Brit. Foss. Crust. Pal. Soc. p. 146, t. 28, f. 13–15, 1872.
— Brewsteri .... *Powrie*, MS.	*	...	...	...	Woodward, Geol. Mag. vol. i, p. 200, t. 10, f. 3; ib. Mono. Brit. Foss. Crust. Pal. Soc. p. 157, t. 28, f. 4.
— Hibernicus......... *Baily*	*	...	...	...	Brit. Assoc. Rept. Sect. c, p. 75 (Exeter, 1869); ib. H. Woodward, Pal. Soc. p. 148, t. 28, f. 16, 17, 1872.
— megalops...................................	...	...	...	...	*Vide* Stylonurus.
— pygmæus .... *Salt.*	*	...	...	...	Q. J. Geol. Soc. vol. xii, p. 99, t. 2, f. 4; ib. vol. xv, p. 232, t. 10, f. 4–8; ib. H. Woodward, Mono. Brit. Foss. Crust. Pal. Soc. p. 144, t. 28, f. 5–7, 1872.
— Scouleri .... *Hibbert*	*	...	...	...	Trans. Roy. Soc. Edinb. vol. xlii, p. 179, t. 12, f. 1–5. *Eidothea*, Scouler, Cheeks, Edinb. Jour. Nat. and Geol. Sci. vol. iii, p. 352, t. 10; Q. J. Geol. Soc. vol. xv, p. 232, t. 10, f. 2, 3; ib. H. Woodward, Mono. Brit. Foss. Crust. Pal. Soc. p. 133, t. 25–27, 1872.
— Symondsii ...... *Salt.*	...	...	...	...	*Vide* Stylonurus.
HARPEDIDÆ.					
Harpes .... *Goldfuss*, 1841 ...					
— macrocephalus ...... *Goldf.*	...	...	...	...	Act. Acad. 19, t. 33, f. 2; ib. Phill. Pal. Foss. Dev. and Cornw. p. 127, t. 55, f. 246.
CALYMENIDÆ.					
Homalonotus ...... *König*, 1820 ...					
Dipleura .... *Green*, 1832					
Trimerus .... *Green*, 1832					
Burmeisteria ...... *Salter*, 1865					
— elongatus ...... *Salt.*	*	...	...	...	Mono. Brit. Dev. Trilob. Pal. Soc. p. 122, t. 10, f. 1, 2, 1864. *H. Herschellii*, Phill. Pal. Foss. Dev. and Cornw. p. 130, t. 57, f. 253. (*Burmeisteria*.)
— Herschellii...... *Phill.*					*Vide H.* elongatus.
CYPRIDEA.					
Leperditia .... *Rouault*, 1851					
— marginata .... *Keys.*	*	...	...	...	Doubtful species.
Olenus .... *Dalman*, 1826 ...					
— punctatus .... *Stein.*	...	...	...	...	*Vide* Phacops punctatus.
Parka .... *Fleming*					
— decepiens .... *Page*	*	...	*	...	Q. J. Geol. Soc. vol. xx, p. 416.
PHACOPIDÆ.					
Phacops .... *Emmerich*, 1839...					
Asaphus .... *Brongniart*, 1822					
Acaste .... *Goldfuss*, 1843 ...					
Cryphæus .... *Green*, 1837					
Portlockia .... *M'Coy*, 1846......					
— arachnoidea ...... *Burm.*	...	...	...	...	*Vide P.* punctatus.
— granulatus .... *Münst.*		*			Calymene, Beitr. Heft. 5, t. 5, f. 3; ib. Phill. Pal. Foss. Dev. and Cornw. p. 229, t. 56, f. 248 a–l. Portlockia, M'Coy, Synop. Woodw. Mus. Camb. Pal. Foss. p. 177. Phacops, Salt. Mono. Brit. Trilob. Pal. Soc. p. 18, t. 1, f. 1–4. Calymene, Sp. Sow. Trans. Geol. Soc. vol. v, 2 ser. t. 54, f. 23, 24. Portlockia, M'Coy, Synop. Woodw. Mus. p. 177.

CRUSTACEA

SPECIES.	Lower.	Middle.	Upper.	Pass. up.	REFERENCES.
Phacops (*continued*).					
— laciniatus .... *Röm.*	*	*	*		*Pleuracanthus*, Rhein. Uebergangsgeb. S. 82, t. 2, f. 8. *Phacops rotundifrons*, Emmr. de Trilob. p. 23; ib. Burmeister, Organ. der Trilob. S. 180, t. 4, f. 3. *Paradoxides grateri*, Röm. Verst. das Harzgeb. S. 138, t. 11, f. 11. Phacops, Sandb. Verst. Nassau, p. 13, t. 1, f. 5.
— laciniatus .... *Salt.*					*Vide* P. punctatus.
— latifrons .... *Bronn.*		*	*		*Calymene*, Leth. Geog. t. 9, f. 4. *Cal. latifrons* and *C. Schlotheimi*, Bronn. Leonhard's Zeitschr. f. d. Miner. p. 317, t. 2, f. 1–8. *Calymene Latreillei*, Stein. Mém. Soc. Géol. France, vol. i, t. 2. Calym. Lat. Phill. Pal. Foss. Dev. and Cornw. p. 129, t. 56, f. 249. P. latifrons, Salt. Mono. Brit. Trilob. Pal. Soc. p. 18, t. 1, f. 9–16, 1864; ib. Sandb. Verst. Rhein. Schicht. Nassau, p. 16, t. 1, f. 7. *Portlockia*, M'Coy, Synop. Woodw. Mus. Camb. p. 177, 1855. *Calymene tuberculata*, Murch. Sil. Syst. t. 14, f. 4.
— Latreillei .... *Stein.*					*Vide* P. latifrons.
— (Trimerocephalus) lævis ... *Münst.*		*	*		*Trinucleus*, Beitr. Heft. 5, t. 10, f. 6. *Calymene*, Phill. Pal. Foss. Dev. and Cornw. p. 129, t. 55, f. 250. *Trimerocephalus*, M'Coy, Ann. Mag. Nat. Hist. vol. iv, p. 404, 1849; ib. Brit. Pal. Foss. p. 178. Phacops, Salt. Mono. Brit. Trilob. Pal. Soc. p. 16, t. 2, f. 5–7; ib. Mem. Geol. Surv. Dec. XI, pt. 9, p. 1–3, t. 9.
— (Cryphæus) punctatus ... *Stein.*	*	*			*Olenus*, Mém. de Soc. Géol. France, 1 ser. vol. i, p. 356, t. 22. *Phacops arachnoides*, Burm. Org. Trilob. 1 ed. 1843; ib. 2 ed. p. 96, 1846. *P. laciniatus*, Salt. Morris' Cat. 2 ed. p. 113, (non Röm.) P. punctatus, Salt. Mono. Brit. Dev. Trilob. Pal. Soc. p. 59, t. 2, f. 17–29.
PROETIDÆ.					
Phillipsia .... *Portlock*, 1843					
— Brongniartii ...... *Fischer*		*		*	De Kon. Anim. Foss. Belg. p. 597, t. 53, f. 7. *Asaphus obsoletus*, Phill. Geol. York. vol. ii, p. 239, t. 22, f. 35. *A. granuliferus*, Phill. Pal. Foss. Dev. and Cornw. p. 130, t. 56, f. 251; ib. Geol. York. vol. ii, p. 239, t. 22, f. 7.
Portlockia .... *M'Coy*					*Vide* Phacops.
IDOTEIDÆ.					
Præarcturus .... *H. Woodward*, 1870					
— gigas .... *H. Woodw.*	*				Woolhope Nat. Hist. Field Club, p. 266–270, Fossil Sketches, No. 9–11, 1870.
Prorloaris .... *Baily*, 1870					
— M'Henrici .... *Baily*		*			Brit. Assoc. Reports, 1869, p. 75.
EURYPTERIDÆ.					
Pterygotus .... *Agassiz*, 1839					
Himantopterus ... *Salter*, 1856					MEROSTOMATA.
— anglicus .... *Agassiz*	*				Pois. Foss. Dev. p. xx, t. A; ib. Siluria, Foss. 22, f. 1, p. 140 (as *P. Ludensis* ?); ib. Mem. Geol. Surv. Mono. I, p. 67, t. 3–7, 1859; ib. H.Woodw. Mono. Brit. Foss. Crust. Pal. Soc. p. 33–44, t. 1–8.
— Brewsteri .... *Powrie*	?				Geol. Mag. vol. i, p. 200, t. 10, f. 3, 1864.
— Hibernicus ...... *Baily*		*	*		Brit. Assoc. Reports, 1869, p. 75.
— minor .... *H. Woodw.*	*				Geol. Mag. vol. i, p. 199, t. 10, f. 2, 1864.
— problematicus ... *Salt.*	*				Mem. Geol. Surv. Mono. I, p. 89, t. 17, f. 7, 16, 20, 21; t. 14, f. 16–18; ib. Woolhope Nat. Hist. Field Club, p. 171, Foss. Sketches, No. 8, p. 272, 1870.
— taurinus .... *Salt.*		*			Brit. Assoc. Reports (Norwich, 1868), Trans. Sect. p. 78; ib. H.Woodw. Mono. Foss. Crust. Pal. Soc. p. 75, f. 14, p. 76.
EURYPTERIDÆ.					
Stylonurus .... *Page*, 1855					MEROSTOMATA.
— ensiformis .... *H. Woodw.*	*				Geol. Mag. vol. i, p. 198, woodcut, p. 199, 1864; ib. Mono. Brit. Foss. Crust. Pal. Soc. p. 126, t. 21, f. 5, 1872.
— megalops .... *Salt.*	*		*		Q. J. Geol. Soc. vol. xv, p. 233, t. 10, f. 9, 10; ib. H.Woodw. Mono. Brit. Foss. Crust. Pal. Soc. p. 124, t. 21, f. 3, 1872.
— Powriei .... *Page*					Advanced Text-book of Geol. p. 135, f. 2, 3, 1856; ib. H.Woodw. Q. J. Geol. Soc. vol. xxi, p. 482, t. 13, f. 1; ib. Mono. Brit. Foss. Crust. Pal. Soc. p. 122, t. 21, f. 1.
— punctatus .... *Salt.*					Q. J. Geol. Soc. vol. xxiii, p. 620.
— Scoticus .... *H. Woodw.*	*				Q. J. Geol. Soc. vol. xxi, p. 484, t. 13, f. 2, 3; ib. Mono. Brit. Foss. Crust. Pal. Soc. p. 126, t. 22, 23, 1872.

CRUSTACEA

SPECIES	Lower	Middle	Upper	Pass. up.	REFERENCES
Stylonurus (continued).					
— Symondsii .... *Salt.*	•	...	...	...	*Eurypterus*, Q. J. Geol. Soc. vol. xv, p. 230, t. 10, f. 1; Ib. H. Woodw. Q. J. Geol. Soc. vol. xxi, p. 124, t. 21, f. 4, 1872; ib. Trans. Woolhope Nat. Hist. Field Club, p. 23, Foss. Sketches, No. 4, 1868.
Trimerocephalus ...... *M'Coy*, 1849	...	...	...		*Vide* Phacops.
Tracks of Crustacea... *Roberts*	•	...	...	...	Q. J. Geol. Soc. vol. xix, p. 233-4, woodcut, p. 234.

POLYZOA

SPECIES	Lower	Middle	Upper	Pass. up.	REFERENCES
Sub-Kingdom, MOLLUSCA.					
Province, MOLLUSCOIDA.					
Class, *POLYZOA*.					
TUBULIPORIDÆ.					
Ceriopora .... *Goldfuss*, 1826 ...					
Verticillites ...... *De France*, 1820					
— **gracilis** .... *Phill.*	...	•	...	...	*Millepora*, Pal. Foss. Dev. and Cornw. p. 20, t. 11, f. 31.
— **similis** .... *Phill.*	...	•	...	•	*Millepora*, Pal. Foss. Dev. and Cornw. p. 21, t. 11, f. 32. ? *M. repens*, Lonsd.
RETEPORIDÆ.					
Fenestella .... *Lonsdale*, 1839 ...					
Fenestellina ...... *D'Orbigny*, 1847					
Retepora .... *Phillips* (part) ...					
Gorgonia .... *Goldfuss* (part)					
Reteporina .... *D'Orbigny*, 1847					
— **antiqua** .... *Goldf.*	•	•	•	...	*Retepora*, Pet. Germ. vol. i, p. 28, t. 9, f. 10. *Gorgonia*, p. 99, t. 36, f. 3. *Retepora*, M'Coy, Brit. Pal. Foss. p. 75. *Fenestella*, Phill. Pal. Foss. Dev. and Cornw. p. 24, t. 12, f. 25; ib. Lonsd. Trans. Geol. Soc. 2 ser. vol. v, p. 703, t. 58, f. 10; ib. Graf. Keyserling Reise in das Petschor. p. 186, t. 3, f. 9; ib. Geinitz Verst. Grauw. p. 81, t. 18, f. 5.
— **arthritica** .... *Phill.*	...	•	...	...	Pal. Foss. Dev. and Cornw. p. 25, t. 12, f. 36, vars. α, β, γ.
— **laxa** .... *Phill.*	...	...	...	...	*Vide* Polypora.
— **plebeia** .... *M'Coy*	...	...	•	...	Carb. Foss. Irel. p. 203, t. 29, f. 3; ib. Brit. Pal. Foss. p. 76. *Fenestella antiqua*, Phill. Pal. Foss. Dev. and Cornw. p. 24, t. 12, f. 25 g.
— **prisca** .... *Goldf.*	•	•	•	...	*Retepora*, Pet. Germ. vol. i, p. 103, t. 36, f. 19; ib. Phill. Pal. Foss. Dev. and Cornw. p. 25, t. 13, f. 37. *Fenestella*, M'Coy, Brit. Pal. Foss. p. 76. *Retepora*, Nichol. Rept. Pal. Prov. Ontario, p. 101, f. 38, 1874.
ESCHARIDÆ.					
Glauconome .... *Münster*, 1839 ...					
Penniretepora ... *D'Orbigny*, 1849					
Acanthocladia ... *King*, 1849					
— **bipinnata** .... *Phill.*	...	•	...	...	Pal. Foss. Dev. and Cornw. p. 21, t. 11, f. 33; ib. M'Coy, Carb. Foss. Irel. p. 199.
Gorgonia .... *Lamarck*					
— **repisteria** .... *Goldf.*	...	...	...	...	*Vide* Retepora.

PALÆOZOIC.   POLYZOA.   DEVONIAN.

SPECIES.	Lower.	Middle.	Upper.	Pass up.	REFERENCES.
RETEPORIDÆ.					
Hemitrypa .... *Phillips*, 1841 ...					
— oculata .... *Phill.*		*			Pal. Foss. Dev. and Cornw. p. 27, t. 73, f. 38; ib. Sandb. Verst. Rhein. Schicht. Nassau, p. 379, t. 36, f. 6.
Millepora .... *Linn.* 1748	...	...	...	...	Vide Ceriopora and Ptylopora.
RETEPORIDÆ.					
Polypora .... *M'Coy*, 1844					
— laxa .... *Phill.*		*	*		Fenestella, Pal. Foss. Dev. and Cornw. p. 23, t. 12, f. 34. Retepora, Phill. Geol. York. vol. ii, p. 199, t. 1, f. 26-30. Polypora, Sandb. Verst. Rhein. Schicht. Nassau, p. 378, t. 36, f. 5.
RETEPORIDÆ.					
Ptylopora .... *M'Coy*, 1844					
— Austriformis ...... *Phill.*	...	*			Retepora, Geol. York. vol. ii, p. 198, t. 1, f. 11, 12; ib. Pal. Foss. Dev. and Cornw. p. 26. Millepora, Martin, Petrif. Derb. t. 43, 45. Ptylopora, M'Coy, Carb. Foss. Irel. p. 200.
RETEPORIDÆ.					
Retepora .... *Lamarck*, 1816 ...					
Polypora .... *M'Coy*, 1844					
— flustriformis ..... *Phill.*	...	...	...	...	Vide Ptylopora.
— prisca .... *Goldf.*	...	...	...	...	Vide Fenestella.
— repisteria .... *Goldf.*	*	*			Gorgonia, Pet. Germ. vol. i, p. 19, t. 7, f. 2; ib. Phill. Pal. Foss. Dev. and Cornw. p. 20, t. 11, f. 30. Polypora, F. Röm. Rheinisch. Westph. Vorhand. vii, p. 78, 1850.

BRACHIOPODA.

SPECIES.	Lower.	Middle.	Upper.	Pass up.	REFERENCES.
Sub-Kingdom, MOLLUSCA.					
Province, MOLLUSCOIDA.					
Class, *BRACHIOPODA.*					
SPIRIFERIDÆ.					
Athyris .... *M'Coy*, 1844					
Spirigera .... *D'Orbigny*, 1847					
— Bartonensis ...... *Dav.*	*	*			Mono. Brit. Dev. Brach. Pal. Soc. p. 19, t. 3, f. 23.
— Budleighensis ... *Dav.*	?				Q. J. Geol. Soc. vol. xxvi, p. 80, t. 4, f. 14. (Derived.)
— concentrica ...... *Von Buch.*	*	*	*		Terebratula, Ueber Tereb. p. 103; ib. Mém. Soc. Géol. France, vol. iii, p. 214; ib. Bul. Soc. Géol. France, vol. xi, t. 2, f. 1. Atrypa decussata, and A. hispida, Sow. Trans. Geol. Soc. 2 ser. vol. v, t. 54, f. 4, 5. A. concentrica, M'Coy, Brit. Pal. Foss. p. 378; ib. Davidson, Mono. Brit. Dev. Brach. Pal. Soc. p. 14, t. 3, f. 11-15, 24.
— erratica .... *Dav.*	?				Q. J. Geol. Soc. vol. xxvi, p. 80, t. 4, f. 13. (Derived.)
— hirundo .... *Phill.*					Vide A. phalæna.
— hispida .... *Sow.*					Vide A. concentrica.
— indentata .... *Sow.*		*	*		Atrypa, Trans. Geol. Soc. 2 ser. vol. v, t. 54, f. 6. Athyris, Dav. Mono. Brit. Dev. Brach. Pal. Soc. p. 17, t. 3, f. 16.

PALÆOZOIC.   BRACHIOPODA.   DEVONIAN.

SPECIES.	Lower.	Middle.	Upper.	Foss. sp.	REFERENCES.
Athyris (*continued*).					
— *Juvenis* .... Sow.	...	...	...	...	*Vide* Terebratula Juvenis.
— *lacryma* .... Sow.	...	•	...	...	*Atrypa*, Trans. Geol. Soc. 2 ser. vol. v, t. 56, f. 9.
— *Newtoniensis* ..... Dav.	...	•	...	...	Mono. Brit. Dev. Brach. Pal. Soc. p. 19, t. 3, f. 22.
— *oblonga* .... Sow.	...	•	•	...	*Atrypa*, Min. Con. vol. vii, p. 16, t. 617, f. 3; ib. Trans. Geol. Soc. vol. v, p 407, t. 53, f. 6. Athyris, Dav. Mono. Brit. Dev. Brach. Pal. Soc. p. 17, t. 3, f. 1.
— *phalæna* .... Phill.	...	•	•	...	*Spirifera*, Pal. Foss. Dev. and Cornw. p. 71, t. 28, f. 123. *Spirifera hirundo*, Phill. loc. cit. p. 71, t. 28, f. 122. *Terebratula Hispanica*, Vern. Bull. Soc. Géol. France, vol. ii, p. 468, t. 14, f. 6, 1845. A. phalæna, Dav. Mono. Brit. Dev. Brach. Pal. Soc. p. 18, t. 3, f. 19–21.
— *plebeia* .... Sow.	...	...	...	...	*Vide* Merista plebeia.
— Sp. .... Dav.	•	...	...	...	Mono. Brit. Dev. Brach. Pal. Soc. p. 19.
SPIRIFERIDÆ.					
Atrypa .... *Dalman*, 1827 ...					
Spirigerina ...... *D'Orbigny*, 1847					
Hipparionyx ...... *Vanuxem*, 1842 ...					
— *aspera* .... Schloth.	...	...	...	...	*Vide* Atrypa reticularis, var. aspera.
— *bifera* .... Phill.	...	...	...	...	*Vide* Rhynchonella bifera.
— *crenatula* ...... Sow.	...	...	...	...	*Vide* Rhynchonella cuboides.
— *cassidea* .... Phill.	...	...	...	...	*Vide* Pentamerus brevirostris.
— *desquamata* ..... Sow.	...	•	•	...	Trans. Geol. Soc. 2 ser. vol. v, t. 56, f. 19, 20, vars. A. compressa, f. 21, 22. Atrypa desquamata, Dav. Mono. Brit. Dev. Brach. Pal. Soc. p. 58, t. 10, f. 9–13; t. 11, f. 1–9. Terebratula (Atrypa), Phill. Pal. Foss. Dev. and Cornw. p. 82, t. 33, f. 146. Spirigerina, M'Coy, Brit. Pal. Foss. p. 378.
— *flabellata* ...... Goldf. MS.	...	•	•	...	*Terebratula prisca*, var. flabellata, Röm. Rhein. Uebergangsgeb. p. 66, t. 5, f. 4. T. insquamosa, var. flabellata (part), Schnur, Dunker, and Meyer, Palæontographica, p. 182, t. 24, f. 5. Atrypa flabellata, Dav. Mono. Brit. Dev. Brach. Pal. Soc. p. 59, t. 11, f. 11, 12.
— *impleta* .... Sow.	...	...	...	...	*Vide* Rhynchonella cuboides.
— *implexa* .... Sow.	...	...	...	...	*Vide* Rhynchonella implexa.
— *laticosta* ...... Phill.	...	...	...	...	*Vide* Rhynchonella laticosta.
— *lens* .... Phill.	...	•	...	...	*Orthis*, Pal. Foss. Dev. and Cornw. p. 65, t. 26, f. 110 a, b. *O. Eifelensis*, Stein. Geognostiche Beschreibung der Eifel, p. 80, t. 5, f. 5. Atrypa lens, Dav. Mono. Brit. Dev. Brach. Pal. Soc. p. 51, t. 10, f. 1.
— *lachryma* .... Sow.	...	...	...	...	*Vide* Merista plebeia.
— *lepida* .... Goldf.	...	•	...	...	Terebratula, D'Arch. and De Vern. Desc. Foss. of Older Rocks of Rheinish provinces, Trans. Geol. Soc. (Lond.) 2 ser. vol. vi, p. 368, t. 35, f. 21 ib. Röm. Die Verst. des Harzgeb. t. 12, f 22. Atrypa, Dav. Mono. Brit. Brach. Pal. Soc. p. 52, t. 10, f. 2.
— *latissima* ...... Sow.	...	...	...	...	*Vide* Rhynchonella triloba.
— *indentata* ...... Sow.	...	...	...	...	*Vide* Athyris.
— *Juvenis* .... Sow.	...	...	...	...	*Vide* Terebratula Juvenis.
— *primipiliaris* .. Sow.	...	...	...	...	*Vide* Rhynchonella primipiliaris.
— *prisca* .... Schloth.	...	...	...	...	*Vide* Atrypa reticularis.
— *protracta* ...... Sow.	...	...	...	...	*Vide* Rhynchonella protracta.
— *reticularis* .... Linn.	•	•	•	...	*Anomia*, Syst. Nat. 12 ed. p. 1132, 1767. *Spirifera affinis*, Sow. Trans. Geol. Soc. 2 ser. vol. v, t. 57, f. 11. *Terebratula affinis*, Sow. Min. Con. vol. iv, p. 24, t. 324, f. 2. Atrypa reticularis, Dalman, Vet. Ac. Handl. t. 4, f. 2, 1827; ib. His. Leth. Suec. t. 24, f. 11. Tereb. Barrande, Ueber. die Brachiop. Silurischen Schict. von Boehmen, t. 19, f. 8. Tereb. inspirata, Phill. Pal. Foss. Dev. and Cornw. p. 83, t. 35, f. 147. *Tereb. (Atrypa) prisca*, Phill. p. 81, t. 33, f. 144. Atrypa reticularis, Hall, Rept. Geol. Surv. New York (Palœontology), vol. iii, p. 253, t. 42, f. 1; ib. Billings, Geol. Canada, p. 384, f. 416; ib. Canadian Jour. (new ser.) vol. vii, p. 264, f. 84–87; ib. Nich. Rept. upon the Pal. of Ontario, p. 79, 1874. A. reticularis, Dav. Mono. Brit. Dev. Brach. Pal. Soc. p. 53, t. 10, f. 3, 4.

BRACHIOPODA.

SPECIES.	DEVONIAN.			REFERENCES.
	Lower.	Middle.	Upper.	Pass sp.
Atrypa (*continued*).				
— reticularis, var. aspera *Schloth.*	*	*	*	...	Terebratula, Leonhard's Taschenbach, p. 74, t. 1, f. 7 and Petref. pt. 1, p. 263; pt. 2, p. 68, t. 18, f. 3. Atrypa aspera, Dalm. Uppställning Haskrifning af. de i Sverige funne Terch.; Kongl. Vetens. Acad. Handlingar för an 1827, p. 128, t. 4, f. 3. Tereb. (Atrypa) Phill. Pal. Foss. Dev. and Cornw. p. 81, t. 33, f. 144. Atrypa reticularis, var. aspera, Dav. Mono. Brit. Dev. Brach. Pal. Soc. p. 57, t. 10, f. 5-8. Atrypa squamosa, Sow. Trans. Geol. Soc. 2 ser. vol. v, t. 57, f. 1. Spirigerina reticularis, var. reticularis, M'Coy, Brit. Pal. Foss. p. 379.
— subdentata .... *Sow.*	...	...	...	...	*Vide* Rhynchonella reniformis.
— triangularis ...... *Sow.*	...	...	...	...	*Vide* Rhynchonella mesogona.
CALCEOLIDÆ.				
Calceola .... *Lamarck*, 1801 ...				
— sandalina .... *Linn.*	...	*	...	...	Anomia, Linn. Syst. Nat. p. 3349 (1788). Calceola, Lamk. Anim. s. Vert. vol. vi, p. 235; ib. Goldf. Petref. Germ. vol. ii, p. 288, t. 161, f. 1; ib. Phill. Pal. Foss. Dev. and Cornw. p. 137, t. 60, f. 102.
RHYNCHONELLIDÆ.				
Camarophoria ...... *King*, 1844				
— rhomboides .... *Phill.* (Globulina, var.)	...	*	...	...	Terebratula, Geol. York. vol. ii, p. 222, t. 12, f. 18-20; ib. Phill. Pal. Foss. Dev. and Cornw. p. 88, t. 35, f. 158. Camarophoria, Dav. Mono. Brit. Dev. Brach. Pal. Soc. p. 70, t. 14, f. 19-22.
PRODUCTIDÆ.				
Chonetes............... *Fischer*, 1837				
— convoluta .... *Phill.*	...	...	...	...	*Vide* C. Hardrensis.
— Hardrensis .... *Phill.*	*	*	*	*	Orthis, Pal. Foss. Dev. and Cornw. p. 138, t. 58, f. 104 a-d; t. 60, f. 104*. *Leptæna (Chonetes) convoluta*, Phill. loc. cit. p. 57, t. 24, f. 96. *Leptæna sordida*, Sow. Trans. Geol. Soc. 2 ser. vol. v, p. 704, t. 53, f. 5, 16. Orthis sordida, Phill. Pal. Foss. Dev. and Cornw. p. 62, t. 35, f. 154. *Chonetes sarcinulata*, Sandb. Verst. Rhein. Schicht. Nassau, p. 367, t. 34, f. 14 a, b. C. Hardrensis, ? Dav. Mono. Brit. Dev. Brach. Pal. Soc. p. 94, t. 19, f. 6-9; ib. Mono. Brit. Carb. Brach. Pal. Soc. p. 186, t. 47, f. 12-16. *? C. sarcinulata*, Hupsch. Nat. Nied. Deutsch. t. 1, f. 5. *Leptæna semiradiata*, Sow. Trans. Geol. Soc. 2 ser. vol. vi, t. 38, f. 1.
— minuta .... *Goldf.*	...	*	...	...	Orthis, Von Buch. Abhandl. der König. Akad. der Wessens zu Berlin, p. 68; ib. Von Buch. Mém. Soc. Géol. France, vol. iv, p. 217. Chonetes, Dav. Mono. Brit. Dev. Brach. Pal. Soc. p. 96, t. 19, f. 10-12.
— plicata .... *Sow.*	...	...	...	...	*Vide* Streptorhynchus.
— plebeia .... *Schnur.*	...	...	...	...	*Vide* C. sarcinulata.
— sarcinulata .... *Hupsch.*	*	...	...	...	Nat. Nied. Deutsca. , 1, . 5. *Leptæna semiradiata*, Sow. Trans. Geol. Soc. 2 ser. vol. vi, t. 38, f. 4.
— semiradiata ...... *Sow.*	...	...	...	...	*Vide* C. Hardrensis.
— sordida .... *Sow.*	...	...	...	...	*Vide* C. Hardrensis.
— Sp. .... *Dav.*	*	...	...	...	Q. J. Geol. Soc. vol. xxvi, p. 87, t. 6, f. 13.
CRANIADÆ.				
Crania .... *Retzius*, 1781				
— transversa .... *Dav.*	?	?	...	...	Q. J. Geol. Soc. vol. xxvi, p. 78, t. 4, f. 9, 10.
SPIRIFERIDÆ.				
Cyrtia .... *Dalman*, 1827 ...	...	...	...	...	*Vide* Cyrtina.
SPIRIFERIDÆ.				
Cyrtina .... *Dalman*, 1827 ...				
Cyrtia............... *Dalman*, 1827 ...				
— amblygona .... *Phill.*	...	*	...	...	Terebratula, Pal. Foss. Dev. and Cornw. p. 68, t. 35, f. 160. Cyrtina, Dav. Mono. Brit. Dev. Brach. Pal. Soc. p. 14, t. 9, f. 15-17.
— Demarlii............ *Bouch.* MS.	...	*	...	...	Dav. Mono. Brit. Dev. Brach. Pal. Soc. p. 50, t. 9, f. 15-17. *Spirifera subconica*, Phill. Pal. Foss. Dev. and Cornw. p. 72, t. 29, f. 126.

BRACHIOPODA

SPECIES.	DEVONIAN.			REFERENCES.
	Lower.	Middle.	Upper.	Pleas up.	

SPECIES.	L	M	U	P	REFERENCES.
Cyrtina (*continued*).					
— heteroclyta ...... *Def.*		*	*		*Calceola*, Dic. Sci. Nat. t. 80, f. 3. *Spirifera*, Phill. Pal. Foss. Dev. and Cornw. p. 72, t. 29, f. 125. *Cyrtia*, M'Coy, Brit. Pal. Foss. p. 377. ? *Sp. subconica*, Sow. Trans. Geol. Soc. 2 ser. vol. v, t. 57, f. 10.
— var. multiplicata *Dav.*		*			*Spirifera cuspidata*, Sow. Min. Con. vol. ii, p. 42, t. 120; vol. v, t. 461, f. 2; lb. β, Sp. *cuspidata*, Phill. Pal. Foss. Dev. and Cornw. p. 72, t. 29, f. 124 β.
PRODUCTIDÆ.					
Davidsonia .... *Bouchard*, 1849 ..					
— Verneuilli .... *Bouch.*		*			Ann. Sci. Nat. 3 ser. vol. xii, p. 92, f. 2, 2 a. *Thecidea prisca*, Goldf. MS. Mus. Bonn, De Koninck, Note sur le Genre Davidsonia et sur le Genre Hypodema, Annales du Soc. Royale Liege, vol. viii, p. 149, t. 1, f. 18–4; t. 2, f. 12, h. Davidsonia, Dav. Mono. Brit. Dev. Brach. Pal. Soc. p. 74, t. 11, f. 13–16; t. 13, f. 18.
DISCINIDÆ.					
Discina .... *Lamarck*, 1817 ...					
— Edgellii .... *Dav.*	?	?			Q. J. Geol. Soc. vol. xxvi, p. 78, t. 4, f. 8.
— incerta .... *Dav.*	?	?			Q. J. Geol. Soc. vol. xxvi, p. 77, t. 4, f. 7.
— nitida .... *Phill.*			*	*	*Orbicula*, Geol. York. vol. ii, p. 221, t. 9, f. 10–3. Discina, Dav. Mono. Brit. Dev. Brach. Pal. Soc. p. 104, t. 20, f. 9, 10.
— ? Vicaryi .... *Dav.*	?	?			Q. J. Geol. Soc. vol. xxvi, p. 77, t. 4, f. 6.
RHYNCHONELLIDÆ.					
Hemithyris .... *D'Orbigny*					*Vide* Rhynchonella.
STROPHOMENIDÆ.					
Leptæna .... *Dalman*, 1817 ...					
Leptagonia .... *M'Coy* (*part*) ...					
Goxambonites ... *Pander*, 1830......					
— analoga .... *Phill.*					*Vide* Strophomena rhomboidalis.
— arachnoidea ...... *Phill.*					*Vide* Streptorhynchus crinistria.
— cooperata .... *Sow.*					*Vide* Strophalosia productoides.
— crenistria .... *Phill.*					*Vide* Streptorhynchus crenistria.
— convoluta .... *Phill.*					*Vide* Productus convolutus.
— fragaria .... *Sow.*					*Vide* Strophalosia fragaria.
— gigas .... *M'Coy*					*Vide* Streptorhynchus gigas.
— interstrialis ...... *Phill.*		*			Orthis, Pal. Foss. Dev. and Cornw. p. 61, t. 25, f. 103. *Lept. Dutertrii*, Murch. Bull. Soc. Géol. France, vol. xi, t. 2, f. 6. Leptæna, Schnur. in Dunker and Meyer, Palæontographica, B. 3, p. 222, t. 12, f. 2. Lept. interstrialis, Dav. Mono. Brit. Dev. Brach. Pal. Soc. p. 85, t. 18, f. 15–18.
— ? laticosta .... *Conrad*	*				Bull. Soc. Géol. France, 2 ser. vol. iv, p. 705; lb. Schnur. Dunker and Meyer, Palæont. vol. iii, p. 220, t. 40, f. 2; lb. Dav. Mono. Brit. Dev. Brach. Pal. Soc. p. 87, t. 17, f. 1–3. *Strophalosia*, Sandb. Die Brachiopoden des Rheinischen Schichtensystems, Nassau, p. 66, t. 34, f. 8.
— laxispina .... *Phill.*					*Vide* Strophalosia productoides.
— membranacea ...... *Phill.*					*Vide* Strophalosia productoides.
— mesoloba					
— nobilis .... *M'Coy*		*			Brit. Pal. Foss. p. 386, t. 2 A, f. 8; lb. Dav. Mono. Brit. Dev. Brach. Pal. Soc. p. 86, t. 18, f. 19–21.
— nodulosa .... *Phill.*		*			Pal. Foss. Dev. and Cornw. p. 56, t. 24, f. 94.
— rugosa .... *Sow.*					*Vide* Strophomena rhomboidalis.
— scabricula .... *Sow.*					*Vide* Productus scabriculus.
— semicirculata ...... *Sow.*					*Vide* Chonetes Hardrensis.
— umbraculum ...... *Schloth.*					*Vide* Streptorhynchus umbraculum.
— sordida .... *Sow.*					*Vide* Chonetes Hardrensis.
— Vicaryi .... *Salt.*					*Vide* Productus Vicaryi.

PALÆOZOIC.   BRACHIOPODA.   DEVONIAN.

SPECIES.	Lower.	Middle.	Upper.	Pass. up.	REFERENCES.
SPIRIFERIDÆ.					
Merista .... *Suess*, 1851					
— plebeia .... *Sow.*		*	...	...	*Atrypa*, Trans. Geol. Soc. 2 ser. vol. v, t. 56, f. 12, 13. *Spirifera plebeia*, Phill. Pal. Foss. Dev. and Cornw. p. 70, t. 28, f. 121. *Merista*, Dav. Mono. Brit. Dev. Brach. Pal. Soc. p. 20, t. 3, f. 2–10. *Atrypa lachryma*, Sow. Trans. Geol. Soc. vol. v, t. 56, f. 13.
LINGULIDÆ.					
Lingula .... *Bruguière*, 1789 ...					
— mola .... *Salt.*	...	...	...	...	*Vide* L. squamiformis.
— Brimonte .... *Rouult*	?	...	...	...	Bull. Soc. Géol. France, 2 ser. vol. viii, p. 728; ib. Salt. Q. J. Geol. Soc. vol. xx, p. 294, t. 17, f. 6.
— Hawkei .... *Rouult*	?	...	...	...	Bull. Soc. Géol. France, 2 ser. vol. viii, p. 728; ib. Salt. Q. J. Geol. Soc. vol. xx, p. 293, t. 17, f. 2, 3.
— Lesueuri .... *Rouult*	?	...	...	...	Bull. Soc. Géol. France, 2 ser. vol. viii, p. 727; ib. Salt. Q. J. Geol. Soc. vol. xx, p. 292, t. 17, f. 1.
— Rouulti .... *Salt.*	?	...	...	...	Q. J. Geol. Soc. vol. xx, p. 293, t. 17, f. 4, 5.
— squamiformis ...... *Phill.*	...	...	*	*	Geol. York. vol. ii, t. 9, f. 14; ib. Dav. Mono. Brit. Dev. Brach. Pal. Soc. p. 205, t. 20, f. 11, 12; ib. Nichol. Rept. upon the Pal. of Ontario, p. 92, f. 30, 1874. *Lingula mola*, Salt. Q. J. Geol. Soc. vol. xix, p. 480.
— Salteri .... *Dav.*	?	?	...	...	? Var. of L. squamiformis.
SPIRIFERIDÆ.					
Nucleospira .... *Hall*, 1857					
— Vicaryi .... *Dav.*	...	...	...	...	Q. J. Geol. Soc. vol. xxvi, p. 79, t. 4, f. 15–18. (Derived.)
ORTHIDÆ.					
Orthis .... *Dalman*, 1827 ...					
— arachnoidea ...... *Phill.*					*Vide* Streptorhynchus crenistria.
— arcuata .... *Phill.*	*	*	...	...	Pal. Foss. Dev. and Cornw. p. 64, t. 26, f. 107; ib. M'Coy, Brit. Pal. Foss. p. 384; ib. Dav. Mono. Brit. Dev. Brachiop. Pal. Soc. p. 93, t. 17, f. 13, 14. *Orthis longisulcata*, Phill. Pal. Foss. Dev. and Cornw. p. 64, t. 26, f. 105.
— calcar .... *Phill.*	...	...	...	...	
— crenistria .... *Phill.*					*Vide* Streptorhynchus crenistria.
— compressa .... *Phill.*					
— granulosa .... *Phill.*	*	*	...	...	Pal. Foss. Dev. and Cornw. p. 65, t. 26, f. 111; ib. Dav. Mono. Brit. Dev. Brach. Pal. Soc. p. 92, t. 17, f. 24.
— hians .... *Von Buch.*	...	*	...	...	Ueber. Delthyris, p. 64, t. 1, f. 10–12.
— Hardrensis .... *Phill.*					*Vide* Chonetes Hardrensis.
— hipparionyx ...... *Vanuxem?*	*	...	...	...	*Hipparionyx proximus*, Nat. Hist. New York, Geol. Rept. of 3rd District, p. 124, f. 4, 1843. *Orthis hipparionyx*, Schnur. in Meyer and Dunker's Palæontographica, vol. iii, p. 217, t. 40, f. 1, 1853; ib. Hall, Nat. Hist. New York, Palæontology, vol. iii, p. 407, t. 89, f. 1–4; t. 90, f. 1–7; t. 91, f. 4, 5; t. 94, f. 4, 1859; ib. Dav. Mono. Brit. Dev. Brach. Pal. Soc. p. 90, t. 17, f. 8–11.
— interlineata .... *Sow.*	...	*	*	...	Trans. Geol. Soc. 2 ser. vol. v, t. 53, f. 11; t. 54, f. 14; ib. Phill. Pal. Foss. Dev. and Cornw. p. 63, t. 26, f. 106. *Orthis parallela*, Phill. Pal. Foss. Dev. and Cornw. p. 64, t. 26, f. 109. O. interlineata, Dav. Mono. Brit. Dev. Brach. Pal. Soc. p. 91, t. 17, f. 18–23.
— interstrialis .... *Phill.*	...	...	...	...	*Vide* Leptæna interstrialis.
— lens .... *Phill.*	...	...	...	...	*Vide* Atrypa lens.
— longisulcata ...... *Phill.*	...	...	...	...	*Vide* Orthis arcuata.
— parallela .... *Phill.*	...	...	...	...	*Vide* Orthis interlineata.
— persarmentosa ... *M'Coy*	...	...	...	...	*Vide* Streptorhynchus persarmentosus.
— plicata .... *Sow.*	...	...	...	...	*Vide* Streptorhynchus plicatus.
— pulvinata .... *Salt.*	...	...	...	...	Q. J. Geol. Soc. vol. xx, p. 294, f. 8. ? *Porambonites*, Salt. ib. p. 295, t. 17, f. 10–12. Orthis, Dav. Q. J. Geol. Soc. vol. xxvi, p. 63, t. 5, f. 17–19.
— redux? .... *Barr.*	...	...	...	...	Q. J. Geol. Soc. vol. xxvi, p. 82, t. 5, f. 9–12. O. redux, Barr. ? Salt. Q. J. Geol. Soc. vol. xx, p. 295, t. 17, f. 7; ib. Dav. Mono. Brit. Sil. Brach. Pal Soc. p. 224, t. 28, f. 6.
— var. Budleighensis *Dav.*					

BRACHIOPODA.

SPECIES.	Lower.	Middle.	Upper.	Pass up.	REFERENCES.
Orthis (*continued*).					
— *resupinata* .... *Martin*	...	...	...		*Vide O. striatula.*
— *semicircularis* ... *Phill.*	...	...	...		*Vide Streptorhynchus semicircularis.*
— *striatula* .... *Schloth.*		•	•		*Anomia terebratulites striatulus*, Mün. Taschenbuch 8, t. 1, f. 6, 1813. *Hysterolites*, Linn. Mus. Tessinianum, p. 90, t. 5, f. 2, A,B,C,D, 1755 (*internal casts of O. striatula*). *Atrypa striatula*, Sow. Trans. Geol. Soc. 2 ser. vol. v, t. 54, f. 10. *O. resupinata*, var. *O. striatula*, Vern. and Keys. Geol. Russia, &c. t. 11, f. 6. *O. resupinata*, Phill. Pal. Foss. Dev. and Cornw. p. 67, t. 27, f. 115. *O. striatula*, Sandb. Die Brach. Rheinischen Schichten, Nassau, p. 39, t. 34, f. 4; ib. Dav. Mono. Brit. Dev. Brach. Pal. Soc. p. 87, t. 17, f. 4-7.
— *sordida* .... *Sow.*	...	...	...		*Vide Chonetes Hardrensis.*
— *tenuistriata* ...... *Sow.*	...	...	...		*Vide Streptorhynchus umbraculum.*
RHYNCHONELLIDÆ.					
Pentamerus .... *Sowerby*, 1813					
Gypidia .... *Dalman*, 1828					
— *biplicatus* .... *Schnur*.			•		Programm der vereinigten hoërn Bürger und Provinzial-Gewerbeschule zu Trier für das Schuljahr, p. 8, 1851; ib. Dunker and Meyer, Palæontographien, vol. III, p. 196, t. 31, f. 3; ib. Dav. Mono. Brit. Dev. Brach. Pal. Soc. p. 73, t. 14, f. 31, 32.
— *brevirostris* .... *Phill.*		•			*Stringocephalus*, Pal. Foss. Dev. and Cornw. p. 80, t. 32, f. 143. *Pentamerus*, M'Coy, Brit. Pal. Foss. p. 384; ib. Geinitz, Grauwackenforum. in Sachsen, vol. II, p. 59, t. 15, f. 1-3; ib. Sandb. Die Brachiopoden Rheinischen Schichten Systeme, Nassau, p. 48, t. 31, f. 6? *R. globosus*, Sandb. ib. p. 48, t. 34, f. 1. *Terebratula (Atrypa) cassides*, Dalm. Phill. Pal. Foss. Dev. and Cornw. p. 83, t. 34, f. 148. *P. brevirostris*, Dav. Mono. Brit. Dev. Brach. Pal. Soc. p. 72, t. 15, f. 1-14.
— *Burtini* .... *Def.*	...	...	...		*Vide Stringocephalus Burtini.*
— *globus* .... *Brown.*	...	...	...		*Vide Pentamerus brevirostris.*
PRODUCTIDÆ.					
Productus .... *Sowerby*, 1812					
— *convolutus* .... *Phill.*			•		*Leptæna*, Pal. Foss. Dev. and Cornw. p. 57, t. 24, f. 96.
— *laxispinus* .... *Phill.*	...	...	...		*Vide Strophalosia productoides.*
— *longispinus* ? ...... *Sow.*			•		Min. Con. vol. I, p. 154, t. 68, f. 1; ib. Dav. Mono. Brit. Dev. Brach. Pal. Soc. p. 103, t. 20, f. 7.
— *prælongus* .... *Sow.*			•		*Leptæna*, Trans. Geol. Soc. vol. v, t. 53, f. 29. *Productus*, Dav. Mono. Brit. Dev. Brach. Pal. Soc. p. 102, t. 19, f. 22-25.
— *scabriculus* .... *Martin*		•	•		Petrif. Derby. p. 6, t. 36, f. 5. *Leptæna*, Phill. Pal. Foss. Dev. and Cornw. p. 58, t. 24, f. 97. *Productus*, Dav. Mono. Brit. Dev. Brach. Pal. Soc. p. 103, t. 20, f. 3-5.
— *subaculeatus* ...... *Murch.*		•	•		Bull. Soc. Géol. France, vol. xi, p. 255, t. 2, f. 9. *Strophalosia*, M'Coy, Brit. Pal. Foss. p. 308. *Leptæna fragaria*, Sow. Trans. Geol. Soc. 2 ser. vol. v, p. 704, t. 56, f. 5; ib. Phill. Pal. Foss. Dev. and Cornw. p. 59, t. 25, f. 100. *Productus subaculeatus*, Schnur. in Dunker and Meyer, Palæontographien, Band 3, p. 228, t. 43, f. 4?; ib. Sandb. Die Brach. Rheinischen Schichten, Nassau, p. 75, t. 34, f. 17; ib. Dav. Mono. Brit. Dev. Brach. Pal. Soc. p. 99, t. 20, f. 1, 2. *Productella*, Hall, Pal. New York, vol. iv, pt. 1, p. 154, t. 23.
— *tenuistriata* .... *Sow.*					*Vide Streptorhynchus umbraculum.*
RHYNCHONELLIDÆ.					
Rensselæria .... *Hall*, 1859					
Megantheris .... *Hall*, 1856, 7					
— *stringiceps*, var.... *Röm.*		•			*Terebratula*, Rhein. Uebergang. p. 58, t. 1, f. 6; ib. Schnur. in Dunker and Meyer, Palæontographica, vol. III, p. 183, t. 25, f. 2. *Rhynchonella*, Sandb. Die Brach. Rheinischen Schichten Syst. Nassau, p. 41, t. 32, f. 14; ib. Dav. Mono. Brit. Dev. Brach. Pal. Soc. p. 10, t. 4, f. 5-7.
SPIRIFERIDÆ.					
Retzia .... *King*, 1849					
Spirigera .... *D'Orbigny*, 1847					
— *ferita* .... *Von Buch.*		•			*Terebratula*, Ueber. Terebraten. p. 76, t. 2, f. 37, 1834; ib. Mem. Soc. Géol. France, vol. III, t. 17, f. 4; ib. Phill. Pal. Foss. Dev. and Cornw. p. 89, t. 35, f. 163; ib. Schnur. Dunker and Meyer, Palæont. vol. III, p. 184, t. 25, f. 4. *Retzia*, Sandb. Die Brach. Rhein. Schicht. Syst. Nassau, p. 34, t. 32, f. 13; ib. Dav. Mono. Brit. Dev. Brach. Pal. Soc. p. 21, t. 4, f. 8-10.

PALÆOZOIC. BRACHIOPODA. DEVONIAN.

SPECIES.	Lower.	Middle.	Upper.	Pass up.	REFERENCES.
RHYNCHONELLIDÆ.					
Rhynchonella ...... *Fischer*, 1809					
Terebratula ...... *Auct.*					
Hypothyris ...... *Phillips*, 1841 ...					
— acuminata .... *Mart.*		•	...	...	*Conchyliolithus anomites acuminatus*, Petrif. Derb. t. 32, f. 7, 8; t. 33, f. 5, 6, 1809. *Terebratula*, Phill. Pal. Foss. Dev. and Cornw. p. 88, t. 35, f. 159. *Hemithyris*, M'Coy, Brit. Pal. Foss. p. 380. Rhynchonella, Dav. Mono. Brit. Dev. Brach. Pal. Soc. p. 60, t. 13, f. 1-4, 5?
— amblygona .... *Phill.* ...		•	...	...	*Terebratula*, Pal. Foss. Dev. and Cornw. p. 88, t. 35, f. 160.
— angularis .... *Phill.* ...		•	...	...	*Terebratula*, Pal. Foss. Dev. and Cornw. p. 89, t. 35, f. 162. Rhynchonella, Dav. Mono. Brit. Dev. Brach. Pal. Soc. p. 68, t. 14, f. 11-13.
— anisodonta .... *Phill.* ...					*Vide* R. pugnus.
— bifera .... *Phill.* ...	•	•	...	...	*Terebratula*, Pal. Foss. Dev. and Cornw. p. 84, t. 34, f. 151. Rhynchonella, Dav. Mono. Brit. Dev. Brach. Pal. Soc. p. 64, t. 12, f. 10, 11.
— compta .... *Phill.* ...					*Vide* R. implexa.
— crenulata .... *Sow.* ...					*Vide* R. cuboides.
— cuboides .... *Sow.* ...	•	•	•	...	*Atrypa*, Trans. Geol. Soc. 2 ser. vol. v, t. 56, f. 24. *A. crenulata*, Sow. ibid. f. 17. *A. impleta*, Sow. ibid. t. 57, f. 2. *Terebratula cuboides*, Phill. Pal. Foss. Dev. and Cornw. p. 84, t. 34, f. 150. *Hemithyris*, M'Coy, Brit. Pal. Foss. p. 381. Rhynchonella cuboides, Dav. Mono. Brit. Dev. Brach. Pal. Soc. p. 65, t. 13, f. 17-21. *Terebratula crenulata*, Phill. Pal. Foss. Dev. and Cornw. p. 85, t. 34, f. 152.
— elliptica .... *Schnur.* ...	Ps	...	...		*Vide* Dav. Q. J. Geol. Soc. vol. xxvi, p. 81, t. 5, f. 4.
— implexa .... *Sow.* ...		•	...	...	*Atrypa*, Trans. Geol. Soc. 2 ser. vol. v, t. 57, f. 4. *Terebratula compta*, Phill. Pal. Foss. Dev. and Cornw. p. 89, t. 35, f. 161. Rhynchonella implexa, Dav. Mono. Brit. Dev. Brach. Pal. Soc. p. 67, t. 14, f. 7-10 (var. of R. primipilaris).
— Inaurita .... *Sandb.* ...		•	...	...	Die Brach. Rheinischen Schicht. Nassau, p. 41, t. 33, f. 5. Rhynchonella ? Salt. Q. J. Geol. Soc. vol. xx, p. 296, t. 17, f. 15. R. inaurita, Dav. ibid. p. 80, t. 5, f. 1-3.
— laticosta .... *Phill.* ...			•	...	*Terebratula*, Pal. Foss. Dev. and Cornw. p. 85, t. 34, f. 153. Rhynchonella, Dav. Mono. Brit. Dev. Brach. Pal. Soc. p. 61, t. 14, f. 1-3.
— Lummatoniensis .. *Dav.* ...			...	...	Mono. Brit. Dev. Brach. Pal. Soc. p. 70, t. 14, f. 14-18.
— mantiæ .... *Sow.* ...		•	...	...	*Terebratula*, Sow. Min. Con. vol. iii, p. 137, t. 277, f. 1 ? Ib. Koninck, Anim. Foss. Belg. p. 287, t. 19, f. 4.
— mesogona .... *Phill.* ...		•	...	...	*Terebratula*, Geol. York. vol. ii, p. 222, t. 12, f. 10-12. *Atrypa triangularis*, Sow. Trans. Geol. Soc. 2 ser. vol. v, t. 54, f. 9.
— Ogwellensis ...... *Dav.* ...			•	...	Mono. Brit. Dev. Brach. Pal. Soc. p. 69, t. 14, f. 23-26.
— ovalis .... *Dav.* ...	Ps	...	...	...	Q. J. Geol. Soc. vol. xxvi, p. 82, t. 4, f. 24, 25. (In Dudleigh Salterton pebble-bed.)
— Pengellians ...... *Dav.* ...	•			...	Mono. Brit. Dev. Brach. Pal. Soc. p. 61, t. 12, f. 8, 9.
— pleurodon .... *Phill.* ...		•	•	...	*Terebratula*, Geol. York. vol. ii, p. 222, t. 12, f. 25, 27, 28; ib. Phill. Pal. Foss. Dev. and Cornw. p. 86, t. 35, f. 155. Rhynchonella pleurodon, Dav. Mono. Brit. Carb. Brach. Pal. Soc. vol. ii, p. 101, t. 23, f. 1-15; ib. Dev. Brach. Pal. Soc. p. 69, t. 13, f. 12, 13.
— primipilaris ...... *Von Buch.* ...		•		...	*Terebratula*, Ueber. Terebratuln, p. 68, t. 11, f. 29 a, b. *Atrypa*, Sow. Trans. Geol. Soc. 2 ser. vol. v, t. 57, f. 5, 6. *Rhynchonella parallelipipeda*, Sandb. Die Brach. Rhein. Schicht. Nassau, p. 43, t. 33, f. 12. R. primipilaris, Dav. Mono. Brit. Dev. Brach. Pal. Soc. p. 66, t. 14, f. 4-6.
— *proboscidalis* ...... *Phill.* ...					*Vide* R. protracta.
— ? protracta .... *Sow.* ...		•	...	...	*Atrypa*, Trans. Geol. Soc. 2 ser. vol. v, t. 56, f. 16. *Terebratula proboscidalis*, Phill. Pal. Foss. Dev. and Cornw. p. 84, t. 34, f. a, b. Rhynchonella protracta, Dav. Mono. Brit. Dev. Brach. Pal. Soc. p. 69, t. 14, f. 27-29.
— pugnus .... *Martin* ...	...	•	•	...	*Conchyliolithus anomites pugnus*, Petrifacta Derbensia, t. 22, f. 4, 5, 1805. *Atrypa*, Sow. Trans. Geol. Soc. 2 ser. vol. v, t. 56, f. 15-18. *Terebratula*, Phill. Pal. Foss. Dev. and Cornw. p. 87, t. 35, f. 156. *Tereb. anisodonta*, Phill. ibid. p. 86, t. 34, f. 154. Rhyncho. pugnus, Dav. Mono. Brit. Carb. Brach. Pal. Soc. p. 97, t. 22, f. 1-15; ib. Dev. Brach. p. 63, t. 12, f. 12-14; t. 13, f. 8-10.
— *rhomboidea*					*Vide* Camarophoria rhomboides.
— reniformis .... *Sow.* ...		•	•	...	*Terebratula*, Min. Con. vol. v, p. 154, t. 496, f. 1-4; ib. Phill. Pal. Foss. Dev. and Cornw. p. 88, t. 35, f. 157. Rhynchonella, Dav. Mono. Carb. Brach. Pal. Soc. p. 90, t. 19, f. 1-7; ib. Dev. Brach. p. 62, t. 13, f. 6, 7. ? *Atrypa subdentata*, Sow. Trans. Geol. Soc. 2 ser. vol. v, t. 54, f. 7. *Tereb. subdentata*, Phill. Pal. Foss. Dev. and Cornw. p. 90, t. 35, f. 164.

154

PALÆOZOIC.   BRACHIOPODA.   DEVONIAN.

SPECIES.	Lower.	Middle.	Upper.	Pass up.	REFERENCES.
Rhynchonella (*continued*).					
— sphærica .... *Sow.*	...	?	...	...	*Atrypa*, Trans. Geol. Soc. 2 ser. vol. v, t. 57, f. 3. Rhyncho. Dav. Mono. Dev. Brach. Pal. Soc. p. 66, t. 13, f. 14. ? Brit. species.
— subdentata	...	...	...	...	*Vide* Rhynchonella reniformis.
— triloba .... *Sow.*	...	•	...	...	*Atrypa*, Trans. Geol. Soc. 2 ser. vol. v, t. 56, f. 14. *A. latissima*, Sow. Ibid. t. 56, f. 25 (non *Tereb. latissima*, Min. Con.). Rhyncho. triloba, Dav. Mono. Brit. Dev. Brach. Pal. Soc. p. 64, t. 12, f. 1–7.
— Valpyana .... *Dav.*	?	?	...	...	Q. J. Geol. Soc. vol. xxvi, p. 82, t. 4, f. 26, 27. (In Budleigh Salterton pebble-bed.)
— Vicaryi .... *Dav.*	?	?	...	...	Q. J. Geol. Soc. vol. xxvi, p. 82, t. 7, 8. (In Budleigh Salterton pebble-bed.)
— Sp. .... *Dav.*	?	?	...	...	Q. J. Geol. Soc. vol. xxvi, p. 81, t. 5, f. 5, 6.
SPIRIFERIDÆ.					
Spirifera .... *Sowerby*, 1820 ..					
Trigonotreta ...... *König*, 1825					
Brachythyris ...... *M'Coy*, 1844					
— affinis .... *Sow.*	...	...	...	...	*Vide* Atrypa reticularis.
— antiquissima ...... *Salt.*	?	?	...	...	Q. J. Geol. Soc. vol. xx, p. 295, t. 17, f. 10–12.
— aperturata .... *Schloth.*	...	...	...	...	*Vide* Spirifera canalifera.
— Barumensis ...... *Sow.*	...	...	...	...	*Vide* Spirifera disjuncta.
— canalifera .... *Valen.*	•	...	...	...	Terebratula, in Lam. Hist. Nat. Anim. sans Vert. vol. vi, p. 254; Dav. Ann. Mag. Nat. Hist. 2 ser. vol. v, p. 442, t. 14, f. 40. *Sp. aperturata*, Phill. Pal. Foss. Dev. and Cornw. p. 77, t. 30, f. 133.
— calcarata .... *Sow.*	...	...	...	...	*Vide* Spirifera disjuncta.
— concentrica ...... *Schnur.*	...	...	...	...	Dunker and Meyer's Palæonto. vol. iii, t. 32ᵇ, f. 3.
— costata .... *Sow.*	...	...	...	...	*Vide* Spirifera speciosus.
— curvata .... *Schloth.*	...	...	...	...	*Terebratulites*, Nachträgen zur Petrefacten, t. 19, f. 2. Spirifera, Schnur. Uebergangsgebirge der Eifel, Brach. in Dunker's Palæonto. vol. iii, p. 208, t. 36, f. 3; ib. Dav. Mono. Dev. Brach. Pal. Soc. p. 39, t. 4, f. 29–32 (33, 34 ?), t. 9, f. 26, 27.
— cristata .... *Schloth.*	...	...	...	...	}*Vide* Spiriferina cristata.
— var. octoplicata ... *Sow.*	...	...	...	...	
— cuspidata .... *Sow.*	...	...	...	...	*Vide* Cyrtina heteroclyta.
— cultrijugata ...... *Röm.*	•	...	...	...	Rheinisch. Uebergang. p. 70, t. 4, f. 1; ib. Schnur, Palæontographica, vol. iii, t. 33, f. 1; ib. Sandb. Die Brach. der Rheinischen Schichten Syst. Nassau, t. 32, f. 4; ib. Dav. Mono. Brit. Dev. Brach. Pal. Soc. p. 35, t. 8, f. 1–3. *Sp. acuminata*, Hall, Geol. Surv. New York, vol. iv, pt. 1, p. 198, t. 29.
— disjuncta .... *Sow.*					Trans. Geol. Soc. 2 ser. vol. v, t. 53, f. 8; t. 54, f. 12, 13. *Sp. calcarata*, Sow. ibid. t. 53, f. 7. *Sp. extensa*, Sow. ib. t. 54, f. 11. *Sp. gigantea*, Sow. ib. t. 55, f. 1–4. *Sp. inornata*, Sow. ib. t. 53, f. 9. *Sp. protensa*, Phill. Pal. Foss. Dev. and Cornw. p. 69, t. 28, f. 119. *Sp. gigantea*, Phill. ib. p. 75, t. 30, f. 130. *Sp. grandæva*, Phill. ib. p. 76, t. 30, f. 131. *Sp. distans*, Phill. (non Sow.) ib. p. 73, t. 29, f. 127. *Sp. Verneuilii*, Murch, Dall, Soc. Geol. France, vol. xi, p. 252, t. 2, f. 3. *Sp. disjuncta*, De Vern. Geol. Russia, &c. vol. ii, p. 157, t. 4, f. 4; ib. Dav. Q. J. Geol. Soc. vol. ix, p. 354, t. 15, f. 1–5. *Sp. Barumensis*, Sow. MS. Salter, Q. J. Geol. Soc. vol. xix, p. 480. *Sp. disjuncta*, Dav. Mono. Brit. Dev. Brach. Pal. Soc. p. 33, t. 5, f. 1–12; t. 6, f. 1–5. *Sp. calcarata*, Sandb. Vorst. Rhein. Schicht. Nassau, p. 320, t. 31, f. 10 a-c, f. 11 a-d. *Delthyris disjuncta*, Hall, Pal. New York, vol. iv, p. 269, woodcut, f. 3, p. 270.
— distans .... *Sow.*	...	...	...		⎫
— extensa .... *Sow.*	...	...	...		⎪
— gigantea .... *Sow.*	...	...	...		⎬ *Vide* Sp. disjuncta.
— grandæva .... *Phill.*	...	...	...		⎪
— heteroclyta ...... *Phill.*	...	...	...		⎪
— hirundo .... *Phill.*	...	...	...		⎭
— hysterica .... *Schloth.*	•	•	...	...	*Hysteriolites hystericus*, Erklärung. der Abbildungen der zu diesem Werke gehörigen Kupfer. Petrefacten, t. 29, f. 1 a, b. *Spirifer micropterus*, D'Arch. Vern. and Sow. Desc. Foss. Older Rhenish Provinces, Trans. Geol. Soc. 2 ser. vol. vi, p. 394 and 408, t. 38, f. 6. Spirifera hysterica, Dav. Mono. Brit. Dev. Brach. Pal. Soc. p. 34, t. 8, f. 16, 17.

PALÆOZOIC. BRACHIOPODA. DEVONIAN.

SPECIES.	Lower.	Middle.	Upper.	Pass. up.	REFERENCES.
Spirifera (continued).					
— inornata .... Sow.	...	...	...	...	Vide Sp. disjuncta.
— lævicosta .... Valen.	...	*	*	...	Terebratula, Lam. Hist. Nat. Anim. sans Vert. vol. iv, p. 254. T. ostiolatus, Schloth. Nacht. zur Petrefac. t. 17, f. 3. Spirifera ostiolata, Phill. Pal. Foss. Dev. and Cornw. p. 76, t. 30, f. 132. Sp. lævicosta, Schnur. Dunker and Von Meyer, Palæonto. vol. iii, t. 32 b, f. 3; ib. Dav. Mono. Brit. Dev. Brach. Pal. Soc. p. 28, t. 8, f. 4, 5.
— lineata .... Martin	...	*	*	*	Conchyliolithus anomites lineatus, Petrif. Derb. t. 36, f. 3. Sp. lineata, Phill. Pal. Foss. Dev. and Cornw. p. 70, t. 28, f. 130*. Sp. microgemma, Phill. ib. p. 68, t. 27, f. 116. Sp. lineata, Dav. Mono. Brit. Dev. Brach. Pal. Soc. p. 43, t. 4, f. 13–16.
— micropteru .... D'Arch.	...	...	...	...	Vide Sp. hysterica.
— ? megaloba .... Phill.	...	...	*	...	Pal. Foss. Dev. and Cornw. p. 79, t. 31, f. 140; ib. Dav. Mono. Brit. Dev. Brach. Pal. Soc. p. 28, t. 9, f. 23.
— ? mesomala .... Phill.	...	...	*	...	Pal. Foss. Dev. and Cornw. p. 78, t. 31, f. 137; ib. Dav. Mono. Brit. Dev. Brach. Pal. Soc. p. 27, t. 6, f. 8.
— microgemma .... Phill.	...	...	...	...	Vide Sp. lineata.
— Newtoniensis ...... Dav.	...	...	...	...	Mono. Brit. Dev. Brach. Pal. Soc. p. 40, t. 9, f. 21.
— nuda .... Sow.	...	*	...	...	Trans. Geol. Soc. 2 ser. vol. v, t. 57, f. 8. Sp. pulchella, Sow. ib. f. 9. Sp. nuda, Phill. Pal. Foss. Dev. and Cornw. p. 78, t. 31, f. 38. Sp. nuda, Dav. Mono. Brit. Dev. Brach. Pal. Soc. p. 38, t. 4, f. 17–24.
— obliterata .... Phill.	...	...	*	...	Pal. Foss. Dev. and Cornw. p. 78, t. 31, f. 135; ib. Dav. Mono. Brit. Dev. Brach. Pal. Soc. p. 27, t. 6, f. 10.
— ostiolata .... Schloth.	...	...	...	...	Vide Sp. lævicosta.
— phalana .... Phill.	...	...	...	...	Vide Athyris.
— primæva .... Stein.	...	...	...	...	Var. of Sp. cultrijugatus.
— protensa .... Phill.	...	...	...	...	Vide Sp. disjuncta.
— pulchella .... Sow.	...	...	...	...	Vide Sp. nuda.
— ? rudis .... Phill.	...	...	*	...	Pal. Foss. Dev. and Cornw. p. 78, t. 31, f. 136; ib. Dav. Mono. Brit. Dev. Brach. Pal. Soc. p. 28, t. 9, f. 24, 25.
— simplex .... Phill.	...	*	...	...	Pal. Foss. Dev. and Cornw. p. 71, t. 29, f. 124; ib. Röm. Die Verstein des Harzgeb. t. 4, f. 11; ib. Sandb. Die Brachiop. des Rhein. Schlichten, Nassau, t. 32, f. 10; ib. Dav. Mono. Brit. Dev. Brach. Pal. Soc. p. 46, t. 6, f. 18–22.
— speciosa .... Schloth.	*	*	...	...	Terebratulites, Taschenb. für die gesammte Min. t. 2, f. 9, 1813. Sp. speciosus, Von Buch. Ueber. Delthyris oder Spirifer und Orthis, p. 35, 1837; ib. Mém. Soc. Géol. France, vol. iv, p. 180, t. 8, f. 4; ib. Phill. Pal. Foss. Dev. and Cornw. p. 77, t. 28, f. 134; ? Sp. costatus, Sow. Trans. Geol. Soc. 2 ser. vol. v, t. 55, f. 5, 6. Sp. speciosus, Dav. Mono. Dev. Brach. Pal. Soc. p. 29, t. 8, f. 6–8.
— Urei .... Fleming	...	*	*	...	Spirifer, Brit. Anim. p. 376, 1828. Atrypa unguiculus, Sow. Trans. Geol. Soc. 2 ser. vol. v, t. 54, f. 6. Spirifera unguiculus, Phill. Pal. Foss. Dev. and Cornw. p. 69, t. 28, f. 119; ib. Röm. Die Verstein des Harzgeb. t. 4, f. 21. Sp. Urei, Dav. Mono. Brit. Dev. Brach. Pal. Soc. p. 41, t. 4, f. 25–26.
— unguiculus .... Phill.	...	...	...	...	Vide Sp. Urei.
— Verneuilii .... Murch.	...	...	...	...	Vide Sp. disjuncta.
— sub-cuspidata .... Schnur.	...	*	...	...	Programm Vereinigten, &c. Die Brach. Uebergang. der Eifel. p. 11, 1831; ib. Dunker, Palæont. vol. iii, p. 202, t. 34, f. 1; t. 33, f. 3; ib. Dav. Mono. Brit. Dev. Brach. Pal. Soc. p. 33, t. 8, f. 14, 15.
— undifera .... Röm.	...	*	...	...	Rheinisch. Uebergang. p. 72, t. 6, f. 6; ib. Schnur. Dunker, Palæont. vol. iii, p. 204, t. 34, f. 3 a–d; ib. Sandb. Die Brachiop. Rheiuisch. Schlichten, p. 18, t. 31, f. 8; ib. Dav. Mono. Brit. Dev. Brach. Pal. Soc. p. 36, t. 7, f. 1–10.
— undifera, var. undulata... Röm.	...	*	...	...	Sp. curvatus, Schloth. var. undulatus, Röm. Rheinisch. Uebergang. p. 70, t. 4, f. 5. Sp. undifera, Schnur. Dunker, Palæonto. vol. iii, p. 204, t. 34, f. 9 g and h. Sp. undifera, var. undulata, Dav. Mono. Brit. Dev. Brach. Pal. Soc. p. 37, t. 7, f. 11–14.
— umbraculum ...... Schloth.	...	...	...	...	Vide Streptorhynchus umbraculum.
Spirigera .... D'Orbigny, 1847 .	...	...	...	...	Vide Athyris.
Spirigerina .... D'Orbigny, 1847 .					
— desquamata	...	...	...	...	Vide Atrypa desquamata.

PALÆOZOIC.   BRACHIOPODA.   DEVONIAN.

SPECIES.	Lower.	Middle.	Upper.	Pass up.	REFERENCES.
SPIRIFERIDÆ.					
Spiriferina ...... *D'Orbigny*, 1847					
— cristata .... *Schloth.*	•	•	•		*Terebratulites*, Beitr. 2, Naturg. d. Verst. in Akad. der Wissenschaften zu München, t. 1, f. 3. Spiriferina, Dav. Mono. Brit. Dev. Brach. Pal. Soc. p. 46, t. 6, f. 11-15.
— insculpta.......... *Phill.*		•			*Spirifera*, Geol. York. vol. ii, p. 216, t. 9, f. 2, 3. Spiriferina, Dav. Mono. Carb. Brach. Pal. Soc. p. 42, t. 7, f. 48-55; t. 52, f. 14, 15; ib. Dev. Brach. p. 48, t. 6, f. 16, 17.
Streptorhynchus ... *King*, 1850					
Leptæna, Sp...... *Dalman*, 1827.....					
Orthis, Sp......... *Dalman*, 1827.....					
Orthisina .... *D'Orbigny*, 1847 .					
— arachnoidea ...... *Phill.*	...	...	...		*Vide* S. crenistria.
— crenistria .... *Phill.*	•	•	•		*Leptæna* et *Spirifera*, Geol. York. p. 216, t. 9, f. 6; t. 11, f. 4. *Orthis*, Pal. Foss. Dev. and Cornw. p. 66, t. 27, f. 113. Var. *arachnoidea*, Phill. Dav. Mono. Brit. Carb. Brach. Pal. Soc. p. 125, t. 26, f. 1-5; t. 27, f. 1-5; t. 30, f. 14-16; ib. Mono. Brit. Dev. Brach. Pal. Soc. p. 81, t. 18, f. 4, 7. *Orthis compressa*, Phill. Sil. Researches, t. 22, f. 11; ib. Pal. Foss. Dev. and Cornw. p. 66, t. 26, f. 112 (cast of S. crenistria). *Orthis calcar*, ? Phill. *Orthisina*, Sandb. Verstein. Rhein. Schicht. Nassau, p. 357, t. 34, f. 6. S. crenistria, Dav. Q. J. Geol. Soc. vol. xxvi, p. 87, t. 5, f. 26.
— gigas .... *M'Coy*	•	...	...		*Leptæna (Strophomena)*, Brit. Pal. Foss. p. 386, t. 2 A, f. 7. Streptorhynchus, Dav. Mono. Brit. Dev. Brachiopoda, p. 83, t. 16, f. 1-3.
— persarmentosus ... *M'Coy*..............	•	...	...		*Orthis*, Brit. Pal. Foss. p. 385, t. 2 A, f. 9. Streptorhynchus, Dav. Mono. Brit. Dev. Brach. Pal. Soc. p. 84, t. 16, f. 5.
— plicatus .... *Sow.*..............		•			*Orthis*, Trans. Geol. Soc. 2 ser. vol. v, t. 53, f. 10. Streptorhynchus, Dav. Mono. Brit. Dev. Brach. Pal. Soc. p. 82, t. 18, f. 12. ? *Orthis plicata*, Phill. Pal. Foss. Dev. and Cornw. p. 64, t. 26, f. 108.
— umbraculum ...... *Schloth.*	•	•	•		*Terebratulites*, Die Petrefactenkunde, &c. p. 256, (for fig. see) Hüpsch. Naturgasch. vol. i, p. 12, t. 1, f. 1, 2, 1781. *Orthis tenuistriata*, Sow. Trans. Geol. Soc. 2 ser. vol. v, t. 57, f. 12. *Spirifera crenistria*, Sow. ib. f. 7; ib. Phill. Pal. Foss. Dev. p. 66, t. 27, f. 113. *Orthis crenistria*, De Vern. et De Keyser. Russia and Ural Mts. vol. ii, p. 185, t. 11, f. 4. Streptorhynchus umbraculum, Dav. Mono. Brit. Dev. Brach. Pal. Soc. p. 76, t. 16, f. 6; t. 18, f. 1-5.
— ? semicircularis ... *Phill.*		•			*Orthis*, Pal. Foss. Dev. and Cornw. p. 65, t. 58, f. 112a. Streptorhynchus, Dav. Mono. Brit. Dev. Brach. Pal. Soc. p. 82, t. 18, f. 10.
TEREBRATULIDÆ.					
Stringocephalus ... *Defrance*, 1827 ...					
— brevirostris ...... *Phill.*					*Vide* Pentamerus.
— Burtini .... *Defrance*...........		•			*Stringocephalus*, Dic. Sci. Nat. vol. ii, p. 102, atlas t. 75, f. 1; ib. Phill. Pal. Foss. Dev. and Cornw. p. 79, t. 32, f. 141. *S. giganteus*, Sow. in Phill. ib. p. 80, t. 32, f. 142; ib. Sow. Trans. Geol. Soc. 2 ser. vol. v, t. 56, f. 10, 11. *Terebratula porrecta*, Sow. Min. Con. vol. vi, p.147, t. 576, f. 1. *Uncites lævis*, M'Coy, Brit. Pal. Foss. p. 380, t. 2 A, f. 6. Stringoc. *Aisnei*, Sandb. Die Brachiop. Rheinisch. Schichten Syst. Nassau, p. 31, f. 4. Stringoc. Burtini, Römer, Beiträge zur Kenntniss Nordwest. Harzgeb. Dunker and Von Meyer, Palæont. vol. iii, p. 24, t. 10, f. 2; ib. Schnur, Beschreibung Eifel. Brachiop. p. 195, t. 28, f. 5; t. 29, f. 1; t. 31, f. 1; ib. Dav. Mono. Brit. Dev. Brach. Pal. Soc. p. 11, t. 1, f. 18-22; t. 2, f. 1-11.
— giganteus .... *Sow.*..............		...	...		*Vide* S. Burtini.
— porrectus .... *Sow.*..............		...	...		*Vide* S. Burtini. (*Terebratula.*)
PRODUCTIDÆ.					
Strophalosia ...... *King*, 1844					
Orthothrix .... *Geinitz*, 1848					
— caperata .... *Sow.*..............	...	...	...		*Vide* Strophalosia productoides.
— fragaria .... *Sow.*..............	...	...	...		*Vide* Productus subaculeatus.
— membranacea .... *Phill.*	...	...	...		*Vide* Strophalosia productoides.
— productoides ..... *Murch.*	•	•	•		*Orthis*, Bull. Soc. Géol. France, vol. xi, p. 254, t. 2, f. 7. *Leptæna caperata*, Sow. Trans. Geol. Soc. 2 ser. vol. v, p. 704, t. 53, f. 41 t. 55, f. 3; ib. Phill. Pal. Foss. Dev. and Cornw. p. 58, t. 25, f. 98. *Leptæna laxispina*, Phill. ib. p. 59, t. 25, f. 99. *Leptæna membranacea*, Phill. ib. p. 60, t. 25, f. 101. *Productus productoides*, De Vern. Russia and Ural Mts. vol. ii, p. 283, t. 18, f. 4. Strophalosia productoides, Dav. Mono. Brit. Dev. Brach. Pal. Soc. p. 97, t. 19, f. 13-21.

PALÆOZOIC.   BRACHIOPODA.   DEVONIAN.

SPECIES.	DEVONIAN.			REFERENCES.
	Lower.	Middle.	Upper.	Pass up.	
STROPHOMENIDÆ.					
Strophomena......... *Rafinesque*, 1820					
Leptæna (part)... *Auct.*					
— analoga .... *Phill.*	...	...	...		} *Vide* S. rhomboidalis.
— depressa .... *Dalm.*	...	...	...		
— rhomboidalis ...... *Wilckens*	*	*	*		*Producta*, Phill. Geol. York. vol. ii, t. 7, f. 10. *Leptæna*, Phill. Pal. Foss. Dev. and Corow. p. 56, t. 24, f. 93. *Leptæna* (Stroph.) *depressa*, Sandb. Die Brach. Rhein. Schichten, Nassau, t. 34, f. 9. Strophomena rhomboidalis, var. analoga, Dav. Mono. Brit. Carb. Brachiop. Pal. Soc. p. 119, t. 28, f. 1-13; ib. Mono. Brit. Dev. Brachiop. Pal. Soc. p. 76, t. 15, f. 15-17.
— var. analoga ...... *Phill.*					
TEREBRATULIDÆ.					
Terebratula .... *Lhwyd*, 1699					
Epithyris .... *Phillips*, 1841					
Waldheimia ...... *King*, 1849					
— acuminata .... *Martin*	...	...	...		*Vide* Rhynchonella acuminata.
— affinis .... *Sow.*					*Vide* Atrypa reticularis.
— amblygona .... *Phill.*	...	...	...		*Vide* Rhynchonella amblygona.
— angularis .... *Phill.*					*Vide* Rhynchonella angularis.
— anisodonta .... *Phill.*					*Vide* Rhynchonella pugnus.
— bifera .... *Phill.*	...	...	...		*Vide* Rhynchonella bifera.
— cassidea .... *Dalm.*					*Vide* Pentamerus brevirostris.
— compta .... *Phill.*					*Vide* Rhynchonella implexa.
— crenulata .... *Sow.*					*Vide* Rhynchonella cuboides.
— cuboides .... *Phill.*					*Vide* Rhynchonella cuboides.
— elongata .... *Schloth.*	...	*	*		*Terebratulites*, Akad. Münch. vol. vi, t. 7, f. 7-14; ib. Nachträgen zur Petrefacten, t. 20, f. 2. Tereb. elongata, Dav. Mono. Brit. Dev. Brach. Pal. Soc. p. 8, t. 1, f. 9.
— ferrita .... *Von Buch*					*Vide* Retzia ferrita.
— hastata .... *Sow.*					*Vide* Terebratula sacculus.
— Juvenis .... *Sow.*	...	*	...		*Atrypa*, Trans. Geol. Soc. 2 ser. vol. v, t. 56, f. 8. *Tereb.* Phill. Pal. Foss. Dev. p. 90, t. 35, f. 165; ib. Dav. Mono. Brit. Dev. Brach. Pal. Soc. p. 8, t. 1, f. 10-15.
— laticosta .... *Phill.*					*Vide* Rhynchonella laticosta.
— ? Newtoniensis ... *Dav.*	...	*	...		Mono. Brit. Dev. Brach. Pal. Soc. p. 8, t. 1, f. 16, 17.
— pleurodon............					*Vide* Rhynchonella pleurodon.
— porrecta .... *Sow.*					*Vide* Stringocephalus Burtini.
— prisca .... *Schloth.*					*Vide* Atrypa reticularis.
— proboscidalis ... *Phill.*					*Vide* Rhynchonella protracta.
— pugnus .... *Martin*					*Vide* Rhynchonella pugnus.
— reniformis .... *Sow.*					*Vide* Rhynchonella reniformis.
— rhomboidea ...... *Phill.*					*Vide* Camarophoria rhomboidea.
— sacculus .... *Martin*	...	*	*		*Anomites sacculus*, Putrif. Derb. t. 46, f. 1, 2. Tereb. sacculus, Dav. Mono. Brit. Carb. Brach. Pal. Soc. p. 14 and 213, t. 1, f. 23, 24, 27, 29, 30; ib. Phill. Pal. Foss. Dev. and Coruw. p. 91, t. 35, f. 166. *T. hastata*, Phill. ib. f. 168. *T. virgo*, Phill. ib. f. 167. *T. sacculus*, Röm. Die Verstein. des Harzgeb. t. 12, f. 23; ib. Dav. Mono. Brit. Dev. Brach. Pal. Soc. p. 6, t. 1, f. 1-8.
— virgo .... *Phill.*	...	...	...		*Vide* Tereb. sacculus.
— Sp. .... *Dav.*	?	?	...		Q. J. Geol. Soc. vol. xxvi, p. 78, t. 4, f. 11.
SPIRIFERIDÆ.					
Uncites .... *Defrance*, 1848 ...					
Gypidia (part)... *Dalman*, 1828					
— gryphus .... *Schloth.*	...	*	...		*Terebratulites*, Petrefactenkunde, t. 19, f. 1. Gypidia gryphoides, Goldfuss, Von Dechen's Trans. of Sir H. De la Beche's Manual, p. 527, 1832. Tereb. gryphus, Von Buch. Mém. Soc. Géol. France, vol. iii, p. 174, t. 16, f. 18. Uncites, Sandb. Die Brachiop. Rheinischen Schichten Syst. Nassau, p. 38, t. 21, f. 5. Uncites, Dav. Mono. Brit. Dev. Brach. Pal. Soc. p. 22, t. 4, f. 11-12.
— lævis .... *M'Coy*	...	...	...		*Vide* Stringocephalus Burtini.

158

PALÆOZOIC. CONCHIFERA. DEVONIAN.

SPECIES.	Lower.	Middle.	Upper.	Pass up.	REFERENCES.
Sub-Kingdom, MOLLUSCA.					
LAMELLIBRANCHIATA.					
Class, *CONCHIFERA.*					
Pelecypoda...... Goldfuss.					
Group, *Monomyaria.*					
AVICULIDÆ.					
Avicula............... *Klein*, 1753......			...	...	*Vide* Pterinæa.
Monotis ,............ *King*, 1849					
Ancella ,............ *M'Coy*, 1842					
Eumicrotis .... *Meek*, 1864					
AVICULIDÆ.					
Aviculopecten ...... *M'Coy*, 1855					
Pecten, Sp. ...*Sowerby, M'Coy, Phill.*					
— alternatus .... *Phill.*			...	*	*Pecten*, Pal. Foss. Dev. and Cornw. p. 47, t. 21, f. 78.
— arachnoideus ...... *Phill.*			...	*	*Pecten*, Pal. Foss. Dev. and Cornw. p. 48, t. 21, f. 80.
— granosus............ *Sow.*			*	*	*Pecten*, Min. Con. vol. vi, p. 144, t. 574, f. 2; ib. Phill. Geol. York. vol. ii, t. 6, f. 7; ib. M'Coy, Brit. Pal. Foss. p. 392.
— granulosus .... *Phill.*			*	...	*Pecten*, Pal. Foss. Dev. and Cornw. p. 46, t. 21, f. 75.
— nexilis .... *Sow.*			*	...	*Pecten*, Trans. Geol. Soc. 2 ser. vol. v, p. 703, t. 53, f. 1, 2.
— pectinoides .... *Sow.*			*	...	*Pecten*, Trans. Geol. Soc. 2 ser. vol. v, t. 54, f. 2. ? *Meleagrina rigida*, M'Coy, Synop. Carb. Foss. Irel. p. 80, t. 13, f. 16.
— plicatus .... *Sow.*		*	*	*	*Pecten*, Min. Con. vol. vi, p. 144, t. 574, f. 3; ib. Phill. Geol. York. vol. ii, p. 212, t. 6, f. 21.
— polytrichus .... *Phill.*	*		*	...	*Pecten*, Pal. Foss. Dev. and Cornw. p. 46, t. 21, f. 76.
— rugosus .... *Phill.*			*	...	*Pecten*, Pal. Foss. Dev. and Cornw. p. 47, t. 21, f. 79.
— transversus .... *Sow.*			*	...	*Pecten*, Trans. Geol. Soc. 2 ser. vol. v, t. 53, f. 3; ib. Phill. Pal. Foss. Dev. and Cornw. p. 46, t. 21, f. 77. ? *Pterinæa radiata*, Goldf. Petref. Germ. vol. ii, p. 135, t. 119, f. 7.
AVICULIDÆ.					
Cardiola .... *Broderip*, 1839 ...					
— palmata .... *Goldf.*			*	...	Cardium, Pet. Germ. vol. ii, p. 217, t. 143, f. 7. *C. palmatum* et *C. anguliferum*, Röm. Dunker and Meyer, Palæontographica, vol. iii, p. 26, t. 4, f. 11, 12. *Venericardia retrostriata*, Von Buch, Ueber Ammoniten, p. 50. *Cardiola*, Sandb. Verst. Rhein. Schichten. Nassau, p. 270, t. 28, f. 8-10; ib. Geinitz, Verstein. Grauw. vol. ii, p. 47, t. 12, f. 7. *Cardiola*, Keyser. Petschoraland, p. 154, t. 12, f. 3.
— retrostriata ...... *Von Buch.*			...	...	*Vide C. palmata.*
AVICULIDÆ.					
Pterinæa............... *Goldfuss*, 1832 ...					
Monoptera ... *Meek & Worthen*, 1866					
Avicula .... *Auct.*					
— anisota .... *Phill.*	*	*		...	*Avicula*, Pal. Foss. Dev. and Cornw. p. 49, t. 22, f. 83.
— cancellata .... *Phill.*		*	*	...	*Avicula*, Pal. Foss. Dev. and Cornw. p. 49, t. 22, f. 84.
— Damnoniensis...... *Sow.*			*	*	*Avicula*, Trans. Geol. Soc. 2 ser. vol. v, p. 703, t. 53, f. 22; ib. Phill. Pal. Foss. Dev. and Cornw. p. 51, t. 23, f. 90-92.
— exarata .... *Phill.*			*	...	*Avicula*, Pal. Foss. Dev. and Cornw. p. 51, t. 23, f. 89.
— radiata............... *Goldf.*		*	*	...	Petref. Germ. vol. ii, p. 135, t. 119, f. 7.
— reticulata .... *Phill.*		*		...	*Avicula*, Pal. Foss. Dev. and Cornw. p. 51, t. 23, f. 88.
— rudis .... *Phill.*			*	...	*Avicula*, Pal. Foss. Dev. and Cornw. p. 50, t. 22, f. 85.
— sub-radiata .... *Sow.*		*	*	...	*Avicula*, Trans. Geol. Soc. 2 ser. vol. v, p. 703, t. 54, f. 1; ib. Phill. Pal. Foss. Dev. and Cornw. p. 50, t. 23, f. 86.
— spinosa .... *Phill.*	*		*	...	Pal. Foss. Dev. and Cornw. p. 48, t. 22, f. 81.
— texturata .... *Phill.*	*	*		...	*Avicula*, Pal. Foss. Dev. and Cornw. p. 50, t. 23, f. 87.
— ventricosa .... *Goldf.*					Petref. Germ. vol. ii, p. 134, t. 119, f. 3; ib. Phill. Pal. Foss. Dev. and Cornw. p. 49, t. 22, f. 82; ib. Sandb. Verst. Rhein. Schicht. Syst. Nassau, p. 289, t. 30, f. 2.

PALÆOZOIC.   CONCHIFERA.   DEVONIAN.

SPECIES.	DEVONIAN.			REFERENCES.
	Lower.	Middle.	Upper.	Pass up.	
Sub-Kingdom, MOLLUSCA.					
LAMELLIBRANCHIATA.					
Order, *Isedrolotila* ... M'Coy.					
Pelecypoda ... Goldfuss.					
Group, *Dimyaria.*					
UNIONIDÆ.					
Anodonta .... *Cuvier*, 1798					
— Jukesii .... *Forbes*...............		•	•	...	Brit. Assoc. Report, 1852, p. 43. Trans. of Sections; ib. Mem. Geol. Surv. Irel. Expl. sheets 147–157, p. 16, f. 3 a, b.
TRIGONIADÆ.					
Axinus .... *Sowerby*, 1821......					
Schizodus .... *King*, 1844					
— deltoideus .... *Phill.*	...	...	...	...	*Vide* Schizodus deltoideus.
Cleidophorus........ *Hall*, 1851					
Cucullella .... *M'Coy*, 1851					
— ovatus.............. *Sow.*		•		...	Cucullæa, Sil. Syst. p. 602, t. 3, f. 12ᵇ; ib. Siluria, 4 ed. t. 34, f. 17. *Nucula*, Phill. Pal. Foss. Dev. and Cornw. p. 39, t. 18, f. 65.
Conocardium .... *Bronn*, 1835	...	...	...	...	*Vide* Pleurorhynchus.
MYACIDÆ.					
Corbula .... *Bruguière*, 1791 ...					
— Hennahi .... *Sow.*...............		•	...	...	Trans. Geol. Soc. vol. v, t. 56, f. 1.
ARCIDÆ.					
Cucullæa............. *Lamarck*, 1801 ...					
Dolabra .... *M'Coy*, 1844					
— amygdalina ...... *Phill.*	...	...	•	...	Pal. Foss. Dev. and Cornw. p. 40, t. 18, f. 66. ? Var. of C. trapezium.
— angusta .... *Sow.*...............	...	...	•	...	Trans. Geol. Soc. 2 ser. vol. v, t. 53. f. 25; ib. Phill. Pal. Foss. Dev. and Cornw. p. 41, t. 19, f. 68. *Dolabra*, M'Coy, Synop. Carb. Foss. Irel. p. 65.
— depressa .... *Phill.*	...	...	•	...	Pal. Foss. Dev. and Cornw. p. 42, t. 19, f. 71. ? Var. of C. Hardingii.
— Griffithii .... *Salt.*	...	...	•	...	Mem. Geol. Surv. Irel. Expl. sheets, 192–199, p. 12, f. 5 (co. Cork).
— Hardingii .... *Sow.*		•	•	...	Trans. Geol. Soc. 2 ser. vol. v, t. 53, f. 26, 27; ib. Phill. Pal. Foss. Dev. and Cornw. p. 40, t. 18 and 19, f. 67; ib. Siluria, p. 279, Foss. 75, f. 2. Dolabra, M'Coy, Synop. Carb. Foss. Irel. p. 65.
— ovata .... *Sow.*	...	...	...	...	*Vide* Cleidophorus.
— trapezium .... *Sow.*	...	•	•	...	Trans. Geol. Soc. 2 ser. vol. v, p. 703, t. 53, f. 24; ib. Phill. Pal. Foss. Dev. and Cornw. p. 41, t. 19, f. 70. *C. unilateralis*, Sow. Trans. Geol. Soc. loc. cit. p. 703, t. 53, f. 23.
— unilateralis					*Vide* C. trapezium.
Cucullella .... *M'Coy*, 1851	...	...	...	...	Cleidophorus.
TRIGONIADÆ.					
Curtonotus........... *Salter*, 1855					
— centralis .... *Salt.*	...	...	•	...	Q. J. Geol. Soc. vol. xix, p. 496, woodcut, f. 4, p. 495.
— elegans .... *Salt.*	...	...	•	...	Q. J. Geol. Soc. vol. xix, p. 495, woodcut, f. 3; ib. Jukes, Manual of Geology, p. 508, f. 14.
— elongatus .... *Salt.*	...	...	•	...	Q. J. Geol. Soc. vol. xix, p. 496, woodcut, f. 5, p. 495.
— rectus .... *Salt.*	...	...	•	...	Doubtful species.
— rotundatus ...... *Salt.*	...	...	•	...	Mem. Geol. Surv. Irel. Expl. sheets, No. 197, 198. ? Var. of C. elegans.
— unio................. *Salt.*	...	...	•	...	Q. J. Geol. Soc. vol. xix, p. 495.

CONCHIFERA.

SPECIES.	Lower.	Middle.	Upper.	Pass. up.	REFERENCES.
ARCIDÆ.					
Ctenodonta .... *Salter*, 1851					
Nucula .... *Lam.* 1799 ...					
Nuculana .... *Link.* 1807.........					
Nucula ....} (part) *Authors* ...					
Leda ....}					
Polyodonta ...... *Megerle,* 1811 ...					
Isoarca (part) ... *Münst.* 1842					
— antiqua .... *Sow.* ,.................	...	...	...	...	? *Pullastra* antiqua, Sow. Trans. Geol. Soc. 2 ser. vol. v, t. 53, f. 28; ib. Phill. Pal. Foss. Dev. and Cornw. p. 35, t. 17, f. 55.
— elliptica .... *Phill.*	...	...	...	...	? *Pullastra* elliptica, Phill. Pal. Foss. Dev. and Cornw. p. 35, t. 17, f. 54.
— Krachtæ .... *Röm.*	*	...	...	...	*Nucula*, Hartzgebirge, p. 23, t. 6, f. 10; ib. M'Coy, Brit. Pal. Foss. p. 397.
— latissima .... *Phill.*	...	...	*	...	*Nucula*, Pal. Foss. Dev. and Cornw. p. 137, t. 58, f. 65*.
— lineata .... *Phill.*	...	*	*	...	*Nucula*, Pal. Foss. Dev. and Cornw. p. 39, t. 18, f. 64.
— plicata .... *Phill.*	...	...	*	...	*Nucula*, Pal. Foss. Dev. and Cornw. p. 38, t. 18, f. 63.
— pullastriformis ... *M'Coy*	...	...	*	...	*Nucula*, Brit. Pal. Foss. p. 397. ? *Pullastra* antiqua, Sow.
GLOSSIDÆ.					
Cypricardia .... *Lamarck*, 1817 ...					
— deltoidea............ *Phill.* ,..............	...	...	...	...	*Vide* Schizodus.
— impressa............ *Sow.*	...	...	...	...	*Vide* C. Phillipsii.
— Phillipsii .... *D'Orb.*	...	...	*	...	Prodr. Pal. p. 75. *C. impressa*, Phill. Pal. Foss. Dev. and Cornw. p. 36, t. 17, f. 58.
— semisulcata...............................	...	...	...	...	*Vide* Orthonota.
ANATINIDÆ.					
					SIPHONIDA (SINUPALLIALIA).
Leptodomus .... *M'Coy*, 1844					
— constrictus .... *M'Coy*	...	*	*	...	Brit. Pal. Foss. p. 396, t. 2 A, f. 10*.
Lunulacardium ...... *Münst.* 1840	...	...	...	...	*Vide* Pleurorhynchus.
CYPRINIDÆ.					
					SIPHONIDA (SINUPALLIALIA).
Megalodon .... *Sowerby*, 1827 ...					
— carinatum............ *Goldf.*	...	*	...	...	Petref. Germ. vol. ii, p. 183, t. 132, f. 9.
— carinatum............ *Phill.*	...	*	...	...	Pal. Foss. Dev. and Cornw. p. 136, t. 60, f. 60* a, b.
— cucullatum............ *Sow.*	...	*	...	...	Min. Con. vol. vi, p. 132, t. 568; ib. Goldf. Petref. vol. ii, p. 183, t. 132, f. 8; ib. Phill. Pal. Foss. Dev. and Cornw. p. 37, t. 17, f. 60. *Bucardites abbreviatus*, Schloth. Petref. vol. i, p. 207; vol. ii, p. 63, t. 12, f. 4. *Hippopodium abbreviatum*, Lüning. Jahrbuch, 1830, p. 237. Megalodon, Pictet, Palæont. vol. iii, p. 518, t. 79, f. 3.
MYTILIDÆ.					
					ASIPHONIDA.
Modiola .... *Lamarck*, 1801 ...					
— amygdalina ...... *Phill.*	...	...	*	...	Pal. Foss. Dev. and Cornw. p. 38, t. 17, f. 62.
— scalaris .... *Phill.*	...	*	*	...	Pal. Foss. Dev. and Cornw. p. 137, t. 60, f. 62*.
— semisulcata........ *Sow.*	...	...	...	...	*Vide* Orthonota.
MYTILIDÆ.					
					ASIPHONIDA.
Mytilus .... *Linn.* 1758					
— ? Damnoniensis ... *Phill.*	...	...	*	...	Pal. Foss. Dev. and Cornw. p. 37, t. 17, f. 61.
— priscus .... *Stein.*	...	...	*	...	*Vide* Lee Geol. Mag. new ser. Dec. II, vol. iv, p. 101-2, t. 5, f. 14.
NUCULIDÆ.					
Nucula .... *Lamarck*, 1799 ...					
— ovata .... *Phill.*	...	...	...	...	*Vide* Cleidophorus ovatus.

CONCHIFERA.

SPECIES.	Lower.	Middle.	Upper.	Pass. sp.	REFERENCES.
MYTILIDÆ.					
Orthonota .... *Conrad*, 1838					ASIPHONIDA.
Leptodomus (part) M'Coy, 1844 ...					
— semisulcata,........ *Sow.*	...	...	...	...	*Modiola*, ? Sil. Syst. p. 617, t. 8, f. 6. *Cypricardia*, Phill. Pal. Foss. Dev. and Cornw. p. 36, t. 17, f. 57.
CARDIADÆ.					
Pleurorhynchus ... *Phillips*, 1836 ...					
Conocardium ...... *Bronn*, 1835					
Lunulacardium ... *Münst.* 1840					
— aliformis............ *Sow.*	...	*	...	...	*Cardium*, Trans. Geol. Soc. 2 ser. vol. v, t. 56, f. 2. *Cardium*, Goldf. Petref. Germ. vol. ii, p. 213, t. 142, f. 1-9. Pleurorhynchus, Phill. Pal. Foss. Dev. and Cornw. p. 34, t. 17, f. 51. Geol. York. t. 5, f. 27. *Cardium aliforme*, var. Sow. Min. Con. vol. vi, p. 100, t. 552, f. 2. *C. aliforme*, Goldf. Petref. Germ. vol. ii, p. 213, t. 142, f. 1 h, i. *P. minax*, Phill. Pal. Foss. Dev. and Cornw. p. 35, t. 17, f. 50.
— minax .... *Phill.*	...	*	...	...	
VENERIDÆ.					
Pullastra .... *G. B. Sow.* 1827 ...					SIPHONIDA (SINUPALLIALIA).
— antiqua .... *Sow.*	...	*	*	...	Trans. Geol. Soc. 2 ser. vol. v, p. 704, t. 53, f. 28.
— ? complanata....... *Sow.*	...	...	...	...	*Vide* Sanguinolites complanatus.
— ? elliptica .... *Phill.*	...	...	*	...	Pal. Foss. Dev. and Cornw. p. 35, t. 17, f. 54.
TELLINIDÆ.					
Sanguinolaria ...... *Lamarck*, 1799 ...					SIPHONIDA (SINUPALLIALIA).
— elliptica .... *Phill.*	...	*	*	...	Pal. Foss. Dev. and Cornw. p. 34, t. 17, f. 53; t. 58, f. 53.
— sulcata .... *Münst.*	...	...	*	...	Beitr. Heft. 3, t. 12, f. 26; ib. Phill. Pal. Foss. Dev. and Cornw. p. 34, t. 17, f. 52.
ANATINIDÆ.					
Sanguinolites ...... *M'Coy*, 1844					SIPHONIDA (SINUPALLIALIA).
Sanguinolaria ... *Lamarck*, 1799 ...					
— complanatus ...... *Sow.*	...	...	*	...	Sil. Syst. p. 609, t. 5, f. 7; ib. Phill. Pal. Foss. Dev. and Cornw. p. 35, t. 17, f. 56.
— liratus............... *Phill.*	...	...	*	...	*Sanguinolaria*, Pal. Foss. Dev. and Cornw. p. 136, t. 58, f. 53* a, b.
TRIGONIDÆ.					
Schizodus .... *King*, 1844........					ASIPHONIDA.
Axinus .... *Sow.* 1821					
— deltoideus .... *Phill.*	...	...	*	...	*Cypricardia*, Pal. Foss. Dev. and Cornw. p. 37, t. 17, f. 59. *Amphidesma*, Portl. Geol. Rept. Lond. p. 439, t. 36, f. 7.

PALÆOZOIC.   GASTEROPODA.   DEVONIAN.

SPECIES.	Lower.	Middle.	Upper.	Pass. up.	REFERENCES.
Sub-Kingdom, MOLLUSCA.					
ENCEPHALA.					
Province, ODONTOPHORA.					
Class, *GASTEROPODA*.					
CALYPTRÆIDÆ.					
Acroculia .... *Phillips*, 1841 ...					
Pileopsis .... *Lamarck*, 1812 ...					
Capulus .... *Montf.* 1810					
Platyceras .... *Conrad*					HOLOSTOMATA.
— sigmoidalis .... *Phill.*		•	...		Pal. Foss. Dev. and Cornw. p. 94, t. 36, f. 170.
— triloba ? .... *Phill.*		•	...		Pileopsis, Geol. York. vol. ii, p. 224, t. 14, f. 12, 13.
— vetusta .... *Sow.*		•	•	•	Pileopsis, Min. Con. vol. vi, p. 223, t. 607, f. 1-3. Acroculia, Phill. Pal. Foss. Dev. and Cornw. p. 93, f. 169.
Buccinum .... *Linn.*					
— spinosum .... *Sow.*		...	...	...	Vide Murchisonia spinosa.
TURBINIDÆ.					
Euomphalus .... *Sowerby*, 1814 ...					HOLOSTOMATA.
— annulatus .... *Phill.*		•	...	...	Pal. Foss. Dev. and Cornw. p. 138, t. 60, f. 172°; Ib. Sandb. Verst. Rhein. Schicht. Nassau, p. 211, t. 25, f. 4; Ib. Goldf. Petref. Germ. vol. iii, p. 82, t. 189, f. 9.
— circularis .... *Phill.*		•	...	...	Pal. Foss. Dev. and Cornw. p. 94, t. 36, f. 171.
— planorbis .... *Vern.*		•			Trans. Geol. Soc. 2 ser. vol. vi, p. 363, t. 33, f. 7.
— radiatus ? .... *Phill.*		•	...	...	Pal. Foss. Dev. and Cornw. p. 138, t. 60, f. 171°. ? *Vermetus*.
— serpens .... *Phill.*		•	•	...	Pal. Foss. Dev. and Cornw. p. 94, t. 36, f. 172.
PYRAMIDELLIDÆ.					
Loxonema .... *Phillips*, 1841 ...					HOLOSTOMATA.
— Hennahiana .... *Sow.*		•	...		Terebra, Trans. Geol. Soc. 2 ser. vol. v, p. 703, t. 57, f. 22. Loxonema, Phill. Pal. Foss. Dev. and Cornw. p. 99, t. 38, f. 184. *Lox. costata*, Goldf. Sandb. Verst. Rhein. Schicht. Nassau, p. 230, t. 26, f. 11.
— lineta .... *Phill.*		•	...		Pal. Foss. Dev. and Cornw. p. 100, t. 38, f. 185 a, b.
— nexilis .... *Sow.*		•	•		Terebra, Geol. Trans. 2 ser. vol. v, p. 703, t. 54, f. 17. Loxonema, Pal. Foss. Dev. and Cornw. p. 99, t. 38, f. 183. *Melania arcuata* ? Münst. Beiträge Petref. t. 15, f. 2, 1840.
— præterita .... *Phill.*		•	...		Pal. Foss. Dev. and Cornw. p. 100, t. 38, f. 187 a-c.
— reticulata .... *Phill.*		•	...		Pal. Foss. Dev. and Cornw. p. 139, t. 60, f. 187; Ib. Sandb. Verst. Rhein. Schicht. Nassau, p. 231, t. 26, f. 13.
— rugifera .... *Phill.*			•	•	Melania, Geol. York. vol. ii, p. 229, t. 16, f. 26. Loxonema, Pal. Foss. Dev. and Cornw. p. 101, t. 38, f. 188.
— sinuosa .... *Phill.*		...	...	?	Pal. Foss. Dev. and Cornw. p. 99, t. 38, f. 182.
— tumida .... *Phill.*		...	•	•	Melania, Geol. York. vol. ii, p. 229, t. 16, f. 2. Loxonema, Pal. Foss. Dev. and Cornw. p. 100, t. 38, f. 186.
PYRAMIDELLIDÆ.					
Macrocheilus .... *Phillips*, 1841 ...					HOLOSTOMATA.
Buccinum, Sp.					Vide M. ventricosus.
— acutus .... *Sow.*		...	...	...	Pal. Foss. Dev. and Cornw. p. 139, t. 60, f. 194°. *Buccinum*, Schloth. Petref. vol. i, p. 130; vol. ii, p. 63, t. 12, f. 3; t. 13, f. 1.
— arculatus .... *Phill.*		•	...		
— elongatus .... *Phill.*		•	...		Pal. Foss. Dev. and Cornw. p. 104, t. 39, f. 195. ? *M. arculatus*.
— harpula .... *Sow.*		•	...		Murex, Min. Con. vol. vi, p. 152, t. 578, f. 5. Macrocheilus, Phill. Pal. Foss. Dev. and Cornw. p. 105, t. 39, f. 197.

163

PALÆOZOIC.   GASTEROPODA.   DEVONIAN.

SPECIES.	Lower.	Middle.	Upper.	Pass up.	REFERENCES.
Macrocheilus (*continued*).					
— imbricatus .... *Sow.*	...	*	...	...	*Buccinum*, Min. Con. vol. vi, p. 127, t. 566, f. 2. Macrocheilus, Phill. Pal. Foss. Dev. and Cornw. p. 104, t. 39, f. 194 a, b. ? *M. arculatus*.
— neglectus .... *Phill.*	...	*	...	...	Pal. Foss. Dev. and Cornw. p. 105, t. 39, f. 196.
— sub-costatus ...... *Schloth.*	...	*	...	...	*Buccinites*, Petrif. vol. i, p. 130; vol. ii, p. 63, t. 12, f. 3. *B. Schlotheimi*, Vern. Trans. Geol. Soc. vol. vi, p. 354, t. 32, f. 2. ? *M. arculatus*, Phill. Pal. Foss. Dev. and Cornw. p. 139, t. 60, f. 194.
— ventricosus .... *Goldf.*	...	*	...	...	*Phasianella*, Pet. Germ. vol. lii, p. 123, t. 198, f. 14. Macrocheilus, M'Coy, Brit. Pal. Foss. p. 399. *Buccinum acutum*, Sow. Trans. Geol. Soc. 2 ser. vol. v, p. 703, t. 57, f. 23. ? *B. imbricatum*, Phill. Pal. Foss. Dev. and Cornw. p. 104, t. 39, f. 194.
HALIOTIDÆ.					
Murchisonia *D'Archiac & De Vern.*1841					HOLOSTOMATA.
— angulata .... *Phill.*	...	...	*	*	Pal. Foss. Dev. and Cornw. p. 101, t. 39, f. 189. *Rostellaria*, Geol. York. vol. ii, p. 230, t. 16, f. 16. *Pleurotomaria*, Sandb. Verst. Rhein. Schicht. p. 204, t. 24, f. 19 a.
— bigranulosa .... *D'Arch.*	...	*	...	...	Trans. Geol. Soc. 2 ser. vol. vi, t. 32, f. 10. *M. bilineata*, Phill. Pal. Foss. p. 102, t. 39, f. 191. ? *Turritella abbreviata*, Sow. Min. Con. vol. vi, t. 565, f. 2.
— bilineata .... *Phill.*	...	...	...	...	*Vide M. bigranulosa*.
— geminata .... *Phill.*	...	*	...	...	Pal. Foss. Dev. and Cornw. p. 102, t. 39, f. 190.
— harpula .... *Sow.*	...	...	...	...	*Vide Macrocheilus*.
— spinosa .... *Phill.*	...	*	...	*	*Buccinum*, Min. Con. vol. vi, p. 128, t. 566, f. 4; ib. Trans. Geol. Soc. vol. v, p. 703*, t. 57, f. 24–27. Murchisonia, Phill. Pal. Foss. Dev. and Cornw. p. 102, t. 39, f. 192. *M. binodosa*, D'Arch. Bull. Soc. Géol. France, vol. xii, p. 159. *Turritella spirata*, Goldf. Petref. Germ. vol. iii, p. 25, t. 172, f. 4.
— tricincta .... *Phill.*	...	*	...	...	Pal. Foss. Dev. and Cornw. p. 139, t. 60, f. 190*. ? *Schizostoma*, Münst. Beitrage, t. 15, f. 87.
MURICIDÆ.					
Murex .... *Linnæus*, 1767	...				
— harpula .... *Sow.*	...	...	...	...	*Vide Macrocheilus harpula*.
NATICIDÆ.					
Natica .... *Adanson*, 1757					HOLOSTOMATA.
Globulus .... *Sow.*					
— meridionalis .... *Phill.*	...	...	*	...	Pal. Foss. Dev. and Cornw. p. 94, t. 36, f. 173.
— nexicosta .... *Phill.*	...	...	*	...	Pal. Foss. Dev. and Cornw. p. 95, t. 36, f. 174.
NERITIDÆ.					
Nerita .... *Linn.* 1758					HOLOSTOMATA.
— deformis .... *Sow.*	...	*	...	...	Trans. Geol. Soc. vol. v, p. 703*, t. 57, f. 14.
HALIOTIDÆ.					
Pleurotomaria ...... *Defrance*, 1825					HOLOSTOMATA.
— antitorquata ...... *Phill.*	...	...	...	...	*Vide Vermetus*.
— aspera .... *Sow.*	...	*	*	...	Trans. Geol. Soc. 2 ser. vol. v, p. 703*, t. 54, f. 16; ib. Phill. Pal. Foss. Dev. and Cornw. p. 96, t. 37, f. 177.
— cancellata .... *Phill.*	...	...	...	...	Pal. Foss. Dev. and Cornw. p. 96, t. 37, f. 176.
— cirriformis .... *Sow.*	...	*	...	...	Trans. Geol. Soc. 2 ser. vol. v, p. 703, t. 57, f. 17.
— expansa .... *Phill.*	...	*	*	...	Geol. York. vol. ii, t. 15, f. 4; ib. Pal. Foss. Dev. and Cornw. p. 97, t. 37, f. 179.
— gracilis .... *Phill.*	...	...	...	...	Pal. Foss. Dev. and Cornw. p. 98, t. 37, f. 181.
— impendens .... *Sow.*	...	*	...	...	Trans. Geol. Soc. 2 ser. vol. v, p. 703, t. 57, f. 16.
— montilifera .... *Phill.*	...	...	...	...	Pal. Foss. Dev. and Cornw. p. 97, t. 37, f. 178.
— turbinea .... *Stein.*	...	*	?	...	*Vide Geol. Mag. new ser. Dec. II, vol. iv, p. 101, t. 5, f. 12, 13*.
Rostellaria .... *Lam.* 1801					
— angulata .... *Phill.*	...	...	...	...	*Vide Murchisonia angulata*.

164

PALÆOZOIC. GASTEROPODA. DEVONIAN.

SPECIES.	Lower.	Middle.	Upper.	Pass up.	REFERENCES.
TURBINIDÆ.					
Scoliostoma .... *Max Braun*, 1838					HOLOSTOMATA.
Turbo .... *Linn.* 1758					
— texata .... *Münst.*	*	...	...		Turbo, Beiträge, vol. iii, t. 15, f. 22; ib. Phill. Pal. Foss. Dev. and Cornw. p. 95, t. 37, f. 175. *Vermetus*, Morris, Cat. Brit. Foss. p. 285.
TURBINIDÆ.					
Trochus .... *Linn.* 1758					HOLOSTOMATA.
— Boncii .... *Stein.*	*	...	...		Mém. Soc. Géol. France, vol. i, p. 371, t. 23, f. 4.
TURBINIDÆ.					
Turbo .... *Linn.* 1758					HOLOSTOMATA.
— cirriformis ...... *Sow.*	*	...	...		Trans. Geol. Soc. 2 ser. vol. v, t. 57, f. 19, 20.
— subangulatus ..... *Sow.*	*	...	...		Trans. Geol. Soc. 2 ser. vol. v, t. 57, f. 18.
— taratus .... *Münst.*	...	...			*Vide* Scoliostoma texata.
TURRITELLIDÆ.					
Turritella .... *Adanson*, 1757					HOLOSTOMATA.
— abbreviata .... *Sow.*	...	...	...		*Vide* Murchisonia bigranulosa.

HETEROPODA.

SPECIES.	Lower.	Middle.	Upper.	Pass up.	REFERENCES.
Sub-Kingdom, MOLLUSCA.					
Order, *Nucleobranchiata* Blainville.					
(*Heteropoda*.)					
ATLANTIDÆ.					
Bellerophon .... *Montfort*, 1808					
Bucania .... *Hall*, 1847					
Euphemus .... *M'Coy (part)*, 1844					
— bisulcatus .... *Röm.*	*	...	*		Harzgeb. p. 31, t. 9, f. 1; ib. M'Coy, Brit. Pal. Foss. p. 400. *B. trilobatus*, Phill. p. 107, t. 46, f. 200; ib. Sandb. Vorst. Rhein. Schicht. p. 177, t. 22, f. 2, 3 (1 var. tumidus, 2 var. typus, 3 var. acutus). ? *Bell. trilobatus*, Sow. Sil. Syst. p. 604, t. 3, f. 16.
— globatus .... *Sow.*	...	...	...		*Vide* B. sub-globatus.
— biulcus .... *Sow.*	...	...	*		Min. Con. vol. v, p. 109, t. 470, f. 1; ib. Phill. Pal. Foss. Dev. and Cornw. p. 139, t. 58, f. 203*. ? *D. costatus*, Phill. Geol. York. vol. ii, t. 17, f. 5.
— D'Orbignii .... *Portl.*					*Vide* B. Urei.
— striatus .... *Bronn.*	*	...	*		Leth. Geog.. p. 96, t. 1, f. 11; ib. Phill. Pal. Foss. Dev. and Cornw. p. 106, t. 40, f. 198. *Bell. lineatus*, Goldf. Sandb. Verstein. Rhein. Schicht. p. 179, t. 22, f. 5 a-h.
— sub-globatus ..... *M'Coy*	...	*	...		Brit. Pal. Foss. p. 400. *B. globatus*, Sow. Trans. Geol. Soc. 2 ser. vol. v, t. 53, f. 30; ? ib. Phill. Pal. Foss. Dev. and Cornw. p. 108, t. 40, f. 202. ? *D. globatus*, Sil. Syst. p. 604, 613, 705, t. 3, f. 15; t. 4, f. 56.
— Urei .... *Flemg.*	...	...	*		Brit. Anim. p. 338; ib. Phill. Pal. Foss. Dev. and Cornw. p. 106, t. 40, f. 199; ib. Phill. Geol. York. vol. ii, p. 231, t. 17, f. 11, 12. *B. atlantoides*, D'Orb. Mono. Bell. t. 4, f. 14-19. *B. D'Orbignii*, Portl. Geol. Rept. Lond. p. 401, t. 29, f. 12.

PALÆOZOIC.　　　　　　　　　HETEROPODA.　　　　　　　　　DEVONIAN.

SPECIES.	Lower.	Middle.	Upper.	Pass up.	REFERENCES.
Bellerophon (*continued*).					
— *trilobatus* .... *Sow.*					*Vide* B. bisulcatus.
ATLANTIDÆ.					
Porcellia .... *Léville*, 1835					
— *striata* .... *Phill.*	*	*			Q. J. Geol. Soc. vol. xiii, p. 628.
— *Symondsii* .... *Phill.*		*			Q. J. Geol. Soc. vol. xiii, p. 628.
— *Woodwardii* .... *Sow.*		*			*Nautilus*, Min. Con. vol. vi, p. 138, t. 517, f. 3. *Bellerophon*, Phill. Geol. York. vol. ii, p. 231, t. 17, f. 1-3; ib. D'Orbigny, Ceph. p. 212, t. 6, f. 15, 16; ib. Phill. Pal. Foss. Dev. and Cornw. p. 107, t. 40, f. 201.

CEPHALOPODA.

SPECIES.	Lower.	Middle.	Upper.	Pass up.	REFERENCES.
Sub-Kingdom, MOLLUSCA.					
ODONTOPHORA.					
Class, *CEPHALOPODA*.					
Acanthoteuthis ...... *Wagen,* 1839					
Leptoteuthis ...... *Meyer*, 1834					
Enoplotheutis ...... *D'Orbigny*, 1840					
— *Dunensis* .... *Röm.*					*Vide* Pteraspis. (Pisces.)
NAUTILIDÆ.					
Clymenia .... *Münst.* 1839					
Endosiphonites ... *Ansted*, 1840					
? *Planulites* ...... *Parkinson*, 1822					
— *bisulcata* .... *Münst.*			*		Beitr. vol. iii, p. 93, t. 16, f. 6; ib. Geinitz, Verst. Grauw. p. 38, t. 9, f. 8.
— *fasciata* .... *Phill.*			*		Pal. Foss. Dev. and Cornw. p. 125, t. 53, f. 242.
— *lævigata* .... *Münst.*			*		*Planulites*, Beitr. vol. v, t. 1, f. 1; ib. Münst. Clymenien und Goniat. 5, t. 1, f. 1; ib. Sow. Trans. Geol. Soc. 2 ser. vol. v, t. 54, f. 19. C. lævigata, Phill. Pal. Foss. Dev. and Cornw. p. 124, t. 52, f. 239.
— *linearis* .... *Sow.*					*Vide* C. undulata.
— *Münsteri* .... *M'Coy*			*		Brit. Pal. Foss. p. 402, t. 2 A, f. 12.
— *Pattisoni* .... *M'Coy*			*		Brit. Pal. Foss. p. 403, t. 2 A, f. 11.
— *pleuriscepta* .... *Phill.*			*		Pal. Foss. Dev. and Cornw. p. 126, t. 54, f. 224.
— *quadrifera* .... *M'Coy*			*		Brit. Pal. Foss. p. 403, t. 2 A, f. 13.
— *sagittalis* .... *Phill.*			*		Pal. Foss. Dev. and Cornw. p. 125, t. 54, f. 243.
— *striata* .... *Münst.*			*		*Planulites*, Goniat.
— *undulata* .... *Münst.*			*		*Planulites*, Clym. und Goniat. p. 9, t. 2, f. 2-6. *C. linearis*, Münst. Sow. Trans. Geol. Soc. 2 ser. vol. v, t. 54, f. 19 a; ib. Phill. Pal. Foss. Dev. and Cornw. p. 125, t. 53, f. 241. *Endosiphonites carinatus, minutus*, Ansted, Camb. Phil. Trans. vol. vi, t. 8, f. 1-3. C. undulata, Murch, Siluria, 4 ed, p. 279, Foss. 75, f. 1; ib. Geinitz, Verst. Grauw. p. 37, t. 9, f. 7.
— *valida* .... *Phill.*			*		Pal. Foss. Dev. and Cornw. p. 126, t. 54, f. 245.

PALÆOZOIC.   CEPHALOPODA.   DEVONIAN.

SPECIES.	Lower.	Middle.	Upper.	Pass sp.	REFERENCES.
ORTHOCERATIDÆ.					
Cyrtoceras .... *Goldfuss*, 1832 ...					
Hortolus .... *Montf.* 1809					
Campulites ...... *Dash.* 1830					
— armatum .... *Phill.*	...	•	...	...	Pal. Foss. Dev. and Cornw. p. 118, t. 48, f. 225.
— bdellalites .... *Steck.*	•	•	•	...	Phill. Pal. Foss. Dev. and Cornw. p. 127, t. 47, f. 223.
— fimbriatum ...... *Phill.*	...	•	...	...	Pal. Foss. Dev. and Cornw. p. 114, t. 44, f. 214.
— marginale .... *Phill.*	...	•	...	...	Pal. Foss. Dev. and Cornw. p. 115, t. 46, f. 219.
— nautiloideum ... *Phill.*	...	•	...	...	Pal. Foss. Dev. and Cornw. p. 116, t. 46, f. 220.
— nodosum .... *Brons.*	...	•	...	...	*Spirula*, Leth. Geog. p. 102, t. 1, f. 4. *Hortolus conooleana*, Stain. Mém. Soc. Géol. France, vol. i, t. 23, f. 3. *C. nodosum*, Phill. Pal. Foss. Dev. and Cornw. p. 116, t. 46, f. 221.
— obliquatum ..... *Phill.*	...	•	...	...	Pal. Foss. Dev. and Cornw. p. 115, t. 45, f. 218. ? Portlock, Geol. Rept. p. 384, t. 28 B, f. 5.
— ornatum ? .... *Goldf.*	...	•	...	...	Phill. Pal. Foss. Dev. and Cornw. p. 115, t. 45, f. 217; ib. Trans. Geol. Soc. 2 ser. vol. vi, p. 349, t. 28, f. 5.
— quindecimale ... *Phill.*	...	•	...	...	Pal. Foss. Dev. and Cornw. p. 114, t. 44, f. 216.
— reticulatum ..... *Phill.*	...	•	...	...	Pal. Foss. Dev. and Cornw. p. 117, t. 48, f. 224.
— rusticum .... *Phill.*	...	•	•	...	Pal. Foss. Dev. and Cornw. p. 116, t. 46, f. 222. *Orthoceras arcuatum*, Stein. Mém. Soc. Géol. France, vol. i, t. 22, f. 6.
— suboratum ...... *M'Coy*	...	•	...	...	Brit. Pal. Foss. p. 405, t. 2 A, f. 14.
— tridecimale ..... *Phill.*	...	•	...	...	Pal. Foss. Dev. and Cornw. p. 114, t. 44, f. 215.
AMMONITIDÆ.					
Goniatites .... *De Haan*, 1825 ...					
Nautilites .... *Martin*, 1809					
Nautiliprites ..... *Parkinson*, 1811 ..					
Ellipsolithes ..... *Sow.* (part) 1812 .					
Discites .... *Goldf. & M'Coy*, 1830					
Gyroceratites .... *H. Von Meyer*, 1831					
Aganides .... *D'Orbigny*, 1850 .					
— Auwerensis ...... *Stein.*	...	•	?	...	*Vide* Lee Geol. Mag. new ser. Dec. II, vol. iv, p. 100–102, t. 5, f. 3, 6.
— auris .... *Quenst.*	...	...	•	...	Petrefack. die Cephalopoden, p. 64, t. 3, f. 7; ib. Sandb. Verst. Rhein. Schicht. Nassau, p. 109. *Vide* Lee Geol. Mag. new ser. Dec. II, vol. iv, p. 100–102, t. 5, f. 1, 2.
— biferus .... *Phill.*	...	...	•	...	Pal. Foss. Dev. and Cornw. p. 120, t. 49, f. 230. G. biferus, Sandb. Verst. Rhein. Schicht. Nassau, p. 72, t. 9, f. 4, 5, var.
— carbonarius ..... *Sow.*	...	•	•	...	Trans. Geol. Soc. 2 ser. vol. v, p. 703, t. 52, f. 8, 9.
— compressus ..... *Beyr.*	...	...	•	...	*Ammonites*, Beitr. S. 28, t. 1, f. 6. Goniatites, Sandb. loc. cit. p. 120, t. 11, f. 4.
— cucurvatus ..... *Phill.*	...	•	...	...	Geol. York. vol. ii, p. 233, t. 19, f. 33, 35; ib. Pal. Foss. Dev. and Cornw. p. 121, t. 50, f. 237.
— Gerolsteinus ... *Stein.*	...	•	...	...	*Vide* Lee Geol. Mag. Dec. II, vol. iv, p. 100–102, t. 5, f. 8.
— globosus .... *Münst.*	...	•	...	...	Goniat. p. 21, t. 4, f. 6; ib. Phill. Pal. Foss. Dev. and Cornw. p. 120, t. 50, f. 231.
— inconstans ...... *Phill.*	...	•	...	...	Pal. Foss. Dev. and Cornw. p. 123, t. 51, f. 238.
— intigois .... *Phill.*	...	...	•	...	*Vide* G. vinetus.
— linearis .... *Münst.*	...	...	•	...	Goniat. p. 22, t. 5, f. 1; ib. Phill. Pal. Foss. Dev. and Cornw. p. 120, t. 49, f. 229.
— primordialis .... *Schloth.?*	...	•	...	...	Von Buch, Anim. p. 36, t. 1, f. 15–17; ib. Quenst. Die Cephalopoden, p. 67, t. 3, f. 9. *Vide* Lee Geol. Mag. Dec. II, vol. iv, p. 100–102, t. 5, f. 7.
— pramiensis ...... *Stein.*	...	...	•	?	*Vide* Lee Geol. Mag. Dec. II, vol. iv, p. 100–102, t. 5, f. 9.
— retrorsus .... *Quenst.*	...	...	•	?	*Vide* Lee Geol. Mag. new ser. Dec. II, vol. iv, p. 100–102, t. 5, f. 3, 4.
— serpentinus .... *Phill.*	...	...	•	...	Geol. York. vol. ii, p. 237, t. 20, f. 48–50; ib. Pal. Foss. Dev. and Cornw. p. 123, t. 51, f. 237. *Ammo. ophidens*, Kon. Anim. Foss. Belg. p. 564, t. 50, f. 6.
— striatus .... *Sow.*	...	...	...	?	Ammo. Min. Con. vol. i, p. 115, t. 53, f. 1; ib. De Kon. Anim. Foss. Carb. Belg. p. 568, t. 49, f. a–d; t. 50, f. 7.
— subsulcatus ..... *Münst.*	...	...	•	...	Goniat. p. 23, t. 5, f. 2.

167

PALÆOZOIC. CEPHALOPODA. DEVONIAN.

SPECIES.	DEVONIAN.			REFERENCES.
	Lower.	Middle.	Upper.	
Goniatites (*continued*).				
— transitorius......... *Phill.*			*	Pal. Foss. Dev. and Cornw. p. 140, t. 60, f. 227*.
— vinctus .... *Sow.*			*	Trans. Geol. Soc. 2 ser. vol. v, p. 703, t. 54, f. 18. G. insignis, Phill. Pal. Foss. Dev. and Cornw. p. 119, t. 49, f. 228.
NAUTILIDÆ.				
Nautilus .... *Breynius,* 1732 ...				
Oceanus .... *Montfort,* 1808 ...				
Bisiphites (*part*) *Mont. & Ferrus.*1808				
Conchyliolithus ... *Martin,* 1809				
Omphalia .... *De Haan,* 1825 ...				
— germanus .... *Phill.*		*		Pal. Foss. Dev. and Cornw. p. 118, t. 48, f. 226.
— magnsipho .... *Phill.*			*	Pal. Foss. Dev. and Cornw. p. 119, t. 48, f. 227.
ORTHOCERATIDÆ.				
Orthoceras .... *Breynius,* 1732 ...				
— cinctum .... *Sow.*	*	*	*	Min. Con. vol. vi, p. 168, t. 588, f. 3; ib. Phill. Geol. York. vol. ii, p. 237, t. 21, f. 2; ib. Pal. Foss. Dev. and Cornw. p. 109, t. 41, f. 204. *O. centralis,* His. Leth. Succ. p. 29, t. 9, f. 4.
— cylindricum ...... *Sow.*			*	Trans. Geol. Soc. 2 ser. vol. v, p. 703*, t. 52, f. 6, 7.
— cylindraceum...... *Sow.*		*	*	Trans. Geol. Soc. 2 ser. vol. v, p. 703*, t. 57, f. 28; ib. Phill. Pal. Foss. Dev. and Cornw. p. 113, t. 43, f. 213 (non Fleming).
— ellipsoideum ...... *Phill.*			*	Pal. Foss. Dev. and Cornw. p. 140, t. 60, f. 205*.
— fusiforme .... *Sow.*				*Vide* Poterioceras.
— ibex ? .... *Sow.*			*	Sil. Syst. p.613, 705, t. 5, f. 30. ? O. ibex, Phill. Pal. Foss. Dev. and Cornw. p. 111, t. 43, f. 208.
— imbricatum ...... *Wahl.*	?		*	His. Leth. Succ. p. 29, t. 9, f. 9; ib. Sow. Sil. Syst. p. 620, t. 9, f. 2; ib. Phill. Pal. Foss. Dev. and Cornw. p.111, t. 41, f. 207.
— laterale .... *Phill.*			*	Pal. Foss. Dev. and Cornw. p. 110, t. 41, f. 205. *O. ellipticum,* Münst. Beitr. 3, p. 97, t. 18, f. 2; ib. Geinitz, Verst. Grauw. p. 31, t. 2, 3. *O. regulare,* Sandb. Verst. Rhein. Schicht. Nassau, p. 173, t. 20, f. 2. ? *O. undulatum,* Sow.
— lineolatum .... *Phill.*			*	Pal. Foss. Dev. and Cornw. p. 111, t. 43, f. 209ᵇ. *O. annulatum,* Phill. Geol. York. vol. ii, p. 239, t. 21, f. 9, 10.
— Phillipsii .... *D'Orb.*			*	Prodr. p. 54. ? *O. ibex,* Phill. loc. cit.
— scalare .... *Schloth.*				*Vide* Tentaculites scalaris.
— Schlotheimi ...... *Quenst.*		*	?	*Orthoceratites,* Petrefactenkunde die Ceph. p. 65, t. 1, f. 11. *Vide* Lee Geol. Mag. Dec. II, vol. iv, p. 100-102, t. 5, f. 10, 11.
— stristulum .... *Sow.*			*	Trans. Geol. Soc. vol. v, p. 703*, t. 54, f. 20; ib. Phill. Pal. Foss. Dev. and Cornw. p. 112, t. 43, f. 212.
— striatum .... *Sow.*			*	Min. Con. vol. i, p. 129, t. 58; ib. M'Coy, Brit. Pal. Foss. p. 405.
— tentaculare .... *Phill.*	?		*	Pal. Foss. Dev. and Cornw. p. 112, t. 43, f. 210.
— tubicinella .... *Sow.*			*	Trans. Geol. Soc. 2 ser. vol. v, p. 703, t. 57; ib. Phill. Pal. Foss. Dev. and Cornw. p. 112, t. 43, f. 211. *O. calamiteus,* Münst. Beitr. Haft. 1, S. 59, t. 17, f. 5. *O. tubicinella,* Sandb. Verst. Rhein. Schicht. Nassau, p. 169, t. 19, f. 6.
— undulatum .... *Sow.*	*	*	*	Min. Con. vol. i, p. 130, t. 59; ib. Phill. Geol. York. vol. ii, p. 251, t. 21, f. 8. *O. laterale,* Phill. Pal. Foss. Dev. and Cornw. p. 110, t. 205; ib. Daily, Mem. Geol. Surv. Irel. Expl. sheets 192, 199, p. 23, f. 10. *O. ellipticum,* Münst. Beitr. 3, p. 97, t. 18, f. 2; ib. Geinitz, Verst. Grauw. p. 31, t. 2, 3.
ORTHOCERATIDÆ.				
Poterioceras ...... *M'Coy,* 1844				
Gomphoceras ...... *Sowerby,* 1839 ...				
Apioceras .... *Fischer,* 1844......				
Bolboceras .... *Fischer,* 1844......				
— fusiforme .... *Sow.*			*	Min. Con. vol. vi, p. 167, t. 588, f. 1; ib. Phill. Geol. York. vol. ii, p. 236, t. 21, f. 14, 15. (*Orthoceras pyriforme* in plate.)

.168

PISCES.

DEVONIAN, OR OLD RED SANDSTONE.

SPECIES.	Lower.	Middle.	Upper.	Pass up.	REFERENCES.
Sub-Kingdom, VERTEBRATA.					
Class, *PISCES.*					
ACANTHODÆ.					GANOIDEI (ACANTHODIDÆ).
Acanthodes .... *Agassiz*, 1833...					
— coriaceus .... *Egerton*	*	...	...	...	Mem. Geol. Surv. Dec. X, p. 59, t. 6, f. 3-5.
— Mitchelli .... *Egert.*	*	...	...	...	Mem. Geol. Surv. Dec. X, p. 61, t. 7; ib. Q. J. Geol. Soc. vol. xx, p. 419.
— Peachii .... *Egert.*	*	...	...	...	Mem. Geol. Soc. Dec. X, p. 57, t. 6, f. 1, 2.
— pusillus .... *Ag.*	*	...	...	...	Poiss. Foss. vol. ii, p. 301; ib. Grès rouge, Dev. (O. R. S.) p. 36, t. 28, f. 8-10.
CŒLACANTHINI.					GANOIDEI (CROSSOPTERIGIDÆ).
Actinolepis .... *Agassiz*, 1844.....					
— tuberculatus ...... *Ag.*	...	*	*	...	Mono. Poiss. Foss. Grès rouge (Dev.), p. 141, t. 31, f. 15-18.
Asterolepis .... *Eichwald*, 1840..					
Chelonichthys ... *Agassiz*, 1842.....					
Homosteus .... *Asmus*					GANOIDEI (PLACODERMI).
— Asmusii .... *Ag.*	...	*	...	...	Mono. Poiss. Foss. Grès rouge (Dev.), p. 92, t. 30, f. 1. *Vide* Miller on Asterolepis. Chelonichthys, Ag.; ib. vol. i, p. xxxiii.
— Malcolmsoni ...... *Ag.*	...	*	*	...	Mono. Poiss. Foss. Grès rouge (Dev.), p. 147, t. 30*, f. 16.
— minor .... *Ag.*	...	*	...	...	Mono. Poiss. Foss. Grès rouge (Dev.), p. 94, t. 28*, f. A, g-k; t. 30, f. 11; t. 31*, f. 29, 30. Chelonichthys, Ag.; ib. vol. i, p. xxxiii.
CEPHALASPIDÆ.					GANOIDEI.
Auchenaspis .... *Egerton*, 1857 ...					
— Egertoni .... *Lank.*	*	...	...	...	Mono. O. R. S. Fishes, Pal. Soc. 1869, p. 57, t. 13, f. 3-5.
— Salteri .... *Egert.*	*	...	...	...	Q. J. Geol. Soc. vol. xlii, p. 286, t. 9, f. 4, 5; ib. Lankester, Mono. O. R. S. Fishes, Pal. Soc. 1869, p. 56, t. 13, f. 8; woodcut, p. 57.
PLACODERMI.					
Bothriolepis .... *Eichwald*, 1840 ..					
Glyptosteus .... *Agassiz*, 1843.....					GANOIDEI.
— favosus .... *Ag.*	...	...	...	...	Mono. Poiss. Foss. Grès rouge (Dev.), p. 100, t. 27, f. 7; t. 28, f. 12; t. 30*, f. 13; t. 31*, f. 32.
— ornatus .... *Eichw.*	...	*	*	...	Jahrb. 1840, p. 621; ib. Agassiz, Poiss. Foss. (Dev.), p. 99, t. 29, f. 3-5; t. 30*, f. 14, 15.
CESTRACIONTIDÆ.					PLACOIDEI (ELASMOBRANCHII).
Brachyacanthus ...... *Egerton*, 1858 ...					
— scutiger .... *Egert.*	...	...	...	...	*Vide* Climatius scutiger.
CESTRACIONTIDÆ.					PLACOIDEI (ELASMOBRANCHII.)
Byssacanthus .... *Agassiz*, 1844.....					
— arcuatus .... *Ag.*	*	...	...	...	Mono. Poiss. Foss. Grès rouge, p. 111; ib. Poiss. Foss. vol. iii, t. 1, f. 3-5.
CEPHALASPIDÆ (OSTEOSTRACI).					
Cephalaspis .... *Agassiz*, 1835.....					GANOIDEI.
— asterolepis .... *Harley*	...	...	...	...	*Vide* Zenaspis Salwayi.
— Lewisii .... *Ag.*	*	...	...	...	Poiss. Foss. vol. ii, p. 149, t. 16, f. 8; ib. Sil. Syst. t. 2, f. 6.
— Lloydii .... *Ag.*	...	...	...	...	*Vide* Scaphaspis.
— Lyellii .... *Ag.*	...	...	...	...	*Vide* Eucephalaspis.
— Murchisoni .... *Egert.*	...	...	...	...	*Vide* Hemicyclaspis.
— Lightbodii .... *Lank.*	*	...	...	...	Mono. O. R. S. Fishes, Pal. Soc. 1869, p. 55, t. 13, f. 19.
— ornatus .... *Egert.*	...	...	...	...	*Vide* Hemicyclaspis.
— rostratus .... *Ag.*	...	...	...	...	*Vide* Pteraspis.
— Salwayi .... *Egert.*	...	...	...	...	*Vide* Zenaspis.

PALÆOZOIC.   PISCES.   DEVONIAN, OR OLD RED SANDSTONE.

DEVONIAN, OR OLD RED SANDSTONE.

SPECIES.	Lower.	Middle.	Upper.	Pass. up.	REFERENCES.
ACANTHODEI.					
Cheiracanthus ...... *Agassiz*, 1833.....					GANOIDEI (ACANTHODIDÆ).
— grandispinus ...... *M'Coy*.............	*	...	...	...	Brit. Pal. Foss. p. 582, t. 2 B, f. 1; ib. Ann. Mag. Nat. Hist. 2 ser. vol. ii, p. 300, 1848.
— latus .... *Egert*.............	*	...	...	...	Mem. Geol. Surv. Dec. X, p. 73, t. 10.
— lateralis.......... *M'Coy*...........	...	...	...	...	*Vide* C. minor.
— microlepidotus ... *Ag*...............	*	...	...	...	Mono. Poiss. Foss. Grès rouge (Dev.), p. 38, t. 15, f. 1–3; ib. M'Coy, Brit. Pal. Foss. p. 583.
— minor .... *Ag*...............	*	...	...	...	Mono. Poiss. Foss. Grès rouge, p. 127, t. 1 c, f. 5. *C. lateralis*, M'Coy, Brit. Pal. Foss. p. 582. *C. minor*, M'Coy, ib. p. 583. *C. lateralis*, ib. Ann. Mag. Nat. Hist. 2 ser. vol. ii, p. 300.
— Murchisoni ...... *Ag*...............	*	...	...	...	Poiss. Foss. vol. ii, p. 126, t. 1 c, f. 3, 4; ib. M'Coy, Brit. Pal. Foss. p. 583.
— pulverulentus..... *M'Coy*...........	*	...	...	...	Brit. Pal. Foss. t. 2 B, f. 2, p. 583; ib. Ann. Mag. Nat. Hist. 2 ser. vol. ii, p. 299, 1848.
CHEIROLEPINI.					
Cheirolepis .... *Agassis*, 1833.....					GANOIDEI (ACANTHODIDÆ).
— Cummingæ ...... *Ag*...............	*	...	...	...	Mono. Poiss. Foss. Grès rouge (Dev.), p. 45, t. 12; ib. Miller, O.R.S. t. 6; ib. Duff. Geol. of Moray, t. 10, f. 1. *C. curtus*, M'Coy, Ann. Mag. Nat. Hist. 2 ser. 1848, p. 302; ib. Brit. Pal. Foss. p. 580, t. 2 D, f. 1.
— *curtus* .... *M'Coy*...........	...	...	...	...	*Vide* C. Cummingæ.
— macrocephalus ... *M'Coy*...........	...	...	...	...	*Vide* C. Traillii.
— Traillii .... *Ag*...............	*	...	...	...	Poiss. Foss. vol. ii, p. 130, t. 1 d, t. 1 c, f. 4. *C. macrocephalus*, M'Coy, Ann. Mag. Nat. Hist. 2 ser. vol. ii, 1848, p. 303; ib. Brit. Pal. Foss. p. 580, t. 2 D, f. 3.
— Uragus .... *Ag*...............	*	...	...	...	Poiss. Foss. vol. ii, p. 132, 301, t. 1 c, f. 1–3; ib. M'Coy, Brit. Pal. Foss. p. 581.
— Velox .... *M'Coy*...........	*	...	...	...	Ann. Mag. Nat. Hist. 1848, p. 302; ib. Brit. Pal. Foss. p. 581, t. 2 D, f. 2.
Chelonichthys .... *Agassis*, 1843.....					*Vide* Asterolepis.
ACANTHODEI.					
Climatius .... *Agassiz*, 1843.....					
Brachyacanthus .. *Egerton*, 1858 ...					
Ictinocephalus ... *Page*, 1858					GANOIDEI (ACANTHODIDÆ).
— reticulatus .... *Ag*...............	*	...	...	...	Mono. Poiss. Foss. Grès rouge (Dev.), p. 120, t. 33, f. 26; ib. Powrie, Q. J. Geol. Soc. vol. xx, p. 421; ib. Egerton, Mem. Geol. Surv. Dec. X, p. 68, t. 8, f. 11–13.
— scutiger .... *Egert*...........	*	...	...	...	Mem. Geol. Surv. Dec. X, p. 65, t. 8, f. 1–10; ib. Powrie, Q. J. Geol. Soc. vol. xx, p. 423. *Brachyacanthus*, Egerton, Brit. Assoc. Report, 1859, p. 116. *Ictinocephalus granulatus*? Page, Brit. Assoc. Report, 1858, p. 105.
— uncinatus .... *Egert*...........	*	...	...	...	Powrie, Q. J. Geol. Soc. vol. xx, p. 422.
Coccosteus .... *Agassiz*, 1843.....					GANOIDEI (PLACODERMI).
— cuspidatus .... *Ag*...............	*	...	...	...	Mono. Poiss. Foss. Grès rouge (Dev.), p. 5, 28, 137, t. 31, f. 4; ib. Miller, O.R.S. t. 3; ib. Duff. Geol. of Moray, t. 8, f. 1.
— decipiens .... *Ag*...............	*	...	...	...	Mono. Poiss. Foss. Grès rouge (Dev.), p. 26, 137, t. B, f. 2, 3; t. 7–10, 30ᵃ. f. 19. *C. microspondylus*, M'Coy, Ann. Mag. Nat. Hist. 1848, p. 298; ib. Brit. Pal. Foss. p. 603, t. 2 c, f. 4. *C. latus*, Ag. Brit. Assoc. Report, 1842, p. 87; ib. Traill. Trans. Roy. Soc. Edinb. vol. xv, p. 90. *C. trigonaspis*, M'Coy, Brit. Pal. Foss. p. 603, t. 2 c, f. 6; ib. Ann. Mag. Nat. Hist. 2 ser. vol. ii, p. 299, 1848. *C. decipiens*, Siluria, p. 286, Foss. 70. *C. latus*, M'Coy, Brit. Pal. Foss. p. 602.
— latus .... *Ag*...............	...	...	...	...	*Vide* C. decipiens.
— maximus .... *Ag*...............	...	*	...	...	Mono. Poiss. Foss. Grès rouge (Dev.), p. 137, t. 30ᵃ, f. 17, 18.
— microspondylus... *M'Coy*...........	...	...	...	...	*Vide* C. decipiens.
— Milleri .... *Egert*...........	...	*	...	...	Q. J. Geol. Soc. vol. xvi, p. 132–4; woodcuts, p. 132, 133.
— minor .... *Miller*..........	...	*	...	...	Witness Paper; Dec. 1848. *C. pusillus*, M'Coy, Ann. Mag. Nat. Hist. 1848, 2 ser. p. 298; ib. Brit. Pal. Foss. p. 603, t. 2 c, f. 5.
— oblongus......... *Ag*...............	*	?	...	...	Mono. Poiss. Foss. Grès rouge (Dev.), p. 28, t. 11, f. 1–3; t. 30ᵃ, f. 2; ib. M'Coy, Brit. Pal. Foss. p. 603.
— pusillus .... *M'Coy*...........	...	...	...	...	*Vide* C. minor.
— trigonaspis ...... *M'Coy*...........	...	...	...	...	*Vide* C. decipiens.

PALÆOZOIC. PISCES. DEVONIAN, OR OLD RED SANDSTONE.

SPECIES.	Lower.	Middle.	Upper.	Pass up.	REFERENCES.
DEVONIAN, OR OLD RED SANDSTONE.					
CESTRACIONTIDÆ.					
Conchodus .... *M'Coy*, 1848					PLACOIDEI (ELASMOBRANCHII).
? *Cheirodus* ...... *Pander* (non *M'Coy*)					
— ostreæformis ...... *M'Coy*		•	...		Ann. Mag. Nat. Hist. 2 ser. 1848, p. 312 ; ib. Brit. Pal. Foss. p. 593, t. 2 c, f. 7.
CESTRACIONTIDÆ.					
Cosmacanthus ...... *Agassiz*, 1844					PLACOIDEI (ELASMOBRANCHII).
— Malcolmsoni ...... *Ag.*		•	...		Mono. Poiss. Foss. Grès rouge (Dev.), p. 111, 121, t. 33, f. 28.
GLYPTODIPTERINI.					
Cricodus .... *Agassiz*, 1843					GANOIDEI (CROSSOPTERIGIDÆ).
— incurvus .... *Duff.*	...	...	...		*Vide* Dendrodus.
CESTRACIONTIDÆ.					
Ctenacanthus ...... *Agassiz*, 1837					PLACOIDEI (ELASMOBRANCHII).
— ornatus .... *Ag.*	•	...	...		Poiss. Foss. vol. iii, p. 12, t. 2, f. 1 ; ib. Murch. Sil. Syst. p. 597, t. 2, f. 14.
CESTRACIONTIDÆ.					
Ctenoptychus ...... *Agassiz*, 1838					PLACOIDEI (ELASMOBRANCHII).
— priscus .... *Ag.*	?	...			Poiss. Foss. vol. iii, p. 173 ; ib. Grès rouge, Syst. Dev. (O.R.S.) p. 111, 124.
CEPHALASPIDÆ.					
Cyathaspis .... *Lankester*, 1864 ...					GANOIDEI (HETEROSTRACI)
Pteraspis .... *Kner*, 1847					
— Banksii .... *Hux. & Salt.*	•	...	...		*Pteraspis*, Q. J. Geol. Soc. vol. xii, p. 100, t. 2, f. 2, 1856 ; ib. vol. xiv, p. 274, t. 15. Cyathaspis, Lank. Mono. Old Red Sandstone Fishes, Pal. Soc. vol. xxi, p. 26, t. 2, f. 9–11 ; t. 4, f. 6.
— Symondsi .... *Lank.*	•	...	...		Brit. Assoc. Rept. (Trans. Sect. p. 58), 1864 ; ib. Mono. Old Red Sandstone Fishes, Pal. Soc. vol. xxi, p. 27, t. 6, f. 3.
GLYPTODIPTERINI.					
Dendrodus .... *Owen*, 1840					GANOIDEI (CROSSOPTERIGIDÆ).
Cricodus .... *Agassiz*, 1843					
Lamnodus .... *Agassiz*, 1843					
— incurvus ; .... *Duff.*	...	•	...		Geol. of Moray, t. 6, f. 11. *Cricodus*, Agassiz, Mono. Poiss. Foss. Grès rouge (Dev.), p. 88, t. 28, f. 4, 5 ; ib. vol. ii, pt. ii, p. 156–161, t. II, f. 9–12.
— latus .... *Owen*	...	•	...		Duff. Geol. of Moray, t. 6, f. 4 ; ib. Agassiz, Poiss. Foss. Dev. t. 28, f. 1, 2 ; ib. Poiss. Foss. vol. ii, t. 55ª, f. 19, 20.
— sigmoideus ...... *Owen*	...	•	...		Micro. Jour. vol. i, 1841, p. 17, f. 2 ; ib. Duff. Geol. of Moray, t. 6, f. 8–10 ; ib. Agassiz, Poiss. Foss. Dev. p. 82, t. 28ª, f. 3–5.
— strigatus .... *Owen*	...	•	...		Micro. Jour. vol. i, 1841, p. 17, f. 1 ; ib. Duff. Geol. of Moray, t. 6, f. 6 ; ib. Agassiz, Poiss. Foss. Dev. p. 80, t. C, f. 10, 20–22 ; t. 28ª, f. 1, 2. Two other species are mentioned by Prof. Owen, D. compressus and D. biporcatus, but it is doubtful if they are Devonian.
CEPHALASPIDÆ.					
Didymaspis .... *Lankester*, 1867 ...					GANOIDEI (OSTEOSTRACI).
— Grindrodi .... *Lank.*	•	...	...		Geol. Mag. vol. iv, p. 152, t. 8, f. 4–8 ; ib. Mono. Old Red Sandstone Fishes, Pal. Soc. 1869, p. 59, t. 13, f. 1, 2 ; woodcut, p. 60, f. 33.
ACANTHODÆ.					
Diplacanthus ...... *Agassiz*, 1843					GANOIDEI (ACANTHODIDÆ.)
— crassispinus ...... *Ag.*	•	...	...		Mono. Poiss. Foss. Grès rouge (Dev.), p. 43, t. 13, f. 1, 2 ; t. 11, f. 6, 7. *D. crassissimus*, Duff. Geol. of Moray, t. 10, f. 2.
— crassissimus ...... *Duff.*	...	...	...		*Vide D. crassispinus.*
— gibbus .... *M'Coy*	•	...	...		Brit. Pal. Foss. t. 2 B, f. 4 ; ib. Mag. Nat. Hist. 2 ser. vol. ii, p. 301, 1848.
— gracilis .... *Egert.*					*Vide* Ischnacanthus gracilis.
— longispinus ...... *Ag.*	•	...	...		Poiss. Foss. (Dev.) p. 42, t. 13, f. 5 ; t. 14, f. 8, 9 ; ib. Miller, O. R. S. t. 8, f. 1–3.

PISCES.

DEVONIAN, OR OLD RED SANDSTONE.

SPECIES.	Lower.	Middle.	Upper.	Pass. up.	REFERENCES.
Diplacanthus (*continued*).					
— perarmatus ...... *M'Coy*	*				Brit. Pal. Foss. t. 2 B, f. 3; ib. Mag. Nat. Hist. 2 ser. vol. ii, p. 301, 1848.
— striatulus ...... *Ag.*	*				Mono. Poiss. Foss. Grès rouge (Dev.), p. 42, t. 13, f. 3, 4.
— striatus .... *Ag.*	*				Mono. Poiss. Foss. Grès rouge (Dev.), p. 41, t. 14, f. 1–5; ib. Miller, O. R. S. t. 8, f. 2–4.
Diplopteras ...... *M'Coy*, 1855					*Vide* Diplopterus.
SAURODIPTERINI.					
Diplopterus...... *Agassiz*, 1835, non *Boié*					
Diplopteras ...... *M'Coy*, 1855					GANOIDEI (CROSSOPTERIGIDÆ).
— affinis .... *Ag.*	*	?			Mono. Poiss. Foss. Grès rouge (Dev.), p. 51, t. 31*, f. 27.
— Agassizi .... *Traill.*	?				Trans. Roy. Soc. Edinb. vol. xv, p. 90. *D. borealis*, Ag. Poiss. Foss. Dev. p. 55, t. 18. *D. gracilis*, M'Coy, Ann. Mag. Nat. Hist. 2 ser. vol. ii, 1848, p. 305; ib. Brit. Pal. Foss. p. 586, t. 2 C, f. 1. *D. borealis*, Murch. Siluria, 4 ed. p. 264, Foss. 72. *Diplopterax Agassizi*, M'Coy, Brit. Pal. Foss. p. 586.
— borealis ...... *Ag.*					} *Vide* D. Agassizi.
— gracilis .... *M'Coy*					
— macrocephalus ... *Ag.*	*				Mono. Poiss. Foss. Grès rouge (Dev.), p. 54, t. 16, 17, 31*, f. 1. *D. macrolepidotus*, Murch. and Sedgwick, Trans. Geol. Soc. vol. iii, t. 16, f. 4, 5; ib. M'Coy, Brit. Pal. Foss. p. 587.
— macrolepidotus .. *M. & S.*					*Vide* D. macrocephalus et Dipterus macrolepidotus.
CTENODIPTERINI.					
Dipterus *Valenciennes & Pentland*, 1828					
Polyphractus ... *Agassiz*, 1843					
Ctenodus .... *Agassiz*, 1839					GANOIDEI (CROSSOPTERIGIDÆ).
— brachypygopterus					*Vide* D. macrolepidotus.
— macrolepidotus ... *M. & S.*	*				Ag. Poiss. Foss. Dev. vol. ii, p. 115, t. 2, f. 1–4; t. 2*, f. 1–5; ib. M'Coy, Brit. Pal. Foss. p. 592. *D. macropygopterus*, *D. brachypygopterus*, *D. Valenciennesi*, M. and S. Trans. Geol. Soc. 2 ser. vol. iii, p. 143, t. 15–17. *D. macrolepidotus*, Murch. Siluria, 4 ed. p. 263, Foss. 71; Miller on O. R. S. t. 5, f. 1.
— macropygopterus *M. & S.*					*Vide* D. macrolepidotus.
— Valenciennesi...... *M. & S.*					*Vide* D. macrolepidotus.
					Vide Traquair on the Genus Dipterus, Ann. Mag. Nat. Hist. 4 ser. 1878, p. 1–17, t. 3, f. 1–4.
CEPHALASPIDÆ.					
Eucephalaspis ...... *Lankester*, 1869 ...					
Cephalaspis ...... *Agassiz* (*part*) ...					GANOIDEI (OSTEOSTRACI).
— Agassizi .... *Lank.*	*				*Cephalaspis*, Lyellii, Ag. (pars) Poiss. Foss. vol. ii, t. 1b, f. 3, 1835. *Eucephalaspis*, Lankester, Mono. Old Red Sandstone Fishes, Pal. Soc. 1869, p. 46, t. 9, f. 2, 3, 6.
— asper .... *Lank.*	*				Mono. Old Red Sandstone Fishes, Pal. Soc. 1869, p. 50, t. 10, f. 5.
— Lyellii .... *Ag.*	*				*Cephalaspis*, Lyellii (pars), Poiss. Foss. vol. ii, t. 1b, f. 3. *Eucephalaspis*, Lankester, Mono. Old Red Sandstone Fishes, Pal. Soc. 1869, p. 43, t. 8, f. 1; t. 11, f. 1, 2; woodcut, p. 41, f. 16; p. 45, f. 17.
— Pagei .... *Lank.*	*				Mono. Old Red Sandstone Fishes, Pal. Soc. 1869, p. 49, t. 10, f. 3, 4; t. 11, f. 4.
— Powriei .... *Lank.*	*				Mono. Old Red Sandstone Fishes, Pal. Soc. 1869, p. 47, t. 10, f. 1; t. 11, f. 5. *Cephalaspis Lyellii* (part), Ag. Poiss. Foss. vol. ii, t. 2, f. 1; t. 1b, f. 1.
CEPHALASPIDÆ.					
Eukeraspis .... *Lankester*, 1869 ...					
(Sub-genus of *Auchenaspis*.)					
Sclerodus .... *Agassiz*, 1839					
Plectrodus .... *Agassiz*, 1839					GANOIDEI (OSTEOSTRACI).
— pustuliferus ...... *Ag.*	*				*Sclerodus*, Sil. Syst. t. 4, f. 27, &c. *Plectrodus*, Siluria, t. 35, f. 9–12. *Plectrodus mirabilis*, Ag. Sil. Syst. t. 4, f. 14; ib. Siluria, t. 35, f. 3–8. *Eukeraspis*, Lank. Mono. Old Red Sandstone Fishes, Pal. Soc. 1869, p. 58, t. 13, f. 9–14; woodcuts, p. 58, f. 31, 32.
ACANTHODÆ.					
Euthacanthus ...... *Powrie*, 1864					GANOIDEI (ACANTHODIDÆ).
— McNicoli .... *Powrie*	*				Q. J. Geol. Soc. vol. xx, p. 435, t. 20, f. 2.

PALÆOZOIC. PISCES. DEVONIAN, OR OLD RED SANDSTONE.

DEVONIAN, OR OLD RED SANDSTONE.

SPECIES.	Lower.	Middle.	Upper.	Pass. up.	REFERENCES.
GLYPTODIPTERINI.					GANOIDEI (CROSSOPTERIGIDÆ).
Glyptolaemus ...... *Huxley*, 1861					
— Kinnairdi .... *Huxley*		•			Mem. Geol. Surv. Dec. X, p. 41–46, t. 1, f. 2.
GLYPTODIPTERINI.					GANOIDEI (CROSSOPTERIGIDÆ).
Glyptolepis .... *Agassiz*, 1843					
— elegans .... *Ag.*	•	...	...	...	Mono. Poiss. Foss. Grès rouge (Dev.), p. 65, t. 19, f. 4, 5, t. 21ᵃ, f. 2.
— leptopterus .... *Ag.*	•	...	...	...	Mono. Poiss. Foss. Grès rouge (Dev.), p. 63, t. 20, 21; ib. Miller, Old Red Sandstone, t. 5, f. 2–6; ib. M'Coy, Brit. Pal. Foss, p. 590.
— microlepidotus ... *Ag.*	•	•	...	...	Mono. Poiss. Foss. Grès rouge (Dev.), p. 65, t. 21ᵃ, f. 3–7.
GLYPTODIPTERINI.					GANOIDEI (CROSSOPTERIGIDÆ).
Glyptopomus ...... *Agassiz*, 1844					
— minor .... *Ag.*			•	...	Mono. Poiss. Foss. Grès rouge (Dev.), p. 57, t. 26. *Platygnathus minor*, ib. t. 26; ib. Huxley, Mem. Geol. Surv. Dec. XII, p. 4, t. 1, f. 1.
— Sp. .... *Huxley*	...	...	•	...	Mem. Geol. Surv. Dec. X, p. 4, f. 4; ib. Dec. XII, t. 1, f. 2.
GLYPTODIPTERINI.					GANOIDEI (CROSSOPTERIGIDÆ).
Gyroptychius ...... *M'Coy*, 1848					
— angustus .... *M'Coy*	•	...	...	...	Ann. Mag. Nat. Hist. 2 ser. vol. ii, 1848, p. 308; ib. Brit. Pal. Foss. p. 596, t. 2 c, f. 2.
— diplopteroides ... *M'Coy*	•	...	...	...	Ann. Mag. Nat. Hist. 2 ser. vol. ii, 1848, p. 309; ib. Brit. Pal. Foss. p. 597, t. 2 c, f. 3. (Diplopterus ?)
CEPHALASPIDÆ.					
Hemicyclaspis ...... *Lankester*, 1869 ...					GANOIDEI (OSTEOSTRACI).
Cephalaspis (part)					
— Murchisoni ...... *Egert.*	•	...	...	...	*Cephalaspis*, Q. J. Geol. Soc. vol. xiii, p. 284, t. 9, f. 1. *Hemicyclaspis*, Lank. Mono. Brit. Old Red Sandstone Fishes, Pal. Soc. p. 51, t. 8, f. 6, t. 9, f. 1; t. 12, f. 3, 4, 1869. *Cephalaspis ornatus*, Egert. Q. J. Geol. Soc. vol. xiii, p. 285, t. 9, f. 2, 3.
CEPHALASPIDÆ.					
Holaspis .... *Lankester*, 1873 ...					GANOIDEI (OSTEOSTRACI).
— sericeus .... *Lank.*	•	...	...	...	Geol. Mag. vol. x, p. 241, t. 10.
GLYPTODIPTERINI (CYCLIFERI).					
Holoptychius ...... *Agassiz*, 1836					GANOIDEI (CROSSOPTERIGIDÆ).
Rhizodus .... *Owen*, 1840					
— Andersoni .... *Ag.*	...	...	•	...	Mono. Poiss. Foss. Grès rouge (Dev.), p. 72, t. 22, f. 3; ib. Anderson, Desc. County of Fife, f. 1. (Dura Den.)
— *Flemingii* ...... *Ag.*	...	...	...	...	Vide H. Andersoni.
— giganteus .... *Ag.*	...	...	•	...	Mono. Poiss. Foss. Grès rouge (Dev.), p. 73, t. 24, f. 3–10; ib. Murch. Siluria, t. 37, f. 11 (scale).
— Murchisoni ...... *Ag.*	...	...	...	...	Mono. Poiss. Foss. Dev. p. 72, t. 22, f. 2.
— nobilissimus ..... *Ag.*	•	•	•	...	Mono. Poiss. Foss. Grès rouge (Dev.), p. 73, t. 23; t. 24, f. 2; t. 31ᵃ, f. 26; ib. Miller, Old Red Sandstone, t. 9, f. 2; ib. Murch. Sil. Syst. t. 2 bis, f. 1–4; ib. Duff. Geol. of Moray, t. 7, f. 1–10; Hall, Pal. New York, vol. iv, p. 281, f. 2, woodcut; ib. Murch. Siluria, t. 37, f. 9, 10, 12; ib. M'Coy, Brit. Pal. Foss. p. 595.
— princeps .... *M'Coy*	•	...	...	...	Ann. Mag. Nat. Hist. 2 ser. vol. ii, 1848, p. 310; ib. Brit. Pal. Foss. p. 595.
— Sedgwickii ...... *M'Coy*	•	...	...	...	Brit. Pal. Foss. p. 595, t. 2 D, f. 6. (*Glyptolepis* ?), Ann. Mag. Nat. Hist. 2 ser. vol. ii, p. 311, 1848.
CEPHALASPIDÆ.					
Homothorax ...... *Agassiz*, 1844					GANOIDEI.
Pterichthys ? ...... *Agassiz*, 1840					
— Flemingii .... *Ag.*	...	...	•	...	Mono. Poiss. Foss. Grès rouge (Dev.), p. 134, t. 31, f. 6; ib. Q. J. Geol. Soc. vol. iv, p. 314.
OSTRACIONTIDÆ.					
Ictinocephalus ...... *Page*, 1858					PLACOIDEI (ELASMOBRANCHII).
— granulatus ...... *Page*					Vide Climatius scutiger.

173

PALÆOZOIC.   PISCES.   DEVONIAN,
                                                            OR OLD RED SANDSTONE.

SPECIES.	Lower.	Middle.	Upper.	Pass. up.	REFERENCES.
? ACANTHODÆ.					
Ichnacanthus......... *Powrie*, 1864					GANOIDEI (ACANTHODIDÆ).
Diplacanthus ...... *Agassiz*, 1843 ...					
— gracilis .... *Egert.*	*	...	...	...	*Diplacanthus*, Mem. Geol. Surv. Dec. X, p. 69, t. 9. ? *Ictinocephalus granulatus*, Page, Brit. Assoc. Rept. 1858, p. 105. Ichnacanthus gracilis, Powrie, Q. J. Geol. Soc. vol. xx, p. 419.
GLYPTODIPTERINI.					
Lamnodus .... *Agassiz*, 1843 ...					GANOIDEI (CROSSOPTERIGIDÆ).
Dendrodus .... *Owen*, 1840					
— biporcatus .... *Owen*		*	...	...	Poiss. Foss. Grès rouge (Dev.), p. 84, 144, t. C, f. 7-9, 14-19; t. 28, f. 6, 7; t. 28ª, f. 14, 15. *Dendrodus*, Owen, Micro. Jour. vol. i, p. 5, f. 1; p. 19, f. 5; Duff. Geol. of Moray, t. 6, f. 1.
— hastatus .... *Ag.*	...	...	...	...	*Vide* L. Panderi.
— Panderi .... *Ag.*	...	*	...	...	Poiss. Foss. Dev. vol. ii, p. 162. *L. hastatus*, Ag. Mono. Poiss. Foss. Grès rouge (Dev.), t. C, f. 1-6, 11-13; t. 28ª, f. 16, 17, and f. A, a-f. *Dendrodus hastatus*, Owen, Odont. p. 175. *D. compressus*, Owen, Micro. Jour. vol. i, p. 18, f. 3; Duff. Geol. of Moray, t. 6, f. 1.
— sulcatus .... *Ag.*	...	*	...	...	Poiss. Foss. Grès rouge (Monog. du Syst. Dévon), t. 28ª, f. 18; ib. Murch. Sil. Syst. t. 2 bis, f. 8, 9.
CESTRACIONTIDÆ.					
Onchus .... *Agassiz*, 1837					PLACOIDEI (ELASMOBRANCHII).
? Crustacean spines (part) Telson ?...					
— arcuatus .... *Ag.*	...	*	...	...	Poiss. Foss. vol. iii, p. 7, t. 1, f. 3-5; ib. Sil. Syst. t. 2, f. 10, 11; ib. Siluria, t. 37, f. 7, 8.
— Murchisoni .... *Ag.*	*	...	...	...	Poiss. Foss. vol. iii, p. 6, t. 1, f. 1, 2; ib. Murch. Sil. Syst. p. 607-703, t. 4, f. 9-11 (? tail spine of Pterygoti).
— semistriatus......... *Ag.*	*	...	...	...	Poiss. Foss. vol. iii, p. 8, t. 1, f. 9; ib. Poiss. Foss. Dev. t. 33, f. 37; ib. Sil. Syst. t. 2, f. 12, 13.
— tenuistriatus .... *Ag.*	*	...	...	...	Poiss. Foss. vol. iii, p. 7, t. 1, f. 10; ib. Murch. Sil. Syst. p. 607-703, t. 4, f. 57-59 (? tail spine of Pterygoti).
SAURODIPTERINI.					
Osteolepis...*Valenciennes & Pent.* 1828...					GANOIDEI (CROSSOPTERIGIDÆ).
Pleioptorus .... *Agassiz*, 1843 ...					
— arcuatus .... *Ag.*	...	...	...	...	Poiss. Foss. vol. ii, p. 122, t. 2ᵈ, f. 1-4.
— brevis .... *M'Coy*	*	...	...	...	Ann. Mag. Nat. Hist. 2 ser. vol. ii, 1848, p. 305; ib. Brit. Pal. Foss. p. 587, t. 2 D, f. 4; ib. H. Miller, Footprints, p. 53-56.
— macrolepidotus ... *Valen. & Pent.* ...	*	...	...	...	Poiss. Foss. vol. ii, p. 119, t. 2ᵇ, f. 1-4; t. 2 C, f. 5, 6; ib. Trans. Geol. Soc. 2 ser. vol. iii, p. 143; ib. M'Coy, Pal. Foss. p. 588.
— major .... *Ag.*	*	...	...	...	Mono. Poiss. Foss. Grès rouge (Dev.), p. 51, t. 19, f. 1-3; t. 28ª, f. Aⁿ; t. 31ª, f. 8-13; ib. H. Miller, Old Red Sandstone, t. 4; ib. M'Coy, Brit. Pal. Foss. p. 588.
— microlepidotus ... *Valen. & Pent.* ...	...	...	...	...	Poiss. Foss. vol. ii, p. 121, t. 2 c, f. 1-4.
CEPHALASPIDÆ.					
Pamphractus .... *Agassiz*, 1844 ...					GANOIDEI.
Pterichthys ...... *Agassiz*, 1843......					
— Andersoni .... *Ag.*	...	...	*	...	Mono. Poiss. Foss. Grès rouge (Dev.), p. 21; ib. Anderson, Geol. Fife, f. 6.
— hydrophilus ...... *Ag.*	...	...	...	...	*Vide* Pterichthys hydrophyllus.
? CESTRACIONTIDÆ.					
Paræxus .... *Agassiz*, 1843 ...					PLACOIDEI (ELASMOBRANCHII).
— incurvus .... *Ag.*	*	...	...	...	Mono. Poiss. Foss. Grès rouge (Dev.), p. 120, t. 33, f. 26, 27; ib. Powrie, Q. J. Geol. Soc. vol. xx, p. 424, t. 20, f. 1.
PHANEROPLEURINI.					
Phaneropleuron ... *Huxley*, 1860......					GANOIDEI (CROSSOPTERIGIDÆ).
— Andersoni .... *Huxley*	...	...	*	...	Mem. Geol. Surv. Dec. X, p. 47, t. 3, f. 1-3.
CŒLACANTHINI.					
Phyllolepis............ *Agassiz*, 1843 ...					GANOIDEI (CROSSOPTERIGIDÆ).
— concentricus ...... *Ag.*	...	*	*	...	Mono. Poiss. Foss. Grès rouge (Dev.), p. 67, t. 24, f. 1.

174

PISCES.

DEVONIAN, OR OLD RED SANDSTONE.

SPECIES.	Lower.	Middle.	Upper.	Pass up.	REFERENCES.
? CEPHALASPIDÆ.					GANOIDEI.
Placothorax .... *Agassiz*, 1844					
— paradoxus .... *Ag.*	•	...	...	...	Mono. Poiss. Foss. Vieux Grès rouge, Dev. (Old Red Sandstone), p. 134, t. 30ª, f. 20-23.
GLYPTODIPTERINI.					
Platygnathus .... *Agassiz*, 1843					
Glyptopomus...... *Agassiz*, 1844					GANOIDEI (CROSSOPTERIGIDÆ).
— Jamesoni .... *Ag.*	...	...	•	...	Mono. Poiss. Foss. Vieux Grès rouge, Dev. (O. R. S.), p. 77, t. 25, t. 31ª.
— minor .... *Ag.*					*Vide* Glyptopomus minor.
— paucidens .... *Ag.*	•	•	...	...	Mono. Poiss. Foss. Grès rouge, Dev. (O. R. S.), p. 78, t. 28, f. 11; Trans. Royal Soc. Edinb. vol. xv, p. 1, 90.
CEPHALASPIDÆ.					
Plectrodus .... *Agassiz*, 1839					
— mirabilis	...	...	...	...	*Vide* Eukeraspis pustuliferus.
CEPHALASPIDÆ.					
Pterichthys .... *Agassiz*, 1840					
Pamphractus...... *Agassiz*, 1844					
Homothorax ...... *Agassiz*, 1844					
Asterolepis ? ...... *Eichwald*, 1840					GANOIDEI (PLACODERMI).
— cancriformis .... *Ag.*	•	•	...	...	Mono. Poiss. Foss. Vieux Grès rouge, Dev. (O. R. S.), p. 17, t. 1, f. 4, 5; ib. M'Coy, Brit. Pal. Foss. p. 599.
— cornutus............. *Ag.*	•	•	...	...	Mono. Poiss. Foss. Vieux Grès rouge, Dev. (O. R. S.), p. 17, t. 2, f. 1, 2, 4, 5; ib. Murch. Siluria, 4 ed. p. 262, f. 70; ib. Miller, O. R. S. p. 46.
— hydrophyllus ...... *Ag.*					Pamphractus, Mono. Poiss. Foss. Grès rouge (Dev.), p. 21, t. 4, f. 4-7 (? 7).
— latus .... *Ag.*					Mono. Poiss. Foss. Grès rouge, Dev. (O. R. S.), p. 12, t. 3, f. 3, 4; ib. M'Coy, Brit. Pal. Foss. p. 600.
— macrocephalus ...... *Egert.*	...	•	...	...	Q. J. Geol. Soc. vol. xviii, p. 103-106, t. 3, f. 7-9; woodcut, p. 103, f. 1; p. 104, f. 2, 3.
— major .... *Ag.*					Mono. Poiss. Foss. Grès rouge, Dev. (O. R. S.), p. 19, 133, t. 31, f. 1-3.
— Milleri .... *Ag.*	•	•	...	...	Mono. Poiss. Foss. Grès rouge, Dev. (O. R. S.), p. 15, t. 1, f. 1-3; ib. Miller, O. R. S. t. 1, f. 2-4; t. 2, f. 1-3.
— oblongus........... *Ag.*	...	•	...	...	Mono. Poiss. Foss. Grès rouge, Dev. (O. R. S.), p. 18, t. 3, f. 1, 2; t. 30ª, f. 1; ib. Miller, O. R. S. t. 1, f. 1; t. 2, f. 2; ib. Duff. Geol. of Moray, t. 8, f. 2; ib. M'Coy, Brit. Pal. Foss. p. 600.
— paucidens .... *Ag.*					Pamphractus, Poiss. Foss. Vieux Grès rouge, Dev. (O. R. S.), p. 21, t. 4, f. 4-6. Pterichthys, Egert. Q. J. Geol. Soc. vol. iv, p. 314.
— productus .... *Ag.*	•	•	...	...	Mono. Poiss. Foss. Grès rouge, Dev. (O. R. S.), p. 16, t. 5; ib. M'Coy, Brit. Pal. Foss. p. 600.
— quadratus .... *Egert.*	•	•	...	...	Q. J. Geol. Soc. vol. iv, p. 313, t. 10.
— testudinarius ...... *Ag.*	•	•	...	...	Poiss. Foss. Dev. p. 14, t. 4, f. 1, 2; ib. M'Coy, Brit. Pal. Foss. p. 600.
CEPHALASPIDÆ (HETEROSTRACI).					
Pteraspis .... *Kner*, 1847					
Cephalaspis (*part*) *Agassiz*, 1835					
Scaphaspis......... *Lankester*, 1864					GANOIDEI.
— Banksii .... *Huxley*					*Vide* Cyathaspis.
— Crouchii .... *Salt. MS.*	•	...	...	...	Lank. Mono. Old Red Sandstone Fishes, Pal. Soc. vol. xxi, p. 30, t. 3, f. 4, 5; t. 6, f. 4, 7, 8; t. 7, f. 4, 8, 11.
— Dunensis .... *Römer*	•	...	...	...	Archaeoteuthis, Röm. Palaeoteuthis, Dunker and Von Meyer, Palæontographica, 1855, p. 72, t. 13. Pteraspis, Huxley, Q. J. Geol. Soc. vol. xvii, p. 163; woodcut, p. 165.
— Lewisii .... *Ag.*					*Vide* Scaphaspis Lloydii.
— Lloydii .... *Ag.*					*Vide* Scaphaspis Lloydii.
— Ludensis........... *Salt.*					*Vide* Scaphaspis Ludensis.
— Mitchelli .... *l'owrie.*	•	...	...	...	Geologist, vol. vii, p. 170-172, (1864); ib. Lankester, Mono. Old Red Sandstone Fishes, Pal. Soc. vol. xxi, p. 33, t. 5, f. 1, 2, 6, 10, 11.

PALÆOZOIC.   PISCES.   DEVONIAN,
                                                        OR OLD RED SANDSTONE.

SPECIES.	Lower.	Middle.	Upper.	Poss. up.	REFERENCES.
Pteraspis (*continued*).					
— rostratus .... *Ag.*	*	...	...	...	*Cephalaspis*, Poiss. Foss. vol. ii, p. 148, t. 16, f. 6, 7; ib. Sil. Syst. t. 2, f. 4, 5. *Pteraspis*, Huxley, Q. J. Geol. Soc. vol. xvii, p. 163, 166; ib. Lankester, Mono. Old Red Sandstone Fishes, Pal. Soc. vol. xxi, p. 32, t. 4, f. 1–3, 7, 8; t. 5, f. 4; t. 6, f. 1–3, 6, 10; t. 7, f. 3, 5, 9, 12, 13, 16, 17, 19.
— scales of .... *Lank.*	*	...	...	...	Q. J. Geol. Soc. vol. xx, p. 195, 197, t. 12, f. 1–10.
— truncatus .... *Hux. & Salt.*	*	...	...	...	*Vide* Scaphaspis.
GLYPTODIPTERINI.					GANOIDEI (CROSSOPTERIGIDÆ).
Rhizodus .... *Owen*, 1840.........	...	...	...	...	*Vide* Holoptychius.
CEPHALASPIDÆ (HETEROSTRACI).					
Scaphaspis .... *Lankester*, 1864...					
Pteraspis .... *Kner*, 1847					GANOIDEI (OSTEOSTRACI).
Cephalaspis ...... *Agassiz*, 1835					
— Lewisii .... *Ag.*	*	...	...	...	Poiss. Foss. vol. ii, p. 149, t. 16, f. 8; ib. Murch. Sil. Syst. t. 2, f. 6. ? S. Lloydii, *vide*.
— Lloydii .... *Ag.*	*	...	...	...	*Cephalaspis*, Poiss. Foss. vol. ii, p. 149, t. 16, f. 8–10. *Pteraspis*, Kner, Haid. Nat. Abhandl. vol. i, p. 159, t. 5, 1847. *Cephalaspis*, Murch. Sil. Syst. t. 2, f. 7–9. *Pteraspis*, Huxley, Q. J. Geol. Soc. vol. xvii, p. 163, 166; vol. xiv, p. 267, 273. *Cephalaspis*, Lewisii, Poiss. Foss. vol. ii, p. 149, t. 16, f. 8; ib. Sil. Syst. t. 2, f. 6.
— Ludensis .... *Salt.*	*	...	...	...	*Pteraspis*, Ann. Mag. Nat. Hist. 3 ser. vol. iv, p. 45, woodcut, f. 1, 1859. Scaphaspis, Lank. Mono. Old Red Sandstone Fishes, Pal. Soc. vol. xxi, p. 25, t. 2, f. 4.
— rectus .... *Lank.*	*	...	...	...	Mono. Old Red Sandstone Fishes, Pal. Soc. vol. xxi, p. 20, t. 2, f. 5–8, 12, 13; t. 7, f. 2.
— truncatus .... *Hux. & Salt.*	...	...	...	...	*Cephalaspis*, Q. J. Geol. Soc. vol. xii, p. 100, t. 2, f. 1. Scaphaspis, Lank. Mono. Old Red Sandstone Fishes, Pal. Soc. vol. xxi. p. 24, t. 2, f. 1–3.
CEPHALASPIDÆ.					
Sclerodus .... *Agassiz*, 1839					GANOIDEI (OSTEOSTRACI).
— pustuliferus ...... *Ag.*	...	...	...	...	*Vide* Euseraspis.
CESTRACIONTIDÆ.					
Ptyohacanthus ...... *Agassiz*, 1837					PLACOIDEI (ELASMOBRANCHII).
— dubius .... *Ag.*	*	...	...	...	Poiss. Foss. vol. iii, p. 176; ib. Grès rouge, Dev. (O. R. S.), p. 118, t. 33, f. 22, 23.
— Sp. .... *Ag.*					Sil. Syst. p. 597, t. 1, f. 9, 10.
SAURODIPTERINI.					GANOIDEI (CROSSOPTERIGIDÆ).
Triplopterus .... *M'Coy*, 1855					*Vide* Tripterus.
Tripterus .... *M'Coy*, 1848					
Triplopterus ...... *M'Coy*, 1855					
— pollexfeni .... *M'Coy*					Ann. Mag. Nat. Hist. 2 ser. vol. ii, 1848, p. 307; ib. Brit. Pal. Foss. p. 589, t. 2 D, f. 5.
CTENODIPTERINI.					
Tristichopterus ... *Egerton*, 1861					GANOIDEI (CROSSOPTERIGIDÆ).
— alatus .... *Egert.*	*	...	...	...	Mem. Geol. Surv. Dec. X, p. 51, t. 4, 5.
CEPHALASPIDÆ.					
Zenaspis .... *Lankester*, 1869...					
Cephalaspis .... part *Agassiz*					GANOIDEI (OSTEOSTRACI).
— asterolepis .... *Huxley*	...	...	...	...	*Vide* Z. Salwayi.
— Salwayi .... *Egert.*	*	...	...	...	*Cephalaspis*, Q. J. Geol. Soc. vol. xiii, p. 283, t. 10, f. 1; ib. vol. xv, p. 501, 504. *Ceph. asterolepis*, Harley, ib. p. 503. Zenaspis, Lank. Mono. Old Red Sandstone Fishes, Pal. Soc. 1869, p. 52, t. 12, f. 2, 5, 6; t. 8, f. 2–4; woodcuts, p. 53, f. 26–28. *C. asterolepis*, Harley, Trans. Woolhope Nat. Field Club, 1870, p. 240. (Photograph in Frontispiece.)

CARBONIFEROUS GROUP.

PALÆOZOIC.

CARBONIFEROUS GROUP.

	SCOTLAND.	NORTHUMBERLAND AND DURHAM.	LANCASHIRE, DERBYSHIRE, AND SOUTH YORKSHIRE.	SOUTH WALES, CENTRAL AND WEST OF ENGLAND.	IRELAND. Northern Series.	Southern Series.
Coal Measures.	Red Sandstone series—*No fossils*. Coal measures—Coals, Shales, and Ironstones, *fossiliferous*.	a. Upper measures with thin Coals. b. Middle measures with thick Coals, and Plants. c. Lower measures or Ganister beds with thin Coals.	a. Upper measures with Limestones and thin Coals. b. Sandstones. c. Middle measures with thick Coals. d. Lower measures or Ganister beds with thin Coals.	a. Upper Coal measures with bed of Spirorbis Limestone in places. b. Penant—Middle Coal measures S. Wales and Bristol Coal fields.	Upper and Middle Coal measures with thick Coals. Lower Coal measures with *Marine Shells*.	Middle Coal measures with thick Coals. Lower Coal measures with thin Coals and *Marine Shells*.
Millstone Grit.	Sandstones and Ironstones — *Marine Fossils*.	A series of alternating Grits and Shales.	a. Grits and Shales. b. Flags (Haslington Flags). c. Shales, Grits, and Kinder-Scout Grit.	Solid Red and Gray fine-grained Grits and Conglomerates—(here and there thin beds of coal).	Millstone Grit.	Flagstone Series.
			a. Shales — Yoredale beds. b. Shales with thinly bedded hard fine Sandstones (Yoredale Sandstones). c. Black Shales with thin earthy Limestones. *(Yoredale Rocks.)*	a. Shales with Ironstones, Yellow Sandstones (Fermanagh).		Shale Series.
						S. W. Counties. / S. E. Counties.
Carb. Limestone Series.	Coals. a. Upper Group—Marine with occasional brackish water deposits. b. Middle Group—Coals and Ironstones, few *Marine Fossils*. Shales. c. Lower Group—Coal, Marine.	Limestones with Coals, Shales, Grits, and Sandstones.	Limestones and Shales.	a. Upper Shales and impure Limestones. b. Thick bedded Limestones. c. Lower Limestone Shales, thin bedded Limestones and Sandy Shales. Shales, Sandstones, and Conglomerates.	b. Upper Limestone. c. Calp or Middle Limestone. Lower Limestone. Carboniferous Limestone. Lower Carboniferous Slate with Coomhola Grits.	Upper Limestone. Calp or Middle Limestone. Lower Limestone. Lower Limestone Shales.
Calciferous Sandstone Series.	a. Upper or Cement stone Group — Burdie House beds and Wardie Shales. b. Lower Group—Red Sandstones and Conglomerates. Upper Old Red Sandstone—? Carboniferous.					
			Tweedian beds White and Gray Sandstones with Greenish Gray Shales, Cement stones and Limestones.			

PALÆOZOIC. PLANTÆ. CARBONIFEROUS.

SPECIES.	CARBONIFEROUS.								REFERENCES.
	Calciferous Series.	Lower Lst. Shales.	Carboniferous Lmst.	Up. Lst. Shale (Yoredale)	Millstone Grit.	Lower Coal Measures.	Middle Coal Measures.	Upper Coal Measures.	Perm up.	
Kingdom, **PLANTÆ**.										
Sub-Kingdom, CRYPTOGAMIA.										
NEUROPTERIDÆ.										
Adiantites .... *Brongniart*, 1849.										FILICINEÆ.
Adiantoides .... *Schimper*, 1869.										
— concinnus .... *Göpp.*						*				Syst. Fil. p. 266. *Sphænopteris adiantoides*, Lindl. Foss. Flora, vol. ii, t. 115.
— crassus .... *L. & H.*										*Sphænopteris*, Foss. Flora, vol. iii, p. 21, t. 160. Adiantoides, Schimper, Traité Pal. Végét. vol. i, p. 425.
— Kinahani .... *Baily*						*				Expl. Sheet 137; Geol. Survey of Ireland, p. 15, f. 7.
— Lindsæformis ... *Bunb.*	*		*			*				Salt. Mem. Geol. Surv. Geol. Edinb. sheet 32, p. 151, f. 26; ib. R. Etheridge, Trans. Bot. Soc. Edinb. vol. xii; ib. R. Etheridge, Mem. Geol. Surv. Scot. Expl. Sheet 23, p. 93, 1873. ? *Naggerathia*, Lesquereux.
— *Murchisoni* .... *Göpp.*										Vide Otopteris dubia.
— obovatus .... *Lindl.*						*				*Sphænopteris*, Foss. Flora, vol. ii, t. 109. Adiantoides microphyllus, Schimper, Traité Pal. Végét. vol. i, p. 426.
PECOPTERIDÆ.										
Alethopteris .... *Sternberg*, 1825.										FILICINEÆ.
Pecopteris .... *Brongniart*, 1828.										
— aquilina .... *Schloth.*										*Filicites*, Flora d. Vorw. t. 5, f. 8; t. 14, f. 21. Pecop. aquilina, Brong. Hist. Végét. Foss. vol. i, p. 284, t. 90. *P. affinis*, Sternb. Flora d. Vorw. vol. i, p. 20; ib. Lesq. Pal. Illinois, p. 438.
— Bucklandi .... *Göpp.*								*		Nov. Act. Nat. Curios. vol. xvii, Suppl. p. 325, t. 27, 39, f. 1. *Pecopteris*, Brong. His. Végét. Foss. vol. i, p. 319, t. 99, f. 2. (Cyatheides.)
— heterophylla ...... *L. & H.*	?	?			*	*	*			*Pecopteris*, Lindl. and Hutton, Foss. Flora, vol. i, p. 113, t. 38; ih. Göpp. Syst. p. 297; ib. Sauveurii, Brong. Hist. Végét. Foss. vol. i, p. 299. *Asplenides*, Göpp. Syst. Fil Foss. p. 278, t. 18, f. 1. (Asplenides.)
— lonchitica .... *Brong.*					*	*	*			Hist. Végét. Foss. vol. i, p. 275, t. 84, f. 1-7; Lindl. and Hutton, Foss. Flora, vol. iii, t. 153. *Filicites lonchitidis*, Schloth. Flora der Vorw. t. 11, f. 22. *Alethop. lonchitidis et A. vulgatior*, Sternb. Flora der Vorw. p. 21, t. 53, f. 2. *P. urophylla*, Brong. Hist. Végét. Foss. vol. i, p. 290, t. 86. P. Mantilli, Brong. p. 278, t. 83, f. 3.
— lonchitidis .... *Sternb.*					*	*	*			Sternb. Vers. Flora Vorw. Heft. vol. iv, p. 21, t. 53, f. 2; t. 128. *Pecopteris*, Brong. Hist. Végét. Foss. vol. i, t. 84, f. 2, 4; ih. Lindl. and Hutton, Foss. Flora, vol. ii, t. 135.
— Mantelli .... *Brong.*					*	*	*			*Pecop.* Hist. Végét. Foss. vol. i, p. 278, t. 83; ih. Lindl. and Hutton, Foss. Flora, vol. ii, t. 145.
— Serlii .... *Brong.*					*	*	*			*Pecop.* Hist. Végét. Foss. vol. i, p. 292, t. 85; ib. Göpp. Syst. Fil. Foss. p. 301, t. 21, f. 6, 7. *P.* Serlii, Lesq. Pal. Illinois, p. 439. *Pecop. oblongata*, Sternb. Flora der Vorw. vol. ii, p. 75, t. 22.
— serra .... *L. & H.*						*				*Pecopteris*, Foss. Flora, vol. ii, p. 71, t. 107. Alethop. Göpp. Syst. Fil. Foss. p. 302. (Cyatheites.)
— Sternbergii .... *Göpp.*						*				Syst. Fil. Foss. p. 295. *Alethop. vulgatior*, Sternb. Flora der Vorw. vol. i, t. 53, f. 2.
— urophylla .... *Brong.*						*				*Pecopteris*, Végét. Foss. vol. i, p. 290. t. 86. Alethopteris, Göpp. Syst. Fil. Foss. p. 300.
SIGILLARIÆ.										
Anabathra .... *Witham*, 1831 ...										
Diploxylon ? ...... *Corda*, 1840										
— pulcherrima ...... *With.*					*					Internal Structure of Foss. Vegt. p. 40-42, t. 8, f. 7-12. ? Diplox. anabathra, Brong.

PALÆOZOIC. PLANTÆ. CARBONIFEROUS.

SPECIES.	Calciferous Series.	Lower Lmst. Shales.	Carboniferous Lmst.	Up. Lst. Shale (Yoredale)	Millstone Grit.	Lower Coal Measures.	Middle Coal Measures.	Upper Coal Measures.	Pass. up.	REFERENCES.
ASTEROPHYLLITÆ (EQUISETINEÆ).										**CALAMARIEÆ.**
Annularis......Sternberg, 1822, (Brongn.)										
Foliage of Calamites.										
— fertilis,............... Brongn.	...	...	...	...	...	...	...	...	...	Vide A. longifolia.
— longifolia .... Brongn.	...	...	...	...	...	...	*	...	...	Prod. p. 156. Schlotheim, Flora, t. 1, f. 4. *Asterophyllites aequisetiformis,* Lindl. and Hutton, Foss. Flora, p. 115, t. 124. *Bornia stellata,* Stern. Flora der Vorw. p. 28, 115. *Asterop. tuberculatus,* Lindl. and Hutton, Foss. Flora, vol. i, p. 45, t. 14 (fruit). Annularia longifolia, Schimper, Traité Pal. Végét. vol. i, p. 348, t. 22, f. 2–4; t. 23, f. 6–10. Annularia (*Asteroph.*) *fertilis,* Sternb. Flora der Vorw. vol. i, fos. 4, t. 51, f. 2, p. 31. Annu. longifolia, Lesq. Pal. Illinois, p. 444; ib. Geinitz, Verst. d. Steinkohlenform. von Sachsen, p. 10, t. 19.
CONIFERÆ ?										
Antholithes ....Brongniart, 1822.										**CYCADINEÆ.**
Cardiocarpon ...... Brongniart, 1828.										
Botryoconus .... Göpp............										
— anomalus............ Morris	...	...	...	...	...	...	...	...	...	Vide Cardiocarpon.
— cristata	...	*	...	...	...	...	...	...	...	Doubtful species.
— Pitcairniæ .... L. & H.	...	...	...	...	*	*	*	...	...	Foss. Flora, vol. ii, t. 82, f. 2. *Cardiocarpon Lindleyi,* Carr. Geol. Mag. vol. ix, p. 56; woodcuts 1, 2, p. 55.
Aphlebia............ Presl. 1838										**FILICINEÆ.**
— adnascens .... Sternb.	...	...	...	...	...	...	...	*	...	Flora der Vorw. pt. vii, viii, p. 113. *Schizopteris,* Lindl. and Hutton, Foss. Flora, vol. ii, t. 100, 101.
Artisia .... Presl. 1838	...	...	...	...	...	...	...	...	...	? Sternbergia.
UNICELLULAR FUNGI.										
Archagaricon...Hancock & Attkey, 1869										**THALLOGENÆ.**
— bulbosum............ H. & A.	...	...	...	*	...	...	...	...	...	Ann. Mag. Nat. Hist. 4 ser. vol. iv, p. 226, t. 10, f. 1.
— dendriticum ...... H. & A.	...	...	...	*	...	...	...	...	...	Ann. Mag. Nat. Hist. 4 ser. vol. iv, p. 227.
— globuliferum ...... H. & A.	...	...	...	*	...	...	...	...	...	Ann. Mag. Nat. Hist. 4 ser. vol. iv, p. 227.
— radiatum .... H. & A.	...	...	...	*	...	...	...	...	...	Ann. Mag. Nat. Hist. 4 ser. vol. iv, p. 227.
LYCOPODIACEÆ.										
Aspidiaria .... Presl. 1838										
Lepidodendron ... Sternberg, 1821 ...										
— Anglica .... Presl...............	...	...	...	...	...	...	...	*	...	Lepidodendron, Sternb. Flora, pt. vii, viii, p. 181, t. 68, f. 11; ib. pt. iii, p. 35–38, t. 29, f. 3.
— confluens .... Presl...............	...	...	...	...	...	*	...	...	...	Sternb. Flora, pt. vii, viii, p. 181. *Palmacites,* Schloth. Pet. t. 15, f. 2.
— cristata .... Presl...............	...	...	...	...	*	...	...	...	...	Sternb. Flora, pt. vii, viii, p. 183. *Aphyllum, Artis,* t. 16. *Lepidodendron appendiculatum,* Sternb. Flora, pt. iii, t. 28. *Sigillaria,* Brongn. Hist. Végét. Foss. vol. i, p. 420, t. 141, f. 2.
— quadrangularis ...... Presl............	...	...	...	...	*	*	...	...	...	Sternb. Flora, pt. vii, viii, p. 183. *Lepido. tetragonum,* Sternb. Flora, pt. iv, t. 54, f. 2.
— undulata .... Presl...............	...	...	...	...	*	...	...	...	...	Sternb. Flora, pt. vii, viii, p. 181, t. 68, f. 13. *Lepidodendron,* Sternb. Heft. 1, t. 10, f. 2, p. 21.
ASTEROPHYLLITÆ (EQUISETINEÆ).										
Asterophyllites ...... Brongniart, 1828.										
Calamocladus ...... Schimper, 1869 ...										
Bornia 1825										

PLANTÆ.

SPECIES.	CARBONIFEROUS.									REFERENCES.
	Calciferous Series.	Lower Limst. Shales.	Carboniferous Limst.	Up.Lst.Shale(Yoredale)	Millstone Grit.	Lower Coal Measures.	Middle Coal Measures.	Upper Coal Measures.	Perm up.	
Asterophyllites (continued).										
Myriophyllites ... Sternberg, 1823...										
Bechera .... Sternberg, 1825 ...										
Bruckmannia ... Sternberg, 1825...										
Hippurites et } ... *Lindl. & Hutton*...										
Asterophyllites }										CALAMARIÆ.
— charæformis ...... Sternb.						*	*			Bechera, Sternb. Flora der Vorw. pt. iv, t. 55, f. 3-5. Morris, Trans. Geol. Soc. 2 ser. vol. v, t. 38, f. 2.
— comosus .... Lindl.						*	*			Vide A. longifolia.
— dubia .... Brong.						*	*			Prod. p. 169. Bechera grandis, Sternb. Terrt. Flora Prim. p. 30, t. 49, f. 1. Asterophyllites, Lindl. and Hutton, Foss. Flora, vol. i, t. 19; vol. iii, t. 173.
— equisetiformis...... Schloth.						*	*	*		Casuarinites, Schloth. Petref. Flora der Vorw. t. 1, f. 1; t. 2, f. 3; ib. Geinitz, Steinkohlenf. p. 8, t. 17, f. 1-3. Calamocladus, Schimper, Traité Pal. Végét. vol. i, p. 324; atlas, t. 22, f. 1-3. Asterophyllites, Lindl. and Hutton, Foss. Flora, vol. iii, t. 191. Bornia, Sternb. Flora, pt. iv, p. 28, t. 19.
— equisetiformis ...... L. & H.										Vide Annularia longifolia.
— foliosus .... L. & H.						*	*			Foss. Flora, vol. i, p. 77, t. 25, f. 1; ib. Trans. Geol. Soc. vol. v, 2 ser. p. 681; ib. Geinitz, Steinkohlen. v. Sachsen, p. 10, t. 15, 16. Calamocladus, Schimper, Traité Pal. Végét. vol. i, p. 326. A. foliosus, Dawson, Acadian Geology, p. 479.
— galoioides .... Lindl.						*	*			Foss. Flora, vol. i, t. 25, f. 2. ? Annularia radiata, Brong. Sternb.
— grandis .... Sternb.						*	*			Bechera, Flora der Vorw. vol. i, fasc. 4, p. 30, t. 49, f. 1; ib. Lindl. and Hutton, Foss. Flora, vol. i, t. 17-19; vol. ii, t. 173. Asterophyllites, Geinitz, Preisschr. p. 35, t. 14, f. 15; ib. Steinkohl. v. Sachsen, p. 8, t. 17, f. 4-6. Calamocladus, Schimper, Traité Pal. Végét. vol. i, p. 325. ? Calamites nodosus, Lindl. and Hutton, Foss. Flora, vol. i, t. 15, 16.
— jubatus .... Lindl.										Vide A. longifolia.
— longifolia........... Brong.						*	*	*		Asterophyllites, Prodl. p. 159; Lindl. and Hutton, Foss. Flora, vol. i, p. 59, t. 18; ib. Geinitz, Steink. v. Sachs. p. 9, t. 18, f. 2, 3. Bruckmannia longifolia et tenuifolia, Sternb. Flora der Vorw. vol. iv, p. 30, t. 58, f. 1; ib. Binney, Mono. Carb. Plants, Pal. Soc. 1867, vol. xxi, t. 6, f. 3, No. 14; ib. Lesq. Pal. Illinois, p. 444. Aster. jubatus, Lindl. and Hutton, vol. ii, t. 133. Asterophyllites comosus, Lindl. and Hutton, vol. ii, t. 108.
— rigidus .... Sternb.						*	*			Bruckmannia, Flora der Vorw. vol. iv, p. 29. Asterophyllites, Lindl. and Hutton, Foss. Flora, vol. ii, p. 159, t. 211; ib. Geinitz, Steink. v. Sachsen, p. 9, t. 17, f. 7. Aster. D'Eichw. Leth. Rossica, p. 186, t. 14, f. 1, 2. Calamocladus, Schimper, Traité Pal. Végét. vol. i, p. 324.
— tenuifolia .... Sternb.						*	*			Bruckmannia, Flora der Vorw. vol. ii, p. 29, t. 19, f. 2.
— tuberculata .... Sternb.						*	*	*		Terrt. Flora Prim. p. 29, t. 45, f. 2; ib. Brong. Prod. p. 159, No. 6. Bruckmannia, Lindl. and Hutton, p. 45, t. 14; ib. Sternb. Essai d'un Exposé, &c. fasc. 4, p. 29, t. 45, f. 2. (Vide Williamson, Asterophyllites, Organisation of Foss. Plants of Coal Measures, Phil. Trans. Roy. Soc. vol. clxiv, p. 41-81, 1874; also, ib. vol. clxix, p. 319, 1878.]
Araucarioxylon ...... Krauss										
— *Withami*........... L. & H.										Vide Pinnites Withami. (Pitus.)
ASTEROPHYLLITÆ.										
Bechera............ Sternberg, 1825...										
Asterophyllites ... Brong. 1828										
— *charæformis* .... Sternb.										} Vide Asterophyllites.
— *grandis* .... Sternb.										
LEPIDODENDREÆ.										
Bothrodendron ... Lindl. & Hutton, 1839										
— *punctatum* .... L. & H.						*				Vide Ulodendron parnatum.

PALÆOZOIC.   PLANTÆ.   CARBONIFEROUS.

SPECIES.	Calciferous Series.	Lower Lmst. Shales.	Carboniferous Lmst.	Up/Lst.Shale(Yoredale)	Millstone Grit.	Lower Coal Measures.	Middle Coal Measures.	Upper Coal Measures.	Pass up.	REFERENCES.
Bowmanites ...... *Binney*, 1871 ...			•							**LYCOPODIACEÆ.**
— Cambrensis ...... *Binney*			...	...	•	...	...			Mono. Foss. Plants, Carb. Strata, Pal. Soc, p. 59, t. 12, f. 1–3.
Brackmannia ...... *Sternberg*, 1825...			...	...						*Vide* Asterophyllites.
EQUISETACEÆ (CALAMITEÆ).										
Calamites .... *Suckow*, 1784......										
Equisetites ...... *Sternberg*, 1833...										
Asterophyllites ... *Brong.* 1828										
Calamodendron ... *Binney*, 1868......										
Volkmannia ...... *Sternberg*, 1825...										
Dornia .... *F. A. Römer*, 1850										**CALAMARIÆ.**
— approximatus ..... *Schloth.*			...	...	•	•	•			Petref. p. 400, t. 20, f. 2; ib. Artis, Anted. Phyt, t. 4. *C. ornatus*, Sternb. Flora, vol. iv, p. 28; Brong. Hist. vol. i, p. 133, t. 15, 24, f. 7, 8; Lindl. and Hutton, Foss. Flora, vol. i, t. 77; vol. iii, t. 216; ib. *et C. interruptus*, Schloth. Petref. p. 400, t. 20, f. 2. *C. cariana*, Sternb. Flora der Vorw. vol. ii, p. 50, t. 12; ib. Germar Verst. d. Steinkohlgeb. v. Wettin. u. Löbejün, p. 47, t. 20. C. approx, Lesq. Pal. Illinois, p. 445; ib. Schimper, Traité de Pal. Végét. &c. vol. i, p. 314, t. 18, 19, f. 1.
— arenaceus .... *Sâger*					...	...	•			Pflanzen versteinerungen, p. 37, t. 3, f. 1–7; t. 6, f. 2; ib. D'Eichw. Leth. Rossica, p. 167, t. 14, f. 1. *Calamites elongatus*, Schimper et Mougeot. Mono. des Plantes Foss. vol. i, p. 58, t. 28, 29, f. 3.
— cannæformis ...... *Schloth.*		•	•		•	•	•			Petref. p. 398, t. 20, f. 1; Brong. Hist. vol. i, p. 131, t. 21, f. 4; Lindl. and Hutton, Foss. Flora, vol. i, t. 77, 79; ib. Sternb. Vers. Flora Vorw. Heft. 4, p. 26; Heft. 6, p. 46. *Pseudo-bambusia*, Artis, Anted. Phytol. p. 6, t. 6. C. cannæformis, Geinitz, Preisschr. p. 32, t. 14, f. 16–19; ib. Verst. d. Steink. p. 5, t. 13, f. 8; t. 14, f. 1, 2, 4. *C. Steinhaueri*, Brong. Illst. p. 135, t. 28, f. 4. *C. cannæformis*, Schimper, Traité de Pal. Végét. &c. vol. i, p. 316, t. 20, f. 1–3.
— Cistii .... *Brong.*				...	•	•	•			Hist. Végét. Foss. vol. i, p. 129, t. 20; ib. Geinitz, Steinkohlenfor. p. 7, t. 11, f. 7, 8; t. 12, f. 4, 5; t. 13, f. 7; ib. Dawson, Rept. on Foss. Plants, Carbon. of Canada, p. 29, t. 8, f. 56; ib. Dawson, Acadian Geology, p. 478.
— eultransensis....... *Haugh.*		•	•							Jour. Geol. Soc. Dublin, vol. vi, p. 239.
— decoratus........... *Eichw.*							•			Leth. Rossica, vol. i, p. 178, t. 13, f. 5–10. ? Brong. Hist. Végét. Foss. vol. i, p. 133, t. 14, f. 1–5. *C. decoratus*, Schloth. Petref. p. 402; ib. Sternb. Flora du Mond. Primit. fasc. 4, t. 27.
— dubius .... *Artis*			...		•		•			Anted. Phytol. t. 13; ib. Brong. Illst. Végét. Foss. vol. i, p. 130, t. 18, f. 1–3. ? *C. Cistii*, C. dubius, Dawson, Acadian Geology, p. 478.
— inæqualis........... *L. & H.*										Foss. Flora, vol. iii, t. 196.
— Lindleyi .... *Sternb.*			•	•						Flora der Vorw. Heft. 5 and 6, p. 48. *C. Mougeoti*, Brong. Hist. vol. i, p. 137, t. 25, f. 4, 5; ib. Lindl. and Hutton, Foss. Flora, vol. i, t. 22.
— Mougeoti .... *L. & H.*										*Vide C. Lindleyi.*
— nodosus .... *Schloth.*			•	•		•	•			Flora der Vorw. vol. i, fasc. 3, p. 36, 39; fasc. 4, p. 27, t. 17, f. 2; ib. Petref. p. 401, t. 20, f. 3; ib. Brong. Illst. Végét. Foss. vol. i, p. 133, t. 23, f. 2–4. ? *C. Suckowii*, ? *C. tumidus*, C. nodosus, Dawson, Acadian Geology, p. 479.
— ornatus .... *Sternb.*										*Vide C. approximatus.*
— pachyderma ...... *Brong.*							•	?		Hist. Végét. Foss. vol. i, p. 132, t. 22.
— pseudo-bambusia... *Artis*										*Vide C. cannæformis.*
— ramosus .... *Artis*										*Vide C. Suckowii.*
— remotus .... *Brong.*						•	•			Hist. Végét.Foss. vol. i, t. 25, f. 2; ib. Salter, Mem. Geol. Survey, County round Wigan, sheet 89, S.W. p. 37, f. 1; p. 38.
— Steinhaueri....... *Brong.*										*Vide C. cannæformis.*

PALÆOZOIC.   PLANTÆ.   CARBONIFEROUS.

SPECIES.	Oldiferous Series.	Lower Lmst. Shales.	Carboniferous Lmst.	Up. Lst. Shale (Yoredale)	Millstone Grit.	Lower Coal Measures.	Middle Coal Measures.	Upper Coal Measures.	Poss. sp.	REFERENCES.
Calamites (*continued*).										
— Suckowii .... *Brong.*					•	•	•	•	...	Hist. Végét. Foss. vol. i, p. 124, t. 14. f. 6; t. 15, f. 1–6; t. 16, f. 2–4 (non 1). *Cal. æqualis*, Sternb. Vers. Flora Vorw. Heft. 1, p. 22, t. 13, f. 3; Heft. 4, p. 47–49. *C. Suckowii*, Gutbier Abdr. u. Verst. p. 17, t. 11, f. 1, 2. *C. ramosus*, Gutbier, id. ib. p. 8, t. 2, f. 6. *C. ramosus*, Artis, Antediluv. Phytol. t. 2. ? *Cal. nodosus*, Sternb. Flora der Vorw. vol. i, fasc. 3. p. 36, 39; fasc. 4, p. 27, t. 17, f. 2. *C. ramosus*, Brong. Illst. Végét. Foss. vol. i, p. 127, t. 17, f. 5, 6. *C. Suckowii*, Schimper, Traité Pal. Végét. vol. i, p. 312; atlas, t. 18, f. 1. *C. undulatus*, Sternb. Flora der Vorw. vol. i, fasc. 4, p. 26; vol. ii, p. 47, t. 1, f. 2; t. 20, f. 8: ib. Dawson, Geol. Surv. Canada, Rept. Foss. Plants, Carb. p. 30, t. 8, f. 66–73; ib. Gutbier, Abdr. u. Verst. d. Zwick. Kolengeb. p. 18, t. 2, f. 5; ib. Brong. Illst. Végét. Foss. vol. i, p. 12, t. 17, f. 1–4; ib. Sternb. Flora der Vorw. vol. i, fasc. 4, p. 26; vol. ii, p. 47, t. 1, f. 2; t. 20, f. 8.
— *undulatus* .... *Sternb.*									...	*Vide C. Suckowii.*
— *varians* .... *Sternb.*							•	•	...	Flora der Vorw. vol. ii, p. 50, t. 12; ib. Lindl. and Hutton, Foss. Flora, vol. i, t. 20, 21. ? *C. approximatus.*
— *verticillatus* ...... *L. & H.*									...	*Vide* Macrostachya infundibuliformis. [*Vide* Williamson for Structure and affinities of Calamites, Phil. Trans. Roy. Soc. vol. clxi, p. 477–510, 1872; also, ib. vol. clxiv, p. 319.]
Calamocladus .... *Schimper*, 1869 ...									...	*Vide* Asterophyllites.
CALAMITÆ.										
Calamodendron ...... *Binney*, 1868										
— commune .... *Binney*					?	•	•		...	Mono. Plants, Carb. Strata, Pal. Soc. vol. xxi, p. 19, f. 1–5, 1867. ? *Calamostachys Binneyana*, Schimp. Traité Pal. Végét. vol. i, p. 330.
EQUISETINÆ.										
Calamostachys ...... *Schimper*, 1869 ...										CALAMARIEÆ.
Volkmannia ... (part) *Sternberg*, 1825										
— Binneyana .... *Schimp.*									...	Traité Pal. Végét. vol. i, p. 330, t. 23, f. 5–10. ? *Calamodendron commune*, Binney. [*Vide* Williamson for History and Structure, Phil. Trans. Roy. Soc. vol. clxiv, p. 41–48, 1874.]
CYCADEÆ.										
Cardiocarpum .... *Brongniart*, 1828.										CYCADINEÆ.
Antholithes .... *Brong.* 1822										
— acutum .... *Brong.*		•			•		•		...	Prodr. p. 87; Lindl. and Hutton, Foss. Flora, vol. i, t. 76. ? Fruit of *C. anomalum.*
— anomalum .... *Morris*					•		•		...	Carruthers, Geol. Mag. vol. ix, p. 57, f. 3, 1872. *Antholithes*, Morris, Trans. Geol. Soc. vol. v, 2 ser. p. 500, t. 38, f. 5. Balfour, Palæont. Botany, p. 65, f. 52.
— apiculatum .... *Göpp.*						•				Do Fruct. et Sem. Lith. p. 23, t. 2, f. 32.
— Lindleyi .... *Carr.*						•			...	Geol. Mag. vol. ix, p. 56, woodcuts 1, 2, p. 55.
CYCADEÆ.										
Carpolithes .... *Schloth.* 1820										CYCADINEÆ.
— alatus .... *Lindl.*						•			...	Foss. Flora, vol. i, t. 87, t. 210 B; Sternb. Flora der Vorw. t. 48, f. 4. (Araucarites.)
— helicteroides ...... *Morris*						•			...	Trans. Geol. Soc. 2 ser. vol. v, t. 38, f. 12.
— marginatus .... *Artis*						•			...	Ante. Phytol. t. 22.
— sulcatus .... *Lindl.*	•					•			...	Foss. Flora, vol. iii, L. 220.
— zamoides .... *Morris*						•			...	Trans. Geol. Soc. 2 ser. vol. v, t. 38, f. 4.
Cauda-Galli .... *Vanuxem*, 1842									...	? Impressions of sea-weeds in sandstones and shales.
Caulopteris .... *Lindley*, 1831 ...										
Caulopteris et Ptychopteris } *Corda*, 1846										

PALÆOZOIC.   PLANTÆ.   CARBONIFEROUS.

SPECIES.	Calciferous Series.	Lower Laurt. Inlms.	Carboniferous Laurt.	Up. Lst. Shale (Yoredale)	Millstone Grit.	Lower Coal Measures.	Middle Coal Measures.	Upper Coal Measures.	Pass up.	REFERENCES.
Caulopteris (*continued*).										**FILICINEÆ.**
— gracilis .... *L. & H.*		...	...	...	...	...	•	...		Foss. Flora, vol. ii, t. 141. Internal portion of Stigmaria (Morris).
— Phillipsii.......... *L. & H.*		...	...	...	...	...	•	...		Foss. Flora, vol. ii, p. 161, t. 140; ib. Presl. p. 172.
— primæva .... *L. & H.*		...	...	...	...	...	•	...		Foss. Flora, vol. i, p. 121, t. 42. *Sigillaria*, Lindleyi, Brong. Hist. Végét. Foss. vol. i, p. 419, t. 140, f. 1.
FUCOIDÆ.										
Chondrites .... *Sternberg*, 1833...										
Fucoides .... *Brongniart*, 1822										**ALGÆ.**
— Prestvisii........... *Morris*		...	...	...	•	...	...	...		Cat. Brit. Foss. p. 6, 1854.
FILICINÆ.										
Coryneopteris ...... *Baily*, 1860 ...										
— stellata .... *Baily*		...	...	...	•	...	...	...		Dublin Geol. Soc. vol. viii, p. 237, t. 21, f. 1 a-c; ib. Expl. sheet 142, Geol. Surv. Ireland, p. 17, f. 8 a-c.
CYCADACEÆ.										
Cordaites............ *Unger*, 1850 ...										
— borassifolius ...... *Stern.*										*Vide* Flabellaria.
— principalis ? ...... *Geinitz*		...	...	...	...	•	•	...		Die Verstein. der Steinkohlenf. Sachsen, p. 41, t. 21, f. 1-16, 22. *Flabellaria*, Germar Löbejün u. Wettin, Hoft. 5, p. 56, t. 23.
PECOPTERIDÆ.										
Crepidopteris .... *Presl.* 1838										
— marginata		...	...	...	...	...	...	...		*Vide* Pecopteris.
Cyatheites............ *Göppert*, 1836 ...										
— sp.		...	...	...	...	...	...	...		*Vide* Pecopteris.
LEPIDODENDREÆ.										
Cyendites............ *Brongniart*, 1828										**CYCADEÆ.**
— Caledonicus........ *Salter*		•	...	...	...	...	...	...		Mem. Geol. Surv. Mem. to Sheet 34, Scotland, E. Berwick, p. 58; ib. Geol. East Lothian (map 33), p. 72, f. 22.
Cyclocladia... *Lindl.* 1833, ? *Goldenberg*										**LYCOPODIACEÆ.**
— major .... *Lindl.*		...	...	...	...	•	...	...		Foss. Flora, vol. ii, t. 130.
NEUROPTERIDÆ.										
Cyclopteris .... *Brongniart*, 1828										
Nephropteris ...... *Brongniart*, 1828										
Nephropteris ...... *Schimper*, 1869...										
Adiantites .... *Göppert*, 1836 ...										**FILICINEÆ.**
— dilatata .... *Lindl.*		...	...	...	...	...	...	•		Foss. Flora, vol. ii, t. 91 ll. Unger, Flora der Vorwelt, p. 98. *Nephropteris*, Schimper, Traité Pal. Végét. &c. vol. i, p. 430.
— flabellata .... *Brong.*		•	...	?	...	•	•	...		Hist. Foss. Flora, vol. i, p. 218, t. 61, f. 4-6.
— Murchisoni........ *Presl.*		...	...	...	...	...	...	...		*Vide* Otopteris dubia.
— oblata .... *Lindl.*		...	...	...	...	...	•	•		Foss. Flora, vol. i, p. 217.
— obliqua .... *Brong.*		•	...	...	...	•	•	...		Hist. Foss. Flora, vol. i, p. 221, t. 61, f. 3; Lindl. and Hutton, Foss. Flora, vol. ii, t. 90, f. A, B. *Adiantites*, Göpp. Syst. Fil. Foss. p. 221. *Nephropteris*, Schimper, Traité Pal. Végét. &c. vol. i, p. 430.
— orbicularis .... *Brong.*		...	...	...	...	...	•	•		Hist. Foss. Flora, vol. i, p. 220, t. 61, f. 1, 2; ib. Park. Org. Remains, vol. i, t. 5, f. 5. *Adiantites cyclopteris*, Göpp. Syst. Filices, p. 218, t. 34, f. 8. *Nephropteris*, Drong. *fide* Schimper, Traité Pal. Végét. vol. i, p. 429.

PALÆOZOIC.   PLANTÆ.   CARBONIFEROUS.

SPECIES.	Calciferous Series.	Lower Lime. Shales.	Carboniferous Lime.	Up.Lst.Shale(Yoredale)	Millstone Grit.	Lower Coal Measures.	Middle Coal Measures.	Upper Coal Measures.	Poss. sp.	REFERENCES.
Cyclopteris *(continued).*										
— reniformis .... *Brong.*	...	*	...	...	...	*	*	...	...	Hist. Foss. Flora, vol. i, p. 216, t. 61, bis f.1. *Nephropteris*, Schimper, Traité Pal. Végét. &c. vol. i, p. 430.
— semiflabelliformis *Morris*	...	...	...	...	...	...	*	*	...	Trans. Geol. Soc. 2 ser. vol. v, t. 38, f. 7.
— trichomanoides ... *Brong.*	...	*	...	...	...	*	*	...	...	Hist. Végét. Foss. vol. i, p. 217, t. 61, bis f. 4.
LEPIDODENDREÆ.										
Cyclostigma .... *Haughton*, 1860...										LYCOPODIACEÆ.
— Griffithii .... *Brong.*	...	*	...	...	...	...	...	...	...	Haughton, Jour. Geol. Soc. Dublin, vol. ix (1862), p. 13, t. F. (*Lepidodendron*.)
CYPERACEÆ.										
Cyperites .... *Lindley*, 1830 ...										
— bicarinata .... *L. & H.*	...	*	...	...	...	*	...	...	...	Foss. Flora, vol. i, t. 43, f. 1, 2.
Dadoxylon ... *Endlecher*, 1840 (*Unger*).										
Sternbergia, Sp.... *Artis*, 1826										
Araucarioxylon ... *Krauss*										
Lomatophloios ... *Corda*, 1845										CONIFERÆ.
— approximatum ... *Brong.*	...	*	...	...	...	*	*	...	...	Williamson, Manchester Phil. Trans. 2 ser. vol. ix, p. 356, t. 10, f. 11. *Sternbergia*, Lindl. and Hutton, Foss. Flora, vol. iii, t. 224.
— Brandlingi .... *Endl.*	...	...	...	...	...	*	...	...	...	Syn. Con. p. 299. Unger, Gen. Plant, p. 379. *Pinsites*, Witham, Struct. Veget. p. 73, t. 9, f. 1–6; t. 10, f. 1–6; t. 16, f. 3.
— Greavi .... *Will.*	...	...	...	...	...	*	...	...	...	Brit. Assoc. Report, 1871, p. 112.
Dictyoxylum... *Lindl. & Hutton*, 1837										FILICES.
— Dawsiense .... *Haugh.*	...	*	...	...	...	...	...	...	...	Jour. Geol. Soc. Dublin, 1862, vol. ix, p. 13, t. D.
SIGILLARIÆ.										
Diploxylon .... *Corda*, 1840										
Anabathra .... *Witham*, 1831 ...										LYCOPODIACEÆ.
— elegans .... *Corda.*	...	...	...	...	*	...	...	...	...	Beiträge, p. 36, t. 10, 11. *Sternbergia transversa*, Artis, Ante. Phytol. t. 8. Artisia, Sternb. vol. ii, t. 53, f. 7–9. *Vide* Unger, Genera Plantarum, p. 253. [*Vide* Williamson on Diploxylon, Phil. Trans. Soc. vol. clxii, p. 283–318, 1873.]
CAULES FILICINEÆ.										
Endogenites .... *Brongniart*, 1822										
— striata .... *L. & H.*	...	...	...	...	...	*	...	...	...	Foss. Flora, vol. iii, t. 227 A. (? Internal cast of stem.)
SPHÆNOPTERIDÆ.										
Eremopteris .... *Schimper*, 1869...										FILICINEÆ.
Sphænopteris, Sp. *Auct.*										
— artemisæfolia ...... *Sternb.*	...	...	...	...	...	*	*	...	...	Verst. Flora der Vorw. vol. v, p. 25, t. 46, 47, 54. *Gleichenites*, Göpp. Syst. Fil. Foss. p. 184. *Sphænopteris crithmifolia*, Lindl. and Hutton, Foss. Flora, vol. i, t. 46. Eremopteris, Schimper, Traité Pal. Végét. vol. i, p. 416; Atlas, t. 30, f. 5. Sphænopteris, Brong. Hist. d. Végét. Foss. vol. i, p. 16, 46, 47; ib. Sternb. Flora der Vorw. p. 25, t. 54, f. 1.
EQUISETEÆ.										
Equisetidæ .... *Schimper*, 1869 ...										
Equisetites .... *Sternberg*, 1833...										
— dubius .... *Brong.*	...	...	...	...	...	*	...	...	...	*Equisetum*, Hist. Végét. Foss. vol. i, p. 120, t. 13, f. 17, 18.
— giganteus......... *L. & H.*	...	...	...	...	...	*	*	...	...	*Hippurites*, Foss. Flora, vol. ii, t. 114; ib. D'Eichwald, Leth. Rossica, p. 190, t. 14, f. 4. Equisetides, Schimper, Traité Pal. Végét. vol. i, p. 286.
— infundibuliformis *Sternb.*	...	...	...	...	...	?	...	...	...	Flora der Vorw. pt. v, vi, p. 44.

PALÆOZOIC.   PLANTÆ.   CARBONIFEROUS.

SPECIES.	Calciferous Series.	Lower Laurt. Shales.	Carboniferous Laurt.	Millstone Grit.	Lower Coal Measures.	Middle Coal Measures.	Upper Coal Measures.	Pass up.	REFERENCES.
Favularia .... *Sternberg*, 1823 ...									
— *nodosa* .... *L. & H.*	...	...	...	...	...	...	...	...	} *Vide* Sigillaria.
— *tessellata* .... *Brong.*	...	...	...	...	...	...	...	...	
Filicites .... *Schlotheim*, 1804..									FILICES.
— *Unitranensis* ...... *Hough*, ...	•	•	...	...	...	...	...	...	Jour. Geol. Soc. Dublin, vol. vi, p. 237, woodcut.
— *dichotoma* .... *Hough.*	...	•	...	...	...	...	...	...	Jour. Geol. Soc. Dublin, vol. vi, p. 234, 235. ? Sigillaria dichotoma.
— *lineatus* .... *Baily*	•	...	...	...	...	...	...	...	Mem. Geol. Surv. Irel. Expl. sheets 187, 195, 196, p. 19, t. 20, f. 3. (? Devonian.)
— *plumiformis* ...... *Baily*	...	...	•	...	...	...	...	...	Doubtful species.
Flabellaria .... *Sternberg*, 1822...									
Cordaites .... *Unger*, 1850									
— *borassifolia* .... *Sternb.*	...	...	...	...	•	•	...	...	Flora der Vorw. pt. ii, p. 34, t. 18. *Cordaites*, Unger, Gen. Plant. p. 277.
LEPIDODENDREÆ.									LYCOPODIACEÆ.
Flemingites .... *Carruthers*, 1865	...	...	...	...	•	...	...	...	*Sporangia of Lycopod.* or *Sigillaria.*
— *gracilis* .... *Carr.*	...	...	...	...	•	...	...	...	Geol. Mag. vol. ii, p. 433–440, t. 12, f. A 1–10, f. B 1–3, f. C 1, 2, and D. *Vide* Schimper, Traité Pal. Végét. vol. iii, p. 538, 539.
LEPIDODENDREÆ.									LYCOPODIACEÆ.
Halonia ....*Lindley & Hutton*, 1833									
— *disticha* .... *Morris*	...	...	...	...	•	•	...	...	Trans. Geol. Soc. vol. v, 2 ser. t. 38, f. 1.
— *gracilis* .... *Lindl.*	...	...	...	...	•	...	...	...	Foss. Flora, vol. ii, p. 13, t. 86; Drong. Hist. Végét. Foss. vol. ii, t. 28, f. 4; ib. Unger, Gen. Plant. p. 267; ib. Carruthers, Geol. Mag. vol. x, p. 151.
— *regularis* .... *Lindl.*	...	...	...	...	...	•	•	...	Foss. Flora, vol. iii, p. 179, t. 228, f. 1, 2. Tithymalites biformis, Sternb. pt. vii, viii, t. 53. Binney, Mono. Foss. Plants, Carb. Strata, Pal. Soc. p. 89, t. 15, f. 1–4; t. 16, f. 1–5; t. 17, f. 1–6; t. 18; ib. Carruthers, Geol. Mag. vol. x, t. 7, f. 1–3.
— *tortuosa* .... *Lindl.*	...	...	...	...	•	•	...	...	Foss. Flora, vol. ii, p. 11, t. 85; ib. Schimper, Traité de Pal. Végét. Flora du Monde Primitif, vol. ii, p. 54, t. 66.
— *tuberculosa* .... *L. & H.*	...	...	...	...	•	...	...	...	Foss. Flora, t. 28, f. 1–3; ib. Brong. Hist. vol. ii, t. 28, f. 1–3. H. tuberculosa, Denny, Foss. Flora Carb. Epoch, Yorkshire Coal Field, p. 37, t. 1, 1849.
SAGENARIACEÆ.									
Heterangium .... *Corda*, 1845									
— *paradoxicum* ...... *Corda*	•	...	...	...	•	...	...	...	Beiträge zur Flora der Vorwelt, p. 22, t. 16. [*Vide* Williamson on Heterangium, Phil. Trans. Roy. Soc. vol. clxiii, p. 377–408, 1874.]
ASTEROPHYLLITEÆ.									
Hippurites .... *Lindley*, 1833 ...									
Equisetites .... *Sternberg*, 1833 ..									
Equisetides ...... *Schimper*, 1869 ...									
— *giganteus* .... *Lindl.*	...	...	...	...	...	...	...	...	*Vide* Equisetides giganteus.
? ASTEROPHYLLITEÆ OR EQUISETACEÆ.									
Hydatica .... *Artis*, 1826	...	...	...	...	...	...	...	...	? Roots of Calamites.
Asterophyllites ... *Brong.* 1828									
— *columnaris* .... *Artis*	...	...	...	...	•	...	...	...	Antcd. Phytol. t. 5.
— *prostrata* .... *Artis*	...	...	...	...	•	...	...	...	Antcd. Phytol. t. 1.

PALÆOZOIC. PLANTÆ. CARBONIFEROUS.

SPECIES.	Calciferous Series.	Lower Lmst. Shales.	Carboniferous Lmst.	Up. Lst. Shale (Yoredale)	Millstone Grit.	Lower Coal Measures.	Middle Coal Measures.	Upper Coal Measures.	Poss sp.	REFERENCES.
Hymenophyllites ... *Göppert*, 1836 ...										
Sphænopteris .... *Brongniart*, 1828										FILICES.
Rhodea .... *Presnel*, 1838										
— dissecta .... *Göpp*						*			...	Syst. Fil. p. 260. *Sphænopteris*, Brong. Hist. Végét. Foss. vol. i, p. 183, t. 49, f. 2, 3. *Rhodea* dissecta, Sternb. Flora der Vorw. vol. ii, p. 110.
— furcata .... *Göpp*		*			*	*	*	*	...	Syst. Fil. p. 259. *Sphænopteris* furcata, Brong. Hist. Végét. Foss. vol. i, p. 179, t. 49; vol. ii, f. 4, 5: Lindl. and Hutton, Foss. Flora, vol. iii, t. 181. Geinitz, Steink. in Sachs. p. 17, t. 24, f. 8-13.
LEPIDODENDREÆ.										
Knorria .... *Sternberg*, 1825 ...										
? *Internal casts of stems of Lepidodendron.*										LYCOPODIACEÆ.
— dichotoma .... *Haugh.*	...	...	...	...	...	...	...	...	...	Sagenaria Kiltorkense or Veltheimiana.
— imbricata .... *Sternb.*	...	...	...	...	...	?	...	...	...	Flora der Vorw. vol. iv, p. 37; ib. Göpp. Gattung. 3, 4, p. 1, 2. *Lepidolepis*, Sternb. Flora, pt. iii, p. 39, t. 27. ? *Lepidodendron gracile.*
— Sellonii .... *Sternb.*	...	...	...	...	...	*	...	...	...	Flora der Vorw. pt. iv, p. 37, t. 57.
— ? taxina .... *L. & H.*	...	...	...	...	...	*	...	...	...	Foss. Flora, vol. ii, t. 95; Trans. Geol. Soc. 2 ser. vol. v, t. 38, f. 6.
LEPIDODENDREÆ.										
Lepidodendron ...... *Sternberg*, 1821 ,.										
Sagenaria .... *Brongniart*, 1822										LYCOPODIACEÆ.
— acerosum .... *L. & H.*	...	...	...	...	...	...	...	*	...	Foss. Flora, vol. i, t. 7, f. 1; t. 8, f. 1, 2. ? L. Sternbergii (? Knorria).
— aculeatum .... *Presl.*	...	...	...	...	...	...	...	...	...	*Vide Sagenaria aculeata.*
— appendiculatum ... *Sternb.*	...	...	...	...	...	...	...	...	...	*Vide Aspidiaria cristata.*
— Bucklandi .... *Brong.*	...	...	...	...	?	...	...	...	...	Prodrome, p. 85. (Sagenaria.)
— dichotomum ...... *Sternb.*	...	...	...	...	*	*	?		...	Flora der Vorw. vol. ii, p. 177, t. 68, f. 1. ? L. Sternbergii.
— dilatatum .... *L. & H.*	...	...	...	...	*	*	*	...	...	Foss. Flora, vol. i, t. 7, f. 2. ? L. Sternbergii.
— dubium .... *Brong.*	...	...	...	...	...	...	...	...	...	Prodrome, p. 86.
— elegans .... *Brong.*	?	*	...	*	*	*	*	...	...	Prodrome, p. 85; ib. Hist. Végét. Foss. vol. ii, t. 14, f. 1. Lindl. and Hutton, Foss. Flora, t. 118, 199. Lepido. lycopodioides, Sternb. Flora der Vorw. pt. ii, p. 31, t. 16, f. 1, 2, 4. (Sagenaria.)
— emarginatum ...... *Brong.*	...	...	...	...	...	?	...	...	...	Prodrome, p. 87. (Sagenaria.)
— exculptum .... *König.*	...	...	...	...	...	?	...	...	...	Icon. Foss. t. 235. (Selaginites.)
— gracile .... *L. & H.*	...	...	...	...	...	*	*	...	...	Foss. Flora, vol. i, t. 9; ib. Brong. Hist. Végét. vol. ii, t. 15. (Knorria imbricata.)
— Harcourti .... *Witham*	...	...	...	...	...	*	*	...	...	Witham, internal struct. of Foss. Veget. p. 51, t. 12, 13; ib. Lindl. and Hutton, Foss. Flora, vol. ii, p. 45, t. 98. Phillipsia, Presl. Sternb. Flora der Vorw. vol. vii, viii, p. 206. L. Harcourti, Binney, Mono. Foss. Plants, Carb. Strata, Pal. Soc. p. 46, t. 7, f. 1-10; p. 48: ib. P. 77, t. 13, f. 1-6; p. 80, t. 14, f. 1-3; ib. Brong. Hist. Végét. Foss. vol. ii, t. 20, 21. (Selaginites.)
— lanceolatum ...... *L. & H.*	...	...	...	...	...	...	...	...	...	*Vide Lepidophyllum.*
— longibracteatus ... *Morris*	...	...	...	...	...	*	...	...	...	Lycopodites, Trans. Geol. Soc. 2 ser. vol. v, t. 38, f. 9.
— longifolium .... *Brong.*	...	...	...	...	...	...	*	...	...	Prodrome, p. 88; ib. Sternb. Flora der Vorw. vol. i, p. 19, t. 3; ib. Lindl. and Hutton, Foss. Flora, vol. ii, t. 161.
— lycopdioides ...... *Sternb.*	...	...	...	...	...	...	...	...	...	*Vide Lepido. elegans.*
— minutum .... *Haugh.*	...	...	*	...	...	...	...	...	...	Jour. Geol. Soc. Dublin, vol. vi, p. 235; woodcut, p. 235. ? *Sigillaria dichotoma.* (Selaginites.)
— obovatum .... *Sternb.*	...	...	...	...	...	*	*	...	...	Flora der Vorw. pt. i, p. 21, t. 6, f. 1; t. 8, f. 1²; ib. Lindl. and Hutton, Foss. Flora, vol. i, p. 63, t. 19 bis; vol. ii, t. 118; vol. iii, t. 119. (Selaginites.)
— occephalum .... *L. & H.*	...	...	...	...	...	...	*	...	...	Foss. Flora, vol. iii, t. 206. (Selaginites.)
— ornatissimum ..... *Sternb.*	...	...	...	...	...	...	...	...	...	*Vide Ulodendron minus.*

PALÆOZOIC.   PLANTÆ.   CARBONIFEROUS.

SPECIES.	Calciferous Series.	Lower Limst. Shales.	Carboniferous Limst.	Up.Lst.Shale(Yoredale)	Millstone Grit.	Lower Coal Measures.	Middle Coal Measures.	Upper Coal Measures.	Perm sp.	REFERENCES.
Lepidodendron (*continued*).										
— plumarium .... *L. & H.*						•				Foss. Flora, vol. iii, t. 207. (Selaginites.)
— selaginoides .... *Sternb.*		?				•	•			Flora der Vorw. t. 16, f. 3; t. 17, f. 1. *Lycopodites*, Lindl. and Hutton, Foss. Flora, vol. i, p. 39, t. 12; vol. ii, p. 85, t. 113. (Sagenaria.)
— Serlii .... *Presl.*							•			Sternb. Flora der Vorw. pt. vii, viii, p. 177. *Sigillaria*, Brong. Hist. Végét. Foss. vol. i, p. 433. t. 158, f. 9. (Sagenaria.)
— Sternbergii .... *Brong.*		•		•	•	•	•			Prodrome, p. 85; ib. Lindl. and Hutton, Foss. Flora, vol. i, t. 4; vol. ii, t. 112; vol. iii, t. 203; ib. Sternb. Flora der Vorw. t. 1, 2. (Sagenaria.)
— tetragonum .... *Sternb.*										*Vide* Aspidiaria quadangularis.
— transversum ...... *Brong.*							•			Prodrome, p. 85. (Bergeria.)
— Underwoodi ...... *Brong.*					•		•			Prodrome, p. 85. (Bergeria.)
— variabile .... *L. & H.*		•				•				Foss. Flora, vol. i, t. 10, 11. (Bergeria.)
— vascularis .... *Binney*						•				Q. J. Geol. Soc. vol. xviii, p. 106, t. 6, f. 1-5, 1862; ib. Mono. Foss. Plants, Carb. Strata, Pal. Soc. p. 49, t. 8, f. 1-5, 7-9; p. 50, t. 8, f. 6. (Bergeria.)
— Sp. .... *Salt.*			•							Mem. Geol. Surv. Gt. Britain, App. Geol. East Lothian, map 33, p. 76, f. 24. [*Vide* Williamson for Literature and Structure of Lepidodendron, Phil. Trans. Roy. Soc. vol. clxii, p. 183-318, 1873; also, ib. vol. clxix, p. 319, 1878.]
LEPIDODENDREÆ.										
Lepidophloios ...... *Sternberg*, 1823...										LYCOPODIACEÆ.
Lomatophloios ... *Corda*, 1845										
— crassicaulis .... *Corda*...						•				*Lomatoph.* Sternb. Flora der Vorw. vol. ii, p. 206, t. 66, f. 10-14; t. 68, f. 20; ib. Beitr. p. 18, t. 1-7. *Stersbergia distans et appropinata*, Brong. Prodr. p. 137. Unger, Gen. Plant. p. 276. *Tithymalites biformis*, Sternb. Flora der Vorw. vol. ii, p. 205, t. 53, f. 1-6. Lepidophloios crassicaulis, Schimper, Traité de Paléont. Végétale, &c., vol. ii, p. 50, t. 60, f. 13, 14.
— laricinus .... *Sternb.*						•				Lepidodendron, Flora der Vorw. pt. i, p. 23, t. 11, f. 2-4.
LEPIDODENDREÆ.										
Lepidophyllum ...... *Brongniart*, 1828										LYCOPODIACEÆ.
— intermedium ...... *Lindl.*		•					•			Foss. Flora, vol. i, t. 4, 43, f. 3.
— lanceolatum ...... *Brong.*		?				•				Prodrome, p. 87; Mém. du Mus. p. 8, t. 13, f. 4; ib. Unger, Genera Plantarum, p. 368. ? L. lanceolatum, Lindl. and Hutton, Foss. Flora, vol. i, t. 7, f. 3, 4.
— majus .... *Brong.*							•			Prodrome, p. 87; ib. Lesq. Pal. Illinois, p. 456; ib. Geinitz, Verstein. p. 37, t. 2, f. 5; ib. Hain-Eberad. p. 55, t. 14, f. 12-14; ib. Schimper, Traité Pal. Végét. &c., vol. ii, p. 72, t. 61, f. 9, 64, f. 9.
— trinerve .... *Brong.*							•			Prodrome, p. 87; ib. Lindl. and Hutton, Foss. Flora, vol. ii, t. 152.
LEPIDODENDREÆ.										
Lepidostrobus ...... *Brongniart*, 1828										LYCOPODIACEÆ.
— ambiguus .... *Binney*				•						Mono. Foss. Plants, Carb. Strata, Pal. Soc. p. 55, t. 11, f. 1.
— comosus .... *L. & H.*	•		•		•					Foss. Flora, vol. ii, t. 162.
— dubius .... *Binney*						•				Mono. Foss. Plants, Carb. Strata, Pal. Soc. p. 52, t. 9, f. 3.
— Hibbertianus ...... *Binney*						•				Mono. Foss. Plants, Carb. Strata, Pal. Soc. p. 55, t. 10, f. 2.
— lævidensis .... *Binney*						•				Mono. Foss. Plants, Carb. Strata, Pal. Soc. p. 54, t. 10, f. 1.
— latus .... *Binney*						•				Mono. Foss. Plants, Carb. Strata, Pal. Soc. p. 57, t. 11, f. 2.
— lepidophyllaceus... *Gutb.*					•					Gæa. v. Sachs. p. 89.
— pinaster .... *L. & H.*						•				Foss. Flora, vol. i, t. 10, f. 3; t. 11.

PLANTÆ.

SPECIES.	Calciferous Series.	Lower Lmst. Shale.	Carboniferous Lmst.	Up. Lst. Shale (Yoredale)	Millstone Grit.	Lower Coal Measures.	Middle Coal Measures.	Upper Coal Measures.	Pass. up.	REFERENCES.
Lepidostrobus (*continued*).										
— Russellianus ...... *Binney*	...	...	...	...	...	*	?	...	...	Mono. Foss. Plants, Carb. Strata, Pal. Soc. p. 51, 52, t. 9, f. 1, 2.
— tenuis .... *Binney*	...	...	...	...	...	*	?	?	...	Mono. Foss. Plants, Carb. Strata, Pal. Soc. p. 53, t. 9, f. 4.
— variabilis ...... *L. & H.*	...	*	...	...	...	*	*	?	...	Fruit of Lepidodendron variabile. ? Flemingites gracilis, Brong. Hist. d. Végét. Foss. vol. ii, t. 22, 23, f. 1, 2; t. 24, f. 4, 5; Schimper, Traité de Pal. Végét. vol. ii, p. 61, t. 58, f. 2 a, 5; t. 61, f. 1, 2.
— structure of	...	...	...	...	...	...	...	...	...	*Vide* Brong. Hist. Végét. Foss. vol. ii, t. 22–25.
— Wünschianus .... *Binney*	...	...	...	...	...	*	...	...	...	Mono. Foss. Plants, Carb. Strata, Pal. Soc. p. 56, t. 11, f. 2.
Spores of Lepidostrobus ...... *Morris*	...	...	...	...	...	*	...	...	...	Trans. Geol. Soc. 2 ser. vol. v, t. 38, f. 8.
Spores of Lepidostrobus ...... *Hooker*	...	...	...	...	...	*	...	...	...	Q. J. Geol. Soc. vol. ix, p. 10–12.
Structure of Lepidostrobus ... *Hooker*	...	...	...	...	...	*	...	...	...	Mem. Geol. Surv. vol. ii, t. 25–35.
										[*Vide* Williamson for Structure of Lepidostrobus, Phil. Trans. Roy. Soc. vol. clxii, p. 283–318, 1873; also, ib. vol. clxix, p. 319, 1878.]
Lithormunda .... *Llwyd*	...	...	...	...	...	...	...	...	...	*Vide* Neuropteris Loshii, Brong.
— minor .... *Llwyd*	...	...	...	...	...	...	...	...	...	
LYCOPODIACEÆ.										
Lychnophorites ...... *Martius*, 1822	...									
— superus .... *Artis*	...	...	...	...	*	...	...	...	...	Anted. Phytol. t. 19. ? *Sagenaria.*
LYCOPODIACEÆ.										
Lycopodites .... *Brongniart*, 1828										
— cordatus .... *Sternb.*	...	...	...	...	*	...	...	...	...	Flora der Vorw. pt. iv, t. 56, f. 3.
— longibracteatus ... *Morris*	...	...	...	...	...	...	...	...	...	*Vide* Lepidodendron.
— phlegmarioides ... *Brong.*	...	...	...	...	*	*	...	...	...	Prodrome, p. 83; Sternb. Flora der Vorw. pt. iv, p. 8; Schloth. Pet. t. 22, f. 3.
— selaginoides ...... *Sternb.*	...	...	...	...	...	...	...	...	...	*Vide* Lepidodendron.
LYCOPODIACEÆ.										
Lyginodendron ...... *Gourlie*, 1843										
— Landsburgii ...... *Gourlie*	...	...	*	...	...	...	...	...	...	Glasgow, Phil. Soc. Feb. 1843, p. 105–108, t. 2. [*Vide* Williamson on Lyginodendron, Phil. Trans. Roy. Soc. vol. clxiii, p. 377–408, 1874.]
CALAMITEÆ.										
Macrostachya ...... *Schimper*, 1869										
— infundibuliformis *Schimp.*	...	...	...	...	...	...	*	...	...	Traité Pal. Végét. vol. i, p. 333, t. 23, f. 15–17. *Calamites verticillatus*, Lindl. and Hutton, Foss. Flora, vol. ii, p. 159, t. 139.
Medullosa .... *Cotta*, 1832										
Myelozylon .... *Brong.*										
Myelopteris .... *Rinault*										
— elegans .... *Cotta*	...	...	...	...	...	?	?	...	...	Dendrol. p. 61, t. 12, f. 1–5. Williamson, Mem. Lit. and Phil. Soc. Manchester, vol. xiii, p. 99.
LYCOPODIACEÆ.										
Megaphytum ...... *Artis*, 1826										
Ulodendron ...... *Lindley*, 1831										
— Alissi .... *Brong.*	...	...	...	...	...	...	...	...	...	*Vide* Ulodendron Stokesii.
— approximatum ... *Lindl.*	...	...	...	...	...	...	...	...	...	*Vide* Ulodendron parvulus.
— distans .... *Lindl.*	...	...	...	...	...	...	...	...	...	*Vide* Ulodendron Stokesii.
MUSACEÆ.										
Musocarpum .... *Brongniart*, 1828										
— contractum .... *Brong.*	...	...	...	...	*	...	...	...	...	Prodrome, p. 175.

PLANTÆ

SPECIES.	CARBONIFEROUS.							REFERENCES.
	Culciferous Series.	Lower Least. Shales.	Carboniferous Least.	Up. Lst.(Sinter)(Yoredale)	Millstone Grit.	Lower Coal Measures.	Middle Coal Measures.	Upper Coal Measures.	Pass up.	

HALORAGEÆ.

Myriophyllites ...... *Sternberg*, 1823 ...... | | | | | | * | ... | ... | Flora der Vorw. vol. iii, p. 36, t. 31, f. 4.
— dubius .... *Sternb.* .... | ... | ... | ... | ... | * | ... | ... | Anted. Phytol. t. 12; ib. Lindl. and Hutton, Foss. Flora, vol. ii, t. 110.
— gracilis .... *Artis* .... | ... | ... | ... | ... | * | ... | ... |

NŒGGERATHIÆ.

Nœggerathia .... *Sternberg*, 1821 ..
— flabellata .... *L. & H.* .... | ... | ... | ... | ... | ... | * | * | ... | Foss. Flora, vol. i, t. 28, 29.
— foliosa .... *Sternb.* .... | ... | ... | ... | ... | ... | * | * | ... | Flora der Vorw. pt. ii, t. 20. Unger, Gen. Plant. p. 103.

NEUROPTERIDÆ.

Neuropteris .... *Brongniart*, 1822
Sub-Genera, *Euneuropteris* (part)
 Schimper, 1869 ...
Neuropteridium ... *Schimper*, 1869 ... **FILICINEÆ.**

— acuminata .... *Schloth.* .... | ... | ... | ... | ... | * | * | * | ... | Filicites, Nacht. z. Petref. p. 412, t. 16, f. 4. Neuropteris, Brong. Hist. Végét. Foss. vol. i, p. 229, t. 63, f. 4; ib. Lindl. and Hutton, Foss. Flora, vol. i, t. 51. *N. smilacifolia*, Sternb. Vers. Flora Vorw. Hoft. 2, p. 29, 33, 35; Hoft. 4, p. 16. (Euneuropteris.)
— acutifolia .... *Brong.* .... | ... | ... | ... | ... | * | * | ... | Hist. Végét. Foss. vol. i, p. 231, t. 61, f. 6, 7; ib. Sternb. Vers. Flora Vorw. pt. v, vi, t. 19, f. 4. (Euneuropteris.)
— angustifolia .... *Brong.* .... | ... | ... | ... | ... | * | * | ... | Hist. Végét. Foss. vol. i, p. 231, t. 61, f. 3, 4.
— argute .... *Lindl.* .... | ... | ... | ... | ... | ... | ... | ... | Vide Pecopteris Lindleyana.
— attenuata .... *Lindl.* .... | ... | ... | ... | ... | ? | * | ... | Foss. Flora, vol. iii, t. 174. *Sphænopteris*, Schimper, Traité Pal. Végét. vol. i, p. 377. (Notochlænides.)
— auriculata .... *Brong.* .... | ... | ... | ... | ... | * | * | * | ... | Hist. Végét. Foss. vol. i, p. 236, t. 66. *Cyclopteris auriculata et Villiersii*, Sternb. Flora der Vorw. vol. v, vi, p. 66, t. 22. (Euneuropteris.)
— cordata .... *Brong.* .... | ... | ... | ... | ... | * | * | * | ... | Hist. Végét. Foss. vol. i, p. 229, t. 64, f. 5; ib. Lindl. and Hutton, Foss. Flora, vol. i, t. 41. *Cyclopteris varians et macrophylla*, Guth. Gæa. v. Sachs. p. 77. Geinitz, Verst. d. Steink. in Sachsen, p. 22, t. 27, f. 9. (Euneuropteris.)
— crenulata .... *Brong.* .... | ... | ... | ... | ... | * | * | ... | Hist. Végét. Foss. vol. i, p. 234, t. 64, f. 2. (Euneuropteris.)
— flexuosa .... *Sternb.* .... | ... | ... | ... | ... | * | * | * | ... | Flora der Vorw. vol. iv, p. 16; ib. Brong. Hist. Végét. Foss. vol. i, p. 239, t. 65, f. 2, 3; t. 68, f. 2; ib. Gutb. Abdr. u. Verstein. p. 56, t. 7, f. 1, 2, 5, 10, 13; t. 10, f. 5; t. 12, f. 3. *Osmunda gigantea*, var. β, Sternb. Flora der Vorw. p. 36-39, t. 7, f. 12. *Euneuropteris*, Schimper, Traité Pal. Végét. 1869, vol. i, p. 435, t. 30, f. 12, 13.
— gigantea .... *Sternb.* .... | ... | ... | ... | ... | * | * | * | ... | Osmunda, Flora der Vorw. pt. ii, p. 20, 23, t. 22. Neuropteris, Brong. Hist. Végét. Foss. vol. i, p. 240, t. 69; ib. Lindl. and Hutton, Foss. Flora, t. 52; ib. Geinitz, Verstein. &c., p. 22, t. 28, f. 1. *Filicites linguarius*, Schloth. Nacht. z. Petref. p. 411; ib. Flora der Vorw. t. 2, f. 25. (Euneuropteris.)
— Grangeri .... *Brong.* .... | ... | ... | ... | ... | ? | ... | ... | Hist. Végét. Foss. vol. i, p. 237, t. 68, f. 1. *Adiantites* (Cyclop.) *heterophyllus*, Göpp. Syst. Fil. Foss. p. 222, t. 35, f. 1. (Euneuropteris.)
— heterophylla ...... *Brong.* .... | ... | ... | ... | ... | * | * | ... | Hist. Végét. Foss. vol. i, p. 243, t. 71, 72, f. 2; ib. Lindl. and Hutton, Foss. Flora, vol. iii, t. 183; ib. Lesq. Pal. Illinois, p. 430. *Cyclopteris otopteroides*, Göpp. Uebers. p. 109; Syst. Fil. Foss. p. 223, t. 35, f. 7. *Gleichenites neuropteroides*, Göpp. Syst. Fil. Foss. p. 186, t. 3, 4. (Euneuropteris.)
— ingens .... *L. & H.* .... | ... | ... | ... | ... | * | * | ... | Foss. Flora, vol. ii, t. 91, f. A.
— ligata .... *Lindl.* .... | ... | ... | ... | ... | ... | ... | ... | Vide Pecopteris lobifolia.

PALÆOZOIC. PLANTÆ. CARBONIFEROUS.

SPECIES.	Calciferous Series.	Lower Limest. Shales.	Carboniferous Limst.	Up. Lst. Shale (Yoredale)	Millstone Grit.	Lower Coal Measures.	Middle Coal Measures.	Upper Coal Measures.	Pass up.	REFERENCES.
Neuropteris (*continued*).										
— Lindleyana .... *Sternb.*	...	...	...	...	...	...	...	*	...	Flora der Vorw. pt. v, vi, p. 74. ? N. *Loshii*, Lindl. and Hutton, Foss. Flora, vol. i, t. 49.
— Loshii .... *Brong.*	...	*	...	*	*	*	*	*	...	Hist. Végét. Foss. vol. i, p. 242, t. 73; ib. Lindl. and Hutton, Foss. Flora, t. 49. *Lithosmunda minor*, Lhwyd, Brit. Ichnogr. p. 12, t. 4, f. 189. *Gleichenites neuropteroides*, Göpp. Syst. Fil. Foss. p. 186, t. 4, 5. (Euneuropteris.)
— *lobifolia* .... *Phill.*										*Vide* Pecopteris lobifolia.
— macrophylla .... *Brong.*	...	...	...	...	...	*	*	*	...	Hist. Végét. Foss. vol. i, p. 253, t. 65, f. 1. (Euneuropteris.)
— Martini .... *Sternb.*	...	...	...	...	?	...	*	*	...	Flora der Vorw. pt. v, vi, p. 77; ib. Martin, Pet. Dorb. t. 19, f. 1-3.
— oblongata .... *Sternb.*	...	...	...	...	...	...	*	*	...	Flora der Vorw. pt. v, vi, p. 75, t. 22, f. 1.
— repanda .... *Lindl.*	...	...	...	...	...	...	...	*	...	Pecopteris, Foss. Flora, vol. ii, t. 84.
— rotundifolia .... *Brong.*	...	...	...	...	...	...	...	*	...	Hist. Végét. Foss. vol. i, p. 238, t. 70, f. 1. *Var. of N. flexuosa*, (Euneuropteris.)
— Schouchzeri .... *Hoffm.*	...	...	...	...	*	?	?	*	...	Keferst. Deutschl. Geogn. Geol. vol. iv, p. 157, t. 1-4; ib. Brong. Hist. Végét. Foss. vol. i, p. 230, t. 63, f. 5; ib. Göpp.; ib. Unger. (Euneuropteris.)
— smilacifolia .... *Sternb.*										*Vide* N. acuminata.
— Soretii .... *Brong.*	...	...	...	...	*	*	*	*	...	Hist. Végét. Foss. vol. i, p. 244, t. 70, f. 2. (Euneuropteris.)
— tenuifolia .... *Sternb.*	...	...	...	...	*	*	*	*	...	Flora der Vorw. pt. v, vi, p. 72; ib. Brong. Hist. Végét. Foss. vol. i, p. 241, t. 72, f. 3. *Filicites*, Schloth. Nacht. 2. Petref. vol. i, p. 405, t. 22, f. 1. *Neurop.* Murch. et Vern. Russ. &c. vol. ii, p. 6, t. 15, f. 2; ib. Lesq. Bot. and Pal. Arkansas (Geol. Surv. of Kansas, p. 312, t. 5). (Euneuropteris.)
— thymifolia .... *Sternb.*	...	...	...	...	...	...	...	*	...	Flora der Vorw. pt. v, vi, p. 75.
— Voltzii .... *Brong.*	...	...	...	...	...	...	*	*	...	Hist. Végét. Foss. vol. i, t. 67; ib. Mem. Geol. Surv. Gt. Brit. (iron ores of Gt. Brit.) 1861, p. 233; ib. Göpp. Syst. Fil. Foss. p. 194. (*Neuropteridium*.)
NEUROPTERIDÆ.										
Odontopteris .... *Brongniart,* 1822										FILICINEÆ.
— Britannica .... *Gutb.*	...	...	...	...	...	...	*	...	...	Verst. d. Schwartzkohl. p. 68, t. 9, f. 8-11; t. 14, f. 2, 3. O. *Schlotheimii*, Brong. Hist. Végét. Foss. vol. i, p. 256, t. 78, f. 5.
— Lindleyana .... *Sternb.*										*Vide* O. obtusa.
— lingulata .... *Göpp.*	...	...	...	...	...	...	...	...	...	Gen. Plant. Foss. p. 5, 6, t. 9, f. 12, 13; t. 13.
— obtusa .... *Brong.*	...	...	...	...	...	...	...	*	...	Hist. Végét. Foss. vol. i, p. 255, t. 76, f. 3, 4. O. *alpina*, Presl. Gcinitz, Verst. d. Steink. v. Sachs. p. 20, t. 26, f. 13; t. 27, f. 1. *Neurop. alpina*, Sternb. Flora der Vorw. vol. ii, pt. v, vi, p. 76, t. 12, f. 2. O. *obtusa*, Lindl. and Hutton, Foss. Flora, t. 40. O. *Lindleyana*, Göpp. Syst. Fil. Foss. p. 214, t. 1, f. 7, 8.
— Schlotheimii ...... *Brong.*	...	...	...	...	...	?	?	*	...	Hist. Végét. Foss. vol. i, p. 256, t. 78, f. 5. *Filicites osmundæformis*, Schloth. Petref. p. 412; ib. Flora der Vorw. t. 3, f. 5.
FILICINEÆ.										
Otopteris .... *Lindl. & Hutton,* 1833										
— dubia .... *L. & H.*										Foss. Flora, vol. ii, t. 150. *Adiantites Murchisoni*, Göpp. Syst. Fil. p. 211. *Cyclopteris Murchisoni*, Presl. Sternb. Flora der Vorw. vol. vii, viii, p. 34.
Palæophytis .... *McNab,* 1870 ...										
— Milleri .... *McNab*	...	...	...	...	?	?	...	...	...	Edinb. Bot. Soc. vol x, p. 512. Cromarty, Conif. Wood, Miller, Test. of the Rocks, 1857, p. 11, f. 3.
PALMÆ ?										
Palmacites .... *Sternberg,* 1838...										
— astrocariiformis ... *Sternb.*	...	...	...	...	...	...	*	...	...	Flora der Vorw. pt. i-iv, t. 8, f. 23.

PLANTÆ

CARBONIFEROUS

SPECIES	Calciferous Series	Lower Laurent. Shales	Carboniferous Limest.	Up.Lst.Shale(Yoredale)	Millstone Grit	Lower Coal Measures	Middle Coal Measures	Upper Coal Measures	Pass up	REFERENCES
PECOPTERIDÆ.										
Pecopteria .... *Brongniart*, 1828										
Alethopteris (part) ... *Sternb.* 1825...										
Cyatheides .... *Göppert*, 1836 ...										FILICINEÆ.
— abbreviata .... *Brong.*	...	...	...	...	*	*	*	...		Hist. Végét. Foss. vol. i, p. 337, t. 115, f. 1-4; ib. Lindl. and Hutton, Foss. Flora, vol. iii, t. 184.
— adiantoides .... *L. & H.*	...	...	...	...	*	*	...	...		Foss. Flora, vol. i, p. 111, t. 37. *Alethopteris*, Göpp.
— æqualis .... *Brong.*	...	...	...	...	...	*	...	...		Hist. Végét. Foss. vol. i, t. 128.
— aquilina .... *Schloth.*	...	...	...	...	...	...	...	...		Vide Alethopteris.
— arborescens .... *Schloth.*	...	...	...	...	...	*	*	...		*Filicites*, Flora der Vorw. t. 8, f. 13, 14; ib. Brong. Hist. Végét. Foss. vol. i, t. 101, 103, f. 1. P. aspidioides, Broug. ib. p. 311, t. 112, f. 2. *P. platyrachis*, Brong. ib. p. 312, t. 103, f. 4. *P. arborescens*, Andrw. in Gormar. Verst. d. Steink. v. Wett. u. Lübejün, p. 97, t. 34, 35. Pecop. (*Cyatheides*) arborescens, Schimper, Traité Pal. Végét. vol. i, p. 499.
— arguta .... *Sternb.*	...	...	...	...	...	?	*	...		Flore der Vorw. vol. iv, p. 19; ? Brong. Hist. Végét. Foss. vol. i, t. 108, f. 3, p. 303; ib. Göpp. Syst. Fil. Foss. p. 344, t. 15, f. 10. (*Goniopteris*, Schimper.) (Aspidides.)
— Brongniartiana ... *Presl.*	...	...	...	...	...	*	*	...		Sternberg, Flora der Vorw. pt. vii, viii, p. 160. P. dentata, Lindl. and Hutton, Foss. Flora, vol. ii, t. 154.
— Bucklandi .... *Brong.*										Vide Alethopteris.
— caudata .... *L. & H.*	...	...	...	...	...	*	...	...		Foss. Flora, vol. ii, t. 138.
— chærophylloides ... *Brong.*	...	...	...	...	...	*	...	...		Hist. Végét. Foss. vol. i, t. 125, f. 1. (*Coniopteris*.)
— Cistii .... *Brong.*	...	...	...	...	?	*	...	...		Hist. Végét. Foss. vol. i, p. 330, t. 106, f. 2. (*Alethopteris*.)
— crenulata .... *Brong.*	...	...	...	...	...	*	...	...		Hist. Végét. Foss. vol. i, p. 300, t. 87, f. 1; ib. Lesq. Pal. Illinois, p. 439, t. 39, f. 3-4.
— cristata .... *Brong.*	...	...	...	...	...	*	...	...		Hist. Végét. Foss. vol. i, p. 356, t. 125, f. 4, 5.
— cyathea .... *Brong.*	...	...	...	...	...	*	...	...		Hist. Végét. Foss. vol. i, p. 307, t. 101, f. 1-4.
— dentata .... *Brong.*	...	...	...	...	...	*	*	...		Hist. Végét. Foss. vol. i, p. 346, t. 123, 124. (*Cyatheides*.)
— dentata .... *L. & H.*										Vide P. Brongniartiana.
— Edgeii .... *Baily*	...	...	...	...	...	*	...	...		Expl. sheet 137, Geol. Surv. Ireland, p. 14, f. 5.
— Asterophylla ...... *Sow.*										Vide Alethopteris.
— laciniata .... *L. & H.*	...	...	...	...	...	...	*	...		Foss. Flora, t. 122.
— lepidorachis .... *Brong.*	...	...	...	...	...	*	...	...		Hist. Végét. Foss. vol. i, p. 313, t. 103, f. 1-5.
— lonchitica .... *Brong.*										Vide Alethopteris.
— Loshii .... *Brong.*	...	...	...	...	...	*	...	...		Hist. Végét. Foss. vol. i, p. 355, t. 96, f. 6. (Aspidides.)
— mantelli .... *Brong.*										Vide Alethopteris.
— marginata .... *Brong.*	...	...	...	...	*	*	...	...		Hist. Végét. Foss. vol. i, p. 291, t. 87, f. 2; Lindl. and Hutton, Foss. Flora, vol. iii, t. 213. Crepidopteris, Sternb. Flora der Vorw. vol. vii, p. 119.
— Miltoni .... *Brong.*	...	...	...	...	...	*	*	...		Hist. Végét. Foss. vol. i, p. 333, t. 114. Pecop. polymorpha, t. 113. *Cyatheides*, Göpp. Syst. Fil. Foss. p. 324. Geinitz, Verst. d. Steink. in Sachs. p. 27, t. 30, f. 5, 8; t. 31, f. 4. (*Cyatheides*.)
— muricata .... *Brong.*	...	...	...	...	...	*	*	...		Hist. Végét. Foss. vol. i, p. 352, t. 95, f. 3, 4. Pecop. incisa, Sternb. Flora der Vorw. vol. ii, pt. iv, p. 20; pt. v, vi, t. 23, f. 3. Pecop. laciniata, Lindl. and Hutton, Foss. Flora, vol. ii, t. 122. ? *Sphænopteris alethopteris*, Göpp. and Unger. (Aspidides.)
— nervosa .... *Brong.*	...	...	...	...	*	*	*	...		Hist. Végét. Foss. vol. i, p. 297, t. 94, f. 1, 2. *Alethopteris*, Göpp. Syst. Fil. Foss. p. 312. Pecop. Souvenvii, Brong. Hist. Végét. Foss. vol. i, p. 299, t. 95, f. 5. P. nervosa, Lindl. and Hutton, Foss Flora, vol. i, p. 35, t. 94. (Aspidides.)
— obliqua .... *Brong.*	...	...	...	...	*	?	...	...		Hist. Végét. Foss. vol. i, p. 320, t. 96, f. 1-4.

PALÆOZOIC.   PLANTÆ.   CARBONIFEROUS.

SPECIES.	Calciferous Series.	Lower Limst. Shales.	Carboniferous Limst.	Up. Lst. Shale, Yoredale.	Millstone Grit.	Lower Coal Measures.	Middle Coal Measures.	Upper Coal Measures.	Pass up.	REFERENCES.
Pecopteris (*continued*).										
— orcopteridis .... *Brong.*						*	*	*		Hist. Végét. Foss. vol. i, p. 317, t. 104, f. 2; t. 105, f. 1-3; ib. Lindl. and Hutton, Foss. Flora, vol. iii, t. 215. *Filicites*, Schloth. Pet. p. 407; ib. Flora, t. 6, f. 9; ib. Lesq. Pal. Illinois, p. 442. *Cyatheides*, Göpp. Syst. Fil. Foss. p. 323; ib. Geinitz, Verst. d. Steink. in Sachs. p. 26, t. 27, f. 14. (*Cyatheides.*)
— pennæformis ..... *Brong.*							*			Hist. Végét. Foss. vol. i, p. 343-345, t. 118, f. 3, 4. (*Cyatheides.*)
— Pluckenetii .... *Brong.*						*				Hist. Végét. Foss. vol. i, p. 335, t. 107, f. 1-3. *Filicites*, Schloth. Flora der Vorw. t. 10, f. 9. (*Cyatheides.*)
— plumosa .... *Brong.*						*	*			Hist. Végét. Foss. vol. i, p. 348, t. 121, f. 122. Artis, Antcd. Phytol. t. 17. *Cyatheides dentatus*, Göpp.
— polymorpha ...... *Brong.*										*Vide* Pecopteris Miltoni.
— pteroides .... *Brong.*						*	*			Hist. Végét. Foss. vol. i, p. 329, t. 99. (*Cyatheides.*)
— repanda .... *L. & H.*						*	*			Foss. Flora, vol. ii, p. 9, t. 84. *Cheilanthites neuropteris repanda*, Sternb. Flora der Vorw. vol. ii, p. 136. *Cheilanthites*, Göpp. Syst. Fil. Foss. p. 284.
— Sauveurii .... *Brong.*										*Vide* P. nervosa.
— Serlii .... *Brong.*										*Vide* Alethopteris.
— serra .... *L. & H.*										*Vide* Alethopteris.
— urophylla .... *Brong.*										*Vide* Alethopteris.
— villosa .... *Brong.*							*			Hist. Végét. Foss. vol. i, p. 316, t. 104, f. 3. *Cyatheides*, Göpp. Pecop. Geinitz, Steinkohlenf. p. 25, t. 29, f. 6-8. (*Cyatheides.*) [*Vide* Williamson on Pecopteris, Phil. Trans. Roy. Soc. vol. clxiii, p. 675-703, 1874.]
CONIFERÆ.										
Peuce .... *Witham, 1831*										
— Withami .... *Lindl.*						*				Foss. Flora, vol. i, t. 23, 24.
Phytolithus ...... *Steinholm, 1818*										
— verrucasus ...... *Martin*										*Vide* Stigmaria ficoides.
CONIFERÆ.										
Picea .... *Lindley, 1831*										
— Withami .... *Lindl.*						*				Foss. Flora, vol. i, t. 23, 24.
CONIFERÆ.										
Pinnites .... *Witham, 1831*										
Araucarioxylon										
— ambiguus .... *With.*						*				Foss. Veget. t. 9, f. 7, 8; t. 10, f. 7-9. (*Palæoxylon*, Brong.)
— anthracinus ...... *L. & H.*							*			Foss. Flora, vol. iii, t. 164.
— Bradlingi										*Vide* Dadoxylon.
— carbonarius ...... *With.*						?				Foss. Veget. t. 11, f. 6-9.
— medullaris .... *Lindl.*			*							Foss. Flora, vol. i, t. 3; Witham, Foss. Veget. t. 6, f. 5-8.
— Withami .... *Lindl.*						*				Foss. Flora, vol. i, t. 2; Witham, Foss. Veget. t. 4, f. 8-12. (*Palæoxylon*, Brong.), *Araucarioxylon*? *Vide* Carruthers, Geol. Mag. (for section), vol. ix, p. 58, f. 4.
Pinnularia .... *Lindley, 1833*										
— capillacea .... *Lindl.*						*	*	*		Foss. Flora, vol. ii, t. 111. ? Roots of *Asterophyllites*, or Annularia, Geinitz, Die Verstein, &c. p. 10.
CONIFERÆ.										
Pitus .... *Witham, 1831*										
Pissadendron .... *Endl. 1840*										

PALÆOZOIC. PLANTÆ. CARBONIFEROUS.

SPECIES.	Caldiferous Series.	Lower Limest. Shales.	Carboniferous Limst.	Up. Let. Shale Yoredale	Millstone Grit.	Lower Coal Measures.	Middle Coal Measures.	Upper Coal Measures.	Pass. sp.	REFERENCES.
Pitus (continued).										
— antiqua .... With.					•					Foss. Veget. t. 3, 4, f. 1–7.
— primæva .... With.					•					Foss. Veget. t. 8, f. 4–6; t. 16, f. 2.
GRAMINEÆ.										
Poacites .... Schlotheim, 1820										
— cocoinus .... L. & H.						•	•			Foss. Flora, vol. ii, t. 142 D.
— zeæformis .... Schloth.								•		Petref. p. 416, t. 26.
ACOIDEÆ.										
Pothocites .... Patterson										
— Grantoni .... Pat.		•			•					Edinb. Bot. Soc. Trans. vol. i, pt. i, p. 45, t. 3, f. 1–3; Ib. Carruthers, Geol. Mag. vol. ix, p. 58, f. 6.
— Pattersoni .... E. Ether.		•								Edinb. Bot. Soc. vol. xii, pt. i, p. 152.
FILICINEÆ.										
Protopteris .... Presl. 1838										
— punctata .... Sternb.						•				Flora der Vorw. vol. ii, p. 170, t. 65, f. 1–3. Lepidodendron, vol. i, t. 4, 8, f. 2. Sigillaria, Droug. Illst. Végét. Foss. vol. i, p. 124, t. 141, f. 1. Coulopteris punctata, Göpp. Syst. Fil. Foss. p. 449.
CYCADACEÆ.										
Rhabdocarpus .... Göpp. & Berg.										CYCADINEÆ.
— amygdalæformis... Göpp.										Göpp. De Fruct. vol. xxi, t. 1, f. 12.
Rhodea .... Presnel, 1838										
— dissecta .... Presl.										} Vide Hymenophyllites.
— furcata .... Presl.										
Rotularia .... Sternberg, 1822										
— Germar et Kaulfuss										Vide Sphenophyllum.
LYCOPODIACEÆ.										
Sagenaria .... Brongniart, 1822										
Lepidodendron ... Sternberg, 1821										
— aculeata .... Presl.			•		•	•	•			Sternb. Flora der Vorw. Heft. vii, viii, p. 177, t. 68, f. 3. Lepidodendron, ib. Heft. i, p. 20, t. 6, f. 2; t. 8, f. 1; Ib. Schimper, Traité Pal. Végét. Flora du Monde Prim. vol. ii, p. 20, t. 60, f. 1, 2; t. 59, f. 3.
— csiata .... Brong.							?			Classif. Veget. Foss. t. 1, f. 6.
— Lindleyana .... Presl.										Sternb. Flora der Vorw. pt. vii, viii, p. 179. ? Lepido. obovatum, Lindl. and Hutton, Foss. Flora, vol. i, t. 19 bis.
— ophiura .... Brong.								•		Classif. Veget. Foss. t. 4, f. 1. Lepido. affinis, Sternb. Flora der Vorw. t. 56, f. 2.
— rhodiana .... Presl.										Sternb. Flora der Vorw. pt. vii, viii, p. 179; ib. Rhode, t. 1, f. 1 A.
— rimosa .... Presl.						•	•			Sternb. Flora der Vorw. pt. vii, viii, p. 180, t. 68, f. 15. Lepidodendron, Sternb. vol. i, t. 10, f. 1, 7, 8; t. 68, f. 15.
— Veltheimiana .... Presl.	•	•	•							Sternb. Flora der Vorw. pt. vii, viii, p. 180, t. 68, f. 14. Lepido. Sternb. vol. iv, p. 12, t. 52, f. 2. Knorria, Baily, Mem. Geol. Surv. Ireland, Expl. sheet 187, 195, 196, p. 21, 22, f. 3. Sigillaria dichotoma, Haughton, Geol. Soc. Dublin, vol. vi, p. 227. Lepido. (Sagenaria), Salter, Mem. Geol. Surv. Gt. Britain, App. Geol. East Lothian, map 33, p. 72, f. 20, 21. Knorria imbricata, Göpp. Lepido. Sternb. Flora der Vorw. vol. iv, p. 12, t. 52, f. 1. Sagenaria, D'Eichwald, Leth. Rossica, p. 119, t. 7, f. 2–6.

PLANTÆ

SPECIES.		Calciferous Series.	Lower Lmst. Shales.	Carboniferous Lmst.	Up. Lst. Shale (Yoredale)	Millstone Grit.	Lower Coal Measures.	Middle Coal Measures.	Upper Coal Measures.	Foss. sp.	REFERENCES.
LYCOPODIACEÆ.											
Selaginites	*Brongniart*, 1828										
— patens	*Brong.*	..	•	...	...	•	...	...	...		Prodrome, p. 84; Hist. Végét. Foss. vol. ii, t. 26.
SIGILLARIEÆ.											
Sigillaria	*Brongniart*, 1828										
Favularia	*Sternberg*, 1824										
Syringodendron	*Sternberg*, 1820										LYCOPODIACEÆ.
— affinis	*König.*	...	...	...	...	...	...	•	...		Icon. Foss. p. 165.
— alternans	*Sternb.*	...	...	...	...	•	...	•	...		Vers. Flora der Vorw. Heft. iv, p. 24, t. 58, f. 2; Lindl. and Hutton, Foss. Flora, vol. i, t. 56, 57, 71.
— *appendiculata*	*Brong.*										Vide Aspidiaria cristata.
— catenulata	*L. & H.*	...	...	...	...	•	•	...	...		Foss. Flora, vol. i, t. 58. *Lepidodendron*, Sternb Flora der Vorw. vol. iii, t. 31, f. 2.
— contracta	*Brong.*	...	...	...	...	...	•	...	...		Hist. Végét. Foss. vol. i, p. 459, t. 147, f. 2.
— deutschiana	*Brong.*	...	...	...	...	...	•	•	...		Hist. Végét. Foss. vol. i, p. 475, t. 164, f. 3; ib. Goldenb. Flora Sarœp. Foss. p. 47, t. 8, f. 16.
— dichotoma	*Haupk.*	...	•	...	...	...	...	...	...		Jour. Geol. Soc. Dublin, vol. vi, p. 234, 1856 (woodcut).
— Downsii	*Brong.*	...	...	...	...	...	•	...	...		Hist. Végét. Foss. vol. i, p. 141, t. 153, f. 5.
— elegans	*Brong.*	...	...	...	...	•	•	•	...		Hist. Végét. Foss. vol. i, p. 439, t. 146, f. 1; ib. Unger, Gen. Plant. p. 235. Sig. hexagona, Brong. Hist. Végét. Foss. t. 155. ? *S. tessellata*.
— elliptica	*Brong.*	...	...	...	...	•	...	...	...		Hist. Végét. Foss. vol. i, p. 447, t. 152, f. 1–3; t. 153, f. 4.
— elongata	*Brong.*	...	...	...	...	...	•	...	...		Ann. Sci. Nat. vol. iv, p. 35. t. 2, f. 3, 4; ib. Hist. Végét. Foss. vol. i, p. 473, t. 145, 146, f. 2. *Rhytidolepis*, Sternb. Flora der Vorw. vol. iv, p. 23. S. elongata, Schimper, Traité Pal. Végét. &c. vol. ii, p. 91, t. 67, f. 8.
— flexuosa	*Lindl.*	...	...	...	...	...	...	•	...		Foss. Flora, vol. iii, t. 205.
— *hexagona*	*Brong.*										Vide Sig. elegans.
— Knorrii	*Brong.*	...	•	...	...	...	...	...	...		Hist. Végét. Foss. vol. i, p. 144, t. 136, f. 2, 3; t. 162, f. 6.
— lævigata	*Brong.*	...	...	...	...	...	•	•	...		Hist. Végét. Foss. vol. i, p. 471, t. 143; ib. Goldenb. loc. cjt. t. 8, f. 32.
— leioderma	*Brong.*	...	...	...	...	...	...	•	...		Hist. Végét. Foss. vol. i, p. 422, t. 157, f. 3.
— *Lindleyi*	*Brong.*										Vide Cauloperis priscum.
— mammillaris	*Brong.*	...	...	■	...	...	...	...	...		Hist. Végét. Foss. vol. i, p. 452, t. 149, f. 1; ib. Ann. Sci. Nat. vol. iv, t. 2, f. 5, 1825.
— *monostachya*	*Lindl.*										Vide Ulodendron minutum.
— Murchisoni	*Lindl.*	...	...	...	...	...	•	•	...		Foss. Flora, vol. ii, t. 149.
— notœa	*Lindl.*	...	...	...	...	...	...	•	...		Favularia, Foss. Flora, vol. iii, t. 192.
— notata	*Brong.*	...	...	...	...	?	?	...	...		Hist. Végét. Foss. vol. i, p. 449, t. 153, f. 1; ib. Goldenb. loc. cit. p. 38, t. 8, f. 1.
— oculata	*L. & H.*	...	...	...	...	...	...	•	...		Foss. Flora, vol. i, t. 70. *Palmacites*, Schloth. Petref. vol. i, p. 394, t. 17, f. 1.
— organum	*Sternb.*	...	...	...	...	•	•	•	...		Syringodendron, Flora der Vorw. vol. i, p. 24, t. 13, f. 1. Sigill, Lindl. and Hutton, Foss. Flora, vol. i, t. 70.
— ornata	*Brong.*	...	...	...	...	...	...	...	■		Hist. Végét. Foss. vol. i, p. 434, t. 158, f. 7, 8.
— pachyderma	*Brong.*	...	■	...	...	•	•	•	...		Hist. Végét. Foss. vol. i, p. 452, t. 150, f. 1. *Euphorbites vulgaris*, Artis, Antedl. Phytol. p. 15, t. 15; ib. Schimper, Traité Pal. Végét. &c. vol. ii, p. 86, t. 68, f. 7.
— *punctata*	*Brong.*										Vide Protopteris punctata.
— pyriformis	*Brong.*	...	...	...	...	...	...	...	...		Hist. Végét. Foss. vol. i, p. 448, t. 153, f. 3, 4.
— reniformis	*Brong.*	...	...	...	...	...	•	•	...		Ann. Sci. Nat. vol. iv, p. 32, t. 2, f. 2; ib. Lindl. and Hutton, Foss. Flora, t. 57, 71; ib. Lesq. Pal. Illinois, p. 451; ib. Schimper, Traité Pal. Végét. vol. ii, p. 94, t. 68, f. 9; t. 67, f. 1.
— Saulii	*Brong.*	...	...	...	...	...	•	•	...		Hist. Végét. Foss. vol. i, p. 456, t. 151; ib. Goldenb. Flora Sarœp. Foss. p. 31, t. 8, f. 22.

PALÆOZOIC.   PLANTÆ.   CARBONIFEROUS.

SPECIES.	Calciferous Series.	Lower Lamt. Shales.	Carboniferous Lmst.	Up Lst. Shale/Yoredale	Millstone Grit.	Lower Coal Measures.	Middle Coal Measures.	Upper Coal Measures.	Pam up.	REFERENCES.
Sigillaria (*continued*).										
— scutellata............ *Brong.*						•	•	•		Hist. Végét. Foss. vol. i, p. 455, t. 150. *Euphorbites vulgaris*, Artis, Antcd. Phytol. t. 15; Lindl. and Hutton, Foss. Flora, vol. i, t. 54. *S. scutellata*, Goldenb, Flora Sarœp. Foss. p. 30, t. 8, f. 10.
— Serlii .... *Brong.*										*Vide* Lepidodendron Serlii.
— Sillimani .... *Brong.*						•	•			Hist. Végét. Foss. vol. i, p. 459, t. 147, f. 1.
— tessellata............. *Brong.*						•	•	?		Hist. Végét. Foss. vol. i, p. 436, t. 157, f. 1; ib. Lesq. Pal. Illinois, p. 451; ib. Schimper, Traité Pal. Végét. &c. vol. ii, p. 81, t. 68. *Favularia*, Lindl. and Hutton, Foss. Flora, vol. i, t. 73–75.
— vascularis .... *Binney*						•				Q. J. Geol. Soc. vol. xviii, p. 106, t. 4, 5, 1862; ib. Structure of Foss. Plants, Pal. Soc. p. 81, t. 14, f. 4–6; ib. pt. iv, 1875. (Stigm. and Sigill.), p. 97–136, woodcut; p. 126, f. 4; p. 127, f. 5; p. 136, t. 19, f. 1, 2; No. 39, t. 20, f. 1–5; (Nos. 39, 40,) p. 141, t. 22, f. 1–4; t. 23, f. 1–3 (No. 44).
— venosa .... *Brong.*						•	•			Hist. Végét. Foss. vol. i, p. 424, t. 157, f. 6. [*Vide* Williamson, Phil. Trans. Roy. Soc. vol. clxii, p. 283–318, for Structure of Sigillaria.]
SPHENOPTERIDÆ.										
Sphænopteris........ *Brongniart*, 1828										**FILICINEÆ.**
Cheilanthites ...... *Göppert*, 1836 ...										
— acutifolia............ *Brong.*						•	•	•		Hist. Végét. Foss. vol. i, t. 57, f. 5.
— adiantoides ...... *L. & H.*						•	•	•		Foss. Flora, vol. ii, t. 115. *Cyclopteris concinna*, Ung. Gen. Plant. p. 101. (Ancimioides.)
— affinis .... *L. & H.*	•									Foss. Flora, vol. i, t. 45. W. Posch, Trans. Bot. Soc. Edinb. vol. xii, p. 187; ib. Q. J. Geol. Soc. vol. xxxiv, p. 131–136, t. 7, 8.
— artemisæfolia..... *Sternb.*										*Vide* Eremopteris.
— attenuata .... *L. & H.*										*Vide* Neuropteris attenuata.
— bifida .... *L. & H.*	•				?	•	•			Foss. Flora, vol. i, p. 147, t. 53. *Trichomanites.* Göpp. Syst. Fil. p. 264, t. 15, f. 11; ib. Genera d. Plant. Foss. t. 6, f. 1. (Trichomanides.)
— Brongniarti ...... *Sternb.*							•	?		Flora der Vorw. pt. v, vi, p. 47. ? *S. stricta*, Brong. Hist. Végét. Foss. p. 208, t. 48, f. 2.
— caudata .... *L. & H.*						•	•			Foss. Flora, vol. i, t. 48; vol. ii, t. 138.
— Conwayi .... *L. & H.*							•			Foss. Flora, vol. ii, p. 181, t. 146. *Cheilanthites*, Göpp. Syst. Fil. Foss. p. 389.
— crassa .... *L. & H.*			•				•			Foss. Flora, vol. iii, p. 21. t. 160. *Adiantites pachyrachis*, Göpp. p. 387. *Cyclopteris*, Presl. ? Adiantites, Schimper.
— crenata............ *L. & H.*							•			Foss. Flora, vol. ii, t. 100, 101. *Cheilanthites*, Göpp. Syst. Fil. Foss. p. 249. S. (Cheilanthites) cuneata, Schimper, Traité Pal. Végét. vol. i, p. 379, t. 28, f. 1.
— crithmifolia ...... *L. & H.*							•			*Vide* Eremopteris artemisæfolia.
— cuneolata......... *L. & H.*							•			Foss. Flora, vol. iii, t. 214.
— dilatata .... *L. & H.*										*Vide* S. trifoliata.
— dissecta .... *Brong. & Göpp.*							•			*Vide* Hymenophyllites.
— elegans .... *Brong.*	•			•		•	•			Hist. Végét. Foss. vol. i, p. 172, t. 53, f. 1, 2. *Filicites adiantoides*, Schloth. Petref. t. 10, f. 8. *Acrostichum silesiacum*, Sternb. Flora der Vorw. vol i, p. 29, t. 23, f. 2. *Cheilanthites*, Göpp. Syst. Fil. Foss. p. 233, t. 10, f. 1; t. 11, f. 2. (Davallioides.)
— excelsa............ *Lindl.*							•			Foss. Flora, vol. iii, t. 212.
— furcata .... *Brong.*										*Vide* Hymenophyllites.
— gracilis .... *Brong.*							•	•		Hist. Végét. Foss. vol. i, p. 197, t. 54, f. 2. *Cheilanthites*, Göpp. p. 251. (Davallioides.)
— Gravenhorstii ... *Brong.*							•			Hist. Végét. Foss. vol. i, p. 191, t. 55, f. 3. *Filicites fragilis*, Schloth. Petref. t. 10, f. 17. *Cheilanthites*, Ettingh. Steinkohl. v. Radnitz, p. 74.
— Hibberti .... *L. & H.*							•			Foss. Flora, vol. iii, p. 74, t. 177. (Gymnogramma.)

PLANTÆ.

PALÆOZOIC. — CARBONIFEROUS.

SPECIES.	Calciferous Series	Lower Lst. Shale	Carboniferous Lmst.	Up. Lst. Shale(Yoredale)	Millstone Grit	Lower Coal Measures	Middle Coal Measures	Upper Coal Measures	Poss. up.	REFERENCES.
Sphænopteris (*continued*).										
— Honinghausii ...... *Brong.*						*	*	*	...	Hist. Végét. Foss. vol. i, p. 199, t. 52; ib. Lindl. and Hutton, Foss. Flora, vol. iii, t. 204. *Cheilanthites*, Göpp. Nov. Act. Nat. Curios. vol. xvii, Suppl. p. 244. S. Honinghauseli, Salt. Mem. Geol. Surv. Iron Ores of Gt. Britain, pt. iii, p. 232, f. 2; ib. Geinitz, Verst. d. Steinkohl. p. 14, t. 23, f. 5; ib. Andrw. Verw. Pflanz. p. 13, t. 4, 5; ib. Schimper, Traité Pal. Végét. p. 386, t. 29, f. 1-8; Dicksonia, Ettingh. D. Farnk. d. Jetztw. p. 218.
— irregolaris .... *Sternb.*						*	...			Flora der Vorw. vol. II, p. 63, t. 17, f. 4; ib. Unger, Gen. et Sp. Plant. p. 116; ib. Geinitz, Verst. d. Steink. Form. Sachsen, p. 14, t. 23, f. 2-4; ib. Andrw. Verw. Pflanz. d. Steink. p. 24, t. 8, 9. ? *Sp. latifolia*, Lindl. and Hutton, Foss. Flora, vol. ii, t. 156; vol. iii, t. 178.
— latifolia .... *Brong.*						*	*	*		Hist. Végét. Foss. vol. i, p. 205, t. 57, f. 1-4; ib. Lindl. and Hutton, Foss. Flora, vol. ii, t. 166; vol. iii, t. 178. Sph. (*gymnogramma*) *irregularis*, Sternb. Flora der Vorw. vol. II, p. 63, t. 17, f. 4; ib. Geinitz, Verst. d. Steink. Form. in Sachsen, p. 14, t. 23, f. 2-4. S. latifolia, Lesq. Pal. Illinois, p. 435.
— laxa ... . *Sternb.*						*		*		Flora der Vorw. pt. iii, p. 39, t. 31, f. 3.
— linearis .... *Sternb.* or *Brong.*		*								Flora der Vorw. pt. iv, t. 42, f. 4; ib. Brong. Hist. Végét. Foss. vol. i, p. 175, t. 54, f. 1; ib. Lindl. and Hutton, Foss. Flora, vol. iii, t. 230. *Cheilanthites*, Göpp. p. 232, t. 15, f. 1.
— macilenta .... *L. & H.*							*		...	Foss. Flora, vol. ii, p. 194, t. 151. *Sph. lobata*, Güth. Verst. Zwick. p. 44, t. 5, f. 11-13; t. 10, f. 2, 3. (Ancimioides.)
— multifida .... *L. & H.*							*	*		Foss. Flora, vol. ii, t. 123.
— nervosa .... *Brong.*						*	*		...	Hist. Végét. Foss. vol. i, p. 174, t. 56, f. 2.
— obovata .... *L. & H.*								*		Foss. Flora, vol. ii, p. 109. *Adiantites microphyllus*, Göpp. Syst. Fil. Foss. p. 228. Adiantites microphyllus, Schimper, Traité Pal. Végét. p. 426.
— obtusiloba .... *Brong.*					*	*	*			Hist. Végét. Foss. vol. i, p. 53, f. 2. *Cheilanthites*, Göpp. Syst. Fil. Foss. p. 246. *Ancimioides*, Schimper, Traité Pal. Végét. vol. i, p. 399, t. 30, f. 1.
— polyphylla .... *Lindl.*						*	*			Foss. Flora, vol. ii, p. 185, t. 147. *Cheilanthites*, Göpp. Syst. Fil. Foss. p. 388. (*Gymnogramma*.)
— pulchra .... *Baily.*										Expl. sheet 137, Geol. Surv. Ireland, p. 14, f. 6.
— stricta .... *Brong.*							*	?		Flora der Vorw. pt. iv, p. 15, t. 56, f. 3; ib. Brong. Hist. Végét. Foss. vol. i, p. 208, t. 48, f. 2. ? *Eremopteris artemiæfolia*, Sternb. (Hymenophyllites.)
— tenella .... *Brong.*						*				Hist. Végét. Foss. vol. i, p. 186, t. 49, f. 1.
— tridactylites .... *Brong.*						*				Hist. Végét. Foss. vol. i, p. 181, t. 50; ib. Geinitz, Steinkohl. in Sachs. p. 15, t. 23, f. 13, 14. (*Dicksonides*.)
— trifoliata .... *Brong.* ? *Artis*										Hist. Végét. Foss. vol. i, p. 202, t. 53, f. 3. *Filicites*, Artis, Anted. Phytol. p. 11, t. 6; Park. Org. Rem. vol. i, t. 5, f. 2. *Cheilanthites*, Göpp. Syst. Fil. Foss. p. 245. ? *Sp. dilatata*, Lindl. and Hutton, Foss. Flora, t. 47. (*Gymnogammides*.)
— Schlotheimii ...... *Sternb.*										Flora der Vorw. vol. iv, p. 15; ib. Brong. Hist. Végét. Foss. vol. i, p. 193, t. 50. (*Dicksonides*.)
ASTEROPHYLLITÆ.										
Sphenophyllum...... *Brongniart*, 1828										
Rotularia .... *Sternberg*, 1821...										
— Germar et *Kaulfuss*...										
— dentatum .... *Brong.*										*Vide* Sph. erosum.
— emarginatum ...... *Brong.*						*	*			Classif. Végét. Foss. Mém. du Mus. p. 234, t. 2, f. 8. *Rotularia marsileæfolia*, Sternb. Flora der Vorw. vol. i, p. 32. ? *S. Schlotheimi*, Lindl. and Hutton, Foss. Flora, vol. i, p. 85, t. 27, f. 1. S. emarginatum, Geinitz, Steinkohlenform v. Sachs. t. 20, f. 1, 3, 4.
— erosum............. *L. & H.*							*			Foss. Flora, vol. i, p. 41–44, t. 13; ib. Bunbury, Q. J. Geol. Soc. vol. iii, p. 430, t. 23. *Rotularia cuneifolia* and *Asplenioides*, Sternb. Flora der Vorw. vol. ii, p. 30, 33, t. 26, f. 4–8. *S. emarginatum*, Geinitz, Steinkohl. v. Sachs. t. 20, f. 6. *Vide* Schimper, Traité Pal. Végét. vol. ii, p. 341, 342. *Sphen. dentatum*, Brong. Prod. p. 68-171.

PLANTÆ

SPECIES.	Calciferous Series.	Lower Limst. Shales.	Carboniferous Limst.	Up. Lst. Shales (Yoredale)	Millstone Grit.	Lower Coal Measures.	Middle Coal Measures.	Upper Coal Measures.	Pass up.	REFERENCES.
Sphenophyllum (*continued*).										
— fimbriatum ...... *Brong.*			...	...	...	...	...	•	•	Prodrome, p. 68; Lindl. and Hutton, Foss. Flora, vol. i, t. 27, f. 1, 2. *Palmacites*, Schloth. Petref. t. 2, f. 24.
— *saxifragæfolium*... *Sternb.*			...	...	...	...	...	•		*Vide* Asterophyllites.
— Schlotheimii ...... *Brong.*			...	...	...	...	...	•		Prodrome, p. 68; ib. Lindl. and Hutton, Foss. Flora, vol. i, t. 27, f. 1, 2. *Palmacites verticillatus*, Schloth. Flora der Vorw. vol. i, p. 57, t. 2, f. 24; ib. Petref. p. 396. Sphenophyllum, D'Eichw. Leth. Rossica, p. 192, t. 14, f. 10, 11; ib. Schimper, Traité Pal. Végét. vol. ii, p. 339; Atlas, t. 25, f. 19-21. *? Sphenoemarginatum*, Geinitz, Verst. d. Steinkohlenform v. Sachsen, p. 12, t. 20, f. 2, 7.
— truncatum ? ...... *Brong.*			...	...	...	...	...	•		Prodrome, p. 68. [*Vide* Williamson, Phil. Trans. Roy. Soc. vol. claiv, p. 41–81, 1874, for history and structure of Sphenophyllum.]
SPHÆNOPTERIDÆ ?										
Staphylopteris ...... *Presnel*, 1838 ...										**FILICINEÆ.**
— Sp. .... *Peach*	•		...	...	...	...	...	...		*Vide* Sphenopteris affinis and Staphylopteris, Peach, Q. J. Geol. Soc. vol. xxxiv, p. 131–136, t. 8.
Stauropteris										
— Oldhamia ...... *Binney*			...	...	...	•	...	...		Monthly Micro. Jour. vol. vii, 1871, p. 132, 133.
Sternbergia ...... *Artis*, 1826 ...										
Dadoxylon .... *Endlicher*, 1840...			•							
Diploxylon ...... *Corda*, 1840 ...										*Vide* Dadoxylon.
Lomatophloios ... *Corda*, 1845										
Structure of Sternbergia			...	...	...	...	...	...		*Vide* Williamson, Manchester, Mem. vol. ix, p. 340. Dawes, Proc. Geol. Soc. vol. iv, p. 359. (Dadoxylon.)
SIGILLARIEÆ.										
Stigmaria .... *Brongniart*, 1828										
Ficoidites .... *Artis*, 1826										
Variolaria .... *Sternberg*, 1820...										
Mammillaria ...... *Brongniart*, 1825										**LYCOPODIACEÆ.**
— ficoides .... *Brong.*			•	...	•	•	•	•		Mém. du Mus. p. 8, t. 12, f. 7; ib. Lindl. and Hutton, Foss. Flora, vol. i, t. 31–36, 166; ib. Trans. Geol. Soc. vol. v, t. 38, f. 3; ib. Binney, Q. J. Geol. Soc. vol. xv, p. 76, t. 4, f. 1–5. *Stig. melocactoides*, Sternb. Flora der Vorw. vol. i, p. 38. Stig. ficoides, Binney, Foss. Plants in Carb. Strata. Pal. Soc. 1875, pt. iv, p. 139, t. 21, f. 1–7, (Nos. 41–43); p. 143, t. 24, f. 1–3, (No. 45); p. 144, t. 24, f. 4, 5, (Nos. 46, 47). *Ficoidites furcatus*, Artis; *F. major*, Artis; *F. verrucosus*, Artis, Amicd. Phytol. t. 3, 10, 18. *Phytolithus verrucosus*, Martin, Petrif. Derb. t. 11, f. 12, 13; ib. Park. Org. Rem. vol. i, t. 3, f. 1. *Vide* Schimper, Traité Pal. Végét. &c. vol. ii, p. 114-116, t. 69, f. 7–9.
— *melocactoides* ...... *Sternb.*			...	...	...	...	...	...		*Vide* Stig. ficoides.
— minima .... *Brong.*			...	...	...	...	•	...		Prodrome, p. 88.
— structure of..... *Hooker*			...	...	...	...	...	...		Mem. Geol. Surv. vol. ii, p. 431, [*Vide* Williamson, Phil. Trans. Roy. Soc. vol. clxii, p. 283–318, 1873, for structure and history of Stigmaria.]
Trigonocarpum ...... *Brongniart*, 1828										**? CYCADINEÆ.**
— Dawsoni .... *L. & H.*			...	...	...	•	•	?		Foss. Flora, vol. iii, t. 221.
— Nöggerathii ...... *Brong.*			...	...	...	•	•	•		Prodrome, p. 137; Lindl. and Hutton, Foss. Flora, vol. ii, t. 142 C; vol. iii, t. 193, f. 1–4 D; t. 222, f. 2–4.
— oblongum .... *Lindl.*			...	...	...	...	•	...		Foss. Flora, vol. iii, t. 193 C.
— olivæforme .... *Lindl.*			...	...	...	...	•	...		Foss. Flora, vol. iii, t. 222, f. 1–3.
— ovatum .... *Lindl.*			...	...	...	...	•	...		Foss. Flora, vol. iii, t. 142 A.
— Parkinsoni .... *Brong.*			...	...	...	...	•	...		Prodrome, p. 137; ib. Park. Org. Rem. vol. i, t. 7, f. 6.

PALÆOZOIC.   PLANTÆ.   CARBONIFEROUS.

SPECIES.	Calciferous Series.	Lower Limest. Shales.	Carboniferous Limst.	Up. Lst. Shales (Yoredale)	Millstone Grit.	Lower Coal Measures.	Middle Coal Measures.	Upper Coal Measures.	Pass up.	REFERENCES.
LEPIDODENDREÆ.										
Ulodendron .... *Lindley*, 1831										
Megaphytum ...... *Artis*, 1816										
Bothrodendron ... *Lindley*, 1839										LYCOPODIACEÆ.
— Allani .... *Buckl.*						•	•	•		*Vide* Ulodendron parnatum.
— Conybeari .... *Buckl.*						•	•	•		*Vide* Ulodendron parnatum.
— Lindleyanum ..... *Sternb.*					•	•	•	•		Flora der Vorw. vol. ii, p. 185, t. 45, f. 4. ? *Bothrodendron punctatum,* Lindl. and Hutton, Foss. Flora, vol. iii, t. 218.
— Lucasii .... *Buckl.*						•	•	•		*Vide* Ulodendron majus.
— majus .... *L. & H.*					•	•	•	•		Foss. Flora, vol. i, p. 22, t. 5, (Encl. Syn.); ib. Sternb. Flora der Vorw. vol. ii, p. 185, t. 45, f. 5. Ulo. Lucasii, Buckl. Bridgewater Treatise, vol. ii, p. 93, t. 56, f. 4. *Bothrodendron punctatum,* Lindl. and Hutton, Foss. Flora, vol. ii, t. 80-81. Ulodendron majus, Carr. Trans. Roy. Micro. Soc. vol. iii, p. 153, f. 4.
— minus .... *L. & H.*					•	•	•	•		Foss. Flora, vol. i, p. 25, t. 6; ib. Sternb. Flora der Vorw. vol. ii, t. 45, f. 5; Allan, Edinb. Phil. Trans. vol. ix, p. 235, t. 14; Salter, Mem. Geol. Surv. Iron Ores of Gt. Britain, pt. iii, p. 232, f. 1. Ulodendron minus, Carr. Monthly Micro. Jour. 1869, p. 225, t. 31, f. 1-4. Schimper, Traité Pal. Végét. &c. vol. ii, p. 42, t. 63, f. 1-3. Lepidodendron ornatissimum, Brong. Hist. Végét. Foss. vol. ii, p. 18.
— minutum .... *Sternb.*						•				Flora der Vorw. pt. ii, p. 186. *Sigillaria monostachya,* Lindl. and Hutton, Foss. Flora, vol. i, t. 72.
— ovale .... *Carr.*						•				Trans. Roy. Micro. Soc. vol. iii, p. 152, t. 44, f. 1, 1871.
— parnatum .... *Steinh.*			•			•	•	•		*Phytolithus,* Amer. Phil. Trans. vol. i, 2 ser. p. 287, t. 8, f. 1. Ulodendron, Carr. Monthly Micro. Jour. vol. iii, p. 152, t. 44, f. 4. *Ulo. Allani,* Buckl. Bridgewater Treatise, vol. ii, p. 93, t. 56, f. 3. *Ulo. Rhodii,* Buckl. loc. cit. p. 93. *Ulo. Conybeari,* Buckl. Bridgewater Treatise, p. 94, t. 56, f. 6. *Bothrodendron punctatum,* Lindl. and Hutton, Foss. Flora, vol. iii, t. 218, (non 80, 81). *Megaphytum approximatum,* Lindl. and Hutton, Foss. Flora, vol. ii, t. 116. *Lepidodendron ornatissimum,* Sternb. Flora der Vorw. Tent. p. 12.
— pumilum .... *Carr.*						•				Trans. Roy. Micro. Soc. vol. iii, t. 43, f. 2.
— punctatum .... *L. & H.*						•				*Vide* Ulo. Lindleyanum.
— Stokesii .... *Buckl.*						•	•			Bridgewater Treatise, vol. ii, p. 93, t. 54, f. 5. Megaphytum distans, Lindl. and Hutton, Foss. Flora, vol. ii, t. 117. Mega. Allani, Brong. Hist. Végét. Foss. vol. ii, t. 28, f. 5. Ulo. Stokesii, Carr. Trans. Roy. Micro. Soc. vol. iii, p. 152, t. 44, f. 3.
— Taylori .... *Carr.*						•				Trans. Roy. Micro. Soc. vol. iii, t. 43, f. 1.
— transversum ...... *Eichw.*						?		?		Leth. Rossica, vol. i, p. 139, t. 6, f. 13; t. 9; ib. Carr. Trans. Roy. Micro. Soc. vol. iii, p. 153, t. 44, f. 2. Megaphytum majus, Presl. Sternb. Flora der Vorw. p. 187, t. 46.
— tumidum .... *Eichw.*						•				Leth. Rossica, vol. i, p. 143, t. 10, f. 1, 2; ib. Carruthers, Trans. Roy. Micro. Soc. vol. iii, p. 154, t. 43, f. 5-7. [*Vide* Williamson, loc. cit. for structure of Ulodendron, vol. clxii, 1873.]
Vetacapsula .... *Mackie*, 1865.....										
— Cooperi .... *Mackie*					?					Mackie and Crocker, Geol. and Nat. Hist. Repository, Aug. 1865, p. 79; woodcut, f. 12.
? **LYCOPODIACEÆ.**										
Volkmania .... *Sternberg*, 1825...										
— Morrisii .... *Hooker*					•	••				Q. J. Geol. Soc. vol. x, p. 199, t. 7.
CONIFERÆ.										
Walchia .... *Sternberg*, 1825...										
— pinniformis .... *Schloth.*										Lycopodites, Schloth. Petref. t. 23, f. 1.
FILICINÆ.										
Woodwardites ..... *Göppert*, 1836										
— Robertsi .... *Morris*						•				Q. J. Geol. Soc. vol. xv, p. 82; woodcut, f. 1, 2; Geologist, vol. i, p. 260.

SPECIES.	Calciferous Series.	Lower Limit. Shales.	Carboniferous Limit.	Up.Lst.Shale(Yoredale)	Millstone Grit.	Lower Coal Measures.	Middle Coal Measures.	Upper Coal Measures.	Pass up.	REFERENCES.
Kingdom, ANIMALIA. Sub-Kingdom, PROTOZOA. Class, RHIZOPODA. Order, Spongida.										
Acanthospongia ... *M'Coy*, 1846										
— Smithii .... *Young*		*								Brit. Assoc. Reports, Glasgow, p. 99, 1876.
Ascodictyon ....*Nich. & Ether.* 1877										
— radians .... *N. & E.*		*								Ann. Mag. Nat. Hist. 4 ser. vol. xix, p. 465, t. 19, f. 9-11, 1877.
— stellatum .... *N. & E.*		*								Ann. Mag. Nat. Hist. 4 ser. vol. xix, p. 464, t. 19, f. 1-6; ib. Geol. Mag. Dec. II, vol. v, p. 270, 1878.
Dysidea .... ? *Carter*, 1878 ...										
— antiqua .... *Carter*		*								Ann. Mag. Nat. Hist. 5 ser. vol. l, p. 139, t. 10, f. 7-9, 1878.
Hapliston .... *Young & Young*, 1877										
— Armstrongi......... *Y. & Y.*		*								Ann. Mag. Nat. Hist. 4 ser. vol. xx, p. 428, t. 15, f. 31-37, 1877.
Hyalonema......... *J. E. Gray*										
— parallela .... *M'Coy*		*								Serpula, Synop. Carb. Foss. Irel. p. 191, t. 26, f. 9, 1844. Hyalonema parallela, Young and Armstrong, Cat. W. Scotl. Foss. p. 38, 1876. *H. Smithii*, Young and Young, Ann. Mag. Nat. Hist. 4 ser. vol. xx, p. 426, 1877; ib. Carter, Ann. Mag. Nat. Hist. 5 ser. ib. vol. i, p. 129, 1878; t. 9, f. 1-14.
— Smithii .... *Y. & Y.*										Vide H. parallela.
— Youngi .... *E. Eth.*		*								Geol. Mag. Dec. II, vol. v, p. 119, 1878.
Palæacis .... *J. Haime*, 1860 ...										
Hydriopora ...... *Phillips*, 1836 ...										
Astræopora ...... *M'Coy*, 1844										
Sphenopterium Meek. & Worth. 1860										
Palæacis............ *Von Seebach*, 1866										
Ptychochartocyathus ... *Ludwig*, 1866										
Palæcis .... *Kunth*, 1869										
— .... *De Kon.* 1872 ...										
— .... *Ether. & Nich.* 1878										
— cuneata .... *M. & W.*................										Vide P. cuneiformis.
— cuneiformis ...... *J. Haime*		*								M. Edw. Hist. Nat. Corall. 1860, vol. iii, p. 171, Atlas, t. E, f. 3. *Sphænopterium cuneatum*, Meek. and Worthen, Proc. Acad. Nat. Sci. Philad. 1860, p. 448; ib. Illinois, Geol. Surv. Rept. 1866, vol. ii, p. 262, t. 19, f. 1. Palæacis cuneiformis, Von Seebach, Nachr. k. Gesellsch. Wissensch. zu Gött. 1866, p. 241; ib. De Kon. Nouv. Rech. Anim. Foss. Terr. Carb. Belg. 1872, pt. 1, p. 157 (no description); ib. R. Etheridge, Junr. Ann. Mag. Nat. Hist. 5 ser. vol. i, p. 217-219, t. 12, f. 9-14, 16-20.
— cyclostoma .... *Phill.*		*								*Hydriopora* ? Geol. Yorkshire, vol. II, p. 202, t. 2, f. 9, 10. *Propora* ? Edw. and Haime, Polyp. Foss. Terr. Pal. 1851, p. 225; ib. Mono. Brit. Carb. Corals, Pal. Soc. p. 152. *Sphenopterium enorme*, Meek. and Worthen, Proc. Acad. Nat. Sci. Philad. 1860, p. 448; ib. Illinois, Geol. Surv. Rept. 1866, vol. ii, p. 146, t. 14, f. 1. Palæacis cyclostoma, De Kon. Nouv. Rech. Anim. Foss. Terr. Carb. Belg. 1872, pt. 1, p. 159, t. 15, f. 8; ib. R. Etheridge, Junr. Mem. Geol. Surv. Scotland, No. 32, p. 97; ib. Ann. Mag. Nat. Hist. 5 ser. vol. i, p 221-225, t. 12, f. 1-8.

RHIZOPODA

SPECIES.	Calciferous Series.	Lower Lmst. Shales.	Carboniferous Lmst.	Up. Lst. Shale (Yoredale)	Millstone Grit.	Lower Coal Measures.	Middle Coal Measures.	Upper Coal Measures.	Pass up.	REFERENCES.
Palæacis (continued).										
— obtusa .... M. & W.			*							*Spœnopterium*, Proc. Acad. Nat. Sci. Philad. 1860, p. 448; ib. Illinois, Geol. Surv. Report, 1866, vol. ii, p. 233, t. 17, f. 2. *Palæacis obtusa*, Seeb, *P. cymba*, Seeb, *P. umbonata*, Seeb, Zeitschr. Geol. Gesellsch. 1866. *P. obtusa*, Kunth, in ib. vol. xxi, p. 188; ib. De Kon. Nouv. Rech. Anim. Foss. Terr. Carb. Belg. pt. i, p. 158; ib. R. Etheridge, Junr. Ann. Mag. Nat. Hist. 5 ser. vol. i, p. 219-221, t. 12, f. 15.
Pulvillus .... ? *Carter*, 1878 ...										
— Thomsoni .... *Carter*			*							Ann. Mag. Nat. Hist. 5 ser. vol. i, p. 137, t. 10, f. 1-6, 1878.
Raphidhistis .... *Carter*, 1878										
— vermiculata ...... *Carter*			*							Ann. Mag. Nat. Hist. 5 ser. vol. i, p. 140, t. 9, f. 15-19.
Sponge borings, &c. ... *Ether*										Geol. Mag. Dec. II, vol. iv, p. 319, 1877.
— spiculæ .... *Y. & Y.*			*							Ann. Mag. Nat. Hist. 4 ser. vol. xx, p. 429, 430, t. 15, f. 38-51, 1877.
Sphæopterium ... *Meek. & Worthen*										
— enorme .... *M. & W.*										*Vide* Palæacis cyclostoma.
Stromatopora ...... *Goldfuss*, 1830 ...										
Caunopora .... *Phill.*										
Sparsispongia ... *D'Orb.*										
— subtilis .... *M'Coy*		*								Synop. Carb. Foss. Irel. p. 194, t. 27, f. 9. ? Alveolites.
Tragos .... *Schweigger*, 1820										
— semicirculare ...... *M'Coy*										*Vide* Cladodus mirabilis (Pisces).

RHIZOPODA

SPECIES.	Calciferous Series.	Lower Lmst. Shales.	Carboniferous Lmst.	Up. Lst. Shale (Yoredale)	Millstone Grit.	Lower Coal Measures.	Middle Coal Measures.	Upper Coal Measures.	Pass up.	REFERENCES.
Sub-Kingdom, PROTOZOA.										
Class, *RHIZOPODA*.										
Order, *Reticularia*.										
(*Foraminifera*.)										
NUMMULINIDA.										IMPERFORATA.
Amphistegina ...... *D'Orb.* 1826										
— minuta .... *H. B. Brady*			*							Mono. Carb. and Perm. Foram. Pal. Soc. 1876, p. 146, t. 11, f. 7.

PALÆOZOIC. RHIZOPODA. CARBONIFEROUS.

SPECIES.	Calciferous Series.	Lower Lmst. Shales.	Carboniferous Lmst.	Up. Lst. Shale (Yoredale)	Millstone Grit.	Lower Coal Measures.	Middle Coal Measures.	Upper Coal Measures.	Pass up.	REFERENCES.
NUMMULINIDA.										
Archædiscus ...... Brady, 1873										
— Karreri .... H. B. Brady......		•	•	...	...	...	...	...		Mono. Carb. and Perm. Foram. Pal. Soc. 1876, p. 142, t. 11, f. 1–6.
GLOBIGERINIDA.										
Bigenerina............ D'Orb. 1826						•				
Sub-genus of Textularia.										
— patula .... H. B. Brady...	...	•	...	...	...	...	...			Mono. Carb. and Perm. Foram. Pal. Soc. 1876, p. 136, t. 8, f. 10, 11; t. 10, f. 30, 31.
LITUOLIDA.										
Climacammina ...... Brady, 1873										
Textularia ...... (pars) Brady, 1871										
— antiqua .... H. B. Brady...	...	•	•	...	...	...	...	...		Textularia, Y. and A. Trans. Geol. Soc. Glasgow, 1871, vol. iii, Suppl. p. 13. Climacammina, Brady, Mem. Geol. Surv. Scotl. Expl. sheet 23, p. 94; ib. Mono. Carb. and Perm. Foram. Pal. Soc. 1876, p. 68, t. 2, f. 1–9.
Endothyra .... Phillips, 1845 ...										
Rotalia .... Ehrenberg..........										
Nonionina......... (pars) D'Eichwald										IMPERFORATA.
Involutina .... (pars) Brady ...										
— ammonoides ...... H. B. Brady......	...	•	•	•	...	...	...	...		Mem. Geol. Surv. Scotl. Expl. sheet 23, p. 63–95; ib. Mono. Carb. and Perm. Foram. Pal. Soc. 1876, p. 94, t. 5, f. 5, 6.
— Bowmani .... Phill.................	...	•	•	•	...	...	...	...		Proc. Geol. and Poly. Soc. W. Riding, York, vol. ii, p. 279, t. 7, f. 1; ib. Brady, Mem. Geol. Surv. Scotl. Expl. sheet 23, p. 63, 95, &c.; ib. Mono. Carb. and Perm. Foram. Pal. Soc. 1876, p. 92, t. 5, f. 1–4.
— crassa .... H. B. Brady......	...	•	...	...	...	...	...	...		Involutina, Brady, Report Brit. Assoc. Exeter, 1869, p. 379–382. Endothyra, Mono. Carb. and Perm. Foram. Pal. Soc. 1876, p. 97, t. 5, f. 15–17.
— globulus .... D'Eichw.	...	•	•	•	...	...	...	...		Nonionina, Lethæa Rossica, vol. i, p. 320, 24, t. 22, f. 17. Endothyra, Brady, Mono. Carb. and Perm. Foram. Pal. Soc. 1876, p. 95, t. 5, f. 7–9.
— macella .... W. B. Brady......	...	•	•	•	...	...	...	...		Mono. Carb. and Perm. Foram. Pal. Soc. 1876, p. 98, t. 5, f. 13, 14.
— obliqua .... W. B. Brady......	...	•	•	•	...	...	...	...		Mono. Carb. and Perm. Foram. Pal. Soc. 1876, p. 100, t. 6, f. 5, 6.
— ornata .... W. B. Brady......	...	•	•	•	...	...	...	...		Mono. Carb. and Perm. Foram. Pal. Soc. 1876, p. 99, t. 6, f. 1–4.
— var. tenuis .... Brady	...	•	•	•	...	...	...	...		Mono. Carb. and Perm. Foram. Pal. Soc. 1876, p. 100, t. 6, f. 7, 8.
— radiata .... W. B. Brady......	...	•	•	•	...	...	...	...		Involutina, Brit. Assoc. Report, 1869, p. 379–382; ib. Young and Armstrong, Cat. Trans. Geol. Soc. Glasgow, vol. iii, Suppl. p. 14; ib. Endothyra, vol. iv, pt. 3, p. 271; ib. Mono. Carb. and Perm. Foram. Pal. Soc. 1876, p. 97, t. 5, f. 10–12.
— subtilissima......... W. B. Brady......	...	•	...	...	...	...	...	...		Mono. Carb. and Perm. Foram. Pal. Soc. 1876, p. 101, t. 6, f. 9.
LITUOLIDA.										
Haplophragmium ... Reuss										
Spirolina... (pars) D'Orb. Römer, &c.										
Lituola ... D'Orb. Parker, Jones, &c.										
— rectum............... H. B. Brady......	...	...	•	•	...	...	...	...		Involutina, Rept. Brit. Assoc. 1869, p. 379–382. Haplophragmium, Mono. Carb. and Perm. Foram. Pal. Soc. 1876, p. 66, t. 8, f. 8, 9.
Involutina,...............................	...	...	...	...	...	...	...	...		Vide Endothyra.
LAGENIDÆ.										
Lagena .... Walker & Jacob...										PERFORATA.
Oolina .... D'Orb. Reuss, &c.										
— Howchiniana ...... H. B. Brady......	?	•	...	...	...	...	...	...		Mono. Carb. and Perm. Foram. Pal. Soc. 1876, p. 121, t. 10, f. 1–5.
— Lebourianna......... H. B. Brady......	?	•	...	...	...	...	...	...		Mono. Carb. and Perm. Foram. Pal. Soc. 1876, p. 121, t. 8, f. 6.
— Parkeriana .... H. B. Brady......	...	•	...	...	...	...	...	...		Mono. Carb. and Perm. Foram. Pal. Soc. 1876, p. 120, t. 8, f. 1–5.

RHIZOPODA.

SPECIES.	Calciferous Series.	Lower Lmst. Shales.	Carboniferous Lmst.	Up.Lst.Shale(Yoredale)	Millstone Grit.	Lower Coal Measures.	Middle Coal Measures.	Upper Coal Measures.	Pm. up.	REFERENCES.
LITUOLIDA.										
Lituola .... *Lamarck*, 1804...										
Lituolites... Lamarck, Parkinson, &c.										
Spirolina .... (part) *D'Orb.* ...										
Nonionina .... (part) *D'Orb.* ...										**IMPERFORATA.**
— Benuiana .... *H. B. Brady*		•								Mono. Carb. and Perm. Foram. Pal. Soc. 1876, p. 64, t. 1, f. 8-11.
— nautiloidea .... *Lamarck*		•	•							*Lituolites*, Ann. Mus. vol. v, p. 243, No. 1; vol. viii, t. 62, f. 12; ib. Park. Org. Rem. vol. iii, p. 161, t. 11, f. 5. Lituola, H. B. Brady, Mono. Carb. and Perm. Foram. Pal. Soc. 1876, p. 63, t. 8, f. 7.
Nodosinella .... *H. B. Brady*, 1876					•					
Dentalina......(part) *Dawson, Brady*										**IMPERFORATA.**
— concinna .... *H. B. Brady*			•							Mono. Carb. and Perm. Foram. Pal. Soc. 1876, p. 106, t. 7, f. 1-115.
— cylindrica .... *H. B. Brady*		•	•							Mono. Carb. and Perm. Foram. Pal. Soc. 1876, p. 104, t. 7, f. 4-7.
— digitata .... *H. B. Brady*		•	•							Mono. Carb. and Perm. Foram. Pal. Soc. 1876, p. 103, t. 7, f. 1-3.
— lingulinoides .... *W. B. Brady*		•	•							Mono. Carb. and Perm. Foram. Pal. Soc. 1876, p. 106, t. 7, f. 24, 25.
— priscilla .... *Dawson*										*Dentalina*, Acadian Geol. 2 ed. p. 285, f. 82. Nodosinella, Brady, Mono. Carb. and Perm. Foram. Pal. Soc. 1876, p. 105, t. 7, f. 8, 9.
Nodosaria .... *M'Coy*, 1849										
— fusulinaformis ... *M'Coy*										*Vide* Saccammina Carteri.
LITUOLIDA.										
Saccammina .... *Sars*, 1868										
Carteria .... *Brady*, 1869										
Nodosaria .... ? *M'Coy*, 1849 ...										**IMPERFORATA.**
— Carteri .... *H. B. Brady*		•	•							Ann. Mag. Nat. Hist. 4 ser. vol. vii, p. 177, t. 12, 1871; ib. Nat. Hist. Trans. Northumb. and Durham, vol. iv, p. 269, t. 11; ib. R. Etheridge, Junr. Trans. Edinb. Geol. Soc. vol. ii, p. 225, 1873; ib. Mem. Geol. Surv. Scotl. Expl. sheet 23, p. 96; ib. Lebour. Trans. N. of Eng. Inst. Min. Engineers, vol. xxiv, p. 141, t. 13, f. 2. *Nodosaria fusulinaeformis*, M'Coy, Ann. Mag. Nat. Hist. 3 ser. vol. iii, p. 131. Saccammina Carteri, H. B. Brady, Mono. Carb. and Perm. Foram. Pal. Soc. 1876, p. 57, t. 1, f. 1; t. 12, f. 6.
Stacheia .... *H. B. Brady*, 1876										
Webbina .... (part) *Brady*......										**IMPERFORATA.**
— acervalis .... *Brady*	•	•	•							*Webbina*, Mem. Geol. Surv. Scotl. Expl. sheet 23, p. 69-95, &c.; ib. Mono. Carb. and Perm. Foram. Pal. Soc. p. 116, t. 9, f. 6-8, 1876.
— congesta .... *H. B. Brady*	•	•	?							Mono. Carb. and Perm. Foram. Pal. Soc. p. 117, t. 9, f. 1-5, 1876.
— fusiformis .... *H. B. Brady*	•	•	•							Mono. Carb. and Perm. Foram. Pal. Soc. p. 114, t. 9, f. 12-16, 1876.
— marginalinoides ... *H. B. Brady*	•	•	?							Mono. Carb. and Perm. Foram. Pal. Soc. p. 112, t. 7, f. 16-27, 1876.
— polytrematoides ... *H. B. Brady*	•	•	•							Mono. Carb. and Perm. Foram. Pal. Soc. p. 118, t. 10, f. 13, 1876.
— pupoides .... *H. B. Brady*	•	•	•							Mono. Carb. and Perm. Foram. Pal. Soc. p. 115, t. 8, f. 17-27.
GLOBIGERINIDA.										
Textularia .... *Defrance*										
Textilaria .... *Ehrenberg, &c.* ...										
Polymorphium ... *Soldani*										**PERFORATA.**
— eximia .... *D'Eichw.*		•	•	?						Lethæa Rossica, vol. i, p. 355, t. 22, f. 19 a-d; ib. H. B. Brady, Mono. Carb. and Perm. Foram. Pal. Soc. p. 132, t. 10, f. 27-29.
— Gibbosa .... *D'Orb.*		•	•						•	Ann. Sci. Nat. vol. vii, p. 262, No. 6; Modèle, No. 28: ib. Parker, Jones, and Brady, Ann. Mag. Nat. Hist. 3 ser. vol. xvi, p. 23, t. 2, f. 60, 1865; id. ib. 4 ser. vol. viii, p. 168, t. 11, f. 115-119. T. Gibbosa, H. B. Brady, Mono. Carb. and Perm. Foram. Pal. Soc. p. 131, t. 10, f. 16, 1876.

RHIZOPODA.

SPECIES.	Calciferous Series.	Lower Lmst. Shales.	Carbonif'erous Lmst.	Up. Lst. Shale(Yoredale)	Millstone Grit.	Lower Coal Measures.	Middle Coal Measures.	Upper Coal Measures.	Penn up.	REFERENCES.
Trochammina ...... *Parker & Jones* ...										
Cornuspira (part) *Reuss, Terquem, &c.*										
Foraminites ...... (part) *King*										IMPERFORATA.
Ammodiscus ...... *Reuss, &c.*										
— anceps .... *H. B. Brady*		...	•	•	...	...	...	...	...	Mono. Carb. and Perm. Foram. Pal. Soc. p. 76, t. 3, f. 8, 1876.
— annularis .... *H. B. Brady*		...	•	•	...	...	...	...	...	Mono. Carb. and Perm. Foram. Pal. Soc. p. 76, t. 3, f. 9, 10, 1876.
— centrifuga .... *H. B. Brady*		...	•	•	...	...	...	...	...	Mem. Geol. Surv. Scotl. Expl. sheet 23, p. 95; ib. Mono. Carb. and Perm. Foram. Pal. Soc. p. 74, t. 2, f. 15-20, 1876.
— filum .... *Schmid*		...	•	...	...	...	...	...	...	*Serpula*, Neues Jahrb. für Min. Jahrg. p. 583, t. 6, f. 48. Trochammina, H. B. Brady, Carb. and Perm. Foram. Pal. Soc. p. 81, t. 3, f. 16, 1876.
— gordialis .... *J. & P.*		...	•	•	...	...	...	...	...	T. squamata gordialis, Jones and Parker, Q. J. Geol. Soc. vol. xvi, p. 304. T. gordialis, Jones, Parker, and King, Ann. Mag. Nat. Hist. 4 ser. vol. iv, p. 390, t. 13, f. 7, 8; ib. H. B, Brady, Mono. Carb. and Perm. Foram. Pal. Soc. p. 77, t. 3, f. 1-3, 1876.
— incerta .... *D'Orb.*		...	•	•	...	...	...	...	...	*Operculina*, Foram. Cuba, p. 49, t. 6, f. 16, 17. Trocham. Jones and Parker, Carp. Introd. Foram. p. 141-312, t. 11, f. 2. T. incerta, H. B. Brady, Carb. and Perm. Foram. Pal. Soc. p. 71, t. 2, f. 10-14, 1876.
— pusilla .... *Geinitz*		...	•	...	...	...	...	...	...	*Serpula*, Verstein. Zechst. Roth. p. 6, t. 3, f. 3-6. Trochammina, Jones, Parker, and King, Ann. Mag. Nat. Hist. 4 ser. vol. iv, p. 390, t. 13, f. 4-6; ib. H. B, Brady, Mono. Carb. and Perm. Foram. Pal. Soc. p. 78, t. 3, f. 4, 5, 1876.
— Robertsoni .... *H. B. Brady*		...	•	...	...	...	...	...	...	Mono. Carb. and Perm. Foram. Pal. Soc. p. 80, t. 3, f. 6, 7.
Valvulina .... *D'Orbigny*, 1825										
Tetrataxis .... *Ehrenberg*, 1843										
Rotalina .... (part) *Williamson*										IMPERFORATA.
— bulloides .... *H. B. Brady*		...	...	...	...	...	...	...	...	? British species.
— decurrens .... *Brady*		...	•	•	...	...	...	...	...	Mem. Geol. Surv. Scotl. Expl. sheet 23, p. 63-95, &c.; ib. Mono. Carb. and Perm. Foram. Pal. Soc. p. 87, t. 3, f. 17, 18.
— palæotrochus ... var. compressa ... } *H. B. Brady*		...	•	•	•	...	...	...	...	Mem. Geol. Surv. Scotl. Expl. sheet 23, p. 61-95; ib. Mono. Carb. and Perm. Foram. Pal. Soc. p. 85, t. 4, f. 5.
— plicata .... *H. B. Brady*		...	•	•	...	...	...	...	...	Mem. Geol. Surv. Scotl. Expl. sheet 23, p. 66-95; ib. Mono. Carb. and Perm. Foram. Pal. Soc. p. 88, t. 4, f. 10, 11, 1876.
— rudis .... *H. B. Brady*		...	•	•	...	...	...	...	...	Mono. Carb. and Perm. Foram. Pal. Soc. p. 90, t. 3, f. 19, 20, 1876.
— Youngi .... *H. B. Brady*		...	•	•	...	...	...	...	...	Mem. Geol. Surv. Scotl. Expl. sheet 23, p. 63-95; ib. Mono. Carb. and Perm. Foram. Pal. Soc. p. 86, t. 4, f. 6, 8, 9, 1876.
— Youngi, var. contraria ... *H. B. Brady*		...	•	•	...	...	...	...	...	Mem. Geol. Surv. Scotl. Expl. sheet 23, p. 63-95; ib. Mono. Carb. and Perm. Foram. Pal. Soc. p. 87, t. 4, f. 7.

PALÆOZOIC.　　　　　　　　　HYDROZOA.　　　　　　　　CARBONIFEROUS.

SPECIES.	Calciferous Series.	Lower Lmst. Shales.	Carboniferous Lmst.	Up.Lmt.Shale(Yoredale)	Millstone Grit.	Lower Coal Measures.	Middle Coal Measures.	Upper Coal Measures.	Pass up.	REFERENCES.
Sub-Kingdom, CŒLENTERATA. *Frey and Leuchart*, 1829.										
Class, HYDROZOA.										
Arbusculites .... *P. Murray*, 1831										
— argentea .... *Murray*			*							Edinb. New Philo. Jour. vol. ii, p. 147; ib. R. Etheridge, Junr. Geol. Mag. New Series, Dec. 11, vol. v, p. 169.
PALÆOCORYNIDÆ.										
Palæocoryne 1869										
— radiatum .... *Dunc. & Jenk.*		*	*							Phil. Trans. Roy. Soc. vol. clix, p. 693–700, 1869, t. 66, f. 8.
— Scoticum .... *Young & Young*		*								Q. J. Geol. Soc. vol. xxx, p. 684.

ACTINOZOA.

SPECIES.	Calciferous Series.	Lower Lmst. Shales.	Carboniferous Lmst.	Up.Lmt.Shale(Yoredale)	Millstone Grit.	Lower Coal Measures.	Middle Coal Measures.	Upper Coal Measures.	Pass up.	REFERENCES.
Sub-Kingdom, CŒLENTERATA. *Frey and Leuchart*, 1829.										
Class, ACTINOZOA.										
Sub-Class, CORALLARIA. M.Edw. ACTINOIDEA. Dana.										
Order, *Zoantharia*. (*Z. sclerodermata*.)										
FAVOSITIDÆ.										TABULATA (HEXACOROLLA).
Alveolites .... *Lam.* 1801										
— depressa .... *Flemg.*			*							*Favosites*, Brit. Anim. p. 529. *Favosites capillaris*, Phill. Geol. York. p. 200, t. 2, f. 3–5. *Chœtetes*, Keyserling, Reise in Petschorn, p. 183. *Chœtetes*, M'Coy, Brit. Pal. Foss. p. 82. Alveolites, M.Edw. and Haime, Mono. Brit. Carb. Corals, Pal. Soc. p. 158, t. 45, f. 4. ? *Chœtetes radians*.
— Goldfussii .... *Mich.*			*							*Ceriopora*, Icon. Zooph. t. 48, f. 9.
— palmata .... *M'Coy*			*							*Flustra*, Carb. Foss. Ireland, p. 194, t. 26, f. 14.
— septosa .... *Flemg.*		*	*							*Favosites*, Brit. Anim. p. 529; ib. M'Coy, Carb. Foss. Ireland, p. 192. *Chœtetes*, Brit. Pal. Foss. p. 82. Alveolites, Edw. and Haime, Mono. Brit. Carb. Limest. Corals. Pal. Soc. p. 157, t. 45, f. 5. *Favosites*, Phill. Geol. York. vol. ii, t. 2, f. 6–8. ? *Chœtetes radians*.

PALÆOZOIC.   ACTINOZOA.   CARBONIFEROUS.

SPECIES.	Calciferous Series.	Lower Limst. Shales.	Carboniferous Limst.	Up.Lst.Shale Yoredale	Millstone Grit.	Lower Coal Measures.	Middle Coal Measures.	Upper Coal Measures.	Perm sp.	REFERENCES.
CYATHOPHYLLIDÆ.										
Amplexus .... *Sowerby*, 1814 ...										
Cyathopsis .... *D'Orb*. 1840										
Tæniolopas...... (*part*) *Ludwig*, 1866										
Cyathophyllum ... (*part*) *Bronn*, 1834										Z. RUGOSA (TETRACOROLLA).
— coralloides .... *Sow.*			•	•						Min. Con. vol. i, p. 165, t. 72; ib. Kon. Anim. Foss. des Terr. Carb. de Belg. p. 27, t. B, f. 6: ib. Kon. Nouv. Rech. Anim. Foss. Terr. Carb. Belg. 1872, p. 65, t. 4, f. 12; t. 5, f. 1; t. 6, f. 1; t. 7, f. 1: ib. Thomson and Nicholson, Ann. Mag. Nat. Hist. vol. xvi, 4 ser. 1875, p. 428, t. 12, f. 1; ib. Mich. Icon. p. 256, t. 59, f. 6; ib. M.Edw. and Haime, Brit. Foss. Corals, Pal. Soc. p. 173, t. 36, f. 1. Amp. Sowerbyi, Phill. Geol. York. vol. ii, f. 24.
— *cornu-bovis* .... *Mich.*										*Vide* A. Ibicinus.
— Henslowi .... *M.Edw.*			•							Brit. Foss. Corals, Pal. Soc. 1852, t. 34, f. 5. *Cyathophyllum ceratites*, Mich. Icon. p. 181, t. 47, f. 3. Amp. Henslowi, De Kon. Nouv. Rech. Foss. Terr. Carb. Belg. 1872, p. 77, t. 7, f. 2.
— ibicinus .... *Fischer*			•							*Turbinolia*, Soyet. du Gouv. Moscow, p. 153, t. 30, f. 5. *Canina cornu-bovis*, (Cyatho.), Mich. Icon. Zooph. p. 185, t. 47, f. 8 a. *Cyathopsis*, M'Coy. Brit. Pal. Foss. p. 90. Amplexus cornu-bovis, Ludwig. Palæon. vol. xiv, p. 146, t. 32, f. 5. Amplexus Ibicinus, De Kon. Nouv. Rech. Anim. Foss. Terr. Carb. Belg. 1872, p. 67, t. 6, f. 2.
— lacrymosus .... *De Kon.*			•							Nouv. Rech. Foss. Terr. Carb. Belg. 1872, p. 76, t. 6, f. 7.
— nodulosus .... *Phill.*			•	•						Pal. Foss. Dev. and Cornw. p. 8. Amp. *serpuloides*, De Kon. Anim. Foss. t. B, f. 7; Mich. Icon. Zooph. t. 59, f. 7; Edw. and Haime, Mono. Carb. Corals, Pal. Soc. 1852, p. 175. A. nodulosus, De Kon. Nouv. Rech. Anim. Foss. Terr. Carb. Belg. 1872, p. 74, t. 6, f. 5; ib. Thoms. and Nichols. Ann. Mag. Nat. Hist. vol. xvi, 4 ser. p. 428, t. 12, f. 2, 1875.
— serpuloides .... *De Kon.*			•							Anim. Foss. Terr. Carb. Belg. p. 28, t. B, f. 7, 8. ? A. nodulosus, Edw. and Haime, *vide*.
— Sowerbyi .... *Phill.*			•	•						*Vide* Amp. coralloides.
— Sp. .... *Thom. & Nich.*			•							Ann. Mag. Nat. Hist. vol. xvi, 4 ser. 1875, p. 428, t. 12, f. 4.
— spinosus .... *Koninck*			•	•						Anim. Foss. Terr. Carb. Belg. p. 28, t. C, f. 1. *Cyathaxonia*, Mich. Icon. p. 25, t. 59, f. 10. Calophyllum, M'Coy, Pal. Foss. p. 91. A. spinosus, M.Edw. and Haime, Brit. Foss. Corals, Pal. Soc. 1852, p. 176. Amp. spinosus, De Kon. Nouv. Rech. Anim. Foss. Terr. Carb. Belg. 1872, p. 75, t. 6, f. 6.
CYATHOPHYLLIDÆ.										Z. RUGOSA (TETRACOROLLA).
Aspidophyllum...... *Thomson*, 1875 ...										
— elegans .... *Thoms.*				•						Ann. Mag. Nat. Hist. vol. xvii, 4 ser. 1876, p. 461, t. 23, f. 2, 2 a, 3.
— Hunicyanum ...... *Thoms.*				•						Ann. Mag. Nat. Hist. vol. xvii, 4 ser. 1876, p. 462, t. 24, f. 1, 1 a.
— Koninckianum ... *Thoms.*				•						Ann. Mag. Nat. Hist. vol. xvii, 4 ser. 1876, p. 461, t. 23, f. 1, 1 a.
— 3 Sp.				•						Ann. Mag. Nat. Hist. vol. xvii, 4 ser. 1876, p. 461, 462, t. 23, f. 4, 5; t. 24, f. 2.
Astræa .... *Auctorum* (*Gmelin*, 1789)										
— aranea .... *M'Coy*										*Vide* Lithostrotion.
— basaltiformis ...... *Conyb. & Phill.*										*Vide* Lithostrotion.
— carbonaria .... *M'Coy*										*Vide* Cyathophyllum regium.
— crenularis .... *Phill.*										*Vide* Cyathophyllum regium.
— hexagona .... *Portl.*										*Vide* Lithostrotion basaltiforme.
— irregularis .... *Portl.*										*Vide* Lithostrotion Portlocki.
Astræopora .... *M'Coy*, 1844										
— antiqua .... *M'Coy*										*Vide* Palæacis cyclostoma.

PALÆOZOIC.   ACTINOZOA.   CARBONIFEROUS.

SPECIES.	Calciferous Series.	Lower Lmst. Shales.	Carboniferous Lmst.	Up. Lst. Shale (Yoredale)	Millstone Grit.	Lower Coal Measures.	Middle Coal Measures.	Upper Coal Measures.	Pm. sp.	REFERENCES.
CYATHOPHYLLIDÆ.										
Aulophyllum .... *M. Edwards*, 1850										Z. RUGOSA.
Cyclophyllum ... *Dun. & Thoms.* 1858										
— Bowerbanki ...... *M. Edw.*			*							*Vide* Cyclophyllum.
— Edwardsii .... *Dun. & Thoms.*			*							Q. J. Geol. Soc. vol. xxiii, p. 329, t. 13, f. 8.
— fungites .... *Flemg.*										*Vide* Cyclophyllum.
AULOPORIDÆ.										
Aulopora............ *Goldfuss*, 1826										Z. TABULATA ? TUBULOSA (HEXACOROLLA).
Tubiporites......... *Schlotheim*, 1820										
— campanulata ...... *M'Coy*		*	*							Carb. Foss. Ireland, p. 190, t. 26, f. 15. *Young state of Syringopora ramulosa.*
— gigas .... *M'Coy*			*							Carb. Foss. Ireland, p. 190, t. 27, f. 14; lb. De Kon. Nouv. Rech. Anim. Foss. Terr. Carb. Belg. 1872, p. 149, t. 9, f. 5.
— serpens .... *Goldf.*		*	*							Pet. Germ. t. 29, f. 1.
FAVOSITIDÆ.										
Beaumontia ... *M. Edw. & Haime*, 1851										Z. TABULATA (HEXACOROLLA).
Columnaria ...... *Goldfuss*, 1826										
— Egertoni .... *M. Edw.*			*							*Columnaria*, Pol. Foss. Terr. Palæoz. p. 277, 1851; ib. Mono. Brit. Foss. Corals, Pal. Soc. 1852, p. 160, t. 45, f. 1.
— laxa .... *M'Coy*			*							*Columnaria*, Ann. Mag. Nat. Hist. 2 ser. vol. iii, p. 127, 1849; ib. Brit. Pal. Foss. p. 92, t. 3 c, f. 11. Beaumontia, Edw. and Haime, Pol. Foss. Terr. Palæoz. p. 277, 1851; ib. Mono. Brit. Foss. Corals, Pal. Soc. 1862, p. 161.
FAVOSITIDÆ.										
Calamopora .... *Goldfuss*, 1826										
Favosites .... *Lamarck*, 1812										Z. TABULATA.
— dentifera.......... *Phill.*										*Vide* Favosites.
— parasitica .... *Phill.*										*Vide* Favosites.
— tenuisepta .... *Phill.*										*Vide* Michelinia.
— tumida .... *Phill.*										*Vide* Favosites (chætetes).
CYATHOPHYLLIDÆ.										
Campophyllum ... *Edw. & Haime*, 1859										RUGOSA (TETRACOROLLA).
— Murchisoni ...... *M. Edw.*		*	*							Mono. Brit. Carb. Corals, Pal. Soc. 1852, p. 184, t. 36, f. 2, 3; ib. De Kon. Nouv. Rech. Anim. Foss. Terr. Carb. Belg. 1872, p. 44, t. 3, f. 5; ib. Thoms. and Nichol. Ann. Mag. Nat. Hist. vol. xvii, 4 ser. 1876, p. 70, t. 6, f. 3, 4.
Caryophyllia .... *Lamarck*, 1801										
— sexdecimale ...... *De Kon.*										*Vide* Lithostrotion junceum.
CHÆTETIDÆ.										
Chætetes * .... *Fischer*, 1837										* *Note.*—Whether the genus Chætetes or Monticulipora be received for the Species here given is questionable. I refer them to Chætetes, probably both belonging to the Alcyonaria.
Favosites .... (part) *Auct.*										
Stenopora .... *Lonsdale*, 1845										
Monticulipora ... *D'Orbigny*, 1850										
Nebulipora .... *M'Coy*, 1849										Z. TABULATA (HEXACOROLLA).
— depressus .... *Flemg.*			*							Brit. Anim. p. 529. Alveolites, Edw. and Haime, Mono. Brit. Carb. Pal. Soc. p. 158, t. 45, f. 4. Favosites capillaris, Phill. Geol. York. vol. ii, t. 2, f. 3–5. ? Alveolites.
— dubius .... *M'Coy*			*							*Verticillopora*, Synop. Carb. Foss. Ireland, p. 194, t. 27, f. 12. ? Chætetes tumidus, Phill. ? lb. Edw. and Haime, Mono. Brit. Carb. Corals, Pal. Soc. p. 160, t. 45, f. 3.

ACTINOZOA.

SPECIES.	Calciferous Series	Lower Land. Shales	Carboniferous Lmst.	Up. Lst. Shale(Yoredale)	Millstone Grit.	Lower Coal Measures	Middle Coal Measures	Upper Coal Measures	Perm sup.	REFERENCES.
Chætetes (continued).										
— hyperboreus ...... *Nich. & Eth.*			*							Proc. Linn. Soc. vol. xiii, p. 367. ? Alvoolites.
— inflata .... *De Kon.*			*							*Vide* Favosites tumidus.
— radians ? .... *Fischer*			*							Oryct. de Moscov, p. 160, t. 36, f. 3; ib. Lousd. in Russia and Ural Mts. vol. i, p. 595, t. A, f. 9; ib. Edw. and Haime, Pol. Foss. Terr. Palæoz. p. 263, t. 20, f. 4; ib. Mono. Brit. Foss. Carb. Corals, Pal. Soc. p. 158; ib. Nich. Tab. Corals, Pal Period, p. 266, t. 12, f. 4 a-d.
— scabra										*Vide* Stenopora. ? Favosites.
— septosus .... *Flemg.*										*Vide* Alveolites ?
— tumidus .... *Phill.*										*Vide* Favosites ? Monticulipora ?
AULOPORIDÆ										
Cladochonus ...... *M'Coy*, 1847										
Jania ...... *M'Coy*,1844 (non *Lamx.*)										
Pyrgia .... (pars) *M.Edw.* 1851										Z. TUBULOSA.
— antiquus .... *M'Coy*			*	*						Jania, Synop. Carb. Foss. Ireland, p. 197, t. 26, f. 12, 1844.
— bacillarius .... *M'Coy*			*	*						Jania, Carb. Foss. Ireland, p. 197, t. 26, f. 11. Clad. Brit. Pal. Foss. p. 84. C. bacillarius, Nich. and Ether. Geol. Mag. Dec. II, vol. vi, p. 293.
— brevicollis .... *M'Coy*			*							Brit. Pal. Foss. p. 85, t. 3 D, f. 10.
— crassus .... *M'Coy*			*							*Vide* Montilopora.
— La Bechei .... *M.Edw.*			*							Pyrgia, Brit. Foss. Corals, Pal. Soc. t. 46, f. 5, 1852; ib. Foss. des Terr. Palæoz. p. 311, 1851.
— Michelini .... *Edw. & Haime*			*							Pyrgia, Polyp. Foss. Terr. Pal. 1851, p. 310, t. 17, f. 8. Cladochonus, De Kon. Nouv. Rech. Anim. Foss. &c. 1872, p. 153, t. 15, f. 6; ib. Nich. and Ether. Geol. Mag. Dec. II, vol. vi, p. 292, t. 7, f. 1 a c.
CYATHOPHYLLIDÆ.										
Clisiophyllum ...... *Dana*, 1846										Z. RUGOSA (TETRACOROLLA).
Aulophyllum ...... *M Edwards,* 1850										
— bipartitum .... *M'Coy*			*							Brit. Pal. Foss. p. 93, t. 3 C, f. 6; ib. M.Edw. Mono. Brit. Foss. Corals, Pal. Soc. 1852, p. 187; ib. Nich. and Thoms. Ann. Mag. Nat. Hist. vol. xvii, 4 ser. 1876, p. 461, t. 21, f. 3 a-c, 4, 43.
— Bowerbankii .... *M.Edw.*			*							Mono. Brit. Foss. Corals (Carb.), Pal. Soc. 1852, p. 186, t. 37, f. 4.
— conisoptum .... *Keyser*			*							Cyathophyllum, Petsch. p. 164, t. 2, f. 2. Clisiophyllum, Nich. and Thoms. Ann. Mag. Nat. Hist. vol. xvii, 4 ser. 1876, p. 461, t. 22, f. 3; ib. M.Edw. Brit. Foss. Corals (Carb.), Pal. Soc. 1852, p. 185, t. 37, f. 5.
— Edwardsii .... *Edw. & Haime*			*							Aulophyllum Bowerbankii, M.Edw. Brit. Foss. Corals (Carb.), Pal. Soc. 1852, p. 189, t. 38, f. 1.
— Keyserlingi .... *M'Coy*			*							Brit. Pal. Foss. p. 84, t. 3 C, f. 4; ib. M.Edw. Mono. Brit. Foss. Corals (Carb.), Pal. Soc. 1852, p. 186; ib. De Kon. Nouv. Rech. Anim. Foss. Terr. Carb. Belg. 1872, p. 41, t. 3, f. 3; ib. Nich. and Thoms. Ann. Mag. Nat. Hist. vol. xvii, 4 ser. 1876, p. 461, t. 21, f. 1, 2.
— multiplex .... *Keyser*			*							Cyathophyllum, Petsch. t. 2, f. 1. Clisio. M'Coy, Brit. Pal. Foss. p. 95.
— prolapsum .... *M'Coy*										*Vide* Cyclophyllum fungites.
— turbinatum .... *M'Coy*			*							Brit. Pal. Foss. (Corals), p. 96, and p. 88 a-c; ib. M.Edw. Mono. Brit. Foss. Corals (Carb.), Pal. Soc. p. 184, t. 33, f. 1, 2; ib. De Kon. Nouv. Rech. Anim. Foss. Terr. Carb. Belg. 1872, p. 39, t. 3, f. 2.
— 4 Sp. .... *Nich. & Thoms.*										Ann. Mag. Nat. Hist. vol. xvii, 4 ser. 1876, p. 461, t. 21, f. 5, 6; t. 22, f. 1, 2.
Columnaria .... *Goldfuss*, 1826 ...										
Beaumontia ...... *M. Edwards,* 1851										
Favistella .... *Hall*, 1847										
— Egertoni .... *M.Edw.*										*Vide* Beaumontia.
— laxa .... *M'Coy*										

ACTINOZOA.

SPECIES.	Calciferous Series.	Lower Lmst. Shales.	Carbouiferous Lmst.	Up.Lst.Shale(Yoredale)	Millstone Grit.	Lower Coal Measures.	Middle Coal Measures.	Upper Coal Measures.	Pass up.	REFERENCES.
CYATHAXONIDÆ.										
Cyathaxonia .... *Michelin*, 1846 ...										
Stylina .... *Parkinson*, 1822										Z. RUGOSA (TETRACOROLLA).
— cornu .... *Mich.*			*							Icon. Zooph. p. 258, t. 59, f. 9. *Cyathophyllum mitratum*, De Kon. Anim. Foss. Belg. p. 22, t. C, f. 2, e, f. *C. cornu*, Pictet, Traité de Pal., vol. iv, p. 451, t. 107, f. 15; ib. De Kon. Nouv. Rech. Anim. Foss. Terr. Carb. Belg. 1872, p. 110, t. 11, f. 2; ib. M.Edw. Mono. Brit. Foss. Corals (Carb.), Pal. Soc. 1852, p. 166.
— costata........... *M'Coy*			*							Brit. Pal. Foss. p. 109, t. 3 C, f. 2.
— spinosa .... *Mich.*										*Vide* Amplexus.
CYATHOPHYLLIDÆ.										
Cyathophyllum ..... *Goldfuss*, 1826 ...										
— * *Bronn, Münster, & Phillips*										
Caninia .... *Michelin*, 1841 ...										Z. RUGOSA (TETRACOROLLA).
Strephodes .... *M'Coy*, 1849										
— archivi .... *M.Edw.*			*							Mono. Brit. Foss. Corals (Carb.), Pal. Soc. 1852, p. 183, t. 34, f. 7.
— crenulare .... *Phill.*										*Vide C. regium.*
— dianthoides ...... *M'Coy*			*							Brit. Pal. Foss. p. 85, t. 3 C, f. 7; ib. M.Edw. Mono. Brit. Foss. Corals (Carb.), 1852, p. 182.
— expansum .... *M'Coy*										*Turbinolia*, Carb. Foss. Ireland, p. 186, t. 28, f. 7.
— giganteum .... *Mich.*										*Vide* Zaphrentis cylindrica.
— multiplex .... *Keyser*										*Vide* C. Murchisoni.
— Murchisoni ..... *M.Edw.*			*							Palæosmilia, Edw. and Haime, Ann. Sci. Nat. 3 ser. vol. x, p. 261. *Strephodes multilamellatus*, M'Coy, Brit. Pal. Foss. p. 93, t. 3 C, f. 3. *C. Murchisoni*, M.Edw. Mono. Brit. Foss. Corals (Carb.), Pal. Soc. 1852, p. 178, t. 33, f. 3. *C. multiplex*, Keyser, Reise das Petschor. p. 163, t. 2, f. 1; ib. De Kon. Nouv. Rech. Anim. Foss. Terr. Carb. Belg. 1872, p. 48, t. 3, f. 7.
— parscida .... *M'Coy*			*							Brit. Pal. Foss. p. 86, t. 3 C, f. 9; ib. Edw. and Haime, Mono. Brit. Foss. Corals (Carb.), Pal. Soc. 1852, p. 181, t. 37, f. 1. ? *Campophyllum.*
— pseudo-vermiculare ... *M'Coy*			*							Brit. Pal. Foss. p. 86, t. 3 C, f. 8; ib. M.Edw. Mono. Brit. Foss. Corals (Carb.), Pal. Soc. 1852, p. 182.
— regium .... *Phill.*										Geol. York. vol. ii, t. 2, f. 25, 26; ib. M.Edw. Mono. Brit. Foss. Corals (Carb.), Pal. Soc. 1852, p. 180, t. 38, f. 1-4. *Astræa (Palastræa) carbonaria*, M'Coy, Brit. Pal. Foss. p. 111, t. 3 A, f. 7; t. 3 B, f. 1. ? *Cyatho. crenulare*, Phill. Geol. York. p. 202, t. 2, f. 27, 28.
— Stutchburyi ...... *M.Edw.*			*							Mono. Brit. Foss. Corals (Carb.), Pal. Soc. 1852, p. 179, t. 31, f. 1, 2; t. 33, f. 4. *Turbinolia fungites*, Phill. Geol. York. vol. ii, p. 203, t. 2, f. 23. ? *Cyatho. (Turbinolia) expansum*, M'Coy, Carb. Foss. Ireland, p. 186, t. 28, f. 7.
— Wrightii .... *M.Edw.*			*							Mono. Brit. Foss. Corals (Carb.), Pal. Soc. 1852, p. 179, t. 34, f. 6.
CYATHOPHYLLIDÆ.										
Cyathopsis .... *D'Orbigny*, 1850										
Aulophyllum ... (*pars*) *M.Edw.* 1850										
Lophophyllum ... *Edw. & Haime*, 1850										
Turbinolia .... *Fleming & Ure* ...										
— eruca .... *M'Coy*										*Vide* Lophophyllum.
— fungites .... *Flemg.*										*Vide* Cyclophyllum.

PALÆOZOIC.   ACTINOZOA.   CARBONIFEROUS.

SPECIES.	Calciferous Series.	Lower Limest. Shale.	Carboniferous Limit.	Up. Lst. Shale(Yoredale)	Millstone Grit.	Lower Coal Measures.	Middle Coal Measures.	Upper Coal Measures.	Pass up.	REFERENCES.
CYATHOPHYLLIDÆ.										
Cyclophyllum *Duncan & Thomson,* 1868										**Z. RUGOSA (TETRACORALLA).**
— Bowerbankii ...... *Edw. & Haime* ...			*							*Aulophyllum,* Mono. Brit. Foss. Corals (Carb.), Pal. Soc. 1852, p. 189, t. 38, f. 1. Cyclophyllum, Dunc. and Thoms. Q. J. Geol. Soc. vol. xxiii, p. 328, t. 13, f. 1-3.
— fungites .... *Flemg.*			*							*Turbinolia,* Brit. Anim. p. 510; ib. Urc Rutherg. p. 327, t. 20, f. 6; ib. Edw. and Haime, Pol. Foss. Terr. Palæoz. p. 413. *Clisiophyllum prolapsum,* M'Coy, Brit. Pal. Foss. p. 95, t. 3 C, f. 5. *Aulophyllum,* Edw. and Haime, Mono. Brit. Carb. Corals, Pal. Soc. p. 188, t. 37, f. 3. *Turbinolia fungites,* Phill. Geol. York. p. 203, t. 2, f. 23. *Caninia patula,* Mich. Icon. Zooph. t. 59, f. 4. *Cyathophyllum fungites,* De Kon. Anim. Foss. Belg. t. D, f. 2. Cyclophyllum, Dunc. and Thoms. Q. J. Geol. Soc. vol. xxiii, p. 329, t. 13, f. 4-8. *Turbinolia mitrata,* His. Leth. Suev. p. 100, t. 28, f. 9-11.
Dania .... *Edw. & Haime,* 1849										
Chaetetes .... *Fischer*										**TABULATA.**
— Sp.			*							For genus, *vide* Edw. and Haime, Pol. Foss. Terr. Pal. p. 275, 1849; ib. Comptes. Rend. vol. xxix, p. 261.
SERIATOPORIDÆ.										
Dendropora .... *Michelin,* 1845 ...										
Rhabdopora ...... *M. Edw.* 1851										**TABULATA.**
— megastoma .... *M'Coy*			*							Brit. Pal. Foss. p. 79, t. 3 B, f. 11.
CYATHOPHYLLIDÆ.										
Dibunophyllum ... *Thomson,* 1876 ...										**Z. RUGOSA (TETRACORALLA).**
— M'Chesneyi......... *Nich. & Thoms.*......			*							Ann. Mag. Nat. Hist. vol. xvii, 4 ser. 1876, p. 462, t. 25, f. 3 a, b.
— Muirheadi ...... *Nich. & Thoms.*			*							Ann. Mag. Nat. Hist. vol. xvii, 4 ser. 1876, p. 462, t. 25, f. 4, 5; t. 24, f. 3.
— 4 Sp. .... *Nich. & Thoms.*			*							Ann. Mag. Nat. Hist. vol. xvii, 4 ser. 1876, p. 462, t. 25, f. 1, 2, 6, 7; t. 24, f. 4.
Dictuophyllia .... *De Blainville*										
— antiqua .... *M'Coy*										*Vide* Michelinia.
CYATHOPHYLLIDÆ.										
Diphyphyllum ...... *Lonsdale,* 1845 ...										
Lithostrotion ...... (part)										**Z. RUGOSA (TETRACORALLA).**
— concinnum .... *Lonsd.*			*							Murch. De Vern. and Keyser, Russia and Urals, vol. i, p. 614, t. A, f. 4. *Lithostrotion concinnum,* Edw. and Haime, Brit. Foss. Cor. Pal. Soc. p. 195. *Diphy. latiseptum,* M'Coy, Brit. Pal. Foss. p. 88, t. 3 C, f. 10. D. concinnum, De Kon. Nouv. Rech. Anim. Foss. Terr. Carb. Belg. 1872, p. 36, t. 2, f. 4. *Cyathophyllum calamiforme,* Ludwig, Zur. Pal. des Urals, p. 14, t. 2, f. 1-8. D. concianum, Thoms. and Nich. Ann. Mag. Nat. Hist. vol. xvii, 4 ser. 1876, p. 123, 126, 128, t. 8, f. 1-2.
Erismatolithus ...... *Martin,* 1809										
— tubiporites .... *Martin*										*Vide* Phillipsastrea radiata.
FAVOSITIDÆ.										
Favosites .... *Lam.* 1816 (12) ...										
— .... *Auctorum*										
Calamopora ...... *Goldfuss,* 1826 ...										
Thamnopora ...... *Steininger,* 1831...										
Astrocerium ...... *Hall,* 1851										**Z. TABULATA (HEXACORALLA).**
— capillaris .... *Phill.*										*Vide* Alveolites (Chaetetes) depressus.
— dentifera .... *Phill.*			*							*Calamopora,* Geol. York. vol. ii, t. 1, f. 58-60. *Vide* M. Edw. Mono. Brit. Foss. Corals, Pal. Soc. 1852, p. 153.

PALÆOZOIC. ACTINOZOA. CARBONIFEROUS.

SPECIES.	CARBONIFEROUS.								REFERENCES.
	Calciferous Series.	Lower Lmst. Shales.	Carboniferous Lmst.	Up. Lst. Shale (Yoredale)	Millstone Grit.	Lower Coal Measures.	Middle Coal Measures.	Upper Coal Measures.	Pasa sp.

SPECIES.										REFERENCES.
Favosites (*continued*).										
— Gothlandica ?...... Portl........										Vide F. Haimeana.
— Haimeana ...... De Kon.........			*							Nouv. Rech. Anim. Foss. Terr. Carb. Belg. p. 138, t. 15, f. 5, 1872. F. Gothlandica ? Portl. Geol. Rept. p. 326.
— incrustans ...... Phill............			*							Calamopora, Geol. York. vol. ii, t. 1, f. 63, 64.
— megastoma ...... Phill............			*							Vide Micholinia.
— parasitica ...... Phill............			*							Calamopora, Geol. York. vol. ii, t. 1, f. 61, 62. Favosites, Brit. Foss. Corals, Pal. Soc. 1852, p. 153, t. 45, f. 2; ib. De Kou. Nouv. Rech. Anim. Foss. Terr. Carb. Belg. 1872, p. 137, t. 15, f. 4.
— septosa ...... Flemg...........										Vide Alveolites.
— serialis ...... Portl............										Vide Coriopora (Polyzoa).
— tumida ...... Phill............			*							Calamopora, Geol. York. vol. ii, p. 200, t. 1, f. 49-57. Favosites, Portl. Geol. Rept. Lond. p. 326, t. 22, f. 4. Stenopora inflata et tumida, M'Coy, Brit. Pal. Foss. p. 82. Chaetetes, Edw. and Haime, Mono. Brit. Foss. Corals (Carb.), Pal. Soc. p. 159, t. 45, f. 3.
MONTICULIPORIDÆ ?										
Fistulipora............ M'Coy, 1849										Z. TABULATA (HEXACOROLLA).
Callopora .... Hall, 1852.........										
— major .... M'Coy			*							Ann. Mag. Nat. Hist. 2 ser. vol. iii, p. 131, 1849; ib. M.Edw. Mono. Brit. Foss. Carb. Corals, Pal. Soc. 1852, p. 152.
— minor .... M'Coy			*							Ann. Mag. Nat. Hist. 2 ser. vol. iii, p. 130, 1849; ib. Brit. Pal. Foss. p. 79, t. 3 B, f. 12; ib. M.Edw. Mono. Brit. Foss. Corals (Carb.), Pal. Soc. 1852, p. 151; ib. Nich. Tabulate Corals of the Pal. period, p. 306-308, f. 39; p. 307.
? Gorgonia .... Linnæus										
— Lonsdaleana ... M'Coy			*							Carb. Foss. Irel. p. 197, t. 28, f. 1.
— zic-zac .... M'Coy			*							Carb. Foss. Irel. p. 197, t. 28, f. 2.
Harmodites ...... Fischer, 1828										Vide Syringopora.
CYATHOPHYLLIDÆ.										
Heterophyllia ...... M'Coy, 1849										Z. RUGOSA (TETRACOROLLA).
— angulata .... Duncan			*							Trans. Roy. Soc. vol. clvii, p. 645, t. 31, f. 2.
— grandis .... M'Coy			*							Brit. Pal. Foss. p. 112, t. 3 A, f. 1; ib. Ann. Mag. Nat. Hist. 2 ser. vol. iii, p. 126, f. a, b, 1849; ib. M.Edw. Mono. Brit. Foss. Corals (Carb.), Pal. Soc. 1852, p. 210; ib. Duncan, Trans. Roy. Soc. vol. clvii, p. 644.
— granulata .... Duncan			*							Trans. Roy. Soc. vol. clvii, p. 645, t. 31, f. 1.
— Lyellii............... Duncan			*							Trans. Roy. Soc. vol. clvii, p. 646, t. 31, f. 4. ? H. mirabilis.
— M'Coyi .... Duncan			*							Trans. Roy. Soc. vol. clvii, p. 645, t. 31, f. 3.
— mirabilis .... Duncan			*							Trans. Roy. Soc. vol. clvii, p. 646, t. 31, f. 5.
— ornata .... M'Coy			*							Ann. Mag. Nat. Hist. 2 ser. vol. iii, p. 127; ib. Brit. Pal. Foss. p. 112, t. 3 A, f. 2; M.Edw. Mono. Brit. Foss. Corals (Carb.), Pal. Soc. 1852, p. 210; ib. Duncan, Trans. Roy. Soc. vol. clvii, p. 644.
— Sedgwickii ...... Duncan			*							Trans. Roy. Soc. vol. clvii, p. 646, t. 31, f. 6.
Hydnophora ...... Fischer, 1807,......										} Vide Palæacis (Protozoa).
Hydnopora......... Phill. 1836										
Jania .... M'Coy, 1844 (Lamouroux)										Vide Cladochonus.
CYATHOPHYLLIDÆ.										
Koninckophyllum Thoms.& Nich. 1876										Z. RUGOSA (TETRACOROLLA).
— interruptum ...... Thoms. & Nich....		*	*							Ann. Mag. Nat. Hist. vol. xvii, 4 ser. 1876, p. 303, t. 12, f. 3.

ACTINOZOA

SPECIES.	CARBONIFEROUS.							REFERENCES.
	Calciferous Series.	Lower Limst. Shales.	Carboniferous Limst.	Up. Lst. Shale (Yoredale)	Millstone Grit.	Lower Coal Measures.	Middle Coal Measures.	Upper Coal Measures.	Pass up.	

SPECIES.									REFERENCES.
Koninckophyllum (*continued*).									
— Lindströmi .... *Thoms. & Nich.*		*	*						Ann. Mag. Nat. Hist. vol. xvii, 4 ser. 1876, p. 304, t. 12, f. 4.
— magnificum .... *Thoms. & Nich.*		*	*						Ann. Mag. Nat. Hist. vol. xvii, 4 ser. 1876, p. 128, t. 8, f. 8 a, b; p. 303, t. 12, f. 3.
— proliferum .... *Thoms. & Nich.*		*	*						Ann. Mag. Nat. Hist. vol. xvii, 4 ser. 1876, p. 303, t. 12, f. 1.
— radiatum .... *Thoms. & Nich.*		*	*						Ann. Mag. Nat. Hist. vol. xvii, 4 ser. 1876, p. 304, t. 12, f. 5.
— retiforme .... *Thoms. & Nich.*		*	*						Ann. Mag. Nat. Hist. vol. xvii, 4 ser. 1876, p. 304, t. 12, f. 6.
Liodendrocyathus ... *Ludwig*, 1866									*Vide* Syringopora.
CYATHOPHYLLIDÆ.									
Lithodendron .... *Phillips*, 1835 ...									
Siphonodendron ... *M'Coy*, 1849.....									
Lithostrotion (*M.Edw.*) *Lhwyd*, 1699									
— affine .... *Flemg.*									*Vide* Lithostrotion.
— aggregatum .... *M'Coy*									*Vide* Lithostrotion.
— caespitosum .... *Portl.*									*Vide* Lithostrotion junceum.
— fasciculatum ...... *Flemg.*									*Vide* Lithostrotion caespitosum.
— irregulare .... *Phill.*									*Vide* Lithostrotion.
— junceum .... *Flemg.*									*Vide* Lithostrotion.
— Phillipsi .... *M.Edw.*									*Vide* Lithostrotion.
— sexdecimale .... *Phill.*									*Vide* Lithostrotion junceum.
— sociale .... *Phill.*									*Vide* Lithostrotion.
CYATHOPHYLLIDÆ.									
Lithostrotion .... *Lhwyd*, 1699									
— .... *Fleming*, 1827 ...									
Lithodendron ...... *Keferstein*, 1834...									
Erismatolithus ... *Martin*, 1809.....									
Stylaxis .... *M'Coy*, 1849									
Stylastraea .... *Lonsdale*, 1815 ...									Z. RUGOSA (TETRACOROLLA).
— affine .... *Flemg.*		*	*						Caryophyllia, Brit. Anim. p. 509. L. longiconicum, Phill. Geol. York. vol. ii, t. 2, f. 18. L. affine, M.Edw. Mono. Brit. Foss. Corals (Carb.), Pal. Soc. 1852, p. 200, t. 39, f. 2. (Lithodendron.)
— aggregatum .... *M'Coy*			*						Siphonodendron, Brit. Pal. Foss. p. 108. Lithodendron pauciradiale, M'Coy, Carb. Foss. Ireland, p. 189, t. 27, f. 7. (Lithodendron.)
— arachnoideum ...... *M'Coy*			*						Nematophyllum, Ann. Mag. Nat. Hist. 2 ser. vol. iii, p 15, f. A, B; p. 16, 1849; ib. Brit. Pal. Foss. p. 97, t. 3 A, f. 6. Lithostrotion, M.Edw. Mono. Brit. Foss. Corals (Carb.), Pal. Soc. 1852, p. 202.
— aranea .... *M'Coy*			*						Astraea, Synop. Carb. Foss. Ireland, p. 187. Astraea hexagona, var. minor, Portlock, Geol. Rept. Lond. p. 332, t. 23, f. 2. 1843. Lithostrotion aranea, M.Edw. Mono. Brit. Foss. Corals (Carb.), Pal. Soc. 1852, p. 193, t. 39. f. 1.
— basaltiforme .... *Conyb. & Phill.*			*						Astraea basaltiformis, Outlines Geol. Engl. and Wales, p. 359, 1822. Lithostrotion striatum, Flemg. Brit. Anim. p. 508, 1828. Cyathophyllum basaltiforme, Phill. Geol. York. vol. ii, p. 202, t. 2, f. 21, 22. L. basaltiforme, M.Edw. Mono. Brit. Foss. Corals (Carb.), Pal. Soc. p. 190, t. 38. f. 3, 1851; ib. Thoms. and Nich. Ann. Mag. Nat. Hist. vol. xvii, 4 ser. 1876, p. 304, t. 14, f. 1. Astraea hexagona, Portl. Geol. Rept. p. 332, t. 23, f. 1, var. f. 2. L. minus, M'Coy, Brit. Pal. Foss. p. 99, t. 3 B, f. 3.

PALÆOZOIC. ACTINOZOA. CARBONIFEROUS.

SPECIES.	CARBONIFEROUS.								REFERENCES.
	Calciferous Series.	Lower Leent. Shales.	Carboniferous Lmst.	Up. Lst. Shale/Yoredales	Millstone Grit.	Lower Coal Measures.	Middle Coal Measures.	Upper Coal Measures.	Pass up.	

Lithostrotion (*continued*).										
— cæspitosum .... Martin			*							*Erismatolithus*, Petref. Derbiensis, p. 21, t. 17. *Caryophyllia fasciculata*, Flemg. Brit. Anim. p. 509. *Lithodendron fasciculatum*, Phill. Geol. York. vol. ii, p. 202, t. 2, f. 16, 17. *Litho. Martini*, Edw. and Haime, Brit. Foss. Corals, p. 197, t. 40, f. 2. *L. cæspitosum*, De Kon. Nouv. Rech. Anim. Foss. Terr. Carb. Belg. p. 32, t. 2, f. 2. *Caryop. fasciculata*, De Kon. Anim. Foss. Belg. p. 17, t. D, f. 5; t. G, f. 9. *L. Martini*, Thoms. and Nich. Ann. Mag. Nat. Hist. vol. xvii, 4 ser. 1876, p. 304, t. 15, f. 2. *Siphonodendron fasciculatum*, M'Coy, Brit. Pal. Foss. p. 108.
— coarctatum .... Portl.										*Vide* Litho. junceum (Lithodendron).
— concinnum .... Lonsd.										*Vide* Diphyphyllum concinnum.
— decipiens .... M'Coy			*							*Nemaphyllum*, Ann. Mag. Nat. Hist. 2 ser. vol. iii, p. 18, 1849. Lithostrotion, M.Edw. Mono. Brit. Foss. Corals (Carb.), Pal. Soc. 1852, p. 196.
— ? Derbiense........ M.Edw.			*							Pol. Foss. Terr. Palæoz. p. 445, 1851; ib. M.Edw. Mono. Brit. Foss. Corals (Carb.), Pal. Soc. 1852, p. 201. *Stylaxis irregularis*, M'Coy, Brit. Pal. Foss. p. 101, t. 3 A, f. 5.
— ensifer .... M.Edw.			*							Pol. Foss. Terr. Palæoz. p. 442; ib. Mono. Brit. Foss. Corals (Carb.), Pal. Soc. 1852, p. 193, t. 38, f. 2.
— fasciculatum ...... Flemg.										*Vide* L. cæspitosum (*Lithodendron*).
— Flemingi............. M'Coy			*							*Stylaxis*, Ann. Mag. Nat. Hist. 2 ser. vol. iii, p. 121, 1849; ib. M'Coy, Brit. Pal. Foss. p. 169, t. 3 A, f. 3. Lithostrotion, Edw. and Haime, Mono. Brit. Foss. Corals, Pal. Soc. 1852, p. 203; ib. Thoms. and Nich. Ann. Mag. Nat. Hist. vol. xvii, 4 ser. p. 304, t. 14, f. 4, 1876.
— irregulare .... Phill.			*							*Lithodendron*, Geol. York. vol. ii, p. 202, t. 2, f. 14, 15; ib. M.Edw. Mono. Brit. Foss. Corals (Carb.), Pal. Soc. 1852, p. 198, t. 14, f. 1; ib. De Kon. Nouv. Rech. Anim. Foss. Terr. Carb. Belg. 1872, p. 30, t. 1, f. 5; t. 2, f. 1; ib. Thoms. and Nich. Ann. Mag. Nat. Hist. vol. xvii, 4 ser. 1876, p. 304, t. 15, f. 3. (*Lithodendron*.)
— junceum .... Flemg.			*							*Caryophyllia*, Brit. Anim. p. 509. Lithostrotion, M.Edw. Mono. Brit. Foss. Corals (Carb.), Pal. Soc. p. 196, t. 40, f. 1. *Litho. sexdecimale*, Phill. Geol. York. vol. ii, p. 202, t. 2, f. 11-13. *Caryophyllia sexdecimale*, De Kon. Foss. Terr. Carb. de Belg. p. 17, t. D, f. 4. *Litho. coarctatum*, Portl. Geol. Rept. Lond. p. 335, t. 22, f. 5. Litho. junceum, De Kon. Nouv. Rech. sur les Anim. Foss. Terr. Carb. Belg. 1872, p. 29, t. 3, f. 1; ib. Thoms. and Nich. Ann. Mag. Nat. Hist. vol. xvii, 4 ser. 1876, p. 304, t. 15, f. 4. (*Lithodendron*) *Siphonodendron sexdecimale*, Phill. M'Coy, Brit. Pal. Foss. p. 109.
— longiconicum ..... Phill.										*Vide* L. affine. (*Lithodendron*.)
— major .... M'Coy			*							*Stylaxis*, Ann. Mag. Nat. Hist. 2 ser. vol. iii, p. 120, 1849; ib. Brit. Pal. Foss. p. 101, t. 3 A, f. 4, 1851. Lithostrotion, M.Edw. Mono. Brit. Foss. Corals, Pal. Soc. p. 201.
— M'Coyanum .... M.Edw.			*							Mono. Brit. Foss. Corals (Carb.), Pal. Soc. 1852, p. 195, t. 42, f. 2; ib. Thoms. and Nich. Ann. Mag. Nat. Hist. vol. xvii, 4 ser. 1876, p. 304, t. 14, f. 3.
— Martini .... M.Edw.										*Vide* L. cæspitosum.
— pauciradialis ...... M'Coy										*Vide* L. aggregatum. (*Lithodendron*.)
— Phillipsi .... M.Edw.			*							Mono. Brit. Foss. Corals (Carb.), Pal. Soc. 1852, p. 201, t. 39, f. 3. *Lithodendron fasciculatum*, Keyser, Reise in Petsch. p. 170, t. 3, f. 2 (non Phill.). L. Phillipsi, Thoms. and Nich. Ann. Mag. Nat. Hist. vol. xvii, 4 ser. 1876, p. 304, t. 15, f. 1. (*Lithodendron*.)
— Portlocki........... M.Edw.			*							Pol. Foss. Terr. Palæoz. p. 443; ib. Mono. Brit. Carb. Corals (Carb.), Pal. Soc. p. 194, t. 42, f. 1. *Astræa irregularis*, Portl. Geol. Rept. Londonderry, p. 333, t. 22, f. 3, 4. *Nematophyllum clisiodes*, M'Coy, Brit. Pal. Foss. p. 98, t. 3 H, f. 2. Litho. Portlocki, De Kon. Nouv. Rech. Anim. Foss. Terr. Carb. Belg. 1872, p. 34, t. 2, f. 3; ib. Thoms. and Nich. Ann. Mag. Nat. Hist. vol. xvii, 4 ser. 1876, p. 304, t. 14, f. 2.
— septosum .... M'Coy			*							*Nematophyllum*, Ann. Mag. Nat. Hist. 2 ser. vol. iii, p. 19, 1849; ib. M.Edw. Mono. Brit. Foss. Corals (Carb.), Pal. Soc. p. 196, 1852.

PALÆOZOIC. ACTINOZOA. CARBONIFEROUS.

SPECIES.	Calciferous Series	Lower Limst. Shales	Carboniferous Limst.	Up. Lst. Shale (Yoredale)	Millstone Grit	Lower Coal Measures	Middle Coal Measures	Upper Coal Measures	Pass up.	REFERENCES.
Lithostrotion (*continued*).										
— *sexdecimale*......... Phill..........			*							Vide L. junceum (*Lithodendron*).
— *sociale*............... Phill..........			*							Geol. York. t. 2, f. 19, 20 (*Lithodendron*).
CYATHOPHYLLIDÆ.										
Lonsdaleia ...... *Milne Edwards*, 1851										
Strombodes......... *Schweiger*, 1820...										
Lithostrotion ...... *Lonsdale*, 1845 ...										
Styledophyllum... *De Fromental*, 1861										Z. RUGOSA (TETRACORALLA).
— *crassiconus*......... M'Coy			*							Vide L. duplicata.
— *duplicata*............ Martin			*							*Erismatolithus* (*madreporites*), Petref. Derb. t. 30, 1809. Lonsdaleia, Edw. and Haime, Mono. Brit. Foss. Corals (Carb.), Pal. Soc. 1852, p. 209. *L. crassiconus*, M'Coy, Brit. Pal. Foss. p. 103, t. 3 B, f. 5. L. duplicata, Thoms. and Nich. Ann. Mag. Nat. Hist. vol. xvii, 4 ser. 1876, p. 305, t. 16, f. 2.
— *floriformis* .... Martin			*							*Erismatolithus* (*madreporites*), Petref. Derb. t. 43, f. 3, 4; t. 44, f. 5. *Strombodes conaxis*, M'Coy, Brit. Pal. Foss. p.103, t. 3 B, f. 4. L. floriformis, M.Edw. Mono. Brit. Foss. Corals (Carb.), Pal. Soc. 1852, p. 205, t. 43, f. 1, 2; ib. Thoms. and Nich. Ann. Mag. Nat. Hist. vol. xvii, 4 ser. 1876, p. 305, t. 16, t. 3, 3°.
— *papillata* .... Fischer			*							*Cyathophyllum*, Oryct. de Moscou, p. 155, t. 31, f. 4, 1837. Lonsdaleia, M.Edw. Mono. Brit. Foss. Corals (Carb.), Pal. Soc. 1852, p. 207; ib. Edw. and Haime, Pol. Foss. des Terr. Palæoz. p. 460, t. 11, f. 2. *Strombodes emarciatum*, Lonsdale.
— *rugosa* .... M'Coy			*							Ann. Mag. Nat. Hist. 2 ser. vol. iii, p. 13; ib. M'Coy, Brit. Pal. Foss. p. 105, t. 3 B, f. 6; ib. Edw. and Haime, Mono. Brit. Foss. Corals (Carb), Pal. Soc. 1852, p. 208, t. 38, f. 5. *Caryophyllia duplicata*, De Kon. Desc Anim. Foss. Terr.Carb. Belg. p.19, t. D, f. 3 a. *Lithostrotion Californiensis*, Mich. Pal. and Geol. Surv. California, vol. i, p. 6, t. 1, f. 2. Lonsd. rugosa, De Kon Nouv. Rech. sur les Anim. Foss. Terr. Carb. Belg. 1872, p. 30, t. 1, f. 1; ib. Thoms. and Nich. Ann. Mag. Nat. Hist. vol. xvii, 4 ser. 1876, p. 304, t. 16, f. 1; t. 17.
CYATHOPHYLLIDÆ.										
Lophophyllum ...... ? *Edw. & Haime*...										Z. RUGOSA (TETRACORALLA).
— *eruca* .... M'Coy	*	*								*Cyathopsis*, Ann. Mag. Nat. Hist. 2 ser. vol. vii, p. 167; ib. Brit. Pal. Foss. p. 90. Lophophyllum, M.Edw. Mono. Brit. Foss. Corals (Carb.), Pal. Soc. 1852, p.177; ib. Thoms. and Nich. Ann. Mag. Nat. Hist. vol. xvii, 4 ser. 1876, p. 128, t. 8, f. 7.
— *parvulum* .... Thoms. & Nich....			*							Ann. Mag. Nat. Hist. vol. xvii, 4 ser. 1876, p. 126-128, t. 8, f. 3, 4.
— *reticulatum*......... Thoms. & Nich....			*							Ann. Mag. Nat. Hist. vol. xvii, 4 ser. 1876, p. 126-128, t. 8, f. 5, 6.
FAVOSITIDÆ.										
Michelinia .... *Kusinck*, 1842 ...										
Dictuophyllia De Blain.(*pars*) M'Coy										
Nanon......... *Schweiger*, 1820, Goldf.										Z. TABULATA (HEXACORALLA).
— *antiqua* .... M'Coy			*							*Dictuophyllia*, Carb. Foss. Ireland, p. 191, t. 26, f. 10. *M. compressa*, Mich. Icon. Zooph. p. 254, t. 59, f. 3. M. antiqua, M.Edw. Mono. Brit. Foss. Corals (Carb.), Pal. Soc. 1852, p. 156; ib. De Kon. Nouv. Rech. Anim. Foss. Terr. Carb. Belg. 1872, p. 135, t. 14, f. 1.
— *favosa* .... Goldf.										*Manon*, Petref. Germ. vol. i, p. 4, t. 1, f. 11; ib. De Kon. Anim. Foss. Terr. Carb. Belg. p. 30, t. C, f. 2; ib. Mich. Icon. Zooph. p. 254, f. 59, f. 2; ib. M.Edw. Mono. Brit. Foss. Corals (Carb.), Pal. Soc. 1852, p. 154, t. 44, f. 2; ib. De Kon. Nouv. Rech. Anim. Foss. Belg. 1872, p. 131, t. 13, f. 1.
— *glomerata* .... M'Coy										Vide M. tenuisepta.
— *grandis* .... M'Coy										Vide M. megastoma.

ACTINOZOA

SPECIES.	Caleiferous Series.	Lower Limit. Shales.	Carboniferous Limit.	Up. Let. Shale(Yoredale)	Millstone Grit.	Lower Coal Measures.	Middle Coal Measures.	Upper Coal Measures.	Pass up.	REFERENCES.
Michelinia (continued).										
— megastoma .... Phill.	...	*	*	...	...	...	...	...	...	Calamopora, Geol. York. vol. ii, p. 201, t. 2, f. 29. M. grandis, M'Coy, Brit. Pal. Foss. p. 81, t. 3 C, f. 1. Mich. megastoma, M.Edw. Mono Brit. Foss. Corals (Carb.), Pal. Soc. 1852, p. 156, t. 44, f. 3; ib. De Kon. Nouv. Rech. Anim. Foss. Terr. Carb. Belg. 1872, p. 132, t. 13, f. 3.
— tenuisepta .... Phill.	...	*	*	...	...	...	...	...	...	Calamopora, Geol. York. vol. ii, p. 201, t. 2, f. 30. Mich. glomerata, M'Coy, Brit. Pal. Foss. p. 80, t. 3 B, f. 14. M. tenuisepta, De Kon. Anim. Foss. Terr. Carb. Belg. p. 31, t. C, f. 3; ib. Nouv. Rech. Anim. Foss. Terr. Carb. Belg. 1872, p. 133, t. 13, f. 2; ib. M.Edw. Mono. Brit. Foss. Corals (Carb.), Pal. Soc. 1852, p. 155, t. 44, f. 1.
Millepora .... Linn. 1748..........	...	...	...	...	...	...	...	...	...	
— gracilis	...	...	...	...	...	...	...	...	...	Vide Rhabdomeson.
— interporosa............................	...	...	...	...	...	...	...	...	...	Vide Rhombopora.
— oculata	...	...	...	...	...	...	...	...	...	Vide Rhombopora.
— rhombifera	...	...	...	...	...	...	...	...	...	Vide Rhabdomeson.
— similis	...	...	...	...	...	...	...	...	...	Vide Rhombopora.
— spicularis	...	...	...	...	...	...	...	...	...	Vide Rhombopora.
AULOPORIDÆ.										
Moniliopora ... Nich. & Etheridge, 1879										**TABULATA (HEXACOROLLA).**
— crassa .... M'Coy	...	...	*	...	...	...	...	...	...	Cladochonus, Brit. Pal. Foss. p. 85. Jania, M'Coy, Carb. Foss. Ireland, p. 197, t. 27, f. 4. Clado. crassus, Rofe, Geol. Mag. vol. vi, p. 352, f. 2–4, 1869. Moniliopora, Nich. and Ether. Geol. Mag. Dec. II, vol. vi, p. 293, t. 7, f. 2; ib. Nicholson, On the structure and affinities of the Tabulate Corals, Pal. Period, p. 222–225, f. 32; p. 224.
MONTICULIPORIDÆ.										
(? ALCYONARIA.)										**TABULATA.**
Monticulipora .... D'Orbigny, 1850	...	...	...	...	...	...	...	...	...	Vide Chaetetes. (See note under Chaetetes.)
Nebulipora .... M'Coy, 1850										
Stenopora .... M'Coy, 1851										
CYATHOPHYLLIDÆ.										
Mortieria .... De Kon. 1842......										**Z. RUGOSA (TETRACOROLLA).**
— vertebralis .... De Kon.	...	*	*	...	...	...	...	...	...	Anim. Foss. Terr. Carb. Belg. p. 12, t. II, f. 3; ib. Mich. Icon. Zooph. p. 253, t. 59, f. 1; ib. De Kon. Nouv. Rech. Anim. Foss. Terr. Carb. Belg. p. 163, t. 15, f. 9; ib. M.Edw. Mono. Brit. Carb. Foss. Corals, Pal. Soc. 1852, p. 209.
CYATHOPHYLLIDÆ.										
Nematophyllum ...... M'Coy, 1851										
Lithostrotion .... M.Edw. & Haime										
— arachnoideum..... M'Coy	...	...	...	...	...	...	...	...	...	Vide Lithostrotion arachnoideum.
— clisioides............ M'Coy	...	...	...	...	...	...	...	...	...	Vide Lithostrotion Portlockii.
— decipiens............ M'Coy	...	...	...	...	...	...	...	...	...	Vide Lithostrotion decipiens.
— minus .... M'Coy	*	...	...	...	...	...	...	...	...	Vide Lithostrotion basaltiforme.
Palæacis .... J. Haime, 1860 ...	...	...	...	...	...	...	...	...	...	Vide Protozoa.
— cuneata .... M. & W.	...	...	...	...	...	...	...	...	...	Vide Palæacis cuneiformis (Protozoa).
— cyclostoma .... Phill.	...	...	...	...	...	...	...	...	...	Vide Palæacis cyclostoma (Protozoa).
CYATHOPHYLLIDÆ.										
Petalaxis .... M.Edwards, 1851										
Stylaxis .... M'Coy, 1849										**Z. RUGOSA (TETRACOROLLA).**
— Portlockii .... M.Edw.	...	...	*	...	...	...	...	...	...	Mono. Brit. Foss. Corals (Carb.), Pal. Soc. 1852, p. 204, t. 38, f. 4. Stylaxis, Edw. and Haime, Pol. Foss. des Terr. Palæoz. p. 453.

ACTINOZOA

SPECIES.	Calciferous Series.	Lower Laml. Shales.	Carboniferous Lmst.	Up.Laf.Shale(Yoredale)	Millstone Grit.	Lower Coal Measures.	Middle Coal Measures.	Upper Coal Measures.	Pass up.	REFERENCES.
Phillipsastræa .... *M.Edwards,* 1851										Z. RUGOSA (TETRACOROLLA).
Sarcinula ..... *Lam.* 1816										
— *Phillipsii* ...... *M'Coy*	...	...	*	...	...	...	...	...	...	*Vide* P. radiata. (*Sarcinula,* M'Coy.)
— *placenta* ...... *M'Coy*	...	...	*	...	...	...	...	...	...	*Vide* P. radiata. (*Sarcinula,* M'Coy.)
— *radiata* ...... *Woods.*	...	...	*	...	...	...	...	...	...	*Tubipora,* Syn. Table of Brit. Org. Rem. p. 5, 1830. *Sarcinula, placenta et Phillipsi,* M'Coy, Brit. Pal. Foss. t. 3 B, f. 9, 1851. *Phill. radiata,* M.Edw. Pal. Foss. Terr. Palæoz. p. 448, 1851; Mono. Brit. Foss. Corals, Pal. Soc. p. 203, t. 37, f. 2. *Erismatolithus tubiporites,* Martin.
— *tuberosa* .... *M'Coy*	...	...	*	...	...	...	...	...	...	*Sarcinula,* Brit. Pal. Foss. p. 110, t. 3 B, f. 8; Mono. Brit. Foss. Corals, Pal. Soc. 1851, p. 204.
Propora .... *M.Edwards,* 1851	...	...	...	...	...	...	...	...	...	*Vide* Palæacis (J. Haime).
Ptychochærtocyathus... *Ludwig,* 1866 ...	...	...	...	...	...	...	...	...	...	*Vide* Palæacis.
AULOPORIDÆ.										
Pyrgia .... *M.Edwards,* 1851										
— *La Bechei* .... *M.Edw.*	...	...	...	...	...	...	...	...	...	*Vide* Cladochonus.
SERIATOPORIDÆ.										
Rhabdopora ... *M.Edw. & Haime,* 1851										Z. TABULATA (HEXACOROLLA).
— *megastoma* .... *M'Coy*	...	...	*	...	...	...	...	...	...	*Dendropora,* Ann. Mag. Nat. Hist. 2 ser. vol. iii, p. 129, 1849; Brit. Pal. Foss. p. 79, t. 3 B, f. 11; M.Edw. Mono. Brit. Foss. Corals, Pal. Soc. 1851, p. 165.
RHODOPHYLLÆ.										
Rhodophyllum ...... *Thomson,* 1874 ...										Z. RUGOSA (TETRACOROLLA).
— *craigianum* ...... *Thoms.*	...	...	*	...	...	...	...	...	...	Geol. Mag. (new ser. Dec. II), vol. i, p. 557, t. 20, f. 1.
— *Phillipsianum* ...... *Thoms.*	...	...	*	...	...	...	...	...	...	Geol. Mag. (new ser. Dec. II), vol. i, p. 559, t. 20, f. 4.
— *simplex* .... *Thoms.*	...	...	*	...	...	...	...	...	...	Geol. Mag. (new ser. Dec. II), vol. i, p. 558, t. 20, f. 2.
— *Slimoneanum* ...... *Thoms.*	...	...	*	...	...	...	...	...	...	Geol. Mag. (new ser. Dec. II), vol. i, p. 558, t. 20, f. 3.
Sarcinula .... *Lam.* 1816 ...	...	...	...	...	...	...	...	...	...	*Vide* Phillipsastræa.
Siphonodendron ...... *M'Coy*	...	...	...	...	...	...	...	...	...	*Vide* Lithostrotion (Lithodendron).
— *aggregatum*........ *M'Coy*	...	...	...	...	...	...	...	...	...	*Vide* Lithostrotion.
— *fasciculatum* ...... *Fleming.*	...	...	...	...	...	...	...	...	...	*Vide* Lithostrotion cæspitosum.
— *sexdecimale*........ *Phill.*	...	...	...	...	...	...	...	...	...	*Vide* Lithostrotion junceum.
Siphonophyllia .... *Scouler,* 1844 ...	...	...	...	...	...	...	...	...	...	*Vide* Zaphrentis.
Sphenopterium... *Meek & Worthen,* 1860	...	...	...	...	...	...	...	...	...	*Vide* Palæacis.
FAVOSITIDÆ.										
Stenopora .... *Lonsdale,* 1845 ...										Z. TABULATA (HEXACOROLLA).
— *inflata* .... *Koninck*	...	...	...	...	...	...	...	...	...	*Vide* Chætetes tumidus.
— *scabra* .... *Rafin.*	...	...	*	...	...	...	...	...	...	De Kon. Anim. Foss. Carb. Belg. t. B, f. 1.
— *tumida* .... *Phill.*	...	...	...	...	...	...	...	...	...	*Vide* Chætetes tumidus.
CYATHOPHYLLIDÆ.										
Strephodes .... *M'Coy,* 1848										
— *multilamellatus* ... *M'Coy*	...	...	...	...	...	...	...	...	...	*Vide* Cyathophyllum Murchisoni.
CYATHOPHYLLIDÆ.										
Strombodes .... *Schweig.* 1820 ...										
Lonsdaleia .... *M.Edwards,* 1851										Z. RUGOSA (TETRACOROLLA).
— *conaxis* .... *M'Coy*	...	...	...	...	...	...	...	...	...	Pal. Foss. p. 102, t. 3 B, f. 4. ? Lonsdaleia floriformis.

PALÆOZOIC.   ACTINOZOA.   CARBONIFEROUS.

SPECIES.	Calciferous Series.	Lower Lmst. Shale.	Carboniferous Lmst.	Up.Lst.Shale(Yoredale)	Millstone Grit.	Lower Coal Measures.	Middle Coal Measures.	Upper Coal Measures.	Pass up.	REFERENCES.
Strombodes (*continued*).										
— *enarciatum* .... *Lonsd.*	...	...	...	...	...	...	...	...	...	*Vide* Lonsdaleia papillata.
— *floriforme* .... *Martin*	...	...	...	...	...	...	...	...	...	*Vide* Lonsdaleia floriformis.
Stylastræa .... *Lonsdale*, 1845 ...										
Columnaria striata M.Edw.	...	...	...	...	•	...	...	...	...	*Vide* Lithostrotion basaltiforme.
Stylaxis .... *M'Coy*, 1849 ...	...	...	...	...	...	...	...	...	...	*Vide* Lithostrotion.
Syringoporidæ.										
Syringopora .... *Goldfuss*, 1826 ...										
Tubiporites ..... *Martin*, 1809										
Harmodites ...... *Fischer*, 1828										
Liodendrocyathus... *Ludwig*, 1866 ...										Z. TABULATA (HEXACOROLLA).
— *catenata* .... *Martin*	...	•	•	...	...	...	...	...	...	*Tubiporites*, Petref. Derb. t. 42, f. 1; M'Coy, Brit. Pal. Foss. p. 83; Mono. Brit. Foss. Corals, Pal. Soc. p. 164. S. distans, De Kon. Nouv. Rech. Anim. Foss. Terr. Carb. Belg. 1872, p. 121, t. 11, f. 6.
— *geniculata* ..... *Phill.*										Geol. York. vol. ii, p. 201, t. 2, f. 1 (1836). Portlock, Geol. Rept. p. 337, t. 22, f. 6. *Harmodites*, D'Orb. Prod. de Pal. vol. i, p. 162; Mono. Brit. Foss. Corals, Pal. Soc. p. 163, t. 46, f. 2–4. S. geniculata, De Kon. Nouv. Rech. Anim. Foss. Terr. Carb. Belg. 1872, p. 127, t. 11, f. 8; ib. Nicholson, Structure and affinities of the Tabulate Corals, Pal. Period, p. 217, t. 10, f. 4.
— *laxa* .... *Phill.*	...	•	•	...	...	...	...	...	...	Geol. York. vol. ii, p. 201.
— *ramulosa* .... *Goldf.*	...	•	•	...	...	...	...	...	...	Petref. Germ. vol. i, p. 76, t. 25, f. 7; Phill. Geol. York. vol. ii, p. 201, t. 2, f. 2. *Harmodites*, Keyser, Reise in Petschora. p. 174; M.Edw. Mono. Brit. Foss. Corals, Pal. Soc. p. 161, t. 46, f. 3. S. ramulosa, De Kon. Nouv. Rech. Anim. Foss. Terr. Carb. Belg. 1872, p. 126, t. 12, f. 2.
— *reticulata* .... *Goldf.*	...	...	•	...	...	...	...	...	...	Petref. Germ. vol. i, p. 76, t. 25, f. 8. *Harmodites parallelus*, Fisch. Oryct. Mosc. t. 37, f. 6. *Tubiporites*, Martin, Pet. Derb. t. 42, f. 2. S. reticulata, Portl. Geol. Rept. p. 337, t. 22, f. 7; M.Edw. Mono. Brit. Foss. Corals, Pal. Soc. p. 162, t. 46, f. 1. *Syringopora catenata*, M'Coy, Carb. Foss. Ireland, p 189. S. reticulata, De Kon. Nouv. Rech. Anim. Foss. Terr. Carb. Belg. 1872, p. 123, t. 11, f. 7; t. 12, f. 1: ib. Nich. on Structure and affinities of the Tabulate Corals, Pal. Period, p. 214, f. 30, t. 10; f. 5, 1879.
Turbinolia .... *Lamarck*, 1816 ...										
— *expansa* .... *M'Coy*	...	...	...	...	...	...	...	...	...	*Vide* Cyathophyllum.
— *fungites* .... *Flemg.*										
— *mitrata* .... *His.*										*Vide* Cyclophyllum fungites.
— *turbinata* .... *His.*										
Tubiporites .... *Martin*, 1869	...	...	...	...	...	...	...	...	...	*Vide* Syringopora.
Verticellopora...*De Blain*.(? De France)										
— *dubia* .... *M'Coy*										*Vide* Chætetes dubius.
Cyathophyllidæ.										
Zaphrentis .... *Rafinesque*, 1820										
Cania .... *Michelina*, 1841...										
Siphonophyllia ... *Scouler*, 1844 ...										
Astrothylacus... (*pars*) *Ludwig*, 1866										Z. RUGOSA.
— *bowerbanki* .... *M.Edw.*	...	...	...	...	•	...	...	...	...	Mono. Brit. Foss. Corals, Pal. Soc. p. 170, t. 34, f. 4.
— *cornucopiæ* .... *Mich.*	...	...	•	...	...	...	...	...	...	*Caninia*, Mich. Icon. Zooph. p. 256, t. 59, f. 5. *Cyathopsis*, M'Coy, Pal. Foss. p. 90; M.Edw. Mono. Brit. Foss. Corals, Pal. Soc. p. 167. Zaphrentis, Pal. Foss. Terr. Palæoz. p. 331, t. 5, f. 4. Z. *intermedia*, De Kon. Nouv. Rech. Anim. Foss. Terr. Carb. Belg. 1872, p. 99, t. 10, f. 4.

PALÆOZOIC. ACTINOZOA. CARBONIFEROUS.

SPECIES.	Calciferous Series.	Lower Lmst. Shales.	Carboniferous Lmst.	Up.Lst.Shale(Yoredale)	Millstone Grit.	Lower Coal Measures.	Middle Coal Measures.	Upper Coal Measures.	Pass up.	REFERENCES.
Zaphrentis (*continued*).										
— cylindrica .... *Scouler*		*								*Siphonophyllia*, M'Coy, Synop. Carb. Foss. Ireland, p. 187, t. 27, f. 5. *Caninia (Cyatho.) gigantea*, Mich. Icon. Zooph. p. 81, t. 16, f. 1. *Zaphrentis*, M.Edw. Mono. Brit. Foss. Corals, Pal. Soc. p. 171, t. 35, f. 1; ib. De Kon. Nouv. Rech. Anim. Foss. Terr. Carb. Belg. 1872, p. 84, t. 7, f. 5; t. 8, f. 1; t. 15, f. 1. *Cyathophyllum* (Caulnia) giganteum, Thoms. and Nich. Ann. Mag. Nat. Hist. vol. xvii, 4 ser. 1875, p. 69, t. 6, f. 1, 2.
— Enniskilleni ...... *M.Edw.*			*							Mono. Brit. Foss. Corals, Pal. Soc. p. 170, t. 34, f. 1; ib. Thoms. and Nich. Ann. Mag. Nat. Hist. vol. xvi, 4 ser. 1875, p. 428, t. 12, f. 5, 5 a-d.
— *Griffithi* .... *M.Edw.*			*							Mono. Brit. Foss. Corals, Pal. Soc. p. 169, t. 34, f. 3.
— *intermedia* .... *De Kon*.........										Vide Z. cornucopiæ.
— patula .... *Mich.*			*							*Caninia*, Icon. Zooph. p. 254, t. 59. f. 4. *Cyathopsis fungites*, M'Coy, Brit. Pal. Foss. p. 91; M.Edw. Mono. Brit. Foss. Corals, Pal. Soc. p. 171. *Caninia patula*, M'Coy, Ann. Mag. Nat. Hist. 2 ser. vol. iii, p. 135, t. 59, f. 4. Z. patula, Thoms. and Nich. loc. cit. p. 429, t. 12, f. 6.
— Phillipsii .... *M.Edw.*.........			*							Mono. Brit. Foss. Corals, Pal. Soc. p. 168, t. 34, f. 2; ib. Pol. Foss. Terr. Palæoz. p. 332, t. 5, f. 1; ib. De Kon. Nouv. Rech. Terr. Carb. Belg. p. 96, t. 10, f. 2.
— subibicina ? .... *M'Coy*			*							Brit. Pal. Foss. p. 89; M.Edw. Mono. Brit. Foss. Corals, Pal. Soc. p. 172.

ECHINODERMATA.

SPECIES.	Calciferous Series.	Lower Lmst. Shales.	Carboniferous Lmst.	Up.Lst.Shale(Yoredale)	Millstone Grit.	Lower Coal Measures.	Middle Coal Measures.	Upper Coal Measures.	Pass up.	REFERENCES.
Sub-Kingdom, ANNULOIDA. Huxley.										
Echinozoa. Allman.										
Class, *ECHINODERMATA*.										
Pal. Orders, *Crinoidea*.										
" *Cystoidea*.										
" *Blastoidea*.										
" *Ophiuroidea*.										
" *Perischoechinoidea*.										
MELOCRINIDÆ.										
(*Actinocrinidæ*.........*Austin*.)										
Actinocrinus .... *Miller*, 1821										
Amphoracrinus...(*pars*) *Austin*										
Melocrinus .... *Agassiz*, 1834......										
Oenocrinus .... *Troost*, 1850										
— aculeatus .... *Aust.*			*							Ann. Mag. Nat. Hist. vol. xi, p. 200, 1843.

PALÆOZOIC. ECHINODERMATA. CARBONIFEROUS.

SPECIES.	Calciferous Series.	Lower Lmst. Shales.	Carboniferous Lmst.	Up.Lst.Shale(Yoredale)	Millstone Grit.	Lower Coal Measures.	Middle Coal Measures.	Upper Coal Measures.	Perm sp.	REFERENCES.
Actinocrinus (*continued*).										
— amphora .... *Goldf.*	...	...	*	...	...	...	...	...	...	*Melocrinites*, Nov. Act. Ac. vol. xix, p. 341, t. 31, f. 4. Actinocrinus, Portl. Geol. Rept. p. 347, t. 18, f. 4–6. *Amphorocrinus*, Aust. *Actinocrinites Gilbertsoni?* Mill. ib. Phill. Geol. York. vol. ii, p. 206, t. 4, f. 19.
— atlas............... *M'Coy*	...	...	*	...	...	...	...	...	...	Brit. Pal. Foss. p. 120, t. 3 D, f. 5. (*Amphoracrinus*.)
— brevicalix .... *Rofe*	...	...	*	...	...	...	...	...	...	Geol. Mag. vol. ii, p. 12 (woodcuts).
— cataphractus .... *Aust.*	...	...	*	...	...	...	...	...	...	Ann. Mag. Nat. Hist. vol. xi, p. 200, 1843.
— constrictus ...... *M'Coy*	...	...	*	...	...	...	...	...	...	Synop. Carb. Foss. Ireland, p. 181, t. 27, f. 3.
— costus .... *M'Coy*	...	...	*	...	...	...	...	...	...	Synop. Carb. Foss. Ireland, p. 181, t. 26, f. 2; ib. De Kon. and Le Hon, Recher. sur les Crino. du Terr. Carb. de la Belg. p. 129, t. 3, f. 2; t. 4, f. 1.
— crassus........... *Aust.*	...	...	*	...	...	...	...	...	...	Ann. Mag. Nat. Hist. vol. x, p. 109; vol. xi, p. 201. *Amphoracrinus*, Q.J. Geol. Soc. vol. iv, p. 291.
— decadactylus ..... *Goldf.*	...	...	*	...	...	...	...	...	...	*Actinocrinus*, Tenneub. Goldf. Nov. Act. Ac. vol. xix, p. 342, t. 39, f. 5. A. decadactylus, Portl. Geol. Rept. p. 349.
— elephanturus ..... *Aust.*	...	...	*	...	...	...	...	...	...	Ann. Mag. Nat. Hist. vol. xi, p. 200, 1843.
— Gilbertsoni ...... *Mill.*	...	*	*	...	...	...	...	...	...	Phill. Geol. York. vol. ii, p. 206, t. 4, f. 19; ib. M'Coy, Carb. Foss. Ireland, p. 181; ib. De Kon. Anim. Foss. Belg. p. 50, t. G, f. 2.
— globosus .... *Phill.*	...	...	*	...	...	...	...	...	...	Geol. York. vol. ii, p. 206, t. 4, f. 26.
— granulatus .... *Aust.*	...	...	*	...	...	...	...	...	...	Ann. Mag. Nat. Hist. vol. xi, p. 201, 1843.
— icosidactylus .... *Portl.*	...	...	*	...	...	...	...	...	...	*Vide* A. triacontadactylus?
— lævis .... *Mill.*	...	...	*	...	...	...	...	...	...	Hist. Crino. p. 105; ib. Goldf. Pet. Germ. vol. i, p. 193, t. 59, f. 3; ib. De Kon. Anim. Foss. Belg. p. 52, t. G, f. 4. *Amphora*, Cumberland Reliquæ Conservatæ, p. 36, t. C, f. 5. ? The nave Encrinite, Park. Org. Rem. vol. ii, p. 217, t. 17, f. 3.
— lævissimus .... *Aust.*	...	...	*	...	...	...	...	...	...	Ann. Mag. Nat. Hist. vol. xi, p. 201, 1843.
— longispinosus .... *Aust.*	...	...	*	...	...	...	...	...	...	Ann. Mag. Nat. Hist. vol. xi, p. 201, 1843.
— olla .... *M'Coy*	...	...	*	...	...	...	...	...	...	Amphoracrinus, Brit. Pal. Foss. p. 121, t. 3 D, f. 6.
— Parkinsoni .... *De Kon.*	...	...	*	...	...	...	...	...	...	*Vide* Morris, Cat. Brit. Foss. 2 ed. p. 70. ? *The nave Encrinite*, Park. Org. Rem. vol. ii, p. 217, t. 17, f. 3.
— polydactylus ..... *Mill.*	...	*	*	...	...	...	...	...	...	Hist. Crino. p. 103, t. 1, f. 2; ib. Phill. Geol. York. vol. ii, p. 206, t. 4, f. 17, 18; ib. De Kon. Anim. Foss. Belg. p. 51, t. G, f. 3. ? *A. triacontadactylus*, Mill. A. polydactylus, De Kon. and Le Hon, Recher. sur les Crino. du Terr. Carb. Belg. p. 134, t. 4, f. 2. *Encrinus*, Cumb. Trans. Geol. Soc. London, vol. v, 1819, p. 90, t. 2, f. 8.
— pusillus .... *M'Coy*	...	*	*	...	...	...	...	...	...	Synop. Carb. Foss. Ireland, p. 182, t. 26, f. 4.
— stellaris .... *De Kon.*	...	...	*	...	...	...	...	...	...	De Kon. and Le Hon, Recher. sur les Crino. du Terr. Carb. Belg. p. 136, t. 3, f. 3, 4; t. 4, f. 3. Actino. Gilbertsoni, De Kon. Desc. Anim. Foss. Terr. Carb. Belg. p. 50, t. G, f. 2, non Miller or Phillips.
— tessellatus .... *Phill.*	...	...	*	*	...	...	...	...	...	Geol. York. vol. ii, p. 206, t. 4, f. 21; ib. M'Coy, Synop. Carb. Foss. Ireland, p. 182; ib. Brit. Pal. Foss. p. 121.
— triacontadactylus... *Mill.*	...	*	*	...	...	...	...	...	...	Hist. Crino. p. 95, t. 1–6; ? ib. Pal. Foss. Dev. and Cornw. p. 31, t. 16, f. 43; ib. M'Coy, Synop. Carb. Foss. Ireland, p. 182; ib. Portl. Geol. Rept. p. 348, t. 16, f. 2, 7–9. ? *A. icosidactylus*, Portl. Geol. Rept. p. 348, t. 15, f. 7. A. triacontadactylus, De Kon. and Le Hon, Recher. sur les Crino. du Terr. Carb. Belg. p. 131, t. 3, f. 1; ib. Portl. Geol. Loud. p. 348, t. 16, f. 2, 7–9. ? A. icosidactylus, De Kon. and Le Hon, Recher. sur les Crino. du Terr. Carb. Belg. p. 141, t. 2, f. 4; t. 4, f. 6. *Encrinus*, Cumb. Trans. Geol. Soc. vol. v, 1819, p. 90, t. 2, f. 4–6.
Adelocrinus .... *Phillips*, 1841 ...										
— hystrix.............. *Phill.*	...	...	...	...	...	...	...	...	...	Doubtful if Carboniferous.
ACTINOCRINIDÆ.										
Amphora .... Cumberland, 1826										Reliquæ Conservatæ, p. 36, t. C, f. 5.
Actinocrinus .... Miller, 1821										
Amphoracrinus ..... Austin, 1848										

ECHINODERMATA.

SPECIES.	Chiefovan Series.	Lower Limit. Shales.	Carboniferous Lmst.	Up.Lst.Shale(Yoredale)	Millstone Grit.	Lower Coal Measures.	Middle Coal Measures.	Upper Coal Measures.	Pass up.	REFERENCES.
ACTINOCRINIDÆ.										
Amphoracrinus ...... *Austin*, 1848										
Melocrinites ... *Goldf. & Agassiz*, 1834										
Dorycrinus .... *Römer*, 1853 ...										
— amphora ,.......... *Goldf.*	...	...	...	...	...	...	...	...	...	*Vide* Actinocrinus amphora.
— crassus .... *Aust.*	...	...	...	...	...	...	...	...	...	*Vide* Actinocrinus crassus.
ARCHÆOCIDARIDÆ.										
Archæocidaris ...... *M'Coy*, 1844 ...										ECHINOIDEA.
Echinocrinus ...... *Agassiz*, 1841 ...										(PERISCHOECHINOIDEA.)
Palæocidaris ...... *Desor*, 1846 ...										
— anceps .... *Aust.*	...	...	*	...	...	...	...	...	...	*Echinocrinus*, Ann. Mag. Nat. Hist. vol. xi, p. 207, 1843.
— Benburbensis ...... *Portl.*	...	...	*	...	...	...	...	...	...	*Vide* A. Urei.
— elegans .... *M'Coy*	...	...	*	...	...	...	...	...	...	*Vide* A. Münsterianus.
— glabrispina ...... *Phill.*	...	*	*	...	...	...	...	...	...	*Cidaris*, Geol. York. vol. ii, p. 208. *Echinocrinus*, M'Coy, Synop. Carb. Foss. Ireland, p. 173.
— Harteiana ...... *Baily*	...	...	*	...	...	...	...	...	...	Jour. Roy. Geol. Soc. Ireland, vol. iv, new series, p. 42, t. 4. *Archæocidaris*, Sp. Hart, Jour. Roy. Geol. Soc. Ireland, vol. i, p. 67, t. 5. *Perischodomus* ?
— Münsterianus ...... *De Kon.*	...	...	*	...	...	...	...	...	...	*Cidaris*, Anim. Foss. Belg. p. 35, t. E, f. 2. *Echinocrinus*, M'Coy, Synop. Carb. Foss. Ireland, p. 173, t. 27, f. 2. *Cidaris elegans*, M'Coy, on plate 27, f. 2.
— Scotica .... *Young*	...	...	*	...	...	...	...	...	...	Proceedings Glasgow Nat. Hist. Soc. vol. ii, pt. 2, p. 18, 1876.
— spinosus .... *Aust.*	...	...	*	...	...	...	...	...	...	? *Echinocrinus*, Ann. Mag. Nat. Hist. vol. xi, p. 207, 1843.
— stellifera .... *Baily*	...	...	*	...	...	...	...	...	...	Mem. Geol. Surv. Ireland, Expl. sheet 70, p. 18.
— triserialis .... *M'Coy*	...	...	*	...	...	...	...	...	...	*Echinocrinus*, Synop. Carb. Foss. Ireland, p. 173, t. 26, f. 1.
— Urei .... *Flemg.*	...	*	*	...	...	...	...	...	...	*Cidaris*, Brit. Anim. p. 478. *Echinocrinus*, M'Coy, Synop. Carb. Foss. Ireland, p. 174, t. 27, f. 1. *A. elegans*, M'Coy, ib. t. 27, f. 2. *Cidaris*, Ure, Hist. Ruth. p. 318, t. 16, f. 7, 8. *Cidaris Benburbensis*, Portl. Geol. Rept. t. 16, f. 10. A. Urei, Keeping, Q. J. Geol. Soc. vol. xxxii, p. 89, t. 3. f. 14–18.
— vetusta .... *Phill.*	...	*	*	...	...	...	...	...	...	*Cidaris*, Geol. York. vol. ii, p. 208. A. Urei, ? Spines of Echinocrinus, M'Coy, Synop. Carb. Foss. Belg. p. 174; Portl. Geol. Rept. p. 353. ? A. Urei.
ASTROCRINIDÆ.										
Astrocrinites .... *Austin*, 1843										
Zygocrinus .... *Bronn*, 1849 ...										
Eleutherocrinus ... *Lyon & Cassiday*										
Non *Asterocrinites* ... *Münst.*										
— Benniei .... *R. Eth.*	...	...	*	...	...	...	...	...	...	Q. J. Geol. Soc. vol. xxxii, p. 103, t. 12, f. 1–10; t. 13, f. 11–27.
— tetragonus .... *Aust.*	...	...	*	...	...	...	...	...	...	*Astrocrinites*, Ann. Mag. Nat. Hist. vol. xi, p. 206, 1843.
MELOCRINIDÆ.										
Astropodium .... *Ure*, 1793	...	...	*	...	...	...	...	...	...	*Vide* Platycrinites.
CYATHOCRINIDÆ.										
Atocrinus .... *M'Coy*, 1844 ...										
— Milleri .... *M'Coy*	...	*	*	...	...	...	...	...	...	Synop. Carb. Foss. Ireland, p. 183, t. 25, f. 20; ib. Römer, Lethea. Geog. 2 ed. Kohlen-Geb. p. 246, t. 4, f. 12.
ASTERIADÆ.										
Ciboliites .... *Tate*, 1863										
— carbonarius .... *Tate*	...	...	*	...	...	...	...	...	...	Geologist, vol. vi, p. 300, 1860; ib. Brit. Assoc. Reports, 1862, vol. xxxii, p. 88; ib. Proc. Berwick Nat. Field Club, vol. v, p. 71; woodcut, p. 72.

ECHINODERMATA.

CARBONIFEROUS.

SPECIES.	Calciferous Series.	Lower Lmst. Shales.	Carboniferous Lmst.	Up.Lst.Shale/Yoredale	Millstone Grit.	Lower Coal Measures.	Middle Coal Measures.	Upper Coal Measures.	Pass up.	REFERENCES.
CIDARIDÆ.										**ECHINOIDEA.**
Cidaris .... *Lamarck*, 1816 ...										(PERISCHOECHINOIDEA.)
— *Benburbensis* ...... *Portl.*	...	...	...	...	...	...	...	...	...	*Vide* Archæocidaris Urei.
— *glabriapina* .... *De Kon.*										
— *Münsterianus* ...... *Phill.*										} *Vide* Archæocidaris.
— *vetusta* .... *Phill.*										
PENTREMITIDÆ?										
Codonaster .... *M'Coy*, 1849										
Codaster .... id olim										**BLASTOIDEA.**
— *acutus* .... *M'Coy*			*	...	...	...	...	...	...	Brit. Pal. Foss. p. 123, t. 3 D, f. 7; ib. Römer, Mono. der Blastoideen Wiegmanns, Archive für Naturges. vol. xvii, p. 365, t. 8, f. 2.
— *pentangularis* ...... *Müller*	...	...	*	...	...	...	...	...	...	? *Platycrinites*, Miller, Hist. Crino. p. 83, f. on plate Nos. 2-6, 8. ? Pentremites pentangularis (Pentatremitites), Gldb. Sow. Zool. Jour. vol. v, p. 457, t. 33, f. 7.
— *trilobitus* .... *M'Coy*			*							Brit. Pal. Foss. p. 123, t. 3 D, f. 8; ib. Römer, Mono. der Blastoideen Wiegmanns, Archive für Naturges. vol. xvii, p. 386, t. 8, f. 3.
CUPRESSOCRINIDÆ.										
Cupressocrinus ...... *Goldfuss*, 1832 ...										
Poteriocrinus De Kon. & Le Hon, 1854										
Halocrinites ...... *Steing.* 1830										
— *calyx* .... *M'Coy*	...	...	*	...	...	...	...	...	...	Brit. Pal. Foss. p. 117, t. 3 D, f. 1. *Poteriocrinus*, De Kon. and Le Hon, Rech. sur les Crino. du Terr. Carb. de la Belg. p. 90, t. 1, f. 6.
— *impressus* .... *M'Coy*			*							Brit. Pal. Foss. p. 117, t. 3 D, f. 2. *Poteriocrinus* M'Coyanus, De Kon. and Le Hon, Recherches, &c. p. 91, t. 1, f. 7.
CYATHOCRINIDÆ.										
Cyathocrinus .... *Müller,* 1831										
Cyathocrinites ...... *Auct.*										
Pachycrinites ...... ? *Eichwald,* 1840										
Palæocrinus ...... *Dillings,* 1859 ...										
Sphærocrinus ...... *Römer,* 1851										
— *bursa* .... *Phill.*			*							Geol. York. vol. ii, p. 206, t. 3, f. 29; ib. Austin, Crino. p. 63, t. 7, f. 7.
— *calcaratus* .... *Phill.*			*							Geol. York. vol. ii, p. 206, t. 3, f. 29; ib. Austin, Crino. p. 63, t. 8, f. 2.
— *conicus* .... *Phill.*			*							Geol. York. vol. ii, p. 206, t. 3, f. 27; ib. Austin, Crino. p. 64, t. 8, f. 1; ib. M'Coy, Synop. Carb. Foss. Ireland, p. 179.
— *distortus* .... *Phill.*			*							Geol. York. vol. ii, p. 206, t. 3, f. 34.
— *ellipticus* .... *Phill.*			*							Pal. Foss. Dev. and Cornw. p. 32, t. 16, f. 49.
— *geometricus* ...... *Goldf.*			*							Petref. Germ. p. 189, t. 58, f. 5; ib. Phill. Pal. Foss. Dev. and Cornw. p. 135, t. 60, f. 41*; ib. Austin, Crino. p. 61, t. 7, f. 5. *Sphærocrinus*, Römer, Verb. d. Nat. Variens f. Rheinl, viii, p. 366, t. 8, f. 1; ib. Sandb. Verst. Nassaus, p. 390, t. 25, f. 14.
— *inæquidactylus* ... *M'Coy*									...	*Vide* Cyathocrinus planus.
— *macrocheilus* ..... *M'Coy*	...	...	...	...	...	...	...	...	...	*Vide* Poteriocrinus.
— *mammillaris* ...... *Phill.*			*							Geol. York. vol. ii, p. 206, t. 3, f. 28; ib. De Kon. and Le Hon, Rech. Crino. Carb. Belg. p. 82, t. 1, f. 4; 1854; ib. Austin, Crino. p. 64, t. 7, f. 8.
— *ornatus* .... *Phill.*	*	*	*							Geol. York. vol. ii, p. 206, t. 3, f. 37. (*Platycrinus?*)
— *pinnatus* .... *Goldf.*		*	*							Petref. Germ. vol. i, p. 190, t. 58, f. 7; ib. Phill. Pal. Foss. Dev. and Cornw. p. 31, t. 16, f. 45; ib. Austin, Crino. p. 62, t. 7, f. 6; ib. M'Coy, Synop. Carb. Foss. Ireland, p. 180.

ECHINODERMATA

SPECIES.	Calciferous Series.	Lower Limst. Shales.	Carboniferous Limst.	Up. Lst. Shale (Yoredale)	Millstone Grit.	Lower Coal Measures.	Middle Coal Measures.	Upper Coal Measures.	Pass up.	REFERENCES.
Cyathocrinus (*continued*).										
— planus .... *Müller*		*	*							Hist. Crino. p. 85, f. 29, 30; Bronn, Leth. Geog. t. 4, f. 6; ib. Aust. Crino. p. 58, t. 7, f. 4. C. inaequidactylus? M'Coy, Synop. Carb. Foss. Ireland, p. 179, t. 26, f. 8; see Geol. Mag. vol. ii, t. 8, f. 4. *Roft*.
— variabilis .... *Phill.*										*Vide* Actinocrinus triacontadactylus.
CYATHOCRINIDÆ.										
Dichocrinus .... *Münster*, 1839 ...										
Platycrinus ...... (*part*) *Miller*, 1821										
— elongatus........... *Phill.*			*							Platycrinus, Geol. York. vol. ii, p. 204, t. 3, f. 24-26; ib. Austin, Crino. p. 25, t. 2, f. 2.
— fusiformis .... *Aust.*			*							Mono. Rech. et Foss. Crino. p. 47, t. 5, f. 6; ib. De Kon. and Le Hon, Rech. sur les Crino. du Terr. Carb. Belg. p. 148, t. 4, f. 7.
— radiatus .... *Münst.*			*							Beitr. vol. i, p. 2, t. 1, f. 3; ib. De Kon. Anim. Foss. Carb. Belg. p. 40, t. E, f. 6; ib. Austin, Crino. p. 45, t. 5, f. 5. ? *Platycrinus pentangularis*, Phill. Pal. Foss. Dev. p. 230, t. 60, f. 39**; ib. De Kon. and Le Hon, Rech. sur les Crino. du Terr. Carb. p. 149, t. 4, f. 8.
ARCHÆOCIDARIDÆ.										
Echinocrinus .... *Agassiz*, 1841										*Vide* Archæocidaris.
Encrinus										Forms referred to by Cumberland in Trans. Geol. Soc. vol. v, 1819.
Euryocrinus .... *Phillips*, 1836 ...										
— concavus .... *Phill.*			*							Geol. York. vol. ii, p. 205, t. 4, f. 14, 15.
Ficus										
— similis .... *Cumb.*										*Vide* Sycocrinites anapeptamenus.
Forbesiocrinus ... *De Kon. & Le Hon*, 1854										
Isocrinus............ *Phillips*, 1836										
Cladocrinites .... ? *Austin*, 1842										
Taxocrinus.......... *Phillips*, 1843										
— nobilis .... *Phill.*										*Vide* Taxocrinus.
ACTINOCRINIDÆ ... *Aust.*										
Gilbertsocrinus ...... *Phillips*, 1836										*Vide* Rhodocrinus.
CYATHOCRINUS.										
Haplocrinus .... *Steininger*, 1834...										
Eugeniacrinus ... *Goldfuss*, ? *Ag*...										
Symbathocrinites ... *Phillips*, 1836 ...										
— granatum .... *De Kon.*			*							Geol. Mag. vol. vii, p. 262, t. 7, f. 6-10, 1870.
POTERIOCRINIDÆ.										
Hydreionocrinus ... *De Koninck*, 1854										
Poteriocrinus... (*part*) *Phillips*, 1836										
Cupressocrinus ... *M'Coy*, 1849 ...										
— globularis .... *De Kon.*			*							Geologist, vol. i, p. 180, t. 4, f. 1-4, 1858.
— Scoticus .... *De Kon.*			*							Geologist, vol. i, p. 179, t. 4, f. 6, 7; ib. Bull. Acad. Roy. Belg. vol. iii, pt. 2, p. 19, t. 2, f. 6, 7.
— Woodianus.......... *De Kon.*			*							Geologist, vol. i, p. 146-149, 178, t. 4, f. 5; ib. Bull. Acad. Roy. Belg. vol. iii, pt. 2, p. 17, t. 2, f. 5.

ECHINODERMATA

SPECIES.	CARBONIFEROUS.								REFERENCES.
	Calciferous Series.	Lower Lmst. Shales.	Carboniferous Lmst.	Up.Lst.Shale(Yoredale)	Millstone Grit.	Lower Coal Measures.	Middle Coal Measures.	Upper Coal Measures.	Plus sp.	
Medusacrinus ...... *Austin*, 1875	...	...	...	...	...	...	...	...	...	*Vide* Ann. Mag. Nat. Hist. 4 ser. vol. xvi, p. 90, 91.
MELOCRINIDÆ.										
(*Actinocrinidæ ... Aust.*)										
Melocrinus .... *Agassiz*, 1834										
— *amphora* .... *Gilb*.	...	...	...	...	...	...	...	...	...	*Vide* Actinocrinus.
PERISCHOECHINIDÆ.										
Melonites .... *Dale Owen*, 1846										
— Etheridgii .... *W. Keeping*	...	...	*	...	...	...	...	...	...	Q. J. Geol. Soc. vol. xxxii, p. 398; woodcut, f. 1-6, p. 397.
CYATHOCRINIDÆ.										
Mespilocrinus...*De Kon. & Le Hon*, 1854										
— Forbesianus ...... *De Kon*.	...	...	*	...	...	...	...	...	...	*Poteriocrinus* (young specimen), Phill. Geol. York. vol. ii, p. 205, t. 4, f. 5, 6. M. Forbesianus, De Kon. and Le Hon, Rech. Carb. Belg. p. 112, t. 2, f. 1.
PENTREMITIDÆ.										BLASTOIDEA.
Mitra .... *Cumberland*, 1826	...	...	...	...	...	...	...	...	...	*Vide* Pentremites.
CYATHOCRINIDÆ.										
Ollacrinus .... *Cumberland*, 1826	...	...	...	...	...	...	...	...	...	*Vide* Rhodocrinus.
PALÆCHINIDÆ.										
Palæchinus .... *Scouler*, 1840										
— elegans .... *M'Coy*	...	...	*	...	...	...	...	...	...	Synop. Carb. Foss. Ireland, p. 172, t. 24, f. 2; Baily, Brit. Assoc. Rept. 1864, p. 49; Baily, Jour. Roy. Geol. Soc. Dublin, vol. i, p. 63-67, t. 4, f. A-E.
— ellipticus .... *Scouler* (MS.)	...	...	*	*	...	...	...	...	...	M'Coy, Synop. Carb. Foss. Ireland, p. 172, t. 24, f. 3. P. ellipticus, Baily, Jour. Roy. Geol. Soc. Dublin, vol. i, p. 63-67, t. 3, f. 2.
— gigas .... *M'Coy*	...	...	*	...	...	...	...	...	...	Synop. Carb. Foss. Ireland, p. 172, t. 24, f. 4; ib. W. Keeping. Q. J. Geol. Soc. vol. xxxii, p. 38, t. 3, f. 12, 13; ib. Baily, Jour. Roy. Geol. Soc. Dublin, 1874, p. 40, t. 3.
— intermedius .... *W. Keep*.	...	...	...	...	...	...	...	...	...	Q. J. Geol. Soc. vol. xxxii, p. 37, t. 3, f. 9-11.
— Kouigii .... *M'Coy*	...	...	*	...	...	...	...	...	...	Synop. Carb. Foss, Ireland, p. 172, t. 24, f. 19.
— quadriserialis ...... *J. Wright*	...	...	*	...	...	...	...	...	...	Jour. Roy. Geol. Soc. Dublin, vol. i, p. 62, 63, t. 3, f. 1.
— sphæricus .... *Scouler*	...	...	*	...	...	...	...	...	...	M'Coy, Synop. Carb. Foss. Ireland, p. 172, t. 24, f. 5; ib. De Kon. Geol. Mag. vol. vii, p. 258, t. 7, f. 1.
Palæospatangus ... *Harte*, 1869										
— Skiptoni .... *Harte*	...	...	*	...	...	...	...	...	...	Jour. Roy. Geol. Soc. Ireland, new ser. vol. ii, pt. 2, p. 135.
PENTREMITIDÆ.										
Pentephyllum ...... *Haughton*, 1859										BLASTOIDEA.
— adarense .... *Haugh*.	...	...	*	...	...	...	...	...	...	Nat. Hist. Review, 1859, vol. vi, p. 511. t. 29; ib. Geol. Soc. Dublin, vol. viii, p. 183, t. 29. (? Pentremites.)
PENTREMITIDÆ.										
Pentremites .... *Say*, 1820										
Pentatrematites... *Sowerby*, 1826										
Mitra .... *Cumberland*, 1826										BLASTOIDEA.
— acutus .... *Gilb*.	...	...	*	...	...	...	...	...	...	Sowerby, Zool. Jour. vol. iv, p. 89, Suppl. t. 33, f. 6; ib. Phill. Geol. York. vol. ii, p. 207, t. 2, f. 4, 5.
— angulatus .... *Gilb*.	...	...	*	...	...	...	...	...	...	Sowerby, Zool. Jour. vol. iii, p. 89, Suppl. t. 33, f. 1; ib. Phill. Geol. York. vol. ii, t. 3, f. 13.

PALÆOZOIC. ECHINODERMATA. CARBONIFEROUS.

SPECIES.	Calciferous Series.	Lower Lmst. Shales.	Carboniferous Lmst.	Up.Lst.Shale(Yoredale)	Millstone Grit.	Lower Coal Measures.	Middle Coal Measures.	Upper Coal Measures.	Pass up.	REFERENCES.
Pentremites (*continued*).										
— campanulatus ...... *M'Coy*	...	...	*	...	...	...	...	...	...	Ann. Mag. Nat. Hist. vol. xl, 1849, p. 249 ; ib. Brit. Pal. Foss. pt. ii, p. 123, t. 3 D, f. 9; ib. Römer, Mono. der Blastoideen Wiegmanns, Archiv. für Naturges. vol. xvii, p. 361, t. 8, f. 4.
— complanatus ...... *M'Coy*	...	...	*	...	...	...	...	...	...	Brit. Pal. Foss. p. 123, t. 3 D, f. 9.
— Derbiensis .... *Sow.*	...	...	*	...	...	...	...	...	...	Zool. Jour. vol. ii, p. 317, t. 11, f. 5; ib. Phill. Geol. York. vol. ii, t. 3, f. 10; ib. M'Coy, Brit. Pal. Foss. p. 124.
— ellipticus .... *Sow.*	...	...	*	...	...	...	...	...	...	Zool. Jour. vol. ii, p. 318, t. 11, f. 4; ib. Phill. Geol. York. vol. ii, p. 207, t. 3, f. 6-8; ib. M'Coy, Brit. Pal. Foss. p. 124. *Mitra*, Cumb, Reliquæ Conservatæ, 1826, p. 33. (See fig. in Geol. Mag. vol. ii, t. 8, f. 7.)
— florialis .... *Schloth. & Say.* ...	...	...	*	...	...	...	...	...	...	Jour. Acad. Nat. Sci. Philad. vol. iv, No. 9; ib. Sow. Zool. Jour. p. 314, t. 11, f. 2. *Encrinites florialis*, Schloth, Petref. ib. Römer, Mono. der Blastoideen Wiegmanns, Archiv. für Naturges. vol. xvii, p. 353, t. 4, f. 1-4; t. 5, f. 8.
— globosus ? .... *Say.*	...	...	*	...	...	...	...	...	...	Amer. Jour. vol. ii, p. 36; ib. Sow. Zool. Jour. vol. ii, p. 314.
— hibernicus .... *Cumb.*	...	...	*	...	...	...	...	...	...	Reliquæ Conservatæ, p. 34, t. D, f. 1-4 (at bottom of plate).
— humero-stollata ... *Cumb.*	...	...	*	...	...	...	...	...	...	Reliquæ Conservatæ, p. 35, t. A, 3rd row, f. 1-3.
— inflatus .... *Gilb.*	...	...	*	...	...	...	...	...	...	Sow. Zool. Jour. vol. iii, p. 89, Suppl. t. 33, f. 2; ib. Phill. Geol. York. vol. ii, p. 207, t. 3, f. 1-3. (See fig. in Geol. Mag. vol. ii, t. 8, f. 9.)
— oblongus .... *Gilb.*	...	...	*	...	...	...	...	...	...	Sow. Zool. Jour. vol. iv, p. 90; ib. Suppl. t. 33, f. 3, 4; ib. Phill. Geol. York. vol. ii, p. 207, t. 3, f. 11, 12.
— orbicularis .... *Gilb.*	...	...	*	...	...	...	...	...	...	Sow. Zool. Jour. vol. v, p. 456; ib. Suppl. t. 33, f. 5; ib. Phill. Geol. York. vol. ii, p. 207, t. 3, f. 9.
— ovalis .... *Goldf.*	...	...	*	...	...	...	...	...	...	Petref. Germ. vol. i, p. 161, t. 50, f. 1; ib. Phill. Pal. Foss. Dev. and Cornw. p. 29, t. 14, f. 40; ib. Portl. Geol. Rept. p. 351; ib. Römer, Mono. der Blastoideen Wiegmanns, Archiv. für Naturges. vol. xvii, p. 365, t. 7, f. 14.
— pentangularis ...... *Miller*	...	...	*	...	...	...	...	...	...	? *Platycrinites* pentangularis, Miller, Hist. Crino. p. 83; ib. Suppl. t. 33, f. 7, fig. on plate Nos. 2-6, 8. Pentatrematites pentangularis, Sow. Zool. Jour. vol. v, p. 457.
— vora .... *Cumb.*	...	...	*	...	...	...	...	...	...	Reliquæ Conservatæ, 1826, p. 31, (erroneously marked) t. A, B, f. 1, 2.
ARCHÆOCIDARIDÆ.										**ECHINOIDEA.**
Perischodomus ...... *M'Coy*, 1849										(PERISCHOECHINOIDEA.)
— biserialis .... *M'Coy*	...	...	*	...	...	...	...	...	...	Ann. Mag. Nat. Hist. vol. iii, 1849, p. 254; ib. W. Keeping, Q. J. Geol. Soc. vol. xxxii, p. 35, t. 3, f. 1-5.
ACTINOCRINIDÆ or **MELOCRINIDÆ.**										
Phillipsocrinus ...... *M'Coy*, 1844										
— caryocrinoides ... *M'Coy*	...	...	*	...	...	...	...	...	...	Synop. Carb. Foss. Ireland, p. 183, t. 26, f. 5. (Actinocrinus.)
MELOCRINIDÆ.										
(*Platycrinida*........*Austin.*)										
Platycrinites .... *Miller*, 1821										
Astropodium ...... *Ure*, 1793										
— anthelionites ...... *Aust.*	...	...	*	...	...	...	...	...	...	Ann. Mag. Nat. Hist. vol. x, p. 109; vol. xi, p. 199; ib. Hist. Crino. p. 27, t. 2, f. 13. ? *P. megastylus*, M'Coy.
— contractus .... *Phill.*	...	...	*	...	...	...	...	...	...	Geol. York. vol. ii, p. 204, t. 3, f. 25; ib. Synop. Carb. Foss. Ireland, p. 175.
— coronatus .... *Goldf.*	...	...	*	...	...	...	...	...	...	Nov. Act. Ac. vol. xix, p. 344, t. 31, f. 8. *P. mucronatus*, Aust. Hist. Crino. p. 22, t. 2, f. 11; t. 5, f. 2. ? *P. microstylus*, Phill.
— diadema .... *M'Coy*	...	...	a	...	...	...	...	...	...	Ann. Mag. Nat. Hist. vol. iii, p. 426, 1849.
— ellipticus .... *Phill.*	...	...	*	...	...	...	...	...	...	Geol. York. vol. ii, p. 204, t. 3, f. 19-21.
— elongatus .... *Phill.*	...	...	*	...	...	...	...	...	...	*Vide* Dichocrinus.
— expansus .... *M'Coy*	...	...	*	...	...	...	...	...	...	Synop. Carb. Foss. Ireland, p. 175, t. 25, f. 18, 19.

ECHINODERMATA

SPECIES.	Calciferous Series	Lower Lmst. Shales	Carboniferous Lmst.	Up.Lst.Shale(Yoredale)	Millstone Grit	Lower Coal Measures	Middle Coal Measures	Upper Coal Measures	Foss. sp.	REFERENCES.
Platycrinites (continued).										
— gigas .... Phill.			*					*		Geol. York. vol. ii, p. 204, t. 3, f. 22, 23; ib. Aust. Hist. Crino. p. 38, t. 4, f. 1; ib. M'Coy, Carb. Foss. Ireland, p. 175.
— granulatus ...... Müll.			*							Hist. Crino. p. 82, t. 4, f. 1-3; ib. Phill. Geol. York. vol. ii, p. 204, t. 3, f. 16. *Medusacrinus*, Aust. Ann. Mag. Nat. Hist. 4 ser. vol. xvi, p. 99, 91. *Encrinites granulatus*, Schloth. Petref. vol. iii, p. 97, t. 26, f. 3; ib. De Kon. and Le Hon, Rech. sur les Crino. Carb. Belg. p. 179. t. 6, f. 5.
— interscapularis ... Phill.										*Vide* Hexacrinus.
— laciniatus ...... Gilb.			*							Geol. York. vol. ii, p. 204, t. 3, f. 18; ib. Aust. Crino. p. 42, t. 5, f. 1; ib. M'Coy, Synop. Carb. Foss. Ireland, p. 176.
— lævis .... Miller.			*							Hist. Crino. p. 74; ib. Aust. Crino. p. 8, t. 1, f. 1; ib. Goldf. Pet. Germ. vol. i, t. 58, f. 2. *P. A. lævis*, M'Coy, Carb. Foss. Ireland, p. 176. *P. lævis*, De Kon. Rech. sur les Crino. Carb. Belg. p. 161, t. 5, f. 1; t. 6, f. 1: ib. Aust. Ann. Mag. Nat. Hist. 4 ser. vol. xvi, p. 90, 91, f. 1.
— megastylus ...... M'Coy.			*							Brit. Pal. Foss. p. 119. *P. lævis*, Phill. Geol. York. vol. ii, p. 204, t. 3, f. 14, 15. *P. anthelionites*, Aust. non *P. lævis*, Aust.
— microstylus ...... Phill.			*							Geol. York. vol. ii, p. 204.
— mucronatus ...... Aust.			*							Ann. Mag. Nat. Hist. vol. x, p. 109; ib. vol. xi, p. 199: ib. Crino. p. 23, t. 5, f. 2, non t. 2, f. 1. *Medusacrinus? P. coronatus*, Ann. Mag. Nat. Hist. vol. xvi, 4 ser. p. 90, woodcut.
— ornatus .... M'Coy.			*							Synop. Carb. Foss. Ireland, p. 176, t. 25, f. 1. *Edwardsocrinus*, D'Orb. Prod. étage 3, p. 157. *P. ornatus*, De Kon. and Le Hon, Rech. sur les Crino. du Terr. Carb. Belg. p. 177, t. 6, f. 4.
— pentangularis ...... Miller.										*Vide* Codonaster pentangularis.
— pileatus ...... Goldf.			*							Nov. Act. Ac. vol. xix, p. 343, t. 31, f. 7. *P. anthelionites*, Aust. Mono. Crino. p. 27, t. 2, f. 3. *P. pileatus*, De Kon. and Le Hon, Rech. sur les Crino. du Terr. Carb. Belg. p. 175, t. 6, f. 3.
— planus? ...... D'Owen & Schum.			*							Jour. Acad. Nat. Sci. Philad. new series. vol. ii, p. 57, t. 7, f. 4; ib. Geol. Surv. Wiscon. p. 587, t. 5*, f. 4; Hall, Geol. Jour. p. 553, t. 8, f. 6; ib. De Kon. and Le Hon, Rech. sur les Crino. du Terr. Carb. p. 175, t. 5, f. 6.
— punctatus ...... M'Coy.			*							Synop. Carb. Foss. Ireland, p. 177, t. 25, f. 15-17.
— rugosus ...... Miller.			*							Hist. Crino. p. 79; ib. Phill. Geol. York. vol. ii, p. 204, t. 3, f. 20; ib. Goldf. Pet. Germ. vol. i, p. 189, t. 58, f. 3; ib. Portl. Geol. Rept. London, p. 350, t. 16, f. 3-13; ib. Aust. Crino. p. 40, t. 4, f. 2. *Medusacrinus*, Aust. Ann. Mag. Nat. Hist. 4 ser. vol. xvi, p. 91.
— similis ...... M'Coy.			*							Synop. Carb. Foss. Ireland, p. 177, t. 26, f. 6.
— spinosus ...... Aust.			*							Mono. Crino. p. 19, t. 1, f. 2; ib. Ann. Mag. Nat. Hist. vol. xi, p. 199, 1843; ib. De Kon. and Le Hon, Rech. sur les Crino. du Terr. Carb. Belg. p. 165, t. 6, f. 2.
— striatus ...... Miller.			*							Hist. Crino. p. 82; ib. Aust. Mono. Crino. p. 37, t. 3, f. 3; ib. De Kon. Anim. Foss. Carb. Belg. p. 44, t. F, f. 3.
— triacontadactylus M'Coy.			*							Synop. Carb. Foss. Ireland, p. 177, t. 25. f. 2-7. ? *P. trigintidactylus*, Aust.
— trigintidactylus ... Aust.			*							Mono. Crino. p. 31, t. 3, f. 1 b-h; ib. De Kon and Le Hon, Rech. sur les Crino. du Terr. Carb. Belg. p. 167, t. 5, f. 2 a-g.
— tuberculatus ...... Miller.			*							Hist. Crino. p. 81; ib. Phill. Geol. York. vol. ii, p. 204, t. 3, f. 17; ib. Synop. Carb. Foss. Ireland, p. 177; ib. Aust. Mono. Crino. p. 41, t. 4, f. 3. *Medusacrinus*, Aust. Ann. Mag. Nat. Hist. 4 ser. vol. xvi, p. 90. *P. tuberculatus*, De Kon. and Le Hon, Rech. sur les Crino. du Terr. Carb. Belg. p. 184, t. 6, f. 7, 8.
— vesiculosus ...... M'Coy.			*							Brit. Pal. Foss. p. 119, t. 3 D, f. 3.
CYATHOCRINIDÆ. (*Poteriocrinidæ*.)										
Poteriocrinus ...... Miller, 1821 ...... (*Poteriocrinites*.)										
Scaphiocrinus ...... Hall, 1858										

PALÆOZOIC. ECHINODERMATA. CARBONIFEROUS.

SPECIES.	Calciferous Series	Lower Lmst. Shales	Carboniferous Lmst.	Up.Lst.Shale(Yoredale)	Millstone Grit	Lower Coal Measures	Middle Coal Measures	Upper Coal Measures	Pass. sp.	REFERENCES.
Poteriocrinus (*continued*).										
Cupressocrinus ... *M'Coy*, 1849 non *Goldfuss*										
— abbreviatus .... *Aust.*			*							Mono. Crino. p. 89, t. 11, f. 4.
— calyx .... *M'Coy*			*							*Vide* Cupressocrinus calyx.
— conicus .... *Phill.*			*							Geol. York. vol. ii, p. 205, t. 4, f. 3; ib. Portl. Geol. Rept. p. 350, t. 16, f. 12; ib. Aust. Mono. Crino. p. 82, t. 10, f. 3; ib. De Kon. Anim. Foss. Carb. Belg. p. 47, t. F, f. 5.
— crassimanus ..... *M'Coy*			*							Ann. Mag. Nat. Hist. vol. iii, 2 ser. p. 245, 1849.
— crassus............. *Miller*			*							Hist. Crino. p. 68, f. 1-17; ib. Aust. Mono. Crino. p. 69, t. 8, f. 2; t. 9, f. 1; ib. De Kon. Anim. Foss. Terr. Carb. Belg. p. 46, t. F, f. 4; ib. De Kon. and Le Hon, Rech. sur les Crino. du Terr. Carb. Belg. p. 97, t. 1, f. 10.
— dactyloides .... *Aust.*			*							Mono. Crino. p. 85, t. 10, f. 7; t. 11, f. 1. (*Scytalocrinus*.)
— Egertoni........... *Phill.*			*							*Vide* Taxocrinus.
— gracilis .... *M'Coy*		*	*							Synop. Carb. Foss. Ireland, p. 178, t. 25, f. 11-14.
— granulosus .... *Phill.*			*							Geol. York. vol. ii, p. 205, t. 4, f. 2; ib. Aust. Mono. Crino. p. 77, t. 9, f. 2. (*Hydreinocrinus*)? *P. Phillipsianus*, De Kon. and Le Hon, Rech. Crino. Carb. Belg. p. 88, t. 1, f. 5.
— impressus .... *Phill.*			*							Geol. York. vol. ii, p. 205, t. 4, f. 1; ib. M'Coy, Synop. Carb. Foss. Ireland, p. 178; ib. Aust. Mono. Crino. p. 85, t. 10, f. 6.
— isacobus .... *Aust.*		*	*							Mono. Crino. p. 74, t. 8, f. 4. (*Scaphiocrinus*.)
— latifrons .... *Aust.*			*							Mono. Crino. p. 82, t. 10, f. 4.
— longidactylus ...... *Aust.*			*							Mono. Crino. p. 88, t. 11, f. 3. ? *Cyathocrinus planus*, Mant. Medals, p. 319. (*Scaphiocrinus*.)
— *M'Coyanus* .... *De Kon. & Le Hon*										*Vide* Cupressocrinus.
— macrocheilus ...... *M'Coy*			*							*Cyathocrinus*, Synop. Carb. Foss. Ireland, p. 117, t. 25, f. 8-10.
— nobilis .... *Phill.*										*Vide* Taxocrinus.
— nuciformis .... *M'Coy*			*							Brit. Pal. Foss. p. 117, t. 3 D, f. 4.
— pentagonus .... *Aust.*			*							Mono. Crino. p. 86, t. 11, f. 1. (*Cladocrinus*.)
— plicatus .... *Aust.*			*							Mono. Crino. p. 78, t. 9, f. 4. *Vide* Greenfell, Proc. Bristol Nat. Soc. vol. i, new ser. 1876. *P. plicatus*, De Kon. and Le Hon, Rech. Crino. Carb. Belg. p. 100, t. 1, f. 11. *P. crassus*, De Kon. Desc. Anim. Foss. Terr. Carb. Belg. p. 46, t. F, f. 4.
— quinquangularis ... *Aust.*			*							Mono. Crino. p. 80, t. 10, f. 2; ib. Phill. Geol. York. vol. ii, p. 206, t. 3, f. 30-32.
— radiatus .... *Aust.*			*	*						Mono. Crino. p. 79, t. 10, f. 1. *Cyathocrinus ornatus*, Phill. Geol. York. vol. ii, t. 3, f. 36. *P. radiatus*, De Kon. and Le Hon, Rech. Crino. Carb. Belg. p. 101, t. 1, f. 12.
— rostratus .... *Aust.*			*							Mono. Crino. p. 75, t. 9, f. 2. (*Scytalocrinus*.)
— rugosus .... *Greenf.*		*								Proc. Bristol Nat. Soc. vol. i, new ser. pt. 3, p. 479, t. 7, f. 3-5, 1876; ib. Brit. Assoc. Report, 1875, Trans. Sect. p. 65.
— spinsus .... *De Kon. & Le Hon*		*								Rech. sur les Crino. du Terr. Carb. Belg. p. 94, t. 1, f. 9. *Encrinus*, Cumb. Trans. Geol. Soc. London, vol. v, 1819, t. 3, f. 2.
— tenuis .... *Miller*			*							Hist. Crino. p. 71; ib. Aust. Mono. Crino. p. 83, t. 10, f. 5.
PALÆCHINIDÆ.										**ECHINOIDEA.**
Protoechinus .... *Austin*, 1860										(PERISCHOECHINOIDEA.)
— anceps .... *Aust.*		*								Geologist, vol. iii, p. 446, woodcut, 1860.
CYATHOCRINIDÆ.										
(*Actinocrinidæ* ... *Aust.*)										
Rhodocrinus .... *Miller*, 1821										

ECHINODERMATA.

PALÆOZOIC. — CARBONIFEROUS.

SPECIES.	Calciferous Series.	Lower Limest. Shales.	Carboniferous Limest.	Up.Lst.Shale(Yoredale)	Millstone Grit.	Lower Coal Measures.	Middle Coal Measures.	Upper Coal Measures.	Perm. up.	REFERENCES.
Rhodocrinus (*continued*).										
(*Rhodocrinites.*)										
Gilbertsocrinus ... *Phillips*, 1836										
Oliacrinus .... *Cumberland*, 1826										
— abnormis .... *M'Coy*			•							Synop. Carb. Foss. Ireland, p. 180, t. 26, f. 3.
— bursa .... *Phill.*			•							*Gilbertsocrinus*, Phill. Geol. York. vol. ii, p. 207, t. 4, f. 24, 25.
— calcaratus .... *Phill.*			•							*Gilbertsocrinus*, Geol. York. vol. ii, p. 207, t. 4, f. 22.
— costatus .... *Aust.*			•							Ann. Mag. Nat. Hist. vol. xi, p. 202, 1843.
— echinatus .... *Goldf.*			•							Vide Millericrinus (Jurassic Group).
— granulatus ...... *Aust.*			•							Ann. Mag. Nat. Hist. vol. xi, p. 203, 1843.
— Konincki .... *Greenf.*			•							*Gilbertsocrinus*, Proc. Bristol Nat. Soc. new ser. vol. i, pt. 3. p. 487, t. 7, f. 11–13, 1876.
— mammillaris .... *Phill.*			•							Geol. York. vol. ii, p. 207, t. 4, f. 23.
— simplex .... *Porth.*			•							*Gilbertsocrinus*, Geol. Rept. p. 351, t. 16, f. 5.
— stellaris .... *De Kon. & Le Hon*			•							Rech. sur les Crino. du Terr. Carb. Belg. p. 109. *Encrinus*, Cumb. Trans. Geol. Soc. vol. v, 1819, p. 91, t. 4, f. 8–11.
— verisimilis ...... *Greenf.*			•							Proc. Bristol Nat. Hist. Soc. new ser. vol. i, p. 482, t. 7, f. 8–10; ib. Brit. Assoc. Rept. 1876, Trans. Sect. p. 65.
— verus .... *Miller*		•	•							Hist. Crino. p. 106, t. 1, 2; ib. Goldf. Pet. Germ. vol. i, p. 198, t. 60, f. 3; ib. Bronn, Leth. Geog. p. 59, t. 4, f. 2. *Encrinites rhodocrinites*, Schloth. Petref. vol. iii, p. 101, t. 26, f. 3. R. verus, Greenfell, Bristol Nat. Hist. Soc. new ser. vol. i, pt. 3, p. 480, 1876.
PALECHINIDÆ.										ECHINOIDEA.
Rhoecrinus .... *W. Keeping*, 1876										(PERISCHOECHINOIDEA.)
— irregularis ...... *W. Keep.*			•							Q. J. Geol. Soc. vol. xxxii, p. 37, t. 3, f. 6–8.
Sycocrinites ...... *Austin*, 1843										
Cryptocrinus ...... *Von Buch*, 1840										
— anapeptamenus ... *Aust.*			•							Ann. Mag. Nat. Hist. vol. xi, p. 206, 1843.
— clausus .... *Aust.*		•								Ann. Mag. Nat. Hist. vol. xi, p. 206, 1843.
— Jacksoni .... *Aust.*			•							Ann. Mag. Nat. Hist. vol. xi, p. 206, 1843.
CYATHOCRINIDÆ.										
Symbathocrinus ... *Phillips*, 1839										
— conicus .... *Phill.*			•							Geol. York. vol. ii, p. 206, t. 4, f. 12; ib. Austin, Mono. Crino. p. 93, t. 11, f. 5. (*Haplocrinus*.)
CYATHOCRINIDÆ.										
(*Poteriocrinidæ* ... *Aust.*)										
Taxocrinus .... *Phillips*, 1843										
Isocrinites .... *Phillips*, 1841										
Cladocrinus ...... *Austin*, 1842										
Forbesiocrinus ... *De Koninck*, 1853										
— Egertoni .... *Phill.*			•							*Poteriocrinus*, Geol. York. vol. ii, p. 205, t. 3, f. 39.
— macrodactylus ... *Phill.*		•	•							*Cyathocrinus*, Pal. Foss. Dev. and Cornw. p. 211, t. 15, f. 29–41. *Isocrinus*, Phill. ib. p. 30.
— nobilis .... *Phill.*			•							*Poteriocrinus?* Geol. York. vol. ii, p. 205, t. 3, f. 40. *Forbesiocrinus*, De Kon. and Le Hon, Rech. sur les Crino. du Terr. Carb. Belg. p. 121, t. 2, f. 2.
— polydactylus .... *M'Coy*			•							Synop. Carb. Foss. Ireland, p. 178, t. 26, f. 7.

ECHINODERMATA.

SPECIES.	Calciferous Series.	Lower Lmst. Shales.	Carboniferous Lmst.	Up. Lst. Shale (Yoredale)	Millstone Grit.	Lower Coal Measures.	Middle Coal Measures.	Upper Coal Measures.	Pass. up.	REFERENCES.
CYATHOCRINIDÆ. (*Actinocrinidæ ... Aust.*)										
Tetramerocrinites... *Austin,* 1842										
Tetramerocrinus... *Austin,* 1843										
— formosus .... *Aust.*	...	...	•	...	...	...	...	...	...	Ann. Mag. Nat. Hist. vol. xi, p. 203, 1843.
— simplex .... *Aust.* MS.	...	...	•	...	...	...	...	...	...	Ann. Mag. Nat. Hist. vol. x, p. 111, 1842.
CYATHOCRINIDÆ.										
Woodocrinus......... *De Koninck,* 1854										
— dichodactylus ...... *De Kon.*............	...	...	•	...	...	...	...	...	...	Geologist, vol. i, p. 12–15; ib. Brit. Assoc. Report, 1857, p. 78.
— expansus .... *De Kon.*............	...	...	•	...	...	...	...	...	...	Geologist, vol. i, p. 12–15, t. 2; ib. Brit. Assoc. Report, 1857, p. 77.
— goniodactylus ...... *De Kon.*............	...	...	•	...	...	...	...	...	Λ	Geologist, vol. i, p. 12–15; ib. Brit. Assoc. Report, 1857, p. 78.
— macrodactylus ... *De Kon.*............	...	...	•	...	...	...	...	...	...	De Kon. and Le Hon, Rech. sur les Crino. du Terr. Carb. Belg. p. 212, t. 8, f. 1, 1854; ib. Geologist, vol. i, p. 12–15, t. 1; ib. Brit. Assoc. Report, 1857, p. 77.
ASTROCRINIDÆ.										
Zygocrinus .... *Brown,* 1849										
Astrocrinites ...... *Austin,* 1843										
Non *Asterocrinites Münst.*	...	...	...	...	...	...	...	...	...	*Vide* Astrocrinites.

ANNELIDA.

SPECIES.	Calciferous Series.	Lower Lmst. Shales.	Carboniferous Lmst.	Up. Lst. Shale (Yoredale)	Millstone Grit.	Lower Coal Measures.	Middle Coal Measures.	Upper Coal Measures.	Pass. up.	REFERENCES.
Sub-Kingdom, ANNULOSA.										
Division, *Anarthropoda.*										
Class, *ANNELIDA.*										
Annelide tracks ?........................	•	•	•	•	•	•	•	•	...	Jour. Roy. Dublin Geol. Soc. vol. viii, p. 87, 184, plates 8–11; ib. Nat. Hist. Review, t. 13–15.
DORSIBRANCHIATA.										
Arenicola............... *Lam.* 1816										
— carbonaria .... *Binney*	...	...	...	...	...	•	•	...	...	Mem. Lit. and Phil. Soc. Manchester, 2 ser. vol. x, p. 192, t. 1, f. 2, 1852.
DORSIBRANCHIATA.										
Crossopodia .... *M'Coy,* 1851										
— embletonia .... *G. Tate*	...	...	...	...	•	...	...	...	...	Geologist, vol. ii, p. 66, t. 2, f. 1, 2, 1859; ib. Proc. Berwick Nat. Field Club, vol. iv, p. 104, t. 1, f. 1, 2, 1863.

ANNELIDA.

SPECIES.	Calciferous Series.	Lower Laust. Shales.	Carboniferous Laust.	Up. Lst. Shale (Yoredale)	Millstone Grit.	Lower Coal Measures.	Middle Coal Measures.	Upper Coal Measures.	Pass up.	REFERENCES.
Crossopodia (continued).										
— media .... *G. Tate*	...	*	...	*	...	...	...	...		Geologist, vol. ii, p. 67, t. 2, f. 3, 4, 1859; ib. Proc. Berwick Nat. Field Club, vol. iv, p. 105, t. 1, f. 6, 1863.
TUBICOLA.										
Ditrupa .... *Berkeley*, 1832										
— Ryckholti .... *R. Ether.*	...	*	...	...	...	...	...	...		Geol. Mag. Dec. II, vol. vii, p. 266, t. 7, f. 41.
ABRANCHIATA.										
Eione .... *G. Tate*, 1859										
— moniliformis ...... *G. Tate*	...	*	...	?	...	...	...	...		Geologist, vol. ii, p. 68, t. 2, f. 6, 1859; ib. Proc. Berwick Nat. Field Club, vol. iv, p. 105, t. 1, f. 6, 1863.
TUBICOLA.										
Microconchus .... *Murchison*, 1839										
Spiroglyphus ...... *Daudin*										
— carbonarius .... *Murch.*	...	...	...	...	...	...	...	...		} *Vide* Spirorbis pusillus.
— pusillus .... *Martin*	...	...	...	...	...	...	...	...		
ABRANCHIATA.										
Nemertites .... *McLeay*, 1839										
— undulata .... *G. Tate*	...	*	...	...	...	...	...	...		Geologist, vol. ii, p. 68, t. 2, f. 5, 1859; ib. Proc. Berwick Nat. Field Club, vol. iv, p. 105, t. 1, f. 5, 1863.
TUBICOLA.										
Ortonia .... *Nicholson*, 1873										
— carbonaria .... *Young*	...	*	*	...	...	...	...	...		Geol. Mag. vol. x, p. 112; ib. R. Ether. Jun. Geol. Mag. Dec. II, vol. vii, t. 7, f. 37-40.
TUBICOLA.										
Sabella .... *Linnæus*, 1758										
— antiqua .... *M'Coy*	...	*	*	...	...	...	...	...		Synop. Carb. Foss. Ireland, p. 171, t. 4, f. 11.
TUBICOLA.										
Serpula .... *Linnæus*, 1756										
— compressa .... *Sow.*	...	*	*	...	...	...	...	...		Min. Con. vol. vi, p. 201, t. 598, f. 3; ib. M'Coy, Synop. Carb. Foss. Ireland, p. 168. ? Serp. *indistincta*, Flemg.
— indistincta .... *Flemg.*	...	*	*	...	...	...	...	...		*Dentalium*, Edinb. Philo. Jour. vol. xii, p. 241, t. 12, f. 2. *Serp. subcincta*, Portl. Geol. Rept. Lond. p. 362. ? *S. compressa*, Sow. Min. Con. vol. vi, p. 201, t. 598, f. 3, 1829. S. indistincta, R. Ether. Jun. Geol. Mag. Dec. II, vol. vii, t. 7, f. 30-32, 1880.
— scalaris .... *M'Coy*	...	...	*	...	...	...	...	...		Synop. Carb. Foss. Ireland, p. 269, t. 23, f. 29.
— subannulata .... *Portl.*	...	...	*	...	...	...	...	...		Geol. Rept. Londonderry, p. 363.
— subcincta .... *Portl.*	...	...	...	...	...	...	...	...		*Vide* S. indistincta.
— Torbanensis .... *R. Ether.*	...	...	...	...	...	*	...	...		Mem. Geol. Surv. Scotland, Expl. sheet 31, p. 8c, 1879; ib. Geol. Mag. Dec. II, vol. vii, p. 364, t. 7, f. 33, 1880.
— vermetiformis ..... *R. Ether.*	...	...	...	...	...	...	...	...		Geol. Mag. Dec. II, vol. vii, t. 7, f. 34, 1880.
CEPHALOBRANCHIATA.										
Serpulites .... *M'Leay*, 1839										
Campylites ...... *Eichwald*, 1856										
Non *Campulites*... *Deshayes*										
— carbonarius .... *M'Coy*	*	...	*	...	...	...	...	...		Synop. Carb. Foss. Ireland, p. 170, t. 23, f. 32. *Campylites*, Eichw. Leth. Rossica, vol. i, p. 675. S. carbonarius, R. Ether. Jun. Q. J. Geol. Soc. vol. xxxiv, p. 9, t. 1, f. 3; ib. Geol. Mag. Dec. II, vol. vii, t. 7, f. 29, 1880.
— membranaceus ... *M'Coy*	...	*	*	...	...	...	...	...		Synop. Carb. Foss. Ireland, p. 170, t. 23, f. 31; ib. R. Ether. Jun. Geol. Mag. Dec. II, vol. vii, p. 307, 1880. [*Are S. carbonarius* and *S. membranaceus* distinct *species?*]

ANNELIDA

SPECIES.	Calciferous Series.	Lower Lmst. Shales.	Carboniferous Lmst.	Up.Lst.Shale(Yoredale)	Millstone Grit.	Lower Coal Measures.	Middle Coal Measures.	Upper Coal Measures.	Pass up.	REFERENCES.
TUBICOLA.										
Spiroglyphus .... *M'Coy*, 1844 ...										
— marginatus .... *M'Coy*		•	•							Synop. Carb. Foss. Ireland, p. 170, t. 23, f. 27. *? Spirorbis ambiguus*, Flemg.
TUBICOLA.										
Spirorbis .... *Lamarck*, 1818 ..										
Nautilus .... *Hibbert*, 1836 ...										
Gyromices .... *Göppert*, 1853 ...										
Palaeorbis .... *Van Beneden & Coemans*, 1867 ...										
— ambiguus .... *Flemg.*		•								Edinb. Philo. Jour. vol. xii, p. 246, t. 9, f. 3 (part), 1825; ib. R. Ether. Jun. Geol. Mag. Dec. II, vol. iv, p. 318, 1877; ib. Dec. II, vol. vii, p. 258, t. 7, f. 9-11, 1880.
— archemedis .... *De Kon.*		•								Serpula, Desc. Anim. Foss. Belg. t. G, f. 6.
— Armetrongi .... *R. Ether.*		•	•							Geol. Mag. Dec. II, vol. vii, p. 264, t. 7, f. 25, 1880.
— caperatus .... *M'Coy*		•	•			•				Synop. Carb. Foss. Ireland, p. 169, t. 23, f. 26; ib. R. Ether. Jun. Mem. Geol. Surv. Scotland, Expl. shect 23, p. 98, 1873; ib. Geol. Mag. Dec. II, vol. vii, p. 261, t. 7, f. 16-18.
— carbonarius ...... *Martin*										*Vide* S. pusillus.
— Dawsoni .... *R. Ether.*										Geol. Mag. Dec. II, vol. vii, p. 304, t. 7, f. 26, 27, 1880.
— Eichwaldi .... *R. Ether.*	•		•							Geol. Mag. Dec. II, vol. vii, p. 263, t. 7, f. 22-24, 1880.
— globosus .... *M'Coy*		•	•							Synop. Carb. Foss. Ireland, p. 169, t. 4, f. 10.
— helicteres .... *Salt.*	•		•							Mem. Geol. Surv. Scotland (Sheet 32), p. 148, 1861; ib. Salt. Rev. T. Brown, Trans. Roy. Soc. Edinb. vol. xxii, p. 401, f. 3; ib. R. Ether. Jun. Q. J. Geol. Soc. vol. xxxiv, p. 4, 22, 1878; ib. R. Ether. Jun. Geol. Mag. Dec. II, vol. vii, p. 260, t. 7, f. 12-15, 1880.
— internedius .... *M'Coy*		•								Synop. Carb. Foss. Ireland, p. 119, t. 4, f. 9.
— minutus .... *Portl.*		•	•							Geol. Rept. p. 363, t. 12, f. 3ᵇ.
— omphaloides ...... *M'Coy & Portl.*...										*Vide* S. pusillus.
— pusillus .... *Martin*	•	•	•		•	•	•	•		Conch. (Helicites) pusillus, Pet. Derb. t. 52, f. 2, 3, 1809. *Microconchus carbonarius*, Murch. Sil. Syst. p. 84, f. D 1-D 10, p. 85, 1839. *Sp. carbonarius*, Binney, Portl. Geol. Rept. London, p. 363 (non Goldfuss). *Sp. omphaloides*, Mem. Lit. and Phil. Soc. Manchester, vol. x, p. 196, t. 2, f. 3; ib. Salt. Mem. Geol. Surv. Iron Ores of Great Britain, p. 226, 227, t. 2, f. 13, 1861; ib. R. Ether. Jun. Q. J. Geol. Soc. vol. xxxiv, p. 9, t. 1, f. 1, 2; ib. Murch. Sil. 4 ed. p. 302, Foss. 83, 1867. *Serp. antiquata*, De Kon. Anim. Foss. Carb. Belg. p. 57, t. G, f. 7. *Gyromicis ammonis*, Göpp. Germar's Verst. Steinkohlen, von Weltin u. Löbejün, heft 8, p. 29, t. 39, f. 1-9, 1853. *Palaeorbis ammonis*, Van Beneden et Coemans, Bull. l'Acad. Roy. Brux. 1867, 2 ser. vol. xxiii, p. 390, t. 7, f. 4; ib. Goldemberg, Fauna sarapontina, Foss. heft 2, p. 4, t. 2, f. 33 und 33 A, 1877. S. pusillus, R. Ether. Jun. Geol. Mag. 2 ser. vol. vii, p. 259, t. 7, f. 1-7, 1880.
— var. simplex ...... *R. Ether. Jun.* ...		•								Geol. Mag. 2 ser. vol. vii, p. 258, 1880. *? Spirorbis hamatus* (*Gyromices*), Goldenberg, Fauna sarapontina, Foss. heft 2, p. 7, t. 2, f. 34 a-b.
— var. Hibberti ...... *R. Ether. Jun.* ...		•								Geol. Mag. 2 ser. vol. vii, p. 258, 1880. *Nautilus*, Hibbert, Trans. Roy. Soc. Edinb. vol. xiii, p. 51, 1836; ib. Rhind, Excursions around Edinb. p. 35, f. 14ᵇ. *Spirorbis carbonarius*, Murch. var. Hibberti, R. Ether. Jun. Q. J. Geol. Soc. vol. xxxiv, p. 3, f. 1, 2 (note).
— spinosus .... *De Kon.*		•	•							Serpula, Desc. Anim. Foss. p. 58, t. G, f. 8. Spirorbis, R. Ether. Jun. Geol. Mag. Dec. II, vol. vii, p. 262, t. 7, f. 19-21.
TUBICOLA.										
Vermilia .... *Lamarck*, 1818 ..										
— Sp.		•								R. Ether. Jun. Geol. Mag. Dec. II, vol. vii, t. 7, f. 35.

CRUSTACEA

SPECIES.	Calciferous Series	Lower Lmst. Shale	Carboniferous Lmst.	Up. Lst. Shale (Yoredale)	Millstone Grit	Lower Coal Measures	Middle Coal Measures	Upper Coal Measures	Poss up.	REFERENCES.
Sub-Kingdom, ANNULOSA. McLeay.										
Province I, *Articulata*. Cuvier.										
Class, *CRUSTACEA*.										
Agnostus ...... Brong. 1822, Phill. 1836	...	...	...	...	...	...	...	...	...	*Vide* Cyclus.
Anthrapalæmon ... Salter, 1861										
Apus ...... (Schäff, 1756) M.Edwards										
Apus .... Lamarck, 1818 ...										MACRURA.
— dubius .... Prestw.	...	...	...	...	...	•	•	...	...	*Apus*, Trans. Geol. Soc. 2 ser. vol. v, t. 41, f. 9. *Glyphæa dubia*, Salt. Lyell's Man. of Geology, 5 ed. p. 388. Anthrapalæmon, Salt. Q.J. Geol. Soc. vol. xvii, p. 532, woodcut, p. 531, f. 6, 7.
— Grossartii .... Salt.	...	...	...	...	...	...	•	...	...	Q.J. Geol. Soc. vol. xvii, p. 530, woodcuts, p. 531, f. 1–4; ib. Trans. Geol. Soc. Glasgow, vol. ii, p. 244, t. 3, f. 5–7.
— Russellianus ...... Salt.	...	...	...	...	...	...	•	...	...	*Palæocarabus*, Q.J. Geol. Soc. vol. xix, p. 520, woodcuts, f. 1, 2.
Apus .... Schäff, 1756	...	...	...	...	...	...	...	...	...	*Vide* Anthrapalæmon.
Argus .... Scouler, 1835	...	...	...	...	...	...	...	...	...	*Vide* Dithyrocaris.
Asaphus .... Brongniart, 1822										
— *gemuliferus* ...... Phill.	...	...	...	...	...	...	...	...	...	*Vide* Phillipsia pustulata.
— *obsoletus* .... Phill.	...	...	...	...	...	...	...	...	...	*Vide* Phillipsia Brongniarti.
— *raniceps* .... Phill.	...	...	...	...	...	...	...	...	...	*Vide* Phillipsia Derbiensis.
— *quadrilimbus* ...... Phill.	...	...	...	...	...	...	...	...	...	*Vide* Phillipsia.
— *seminifera* .... Phill.	...	...	...	...	...	...	...	...	...	*Vide* Phillipsia seminifera.
— *truncatulus* ...... Phill.	...	...	...	...	...	...	...	...	...	*Vide* Phillipsia truncatula.
CYTHERIDÆ.										
Bairdia .... M'Coy, 1844										
Cythere .... Münst. 1830										
Cytherina .... Römer, 1838										ENTOMASTRACA (OSTRACODA).
— brevis .... J. & K.	...	...	•	...	...	...	...	...	...	Trans. Geol. Soc. Glasgow, vol. ii, p. 26.
— curta .... M'Coy	•	•	•	...	...	...	...	...	...	Synop. Carb. Foss. Ireland, p. 165, t. 23, f. 6; ib. Jones, Monthly Micro. Jour. 1870, p. 185, t. 61, f. 1.
— elongata .... Münst.	...	...	...	...	...	•	...	...	...	Jahrb. f. Min. p. 65, No. 19; ib. Jones, Mono. Perm Foss. Pal. Soc. t. 1*, f. 5; ib. Jones and Kirkby, Trans. Tyneside Nat. Field Club, vol. iv, p. 159, t. 11, f. 2.
— gracilis .... M'Coy	...	...	...	...	...	...	...	...	...	*Vide* D. subcylindrica.
— grandis .... J. & K.	...	...	•	...	...	...	...	...	...	Trans. Tyneside Nat. Field Club, vol. iv, p. 42.
— Hisingeri .... Münst.	...	...	•	...	...	...	...	...	...	*Cythere*, Jahrb. f. Min. 1830, p. 65, No. 18. *Bairdia*, Jones and Kirkby, Ann. Mag. Nat. Hist. 3 ser. vol. xv, p. 408, t. 20, f. 12. *B. Schauerothiana*, Kirkby, Ann. Mag. Nat. Hist. 3 ser. vol. ii, p. 329, t. 10, f. 14.
— mucronata .... Reuss.	...	...	•	...	...	...	...	...	...	Jahresber Wetterau Gessell. p. 70.
— plebeia .... Reuss.	...	...	•	...	...	•	...	...	...	Jahresber Wetterau Gessell. p. 67, f. 5. *Cythere (Bairdia) curta*, Jones, Mono. Perm. Foss. Pal. Soc. p. 61, t. 17, f. 21, 22; t. 18, f. 3. *Cythere (Bairdia) plebeia*, Jones and Kirkby, Trans. Tyneside Nat. Field Club, vol. iv, p. 141, t. 9, f. 1, 2, woodcuts 1 a–c, p. 161, t. 11, f. 8.
— var. amygdalina ... J. & K.	...	...	...	...	•	...	...	...	...	Trans. Tyneside Nat. Field Club, vol. iv, p. 145, t. 9, f. 11, woodcut 5.

CRUSTACEA

SPECIES	Calciferous Series	Lower Lmst. Shales	Carboniferous Lmst.	Up. Lst. Shale (Yoredale)	Millstone Grit	Lower Coal Measures	Middle Coal Measures	Upper Coal Measures	Pass. up.	REFERENCES
Bairdia (*continued*).										
— var. elongata ...... *Kirkby*					•			•		Ann. Mag. Nat. Hist. 3 ser. vol. ii, p. 325, t. 10, f. 4; ib. Jones and Kirkby, Trans. Tyneside Nat. Field Club, vol. iv, p. 143, t. 9, f. 9, 10, 12; p. 168, t. 11, f. 17, 18.
— subcylindrica ...... *Münst.*		•								Cythere, Jahrb. f. Min. 1830, p. 65, No. 21; ib. Jones and Kirkby, Ann. Mag. Nat. Hist. 3 ser. vol. xv, p. 409, t. 10, f. 13. *Bairdia gracilis*, M'Coy, Synop. Carb. Foss. Ireland, p. 165, t. 23, f. 7.
— subdecorata ...... *J. & K.*		•								Suppl. Trans. Geol. Soc. Glasgow, vol. ii, p. 26.
LIMULIDÆ.										
Belinurus ...... *König*, 1820										
Steropis ...... *Baily*, 1863										
Entomolithus ... *Martin*, 1809										
Limulus ...... *Buckland*, 1836										PŒCILOPODA.
— anthrax ...... *Prestw.*							•			*Vide* Prestwichia.
— arcuatus ...... *Baily*					•					Steropis, Ann. Mag. Nat. Hist. 3 ser. 1863, vol. xi, p. 107, t. 5, f. 2 A-C; ib. Expl. sheet 137; Geol. Surv. Ireland, p. 13, f. 4 a, b. *Bellinurus*, H. Woodw. Mono. Brit. Foss. Crust. Pal. Soc. 1878, p. 241, t. 31, f. 2.
— bellulus ...... *König*					?	•	•			Icon. Foss. Scot. t. 18, f. 230. *Entomolithus (Monoculus) lunatus*, Martin, Pet. Derb. t. 45, f. 4; ib. Park. Org. Rem. vol. iii, t. 17, f. 18. *Limulus trilobitoides*, Buck. Bridg. Treatise, t. 46, f. 3; ib. Prestw. Geol. Trans. 2 ser. vol. v, t. 41, f. 8; ib. Portl. Geol. Report, p. 316, t. 24, f. 11. Belinurus, H. Woodw. Mono. Brit. Foss. Crust. (Mcrostomata), Pal. Soc. 1878, p. 139, t. 31, f. 3 a, b. *B. trilobitoides*, R. Woodw. Trans. Glasgow Geol. Soc. 1866, vol. ii, t. 3, f. 10.
— Königianus ...... *H. Woodw.*					?					Geol. Mag. vol. ix, p. 439, t. 10, f. 8; ib. Mono. Brit. Foss. Crust. Pal. Soc. p. 243, t. 31, f. 3*, 4.
— Reginæ ...... *Baily*										Ann. Mag. Nat. Hist. 3 ser. 1863, vol. xi, p. 107, t. 5, f. 1 A-D; ib. Expl. sheet 137; Geol. Surv. Ireland, p. 13, f. 3; ib. H. Woodw. Q. J. Geol. Soc. vol. xxiii, p. 32, t. 1, f. 1; ib. Woodw. Mono. Brit. Foss. Crust. Pal. Soc. 1878, p. 140, t. 31, f. 1.
— rotundata ...... *Prestw.*										*Vide* Prestwichia.
— trilobitoides ...... *Buckl.*										*Vide* B. bellulus.
LIMNADIADÆ.										
Beyrichia ...... *M'Coy*, 1846										PHYLLOPODA.
— arcuata ...... *Reus.*		•			•		•	•		Cypris, Ann. Mag. Nat. Hist. vol. ix, p. 377, f. 55; ib. Salt. Mem. Geol. Surv. County round Wigan, sheet 89 S.W. p. 37, f. 5; p. 38.
— Binneyana ...... *Jones*, MS.								•		Salt. Mem. Geol. Surv. County round Wigan, sheet 89 S.W. p. 39, f. 4; p. 38.
— colliculus ...... *D'Eichw.*		•								Leth. Rossica, vol. vii, p. 1348; ib. Jones, Trans. Glasgow Geol. Soc. vol. ii, p. 280.
— fastigiata ...... *Jones*						•				Trans. Glasgow Geol. Soc. vol. ii, p. 280.
— gigantea ...... *Jones*						•				Mono. Carb. Entomostraca, Pal. Soc. 1874, t. 4, f. 27, 28.
— multiloba ...... *Jones*						•				Trans. Glasgow Geol. Soc. vol. ii, p. 219.
— radiata ...... *J. & K.*						•				Trans. Glasgow Geol. Soc. vol. ii, p. 220.
— rigida ...... *J. & K.*						•				Trans. Glasgow Geol. Soc. vol. ii, p. 220.
— subarcuata ...... *Jones*		•			•					Appendix, Mono. Foss. Estheriæ, Pal. Soc. 1862, p. 120, t. 5, f. 16, 17; ib. Salt. Mem. Geol. Surv. Gt. Britain (Iron Ores of Gt. Britain), 1852.
— tuberculata ...... *M'Coy*		•			•					Cythere, Synop. Carb. Foss. Ireland, p. 165, t. 23, f. 10; ib. Jones and Kirkby, Ann. Mag. Nat. Hist. 3 ser. vol. xviii, p. 43.
PROETIDÆ.										
Brachymetopus... *M'Coy*, 1847										
Phillipsia ...... *Portlock*, 1843										TRILOBITA.
— discors ...... *M'Coy*		•								Ann. Mag. Nat. Hist. vol. xx, p. 230, 1847; ib. Synop. Carb. Foss. Irel. p. 161, t. 4, f. 7.
— Maccoyi ...... *Portl.*		•								*Phillipsia*, Geol. Report, p. 309, t. 11, f. 6; ib. M'Coy, Synop. Carb. Foss. Ireland, p. 162. Brachymetopus, M'Coy, Ann. Mag. Nat. Hist. vol. xx, p. 230. ? *Phillipsia ouralicus*, De Vern. Geol. Russia, vol. ii, p. 378, t. 27, f. 16.

CRUSTACEA

SPECIES.	Calciferous Series.	Lower Lmst. Shales.	Carboniferous Lmst.	Ub.Let.Shales(Yoredale)	Millstone Grit.	Lower Coal Measures.	Middle Coal Measures.	Upper Coal Measures.	Pass ap.	REFERENCES.
Brachymetopus (continued).										
— *ouralicus*......... *De Vern*.........	...	...	...	...	...	...	...	...	...	Doubtful, if a British species.
CYPRIDINIDÆ.										
Bradycinetus......... (*G. O. Sars*, 1865)										
Cypridina .... *Baird*, 1850										ENTOMOSTRACA.
— Rankinianus ...... *J. & K.*		•	...	...	...	...	...	...	...	Mono. Carb. Entom. Pal. Soc. 1874, p. 42, t. 2, f. 21, 22; t. 5, f. 5. *Cypridina Rankiniana*, Jones and Kirkby, Trans. Geol. Soc. Glasgow, vol. ii, p. 218; vol. iii, 1871, Suppl. p. 27.
CYPRIDÆ.										
Candona .... *Baird*, 1846										ENTOMOSTRACA (OSTRACODA).
— Salteriana ...... *Jones*	...	...	...	...	...	...	...	•	...	App. Mono. Foss. Estheriæ, Pal. Soc. 1862, p. 122, t. 5, f. 13, 14.
— Tateana .... *Jones*	...	•	...	...	...	...	...	...	...	App. Mono. Foss. Estheriæ, Pal. Soc. 1862, p. 123, t. 5, f. 15.
CYTHERIDÆ.										
Carbonia .... *Jones*, 1870										ENTOMOSTRACA (OSTRACODA).
— aquea .... *Jones*	...	...	...	...	...	•	...	...	...	Geol. Mag. vol. vii, p. 218, t. 9, f. 6, 7.
— var. (*a*) subrugulosa... *Jones*	...	...	...	...	...	•	...	...	...	Geol. Mag. vol. vii, p. 218, t. 9, f. 10.
— var. (*b*) rugulosa... *Jones*	...	...	...	...	...	•	...	...	...	Geol. Mag. vol. vii, p. 218, t. 9, f. 8, 9.
— Carlotta .... *J. & K.*	...	...	...	...	...	•	...	...	...	Trans. Geol. Soc. Glasgow, vol. ii, p. 217.
— Evelinæ .... *Jones*	...	...	...	...	...	•	...	...	...	Geol. Mag. vol. vii, p. 218, t. 9, f. 4.
— fabulina .... *J. & K.*	•	...	...	...	...	•	...	•	...	*Cythere*, Trans. Geol. Soc. Glasgow, vol. ii, p. 217, 222. *Carbonia*, Jones, Geol. Mag. vol. vii, p. 218; ib. Ann. Mag. Nat. Hist. 5 ser. vol. iv, p. 31, t. 2, f. 1–10.
— var. humilis ...... *J. & K.*	•	...	...	...	...	•	...	...	...	Ann. Mag. Nat. Hist. 5 ser. vol. iv, p. 31, t. 2, f. 11–14.
— inflata .... *J. & K.*	•	...	...	...	...	•	...	...	...	Ann. Mag. Nat. Hist. 5 ser. vol. iv, p. 31, t. 2, f. 15–19.
— var. subangulata... *J. & K.*	•	...	...	...	...	...	...	...	...	Ann. Mag. Nat. Hist. 5 ser. vol. iv, p. 31, t. 2, f. 20–23, 24?
— scalpellus ...... *J. & K.*	•	...	...	...	...	...	...	...	...	Ann. Mag. Nat. Hist. 5 ser. vol. iv, p. 36, t. 3, f. 14–17.
— Sp. .... *Jones*	...	...	...	...	...	•	...	...	...	Geol. Mag. vol. vii, p. 219, t. 9, f. 5; ib. Monthly Micro. Jour. 1870, p. 185, t. 61, f. 7.
NEBALIADÆ.										
Ceratiocaris .... *M'Coy*, 1849										PHYLLOPODA.
. **Leptocheles**...... *M'Coy*, 1850										
— oretonensis ...... *H. Woodw.*	...	•	...	...	...	...	...	...	...	Geol. Mag. vol. viii, p. 105, t. 3, f. 1.
— truncatus ...... *H. Woodw.*	...	•	...	...	...	...	...	...	...	Geol. Mag. vol. viii, p. 106, t. 3, f. 2.
Crangopsis .... *Salter*, 1863	...	...	...	...	...	...	...	...	...	*Vide* Palæocrangon.
LIMULIDÆ.										
Cyclus .... *De Koninck*, 1841										
Agnostus......... *Phillips*, 1836 ...										PŒCILOPODA.
— bilobatus......... *H. Woodw.*	...	...	•	...	...	...	...	...	...	Geol. Mag. vol. vii, p. 554, t. 23, f. 3; ib. Mono. Brit. Foss. Crust. Pal. Soc. 1878, p. 249, t. 32, f. 45.
— Harknessi ...... *H. Woodw.*	...	...	•	...	...	...	...	...	...	Geol. Mag. vol. vii, p. 556, t. 23, f. 6; ib. Mono. Brit. Foss. Crust. Pal. Soc. 1878, p. 252, t. 32, f. 44.
— Johnsianus ...... *H. Woodw.*	...	...	•	...	...	...	...	...	...	Geol. Mag. vol. vii, p. 557, f. 1, 2, woodcut, p. 558; ib. H. Woodw. Mono. Brit. Foss. Crust. Pal. Soc. 1878, p. 254, t. 32, f. 46.
— radialis .... *Phill.*	...	...	•	...	...	...	...	...	...	*Agnostus*, Phill. Geol. York. vol. ii, t. 22, f. 25. *Cyclus*, De Kon. Anim. Foss. Belg. p. 593, t. 52, f. 8; ib. Nouv. Mém. Brux. vol. xlv, (Crust.) p. 13, t. 1, f. 12; ib. H. Woodw. Mono. Brit. Foss. Crust. Pal. Soc. 1878, p. 253, t. 32, f. 43.
— Rankini .... *H. Woodw.*	...	...	•	...	...	...	...	...	...	Geol. Mag. vol. vii, p. 558, t. 23, f. 1; ib. Mono. Brit. Foss. Crust. Pal. Soc. 1878, p. 254, t. 32, f. 42.
— torosus .... *H. Woodw.*	...	...	•	...	...	...	...	...	...	Geol. Mag. vol. vii, p. 555, t. 23, f. 4; ib. Mono. Brit. Foss. Crust. Pal. Soc. 1878, p. 250, woodcut, f. 80.

CRUSTACEA.

SPECIES.	Calciferous Series.	Lower Lmst. Shales.	Carboniferous Lmst.	Up. Lst. Shale (Yoredale)	Millstone Grit.	Lower Coal Measures.	Middle Coal Measures.	Upper Coal Measures.	Pass up.	REFERENCES.
Cyclus (continued).										
— Wrightii .... *H. Woodw.*			*							Geol. Mag. vol. vii, p. 555, t. 23, f. 5; ib. Mono. Brit. Foss. Crust. Pal. Soc. 1878, p. 251, t. 32, f. 47.
CYPRIDINIDÆ.										
Cyprella .... *De Koninck*, 1841										ENTOMOSTRACA (OSTRACODA).
— annulata .... *De Kon.*			*							Mém. Acad. Roy. Belg. vol. xiv, p. 18, f. 8; ib. Jones and Kirkby, Mono. Carb. Entom. Pal. Soc. 1874, p. 40, t. 4, f. 12, 13, 17. *Cythere*, Dupont, Bull. Acad. Roy. Belg. 2 ser. vol. xv, p. 110.
— chrysalidea .... *De Kon.*			*							Mém. Acad. Roy. Belg. vol. xiv, p. 19, f. 7; ib. Jones and Kirkby, Mono. Carb. Entom. Pal. Soc. 1874, p. 38, t. 4, f. 10, 11, 14, 15, 16, 18 (including *Chry. var. subannulata*, Jones). C. chrysalidea, Dupont, Bull. Acad. Roy. Belg. 2 ser. vol. xv, p. 110. *C. subannulata*, Jones, Micro. Jour. vol. iv, p. 185, t. 61, f. 10.
— subannulata .... *Jones*										*Vide* C. chrysalidea.
CYPRIDINIDÆ.										
Cypridella .... *De Koninck*, 1844										
Cypridina .... *De Kon.* 1841, 1844										
Cypridella ...... *Jones & Kirkby*, 1863										ENTOMOSTRACA (OSTRACODA).
— cruciata .... *De Kon.*			*							Desc. Anim. Foss. Terr. Carb. Belg. p. 590, t. 52, f. 7.
— cyprelloides .... *J. K. & B.*			*							Mono. Carb. Entom. Pal. Soc. 1874, p. 36, t. 4, f. 9.
— Edwardsiana ...... *De Kon.*		*								*Cypridina*, Mém. Acad. Roy. Belg. vol. xiv, p. 17, f. 9. *Cypridella*, Jones, Kirkby, and Brady, Mono. Carb. Entom. Pal. Soc. 1874, p. 32, t. 4, f. 4; t. 5, f. 11.
— Koninckiana ...... *Jones*			*							Monthly Micro. Jour. vol. iv, p. 185, t. 61, f. 9, 1870; Mono. Carb. Entom. Pal. Soc. 1874, p. 34, t. 3, f. 14, 16, 17.
— obsoleta .... *J. K. & B.*			*							Mono. Carb. Entom. Pal. Soc. 1874, p. 34, t. 3, f. 12.
— quadrata .... *J. K. & B.*			*							Mono. Carb. Entom. Pal. Soc. 1874, p. 35, t. 4, f. 2.
— Wrightii .... *J. K. & B.*			*							Mono. Carb. Entom. Pal. Soc. 1874, p. 34, t. 4, f. 1.
CYPRIDINIDÆ.										
Cypridellina .... (*J. K. & D.* 1874)										ENTOMOSTRACA (OSTRACODA).
— alta .... *J. K. & B.*			*							Mono. Carb. Entom. Pal. Soc. 1874, p. 31, t. 3, f. 15.
— Bosqueti .... *J. K. & B.*			*							Mono. Carb. Entom. Pal. Soc. 1874, p. 31, t. 3, f. 20.
— Burrovii .... *J. K. & B.*			*							Mono. Carb. Entom. Pal. Soc. 1874, p. 27, t. 3, f. 4, 5, 21.
— var. *Longnorlensis* *J. K. & B.*			*							Mono. Carb. Entom. Pal. Soc. 1874, p. 28, t. 3, f. 8.
— clausa .... *J. K. & B.*			*							Mono. Carb. Entom. Pal. Soc. 1874, p. 17, t. 3, f. 2.
— elongata .... *J. K. & B.*			*							Mono. Carb. Entom. Pal. Soc. 1874, p. 29, t. 3, f. 18, 19.
— var. *Hibernica* ... *J. K. & B.*			*							Mono. Carb. Entom. Pal. Soc. 1874, p. 29, t. 3, f. 9.
— galea .... *J. K. & B.*			*							Mono. Carb. Entom. Pal. Soc. 1874, p. 30, t. 4, f. 3.
— intermedia .... *J. K. & B.*			*							Mono. Carb. Entom. Pal. Soc. 1874, p. 29, t. 5, f. 8.
— vomer .... *J. K. & B.*			*							Mono. Carb. Entom. Pal. Soc. 1874, p. 30, t. 3, f. 7-10.
— var. *cultrata* ...... *J. K. & B.*			*							Mono. Carb. Entom. Pal. Soc. 1874, p. 30, t. 3, f. 10.
— var. *uncinata* ..... *J. K. & B.*			*							Mono. Carb. Entom. Pal. Soc. 1874, unfigured.
CYPRIDINIDÆ.										
Cypridina .... *M. Edwards*, 1837										
Cyprella... *Bosquet*, 1847, 1852, 1854										
Daphnia .... *M'Coy*, 1844										
Cypridina .... *Jones*, 1849–1869										ENTOMOSTRACA (OSTRACODA).
— annulata .... *De Kon.*										*Vide* Cyprella.

SPECIES.	Calciferous Series.	Lower Lmst. Shales.	Carboniferous Lmst.	Up. Lst. Shale (Yoredale)	Millstone Grit.	Lower Coal Measures.	Middle Coal Measures.	Upper Coal Measures.	Pass up.	REFERENCES.
Cypridina (*continued*)										
— Bradyana ...... *J. & K.*		•								Mono. Brit. Carb. Entom. Pal. Soc. 1874, p. 15, t. 2, f. 13.
— brevimentum ..... *J. K. & B.*			•							Mono. Brit. Carb. Entom. Pal. Soc. 1874, p. 15, t. 2, f. 15-19.
— concentrica .... *De Kon.*										*Vide* Entomis.
— Edwardsiana ...... *De Kon.*										*Vide* Cypridella.
— Grossartiana ...... *J. & K.*			•							Trans. Geol. Soc. Glasgow, vol. ii, p. 218; vol. iii, Suppl. p. 27; ib. Jones, Kirkby, and Brady, Mono. Brit. Carb. Entom. Pal. Soc. 1874, p. 17, t. 2, f. 20.
— Hibberti .... *Jones*	•	•	•							Daphnoideæ, Hibbert, Trans. Roy. Soc. Edinb. 1836, p. 180.
— Hunteriana .... *J. K. & B.*			•							Mono. Brit. Carb. Entom. Pal. Soc. 1874, p. 18, t. 5, f. 3.
— oblonga ...... *J. K. & B.*			•							Mono. Brit. Carb. Entom. Pal. Soc. 1874, p. 20, t. 5, f. 12.
— ovalis .... *Stoddart*	•	•								Ann. Mag. Nat. Hist. 3 ser. vol. viii, p. 489, t. 18, f. 5.
— Phillipsiana ...... *Jones*			•							Monthly Micro. Jour. 1870, p. 185, t. 6, f. 8; ib. Jones, Kirkby, and Brady, Mono. Brit. Carb. Entom. Pal. Soc. 1874, p. 18, t. 2, f. 4, 5, 9.
— primæva .... *M'Coy*		•								Daphnia, Carb. Foss. Ireland, p. 164, t. 13, f. 5. Cypridina, Jones, Kirkby, and Brady, Mono. Brit. Carb. Entom. Pal. Soc. 1874, p. 12, t. 2, f. 24-28.
— pruniformis ..... *J. K. & B.*			•							Mono. Brit. Carb. Entom. Pal. Soc. 1874, p. 19, t. 5, f. 9.
— radiata ...... *J. K. & B.*					•	•				Mono. Brit. Carb. Entom. Pal. Soc. 1874, p. 14, t. 5, f. 6.
— Rankiniana ...... *J. & K.*										*Vide* Bradycinetus.
— Rankiniana ...... *J. & K.*			•							Trans. Geol. Soc. vol. ii, p. 218.
— scorisoea ...... *J. & K.*			•							Mono. Brit. Carb. Entom. Pal. Soc. 1874, p. 20, t. 2, f. 3.
— Thomsoniana ...... *J. & K.*			•							Trans. Geol. Soc. Glasgow, vol. ii, p. 218; ib. vol. iii, Suppl. p. 27; ib. Mono. Brit. Carb. Entom. Pal. Soc. p. 19, t. 2, f. 8; t. 5, f. 4, 1874.
— Wrightiana ...... *J. K. & B.*			•							Mono. Brit. Carb. Entom. Pal. Soc. 1874, p. 14, t. 2, f. 14.
— Youngiana ...... *J. K. & B.*			•							Mono. Brit. Carb. Entom. Pal. Soc. 1874, p. 17, t. 2, f. 11.
CYPRIDINIDÆ.										
Cypridinella. *J. K. & Brady, 1874*										ENTOMOSTRACA (OSTRACODA).
— Bosqueti .... *J. K. & B.*			•							Mono. Brit. Carb. Entom. Pal. Soc. 1874, p. 23, t. 3, f. 6.
— clausa .... *J. K. & B.*			•							Mono. Brit. Carb. Entom. Pal. Soc. 1874, p. 23, t. 3, f. 3.
— Cummingii ...... *J. K. & B.*			•							Mono. Brit. Carb. Entom. Pal. Soc. 1874, p. 21, t. 2, f. 23.
— Maccoyiana ...... *J. K. & B.*			•							Mono. Brit. Carb. Entom. Pal. Soc. 1874, p. 24, t. 3, f. 13.
— monitor .... *J. K. & B.*			•							Mono. Brit. Carb. Entom. Pal. Soc. 1874, p. 24, t. 3, f. 1.
— superciliosa ...... *J. K. & B.*			•							Mono. Brit. Carb. Entom. Pal. Soc. 1874, p. 22, t. 2, f. 7; t. 5, f. 7.
— vomer .... *J. K. & B.*			•							Mono. Brit. Carb. Entom. Pal. Soc. 1874, p. 25, t. 3, f. 2.
Cypridinopsis ...... *J. & K. 1871*										
— simplex .... *J. & K.*									•	} *Vide* Polycope.
— Youngianus ...... *J. & K.*									•	
Cypris .... *Müller, 1785*										
— arcuata										
— inflata										} *Vide* Leperditia.
— Scoto-Burdigalensis										
— subrecta										
CYTHERIDÆ.										
Cythere .... *Müller, 1785*										ENTOMOSTRACA (OSTRACODA).
— acuta .... *M'Coy*										*Vide* Leperditia subrecta.

CRUSTACEA.

PALÆOZOIC. — CARBONIFEROUS.

SPECIES.	Calciferous Series.	Lower Lmst. Shale.	Carboniferous Lmst.	Up. Lst. Shale (Yoredale)	Millstone Grit.	Lower Coal Measures.	Middle Coal Measures.	Upper Coal Measures.	Pass up.	REFERENCES.
Cythere *(continued).*										
— amygdalina ...... *M'Coy*										*Vide* Leperditia amygdalina.
— arcuata .... *M'Coy*		*	*							Synop. Carb. Foss. Ireland, p. 165, t. 23, f. 9. ? Var. of Leperditia subrecta or Olleni.
— bairdioides .... *J. & K.*	*							*		Ann. Mag. Nat. Hist. 5 ser. vol. iv, p. 38, t. 3, f. 24-27.
— bilobata .... *Münst.*			*							Jahrb. f. Min. p. 65, No. 28, 1830; ib. Jones and Kirkby, Ann. Mag. Nat. Hist. 3 ser. vol. xv, p. 409.
— cornigera .... *J. & K.*			*							Trans. Geol. Soc. Glasgow, vol. ii, p. 223.
— cornuta .... *M'Coy*		*	*							Synop. Carb. Foss. Ireland, p. 165, t. 23, f. 12; ib. Jones and Kirkby, Ann. Mag. Nat. Hist. 3 ser. vol. xviii, p. 43. ? *Leperditia subrecta*.
— costata .... *M'Coy*										*Vide* Kirkbya costata.
— Crosskeyana .... *J. & K.*			*							Trans. Geol. Soc. Glasgow, vol. ii, p. 222.
— cuneola .... *J. & K.*			*							Trans. Geol. Soc. Glasgow, vol. ii, p. 223.
— elongata .... *M'Coy*		*	*							Synop. Carb. Foss. Ireland, p. 166, t. 23, f. 13; ib. Jones and Kirkby, Ann. Mag. Nat. Hist. 3 ser. vol. xviii, p. 43.
— excavata ? .... *M'Coy*			*							Synop. Carb. Foss. Ireland, p. 116, t. 23, f. 14.
— fabulina .... *J. & K.*			*					*		Trans. Geol. Soc. Glasgow, vol. ii, p. 217. ? Carbonia, *vide*.
— gibberula .... *M'Coy*			*							Synop. Carb. Foss. Ireland, p. 166, t. 23, f. 25.
— Hibberti ? .... *M'Coy*		*	?							Synop. Carb. Foss. Ireland, p. 166, t. 23, f. 15; ib. Jones and Kirkby, Ann. Mag. Nat. Hist. 3 ser. vol. xviii, p. 43.
— impressa .... *M'Coy*			*							Synop. Carb. Foss. Ireland, p. 166, t. 23, f. 16; ib. Jones and Kirkby, Ann. Mag. Nat. Hist. 3 ser. vol. xviii, p. 44. ? *Lep. subrecta*.
— inflata .... *M'Coy*		*	*							Synop. Carb. Foss. Ireland, p. 167, t. 23, f. 17. Entomoconchus.
— inornata .... *M'Coy*		*	*							Cytherina, Synop. Carb. Foss. Ireland, p. 167, t. 23, f. 18.
— intermedia ...... *Münst.*			*	*						Jahrb. f. Min. 1830, p. 65, No. 23; ib. Jones and Kirkby, Ann. Mag. Nat. Hist. 3 ser. vol. xv, p. 409, t. 20, f. 9. *C. subreniformis*, Kirkby, Trans. Tyneside Nat. Field Club, vol. iv, p. 154, t. 11, f. 23.
— oblonga .... *M'Coy*	*	*								Synop. Carb. Foss. Ireland, p. 167, t. 23, f. 22. ? *Lep. subrecta*.
— orbicularis ...... *M'Coy*		*	*							Synop. Carb. Foss. Ireland, p. 167, t. 23, f. 19.
— ovalis .... *Stodd.*	*	*								Ann. Mag. Nat. Hist. 3 ser. vol. viii, 1861, t. 18, f. 5 a, b.
— Phillipsiana .... *De Kon.*			*							*Cytherina*, Anim. Foss. Carb. Belg. p. 585, t. 52, f. 1; ib. Crustacés de Belg. p. 16, f. 13. Cypridiform shell, Phill. Geol. York. vol. ii, p. 240, t. 22, f. 23, 24.
— pungens .... *J. & K.*							*			Trans. Geol. Soc. Glasgow, vol. ii, p. 217. (Carbonia.)
— pusilla .... *M'Coy*		*	*							Synop. Carb. Foss. Ireland, p. 167, t. 23, f. 20. (*Entomoconchus*.)
— Rankiniana .... *J. & K.*		*	*					*		Trans. Geol. Soc. Glasgow, vol. ii, p. 217. (Carbonia.)
— scutulum .... *M'Coy*			*							Synop. Carb. Foss. Ireland, p. 168, t. 23, f. 21. *Leperditia subrecta* ?
— secans .... *J. & K.*			*							Trans. Geol. Soc. Glasgow, vol. ii, p. 222. (Carbonia.)
— spinigera .... *M'Coy*			*							Synop. Carb. Foss. Ireland, p. 168, t. 23, f. 23. *Leperditia subrecta* ?
— subrecta .... *Portl.*										*Vide* Leperditia.
— subula .... *J. & K.*	*		?							Trans. Geol. Soc. Glasgow, vol. ii, p. 222. (Carbonia.)
— subreniformis .... *Kirkby*										*Vide* C. intermedia.
— trituberculata .... *M'Coy*		*	*							Synop. Carb. Foss. Ireland, p. 168, t. 23, f. 24; Jones and Kirkby, Ann. Mag. Nat. Hist. 3 ser. vol. xviii, p. 45.
— ventricornus .... *J. & K.*			*							Trans. Geol. Soc. Glasgow, vol. ii, p. 223.
— ? Youngiana .... *J. & K.*			*							Trans. Geol. Soc. Glasgow, vol. ii, p. 223.

PALÆOZOIC. CRUSTACEA. CARBONIFEROUS.

SPECIES.	Calciferous Series.	Lower Lmst. Shales.	Carboniferous Lmst.	Up. Lst. Shale (Yoredale)	Millstone Grit.	Lower Coal Measures.	Middle Coal Measures.	Upper Coal Measures.	Perm up.	REFERENCES.
CYTHERIDÆ.										
Cytherella .... Jones, 1849										
Cythere .... Müller, 1785										ENTOMOSTRACA (OSTRACODA).
Cytherina .... Auct.										
— brevis .... Jones		*								Monthly Micro. Jour. 1870, p. 185, t. 61, f. 4.
— inflata .... Münst.	*						*			Jahrb.f.Min. p.65, No.17; ib. Ann. Mag. Nat. Hist. 3 ser. vol. xv, p. 408, t. 20, f. 8.
— inornata .... M'Coy										Vide Cythera.
— lunata .... Stodd.		*								Ann. Mag. Nat. Hist. 3 ser. vol. viii, 1861, p. 490, t. 18, f. 6.
— simplex .... J. & K.		*								Trans. Geol. Soc. Glasgow, vol. ii, p. 218.
CYPRIDINIDÆ.										
Daphnia .... M'Coy, 1844										
— primæva............ M'Coy										Vide Cypridina primæva.
CYPRIDINIDÆ.										
Daphnoidea .... Hibbert, 1836										
Cypridina .... M. Edwards, 1838					*					
— Hibberti .... Jones	*	*	*		*					Mem. Geol. Surv., Geol. of the neighbourhood of Edinburgh, Map 32, p. 144.
APODIDÆ.										
Dithyrocaris .... Scouler, 1835										
Argus .... Scouler, 1835										PHYLLOPODA.
— Colei .... Portl.		*								Geol. Rept. London, p. 314, t. 12; ib. M'Coy, Synop. Carb. Foss. Ireland, p. 163.
— glabra .... Woodw. & Ether.		*								Mem. Geol. Surv. Expl. sheet 23, Scotland, 1873; ib. Geol. Mag. Dec. II, vol. i, p. 108, t. 5, f. 4, 5; ib. R. Ether. Jun. Mem. Geol. Surv. Scotland, Expl. sheet 23, p. 99, 1873.
— granulata .... H. Woodw. & Ether.		*								Geol. Mag. Dec. II, vol. i, p. 108, t. 5, f. 2, 3; ib. Mem. Geol. Surv. Scotland, Expl. sheet 23, p. 99.
— lateralis ? .... M'Coy		*								Brit. Pal. Foss. p. 182. ? Tail spines of D. Colei.
— orbicularis .... Portl.		*								Geol. Rept. London, p. 316; ib. M'Coy, Synop. Carb. Foss. Ireland, p. 163.
— ovalis .... Woodw. & Ether.		*								Geol. Mag. Dec. II, vol. i, p. 107, t. 5, f. 1; ib. Mem. Geol. Surv. Scotland, Expl. sheet 23, p. 100.
— Scouleri .... M'Coy										Vide D. testudineus.
— tenuistriatus ...... M'Coy		*								Synop. Carb. Foss. Ireland, p. 164, t. 23, f. 3; ib. H. Woodw. Geol. Mag. vol. viii, p. 106, t. 3, f. 4.
— testudineus .... Scouler		*								Argus, Rec. Sc. 1835, p. 136. ? D. Scouleri, M'Coy, Synop. Carb. Foss. Ireland, p. 163, t. 23, f. 2. Crustacean teeth, H. Woodw. Geol. Mag. vol. ii, p. 401-404, t. 11, f. 9. D. testudineus, H. Woodw. and R. Ether. Geol. Mag. vol. x, p. 462, t. 16, f. 1.
— tricornis .... Scouler		*								Argus, Rec. Sc. 1835, p. 136. Dithyrocaris, H. Woodw. and R. Ether. Geol. Mag. vol. x, p. 463, t. 16, f. 2, 3; ib. R. Ether. Jun. Mem. Geol. Surv. Scotland, Expl. sheet 23, p. 99, 1873.
— teeth of .... Portl.		*	?							Geol. Rept. London, p. 313, t. 12, f. 6; H. Woodw. Geol. Mag. vol. ii, p. 401, t. 11, f. 8.
Entomis .... Jones, 1861										
— biconcentrica ...... Jones		*								Monthly Micro. Jour. 1870, p. 185, t. 61, f. 13; Mono. Brit. Foss. Div. Entom. Carb. Form. Pal. Soc. pt. 1, t. 4, f. 23.
— Burrovi .... J. & K.		*								Mono. Brit. Foss. Div. Entom. Carb. Form. Pal. Soc. pt. 1, t. 4, f. 21, 1874.
— concentrica .... De Kon.		*								Cypridina, Mém. Acad. Belg. vol. xiv, p. 18; ib. Young and Armstrong, Trans. Geol. Soc. Glasgow, Carb. Foss. W. of Scotland, p. 28.
— Koninckiana ...... J. & K.		*								Mono. Brit. Foss. Div. Entom. Carb. Form. Pal. Soc. pt. 1, t. 4, f. 20, 1874.
— obscura .... J. & K.		*								Mono. Brit. Foss. Div. Entom. Carb. Form. Pal. Soc. pt. 1, t. 4, f. 24, 1874.

PALÆOZOIC.   CRUSTACEA.   CARBONIFEROUS.

SPECIES.	Calciferous Series.	Lower Limest. Shales.	Carboniferous Limst.	Up. Lst. Shale (Yoredale)	Millstone Grit.	Lower Coal Measures.	Middle Coal Measures.	Upper Coal Measures.	Perm sp.	REFERENCES.
LIMNADIADÆ.										PHYLLOPODA.
Entomoconchus ... *M'Coy*, 1839										
— globosus .... *J. K. & B.*		*								Mono. Carb. Entom. Pal. Soc. 1874, p. 52, t. 5, f. 10.
— orbicularis .... *J. K. & B.*		*								Mono. Carb. Entom. Pal. Soc. 1874, p. 52, t. 1, f. 7.
— Scouleri .... *M'Coy*		*	*							Jour. Geol. Soc. Dublin, vol. ii, p. 91, t. 5, f. 2-9; ib. M'Coy, Synop. Carb. Foss. Ireland, p. 164, t. 23, f. 4. *Cytherina Phillipsiana*, Koninck, Crust. Belg. Anim. Foss. &c. p. 585, t. 52, f. 1. *Cypridiform* shell, Phill. Geol. York. vol. ii, p. 240-251, t. 22, f. 23, 24. E. Scouleri, Jones, Micro. Jour. vol. iv, p. 185, t. 61, f. 17; ib. Jones, Kirkby, and Brady, Mono. Carb. Entom. Pal. Soc. 1874, p. 49-52, t. 1, f. 1-6; var. ovalis, f. 1.
LIMNADIADÆ.										
Estheria ...... *Straus, Dürckheim*, 1838										
Limnadia .... *Brongniart*, 1849										PHYLLOPODA.
Estheria .... *Rüppel*										
— Adamsii .... *Jones*					*					Geol. Mag. vol. vii, p. 217, t. 9, f. 1, 2.
— Dearctiana........ *Jones*					*	*				Mono. Foss. Estheriæ, Pal. Soc. p. 25, t. 1, f. 11-14; ib. Q. J. Geol. Soc. vol. xix, p. 141. *E. striata*, Salt. Mem. Geol. Surv. (Geol. round Wigan), Sheet 89 S.W. p. 35, f. 1 b. *Sanguinolites*, Münst.
— var. Dinneyana ... *Jones*						*				Mono. Foss. Estheriæ, Pal. Soc. p. 28, t. 1, f. 8-10; ib. Q. J. Geol. Soc. vol. xix, p. 141-144.
— Dawsoni .... *Jones*					*		*			Geol. Mag. vol. vii, p. 220, t. 9, f. 5.
— Peachii .... *Jones*	*							?		Geol. Mag. vol. vii, p. 220, t. 9, f. 17.
— punctatella .... *Jones*						*				Trans. Geol. Soc. Glasgow, vol. ii, pt. 1, p. 71, t. 1, f. 5.
— striata .... *Münst.*			*	*	*	*				*Sanguinolaria*, Münst. and Goldf. Petref. Germ. vol. II, p. 280, t. 159, f. 19. *Cardiomorpha striata*, De Kon. Anim. Foss. Terr. Carb. Belg. p. 105, t. H, f. 9. Estheria, Jones, Mono. Foss. Estheriæ, Pal. Soc. p. 23, t. 1, f. 8-18.
— Tateana .... *Jones*		*								Mono. Foss. Estheriæ, Pal. Soc. p. 26, t. 1, f. 15-18; ib. Q. J. Geol. Soc. vol. xix, p. 141-144.
— tenella .... *Jordan*						*			;	*Posidonomya*, Nenes Jahrb. f. Mln. 1850, p. 577. *Estheria*, Jones, Mono. Foss. Estheriæ, Pal. Soc. p. 31, t. 1, f. 26, 27; t. 2, f. 39; t. 5, f. 1-7; ib. Geol. Mag. vol. vii, p. 218, t. 9, f. 16: ib. Monthly Micro. Jour. 1870, p. 185, t. 61, f. 24.
EURYPTERIDÆ.										
Eurypterus.......... *De Kay*, 1826 ...										
Eidothea .... *Scouler*, 1831......										MEROSTOMATA.
Arthropleura ...... *Jordan*										
— ferox .... *Salt.*										Vide Euphoberia (Myriapoda).
— mammatus .... *Salt.*										Form of Ulodendron. (Plant.)
— Scouleri .... *Hibbert*			*							Trans. Roy. Soc. Edinb. vol. xiii, p. 179, t. 12, f. 1-5. *Eidothea*, Scouler, Checks, Edinb. Jour. Nat. and Geog. Science, vol. iii, p. 352, t. 10; Q. J. Geol. Soc. vol. xix, p. 81, 1863; ib. H. Woodw. Mono. Brit. Foss. Crust. Pal. Soc. 1872, p. 133, t. 25-27; woodcuts, p. 135, 137, 139, and Postscript, p. 180.
— Stevensoni .... *R. Ether.*	*									Q. J. Geol. Soc. vol. xxiii, p. 223; woodcuts, p. 1, 2.
PROETIDÆ.										
Griffithides.......... *Portlock*, 1843 ...										
Asaphus .... *Phillips*, 1836 ...										
Phillipsia .... *De Koninck*, 1844										TRILOBITA.
— calcaratus .... *M'Coy*										
— Eichwaldi .... *Fischer*										Vide G. mucronatus.
— Farnensis .... *Tate*										

PALÆOZOIC.   CRUSTACEA.   CARBONIFEROUS.

SPECIES.	Calciferous Series.	Lower Lmst. Shales.	Carboniferous Lmst.	Up. Lst. Shale (Yoredale)	Millstone Grit.	Lower Coal Measures.	Middle Coal Measures.	Upper Coal Measures.	Pass up.	REFERENCES.
Griffithides (*continued*).										
— globiceps .... *Phill.*			*							*Asaphus*, Geol. York. vol. ii, p. 240, t. 22, f. 16-20. Griffithides, Portl. Geol. Rept. p. 312, t. 11, f. 9; ib. M'Coy, Synop. Carb. Foss. Ireland, p. 160. Phillipsia, De Kon. Desc. Anim. Foss. Belg. p. 599, t. 53, f. 1.
— longiceps .... *Portl.*			*							Geol. Rept. p. 310, t. 11, f. 7. ? *G. longispinus*, Portl. Geol. Rept. p. 312, t. 24, f. 12.
— longispinus .... *Portl.*			*							Geol. Rept. p. 312, t. 24, f. 12.
— mesotuberculatus... *M'Coy*			*							M'Coy, Ann. Mag. Nat. Hist. 2 ser. vol. iv, p. 406; ib. Pal. Foss. p. 182, t. 3 D, f. 10, 11.
— mucronatus......... *M'Coy*			*	*						*Phillipsia*, Synop. Carb. Foss. Ireland, p. 162, t. 4, f. 5. *Griffithides calcaratus*, M'Coy, Carb. Foss. Ireland, p. 160, t. 4, f. 3. *G. Farnensis*, Tate, Proc. Berwick Nat. Field Club, p. 234. *G. Eichwaldi*, De Vern. Geol. Russia, vol. ii, p. 376, t. 27, f. 14. Phillipsia Eichwaldi, Fisch. De Vern. Geol. Russia, t. 27, f. 14.
— obsoletus .... *Phill.*										*Vide* Phillipsia Drongniarti.
— platyceps .... *Portl.*			*							Geol. Rept. p. 311, t. 11, f. 8.
Kirkbya .... *Jones*										
— annectans .... *J. & K.*		*	*							Trans. Geol. Soc. Glasgow, vol. ii, p. 220.
— costata............... *M'Coy*		*	*							*Cythere*, Ann. Mag. Nat. Hist. 3 ser. vol. xviii, p. 43, 1866.
— Eichwaldiana ...... *J. & K.*			*							Trans. Geol. Soc. Glasgow, vol. ii, p. 221.
— oblonga .... *J. & K.*		*	*							Trans. Geol. Soc. Glasgow, vol. ii, p. 221.
— Permiana .... *King*		*	*							*Dithyrocaris*, King, Mono. Perm. Foss. Pal. Soc. p. 66, t. 18, f. 1; Jones, Trans. Tyneside Nat. Field Club, 1859. *Leperditia*, Kirkby, Ann. Mag. Nat. Hist. 3 ser. vol. ii, p. 434.
— plicata .... *J. & K.*			*							Trans. Geol. Soc. Glasgow, vol. ii, p. 221.
— Scotica .... *J. & K.*		*	*							Trans. Geol. Soc. Glasgow, vol. ii, p. 220.
— spinosa .... *Jones*			*							Trans. Geol. Soc. Glasgow, vol. ii, p. 220.
— umbonata .... *D'Eichw.*			*							Lethea Rossica, vol. vii, p. 1347, t. 52, f. 10; ib. Jones and Kirkby, Trans. Geol. Soc. Glasgow, vol. ii, p. 221.
— Urei................... *Jones*		*		*						Monthly Micro. Jour. 1870, p. 185, t. 61, f. 5.
LIMNADIADÆ.										
Leaia .... *Jones*, 1862										
Cypricardia ...... *Lea*, 1855										
? *Aptychus*........ *Phillips*, 1839										PHYLLOPODA.
— Jonesii............ *R. Ether.*	*									Ann. Mag. Nat. Hist. 5 ser. vol. iii, p. 260, f. 1, 2; p. 261.
— Leidyi............... *Lea*			*			*				*Cypricardia*, Proc. Acad. Nat. Sci. Phil. vol. vii, p. 341, t. 4. Leaia, Jones, Mono. Foss. Estheriæ, Pal. Soc. 1862, App. p. 115, t. 9, f. 11-14; ib. Geol. Mag. vol. vii, p. 219, t. 9, f. 11-14; ib. Monthly Micro. Jour. 1870, p. 185, t. 61, f. 22.
— Salteriana .... *Jones* var. of L. Leidyi.			*				*	*		App. Mono. Foss. Estheriæ, Pal. Soc. p. 117, t. 1, f. 21.
— Williamsoniana ... *Jones* var. of L. Leidyi.						*	*			App. Mono. Foss. Estheriæ, Pal. Soc. p. 117, t. 1, f. 19, 20. Aptychus, Phill. Sil. Syst. p. 89.
— Sp. .... *Jones*	*									Geol. Mag. vol. vii, p. 96; ib. R. Ether. Jun. Q. J. Geol. Soc. vol. xxxiv, p. f. 23, 1878.
LIMNADIADÆ.										
Leperditia .... *Rouault*, 1851										
Cypris .... *Müller*, 1785										
Cythere .... *Müller*, 1785										PHYLLOPODA.
— amygdalina...... *M'Coy*			*							*Cythere*, Ann. Mag. Nat. Hist. 3 ser. vol. xviii, p. 42. Leperditia, Jones and Kirkby, Ann. Mag. Nat. Hist. 3 ser. vol. xviii, p. 43-46.

PALÆOZOIC. CRUSTACEA. CARBONIFEROUS.

SPECIES.	Calciferous Series.	Lower Limt. Shale.	Carboniferous Limst.	Up. Lst. Shale (Yoredale)	Millstone Grit.	Lower Coal Measures.	Middle Coal Measures.	Upper Coal Measures.	Pass up.	REFERENCES.
Leperditia (*continued*).										
— arcuata .... *M'Coy*										*Vide* L. subrecta.
— Armstrongiana ... *J. & K.*		•								Trans. Geol. Soc. Glasgow, vol. ii, p. 219.
— compressa .... *J. & K.*		•								Trans. Geol. Soc. Glasgow, vol. ii, p. 219.
— inflata .... *Münst.*								•		Cythere, Jahrb. f. Min. 1830, p. 65, No. 17. *Cytherella*, Jones and Kirkby, Ann. Mag. Nat. Hist. 3 ser. vol. xv, p. 408, t. 20, f. 8. Cypris, Sow. Sil. Syst. 1839, p. 84; woodcut, f. A 1, 2, 3; ib. Siluria, 1 ed. p. 322, f. 83. Leperditia okeni, var. inflata, Jones and Kirkby, Ann. Mag. Nat. Hist. 3 ser. vol. xviii, p. 36, 37. 1866.
— oblonga .... *J. & K.*			•							Ann. Mag. Nat. Hist. 3 ser. vol. xv, p. 407, t. 20, f. 5. 1865; ib. Trans. Geol. Soc. Glasgow, vol. ii, p. 217.
— okeni .... *Münst.*			•	•	•					Cythere, Münst. Jahrb. f. Min. 1830, p. 65, var. *Cypris Scotoburdigalensis*, Hibbert. Trans. Roy. Soc. Edinb. vol. xiii, p. 179, f. a-c, 1836. *Bairdia lævigata*, var. *Nigrescens*, D'Eichw. Lethea Rossica, p. 1342, t. 52, f. 5, 1860. Leperditia okeni, Jones and Kirkby, Ann. Mag. Nat. Hist. 3 ser. vol. xv, p. 406, t. 20, f. 1-3, 1865.
— parallela .... *J. & K.*			?							Ann. Mag. Nat. Hist. 3 ser. vol. xv, p. 407, t. 20, f. 6.
— Scotoburdigalensis *Hibbert*		•								Cypris, Trans. Roy. Soc. Edinb. vol. xlii, p. 179; ib. Porti. Geol. Rept. p. 316, t. 14, f. 13.
— suborbiculata ...... *Münst.*										Cythere, Jahrb. f. Min. 1830, p. 65, No. 16; ib. Jones and Kirkby, Ann. Mag. Nat. Hist. 3 ser. vol. xv, p. 407, t. 20, f. 7.
— subrecta .... *Portl.*		•								Cypris, Geol. Rept. p. 316, t. 14, f. 13 d.
— Tatei .... *Jones*			•							Proc. Berwick Club, vol. v, p. 88.
— Youngiana ...... *J. & K.*			•							Trans. Geol. Soc. Glasgow, vol. ii, p. 218.
Leptocheles ...... *M'Coy*, 1850										*Vide* Ceratiocaris.
Limulus .... *Müller*										
— anthrax .... *Prestw.*										} *Vide* Prestwichia.
— rotundus .... *Prestw.*										
— trilobitoides ...... *Buckl.*										*Vide* Belinurus bellulus.
Moorea .... *Jones*, 1869										
— obesa .... *Jones (MS.)*			•							Q. J. Geol. Soc. vol. xxiii, p. 523.
— tenuis .... *Jones (MS.)*			•							Q. J. Geol. Soc. vol. xxiii, p. 494.
CYPRIDINIDÆ.										
Offa .... *Jones, Kirkby, & Brady*, 1874										ENTOMOSTRACA (OSTRACODA).
— Barrandiana ...... *J. K. & B.*			•							Mono. Carb. Entom. Pal. Soc. 1874, p. 53, t. 2, f. 6.
Palæocarabus .... *Salter*, 1863										
— dubius .... *Prestw.*						...				} *Vide* Anthrapalæmon.
— Russellianus ...... *Salt.*										
PALÆMONIDÆ.										
Palæocrangon ...... *Salter*, 1861										
Crangopsis .... *Salter*, 1863										
Uronectes .... *Brown*, 1850										
Campsonyx ...... *Jordan*, 1847										MACRURA.
— socialis .... *Salt.*		•	•		a					Uronectes, Brown, Trans. Roy. Soc. Edinb. vol. xxii, p. 394, f. 8. Palæocrangon, Salt. Q. J. Geol. Soc. vol. xvii, p. 533; woodcut, p. 53?, f. 8a-c; ib. vol. xix, p. 80.
— Sp. .... *Salt.*					•					Q. J. Geol. Soc. vol. xvii, p. 533.

PALÆOZOIC.   CRUSTACEA.   CARBONIFEROUS.

SPECIES.	Calciferous Series.	Lower Lmst. Shales.	Carboniferous Lmst.	Up. Lst. Shale (Yoredale)	Millstone Grit.	Lower Coal Measures.	Middle Coal Measures.	Upper Coal Measures.	Pass up.	REFERENCES.
PROETIDÆ.										
Phillipsia .... *Portlock*, 1843 ..										
Entomolithus ...... *Martin*, 1809 ..										
Asaphus .... *Phillips*, 1836 ..										TRILOBITA.
— Brongniarti ...... *Fischer*		•	•	•	...	...	...			*Asaphus*, De Trilob. Observ. p. 54, t. 4, f. 5, 1825; De Kon. Anim. Foss. Terr. Carb. Belg. p. 597, t. 53, f. 7. *Asaphus obsoletus*, Phill. Geol. York. vol. ii, p. 239, t. 22, f. 3-6. *A. granuliferus*, Phill. Geol. York. vol. ii, p. 239, t. 22, f. 7; ib. Pal. Foss. Dev. and Cornwall, p. 130, t. 56, f. 251.
— cœlata .... *M'Coy*		...	•	...	...	...				Synop. Carb. Foss. Ireland, p. 161, t. 4, f. 4.
— Colei .... *M'Coy*		...	•	...	...	...				Synop. Carb. Foss. Ireland, p. 161, t. 4, f. 6.
— Derbiensis .... *Martin*		...	•	...	...	...				*Entomolithus*, Pet. Derb. t. 45*, f. 1, 2. Phillipsia, De Kon. Anim. Foss. Terr. Carb. Belg. p. 601, t. 53, f. 2. *Asaphus raniceps*, Phill. Geol. York. vol. ii, t. 22, f. 14, 15. *Phillipsia Jonesii*, Portl. Geol. Rept. p. 308, t. 3, 11, f. 5, and var. seminifera. P. Jonesii, M'Coy, Pal. Foss. p. 183. ? Griffithides.
— *gemulifera* .... Phill.										*Vide* Phillipsia pustulata.
— Jonesii .... *Portl.*		...	•	...	...	...				Geol. Rept. p. 308, t. 11, f. 3, and f. 5, var.
— Kellii .... *Portl.*		...	•	...	...	...				Geol. Rept. p. 307, t. 40, f. 1.
— *Macoyii* .... *Portl.*										*Vide* Brachymetopus.
— mucronata .... *M'Coy*										*Vide* Griffithides mucronatus.
— ornata .... *Portl.*		...	•	...	...	...				Geol. Rept. p. 307, t. 11, f. 2.
— pustulata............ *Schloth.*		•	•	...	...	...				De Kon. Anim. Foss. Terr. Carb. Belg. p. 605, t. 53, f. 5. ? *Phillipsia Kellii et P. ornata*, Portl. Geol. Rept. p. 307, t. 11, f. 1, 2. *Phill. quadriserialis*, M'Coy, Synop. Carb. Foss. Ireland, p. 162, t. 4, f. 8. *Asaphus gemuliferus*, Phill. Geol. York. vol. ii, p. 240, t. 22, f. 11.
— *quadriserialis*...... *M'Coy*										*Vide* P. pustulata.
— *raniceps* .... *Phill.*										*Vide* P. Derbiensis.
— seminifera .... *Phill.*		•	•	...	...	...				*Asaphus*, Geol. York. vol. ii, p. 240, t. 22, f. 8-10; ib. M'Coy, Brit. Pal. Foss. p. 162. *Phill. gemulifera*, De Kon. Anim. Foss. Terr. Carb. Belg. p. 603, t. 53, f. 3, non Phill.
— truncatula .... *Phill.*		...	...	•	...	...				*Asaphus*, Geol. York. vol. ii, t. 22, f. 12, 13. *P. ornata*, Portl. Geol. Rept. p. 307, t. 11, f. 2.
CYPRIDINIDÆ.										
Philomedes .... *Lilljeborg*, 1853...										ENTOMOSTRACA (OSTRACODA).
— Bairdiana .... *J. K. & B.*		...	•	...	...	...				Mono. Carb. Entom. Pal. Soc. 1874, p. 43, t. 2, f. 30, 31.
POLYCOPIDÆ.										
Polycope............... (*G. O. Sars*, 1865)										ENTOMOSTRACA (CLADOCOPA OSTRACODA).
— Burrovii .... *J. K. & B.*		...	•	...	...	...				Mono. Carb. Entom. Pal. Soc. 1874, p. 54, t. 2, f. 2.
— polycope .... *J. K. & B.*		...	•	...	...	...				Mono. Carb. Entom. Pal. Soc. 1874, p. 54, t. 2, f. 1, 10, 12; t. 5, f. 1.
— simplex .... *J. & K.*		...	•	...	...	...				*Cypridinopsis*, Trans. Geol. Soc. Glasgow, vol. iii, Suppl. p. 26.
— Youngiana .... *J. & K.*		...	•	...	...	...				*Cypridinopsis*, Trans. Geol. Soc. Glasgow, vol. ii, p. 223. Polycope, Pal. Soc. 1874, p. 56, t. 5, f. 2.
LIMULIDÆ.										
Prestwichia......... *H. Woodward*, 1867										
Belinurus ...... *König. & Baily*, 1863										
Limulus ... *Müller & Prestwich*, 1840										PŒCILOPODA.
— anthrax .... *Prestw.*		...	...	...	...	?	•	...		*Limulus*, Trans. Geol. Soc. vol. v, 2 ser. t. 41, f. 1-4. *Belinurus*, Baily, Ann. Mag. Nat. Hist. 3 ser. vol. xi, p. 113. *Prestwichia*, H. Woodw. Q. J. Geol. Soc. vol. xxiii, p. 32, t. 1, f. 2; ib. H. Woodw. Mono. Brit. Foss. Crust. Pal. Soc. 1878, p. 244, t. 31, f. 6.
— Birtwelli............ *H. Woodw.*		...	...	...	...	?	•	...		Geol. Mag. vol. ix, p. 440, t. 10, f. 9, 10; ib. Mono. Brit. Foss. Crust. Pal. Soc. 1878, p. 247, t. 31, f. 7.

CRUSTACEA.

SPECIES.	Calciferous Series	Lower Lmst. Shales	Carboniferous Lmst.	Up. Lst. Shale (Yoredale)	Millstone Grit	Lower Coal Measures	Middle Coal Measures	Upper Coal Measures	Perm sp.	REFERENCES.
Prestwichia (*continued*).										
— rotundata .... *Prestw.*					?	•				*Limulus*, Trans. Geol. Soc. vol. v, 2 ser. t. 41, f. 5. Prestwichia, H. Woodw. Q. J. Geol. Soc. vol. xxiii, p. 32-36, t. 1, f. 2; ib. Trans. Geol. Soc. Glasgow, vol. ii, p. 240, t. 3, f. 8. P. rotundata, Siluria, 4 ed. p. 298, f. 77 (fossils); ib. H. Woodw. Mono. Brit. Foss. Crust. Pal. Soc. 1878, p. 246, t. 31, f. 5.
Pygocephalus ...... *Huxley*, 1857										PODOPTHALMIA.
— Cooperi .... *Huxley*						•				Q. J. Geol. Soc. vol. xiii, p. 363, t. 13, 1857; notice of, vol. xviii, p. 421, 1862; ib. H. Woodw. Trans. Geol. Soc. Glasgow, vol. ii, p. 240, t. 3, f. 1, 2.
— Huxleyi .... *H. Woodw.*						•	•			Trans. Geol. Soc. Glasgow, vol. ii, p. 241, t. 3, f. 3 (woodcut, p. 241, f. 2).
— Russellianus ...... *Huxley*						•				H. Woodw. Trans. Geol. Soc. Glasgow, vol. ii, p. 234, t. 3, f. 7.
CYPRIDINIDÆ.										
Rhombina......... (*J. K. & Brady*, 1874)			•							ENTOMOSTRACA (OSTRACODA).
— Hibernica .... *J. K. & B.*			•							Mono. Carb. Entom. Pal. Soc. 1874, p. 44, t. 2, f. 32; t. 5, f. 13.
CYPRIDINIDÆ.										
Sulcuna .... (*J. K. & Brady*, 1874)										OSTRACODA.
— cuniculus ...... *J. K. & B.*			•							Mono. Carb. Entom. Pal. Soc. 1874, p. 37, t. 4, f. 5, 8.
— lepus .... *J. K. & B.*			•							Mono. Carb. Entom. Pal. Soc. 1874, p. 36, t. 4, f. 6, 7.
Steropis............... *Baily*, 1863										
— arcuatis .... *Baily*										*Vide* Belinurus.
Uronectes .... *Bronn*, 1850										
Gampsonyx......... *H. Jordan*, 1847										
— socialis .... *Salt.*										*Vide* Palæocrangon.

ARACHNIDA.

SPECIES.	Calciferous Series	Lower Lmst. Shales	Carboniferous Lmst.	Up. Lst. Shale (Yoredale)	Millstone Grit	Lower Coal Measures	Middle Coal Measures	Upper Coal Measures	Perm sp.	REFERENCES.
Sub-Kingdom, ARTHROPODA. (ANNULOSA.)										
Class, *ARACHNIDA*.										
? PHALANGIDÆ.										
Architarbus ...... *H. Woodward*, 1872										
— subovalis............ *H. Woodw.*						•				Geol. Mag. vol. ix, p. 385-387, t. 9, f. 1; ib. Q. J. Geol. Soc. vol. xxxii, p. 63.

ARACHNIDA

SPECIES.	Oldhifeous Series.	Lower Limst. Shales.	Carboniferous Limst.	Up. Lst. Shale (Yoredale)	Millstone Grit.	Lower Coal Measures.	Middle Coal Measures.	Upper Coal Measures.	Perm sp.	REFERENCES.
SCORPIONIDÆ.										
Eophrynus .... *H. Woodward*, 1871										
Curculoides .... *Buckland*, 1836 ...										
— Prestvicii .... *Buckl.*						*				*Curculoides*, Bridgwater Treatise, vol. ii, p. 76. *Eophrynus*, H. Woodw. Geol. Mag. vol. viii, p. 385, t. 11, f. 1, 2.
SCORPIONIDÆ.										
Eoscorpius .... *Meek & Worthen*, 1868										
— anglicus .... *H. Woodw.*						*				Q. J. Geol. Soc. vol. xxxii, p. 60-63.
— carbonarius .... *M. & W.*						*				Geol. Surv. Illinois, vol. iii (Palæontology), p. 560, woodcut; ib. H. Woodw. Q. J. Geol. Soc. vol. xxxii, p. 57, t. 8, f. 1-3.
— Sp. .... *H. Woodw.*						*				Q. J. Geol. Soc. vol. xxxii, p. 58, t. 8, f. 5. ? Eoscorpius anglicus.

MYRIAPODA.

SPECIES.	Oldhifeous Series.	Lower Limst. Shales.	Carboniferous Limst.	Up. Lst. Shale (Yoredale)	Millstone Grit.	Lower Coal Measures.	Middle Coal Measures.	Upper Coal Measures.	Perm sp.	REFERENCES.
Sub-Kingdom, ARTHROPODA.										
Class, *MYRIAPODA?*										
Euphoberia ... *Meek & Worthen*, 1868										*Vide* Ann. Mag. Nat. Hist. 5 ser. vol. vii, 1881, p. 437-442.
Eurypterus .... *De Kay*, 1826 ...										
— anthrax .... *Salt.*						*				*Eurypterus.*
— Brownii .... *H. Woodw.*					?					Geol. Mag. vol. viii, p. 102, t. 3, f. 6.
— ferox .... *Salt.*						*				*Eurypterus*, Q. J. Geol. Soc. vol. xix, p. 86, woodcuts, f. 8. *Eurypterus*. Euphoberia ferox, H. Woodw. Mono. Brit. Foss. Crust. Pal. Soc. pt. 4, p. 171, 1872; woodcuts, p. 172, f. 63; and woodcut, p. 168, No. 8; Geol. Mag. vol. x, p. 109; woodcuts, p. 100, f. 10; p. 105, f. 8. Caterpillar, J. O. Westwood; Brodie, Foss. Insects Secondary Rocks of England, p. 115-117, t. 1, f. 11.
Xylobius .... *Dawson*, 1860 ...										**CHILOGNATHUS MYRIAPODA.**
— sigillariæ .... *Dawson*					?					Trans. Geol. Soc. 2 ser. vol. v, p. 440, 1842; Trans. Lit. and Phil. Soc. Manchester, 1867, *vide* Geol. Mag. vol. iv, p. 132; Q. J. Geol. Soc. vol. xvi, p. 271, l. 4-9; ib. H. Woodw. Trans. Geol. Soc. Glasgow, vol. ii, p. 234, t. 3, f. 11-13.

INSECTA

SPECIES.	Calciferous Series.	Lower Lmst. Shales.	Carboniferous Lmst.	Up.Lst.Shale(Yoredale)	Millstone Grit.	Lower Coal Measures.	Middle Coal Measures.	Upper Coal Measures.	Pass up.	REFERENCES.
Sub-Kingdom, ARTHROPODA.										
(ANNULOSA.)										
Class, INSECTA.										
LOCUSTIDÆ.										
Corydalis .... Latr.										ORTHOPTERA.
— Brongniarti ...... Audouin	...	...	...	...	*	...	...	...		Vide Gryllacris.
Curculioides .... Buckland, 1836...										COLEOPTERA.
— Anstieii .... Buckl.	...	...	...	...	*	...	...	...		Bridgwater Treatise, vol. i, p. 343, t. 66, f. 1, 2; ib. H. Woodw. Q. J. Geol. Soc. vol. xxxii, p. 60–63.
LOCUSTIDÆ.										
Gryllacris .... Serv. 1831										ORTHOPTERA.
Corydalis										
— Brongniarti ...... Buckl.	...	...	...	...	*	...	...	...		Corydalis, Buckl. Bridgwater Trentise, vol. ii, p. 79; vol. i, p. 343. Gryllacris, Swinton, Fossil Orthoptera, Geol. Mag. Dec. II, vol. i, p. 339, t. 14, f. 3. Gryllacris (Corydalis), H. Woodw. Q. J. Geol. Soc. vol. xxxii, p. 62–64, t. 9, f. 2.
MANTIDÆ.										
Lithomantis .... H. Woodward, 1876										ORTHOPTERA.
— carbonarius ...... H. Woodw.	...	...	...	...	*	...	...	...		Q. J. Geol. Soc. vol. xxxii, p. 60–63, t. 9, f. 1.
Insect remains	...	...	...	...	?	...	...	...		From the Coal Measures of Durham, J. W. Kirkby, Geol. Mag. vol. iv, p. 388–390, t. 17, f. 6–8.

POLYZOA.

SPECIES.	Calciferous Series.	Lower Lmst. Shales.	Carboniferous Lmst.	Up.Lst.Shale(Yoredale)	Millstone Grit.	Lower Coal Measures.	Middle Coal Measures.	Upper Coal Measures.	Pass up.	REFERENCES.
Sub-Kingdom, MOLLUSCA.										
Province, MOLLUSCOIDA.										
Class, POLYZOA ... Thompson										
Bryozoa ...... Ehrenberg										
? FENESTELLIDÆ.										
Actinostoma...... Young & Young, 1874										
— antiqua .... Phill.	...	...	...	...	...	...	...	...		Vide Fenestella plebeia.

POLYZOA

SPECIES.	Calciferous Series.	Lower Limest. Shales.	Carboniferous Limest.	Up. Lst. Shale (Yoredale)	Millstone Grit.	Lower Coal Measures.	Middle Coal Measures.	Upper Coal Measures.	Perm. sys.	REFERENCES.
Actinostoma (*continued*).										
— fenestratum ..... *Young*	...	...	*	...	...	...	...	...	...	Q. J. Geol. Soc. vol. xxx, p. 681, t. 40, f. 1–4; b. 41, f. 12–16. ? *Fenestella nodulosa*, Young and Phill.
Archæopora .... *D'Eichwald*										
— nexilis .... *De Kon.*	*	*	*	...	...	...	...	...	...	Carb. Foss. Carinth. vol. iii, p. 10, t. 1, f. 5, 1873.
Berenicea .... *Lamarour*, 1821	...	...	...	...	...	...	...	...	...	*Vide* Diastopora.
Calamopora .... *Goldfuss*, 1826 ...	...	...	...	...	...	...	...	...	...	*Vide* Favosites (Actinozoa).
Carinella ...... *R. Etheridge, Junr.* 1873										
— cellulifera .... *R. Ether.*	...	...	...	...	...	...	...	...	...	*Vide* Gonioclacia.
CELLEPORIDÆ.										
Cellepora ......"..... *Gmelin*, 1789......										
— Urci .... *Flemg.*	...	...	*	...	...	...	...	...	...	Brit. Animals, p. 583; ib. Urc, Ruther. t. 20, f. 1.
TUBULIPORIDÆ.										
Ceriopora .... *Goldfuss*, 1826 ...										
— distans .... *M'Coy*	...	...	*	...	...	...	...	...	...	Synop. Carb. Foss. Ireland, p. 194, t. 27, f. 13.
— dubia .... *M'Coy*										*Vide* Chætetes (Verticellopora).
— interporosa .... *Phill.*	...	...	*	*	...	...	...	...	...	*Millepora*, Phill. Geol. York. p. 199, t. 1, f. 36–39. *Ceriopora*, M'Coy, Carb. Foss. Ireland, p. 195.
— rhombifera .... *Phill.*										*Vide* Rhabdomeson.
— serialis .... *Portl.*	...	...	*	...	...	...	...	...	...	*Favosites*, Geol. Rept. p. 327, t. 22ᵃ, f. 6. ? *Rhabdomeson gracilis*, Phill.
— similis .... *Portl.*	*	...	*	...	...	...	...	...	...	*Millepora*, Pal. Foss. Devon and Cornwall, p. 22, t. 11, f. 32. ? *Rhabdomeson gracilis*, Phill.
— verrucosa .... *Goldf.*	...	...	*	...	...	...	...	...	...	Pet. Germ. vol. i, p. 33, t. 10, f. 6.
TUBULIPORIDÆ.										
Diastopora .... *Lamarour*, 1821...										
Berenicea .... *Lamarour*, 1821...										
Mesenteriopora ... *Blainv.* 1830										
— megastoma .... *M'Coy*	?	*	*	...	...	...	...	...	...	*Berenicea*, Synop. Carb. Foss. Ireland, p. 195, t. 26, f. 13.
FENESTELLIDÆ.										
Fenestella .... *Lonsdale*, 1839 ...										
Fenestrella .... *D'Orbigny*										
— var. Scotica...... *R. Ether.*	...	...	*	...	...	...	...	...	...	F. arctica, Salt. Belcher's Last of the Arctic Voyages, 1855, vol. ii, p. 385, t. 36, f. 8. Var. Scotica, R. Etheridge, Junr. Ann. Mag. Nat. Hist. 4 ser. vol. xx, p. 31, t. 2ᵃ, f. 1, 2.
— bicellulata .... *R. Ether.*	...	...	*	...	...	...	...	...	...	Mem. Geol. Surv. Scotland, Expl. sheet 23, p. 101, 1873. ? *Retep. nodulosa*, Phill. Geol. York. p. 199, t. 1, f. 31–33.
— carinata .... *M'Coy*	...	*	*	...	...	...	...	...	...	Synop. Carb. Foss. Ireland, p. 200, t. 28, f. 12.
— crassa .... *M'Coy*	...	...	*	...	...	...	...	...	...	Synop. Carb. Foss. Ireland, p. 201, t. 29, f. 1; ib. Shrubsole, Q. J. Geol. Soc. vol. xxxvii, p. 186.
— ejuncida .... *M'Coy*	...	...	*	...	...	...	...	...	...	Synop. Carb. Foss. Ireland, p. 201, t. 28, f. 11.
— flabellata .... *Phill.*	...	*	*	...	...	...	...	...	...	*Retepora*, Geol. York. vol. ii, p. 198, t. 1, f. 7–10. *Fenestella*, Portl. Geol. Rept. p. 324, t. 22, f. 1; t. 22ᵃ, f. 4.
— fiustriformis ...... *Phill.*	...	...	*	...	...	...	...	...	...	*Retepora*, Geol. York. p. 198, t. 1, f. 11, 12. ? F. plebeia, M'Coy.

POLYZOA

SPECIES.	Caboniferous Series.	Lower Limst. Shales.	Carboniferous Limst.	Up. Lst. Shale, Yoredale	Millstone Grit.	Lower Coal Measures.	Middle Coal Measures.	Upper Coal Measures.	Pass up.	REFERENCES.
Fenestella (*continued*).										
— formosa .... *M'Coy*		*	*							Synop. Carb. Foss. Ireland, p. 201, t. 29, f. 2.
— frutex .... *M'Coy*			*							Synop. Carb. Foss. Ireland, p. 201, t. 28, f. 10.
— hemispherica ...... *M'Coy*			*							Synop. Carb. Foss. Ireland, p. 202, t. 29, f. 4.
— intertexta .... *Portl.*			*							Geol. Rept. p. 324, t. 22 A, f. 3.
— irregularis .... *Phill.*			*							Geol. York. vol. ii, p. 199, t. 1, f. 21–22; Ib. Portl. Geol. Rept. p. 325, t. 22ª, f. 2. ? F. plebeia, M'Coy.
— laxa .... *Phill.*										Vide Polypora laxa.
— membranacea ...... *Phill.*			*							*Retepora*, Phill. Geol. York. vol. ii, p. 198, t. 1, f. 1–6. Fenestella, M'Coy, Carb. Foss. Ireland, p. 202; Ib. Portl. Geol. Rept. p. 340; Ib. M'Coy, Carb. Foss. Ireland, p. 202. Gorgonia, De Kon. Anim. Foss. Carb. Belg. p. 4, t. A, f. 1. ? *F. tenuifila*, Phill. ? *F. flabellata*, Phill. (*vide*). F. membranacea, Shrubsole, Notes on the Carb. Fenestellidæ, Q. J. Geol. Soc. vol. xxxvii, p. 181.
— Morrisii .... *M'Coy*		*	*							Synop. Carb. Foss. Ireland, p. 202, t. 28, f. 14.
— multiporata .... *M'Coy*			*							Synop. Carb. Foss. Ireland, p. 203, t. 28, f. 9. ? *F. polyporata*, Phill.
— nodulosa .... *Phill.*		*	*							*Retepora*, Geol. York. vol. ii, p. 149, t. 1, f. 31–33. M'Coy, Synop. Carb. Foss. Ireland, p. 203. ? F. frutex, M'Coy. ? *F. biceltulata*, It. Etheridge, Mem. Geol. Surv. Scotland, sheet 23, p. 101. F. nodulosa, Shrubsole, Q. J. Geol. Soc. vol. xxxvii, p. 183.
— oculata .... *M'Coy*			*	*						Synop. Carb. Foss. Ireland, p. 203, t. 28, f. 15.
— patula .... *M'Coy*	*	*	*	*	*					Brit. Pal. Foss. p. 50, t. 1 G, f. 20.
— plebeia .... *M'Coy*		*	*						?	Synop. Carb. Foss. Ireland, p. 203, t. 22, f. 3; ib. Brit. Pal. Foss. p. 76. *Fenestella retiformis*, Schloth. Akad. Munchen. vol. iv, p. 17–20, t. 1, f. 1, 2. ? *F. antiqua*, Phill. Pal. Foss. Dev. p. 14, t. 12, f. 35 g. ? *F. antiqua*, Lonsd. M'Coy, Synop. Carb. Foss. Ireland, p. 200. ? R. undulata, Phill. Geol. York. p. 199, t. 1, f. 16–18. Fenestella plebeia, Shrubsole, Notes on the Carb. Fenestellidæ, Q. J. Geol. Soc. vol. xxxvii, p. 179. Gorgonia antiqua, Goldf. Pet. Germ. p. 99, t. 36, f. 3.
— polyporata .... *Phill.*		*	*							*Retepora*, Geol. York. vol. ii, p. 199, t. 1, f. 19, 20. Fenestella, Portl. Geol. Rept. p. 323, t. 22ª, f. 1; t. 22, f. 3; var.,t. 22ª, f. 1 ; M'Coy, Synop. Carb. Foss. Ireland, p. 203. ? *F. multiporata*, M'Coy, Synop. Carb. Foss. Ireland, p. 203, t. 28, f. 9. F. polyporata, Shrubsole, Q. J. Geol. Soc. vol. xxxvii, p. 185.
— prisca .... *Goldf...*		*	*							*Retepora*, Petref. Germ. vol. i, p. 103, t. 36, f. 19. Fenestella, M'Coy, Brit. Pal. Foss. p. 76. *Retepora*, Phill. Pal. Foss. Devon and Cornwall, p. 25, t. 13, f. 37 ; Ib. Portl. Geol. Rept. p. 325, t. 22ª, f. 5. ? *Ptilopora pluma*, M'Coy, Synop. Carb. Foss. Ireland, p. 200, t. 28, f. 6.
— quadridecimalis ... *M'Coy*			*							Synop. Carb. Foss. Ireland, p. 204, t. 28, f. 13.
— tenuifila .... *Phill.*		*	*							*Retepora*, Geol. York. vol. ii, p. 199, t. 1, f. 23–25.
— tuberculato-carinata... *R. Ether.*	*									Mem. Geol. Surv. Scotland, Expl. sheet 23, p. 101.
										[*Note*.—Mr. Shrubsole proposes to reduce all the species in the genus Fenestella to five, vide Q. J. Geol. Soc. vol. xxxv, p. 276, 1879.]
— undulata .... *Phill.*		*	*							*Retepora*, Geol. York. vol. ii, p. 199, t. 1, f. 16–18. ? F. plebeia.
— varicosa .... *M'Coy*			*							Synop. Carb. Foss. Ireland, p. 204, t. 28, f. 8.
CELLEPORIDÆ.										
Flustra .... Linn. 1745...										
— palmata .... *M'Coy*										Vide Alveolites.
— parallela .... *Phill.*										Vide Sulcoretepora.
ESCHARIDÆ.										
Glauconome ...... *Goldfuss*, 1826 ...										
Vincularia .... *Defrance*, 1829 ...										
Pennaretepora ... *D'Orbigny* ...										
Acanthocladia ... *King*, 1849										

PALÆOZOIC. POLYZOA. CARBONIFEROUS.

SPECIES.	Calciferous Series.	Lower Limst. Shale.	Carboniferous Limst.	Up. Lst. Shale (Yoredale)	Millstone Grit.	Lower Coal Measures.	Middle Coal Measures.	Upper Coal Measures.	Pass up.	REFERENCES.
Glauconome (*continued*).										
— bipinnata .... *Phill.*		•	•							Pal. Foss. Devon and Cornwall, p. 21, t. 11, f. 33; ib. M'Coy, Synop. Carb. Foss. Ireland, p. 199.
— elegantula .... *R. Ether.*			•							Ann. Mag. Nat. Hist. 4 ser. vol. xx, p. 35, t. 2ª, f. 3–6.
— gracilis .... *M'Coy*		•	•							Synop. Carb. Foss. Ireland, p. 199, t. 28, f. 3.
— grandis .... *M'Coy*			•							Synop. Carb. Foss. Ireland, p. 199, t. 28, f. 3.
— pluma .... *Phill.*		•	•							*Retepora*, Geol. York. vol. ii, p. 199, t. 1, f. 13. Glauconome, M'Coy, Synop. Carb. Foss. Ireland, p. 199.
— pulcherrima .... *M'Coy*		?	•							Synop. Carb. Foss. Ireland, p. 199, t. 28, f. 4.
— stellipora......... *Young*		?	•							Q. J. Geol. Soc. vol. xxx, p. 682, t. 40, f. 5–8.
— var. spinosa ...... *Young*		?	•							Q. J. Geol. Soc. vol. xxx, p. 682, t. 40, f. 9–11.
Goniocladia...*R. Etheridge, Junr.* 1873										
— cellulifera .... *R. Ether.*		•	•							*Carinella*, Geol. Mag. vol. x, p. 433, t. 15, f. 1–3.
RETEPORIDÆ.										
Hemitrypa .... *Phillips*, 1841										
— Hibernica .... *M'Coy*		•	•							*Fenestella*, Synop. Carb. Foss. Ireland, p. 205, t. 29, f. 7.
Hyphasmopora...*R. Ether. Junr.* 1875										
— Buski .... *R. Ether.*		•								Ann. Mag. Nat. Hist. vol. xv, 4 ser. p. 43, 44, t. 4 B, f. 1–4.
RETEPORIDÆ.										
Ichthyorachis ...... *M'Coy*, 1844										
— Newenhami ...... *M'Coy*		•	•							Synop. Carb. Foss. Ireland, p. 205, t. 29, f. 8.
Jania .... *Lamarouz*										
— antiqua		?								*Vide* Cladochonus (Actinozoa).
Millepora										
— flustriformis ...... *Martin*										*Vide* Ptilopora.
— gracile .... *Phill.*										*Vide* Rhabdomeson.
— interporosa ...... *Phill.*										*Vide* Rhabdomeson.
— oculata .... *Phill.*										*Vide* Pustulopora.
— rhombifera ...... *Phill.*										*Vide* Rhabdomeson.
— spicularis .... *Phill.*										*Vide* Pustulopora.
Orbiculites .... *M'Coy*, 1844										
— antiquus .... *M'Coy*			•							Synop. Carb. Foss. Ireland, p. 195, t. 26, f. 16.
RETEPORIDÆ.										
Polypora .... *M'Coy*, 1844										
— dendroides .... *M'Coy*		•	•							Synop. Carb. Foss. Ireland, p. 206, t. 29, f. 9.
— fastuosa .... *De Kon.*			•							*Gorgonia*, Anim. Foss. Carb. Belg. p. 7, t. A. f. 5; M'Coy, Ann. Mag. Nat. Hist. vol. ii, 1848, p. 135.
— intertexta .... *Portl.*			•							*Fenestella*, Geol. Rept. p. 324, t. 22ª, f. 3.
— laxa .... *Phill.*			•							*Retepora*, Pal. Foss. Devon and Cornwall, p. 23, t. 12, f. 34; ib. Geol. York. vol. ii, p. 199, t. 1, f. 26–30. *Fenestella*, M'Coy, Synop. Carb. Foss. Ireland, p. 202; ib. Portl. Geol. Rept. p. 323.
— marginata .... *M'Coy*			•							Synop. Carb. Foss. Ireland, p. 206, t. 29, f. 5.
— papillata .... *M'Coy*			•							Synop. Carb. Foss. Ireland, p. 206, t. 29, f. 10.

PALÆOZOIC. POLYZOA. CARBONIFEROUS.

SPECIES.	Calciferous Series.	Lower Lmst. Shales.	Carboniferous Lmst.	Up. Lst. Shale/Yoredale	Millstone Grit.	Lower Coal Measures.	Middle Coal Measures.	Upper Coal Measures.	Pass up.	REFERENCES.
Polypora (*continued*).										
— *polyporata* .... *Phill.*	...	...	...	...	...	...	...	...	...	*Vide* Fenestella.
— *tuberculata* .... *Prout.*	...	...	•	...	...	...	...	...	...	Geol. Mag. Dec. II, vol. i, p. 258, 259.
— *verrucosa* .... *M'Coy*	...	...	•	...	...	...	...	...	...	Synop. Carb. Foss. Ireland, p. 206, t. 29, f. 6.
RETEPORIDÆ.										
Ptilopora .... *M'Coy*, 1844.										
Millepora .... *Martin*										
— *flustriformis* ...... *Martin*	...	•	•	...	...	...	...	...	...	*Retepora*, Geol. York. vol. ii, p. 198, t. 1, f. 11, 12; Ib. Pal. Foss. Devon and Cornwall, p. 26. *Millepora*, ? *Martin*, Petrif. Derb. t. 43. Retepora, Fleming, Brit. Anim. p. 531.
— *pluma* .... *Scouler*, MS.	...	•	•	...	...	...	...	...	...	M'Coy, Synop. Carb. Foss. Ireland, p. 200, t. 28, f. 6. *Retepora*, Phill. Geol. York. vol. ii, p. 199, t. 1, f. 13–15. ? *Glauconome*. ? *Fenestella prisca*, Goldf.
TUBULIPORIDÆ.										
Pustulopora .... *Blainville*, 1827–30										
— *oculata* .... *Phill.*	...	•	•	...	...	...	...	...	...	*Millepora*, Geol. York. vol. ii, p. 200, t. 1, f. 43–45.
— *spicularis* .... *Phill.*	...	•	•	...	...	...	...	...	...	*Millepora*, Geol. York. vol. ii, p. 200, t. 1, f. 40–42.
RETEPORIDÆ.										
Retepora .... *Lamarck*, 1816 ...										
— *elongata* .... *Flemg.*	...	...	•	...	...	...	...	...	...	Brit. Anim. Foss. p. 531; Ib. Ure Rutherglen, p. 329, t. 20, f. 3, 4.
— *flabellata* .... *Phill.*	...	...	...	...	...	...	...	...	...	*Vide* Fenestella.
— *flustriformis* ...... *Phill.*	...	...	...	...	...	...	...	...	...	*Vide* Ptilopora.
— *lara* .... *Phill.*	...	...	...	...	...	...	...	...	...	*Vide* Polypora.
— *membranacea* ...... *Phill.*	...	...	...	...	...	...	...	...	...	*Vide* Fenestella.
— *nodulosa* .... *Phill.*	...	...	...	...	...	...	...	...	...	*Vide* Fenestella.
— *pluma* .... *Phill.*	...	...	...	...	...	...	...	...	...	*Vide* Glauconome.
— *polyporata* .... *Phill.*	...	...	...	...	...	...	...	...	...	*Vide* Polypora.
— *prisca* .... *Goldf.*	...	...	...	...	...	...	...	...	...	*Vide* Fenestella.
— *tenuifila* .... *Phill.*	...	...	...	...	...	...	...	...	...	*Vide* Fenestella.
— *undata* .... *M'Coy*	...	...	•	...	...	...	...	...	...	Synop. Carb Foss. Ireland, p. 207, t. 29, f. 11.
— *undulata* .... *Phill.*	...	...	...	...	...	...	...	...	...	*Vide* Fenestella.
? TUBULIPORIDÆ.										
Rhabdomeson ...... *Young*, 1874										
— *gracile* .... *Phill.*	...	...	•	...	...	...	...	...	...	*Millepora*, Pal. Foss. Devon and Cornwall, p. 20, t. 11, f. 31; ib. M'Coy, Synop. Carb. Foss. Ireland, p. 195. Rhabdomeson, Young and Young, Ann. Mag. Nat. Hist. 4 ser. vol. xiii, p. 337, t. 16 B, f. 1–6. ? *Ceriopora semilis*, l'Orb.
— *interporosa* .... *Phill.*	...	...	•	...	...	...	...	...	...	*Millepora*, Geol. York. vol. ii, p. 199, t. 1, f. 36–39. M'Coy, Synop. Carb. Foss. Ireland, p. 195.
— *rhombifera* .... *Phill.*	...	...	•	...	...	...	...	...	...	(*Ceriopora*) *Millepora*, Geol. York. vol. i, p. 199, t. 1, f. 34, 35. Rhabdomeson, Young, Ann. Mag. Nat. Hist. 4 ser. vol. xv, p. 334. *Ceriopora*, Stoddart, Ann. Mag. Nat. Hist. 3 ser. vol. viii, p. 490, t. 18, f. 7.
ESCHARIDÆ.										
Rhombopora .... *Meek*, 1872										
— *vincularia* ? .... *Defrance*, 1829 ...										
— *approximata* ...... *D'Eichw.*	...	...	...	...	...	...	...	...	...	Doubtful species.

POLYZOA

SPECIES.	Calciferous Series	Lower Lmst. Shales	Carboniferous Lmst.	Up.Lst.Shale(Yoredale)	Millstone Grit	Lower Coal Measures	Middle Coal Measures	Upper Coal Measures	Pass up.	REFERENCES.
Rhombopora (continued).										
— Benuici ...... R. Ether.	...	...	•	...	...	...	...	...	...	Geol. Mag. Dec. II, vol. iii, p. 150, t. 6, f. 1. (*Rhombopora.*)
— dichotoma ...... M'Coy	...	...	•	...	...	...	...	...	...	Synop. Carb. Foss. Ireland, p. 198, t. 27, f. 15.
— megastoma ...... M'Coy	...	...	•	...	...	...	...	...	...	Synop. Carb. Foss. Ireland, p. 198, t. 27, f. 11.
— multangularis ...... Portl.	...	...	•	...	...	...	...	...	...	Geol. Rept. p. 339, t. 22ª, f. 7.
— ornata ...... D'Etchw.	...	...	...	...	...	...	...	...	...	Doubtful species.
— parallela ...... Phill.	...	...	...	...	...	...	...	...	...	} *Vide* Sulcoretepora.
— raricostata ...... M'Coy	...	...	...	...	...	...	...	...	...	
RETEPORIDÆ.										
Sulcoretepora ...... D'Orbigny, 1850										
— parallela ...... Phill.	...	...	•	...	...	...	...	...	...	*Flustra*, Geol. York. vol. ii, t. 1, f. 47, 48.
— raricosta ...... M'Coy	...	...	•	...	...	...	...	...	...	*Vincularia*, Synop. Carb. Foss. Ireland, p. 198, t. 27, f. 11.
RETEPORIDÆ.										
Synocladia ...... King, 1849										
— carbonaria ...... R. Ether.	...	...	•	...	...	...	...	...	...	Ann. Mag. Nat. Hist. 4 ser. vol. xii, p. 188-191, t. 10; ib. Mem. Geol. Surv. Scotland, Expl. sheet 23, p. 102, 1873; ib. Proc. Geol. Assoc. vol. iv, No. 2, p. 118, t. 1, f. 3-6.
RETEPORIDÆ.										
Thamniscus ...... King, 1849										
— pustulosus ...... R. Ether.	...	...	•	...	...	...	...	...	...	Polypora, Mem. Geol. Surv. Scotland, Expl. sheet 23, p. 102; ib. Ann. Mag. Nat. Hist. 4 ser. vol. xx, p. 36. T. Rankini, Y. & Y. Ann. Mag. Nat. Hist. 4 ser. vol. xv, p. 335, t. 9 bis.
— Rankini ...... Young & Young.	...	...	...	...	...	...	...	...	...	*Vide* T. pustulosus.
Verticillipora ...... Defrance										
— dubia ...... M'Coy	...	...	...	...	...	...	...	...	...	*Vide* Chætetes.

BRACHIOPODA

SPECIES.	Calciferous Series	Lower Lmst. Shales	Carboniferous Lmst.	Up.Lst.Shale(Yoredale)	Millstone Grit	Lower Coal Measures	Middle Coal Measures	Upper Coal Measures	Pass up.	REFERENCES.
Sub-Kingdom, MOLLUSCA.										
Province, MOLLUSCOIDA.										
Class, *BRACHIOPODA.*										
*Paliobranchiata...*Cuvier.										
Actinoconchus ...... M'Coy, 1844										
— paradoxus ...... M'Coy	...	...	...	...	...	...	...	...	...	*Vide* Athyris Roysii

BRACHIOPODA.

SPECIES.	CARBONIFEROUS.							REFERENCES.
	Calciferous Series.	Lower Lmst. Shales.	Carboniferous Lmst.	Up.Lst.Shale/Yoredale	Millstone Grit.	Lower Coal Measures.	Middle Coal Measures.	Upper Coal Measures.	Perm. up.	

SPECIES.									REFERENCES.
SPIRIFERIDÆ.									
Athyris .... *M'Coy*, 1844									
Spirigera .... *D'Orbigny*, 1847									
Spirifer .... *Sow. & Phill. &c.*									
— ambigua .... *Sow.*	•	•	•	•	...	...	...	...	*Spirifer*, M.C. vol. iv, p. 105, t. 376. *Terebratula*, Phill. Geol. York. vol. ii, p. 222, t. 11, f. 21. *Tereb. pentahedra*. Phill. Geol. York. vol. ii, p. 222, t. 12, f. 3. *Atrypa sublobata*, Portlock, Geol. Rept. p. 567, t. 38, f. 2. *Athyris ambigua*, Dav. Mono. Brit. Carb. Brach. Pal. Soc. p. 77, t. 15, f. 16-22; t. 17, f. 11-14. *Seminula pentahedra*, M'Coy, Synop. Carb. Foss. Ireland, p. 158. *Athyris ambigua*, Dav. Mono. Brit. Carb. Brach. Pal. Soc. p. 288, t. 34, f. 10-11.
— Carringtoniana ... *Dav.*			•	...	...	...	...	...	Mono. Brit. Carb. Brach. Pal. Soc. p. 217, t. 52, f. 18-20.
— depressa .... *M'Coy*			•	...	...	...	...	...	*Vide A.* Royali.
— expansa .... *Phill.*		•	•	•	...	...	...	...	*Spirifer*, Geol. York. vol. ii, p. 220, t. 10, f. 18. *Atrypa*, Sow. M.C. t. 617, f. 1. *Atrypa fimbriata*, J. de C. Sow. M.C. t. 617, f. 4, non Phill. *Atrypa expansa*, Dav. Mono. Brit. Carb. Brach. Pal. Soc. p. 82, t. 16, f. 14-18.
— fimbriata .... *Sow.*									*Vide A.* expansa.
— glabristria .... *Phill.*									*Vide A.* Royali.
— globularis .... *Phill.*			•	•	...	...	...	...	*Spirifer*, Geol. York. vol. ii, p. 220, t. 10, f. 22. Athyris, M'Coy, Synop. Carb. Foss. Ireland, p. 148; Ib. Dav. Mono. Brit. Carb. Brach. Pal. Soc. p. 86, t. 17, f. 15-18.
— gregaria .... *M'Coy*									*Vide A.* subtilita.
— lamellosa .... *L'Évillé*		•	•	...	...	...	...	...	*Spirifer*, Mém. Soc. Géol. France, vol. ii, p. 39, t. 2, f. 21-23, 1835. *Tereb. De Kon.* Anim. Foss. Carb. Belg. p. 299, t. 20, f. 5. *Spirifer squamosa*, Phill. Geol. York. vol. ii, p. 220, t. 10, f. 21. *Athyris lamellosa*, Dav. Mono. Brit. Carb. Brach. Pal. Soc. p. 79, t. 16, f. 1; t. 17, f. 6, 7; t. 51, f. 14.
— oblonga .... *Sow.*									*Vide A.* planosulcata (Atrypa).
— obtusa .... *M'Coy*									*Vide A.* planosulcata (Atrypa).
— pectinifera .... *Sow.*									*Vide Athyris Royali.*
— pentahedra .... *Phill.*									*Vide A.* ambigua (Terebratula, Phill.).
— pisum .... *Dav.*			•	...	...	...	...	...	Armstrong and Young, Cat. of Western Scot. Foss. p. 48, 1876; ib. Dav. Sup. Mono. Carb. Brach. Pal. Soc. p. 282, t. 30, f. 15.
— planosulcata .... *Phill.*		•	•	•	...	...	...	...	*Spirifer*, Geol. York. vol. ii, p. 220, t. 10, f. 15. *Atrypa*, Sow. M.C. vol. vii, p. 15, t. 617, f. 2. *Tereb. de Royali, De Vern.* (non Phill.), Bull. Soc. Géol. France, vol. xi, p. 259, t. 3, f. 12. *Atrypa oblonga*, Sow. *Atrypa obtusa*, M'Coy, Synop. Carb. Foss. Ireland, p. 155, t. 22, f. 20. *Atrypa paradoxa*, M'Coy. *Athyris planosulcata*, Dav. Mono. Brit. Carb. Brach. Pal. Soc. p. 80, t. 16, f. 2, 13, 15; t. 51, f. 1-13; ib. Meek and Worthen, Pal. Illinois, p. 234, t. 22, f. 8. *Atrypa virgoides*, M'Coy, Synop. Carb. Foss. Ireland, p. 158, t. 22, f. 1; t. 51, f. 11. *A.* planosulcata, Salt. Mem. Geol. Surv. Iron Ores of Great Britain, pt. 3, t. 2, f. 11.
— Royali .... *L'Évillé*		•	•	•	...	...	...	...	*Spirifer*, Mém. Soc. Géol. France, vol. ii, p. 39, t. 2, f. 18-20, 1835. *Spirifer glabristria*, Phill. Geol. York. vol. ii, p. 220, t. 10, f. 19. *Spirifer fimbriata*, Phill. Geol. York. vol. ii, p. 220. *Tereb. Royali*, De Vern. Bull. Soc. Géol. France, vol. ii, p. 259, t. 3, f. 1. *Actinoconchus paradoxus*, M'Coy, Synop. Carb. Foss. Ireland, p. 149, t. 21, f. 6. *Athyris depressa*, M'Coy, Synop. Carb. Foss. Ireland, p. 147, t. 18, f. 7. *Athyris Royali*, Dav. Mono. Brit. Carb. Brach. Pal. Soc. p. 84, t. 18, f. 1-11; Ib. Appendix, p. 266, t. 54. f. 8, 9. *Athyris pectinifera*, Sow. M.C. vol. vii, p. 14, t. 616.
— seminalis .... *Daily*			•	...	...	...	...	...	Mem. Geol. Surv. Ireland, Expl. sheets 192, 199, woodcut, f. 11.
— squamigera .... *De Kon.*			•	...	...	...	...	...	Anim. Foss. Carb. Belg. p. 667, t. 56, f. 7. *Martinia phalæna*, M'Coy, Synop. Carb. Foss. Ireland, p. 140 (non Phill.). Athyris squamigera, Dav. Mono. Brit. Carb. Brach. Pal. Soc. p. 83, t. 18, f. 12, 13.
— squamosa .... *Phill.*									*Vide Athyris lamellosa.*

PALÆOZOIC.	BRACHIOPODA.	CARBONIFEROUS.

SPECIES.	Calciferous Series.	Lower Lmst. Shale.	Carboniferous Lmst.	Up. Lst. Shale (Yoredale)	Millstone Grit.	Lower Coal Measures.	Middle Coal Measures.	Upper Coal Measures.	Pass up.	REFERENCES.
Athyris *(continued)*.										
— subtilita .... *Hall*			*							*Terebratula*, Howard Stansbury's Explor. Vall. Great Salt Lake, Utah, p. 409, t. 2, f. 1, 2 (1852). *Athyris gregaria*, M'Coy, Brit. Pal. Foss. p. 66, t. 17, f. 8-10; t. 1, f. 21, 22.
— triloba .... *M'Coy*			*							Synop. Carb. Foss. Ireland, p. 149, t. 20, f. 21.
Atrypa .... *Dalman*, 1827 ...										
Spirigerina .... *D'Orbigny*, 1847										
Hipparionyx ...... *Vanuxem*, 1842 ...										
— acuminata .... *Mart*										*Vide* Rhynchonella.
— cordiformis ...... *Sow.*										*Vide* Rhynchonella.
— excavata .... *Phill.*										*Vide* Athyris.
— expansa .... *Sow.*										*Vide* Athyris.
— ferita .... *Von Buch*										*Vide* Retzia.
— flexistria .... *Phill.*										*Vide* Rhynchonella.
— gibbera .... *Portl. & M'Coy*										*Vide* Orthis resupinata.
— gregaria .... *M'Coy*										*Vide* Rhynchonella ?
— hastata .... *Sow.*										*Vide* Terebratula.
— isorhyncha ...... *M'Coy*										*Vide* Camarophoria.
— laticliva .... *M'Coy*										*Vide* Rhynchonella pugnus.
— nana .... *M'Coy*										*Vide* Rhynchonella.
— oblonga .... *Sow.*										*Vide* Athyris planosulcata.
— obtusa .... *M'Coy*										*Vide* Athyris planosulcata.
— platyloba .... *Sow.*										*Vide* Rhynchonella acuminata.
— pleurodon .... *Phill.*										*Vide* Rhynchonella.
— proava .... *Phill.*										*Vide* Rhynchonella.
— pugnus .... *M'Coy*										*Vide* Rhynchonella.
— radialis .... *M'Coy*										*Vide* Retzia.
— semirulcata ...... *M'Coy*										*Vide* Rhynchonella.
— sublobata .... *Portl.*										*Vide* Athyris ambigua.
— sulcirostris ...... *Phill.*										*Vide* Rhynchonella pugnus.
— triplex .... *M'Coy*										*Vide* Rhynchonella pleurodon.
— virgoides .... *M'Coy*										*Vide* Athyris planosulcata.
Brachythyris .... *M'Coy*, 1844 ...										
— duplicosta .... *Phill.*										*Vide* Spirifera.
— excavata .... *Flemg.*										*Vide* Spirifera ovalis.
— hemisphærica ... *M'Coy*										*Vide* Spirifera ovalis.
— integricosta ...... *Phill.*										*Vide* Spirifera.
— ovalis .... *M'Coy*										*Vide* Spirifera.
— pinguis .... *Sow.*										*Vide* Spirifera.
Calceola .... *Lamarck*, 1801 ...										Probably a coral.
— Dumontiana ...... *De Kon.*			*							Anim. Foss. Terr. Carb. Belg. p. 312, t. 21, f. 5.

252

PALÆOZOIC.   BRACHIOPODA.   CARBONIFEROUS.

SPECIES.	Calciferous Series.	Lower Limit. Shales.	Carboniferous Limit.	Up. Lst. Shale (Yoredale)	Millstone Grit.	Lower Coal Measures.	Middle Coal Measures.	Upper Coal Measures.	Pass up.	REFERENCES.
RHYNCHONELLIDÆ.										
Camarophoria ...... King, 1844										
Terebratula ...... Auct.										
— crumena .... Martin			•						*	*Conchyliolithus anomites crumena*, l'ct. Derb. t. 36, f. 4, 1809. *Tereb. Schlotheimi*, Von Buch, Uober. Tereb. p. 39, t. 2, f. 32, 1834. *Terebratula*, Sow. M. C. t. 83, f. 3. Camarophoria, Dav. Mono. Brit. Carb. Brach. Pal. Soc. p. 113, t. 25, f. 3-9; Ib. Appendix, p. 267, t. 54, f. 16-18, 19.
— globulina .... Phill.			•							Tereb. Encyclop. Méth. Geol. vol. iv, t. 3, f. 3, 1834. T. rhomboides, Phill. Geol. York. vol. ii, p. 222, t. 12, f. 18-20. T. seminula, Phill. lb. t. 12, f. 21-23. *Hemithyris longa*, M'Coy, Brit. Pal. Foss. p. 440, t. 3 D, f. 24. Camarophoria Schlotheimi, Von Buch, (Terebratula) Ueber. Tereb. p. 39, t. 2, f. 32; lb. Dav. Mono. Brit. Perm. Brach. Pal. Soc. p. 25, t. 2, f. 16-27. C. globulina, Dav. Mono. Brit. Carb. Brach. Pal. Soc. p. 115, t. 24, f. 9-23; lb. App. p. 268, t. 54, f. 10-12, 23-25; lb. Mono. Brit. Perm. Brach. Pal. Soc. p. 27, t. 2, f. 28-31.
— Isorhyncha .... M'Coy			•							*Atrypa*, Synop. Carb. Foss. Ireland, p. 154, t. 18, f. 8. Camarophoria, Brit. Pal. Foss. p. 444; lb. Dav. Mono. Brit. Carb. Brach. Pal. Soc. p. 117, t. 25, f. 1, 2.
— Kingii .... Dav.			•							Sup. Mono. Brit. Carb. Brach. Pal. Soc. p. 287, t. 33, f. 12, 13.
— laticliva .... M'Coy			•							Brit. Pal. Foss. p. 444, t. 3 D, f. 20, 21; Ib. Dav. Mono. Brit. Carb. Brach. Pal. Soc. p. 116, t. 25, f. 11, 12.
PRODUCTIDÆ.										
Chonetes .... Fischer, 1837										
Producta et Leptana, Sp. ...Auct.										
— Buchiana .... De Kon.			•	•						Anim. Foss. Terr. Carb. Belg. t. 13, f. 1. *Leptæna crassistria*, M'Coy, Synop. Carb. Foss. Ireland, p. 118, t. 20, f. 10. Brit. Pal. Foss. p. 454, t. 3 II, f. 5. Chonetes, Dav. Mono. Brit. Carb. Brach. Pal. Soc. p. 184, t. 47, f. 1-7, 28; t. 52, f. 21; t. 55, f. 12.
— comoides .... Sow.										Vide productus.
— concentricus ..... De Kon.			•							Mono. du Genres Chonetes, p. 186, t. 20, f. 19; App. Dav. Mono. Brit. Carb. Brach. Pal. Soc. p. 278, t. 50, f. 13, t. 55.
— Dalmaniana ..... De Kon...			•							Anim. Foss. Terr. Carb. Belg. t. 13, f. 3; t. 13 bis, f. 2, 1843: lb. Mono. Genres Chonetes, t. 19, f. 3, 1847; lb. Dav. Mono. Brit. Carb. Brach, Pal. Soc. p. 183, t. 46, f. 7, t. 55.
— gibberula .... M'Coy			•							Leptæna, Synop. Carb. Foss. Ireland, t. 20, f. 11; lb. Dav. Mono. Carb. Brach. Pal. Soc. t. 47, f. 23; var. of C. Laguessiana, De Kon. loc. cit.
— Hardrensis ...... Phill.			•	•	•	•				Pecten, Ure Hist. Rutherglen and East Kilbride, p. 317, t. 16, f. 10, 11, 1793. Chonetes, Phill. Pal. Foss. Dev. and Cornw. p. 138, t. 58, f. 104. M'Coy, Brit. Pal. Foss. p. 454. Chonetes, Dav. Mono. Brit. Carb. Brach. Pal. Soc. p. 186, t. 47, f. 12-18, 25. ? *Orthis pulchra*, Porti. p. 459, t. 25 A, f. 13. Chonetes Laguessiana, De Kon. (See.)
— Laguessiana ..... De Kon.			•	•	•	•				Desc. Anim. Foss Terr. Carb. Belg. p. 211, t. 12 bis, f. 4. Mono. du Genres Chonetes, p. 198, t. 20, f. 6, 1847; lb. Dav. Mono. Carb Brach. Pal. Soc. p. 186, t. 47, f. 12-16, 17-25 ? as C. Hardrensis; lb. Dav. Sup. Pal. Soc. p. 312, t. 36, f. 18.
— multidentata ..... M'Coy										Vide C. papilionacea.
— papilionacea ..... Phill.			•	•						Spirifer, Geol. York. vol. ii, t. 2, f. 6. *Pectinites flabelliformis*, Lister, Hist. Conch. lib. iii, t. 475, f. 31, 1688. Leptæna multidentata, M'Coy, Synop. Carb. Foss. Ireland, p. 120, t. 20, f. 8. Lep. papyracea, M'Coy, ib. p. 120, t. 22, f. 2. Chonetes papilionacea, Dav. Mono. Brit. Carb. Brach. Pal. Soc. p. 182, t. 46, f. 3-6.
— papyracea .... M'Coy										Vide C. papilionacea.
— perlata .... M'Coy			•							Leptæna, Carb. Foss. Ireland, t. 20, f. 9, p. 120. Chonetes, Dav. Mono. Carb. Brach. Pal. Soc. p. 189, t. 47, f. 25. (Var. of C. Hardrensis or Laguessiana.)

253

BRACHIOPODA

SPECIES.	Calciferous Series.	Lower Lmst. Shales.	Carboniferous Lmst.	Up. Lst. Shale (Yoredale)	Millstone Grit.	Lower Coal Measures.	Middle Coal Measures.	Upper Coal Measures.	Pass up.	REFERENCES.
Chonetes *(continued)*:										
— polita .... *M'Coy*		•	...	•	...	...	...	...		*Leptæna*, Brit. Pal. Foss. p. 456, t. 3 D, f. 30. Chonetes, Dav. Mono. Brit. Carb. Brach. Pal. Soc. p. 190, t. 47, f. 8-11.
— serrata .... *M'Coy*	...	•	•	...	...	...	...	...		*Leptæna*, Synop. Carb. Foss. Ireland, p. 121, t. 18, f. 10. Chonetes, Dav. Mono. Brit. Carb. Brach. Pal. Soc. p. 191.
— sordida .... *Sow.*	...	•	•	...	...	...	...	...		*Leptæna*, Trans. Geol. Soc. 2 ser. vol. v, t. 53, f. 5-16; ib. M'Coy, Synop. Carb. Foss. Ireland, p. 121.
— subminima .... *M'Coy*			•							*Leptæna*, Brit. Pal. Foss. p. 456, t. 3, f. 31. Chonetes, Dav. Mono. Brit. Carb. Brach. Pal. Soc. t. 47, f. 24.
— sulcata .... *M'Coy*	...	•	•	...	...	...	...	...		*Orthis*, Carb. Foss. Ireland, t. 20, f. 6. Chonetes, Dav. Mono. Brit. Carb. Brach. Pal. Soc. t. 47, f. 20, var. of *C. Hardrensis*.
— tuberculata ...... *M'Coy*	...	...	•	•	...	...	...	...		*Leptæna*, Carb. Foss. Ireland, p. 121, t. 20, f. 5. Dav. Pal. Soc. p. 191, t. 47, f. 27.
— volva .... *M'Coy*	...	•	•	...	...	...	...	...		*Leptæna*, Carb. Foss. Ireland, p. 121, t. 18, f. 14. Chonetes, Dav. Mono. Brit. Carb. Brach. Pal. Soc. t. 47, f. 21, var. of *C. Hardrensis*.
CRANIADÆ.										
Crania .... *Retzius*, 1781										
Pseudocrania ..... *M'Coy*, 1853										
Spondylobulus .... *M'Coy*, 1857										
— quadrata .... *M'Coy*	...	•	•	...	...	...	...	...		*Orbicula*, Synop. Carb. Foss. Ireland, p. 104, t. 10, f. 1. Crania, Dav. Mono. Brit. Carb. Brach. Pal. Soc. p. 194, t. 48, f. 1-13; ib. Mono. Scotch Carb. Brach. t. 5, f. 12-21.
— Ryckholtiana ..... *De Kon.*		•								*Patella*, Anim. Foss. Terr. Carb. Belg. t. 23, f. 5. *C. vesiculosa*, M'Coy, Synop. Carb. Foss. Ireland, p. 105, f. 3. *C. Ryckholtiana*, Dav. Mono. Brit. Carb. Brach. Pal. Soc. p. 195, t. 48, f. 15-17.
— trigonalis .... *M'Coy*	•	•	•	...	...	...	...	...		*Orbicula*, Synop. Carb. Foss. Ireland, p. 104, t. 20, f. 2. (*Discina*.)
— vesiculosa .... *M'Coy*										Vide *C. Ryckholtiana*.
SPIRIFERIDÆ.										
Cyrtia .... *Dalman*, 1827										
— cuspidata .... *Martin*										Vide *Spirifera*.
— distans .... *Sow.*										Vide *Spirifera*.
— dorsata .... *M'Coy*										Vide *Cyrtina*.
— lamnosa .... *M'Coy*										Vide *Spiriferina*.
— mesogonia .... *M'Coy*										Vide *Spirifera*.
— simplex .... *M'Coy*										Vide *Spirifera cuspidata*.
SPIRIFERIDÆ.										
Cyrtina .... *Davidson*, 1858										
Cyrtia .... *Dalman*, 1827										
— carbonaria .... *M'Coy*	...	...	•	...	...	...	...	...		*Pentamerus*, Ann. Mag. Nat. Hist. vol. x, 2 ser. p. 426; ib. Brit. Pal. Foss. p. 442, t. 3 D, f. 12-18. Cyrtina, Dav. Mono. Brit. Carb. Brach. Pal. Soc. p. 71, t. 15, f. 5-14.
— dorsata .... *M'Coy*	...	...	•	...	...	...	...	...		*Cyrtia*, Synop. Carb. Foss. Ireland, p. 136, t. 22, f. 14. Cyrtina, Dav. Mono. Brit. Carb. Brach. Pal. Soc. p. 70, t. 15, f. 3, 4.
— septosa .... *Phill.*										*Spirifera*, Geol. York. vol. ii, p. 216, t. 11, f. 7. *Sp. subconicus*, De Kon. Anim. Foss. Terr. Carb. Belg. p. 255, t. 12 bis, f. 5 a, b, c. Cyrtina, Dav. Mono. Brit. Carb. Brach. Pal. Soc. p. 68, t. 14, f. 1-10; t. 15, f. 1, 2; t. 51, f. 17, 18.
DISCINIDÆ.										
Discina .... *Lamarck*, 1817										
Orbicula .... *Cuvier*, 1798										

BRACHIOPODA.

SPECIES.	Calciferous Series.	Lower Limst. Shales.	Carboniferous Limst.	Up.Lst.Shale(Yoredale)	Millstone Grit.	Lower Coal Measures.	Middle Coal Measures.	Upper Coal Measures.	Pass up.	REFERENCES.
Discina (continued).										
Orbiculoidea ...... D'Orbigny, 1847										
Schizotreta......... Kutorga, 1848 ...										
— bulla .... M'Coy										Vide D. nitida.
— cincta .... Portl.										Vide D. nitida.
— Craigii .... Dav.		?	•							Geol. Mag. vol. iv, p. 17, t. 4, f. 1, 1877; ib. Sup. Dav. Mono. Brit. Carb. Brach. Pal. Soc. p. 267, t. 30, f. 14, 1880.
— Davieuxiana ...... De Kon			•							Orbicula, Anim. Foss. Terr. Carb. Belg. p. 306, t. 21, f. 4. Discina, Dav. Mono. Brit. Carb. Brach. Pal. Soc. p. 48, f. 26.
— nitida .... Phill.	•	•	•		•	•	•		•	Orbicula, Geol. York. vol. ii, p. 221, t. 9, f. 10–13. O. cincta, Portl. Geol. Rept. t. 32, f. 15,16. Discina bulla, M'Coy, Brit. Pal. Foss. p. 497, t. 3 D, f. 32. D. nitida, Dav. Mono. Brit. Carb. Brach. Pal. Soc. p. 197, t. 48, f. 18–25; ib. Scotch Brach. t. 5, f. 22–29, 1860; ib. App. Pal. Soc. p. 268, t. 54, f. 26, 27; ib. Sup. Dav. Mono. Brit. Carb. Brach. Pal. Soc. p. 268, t. 30, f. 12, 13, 1880.
— quadrata .... M'Coy										Vide Crania.
— Rhyckholtiana ... De Kon............										Vide Crania.
— trigonalis .... M'Coy										Vide Crania.
Hemithyris .... D'Orbigny										
— acuminata										Vide Rhynchonella.
— angulata										Vide Rhynchonella.
— heteroclyta										Vide Rhynchonella flexistria.
— longa										Vide Camarophoria globulina.
— pleurodon										Vide Rhynchonella.
— pugnus										Vide Rhynchonella.
— reniformis										Vide Rhynchonella.
CALCEOLIDÆ.										
Hypodema .... DeKoninck, 1852										
— Dumontiana ...... De Kon............			•							Calceola, Anim. Foss. Terr. Carb. Belg. p. 312, t. 21, f. 5.
STROPHOMENIDÆ.										
Leptæna .... Dalman, 1827 ...										
— analoga .... Phill.										Vide Strophomena rhomboidalis, var. analoga.
— anomala .... Sow.										Vide Streptorhynchus crenistria.
— arachnoidea ...... Phill.										Vide Streptorhynchus.
— crenistria .... Phill.										Vide Streptorhynchus.
— depressa .... Sow.										Vide Strophomena rhomboidalis.
— distorta .... Sow.										Vide Strophomena rhomboidalis, var. analoga.
— elegans .... M'Coy										Vide Productus.
— gibberula .... M'Coy										Vide Chonetes.
— Hardrensis......... Phill.										Vide Chonetes.
— maxima .... M'Coy										Vide Productus giganteus.
— multidentata ...... M'Coy										Vide Chonetes papilionacea.
— nodulosa .... Phill.										Vide Strophomena rhomboidalis, var. analoga.
— papyracea .... M'Coy										Vide Chonetes.

BRACHIOPODA

SPECIES.	Calciferous Series.	Lower Lmst. Shale.	Carboniferous Lmst.	Up. Lst. Shale (Yoredale)	Millstone Grit.	Lower Coal Measures.	Middle Coal Measures.	Upper Coal Measures.	Perm. up.	REFERENCES.
Leptæna (continued).										
— *senilis* .... *Phill.*			...	...	...	...	...	...	...	*Vide* Streptorhynchus crenistria.
— *serrata* .... *M'Coy*			...	...	...	...	...	...	...	*Vide* Chonetes serrata.
— *Sharpei* .... *Morris*			...	...	...	...	...	...	...	*Vide* Streptorhynchus crenistria.
— *sinuata* .... *M'Coy*			...	...	...	...	...	...	...	*Vide* Productus.
— *striata* .... *Fischer*			...	...	...	...	...	...	...	*Vide* Streptorhynchus crenistria.
— *tuberculata* ...... *M'Coy*			...	...	...	...	...	...	...	*Vide* Chonetes.
— *volva* .... *M'Coy*			...	...	...	...	...	...	...	*Vide* Chonetes.
STROPHOMENIDÆ.										
Leptagonia .... *M'Coy*, 1844										
— *multirugata* ...... *M'Coy*			...	...	...	...	...	...	...	*Vide* Strophomena rhomboidalis.
— *rugosa* .... *Dalm.*			...	...	...	...	...	...	...	*Vide* Strophomena rhomboidalis.
LINGULIDÆ.										
Lingula .... *Bruguière*, 1789										
— *credneri* .... *Geinitz*			•	...	...	...	...	...	•	Verst. der Zechstein, t. 4, f. 23-29; ib. M'Coy, Brit. Pal. Foss. p. 474; ib. Kirkby, Proc. Geol. Soc. vol. xvi, p. 412; ib. Dav. Mono. Brit. Carb. Brach. Pal. Soc. p. 209, t. 48, f. 38-40. ? *Lingula mytiloides.*
— *elliptica* .... *Phill.*			...	...	...	...	...	...	...	*Vide* L. mytiloides.
— *latior* .... *M'Coy*			•	...	...	...	...	...	...	Brit. Pal. Foss. p. 475, t. 3 D, f. 33.
— *marginata* .... *Phill.*			...	...	...	...	...	...	...	*Vide* L. mytiloides.
— *mytiloides* .... *Sow.*	•	•	•	•	•	•	•	...	?	Min. Con. vol. i, p. 55, t. 19, f. 1, 2. Lingula *elliptica*, Phill. Geol. York. vol. ii, t. 11, f. 15. *L. marginata*, Phill. ib. f. 16. *L. parallela*, Phill. ib. f. 17-19. Ling. mytiloides et *L. parallela*, Portl. Geol. Lond. p. 444, t. 32, f. 6-9. L. mytiloides, Dav. Mono. Brit. Carb. Brach. Pal. Soc. p. 207, t. 48, f. 29-36. ? *L. credneri*, vide Dav. App. Carb. and Perm. Brach. p. 268. L. mytiloides, De Kon. Anim. Foss. Terr. Carb. Belg. p. 309, t. 6, f. 9; ib. R. Ether. Jun. Q.J. Geol. Soc. vol. xxxiv, p. 10, t. 1, f. 9, 10.
— *parallela* .... *Phill.*			...	...	...	...	...	...	...	*Vide* L. mytiloides.
— *Scotica* .... *Dav.*			•	•	...	...	...	...	...	Mono. Scotch Brach. t. 5, f. 36, 37, 1860; ib. Mono. Carb. Brach. Pal. Soc. p. 207, t. 48, f. 37, 38; ib. Sup. p. 265, t. 30, f. 5-8, 1880.
— *squamiformis* ..... *Phill.*	•	•	•	•	•	•	...	...	...	Geol. York. vol. ii, t. 11, f. 14; ib. M'Coy, Brit. Pal. Foss. p. 475; ib. Portl. Geol. Rept. Lond. p. 443, t. 32, f. 5; ib. Dav. Mono. Carb. Brach. Pal. Soc. p. 205, t. 49, f. 1-10; ib. R. Ether. Jun. Q.J. Geol. Soc. vol. xxxiv, p. 10, 1878.
— *Thomsoni* .... *Dav.*			•	•	...	...	...	...	...	Trans. Geol. Soc. Glasgow, vol. ii, p. 11, f. 3, 1866; ib. Sup. Mono. Brit. Carb. Brach. Pal. Soc. p. 266, t. 30, f. 10, 1880.
— Sp. ?						•				Dav. Sup. Mono. Carb. Brach. Pal. Soc. p. 267, t. 30, f. 9.
SPIRIFERIDÆ.										
Martinia .... *M'Coy*, 1844										
— *decora* .... *Phill.*			...	...	...	...	...	...	...	*Vide* Spirifera glabra.
— *glabra* .... *M'Coy*			...	...	...	...	...	...	...	*Vide* Spirifera.
— *mesoloba* .... *M'Coy*			...	...	...	...	...	...	...	*Vide* Spirifera lineata.
— *plebia* .... *Phill.*			...	...	...	...	...	...	...	*Vide* Spirifera similis.
— *rhomboidalis* ..... *M'Coy*			...	...	...	...	...	...	...	*Vide* Spirifera.
— *strigocephalus* .... *M'Coy*			...	...	...	...	...	...	...	*Vide* Spirifera lineata.

BRACHIOPODA.

SPECIES.	Culciferous Series.	Lower Laxis. Shale.	Carboniferous Lmst.	Up.Lst.Shale(Yoredale)	Millstone Grit.	Lower Coal Measures.	Middle Coal Measures.	Upper Coal Measures.	Pass up.	REFERENCES.
DISCINIDÆ.										
Orbicula .... *Cuvier*, 1798										
— nitida .... *Phill.*			...	...	...	...	...	...	...	*Vide* Crania.
— quadrata .... *M'Coy*			...	...	...	...	...	...	...	*Vide* Crania.
— trigonalis .... *M'Coy*			...	...	...	...	...	...	...	*Vide* Crania.
ORTHIDÆ.										
Orthis .... *Dalman*, 1827										
— antiquata .... *Phill.*			*	...	...	...	...	...		Terebratula, Geol. York. vol. ii, t. 11, f. 20. *Rhynchonella*, Mor. Cat. Brit. Foss. p. 146. O. antiquata, Dav. Mono. Brit. Carb. Brach. Pal. Soc. p. 135, t. 28, f. 15.
— Dechei .... *M'Coy*				...	...	...	...	...		*Vide* Streptorhynchus crenistria.
— caduca .... *M'Coy*			...	...	...	...	...	...		*Vide* Streptorhynchus crenistria.
— circularis .... *M'Coy*			...	...	...	...	...	...		*Vide* Orthis Michelini.
— comata .... *M'Coy*			...	...	...	...	...	...		*Vide* Streptorhynchus crenistria.
— connivens .... *Phill.*			...	...	...	...	...	...		*Vide* Orthis resupinata.
— cylindrica .... *M'Coy*			...	...	...	...	...	...		*Vide* Streptorhynchus.
— divaricata .... *M'Coy*			...	...	...	...	...	...		*Vide* Orthis Michelini.
— gibbera .... *Portl.*			...	...	...	...	...	...		*Vide* Orthis resupinata.
— Kellii .... *M'Coy*			...	...	...	...	...	...		*Vide* Streptorhynchus.
— Keyserlingiana ... *De Kon.*			*	...	...	...	...	...		Anim. Foss. Belg. p. 230, t. 13, f. 12; ib. Dav. Mono. Carb. Brach. Pal. Soc. p. 132, t. 28, f. 14.
— latissima .... *M'Coy*			...	...	...	...	...	...		*Vide* Orthis resupinata.
— Michelini .... *L'Éveillé*			*	*	*	*	...	...		Terebratula, Mém. Soc. Géol. France, vol. ii, p. 39, t. 2, f. 14–17. *Spirifera filiaria*, Phill. Geol. York. vol. ii, t. 11, f. 3. *Orthis divaricata*, M'Coy, Synop. Carb. Foss. Ireland, p. 123, t. 20, f. 17. *O. circularis*, M'Coy, ib. p. 122, t. 20, f. 19. O. Michelini, Dav. Mono. Brit. Carb. Brach. Pal. Soc. p. 132, t. 30, f. 6–12; ib. Salt. Mem. Geol. Surv. Gt. Britain (Iron Ores), pt. 3, t. 1, f. 23. Sp. Michelini, Dav. Sup. Mono. Brit. Carb. Brach. Pal. Soc. p. 292, t. 34, f. 15–17, 1880.
— quadrata .... *M'Coy*			...	...	...	...	...	...		*Vide* Streptorhynchus crenistria.
— resupinata .... *Martin*			*	*	*	*	*	...		*Conchyliolithus anomites resupinatus*, Pet. Derb. t. 49, f. 13, 14 (1809). Tereb. Sow. M.C. t. 315. *Spirifera*, Phill. Geol. York. vol. ii, t. 11, f. 1. Sp. *conivens*, ib. f. 2. *Atrypa gibbera*, Portl. Geol. Rept. t. 38, f. 1. O. *latissima*, M'Coy, Carb. Foss. p. 125, t. 20, f. 20. Dav. Mono. Brit. Brach. p. 28, t. 1, f. 11–13. Dav. Mono. Carb. Brach. Pal. Soc. p. 130, t. 29, f. 1–6, t. 30, f. 1–5; ib. Salt. Mem. Geol. Surv. Gt. Britain (Iron Ores), pt. 3, t. 1, f. 25. Hall, Pal. New York, vol. iv, p. 215, woodcut, f. 2.
— sulcata .... *M'Coy*			*	*	...	...	...	...		Synop. Carb. Foss. Ireland, p. 126, t. 20, f. 6.
— umbraculum ...... *Portl.*			...	...	...	...	...	...		*Vide* Streptorhynchus crenistria.
Orthotetes .... *Fischer*, 1829										
— crenistria .... *Phill.*			...	...	...	...	...	...		*Vide* Streptorhynchus crenistria.
RHYNCHONELLIDÆ.										
Pentamerus .... *Sowerby*, 1813										
Gypidia .... *Dalman*, 1828										
— carbonarius .... *M'Coy*			...	...	...	...	...	...		*Vide* Cyrtina carbonaria.
PRODUCTIDÆ.										
Productus .... *Sowerby*, 1812										

PALÆOZOIC. BRACHIOPODA. CARBONIFEROUS.

SPECIES.	Calciferous Series	Lower Lmst. Shales	Carboniferous Lmst.	Up.Lst.Shale(Yoredale)	Millstone Grit	Lower Coal Measures	Middle Coal Measures	Upper Coal Measures	Perm up.	REFERENCES.
Productus (*continued*).										
— aculeatus .... *Martin*		•	•	•	...	•				*Anomites*, Pet. Derb. p. 8, t. 37, f. 9, 10 (1809). Sow. M.C. t. 68, f. 4. *P. laxispina*, Phill. Geol. York. vol. ii, t. 8, f. 13. *P. spinulosa*, ib. vol. ii, t. 7, f. 14 (non Sow.). Dav. Mono. Brit. Carb. Brach. Pal. Soc. p. 166, t. 33, f. 16, 20, t. 53, f. 10; ib. Dav. Sup. Pal. Soc. p. 311, t. 36, f. 10.
— analoga .... *Phill.*										*Vide* Strophomena.
— antiquatus ...... *Sow.*										*Vide* P. semireticulatus.
— arcuarius .... *De Kon.*			•	•						Desc. Anim. Foss. Terr. Carb. Belg. p. 171, t. 12, f. 10 a, b, and Mono. Gen. Prod. t. 4, f. 2. Dav. Mono. Brit. Carb. Brach. Pal. Soc. p. 160, t. 34, f. 17.
— aurita .... *Phill.*										*Vide* P. giganteus.
— carbonarius ..... *De Kon.*			•	•						Desc. Anim. Foss. Terr. Carb. Belg. p. 181, t. 12 bis, f. 1, and Mono. Gen. Prod. t. 10, f. 4 (1847). De Vern. Russia and Ural Mount. t. 16, f. 2 (1845). Dav. Mono. Brit. Carb. Brach. Pal. Soc. p. 160, t. 34, f. 6; ib. Sup. Pal. Soc. p. 309, t. 36, f. 7, 8.
— Carringtonianus ... *Dav.*			•							Appendix, Dav. Mono. Brit. Carb. Brach. Pal. Soc. p. 274, t. 55, f. 5.
— Christiani .... *De Kon.*										*Vide* P. sublævis.
— comoides .... *Sow.*			•	•						M.C. vol. iv, t. 329. *Chonetes comoides*, De Kon. Mono. Gen. Chonetes, t. 19, f. 2, 1847. Dav. Mono. Brit. Carb. Brach. Pal. Soc. Appendix, p. 276, t. 45, f. 7; t. 46, f. 1; t. 45, f. 6–8. *Vide* Q.J. Geol. Soc. vol. x, p. 202–207, t. 8
— comoides .... *Phill.*										*Vide* P. cora.
— complectens ...... *R. Ether.*			•	•						Q.J. Geol. Soc. vol. xxxii, p. 454, t. 24, f. 1–14; t. 25, f. 15–24; ib. Dav. Sup Mono. Brit. Carb. Brach. Pal. Soc. p. 303, t. 35, f. 4–13, 1880.
— concinnus .... *Sow.*										*Vide* P. semireticulatus.
— cora .... *D'Orb.*	•	•	•	•	•					Paléon. Voy. l'Amer. Mérid. p. 55, t. 5, f. 7–10, 1842. De Kon. Mono. Gen. Prod. t. 4, f. 4; t. 5, f. 2. P. comoides, ib. t. 11, f. 1–5. *P. corrugata*, M'Coy, Brit. Pal. Foss. p. 459. P. comoides, Phill. Geol. York. t. 7, f. 4. *P. corrugata*, M'Coy, Synop. Carb. Foss. p. 107, t. 20, f. 13. Dav. Mono. Brit. Carb. Brach. Pal. Soc. p. 148, t. 36, f. 41; t. 44, f. 4; t. 53, f. 5; f. 6, 7. *P. piloeformis*, M'Chesney, Des. New Foss. Pal. Rocks of W.S. America.
— corrugata .... *M'Coy*										*Vide* P. cora.
— costatus .... *Sow.*			•	•	•					M.C. t. 560, f. 1; ib. Phill. Geol. York. vol. ii, t. 7, f. 2; ib. De Kon. Mono. Gen. Prod. p. 92, t. 8, f. 3; t. 10, f. 3. *P. sulcatus*, Sow. M.C. t. 319, f. 2. Dav. Mono. Brit. Carb. Brach. Pal. Soc. p. 152, t. 32, f. 2–9. *P. costellatus*, M'Coy, Synop. Carb. Foss. Ireland, p. 108, t. 20, f. 15; ib. Meek, Rept. Pal. Eastern Nebraska, p. 149, t. 6, f. 6. P. costatus, Dav. Sup. Carb. Brach. Pal. Soc. p. 298, t. 36, f. 18–20.
— costellatum ..... *M'Coy*										*Vide* P. costatus.
— crassus .... *Martin*										*Vide* P. giganteus.
— depressus .... *Sow.*										*Vide* Strophomena analoga.
— Deshayesianus ... *De Kon.*			•							Anim. Foss. Belg. p. 193, t. 10, f. 7. Dav. Mono. Brit. Carb. Brach. Pal. Soc. p. 232, t. 53, f. 11, 12.
— Edelburgen is .... *Phill.*										*Vide* P. giganteus.
— elegans .... *M'Coy*		•	•	•	•					*Leptæna*, Synop. Carb. Foss. Ireland, p. 108, t. 18, f. 13; ib. Brit. Pal. Foss. p. 460, t. 3 H, f. 4; ib. Dav. Mono. Brit. Carb. Brach. Pal. Soc. p. 173, t. 44, f. 15. F var. of P. punctatus.
— ermineus .... *De Kon.*			•							Anim. Foss. Belg. p. 181, t. 10, f. 5. Dav. Mono. Brit. Carb. Brach. Pal. Soc. p. 164, t. 33, f. 5.
— fimbriatus ...... *Sow.*			•	•						M.C. t. 459, f. 1. *Anomites punctatus*, Martin, Pet. Derb. t. 37, f. 7, 8 (1809). Phill. Geol. York. vol. ii, t. 8, f. 11, 12. De Kon. Mono. Gen. Prod. p. 127, t. 12, f. 3. *P. laciniatus*, M'Coy, Synop. Carb. Foss. p. 110, t. 20, f. 12. Dav. Mono. Carb. Brach. Pal. Soc. p. 171, t. 33, f. 12–15; t. 44, f. 15.
— Flemingii .... *Sow.*										*Vide* P. longispinus.

PALÆOZOIC.   BRACHIOPODA.   CARBONIFEROUS.

SPECIES.	Calciferous Series.	Lower Limt. Shale.	Carboniferous Limt.	Up. Lst. Shale (Yoredale)	Millstone Grit.	Lower Coal Measures.	Middle Coal Measures.	Upper Coal Measures.	Perm. up.	REFERENCES.
Productus (continued)										
— flexistria .... M'Coy			•	•						Vide P. semireticulatus.
— giganteus .... Martin		•	•	•		•	•			Anomites giganteus, Pet. Derb. t. 15, f. 1 (1809). Sow. M.C. vol. iv, t. 320. Phill. Geol. York. vol. ii, t. 8, f. 2. P. Edelburgensis, ib. t. 7, f. 5. P. aurita, Phill. ib. t. 7, f. 6. A. crassus, Martin, Pet. Derb. t. 16, f. 2. P. giganteus, De Kon. Mono. Gen. Prod. t. 1, f. 2; t. 2, f. 1; t. 3, f. 1; t. 4, f. 1; t. 11, f. 8. Lept. variabilis, Fischer, Oryct. Gouv. Moscow, p. 144, t. 21. Prod. (Leptæna) marima, M'Coy, Synop. Carb. Foss. p. 112, t. 19, f. 22. Dav. Mono. Brit. Carb. Brach. Pal. Soc. p. 141, t. 37, f. 1-4; ib. Sup. Pal. Soc. p. 296, t. 36, f. 21; t. 38, f. 1; t. 39, f. 1-5; t. 40, f. 1-3.
— granulosus .... Phill.			•							Vide P. spinulosus, Sow.
— Griffithianus ... De Kon			•							Mono. Genera Productus et Chonetes, p. 74 a, t. 18, f. 7; ib. Dav. Sup. Mono. Brit. Carb. Brach. Pal. Soc. p. 308, t. 36, f. 6.
— hemisphæricus ... Sow.			•	•	•	•				M.C. vol. iv, p. 31, t. 328. M'Coy, Brit. Pal. Foss. p. 464; var. of P. giganteus. Dav. Mono. Brit. Carb. Brach. Pal. Soc. p. 144, t. 40, f. 4-9.
— humerosus .... Sow.			•							M.C. t. 322. Productus aculeatus, (Schloth.) Von Buch, Uber Prod. Lept. Akad. Wissen. p. 35. Dav. Mono. Brit. Carb. Brach. Pal. Soc. p. 147, t. 36, f. 1, 2. P. sublævis, De Kon. Anim. Foss. du Terr. Carb. de Belg. t. 10, f. 1. P. humerosus, Dav. Sup. Mono. Carb. Brach. Pal. Soc. p. 306, t. 36, f. 2.
— intermedia .... M'Coy			•			•				Synop. Carb. Foss. Ireland, p. 110, t. 20, f. 4. (Leptæna.)
— Keyserlingianus ... De Kon			•							Mono. Gen. Prod. t. 14, f. 6. Dav. Mono. Carb. Brach. Pal. Soc. p. 174, t. 34, f. 15, 16.
— Koninckianus ...... De l'orn			•							Russ. and the Urals, vol. ii, p. 253, 274. P. spinulosus, De Kon. (non Sow.) Mono. Gen. Prod. t. 11, f. 2. Dav. Mono. Brit. Carb. Brach. Pal. Soc p. 230, t. 53, f. 7.
— laciniatus .... M'Coy										Vide P. fimbriatus.
— latissimus .... Sow.		•	•	•						M.C. t. 330. Phill. Geol. York. vol. ii, t. 8, f. 1. De Kon. Mono. Gen. Prod. t. 2, f. 2; t. 3, f. 2, 1847; ib. Desc. Anim. Foss. Terr. Carb. Belg. p. 178, t. 12, f. 1. Dav. Mono. Brit. Carb. Brach. Pal. Soc. p. 145, t. 35, f. 1-4.
— lævispinus .... Phill.										Vide P. aculeatus, Martin.
— Llangolensis .... Dav.			•							Appendix, Dav. Mono. Brit. Carb. Brach. Pal. Soc. p. 277, t. 45, f. 1-6; t. 55. f. 9, 10.
— lobatus .... Sow.			•							Vide P. longispinus.
— longispinus .... Sow.		•	•	•	•	•				M.C. p. 154, t. 68, f. 1. Anomia echinata (pars) Ure Hist. Ruth. p. 314, t. 15, f. 3, 4. P. Flemingii, Sow. M.C. vol. i, p. 154, t. 68, f. 1. P. spinosus, Sow. ib. t. 59, f. 2. P. setosus, Phill. Geol. York. vol. ii, t. 8, f. 9, 17. P. Flemingii, M'Coy, Brit. Pal. Foss. p. 461. Dav. Mono. Brit. Carb. Brach. Pal. Soc. p. 154, t. 35, f. 5-17; ib. Sup. Pal. Soc. p. 298, t. 36, f. 14-16. P. lobatus, Sow. t. 318, f. 2-6. P. longispinus, Meek, Rept. on Pal. Eastern Nebraska, p. 161, t. 6, f. 7; t. 8, f. 6.
— margaritaceus ...... Phill.		•	•	•						Geol. York. vol. ii, p. 215, t. 8, f. 8. P. pectinoides, Phill. ib. t. 7, f. 11. P. margaritaceus, De Kon. Anim. Foss. Terr. Carb. Belg. t. 7, f. 3, t. 9 bis, f. 5. M'Coy, Brit. Pal. Foss. p. 466. Dav. Mono. Brit. Carb. Brach. Pal Soc. p. 159, t. 44, f. 5-8.
— marginalis .... De Kon.			•							Mono. Gen. Prod. t. 14, f. 7. Dav. Mono. Brit. Carb. Brach. Pal. Soc. p. 229, t. 53, f. 8.
— Martini .... Sow.										Vide P. semireticulatus.
— maximus .... M'Coy										Vide P. giganteus.
— mesolobus .... Phill.			•							Geol. York. vol. ii, t. 7, f. 12, 13. Productus mesolobus, De Kon. Anim. Foss. Terr. Carb. Belg. t. 1, f. 8. Mono. Gen. Prod. t. 17, f. 2. M'Coy, Brit. Pal. Foss. p. 468. Dav. Mono. Brit. Carb. Brach. Pal. Soc. p. 178, t. 31, f. 6-9.
— muricatus (var.) ... Phill.			•							Geol. York. vol. ii, t. 8, f. 3. Dav. Mono. Brit. Carb. Brach. Pal. Soc. p. 153, t. 35, f. 10-14; var. of P. costatus.

PALÆOZOIC.   BRACHIOPODA.   CARBONIFEROUS.

SPECIES.	Caleiferous Series.	Lower Lmst. Shales.	Carboniferous Lmst.	Up.Lst.Shale(Yoredale)	Millstone Grit.	Lower Coal Measures.	Middle Coal Measures.	Upper Coal Measures.	Pms up.	REFERENCES.
Productus (*continued*).										
— nystianus ...... *De Kon*			*							Desc. Anim. Foss. Terr. Carb. Belg. p. 202, t. 7 bis, f. 3; t. 9, f. 7; t. 10, f. 9. Mono. Gen. Prod. t. 6, f. 4; t. 14, f. 5. Dav. Mono. Brit. Carb. Brach. Pal. Soc. p. 231, t. 53, f. 9.
— ovalis .... *Phill.*			*							Vide P. pustulosus.
— pectinoides ...... *Phill.*			*							Vide P. margaritaceus.
— plicatilis .... *Sow.*			*							M.C. t. 459, f. 2. Phill. Geol. York. vol. ii, t. 8, f. 4. *Leptæna polymorpha*, Münst. Vers. Kreis. Nat. Sam. zu Bayr. Petrf. p. 45, 1840 (Koninck). *P. plicatilis*, De Kon. Anim. Foss. Terr. Carb. Belg. t. 12, f. 7. Mono. Gen. Prod. t. 5, f. 6. Dav. Mono. Brit. Carb. Brach. Pal. Soc. p. 176, t. 31, f. 3-5.
— proboscideus ...... *De Vern*			*							Bull. Soc. Géol. France, vol. xi, p. 259, t. 3, f. 3. *Clavagella prisca*, Goldf. Pet. Germ. vol. ii, p. 285, t. 160, f. 17. Dav. Mono. Brit. Carb. Brach. Pal. Soc. p. 163, t. 33, f. 1-4.
— pugilis .... *Phill.*			*							Vide P. semireticulatus.
— punctatus ...... *Martin*	*	*	*							Anomites, Pet. Derb. t. 37, f. 6 (7, 8 exclusa). *P. punctatus*, Sow. M.C. t. 323. P. punctata, Phill. Geol. York. vol. ii, t. 8, f. 10; ib. De Kon. Anim. Foss. Terr. Carb. Belg. t. 8, f. 4; t. 9, f. 4; t. 10, f. 2. Mono. Gen. Prod. t. 12, f. 2. Dav. Mono. Brit. Carb. Brach. Pal. Soc. p. 172, t. 44, f. 9-16. ? P. (*Leptæna*) elegans, M'Coy, Synop. Carb. Foss. Ireland, p. 108, t. 18, f. 13. P. punctatos, Meek, Rept. on Pal. of Eastern Nebraska, p. 169, t. 2, f. 6; t. 4, f. 5.
— pustulosus ...... *Phill.*			*	*						Geol. York. vol. ii, t. 7, f. 15. *P. ovalis*, ib. vol. ii, t. 8, f. 14. *P. rugata*, ib. f. 16. *P. pustulosus*, De Kon. Anim. Foss. Terr. Carb. Belg. t. 12 bis, f. 3. Mono. Gen. Prod. t. 13, f. 1; t. 16, f. 8, 9. *P. pyxidiformis*, ib. t. 11, f. 7; t. 12, f. 1; t. 16, f. 2. Dav. Mono. Brit. Carb. Brach. Pal. Soc. p. 168, t. 41, f. 1-6; t. 42, f. 1-4.
— pyxidiformis ...... *De Kon.*			*							Vide P. pustulosus.
— quincuncialis ...... *Phill.*			*							Vide P. scabriculus.
— rugata .... *Phill.*			*							Vide P. pustulosus.
— scabriculus ...... *Martin*		*	*	*	*	*				Anomites, Pet. Derb. p. 8, t. 36, f. 5. *P. quincuncialis*, Phill. Geol. York. vol. ii, t. 7, f. 8. *P. scabricula*, ib. t. 8, f. 2. *P. corbis*, Potiez et Michaud, Gal. Moll. Mus. Douai, vol. ii, t. 41, f. 2. *P. scabriculus*, De Kon. Anim. Foss. Terr. Carb. Belg. t. 11, f. 3. Mono. Gen. Prod. t. 11, f. 6. Dav. Mono. Brit. Carb. Brach. Pal. Soc. p. 169, t. 42, f. 5-8; ib. Salt. Mem. Geol. Surv. Gt. Britain, Iron Ores, pt. 3, t. 2, f. 18; ib. Dav. Sup. Mono. Brit. Carb. Brach. Pal. Soc. p. 308, L. 35, f. 3.
— Scoticus .... *Sow.*			*							Vide P. semireticulatus.
— semireticulatus ... *Martin*		*	*	*	*	*				Anomites, Pet. Derb. t. 32, f. 1, 2; t. 33, f. 4. *P. Scoticus*, Sow. M.C. t. 69, f. 3. *P. Martini*, Sow. M.C. t. 317, f. 2-4. *P. antiquatus*, Sow. M.C. t. 317, f. 1-5, 6. *P. concinnus*, Sow. M.C. t. 318, f. 1. *P. pugilis*, Phill. Geol. York. vol. ii, t. 8, f. 6. *P. flexistria*, M'Coy, Synop. Carb. Foss. Ireland, t. 18, f. 1. Dav. Mono. Brit. Carb. Brach. Pal. Soc. p. 149, t. 42, f. 1-10; t. 44, f. 1-4; t. 45, f. 11; ib. Salt. Mem. Geol. Surv. Gt. Britain, Iron Ores, pt. 3, t. 1, f. 32, 33; ib. Meek, Pal. California, Geol. Surv. of Cal. p. 11, t. 2, f. 4, 1864; ib. Meek, Rept. on Pal. of Eastern Nebraska, p. 160, t. 5, f. 7. *P. semiretic*. Dav. Sup. Mono. Brit. Carb. Brach. Pal. Soc. p. 297, t. 36, f. 17, 1880; ib. p. 307, t. 35, f. 1, 2; t. 36, f. 12-17.
— setosus .... *Phill.*			*							Vide P. longispinus, Sow.
— sinuatus ...... *De Kon.*			*							Desc. Anim. Foss. Terr. Carb. Belg. Supld. p. 654, t. 56. *Leptæna*, M'Coy, Brit. Pal. Foss. p. 453. Dav. Mono. Brit. Carb. Brach. Pal. Soc. p. 157, t. 33, f. 8-11.
— spinosa .... *Sow.*			*							Vide P. longispina.
— spinulosus ...... *Sow.*			*	*						M.C. t. 68, f. 3. *P. granulosa*, Phill. Geol. York. vol. ii, t. 7, f. 15. *P. papillatus*, De Kon. Anim. Foss. Terr. Carb. Belg. t. 10, f. 6. *P. canerini*, De Kon. Ib. t. 9, f. 3. Dav. Mono. Brit. Carb. Brach. Pal. Soc. p. 175, t. 34, f. 18-21.

BRACHIOPODA

CARBONIFEROUS

SPECIES	Old Red Series	Lower Lmst. Shales	Carboniferous Lmst.	Up. Lst. Shale (Yoredale)	Millstone Grit.	Lower Coal Measures	Middle Coal Measures	Upper Coal Measures	Permian sp.	REFERENCES
Productus (*continued*)										
— striatus ... *Fischer*		•								*Mytilus*, Oryct. Gouv. Moscow, p. 181, t. 19, f. 4 (1813). *P. comoides*, Dillw. Index, Hist. Conch. Lister, p. 24 (non Sow.). *Pinna inflata*, Phill. Geol. York. vol. ii, t. 6, f. 1. *Pecten tenuissima*, D'Eichw. Bull. Sci. l'Acad. St. Peters. vol. vii, p. 86. *Lima Waldaica*, Von Buch. Kersten's Arch. Min. Geogn. p. 60. *Leptæna anomala*, Sow. M.C. vol. vii, t. 615, f. 1 a, c, d, (non 1 b). *Strophalosia striata*, Morris, Cat. p. 155, 1854. Productus, Dav. Mono. Brit. Carb. Brach. Pal. Soc. p. 139, t. 34, f. 1–5; t. 53, f. 4. *P. striatus*, De Kon. Rech. Anim. Foss. Mono. Gen. Prod. p. 30, t. 1, f. 1.
— sublævis ... *De Kon.*			•							Anim. Foss. Terr. Carb. Belg. t. 10, f. 1, *Strophomena antiqua*, Potiez et Mich. Gal. des Moll. Douai, vol. ii, t. 42, f. 5. *P. Christiani*, De Kon. Mono. Gen. Prod. t. 17, f. 3. Dav. Mono. Brit. Carb. Brach. Pal. Soc. p. 177, t. 31, f. 1, 2; t. 32, f. 1; t. 51, f. 1, 2. ? *P. hemerosus*.
— sulcatus ... *Sow.*		•								*Vide P. costatus*.
— tessellatus ... *De Kon.*		•								Mono. Gen. Prod. Mém. Soc. Royal Sci. Liége, vol. iv, p. 110, t. 14, f. 2 (1847). Dav. Mono. Brit. Carb. Brach. Pal. Soc. p. 165, t. 33, f. 24, 25; t. 34, f. 14; ib. Dav. Sup. Pal. Soc. p. 310, t. 26, f. 3, 4.
— tortilis ... *M'Coy*		•								*Vide P. undatus*, Defrance.
— undatus ... *Defrance*		•								Dic. des Sci. Nat. vol. xliii, p. 354, 1826. *P. tortilis*, M'Coy, Synop. Carb. Foss. Ireland, t. 20, f. 14. Dav. Mono. Brit. Carb. Brach. Pal. Soc. p. 161, t. 34, f. 7–13.
— undiferus ... *De Kon.*			•							Mono. Gen. Prod. t. 5, f. 4; t. 9, f. 5. *P. spinulosus*, De Kon. Desc. Anim. Foss. Belg. p. 183 (part), t. 10, f. 4. Dav. Mono. Brit. Carb. Brach. Pal. Soc. p. 230, t. 53, f. 5, 6.
— Wrightii ... *Dav.*			•							Dav. Mono. Brit. Carb. Brach. Pal. Soc. p. 162, t. 33, f. 6, 7.
— an adherent form of ... *R. Ether.*		•								Q. J. Geol. Soc. vol. xxxii, p. 454, t. 24, 25, f. 1–14. (*P. complectens*.)
— Youngianus ... *Dav.*	•	•								Mono. Brit. Carb. Brach. Pal. Soc. p. 167, 233, t. 33, f. 21–23.
Pseudocrania ... *M'Coy*, 1853										*Vide Crania*.
Reticularia ... *M'Coy*, 1844										*Vide Spirifera*.
— imbricata ... *Sow.*										*Vide Spirifera*.
— lineata ... *Martin*										*Vide Spirifera*.
— microgemma ... *Phill.*										*Vide Spirifera*.
— reticulata ... *M'Coy*										*Vide Sp. lineata*.
— striatella ... *M'Coy*										*Vide Spirifera*.
SPIRIFERIDÆ										
Retzia ... *King*, 1849										
Spirigera ... *D'Orbigny*, 1847										
— carbonaria ... *Dav.*		•	•							Dav. Mono. Brit. Carb. Brach. p. 219, t. 51, f. 1, 3; ib. Sup. Mono. p. 283, t. 30, f. 16.
— radialis ... *Phill.*		•	•							*Terebratula*, Geol. York. vol. ii, p. 223, t. 12, f. 40, 41. *T. mentia*, De Kon. Anim. Foss. Carb. Belg. p. 287, t. 19, f. 4 (non *T. mantia*, Bow.). *Atrypa radialis*, M'Coy, Synop. Carb. Foss. Ireland, p. 156. Dav. Mono. Brit. Carb. Brach. Pal. Soc. p. 87, 218, t. 17, f. 19, 21; t. 51, f. 4–9.
— ulotrix ... *De Kon.*			•							*Terebratula* (*crispata*) *ulotrix*, Anim. Foss. Belg. p. 291, t. 19, f. 5. Dav. Mono. Brit. Carb. Brach. Pal. Soc. p. 88, 218, t. 18, f. 14, 15; t. 54, f. 45.
RHYNCHONELLIDÆ										
Rhynchonella ... *Fischer*, 1809										
Terebratula, Sp. ... *Auct.*										
Hypothyris ... *Phill. & M'Coy*										
Hemithyris ... *D'Orb. & M'Coy*										

PALÆOZOIC. BRACHIOPODA. CARBONIFEROUS.

SPECIES.	Calciferous Series.	Lower Lmst. Shale.	Carboniferous Lmst.	Up. Lst. Shale (Yoredale)	Millstone Grit.	Lower Coal Measures.	Middle Coal Measures.	Upper Coal Measures.	Pan up.	REFERENCES.
Rhynchonella (*continued*).										
— acuminata .... *Martin*		•	•	•	...	...	...	...		*Conchyliolithus anomites acuminatus*, Pet. Derb. t. 32, f. 7, 8; t. 33, f. 5, 6. *T. acuminata*, Sow. M. C. t. 324, f. 1; var. ib. t. 395, f. 3. *T. platyloba*, Sow. ib. t. 396, f. 5, 6. *T. acuminata*, Phill. Geol. York. vol. ii, p. 222, t. 12, f. 2–9. *T. mesogonia*, Phill. ib. t. 12, f. 10–12. *Atrypa acuminata*, M'Coy, Synop. Carb. Foss. Ireland, p. 151, woodcut, f. 32. Dav. Mono. Brit. Foss. Brach. Pal. Soc. p. 93, t. 20, f. 1–13; t. 21, f. 1–20.
— angulata .... *Linn.*			•							*Anomia*, Systema Nat. vol. i, pt. 2, p. 1154 (1767). *Tereb. excavata*, Phill. Geol. York. vol. ii, p. 213, t. 12, f. 24. *Hemithyris angulata*, M'Coy, Brit. Pal. Foss. p. 439. Rhynchonella, Dav. Mono. Brit. Carb. Brach. Pal. Soc. p. 107, t. 19, f. 11–16.
— Brockleyensis ..... *Dav.*			•							Sup. Mono. Carb. Brach. Pal. Soc. p. 285, t. 34, f. 14, 1880.
— Carringtoniana ... *Dav.*			•			...				Mono. Brit. Carb. Brach. Pal. Soc. p. 227, t. 23, f. 22; t. 53, f. 1, 2.
— coniliformis ...... *Sow.*			•							*Terebratula*, M. C. vol. v, p. 495, t. 495, f. 2. *Atrypa*, M'Coy, Synop. Carb. Foss. Ireland, p. 152. Dav. Mono. Brit. Carb. Brach. Pal. Soc. p. 92, t. 19, f. 8–10.
— Davreuxiana ..... *De Kon.*			•							Vide R. pleurodon.
— flexistria .... *Phill.*			•							*Terebratula*, Geol. York. vol. ii, p. 222, t. 12, f. 33, 34. *T. tumida*, ib. f. 35. *Hemithyris heteroptycha*, M'Coy, Ann. Mag. Nat. Hist. 2 ser. vol. x. p. 424; ib. Brit. Pal. Foss. p. 440, t. 3 D, f. 19. Dav. Mono. Brit. Carb. Brach. Pal. Soc. p. 105, t. 24, f. 1–8.
— Glassii .... *Dav.*			•							Sup. Mono. Brit. Carb. Brach. Pal. Soc. p. 285, t. 33, f. 10, 1880.
— ? gregaria .... *M'Coy*			•		...					*Atrypa*, Synop. Carb. Foss. Ireland, p. 153, t. 22, f. 18. Dav. Mono. Brit. Carb. Brach. Pal. Soc. p. 112, t. 15, f. 27, 28.
— heteroptycha ..... *M'Coy*										Vide R. flexistria.
— laticliva .... *M'Coy*										Vide R. pugnus.
— mantia .... *Sow.*										Vide R. pleurodon.
— mesogona .... *Phill.*										Vide R. acuminata.
— ? nana .... *M'Coy*			•							*Atrypa*, Synop. Carb. Foss. Ireland, p. 155, t. 22, f. 19; ib. Dav. Mono. Brit. Carb. Brach. Pal. Soc. p. 110, t. 25, f. 15.
— pisum .... *M'Coy*			•							*Seminula*, Synop. Carb. Foss. Ireland, p. 156. Tereb. seminula, Phill. Geol. York. p. 222, t. 20, f. 21–23. (Rhynchonella.)
— pleurodon .... *Phill.*		•	•	•	•	•				*Terebratula*, Geol. York. vol. ii, p. 222, t. 12, f. 25–30 (non 16). *T. ventilabrum*, ib. p. 223, t. 12, f. 36, 38, 39. *T. mantia*, Sow. M. C. t. 277, f. 1. *T. pentatoma*, De Kon. (non Fischer), Anim. Foss. Terr. Carb. Belg. p. 289, t. 19, f. 2. *T. Davreuxiana*, De Kon. Anim. Foss. Belg. p. 664. *Atrypa pleurodon*, M'Coy, Carb. Foss. Ireland, p. 155. Dav. Mono. Brit. Carb. Brach. Pal. Soc. p. 101, t. 23, f. 1–22. *Atrypa (Terebratula) sulcirostris*, Phill. Geol. York. vol. ii, p. 222, t. 12, f. 31, 32. *Atrypa triplex*, M'Coy, Synop. Carb. Foss. Ireland. p. 157, t. 22, f. 17.
— proava .... *Phill.*			•							Tereb. proava, Geol. York. vol. ii, p. 223, t. 12, f. 37. ? *Rhynchonella* or *Camarophoria*, vide Dav. Mono. Brit. Carb. Brach. Pal. Soc. p. 111, t. 15, f. 10.
— pugnus .... *Martin*		•	•	•						*Conchyliolithus anomites pugnus*, Pet. Derb. t. 22, f. 4, 5 (1809). *T. pugnus*, Sow. M. C. t. 425, f. 1–6. Phill. Geol. York. vol. ii, p. 222, t. 12, f. 16, 17. *T. sulcirostris*, Phill. ib. t. 12, f. 31, 31. *Atrypa laticliva*, M'Coy, Synop. Carb. Foss. Ireland, p. 154, t. 22, f. 16. Dav. Mono. Brit. Carb. Brach. Pal. Soc. p. 97, t. 22, f. 1–15.
— radialis .... *Phill.*										Vide Retzia.
— reflexa .... *De Kon.*			...							*Terebratula*, Anim. Foss. Terr. Carb. de Belg. p. 298, t. 20, f. 4. Rhynchonella, Dav. Sup. Mono. Brit. Carb. Brach. Pal. Soc. p. 284, t. 33, f. 7–9.
— reniformis .... *Sow.*		•	•							*Terebratula*, M. C. t. 496, f. 1–4. Tereb. Phill. Geol. York. vol. ii, p. 223, t. 12, f. 13–15. *Hemithyris*, M'Coy, Brit. Pal. Foss. p. 441. Dav. Mono. Brit. Carb. Brach. Pal. Soc. p. 90, t. 19, f. 1–7.
— rhomboidea .... *Phill.*			•					...		Vide Camarophoria globulina.

PALÆOZOIC.   BRACHIOPODA.   CARBONIFEROUS.

SPECIES.	Oolitiferous Series.	Lower Limst. Shales.	Carboniferous Limst.	Up. Lst. Shale (Yoredale)	Millstone Grit.	Lower Coal Measures.	Middle Coal Measures.	Upper Coal Measures.	Pass. sp.	REFERENCES.
Rhynchonella (continued).										
— seminula .... Phill.			*							Vide Camarophoria globulina.
— semisulcata ..... M'Coy			*		*		*			Atrypa, Synop. Carb. Foss. Ireland, p. 157, t. 22, f. 15. Rhynchonella, Dav. Mono. Brit. Carb. Brach. Pal. Soc. p. 111, t. 25, f. 13.
— trilatera .... De Kon.			*							Terebratula, Anim. Foss. Belg. p. 292, t. 19, f. 7. Dav. Mono. Brit. Carb. Brach. Pal. Soc. p. 109, t. 24, f. 23–26.
— triplex							*			Vide Rhynchonella pleurodon.
— ventilabrum .... Phill.			*							Terebratula, Geol. York. vol. ii, p. 223. t. 12, f. 36–39. Vide R. pleurodon.
— Wettonensis ..... Dav.			*							Dav. Mono. Brit. Carb. Brach. App. p. 274, t. 55, f. 1–3.
RHYNCHONELLIDÆ.										
Rhynchophora King (MS.), Dav. 1880										
— ? Geinitziana ... De Vern.			*							Terebratula, Geol. Russia, vol. ii, p. 83, 1845.
— Youngii .... Dav.			*							Young, N. British Daily Mail, Dec. 3, 1878. Dav. Sup. Mono. Brit. Carb. Brach. Pal. Soc. p. 286, t. 33, f. 11, 1880.
Seminula .... M'Coy, 1844										
— ficus .... M'Coy										Vide Terebratula.
— hastata .... Sow.										Vide Terebratula.
— pentahedra ..... Phill.										Vide Athyris ambigua.
— pisum .... M'Coy										Vide Rhynchonella pisum.
— rhomboidea ... Phill.										Vide Camarophoria globulina.
— seminula .... M'Coy										Vide Tereb. vesicularis.
— sacculus ...... Martin										Vide Terebratula.
SPIRIFERIDÆ.										
Spirifera .... Sowerby, 1820										
Delthyris .... Dalman, 1827										
Trigonotreta ..... König, 1825										
Choristites .... Fischer, 1825										
Brachythyris ..... M'Coy, 1844										
Martinia .... M'Coy, 1844										
Ambocælia .... Hall, 1860										
— acuta .... Martin			*	*						Conchyliolithus anomites acutus, Pet. Derb. t. 49, f. 15, 16. Dav. Mono. Brit. Carb. Brach. Pal. Soc. p. 124, t. 52, f. 16, 17. ? Sp. minimus, Sow. M.C. vol. iv, p. 105, t. 377, f. 1.
— arachnoidea .... Phill.										Vide Streptorhynchus.
— attenuata .... Sow.										Vide Sp. striata.
— bicarinata ...... M'Coy										Vide Sp. distans.
— bisulcata .... Sow.										Vide S. trigonalis.
— Carlukensis .... Dav.			*	*						Mono. Brit. Carb. Brach. Pal. Soc. p. 59, t. 13. f. 4; t. 55, f. 14, 15.
— clathrata .... M'Coy										Vide Sp. striata.
— connivens ...... Phill.										Vide Orthis resupinata.
— convoluta .... Phill.			*							Geol. York. vol. ii, p. 217, t. 9, f. 7. De Kon. Anim. Foss. Terr. Carb. Belg. p. 247, t. 17, f. 2. Dav. Mono. Brit. Carb. Brach. Pal. Soc. p. 35, t. 5, f. 9–15 (2 to 8 var. rhomboidea); p. 233, t. 5, f. 9–15; t. 50, f. 1, 2. ? var. rhomboidea, figd. in t. 5, f. 2, 3. Geologist, vol. ii, p. 313–15, woodcut, p. 314.
— crassa .... De Kon.			*	*						Anim. Foss. Belg. p. 262, t. 15 bis, f. 5. Brachythyris planicosta, M'Coy. Synop. Carb. Foss. Ireland, p. 146, t. 21, f. 5. Dav. Mono. Brit. Carb. Brach. Pal. Soc. p. 25, t. 6, f. 20–22; t. 7, f. 1–3.

PALÆOZOIC. BRACHIOPODA. CARBONIFEROUS.

SPECIES.	Calciferous Series.	Lower Lmst. Shales.	Carboniferous Lmst.	Up. Lst. Shales Yoredale.	Millstone Grit.	Lower Coal Measures.	Middle Coal Measures.	Upper Coal Measures.	Pass up.	REFERENCES.
Spirifera (continued).										
— crenistria ... Phill.	...	...	...	...	...	...	...	...	...	*Vide* Streptorhynchus.
— cuspidata ... Martin	...	...	...	...	...	...	...	...	...	*Vide* Syringothyris cuspidata.
— decemcostata ... M'Coy	...	...	*	...	...	...	...	...	...	Synop. Carb. Foss. Ireland, p. 131, t. 22, f. 9; ib. Dav. Mono. Brit. Carb. Brach. Pal. Soc. p. 43, t. 7, f. 23.
— decora ... Phill.	...	...	...	...	...	...	...	...	...	*Vide* Sp. glabra. (Dav. Mono. t. 12, f. 11, 12.)
— distans ... Sow.	...	...	...	...	...	...	...	...	...	*Vide* Syringothyris distans.
— dorsatus ... M'Coy	...	...	...	...	...	...	...	...	...	*Vide* Cyrtina.
— duplicicosta ... Phill.	...	*	*	...	...	...	...	...	...	Geol. York. vol. ii, p. 218, t. 10, f. 1. *Sp. fasciculata*, M'Coy, Pal. Foss. t. 3 D, f. 25. Dav. Mono. Brit. Foss. Carb. Brach. Pal. Soc. p. 24, t. 3, f. 7-10; t. 4, f. 3-11; t. 5, f. 35, 37; t. 52, f. 6, 7. *Brachythyris*, M'Coy, Synop. Carb. Foss. Ireland, p. 144.
— elliptica ... Phill.	...	*	*	...	...	...	...	...	...	Var. β of Sp. lineata. Geol. York. vol. ii, p. 219, t. 10, f. 16. Dav. Mono. Brit. Carb. Brach. Pal. Soc. p. 63, t. 13, f. 1-3.
— elongatus ... Phill.	...	...	*	...	...	...	...	...	...	Geol. York. vol. ii, t. 11, f. 9.
— exarata ... Flemg.	...	...	...	...	...	...	...	...	...	*Vide* Sp. ovalis.
— expansa ... Phill.	...	...	...	...	...	...	...	...	...	*Vide* Athyris expansa.
— fasciculata ... M'Coy	...	...	...	...	...	...	...	...	...	*Vide* Sp. duplicosta.
— filiaria ... Phill.	...	...	...	...	...	...	...	...	...	*Vide* Orthis Michelini.
— fimbriata ... Phill.	...	...	...	...	...	...	...	...	...	*Vide* Athyris Royssii.
— furcatus ... M'Coy	...	...	*	...	...	...	...	...	...	Synop. Carb. Foss. Ireland, p. 131, t. 22, f. 12.
— fusiformis ... Phill.	...	...	*	...	...	...	...	...	...	Geol. York. vol. ii, p. 217, t. 9, f. 10, 11. Dav. Mono. Brit. Carb. Brach. Pal. Soc. p. 56, t. 13, f. 15.
— glabra ... Martin	...	*	*	*	*	*	...	...	...	*Conchyliolithus anomites glabra*, Pet. Derb. t. 48, f. 9, 10. *Sp. glaber*, Sow. M.C. vol. iii, p. 123, t. 269, f. 1. *Sp. glabra*, Phill. Geol. York. vol. ii, p. 219, t. 10, f. 10-12. *Sp. linguifera*, ib. f. 4. *Sp. symmetrica*, ib. f. 13. *Sp. decora*, Phill. Geol. York. vol. ii, t. 10, f. 79. *Sp. lævigatus*, Von Buch, Mém. Soc. Géol. France, vol. iv, p. 198, t. 10, f. 25. *Sp. glaber*, De Kon. Anim. Foss. Terr. Carb. Belg. p. 267, t. 18, f. 1. *Martinia glabra*, M'Coy, Synop. Carb. Foss. Ireland, p. 139. Dav. Mono. Brit. Carb. Brach. Pal. Soc. p. 59, t. 11, f. 1-9; t. 12, f. 1-12. *Sp. oblatus*, Sow. M.C. p. 123, t. 268. *Sp. obtusus*, ib. p. 124, t. 269, f. 2. *Cyrtia linguifera*, M'Coy, Synop. Carb. Foss. Ireland, p. 137. *Vide* Dav. Sup. Mono. Brit. Carb. Brach. Pal. Soc. p. 274, t. 32, 1880.
— glabristria ... Phill.	...	...	...	...	...	...	...	...	...	*Vide* Athyris Royssii.
— globularis ... Phill.	...	...	...	...	...	...	...	...	...	*Vide* Athyris.
— grandicostata ... M'Coy	...	...	*	...	...	...	...	...	...	Ann. Mag. Nat. Hist. 2 ser. vol. x, 1853; ib. Brit. Pal. Foss. p. 417, t. 3 D, f. 29; ib. Dav. Mono. Brit. Carb. Brach. p. 33, t. 5, f. 38, 39; t. 7, f. 7-16.
— hemisphærica ... M'Coy	...	...	...	...	...	...	...	...	...	*Vide* Sp. ovalis.
— humerosa ... Phill.	...	...	*	...	...	...	...	...	...	Geol. York. vol. ii, p. 218, t. 11, f. 8. Dav. Mono. Brit. Carb. Brach. Pal. Soc. p. 23, t. 4, f. 15, 16; var. of *Sp. duplicostata* ?
— imbricata ... Sow.	...	...	...	...	...	...	...	...	...	*Vide* Sp. lineata.
— insculpta ... Phill.	...	...	...	...	...	...	...	...	...	*Vide* Spiriferina.
— integricosta ... Phill.	...	...	*	...	...	...	...	...	...	Geol. York. vol. ii, p. 219, t. 10, f. 2. *Conchyliolithus anomites rotundatus*, Martin, Pet. Derb. t. 48, f. 11, 12. *Brachythyris*, M'Coy, Synop. Carb. Foss. Ireland, p. 145. *Spirifera paucicostata*, M'Coy, Brit. Pal. Foss. p. 420, t. 3 D, f. 26. Dav. Mono. Brit. Carb. Brach. Pal. Soc. p. 55, t. 9, f. 13-19.
— laminosa ... M'Coy	...	...	...	...	...	...	...	...	...	*Vide* Spiriferina.
— laxa ... Portl.	...	...	...	...	...	...	...	...	...	Geol. Rept. p. 459, t. 37, f. 6.

BRACHIOPODA.

SPECIES.	Calciferous Series.	Lower Limst. Shales.	Carboniferous Limst.	Up. Lst. Shale (Yoredale)	Millstone Grit.	Lower Coal Measures.	Middle Coal Measures.	Upper Coal Measures.	Perm up.	REFERENCES.
Spirifera (*continued*).										
— lineata .... *Martin*		•	•	•	•	...	...	...	...	*Conchyliolithus anomites lineatus*, Pet. Derb. t. 36, f. 3. *Tereb. lineata*, M. C. vol. iv, t. 343, f. 2, 2. *T. imbricata**, Sow. M. C. t. 334, f. 3, 4. Phill. Geol. York. vol. ii, p. 219, t. 10, f. 20. *Sp. lineata et mesoloba*, Phill. Geol. York. *Sp. Martini**, Flemg. Brit. Anim. *Reticularia reticulata**, M'Coy, Synop. Carb. Foss. Ireland, p. 143, t. 19, f. 15. *Martinia maculoba*, M'Coy, Synop. Carb. Foss. Ireland, p. 140. *Martinia stringocephaloides*, M'Coy, ib. p. 141, t. 21, f. 8. Sp. lineata, Dav. Mono. Brit. Carb. Brach. Pal. Soc. p. 62, t. 13, f. 4-13; p. 225, t. 51, f. 15. [*Note.—** Var. A. lineata, Martin = *imbricata*, Sow. = *Martini*, Flemg. = *reticulata*, M'Coy. Var. β, *elliptica*, Phill. (var. of Sp. lineata), Geol. York. vol. ii, p. 219, t. 10, f. 16. *Vide* Dav. Sup. Mono. Brit. Carb. Brach. Pal. Soc. p. 275, t. 32, f. 6-11, 1880.
— linguifera .... *Phill*.	...	...	...	...	...	...	...	...	...	*Vide* Sp. glabra.
— Martini .... *Flemg*.	...	...	...	...	...	...	...	...	...	*Vide* Sp. lineata.
— mesogonia .... *M'Coy*		•	•			...	...	...	...	*Cyrtia*, Synop. Carb. Foss. Ireland, p. 137, t. 22. Sp. mesogonia, Dav. Mono. Brit. Carb. Brach. Pal. Soc. p. 48, t. 7, f. 24.
— mesoloba .... *Phill*.	...	...	...	...	...	...	...	...	...	*Vide* Sp. lineata.
— minima .... *Sow*.	...	...	...	...	...	...	...	...	...	*Vide* Sp. acuta.
— mosquensis .... *Fischer*	...	...	•	...	...	...	...	...	...	Programme sur les choristite, p. 8, No. 1, and Oryctogr. du Gouv. de Moscow, p. 140, t. 22, f. 3; t. 24, f. 1-4. *Choristites Sowerbyi*, Fischer, ib. t. 24, f. 5-7; t. 25, f. 6. *Sp. Sowerbyi*, De Kon. des Anim. Foss. de la Belg. p. 252, t. 16, f. 1. Sp. mosquensis, De Vern. and Keyser, Russia and Oural, vol. ii, p. 161, t. 5, f. 2; ib. Dav. Mono. Brit. Carb. Brach. Pal. Soc. p. 22, t. 4, f. 13, 14. *Vide* Dav. Sup. ib. p. 274, t. 31, 32, 1880.
— oblatus............... *Sow*.	...	...	...	...	...	...	...	...	...	*Vide* Sp. glabra.
— obtusus.............. *Sow*.	...	...	...	...	...	...	...	...	...	*Vide* Sp. glabra.
— octoplicata .... *Sow*.	...	...	...	...	...	...	...	...	...	*Vide* Spiriferina cristata.
— ornithorhyncha ... *M'Coy*	...	...	...	...	...	...	...	...	...	*Vide* Sp. triangularis.
— ovalis .... *Phill*.	•	...	•	•	...	...	...	...	...	Geol. York. vol. ii, p. 219, t. 10, f. 5. *Sp. exarata*, Flemg. Brit. Anim. p. 376. *Brachythyris*, M'Coy, Synop. Brit. Carb. Foss. Ireland, p. 145. *B. hemisphaerica*, M'Coy, ib. p. 145, t. 19, f. 10; ib. Brit. Pal. Foss. p. 419, t. 3 D, f. 28. Dav. Mono. Brit. Carb. Brach. Pal. Soc. p. 53, t. 9, f. 20-26; t. 52, f. 8.
— papilionacea ...... *Phill*.	...	...	...	...	...	...	...	...	...	*Vide* Chonetes.
— partita.............. *Portl*.	...	...	...	...	...	...	...	...	...	*Vide* Spiriferina cristata.
— paucicostata ...... *M'Coy*	...	...	...	...	...	...	...	...	...	*Vide* Sp. integricosta.
— pinguis.............. *Sow*.	•	•	•	•	•	•	...	...	...	M.C. vol. iii, p. 128, t. 271. *Sp. rotundata*, Sow. ib. vol. v, p. 89, t. 461, f. 1; ib. Phill. Geol. York. vol. ii, p. 218, t. 9, f. 17. *Sp. subrotundata*, M'Coy, Brit. Pal. Foss. p. 420. *Brachythyris*, M'Coy, Synop. Carb. Foss. Ireland, p. 145. Dav. Mono. Brit. Carb. Brach. Pal. Soc. p. 50, t. 10, f. 1-12. *Vide* Dav. Sup. ib. p. 274, t. 31, 32, 1880.
— planata .... *Phill*.	...	...	•	•	...	...	...	...	...	Geol. York. vol. ii, p. 219, t. 10, f. 3. *Brachythyris*, M'Coy, Synop. Carb. Foss. Ireland, p. 146. Dav. Mono. Brit. Carb. Brach. Pal. Soc. p. 26, t. 7, f. 25-36.
— planicostata ...... *M'Coy*	...	...	...	...	...	...	...	...	...	*Vide* Sp. crassus.
— planosulcata ...... *Phill*.	...	...	...	...	...	...	...	...	...	*Vide* Athyris.
— princeps .... *M'Coy*	...	...	...	...	...	...	...	...	...	*Vide* Sp. striata.
— quinqueloba........ *M'Coy*	...	...	...	...	...	...	...	...	...	*Vide* Spiriferina insculpta.
— radialis .... *Phill*.	...	...	...	...	...	...	...	...	...	*Vide* Streptorhynchus.
— Roedii .... *Dav*.	...	...	•	...	...	...	...	...	...	Mono. Brit. Carb. Brach. Pal. Soc. p. 43, t. 5, f. 40-47.
— resupinata .... *Phill. & Martin*	...	...	...	...	...	...	...	...	...	*Vide* Orthis.

PALÆOZOIC. BRACHIOPODA. CARBONIFEROUS.

SPECIES.	Calciferous Series.	Lower Lmst. Shales.	Carboniferous Lmst.	Up. Lst. Shale, Yoredale	Millstone Grit.	Lower Coal Measures.	Middle Coal Measures.	Upper Coal Measures.	Pass up.	REFERENCES.
Spirifera (continued).										
— reticulata ...... M'Coy										Vide Sp. lineata.
— rhomboidalis ...... M'Coy			*							Martinia, Synop. Carb. Foss. Ireland, p. 141, t. 22, f. 11; ib. Dav. Mono. Brit. Carb. Foss. Brach. Pal. Soc. p. 57, t. 12, f. 6, 7.
— rhomboidea ...... Phill.			*	*						Geol. York. vol. ii, p. 217. t. 9, f. 8, 9. Vide Sp. convoluta, t. 5, f. 2–8.
— rotundata ...... Sow.										Vide Sp. pinguis.
— semicircularis...... Phill.										Vide Sp. trigonalis.
— senilis .... Phill.										Vide Streptorhynchus crenistria.
— septosa............ Phill.										Vide Cyrtina septosa.
— sexradialis ...... Phill.										Vide Sp. triradialis.
— Sowerbyi......... Fischer										Vide Sp. mosquensis.
— squamosa......... Phill.										Vide Athyris lamellosa.
— striata .... Martin			*	*	*					Anomites, Pet. Derb. t. 23, f. 1, 2. Sp. striatus, Sow. M.C. t. 270. Tereb. spirifera, Val. apud Lamk. Anim. s. Vert. vol. vi, No. 59. S. attenuata, Sow. M.C. vol. v, p. 151, t. 493, f. 3–5. Sp. striata et attenuata, Phill. Geol. York. vol. ii, p. 217, 218, t. 9, f. 13. Sp. princeps, M'Coy, Synop. Carb. Foss. Ireland, p. 133, t. 21, f. 1. Sp. clathrata, M'Coy, Carb. Foss. p. 130, t. 19, f. 5; Dav. Mono. Brit. Carb. Brach. Pal. Soc. p. 19, t. 2, f. 12–21; t. 3, f. 2–6; t. 52, f. 1, 2.
— striatella .... M'Coy			*	*						Reticularia, Synop. Carb. Foss. Ireland, p. 144, t. 19, f. 13.
— stringocephaloides M'Coy										Martinia, vide Sp. lineata.
— subconica......... Martin										Vide Syringothyris.
— symmetrica ...... Phill.										Vide Sp. glabra.
— transiens .... M'Coy										Vide Sp. trigonalis.
— triangularis ...... Martin			*	*			*			Conchyliolithus anomites, Pet. Derb. t. 36, f. 2. Sp. triangularis, Sow. M.C. t. 562, f. 5, 6. Sp. ornithorhyncha, M'Coy, Synop. Carb. Foss. Ireland, p. 133, t. 21, f. 2. Dav. Mono. Brit. Carb. Brach. Pal. Soc. p. 27, 223, t. 5, f. 16–24; t. 50, f. 10–18. ? Var. Sp. trigonalis.
— trigonalis.......... Martin			*	*	*	*	*	*		Conchy. anomites, Pet. Derb. t. 36, f. 1. Sp. trigonalis, Sow. M.C. t. 265, f. 1. Dav. Mono. Brit. Carb. Brach. Pal. Soc. p. 29, 31, 222, t. 4, f. 1, 2; t. 5, f. 1, 23, 24, 38, 39; t. 6, f. 1–22; t. 7, f. 1–4, 7–16; t. 50, f. 3–8. Sp. bisulcatus, Sow. M.C. t. 492, f. 1, 2; ib. Dav. Mono. Brit. Carb. Brach. Pal. Soc. p. 31 (synonyms). Sp. transiens, M'Coy, Synop. Carb. Foss. Ireland, p. 135, t. 19, f. 14; ib. Dav. Mono. Pal. Soc. p. 33, t. 4, f. 2. Sp. semicircularis, Phill. Geol. York. t. 9, f. 15, 16. Sp. calcarata, M'Coy, Synop. Carb. Foss. Ireland, p. 130, t. 21, f. 3. Sp. crassa, De Kon. Sp. bisulcata, Salt. Mem. Geol. Surv. Iron Ores of Gt. Brit. pt. 3, t. 2, f. 19; t. 1, f. 26. Vide Dav. Sup. Mono. Brit. Carb. Brach. Pal. Soc. p. 276, t. 34, f. 2–4, 1880.
— triradialis .... Phill.										Geol. York. vol. ii, p. 219, t. 10, f. 7. Sp. sexradialis, Phill. ib. t. 10, f. 8. Sp. trisulcosa, Phill. ib. t. 10, f. 6. Sp. trisulcosa, Phill. = Sp. triradialis, in De Kon. Anim. Foss. Terr. Belg. p. 266, t. 17, f. 7. Dav. Mono. Brit. Foss. Brach. Pal. Soc. p. 49, t. 9, f. 4–12.
— trisulcosa .... Phill.										Vide Sp. triradialis.
— unguiculus ...... Phill.										Vide Sp. Urei.
— Urei .... Flemg.			*	*	*	*	*			Brit. Anim. p. 376, 1828. Ref. Ure Nat. Hist. Ruth. and Kil. p. 313, t. 12. Sp. unguiculus, Phill. Pal. Foss. Dev. t. 28, f. 119. Dav. Mono. Brit. Foss. Brach. Pal. Soc. p. 58, t. 12, f. 13, 14; t. 51, f. 16. Sp. clannyana, King, Mono. Perm. Moll. Pal. Soc. p. 134, t. 10, f. 11–13. App. Dav. Mono. Brit. Perm. and Carb. Brach. p. 267, t. 54, f. 15; ib. Salt. Mem. Geol. Surv. Iron Ores of Gt. Brit. pt. 3, t. 1, f. 24.

PALÆOZOIC. BRACHIOPODA. CARBONIFEROUS.

SPECIES.	Calciferous Series.	Lower Lmst. Shales.	Carboniferous Lmst.	Up.Lst.Slate(Yoredale)	Millstone Grit.	Lower Coal Measures.	Middle Coal Measures.	Upper Coal Measures.	Pass up.	REFERENCES.
SPIRIFERIDÆ.										
Spiriferina ...... *D'Orbigny*, 1847										
— cristata .... *Schloth.*		*	*	*	*				*	Var. *octoplicata*, Sow. M.C. p. 120, t. 562, f. 4. Geinitz, Verst. t. 5, f. 10. *Sp. cristatus*, Von Buch, Ueber Delthyris, p. 39. M'Coy, Synop. Carb. Foss. Ireland, p. 133, and Brit. Pal. Foss. p. 418. Dav. Mono. Brit. Carb. Brach. Pal. Soc. p. 38, 226, t. 7, f. 37-47, 60, 61; t. 52, f. 9, 10, 13; Appendix, ib. p. 267, t. 54, f. 11-13. *Sp. partita*, Portl. Geol. Rept. p. 567, t. 38, f. 3. *Sp. octoplicata*, Sow. Appendix, Dav. Mono. Brit. Form. and Carb. Brach. Pal. Soc. p. 267, t. 54, f. 10, 12.
— var. *biplicata* ...... *Dav.*				...						Var. of *Sp. octoplicata*, Sow. (a var. of *Sp. cristata*, Schloth.) App. Dav. Mono. Carb. Brach. Pal. Soc. p. 226, t. 52, f. 11, 12.
— Etheridgei .... *Dav.*			*							Spiriferina, sp. R. Ether. Jun. Q.J. Geol. Soc. vol. xxii. p. 463, t. 25, f. 25-27, 1876. Spiriferina Etheridgei, Dav. Sup. Mono. Brit. Carb. Brach. Pal. Soc. p. 278, t. 33, f. 6, 1880.
— insculpta .... *Phill.*		*	*							Spirifer, Geol. York. vol. ii, p. 216, t. 9, f. 2, 3. *Sp. crispus et heteroclytus*, De Kon. Anim. Foss. Terr. Carb. Belg. p. 257, 259, t. 15, f. 7, 8; t. 15 bis, f. 1. *Sp. quinqueloba*, M'Coy, Synop. Carb. Foss. Ireland, p. 134, t. 22, f. 7. Dav. Mono. Brit. Carb. Brach. Pal. Soc. p. 42, t. 7, f. 48-55; t. 52, f. 14, 15.
— laminosa .... *M'Coy*		*	*							Cyrtia, Synop. Carb. Foss. Ireland, p. 137, t. 22, f. 4. *C. speciosa*, M'Coy, Synop. ib. p. 134 (non Schloth.). *Sp. hysterious*, De Kon. Anim. Foss. Belg. p. 230, t. 15, f. 3 (non Schloth.). *Spiriferina*, Dav. Mono. Brit. Foss. Carb. Brach. Pal. Soc. p. 36, t. 7, f. 17-22. Vide Dav. Sup. Mono. Ib. p. 277, 1880.
— ? minima .... *Sow.*			*			...				Spirifer, M.C. p. 105, t. 377, f. 1. Dav. Mono. Brit. Carb. Brach. Pal. Soc. p. 40, t. 7, f. 56, 59.
— octoplicata .... *Sow.*										Var. of Sp. cristata.
— Sp. .... *Ether.*			*							Q.J. Geol. Soc. vol. xxxii, p. 463, t. 25, f. 25-27.
STROPHOMENIDÆ.										
Streptorhynchus ... *King*, 1850										
Leptæna, Sp.										
Orthis, Sp.										
Hemipronites ...... *Pander*, 1830										
Orthotetes .... *Fischer*, 1829										
— arachnoides .... *Phill.*			*							Spirifer, Geol. York. vol. ii, t. 11, f. 4. Orthis arachnoidea, De Vern. Geol. Russia, vol. ii, t. 10, f. 18. Dav. Mono. Brit. Carb. Brach. Pal. Soc. p. 127, t. 25, f. 19-21; t. 26, f. 3-6.
— crenistria .... *Phill.*		*	*	*	*	*				Spirifer, Geol. York. vol. ii, p. 219, t. 9, f. 6. *Sp. senilis*, Phill. Ib. f. 5. *Leptæna anomala*, Sow. pars. *Orthis umbraculum*, Portl. Geol. Rept. Lond. &c. t. 37, f. 5. *O. quadrata*, M'Coy, Synop. Carb. Foss. Ireland, p. 126, t. 20, f. 18. *O. Bechei*, ib. t. 22, f. 3. *O. cornata*, ib. t. 22, f. 5. *O. caduca*, ib. t. 22, f. 6. *Leptæna Sharpei*, Morris, Cat. p. 138. *Orthis keokuk*, Hall, Iowa Rept. t. 19, f. 5. Dav. Mono. Brit. Carb. Brach. Pal. Soc. p. 124, 128, t. 26, f. 1-6; t. 27, f. 1-5, 10? t. 30, f. 14-16; t. 53, f. 3. *Strophalosia striata*, Morris, Cat. Brit. Foss. p. 155; ib. M. C. t. 615, f. 1. Streptorhynchus, Snit. Mem. Geol. Surv. Gt. Britain, Iron Ores, pt. 3, t. 1, f. 27. Orthotetes, De Kon. Rech. les Anim. Foss. pt. 2. Carb. de Bleiberg and Carinthie, 1873, p. 44. t. 2, f. 4. Streptor. crenistria, Dav. Sup. Mono. Brit. Carb. Brach. Pal. Soc. p. 266, t. 37, f. 1-5.
— var. cylindrica ...... *M'Coy*			*							Orthis, Synop. Carb. Foss. Ireland, p. 125, t. 22, f. 1. Streptor. Dav. Mono. Carb. Brach. Pal. Soc. p. 128, t. 27, f. 9; ib. Dav. Sup. Pal. Soc. p. 290, t. 37, f. 6, 7, 1880. *S. crenistria*, var. *robusta*, Hall, J. Thompson, Trans. Geol. Soc. Glasgow, vol. ii; ib. J. Neilson, Trans. Geol. Soc. Glasgow, 1875.
— var. Kellii .... *M'Coy*			*							Orthis, Synop. Carb. Foss. Ireland, p. 124, t. 22, f. 4. Dav. Mono. Brit. Carb. Brach. Pal. Soc. p. 127, t. 27, f. 8.

PALÆOZOIC.   BRACHIOPODA.   CARBONIFEROUS.

SPECIES.	Calciferous Series.	Lower Limst. Shales.	Carboniferous Lmst.	Up. Lst. Shale (Yoredale)	Millstone Grit.	Lower Coal Measures.	Middle Coal Measures.	Upper Coal Measures.	Pass up.	REFERENCES.
Streptorhynchus (continued).										
— var. radialis........ *Phill.*............		•		•	•					*Spirifer*, Geol. York. vol. ii, t. 11, f. 5. Dav. Mono. Brit. Carb. Brach. Pal. Soc. p. 129, t. 25, f. 16-18.
— var. senilis .... *Phill.*............										*Vide* S. crenistria.
PRODUCTIDÆ.										
Strophalosia .... *King*, 1844........										
Orthotris .... *Geinitz*										
— *striata*............ *Fischer*										*Vide* Productus.
STROPHOMENIDÆ.										
Strophomena .... *Rafinesque*, 1820										
Leptæna, Sp. ...... *Dalman*............										
Leptagona ...... *M'Coy*, 1844........										
— rhomboidalis ...... *Wilckens*										*Conchitæ*, Nachricht, von Seltenen, p. 79, t. 8, f. 43, 44.
— var. analoga,........ *Phill.*............		•	•		•					*Anomites Wahlenberg* (var. *analoga*, Phill.). Acta Soc. Ups. vol. iii, p. 65, No. 7. *Producta depressa*, Sow. M.C. t. 459, f. 3. *P. analoga*, Phill. Geol. York. vol. ii, p. 215, t. 7, f. 10. *Leptæna distorta*, Sow. M.C. vol. vii, t. 615, f. 2. *Leptagona rugosa*, Dal. M'Coy, Carb. Foss. Ireland, p. 118. *Lept. nodulosa*, Phill. Pal. Foss. Dav. t. 24, f. 95. *Lept. multirijugata*, M'Coy, Synop. Carb. Foss. p. 317, t. 16, f. 12. Dav. Mono. Brit. Carb. Brach. Pal. Soc. p. 119, t. 28, f. 1–13. (*Leptæna depressa*.) Strophomena rhomboidalis, var. analoga, Dav. Sup. Mono. Brit. Carb. Brach. Pal. Soc. p. 191, t. 36, f. 23, 1880.
— (L.) *senilis* .... *Phill.*										*Vide* Streptorhynchus crenistria.
Syringothyris........... *Winchell*, 1863...										
Spirifer (part) ... *Sowerby, &c.*										
— cuspidata .... *Martin*		•	•	•						*Anomites*, Trans. Lin. Soc. vol. iv, p. 44, t. 3, f. 1-6. *Spirifera*, Sow. M.C. t. 120, f. 1-3. *Cyrtia simplex*, M'Coy, Synop. Carb. Foss. Ireland, p. 136 (non Phillips). *Spirifera*, Dav. Mono. Brit. Carb. Brach. Pal. Soc. p. 44, t. 8, f. 19-24; t. 9, f. 1, 2; t. 52, f. 3. *Syringothyris typa* Winchell, Proc. Acad. Nat. Sci. Philadelphia, 1863. *Syringo. cuspidata*, Dav. Sup. Mono. Brit. Carb. Brach. Pal. Soc. p. 278, t. 33, f. 16; t. 52, f. 1-3, 1880. *Vide* King on Spirifera cuspidata, Ann. Mag. Nat. Hist. July, 1867; ib. Mono. of Sp. cuspidatus, Ann. Mag. Nat. Hist. 4 ser. vol. ii, 1868.
— distans .... *Sow.*		•	•	•						*Spirifera*, M.C. t. 494, f. 3; ib. Phill. Geol. York. vol. ii, p. 217. *Cyrtia*, M'Coy, Synop. Carb. Foss. Ireland, p. 136. *Spirifera*, Dav. Mono. Brit. Carb. Brach. Pal. Soc. p. 46, t. 8, f. 7; t. 52, f. 5; p. 224, t. 8, f. 1-17. Sp. *bicarinata*, M'Coy, Synop. Carb. Foss. Ireland, p. 129, t. 22, f. 10. Dav. loc. cit. p. 47, t. 8, f. 18. *Syringothyris*, Dav. Sup. Mono. Carb. Brach. Pal. Soc. p. 281, t. 33, f. 4, 5. See Dav. Geol. Mag. vol. iv, p. 312, t. 14, f. 6-9, 1867.
— subconica .... *Martin*			•							*Conchyliolithus*, Pet. Derb. t. 47, f. 6-8. *Spirifera*, Dav. Mono. Brit. Carb. Brach. Pal. Soc. p. 48, 224, t. 9, f. 3; t. 52, f. 4. *Syringo*. Dav. Sup. Pal. Soc. p. 281, t. 32, f. 17, 1880.
TEREBRATULIDÆ.										
Terebratula............ *Llhwyd*, 1699 ...										
Epithyris .... *Phillips*, 1841 ...										
Waldheimia ...... *King*, 1849......										
— *acuminata* .... *Sow.*............										*Vide* Rhynchonella.
— *ambigua* .... *Phill.*............										*Vide* Athyris.
— *antiquata* .... *Phill.*............										*Vide* Orthis antiquata.
— *cordiformis*........ *Sow.*............										*Vide* Rhynchonella.

PALÆOZOIC.   BRACHIOPODA.   CARBONIFEROUS.

SPECIES.	Calciferous Series.	Lower Limet. Shales.	Carboniferous Lmst.	Up. Lst. Shales (Yoredale)	Millstone Grit.	Lower Coal Measures.	Middle Coal Measures.	Upper Coal Measures.	Pass up.	REFERENCES.
Terebratula (*continued*).										
— *Davreusiana* ...... De Kon.										*Vide* Rhynchonella pleurodon.
— *elongata*										? Var. of T. hastata.
— *excavata* ...... Phill.										*Vide* Rhynchonella angulata.
— *ficus* .... M'Coy		•	•							Var. of T. hastata, M'Coy, Ann. Mag. Nat. Hist. vol. x, 2 ser. p. 421. Brit. Pal. Foss. p. 409, t. 3 D, f. 22. Dav. Mono. Brit. Carb. Brach. Pal. Soc. p. 13, t. 1, f. 13-16.
— *flexistria* .... Phill.										*Vide* Rhynchonella.
— Gillingensis......... Dav.			•							Mono. Brit. Carb. Brach. Pal. Soc. p. 17, t. 1, f. 18-20; t. 2, f. 1, var. of T. hastata.
— *globulina* .... Phill.										*Vide* Camarophoria.
— *hastata*........... Sow.		•	•	•					•	M.C. t. 446, f. 1-3. Phill. Geol. York. vol. ii, p. 221, t. 12, f. 1. *Atrypa hastata*, M'Coy, Synop. Carb. Foss. Ireland, p. 153. *Seminula hastata*, M'Coy, Brit. Pal. Foss. p. 409. Dav. Mono. Brit. Carb. Brach. Pal. Foss. p. 11, t. 1, f. 1-12; p. 213; ib. App. Carb. and Perm. Brach. p. 266, t. 54, f. 1-3; t. 49, f. 13-16. T. elongata.
— hastata, var. *ficus* M'Coy			•							*Seminula*, Ann. Mag. Nat. Hist. vol. x, 2 ser. p. 421; ib. Brit. Pal. Foss. p. 409, t. 3 D, f. 22.
— *mesogonia* .... Phill.										*Vide* Rhynchonella acuminata.
— *pentahedra* ...... Phill.										*Vide* Athyris ambigua.
— *pleura* .... M'Coy										*Vide* Rhynchonella.
— *platyloba*......... Sow.										*Vide* Rhynchonella acuminata.
— *pleurodon*......... Phill.										*Vide* Rhynchonella pleurodon.
— *proava* .... Phill.										*Vide* Rhynchonella.
— *pugnus* .... Sow.										*Vide* Rhynchonella.
— *radialis* .... Phill.										*Vide* Retzia.
— *reniformis* ...... Sow.										*Vide* Rhynchonella.
— *rhomboidea* ...... Phill.										*Vide* Camarophoria globulina (seminula, M'Coy).
— *sacculus* .... Martin		•	•						•	*Conchyliolithus anomites sacculus*, Pet. Derb. t. 46, f. 1, 2. Tereb. M.C. t. 446, f. 1. T. sacculus, Phill. Geol. York. vol. ii, p. 222, t. 12, f. 2; ib. Dav. Mono. Brit. Carb. Brach. Pal. Soc. p. 14, t. 1, f. 23, 14, 27, 29, 30; App. t. 54, f. 5. *Tereb. sufflata*, Schloth. Denksch. Akad. Münch. vol. iv, p. 27, t. 7, f. 10, 11.
— *seminula* .... Phill.										*Vide* Rhynchonella (Camarophoria) seminula.
— ? *subtilita* .... Hall										*Vide* Athyris.
— *sulcirostris* ...... Phill.										*Vide* Rhynchonella pugnus.
— *tumida* .... Phill.										*Vide* Rhynchonella flexistria.
— *ventilabrum* ...... Phill.										*Vide* Rhynchonella pleurodon.
— *vesicularis* ...... De Kon.		•	•							Anim. Foss. Belg. (Sup.) p. 666, t. 56, f. 10. *Seminula seminula*, M'Coy (non Phill.), Brit. Pal. Foss. p. 412. (? R. *pleura*, M'Coy.) Var. of T. hastata. T. *vesicularis*, De Kon. Anim. Foss. Belg. Suppl. t. 16, f. 10.

PALÆOZOIC.   CONCHIFERA.   CARBONIFEROUS.

SPECIES.	Calciferous Series.	Lower Lmst. Shales.	Carboniferous Lmst.	Up. Lst. Shale (Yoredale)	Millstone Grit.	Lower Coal Measures.	Middle Coal Measures.	Upper Coal Measures.	Perm up.	REFERENCES.
Sub-Kingdom, MOLLUSCA.										
LAMELLIBRANCHIATA.										
Class, CONCHIFERA.										
Pelecypoda ... Goldfuss.										
Group, *Monomyaria*.										
Pleuroconques ... D'Orbigny.										
Ambonychia .... Hall, 1847										
— vetusta............ Sow.			*							*Inoceramus*, Min. Con. vol. vi, p. 102, t. 584, f. 2. (*Posidonomya*?)
Amusium .... Klein, 1753										*Vide* Aviculopecten et Pecten.
? *Anomia* .... Linnæus............										ASIPHONIDA.
— antiqua .... M'Coy			*							Synop. Carb. Foss. Ireland, p. 87, t. 19, f. 7. ? Stromatopora.
— corrugata............ Ether.			*							Trans. Geol. Soc. Glasgow, vol. iii, Sup. p. 45.
AVICULIDÆ.										
Avicula .... Klein, 1753										
Monotis .... Brown (pars), 1830										
Eumicrotis .... Meek, 1864										ASIPHONIDA.
— æqualis .... M'Coy		*	*							*Monotis*, Carb. Foss. Ireland, p. 101, t. 15, f. 1.
— alternata .... M'Coy		*	*							*Lima*, Synop. Carb. Foss. Ireland, p. 87, t. 15, f. 4.
— augusta .... M'Coy	*	*	*							Synop. Carb. Foss. Ireland, p. 83, t. 13, f. 20.
— bicostata .... M'Coy			*							Synop. Carb. Foss. Ireland, p. 83, t. 13, f. 26.
— concentricostriatus M'Coy			*							*Pecten*, Synop. Carb. Foss. Ireland, p. 91, t. 14, f. 5. ? Aviculopecten.
— concinna .... M'Coy		*	*							*Lima*, Synop. Carb. Foss. Ireland, p. 87, t. 15, f. 6.
— cycloptera .... Phill.		*	*	*						Geol. York. vol. ii, p. 211, t. 6, f. 5.
— Damnoniensis ...... Sow.	*									Geol. Trans. 2 ser. vol. v, t. 53, f. 22; ib. Phill. Pal. Foss. p. 51, t. 23, f. 90-92.
— decussata............ M'Coy			*							*Lima*, Synop. Carb. Foss. Ireland, p. 87, t. 15, f. 3.
— flabellula .... M'Coy			*							Synop. Carb. Foss. Ireland, p. 83, t. 13, f. 27.
— gibbosa .... M'Coy			*							Synop. Carb. Foss. Ireland, p. 83, t. 13, f. 25.
— Hendersoni ...... E. Ether.	*									Q. J. Geol. Soc. vol. xxxiv, p. 11, t. 1, f. 11.
— informis .... M'Coy		*	*							Synop. Carb. Foss. Ireland, p. 83, t. 13, f. 27.
— laminosa .... Phill.		*	*							*Gervillia*, Geol. York. vol. ii, t. 6, f. 10, 11. Avicula, M'Coy, Carb. Foss. Ireland, p. 84.
— lævigata .... M'Coy			*							*Lima*, Carb. Foss. Ireland, p. 88, t. 14, f. 3.
— lævigata .... M'Coy			*							Synop. Carb. Foss. Ireland, p. 84, t. 13, f. 23.
— lævis............,..... Brown					*					[*Catillus*, Manch. Trans. vol. i, p. 226, t. 7, f. 67; ib. Foss. Con. 1849, p. 167, t. 67, f. 22.
— lunulata .... Phill.			*							*Gervillia*, Geol. York. p. 211, t. 6, f. 12. De Kon. Desc. Anim. Foss. Terr. Carb. Belg. p. 129, t. 3, f. 21. Avicula, M'Coy.
— modiolaris .... Sow.										*Vide* Myalina.
— modioliforme ...... Brown										*Vide* Myalina.
— obliqua............... Brown	?	?	*							Manch. Geol. Trans. vol. i, t. 7, f. 64.
— obtusa .... Salter				*						Doubtful Species.
— planicostata ...... M'Coy		*	*							*Lima*, Synop. Carb. Foss. Ireland, p. 88, t. 15, f. 5.

PALÆOZOIC.   CONCHIFERA.   CARBONIFEROUS.

SPECIES.	Caldiferous Series.	Lower Lanst. Shales.	Carboniferous Limst.	Up.Lst.Shale(Yoredale)	Millstone Grit.	Lower Coal Measures.	Middle Coal Measures.	Upper Coal Measures.	Pass up.	REFERENCES.
Avicula (*continued*).										
— prisca .... *M'Coy*	...	*	...	...	...	...	...	...		*Lima*, Synop. Carb. Foss. Ireland, p. 88, t. 18, f. 6.
— radiata .... *Phill.*	...	...	*	...	...	...	...	...		*Vide Aviculopecten.*
— recta .... *M'Coy*	*	...	*	...	...	...	...	...		Synop. Carb. Foss. Ireland, p. 84, t. 13, f. 24.
— Samueli .... *Brown*	...	...	...	...	*	...	...	...		Trans. Manch. Geol. Soc. vol. i, t. 7, f. 65.
— semisulcata ...... *M'Coy*	...	...	*	...	...	...	...	...		*Lima*, Synop. Carb. Foss. Ireland, p. 88, t. 15, f. 2.
— squamosa .... *Phill.*	...	...	*	...	...	...	...	...		*Gervillia*, Geol. York. p. 212, t. 6, f. 9.
— tenua .... *Brown*	...	...	...	...	...	*	...	...		*Vide Anthracoptera Browniana*, Salt.
— tessellata .... *Phill.*	...	...	*	...	...	...	...	...		*Vide Aviculopecten.*
— Verneuilii .... *M'Coy*	...	*	*	...	...	...	...	...		Synop. Carb. Foss. Ireland, p. 85, t. 13, f. 19.
AVICULIDÆ.										
Aviculopecten ...... *M'Coy*, 1855....										
Pecten, Sp.... *Sowerby, M'Coy, Phill.*										ASIPHONIDA.
Amusium........ *Klein*, 1753 (*pars*)										
— æqualis .... *M'Coy*	...	*	*	...	...	...	...	...		*Pecten*, Synop. Carb. Foss. Ireland, p. 89, t. 15, f. 13.
— alternatus ...... *M'Coy*	...	*	*	...	*	...	...	...		*Meleagrina*, Synop. Carb. Foss. Ireland, p. 79, t. 13, f. 17.
— anisotus .... *Phill.*	...	...	*	...	...	...	...	...		*Pecten*, Geol. York. vol. ii, p. 212, t. 6, f. 22.
— arachnoideus .... *Phill.*	...	...	*	...	...	...	...	...		*Pecten*, Pal. Foss. Devon and Cornwall, p. 48, t. 21, f. 80.
— arenosus .... *Phill.*	*	*	*	...	...	...	...	...		*Pecten*, Geol. York. vol. ii, p. 212, t. 6, f. 20.
— asperulus .... *M'Coy*	...	...	*	...	...	...	...	...		*Pecten*, Synop. Carb. Foss. Ireland, p. 89, t. 16, f. 5.
— bellis .... *M'Coy*	...	*	*	...	...	...	...	...		*Pecten*, Synop. Carb. Foss. Ireland, p. 89, t. 15, f. 18.
— cælatus .... *M'Coy*	...	*	*	...	...	...	...	...		*Pecten*, Synop. Carb. Foss. Ireland, p. 90, t. 18, f. 2. Brit. Pal. Foss. p. 483, t. 3 E, f. 5; ib. R. Ether. Jou. Ann. Mag. Nat. Hist. 4 ser. vol. xviii, p. 37.
— cancellatus ...... *M'Coy*	...	*	*	...	...	...	...	...		*Pecten*, Synop. Carb. Foss. Ireland, p. 89, t. 14, f. 9. Brit. Pal. Foss. p. 483, t. 3 E, f. 3, non P. cancellatus, Hall, Pal. New York, vol. iv, p. 264.
— cingendus .... *M'Coy*	...	*	*	...	...	...	...	...		*Pecten*, Synop. Carb. Foss. Ireland, p. 90, t. 17, f. 11.
— circularis .... *De Kon.*	...	...	*	...	...	...	...	...		Desc. Anim. Foss. Carb. Belg. t. 5, f. 5.
— clathratus ...... *M'Coy*	...	*	*	...	...	...	...	...		*Pecten*, Synop. Carb. Foss. Ireland, p. 90, t. 14, f. 12.
— cognatus .... *M'Coy*	...	*	*	...	...	...	...	...		*Pecten*, Synop. Carb. Foss. Ireland, p. 90, t. 19, f. 4.
— comptus .... *M'Coy*	...	*	*	...	...	...	...	...		*Pecten*, Synop. Carb. Foss. Ireland, p. 90, t. 15, f. 14.
— concavus .... *M'Coy*	...	*	*	...	...	...	...	...		*Pecten*, Synop. Carb. Foss. Ireland, p. 90, t. 15, f. 10. Brit. Pal. Foss. p. 484, t. 3 E, f. 2.
— concentricostriatus *M'Coy*	...	*	*	...	...	...	...	...		*Pecten*, Synop. Carb. Foss. Ireland, p. 91 (concentricus on plate), t. 14, f. 5. Brit. Pal. Foss. p. 484.
— concoideus ...... *M'Coy*	...	*	*	...	...	...	...	...		*Pecten*, Synop. Carb. Foss. Ireland, p. 91, t. 17, f. 2. Brit. Pal. Foss. p. 485.
— consimilis .... *M'Coy*	.	*	*	...	...	...	...	...		*Pecten*, Synop. Carb. Foss. Ireland, p. 91, t. 15, f. 16.
— decoratus .... *Phill.*	...	*	*	...	...	...	...	...		*Pecten*, Geol. York. vol. ii, p. 213, t. 6, f. 26.
— deptilis .... *M'Coy*	...	*	*	...	...	...	...	...		*Pecten*, Synop. Carb. Foss. Ireland, p. 91, t. 16, f. 11.
— dissimilis .... *Flemg.*	...	...	*	...	...	...	...	...		*Pecten*, Brit. Anim. p. 387. M'Coy, Synop. Carb. Foss. p. 91 (non Phill.).
— dissimilis .... *Phill.*	...	...	*	...	...	...	...	...		*Pecten*, Geol. York. vol. ii, p. 212, t. 6, f. 17 (19 P); ib. De Kon. Desc. Anim. Foss. Bolg. p. 143, t. 4, f. 7, 8.
— docens .... *M'Coy*	...	*	*	...	...	...	...	...		Brit. Pal. Foss. p. 485, t. 3 E, f. 6, 7. ? *P. flavosus*, M'Coy, Synop. Carb. Foss. Ireland, p. 93, t. 18, f. 1 (non Lam.).
— Dumontianus .... *De Kon.*	...	...	*	...	...	...	...	...		*Avicula*, Foss. Terr. Carb. Belg. p. 132, t. 4, f. 3. *Meleagrina pulchella*, M'Coy, Synop. Carb. Foss. Ireland, p. 80, t. 12, f. 6.

PALÆOZOIC. CONCHIFERA. CARBONIFEROUS.

SPECIES.	Calciferous Series.	Lower Lmst. Shales.	Carboniferous Lmst.	Up.Lst.Shale(Yoredale)	Millstone Grit.	Lower Coal Measures.	Middle Coal Measures.	Upper Coal Measures.	Pass up.	REFERENCES.
Aviculopecten (*continued*).										
— duplicostata ...... *M'Coy*		*	*							*Pecten*, Synop. Carb. Foss. Ireland, p. 92, t. 15, f. 9.
— echinatus .... *M'Coy*			*							*Meleagrina*, Synop. Carb. Foss. Ireland, p. 79, t. 13, f. 18.
— ellipticus .... *Phill.*		*	*		*					*Pecten*, Geol. York. vol. ii, p. 212, t. 6, f. 15. M'Coy, Synop. Carb. Foss. Ireland, p. 92; ib. R. Ether. Jun. Geol. Mag. Dec. II, vol. i, p. 303, t. 13, f. 3. (*Entolium*.)
— elongatus .... *M'Coy*			*				*			*Pecten*, Synop. Carb. Foss. Ireland, p. 92, t. 16, f. 9. ? *P. subelongatus*, M'Coy.
— exiguus .... *M'Coy*			*							*Pecten*, Synop. Carb. Foss. Ireland, p. 92, t. 15, f. 11.
— fallax .... *M'Coy*		*	*							*Pecten*, Synop. Carb. Foss. Ireland, p. 92, t. 14, f. 2.
— fibrillosus .... *Salter*						*				Mem. Geol. Surv. of Gt. Brit. Geol. Oldham, Manch. &c. sheet 88, S.W. p. 65, t. 1, f. 2.
— filatus .... *M'Coy*			*							*Pecten*, Synop. Carb. Foss. Ireland, p. 93, t. 14, f. 10.
— fimbriatus .... *Phill.*	*		*							*Pecten*, Geol. York. vol. ii, t. 6, f. 28; ib. M'Coy, Brit. Pal. Foss. p. 477.
— flabellulus .... *M'Coy*			*							*Pecten*, Synop. Carb. Foss. Ireland, p. 93, t. 15, f. 17.
— flexuosus .... *M'Coy*			*							*Pecten*, Synop. Carb. Foss. Ireland, p. 93, t. 18, f. 1.
— Forbesii .... *M'Coy*			*							*Pecten*, Synop. Carb. Foss. Ireland, p. 93, t. 15, f. 20. *P. mundus*, ib. t. 17, f. 5.
— gentilis .... *Sow.*			*			*	*			*Pecten*, Geol. Trans. 2 ser. vol. v, t. 39, f. 19.
— gibbosus .... *M'Coy*			*							Synop. Carb. Foss. Ireland, p. 93, t. 18, f. 5.
— granosus .... *Sow.*	*	*	*		*					*Pecten*, M.C. t. 574, f. 2; ib. Phill. Geol. York. vol. ii, p. 213, t. 6, f. 7; ib. M'Coy, Brit. Pal. Foss. p. 486 (392. Dav.).
— Hardingii .... *M'Coy*	*		*							*Pecten*, Synop. Carb. Foss. Ireland, p. 94, t. 15, f. 18.
— hemisphæricus ... *Phill.*			*	*						*Pecten*, Geol. York. vol. ii, p. 212, t. 6, f. 16. *Posidonomya*, De Kon. Desc. Anim. Foss. Belg. p. 142, t. 11, f. 13.
— Hendersoni ...... *R. Ether.*	*									Q. J. Geol. Soc. vol. xxxiv, p. 11, t. 1, f. 11.
— hians .... *M'Coy*			*							*Pecten*, Synop. Carb. Foss. Ireland, p. 94, t. 16, f. 6.
— ? illegalis .... *De Kon.*			*				*			*Pecten*, Anim. Foss. Terr. Carb. Belg. p. 145, t. 4, f. 6. *Plicatus*, M'Coy, Brit. Pal. Foss. p. 486. *P. plicatus*, Phill. Geol. York. vol. ii, p. 213, t. 6, f. 11.
— incrassatus ...... *M'Coy*		*	*							*Pecten*, Synop. Carb. Foss. Ireland, p. 94, t. 16, f. 1; ib. Brit. Pal. Foss. p. 487.
— inornatus .... *Phill.*			*							*Pecten*, M'Coy, Synop. Carb. Foss. Ireland, p. 94.
— intercostatus ...... *M'Coy*			*							Vide *P. interstitialis*, Phill.
— interstitialis ...... *Phill.*	*	*	*							*Pecten*, Geol. York. vol. ii, p. 212, t. 6, f. 24. *P. intercostatus*, M'Coy, Synop. Carb. Foss. Ireland, p. 95, t. 18, f. 4. Brit. Pal. Foss. p. 487.
— irregularis .... *M'Coy*			*							*Pecten*, Synop. Carb. Foss. Ireland, p. 95, t. 15, f. 8.
— Jonesii .... *M'Coy*			*							*Pecten*, Synop. Carb. Foss. Ireland, p. 95, t. 16, f. 10.
— Knockonniensis ... *M'Coy*			*							*Pecten*, Synop. Carb. Foss. Ireland, p. 95, t. 17, f. 4.
— laiotis .... *M'Coy*			*							*Pecten*, Synop. Carb. Foss. Ireland, p. 96, t. 15, f. 21.
— macrotis .... *M'Coy*			*							*Pecten*, Synop. Carb. Foss. Ireland, p. 96, t. 16, f. 13.
— mactatus .... *De Kon.*			*							*Pecten*, Anim. Foss. Terr. Carb. Belg. p. 146, t. 5, f. 5. M'Coy, Brit. Pal. Foss. p. 487.
— megalotus .... *M'Coy*			*							*Pecten*, Synop. Carb. Foss. Ireland, p. 96, t. 14, f. 7.
— meleagrinoides ... *M'Coy*			*							*Pecten*, Synop. Carb. Foss. Ireland, p. 96, t. 16, f. 3.
— micropterus ...... *M'Coy*		*	*							*Pecten*, Synop. Carb. Foss. Ireland, p. 96, t. 15, f. 12.
— mundus .... *M'Coy*			*							*Pecten*, Synop. Carb. Foss. Ireland, p. 97, t. 17, f. 5.
— Murchisoni ...... *M'Coy*			*							*Pecten*, Synop. Carb. Foss. Ireland, p. 97, t. 18, f. 3.

CONCHIFERA

SPECIES.	Calciferous Series.	Lower Limst. Shales.	Carboniferous Limst.	Up. Lst. Shale (Yoredale)	Millstone Grit.	Lower Coal Measures.	Middle Coal Measures.	Upper Coal Measures.	Pass up.	REFERENCES.
Aviculopecten (*continued*).										
— orbicularis .... M'Coy			•							*Mallens*, Synop. Carb. Foss. Ireland, p. 87, t. 19, f. 2.
— orbiculatus .... M'Coy			•							*Pecten*, Synop. Carb. Foss. Ireland, p. 97, t. 14, f. 8.
— ornatus........... Ether. R.		•								Geol. Mag. vol. x, p. 346, t. 12, f. 2; ib. Mem. Geol. Surv. Scotl. Expl. sheet 23, p. 103, 1875.
— oryza .... R. Ether, Jun.		•	•							Mem. Geol. Surv. Scotl. Expl. sheet 23, p. 103, 1873; ib. New Carb. Moll. Geol. Mag. new ser. Dec. II, vol. i, p. 303.
— ottonis .... Portl.			•							*Pecten*, Portl. Geol. Rept. t. 36, f. 10, p. 436. ? *Ottonis*, Goldf.
— ovatus .... M'Coy			•							*Pecten*, Synop. Carb. Foss. Ireland, p. 97, t. 14, f. 11.
— papyraceus .... Sow.			•	•	•	•	•	•		*Avicula*, Pet. Germ. vol. ii, p. 126, t. 116, f. 5. *Pecten*, Sow. M.C. vol. iv, p. 75, t. 354. M'Coy, Brit. Pal. Foss. p. 488; ib. De Kon. Anim. Foss. Carb. Belg. p. 136, t. 5, f. 6; ib. Salt. Mem. Geol. Surv. Co. round Oldham, sheet 88 S.W. t. 1, f. 1; ib. R. Ether. Geol. Mag. Dec. II, vol. iii, p. 152, t. 6, f. 7; ib. vol. iv, p. 243, t. 12, f. 4, 5.
— pera .... M'Coy			•							*Pecten*, Synop. Carb. Foss. Ireland, p. 97, t. 15, f. 19. Brit. Pal. Foss. p. 488.
— planicostatus ...... M'Coy			•							*Pecten*, Synop. Carb. Foss. Ireland, p. 98, t. 14, f. 6.
— platoclathratus ... M'Coy			•							*Pecten*, Synop. Carb. Foss. Ireland, p. 98, t. 16, f. 2.
— planoradiatus ..... M'Coy			•							Brit. Pal. Foss. p. 489, t. 3 E, f. 8; ib. R. Ether. Geol. Mag. Dec. II, vol. iii, p. 151.
— plicatus .... Portl.										Portl. Geol. Rept. p. 435.
— plicatus .... Sow.			•		•					*Pecten*, Sow. M.C. t. 574, f. 3. Phill. Geol. York. vol. ii, t. 6, f. 21.
— quadratus .... M'Coy			•	•	•	•	•			*Meleagrina*, Synop. Carb. Foss. Ireland, p. 80, t. 10, f. 5.
— quinquelineatus ... M'Coy			•							*Pecten*, Synop. Carb. Foss. Ireland, p. 98, t. 17, f. 6.
— radiatus .... Phill.			•							*Avicula*, Geol. York. vol. ii, p. 211, t. 6, f. 8. De Kon. Anim. Foss. Carb. Belg. p. 131, t. 3, f. 26. *Meleagrina*, M'Coy.
— rigida .... M'Coy			•							*Meleagrina*, Carb. Foss. Ireland, p. 80, t. 13, f. 16.
— rugulosus .... M'Coy			•							*Pecten*, Synop. Carb. Foss. Ireland, p. 98, t. 17, f. 7.
— Ruthveni .... M'Coy			•							Brit. Pal. Foss. p. 489, t. 3 E, f. 4.
— scalaris........... Sow.			•	•	•					*Pecten*, Geol. Trans. 2 ser. vol. v, t. 39, f. 20.
— sclerotis .... M'Coy			•							*Pecten*, Synop. Carb. Foss. Ireland, p. 99, t. 16, f. 4. ? *Pecten segregatus*, M'Coy.
— Sedgwickii ...... M'Coy			•							*Pecten*, Synop. Carb. Foss. Ireland, p. 99, t. 14, f. 4.
— segregatus ...... M'Coy			•							*Pecten*, Synop. Carb. Foss. Ireland, p. 99, t. 17, f. 3. Brit. Pal. Foss. p. 489, t. 3 E, f. 1.
— semicircularis .... M'Coy			•							*Pecten*, Synop. Carb. Foss. Ireland, p. 99, t. 17, f. 10.
— semicostatus .... Portl.			•							*Pecten*, Portl. Geol. Rept. p. 436, t. 36, f. 9.
— semistriatus ..... M'Coy			•							*Pecten*, Synop. Carb. Foss. Ireland, p. 99, t. 17, f. 9.
— serratus .... M'Coy			•							*Pecten*, Synop. Carb. Foss. Ireland, p. 100, t. 17, f. 8.
— simplex .... Phill.			•							*Pecten*, Phill. Geol. York. vol. ii, p. 212, t. 6, f. 27. *Avicula*, Anim. Foss. Terr. Carb. Belg. p. 137, t. 4, f. 2-5.
— Sowerbyii ...... M'Coy			•							*Pecten*, Synop. Carb. Foss. Ireland, p. 100, t. 14, f. 1. *Amusium*, M'Coy, Brit. Pal. Foss. p. 478. P. Dalhus, D'Orb. Prod. p. 139. *P. Valdaivus*, Keyser, Geol. Russia, vol. ii, p. 328, t. 27, f. 9. *P. Sowerbyii*, R. Ether. Jun. Geol. Mag. Dec. II, vol. i, p. 300, t. 13, f. 1, 2. ? *Entolium*, Meek. Rept. of the Pal. of Eastern Nebraska, p. 191, t. 9, f. 13.
— spinulosus .... M'Coy			•							*Pecten*, Synop. Carb. Foss. Ireland, p. 100, t. 17, f. 1.
— stellaris .... Phill.			•				?			*Pecten*, Phill. Geol. York. vol. ii, t. 6, f. 18.
— subauisotus ...... R. Ether.		•	•							Mem. Geol. Surv. Scotl. Expl. sheet 31, p. 81.

PALÆOZOIC.   CONCHIFERA.   CARBONIFEROUS.

SPECIES.	Culmiferous Series.	Lower Limst. Shales.	Carboniferous Limst.	Up. Lst. Shale (Yoredale)	Millstone Grit.	Lower Coal Measures.	Middle Coal Measures.	Upper Coal Measures.	Pass up.	REFERENCES.
Aviculopecten (*continued*).										
— subconoideus ...... *R. Ether. Jun.*		•	•							Ann. Mag. Nat. Hist. 4 ser. vol. xviii. p. 96, t. 4, f. 1, 2, 1876.
— subelongatus ...... *M'Coy*		•	•							Brit. Pal. Foss. p. 477. *P. elongatus*, M'Coy, Synop. Carb. Foss. Ireland, p. 92, t. 16, f. 9.
— sublobatus ...... *Phill.*			•							*Vide* Streblopteria.
— tabulatus ...... *M'Coy*			•							*Pecten*, Synop. Carb. Foss. Ireland, p. 100, t. 16, f. 12.
— tessellatus ...... *Phill.*		•	•							*Avicula*, Geol. York. vol. ii, p. 211, t. 6, f. 6. *Meleagrina*, M'Coy.
— transversus ...... *Sow.*			•							*Pecten*, Geol. Trans. 2 ser. vol. v, t. 53, f. 3. Phill. Pal. Foss. Dev. t. 21, f. 77. M'Coy, Synop. Carb. Foss. Ireland, p. 101.
— tripartitus ...... *M'Coy*		•	•							*Pecten*, Synop. Carb. Foss. Ireland, p. 101, t. 16, f. 8.
— undulatus ...... *M'Coy*		•	•							*Pecten*, Synop. Carb. Foss. Ireland, p. 101, t. 17, f. 2.
— Valdaicus ...... *De Vern.*					•					*Pecten*, Geol. Russia. *Vide* A. Sowerbyii.
— variabilis ...... *M'Coy*		•	•	•	•	•	•			*Pecten*, Synop. Carb. Foss. Ireland, p. 101, t. 16, f. 7. ? *Ungulina antiqua*, M'Coy, Synop. Carb. Foss. p. 53, t. 8, f. 8.
— Sp. ...... *R. Ether.*	•									Q. J. Geol. Soc. vol. xxxiv. p. 11. Mem. Geol. Surv. Scotl. Expl. sheet 31, p. 81.
Entolium ...... *Meek*										
— Sowerbyii ...... *M'Coy*										*Vide* Aviculopecten.
AVICULIDÆ.										
Gervillia ...... *Defrance*, 1820										ASIPHONIDA.
— elongata ...... *Portl.*			•							Geol. Rept. Lond. p. 438.
— inconspicua ...... *Phill.*			•							Geol. York. vol. ii, p. 212, t. 6, f. 13.
— laminosa ...... *Phill.*										
— lunulata ...... *Phill.*										} *Vide* Avicula.
— squamosa ...... *Phill.*										
AVICULIDÆ.										
Inoceramus ? ...... *Sowerby*, 1819										ASIPHONIDA.
— auriculatus ...... *M'Coy*			•							Synop. Carb. Foss. Ireland, p. 77, t. 19, f. 5.
— lævissimus ...... *M'Coy*			•							Synop. Carb. Foss. Ireland, p. 77, t. 19, f. 6.
— orbicularis ...... *M'Coy*			•							Synop. Carb. Foss. Ireland, p. 77, t. 13, f. 11.
— pernoides ...... *Portl.*			•							Geol. Rept. p. 567, t. 38, f. 5.
— retusus ...... *Sow.*		•								*Vide* Posidonomya.
Lima ...... *Bruguière*, 1797										
Plagiostoma ...... *Sowerby*, 1812										ASIPHONIDA.
— alternata ...... *M'Coy*										*Vide* Avicula, Sp.
— concinna ...... *M'Coy*										*Vide* Avicula, Sp.
— lævigata ...... *M'Coy*			•							Synop. Carb. Foss. Ireland, p. 88, t. 14, f. 3.
— obliqua ? ...... *M'Coy*										Synop. Carb. Foss. Ireland, p. 88, t. 15, f. 7.
— planicostata ...... *M'Coy*										
— prisca ...... *M'Coy*										} *Vide* Avicula, Sp.
— semisulcata ...... *M'Coy*										

CONCHIFERA.

PALÆOZOIC. — CARBONIFEROUS.

SPECIES.	Calciferous Series.	Lower Laust. Shales.	Carboniferous Laust.	Up. Lst. Shale, Yoredale	Millstone Grit.	Lower Coal Measures.	Middle Coal Measures.	Upper Coal Measures.	Pass sp.	REFERENCES.
AVICULIDÆ.										
Malleus .... Lamarck, 1799...	...	...	...	...	...	...				Vide Aviculopecten (M'Coy).
Meleagrina .... Lamarck, 1819...										
— alternata......... M'Coy	...	...	...	...	.	.	...			Vide Aviculopecten, Sp. Streblopteria.
— echinata .... M'Coy	...	...	...	...	...	...	...			Vide Aviculopecten, Sp. Streblopteria.
— lævigata .... M'Coy	...	...	...	...	...	...	...			Vide Aviculopecten, Sp. Streblopteria.
— pulchella .... M'Coy	...	...	...	...	...	...	...			Vide Aviculopecten, Sp. Streblopteria. Under Aviculopecten or Streblopteria.
— quadrata......... M'Coy	...	...	...	...	...	...	...			Vide Aviculopecten, Sp. Streblopteria.
— radiata .... Phill................	...	...	...	...	...	...	...			Vide Aviculopecten, Sp. Streblopteria.
— rigida ...,....... M'Coy	...	...	...	...	...	...	...			Vide Aviculopecten, Sp. Streblopteria.
— tessellata......... Phill................	...	...	...	...	...	...	...			Vide Aviculopecten, Sp. Streblopteria.
AVICULIDÆ.										
Mosotis .... Bronn, 1830										
— æqualis	...	...	...	...	...	...	...			Vide Avicula.
— lævis .... Brown	...	...	...	...	...	...	...			Vide Avicula.
— obtusa .... Brown	...	...	...	...	...	...	...			Vide Gervillia, Bronn. (Avicula.)
Monopteria ...... Meek & Worthen, 1866	...	...	...	...	...	...	...			Vide Pterinæa.
Pecten .... Linnæus, 1758 ...										
Janira .... Schum. 1817 ...	...	...	...	...	...	...	...			} Vide Aviculopecten.
Amusium............ Klein, 1753	...	...	...	...	...	...	...			
Perna ?................................										
— Sp.	...	*	...	...	...	...	...			Geol. York. vol. ii, t. 6, f. 14.
AVICULIDÆ.										
Pinna .... Linnæus, 1758 ...										ASIPHONIDA (INTEGRO-PALLIALIA).
— costata .... Phill................	...	...	*	*	...	...	...			Vide P. flabelliformis.
— flabelliformis ...... Martin			*							Conch. Pinnites flabelliformis, Pet. Derb. t. 6. P. flabelliformis, M'Coy, Synop. Carb. Foss. Ireland, p. 85; ib. Brit. Pal. Foss. p. 498. P. costata, Phill. Geol. York, vol. ii, p. 211, t. 6, f. 2. ? P. nuda, Martin.
— flexicostata ...... M'Coy			*	*						Synop. Carb. Foss. Ireland, p. 85, t. 19, f. 1; ib. Brit. Pal. Foss. p. 499, t. 3 E, f. 11-13.
— inæquicostata ...... Portl.............			*							Geol. Rept. London, p. 437; ib. M'Coy, Synop. Carb. Foss. Ireland, p. 86.
— inflata .... Phill................	...	...	...	...	...	...	...			Vide Productus striatus.
— mutica .... M'Coy			*	*						Synop. Carb. Foss. Ireland, p. 86, t. 19, f. 11.
— spatula .... M'Coy	...	...	...	*	...	...	...			Brit. Pal. Foss. p. 499, t. 3 E, f. 9, 10.
AVICULIDÆ.										
Posidonia .... Bronn, 1828	...	...	...	...	...	...	...			Vide Posidonomya.
AVICULIDÆ.										
Posidonomya......... Bronn, 1837										
Posidonia .... Bronn, 1828										
(non Posidonia ...... De Kon.)										

PALÆOZOIC. CONCHIFERA. CARBONIFEROUS.

SPECIES.	Calciferous Series.	Lower Lmst. Shales.	Carboniferous Lmst.	Up. Ld. Shale (Yoredale)	Millstone Grit.	Lower Coal Measures.	Middle Coal Measures.	Upper Coal Measures.	Flags sp.	REFERENCES.
Posidonomya (*continued*).										ASIPHONIDA (INTEGRO-PALLIALIA).
— Beckeri .... *Brown*		*	*	*	*	*	*	...	...	Lethea, p. 89, t. 2, f. 8–17; ib. Goldf. Pet. Germ. vol. ii, p. 119, t. 113, f. 6. *Posidonia*, Sow. Trans. Geol. Soc. 2 ser. vol. v, t. 52, f. 3–4. *Posidonia Beckeri*, Phill. Pal. Foss. Devon and Cornwall, p. 45, t. 20, f. 73; ib. M'Coy, Brit. Pal. Foss. p. 521. ? *P. similis*, M'Coy, Synop. Carb. Foss. Ireland, p. 78, t. 12, f. 2. *P. acuticosta*, Sandb. Verst. Ilhein Schichten, p. 294, t. 30, f. 9; ib. Pictet Palæont. vol. iii, p. 606, t. 82, f. 13.
— complanata ...... *Portl.*		*	*	...	...	...	...	...	...	*Posidonia*, Geol. Rept. p. 472, t. 34, f. 12.
— corrugata .... *Ether.*		*	*	...	...	...	...	...	...	*Anomia*, Armst. and Young, Cat. Carb. Foss. W. Scotland, Trans. Geol. Soc. Glasgow, 1871, vol. iii, p. 48. *Posidonomya*, R. Ether. Jun. Mem. Geol. Surv. Scotland, Expl. sheet 32, p. 103; ib. Geol. Mag. Dec. II, vol. i, p. 304, t. 13, f. 4–6.
— costata .... *M'Coy*			*	...	...	...	...	...	...	*Posidonia*, Synop. Carb. Foss. Ireland, p. 78, t. 13, f. 15; var. of *P. membranacea*, M'Coy.
— Gibbsoni .... *Brown*		...	...	*	*	*	...	...	...	Salter, Mem. Geol. Surv. Co. round Wigan, sheet 89 S.W. p. 35, f. 1ª, p. 37.
— lateralis .... *Sow.*		*	*	...	...	...	...	...	...	*Posidonia*, Trans. Geol. Soc. 2 ser. vol. v, p. 703, t. 52, f. 1. *Posidonia*, Phill. Pal. Foss. Devon and Cornwall, p. 45, t. 20, f. 74. Posidonia, M'Coy, Brit. Pal. Foss, p. 522.
— membranacea ...... *M'Coy*		...	*	*	*	...	...	...	...	*Posidonia*, Synop. Carb. Foss. Ireland, p. 78, t. 13, f. 14. (? Young of P. Beckeri.)
— similis .... *M'Coy*			*	...	...	...	...	...	...	*Posidonia*, Synop. Carb. Foss. Ireland, p. 79, t. 12, f. 2.
— transversa ...... *Portl.*			*	...	...	...	...	...	...	Geol. Rept. Lond. p. 745, t. 38, f. 9. *Pholadomya dichotoma*, De Ryckholt, Mélange, Pal. 1852, p. 161; note, p. 19, f. 18, 19.
— tuberculata ...... *Sow.*			*	...	...	...	...	...	...	*Posidonia*, Trans. Geol. Soc. 2 ser. vol. v, t. 52, f. 5; ib. Phill. Pal. Foss. Devon and Cornwall, p. 44, t. 20, f. 72. Posidonia, M'Coy, Brit. Pal. Foss. p. 522.
— venusta .... *Münst.*			*	...	...	...	...	...	...	Beitr. heft 3, p. 51, t. 10, f. 12. Portlock, Geol. Rept. Lond. p. 424, t. 25 A, f. 41 ib. Geinitz, Verst. Grauw. p. 50, t. 12, f. 18–21.
— vetusta .... *Sow.*		*	*	*	...	...	...	...	...	*Inoceramus*, M.C. t. 584, f. 2. *Inoceramus*, Phill. Geol. York. vol. ii, p. 211, t. 6, f. 3, 4. ? *Posidonomya*, De Kon. Anim. Foss. Terr. Carb. Belg. p. 141, t. 6, f. 1. *Inoceramus*, Goldf. Pet. Germ. vol. ii, t. 108, f. 5. I. vetustus, var. priscus, Portl. Geol. Rept. p. 423, t. 33, f. 1–3. Posido. prisca, Geinitz, Verst. Grauw. p. 53, t. 12, f. 24. *Ambonychia vetusta*, M'Coy, Brit. Pal. Foss. p. 482.
AVICULIDÆ.										
Pterinæa .... *Goldfuss*, 1832 ...										
Monoptera ... *Meek & Worthen*, 1866										ASIPHONIDA (INTEGRO-PALLIALIA).
— dæquamata .... *M'Coy*			*	...	...	...	...	...	...	Synop. Carb. Foss. Ireland, p. 82, t. 13, f. 2.
— intermedia .... *M'Coy*			*	...	...	...	...	...	...	Synop. Carb. Foss. Ireland, p. 82, t. 13, f. 1.
— Thompsoni .... *Portl.*			*	...	...	...	...	...	...	Geol. Rept. Lond. p. 430, t. 25 A, f. 10.
AVICULIDÆ.										
Pteronites .... *M'Coy*, 1844										ASIPHONIDA (INTEGRO-PALLIALIA).
— angustatus .... *M'Coy*			*	...	...	...	...	...	...	Synop. Carb. Foss. Ireland, p. 81, t. 13, f. 6.
— fluctuosus .... *Ether.*			*	...	...	...	...	...	...	Trans. Geol. Soc. Glasgow, vol. iii, pt. 2, Sup. p. 48, 1871; ib. Geol. Mag. vol. x, p. 298; ib. R. Ether. Geol. Mag. vol. x, p. 348, t. 12, f. 1; ib. Mem. Geol. Surv. Scotland, Expl. sheet 23, p. 104, 1873.
— latus .... *M'Coy*			*	...	...	...	...	...	...	Synop. Carb. Foss. Ireland, p. 81, t. 13, f. 7.
— persulcatus .... *M'Coy*	*		*	...	...	...	...	...	...	Ann. Mag. Nat. Hist. 2 ser. vol. vii; ib. Brit. Pal. Foss. p. 480, t. 3 F, f. 1.

CONCHIFERA.

SPECIES.	Calciferous Series.	Lower Lmst. Shales.	Carboniferous Lmst.	Up. Lst. Shale(Yoredale)	Millstone Grit.	Lower Coal Measures.	Middle Coal Measures.	Upper Coal Measures.	Poss. up.	REFERENCES.
Pterenites (*continued*).										
— regularis .... *Ether.*			*	...	...	...	...	...	...	Geol. Mag. vol. x, p. 348, l. 12, f. 6.
— semisulcatus ...... *M'Coy*	...	...	*	...	...	...	...	...	...	Synop. Carb. Foss. Ireland, p. 81; *Modiola microcephala*, ib. t. 11, f. 32.
— subradiatus .... *Sow.*	...	...	*	...	...	...	...	...	...	*Avicula*, Geol. Trans. 2 ser. vol. v, t. 54, f. 1.
— sulcatus .... *M'Coy*	...	...	*	...	...	...	...	...	...	Synop. Carb. Foss. Ireland, p. 82, t. 13, f. 5.
— ventricosus .... *M'Coy*	...	*	*	...	...	...	...	...	...	Synop. Carb. Foss. Ireland, p. 82, t. 13, f. 8.
AVICULIDÆ.										
Streblopteria .... *M'Coy*, 1851......										
Meleagrina ...... *M'Coy*, 1844...... (non *Lamarck*)										ASIPHONIDA (INTEGRO-PALLIALIA).
— lævigata .... *M'Coy*	...	...	*	...	...	...	...	...	...	*Meleagrina*, Synop. Carb. Foss. Ireland, p. 80, t. 12, f. 5. Streblopteria, M'Coy, Brit. Pal. Foss. p. 482.
— pulchella .... *M'Coy*	...	...	*	...	...	...	...	...	...	*Meleagrina*, Synop. Carb. Foss. Ireland, p. 80, t. 12, f. 6. Streblopteria, M'Coy.
— sublobatus .... *Phill.*..............	...	...	*	...	...	...	...	...	...	*Avicula*, Geol. York. vol. ii, p. 211, t. 6, f. 25. *Aviculopecten*, Morris, Cat. Brit. Foss. 2 ed. p. 166. *Aviculopecten* (?) Streblopteria, R. Ether. Jun. Geol. Mag. Dec. II, vol. iii, p. 151, t. 6, f. 2-6.
LAMELLIBRANCHIATA.										
Pelecypoda ...... Goldfuss.										
Order, *Isedrolotila* ... M'Coy.										
Group, *Dimyaria*.										
ANATINIDÆ.										
Allorisma .... *King*, 1844										SIPHONIDA (SINU-PALLIALIA).
— constricta............ *King*	...	*	*	...	...	*	...	...	...	Perm. Foss. Pal. Soc. p. 163. *Nucula accipiens*, Sow. Trans. Geol. Soc. 2 ser. vol. v, t. 39, f. 4.
— sulcata............... *Flemg.*	...	*	*	*	...	*	*	...	...	*Hiatella*, Brit. Anim. p. 462. Allorisma, King, Mono. Brit. Perm. Foss. Pal. Soc. p. 196, t. 20, f. 5. *Unio Urii*, Sow. Trans. Geol. Soc. 2 ser. vol. v, t. 39, f. 6. *Myacites*, Salt. Mem. Geol. Surv. Iron Ores of Gt. Britain, pt. 3, t. 1, f. 18.
Amphidesma ...... Lamarck, 1818 ...										
— axiniformis........ *Portl.*............	...	...	...	...	...	...	...	...	...	*Vide* Schizodus.
— carbonaria .... *Portl.*............	...	...	...	...	...	...	...	...	...	*Vide* Schizodus.
— deltoidea............ *Portl.*............	...	...	...	...	...	...	...	...	...	*Vide* Schizodus.
— depressa .... *Portl.*............	...	...	...	...	...	...	...	...	...	*Vide* Schizodus.
— subtruncata......... *M'Coy*	...	...	...	...	...	...	...	...	...	*Vide* Anodontopsis.
ANATINIDÆ.										
Anatina .... Lamarck, 1809 ...										
Platymya ...... (*part*) *Agassiz*, 1843										SIPHONIDA (SINU-PALLIALIA).
— attenuata ? .... *M'Coy*	*	*	...	...	...	...	...	...	...	Synop. Carb. Foss. Ireland, p. 51, t. 8, f. 6. (Dolabra.)
— deltoidea .... *M'Coy*	*	*	...	...	...	...	...	...	...	Synop. Carb. Foss. Ireland, p. 51, t. 8, f. 7.

PALÆOZOIC. CONCHIFERA. CARBONIFEROUS.

SPECIES.	Calciferous Series.	Lower Lmst. Shales.	Carboniferous Lmst.	Up. Lst.-Shale Yoredales.	Millstone Grit.	Lower Coal Measures.	Middle Coal Measures.	Upper Coal Measures.	Pass up.	REFERENCES.
TELLINIDÆ ?										
Anodontopsis ...... *M'Coy*, 1851										SIPHONIDA (SINU-PALLIALIA).
— pristina ...... *M. V. & K.*			*							*Amphidesma*, Geol. Russia, t. 20, f. 5. *Anodontopsis*, M'Coy, Brit. Pal. Foss. p. 494.
— subtruncatus ...... *M'Coy*			*							*Amphidesma*, Synop. Carb. Foss. Ireland, p. 53, t. 10, f. 10. Schizodus, King, Perm. Foss. Pal. Soc. p. 185 (foot note).
MYADÆ.										
Anthracomya ...... *Salter*, 1861										
Unio, Sp. ...... *Sow.*										SIPHONIDA (SINU-PALLIALIA).
— Adamsii ...... *Salt.*						*	*		*	Mem. Geol. Surv. Gt. Britain (Iron Ores of Gt. Britain), pt. 3; South Wales, p. 230, t. 2, f. 7.
— dolabrata ...... *Sow.*							*	*		*Unio*, Trans. Geol. Soc. 2 ser. vol. v, t. 39, f. 9.
— modiolaris ...... *Sow.*							*	*		*Unio*, Trans. Geol. Soc. 2 ser. vol. v, t. 39, f. 10. *Anthracomya*, Salt. Mem. Geol. Surv. Gt. Britain (Iron Ores of Gt. Britain), pt. 3, t. 2, f. 13.
— Phillipsii ...... *Will.*							*	*		*Unio*, Phill. Geol. Mag. vol. ix, p. 351 (no description). *Unio linguiformis*, Phill. Murch. Sil. Syst. p. 88, woodcut, p. 84, f. c. *Modiola*, Sp. Binney, Mems. Lit. and Phil. Soc. Manchester, 2 ser. vol. xii, p. 221. *Anthracomya* Phillipsii, H. and E. Cat. Foss. Mus. Pract. Geol. p. 157, 160; ib. Jones, Geol. Mag. vol. vii, p. 217, t. 9, f. 3, 18; ib. R. Ether. Contrib. to Brit. Pal. Geol. Mag. Dec. II, vol. iv, p. 243, t. 12, f. 6, 7.
— pumila ...... *Salt.*							*			Mem. Geol. Surv. Gt. Britain (Iron Ores of S. Wales), pt. 3, p. 230, t. 2, f. 10.
— rugulosus ...... *Phill.*							*			*Unio*, Sil. Syst. p. 88.
— sanguinolaria ...... *Salt. MS.*						*	*			Mem. Geol. Surv. Gt. Britain (Co. round Bolton), sheet 89, p. 35.
— Scotica ...... *R. Ether. Jun.*	*				*					Geol. Mag. Dec. II, vol. iv, p. 244, t. 12, f. 8; ib. Q. J. Geol. Soc. vol. xxxiv, p. 16. ? *Unio naciformis*, Hibbert, Trans. Roy. Soc. Edinb. vol. xiii, p. 245.
— senex ...... *Salt.*							*			Mem. Geol. Surv. Gt. Britain (Iron Ores of S. Wales), pt. 3, p. 231, t. 2, f. 12.
— subcentralis ...... *Salt.*							*			Mem. Geol. Surv. Gt. Britain (Iron Ores of S. Wales), pt. 3, p. 231, t. 2, f. 9.
— Sp. ...... *Phill.*										*Vide* Anthracomya Phillipsii.
UNIONIDÆ.										
Anthracosia ...... *King*, 1856 (non 1844)										
Unio ...... *Retzius*, 1788										
Cardinia ...... *Agassiz*, 1841 (part)										
Carbonicola ? ...... *M'Coy*, 1855										ASIPHONIDA (INTEGRO-PALLIALIA).
— acuta ...... *Sow.*						*	*	*		*Unio*, M.C. vol. i, p. 84, t. 33, f. 5-7. De Kon. Anim. Foss. Belg. p. 75, t. 1, f. 8. *Anthracosia*, Salt. Mem. Geol. Surv. Gt. Britain (Iron Ores of S. Wales), pt. 3, p. 228, t. 2, f. 20. *Pachyodon lateralis*, Brown, Ann. Mag. Nat. Hist. vol. xii, t. 15, f. 3. *Carbonicola*, M'Coy, Brit. Pal. Foss. p. 514.
— aquilina ...... *Sow.*							*	*		*Unio*, Trans. Geol. Soc. 2 ser. vol. v, t. 39, f. 12. *Anthracosia*, Salt. Mem. Geol. Surv. Gt. Britain (Iron Ores of S. Wales), pt. 3, t. 2, f. 17. *Carbonicola*, M'Coy, Brit. Pal. Foss. p. 515.
— centralis ...... *Sow.*							*	*		*Unio*, Trans. Geol. Soc. 2 ser. vol. v, t. 39, f. 13.
— lateralis ...... *Brown*										*Vide* A. acuta.
— nuciformis ...... *Hibb.*	*	*				*				*Unio*, Trans. Roy. Soc. Edinb. vol. xiii, p. 245. ? *A. Scotica*.

CONCHIFERA.

SPECIES.	Calciferous Series.	Lower Lmst. Shales.	Carboniferous Lmst.	Up.Lst.Shale(Yoredale)	Millstone Grit.	Lower Coal Measures.	Middle Coal Measures.	Upper Coal Measures.	Perm sp.	REFERENCES.
Anthracosia (*continued*).										
— nucleus .... *Brown*	*	...	...	...	...	...	...	...	...	*Unio*, Foss. Conch. 1849, p. 178, t. 73, f. 8. *Pachyodon nucleus*, Brown, Ann. Mag. Nat. Hist. 1843, vol. xii, p. 394, t. 16*, f. 1. *Axinus pentlandicus*, (pars) Rhind. Age of the Earth, 1836, t. 2, f. 2. Anthracosia nucleus, R. Ether. Q. J. Geol. Soc. vol. xxxiv, p. 16, t. 2, f. 20.
— ovalis .... *Martin*	...	...	...	...	...	*	...	...	...	*Mya*, Pet. Derb. p. 5, t. 27, f. 1, 2; t. 28, f. 5. De Kon. Anim. Foss. Belg. p. 74, t. II, f. 2. Anthracosia, Salt. Mem. Geol. Surv. (Iron Ores of S. Wales), pt. 3, p. 228, t. 2, f. 22. ? *Unio centralis*, Sow.
— phaseola .... *Sow.*	...	...	...	...	...	...	...	...	...	*Unio*, Trans. Geol. Soc. 2 ser. vol. v, t. 39, f. 11.
— robusta .... *Sow.*	...	...	...	...	...	...	*	*	...	*Unio*, Trans. Geol. Soc. 2 ser. vol. v, p. 491, t. 39, f. 14. De Kon. Anim. Foss. Belg. p. 71, t. H, f. 1. Anthracosia robusta, Salt. Mem. Geol. Surv. Co. round Wigan, sheet 89 S.W. p. 37, f. 2. ? *Mytilus crassus*, Sow. Min. Con. vol. iv, p. 160, t. 366.
— subconstricta ..... *Sow.*	...	...	...	*	*	*	...	...	...	*Unio*, Min. Con. vol. i, p. 83, t. 23, f. 1–3. De Kon. Anim. Foss. Belg. p. 73, t. I, f. 9. *Carbonicola*, M'Coy, Brit. Pal. Foss. p. 515. *Pachyodon amygdale*, Brown, Ann. Mag. Nat. Hist. vol. xii, t. 16, f. 3.
— turgida .... *Brown*	...	...	...	...	...	...	...	...	...	*Pachyodon*, Ann. Mag. Nat. Hist. vol. xii, t. 16, f. 13, 14. *Carbonicola*, M'Coy, Brit. Pal. Foss. p. 516.
— Urei .... *Flem.*	...	...	...	...	...	...	...	...	...	*Unio*, Hist. Brit. Animals, p. 417. *Muscle*, Ure, Hist. Rutherglen, p. 311, t. 16, f. 4. *Mya ovalis*, Martin, Derb. t. 27, f. 1. ? Var. of *Anthracosia acuta*.
MYTILIDÆ.										
Anthracoptera ...... *Salter*, 1863					*					ASIPHONIDA (INTEGRO-PALLIALIA).
— Browniana .... *Salt.*	...	...	...	...	*	*	...	...	...	Mem. Geol. Surv. Gt. Britain (Co. round Wigan), sheet 89 S.W. p. 37, f. 3; p. 38, f. 3 a, b. *Avicula tewva*, Brown, Mem. Geol. Trans. I, t. 5, f. 23; ib. Foss. Conch. t. 68, f. 9.
— carinata .... *Sow.*	...	...	...	...	...	...	...	...	...	*Modiola*, Geol. Trans. vol. v, 2 ser. Expl. of plates and woodcuts, t. 39, f. 15.
— modiolaris .... *Sow.*	...	...	...	...	...	...	...	...	...	*Vide* Anthracomya.
— obesa .... *R. Ether.*	*	...	...	...	...	*	...	...	...	Q. J. Geol. Soc. vol. xxxiv, p. 12, t. 1, f. 12, 13 (14 ?).
— quadrata .... *Sow.*	...	...	...	...	...	*	...	...	...	*Avicula*, Geol. Trans. 2 ser. vol. v, t. 39, f. 17. *Myalina*, Salt. Mem. Geol. Surv. Iron Ores of Gt. Britain, pt. 3, t. 2, f. 14.
— Sp. .... *Salt.*	...	...	...	...	...	...	...	...	...	Mem. Geol. Surv. Gt. Britain (Co. round Wigan), sheet 89 S.W.
— tumida .... *R. Ether.*	...	*	...	...	...	...	...	...	...	Mem. Geol. Surv. Scotland, Expl. sheet 31, p. 82.
ARCIDÆ.										
Arca .... *Linnæus*, 1758										ASIPHONIDA (INTEGRO-PALLIALIA).
— cancellata .... *Martin*	...	...	*	...	...	...	...	...	...	*Arcites*, Pet. Derb. t. 44. *Arca*, Sow. M. C. t. 473; ib. M'Coy, Synop. Carb. Foss. Ireland, p. 71.
— clathrata .... *M'Coy*	...	...	*	...	...	...	...	...	...	*Byssoarca*, Synop. Carb. Foss. Ireland, p. 72, t. 11, f. 34.
— costata .... *Brown*	...	...	...	...	...	...	...	...	...	*Vide* Pleurophorus.
— costellata .... *M'Coy*	...	...	*	...	...	...	...	...	...	*Byssoarca*, Synop. Carb. Foss. Ireland, p. 72, t. 11, f. 36.
— cylindrica .... *Portl.*	...	...	...	...	...	...	...	...	...	*Vide A. obliqua.*
— decussata .... *M'Coy*	...	...	*	...	...	...	...	...	...	*Psammobia*, Carb. Foss. Ireland, p. 53, t. 10, f. 2.
— fimbriata .... *M'Coy*	...	...	...	...	...	...	...	...	...	*Vide A. Lacordairiana*, De Kon.
— Lacordairiana .... *De Kon.*	...	...	*	...	...	...	...	...	...	Anim. Foss. Terr. Carb. Belg. p. 119, t. 2, f. 14. *A. fimbriata* ? M'Coy, Synop. Carb. Foss. Ireland, p. 71, t. 12, f. 8.
— lanceolata .... *M'Coy*	...	...	*	...	...	...	...	...	...	*Byssoarca*, Synop. Carb. Foss Ireland, p. 72, t. 11, f. 33.
— obtusa .... *Phill.*	...	...	...	...	...	...	...	...	...	*Vide Cucullæa.*

CONCHIFERA.

SPECIES.	Culciferous Series.	Lower Limit. Shales.	Carboniferous Limit.	Up.Lst.Shale(Yoredale)	Millstone Grit.	Lower Coal Measures.	Middle Coal Measures.	Upper Coal Measures.	Perm up.	REFERENCES.
Arca (continued).										
— reticulata .... *M'Coy*			•							*Byssoarca*, Synop. Carb. Foss. Ireland, p. 73, t. 12, f. 9.
— semicostata .... *M'Coy*			•							*Byssoarca*, Synop. Carb. Foss. Ireland, p. 73, t. 11, f. 35.
— squamosa .... *De Kon.*			•							Anim. Foss. Terr. Carb. Belg. p. 121, t. 2, f. 13.
CARDIADÆ.										
Arcites .... *Martin*, 1809										
— rostratus .... *Martin*										*Vide* Conocardium rostratum.
CYPRINIDÆ.										
Astarte .... *Sowerby*, 1817										
Crassina .... *Lamarck*, 1818										
— gibbosa .... *M'Coy*										*Vide* Edmondia.
— quadrata .... *M'Coy*										*Vide* Edmondia.
ARCIDÆ.										
Byssoarca .... *Swainson*, 1840										*Vide* Arca.
UNIONIDÆ.										
Carbonicola .... *M'Coy*, 1855										
— acuta .... *Sow.*										*Vide* Anthracosia.
— subconstricta ...... *Sow.*										*Vide* Anthracosia.
— turgida .... *Sow.*										*Vide* Anthracosia.
CYPRINIDÆ.										
Cardinia .... *Agassiz*, 1844										
Pachyodon .... *Stutchbury*, 1843										
Unio......*Retzius* (*Phillippson*, 1788)										
Anthracosia .... *King*, 1856										
— acuta .... *Sow.*										*Vide* Anthracosia.
— ovalis .... *Martin*										*Vide* Anthracosia.
— phaseola .... *Sow.*										*Vide* Anthracosia.
— robusta .... *Sow.*										*Vide* Anthracosia.
— subconstricta ..... *Sow.*										*Vide* Anthracosia.
CYPRINIDÆ.										
Cardiomorpha ...... *De Koninck*, 1843										SIPHONIDA (INTEGRO-PALLIALIA).
Isocardia .... *Auctorum*										
— axiniformis .... *Phill.*										*Vide* Axinus.
— corrugata .... *M'Coy*			•							Synop. Carb. Foss. Ireland, p. 56, t. 8, f. 15.
— Egertoni .... *M'Coy*	•	•								*Cyprina*, Synop. Carb. Foss. Ireland, p. 55, t. 10, f. 9. *Edmondia*, Brit. Pal. Foss. p. 500.
— Koninckii .... *Daily*			•							Mem. Geol. Surv. Ireland, Expl. sheets 102-112, p. 17.
— lamellosa .... *De Kon.*			•							Anim. Foss. Terr. Carb. Belg. p. 110, t. 1, f. 2. (*Edmondia*.)
— laminata .... *Phill.*			•							*Lucina*, Geol. York. vol. ii, p. 209, t. 5, f. 12.
— oblonga .... *Sow.*			•							*Isocardia*, Min. Con. vol. v, p. 148, t. 491, f. 2; ib. Phill. Geol. York. vol. ii, p. 209, t. 5, f. 9. *Cardiomorpha ventricosa*, M'Coy, Synop. Carb. Foss. Ireland, p. 56, t. 13, f. 3. (*Isocuiia* on plate.) *C. oblonga*, De Kon. Foss. Belg. loc. cit. p. 103, t. 2, f. 7; ib. M'Coy, Brit. Pal. Foss. p. 510.

PALÆOZOIC. CONCHIFERA. CARBONIFEROUS.

SPECIES.	CARBONIFEROUS.							REFERENCES.
	Calciferous Series	Lower Limst. Shales	Carboniferous Limst.	Up. Lst. Shale (Yoredale)	Millstone Grit	Lower Coal Measures	Middle Coal Measures	Upper Coal Measures	Pass. sp.	

SPECIES.									REFERENCES.
Cardiomorpha (*continued*).									
— orbicularis ...... *M'Coy*			•						Brit. Pal. Foss. p. 510, t. 3 l, f. 41.
— sulcata .... *De Kon.*			•						Anim. Foss. Terr. Carb. Belg. p. 108, t. 2, f. 18.
— ventricosa ...... *M'Coy*									Vide C. oblonga.
CARDIADÆ.									
Cardium .... *Linnæus*, 1758 ...									SIPHONIDA (INTEGRO-PALLIALIA).
— aliforme .... *Sow.*									Vide Conocardium.
— Hibernicum....... *Sow.*									Vide Conocardium.
— orbiculare ...... *M'Coy*									Vide Edmondia.
CARDIADÆ.									
Conocardium ...... *Bronn*, 1835 ...									
Pleurorhynchus ... *Phillips*, 1836 ...									
Lychas .... *Steininger*, 1837									
Arcites .... *Martin*, 1809 ...									SIPHONIDA (INTEGRO-PALLIALIA).
— aliforme .... *Sow.*		•	•						Cardium, Min. Con. vol. vi, p. 100, t. 552, f. 2. Pleurorhynchus, Phill. Pal. Foss. Devon and Cornwall, p. 34, t. 17, f. 51. Cardium, Goldf. Pet. Germ. vol. ii, p. 213, t. 142, f. 1. Isocardites hystericus, Schloth. Nach. 2, Petf. t. 20, f. 1. P. armatus, Phill. Geol. York. vol. ii, p. 211, t. 5, f. 29. Conocardium aliforme, M'Coy, Brit. Pal. Foss. p. 516. ? P. Minax, Phill.
— armatum .... *Phill.*		•	•						Pleurorhynchus, Geol. York. vol. ii, p. 211, t. 5, f. 29. P. inflatus, M'Coy, Synop. Carb. Foss. Ireland, p. 58, t. 9, f. 2. ? C. aliforme, Sow.
— decussatum ...... *Ether.*		•							Geol. Mag. vol. 2, p. 397, t. 12, f. 5, 1873.
— elongatum ...... *Sow.*									Vide C. rostratum.
— Foetli .... *Baily*			•		•				Mem. Geol. Surv. Ireland, Expl. sheet 142, p. 19, f. 9 a-c. (Lunulocardium.)
— fusiforme......... *M'Coy*		•	•						Pleurorhynchus, Synop. Carb. Foss. Ireland, p. 58, t. 9, f. 3.
— giganteum ...... *M'Coy*		•	•						Pleurorhynchus, Synop. Carb. Foss. Ireland, p. 58, t. 9, f. 1. C. Hibernicum, Sow. Min. Con. vol. vi, p. 100, t. 552, f. 3.
— Hibernicum....... *Sow.*			•						Cardium, Min. Con. vol. i, p. 187, t. 82, f. 1. Pleurorhynchus Hibernicus, Phill. Geol. York. vol. ii, p. 210, t. 5, f. 26; ib. M'Coy, Synop. Carb. Foss. Ireland, p. 58; ib. De Kon. Anim. Foss. Terr. Carb. Belg. p. 85, t. 4, f. 13.
— inflatus .... *M'Coy*									Vide C. armatum.
— Konincki .... *Baily*			•						Mem. Geol. Surv. Ireland, Expl. sheets 102, 112, p. 17.
— minax .... *Phill.*		•	•						Pleurorhynchus, Phill. Geol. York. vol. ii, p. 210, t. 5, f. 27; ib. Pal. Foss. Devon and Cornwall, p. 33, t. 17, f. 50. C. aliforme, Sow. Min. Con. vol. vi, p. 100, t. 552, f. 2 (lower fig.). C. minax, M'Coy, Synop. Carb. Foss. Ireland, p. 59.
— nodulosum ...... *M'Coy*			•						Synop. Carb. Foss. Ireland, p. 59, t. 9, f. 4.
— rostratum ...... *Martin*			•						Conch. arcites rostratus, Pet. Darb. p. 5, t. 44, f. 6. Cardium, De Kon. Anim. Foss. Terr. Carb. Belg. p. 87, t. 7, f. 9. Cardium elongatum, Sow. Min. Con. vol. i, p. 188, t. 82, f. 3. Pleurorhynchus elongatus, Phill. Geol. York. vol. ii, p. 211, t. 5, f. 28. C. rostratum, M'Coy, Brit. Pal. Foss. p. 517.
— trigonale .... *Phill.*		•	•						Pleurorhynchus, Geol. York. vol. ii, p. 211, t. 5, f. 30-32; ib. M'Coy, Synop. Carb. Foss. Ireland, p. 59. ? C. Hibernicum, Sow.
LUCINIDÆ.									
Corbis ? .... *Cuvier*, 1817 ...									SIPHONIDA (INTEGRO-PALLIALIA).
— cancellata ...... *M'Coy*			•						Synop. Carb. Foss. Ireland, p. 53, t. 8, f. 14.

PALÆOZOIC.   CONCHIFERA.   CARBONIFEROUS.

SPECIES.	Calciferous Series.	Lower Lmst. Shales.	Carboniferous Lmst.	Up. Lst. Shale (Yoredale)	Millstone Grit.	Lower Coal Measures.	Middle Coal Measures.	Upper Coal Measures.	Pass up.	REFERENCES.
MYADÆ.										
Corbula										SIPHONIDA (SINU-PALLIALIA).
— limosa .... *Flemg.*	...	...	•	...	...	...	...	...		Brit. Anim. p. 426.
— senilis ? .... *Phill.*	...	...	•	...	...	...	...	...		Geol. York. vol. ii, p. 209, t. 5, f. 1.
ARCIDÆ.										
Cucullæa .... *Lamarck, 1801*..										ASIPHONIDA (INTEGRO-PALLIALIA).
Arca .... *Species Auctorum part*										
— arguta ? .... *Phill.*	...	...	•	...	...	...	...	...		Geol. York. vol. ii, p. 210, t. 5, f. 20; ib. M'Coy, Synop. Carb. Foss. Ireland, p. 72. *Arca*, De Kon. Anim. Foss. Terr. Carb. Belg. p. 116, t. 3, f. 1, 12. ? *Leptodomus*, M'Coy.
— Griffithii .... *Salt. MS.*	...	•	...	...	...	...	...	...		Mem. Geol. Surv. Ireland, Expl. sheets 192, 199, p. 12, f. 5. ? *Curtonotus*.
— Hulmeana .... *De Kon.*	...	...	•	...	...	...	...	...		*Arca*, Sup. Anim. Foss. Terr. Carb. Belg. p. 672, t. 57, f. 9.
— obtusa .... *Phill.*	...	...	•	...	...	...	...	...		*Arca*, Geol. York. vol. ii, p. 210, t. 5, f. 19. *Arca*, De Kon. Anim. Foss. Terr. Carb. Belg. p. 112, t. 2, f. 15. *Ryacoarea*, M'Coy, Synop. Carb. Foss. Ireland, p. 73.
— tenuistria .... *M'Coy*	...	...	•	...	...	...	...	...		Synop. Carb. Foss. Ireland, p. 72, t. 12, f. 10.
TRIGONIDÆ.										
Curtonotus .... *Salter, 1863*										
— centralis .... *Salt.*	...	•	...	...	...	...	...	...		
— elegans .... *Salt.*	...	•	...	...	...	...	...	...		
— elongatus .... *Salt.*	...	•	...	...	...	...	...	...		} *Vide* Devonian, p. 160.
— rotundatus .... *Salt.*	...	•	...	...	...	...	...	...		
— unio .... *Salt.*	...	•	...	...	...	...	...	...		
GLOSSIDÆ (CYPRINIDÆ).										
Cypricardia .... *Lamarck, 1817* ..										SIPHONIDA (INTEGRO-PALLIALIA).
Tropesium .... *Mehls, 1811*										
— acuticarinata ...... *Armst.*	...	...	•	...	...	...	...	...		Trans. Geol. Soc. Glasgow, vol. ii, p. 28, t. 1, f. 3.
— alata .... *M'Coy*	...	•	•	...	...	...	...	...		Synop. Carb. Foss. Ireland, p. 59, t. 10, f. 4.
— bicosta .... *Kirkby*	•	...	...	...	...	...	...	...		Q. J. Geol. Soc. vol. xxxvi, p. 585.
— concinna .... *M'Coy*	...	...	•	...	...	...	...	...		Synop. Carb. Foss. Ireland, p. 59, t. 8, f. 24.
— crebricostata ...... *Armst.*	...	...	•	...	...	...	...	...		Trans. Geol. Soc. Glasgow, vol. ii, p. 28, t. 1, f. 4.
— cuneata .... *M'Coy*	...	•	•	...	...	...	...	...		Synop. Carb. Foss. Ireland, p. 59, t. 8, f. 25.
— cylindrica .... *M'Coy*	...	•	•	...	...	...	...	...		Synop. Carb. Foss. Ireland, p. 60, t. 8, f. 23.
— deltoidea .... *Phill.*										*Vide* Schizodus deltoideus.
— glabrata .... *Phill.*	•	...	•	...	...	...	...	...		Geol. York. vol. ii, p. 209, t. 5, f. 25.
— modiolaris .... *M'Coy*	...	•	•	...	...	...	...	...		Synop. Carb. Foss. Ireland, p. 60, t. 8, f. 27.
— oblonga .... *M'Coy*	...	•	•	...	...	...	...	...		Synop. Carb. Foss. Ireland, p. 60, t. 8, f. 21.
— parallela .... *Phill.*	...	•	•	...	...	...	...	...		*Venus*, Geol. York. vol. ii, p. 208, t. 5, f. 8. *Cypricardia*, De Kon. Foss. Belg. t. 3, f. 15. *Pallastra*, M'Coy, Synop. Carb. Foss. Ireland, p. 55.
— quadrata .... *M'Coy*	...	•	•	...	...	...	...	...		Synop. Carb. Foss. Ireland, p. 60, t. 8, f. 22.
— rhombea .... *Phill.*	...	•	•	...	...	...	...	...		Geol. York. vol. ii, p. 209, t. 5, f. 10. *Cypricardia bipartita*, De Kon. Anim. Foss. Terr. Carb. Belg. p. 94, t. 1, f. 15.
— Scyleiana .... *De Kon.*	...	...	•	...	...	...	...	...		Anim. Foss. Terr. Carb. Belg. p. 95, t. 6, f. 7.
— sinuata .... *M'Coy*	...	•	•	...	...	...	...	...		Synop. Carb. Foss. Ireland, p. 61, t. 8, f. 26. *C. alata?* M'Coy. *C. socialis?* M'Coy, ib. f. 12.

CONCHIFERA.

SPECIES.	Calciferous Series.	Lower Lmst. Shales.	Carboniferous Lmst.	Up. Lst. Shale (Yoredale)	Millstone Grit.	Lower Coal Measures.	Middle Coal Measures.	Upper Coal Measures.	Perm. sup.	REFERENCES.
Cypricardia (continued).										
— socialis .... M'Coy	...	...	...	...	...	...	...	...		Vide C. sinuata.
— stricto-lamellosa De Kon...........	...	...	...	...	...	...	...	...		Vide Sanguinolites.
— tricostata .... Portl..............	...	...	...	...	...	...	...	...		Vide Sanguinolites.
— tumida............ M'Coy	...	•	•	...	...	...	...	...		Synop. Carb. Foss. Ireland, p. 61, t. 8, f. 13.
— undatus .... Sow.	...	...	...	...	...	...	...	...		Vide Sanguinolites.
GLOSSIDÆ.										
Cyprina .... Lamarck, 1811...										
Egertoni .... M'Coy	...	...	...	...	...	...	...	...		Vide Cardiomorpha Egertoni.
SOLENYTIDÆ.										
Dolabra ? .... M'Coy, 1844										
— corrugata......... M'Coy	...	...	•	...	...	...	...	...		Synop. Carb. Foss. Ireland, p. 65, t. 11, f. 12.
— elliptica .... M'Coy	...	?	•	...	...	...	...	...		Brit. Pal. Foss. p. 269, t. 1 L, f. 10.
— equilateralis ...... M'Coy	...	•	•	...	...	...	...	...		Synop. Carb. Foss. Ireland, p. 65, t. 11, f. 14.
— gregaria .... M'Coy	...	•	•	...	...	...	...	...		Synop. Carb. Foss. Ireland, p. 65, t. 11, f. 11.
— orbicularis .... M'Coy	...	•	•	...	...	...	...	...		Synop. Carb. Foss. Ireland, p. 65, t. 11, f. 13. Axinus ?
— rectangularis ..... M'Coy	...	...	•	...	...	...	...	...		Synop. Carb. Foss. Ireland, p. 66, t. 11, f. 10.
— securiformis '...... M'Coy	...	•	•	...	...	...	...	...		Synop. Carb. Foss. Ireland, p. 66, t. 11, f. 15.
TELLINIDÆ.										
Donax .... Linnæus, 1758 ...										SIPHONIDA (SINU-PALLIALIA).
— primigenius...... M'Coy	...	...	•	...	...	...	...	...		Synop. Carb. Foss. Ireland, p. 56, t. 10, f. 7.
— sulcatus .... Sow.	...	...	...	...	...	...	...	...		Vide Schizodus sulcatus.
ANATINIDÆ.										
Edmondia .... De Koninck, 1842										SIPHONIDA (SINU-PALLIALIA).
— arcuata............ King	...	...	•	...	...	...	...	...		Mono. Brit. Perm. Foss. Pal. Soc. p. 164, note 2.
— compressa .... M'Coy	...	...	•	...	...	...	...	...		Synop. Carb. Foss. Ireland, p. 52, t. 13, f. 10; ib. Brit. Pal. Foss. p. 500.
— crassistria .... M'Coy	...	•	•	...	...	...	...	...		Pullastra, Synop. Carb. Foss. Ireland, p. 54, t. 11, f. 7.
— Egertoni .... M'Coy	...	...	...	...	...	...	...	...		Vide Cardiomorpha.
— elegans .... M'Coy	...	...	•	...	...	...	...	...		Pullastra, Synop. Carb. Foss. Ireland, p. 54, t. 6, f. 16.
— gibbosa............ M'Coy	...	•	•	...	...	...	...	...		Astarte, Synop. Carb. Foss. Ireland, p. 55, t. 8, f. 11.
— gregaria .... M'Coy	...	•	•	...	...	...	...	...		Kellia, Synop. Carb. Foss. Ireland, p. 52, t. 11, f. 5; ? Posidonomya.
— Josepha .... De Kon............	...	...	•	...	...	...	...	...		Anim. Foss. Terr. Carb. Belg. p. 68, t. 1, f. 5; ib. M'Coy, Brit. Pal. Foss. p. 500.
— maxima .... Phill................	...	...	•	...	...	...	...	...		Vide Sanguinolites.
— oblonga .... M'Coy	...	...	...	...	...	...	...	...		Vide Sanguinolites.
— obsoleta .... M'Coy	...	...	•	...	...	...	...	...		Venerupis, Synop. Carb. Foss. Ireland, p. 67, t. 11, f. 16.
— orbicularis .... M'Coy	...	...	•	...	...	...	...	...		Cardium, Synop. Carb. Foss. Ireland, p. 56, t. 12, f. 7.
— phaseolina ...... Goldf.	...	...	b	...	...	...	...	...		Sanguinolaria, Pet. Germ. vol. ii, p. 279, t. 159, f. 15. Edmondia, M'Coy, Brit. Pal. Foss. p. 502.
— prisca .... M'Coy	...	...	•	...	...	...	...	...		Lutraria, Synop. Carb. Foss. Ireland, p. 52, t. 12, f. 4.
— quadrata .... M'Coy	...	•	•	...	...	...	...	...		Astarte, Synop. Carb. Foss. Ireland, p. 55, t. 11, f. 4.
— rudis .... M'Coy	•	•	•	...	...	...	...	...		Brit. Pal. Foss. p. 502, t. 3 F, f. 9.

PALÆOZOIC. CONCHIFERA. CARBONIFEROUS.

SPECIES.	Calciferous Series.	Lower Lmst. Shales.	Carboniferous Lmst.	Up.Lst Shale(Yoredale)	Millstone Grit.	Lower Coal Measures.	Middle Coal Measures.	Upper Coal Measures.	Pass up.	REFERENCES.
Edmondia (*continued*).										
— *scalaris*............ *M'Coy*			*			*		...	...	*Venerupis*, Synop. Carb. Foss. Ireland, p. 67, t. 10, f. 6. Edmondia, Brit. Pal. Foss. p. 502, t. 3 H, f. 6.
— *sulcata*............ *Phill.*		*	*			*		...	...	*Sanguinolaria*, Geol. York. vol. ii, p. 209, t. 5, f. 5. *Sanguinolites*, M'Coy, Synop. Carb. Foss. Ireland, p. 50. Edmondia, Brit. Pal. Foss. p. 503.
— *tenuistriata*........ *M'Coy*		*	*					...	...	*Venus*, Synop. Carb. Foss. Ireland, p. 54, t. 8, f. 10.
— *transversa*......... *Portl.*								...	...	*Vide Sanguinolites.*
— *unioniformis*...... *Phill.*	*	*	*	*	*	*		...	...	*Isocardia*, Geol. York. vol. ii, p. 209, t. 5, f. 18. ? De Kon. Anim. Foss. Terr. Carb. Belg. p. 67, t. 1, f. 4. Salter, Iron Ores of Gt. Britain, pt. 3, S. Wales, p. 221, t. 1, f. 20; ib. Meek and Worthen, Pal. Illinois, p. 346, t. 27, f. 6; ib. M'Coy, Brit. Pal. Foss. p. 503; ib. R. Etheridge, Jun. Ann. Mag. Nat. Hist. 4 ser. vol. xviii, p. 99, t. 4, f. 3.
ANATINIDÆ.										
Iridina .... *Lamarck*, 1819...										
— *iridinoides* .... *M'Coy*			...	...	...		...	...	...	*Vide Sanguinolites.*
— *vetusta*			...	...	...		...	...	...	*Vide Sanguinolites.*
GLOSSIDÆ (CYPRINIDÆ).										
Isocardia .... *Lamarck*, 1799...										
— *axiniformis*........ *Portl.*			...	...	...		...	...	...	*Vide Axinus.*
— *oblonga* .... *M'Coy*			...	...	...		...	...	...	*Vide Cardiomorpha.*
— *unioniformis*...... *Phill.*			...	...	...		...	...	...	*Vide Edmondia.*
— *ventricosa*......... *M'Coy*			...	...	...		...	...	...	*Vide Cardiomorpha oblonga.*
LUCINIDÆ.										
Kellia .... *Turton*, 1822 ...										
Chironia .... *Deshayes*, 1839...										
Erycina .... *Lamarck*, 1804...										
— *gregaria* .... *M'Coy*			...	...	...		...	...	...	*Vide Edmondia gregaria.*
MYTILIDÆ.										
Lanistes............... *Montfort*, 1810...										
— *obtusus* .... *M'Coy*			...	...	...		...	...	...	*Vide Modiola.*
— *rugosus* .... *M'Coy*			...	...	...		...	...	...	*Vide Modiola.*
ANATINIDÆ.										
Leptodomus .... *M'Coy*, 1844......										SIPHONIDA (SINU-PALLIALIA).
— *clavatus* .... *R. Ether.*										*Vide Pandora typica.*
— *costellatus* .... *M'Coy*	*		*		*			...	...	Brit. Pal. Foss. p. 508, t. 3 F, f. 5; ib. M'Coy, Ann. Mag. Nat. Hist. 2 ser. vol. vii.
— *fragilis* .... *M'Coy*			*					...	...	Synop. Carb. Foss. Ireland, p. 67, t. 10, f. 11; ib. R. Etheridge, Jun. Ann. Mag. Nat. Hist. 4 ser. vol. xviii, p. 101, t. 4, f. 5-7.
— *senilis* .... *Phill.*			*					...	...	*Corbula*, Geol. York. vol. ii, p. 209, t. 5, f. 1.
MYTILIDÆ.										
Lithodomus .... *Cuvier*, 1817										ASIPHONIDA (INTEGRO-PALLIALIA).
— *dactyloides* .... *M'Coy*	*	...	*	...	...		...	...	...	Synop. Carb. Foss. Ireland, p. 75, t. 11, f. 41.
— *Jenkinsoni* .... *M'Coy*		*		...	...		...	...	...	Brit. Pal. Foss. p. 493, t. 3 F, f. 2.

CONCHIFERA.

SPECIES.	Calciferous Series.	Lower Limst. Shales.	Carboniferous Lmst.	Up. Lst. Shales (Yoredale)	Millstone Grit.	Lower Coal Measures.	Middle Coal Measures.	Upper Coal Measures.	Pass. up.	REFERENCES.
LUCINIDÆ.										
Lucina ? .... *Bruguière*, 1792										SIPHONIDA (INTEGRO-PALLIALIA).
— antiqua .... *M'Coy*			*	*						Synop. Carb. Foss. Ireland, p. 53, t. 8, f. 9.
— Danoyeri .... *Portl.*			*							Geol. Rept. p. 571, t. 38, f. 12.
— laminata .... *Phill.*			*							Vide Cardiomorpha.
CARDIADÆ.										
Lunulocardium ...... *Münster*, 1840										
— Foottii .... *Baily*				*						Expl. sheet 142 of the maps Geol. Surv. of Ireland, p. 19, f. 9 a-c, 1860. (Conocardium.)
MACTRIDÆ.										
Lutraria .... *Lamarck*, 1799										SIPHONIDA (SINU-PALLIALIA).
— elongata .... *M'Coy*			*							Synop. Carb. Foss. Ireland, p. 52, t. 8, f. 3.
— primæva .... *Portl.*										Vide Myacites.
— prisca .... *M'Coy*			*							Synop. Carb. Foss. Ireland, p. 52, t. 12, f. 4.
MACTRIDÆ.										
Mactra ? .... *Linnæus*, 1758										SIPHONIDA (SINU-PALLIALIA).
— depressa .... *Portl.*										Vide Axinus depressus.
— incrassata .... *M'Coy*			*							Synop. Carb. Foss. Ireland, p. 52, t. 19, f. 8.
— ovata .... *M'Coy*		*	*							Synop. Carb. Foss. Ireland, p. 52, t. 11, f. 3.
MYTILIDÆ.										
Modiola .... *Lamarck*, 1801										ASIPHONIDA (INTEGRO-PALLIALIA).
— augusta .... *Portl.*			*	*						Vide M. Macadami.
— carinata .... *Sow.*										Vide Anthracoptera.
— concinna .... *M'Coy*		*	*			*				Synop. Carb. Foss. Ireland, p. 74, t. 11, f. 28.
— curtata .... *Brown*					*					Foss. Conch. t. 72, f. 19, 20.
— divisa .... *M'Coy*	*	*	*							Synop. Carb. Foss. Ireland, p. 74, t. 11, f. 30.
— elongata .... *Phill.*				*	*					Geol. York. vol. ii, p. 210, t. 5, f. 24.
— granulosa .... *Phill.*				*	*					Geol. York. vol. ii, p. 210, t. 5, f. 23.
— lingualis .... *Phill.*				*	*					Geol. York. vol. ii, p. 209, t. 5, f. 21; ib. M'Coy, Synop. Carb. Foss. Ireland, p. 74.
— lithodomides ...... *R. Ether.*			*	*						Geol. Mag. Dec. II, vol. ii, p. 243, t. 8, f. 1, 2. *Lithodomus dactyloides*, Hux. and Ether. Cat. Foss. Mus. Pract. Geol. p. 110, 1865 (non M'Coy); ib. R. Ether. Jun. Mem. Geol. Surv. Expl. sheet 22, Scotland, p. 43, 1872 (non M'Coy). ? *M. lingualis*, Phill.
— Macadami .... *Portl.*			*							Geol. Rept. p. 432, t. 34, f. 13 (var. *M. augusta*); var. *M. elongata*, t. 34, f. 14; var. *lata*, t. 34, f. 15.
— megaloba .... *M'Coy*			*							Synop. Carb. Foss. Ireland, p. 75, t. 11, f. 31.
— obtusa .... *M'Coy*			*							*Lanistes*, Synop. Carb. Foss. Ireland, p. 76, t. 13, f. 9.
— patula .... *M'Coy*			*							Synop. Carb. Foss. Ireland, p. 75, t. 13, f. 13.
— producta .... *Brown*					*					Foss. Conch. t. 72, f. 11, 12.
— Robertsoni .... *Brown*					*					Foss. Conch. t. 72, f. 24.
— rugosa .... *M'Coy*			*							*Lanistes*, Synop. Carb. Foss. Ireland, p. 76, t. 10, f. 8.
— squamifera .... *Phill.*			*	*						Geol. York. vol. ii, p. 209, t. 5, f. 22. ? *cypricardia*.
— subparallela .... *Portl.*		*	*							Geol. Rept. p. 433, t. 34, f. 16.
— subtruncata .... *Brown*				*						Fossil Conchology, t. 72, f. 15.

CONCHIFERA.

SPECIES.	Calciferous Series.	Lower Limest. Shales.	Carboniferous Limest.	Up. Lst. Shale (Yoredale)	Millstone Grit.	Lower Coal Measures.	Middle Coal Measures.	Upper Coal Measures.	Perm. up.	REFERENCES.
AVICULIDÆ.										
Monotis .... *Bronn*, 1830										
— *avicula* .... *Auct.*	...	...	...	...	...	...	...	...	...	*Vide* Avicula.
ANATINIDÆ.										
Myacites .... *Schlotheim*, 1820	...	...	...	...	...	...	...	...	...	Probably all the so-called *Myacites* appertain to Professor King's *Allorisma*.
Myopsis ? .... *Agassiz*, 1842										
Pleuromya .... *Agassiz*, 1842										
Amphidesma .... *Lamarck*, 1818 ..										SIPHONIDA (SINU-PALLIALIA).
— *Ansticei* .... *Sow.*	...	...	...	...	*	...	...	...	...	*Unio*, Trans. Geol. Soc. vol. v, t. 39, f. 7.
— *constricta* .... *King*	...	...	...	...	...	...	...	...	...	*Vide* Allorisma.
— *gibbosa* .... *Sow.*	...	*	...	...	...	...	...	...	...	*Sanguinolaria*, Min. Con. vol. vi, t. 548. Allorisma, King, Ann. Mag. Nat. Hist. 1 ser. vol. xiv, p. 315.
— *omaliana* .... *De Kon.*	...	*	...	...	...	...	...	...	...	*Pholadomya*, De Kon. Anim. Foss. Terr. Carb. Belg. p. 65, t. 5, f. 4.
— *primæva* .... *Portl.*	...	*	...	...	...	...	...	...	...	*Lutraria*, Geol. Rept. p. 441, t. 36, f. 5.
— *sulcata* .... *Flemg.*	...	...	...	...	...	...	...	...	...	*Vide* Allorisma.
— *tenuilineata* .... *R. Ether.*	...	*	*	...	...	...	...	...	...	Geol. Mag. vol. x, p. 299, t. 12, f. 7, 1873.
— *tumidus* .... *Phill.*	...	...	*	...	...	*	...	...	...	*Sanguinolaria*, Geol. York. vol. ii, p. 209, t. 5, f. 3. *Sanguinolites*, M'Coy, Synop. Carb. Foss. Ireland, p. 50.
MYTILIDÆ.										
Myalina .... *De Koninck*, 1844										ASIPHONIDA (INTEGRO-PALLIALIA).
— *carinata* .... *Sow.*	...	...	...	...	...	*	*	*	...	*Modiola*, Trans. Geol. Soc. 2 ser. vol. v, t. 39, f. 15. Myalina, Salt. Mem. Geol. Surv. of Gt. Britain, pt. 3, t. 2, f. 15.
— *crassa* .... *Flemg.*	*	*	*	...	...	...	...	...	...	*Mytilus*, Edinb. Phllo. Jour. vol. xii, p. 246, t. 9, f. 3; ib. Brit. Anim. p. 412, 1828. Myalina, R. Etheridge, Ann. Mag. Nat. Hist. 4 ser. p. 437, t. 20, f. 1-5. Avicula modioliformis, Brown, Foss. Conch. 1849, p. 162, t. 65*, f. 19; ib. Salt. Mem. Geol. Surv. Scotland, sheet 32, p. 146, 1861. M. crassa, var. modioliformis, Brown, R. Etheridge, Q. J. Geol. Soc. vol. xxxiv, p. 12.
— *Foynesiana* .... *Baily*	...	...	...	...	...	*	...	...	...	Mem. Geol. Surv. Ireland, Expl. sheet 142, p. 13, f. 4.
— *Goldfussiana* .... *De Kon.*	...	...	...	...	*	...	...	...	...	Anim. Foss. Terr. Carb. Belg. p. 126, t. 3, f. 7.
— *gryphus* .... *Portl.*	...	*	...	...	...	...	...	...	...	*Inoceramus*, Geol. Rept. p. 567.
— *lamellosa* .... *De Kon.*	...	*	...	...	...	...	...	...	...	Anim. Foss. Torr. Carb. Belg. p. 126, t. 3, f. 6.
— *modiolaris* .... *Sow.*	...	...	...	...	...	*	*	...	...	*Avicula*, Geol. Trans. 2 ser. vol. v, t. 39, f. 18. Myalina, Salt. Mem. Geol. Surv. Iron Ores of Gt. Britain, pt. 3, t. 2, f. 14.
— *modioliforme* .... *Brown*	*	...	...	...	...	...	...	...	...	Var. of M. crassa, Flemg.
— *quadrata* .... *Sow.*	...	...	...	...	...	...	...	...	...	*Vide* Anthracoptera.
— *sublamellosa* .... *R. Ether.*	*	...	...	...	...	...	...	...	...	Q. J. Geol. Soc. vol. xxxiv, p. 14, t. 1, f. 15; t. 2, f. 16, 17.
— *triangularis* .... *Sow.*	...	...	...	...	...	...	...	...	...	*Mytilus*, Geol. Trans. 2 ser. vol. v, t. 39, f. 16.
— *trigonalis* .... *R. Ether.*	*	*	...	...	...	...	...	...	...	Ann. Mag. Nat. Hist. 4 ser. vol. xviii, p. 103, t. 4, f. 8.
— *Verneuilii* .... *M'Coy*	...	...	*	...	...	...	...	...	...	*Avicula*, Synop. Carb. Foss. Ireland, p. 85, t. 13, f. 19.
TRIGONIDÆ.										
Myophoria .... *Bronn*, 1825										ASIPHONIDA (INTEGRO-PALLIALIA).
— *carbonaria* .... *Sow.*	...	...	...	...	...	...	...	...	...	*Vide* Schizodus.
— *depressa* .... *Portl.*	...	...	...	...	...	...	...	...	...	*Vide* Schizodus.
— *obliqua* .... *M'Coy*	...	...	...	...	...	...	...	...	...	*Vide* Schizodus.

CONCHIFERA

SPECIES.	Coalifereus Series.	Lower Lmst. Shales.	Carboniferous Lmst.	Up. Lst. Shale (Yoredale)	Millstone Grit.	Lower Coal Measures.	Middle Coal Measures.	Upper Coal Measures.	Pass up.	REFERENCES.
MYTILIDÆ.										
Mytilus .... *Linæus*, 1758										ASIPHONIDA (INTEGRO-PALLIALIA).
— comptus .... *M'Coy*		•								Synop. Carb. Foss. Ireland, p. 76, t. 13, f. 12.
— crassus .... *Flemg.*										Vide Myalina.
— crassus .... *Sow.*										Vide Anthracosia robusta.
— Flemingii .... *M'Coy*		•								Synop. Carb. Foss. Ireland, p. 76, t. 11, f. 29.
— triangularis .... *Sow.*									•	Vide Myalina.
NUCULIDÆ (ARCIDÆ).										
Nucula .... (*pars*) *Lamarck*, 1799										
Ctenodonta .... *Salter*, 1851										ASIPHONIDA (INTEGRO-PALLIALIA).
Polyodonta .... *Meyerle*										
— aceptiona .... *Sow.*					•					Nucula, Trans. Geol. Soc. 2 ser. vol. v, t. 39, f. 4.
— acuta .... *Sow.*					•					Nucula, Trans. Geol. Soc. 2 ser. vol. v, t. 39, f. 5.
— æqualis .... *Sow.*				•	•					Nucula, Trans. Geol. Soc. 2 ser. vol. v, t. 39, f. 3.
— attenuata .... *Flemg.*										Vide Nuculana.
— brevirostris .... *Phill.*		•	•							Nucula, Geol. York. vol. ii, p. 210, t. 5, f. 11a; lb. M'Coy, Synop. Carb. Foss. Ireland, p. 68.
— birostrata .... *M'Coy*		•	•							Nucula, Synop. Carb. Foss. Ireland, p. 68, t. 11, f. 23.
— carinata .... *M'Coy*		•	•							Synop. Carb. Foss. Ireland, p. 68, t. 11, f. 21.
— clavata .... *M'Coy*		•	•							Nucula, Synop. Carb. Foss. Ireland, p. 69, t. 11, f. 25; lb. M'Coy, Brit. Pal. Foss. p. 512.
— claviformis .... *Phill.*										Vide Nuculana attenuata, Flemg.
— cuneata .... *Phill.*		•	•							Geol. York. vol. ii, p. 210, t. 5, f. 14.
— cylindrica .... *M'Coy*		•	•							Nucula, Synop. Carb. Foss. Ireland, p. 69, t. 11, f. 26.
— delta .... *M'Coy*		•	?							Nucula, Synop. Carb. Foss. Ireland, p. 69, t. 11, f. 22.
— gibbosa .... *Flemg.*		•	•	•	•	•				Nucula, Brit. Anim. p. 403. N. tumida, Phill. Geol. York. vol. ii, p. 210, t. 5, f. 15. N. gibbosa, M'Coy, Synop. Carb. Foss. Ireland, p. 69; lb. Brit. Pal. Foss. p. 512.
— intermedia .... *Ether.*										Vide Nuculana.
— lævirostrum .... *Portl.*		•	•							Nucula, Geol. Rept. p. 439, t. 36, f. 12.
— loxorhyncha .... *M'Coy*		•	•							Nucula, Synop. Carb. Foss. Ireland, p. 69, t. 11, f. 27.
— lineata .... *Phill.*	•	?								Pal. Foss. Cornw. and Devon, p. 39, t. 18, f. 64.
— longirostris .... *M'Coy*		•	•							Nucula, Synop. Carb. Foss. Ireland, p. 70, t. 11, f. 19.
— lucialformis .... *Phill.*		•	•							Nucula, Geol. York. vol. ii, p. 210, t. 5, f. 11; lb. M'Coy, Brit. Pal. Foss. p. 512. ? Cardiomorpha.
— oblonga .... *M'Coy*		•	■							Nucula, Synop. Carb. Foss. Ireland, p. 70, t. 11, f. 24.
— Palmæ .... *Sow.*			•							Nucula, Min. Con. vol. v, p. 117, t. 475, f. 1 (non Quenst. non Oppel.).
— rectangularis .... *M'Coy*		•	•							Nucula, Synop. Carb. Foss. Ireland, p. 72, t. 11, f. 20.
— stella .... *M'Coy*		•	•							Nucula, Synop. Carb. Foss. Ireland, p. 71, t. 11, f. 8.
— tumida .... *Phill.*										Vide C. gibbosa.
— undulata .... *Phill.*		•	•	•	•					Nucula, Geol. York. vol. ii, p. 210, t. 5, f. 16. N. Phillipsii, M'Coy, Synop. Carb. Foss. Ireland, p. 70.
— unilateralis .... *M'Coy*		•	•							Nucula, Synop. Carb. Foss. Ireland, p. 71, t. 11, f. 17.

PALÆOZOIC.　　　　　　　　　　　CONCHIFERA.　　　　　　　　　　CARBONIFEROUS.

SPECIES.	Calciferous Series.	Lower Lmst. Shales.	Carboniferous Lmst.	Up. Lst. Shale (Yoredale)	Millstone Grit.	Lower Coal Measures.	Middle Coal Measures.	Upper Coal Measures.	Perm sp.	REFERENCES.
NUCULIDÆ.										
Nuculana .... *Link*, 1807										
Leda .... *Schumacher*, 1819										ASIPHONIDA (INTEGRO-PALLIALIA).
Nucula .... (*part*) *Auct.*										
— attenuata .... *Flemg.*	•	•	•	•		•		...	...	*Nucula*, Brit. Anim. p. 403. *N. claviformis*, Phill. Geol. York. vol. ii, p. 210, t. 5, f. 17. Ctenodonta, Min. Con. vol. v, p. 119, t. 476, f. 2. *C. attenuata*, Baily, Mem. Geol. Surv. Ireland, Expl. sheet 127, p. 9, f. 2; ib. M'Coy, Brit. Pal. Foss. p. 511.
— claviformis .... *Phill.*	...	...	...	...	...	...	...	...	...	*Vide* N. attenuata.
— intermedia .... *R. Ether.*	...	•	...	...	...	...	...	...	...	Geol. Mag. vol. x, p. 347, t. 12, f. 3; Ib. Mem. Geol. Surv. Scotland, Expl. sheet 23, p. 105.
— Sharmani .... *R. Ether.*	...	...	...	...	...	...	...	...	...	Q. J. Geol. Soc. vol. xxxiv, p. 15, t. 2, f. 18.
— Traquairi .... *R. Ether.*	•	•	...	...	...	...	...	...	...	Ann. Mag. Nat. Hist. 4 ser. vol. xviii, p. 100, t. 4, f. 4.
CYPRINIDÆ.										
Pachyodon .... *Stuchbury*, 1843										
Cardinia .... *Agassiz* (*part*) ...										
Carbonicola .... *M'Coy*, 1855 ...										
Anthracosia .... *King*, 1856										
— agrestis .... *Brown*	...	...	...	...	...	...	...	...	...	Var. of Anthracosia subconstricta.
— amygdala .... *Brown*	...	...	...	...	...	...	...	...	...	*Vide* Anthracosia subconstricta. ⎫
— antiqua .... *Brown*	...	...	...	...	...	...	...	...	...	,,
— Embletoni .... *Brown*	...	...	...	...	...	...	...	...	...	,,
— exoletus .... *Brown*	...	...	...	...	...	...	...	...	...	,,
— lavidensis .... *Brown*	...	...	...	...	...	...	...	...	...	*Vide* Anthracosia acuta. ⎬ Referable to Anthracosia.
— lateralis .... *Brown*	...	...	...	...	...	...	...	...	...	,,
— nucleus .... *Brown*	...	...	...	...	...	...	...	...	...	*Vide* Anthracosia nucleus.
— robustus .... *Sow.*	...	...	...	...	...	...	...	...	...	*Vide* Anthracosia robusta.
— turgidus .... *Brown*	...	...	...	...	...	...	...	...	...	*Vide* Anthracosia turgida. ⎭
ANATINIDÆ.										
Pandora .... *Druguière*, 1792										SIPHONIDA (SINU-PALLIALIA).
— clavata ? .... *M'Coy*	•	•	...	...	...	...	...	...	...	Synop. Carb. Foss. Ireland, p. 98, t. 11, f. 2.
— typica ? .... *R. Ether.*	•	...	...	...	...	...	...	...	...	Q. J. Geol. Soc. vol. xxxiv, p. 17, t. 2, f. 22, 23. *Leptodomus? clavatus*, R. Ether. Jun. Ann. Mag. Nat. Hist. 1876, vol. xviii, p. 102, t. 4, f. 9, 10.
CYPRINIDÆ.										
Pleurophorus .... *King*, 1844										SIPHONIDA (INTEGRO-PALLIALIA).
— costatus .... *Brown*	...	...	...	...	...	...	•	...	...	*Arca*, Trans. Manch. Geol. Soc. vol. i, t. 6, f. 34. *Cardita Murchisoni*, Geinitz, Verstein. t. 4, f. 1–5. Pleurophorus, King, Mono. Perm. Foss. Pal. Soc. p. 181, t. 15, f. 16, 17. *Clidophorus*, M'Coy, Brit. Pal. Foss. p. 497.
— elegans .... *Kirkby*	•	...	...	...	...	...	...	...	...	Q. J. Geol. Soc. vol. xxxvi, p. 586.
CARDIADÆ.										
Pleurorhynchus ...... *Phillips*, 1836 ...										SIPHONIDA (INTEGRO-PALLIALIA).
— aliforme .... *Sow.*	...	...	...	...	...	...	...	...	...	⎫
— armatus .... *Phill.*	...	...	...	...	...	...	...	...	...	⎬
— elongatus .... *Sow.*	...	...	...	...	...	...	...	...	...	⎬ *Vide* Conocardium.
— giganteus .... *M'Coy*	...	...	...	...	...	...	...	...	...	⎬
— trigonalis .... *Phill.*	...	...	...	...	...	...	...	...	...	⎭

CONCHIFERA.

SPECIES.	Calciferous Series	Lower Lmst. Shales	Carboniferous Lmst.	Up. Lst. Shale (Yoredale)	Millstone Grit	Lower Coal Measures	Middle Coal Measures	Upper Coal Measures	Pass up.	REFERENCES.
ARCIDÆ.										
Psammobia .... Lamarck, 1818...										Vide Arca.
— decussata .... M'Coy	...	...	...	...	...	...	...	...	...	
VENERIDÆ (TAPESINE).										SIPHONIDA (SINU-PALLIALIA).
Pullastra .... Sowerby, 1827 ...										
— bistriata .... Portl................	...	*	*	...	...	*	...	...	...	Geol. Rept. Lond. p. 440, t. 36, f. 13. Venerupis cingulatus, M'Coy, Synop. Carb. Foss. Ireland, p. 67, t. 10, f. 1.
— crassistria .... M'Coy	...	...	...	...	...	...	...	...	...	Vide Edmondia.
— elegans.............. M'Coy	...	...	...	...	...	...	...	...	...	Vide Edmondia.
— ovalis .... M'Coy	...	*	*	...	...	...	...	...	...	Synop. Carb. Foss. Ireland, p. 55, t. 8, f. 20.
— scalaris .... M'Coy	...	...	...	...	...	...	...	...	...	Vide Venerupis et Edmondia.
ANATINIDÆ.										SIPHONIDA (SINU-PALLIALIA).
Sanguisolaria ,,......... Lamarck, 1799...										
— angustata .... Phill.,...............	...	...	...	...	...	...	...	...	...	Vide Sanguinolites.
— gibbosa .... Sow.	...	...	...	...	...	...	...	...	...	Vide Myacites.
— phaseolina .... Goldf.	...	...	...	...	...	...	...	...	...	Vide Edmondia.
— sulcata .... Münst.	...	...	...	...	...	...	...	...	...	Vide Myacites.
— tumida.............. Phill.................	...	...	...	...	...	...	...	...	...	Vide Myacites.
ANATINIDÆ.										
Sanguinolites.......... M'Coy, 1844......										SIPHONIDA (SINU-PALLIALIA).
Sanguisolaria ... (part) Lam. 1799										
— abdenensis .... R. Ether. Jun....	*	...	...	...	...	...	...	...	...	Geol. Mag. Dec. II, vol. iv, p. 246, t. 12, f. 9-11.
— angustatus .... Phill..................	...	*	*	...	...	...	...	...	...	Sanguisolaria, Geol. York. vol. II, p. 208, t. 5, f. 2. Sanguinolites, M'Coy, Synop. Carb. Foss. Ireland, p. 48.
— arcuatus .... Phill................	...	*	*	...	...	...	...	...	...	Sanguisolaria, Geol. York. vol. II, p. 209, t. 5, f. 4. Sanguinolites, M'Coy, Synop. Carb. Foss. Ireland, p. 48.
— attenuatus .... Portl................	...	...	*	...	...	...	...	...	...	Geol. Rept. p. 435, t. 36, f. 3.
— clava .... M'Coy	...	...	*	...	...	...	...	...	...	Brit. Pal. Foss. p. 504, t. 3 F, f. 12.
— contortus .... M'Coy	...	...	*	...	...	...	...	...	...	Synop. Carb. Foss. Ireland, p. 48, t. 19, f. 3.
— costellatus .... M'Coy	...	*	*	...	...	...	...	...	...	Synop. Carb. Foss. Ireland, p. 48, t. 8, f. 5.
— curtus .... M'Coy	...	...	*	...	...	...	...	...	...	Synop. Carb. Foss. Ireland, p. 48, t. 11, f. 1.
— discors .... M'Coy	...	*	*	...	...	...	...	...	...	Synop. Carb. Foss. Ireland, p. 49, t. 8, f. 4.
— iridinoides .... M'Coy	*	*	...	...	...	...	...	...	...	Iridina, Synop. Carb. Foss. Ireland, p. 49, t. 12, f. 1. S. iridinoides, M'Coy, Brit. Pal. Foss. p. 504, t. 3 F, f. 11.
— liratus .... Phill................	...	...	*	...	...	...	...	...	...	Sanguisolaria, Pal. Foss. Dev. p. 136, t. 58, f. 53. Sanguinolites, M'Coy, Synop. Carb. Foss. Ireland, p. 49.
— maximus .... Portl................	...	...	*	...	...	...	...	...	...	Geol. Rept. p. 434, t. 36, f. 1.
— oblongus .... Portl................	...	...	*	...	...	...	...	...	...	Sanguisolaria, Geol. Rept. p. 434, t. 36, f. 2. Edmondia, M'Coy, Brit. Pal. Foss. p. 501, t. 3 F, f. 10.
— plicatus .... Portl................	...	*	*	...	...	...	...	...	...	Sanguisolaria, Geol. Rept. p. 433, t. 34, f. 18. M'Coy, Synop. Carb. Foss. Ireland, t. 10, f. 3.
— radiatus .... M'Coy	...	...	*	...	...	...	...	...	...	Synop. Carb. Foss. Ireland, p. 50, t. 13, f. 4.
— striato-lamellosus...De Kon..............	...	...	*	...	...	...	...	...	...	Cypricardia, Anim. Foss. Belg. p. 93, t. II, f. 8. Sanguinolites, M'Coy, Brit. Pal. Foss. p. 506.

PALÆOZOIC.   CONCHIFERA.   CARBONIFEROUS.

SPECIES.	Calciferous Series.	Lower Limest. Shales.	Carboniferous Limest.	Up. Lst. Shale (Yoredale)	Millstone Grit.	Lower Coal Measures.	Middle Coal Measures.	Upper Coal Measures.	Pass up.	REFERENCES.
Sanguinolites (*continued*).										
— subcarinatus ...... *M'Coy*			•							Brit. Pal. Foss. p. 506, t. 3 F, f. 4.
— subplicatus ...... *Kirkby*	•									Q. J. Geol. Soc. vol. xxxvi, p. 586.
— sulcatus ...... *Flemg.*			•		•					*Hiatella*, Brit. Aniv. p. 462. ? *Allorisma regularis*, King, Murch. Ver. Keys. Geol. Russia, t. 19, f. 6. Sanguinolites, M'Coy, Brit. Pal. Foss. p. 507.
— sulcatus ...... *Phill.*										*Vide* Edmondia.
— transversus ...... *Portl.*		•	•							*Sanguinolaria*, Geol. Rept. p. 434, t. 34, f. 21. Sanguinolites, M'Coy, Synop. Carb. Foss. Ireland, p. 50.
— tricostatus ...... *Portl.*	•	•								*Cypricardia*, Geol. Rept. p. 441, t. 34, f. 17. *Solenopsis*, De Ryk. Mél. Pal. *Pholadomya visetensis*, De Ryk. Mél. Pal. t. 10, f. 1, 2.
— tumidus ...... *Phill.*										*Vide* Myacites.
— undatus ...... *Portl.*		•	•							*Sanguinolaria*, Geol. Rept. p. 434, t. 34, f. 20.
— variabilis ...... *M'Coy*			•							Brit. Pal. Foss. p. 508, t. 3 F, f. 6-8.
TRIGONIDÆ.										
Schizodus ...... *King*, 1844										ASIPHONIDA (INTEGRO-PALLIALIA).
Axinopsis ...... *Tate*, 1868										
— axiniformis ...... *Portl.*		•	•							*Amphidesma*, Geol. Rept. p. 439, t. 36, f. 6. *Isocardia*, Phill. Geol. York. vol. ii, p. 209, t. 5, f. 13. *Cardiomorpha*, M'Coy, Carb. Foss. Ireland, p. 56.
— carbonarius ...... *Sow.*		•	•		•					*Amphidesma*, Geol. Rept. p. 438, t. 36, f. 8. *Venus*, Sow. Trans. Geol. Soc. 2 ser. vol. v, t. 39, f. 2. *Schizodus*, Salt. Mem. Geol. Surv. Gt. Britain (Iron Ores of Gt. Britain), pt. 3, p. 221. *Myophoria*, M'Coy, Brit. Pal. Foss. p. 495.
— centralis ...... *M'Coy*			•							Synop. Carb. Foss. Ireland, p. 63, t. 11, f. 8.
— deltoideus ...... *Phill.*			•		•	•				*Cypricardia*, Pal. Foss. Devon, t. 17, f. 59. *Amphidesma*, Portl. Geol. Rept. p. 439, t. 36, f. 7. *Axinus*, M'Coy, Carb. Foss. Ireland, p. 63.
— depressus ...... *Portl.*		•	•							*Amphidesma*, Geol. Rept. t. 36, f. 8. *Myophoria*, Brit. Pal. Foss. p. 495.
— nuculoides ...... *M'Coy*		•	•							Synop. Carb. Foss. Ireland, p. 63, t. 11, f. 9.
— obliquus ...... *M'Coy*		•	•							Synop. Carb. Foss. Ireland, p. 64, t. 8, f. 29. *Myophoria*, Brit. Pal. Foss. p. 496.
— obovatus ...... *M'Coy*		•	•							Synop. Carb. Foss. Ireland, p. 64, t. 8, f. 30.
— orbicularis ...... *M'Coy*		•	•							Synop. Carb. Foss. Ireland, p. 64, t. 8, f. 28.
— Pentlandicus ...... *Rhind*										*Vide* Anthracosia nucleus.
— Salteri ...... *R. Ether.*	•	•								Ann. Mag. Nat. Hist. 1875, 4 ser. vol. xv, p. 431, t. 20, f. 6-9; ib. Q. J. Geol. Soc. vol. xxxiv, p. 16, t. 2, f. 19.
— sulcatus ...... *Sow.*	•				•					*Donax*, Trans. Geol. Soc. 2 ser. vol. v, t. 39, f. 1. ? *Schizodus axiniformis*, Phill.
ANATINIDÆ.										
Sedgwickia ...... *M'Coy*, 1844										SIPHONIDA (SINU-PALLIALIA).
— attenuata ...... *M'Coy*		•	•							Carb. Foss. Ireland, p. 62, t. 11, f. 39.
— bullata ...... *M'Coy*		•	•							Carb. Foss. Ireland, p. 62, t. 8, f. 19.
— centralis ...... *M'Coy*		•	•							*Venus*, Carb. Foss. Ireland, p. 53, t. 11, f. 6.
— corrugata ...... *M'Coy*		•	•							Carb. Foss. Ireland, p. 62, t. 8, f. 18.
— gigantea ...... *M'Coy*		•	•							Carb. Foss. Ireland, p. 62, t. 11, f. 40.
— globosa ...... *M'Coy*		•	•							Carb. Foss. Ireland, p. 62, t. 11, f. 38.
— minima ...... *M'Coy*		•	•							Carb. Foss. Ireland, p. 62, t. 8, f. 17.

PALÆOZOIC.   CONCHIFERA.   CARBONIFEROUS.

SPECIES.	Calciferous Series.	Lower Limst. Shales.	Carboniferous Limst.	Up. Lst. Shale (Yoredale)	Millstone Grit.	Lower Coal Measures.	Middle Coal Measures.	Upper Coal Measures.	Perm. sys.	REFERENCES.
SOLENIDÆ.										
Solemya .... *Lamarck*, 1817 ...										SIPHONIDA (SINU-PALLIALIA).
Solenimya .... *Lamarck*, 1819 ...										
— primæva .... Phill.		*								Geol. York. vol. ii, p. 209, t. 5, f. 6. *Solenimya*, M'Coy, Brit. Pal. Foss. p. 519, t. 3 F, f. 3.
— var. β, puzosana ... De Kon.		*								*Solemya*, De Kon. Anim. Foss. Belg. t. 5, f. 2; ib. M'Coy, Brit. Pal. Foss. p. 520.
SOLENIDÆ.										
Solen .... *Linnæus*, 1757 ...										*Vide* Solenopsis.
SOLENIDÆ.										
Solenopsis .... *M'Coy*, 1844 ...										SIPHONIDA (SINU-PALLIALIA).
— minor .... *M'Coy*										*Vide* S. pelagicus.
— pelagicus .... *Goldf.*		*								*Solen*, Portl. Geol. Rept. p. 441, t. 36, f. 4. Baily, Mem. Geol. Surv. Ireland, Expl. sheet 127, p. 9, f. 2 d. *Solenopsis minor*, M'Coy, Synop. Carb. Foss. Ireland, p. 47, t. 6, f. 2.
PHOLADIDÆ.										
Teredo ? .... *Linnæus*, 1758 ...										SIPHONIDA (SINU-PALLIALIA).
Sellius, 1732										
— antiquus .... *M'Coy*		*								Synop. Carb. Foss. Ireland, p. 47, t. 9, f. 1.
AVICULIDÆ.										
Ungulina .... *Daudin*, 1802 ...										
— antiqua .... *M'Coy*										*Vide* Aviculopecten variabilis ?
UNIONIDÆ.										
Unio .... *Retzius*, 1788 ...										
Philippsson, 1788										ASIPHONIDA (INTEGRO-PALLIALIA).
— acuta .... Sow.										*Vide* Anthracosia.
— aquilinus .... Sow.										*Vide* Anthracosia.
— centralis .... Sow.										*Vide* Anthracosia.
— dolabratus ...... Sow.										*Vide* Anthracomya.
— linguiformis .... Phill.										*Vide* Anthracomya Phillipsia.
— modiolaris ...... Sow.										*Vide* Anthracomya.
— nuciformis ...... Hibb.										*Vide* Anthracosia.
— nucleus .... Brown										*Vide* Anthracosia.
— parallelus ? ..... Sow.							*			Trans. Geol. Soc. 2 ser. vol. v, t. 39, f. 9.
— Urei ? .... Flem.										Brit. Anim. p. 417. Ure Rutherglen, t. 16, f. 4. ? Var. of Anthracosia acuta.
VENERIDÆ.										
Venerupis .... *Lamarck*, 1818 ...										SIPHONIDA (SINU-PALLIALIA).
— cingulatus ...... *M'Coy*										*Vide* Pullastra bistriata.
— obsoletus .... *M'Coy*	*	*								Synop. Carb. Foss. Ireland, p. 67, t. 11, f. 16.
— scalaris .... *M'Coy*										*Vide* Edmondia.
VENERIDÆ.										
Venus ? .... *Linnæus*, 1758 ...										SIPHONIDA (SINU-PALLIALIA).
— carbonaria ...... Portl.										*Vide* Schizodus.

CONCHIFERA

SPECIES.	Calciferous Series.	Lower Lmst. Shales.	Carboniferous Lmst.	Up. Lst. Shale (Yoredale)	Millstone Grit.	Lower Coal Measures.	Middle Coal Measures.	Upper Coal Measures.	Pass up.	REFERENCES.
Venus (*continued*).										
— *centralis* .... *M'Coy*	...	...	...	...	...	...	...	...		*Vide* Sedgwickia.
— *ellipticus* .... *Phill.*	...	...	*	...	...	...	...	...		Geol. York. vol. ii, t. 5, f. 7. *Pullastra*, M'Coy, Synop. Carb. Foss. Ireland, p. 54.
— *parallela* .... *Phill.*	...	...	...	...	...	...	...	...		*Vide* Cypricardia.
— *tenuistria* .... *M'Coy*	...	...	...	...	...	...	...	...		*Vide* Edmondia.

PTEROPODA

SPECIES.	Calciferous Series.	Lower Lmst. Shales.	Carboniferous Lmst.	Up. Lst. Shale (Yoredale)	Millstone Grit.	Lower Coal Measures.	Middle Coal Measures.	Upper Coal Measures.	Pass up.	REFERENCES.
Class, *PTEROPODA.* Cuvier.										
Aporobranchiata. Blainville.										
HYALEIDÆ.										
Conularia .... *Miller*, 1818										THECOSOMATA.
Conularia .... *Sowerby*, 1820										
— *quadrisulcata* .... *Sow.*	...	*	*	*	*	*	*	*	...	Min. Con. vol. iii, p. 108, t. 260, f. 5, 6. Trans. Geol. Soc. 2 ser. vol. v, p. 447, 492, t. 40, f. 2. *C. irregularis*, De Kon. Anim. Foss. Terr. Carb. Belg. p. 496, t. 45. f. 2. Ure Rutherglen, t. 20, f. 7. M'Coy, Brit. Pal. Foss. p. 520. Salter, Mem. Geol. Surv. Gt. Brit. (Iron ores), pt. 3, t. 1, f. 34. Portl. Geol. Lond. p. 393, t. 29 A, f. 4, 5; Ib. Ether. Junr. Geol. Mag. vol. x, p. 275, woodcut, 1873.
Miller, MS.										
— Sp. .... *R. Ether.*	*	...	...	...	...	...	...	...		Q. J. Geol. Soc. vol. xxxiv, p. 19.
— *teres* ? .... *Sow.*	...	*	...	...	...	...	...	...		Min. Con. vol. iii, p. 108, t. 260, f. 1, 2.
Order, *Nucleobranchiata.* Blum.										
Heteropoda. Lamarouz, 1812										
BELLEROPHONTIDÆ.										
Bellerophon .... *Montfort*, 1808										
Bucania .... *Hall*, 1847										
Euphemus .... *M'Coy*, 1844										ATLANTIDÆ.
— *apertus* .... *Sow.*	*	*	*	*	*	...	...	...		Min. Con. vol. iii, p. 108, t. 469; Ib. Phill. Geol. York. vol. ii, p. 231, t. 17, f. 4.
— *auricularis* .... *Mart.*	...	*	...	...	...	...	...	...		Pet. Derb. vol. i, t. 40, f. 2-4.

PALÆOZOIC. PTEROPODA. CARBONIFEROUS.

SPECIES.	Calciferous Series.	Lower Lmst. Shale.	Carboniferous Lmst.	Up.Lst.Shale(Yoredale)	Millstone Grit.	Lower Coal Measures.	Middle Coal Measures.	Upper Coal Measures.	Poss. up.	REFERENCES.
Bellerophon (*continued*).										
— bicarenus .... *Lév.*			*							Mém. Soc. Géol. France, vol. ii, t. 2, f. 5-7; ib. De Kon. Anim. Foss. Terr. Carb. Belg. p. 353, t. 26, f. 1. *Bel. hiulcus*, D'Orb. Moaog. du Genre Beller. t. 4, f. 13; t. 5, f. 5-8, non Martin.
— cornu-arietes ...... *Sow.*		*	*							Min. Con. vol. v, p. 108, t. 469; ib. Phill. Geol. York. vol. ii, p. 231, t. 17, f. 16; ib. M'Coy, Synop. Carb. Foss. Ireland, p. 24.
— Corriei .... *F. D'Orb.*			*							Céph. p. 194, t. 4, f. 9-12.
— costatus .... *Sow.*		*	*	*						Min. Con. vol. v, p. 108, t. 470; ib. Mantel, Atlas, t. 40, f. 1; ib. Phill. Geol. York. vol. ii, p. 230, t. 17, f. 15. *B. Blainvillei*, D'Orb. B. costatus, Sow. Genera of Shells, plate and desc. of Bellerophon.
— decussatus .... *Flemg.*		*	*	*	*	*	—			Brit. Anim. p. 338; ib. Phill. Geol. York. vol. ii, p. 231, t. 17, f. 13; ib. Portl. Geol. Rept. p. 399, t. 29, f. 6. *Bel. striatus*, ib. f. 7. *Bel. reticulatus*, M'Coy, Synop. Carb. Foss. Ireland, p. 25, t. 2, f. 5. *Bel. decussatus*, Sandb. Verst. Rhein. Schicht. p. 180, t. 12, f. 7 a-e; ib. R. Etheridge, Junr. Geol. Mag. Dec. II, vol. iii, p. 154, t. 6, f. 8. Var. *undatus*, R. Ether. id; ib. p. 155, t. 6, f. 9, 10. Bel.decussatus, De Kon. Desc. Anim. Foss. Terr.Carb. Belg. p. 339, t. 29, f. 2, 3; t. 30, f. 3.
— var. undatus ...... *R. Ether.*			*							Q. J. Geol. Soc. vol. xxxiv, p. 19, t. 2, f. 30.
— Duchasteliii .... *Lév.*			*							Mém. Soc. Géol. France, vol. ii, t. 2, f. 8,9; ib. De Kon. Anim. Foss. Terr. Carb. Belg. p. 346, t. 27, f. 6.
— Dumontii .... *F. D'Orb.*			*							Céph. p. 189, t. 2, f. 16-20. *Bel. obsoletus*, M'Coy, Synop. Carb. Foss. Ireland, p. 24, t. 2, f. 3.
— elegans .... *F. D'Orb.*			*							Céph. p. 189, t. 7, f. 17, 18. ? *B. decussatus*.
— Fernsmei .... *F. D'Orb.*			*							Céph. p. 186, t. 2, f. 7-10.
— hiulcus .... *Martin*		*	*	*	*					*Nautilites*, Pct. Derb. vol. i, p. 15, t. 40, f. 2. Bellerophon, Phill. Geol. York. vol. ii, p. 230, t. 17, f. 2; ib. Pal. Foss. Dev. p. 139, t. 58, f. 203; ib. Trans. Geol. Soc. 2 ser. vol. v, t. 40, f. 10; ib. Sow. Min. Con. vol. v, p. 109, t. 470, f. 1. M'Coy, Synop. Carb. Foss. Ireland, p. 24. De Kon. Anim. Foss. Terr. Carb. Belg. p. 348, t. 27, f. 2. *Bel. Münsteri*, D'Orb. Mono. du Genre Bell. t. 2, f. 11-15. B. hiulcus, Flemg. Brit. Anim. p. 338.
— interlineatus ...... *Portl.*			*							Geol. Rept. p. 402, t. 29, f. 11.
— intersectus .... *M'Coy*			*							*Euphemus*, Synop. Carb. Foss. Ireland, p. 26, t. 3, f. 10.
— lævis .... *M'Coy*			*							Synop. Carb. Foss. Ireland, p. 24, t. 2, f. 1.
— Leacomii .... *Portl.*			*							Geol. Rept. p. 399, t. 29, f. 13.
— Leveillianus .... *De Kon.*			*							Anim. Foss. Terr. Carb. Belg. p. 355, t. 29, f. 1.
— navicula .... *Sow.*							*			Geol. Trans. 2 ser. vol. v, t. 40, f. 11.
— obsoletus .... *M'Coy*			*							Vide B. Dumontii.
— Oldhamii .... *Portl.*			*	*						Geol. Rept. p. 471, t. 35, f. 4.
— Orbignii .... *Portl.*			*							Vide D. Urei.
— recticostatus ...... *Portl.*			*							Geol. Rept. p. 472, t. 35, f. 5.
— reticulatus .... *M'Coy*			*							Vide B. decussatus.
— Sowerbyi .... *D'Orb.*			*							Céph. p. 103, t. 5, f. 19-23.
— spiralis .... *Phill.*			*							Geol. York. vol. ii, p. 231, t. 17, f. 8. Portl. Geol. Rept. p. 471, t. 35, f. 6.
— striatus .... *Flemg.*			*							Brit. Anim. p. 338 (1828); ib. Portl. Geol. Rept. p. 400, t. 29, f. 7. ? *B. elegans*, D'Orb.
— tangentialis .... *Phill.*			*							Geol. York. vol. ii, p. 230, t. 17, f. 6, 7, 14.
— tenuifascia .... *Sow.*			*							Min. Con. t. 470, f. 2, 3. Phill. Geol. York. vol. ii, p. 230, t. 17, f. 9, 10; t. 17, f. 4; ib. De Kon. Anim. Foss. Terr. Carb. Belg. p. 347, t. 27, f. 4; ib. Sow. Genera of Shells, plate and description of Bellerophon.
— Urei .... *Flemg.*		*	*	*	*	*				Brit. Anim. p. 338. Phill. Geol. York. vol. ii, t. 17, f. 11, 12. Pal. Foss. Dev. p. 106, t. 40, f. 199; ib. Portl. Geol. Rept. p. 400, t. 29, f. 9. *B. atlantoides*, D'Orb. Mono. du Genre Bellcroph. t. 4, f. 14-19. *B. Orbignii*, Portl. Geol. Rept. p. 400, t. 29, f. 12.

PALÆOZOIC. PTEROPODA. CARBONIFEROUS.

SPECIES.	Oolitic Series	Lower Laust. Shales	Carboniferous Laust.	Up. Laust. Shale (Yoredale)	Millstone Grit	Lower Coal Measures	Middle Coal Measures	Upper Coal Measures	Perm sp.	REFERENCES.
Bellerophon (*continued*).										
— *undatus*, var. ...... *R. Ether.*	...	...	...	...	...	...	...	...	...	*Vide B. decussatus.*
— *Woodwardii* ...... *Sow.*	...	...	...	...	...	...	...	...	...	M'Coy, Synop. Carb. Foss. Ireland, p. 26; ib. De Kon. Aniut. Foss. Terr. Carb. Belg. p. 356, t. 30, f. 4. *Vide* Porcellia.
BELLEROPHONTIDÆ.										
Euphemus .... *M'Coy*, 1844...										
— *intersectus* .... *M'Coy*	...	...	...	...	...	...	...	...	...	*Vide* Bellerophon.
— *orbiculus* .... *M'Coy*	...	...	...	...	...	...	...	...	...	*Vide* Urei?
ATLANTIDÆ.										
Porcellia .... *Léveillé*, 1835 ...										
— *armata* .... *Vern.*	...	...	...	...	...	?	...	...	...	Pal. Russ. &c. vol. ii, p. 346, t. 24, f. 3.
— *lævigata* .... *Lév.*	...	...	...	s	...	...	...	...	...	Mém. Soc. Géol. France, vol. ii, t. 2, f. 12, 13. ? *Euomphalus æqualis*, Goldf.
— *puzo* .... *Lév.*	...	...	...	s	...	...	...	...	...	Mém. Soc. Géol. France, vol. ii, t. 2, f. 10, 11.
— *Woodwardii* ...... *Sow.*	...	...	s	...	...	...	...	...	..	*Nautilus*, Min. Con. vol. vi, p. 138, t. 571, f. 3. *Bellerophon*, Phill. Geol. York. vol. ii, p. 231, t. 17, f. 1–3; ib. Pal. Foss. Dev. and Cornw. p. 107, t. 40, f. 201; ib. D'Orb. Céph. p. 212, t. 6, f. 15, 16.

GASTEROPODA.

SPECIES.	Oolitic Series	Lower Laust. Shales	Carboniferous Laust.	Up. Laust. Shale (Yoredale)	Millstone Grit	Lower Coal Measures	Middle Coal Measures	Upper Coal Measures	Perm sp.	REFERENCES.
Sub-Kingdom, MOLLUSCA.										
ENCEPHALA.										
Province, ODONTOPHORA.										
Class, *GASTEROPODA*.										
(BRANCHIO-GASTEROPODA.)										
CALYPTRÆIDÆ (CAPULIDÆ).										
Acroculia .... *Phillips*, 1841...										
Capulus .... *Montfort*, 1810...										
Platyceras .... *Conrad*, 1840 ,,										PROSOBR. (HOLOSTOMATA).
Pileopsis............ *Lamarck*, 1812...										
— *augustus* .... *Phill.*............	...	...	s	...	...	...	...	...	...	*Pileopsis*, Geol. York. vol. ii, p. 224, t. 14, f. 20. Acroculis, M'Coy, Synop. Carb. Foss. Ireland, p. 44.
— *auricularis* .... *Martin*	...	...	s	...	...	...	...	...	...	*Helicites*, Pet. Derb. vol. i, t. 40, f. 3, 4 (Bellerophon). *Capulus*, M'Coy, Brit. Pal. Foss. p. 523.

GASTEROPODA.

SPECIES.	Calciferous Series.	Lower Limst. Shales.	Carboniferous Limst.	Up.Lst.Shale(Yoredale)	Millstone Grit.	Lower Coal Measures.	Middle Coal Measures.	Upper Coal Measures.	Pass. up.	REFERENCES.
Acroculia (continued).										
— canaliculata ...... M'Coy			*							Synop. Carb. Foss. Ireland, p. 44, t. 3, f. 13.
— carinata .... M'Coy										Synop. Carb. Foss. Ireland, p. 44. (*Pileopsis cassideus?* D'Archiac and De Vern. Geol. Russ. p. 366, t. 34, f. 10.
— neritoides .... Phill.			*							*Pileopsis*, Geol. York. vol. ii, p. 224, t. 14, f. 16-18. *Capulus*, De Kon. Desc. Anim. Foss. &c. vol. i, p. 334, t. 23, bis f. 2. *Pileopsis*, Brown, Fossil Conch. 1849, p. 102, t. 47, f. 48-51. *Capulus*, R. Ether. Junr. Geol. Mag. Dec. II, vol. iv, p. 247, t. 12, f. 12-14.
— var. Simpsoni ...... R. Ether.										Geol. Mag. Dec. II, vol. iv, p. 247.
— priscus............. M'Coy										*Vide* Trochetla prisca.
— striatus .... Phill.			*							*Pileopsis*, Geol. York. vol. ii, p. 224, t. 14, f. 15.
— trilobus .... Phill.		*	*							*Pileopsis*, Geol. York. vol. ii, p. 224, t. 14, f. 12, 13.
— tubifera .... Sow.		*	*							*Pileopsis*, Min. Con. vol. vi, p. 224, t. 607, f. 4; Ib. Phill. Geol. York. vol. ii, p. 224, t. 14, f. 14.
— vetustus .... Sow.		*	*							*Pileopsis*, Min. Con. vol. vi, p. 223, t. 607, f. 1-3; ib. Phill. Geol. York. vol. ii, p. 224, t. 14, f. 19. Acroculia, Phill. Pal. Foss. Dev. p. 93, t. 36, f. 169. *Capulus*, De Kon. Anim. Foss. Terr. Carb. Belg. p. 332, t. 22, f. 7, t. 23, bis f. 2. (Platyceras.)
PALŒDINIDŒ.										
Ampullaria .... Lamarck, 1799...										PROSOBR. (HOLOSTOMATA).
— helicoides .... Sow.										} *Vide* Platyschisma.
— nobilis .... Sow.										
LYMNÆIDŒ.										
Ancylus .... Geof. 1767										PULMONIFERA (INOPERCULATA).
— vinti .... Kirkby			*							Trans. Tyneside Nat. Field Club, vol. vi, p. 224.
BUCCINIDŒ.										
Buccinum .... Linnæus, 1767 ...										
— acutum .... Sow.							*			
— curvilineum .... Phill.										
— Flemingii .... Brown										*Vide* Macrocheilus.
— Gibbsoni .... Brown										
— globularis .... Phill.										
— imbricatum .... Sow.										
— parallelum .... Phill.										*Vide* Portlockia.
— rectilineum .... Phill.										} *Vide* Macrocheilus.
— sigmalineum .... Phill.										
— vittatum .... Phill.										*Vide* Murchisonia.
Capulus .... Montfort, 1810...										*Vide* Acroculia.
PYRAMIDELLIDŒ.										
Cerithioides .... Haughton, 1859...										HOLOSTOMATA.
Sub-genus of Loxonema or Macrocheilus.										
— telescopium .... Haugh.			*							Dublin Nat. Hist. Soc. 1859; ib. Nat. Hist. Review, vol. vi, 1859, p. 367, t. 10, f. 2-4.
— Sp. .... Haugh.			*							Dublin Nat. Hist. Soc. 1859, p. 367.

GASTEROPODA

SPECIES.	Calciferous Series.	Lower Limst. Shales.	Carboniferous Limst.	Up. Lst. Shales (Yoredale)	Millstone Grit.	Lower Coal Measures.	Middle Coal Measures.	Upper Coal Measures.	Perm up.	REFERENCES.
Chemnitzia .... *D'Orbigny*, 1837										
— *carbonaria* .... *De Kon.*	...	...	...	...	...	...	...	...	...	*Vide* Cylindrites.
CHITONIDÆ.										
Chiton .... *Linnæus*, 1758 ...										PROSOBR. (HOLOSTOMATA).
— Burrowianus ...... *Kirkby*	...	...	*	...	...	...	...	...	...	Q. J. Geol. Soc. vol. xviii, p. 233, woodcut, p. 234, f. 1, 2; ib. Geol. Mag. vol. iv, p. 340, t. 16, f. 14, 15.
— coloratus .... *Kirkby*	...	...	*	...	...	...	...	...	...	Q. J. Geol. Soc. vol. xviii, p. 234, woodcuts, p. 235, f. 3-6; ib. Geol. Mag. vol. iv, p. 340, f. 8.
— cordatus .... *Kirkby*	...	...	*	...	...	...	...	...	...	Q. J. Geol. Soc. vol. xv, p. 616, t. 16, f. 24, 27, 54; ib. Geol. Mag. vol. iv, p. 347, t. 16, f. 10, 11.
— humilis .... *Kirkby*	...	...	*	...	...	...	...	...	...	Trans. Geol. Soc. Glasgow, vol. ii, p. 14, t. 1, f. 1; ib. Geol. Mag. vol. iv, p. 341, t. 16, f. 6.
— Thomondiensis ... *Baily*	...	...	*	...	...	...	...	...	...	Nat. Hist. Review, vol. vi, p. 331, t. 28, f. 2; ib. Q. J. Roy. Geol. Soc. Dublin, vol. viii, p. 169, t. 4, f. 2 a-c.
— Sp. .... *Kirkby*	...	...	*	...	...	...	...	...	...	Q. J. Geol. Soc. vol. xviii, p. 235, woodcut, f. 7, 8, p. 236, f. 9, 10.
— Sp. .... *Kirkby*	...	*	...	...	...	...	...	...	...	Geol. Mag. vol. iv, p. 341, t. 16, f. 7-9.
CHITONIDÆ.										
Chitonellus......... *Lamarck*, 1819...										PROSOBR. (HOLOSTOMATA).
— sub-quadratus..... *Kirkby*	...	...	+	...	...	...	...	...	...	Geol. Mag. vol. iv, p. 342, t. 16, f. 5.
— Youngianus ...... *Kirkby*	...	...	*	...	...	...	...	...	...	Trans. Geol. Soc. Glasgow, vol. ii, p. 14, t. 1, f. 2; ib. Geol. Mag. vol. iv, p. 341, t. 16, f. 2-4.
HALIOTIDÆ.										
Cirrus .... *Sowerby*, 1818 ...										
— acutus .... *Sow.*	...	...	...	...	...	...	...	...	...	*Vide* Euomphalus.
— carinatus .... *Sow.*	...	...	...	...	...	...	...	...	...	*Vide* Pleurotomaria.
— depressus .... *Phill.*	...	...	...	...	...	...	...	...	...	*Vide* Pleurotomaria.
— pentagonalis ...... *Phill.*	...	...	...	...	...	...	...	...	...	*Vide* Euomphalus.
— pileopsideus ...... *Phill.*	...	...	...	...	...	...	...	...	...	*Vide* Euomphalus.
— plicatus .... *Sow.*	...	...	...	...	...	...	...	...	...	*Vide* Pleurotomaria.
— rotundatus ...... *Sow.*	...	...	...	...	...	...	...	...	...	*Vide* Euomphalus Dionysii.
— spiralis .... *Phill.*	...	...	...	...	...	...	...	...	...	*Vide* Pleurotomaria.
— tabulatus......... *Phill.*	...	...	...	...	...	...	...	...	...	*Vide* Euomphalus.
CONIDÆ.										
Conus .... *Linnæus*, 1758 ...										
— carbonarius ...... *De Kon.*	...	...	...	...	...	...	...	...	...	*Vide* Cylindrites.
TURRITELLIDÆ.										
Cylindrites ...... *Lycett & Morris*, 1850										OPISTHOB. (TECTIBRANCHIATA).
— carbonarius ...... *De Kon.*	...	...	*	...	...	...	...	...	...	Conus, Desc. Anim. Foss. Carb. Belg. p. 469, t. 22, f. 9. *Chemnitzia* carbonaria, De Kon. Id. p. 469, t. 41, f. 15.
DENTALIADÆ.										
Dentalium .... *Linnæus*, 1740 ...										SOLENOCONCHIA.
— indistinctum ...... *Flemg.*	...	...	*	...	...	...	...	...	...	Edinb. Philo. Jour. vol. xii, p. 241, t. 9, f. 2, 1825. ? Serpula.
— ingens .... *De Kon.*	...	...	*	...	...	...	...	...	...	Desc. Anim. Foss. Carb. Belg. p. 317, t. 22, f. 2.
— incrustatum ...... *M'Coy*	...	...	*	...	...	...	...	...	...	Synop. Carb. Foss. Ireland, p. 47, t. 5, f. 30; ib. R. Etheridge, Geol. Mag. Dec. II, vol. iv, p. 248, t. 13, f. 1.

PALÆOZOIC.   GASTEROPODA.   CARBONIFEROUS.

SPECIES.	Calciferous Series.	Lower Lmst. Shales.	Carboniferous Lmst.	Up. Lst. Shale (Yoredale)	Millstone Grit.	Lower Coal Measures.	Middle Coal Measures.	Upper Coal Measures.	Pass up.	REFERENCES.
Dentalium (*continued*).										
— ornatum .... *De Kon.*	...	...	*	...	...	...	...	...	...	Desc. Anim. Foss. Carb. Belg. p. 318, t. 22, f. 3. *D. subcanaliculatum*, Sandb. Neues Jahrb. für Min. &c. p. 399.
— priscum .... *Goldf.*	*	*	*	...	...	...	...	...	...	Petref. Germ. vol. i, t. 166, f. 3.
— Scoticum ...... *Young, MS.*	*	...	...	...	...	...	...	...	...	Kirkby, Q. J. Geol. Soc. vol. xxxvi, p. 589.
FISSURELLIDÆ.										PROSOBR. (HOLOSTOMATA).
Dirinus .... *M'Coy*, 1844										
— Bucklandi .... *M'Coy*	...	...	*	...	...	...	...	...	...	Synop. Carb. Foss. Ireland, p. 44, t. 5, f. 28.
TURBINIDÆ.										PROSOBR. (HOLOSTOMATA).
Elenchus .... *Humphreys*, 1797										
— antiquus .... *M'Coy*	...	*	*	...	...	...	...	...	...	Synop. Carb. Foss. Ireland, p. 42, t. 5, f. 18.
— subluatus .... *M'Coy*	...	...	*	...	...	...	...	...	...	Synop. Carb. Foss. Ireland, p. 42, t. 5, f. 19.
PYRAMIDELLIDÆ.										
Eulima .... *Risso*, 1826										
Turbo .... *Linnæus*, 1758										
Melania, sp. ...... *Lamarck*, 1799										PROSOBR. (HOLOSTOMATA).
Phasianella ...... *Lamarck*, 1804										
— Phillipsiana ...... *De Kon.*	...	...	*	...	...	...	...	...	...	Desc. Anim. Foss. Carb. Belg. p. 471, t. 41, f. 8.
— suturalis .... *Phill.*	...	*	*	...	...	...	...	...	...	*Turritella*, Geol. York. vol. ii, p. 219, t. 16, f. 6.
TURBINIDÆ.										
Euomphalus ...... *Sowerby*, 1814										
Cirrus .... *Phillips*, 1836										
Cirrus, sp. .... *Sowerby*, 1818										
Straparollus ...... *D'Orbigny*, 1850										PROSOBR. (HOLOSTOMATA).
— acutus .... *Sow.*	*	*	*	...	...	...	...	...	...	*Cirrus*, Min. Con. vol. ii, p. 93, t. 141, f. 7; ib. Phill. Geol. York. vol. ii, p. 225, t. 13, f. 12. *Euomphalus acutus*, M'Coy, Synop. Carb. Foss. Ireland, p. 34; ib. De Kon. Desc. Anim. Foss. Terr. Carb. Belg. p. 433, t. 24, f. 7; ib. De Kon. Fauna du Calc. Carb. Belg. pt. 1, p. 138, t. 13, f. 14-16.
— anguis .... *M'Coy*	...	...	*	...	...	...	...	...	...	Synop. Carb. Foss. Ireland, p. 35, t. 3, f. 11.
— aequalis .... *Sow.*	...	*	*	...	...	...	...	...	...	*Planorbis*, Min. Con. vol. ii, p. 89, t. 140, f. 1. Straparollus, De Kon. Ann. Mus. Roy. d'Hist. Nat. Belg. vol. vi. Fauna du Calc. Carb. Belg. pt. 3, p. 129, t. 17, f. 10-12.
— bifrons .... *Phill.*	...	...	...	...	...	...	...	...	...	*Vide* Euomphalus pugilis.
— calyx .... *Phill.*	...	*	*	...	...	...	...	...	...	Geol. York. vol. ii, p. 225, t. 13, f. 3; ib. M'Coy, Synop. Carb. Foss. Ireland, p. 35; ib. Sow. Min. Con. vol. vii, p. 47, t. 633. *Schizostoma*, De Kon. Fauna du Calc. Carb. Belg. pt. 3, p. 155, t. 17, f. 7-9.
— carbonarius ...... *Sow.*	*	*	*	...	...	...	...	...	...	Min. Con. vol. vii, p. 633, f. 4-7. *Euom. quadratus*, M'Coy, Synop. Carb. Foss. Ireland, p. 37, t. 5, f. 22.
— catillus .... *Sow.*	*	*	*	*	...	...	...	...	...	Min. Con. vol. i, p. 98, t. 45, f. 3, 4; ib. Phill. Geol. York. vol. ii, t. 13, f. 1, 2; ib. De Kon. Desc. Anim. Foss. Terr. Carb. Belg. p. 427, t. 24, f. 10. Schizostoma, Bronn, Leth. Geog. vol. i, p. 458, t. 3, f. 10. Schizostoma, De Kon. Fauna du Calc. Carb. de la Belg. pt. 3, p. 154, t. 17, f. 1-3; t. 21, f. 1-3.
— clausus .... *Sow.*	...	...	...	...	...	...	...	...	...	*Vide* Euom. pileopsideus.
— Colei .... *Sow.*	...	...	*	...	...	...	...	...	...	Min. Con. vol. vii, t. 621, f. 1.

GASTEROPODA

SPECIES.	Old Red Sandstone Series	Lower Limest. Shales.	Carboniferous Limst.	Up.Lst.Shale(Yoredale)	Millstone Grit.	Lower Coal Measures.	Middle Coal Measures.	Upper Coal Measures.	Pass sp.	REFERENCES.
Euomphalus (continued).										
— cristatus .... *Phill.*										*Vide* Phanerotinus.
— crotalostomus ...... *M'Coy*			*							Synop. Carb. Foss. Ireland, p. 36, t. 7, f. 14; ib. De Kon. Ann. Mus. Roy. d'Hist. Nat. Belg. vol. vi. Fauna du Calc. Carb. Belg. pt. 3, Gasteropoda, p. 141, t. 12, f. 5, 6, 18, 19; t. 16, f. 7, 8, 10; t. 18, f. 4-6.
— depressus .... *Sow.*										Min. Con. vol. vii, t. 633, f. 3.
— Dionysii .... *Goldf.*			*							Pet. Germ. vol. iii, p. 88, t. 191, f. 7; ib. Bronn, Leth. Succ. p. 457, t. 2, f. 3. *Euom. anguis*, M'Coy, Synop. Carb. Foss. Ireland, p. 35, t. 3, f. 11. ? *Cirrus rotundatus*, Sow. Min. Con. vol. v, p. 36, f. 429. E. Dionysii, De Kon. Desc. Anim. Foss. Carb. Belg. p. 438, 621, t. 24, f. 1-5, 8. Phill. Geol. York. vol. ii, p. 226, t. 13, f. 15. E. Dionysii, De Vern. Keys. Geol. Russia, vol. ii, p. 335, t. 23, f. 8. ? *E. rotundatus*, M'Coy, Synop. Carb. Foss. Ireland, p. 37. *Straparollus* Dionysii, De Kon. Ann. du Mus. Roy. d'Hist. Nat. de Belg. vol. vi. Fauna du Calc. Carb. de la Belg. pt. 3, Gasteropoda, p. 120, t. 11, f. 7; t. 13, f. 8-10; t. 14, f. 16-18.
— elongatus .... *M'Coy*			*							Synop. Carb. Foss. Ireland, p. 36, t. 3, f. 12.
— fallax .... *De Kon.*			*							Anim. Foss. Terr. Carb. Belg. t. 24, f. 15. *Platyschisma sonites*, M'Coy, Carb. Foss. Ireland, p. 39, t. 5, f. 17.
— Gloveri .... *Brown*					*					*Cirrus*, Trans. Manchester Geol. Soc. vol. i, t. 7, f. 46.
— marginatus .... *M'Coy*		*	*							Synop. Carb. Foss. Ireland, p. 3, 6, t. 5, f. 21. *Solarium catilloides*, De Kon. Desc. Anim. Foss. Terr. Carb. Belg. t. 25, f. 3.
— neglectus .... *M'Coy*										*Vide* Euomp. pileopsideus.
— nodosus .... *Sow.*			*							Min. Con. vol. i, p. 99, t. 46.
— pentagonalis .... *Phill.*			*							*Cirrus*, Geol. York. vol. ii, p. 226, t. 13, f. 8. *Euomp. acutus*, De Kon. Desc. Anim. Foss. Terr. Carb. Belg. p. 453, t. 24, f. 7. Euom. pentagonalis, De Kon. Ann. du Mus. Roy. d'Hist. Nat. Belg. vol. vi. Fauna Calc. Carb. Belg. pt. 3, p. 139, t. 14, f. 4-6.
— pentangulatus ...... *Sow.*			*							Min. Con. vol. i, p. 97, t. 45, f. 1, 2; ib. Phill. Geol. York. vol. ii, p. 225, t. 13, f. 13. *Euomp. quinquangulatus*, Goldf. Petref. Germ. vol. iii, p. 87, t. 191, f. 4. Euom. pentangulatus, De Kon. Desc. Anim. Foss. Terr. Carb. Belg. p. 430, t. 24, f. 9; ib. Fauna du Calc. Carb. de la Belg. vol. vi, pt. 3, p. 143, t. 15, f. 1-7.
— pileopsideus .... *Phill.*	*		*							*Cirrus*, Geol. York. vol. ii, p. 226, t. 13, f. 6. *Euom. clausus*, Sow. Min. Con. vol. vii, t. 633, f. 1. *Euom. neglectus*, M'Coy, Synop. Carb. Foss. Ireland, p. 36, t. 5, f. 22. *Straparollus pileopsideus*, De Kon. Ann. du Mus. Roy. d'Hist. Nat. Belg. vol. vi. Fauna du Calc. Carb. Belg. pt. 3, p. 128, t. 14, f. 22-24.
— planorbis .... *De Vern.*			*							Trans. Geol. Soc. 2 ser. vol. v, t. 33, f. 7.
— pugilis .... *Phill.*			*							Geol. York. vol. ii, p. 225, t. 13, f. 4 (var. E. bifrons); ib. M'Coy, Synop. Carb. Foss. Ireland, p. 36. E. pugilis, Sow. Min. Con. vol. vii, t. 621, f. 2-4; ib. De Kon. Carb. Foss. Belg. p. 422, t. 25, f. 4. *Phymatifer*, De Kon. Ann. du Mus. Roy. d'Hist. Nat. Belg. vol. vi. Fauna du Calc. Carb. de la Belg. pt. 3, p. 151, t. 15, f. 13-16. *Cirrus rotundatus*, Phill. Geol. York. p. 226.
— quadratus .... *M'Coy*										*Vide* E. carbonarius.
— radians .... *De Kon.*			*							Desc. Anim. Foss. Carb. Belg. p. 442, t. 33 bis, f. 5.
— rotundatus .... *Sow.*										*Vide* P. Dionysii.
— serpula .... *De Kon.*			*							Anim. Foss. Terr. Carb. Belg. t. 23 bis, f. 8; ib. Sandb. Verstein Rhein-schieb. p. 214, t. 25, f. 9. *Serpularia centrifuga*, Röm. Vorst. Harz. p. 31, t. 8, f. 13. ? Phanerotinus.
— tabulatus .... *Phill.*			*							*Cirrus*, Geol. York. vol. ii, p. 225, t. 13, f. 7. Sow. Min. Con. vol. vii, p. 65, t. 638. M'Coy, Synop. Carb. Foss. Ireland, p. 38.
— triangulatus ...... *Stoddart*										Ann. Mag. Nat. Hist. vol. viii, p. 489, 3 ser. t. 28, f. 4, 1861.
— tuberculatus ...... *Flemg.*			*							*Delphinula*, Brit. Animals, p. 313. ? Euomp. tuberculatus, De Kon. and Goldf.

PALÆOZOIC.   GASTEROPODA.   CARBONIFEROUS.

SPECIES.	Calciferous Series	Lower Lmst. Shales	Carboniferous Lmst.	Up. Lst. Shale (Yoredale)	Millstone Grit	Lower Coal Measures	Middle Coal Measures	Upper Coal Measures	Pass up	REFERENCES.
FISSURELLIDÆ.										**PROSOBR. (HOLOSTOMATA).**
Fissurella .... *Bruguière*, 1789 ...										
— elongata .... *M'Coy*	*	*	...	...	...	...	...	...		Synop. Carb. Foss. Ireland, p. 43, t. 5, f. 27.
TURRITELLIDÆ.										
Flemingia .... *De Koninck*, 1881										
Turritella (pars) De Koninck, 1843										
Trochella .... *M'Coy*, 1844 ...										
— prisca .... *M'Coy*	...	*	...	...	...	...	...	...		Trochella, Synop. Carb. Lmst. Foss. Ireland, p. 43, t. 7, f. 1. Flemingia, De Kon. Ann. du Mus. Roy. d'Hist. Nat. Belg. vol. vi. Fauna du Calc. Carb. Belg. pt. 3, Gasterop. p. 100, t. 20, f. 10–12.
Helix .... *Linnæus*										
— catillus .... *Mart*.	...	...	...	...	...	...	...	...		*Vide* Euomphalus catillus.
LITTORINIDÆ.										**PROSOBR. (HOLOSTOMATA).**
Lacuna .... *Turton*, 1827										
— antiqua .... *M'Coy*	*	*	...	...	...	...	...	...		Synop. Carb. Foss. Ireland, p. 32, t. 5, f. 24.
LITTORINIDÆ.										**PROSOBR. (HOLOSTOMATA).**
Littorina .... *Férussac*, 1821 ...										
— bilineata .... *Kirkby*	*	...	...	...	...	...	...	...		Q. J. Geol. Soc. vol. xxxvi, p. 584.
— obscura .... *Sow*.	...	...	...	*	...	*	...	...		Trans. Geol. Soc. Glasgow, vol. v, 2 ser. t. 39, f. 23.
— pusila .... *M'Coy*	...	*	...	...	...	...	...	...		Synop. Carb. Foss. Ireland, p. 32, t. 5, f. 26. ? *Macrocheilus*.
— Scoto-Burdigalensis *R. Ether*. ...	*	...	...	...	...	...	...	...		Q. J. Geol. Soc. vol. xxxiv, p. 18, t. 2, f. 26, 27.
— solida .... *De Kon*.	...	...	...	...	*	...	...	...		Desc. Anim. Foss. Terr. Carb. Belg. t. 39, f. 5.
PYRAMIDELLIDÆ.										
Loxonema .... *Phillips*, 1841 ...										
Melania .... Sowerby, 1821 ...										
Turritella .... Fleming, 1828 ...										
Melania .... Phillips, 1836 ...										
Chemnitzia ..... De Koninck, 1843										
Holopella .... Sandberger, 1854										**PROSOBR. (HOLOSTOMATA).**
— brevis .... *M'Coy*	...	*	...	...	...	...	...	...		Synop. Carb. Foss. Ireland, p. 30, t. 3, f. 2; Ib. De Kon. Ann. du Mus. Roy. d'Hist. Nat. Belg. vol. iv. Fauna du Calc. Carb. Belg. pt. 3, Gasterop. p. 58, t. 6, f. 6, 7.
— clathratula .... *Young & Arms*. ...	*	*	...	...	...	...	...	...		Trans. Geol. Soc. Glasgow, vol. iv, pt. 3, p. 278.
— constricta .... *Sow*.	*	*	...	...	...	...	...	...		Melania, M. C. t. 218, f. 2; Ib. Phill. Geol. York, p. 228, t. 16, f. 1. Loxonema, De Kon. Phasianella, Goldf. Chemnitzia, De Kon. Anim. Foss. Belg. p. 465, t. 41, f. 5. Loxonema constrictum, De Kon. Ann. du Mus. Roy. d'Hist. Nat. Belg. vol. vi. Fauna du Calc. Carb. Belg. pt. 3, Gasterop. p. 56, t. 6, f. 19–21.
— curvilinea .... *Phil*.	...	*	...	...	...	...	...	...		Buccinum, Geol. York. vol. ii, p. 230, t. 16, f. 13, 22, 23. Chemnitzia, De Kon. Anim. Foss. Carb. Belg. p. 467, t. 41, f. 10.
— galvani .... *Daily*	...	...	...	*	...	...	...	...		Expl. sheet 142, Geol. Surv. Ireland, p. 13, f. 5.
— impendens .... *M'Coy*	...	*	...	...	...	...	...	...		Synop. Carb. Foss. Ireland, p. 30, t. 3, f. 3; Ib. De Kon. Ann. du Mus. Roy. d'Hist. Nat. Belg. vol. vi. Fauna du Calc. Carb. Belg. pt. 3, Gasterop. p. 46, t. 5, f. 8, 9.
— Lefebvrei .... *Léveillé*	...	*	...	...	...	...	...	...		Rissoa, Mem. Soc. Géol. de France, vol. ii, p. 40, t. 2, f. 23. Chemnitzia, De Kon. Desc. Anim. Foss. Terr. Carb. Belg. p. 464, t. 41, f. 7. Loxonema, De Kon. Fauna du Calc. Carb. de la Belg. pt. 3, p. 52, t. 5, f. 7; t. 6, f. 5.
— minutissima .... *Daily*	...	*	...	...	...	...	...	...		Expl. sheet 142, Geol. Surv. Ireland, p. 15, f. 7.

GASTEROPODA

SPECIES.	Calciferous Series.	Lower Lmst. Shales.	Carboniferous Lmst.	Up. Lst. Shale (Yoredale)	Millstone Grit.	Lower Coal Measures.	Middle Coal Measures.	Upper Coal Measures.	Poss. sp.	REFERENCES.
Loxonema (*continued*).										
— Owenii .... *Brown*					*					Manch. Geol. Trans. vol. i, t. 7, f. 44.
— polygyra .... *M'Coy*		*	*							Synop. Carb. Foss. Ireland, p. 30, t. 3, f. 1.
— pulcherrima .... *M'Coy*		*	*							Carb. Foss. Ireland, p. 30, t. 7, f. 7. ? *Lox. Lefebvrei*, De Kon. L. pulcherrinum, De Kon. Ann. du Mus. Roy. d'Hist. Nat. Belg. vol. vi. Fauna du Calc. Carb. Belg. pt. 3, Gasterop. p. 55, t. 6, f. 1-18.
— reticulata .... *Brown*						*				Manch. Geol. Trans. vol. i, t. 7, f. 42.
— rugifera .... *Phill.*	*	*	*							*Melania*, Geol. York. vol. ii, p. 229, t. 16, f. 26. *Chemnitzia*, De Kon. Anim. Foss. Belg. p. 462, t. 41, f. 2. ? Loxonema, Phill. Pal. Foss. Cornw. p. 101, t. 38, f. 188. Loxonema, De Kon. Fauna du Calc. Carb. Belg. pt. 3, Gasterop. p. 59, t. 6, f. 12, 13.
— scalaroides .... *Phill.*	*		*							*Melania*, Geol. York. vol. ii, p. 229, t. 16, f. 3. *Chemnitzia*, De Kon. Desc. Anim. Foss. du Terr. Carb. Belg. p. 463, t. 41, f. 4. Loxonema, De Kon. Ann. du Mus. Roy. d'Hist. Nat. Belg. vol. vi. Fauna du Calc. Carb. Belg. pt. 3, Gasterop. p. 57, t. 6, f. 3, 4.
— sulcatula .... *M'Coy*			*							Synop. Carb. Foss. Ireland, p. 30, t. 5, f. 6.
— sulcnicum .... *Phill.*		*	*		✓					*Melania*, Geol. York. vol. ii, p. 228, t. 16, f. 1ᵃ. *Chemnitzia Lefebvrei*, De Kon. Anim. Foss. Belg. p. 464, t. 41, f. 7. Dublin Nat. Hist. Soc. Jan. 1859; ib. Nat. Hist. Review, vol. vi, p. 366, t. 11, f. 1.
— tenuistriata .... *Portl.*			*							Geol. Rept. p. 418, f. 31, f. 4.
— tumida .... *Phill.*			*							*Melania*, Geol. York. vol. ii, p. 229, t. 16, f. 2.
— turrita .... *M'Coy*			*							Synop. Carb. Foss. Ireland, p. 31, t. 5, f. 7.
PYRAMIDELLIDÆ.										
Macrocheilus .... *Phillips*, 1841										PROSOBR. (HOLOSTOMATA).
Buccinum, sp. ... *Auct.*										
— acutus .... *Sow.*	*		*		*					*Buccinum*, M.C. t. 566, f. 1. Phill. Geol. York. vol. ii, p. 230, t. 16, f. 11-21; ib. Haughton, Dub. Nat. Hist. Soc. Jan. 1859; ib. Nat. Hist. Review, vol. vi, p. 367, t. 11, f. 3. M. acutus, De Kon. Anim. Foss. du Terr. Carb. de Belg. p. 473, t. 40, f. 10; t. 41, f. 13.
— brevispiratus .... *M'Coy*			*							Brit. Pal. Foss. p. 547, t. 3 H, f. 7, 8.
— caniculatus .... *M'Coy*		*	*							Synop. Carb. Foss. Ireland, p. 28, t. 5, f. 1.
— curvilineus .... *Phill.*		*	*							*Buccinum*, Geol. York. vol. ii, p. 230, t. 16, f. 13, 22, 23. (Loxonema.)
— fimbriatus .... *M'Coy*	*	*	*							Synop. Carb. Foss. Ireland, p. 28, t. 5, f. 2.
— Flemingii .... *Brown*						*				*Buccinum*, Manch. Geol. Trans. vol. i, t. 7.
— fusiformis .... *Sow.*	*		*							*Polyphemus*, Geol. Trans. 2 ser. vol. v, t. 39, f. 26.
— Gibsoni .... *Brown*							*			*Buccinum*, Manch. Geol. Trans. vol. i, t. 7.
— globularis .... *Phill.*			*							*Buccinum*, Geol. York. vol. ii, p. 230, t. 16, f. 15.
— imbricatus .... *Sow.*	*	*	*							*Buccinum*, Geol. York. vol. ii, p. 229, t. 16, f. 9, 17-20.
— inflatus .... *Daily*						?				Expl. sheet 142, Geol. Surv. Ireland, p. 14, f. 6.
— Manni .... *Brown*						*				*Buccinum*, Manch. Geol. Trans. vol. i, t. 7.
— Michotianus .... *De Kon.*		*	*							Anim. Foss. Terr. Carb. Belg. t. 41, f. 14.
— ovalis .... *M'Coy*		*	*							Synop. Carb. Foss. Ireland, p. 29, t. 5, f. 3.
— parallelus .... *Phill.*										Vide Portlockia.
— porcinctus .... *Portl.*			*							Geol. Rept. p. 419, t. 31, f. 10.
— rectilineus .... *Phill.*		*	*							*Buccinum*, Geol. York. vol. ii, p. 230, t. 16, f. 10. Macro. Portl. Geol. Rept. p. 419, t. xxxi, f. 9.
— semistriatus .... *Y. & A.*			*							Trans. Geol. Soc. Glasgow, vol. iv, pt. 3, p. 278.
— sigmilineus .... *Phill.*			*							*Buccinum*, Geol. York. vol. ii, p. 230, t. 16, f. 12.

PALÆOZOIC.   GASTEROPODA.   CARBONIFEROUS.

SPECIES.	Culciferous Series.	Lower Lmst. Shales.	Carboniferous Lmst.	Up. Lst. Shale (Yoredale)	Millstone Grit.	Lower Coal Measures.	Middle Coal Measures.	Upper Coal Measures.	Pass up.	REFERENCES.
Macrocheilus (*continued*).										
— striatulus .... *Kirkby*	•		•							Q. J. Geol. Soc. vol. xxxvi, p. 584.
— tricinotus......... *M'Coy*			•							Synop. Carb. Foss. Ireland, p. 29, t. 5, f. 4.
MELANIADÆ.										
Melania .... *Lamarck*, 1810 ...										
— rugifera .... *Phill.*										} *Vide* Loxonema.
— scalaroides ..... *Phill.*										
— subangulata ..... *Goldf.*										Pet. Germ. vol. lii, t. 197, f. 11.
— sulculosa .... *Phill.*										
— tumida .... *Phill.*										} *Vide* Loxonema.
PATELLIDÆ.										
Metoptoma .... *Phillips*, 1836 ...										PROSOBR. (HOLOSTOMATA).
Patella .... *De Koninck*										
— elliptica .... *Phill.*			•							Geol. York. vol. ii, p. 224, t. 14, f. 9; ib. M'Coy, Brit. Pal. Foss. p. 523. *Patella elliptica*, De Kon. Anim. Foss. Terr. Carb. Belg. t. 23 bis, f. 3.
— imbricata .... *Phill.*			•							Geol. York. vol. ii, p. 224, t. 14, f. 8. *Patella*, De Kon. Anim. Foss. Terr. Carb. Belg. t. 23 bis, f. 4.
— oblonga .... *Phill.*			•							Geol. York. vol. ii, p. 224, t. 14, f. 10. *Patella*, De Kon. Anim. Foss. Terr. Carb. Belg. t. 23, f. 6.
— pileus .... *Phill.*			•							Geol. York. vol. ii, p. 224, t. 14, f. 7. *Patella*, De Kon. Anim. Foss. Terr. Carb. Belg. t. 23, f. 7.
— sulcata .... *Phill.*			•							Geol. York. vol. ii, p. 224, t. 14, f. 11.
Microconchus .... *Murchison*, 1839										
Carbonarius ..... *Murch.*										*Vide* Spirorbis.
Microdoma ... *Meek & Worthen*, 1866										
Pleurotomaria ... *Phillips*, 1836 ...										
Trochus .... *De Kon.* 1843 ...										
— biserrata .... *Phill.*			•							*Pleurotomaria*, Geol. York. vol. ii, p. 228, t. 15, f. 29. *Trochus*, De Kon. Desc. des Anim. Foss. Terr. Carb. Belg. p. 449, t. 39, f. 3; ib. Goldf. Pet. Germ. vol. iii, t. 178, f. 11. *Microdoma*, De Kon. Ann. du Mus. Roy. d'Hist. Nat. Belg. vol. vi, Faunadu Calc. Carb. Belg. pt. 3, Gasterop. p. 104, t. 10, f. 33-35.
— serrilimba .... *Phill.*	•	•	•							*Pleurotomaria*, Geol. York. vol. ii, p. 228, t. 15, f. 30. *Microdoma*, De Kon. loc. cit. p. 105, t. 10, f. 30-32.
HALIOTIDÆ.										
Murchisonia *D'Arch. & Vern.* 1841										PROSOBR. (HOLOSTOMATA).
— angulata .... *Phill.*	•		•							*Rostellaria*, Geol. York. vol. ii, p. 230, t. 16, f. 26. De Kon. Anim. Foss. Belg. p. 412, t. 38, f. 8; t. 40, f. 9.
— dispar .... *M'Coy*			•							Brit. Pal. Foss. p. 521, t. 3 L, f. 37.
— elongata .... *Portl.*	•	•	•							Geol. Rept. p. 569, t. 38, f. 10. M'Coy, Synop. Carb. Foss. Ireland, p. 42.
— fimbricarinata ... *Y. & A.*		•	•							Foss. of the Carb. strata of the W. of Scotland, Trans. Geol. Soc. Glasgow, vol. iv, pt. 3, p. 279.
— fusiformis .... *Phill.*			•		•					*Pleurotomaria*, Geol. York. vol. ii, p. 227, t. 15, f. 16.
— Humboldtiana ... *De Kon.*			•							Anim. Foss. Terr. Carb. Belg. p. 410, t. 38, f. 1.
— Larconi .... *M'Coy*		•	•							Synop. Carb. Foss. Ireland, p. 41, t. 5, f. 8. *M. angulata*, De Kon. Anim. Foss. Terr. Carb. Belg. p. 412, t. 38, f. 8; t. 40, f. 9.
— quadricarinata... *M'Coy*	•		•							Synop. Carb. Foss. Ireland, p. 42, t. 5, f. 9.

GASTEROPODA

SPECIES.	Calciferous Series.	Lower Laust. Shales.	Carboniferous Lmst.	Up. Lst. Shale (Yoredale)	Millstone Grit.	Lower Coal Measures.	Middle Coal Measures.	Upper Coal Measures.	Pass up.	REFERENCES.
Murchisonia (*continued*).										
— semistriata .... *Y. & A.*		*	*							Trans. Geol. Soc. Glasgow, pt. 3, p. 278.
— spinosa .... *Phill.*			*							Pal. Foss. Dev. p. 102, t. 39, f. 192. *Buccinum*, Sow. M.C. t. 566, f. 4. Geol. Trans. 2 ser. vol. v, t. 57, f. 24-27.
— striatula .... *De Kon.*	*									Desc. Anim. Foss. Terr. Carb. Belg. 1844, p. 415, t. 40, f. 7; lb. R. Etheridge, Jun. Q. J. Geol. Soc. vol. xxxiv, p. 19, t. 2, f. 29.
— sulcata .... *M'Coy*			*							Synop. Carb. Foss. Ireland, p. 42, t. 5, f. 10.
— tæniata .... *De Vern.*			*							Turritella, Phill. Geol. York. vol. ii, p. 229, t. 16, f. 7.
— Urei .... *Flemg.*			*							Terebra. Sp. Ure Hist. of Rutherglen and East Kilbride, t. 14, f. 7. *Turritella*, Brit. Anim. p. 305.
— vittata .... *Phill.*			*							Buccinum, Geol. York. vol. ii, p. 230, t. 16, f. 14. *Calendrium*, Brown, Foss. Conch. t. 32, f. 20.
NATICIDÆ.										
Narica .... *Recluz*, 1841										PROSOBR. (HOLOSTOMATA).
— lirata .... *Phill.*			*							Natica, Geol. York. vol. ii, p. 224, t. 14, f. 2. Narica, De Kon. Desc. Anim. Foss. Terr. Carb. Belg. p. 476, t. 42, f. 5.
NATICIDÆ.										
Natica .... *Adamson*, 1757										PROSOBR. (HOLOSTOMATA).
(*pars*) *Phillips*, 1836										
Globulus .... *Sow.*										
Ampullaria .... *Lamarck*, 1799										Probably most of the Naticas (so-called) in the Palæozoic Rocks are Naticopses.
Narica .... *De Kon.* 1843										
Naticodon (*part*) *De Ryckholt*, 1852										
? Naticopsis ...... *M'Coy*, 1867										
— ampliata .... *Phill.*			*							Geol. York. vol. ii, p. 224, t. 14, f. 21-24. *Vide* Naticopsis.
— antiqua .... *Goldf.*										Pet. Germ. vol. iii, p. 116, t. 199, f. 2.
— offossa .... *Goldf.*										Pet. Germ. vol. iii, p. 116, t. 199, f. 3.
— elliptica .... *Phill.*	*									Geol. York. vol. ii, p. 224, t. 14, f. 13. *Naticopsis Phillipsii*, M'Coy, Synop. Carb. Foss. Ireland, p. 33, t. 3, f. 9, t. 6, f. 4.
— elongata .... *Phill.*										Vide Naticopsis.
— lyrata .... *Phill.*			*							Natica, Geol. York. vol. ii, p. 224, t. 14, f. 22, 31. Natiria, De Kon. Fauna du Calc. Carb. Belg. pt. 3, Gasterop. p. 6, t. 3, f. 15-17.
— planispira .... *Phill.*										Geol. York. vol. ii, p. 225, t. 14, f. 30.
— plicistria .... *Phill.*										Vide Naticopsis.
— spirata .... *Sow.*										Vide Norita.
— tabulata .... *Phill.*										Vide Scalites.
— variata .... *Phill.*			*	*						Geol. York. vol. ii, p. 224, t. 14, f. 26, 27. *Nerita*, De Kon. Anim. Foss. Terr. Carb. Belg. p. 481, t. 22, f. 8. *Naticodon*, De Ryck. *Naticopsis*, M'Coy.
— vetusta .... *Sow.*							*			Trans. Geol. Soc. 2 ser. vol. v, t. 39, f. 22.
NATICIDÆ.										
Naticopsis .... *M'Coy*, 1844										
Natica .... *Auct.*										
Naticodon ...... *P. de Ryckholt*, 1847										
Isonema ... (*pars*) *F. B. Meek*, 1871										

GASTEROPODA.

SPECIES.	CARBONIFEROUS.								REFERENCES.
	Calciferous Series.	Lower Limst. Shales.	Carboniferous Lmst.	Up. Lst. Shale (Yoredale)	Millstone Grit.	Lower Coal Measures.	Middle Coal Measures.	Upper Coal Measures.	

Naticopsis (*continued*).									PROSOBR. (HOLOSTOMATA).
— ampliata .... *Phill.*			*						*Natica*, Geol. York. vol. ii, p. 224, t. 14, f. 21–24. *Nerita*, De Kon. Desc. des Anim. Foss. du Terr. Carb. Belg. p. 465, t. 42, f. 2. *Naticopsis*, De Kon. Ann. du Mus. Roy. d'Hist. Nat. Belg. vol. vi. Fauna du Calc. Carb. Belg. pt. 3, Gasterop. p. 23, t. 2, f. 1–3; l. 10, f. 47, 48. *Pileopsis*, Goldf. Pet. Germ. vol. iii, p. 11, t. 168, f. 5-7.
— canaliculata ...... *M'Coy*			*						Synop. Carb. Foss. Ireland, p. 33, t. 7, f. 3.
— dubia .... *M'Coy*			*						Synop. Carb. Foss. Ireland, p. 33, t. 7, f. 2. ? *Nat. rugosa*, De Kon. Fauna Calc. Carb. Belg. pt. 1, Gasterop. p. 19, t. 1, f. 3.
— elougata .... *Phill.*		*	*						*Natica*, Geol. York. vol. ii, p. 225, t. 14, f. 28. *Naticopsis*, M'Coy, Synop. Carb. Foss. Ireland, p. 33.
— globosa .... *Hæning.*									*Vide* Nat. plicistria.
— neritioides .... *M'Coy*			*						Synop. Carb. Foss. Ireland, p. 33, t. 5, f. 25.
— Phillipsii .... *M'Coy*									*Vide* Natica elliptica.
— planispira .... *Phill.*			*						Geol. York. vol. ii, p. 224, t. 14, f. 30. *Naticopsis*, De Kon. Ann. du Mus. Roy. d'Hist. Nat. Belg. vol. vi. Fauna du Calc. Carb. Belg. pt. 3, Gasterop. p. 20, t. 2, f. 23, 24; t. 3, f. 9, 10.
— plicistria .... *Phill.*	*	*	*	*		*			*Natica*, Geol. York. vol. ii, p. 225, t. 14, f. 25. *Naticopsis*, M'Coy, Synop. Carb. Foss. Ireland, p. 34. Nat. Portl. Geol. Rept. p. 420, L. 31, f. 6, 7. *Nerita*, De Kon. Anim. Foss. Terr. Carb. Belg. p. 463, t. 42, f. 3. *Naticodon*, De Ryckholt, 1847. *Naticopsis globosa*, Hæning. Verzeichniss, der Von F. W. Hæninghaus dem Mus. Universität Bonn überlassenen Petrefacten-sammlung, p. 8, 1830. *N. globosa*, De Kon. Ann. du Mus. Roy. d'Hist. Nat. Belg. vol. vi. Fauna du Calc. Carb. Belg. pt. 3, Gasterop. p. 15, t. 1, f. 1, 2, 8–11; t. 2, f. 25.
— Robroystonensis ... *Y. & A.*			*						Trans. Geol. Soc. Glasgow, vol. iv, pt. 3, p. 279.
NATICIDÆ.									
Natira .... *De Koninck*, 1881									
Natica (*pars*) ... *Phillips*, 1836 ...									HOLOSTOMATA.
Narica .... *De Koninck*, 1843									
— lyrata .... *Phill.*									*Natica*, Geol. York. vol. ii, p. 224, t. 14, f. 22–31. *Natiria*, De Kon. Ann. du Mus. Roy. d'Hist. Nat. Belg. vol. vi. Fauna du Calc. Carb. Belg. pt. 3, Gasterop. p. 6, t. 3, f. 15–17.
NERITIDÆ.									
Nerita .... *Linnæus*, 1758 ..									PROSOBR. (HOLOSTOMATA).
— ? spirata .... *Sow.*			*						Min. Con. vol. v, p. 93, t. 463, f. 1, 2. *Naticopsis*, M'Coy, Carb. Foss. Ireland, p. 34. *Natica*, De Kon. Anim. Foss. Terr. Carb. Belg. p. 484, t. 42, f. 3.
— striata ,.......... *Flemg.*		*							Brit. Animals, p. 319.
PATELLIDÆ.									
Patella .... *Linnæus*, 1758 ..									
— curvata .... *Phill.*			*						Geol. York. vol. ii, p. 223, t. 14, f. 4.
— Greenwoodi ..... *Brown*						?	?		Trans. Manch. Geol. Soc. vol. i, t. 7, f. 58.
— Konincki .... *M'Coy*			*						*Siphonaria*, Carb. Foss. Ireland, p. 46, t. 3, f. 14.
— lateralis .... *Phill.*			*						Geol. York. vol. ii, p. 223, t. 14, f. 6. *Acmæa*, De Ryckholt, Mélanges Paléont. 1852, p. 56.
— lævigata .... *M'Coy*									*Umbrella*, Synop. Carb. Foss. Ireland, p. 46, t. 5, f. 31.
— mucronata ...... *Phill.*		*	*						Geol. York. vol. ii, p. 223, t. 14, f. 3. M'Coy, Synop. Carb. Foss. p. 46.
— retrorsa .... *Phill.*			*						Geol. York. vol. ii, p. 223, t. 14, f. 5.

GASTEROPODA

SPECIES.	Caldferous Series	Lower Lmst. Shales	Carboniferous Lmst.	Up. Lst. Shale(Yoredale)	Millstone Grit	Lower Coal Measures	Middle Coal Measures	Upper Coal Measures	Perm up.	REFERENCES.
Patella (continued).										
— acutiformis .... *Phill.*		*	*							Geol. York. vol. ii, p. 223, t. 14, f. 1. M'Coy, Synop. Carb. Foss. Ireland, p. 46.
— sinuosa............ *Phill.*			*							Geol. York. vol. ii, p. 223, t. 14, f. 2. De Kon. Anim. Foss. Terr. Carb. Belg. p. 326, t. 23, f. 4. M'Coy, Synop. Carb. Foss. Ireland, p. 46.
TURBINIDÆ.										
Phanerotinus......... *Sowerby*, 1843 ...										PROSOBR. (HOLOSTOMATA).
— angicstomus ...... *De Kon.*...........			*							*Euomphalus*, Anim. Foss. Terr. Carb. Belg. p. 426, t. 23 bis, f. 9.
— cristatus .... *Sow.*			*							Min. Con. vol. vii, t. 624, f. 1, 2. *Euomphalus*, Phill. Geol. York. vol. ii, p. 225, t. 13, f. 5.
— nudus .... *Sow.*			*							Min. Con. vol. vii, t. 624, f. 3–5.
— serpula........... *De Kon.*...........			*							*Euomphalus*, Anim. Foss. Terr. Carb. Belg. p. 425, t. 23 bis, f. 8; t. 25, f. 5; ib. D'Arch. and De Vern. Trans. Geol. Soc. France, 2 ser. vol. xvi, pt. 2, p. 363, 390, t. 33, f. 9. ? *Euomphalus*.
Phymatifer .... *De Koninck*, 1881										
Euomphalus (pars) *Phillips*, 1836 ...										
Straparollus (pars) *D'Orbigny*, 1850										
— pugilis .... *Phill.*										*Vide* Euomphalus pugilis.
Pileopsis .... *Lamarck*, 1810 ...										
— capulus .... *De Montfort* ...										*Vide* Acroculia.
Planorbus .... *Müller*, 1781 ...										
— aqualis .... *Sow.*										*Vide* Euomphalus.
Platyceras .... *Conrad*, 1840 ...										
— capulus .... *De Montfort*....										*Vide* Acroculia.
TURBINIDÆ.										
Platyschisma .... *M'Coy*, 1844......										
Ampullaria ...... *Sow.* 1828										
Turbo ...... (pars) *Sow.* 1829										
Straparollus (pars) *D'Orbigny*, 1850										PROSOBR. (HOLOSTOMATA).
— circoides .... *M'Coy*			*							Synop. Carb. Foss. Ireland, p. 38, t. 6, f. 2.
— glabrata .... *Phill.*			*							*Pleurotomaria*, Geol. York. vol. ii, p. 228, t. 15, f. 28. Platyschisma, De Kon. Ann. du Mus. Roy. d'Hist. Nat. de Belg. vol. vi. Faune du Calc. Carb. de la Belg. pt. 3, p. 115, t. 10, f. 15, 16; t. 11, f. 3, 4.
— helicoides............ *Sow.*			*							*Ampullaria*, M. C. vol. vi, p. 40, t. 522, f. 2. *Pleurotomaria*, Phill. Geol. York. vol. ii, p. 228, t. 15, f. 26. M'Coy, Carb. Foss. Ireland, p. 38. *Euomphalus*, De Kon. Anim. Foss. Carb. Belg. p. 440, t. 36, f. 5. Platyschisma, De Kon. Ann. du Mus. Roy. d'Hist. Nat. Belg. vol. vi. Faune du Calc. Carb. Belg. pt. 3, p. 114, t. 10, f. 7, 8; t. 11, f. 4; t. 12, f. 23–25.
— Jamesii .... *M'Coy*			*							Synop. Carb. Foss. Ireland, p. 38, t. 5, f. 20. *Straparollus*, De Kon. Ann. du Mus. Roy. d'Hist. Nat. Belg. vol. iv. Faune du Calc. Carb. de Belg. pt. 3, p. 132, t. 21, f. 14–17. *Trochus Tatbami*, Brown, Foss. Couch. p. 254, t. 23, f. 50.
— nobilis .... *Sow.*			*							*Ampullaria*, M. C. t. 522, f. 1.
— ovoidea .... *Phill.*			*							*Pleurotomaria*, Geol. York. vol. ii, p. 228, t. 15, f. 27. Platyschisma, De Kon. Ann. du Mus. Roy. d'Hist. Nat. Belg. vol. vi. Faune du Calc. Carb. Belg. pt. 3, Gasteropoda, p. 116, t. 10, f. 9, 10; t. 11, f. 2, 5, 6.
— tiara............ *Sow.*			*							*Turbo*, M. C. t. 551, f. 1; ib. Phill. Geol. York. vol. ii, p. 226, t. 13, f. 9; ib. De Kon. Faune du Calc. Carb. Belg. pt. 3, Gasteropoda, p. 118, t. 9, f. 5, 6.
— zonites .... *M'Coy*										*Vide* Euomphalus fallax.

PALÆOZOIC. GASTEROPODA. CARBONIFEROUS.

SPECIES.	Calciferous Series.	Lower Lmst. Shale.	Carboniferous Lmst.	Up. Lst. Shale (Yoredale)	Millstone Grit.	Lower Coal Measures.	Middle Coal Measures.	Upper Coal Measures.	Perm.	REFERENCES.
HALIOTIDÆ.										**PROSOBR. (HOLOSTOMATA).**
Pleurotomaria ...... *Defrance*, 1824										
— abdita .... *Phill.*			*							Geol. York. vol ii, p. 227, t. 15, f. 15. *P. lævis?* M'Coy, Synop. Carb. Foss. Ireland, p. 41, t. 5, f. 15.
— acuta .... *Phill.*			*							Geol. York. vol. ii, p. 228, t. 15, f. 21.
— altavittata .... *M'Coy*		*	*							Synop. Carb. Foss. Ireland, p. 39, t. 5, f. 11 ; Ib. Brit. Pal. Foss. p. 524, t. 3, f. 9, 10.
— angulata .... *De Kon.*			*							Anim. Foss. Terr. Carb. Belg. p. 369, t. 37, f. 2.
— atomaria .... *Phill.*		*								Geol. York. vol. ii, p. 227, t. 15, f. 11.
— Benediana .... *De Kon.*			*							Desc. Anim. Foss. Carb. Belg. p. 386, t. 32, f. 8.
— biserrata .... *Phill.*										*Vide* Microdoma.
— callosa .... *De Kon.*			*							Desc. Anim. Foss. Carb. Belg. p. 406, t. 36, f. 7 ; ib. M'Coy, Brit. Pal. Foss. p. 525.
— canaliculata ...... *M'Coy*	*	*								Synop. Carb. Foss. Ireland, p. 39, t. 6, f. 3. *T. Yvanii*.
— carinata .... *Sow.*	*	*								*Helix*, Min. Con. t. 7 ; t. 640, f. 3. *Pleurotomaria*, Phill. Geol. York. vol. ii, p. 226, t. 15, f. 1. *P. flammigera*, Phill. ib. f. 2. De Kon. Anim. Foss. Terr. Carb. Belg. p. 397, t. 31, f. 1. *Cirrus Sowerbyi*, Agass. Sow. M. C. vol. i, p. 24, t. 7, f. 4, 5.
— cirriformis .... *Sow.*										*Helix*, Min. Con. vol. ii, p. 160, t. 171, f. 2. *Pleurotomaria*, De Kon. Supp. Anim. Foss. Belg. t. 58, f. 8 ; ib. M'Coy, Brit. Pal. Foss. p. 526. *? P. vittata*, Phill. Geol. York. vol. ii, p. 15, f. 24.
— clathrata .... *M'Coy*			*							Synop. Carb. Foss. Ireland, p. 39, t. 5, f. 12.
— concentrica ...... *Phill.*										*Vide P. Yvanii*.
— conica .... *Phill.*		*	*							Geol. York. vol. ii, p. 228, t. 15, f. 22. *P. decussata*, M'Coy, Carb. Foss. Ireland, p. 40, t. 5, f. 13.
— conica .... *Sow.*			*							Min. Con. vol. vii, p. 71, t. 640.
— contraria .... *De Kon.*		*	*							Desc. Anim. Foss. Carb. Belg. p. 401, t. 34, f. 7.
— decussata .... *M'Coy*			*							*Vide P. conica*.
— delphinuloides.... *Schloth.*			*							Petref. t. 11, f. 4. Vern. Geol. Trans. 2 ser. vol. vi, t. 33, f. 4, 5. *Schizostoma*, Goldf. t. 188, f. 3. *P. vittata*, Phill. Geol. York. vol. ii, p. 228, t. 15, f. 24.
— depressa .... *Phill.*			*							Geol. York. vol. ii, p. 227, t. 15, f. 7.
— eliana .... *De Kon.*			*							Anim. Foss. Terr. Carb. Belg. p. 366, t. 36, f. 1.
— excavata .... *De Kon.*			*							Anim. Foss. Terr. Carb. Belg. p. 689, t. 58, f. 5.
— excavata .... *Phill.*			*							Geol. York. vol. ii, p. 228, t. 15, f. 20.
— expansa .... *Phill.*			*							Geol. York. vol. ii, p. 226, t. 15, f. 4. Pal. Foss. Dev. p. 394, t. 37, f. 179.
— filosa .... *M'Coy*			*							Synop. Carb. Foss. Ireland, p. 40, t. 5, f. 14.
— Freneyana .... *De Kon.*			*							Desc. Anim. Foss. Carb. Belg. p. 394, t. 31, f. 5.
— fusiformis .... *Phill.*										*Vide* Murchisonia.
— gemmulifera ..... *Phill.*		*								Geol. York. vol. ii, p. 227, t. 15, f. 19.
— glabrata .... *Phill.*										*Vide* Platyschisma.
— Griffithii .... *M'Coy*			*							Synop. Carb. Foss. Ireland, p. 40, t. 6, f. 1.
— Haincsii .... *M'Coy*			*							Synop. Carb. Foss. Ireland, p. 41, t. 5, f. 8. *? P. naticoides*.
— helicinoides .... *M'Coy*			*							Synop. Carb. Foss. Ireland, p. 41, t. 7, f. 6. Var. of *P. lenticula*, ib. f. 5.
— helicoides .... *Phill.*										*Vide* Platyschisma.
— humilis .... *De Kon.*			*							Foss. Pal. Nouv. Galles du sud, pt. 3, p. 325, t. 23, f. 14.
— inconspicua .... *Phill.*			*							Geol. York. vol. ii, p. 227, t. 15, f. 8.

305

PALÆOZOIC.   GASTEROPODA.   CARBONIFEROUS.

SPECIES.	Calciferous Series.	Lower Laurt. Shales.	Carboniferous Laurt.	Up. Lst. Shale (Yoredale)	Millstone Grit.	Lower Coal Measures.	Middle Coal Measures.	Upper Coal Measures.	Pass up.	REFERENCES.
Pleurotomaria (*continued*).										
— interstrialis ...... *Phill.*	...	•	...	...	...	...	...	...	...	Geol. York. vol. ii, p. 227, t. 15, f. 10; ib. De Kon. Anim. Foss. Terr. Carb. Belg. p. 388, t. 35, f. 5.
— lævis .... *M'Coy*	...	...	...	...	...	...	...	...	...	*Vide* P. abdita.
— lenticula .... *M'Coy*	...	•	...	...	...	...	...	...	...	Synop. Carb. Foss. Ireland, p. 40, t. 7, f. 5.
— limbata .... *Phill.*	...	•	...	•	•	...	...	...	...	Geol. York. vol. ii, p. 227, t. 15, f. 18.
— lirata .... *Phill.*	...	•	...	...	...	...	...	...	...	Geol. York. vol. ii, p. 227, t. 15, f. 13.
— monilifera .... *Phill.*	•	•	•	...	...	...	...	...	...	Geol. York. vol. ii, p. 227, t. 15, f. 10 a. Pal. Foss. Dev. p. 97. t. 37, f. 178.
— monilifera .... *De Kon.*	...	•	...	...	...	...	...	...	...	Anim. Foss. Terr. Carb. Belg. p. 387, t. 34, f. 2; ib. R. Ether. Journ. Q. J. Geol. Soc. vol. xxxiv, p. 18, t. 2, f. 28.
— Muensteriana ..... *De Kon.*	...	•	...	...	...	...	...	...	...	Anim. Foss. Terr. Carb. Belg. p. 392, t. 34. f. 4.
— multicarinata ... *M'Coy*	...	•	...	...	...	...	...	...	...	Synop. Carb. Foss. Ireland, p. 41, t. 5, f. 16.
— naticoides .... *De Kon.*	...	•	...	...	...	...	...	...	...	Anim. Foss. Terr. Carb. Belg. p. 405, t. 31, f. 8.
— Ouralica .... *De Vern.*	...	•	...	...	...	...	...	...	...	Murch. Geol. Russia, p. 336, t. 23, f. 12.
— ovidea .... *Phill.*	...	•	•	...	...	...	...	...	...	P. Hainesii, M'Coy, Synop. Carb. Foss. Ireland, p. 41, t. 3, f. 8. (Platyschisma.)
— pygmæa .... *Stoddart*	•	•	...	...	...	...	...	...	...	Ann. Mag. Nat. Hist. vol. viii, 3 ser. p. 489, t. 18, f. 2.
— rotundata .... *Sow.*	...	•	...	...	...	...	...	...	...	Min. Con. vol. vii, t. 640, f. 1, 2.
— sculpta .... *Phill.*	...	•	...	...	...	...	...	...	...	Geol. York. vol. ii, p. 227, t. 15, f. 12.
— serilimba .... *Phill.*	...	...	...	...	...	...	...	...	...	*Vide* Microdoma.
— spiralis .... *Phill.*	...	•	...	...	...	...	...	...	...	*Cirrus*, Geol. York. vol. ii, p. 226, t. 13, f. 14.
— spiralis .... *De Kon.*	...	•	...	...	...	...	...	...	...	Anim. Foss. Terr. Carb. Belg. p. 386, t. 32, f. 3, 7.
— squamula .... *Phill.*	...	•	...	...	...	...	...	...	...	Geol. York. vol. ii, p. 227, t. 15, f. 17.
— strialis .... *Phill.*	...	•	...	...	...	...	...	...	...	Geol. York. vol. ii, p. 227, t. 15, f. 9.
— striata .... *Sow.*	...	•	...	...	...	...	...	...	...	Min. Con. t. 171.
— sulcata .... *Phill.*	...	•	...	...	...	...	...	...	...	Geol. York. vol. ii, p. 226, t. 15. f. 6.
— sulcatula .... *Phill.*	...	•	...	...	...	...	...	...	...	Geol. York. vol. ii, p. 226, t. 15, f. 5.
— tabulata .... *Conrad.*	...	•	...	...	...	...	...	...	...	Geol. Iowa, t. 29, f. 12.
— tornatilis .... *Phill.*	...	•	•	...	...	...	...	...	...	Geol. York. vol. ii, p. 228, t. 13, f. 25.
— tumida .... *Phill.*	...	•	...	...	...	...	...	...	...	Geol. York. vol. ii, p. 226, t. 15, f. 2.
— undulata .... *Phill.*	...	•	...	...	...	...	...	...	...	Geol. York. vol. ii, p. 227, t. 15, f. 14.
— usocona .... *Sow.*	...	...	...	...	...	•	...	...	...	*Trochus*, Geol. Trans. 2 ser. vol. v, t. 40, f. 1.
— vittata .... *Phill.*	...	•	...	...	...	...	...	...	...	Geol. York. vol. ii, p. 228, t. 15, f. 24. ? *P.* (*Helix*) *cirriformis*, Sow. M. C. vol. ii, p. 160, t. 171, f. 2.
— Yvanii .... *Lev.*	...	...	...	...	...	...	...	...	...	*Vide* Trochus Yvanii.
PYRAMIDELLIDÆ.										
Polyphemus .... *Sowerby*, 1840										*Vide* Macrocheilus.
BUCCINIDÆ.										
Portlockia .... *De Koninck*, 1881										
Buccinum...(*pars*) *Phillips*, 1836										
Macrocheilus ...... *Portlock*, 1843										
— parallela .... *Phill.*	...	•	...	...	...	...	...	...	...	*Buccinum*, Geol. York. vol. ii, p. 229, t. 16, f. 8. Portlockia, De Kon. Ann. du Mus. Roy. d'Hist. Nat. de Belg. vol. vi. Fauna du Calc. Carb. de Belg. pt. 3, p. 81, t. 9, f. 52–56.

GASTEROPODA.

SPECIES.	CARBONIFEROUS.								REFERENCES.
	Calciferous Series.	Lower Limest. Shales.	Carboniferous Limst.	Up. Lst. Shale(Yoredale)	Millstone Grit.	Lower Coal Measures.	Middle Coal Measures.	Upper Coal Measures.	Pass up.	
Rostellaria ...... *Lamarck*, 1801...										
— angulata .... *Phill.*	...	...	...	...	...	...	...	...		*Vide* Murchisonia.
HALIOTIDÆ.										
Scalites ...... *Conrad*, 1842 (*Emmons?*)										
Natica ... (*pars*) *Phillips*, 1836 ...										
Conus .... *De Koninck*, 1843										
— tabulatus......... *Phill.*............	...	*	...	...	...	...	...	...		*Natica*, Geol. York. vol. ii, p. 225, t. 14, f. 29. Scalites, De Kon. Ann. du Mus. Roy. d'Hist. Nat. de Belg. vol. vi, Fauna du Calc. Carb. pt. 3, Gasterop. p. 67, t. 3, f. 18, 19.
MELANIADÆ.										
Schizostoma .... *Bronn*, 1838										
Euomphalus (*pars*) *Sowerby*, 1814...										
Ophileta .... *Vanuxem*, 1842										
— calyx .... *Phill.*	...	...	...	...	...	...	...	...		*Vide* Euomphalus.
— catillus .... *Martin*	...	...	...	...	...	...	...	...		*Vide* Euomphalus.
PATELLIDÆ.										
Siphonaria .... *Sowerby*, 1824 ...										
— Konincki......... *M'Coy*	...	*	...	...	...	...	...	...		Synop. Carb. Foss. Ireland, p. 46, t. 3, f. 14.
Solarium .... *Lamarck*, 1799...										
— lepidum	...	...	...	...	...	...	...	...		*Vide* Trochus.
— radians	...	...	...	...	...	...	...	...		*Vide* Euomphalus.
TURBINIDÆ.										
Straparollus ...... *De Montfort*, 1810										
Cirrus ... (*pars*) *Sowerby*, 1817 ...										
Euomphalus (*pars*) *Fleming*, 1828...										
Platyschisma (*pars*) *M'Coy*, 1844...										
— æqualis .... *Sow.*	...	...	...	...	...	...	...	...		*Vide* Euomphalus æqualis.
— Dionysii .... *De Mont.*	...	...	...	...	...	...	...	...		*Vide* Euomphalus Dionysii.
— Jamesii .... *M'Coy*	...	...	...	...	...	...	...	...		*Vide* Platyschisma Jamesii.
— pileopsideus ...... *Phill.*	...	...	...	...	...	...	...	...		*Vide* Euomphalus pileopsideus.
TURBINIDÆ.										
Trochella............. *Swainson*										PROSOBR. (HOLOSTOMATA).
Infundibulum...... *Montfort*, 1810...										
— prisca .... *M'Coy*	...	...	...	...	...	...	...	...		*Vide* Flemingia prisca.
— tenuistriata......... *Phill.*............	...	*	...	...	...	...	...	...		*Vide* Turritella tenuistriata, Phill.
TURBINIDÆ.										PROSOBR. (HOLOSTOMATA).
Trochus .... *Linnæus*, 1758 ...										
— biseriatus .... *Phill.*	...	...	...	...	...	...	...	...		*Vide* Microdoma.
— lepidus .... *De Kon.*	...	...	...	...	...	...	...	...		*Vide* Turbonellina.

PALÆOZOIC.   GASTEROPODA.   CARBONIFEROUS

SPECIES.	Calciferous Series.	Lower Lmst. Shales.	Carboniferous Lmst.	Up. Lst. Shale (Yoredale)	Millstone Grit.	Lower Coal Measures.	Middle Coal Measures.	Upper Coal Measures.	Pass up.	REFERENCES.
Trochus (*continued*).										
— *serrilimba* .... *Phill.*										*Vide* Pleurotomaria.
— *Tothami* .... *Brown*										*Vide* Platyschisma Jamesii.
— *Yvanii* .... *Lev.*	*	*	*							Mém. Soc. Géol. France, vol. ii, p. 39, t. 2, f. 24. *Pleuro. concentrica*, Phill. Geol. York. vol. ii, p. 228, t. 15, f. 23. *Pleuro. canaliculata*, M'Coy, Synop. Carb. Foss. Ireland, p. 39, t. 6, f. 3. Pleuro. Yvanii, De Kon. Anim. Foss. Terr. Carb. Belg. p. 390, t. 37, f. 1, 7. (*Pleurotomaria*.)
TURBINIDÆ.										PROSOBR. (HOLOSTOMATA).
Turbo .... *Linnæus*, 1758 ...										
— *appropinquans* ... *Portl.*		*								Geol. Rept. p. 746, t. 38, f. 11.
— *biserialis* .... *Phill.*										*Vide* Turbonitella biserialis.
— *semisulcatus* ...... *Phill.*			*							Geol. York. vol. ii, p. 226, t. 13, f. 10.
— *spiratus* .... *M'Coy*		*								Synop. Carb. Foss. Ireland, p. 32, t. 5, f. 29.
— *tiara* .... *Phill.*										*Vide* Platyschisma.
TURBINIDÆ.										
Turbonellina ...... *De Koninck*, 1881										
Cirrus ...... (*pars*) *Phillips*, 1836 ...										
Trochus ... (*pars*) *De Koninck*, 1843										
Euomphalus (*pars*) *De Koninck*, 1843										
— *lepida* .... *De Kon.*	*	*								Trochus, Desc. Anim. Foss. Terr. Carb. Belg. p. 450, t. 39, f. 2. Turbonellina, De Kon. Ann. du Mus. Roy. d'Hist. Nat. de Belg. vol. vi. Fauna du Calc. Carb. Belg. pt. 3, p. 77, t. 9, f. 38-41.
TURBINIDÆ.										
Turbonitella ...... *De Koninck*, 1881										
Turbo .... *Phillips*, 1836 ...										
Natica ... (*pars*) *Sandberger*, 1842										
— *biserialis* .... *Phill.*			*							Turbo. Geol. York. vol. ii, p. 226, t. 13, f. 11. *Littorina*, De Kon. Desc. Anim. Foss. Terr. Carb. Belg. p.488, t.40, f. 6. Turbonitella, De Kon. Ann. du Mus. Roy. d'Hist. Nat. Belg. vol. vi. Fauna du Calc. Carb. de Belg. pt. 3, Gasterop. p. 75, t. 9, f. 7-12.
TURBITELLIDÆ.										PROSOBR. (HOLOSTOMATA).
Turritella .... *Lamarck*, 1801 ...										
— *clavata* .... *Sow.*						*				Sow. Geol. Trans. 2 ser. vol. v, t. 39, f. 24.
— *elongata* .... *Flemg.*		*								Brit. Anim. p. 305. Ure Roth. t. 14, f. 11.
— *Koninckiana* ...... *Goldf.*		*								Potref. Germ. t. 196, f. 5.
— *megaspira* .... *M'Coy*		*								Synop. Carb. Foss. Ireland, p. 32, t. 5, f. 5.
— *minima* .... *Sow.*						*				Geol. Trans. 2 ser. vol. v, t. 39, f. 25.
— *spiralis* .... *Phill.*		*								Geol. York. vol. ii, p. 229, t. 16, f. 5.
— *sulcifera ?* .... *Portl.*		*								Geol. Rept. p. 420, t. 31, f. 11.
— *suturalis* .... *Phill.*		*								*Vide* Eulima.
— *tenuistria* .... *Phill.*		*	*							Geol. York. vol. ii, p. 229, t. 16, f. 4.
— *triserialis* .... *Phill.*		*	*							Geol. York. vol. ii, p. 229, t. 16, f. 25.
— *Urii* .... *Flemg.*		*	*			*				Brit. Anim. p. 305. Ure Ruth. t. 14, f. 7.
Umbrella *lavigata* ... *M'Coy*										*Vide* Patella.

PALÆOZOIC.   CEPHALOPODA.   CARBONIFEROUS.

SPECIES.	CARBONIFEROUS.							REFERENCES.
	Calciferous Series.	Lower Lmst. Shales.	Carboniferous Lmst.	Up. Lst. Shale (Yoredale)	Millstone Grit.	Lower Coal Measures.	Middle Coal Measures.	Upper Coal Measures.	Pass up.	

Sub-Kingdom, MOLLUSCA.									
Province, ODONTOPHORA.									
Class. *CEPHALOPODA.*									
Orders { *Dibranchiata.* *Tetrabranchiata.*									
ORTHOCERATIDÆ.									
Actinoceras............ *Bronn*, 1834......									
Ormoceras .... *Stokes*, 1838......									TETRABRANCHIATA.
Orthoceras .... *Breynius*, 1732...									
— giganteum .... *Sow.*	•	*	•	*	...	...	...		*Orthoceras*, Min. Con. vol. iii, p. 81, t. 246; ib. Phill. Geol. York. vol. ii, p. 237, t. 21, f. 3. *Actinoceras Simmsii*, Stokes, Trans. Geol. Soc. vol. v, 2 ser. p. 708, t. 59, f. 4, 5. *Act. pyramidatum*, M'Coy, Synop. Carb. Foss. Ireland, p. 11, t. 1, f. 5. *Ortho. giganteum*, M'Coy, Brit. Pal. Foss. p 571. (*Orthoceras*.)
— pyramidatum ...... *M'Coy*	...	...	...	...	...	...	...		} *Vide* A. giganteum.
— Simmsii .... *Stokes*	...	...	...	...	...	...	...		
ORTHOCERATIDÆ.									
Campyloceras......... *M'Coy*, 1844......									
— arcuatum .... *Phill.*..............	...	...	...	...	...	...	...		} *Vide* Orthoceras.
— unguis .... *Phill.*..............	...	...	...	...	...	...	...		
ORTHOCERATIDÆ.									
Cycloceras .... *M'Coy*, 1844......									
— annulare .... *Flemg.*	...	...	...	...	...	...	...		} *Vide* Orthoceras.
— lævigatum .... *M'Coy*	...	...	...	...	...	...	...		
— lineolatum .... *Phill.*..............	...	...	...	...	...	...	...		
ORTHOCERATIDÆ.									
Cyrtoceras .... *Goldf.* 1833									
Campulites .... *Deshayes*, 1832...									
Oncoceras .... *Hall*, 1847.........									
Piloceras ...(part) *Salter*, 1858									TETRABRANCHIATA.
— Gesneri .... *Martin*		•							*Orthoceratites*, Pet. Derb. p. 17, t. 38, f. 2; ib. Phill. Geol. York. vol. ii, p. 239, t. 21, f. 6. *Cyrtoceras*, De Kon. Desc. Anim. Foss. Carb. Belg. p. 529, t. 47, f. 4. *Cyrto. tuberculatum*, M'Coy, Synop. Carb. Foss. Ireland, p. 11, t. 4, f. 2. C. Gesneri. De Kon. Ann. du Mus. Roy. d'Hist. Nat. de Belg. vol. v. Fauna du Calc. Carb. de Belg. pt. 2, p. 32, t. 33, f. 7, 1880. ? C. obliquatus, Portl. Geol. Rept. p. 384, t. 28 D, f. 5.
— rugosum .... *Flemg.*		•							Ann. Philo. vol. v, p. 203, t. 21, f. 9. Phill. Geol. York. vol. ii, p. 239, t. 29, f. 16; ib. M'Coy, Brit. Pal. Foss. p. 573.
— tuberculatum ...... *M'Coy*									*Vide* C. Gesneri.
— unguis .... *Phill.*..............		•							Geol. York. vol. ii, p. 238, t. 21, f. 2. (*Campyloceras.*)
— Verneuilianum ... *De Kon.*		•							Desc. Anim. Foss. Carb. Belg. p. 525, t. 44, f. 7; t. 48, f. 6; ib. Ann. du Mus. Roy. d'Hist. Nat. de Belg. vol. v. Fauna du Calc. Carb. Belg. pt. 2, p. 32, t. 34, f. 9.

CEPHALOPODA

SPECIES.	Calciferous Series	Lower Lmst. Shales	Carboniferous Lmst.	Up.Lst.Shale(Yoredale)	Millstone Grit	Lower Coal Measures	Middle Coal Measures	Upper Coal Measures	Perm up.	REFERENCES.
NAUTILIDÆ.										
Discites .... M'Coy, 1844										
Nautilus, sp. ...... *Auct*.										
Simplegas .... *Blainville*, 1824										TETRABRANCHIATA.
— bisulcatus ...... M'Coy			a							*Nautilus*. Synop. Carb. Foss. Ireland, t. 4, f. 14. *Nautilus*, De Kon. Ann. du Mus. Roy. d'Hist. Nat. de Belg. vol. ii. Fauna du Calc. Carb. Belg. pt. 1, p. 128, t. 27, f. 5, 6, 7, 9, 1878.
— complanatus ...... Sow.			a							*Nautilus*, Min. Con. vol. iii, p. 109, t. 261. *Naut. anglicus*, D'Orb. Univ. Palæont. t. 87, f. 1-3.
— compressus .... Sow.			a							*Ellipsolithes*, vol. i, p. 84, t. 38.
— costellatus .... M'Coy			a							*Nautilus*, Synop. Carb. Foss. Ireland, p. 17, t. 2, f. 4.
— discors .... M'Coy			a		a					*Nautilus*, Synop. Carb. Foss. Ireland, p. 17, t. 3, f. 5. *Nautilus discors*, De Kon. Ann. du Mus. Roy. d'Hist. Nat. de Belg. vol. ii. Fauna du Calc. Carb. Belg. pt. 1, p. 143, t. 30, f. 8.
— discus .... Sow.	a?	a	a							*Nautilus*, Min. Con. vol. i, p. 39, t. 13. ? *Nautilus planidorsatus*, Portl. Geol. Rept. p. 403, t. 35, f. 1 (*figure incorrect*).
— falcatus .... Sow.					a	a	a			*Nautilus*, Trans. Geol. Soc. 2 ser. vol. v, p. 492, t. 40, f. 9. *Discites*, Salt. Mem. Geol. Surv. (Country round Oldham), sheet 88, S.W. t. 6, f. 5; ib. Salt. Mem. Geol. Surv. Gt. Brit. (Iron Ores), pt. 3, t. 1, f. 37.
— latidorsatus .... M'Coy			a							*Nautilus*, Synop. Carb. Foss. Ireland, p. 18, t. 4, f. 16.
— Léveilleanus .... De Kon.			v							Desc. Anim. Foss. Terr. Carb. Belg. p. 552, t. 49, f. 2; ib. Ann. du Mus. Roy. d'Hist. Nat. de Belg. vol. ii. Fauna du Calc. Carbon. de la Belg. pt. 1, p. 143, t. 28, f. 6.
— mutabilis .... M'Coy			a							Synop. Carb. Foss. Ireland, p. 18, t. 3, f. 7; ib. De Kon. Ann. du Mus. Roy. d'Hist. Nat. de Belg. vol. ii. Fauna du Calc. Carb. de la Belg. pt. 1, p. 121, t. 25, f. 2.
— nodiferous .... Arms.										Geol. Soc. Glasgow, vol. ii, p. 74, t. 1, f. 6, 7. (*Nautilus*.)
— oxystomus .... M'Coy										*Vide Nautilus*.
— planotergatus .... M'Coy	a		a							Synop. Carb. Foss. Ireland, p. 18, t. 2, f. 2. *Nautilus hexagonus*, De Kon. Desc. Anim. Foss. Terr. Carb. Belg. p. 532, t. 25, f. 1. ? *N. subsulcatus*, De Kon. ib. p. 548, t. 30, f. 6. Naut. planotergatus, De Kon. Ann. du Mus. Roy. d'Hist. Nat. de Belg. vol. ii. Fauna du Calc. de la Belg. vol. ii, pt. 1, p. 117, t. 26, f. 1-3, 1878.
— quadratus .... Flemg.	?		a							*Nautilus*, Brit. Anim. p. 231; ib. Portl. Geol. Rept. p. 404, t. 29 A, f. 10.
— rotifer .... Salt.							a	v		Mem. Geol. Surv. Gt. Brit. (Country round Oldham), sheet 86, S.W. p. 65, t. 1, f. 6.
— subsulcatus .... Phill.			a							*Nautilus*, Geol. York. vol. ii, p. 233, t. 17, f. 18, 25. ? Trans. Geol. Soc. 2 ser. vol. v, t. 40, f. 7. *N. subsulcatus*, De Kon. Desc. Anim. Foss. Terr. Carb. Belg. p. 548, t. 30, f. 6; i. 47, f. 9; i. 49, f. 4. Discites, ib. Recherches sur les Anim. Foss. vol. ii, p. 110, t. 4, f. 10. *Nautilus*, Ann. du Mus. Roy. d'Hist. Nat. de Belg. vol. ii. Fauna du Calc. Carb. de la Belg. pt. 1, p. 132, t. 27, f. 13, 14.
— sulcatus .... Sow.			a		a					*Nautilus*, Min. Con. vol. vi, p. 137, t. 571, f. 1, 2; ib. Phill. Geol. York. vol. ii, p. 233, t. 22, f. 31; ib. De Kon. Desc. Anim. Foss. Terr. Carb. Belg. p. 545, t. 47, f. 10. Discites, M'Coy, Synop. Carb. Foss. Ireland, p. 19. *N. sulcatus*, De Kon. Ann. du Mus. Roy. d'Hist. Nat. de Belg. vol. ii. Fauna du Calc. Carb. de la Belg. pt. 1, p. 126, t. 27, f. 1-3.
— tetragonus .... Phill.			a							*Nautilus*, Geol. York. vol. ii, p. 233, t. 17, f. 24; t. 22, f. 33, 34.
— trochlea .... M'Coy			a							Synop. Carb. Foss. Ireland, p. 18, t. 3, f. 4; ib. Brit. Pal. Foss. p. 561, t. 3 H, f. 16. *Nautilus*, De Kon. Ann. du Mus. Roy. d'Hist. Nat. de Belg. vol. ii. Fauna du Calc. Carb. de la Belg. pt. 1, p. 119, t. 26, f. 4, 1878.
— Sp. .... Salt.							a			Mem. Geol. Surv. (Country round Oldham), sheet 86, S.W. p. 65, t. 1, f. 7, 8.

PALÆOZOIC. CEPHALOPODA. CARBONIFEROUS.

SPECIES.	Calciferous Series.	Lower Lemt. Shale.	Carboniferous Limt.	Up. Lst. Shale (Yoredale)	Millstone Grit.	Lower Coal Measures.	Middle Coal Measures.	Upper Coal Measures.	Pass up.	REFERENCES.
Ellipsolithes ...... *Montfort*, 1808...										
— *compressus* .... *Sow.*		...	...	...	...	...	...	...	...	*Vide* Discites.
— *funatus* .... *Sow.*	...	...	...	...	...	...	...	...	...	*Vide* Gonialites.
— *ovatus* .... *Sow.*	...	...	...	...	...	...	...	...	...	*Vide* Goniatites sphæricus.
AMMONITIDÆ.										
Goniatites .... *De Haan*, 1825										
Aganides .... *De Montfort*, 1809										TETRABRANCHIATA.
Subclymenia (part) D'Orbigny, 1850										
— atratus............... *Goldf.*			*							*Ammonites*, I. Docb. p. 537. Beyr. Gon. p. 42, t. 2, f. 7. Münst. Beitr. vol. i, p. 37, t. 3, f. 8. De Kon. Anim. Foss. Terr. Carb. Belg. p. 581, t. 50, f. 3.
— bidorsalis............... *Phill.*			*		...					Geol. York. vol. ii, p. 235, t. 20, f. 2-4.
— bilinguis .... *Salt.*			...	*	*	...				Mem. Geol. Surv. (Country round Oldham), 1864, p. 60, f. 14 a-c.
— Brownii .... *M'Coy*			*		...					Synop. Carb. Foss. Ireland, p. 12, t. 4, f. 17.
— calyx .... *Phill.*			*	*	...					Geol. York. vol. ii, p. 236, t. 20, f. 22, 23; ib. De Kon. Ann. du Mus. Roy. d'Hist. Nat. de Belg. vol. v. Fauna du Calc. Carb. de la Belg. pt. 2, p. 111, t. 50, f. 18.
— carbonarius............... *Sow.*			*	*						Geol. Trans. 2 ser. vol. v, t. 52, f. 8, 9.
— carina .... *Phill.*			*	*	...					Geol. York. vol. ii, p. 237, t. 20, f. 63, 64; ib. De Kon. Ann. du Mus. Roy. d'Hist. Nat. de Belg. vol. v. Fauna du Calc. Carb. de la Belg. pt. 2, p. 116, t. 50, f. 13, 1880.
— crenistria .... *Phill.*			*	*	*					Geol. York. vol. ii, p. 234, t. 19, f. 7-9. Pal. Foss. Dev. p. 121, t. 50, f. 234; ib. M'Coy, Synop. Carb. Foss. Ireland, p. 12. ? *G. striata*, Sow.
— cyclolobus .... *Phill.*			*							Geol. York. vol. ii, p. 237, t. 20, f. 40-42; ib. De Kon. Ann. du Mus. Roy. d'Hist. Nat. de Belg. vol. v. Fauna du Calc. Carb. de la Belg. pt. 2, p. 121, t. 50, f. 5, 6.
— diadema .... *Goldf.*	...		*	*						*Ammo. goniatites*, De Kon. Anim. Foss. Belg. t. 50, f. 1. *G. striolatus*, Phill. Geol. York. vol. ii, t. 19, f. 14-18.
— discus .... *M'Coy*			*							Synop. Carb. Foss. Ireland, p. 13, t. 11, f. 6.
— dorsalis .... *Brown*			...							Manch. Geol. Trans. vol. i, t. 7, f. 11-13.
— evolutus .... *Phill.*			*	*	...					Geol. York. vol. ii, p. 237, t. 20, f 65-68. *Subclymenia*, De Kon. Ann du Mus. Roy. d'Hist. Nat. de Belg. vol. v. Fauna du Calc. Carb. de la Belg pt. 2, p. 83, t. 45, f. 5, 6, 1880.
— excavatus .... *Phill.*			*						...	Geol. York. vol. ii, p. 235, t. 19, f. 33, 35. Pal. Foss. Dev. p. 121, t. 50, f. 232. M'Coy, Carb. Foss. Ireland, p. 13.
— expansus .... *Von Buch.*										Goniatites, t. 1, f. 1, 2.
— fasciculatus............... *M'Coy*			*	*	*					Synop. Carb. Foss. Ireland, p. 13. t. 2, f. 8; ib. De Kon. Ann. du Mus. Roy. d'Hist. Nat. de Belg. vol. v. Fauna du Calc. Carb. de la Belg. pt. 2, p. 119, t. 49, f. 5.
— framinosus .... *Phill.*			*							Geol. York. vol. ii, p. 234.
— funatus .... *Sow.*			*							*Ellipsolithes*, Min. Con. t. 32. *Ammonites princeps*, De Kon. Anim. Foss. Terr. Carb. Belg. p. 597, t. 47, f. 3.
— furcatus .... *M'Coy*			*							*Nautilus (Temnocheilus)*, Synop. Carb. Foss. Ireland, p. 21, t. 4, f. 13.
— Gilsoni .... *Phill.*	*	*	*	*	*					Geol. York. vol. ii, p. 236, t. 20, f. 13-18. M'Coy, Carb. Foss. Ireland, p. 13.
— Gilbertsoni .... *Phill.*			*	*	*					Geol. York. vol. II, p. 236, t. 20, f. 27-31.
— granosus .... *Portl.*			*							Geol. Rept. p. 407, t. 29 A, f. 9. ? *G. spiralis*, Phill.
— Henslowi .... *Sow.*			*							*Ammonites*, Min. Con. t. 262. Phill. Geol. York. p. 236, t. 20, f. 19.
— implicatus .... *Phill.*			*							Geol. York. vol. ii, p. 235, t. 19, f. 24, 25. *Aganides*, M'Coy, Brit. Pal. Foss. p. 565. *G. implicatus*, De Kon. Ann. du Mus. Roy. d'Hist. Nat. de Belg. vol. v. Fauna du Calc. Carb. de la Belg. pt. 2, p. 107, t. 50, f. 1, 1880.

PALÆOZOIC.   CEPHALOPODA.   CARBONIFEROUS.

SPECIES.	Calciferous Series	Lower Lime. Shale	Carboniferous Lime.	Up.Lst.Shale (Yoredale)	Millstone Grit	Lower Coal Measures	Middle Coal Measures	Upper Coal Measures	Poss. sp.	REFERENCES.
Goniatites (*continued*).										
— intercostatis ...... *Phill.*		•	•							Geol. York. vol. ii, p. 237, t. 20, f. 61, 62. M'Coy, Synop. Carb. Foss. Ireland, p. 13.
— intermedius ...... *Brown*				•						Manch. Geol. Trans. vol. i, t. 7, f. 6, 8.
— jugosus .... *Brown*				•						Manch. Geol. Trans. vol. i, t. 7, f. 14.
— Kenyoni .... *Brown*				•						Manch. Geol. Trans. vol. i, t. 7, f. 19.
— latus................ *M'Coy*		•								Synop. Carb. Foss. Ireland, p. 14, t. 2, f. 7.
— Listeri .... *Mart.*		•	•	•	•	•				Ammonites Listeri, Pet. Derb. t. 35, f. 3. Ammo. Sow. Min. Con. t. 501, f. 2. G. Listeri, Phill. Geol. York. vol. ii, p. 235, t. 20, f. 1; ib. M'Coy, Carb. Foss. Ireland, p. 14; ib. Salt. Mem. Geol. Surv. Gt. Brit. (Iron Ores), pt. 3, t. 1, f. 35, 36.
— Longthorni .... *Brown*				•						Manch. Geol. Trans. vol. i, t. 7, f. 23–26.
— Looneyi .... *Phill.*			•	•	•	•				Geol. York. vol. ii, p. 236, t. 20, f. 32–35.
— micronotus .... *Phill.*		•	•	•						Geol. York. vol. ii, p. 234, t. 19, f. 22, 23. M'Coy, Carb. Foss. p. 14.
— minutissimus ...... *Brown*				•						Manch. Geol. Trans. vol. i, t. 7, f. 29–31.
— mixolobus .... *Phill.*			•		•					Geol. York. vol. ii, p. 237, t. 20, f. 43–47. ? Pal. Foss. Dev. p. 122, t. 51, f. 235; ? ib. Sternb. Verstein Rheinis Schichten Nassau, p. 67, t. ?, f. 13; t. 9, f. 6; ib. Brown, Illust. Foss. Conch. Gt. Brit. and Irelnnd, p. 29, t. 21, f. 21, 22; ib. De Kon. Ann. du Mus. Roy. d'Hist. Nat. de Belg. vol. v. Fauna Calc. Carb. de la Belg. pt. 2, p. 122, t. 50, f. 15.
— mutabilis............ *Phill.*		•	•							Geol. York. vol. ii, p. 236, t. 20, f. 24–26. M'Coy, Carb. Foss. p. 14; ib. De Kon. Ann. du Mus. Roy. d'Hist. Nat. de Belg. vol. v. Fauna Calc. Carb. de la Belg. pt. 2, p. 110, t. 50, f. 7, 188a.
— nitidus .... *Phill.*			•							Geol. York. vol. ii, p. 235, t. 20, f. 10–12.
— obtusus .... *Phill.*		•	•							Geol. York. vol. ii, p. 234, t. 19, f. 10–13. M'Coy, Carb. Foss. p. 15; ib. De Kon. Ann. du Mus. Roy. d'Hist. Nat. de Belg. vol. v. Fauna du Calc. Carb. de la Belg. pt. 2, p. 104, t. 46, f. 3; t. 47, f. 10.
— paradoxicus........ *Brown*				•						Manch. Geol. Trans. vol. i, t. 7, f. 21, 22.
— parvus .... *Brown*				•						Manch. Geol. Trans. vol. i, t. 7, f. 32.
— paucilobus .... *Phill.*		•	•	•	•					Geol. York. vol. ii, p. 236, t. 20, f. 36–38.
— platylobus .... *Phill.*			•	•						Geol. York. vol. ii, p. 235, t. 20, f. 3, 6. G. stenolobus, ib. f. 7–9. G. platylobus, De Kon. Ann. du Mus. Roy. d'Hist. Nat. de Belg. vol. v. Fauna du Calc. Carb. de la Belg. pt. 2, p. 103, t. 47, f. 11; t. 50, f. 11, 12.
— princeps .... *De Kon.*			•							Ann. du Mus. Roy. d'Hist. Nat. de Belg. vol. v. Fauna Calc. Carb. de la Belg. pt. 2, p. 116, t. 49, f. 1, 2.
— proteus............ *Brown*				•						Manch. Geol. Trans. vol. i, t. 7, f. 27, 28.
— reticulatus .... *Phill.*		•	•	•	•	•				Geol. York. vol. ii, p. 235, t. 19, f. 26–32. M'Coy, Synop. Carb. Foss. Ireland, p. 15.
— rotiformis .... *Phill.*			•							Geol. York. vol. ii, p. 237, t. 20, f. 55–58; ib. De Kon. Ann. du Mus. Roy. d'Hist. Nat. de Belg. vol. v. Fauna Calc. Carb. de la Belg. pt. 2, p. 114, t. 50, f. 16.
— serpentinus .... *Phill.*			•	•						Geol. York. vol. ii, p. 237, t. 20, f. 48–50. Pal. Foss. Dev. p. 123, t. 51, f. 237. Ammo. ophidens, De Kon. Anim. Foss. Terr. Carb. Belg. p. 564, t. 50, f. 6. Goniatites serpentinus, De Kon. Ann. du Mus. Roy. d'Hist. Nat. de Belg. vol. v. Fauna du Calc. Carb. de la Belg. pt. 2, p. 96, t. 50, f. 14.
— Smithii .... *Brown*				•						Manch. Geol. Trans. vol. i, t. 7, f. 34.
— sphæricus .... *Martin*		•	•		•					Ammonites, Petref. Derb. t. 7, f. 3–5. Goniatites, Phill. Geol. York. vol. ii, p. 234, t. 19, f. 4–6. Ammonites, M. C. t. 53, f. 2. Ellipsolithes ovatus, Sow. M. C. t. 37. M'Coy, Synop. Carb. Foss. Ireland, p. 15. Goniatites, De Kon. Anim. Foss. Terr. Carb. Belg. p. 570, t. 49, f. 6; t. 50, f. 9, 10. G. sphæricus, De Kon. Ann. du Mus. Roy. d'Hist. Nat. de Belg. vol. v. Fauna du Calc. Carb. de la Belg. pt. 2, p. 97, t. 5; t. 47, f. 3–5.

PALÆOZOIC.   CEPHALOPODA.   CARBONIFEROUS.

SPECIES.	Calciferous Series.	Lower Limst. Shales.	Carboniferous Limst.	Up. Lst. Shale(Yoredale)	Millstone Grit.	Lower Coal Measures.	Middle Coal Measures.	Upper Coal Measures.	Perm. up.	REFERENCES.
Goniatites (*continued*).										
— sphæroidalis ...... *M'Coy*	...	*	...	...	...	...	...	...	...	Synop. Carb. Foss. Ireland, p. 18, t. 4, f. 18; ib. De Kon. Ann. du Mus. d'Hist. Nat. de Belg. vol. v. Fauna du Calc. Carb. de la Belg. pt. 2, p. 99, t. 47, f. 6, 7; t. 48, f. 10-12.
— spiralis .... *Phill*.	...	*	...	*	...	...	...	...	...	Pal. Foss. Dev. and Cornw. p. 121, t. 50, f. 233. *G. granosus*, Portl.?
— spirorbis .... *Phill*.	...	*	*	*	...	...	...	...	...	Geol. York. vol. ii, p. 237, t. 20, f. 51-55. Pal. Foss. Dev. p. 122, t. 51, f. 236; ib. De Kon. Ann. du Mus. d'Hist. Nat. de Belg. vol. v. Fauna du Calc. Carb. de la Belg. pt. 2, p. 115, t. 50, f. 3.
— splendidus .... *Brown*	...	...	*	...	...	...	...	...	...	Manch. Geol. Trans. vol. i, t. 7, f. 16-18.
— stenolobus .... *Phill*.	...	...	...	...	...	...	...	...	...	*Vide G.* platylobus.
— striatus .... *Sow*.	...	*	*	...	*	...	...	...	...	*Ammo.* Sow. M. C. t. 53, f. 1. *G. striatus*, Phill. Geol. York. vol. ii, p. 233, t. 19, f. 1-3; ib. M'Coy, Synop. Carb. Foss. Ireland, p. 16. Goniatites striatus, De Kon. Ann. du Mus. Roy. d'Hist. Nat. de Belg. vol. v. Fauna du Calc. Carb. de la Belg. pt. 2, p. 101, t. 46, f. 1, 2; t. 47, f. 1, 2.
— striolatus .... *Phill*.	...	*	...	*	...	...	...	...	...	Geol. York. vol. ii, p. 234, t. 19, f. 14, 19, ? f. 14. M'Coy, Synop. Carb. Foss. Ireland, p. 16. ? G. obtusus.
— subsulcatus .... *Brown*	...	*	...	...	...	...	...	...	...	Manch. Geol. Trans. vol. i, t. 7, f. 9.
— truncatus .... *Phill*.	...	*	*	...	...	...	...	...	...	Geol. York. vol. ii, p. 234, t. 19, f. 20, 21; ib. M'Coy, Synop. Carb. Foss. Ireland, p. 16. *Nautilus perplanatus*, Portl. Geol. Rept. Lond. p. 403, t. 29, f. 11. G. truncatus, De Kon. Ann. du Mus. Roy. d'Hist. Nat. de Belg. vol. v. Fauna du Calc. Carb. de la Belg. pt. 2, p. 108, t. 46, f. 5; t. 48, f. 1-3; t. 49, f. 7; t. 50, f. 9.
— undulatus .... *Brown*	...	*	...	...	...	...	...	...	...	Manch. Geol. Trans. vol. i, t. 7, f. 1-3.
— vesica .... *Phill*.	...	*	*	...	...	...	...	...	...	Geol. York. vol. ii, p. 236, t. 20, f. 19-21.
— vittiger .... *Phill*.	...	...	*	...	*	...	...	...	...	Geol. York. vol. ii, p. 237, t. 20, f. 59, 60; ib. De Kon. Ann. du Mus. Roy. d'Hist. Nat. de Belg. vol. v. Fauna du Calc. Carb. de la Belg. pt. 2, p. 113, t. 50, f. 17.
— sp.	...	...	...	...	...	*	*	...	...	Salt. Mem. Geol. Soc. (Geol. Co. round Oldham, &c.) sheet 88, S.W. p. 65, t. 1, f. 4.
Loxoceras										
— Breyni .... *Martin*										*Vide* Orthoceras.
— distans .... *M'Coy*										*Vide* Orthoceras undulatum.
— inconitum .... *M'Coy*										*Vide* Orthoceras Goldfussianum.
— laterale .... *Phill*.										*Vide* Orthoceras undulatum.
Nautilites .... *Martin*										
— hiulcus										*Vide* Bellerophon.
NAUTILIDÆ.										
Nautilus .... *Breyn.* 1732 ...										
Ataxia .... *Brown*										
Temnocheilus (*pars*) *M'Coy*										TETRABRANCHIATA.
— armatus .... *Sow*.	...	...	...	...	*	...	...	...	...	Geol. Trans. 2 ser. vol. v, t. 40, f. 8.
— atlantoideus ...... *De Kon*.	...	...	*	...	...	...	...	...	...	Ann. du Mus. Roy. d'Hist. Nat. de Belg. vol. ii. Fauna du Calc. Carb. de la Belg. pt. 1, p. 97, t. 11, f. 1, 2, 1878.
— biangulatus .... *Sow*.	...	*	*	...	...	...	...	...	...	Min. Con. vol. v, p. 84, t. 458, f. 2. Phill. Geol. York. vol. ii, p. 232, t. 17, f. 22. (Temnocheilus,) De Kon. Ann. du Mus. Roy. d'Hist. Nat. de Belg. vol. ii. Fauna du Calc. Carb. de la Belg. pt. 1, p. 102, t. 10, f. 5, 6.
— bicarinatus .... *Vern*.	...	...	...	...	*	...	...	...	...	Geol. Russia, vol. ii, t. 25, f. 10.
— bilobatus .... *Sow*.	...	*	...	...	...	...	...	...	...	Min. Con. vol. iii, p. 89, t. 249, f. 2, 3; ib. De Kon. Ann. du Mus. Roy. d'Hist. Nat. de Belg. vol. ii. Fauna du Calc. Carb. de la Belg. pt. 1, p. 92, t. 9, f. 1, 1878. *N. clitellarius*, Sow. Trans. Geol. Soc. 2 ser. vol. v, t. 40, f. 5, 1840.

PALÆOZOIC.   CEPHALOPODA.   CARBONIFEROUS.

SPECIES.	Calciferous Series.	Lower Limst. Shales.	Carboniferous Limst.	Up. Lst. Shale (Yoredale)	Millstone Grit.	Lower Coal Measures.	Middle Coal Measures.	Upper Coal Measures.	Pass up.	REFERENCES.
Nautilus (*continued*).										
— bistrialis .... *Phill.*	...	...	*	...	...	...	...	...	...	Geol. York. vol. ii, p. 232, t. 17, f. 21. *Temnocheilus*.
— bisulcatus .... *M'Coy*	...	...	...	...	...	...	...	...	...	*Vide* Discites.
— cariniferus .... *Sow.*	*	*	*	...	...	...	...	...	...	Min. Con. vol. v, p. 130, t. 482, f. 3, 4. Phill. Geol. York. vol. ii, p. 232, t. 17, f. 19; ib. De Kon. Deso. Anim. Foss. Carb. Belg. p. 549, t. 45, f. 11, 12. *N. excavatus*, Fleng. Brit. Anim. p. 231. *Temnocheilus*, M'Coy, Synop. Carb. Foss. Ireland, p. 20. *N. multicarinatus*, Sow. Min. Con. vol. v, p. 129, t. 482, f. 2. *N. cariniferus*, De Kon. Ann. du Mus. Roy. d'Hist. Nat. de Belg. vol. ii. Fauna du Calc. Carb. de la Belg. pt. 1, p. 134, t. 28, f. 1-5.
— clitellarius .... *Sow.*	...	...	...	...	...	*	...	...	...	Geol. Trans. 2 ser. vol. v, t. 40, f. 5. ? *N. bilobatus*.
— complanatus ...... *Sow.*	...	...	*	...	...	...	...	...	...	Min. Con. vol. iii, p. 109, t. 261; ib. De Kon. Ann. du Mus. Roy. d'Hist. Nat. de Belg. vol. ii. Fauna du Calc. Carb. de la Belg. pt. 1, p. 124, t. 17, f. 2.
— concavus .... *Sow.*	...	...	...	...	*	...	...	...	...	Geol. Trans. 2 ser. vol. v, t. 40, f. 6.
— coronatus .... *M'Coy*	...	...	*	...	...	...	...	...	...	*Temnocheilus*, Synop. Carb. Foss. Ireland, p. 20, t. 4, f. 15; ib. De Kon. Ann. du Mus. Roy. d'Hist. Nat. de Belg. vol. ii. Fauna du Calc. Carb. de la Belg. pt. 1, p. 115, t. 24, f. 2.
— costalis .... *Phill.*	...	...	*	...	...	...	...	...	...	Geol. York. vol. ii, p. 233, t. 22, f. 30. M'Coy, Synop. Carb. Foss. Ireland, p. 21. *Temnocheilus*.
— crenatus .... *M'Coy*	...	...	...	...	...	...	...	...	...	*Vide* N. Konninckii.
— cyclostomus .... *Phill.*	...	...	*	*	...	...	...	...	...	Geol. York. vol. ii, p. 232, t. 17, f. 29; t. 18, f. 3; t. 22, f. 26; ib. M'Coy, Synop. Carb. Foss. Ireland, p. 23; ib. De Kon. Ann. du Mus. Roy. d'Hist. Nat. de Belg. vol. ii. Fauna du Calc. Carb. de la Belg. vol. ii, pt. 1, p. 112, t. 23; f. 1, 2, 1878.
— discors .... *M'Coy*	...	...	...	...	...	...	...	...	...	*Vide* Discites.
— dorsalis .... *Phill.*	...	...	*	...	...	...	...	...	...	Geol. York. vol. ii, p. 231, t. 17, f. 17; t. 18, f. 1, 2; ib. M'Coy, Synop. Carb. Foss. Ireland, p. 23; ib. De Kon. Ann. du Mus. Roy. d'Hist. Nat. de Belg. vol. ii. Fauna du Calc. Carb. de la Belg. pt. 1, p. 111, t. 18, f. 1-3, 1878.
— endosiphonus ..... *Phill.*	...	...	...	...	...	...	...	...	...	Geol. York. vol. ii, p. 231.
— excavatus .... *Flemg.*	...	...	...	...	...	...	...	...	...	*Vide* N. cariniferus.
— falcatus .... *Sow.*	...	...	...	...	...	...	...	...	...	*Vide* Discites.
— furcatus .... *M'Coy*	...	...	...	...	...	...	...	...	...	*Vide* Goniatites.
— globatus .... *Sow.*	...	...	*	...	...	...	...	...	...	Min. Con. vol. v, p. 129, t. 481. Phill. Geol. York. vol. ii, p. 232, t. 17, f. 20. *Naut. Wrightii*, Flemg. p. 230. *Temnocheilus*, M'Coy, Carb. Foss. p. 21. Meek and Worthen, Rept. Geol. Surv. Illin. vol. ii, p. 305, t. 24, f. 5; ib. De Kon. Ann. du Mus. Roy. d'Hist. Nat. de Belg. vol. ii. Fauna du Calc. Carb. de la Belg. pt. 1, p. 95, t. 10, f. 1-4; t. 31, f. 1.
— goniolobus ? ...... *Phill.*	...	...	*	...	...	...	...	...	...	Geol. York. vol. ii, p. 232, t. 17, f. 23.
— ingens .... *Martin*	...	...	*	...	...	...	...	...	...	*Conchyliolithus*, Petref. Derb. p. 17, t. 41, f. 5. Phill. Geol. York. vol. ii, p. 233, t. 18, f. 4; ib. De Kon. Ann. du Mus. Roy. d'Hist. Nat. de Belg. vol. ii. Fauna du Calc. Carb. de la Belg. pt. 1, p. 103, t. 23, f. 4, 1878.
— Koninckii .... *D'Orb.*	...	...	*	...	...	...	...	...	...	Pal. Univ. t. 95, f. 1-6. *Naut. cariniferus*, De Kon. Anim. Foss. Terr. Carb. Belg. p. 549, t. 48, f. 11, 12. *Nautilus crenatus*, M'Coy, Synop. Carb. Foss. Ireland, p. 21, t. 2, f. 9. (*Temnocheilus*.) N. Koninckii, De Kon. Ann. du Mus. Roy. d'Hist. Nat. de Belg. vol. ii. Fauna du Calc. Carb. de la Belg. pt. 1, p. 137, t. 30, f. 1-5.
— Leveillianus ...... *De Kon.*	...	...	...	...	...	...	...	...	...	*Vide* Discites.
— Luidii .... *Martin*	...	...	*	...	*	...	...	...	...	Petref. Derb. t. 35. D'Orb. Pal. Univ. t. 99.
— marginatus .... *Flemg.*	...	...	...	...	...	...	...	...	...	Brit. Anim. p. 231.
— multicarinatus ... *Sow.*	*	*	*	...	...	...	...	...	...	Min. Con. vol. v, p. 129, t. 482, f. 1, var. *Naut. porcatus*. (*Temnocheilus*); ib. De Kon. Ann. du Mus. Roy. d'Hist. Nat. de Belg. vol. ii. Fauna du Calc. Carb. de la Belg. pt. 1, p. 139, t. 29, f. 4.
— nodiferus .... *Arm.*	...	...	*	...	...	...	...	...	...	M'Coy, Synop. Carb. Foss. Ireland, p. 22, t. 3, f. 6.

PALÆOZOIC.   CEPHALOPODA.   CARBONIFEROUS.

SPECIES.	Caleiferous Series.	Lower Limst. Shales.	Carboniferous Limst.	Up. Lst. Shale (Yoredale)	Millstone Grit.	Lower Coal Measures.	Middle Coal Measures.	Upper Coal Measures.	Pass up.	REFERENCES.
Nautilus (*continued*).										
— ornatissimus ...... *De Kon*...	...	*	...	...	...	...	...	...	...	Ann. du Mus. Roy. d'Hist. Nat. de Belg. vol. ii. Fauna du Calc. Carb. de la Belg. pt. 1, p. 145, t. 29, f. 6.
— oxystomus .... *Phill.*	...	*	*	...	...	...	...	...	...	Geol. York. vol. ii, p. 233, t. 22, f. 35, 36. *Discites*, De Kon. Desc. Anim. Foss. du Terr. Carb. Belg. p. 544, t. 49, f. 3. *Discites*, M'Coy, Synop. Carb. Foss. Ireland, p. 18. Nautilus, De Kon. Ann. du Mus. Roy. d'Hist. Nat. de Belg. vol. ii. Fauna du Calc. Carb. de la Belg. pt. 1, p. 123, t. 17, f. 3.
— pentagonus .... *Sow.*	...	...	*	...	...	...	...	...	...	Min. Con. vol. iii, p. 89, t. 249, f. 1; ib. De Kon. Ann. du Mus. Roy. d'Hist. Nat. de Belg. vol. ii. Fauna du Calc. Carb. de la Belg. pt. 1, p. 106, t. 13, f. 4, 5, 1878.
— perplanatus .... *Portl.*	...	...	*	...	...	...	...	...	...	Geol. Rept. p. 403, t. 29 a, f. 11.
— pinguis .... *M'Coy*	...	...	*	...	...	...	...	...	...	*Temnocheilus*, Synop. Carb. Foss. Ireland, p. 22, t. 4, f. 12.
— planedorsatus ...... *Portl.* ...	...	...	...	...	...	...	...	...	...	*Vide Discites discus*, Sow.
— planotergatus ... *M'Coy* ...	...	...	...	...	...	...	...	...	...	*Vide Discites.*
— porcatus .... *M'Coy* ...	...	...	...	...	...	...	...	...	...	*Vide Multicarinatus.* (*Temnocheilus.*)
— procox .... *Salt.*	...	...	...	...	...	*	*	...	...	Mem. Geol. Surv. (Co. round Oldham), illust. sheet, p. 65, t. 1, f. 5.
— quadratus .... *Flemg.* ...	...	...	...	...	...	...	...	...	...	*Vide Discites.*
— sulcatus .... *Sow.*	...	...	...	...	...	...	...	...	...	*Vide Discites.*
— sulcatulus .... *Phill.*	...	...	...	...	...	...	...	...	...	*Vide Discites.*
— sulcifer .... *Lév.*	...	...	*	...	...	...	...	...	...	Mém. Soc. Géol. France, vol. ii, t. 2, f. 1, 2. *N. sulcatus*, De Kon. Desc. Anim. Foss. Terr. Carb. Belg. p. 545, t. 48, f. 8, 9. Nautilus (*Trematodiscus*) trisulcatus, Meek and Worthen, Geol. Surv. of Illin. vol. ii, p. 162, t. 14, f. 10. *N. sulcifer*, De Kon. Ann. du Mus. Roy. d'Hist. Nat. de Belg. vol. ii. Fauna du Calc. Carb. de la Belg. pt. 1, p. 130, t. 27, f. 12, 1878.
— sulciferus............ *Phill.*	...	...	*	...	...	...	...	...	...	Geol. York. vol. ii, p. 233. Naut. (*Temnocheilus*), M'Coy, Synop. Carb. Foss. Ireland, p. 22. *N. sulciferus*, De Kon. Ann. du Mus. Roy. d'Hist. Nat. de Belg. vol. ii. Fauna du Calc. Carb. de la Belg. pt. 1, p. 142, t. 29, f. 5; t. 31, f. 7.
— tuberculatus ...... *Sow.*	...	...	*	*	...	...	...	...	...	Min. Con. t. 349, f. 4. Phill. Geol. York. vol. ii, p. 232, t. 22, f. 27-29. *Temnocheilus*, M'Coy, Synop. Carb. Foss. Ireland, p. 22.
— Willockii .... *Haugh.* ...	...	...	*	...	...	...	...	...	...	Nat. Hist. Review, vol. vi, p. 507, f. 21; allied to Discites, or Orthoceras.
— Woodwardii .... *Sow.* ...	...	...	*	...	...	...	...	...	...	*Nautilus*, Min. Con. vol. vi, t. 571. ? *Porcellia*, Léveillé (Bellerophontidæ).
— Wrightii............ *Flemg.* ...	...	...	...	...	...	...	...	...	...	*Vide N. globatus.*
ORTHOCERATIDÆ.										
Orthoceras .... *Breyn*, 1732										
Campyloceras ...... ? *M'Coy*, 1844 ...										
Cycloceras .... *M'Coy*, 1844......										
Loxoceras .... *M'Coy*, 1844......										TETRABRANCHIATA.
— affine .... *Portl.*	...	...	*	...	...	...	...	...	...	Geol. Rept. p. 387, t. 27, f. 9. *O. conicum*, Hising. ? *O. inæquiseptum*, Phill.
— angulare .... *Flemg.*	...	...	*	*	...	...	...	...	...	Phill. Geol. York. vol. ii, p. 238, t. 21, f. 4.
— annulare .... *Flemg.*	...	...	*	*	...	...	...	...	...	Brit. Anim. p. 239. Ann. Phil. vol. v, p. 203, t. 31, f. 8. *Cycloceras*, M'Coy, Synop. Carb. Foss. Ireland, p. 10.
— annulatum .... *Sow.* ...	...	...	*	...	...	...	...	...	...	Min. Con. vol. ii, p. 77, t. 133; ib. Phill. Geol. York. vol. ii, p. 139, t. 21, f. 9, 10.
— arcuatum......... *Phill.* ...	...	...	*	...	...	...	...	...	...	Geol. York. vol. ii, p. 238. *Campyloceras*, M'Coy, Synop. Carb. Foss. Ireland, p. 9.
— attenuatum .... *Flemg.* ...	*	*	*	...	...	*	...	...	...	Brit. Anim. p. 238. Ann. Phil. vol. v, p. 203, t. 31, f. 5. M'Coy, Synop. Carb. Foss. Ireland, p. 6 (non Sow.).
— Breyni .... *Martin* ...	...	...	*	*	...	...	...	...	...	*Orthoceratites*, Mart. Pet. Derb. t. 39, f. 4, 1809. Sow. Min. Con. vol. i, p. 132, t. 60, f. 5. Portl. Geol. Rept. p. 388. Ortho. M'Coy, Brit. Pal. Foss. p. 507. *Loxoceras*, M'Coy, Synop. Carb. Foss. Ireland, p. 6. De Kon. Ann. du Mus. Roy. d'Hist. Nat. de Belg. vol. v. Fauna du Calc. Carb. de la Belg. pt. 2, p. 73, t. 39, f. 3; t. 38, f. 11. *O. laterale*, Phill. Geol. York. p. 237.

PALÆOZOIC.   CEPHALOPODA.   CARBONIFEROUS.

SPECIES.	Oolitic Series	Lower Laur. Shale	Carboniferous Lmst.	Up.Lst.Shale/Yoredale	Millstone Grit	Lower Coal Measures	Middle Coal Measures	Upper Coal Measures	Foss. sp.	REFERENCES.
Orthoceras (*continued*).										
— Breynii .... Portl.									...	Vide O. ovale, Phill.
— Brownianum ...... R. Ether.			*						...	Stiletto like Orthoceras, J. Brown, Trans. Roy. Soc. Edinb. vol. xxii, pt. 2, p. 362. O. Brownianum, R. Ether. Geol. Mag. Dec. II, vol. iv, p. 249, t. 12, f. 15.
— calamus .... De Kon.			*						...	Anim. Foss. Terr. Carb. Belg. p. 306.
— cinctum .... Sow.			*	*	*				...	Min. Con. vol. vi, t. 588, f. 3. Phill. Geol. York. vol. ii, p. 237, t. 21, f. 1. Pal. Foss. Dev. Pp. 109, t. 41, f. 204.
— Clonnclensis ...... Haughton			*						...	Proc. Royal Dublin Geol. Soc. 1859; Ib. Nat. Hist. Review, 1859, vol. vi, p. 199, t. 12, f. 1.
— cordiforme .... Sow.									...	Vide Poterioceras.
— corna-vaccinum ... M'Coy			*						...	Ann. Mag. Nat. Hist. 2 ser. vol. xii; Ib. Brit. Pal. Foss. p. 568, t. 3 H, f. 17.
— cylindraceum ...... Flem.	*		*		*				...	Brit. Anim. p. 238. Ann. Phil. vol. v, p. 202, t. 31, f. 3. M'Coy, Synop. Carb. Foss. Ireland, p. 7; Ib. M'Coy, Brit. Pal. Foss. p. 569.
— dactylophorum ... De Kon.			*						...	Anim. Foss. Terr. Carb. Belg. p. 518, t. 47, f. 1. Ortho. (Cycloceras), M'Coy, Synop. Carb. Foss. Ireland, p. 10.
— dentaloideum ...... Phill.									...	Vide Dentalium ingens.
— dilatatum .... De Kon.			*						...	Anim. Foss. Terr. Carb. Belg. p. 515, t. 45, f. 8, 9.
— distans .... M'Coy			*		*	*			...	Synop. Carb. Foss. Ireland, p. 8, t. 4, f. 1. (Loxoceras.)
— filiferum .... Phill.			*	*	*				...	Geol. York. vol. ii, p. 238. M'Coy, Synop. Carb. Foss. Ireland, p. 7.
— Flemingi .... M'Coy			*						...	Brit. Pal. Foss. p. 569, t. 3 H, f. 18. (Cycloceras.)
— fusiforme .... Sow.									...	Vide Poterioceras.
— Gesneri .... Martin									...	Vide Cyrtoceras.
— giganteum ...... De Kon.			*						...	Cyrtoceras, De Kon. Anim. Foss. Belg. t. 60, f. 5. Orthoceras, M'Coy, Brit. Pal. Foss. p. 579. Campyloceras, Ann. du Mus. Roy. d'Hist. Nat. de Belg. vol. v. Fauna du Calc. Carb. de la Belg. p. 75, t. 44, f. 5–10; Ib. Sow. Min. Con. vol. iii, p. 81, t. 246, 1821; Ib. Phill. Geol. York. vol. ii, p. 237, t. 21, f. 3. ? Actinoceras, Broon.
— giganteum .... Sow.									...	Vide Actinoceras.
— Goldfussianum ?... De Kon.			*						...	Anim. Foss. Terr. Carb. Belg. p. 510, t. 43, f. 3, 4. Ortho. (Loxoceras) incomitatum, M'Coy, Synop. Carb. Foss. Ireland, p. 9, t. 1, f. 6. De Kon. Ann. du Mus. Roy. d'Hist. Nat. de Belg. vol. v. Fauna du Calc. Carb. de la Belg. pt. 2, p. 66, t. 38, f. 8, 9.
— gregarium .... Portl.									...	Vide O. ovale, Phill.
— inæquiseptum ...... Phill.			*	*		*			...	Geol. York. vol. ii, p. 238, t. 21, f. 7; ib. M'Coy, Brit. Pal. Foss. p. 571, ? O. affine, Portl.
— incomitatum ...... M'Coy									...	Vide O. Goldfussianum.
— læve .... Flem.			*						...	Ann. Phil. vol. v, p. 201, t. 31, f. 1. Brit. Anim. p. 238. (O. superfice sulcata, Ure, and O. superfice lævi, Ure.)
— lævigatum .... M'Coy			*						...	Cycloceras, Synop. Carb. Foss. Ireland, p. 10, t. 1, f. 3.
— lævigatum ...... De Kon.			*						...	Ann. du Mus. Roy. d'Hist. Nat. de Belg. vol. v. Fauna du Calc. Carb. de la Belg. pt. 2, p. 70, t. 41, f. 4.
— laterale .... Phill.									...	Vide O. Breynii.
— latissimum ...... Portl.			*						...	Geol. Rept. p. 390, t. 35, f. 2.
— lineolatum .... Phill.			*						...	O. annulatum, Geol. York. vol. ii, p. 239, t. 21, f. 9, 10. Cycloceras, Phill. Pal. Foss. Dev. p. 111, t. 43, f. 209 b.
— Martineanum ... De Kon.			*						...	Anim. Foss. Terr. Carb. Belg. p. 505, t. 44, f. 4; Ib. Ann. du Mus. Roy. d'Hist. Nat. de Belg. vol. v. Fauna du Calc. Carb. de la Belg. pt. 2, p. 53, t. 44, f. 4.
— maximum .... Portl.			*						...	Geol. Rept. p. 388, t. 35, f. 3.
— minimum .... Baily					*				...	Expl. sheet 142, Geol. Surv. Ireland, p. 13, f. 3.

316

CEPHALOPODA

SPECIES.	Calciferous Series.	Lower Limst. Shales.	Carboniferous Limst.	Up.Lst.Shale(Yoredale)	Millstone Grit.	Lower Coal Measures.	Middle Coal Measures.	Upper Coal Measures.	Pass up.	REFERENCES.
Orthoceras (*continued*).										
— mucronatum ...... *M'Coy*			*							Synop. Carb. Foss. Ireland, p. 7, t. 1, f. 1.
— monasterianum ... *De Kon.*			*							Anim. Foss. Terr. Carb. Belg. t. 43, f. 1–5; t. 44, f. 1; t. 46, f. 13: ib. De Kon. Ann. du Mus. Roy. d'Hist. Nat. de Belg. vol. v. Fauna du Calc. Carb. de la Belg. pt. 2, p. 62, t. 42, f. 9.
— ovale ...... *Phill.*			*	*						Geol. York. vol. ii, p. 238; ib. M'Coy, Brit. Pal. Foss. p. 572. *O. gregarium*, O. Breynii.
— paradoxicum ...... *Sow.*			*							*Vide* Trigonoceras.
— planiseptatum ...... *Saub.*			*							Versteinerungen des Schichten Systems in Nassau, p. 160, t. 17, f. 4.
— pygmæum ...... *De Kon.*			*							Anim. Foss. Terr. Carb. Belg. p. 507, t. 45, f. 5.
— pyramidale ...... *Flemg.*			*	*						Ann. Phil. vol. v, p. 202, t. 31, f. 2.
— reticulatum ...... *Phill.*			*	*						Geol. York. vol. ii, p. 238, t. 2, f. 11, 21.
— rugosum ...... *Flemg.*										*Vide* Cyrtoceras.
— scalpratum ...... *Sow.*			*							Geol. Trans. 2 scr. vol. v, t. 40, f. 3.
— Sowerbyi ...... *M'Coy*			*							Brit. Pal. Foss. p. 573. ? *O. undulatum*, Sow. Min. Con. vol. i, t. 59.
— Steinhaueri ...... *Sow.*			*	*	*					Min. Con. t. 60, f. 4. Phill. Geol. York. vol. ii, p. 238, t. 21, f. 5.
— striatum ...... *Sow.*			*							Min. Con. t. 38. M'Coy, Synop. Carb. Foss. Ireland, p. 8. Brit. Pal. Foss. p. 405.
— subcentrale ...... *De Kon.*			*	*						Anim. Foss. Terr. Carb. Belg. t. 44, f. 3. *O. sulcatulum*, M'Coy, Synop. Carb. Foss. p. 8, t. 1, f. 4.
— subimbricatum ... *Portl.*										Geol. Rept. p. 391.
— subsulcatulum ...... *M'Coy*										*Vide O. subcentrale.*
— sulcatulum ...... *M'Coy*										*Vide O. subcentrale.*
— sulcatum ...... *Flemg.*			*							Ann. Phil. vol. v, p. 202, t. 31, f. 6. Ure Ruth. t. 16, f. 2.
— undatum ...... *Flemg.*			*	*						Ann. Phil. vol. v, p. 203, t. 31, f. 7. ? *O. sulcatum.* *Vide* M'Coy, Brit. Pal. Foss. p. 574.
— undulatum ...... *Sow.*										*O. Breynii?*
— unguis ...... *Phill.*										*Vide* Cyrtoceras.
— Wrightii ...... *Hough.*			*							Proc. Roy. Dub. Soc. 1859; ib. Nat. Hist. Review, 1859, vol. vi, p. 199, t. 12, f. 2.
— Sp.			*							Proc. Roy. Dub. Soc. 1859; ib. Nat. Hist. Review, 1859, vol. vi, p. 199, t. 12, f. 2.
— Sp. ...... *R. Ether.*	*									Q. J. Geol. Soc. vol. xxxiv, p. 21.
Phragmoceras ...... *Broderip*, 1839...										
— Sexistria ...... *M'Coy*		*								Synop. Carb. Foss. Ireland, p. 11, t. 1, f. 7.
ORTHOCERATIDÆ.										
Poterioceras ...... *M'Coy*, 1844 ...										
Gomphoceras ...... *Sowerby*, 1839 ...										TETRABRANCHIATA.
Orthoceras ...... *Sowerby*										
— cordiforme ...... *Sow.*			*							*Orthoceras*, Sow. Min. Con. vol. iii, t. 247; ib. M'Coy, Brit. Pal. Foss. p. 568.
— fusiforme ...... *Sow.*	*		*							*Orthoceras*, Sow. Min. Con. vol. vi, t. 588, f. 1 (non 2); ib. Phill. Geol. York. vol. ii, p. 238, t. 21, f. 14, 15; ib. M'Coy, Brit. Pal. Foss. p. 569. *Gomphoceras lagena*, D'Eichw. Lethæa Rossica, vol. ii, p. 1269, t. 48, f. 16. *Gomphoceras fusiforme*, De Kon. Ann. du Mus. Roy. d'Hist. Nat. de Belg. vol. v. Fauna du Calc. Carb. de la Belg. pt. 2, p. 42, t. 37, f. 4.
— ventricosum ...... *M'Coy*			*							Synop. Carb. Foss. Ireland, p. 10, t. 1, f. 2.

PALÆOZOIC. CEPHALOPODA. CARBONIFEROUS.

SPECIES.	Calciferous Series.	Lower Limt. Shales.	Carboniferous Lmst.	Up.Lst.Shale(Yoredale)	Millstone Grit.	Lower Coal Measures.	Middle Coal Measures.	Upper Coal Measures.	Perm up.	REFERENCES.
Temnocheilus ...... *M'Coy*, 1844										
— *biangulatus* .... *Sow.*	...	...	...	...	...	...	...	...		
— *cariniferus* .... *Sow.*	...	...	...	...	...	...	...	...		
— *coronatus* .... *M'Coy*	...	...	...	...	...	...	...	...		
— *costalis* .... *Phill.*	...	...	...	...	...	...	...	...		
— *crenatus* .... *M'Coy*	...	...	...	...	...	...	...	...		
— *furcatus* .... *M'Coy*	...	...	...	...	...	...	...	...		*Vide* Nautilus.
— *globatus* .... *Sow.*	...	...	...	...	...	...	...	...		
— *multicarinatus* ... *Sow.*	...	...	...	...	...	...	...	...		
— *pinguis* .... *M'Coy*	...	...	...	...	...	...	...	...		
— *porcatus* .... *M'Coy*	...	...	...	...	...	...	...	...		
— *sulciferus* .... *Phill.*	...	...	...	...	...	...	...	...		
— *tuberculatus* ...... *Sow.*	...	...	...	...	...	...	...	...		
ORTHOCERATIDÆ.										
Trigonoceras .... *M'Coy*, 1844 ...										
Gyroceras .... *De Kon.* 1844 ...										
Hortolus .... *Steininger*, 1831										
Orthoceras .... *Sowerby*, 1823 ...										TETRABRANCHIATA.
— *paradoxicum* ...... *Sow.*	...	•	...	...	...	...	...	...		*Orthoceras*, Min. Con. vol. v, p. 81, t. 457. O. paradoxicum, M'Coy, Brit. Pal. Foss. p. 573; ib. Synop. Carb. Foss. Ireland, p. 9. Gyroceras, De Kon. Ann. du Mus. Roy. d'Hist. Nat. de Belg. vol. v. Fauna du Calc. Carb. de la Belg. pt. 2, p. 7, t. 32, f. 3, 1880.
— *serratum* .... *De Kon.*	...	•	...	...	...	...	...	...		*Gyroceras*, Desc. Anim. Foss. Terr. Carb. Belg. p. 533, t. 48, f. 2; ib. De Kon. Ann. du Mus. Roy. d'Hist. Nat. de Belg. vol. v. Fauna du Calc. Carb. Belg. pt. 2, p. 7, t. 32, f. 5, 1880.

PISCES.

SPECIES.	CARBONIFEROUS.							REFERENCES.
	Calciferous Series.	Lower Limit. Shales.	Carboniferous Limit.	Up. Lst. Shale (Yoredale)	Millstone Grit.	Lower Coal Measures.	Middle Coal Measures.	Upper Coal Measures.	Pass up.	

SPECIES.										REFERENCES.
Sub-Kingdom, VERTEBRATA.										
Province, BRANCHIATA.										
Ichthyopsida.										
Class, PISCES.										
ACANTHODEI.										
Acanthodes........ *Agassiz*, 1833 ...										GANOIDEI.
Acanthodopsis (part) Hancock & Atthey										
— Bronni............ *Ag.*					*	?				Poiss. Foss. vol. ii, p. 124, t. 7.
— Egertoni .... *Han. & Atth*					*					Ann. Mag. Nat. Hist. 4 ser. vol. i, p. 367, 368. *Acanthodopsis,* Han. & Att. Ann. Mag. Nat. Hist. 4 ser. vol. i, p. 367.
— sulcatus .... *Ag.*					*					Poiss. Foss. vol. ii, p. 125, t. 1 c, f. 1, 2.
— Wardii............ *Egert.*		?			*		*			Q. J. Geol. Soc. vol. xxii, p. 468, t. 23, f. 1, 2. *Acanthodopsis,* Han. & Att. Ann. Mag. Nat. Hist. 4 ser. vol. i, p. 364, t. 15, f. 6.
Acanthodopsis *Hancock & Atthey,* 1868										
— Wardii .... *Han. and Atth.* ...										*Vide* Acanthodes.
HYBODONTIDÆ.										
Acondylacanthus ... *St. John & Worthen,* 1875 ...										PLACOIDEI.
— attenuatus ...... *Davis*		*								Foss. Fishes Carb. Limest. Gt. Brit. (Sci. Trans. Roy. Dub. Soc. vol. i, pt. 2, p. 352, t. 46, f. 3).
— Colei .... *Davis*		*								Foss. Fishes Carb. Limest. Gt. Brit. (Sci. Trans. Roy. Dub. Soc. vol. i, pt. 2, p. 347, t. 45, f. 7; t. 46, f. 1).
— distans .... *M'Coy*		*								*Ctenacanthus,* Ann. Mag. Nat. Hist. 2 ser. vol. ii, p. 116; ib. Brit. Pal. Foss. p. 625, t. 3k, f. 15. Acondylacanthus, Davis, Foss. Fishes, Carb. Limest. Gt. Brit. (Sci. Trans. Roy. Dub. Soc. vol. i, pt. 2, p. 349, t. 46, f. 5).
— Jenkinsoni ...... *M'Coy*		*								*Leptacanthus,* Brit. Pal. Foss. p. 633, t. 3b, f. 14-16. A. Jenkinsoni, Davis, Foss. Fishes Carb. Limest. Gt. Brit. (Sci. Trans. Roy. Dub. Soc. vol. i, pt. 2, p. 351, t. 46, f. 2).
— junceus .... *M'Coy*		*								*Leptacanthus,* Ann. Mag. Nat. Hist. 2 ser. vol. ii, p. 122; ib. Brit. Pal. Foss. p. 633, t. 3 b, f. 13. A. junceus, Davis, Foss. Fishes, Carb. Limest. Gt. Brit. (Sci. Trans. Roy. Dub. Soc. vol. i, pt. 2, p. 351, t. 46, f. 6).
— tenuistriatus ...... *Davis*		*								Foss. Fishes Carb. Limest. Gt. Brit. (Sci. Trans. Roy. Dub. Soc. vol. i, pt. 2, p. 351, t. 45, f. 8).
— tuberculatus ...... *Davis*		*								Foss. Fishes Carb. Limest. Gt. Brit. (Sci. Trans. Roy. Dub. Soc. vol. i, pt. 2, t. 46, f. 4).
Aganodus .... *Owen,* 1867										
— apicalis .... *Owen*					*					Trans. Odonto. Soc. vol. for 1867, t. 9; ib. Geol. Mag. vol. iv, p. 325. ? *Diplodus.*
— undatus .... *Owen*					*					Trans. Odonto. Soc. vol. for 1867, t. 10; ib. Geol. Mag. vol. iv, p. 325. ? *Diplodus.*
LEPIDOTINI.										
Acrolepis............ *Agassiz,* 1843 ...										GANOIDEI (SAUROIDEI).
— Hopkinsii .... *M'Coy*		*								*Holoptychius,* Ann. Mag. Nat. Hist. 1848, 2 ser. vol. ii; Brit. Pal. Foss. p. 609, t. 3 b, f. 10 (lower figure).
CESTRACIONTIDÆ.										
Agelodus............ *Owen,* 1867										PLACOIDEI.
— diadema .... *Owen*										*Vide Ctenoptychius pectinatus.*

PISCES.

CARBONIFEROUS.

SPECIES.	Old Red Series.	Lower Lmst. Shale.	Carboniferous Lmst.	Up. Lst. Shale (Yoredale)	Millstone Grit.	Lower Coal Measures.	Middle Coal Measures.	Upper Coal Measures.	Pass sp.	REFERENCES.
LEPIDOTINI.										**GANOIDEI.**
Amblypterus .... *Agassiz*, 1833										
— nemopterus .... *Ag.*						?				Poiss. Foss. vol. ii, p. 107, t. 4^b, f. 1, 2.
— Portlocki .... *Egert.*						?				Q. J. Geol. Soc. vol. vi, p. 2.
— punctatus .... *Ag.*						?				Poiss. Foss. vol. ii, p. 109, t. 4^a, f. 3-8.
— striatus .... *Ag.*										*Vide* Cosmoptychius.
PLATYSOMIDÆ.										
Amphicentrum ...... *Young*, 1866										**GRANULOSUM.**
— granulosum ...... *Huxley*		•								Traquair, Ann. Mag. Nat. Hist. 1875, vol. xvi, 4 ser. p. 273, t. 9, f. 1-3, 5-10.
— striatum .... *Han. & Att.*					•					Ann. Mag. Nat. Hist. 1872, vol. ix, p. 255.
RHIZODONTIDÆ.										
Archichthys .... *Hancock & Atthey*, 1870										**GANOIDEI (CROSSOPTERYGII).**
— Portlocki .... *Ag.*		•		•						*Holoptychius*, Ag. Poiss. Foss. vol. i, pt. 36 (name only); ib. Portl. Geol. Rept. p. 464, t. 13, f. 5-11. Archichthys, Traquair, Rept. on Foss. Fishes, pt. 1. Ganoidei, Trans. Roy. Soc. Edinb. vol. xxxiii, p. 18, 1881.
— sulcidens .... *Han. & Att.*						•				On an undescribed Foss. Fish. from the Newsham Coal Shale, Newcastle-on-Tyne, Nat. Hist. Trans. Northumberland and Durham, vol. iv, p. 199-202, 1871; ib. Ann. Mag. Nat. Hist. 4 ser. vol. v, p. 266, 1870; ib. vol. vii, p. 79, 1871.
CŒLACANTHINI.										
Asterolepis .... *Eichwald*, 1840										**GANOIDEI.**
Chelonichthys ...... *Agassiz*										
— verrucosa .... *M'Coy*		•	•							Ann. Mag. Nat. Hist. 1848, pt. 2, p. 9.
CESTRACIONTIDÆ, or **HYBODONTIDÆ.**										
Asteroptychius ...... *Agassiz*, 1843										**PLACOIDEI.**
— ornatus .... *Ag.*		•	•							Poiss. Foss. vol. iii, p. 176; M'Coy, Brit. Pal. Foss. p. 615, t. 3 k, f. 13, 14; ib. Davis, Foss. Fishes Carb. Limest. Gt. Brit. (Sci. Trans. Roy. Dub. Soc. vol. i, pt. 2, p. 353, t. 46, f. 7-9).
— Portlockii .... *Ag.*										*Vide* Carcharopsis.
— semiornatus .... *M'Coy*										*Vide* Carcharopsis.
Benedenius .... *Traquair*, 1878										
Palæoniscus ...... *P. J. Van Beneden*, 1871										
Campylopleuron ... *Wright*, 1865										
— Sp.										Trans. Roy. Dub. Soc. 1871.
PALÆONISCIDÆ.										
Canobius .... *Traquair*, 1881										**GANOIDEI (ACIPENSEROIDEI).**
— elegantulus .... *Traq.*		•								Rept. on Foss. Fishes, pt. 1. Ganoidei, Trans. Roy. Soc. Edinb. vol. xxx, p. 49, t. 5, f. 5-8.
— obscurus .... *Traq.*					•					Appendix, Rept. on Foss. Fishes, pt. 1. Ganoidei, Trans. Roy. Soc. Edinb. vol. xxx, p. 68.
— politus .... *Traq.*					•					Rept. on Foss. Fishes, pt. 1. Ganoidei, Trans. Roy. Soc. Edinb. vol. xxx, p. 53, t. 5, f. 14-16.

PALÆOZOIC.   PISCES.   CARBONIFEROUS.

SPECIES.	CARBONIFEROUS.							REFERENCES.
	Calciferous Series.	Lower Limest. Shales.	Carboniferous Limest.	Up-Lst.Shale(Yoredale)	Millstone Grit.	Lower Coal Measures.	Middle Coal Measures.	Upper Coal Measures.	Pass up.	
Ganobius (continued).									
— pulchellus .... Traq.		...	...	...	...	...	...		Rept. on Foss. Fishes, pt. 1. Ganoidei, Trans. Roy. Soc. Edinb. vol. xxx, p. 51, t. 5, f. 9-13.
— Ramsayi .... Traq.	*	...	...	...	...	...	...		Rept. on Foss. Fishes, pt. 1. Ganoidei, Trans. Roy. Soc. Edinb. vol. xxx, p. 47, t. 5, f. 1-4.
CESTRACIONTIDÆ or HYBODONTIDÆ.									
Carcharopsis .... Agassiz, 1834 ...									PLACOIDEI.
— Colei................ Davis.............	...	...	*	...	...	...	...		Foss. Fishes Carb. Limest. series Gt. Brit. (Sci. Trans. Roy. Dub. Soc. vol. i, 2 ser. p. 383, t. 49, f. 26).
— Portlockii .... Ag.	...	...	*	...	...	...	...		Asteroptychius, Poiss. Foss. vol. iii, p. 176.
— prototypus .... Ag.	...	...	*	...	...	...	...		Poiss. Foss. vol. iii, p. 313.
— semiornatus .... M'Coy	...	...	*	...	...	...	...		Asteroptychius, Ann. Mag. Nat. Hist. 1848, pt. 2, p. 118. Brit. Pal. Foss. p. 616, t. 3 K, f. 22.
CŒLACANTHIDÆ.									
Centrodus .... M'Coy, 1848.....									GANOIDEI.
— striatulus .... M'Coy	...	...	...	...	*	...	...		Ann. Mag. Nat. Hist. 1848, pt. 2, p. 4. ? Megalichthys, Vide Dr. Young, Carbonif. Glyptodipterines, Q. J. Geol. Soc. vol. xxii, 1866, p. 607.
HYBODONTIDÆ.									
Chalassacanthus ...... Davis, 1863									HYBODONTIDÆ.
— verrucosus .... Davis.............	...	*	...	...	...	...	...		Foss. Fishes Carb. Limest. Gt. Brit. (Sci. Trans. Roy. Dub. Soc. vol. i, pt. 2, p. 371, t. 48, f. 13).
CESTRACIONTIDÆ (COPODONTIDÆ).									
Characodus............ Agassiz, 1859 ...									PLACOIDEI.
— angulatus .... Ag.	...	...	*	...	...	...	...		MS. Enniskillen Coll.; ib. Davis, Foss. Fishes Carb. Limest. Gt. Brit. (Sci. Trans. Roy. Dub. Soc. vol. i, 2 ser. p. 475, t. 58, f. 19, 20).
— confertus............ Owen	...	...	...	...	...	*	...		Trans. Odonto. Soc. vol. for 1867. Geol. Mag. vol. iv, p. 325. ? Rhizodopsis sauroides.
— cuneatus .... Ag.	...	...	*	...	...	...	...		MS. Enniskillen Coll.; ib. Davis, Foss. Fishes Carb. Limest. Gt. Brit. (Sci. Trans. Roy. Dub. Soc. vol. i, 2 ser. p. 475, t. 58, f. 19, 20).
PLATYSOMIDÆ.									
Cheirodopsis .... Traquair, 1881...									GANOIDEI.
— Geikiei............... Traq.	*	...	...	...	...	...	...		Rept. on Foss. Fishes, pt. 1. Ganoidei, Trans. Roy. Soc. Edinb. vol. xxx, p. 56, t. 5, f. 17-19.
PLATYSOMIDÆ.									
Cheirodus .... M'Coy, 1848.....									
Non Cheirodus ... Pander, 1858 ...									
Amphicentrum? ... Young, 1866......									
„ Hancock & Atthey, 1871									
„ Traquair, 1875...									
Cheirodus ...... Traquair, 1878..									
Platysomus ...... Binney, 1840 ...									GANOIDEI.
— granulosus .... Hux.	...	*	...	...	...	...	...		Amphicentrum, Young, Q. J. Geol. Soc. vol. xxii, p. 306, t. 20, f. 1-7.
— pes-ranæ .... M'Coy	...	*	...	...	...	...	...		Ann. Mag. Nat. Hist. 1848, pt. 2, p. 131; ib. Brit. Pal. Foss. p. 616, t. 39, f. 9; ib. Davis, Foss. Fishes Carb. Limest. Gt. Brit. (Sci. Trans. Roy. Dub. Soc. vol. i, 2 ser. p. 523, t. 63, f. 5).
— striatus .... Han. & Att.	...	...	...	...	*	...	...		Nat. Hist. Trans. Northumb. and Durham, vol. iv, p. 414, 1871; ib. Ann. Mag. Nat. Hist. 4 ser. vol. ix, 1872.
CEPHALASPIDÆ.									
Chelyophorus .... Agassiz, 1844 ...									GANOIDEI.
— Griffithi .... M'Coy	*	...	...	...	...	...	...		Ann. Mag. Nat. Hist. 1848, pt. 2, p. 8.

T t

PALÆOZOIC.   PISCES.   CARBONIFEROUS.

SPECIES.	Calciferous Series.	Lower Lmst. Shales.	Carboniferous Lmst.	Up. Lst. Shale (Yoredale)	Millstone Grit.	Lower Coal Measures.	Middle Coal Measures.	Upper Coal Measures.	Pass. up.	REFERENCES.
CESTRACIONTIDÆ (PETALODONTIDÆ).										
Chomatodus .... *Agassiz*, 1838 ...										PLACOIDEI.
Helodus .... *Agassiz*										
— acuminatus ...	...	...	...	...	...	...	...	...	...	*Vide* Petalodus Hastingsiæ.
— acutus .... *Davis*	•	...	...	...	...	...	...	...	...	Foss. Fishes Carb. Limest. Gt. Brit. (Sci. Trans. Roy. Dub. Soc. vol. i, 2 ser. p. 509, t. 61, f. 5, 2ª).
— cinctus .... *Ag.*										*Vide* Helodus crassus.
— clavatus .... *M'Coy*			•	...	...	...	...	...	...	Brit. Pal. Foss. p. 617, t. 3 K, f. 10.
— denticulatus ...... *M'Coy*			•	...	...	...	...	...	...	Ann. Mag. Nat. Hist. 2 ser. 1848, pt. 2, p. 124. Brit. Pal. Foss. p. 618, t. 3 K, f. 9. (*Helodus* ?)
— linearis .... *Ag.*		•	•	...	...	...	...	...	...	Poiss. Foss. vol. iii, p. 108, t. 12, f. 5-9. M'Coy, Brit. Pal. Foss. p. 618; ib. Portl. Geol. Rept. p. 466, t. 14, f. 8. C. linearis, De Kon. Faune du Calc. Carb. de la Belg. p. 47, t. 6, f. 5; ib. Davis, Foss. Fishes Carb. Limest. Gt. Brit. (Sci. Trans. Roy. Dub. Soc. vol. i, 2 ser. p. 508, t. 61, f. 1, 1ª). (*Helodus* ?)
— obliquus .... *M'Coy*			•	...	...	...	...	...	...	Ann. Mag. Nat. Hist. 1848, vol. ii, p. 124. Brit. Pal. Foss. p. 618, t. 3 K, f. 3. (*Helodus* ?)
— truncatus .... *Ag.*			•	...	...	...	...	...	...	Poiss. Foss. vol. iii, p. 174. M'Coy, Brit. Pal. Foss. p. 618, t. 3 I, f. 1. (*Petalodus* ?) ? Janssen.
CESTRACIONTIDÆ or HYBODONTIDÆ.										
Cladacanthus .... *Agassiz*, 1843 ...										PLACOIDEI.
— major .... *Davis*	...	...	•	...	...	...	...	...	...	Foss. Fishes Carb. Limest. Gt. Brit. (Sci. Trans. Roy. Dub. Soc. vol. i, pt. 2, p. 366, t. 47, f. 6, 7).
— paradoxus .... *Ag.*										Rich. Poiss. Foss. vol. iii, p. 176. *Erismacanthus Jonesii*, M'Coy, Brit. Pal. Foss. p. 628, t. 3 K, f. 26, 27. *Dipriacanthus falcatus*, M'Coy, Ann. Mag. Nat. Hist. 2 ser. vol. ii, p. 121. Cladacanthus paradoxus, Davis, Foss. Fishes Carb. Limest. Gt. Brit. (Sci. Trans. Roy. Dub. Soc. vol. i, pt. 2, p. 365, t. 47, f. 1-5).
HYBODONTIDÆ.										
Cladodus .... *Agassiz*, 1840 ...										PLACOIDEI.
— acutus .... *Ag.*	...	...	•	...	...	...	...	...	...	Poiss. Foss. vol. iii, p. 199, t. 22ᵇ, f. 21. Portl. Geol. Rept. p. 461; ib. Davis, Foss. Fishes Carb. Limest. Gt. Brit. (Sci. Trans. Roy. Dub. Soc. vol. i, 2 ser. p. 377, t. 49, f. 17).
— basalis .... *Ag.*			•	...	...	...	...	...	...	Portl. Geol. Rept. p. 461; ib. Davis, Carb. Limest. Fishes (Sci. Trans. Roy. Dub. Soc. vol. i, 2 ser. p. 379, t. 49, f. 18).
— bicuspidatus ...... *Trag.*										Geol. Mag. Dec. II, vol. viii, p. 35 (Setschil).
— conicus .... *Ag.*	...	...	•	...	...	...	...	...	...	Poiss. Foss. vol. iii, p. 199, t. 22ᵇ, f. 24.
— curtus .... *Davis*			•	...	...	...	...	...	...	Foss. Fishes Carb. Limest. Gt. Brit. (Sci. Trans. Roy. Dub. Soc. vol. i, p. 379, t. 49, f. 19).
— curvus .... *Davis*			•	...	...	...	...	...	...	Foss. Fishes Carb. Limest. Gt. Brit. (Sci. Trans. Roy. Dub. Soc. vol. i, pt. 2, p. 376, t. 49, f. 14).
— destructor .... *Davis*			•	...	...	...	...	...	...	Foss. Fishes Carb. Limest. Gt. Brit. (Sci. Trans. Roy. Dub. Soc. vol. i, pt. 2, p. 376, t. 49, f. 15).
— elongatus .... *Davis*			•	...	...	...	...	...	...	Foss. Fishes Carb. Limest. Gt. Brit. (Sci. Trans. Roy. Dub. Soc. vol. i, pt. 2, p. 374, t. 49, f. 10, 11).
— *Hibberti* .... *Ag.*										Poiss. Foss. vol. iii, p. 200. ? Megalichthys.
— Hornei .... *Davis*			•	...	...	...	...	...	...	Foss. Fishes Carb. Limest. Gt. Brit. (Sci. Trans. Roy. Dub. Soc. vol. i, pt. 2, p. 380, t. 49, f. 20).
— *lævis* .... *M'Coy*										*Vide* C. marginatus.
— marginatus .... *Ag.*			•	...	...	...	...	...	...	Poiss. Foss. vol. iii, p. 198, t. 22 D, f. 18-20. *C. lævis*, M'Coy, Brit. Pal. Foss. p. 619, t. 3 K, f. 5. C. marginatus, Davis, Foss. Fishes Carb. Limest. Gt. Brit. (Sci. Trans. Roy. Dub. Soc. vol. i, pt. 2, p. 373, t. 49, f. 7-9).

PISCES.

SPECIES.	CARBONIFEROUS.							REFERENCES.
	Calciferous Series.	Lower Limst. Shales.	Carboniferous Limst.	Up. Lst. Shales (Yoredale)	Millstone Grit.	Lower Coal Measures.	Middle Coal Measures.	Upper Coal Measures.	Pass up.	

SPECIES.									REFERENCES.
Cladodus (*continued*).									
— Milleri .... *Ag.*			*						Poiss. Foss. vol. iii, p. 199, t. 22 b, f. 22, 23; ib. Davis, Foss. Fishes Carb. Limest. Gt. Brit. (Sci. Trans. Roy. Dub. Soc. vol. i; 2 ser. p. 378, t. 49, f. 16).
— mirabilis .... *Ag.*	*	*	*						Poiss. Foss. vol. iii, p. 197, t. 22ᵇ, f. 9-13. *C. marginatus*, ib. f. 18-20; ib. M'Coy, Brit. Pal. Foss. p. 619; ib. Davis, Foss. Fishes Carb. Limest. Gt. Brit. (Sci. Trans. Roy. Dub. Soc. vol. i, pt. 2, p. 372, t. 49, f. 1-5).
— mucronatus .... *Davis*			*						Foss. Fishes Carb. Limest. Gt. Brit. (Sci. Trans. Roy. Dub. Soc. vol. i, 2 ser. p. 380, t. 49, f. 21).
— parvus .... *Ag.*		*			*				Poiss. Foss. vol. iii, p. 200, t. 22ᵇ, f. 26, 27.
— striatus .... *Ag.*		*	*						Poiss. Foss. vol. iii, p. 197, t. 22ᵇ, f. 14-17; ib. M'Coy, Brit. Pal. Foss. p. 620; ib. Davis, Foss. Fishes Carb. Limest. Gt. Brit. (Sci. Trans. Roy. Dub. Soc. vol. i, 2 ser. p. 375, t. 49, f. 12-13).
CESTRACIONTIDÆ.									**PLACOIDEI.**
Climaxodus .... *M'Coy*, 1848									*Vide* Janassa.
— imbricatus .... *M'Coy*			*						Ann. Mag. Nat. Hist. 1848, vol. ii, p. 129; ib. M'Coy, Brit. Pal. Foss. p. 620, t. 3 G, f. 5.
— linguæformis ...... *Att.*						*			Ann. Mag. Nat. Hist. 4 ser. vol. ii, p. 321; ib. vol. iv, p. 321, t. 12.
— ovatus .... *Barkas*						*			Geol. Mag. vol. v, p. 495-497, woodcut. ? *C. linguæformis.*
— processa .... *Barkas*						*			} Doubtful species.
— vermiformis ...... *Barkas*						*			
PLACODERMATA.									
Coccosteus .... *Agassiz*									**GANOIDEI.**
— carbonarius ? ...... *M'Coy*			*						Ann. Mag. Nat. Hist. 1848, vol. ii, p. 9.
CESTRACIONTIDÆ (COCHLIODONTIDÆ).									
Cochliodus .... *Agassiz*, 1838 ...									**PLACOIDEI.**
— acutus .... *Ag.*									*Vide* Deltoptychius acutus.
— angustus .... *Ag.*									*Vide* Xystrodus.
— contortus .... *Ag.*			*						Poiss. Foss. vol iii, p. 115, t. 19, f. 14. *Psammodus*, Ag. Poiss. vol. iii, t. 14, f. 16-33. Owen, Odontography, t. 22, f. 1. Cochliodus, M'Coy, Brit. Pal. Foss. p. 622; ib. De Kon. Fauna du Calc. Carb. de la Belg. p. 57, t. 6, f. 14. Cochliodus, Davis, Foss. Fishes Carb. Limest. Gt. Brit. (Sci. Trans. Roy. Dub. Soc. vol. i, 2 ser. p. 421, t. 52, f. 1-6).
— gibberulus .... *Ag.*									*Vide* Deltoptychius.
— magnus .... *Ag.*									*Vide* Psephodus magnus or Tomodus convexus.
— oblongus .... *Ag.*									*Vide* Streblodus oblongus. [The three Armagh and Hook point species are now referable to Streblodus oblongus, S. Egertoni, and S. Colei.]
— striatus .... *Ag.*									*Vide* Xystrodus striatus.
CŒLACANTHIDÆ.									
Cœlacanthus .... *Agassiz*, 1843 ...									**GANOIDEI.**
— elongatus............ *Huxley*								*	Mem. Geol. Surv. Dec. XII, p. 23, t. 5, f. 6, 7. ? *C. elegans*, Newberry.
— Huxleyi .... *Traq.*	*								Rept. on Foss. Fishes, pt. 1. Ganoidei, Trans. Roy. Soc. Edinb. vol. xxx, p. 20, t. 1, f. 1-4.
— lepturus .... *Ag.*	*					*	*		Poiss. Foss. vol. ii, p. 173; ib. Huxley, Mem. Geol. Surv. Dec. XII, p. 16-18, t. 2, f. 1-4; t. 3, f. 1-3; t. 4, f. 1-6; ib. Han. & Att. Ann. Mag. Nat. Hist. 1872, vol. ix, p. 256, t. 17, f. 4.

PALÆOZOIC. PISCES. CARBONIFEROUS.

SPECIES.	Calciferous Series.	Lower Limst. Shale.	Carboniferous Limst.	Up.Lst.Shale(Yoredale)	Millstone Grit.	Lower Coal Measures.	Middle Coal Measures.	Upper Coal Measures.	Pass up.	REFERENCES.
Cœlacanthus (continued).										
— Phillipsii .... Ag.	...	...	...	...	...	...	...	...	...	Ag. MSS. Mem. Geol. Surv. Dec. XII, 1866.
— striatus .... Trag.	...	...	*	...	...	...	...	...	...	Geol. Mag. new ser. Dec. II, vol. viii, p. 37.
— Sp.	...	...	...	...	...	...	...	...	...	Geol. Mag. new ser. Dec. II, vol. iii, p. 410, allied to C. granulosus, Ag.
Colonodus .... M'Coy, 1848 ...										GANOIDEI.
— longidens .... M'Coy	...	...	*	...	...	...	...	...	...	Ann. Mag. Nat. Hist. 1848, vol. ii, p. 5; ib. Davis, Foss. Fishes Carb. Limest. Gt. Brit. (Sci. Trans. Roy. Dub. Soc. vol. ii, 2 ser. p. 523, t. 63, f. 6).
Hybodontidæ.										
Compsacanthus ...... Newberry										PLACOIDEI.
— carinatus .... Davis	...	...	*	...	...	...	...	...	...	Foss. Fishes Carb. Limest. Gt. Brit. (Sci. Trans. Roy. Dub. Soc. vol. i, pt. 2, p. 354, t. 46, f. 10).
— major .... Davis	...	...	...	...	...	...	*	...	...	Q. J. Geol. Soc. vol. xxxvi, p. 62, f. 2, p. 63.
— triangularis .... Davis	...	...	...	...	...	...	*	...	...	Q. J. Geol. Soc. vol. xxxvi, p. 62, f. 1.
Cestraciontidæ (Copodontidæ).										
Copodus										PLACOIDEI.
— cornutus .... Ag.	...	...	*	...	...	...	...	...	...	Psammodus, Poiss. Foss. vol. iii, p. 174; ib. Portlock, Geol. Rept. t. 14 A, f. 3. Copodus, Davis, Foss. Fishes Carb. Limest. Gt. Brit. (Sci. Trans. Roy. Dub. Soc. vol. i, 2 ser. p. 464, t. 58, f. 1-5).
— falcatus .... Ag.										Var. of C. furcatus.
— furcatus .... Ag.	...	...	*	...	...	...	...	...	...	MS. Enniskillen Coll.; ib. Davis, Foss. Fishes Carb. Limest. Gt. Brit. (Sci. Trans. Roy. Dub. Soc. vol. i, 2 ser. p. 466, t. 58, f. 16).
— lunulatus .... Ag.										MS. Enniskillen Coll. ? C. cornutus.
— minimus .... Davis	...	...	*	...	...	...	...	...	...	Foss. Fishes Carb. Limest. Gt. Brit. (Sci. Trans. Roy. Dub. Soc. vol. i, 2 ser. p. 467, t. 58, f. 8).
— spathulatus .... Ag.	...	...	*	...	...	...	...	...	...	MS. Enniskillen Coll.; ib. Davis, Foss. Fishes Carb. Limest. Gt. Brit. (Sci. Trans. Roy. Dub. Soc. vol. i, 2 ser. p. 467, t. 58, f. 7).
Cestraciontidæ or Hybodontidæ.										
Cosmacanthus .... Agassiz, 1844 ...										PLACOIDEI.
— carbonarius .... M'Coy	...	...	*	...	...	...	...	...	...	Ann. Mag. Nat. Hist. 1848, vol. ii, p. 119; ib. Foss. Fishes Carb. Limest. Gt. Brit. (Sci. Trans. Roy. Dub. Soc. vol. i, pt. 2, p. 357).
— carinatus .... Davis	...	...	*	...	...	...	...	...	...	Foss. Fishes Carb. Limest. Gt. Brit. (Sci. Trans. Roy. Dub. Soc. vol. i, pt. 2, p. 356, t. 48, f. 4).
— marginalis .... Davis	...	...	*	...	...	...	...	...	...	Foss. Fishes Carb. Limest. Gt. Brit. (Sci. Trans. Roy. Dub. Soc. vol. i, pt. 2, p. 355, t. 48, f. 3).
— priscus .... Ag.	...	...	*	...	...	...	...	...	...	Leptacanthus, Rœh, Poiss. Foss. vol. iii, p. 176. Nemacanthus, M'Coy, Ann. Mag. Nat. Hist. 2 ser. vol. ii, p. 120. Cosmacanthus, Davis, Foss. Fishes Carb. Limest. Gt. Brit. (Sci. Trans. Roy. Dub. Soc. vol. i, pt. 2, p. 358, t. 48, f. 1, 2).
Palæoniscidæ (Lepidotini).										
Cosmoptychius .... Traquair, 1877										
Amblypterus (part) Agassiz										GANOIDEI.
— striatus .... Ag.	...	...	...	...	...	*	...	...	...	Amblypterus, Poiss. Foss. vol. ii, pt. 1, p. 111. Atlas, vol. ii, t. 4ᵇ, f. 3-6. Cosmoptychius, Traquair, Ganoid. Fishes, Brit. Carb. Form. Pal. Soc. 1877, p. 43, t. 3, f. 1-8.
Cestraciontidæ.										
Cricacanthus .... Agassiz, 1843 ...										PLACOIDEI.
— crenulatus .... Ag.	...	...	*	...	...	...	...	...	...	Rech. Poiss. Foss. vol. iii, p. 177. C. crenatus, M'Coy, Brit. Pal. Foss. p. 624, t. 3 I, f. 31. C. crenulatus, Davis, Foss. Fishes Carb. Limest. Gt. Brit. (Sci. Trans. Roy. Dub. Soc. vol. i, pt. 2, p. 345, t. 45, f. 6).
— dubius .... Davis	...	...	*	...	...	...	...	...	...	Foss. Fishes Carb. Limest. Gt. Brit. (Sci. Trans. Roy. Dub. Soc. vol. i, pt. 2, p. 340, t. 44, f. 7).

PALÆOZOIC.   PISCES.   CARBONIFEROUS.

SPECIES.	Calciferous Series.	Lower Limest. Shales.	Carboniferous Limest.	Up.-Lst.Shale(Yoredale)	Millstone Grit.	Lower Coal Measures.	Middle Coal Measures.	Upper Coal Measures.	Pass up.	REFERENCES.
Cricacanthus (*continued*).										
— Jonesii .... *Ag.*			•							Poiss. Foss. vol. iii, p. 176.
— lævis .... *Davis*			•							Foss. Fishes Carb. Limest. Gt. Brit. (Sci. Trans. Roy. Dub. Soc. vol. i, pt. 2, p. 341, t. 45, f. 1).
— limæformis .... *Davis*			•							Foss. Fishes Carb. Limest. Gt. Brit. (Sci. Trans. Roy. Dub. Soc. vol. i, pt. 2, p. 339, t. 44, f. 5).
— plicatus .... *Ag.*			•							*Onchus*, Rech. Poiss. Foss. vol. iii, p. 177. Ctenacanthus, Foss. Fishes Carb. Limest. Gt. Brit. (Sci. Trans. Roy. Dub. Soc. vol. i, pt. 2, p. 342, t. 45, f. 4).
— pustulatus .... *Davis*			•							Foss. Fishes Carb. Limest. Gt. Brit. (Sci. Trans. Roy. Dub. Soc. vol. i, pt. 2, p. 344, t. 45, f. 2).
— rectus .... *Ag.*			•							Roch. Poiss. Foss. vol. iii, p. 177; ib. Davis, Foss. Fishes Carb. Limest. Gt. Brit. (Sci. Trans. Roy. Dub. Soc. vol. i, pt. 2, p. 345, t. 45, f. 5).
— Salopiensis .... *Davis*			•							Foss. Fishes Carb. Limest. Gt. Brit. (Sci. Trans. Roy. Dub. Soc. vol. i, pt. 2, p. 339, t. 44, f. 6).
— sulcatus .... *Ag.*			•							*Onchus*, Rech. Poiss. Foss. vol. iii, p. 8, t. 1, f. 6. Ctenacanthus, Foss. Fishes Carb. Limest. Gt. Brit. (Sci. Trans. Roy. Dub. Soc. vol. i, pt. 2, p. 343, t. 45, f. 3).
HYBODONTIDÆ.										**PLACOIDEI.**
Ctenacanthus .... *Agassiz*, 1837 ...										
— æquistriatus ...... *Davis*						•				Q. J. Geol. Soc. vol. xxxv, p. 155, t. 10, f. 15.
— arcuatus .... *Ag.*			•							Poiss. Foss. vol. iii, p. 177.
— brevis .... *Ag.*			•					•		Poiss. Foss. vol. iii, p. 11, t. 2, f. 2; ib. Davis, Foss. Fishes Carb. Limest. Gt. Brit. (Sci. Trans. Roy. Dub. Soc. vol. i, pt. 2, p. 337, t. 43, f. 3).
— costellatus .... *Traq.*	•									Geol. Mag. Dec. III, new ser. vol. i, p. 3–8, t. 2, f. 1–7.
— crenulatus .... *Ag.*										*Vide* Cricacanthus.
— denticulatus ...... *M'Coy*		•	•							Ann. Mag. Nat. Hist. 1848, vol. ii, p. 116. Brit. Pal. Foss. p. 625, t. 3 K, f. 16; ib. Davis, Foss. Fishes Carb. Limest. Gt. Brit. (Sci. Trans. Roy. Dub. Soc. vol. i, pt. 2, p. 338, t. 44, f. 4).
— heterogyrus ...... *Ag.*			•							Poiss. Foss. vol. iii, p. 177. M'Coy, Brit. Pal. Foss. p. 625, t. 3 I, f. 32; ib. Davis, Foss. Fishes Carb. Limest. Gt. Brit. (Sci. Trans. Roy. Dub. Soc. vol. i, pt. 2, p. 336, t. 44, f. 1–3). Faune du Calc. Carb. de la Belg. p. 66, t. 7, f. 3.
— hybodoides .... *Egert.*							•			Q. J. Geol. Soc. vol. ix, p. 280, t. 12.
— major .... *Ag.*			•							Poiss. Foss. vol. iii, p. 10, f. 4; ib. Davis, Foss. Fishes Carb. Limest. Gt. Brit. (Sci. Trans. Roy. Dub. Soc. vol. i, 2 ser. p. 334, t. 42, f. 1, 2).
— nodosus .... *Egert.*							•			Q. J. Geol. Soc. vol. ix, p. 281.
— tenuistriatus ...... *Ag.*	•		•			•				Poiss. Foss. vol. iii, p. 11, t. 3, f. 7–11; ib. Davis, Foss. Fishes Carb. Limest. Gt. Brit. (Sci. Trans. Roy. Dub. Soc. vol. i, 2 ser. p. 335, t. 43, f. 1, 2). *Vide* Traquair, Geol. Mag. Dec. III, vol. viii, p. 334 (*Euctenius*).
PTERODIPTERIDÆ.										
Ctenodus .... *Agassiz*, 1838 ...										**DIPNOI.**
— alatus .... *Ag.*		•								Poiss. Foss. vol. iii, p. 174.
— angustulus .... *Traq.*		•								Geol. Mag. Dec. II, vol. viii, p. 36, 1881.
— corrugatus .... *Att.*							•			Ann. Mag. Nat. Hist. vol. i, 4 ser. p. 84, 1868.
— cristatus .... *Ag.*						•	•			Poiss. Foss. vol. iii, p. 137, t. 19, f. 16. Atthey, Ann. Mag. Nat. Hist. vol. i, 4 ser. 1868, p. 83, 354–358; ib. Miall, Q. J. Geol. Soc. vol. xxx, p. 772, t. 47.
— elegans .... *Att.*							•			Ann. Mag. Nat. Hist. 4 ser. vol. i, p. 86, 1865.
— ellipticus .... *Att.*							•			Ann. Mag. Nat. Hist. 4 ser. vol. i, p. 87, 1868.
— imbricatus .... *Att.*							•			Ann. Mag. Nat. Hist. 4 ser. vol. i, p. 86, 1868.
— Murchisoni .... *Ag.*										Poiss. Foss. vol. i, p. 35 (name only).
— obliquus .... *Att.*							•			Ann. Mag. Nat. Hist. 4 ser. vol. i, p. 84, 1868.

PALÆOZOIC. PISCES. CARBONIFEROUS.

SPECIES.	Calciferous Series.	Lower Limst. Shales.	Carboniferous Limst.	Up. Let. Shale (Yoredale)	Millstone Grit.	Lower Coal Measures.	Middle Coal Measures.	Upper Coal Measures.	Pass up.	REFERENCES.
Ctenodus (*continued*).										
— Robertsoni .... *Ag.*	...	*	...	...	...	...	*	...	...	Poiss. Foss. vol. iii, p. 174.
— tuberculatus ...... *Att.*	...	...	...	...	...	*	*	...	...	Ann. Mag. Nat. Hist. 4 ser. vol. i, p. 83. Geol. Mag. vol. vi, p. 314, 1868.
— Sp.	*	...	...	...	...	...	...	...	...	On the composition and structure of the bony palate of Ctenodus, L. C. Myall, Q. J. Geol. Soc. vol. xxx, p. 772-775, t. 47.
PETALODONTIDÆ.										
Ctenopetalus .... *Agassiz*, 1869 ...										
— crenatus .... *Davis.*..............	...	...	*	...	...	...	...	...	...	Foss. Fishes Carb. Limest. Gt. Brit. (Sci. Trans. Roy. Dub. Soc. vol. i, 2 ser. p. 513, t. 61, f. 9 a, b).
— serratus .... *Ag.*	...	...	...	...	...	...	...	...	...	*Ctenoptychius,* Rech. Poiss. Foss. vol. iii, p. 173, 383. Ctenopetalus, Davis, Foss. Fishes Carb. Limest. Gt. Brit. (Sci. Trans. Roy. Dub. Soc. vol. i, 2 ser. p. 512, t. 61, f. 6-8).
PETALODONTIDÆ.										
Ctenoptychius ...... *Agassiz*, 1838 ...										PLACOIDEI.
— aciculatus .... *Barkas*	...	...	*	...	...	*	...	...	...	Monthly Review of Dental Surgery, 1874, p. 533, f. 24-26.
— apicalis .... *Ag.*	...	...	...	...	...	*	*	...	...	Poiss. Foss. vol. iii, p. 99, t. 19, f. 1. Binney, Trans. Manch. Geol. Soc. vol. i, t. 5, f. 19. *Petalodus dentatus,* Owen, Odont. p. 62. *Ctenoptychius macrodus,* Ag. Poiss. Foss. vol. iii, p. 173 (name in lists). *Vide* Portl. Geol. Rept. p. 467, t. 14, f. 7. M'Coy, Brit. Pal. Foss. p. 626. C. apicalis, W. G. Barkas, Monthly Review of Dental Surgery, vol. ii, p. 443, t. 13, f. 14, 15; p. 482, t. 13, f. 20-22. (Harpacodus.)
— crenatus .... *Ag.*	...	...	...	...	...	*	...	...	...	Poiss. Foss. vol. iii, p. 173.
— cuspidatus .... *Ag.*	...	...	...	...	...	*	...	...	...	Poiss. Foss. vol. iii, p. 173.
— dentatus .... *Ag.*	...	...	*	...	...	...	...	...	...	Poiss. Foss. vol. iii, p. 173.
— denticulatus ...... *Ag.*	...	*	*	...	...	*	*	...	...	Poiss. Foss. vol. iii, p. 101, t. 19, f. 5-7; Ib. W. G. Barkas, Monthly Review of Dental Surgery, vol. ii, p. 441.
— macrodus............ *Ag.*	...	...	...	...	...	...	...	...	...	*Vide* C. apicalis.
— pectinatus .... *Ag.*	...	...	...	...	...	*	?	...	...	Poiss. Foss. vol. iii, p. 100, t. 19, f. 2-4. *Ageleodus diadema,* Owen, Trans. Odonto. Soc.; ib. Geol. Mag. vol. iv, p. 325. C. pectinatus, W. G. Barkas, Monthly Review of Dental Surgery, 1874. vol. ii, p. 440, t. 13, 18, 19; ib. Hancock and Atthey, Ann. Mag. Nat. Hist. 4 ser. vol. i, p. 374.
— serratus .... *Owen*	...	...	...	...	...	...	...	...	...	*Vide* Petalodus serratus.
— unilateralis ...... *Barkas*	...	...	...	...	*	...	...	...	...	Geol. Mag. vol. 1869; ib. Monthly Review of Dental Surgery, 1874, vol. ii, p. 484, t. 13, f. 23; Ib. Colliery Guardian, March 10, 1871; ib. Atlas to Manual of Coal Measure Palæontology, 1873. *Euctenius, elegans,* Traq. Geol. Mag. Dec. II, vol. viii, p. 334. *Vide* T. Stock, Ann. Mag. Nat. Hist. 5 ser. vol. viii, p. 90-93.
PALÆONISCIDÆ.										
Cycloptychius ...... *Huxley*, 1865 ...										GANOIDEI (ACIPENSEROIDEI).
,, *Young*, 1865......										
— carbonarius ...... *Huxley*	...	...	...	...	*	...	...	...	...	Young, Brit. Assoc. Repts. 1865, vol. xxxv, p. 318; ib. Traquair, Geol. Mag. Dec. II, vol. i, p. 241, t. 12.
— concentricus ...... *Traq.*..............	*	...	...	...	...	...	...	...	...	Rept. on Foss. Fishes, pt. i. Ganoidei, Trans. Roy. Soc. Edinb. vol. xxx, p. 37, t. 2, f. 17-20.
SELACHII.										
Cynopodius .... *Traquair*, 1881										
— crenulatus .... *Traq.*	...	...	*	...	...	...	...	...	...	Geol. Mag. Dec. II, vol. viii, p. 35.
CESTRACIONTIDÆ (COCHLIODONTIDÆ).										
Deltodus .... *Agassiz*, 1839 ...										
Newberry & Worthen, 1866										PLACOIDEI.
— aliformis .... *M'Coy*	...	...	*	...	...	...	...	...	...	*Pœcilodus,* Ann. Mag. Nat. Hist. 2 ser. vol. xi, p. 129; ib. Brit. Pal. Foss. p. 628, t. 3 G, f. 10. Deltodus, Davis, Foss. Fishes Carb. Limest. Gt. Brit. (Sci. Trans. Roy. Dub. Soc. vol. i, 2 ser. p. 431, t. 53, f. 12).

PALÆOZOIC. PISCES. CARBONIFEROUS.

SPECIES.	Calciferous Series.	Lower Lmst. Shales.	Carboniferous Lmst.	Up.Lst.Shale(Yoredale)	Millstone Grit.	Lower Coal Measures.	Middle Coal Measures.	Upper Coal Measures.	Pass up.	REFERENCES.
Deltodus (continued).										
— expansus .... Davis	...	*	...	...	...	...	...	...	...	Foss. Fishes Carb. Limest. Gt. Brit. (Sci. Trans. Roy. Dub. Soc. vol. i, 2 ser. p. 431, t. 53, f. 9–11).
— parallelus .... Ag.	...	*	...	...	...	...	...	...	...	Poiss. Foss. vol. iii, p. 174; ib. Drit. Pal. Foss. p. 640, t. 3 I, f. 6. Pœcilodus, Ag. Poiss. Foss. vol. iii, p. 174. D. sublævis ?
— sublævis .... Ag.	...	*	...	...	...	...	...	...	...	Pœcilodus, Poiss. Foss. vol. iii, p. 174; ib. M'Coy, Brit. Pal. Foss. p. 640, t. 3 I, f. 7–9. Deltodus, Davis, Foss. Fishes Carb. Limest. Gt. Brit. (Sci. Trans. Roy. Dub. Soc. vol. i, 2 ser. p. 428, t. 52, f. 7–9).
— Sp. .... Egert.	...	*	...	...	...	...	...	...	...	Q. J. Geol. Soc. vol. xviii, p. 105, t. 3, f. 2–5. (Sandalodus.)
CESTRACIONTIDÆ (COCHLIODONTIDÆ).										PLACOIDEI.
Deltoptychius ...... Agassiz, MS. 1859										
— acutus .... Ag.	*	*	...	...	...	...	...	...	...	Cochliodus, Rech. Poiss. Foss. vol. iii, p. 174. Cochliodus, M'Coy, Brit. Pal. Foss. p. 621, t. 3 I, f. 24. Deltoptychius, Davis, Foss. Fishes Carb. Limest. Gt. Brit. (Sci. Trans. Roy. Dub. Soc. vol. i, 2 ser. p. 433, t. 53, f. 13–17).
— gibberulus .... Ag.	...	*	...	...	...	...	...	...	...	Davis, Foss. Fishes Carb. Limest. Gt. Brit. (Sci. Trans. Roy. Dub. Soc. vol. i, 2 ser. p. 435, t. 53, f. 18, 19).
ORODONTIDÆ.										
Diclitodus .... Davis, 1883										
— scitulus .... Davis	...	*	...	...	...	...	...	...	...	Foss. Fishes Carb. Limest. Gt. Brit. (Sci. Trans. Roy. Dub. Soc. vol. i, 2 ser. p. 410, t. 51, f. 29).
COPODONTIDÆ.										
Dimyleus .... Agassiz, 1859 ...										
— Woodii .... Ag.	...	*	...	...	...	...	...	...	...	MS. Enniskillen Coll.; ib. Davis, Foss. Fishes Carb. Limest. Gt. Brit. (Sci. Trans. Roy. Dub. Soc. vol. i, 2 ser. p. 478, t. 58, f. 24).
PLEURACANTHIDÆ.										PLACOIDEI.
Diplodus .... Agassiz, 1843 ...										
— gibbosus .... Ag.	...	...	...	...	...	*	...	...	...	Vide Pleuracanthus.
— minutus .... Ag.	...	*	...	...	...	*	...	...	...	Poiss. Foss. vol. iii, p. 205. (? Pleuracanthus.)
— parvulus .... Traq.	...	*	...	...	...	...	...	...	...	Geol. Mag. Dec. II, vol. viii, p. 36.
SAURODIPTERINI.										GANOIDEI.
Diplopterus .... Agassiz, 1835 ...										
— carbonarius .... Ag.	...	...	...	...	?	...	...	...	...	Poiss. Foss. vol. ii, pt. 2, p. 162.
HYBODONTIDÆ.										
Diprisoanthus ...... M'Coy, 1843										PLACOIDEI.
— falcatus .... M'Coy	...	...	...	...	...	...	...	...	...	Vide Cladacanthus paradoxus.
— Stokesii .... M'Coy	...	*	...	...	...	...	...	...	...	Ann. Mag. Nat. Hist. 1848, vol. ii, p. 121; ib. M'Coy, Brit. Pal. Foss. p. 627, t. 3 K, f. 18; ib. Davis, Foss. Fishes Carb. Limest. Gt. Brit. (Sci. Trans. Roy. Dub. Soc. vol. i, pt. 2, p. 360, t. 48, f. 10).
Dittodus .... Owen, 1867										GANOIDEI ?
— divergens .... Owen	...	...	...	...	...	*	...	...	...	Trans. Odonto. Soc. vol. for 1867. Geol. Mag. vol. iv, p. 324. ? Diplodus minutus, Ag. Poiss. Foss. vol. iii, p. 205.
— parallelus .... Owen	...	...	...	...	*	...	...	...	...	Trans. Odonto. Soc. vol. for 1867. Geol. Mag. vol. iv, p. 324. ? Rhizodus sauroides, Ag.
PALÆONISCIDÆ.										
Elonichthys .... Geibel, 1848										
Amblypterus (pars) Agassiz										
Palæoniscus (pars) Agassiz, Egerton										
Pygopterus (pars) Agassiz										GANOIDEI (ACIPENSEROIDEI).
— candalis .... Traq.	...	...	...	...	*	...	...	...	...	Mono. Ganoid Fishes of the Brit. Carb. Form. Pal. Soc. 1877, p. 53, t. 5, f. 1–4.

PISCES

SPECIES.	Calciferous Series.	Lower Lmst. Shales.	Carboniferous Lmst.	Up.Lst.Shale(Yoredale)	Millstone Grit.	Lower Coal Measures.	Middle Coal Measures.	Upper Coal Measures.	Pass up.	REFERENCES.
Elonichthys (*continued*).										
— oblongus .... *Traq.*						*			...	Mono. Ganoid Fishes of the Brit. Carb. Form. Pal. Soc. 1877, p. 55, t. 6, f. 1, 2.
— pulcherrimus ...... *Traq.*	*								...	Rept. on Foss. Fishes, Trans. Roy. Soc. Edinb. vol. xxx, pt. 1, 1880-1, p. 24, t. 1, f. 9-12.
— semistriatus......... *Traq.*						*			...	Mono. Ganoid Fishes of the Brit. Carb. Form. Pal. Soc. 1877, p. 49, t. 3, f. 9-12; t. 4, f. 1-3.
— serratus .... *Traq.*	*								...	Rept. on Foss. Fishes, Trans. Roy. Soc. Edinb. vol. xxx, pt. 1, 1880-1, p. 22, t. 1, f. 5-8.
— striolatus........... *Ag.*		*							...	*Palæoniscus*, Poiss. Foss. vol. ii, pt. 1, p. 91. Atlas, vol. ii, t. 10ᵃ, f. 3, 4. Elonichthys, Traquair, Mono. Ganoid Fishes of the Brit. Carb. Form. Pal. Soc. 1877, p. 57, t. 7, f. 4-15.
CESTRACIONTIDÆ.										
Erismacanthus ...... *M'Coy*, 1848......										PLACOIDEI.
— *Jonesii*............... *M'Coy*		*								*Vide* Cladacanthus paradoxus.
Euctenius .... *Traquair*, 1881...										SELACHII.
— elegans............ *Traq.*		*								Geol. Mag. Dec. II, vol. viii, p. 36, 1881.
PLATYSOMIDÆ.										
Eurynotus .... *Agassiz*, 1835 ...										
Platysomus ... *Agassiz* (*pars*), 1833										
Platysomus De Koninck (*pars*), 1878										
Pigotrolepis ...... *Egerton*, 1850 ...										GANOIDEI.
— aprion .... *Traq.*	*									Rept. on Foss. Fishes, pt. 1. Ganoidei, Trans. Roy. Soc. Edinb. vol. xxx, p. 54, t. 5, f. 20.
— crenatus .... *Ag.*	*	*								Poiss. Foss. vol. ii, p. 154, t. 14ᵃ, 14ᵇ. *Amblypterus*, Hibbert, Trans. Roy. Soc. Edinb. vol. xiii, t. 7, f. 4. Eurynotus, Traquair, Trans. Roy. Soc. Edinb. vol. xxix, p. 348-354, t. 3, f. 1-10.
— declivus .... *Ag.* MS.						*				Cabinet, Egerton. ? E. crenatus.
— fimbriatus .... *Ag.*	?	*								Poiss. Foss. vol. ii, p. 157, t. 14ᵃ, f. 1-3.
EURYSOMIDÆ (PLATYSOMIDÆ).										
Eurysomus .... *Young*, 1866										
Platysomus ...... *Agassiz* (*part*) ...										
— pulcherrimus ...... *Traq.*	*									Rept. on Foss. Fishes, pt. 1. Ganoidei, Trans. Roy. Soc. Edinb. vol. xxx, p. 24, t. 1, f. 9-12.
— serratus .... *Traq.*										Rept. on Foss. Fishes, pt. 1. Ganoidei, Trans. Roy. Soc. Edinb. vol. xxx, p. 22, t. 1, f. 5-8.
Fissodus ...... *St. John & Worthen*, 1875										PLACOIDEI.
— Pattoni .... *R. Ether. Jun.*		*								Geol. Mag. Dec. II, vol. iv, p. 306, t. 13, f. 2, 3.
Ganacrodus............ ? *Owen*, 1867......										
— hastula............... *Owen*						*				Trans. Odont. Soc. vol. for 1867; ib. Geol. Mag. vol. iv, p. 324. ? *Palæoniscus Egertoni*, Ag.
Ganolodus .... *Owen*, 1867										GANOIDEI.
— craggerii .... *Owen*										*Vide* Rhizodopsis sauroides.
— sicula .... *Owen*						*				Trans. Odont. Soc. vol. for 1867, t. 7, f. 1; ib. Geol. Mag. vol. iv, p. 324. ? *Megalichthys*.
— undatus .... *Owen*										*Vide* Strepsodus sauroides.

PISCES

CARBONIFEROUS

SPECIES.	Calciferous Series.	Lower Limst. Shales.	Carboniferous Limst.	Up. Lst. Shale(Yoredale)	Millstone Grit.	Lower Coal Measures.	Middle Coal Measures.	Upper Coal Measures.	Perm up.	REFERENCES.
CESTRACIONTIDÆ (PETALODONTIDÆ).										
Glossodes .... *M'Coy*, 1854										PLACOIDEI.
Glossodus .... *M'Coy*, 1848										
— lingua bovis ...... *M'Coy*		*								Ann. Mag. Nat. Hist. 1848, vol. ii, p. 127. ? *Holodus didymus* (front tooth of).
— marginatus .... *M'Coy*	?	*								Ann. Mag. Nat. Hist. 1848, vol. ii, p. 128. Brit. Pal. Foss. p. 629, t. 3 K, f. 1; ib. Davis, Foss. Fishes Carb. Limest. Gt. Brit. (Sci. Trans. Roy. Dub. Soc. vol. i, 2 ser. p. 510, t. 61, f. 3, 3ª, 3b, 4, 5, 5ª).
HYBODONTIDÆ.										
Glyphanodus .... *Davis*, 1883										PLACOIDEI.
— tenuis .... *Davis*		*								Foss. Fishes Carb. Limest. Gt. Brit. (Sci. Trans. Roy. Dub. Soc. vol. i, 2 ser. p. 386, t. 49, f. 24, 25).
HYBODONTIDÆ.										
Gnathacanthus ...... *Davis*, 1883										
— striatus .... *Davis*		*								Foss. Fishes Carb. Limest. Gt. Brit. (Sci. Trans. Roy. Dub. Soc. vol. i, pt. 2, p. 364, t. 48, f. 12).
— triangularis........ *Davis*		*								Foss. Fishes Carb. Limest. Gt. Brit. (Sci. Trans. Roy. Dub. Soc. vol. i, pt. 2, p. 363, t. 48, f. 11).
PALÆONISCIDÆ.										
Gonatodus .... *Traquair*, 1876										GANOIDEI.
— macrolepis .... *Traq*						*				
— punctatus .... *Traq*		*								
— parvidens .... *Traq*			*			*				Geol. Mag. vol. ix, new ser. 1882, p. 546.
LEPIDOTINI.										
Graptolepis .... *Agassiz*, 1843 ...										GANOIDEI.
— ornatus .... *Ag.*					*					Poiss. Foss. vol. ii, pt. 2, p. 83, 106, 163.
— tuberculosus ...... *Atthey*						*				
CESTRACIONTIDÆ.										
Gyracanthus .... *Agassiz*, 1837 ...										PLACOIDEI.
— Alnwicensis........ *Ag.*										Poiss. Foss. vol. iii, p. 19, t. 1ª, f. 8.
— formosus .... *Ag.*		*			*	*	*	*		Poiss. Foss. vol. iii, p. 17, t. 5, f. 4-8. Trans. Roy. Soc. Edinb. vol. xiii, t. 11, f. 1. King, Mono. Brit. Perm. Foss. Pal. Soc. p. 221.
— nobilis .... *Traq*						*				Geol. Mag. Dec II, vol. x (1883), p. 542; ib. Ann. Mag. Nat. Hist. 5 ser. vol. xiii (1884), p. 44.
— obliquus .... *M'Coy*						*				Ann. Mag. Nat. Hist. 1848, vol. ii, p. 117. M'Coy, Brit. Pal. Foss. p. 629, t. 3 K, f. 13, 14.
— ornatus .... *Ag.*					?		?			Poiss. Foss. vol. iii, p. 177.
— tuberculatus ...... *Ag.*		*	*			*	*	*		Poiss. Foss. vol. iii, p. 19, t. 1ª, f. 1-7; ib. Han. and Att. Ann. Mag. Nat. Hist. vol. i, 4 ser. p. 368; ib. Portl. Geol. Rept. p. 463, t. 13, f. 14, 15.
— Youngii .... *Traq*			*							Geol. Mag. Dec. II, vol. x (1883), p. 543; ib. Ann. Mag. Nat. Hist. 5 ser. vol. xiii (1884), p. 44.
LEPIDOTINI.										
Gyrolepis ? .... *Agassiz*, 1833 ...										GANOIDEI.
— Rankini .... *Ag.*		*			*					Poiss. Foss. vol. ii, p. 303.
PETALODONTIDÆ.										
Harpacodus .... *Agassiz*, 1859 ...										PLACOIDEI.
— clavatus .... *Davis*		*								Foss. Fishes Carb. Limest. Gt. Brit. (Sci. Trans. Roy. Dub. Soc. vol. i, 2 ser. p. 515, t. 61, f. 20).
— dentatus .... *Ag.*		*								*Ctenoptychius*, Rcch. Poiss. Foss. vol. iii, p. 173, 383. Harpacodus, Davis, Foss. Fishes Carb. Limest. Gt. Brit. (Sci. Trans. Roy. Dub. Soc. vol. i, 2 ser. p. 514, t. 61, f. 10).

PALÆOZOIC. PISCES. CARBONIFEROUS.

SPECIES.	Calciferous Series.	Lower Lmst. Shales.	Carboniferous Lmst.	Up.Lst.Shale(Yoredale)	Millstone Grit.	Lower Coal Measures.	Middle Coal Measures.	Upper Coal Measures.	Pass up.	REFERENCES.
CESTRACIONTIDÆ (COCHLIODONTIDÆ).										PLACOIDEI.
Helodus .... *Agassiz*, 1838 ...										
— acutus .... *Davis*			•							Foss. Fishes Carb. Limest. Gt. Brit. (Sci. Trans. Roy. Dub. Soc. vol. i, 2 ser. p. 455, t. 59, f. 7).
— appendiculatus ... *M'Coy*			•							Ann. Mag. Nat. Hist. 1848, vol. ii, p. 123.
— clavatus .... *Davis*			•							Foss. Fishes Carb. Limest. Gt. Brit. (Sci. Trans. Roy. Dub. Soc. vol. i, 2 ser. p. 455, t. 59, f. 5, 6).
— crassus .... *Davis*			•							Foss. Fishes Carb. Limest. Gt. Brit. (Sci. Trans. Roy. Dub. Soc. vol. i, 2 ser. p. 453, t. 59, f. 1, 2). *Psammodus cinctus*, Ag. Rech. Poiss. Foss. vol. iii, t. 15, f. 13-21. *Chomatodus cinctus*, Portlock, Geol. Rept. Londonderry, p. 467, t. 14 A, f. 9; ib. De Kon. Fauna du Calc. Carb. de la Belg. p. 46, t. 4, f. 3, t. 6, f. 1-5.
— didymus .... *Ag.*										*Vide* Lophodus.
— expansus .... *Davis*			•							Foss. Fishes Carb. Limest. Gt. Brit. (Sci. Trans. Roy. Dub. Soc. vol. i, 2 ser. p. 457, t. 59, f. 10). *Chomatodus linearis* (part), Ag. Poiss. Foss. vol. iii, p. 108, t. 13, f. 5-13.
— gibberulus .... *Ag.*										*Vide* Lophodus.
— lævissimus .... *Ag.*										*Vide* Lophodus.
— mammillaris .... *Ag.*										*Vide* Lophodus.
— mitratus .... *Ag.*										Poiss. Foss. vol. iii, p. 173.
— obliquus .... *M'Coy*			•							Ann. Mag. Nat. Hist. 1848, vol. ii, p. 124.
— planus .... *Ag.*										*Vide* Psephodus magnus.
— Richmondiensis ... *Davis*			•							Foss. Fishes Carb. Limest. Gt. Brit. (Sci. Trans. Roy. Dub. Soc. vol. i, 2 ser. p. 456, t. 59, f. 8).
— radis .... *M'Coy*			•							Ann. Mag. Nat. Hist. 1848, vol. ii, p. 123 (young teeth). M'Coy, Brit. Pal. Foss. p. 631, t. 3 K, f. 4; ib. Davis, Foss. Fishes Carb. Limest. Gt. Brit. (Sci. Trans. Roy. Dub. Soc. vol. i, 2 ser. p. 457, t. 59, f. 11).
— simplex .... *Ag.*						•	•			Poiss. Foss. vol. iii, p. 104, t. 19, f. 8-10; ib. Salter, Mem. Geol. Surv. Gt. Brit. Iron ores, pt. 3, p. 275, t. 1, f. 17; ib. W. G. Barkas, Monthly Review of Dental Surgery, vol. iv, p. 101, t. 46-48.
— subteres .... *Ag.*										*Vide* Orodus.
— sulcatus .... *N. & W.*				•						Geol. Surv. Illinois, vol. ii, p. 83, t. 5, f. 16.
— tenuis .... *Davis*			•							Foss. Fishes Carb. Limest. Gt. Brit. (Sci. Trans. Roy. Dub. Soc. vol. i, 2 ser. p. 454, t. 59, f. 3, 4). (*Chomatodus cinctus*, part.)
— triangularis .... *Davis*			•							Foss. Fishes Carb. Limest. Gt. Brit. (Sci. Trans. Roy. Dub. Soc. vol. i, 2 ser. p. 456, t. 59, f. 9).
— turgidus .... *Ag.*		•								Poiss. Foss. vol. iii, p. 106, t. 15, f. 1-12. M'Coy, Brit. Pal. Foss. p. 632.
GLYPTODIPTERINI.										
Holoptychius .... *Agassiz*, 1836 ...										
Rhizodus .... *Owen*, 1840										GANOIDEI.
— falcatus .... *Ag.*						•				Poiss. Foss. vol. ii, pt. 2, p. 180.
— garneri .... *Murch.*					•			?		Ag. Poiss. Foss. vol. ii, pt. 2, p. 180.
— granulatus .... *Ag.*						•	•			Poiss. Foss. vol. ii, pt. 2, p. 180. *Rhizodus*, Salt. Mem. Geol. Surv. Iron ores Gt. Brit. pt. 3 (S. Wales), p. 223, t. 1, f. 4-6; teeth of, t. 1, f. 1-3. Hyal. plates and fin rays, t. 1, f. 7-9.
— Hibberti .... *Ag.*		•								Poiss. Foss. vol. ii, pt. 2, p. 180; ib. Portl. Geol. Rept. Lond. p. 464. M'Coy, Brit. Pal. Foss. p. 612. Owen, Odont. t. 35, f. 2; t. 36, 37. *Rhizodus Hibberti*, Ag. Holop. Portlockii, Ag. Portlock, Geol. Rept. t. 13, f. 5-11.
— Hopkinsii .... *M'Coy*										Ann. Mag. Nat. Hist. 1848, pt. 2.
— minor .... *Ag.*						•				Poiss. Foss. vol. ii, pt. 2, p. 180.

PALÆOZOIC.   PISCES.   CARBONIFEROUS.

SPECIES.	Calciferous Series.	Lower Lmst. Shales.	Carboniferous Lmst.	Up.Lst.Shale(Yoredale)	Millstone Grit.	Lower Coal Measures.	Middle Coal Measures.	Upper Coal Measures.	Perm sp.	REFERENCES.
Moloptychius (*continued*).										
— Portlockii .... *Ag.*										*Vide* Archichthys.
— muroides .... *Ag.*						•	•			Poiss. Foss. vol. ii, pt. 2, p. 180. *Strepsodus*, Kirkby and Atthey, Proc. Tyneside Nat. Hist. Club, 1864, p. 134, t. 6, f. 5, 6.
— striatus .... *Ag.*		•								Poiss. Foss. vol. ii, pt. 2, p. 180.
PALÆONISCIDÆ.										
Molurus .... *Traquair*, 1881.										GANOIDEI (ACIPENSEROIDEI).
— fulcratus .... *Traq.*	•									Rept. on Foss. Fishes, pt. 1. Ganoidei, Trans. Roy. Soc. Edinb. vol. xxx, p. 46, t. 3, f. 13, 14.
— ischypterus .... *Traq.*	•									Appendix, Rept. on Foss. Fishes, pt. 1. Ganoidei, Trans. Roy. Soc. Edinb. vol. xxx, p. 66, t. 3, f. 15, 16.
— Parki .... *Traq.*	•									Rept. on Foss. Fishes, pt. 1. Ganoidei, Trans. Roy. Soc. Edinb. vol. xxx, p. 44, t. 3, f. 9-12.
CESTRACIONTIDÆ or HYBODONTIDÆ.										
Homacanthus .... *Agassiz*, 1845 ...										PLACOIDEI.
— macrodus .... *M'Coy*			•							Ann. Mag. Nat. Hist. 1848, vol. ii, p. 115; ib. Brit. Pal. Foss. p. 632, t. 3 K, f. 20; ib. Davis, Foss. Fishes Carb. Limest. Gt. Brit. (Sci. Trans. Roy. Dub. Soc. vol. i, pt. 2, p. 362, t. 48, f. 11).
— microdus .... *M'Coy*			•							Ann. Mag. Nat. Hist. 1848, vol. ii, p. 115; ib. Brit. Pal. Foss. p. 633, t. 3 K, f. 19; ib. Davis, Foss. Fishes Carb. Limest. Gt. Brit. (Sci. Trans. Roy. Dub. Soc. vol. i, pt. 2, p. 361, t. 48, f. 7-9).
COPODONTIDÆ.										
Homalodus .... *Davis*, 1883 ...										
— quadratus .... *Davis*			•							Foss. Fishes Carb. Limest. Gt. Brit. (Sci. Trans. Roy. Dub. Soc. vol. i, 2 ser. p. 482, t. 58, f. 31).
— trapeziformis .... *Davis*			•							Foss. Fishes Carb. Limest. Gt. Brit. (Sci. Trans. Roy. Dub. Soc. vol. i, 2 ser. p. 482, t. 58, f. 30).
Hoplonchus .... *Egerton*										
— elegans .... *Davis*						•				Q. J. Geol. Soc. vol. xxxv, p. 183, t. 10, f. 12-14.
CŒLACANTHINI.										
Coelopygus .... *Agassiz*, 1843 ...										GANOIDEI.
— Binneyi .... *Ag.*						•				Poiss. Foss. vol. ii, p. 178-180 (general table).
SAURODIPTERINI.										
Lubihyolithus .... *Fleming*, 1853 ...										GANOIDEI.
— Clackmannensis ... *Fleming*		•	•		•	•	•			*Vide* Megalichthys Hibberti.
CŒLACANTHINI.										
Isodius .... *M'Coy*, 1854										GANOIDEI.
— leptognathus .... *M'Coy*		•								Ann. Mag. Nat. Hist. 1848, vol. ii, p. 3.
Janassa .... *Münster*, 1832 ...										*Vide* Climaxodus.
COPODONTIDÆ.										
Labodus .... *Agassiz*, MSS. 1859										PLACOIDEI.
— planus .... *Ag.*			•							MS. Enniskillen Coll.; Ib. Davis, Foss. Fishes Carb. Limest. Gt. Brit. (Sci. Trans. Roy. Dub. Soc. vol. i, 2 ser. p. 470, t. 58, f. 12-14).
— prototypus .... *Ag.*			•							MS. Enniskillen Coll.; Ib. Davis, Foss. Fishes Carb. Limest. Gt. Brit. (Sci. Trans. Roy. Dub. Soc. vol. i, 2 ser. p. 468, t. 58, f. 9-11).

PALÆOZOIC. PISCES. CARBONIFEROUS.

SPECIES.	Calciferous Series.	Lower Limst. Shales.	Carboniferous Limst.	Up.Lst.Shale(Yoredale)	Millstone Grit.	Lower Coal Measures.	Middle Coal Measures.	Upper Coal Measures.	Pass up.	REFERENCES.
CESTRACIONTIDÆ.										
Lepracanthus .... *Egerton*, 1842 ...										PLACOIDEI.
— Colei .... *Egert.*	...	...	...	...	•	...	...			*Vide* Owen, Geol. Mag. vol. vi (1869), p. 481, f. A, B.
CESTRACIONTIDÆ or HYBODONTIDÆ.										
Leptacanthus .... *Agassiz*, 1833 ...										PLACOIDEI.
— Jenkinsoni .... *M'Coy*	...	...	...	...	...	...	...			*Vide* Acondylacanthus.
— Junceus .... *M'Coy*	...	•	...	...	...	...	...			Ann. Mag. Nat. Hist. 1848, vol. ii, p. 122; Ib. Brit. Pal. Foss. p. 633, t. 3 G, f. 13.
— priscus .... *Ag.*	...	...	...	...	...	...	...			*Vide* Cosmacanthus.
HYBODONTIDÆ.										
Lispacanthus .... *Davis*, 1883 ...										PLACOIDEI.
— gracilis .... *Davis*	...	...	•	...	...	...	...			Foss. Fishes Carb. Limest. Gt. Brit. (Sci. Trans. Roy. Dub. Soc. vol. i, pt. 2, p. 359, t. 48, f. 6).
— retrogradus .... *Davis*	...	...	•	...	...	...	...			Foss. Fishes Carb. Limest. Gt. Brit. (Sci. Trans. Roy. Dub. Soc. vol. i, pt. 2, p. 359, t. 48, f. 5).
ORODONTIDÆ.										
Lophodus .... *Rowanowsky*, 1864										
Helodus .... (*part*) *Auct.*										
— bifurcatus .... *Davis*	...	...	•	...	...	...	...			Foss. Fishes Carb. Limest. Gt. Brit. (Sci. Trans. Roy. Dub. Soc. vol. i, 2 ser. p. 408, t. 51, f. 25).
— didymus .... *Ag.*	...	...	•	...	...	...	...			*Helodus*, Poiss. Foss. vol. iii, p. 173, 383. *Helodus*, M'Coy, Brit. Pal. Foss. p. 630, t. 3 I, f. 18–20; Ib. Rowanowsky, Bull. Soc. Imp. Nat. Moscow, p. 162, t. 4, f. 23. Lophodus, Davis, Foss. Fishes Carb. Limest. Gt. Brit. (Sci. Trans. Roy. Dub. Soc. vol. i, 2 ser. p. 407, t. 51, f. 21).
— gibberulus .... *Ag.*	...	...	•	...	...	...	...			*Psammodus*, Poiss. Foss. vol iii, t. 12, f. 1, 2. *Helodus*, Ag. Poiss. Foss. Vol. iii, p. 106. Lophodus, De Kon. Fauna du Calc. Carb. de la Belg. p. 35, t. 4, f. 7. Lophodus, Davis, Foss. Fishes Carb. Limest. Gt. Brit. (Sci. Trans. Roy. Dub. Soc. vol. i, 2 scr. p. 403, t. 51, f. 19).
— lævis .... *Davis*	...	...	•	...	...	...	...			Foss. Fishes Carb. Limest. Gt. Brit. (Sci. Trans. Roy. Dub. Soc. vol. i, 2 ser. p. 409, t. 51, f. 26, 27).
— lævissimus .... *Ag.*	...	...	•	...	...	...	...			*Psammodus*, Poiss. Foss, vol. iii, t. 14, f. 1–11. *Helodus*, M'Coy, Brit. Pal. Foss. p. 630, t. 3, f. 17. *Helodus*, De Kon. des Anim. Foss. Terr. Carb. de la Belg. p. 614, t. 55, f. 3. Lophodus, Fauna du Calc. Carb. de la Belg. p. 33, t. 4, f. 6. Lophodus, Davis, Foss. Fishes Carb. Limest. Gt. Brit. (Sci. Trans. Roy. Dub. Soc. vol. i, 2 ser. p. 404, t. 51, f. 18).
— mammillaris .... *Ag.*	...	...	•	...	...	...	...			*Helodus*, Poiss. Foss. vol. iii, p. 173, 383; Ib. M'Coy, Brit. Pal. Foss. p. 631, t. 3 I, f. 16. Lophodus, De Kon. Fauna du Calc. Carb. p. 35, t. 4, f. 9–11. Lophodus, Davis, Foss. Fishes Carb. Limest. Gt. Brit. (Sci. Trans. Roy. Dub. Soc. vol. i, 2 ser. p. 406, t. 51, f. 20).
— reticulatus .... *Davis*	...	...	•	...	...	...	...			Foss. Fishes Carb. Limest. Gt. Brit. (Sci. Trans. Roy. Dub. Soc. vol. i, 2 ser. p. 407, t. 51, f. 22).
— serratus .... *Davis*	...	...	•	...	...	...	...			Foss. Fishes Carb. Limest. Gt. Brit. (Sci. Trans. Roy. Dub. Soc. vol. i, 2 ser. p. 408, t. 51, f. 23, 24).
— sinuosus .... *Davis*	...	...	•	...	...	...	...			Foss. Fishes Carb. Limest. Gt. Brit. (Sci. Trans. Roy. Dub. Soc. vol. i, 2 ser. p. 409, t. 51, f. 28).
SAURODIPTERIDÆ.										
Megalichthys .... *Agassiz*, 1843 ...										GANOIDEI.
Rhizodus .... *Owen*, 1840										
— falcatus .... *Ag.*	...	...	...	...	•	...	...			Hibbert, Trans. Roy. Soc. Edinb. vol. xiii, p. 214.

PISCES. — CARBONIFEROUS

SPECIES.	Calciferous Series	Lower Lmst. Shales	Carboniferous Lmst.	Up.Lst.Shales/Yoredale	Millstone Grit	Lower Coal Measures	Middle Coal Measures	Upper Coal Measures	Pass up	REFERENCES.
Megalichthys (continued).										
— Hibberti .... *Ag.*	•	•	•	...	•	•	•	•	...	Poiss. Foss. vol. ii, pt. 2, p. 90, t. 63, 63 a, 64; ib. Hibbert, Trans. Roy. Soc. Edinb. vol. xiii, t. 10, f. 11; ib. Salt. Mem. Geol. Surv. Gt. Brit. (Iron ores), pt. 3, p. 224, t. 1, f. 16. *Ichthyolithus Clackmannensis*, Flemg. Edinb. New Phil. Jour. 1835, vol. xix, p. 314; 316, t. 4, f. 1–3. *Rhizodus*, Hibberti, Hancock and Atthey, Ann. Mag. Nat. Hist. 4 ser. vol. i, p. 346, t. 14–16.
— scale of .... *Young*	...	...	...	...	...	...	...	...	...	Q. J. Geol. Soc. vol. xxii, p. 397, woodcut, f. 6. ? M. (*Rhizodus*) Hibberti.
CESTRACIONTIDÆ (COPODONTIDÆ).										
Mesogomphus ... *Agassiz*, MSS. 1859										PLACOIDEI.
— lingua .... *Ag.*	...	...	•	...	...	...	...	...	...	MS. Enniskillen Coll.; ib. Davis, Foss. Fishes Carb. Lmest. Gt. Brit. (Sci. Trans. Roy. Dub. Soc. vol. i, 2 ser. p. 471, t. 58, f. 16).
MESOLEPIDÆ (PLATYSOMIDÆ).										
Mesolepis .... *Young*, 1866										GANOIDEI.
— micropterus .... *Tray.*	...	...	...	...	•	...	...	...	...	Trans. Roy. Soc. Edinb. vol. xxix, p. 355, 358, t. 4, f. 8.
— scalaris .... *Young*	...	...	...	...	...	•	...	...	...	Q. J. Geol. Soc. vol. xxii, p. 314; ib. Traquair, Trans. Roy. Soc. Edinb. vol. xxix, p. 355–358, t. 4, f. 1, 2.
— Wardii .... *Young*	...	...	...	...	■	...	...	...	...	Q. J. Geol. Soc. vol. xxii, p. 313, t. 21, f. 1–3; ib. Traquair, Trans. Roy. Soc. Edinb. vol. xxix, p. 355, t. 4, f. 3–5; ib. Young, Q. J. Geol. Soc. vol. xxii, p. 313, t. 21, f. 1, 3.
PALÆONISCIDÆ.										
Microconodus .... *Traquair*, 1877										Name only (Carboniferous). Pal. Soc. vol. for 1877; Ganoid, Fishes Brit. Carb. Formations, p. 12.
PALÆONISCIDÆ.										
Mioganodus .... *Owen*, 1867										GANOIDEI.
— laniarius .... *Owen*	...	...	...	...	...	...	...	...	...	Trans. Odonto. Soc. vol. for 1867, t. 8. Geol. Mag. vol. iv, p. 324. ? *Rhizodus lanciformis*, Newberry.
CESTRACIONTIDÆ?										
Mitrodus .... *Owen*, 1867										PLACOIDEI.
— quadricornis .... *Owen*	...	...	...	...	•	...	...	...	...	Trans. Odonto. Soc. vol. for 1867; ib. Geol. Mag. vol. iv, p. 324. *Gyracanthus tuberculatus*, Ag. (dermal tubercles of).
CESTRACIONTIDÆ (COPODONTIDÆ).										
Mylacodus .... *Agassiz*, MSS. 1859										PLACOIDEI.
— quadratus .... *Ag.*	...	...	•	...	...	...	...	...	...	MS. Enniskillen Coll.; Foss. Fishes Carb. Limest. Gt. Brit. (Sci. Trans. Roy. Dub. Soc. vol. i, 2 ser. p. 480, t. 58, f. 27, 28).
— seaamini .... *Ag.*	...	...	•	...	...	...	...	...	...	MS. Enniskillen Coll.; Foss. Fishes Carb. Limest. Gt. Brit. (Sci. Trans. Roy. Dub. Soc. vol. i, 2 ser. p. 481, t. 58, f. 29).
COPODONTIDÆ.										
Mylax .... *Agassiz*, MSS. 1859										PLACOIDEI.
— batoides .... *Ag.* MS.	...	...	•	...	...	...	...	...	...	Enniskillen Coll.; ib. Davis, Foss. Fishes Carb. Limest. Gt. Brit. (Sci. Trans. Roy. Dub. Soc. vol. i, 2 ser. p. 479, t. 58, f. 25, 26).
Myriolepis .... *Egerton*, MS.	...									MS. name. (MS. Cat. Egerton.)
CESTRACIONTIDÆ.										
Nemacanthus .... *Agassiz*, 1837										PLACOIDEI.
— priscus .... *M'Coy*	...	...	...	...	...	...	...	...	...	*Vide* Cosmacanthus.
PALÆONISCIDÆ.										
Nematoptychius ... *Traquair*, 1875										
Pygopterus .... *Ag.* (*part*)										GANOIDEI.
— Greenockii .... *Ag.*	•	...	•	...	...	...	...	...	...	*Pygopterus*, Poiss. Foss. pt. 2, p. 78; ib. Traquair, Trans. Roy. Soc. Edinb. vol. xxiv, p. 701, t. 45, 1867. Nematoptychius, Ann. Mag. Nat. Hist. 4 ser. vol. xv, p. 258, t. 16, f. 7–11.

PALÆOZOIC. PISCES. CARBONIFEROUS.

SPECIES.	CARBONIFEROUS.								REFERENCES.
	Culciferous Series.	Lower Limest. Shales.	Carboniferous Limest.	Up. Lst. Shale (Yoredale)	Millstone Grit.	Lower Coal Measures.	Middle Coal Measures.	Upper Coal Measures.	Pass. up.	
Ochlodus .... Owen, 1867										GANOIDEI.
— crassus .... Owen					*					Trans. Odonto. Soc. vol. for 1867, t. 5; ib. Geol. Mag. vol. iv, p. 325. ? Diplodus.
CESTRACIONTIDÆ.										
Onchus .... Agassiz, 1837 ...										PLACOIDEI.
— falcatus .... Ag.			*							Poiss. Foss. vol. iii, p. 171.
— hamatus .... Ag.										Vide Physonemus.
— plicatus .... Ag.										Vide Ctenacanthus.
— rectus .... Ag.			*							Poiss. Foss. vol. iii, p. 177.
— subulatus.......... Ag.					*					Poiss. Foss. vol. iii, p. 177.
— sulcatus .... Ag.										Vide Ctenacanthus.
CESTRACIONTIDÆ.										
Oracanthus .... Agassiz, 1837 ...										PLACOIDEI.
— confluens .... Ag.										Poiss. Foss. vol. iii, p. 177.
— Milleri .... Ag.		*	*							Poiss. Foss. vol. iii, p. 13, t. 3, f. 1-4. M'Coy, Brit. Pal. Foss. p. 634; ib. R. Etheridge, Jun. Geol. Mag. vol. iv, 1877, p. 307, t. 13, f. 4-6. O. Milleri. De Kou. Fauna du Calc. Carb. de la Belg. p. 69, t. 5, f. 10; ib. Davis, Foss. Fishes Carb. Limest. Gt. Brit. (Sci. Trans. Roy. Dub. Soc. vol. i, 2 ser. p. 525, t. 62, f. 1-13; t. 63, f. 1-4; t. 64, f. 1, 2; t. 65, f. 3, 4).
— minor .... Ag.			*	?						Poiss. Foss. vol. iii, p. 16, t. 3, f. 5, 6.
— pustulosus .... Ag.		*	*							Poiss. Foss. vol. iii, p. 15, t. 2, f. 3, 4.
Oreodus .... Owen, 1867										GANOIDEI.
— robustus .... Owen						*				Trans. Odonto. Soc. vol. for 1867; ib. Geol. Mag. vol. iv, p. 325.
CESTRACIONTIDÆ (ORODONTIDÆ).										
Orodus .... Agassiz, 1838 ...										PLACOIDEI.
— angustus .... Ag.			*							Portl. Geol. Rept. p. 461; ib. Davis, Sci. Trans. Roy. Dub. Soc. vol. i, 2 ser. p. 395, t. 51, f. 4.
— catenatus .... Ag.			*							Col. Geol. Soc. Lond.; ib. Davis, Sci. Trans. Roy. Dub. Soc. vol. i, 2 ser. p. 395, t. 51, f. 5.
— cinctus............ Ag.			*							Poiss. Foss. vol. iii, p. 96, t. 11, f. 1-4; ib. Davis, Sci. Trans. Roy. Dub. Soc. vol. i, 2 ser. p. 392, t. 50, f. 8, 9.
— compressus .... M'Coy			*							Ann. Mag. Nat. Hist. 1848, pt. 2, p. 131; ib. Davis, Sci. Trans. Roy. Dub. Soc. vol. i, 2 ser. p. 394, t. 50, f. 11.
— gibbus .... Ag.			*							Col. Geol. Soc. Lond.; ib. Davis, Sci. Trans. Roy. Dub. Soc. vol. i, 2 ser. p. 396, t. 51, f. 6, 7.
— moniliformis ...... Davis			*							Foss. Fishes Carb. Limest. Gt. Brit. (Sci. Trans. Roy. Dub. Soc. vol. i, 2 ser. p. 399, t. 51, f. 10-12).
— ornatus............ Davis...............			*							Foss. Fishes Carb. Limest. Gt. Brit. (Sci. Trans. Roy. Dub. Soc. vol. i, 2 ser. p. 397, t. 51, f. 9).
— porosus............ M'Coy			*							Ann. Mag. Nat. Hist. 1848, pt. 2, p. 131; ib. Davis, Sci. Trans. Roy. Dub. Soc. vol. i, 2 ser. p. 393, t. 50, f. 10.
— ramosus .... Ag.			*							Poiss. Foss. vol. iii, p. 97, t. 11, f. 5-8; ib. Portl. Geol. Rept. p. 467, t. 14 A, f. 8; ib. Davis, Foss. Fishes Carb. Limest. Gt. Brit. (Sci. Trans. Roy. Dub. Soc. vol. i, 2 ser. p. 390, t. 50, f. 7).
— Reedi .... Davis		*	*							Foss. Fishes Carb. Limest. Gt. Brit. (Sci. Trans. Roy. Dub. Soc. vol. i, 2 ser. p. 398, t. 51, f. 13).
— sculptus .... Davis			*							Foss. Fishes Carb. Limest. Gt. Brit. (Sci. Trans. Roy. Dub. Soc. vol. i, 2 ser. p. 396, t. 51, f. 8).

PISCES

SPECIES	Oldhamian Series	Lower Limest. Shales	Carboniferous Limest.	Up.Lst.Shale(Yoredale)	Millstone Grit	Lower Coal Measures	Middle Coal Measures	Upper Coal Measures	Perm sp.	REFERENCES
Orodus (continued).										
— subteres .... Ag.			*							Psammodus, Poiss. Foss. vol. iii, t. 12, f. 3, 4. Helodus, ib. p. 105, t. 12, f. 3, 4. Orodus, Davis, Foss. Fishes Carb. Limest. Gt. Brit. (Sci. Trans. Roy. Dub. Soc. vol. i, 2 ser. p. 399, t. 51, f. 15).
— tenuis .... Davis.			*							Foss. Fishes Carb. Limest. Gt. Brit. (Sci. Trans. Roy. Dub. Soc. vol. i, 2 ser. p. 399, t. 51, f. 14).
Orognathus .... Agassiz, 1843 ...										GANOIDEI.
— conidens .... Ag.						*				Poiss. Foss. vol. ii, pt. 2, p. 83, 105.
CESTRACIONTIDÆ.										
Orthacanthus .... Agassiz, 1843 ...										PLACOIDEI.
— cylindricus .... Ag.			*		*	*				*Vide* Pleuracanthus.
GLYPTODIPTERINI.										
Orthognathus .... Barkas, 1871 ...										GANOIDEI.
— reticulosus .... Ag.		*								*Vide* Illustrated Guide to the Fish, Amphibian, Reptilian, and Mammalian Remains of the Northumberland Carb. Strata. T. P. Barkas, 1873, p. 38, t. 3, f. 143, 144.
PLACODERMI.										
Osteoplax .... M'Coy, 1848 ...										GANOIDEI.
— erosus .... M'Coy							*			Ann. Mag. Nat. Hist. 1848, pt. 2, p. 6; ib. Brit. Pal. Foss. p. 613, t. 3 K, f. 12.
Ostracacanthus ...... Davis, 1880 ...										
— dilatatus .... Davis.							*			Q. J. Geol. Soc. vol. xxxvi, p. 64, f. 3.
Palæoniscus .... Agassiz, 1833 ...										
Palæothrissum et Palæoniscum ... Blaine. 1818										
— carinatus .... Ag.	*					*				Poiss. Foss. vol. ii, p. 104, t. 4*, f. 1, 2. (Rhadinichthys).
— Egertoni .... Ag.						*	*			Poiss. Foss. vol. ii, p. 302. Egerton, Q. J. Geol. Soc. vol. vi, p. 5, t. 1, f. 2; ib. Mem. Geol. Surv. Dec. VI, t. 2; ib. Portlock, Geol. Rept. p. 463, t. 14, f. 1. *Vide* Ann. Mag. Nat. Hist. vol. i, 4 ser. p. 355, foot-note. (Elonichthys)
— Hancocki............ Atthey						*				Ann. Mag. Nat. Hist. 4 ser. vol. xv, p. 309-312, t. xix.
— monensis .... Egert.							*			Q. J. Geol. Soc. vol. vi, p. 5, t. 1, f. 3. (Rhadinichthys).
— ornatissimus ...... Ag.							*			Poiss. Foss. vol. ii, p. 92, t. 10 a, f. 5-8. (Rhadinichthys).
— Robisoni .... Hib.						*				Trans. Roy. Soc. Edinb. vol. xiii, t. 6, 7; t. 7, f. 3; ib. Ag. Poiss. Foss. vol. ii, p. 88, t. 10 a, f. 1, 2. (Elonichthys).
— striolatus .... Ag.			*			*				Poiss. Foss. vol. ii, p. 91, t. 10 a, f. 3, 4. (*See* Elonichthys).
— Wardii .... Young						*				*Vide* Ward, N. Staffordshire Nat. Field Club, p. 239, 240. (Rhadinichthys).
PETALODONTIDÆ.										
Petalodopsis ...... W. G. Barkas, 1874										
— mirabilis .... W. G. Barkas										Monthly Review of Dental Surgery, vol. iv, 1874, p. 538.
— tripartitis .... Davis		*								Foss. Fishes Carb. Limest. Gt. Brit. (Sci. Trans. Roy. Dub. Soc. vol. i, 2 ser. p. 499, t. 60, f. 6 a).
CESTRACIONTIDÆ (PETALODONTIDÆ).										
Petalodus .... Owen, 1840 ...										PLACOIDEI.
— acuminatus .... Ag.		*								Roeb. Poiss. Foss. vol. iii, p. 108, t. 59, f. 11-13; ib. Davis, Foss. Fishes Carb. Limest. Gt. Brit. (Sci. Trans. Roy. Dub. Soc. vol. i, 2 ser. p. 494, t. 59, f. 22-24).
— dentatus .... Owen										*Vide* P. Hastingsiæ.

335

PALÆOZOIC. PISCES. CARBONIFEROUS.

SPECIES.	CARBONIFEROUS.								REFERENCES.
	Calciferous Series.	Lower Lmst. Shales.	Carboniferous Lmst.	Up.Lst.Shale(Yoredale)	Millstone Grit.	Lower Coal Measures.	Middle Coal Measures.	Upper Coal Measures.	Pass up.	
Petalodus (continued).										
— grandis............ *Davis*............	...	*•*	...	...	...	*•*	...	...		Foss. Fishes Carb. Limest. Gt. Brit. (Sci. Trans. Roy. Dub. Soc. vol. i, 2 ser. p. 496, t. 60, f. 1).
— Hastingsiæ .... *Owen*	...	*•*	*•*	...	...	*•*	...	...		Odontography, p. 61, t. 22, f. 3-5; ib. Portl. Geol. Rept. p. 468, t. 14, f. 10; ib. Ag. Poiss. Foss. vol. iii, p. 174; ib. M'Coy, Brit. Pal. Foss. p. 635. *P. lævissimus*, Ag. Poiss. Foss. vol. iii, p. 174, 384. *P. acuminatus*, Ag. Poiss. Foss. vol. iii, p. 108, 174, t. 19, f. 11, 13. *P. dentetus*, Owen, Odonto. p. 61. *P. Hastingsiæ*, Davis, Foss. Fishes Carb. Limest. Gt. Brit. (Sci. Trans. Roy. Dub. Soc. vol. i, 2 ser. p. 493, t. 59, f. 16-21). *P. lævissimus*, De Kon. Fauna du Calc. Carb. de la Belg. p. 50, t. 6, f. 6-8).
— inæquilateralis ... *Davis*............	...	*•*	...	...	...	*•*	...	...		Foss. Fishes Carb. Limest. Gt. Brit. (Sci. Trans. Roy. Dub. Soc. vol. i, 2 ser. p. 479, t. 60, f. 3, 4).
— lævissimus .... *Ag.*	...	*•*	*•*	...	...	...	...	...		Poiss. Foss. vol. iii, p. 174. ? *P. Hastingsiæ*, Owen.
— lobatus .... *R. Ether.*	...	...	*•*	...	...	...	...	...		Geol. Mag. Dec. II, pt. 2, p. 244, t. 8, f. 5, 6.
— marginalis .... *Ag.*	...	...	*•*	...	...	...	...	...		Poiss. Foss. vol. iii, p. 174.
— psittacinus .... *Ag.*										*Vide* Petalorhynchus psittacinus.
— radicans .... *Ag.*										*Vide* Polyrhizodus radicans.
— rectus .... *Ag.*	...	...	*•*	...	...	...	...	...		Rech. sur les Poiss. Foss. vol. iii, p. 174, 384. *P. rectus*, Davis, Foss. Fishes Carb. Limest. Gt. Brit. (Sci. Trans. Roy. Dub. Soc. vol. i, 2 ser. p. 495, t. 60, f. 5).
— recurvus .... *Davis*............	...	...	*•*	...	...	...	...	...		Foss. Fishes Carb. Limest. Gt. Brit. (Sci. Trans. Roy. Dub. Soc. vol. i, 2 ser. p. 497, t. 60, f. 2).
— rhombus .... *M'Coy*	...	...	*•*	...	...	...	...	...		Ann. Mag. Nat. Hist. 1848, pt. 2, p. 125.
— saggittatus .... *Ag.*	...	*•*	*•*	...	...	...	...	...		Poiss. Foss. vol. iii, p. 174. M'Coy, Brit. Pal. Foss. p. 636, t. 3 I, f. 2, 3.
— serratus .... *Owen*	...	*•*	*•*	...	...	...	...	...		Ctenoptychius, Odonto. p. 62. Ctenop. M'Coy, Brit. Pal. Foss. p. 626, t. 3 I, f. 21-23.
CESTRACIONTIDÆ (PETALODONTIDÆ).										
Petalorhynchus ...... *Agassiz*										PLACOIDEI.
— Beuniei .... *R. Ether.*	...	...	*•*	...	...	...	...	...		Geol. Mag. Dec. II, vol. ii, p. 343, t. 8, f. 3, 4.
— psittacinus .... *Ag.*	...	...	*•*	...	...	...	...	...		*Petalodus*, Poiss. Foss. vol. iii, p. 174; ib. M'Coy, Brit. Pal. Foss. p. 636, t. 3 I, f. 4; ib. Davis, Foss. Fishes Carb. Limest. Gt. Brit. (Sci. Trans. Roy. Dub. Soc. vol. i, 2 ser. p. 516, t. 61, f. 12-16).
CESTRACIONTIDÆ (ORODONTIDÆ).										PLACOIDEI.
Petrodus .... *M'Coy*, 1848......										
— patelliformis ...... *M'Coy*	...	...	*•*	...	...	...	...	...		Ann. Mag. Nat. Hist. 1848, vol. ii, p. 132. Brit. Pal. Foss. p. 637, t. 3 G, f. 6-8; ib. Davis, Foss. Fishes Carb. Limest. Gt. Brit. (Sci. Trans. Roy. Dub. Soc. vol. i, 2 ser. p. 400, t. 51, f. 16).
PHANEROPLEURINI.										GANOIDEI (CROSSOPTERYGIDÆ).
Phaneropleuron...... *Huxley*, 1859 ...										
— elegans............ *Traq.*										Geol. Mag. vol. viii, p. 529, t. 14, f. 1, 2.
PALÆONISCIDÆ.										GANOIDEI (ACEPENSEROIDEI).
Phanerosteon......... *Traquair*, 1881...										
— mirabile .... *Traq.*	*•*	...	...	...	...	...	...	...		Rept. on Foss. Fishes, pt. 1. Ganoidei, Trans. Roy. Soc. Edinb. vol. xxx, p. 39, t. 3, f. 6-8.
CESTRACIONTIDÆ or HYBODONTIDÆ.										
Physonemus .... *Agassiz*, 1843 ...										PLACOIDEI.
— arcuatus .... *M'Coy*	...	...	*•*	...	...	*•*	...	...		Ann. Mag. Nat. Hist. pt. 2, p. 117. Brit. Pal. Foss. p. 638, t. 3 I, f. 29; ib. Davis, Foss. Fishes Carb. Limest. Gt. Brit. (Sci. Trans. Roy. Dub. Soc. vol. i, pt. 2, p. 367, t. 47, f. 8).
— attenuatus .... *Davis*	...	...	*•*	...	...	...	...	...		Foss. Fishes Carb. Limest. Gt. Brit. (Sci. Trans. Roy. Dub. Soc. vol. i, 2 ser. p. 369, t. 47, f. 10).

PISCES.

SPECIES.	CARBONIFEROUS.							REFERENCES.
	Calciferous Series.	Lower Limst. Shales.	Carboniferous Limst.	Up. Lst. Shale(Yoredale)	Millstone Grit.	Lower Coal Measures.	Middle Coal Measures.	Upper Coal Measures.	Pass. up.	

Physonemus (*continued*).										
— hamatus .... *Ag.*	...	...	*	*	...	...	...	...	...	*Onchus*, Rech. Pal. Foss. vol. iii, p. 9, t. 1, f. 7, 8. *Physonemus*, Davis, Foss. Fishes Carb. Limest. Gt. Brit. (Sci. Trans. Roy. Dub. Soc. vol. i, pt. 2, p. 370, t. 47, f. 9-11); ib. Davis, Q. J. Geol. Soc. vol. xl, p. 617, t. 26, f. 6.
— subteres .... *Ag.*	...	...	*	...	...	...	...	...	...	Pal. Foss. vol. iii, p. 176. M'Coy, Brit. Pal. Foss. p. 638, t. 3 I, f. 30; ib. Davis, Foss. Fishes Carb. Limest. Gt. Brit. (Sci. Trans. Roy. Dub. Soc. vol. i, pt. 2, p. 368, t. 47, f. 12).
Phoderacanthus ... *Davis*, 1883 ...										
— grandis .... *Davis*	...	...	*	...	...	...	...	...	...	Foss. Fishes Carb. Limest. Gt. Brit. (Sci. Trans. Roy. Dub. Soc. vol. i, 2 ser. p. 534, t. 65, f. 1).
Phricacanthus ...... *Davis*, 1879										
— biserialis .... *Davis*	...	...	...	...	...	*	...	...	...	Q. J. Geol. Soc. vol. xxxv, p. 186, t. 10, f. 16, 17.
CESTRACIONTIDÆ (COPODONTIDÆ).										
Pinnacodus ...... *Agassiz*, MSS. 1859										PLACOIDEI.
— gelasinus .... *Ag.*	...	...	*	...	...	...	...	...	...	MS. Enniskillen Coll.; ib. Davis, Foss. Fishes Carb. Limest. Gt. Brit. (Sci. Trans. Roy. Dub. Soc. vol. i, 2 ser. p. 477, t. 58, f. 23).
— gonoplax .... *Ag.*	...	...	*	...	...	...	...	...	...	MS. Enniskillen Coll.; ib. Davis, Foss. Fishes Carb. Limest. Gt. Brit. (Sci. Trans. Roy. Dub. Soc. vol. i, 2 ser. p. 477, t. 58, f. 12).
Platycanthus .... *M'Coy*, 1848 ...										GANOIDEI.
— isosceles .... *M'Coy*	...	...	*	...	...	...	...	...	...	Ann. Mag. Nat. Hist. 1848, vol. ii, p. 120. ? *Oracanthus Milleri*, Ag.
PLATYSOMIDÆ.										
Platysomus .... *Agassiz*, 1833 ...										
Stromateus .... *Blainville*										
Uropteris .... *Agassiz*										
Globulodus .... *Agassiz*										GANOIDEI.
— declivus .... *Ag.* MS.	...	...	...	...	...	...	...	...	...	*Vide Eurynotus crenatus.*
— Forsteri .... *Han. & Att.*	...	...	...	...	*	...	...	...	...	Ann. Mag. Nat. Hist. 4 ser. vol. ix, p. 252, 1872.
— parvulus .... *Ag.*	...	...	...	...	*	...	...	...	...	Pal. Foss. vol. ii, p. 303. Young, Q. J. Geol. Soc. vol. xxii, p. 303; var. of, p. 308.
— rotundatus .... *Han. & Att.*	...	...	...	...	*	...	...	...	...	Hancock and Attbey, Ann. Mag. Nat. Hist. vol. ix, 4 ser. p. 252, t. 17, f. 2, 1872.
— striatus .... *Young*	...	...	...	...	...	...	...	...	...	*Vide P. tenuistriatus*, Traq.
— superbus .... *Traq.*	*	...	...	...	...	...	...	...	...	Rept. on Foss. Fishes, pt. 1. Ganoidei, Trans. Roy. Soc. Edinb. vol. xxx, p. 58, t. 6.
— tenuistriatus ...... *Traq.*	*	...	...	...	...	...	...	...	...	Trans. Roy. Soc. Edinb. vol. xxix, p. 368, t. 6. (*P. striatus.*)
LEPIDOTINI.										
Plectrolepis .... *Agassiz*, 1843 ...										
Xenacanthus ?										GANOIDEI.
— rugosus .... *Ag.*	...	...	...	...	*	...	...	...	...	Pal. Foss. vol. ii, pt. 1, p. 306; ib. Egerton, Q. J. Geol. Soc. vol. vi, p. 3, 1850.
PLEURACANTHIDÆ.										
Pleuracanthus ...... *Agassiz*, 1837 ...										PLACOIDEI.
Xenacanthus ...... *Von Beyrich*, 1848										
— altus .... *Davis*	...	...	...	...	*	...	...	...	...	Q. J. Geol. Soc. vol. xxxvi, p. 329, t. 12, f. 4.
— attenuidentatus ... *Davis*	...	...	...	...	*	...	...	...	...	Q. J. Geol. Soc. vol. xxxvi, p. 328, f. 5.
— cylindricus .... *Ag.*	...	...	...	*	*	...	...	...	...	*Orthacanthus*, Pal. Foss. vol. iii, p. 177, t. 54, f. 7-9. *Pleuracanthus*, Davis, Q. J. Geol. Soc. vol. xxxvi, p. 331, 332, f. 8.

PALÆOZOIC.   PISCES.   CARBONIFEROUS.

SPECIES.	Calciferous Series.	Lower Limst. Shales.	Carboniferous Limst.	Up.Lst.Shale(Yoredale)	Millstone Grit.	Lower Coal Measures.	Middle Coal Measures.	Upper Coal Measures.	Pass up.	REFERENCES.
Pleuracanthus (*continued*).										
— denticulatus ...... *Davis*						*				Q. J. Geol. Soc. vol. xxxvi, p. 334–5, f. 10, t. 12, f. 7.
— erectus .... *Davis*						*				Q. J. Geol. Soc. vol. xxxvi, p. 326, f. 2.
— gibbosus .... *Ag.*						*	*	*		Poiss. Foss. vol. iii, p. 204; ib. Salt. (Mem. Geol. Surv. Gt. Brit.), Iron Ores of Gt. Brit. pt. 3, p. 224, t. 1, f. 9. *Diplodus*, Ag. Poiss. Foss. vol. iii, p. 204; ib. Hancock and Attbey, Ann. Mag. Nat. Hist. vol. i, 4 ser. p. 370. *Xenacanthus*.
— lævissimus .... *Ag.*						*				Poiss. Foss. vol. iii, p. 66, t. 45, f. 4, 5; ib. Davis, Q. J. Geol. Soc. vol. xxxvi, p. 325, f. 1.
— planus .... *Ag.*						*				Poiss. Foss. vol. iii, p. 177.
— pulchellus .... *Davis*						*				Q. J. Geol. Soc. vol. xxxvi, p. 327, t. 12, f. 2; p. 328, f. 4.
— robustus .... *Davis*						*				Q. J. Geol. Soc. vol. xxxvi, p. 320, t. 12, f. 5; and fig. 7, p. 330.
— tenuis .... *Davis*						*				Q. J. Geol. Soc. vol. xxxvi, p. 327, f. 3.
— Wardi .... *Davis*						*				Q. J. Geol. Soc. vol. xxxvi, p. 334, t. 12, f. 6.
CESTRACIONTIDÆ (COCHLIODONTIDÆ).										
Pleurodus .... *Agassiz*, 1843										PLACOIDEI.
— affinis .... *Ag.*						*				Poiss. Foss. vol. iii, p. 174; ib. Salter, Mem. Geol. Surv. Gt. Brit. (Iron Ores of Gt. Brit.), pt. 3, p. 225, t. 1, f. 18, 19; ib. Davis, Q. J. Geol. Soc. vol. xxxv, p. 181, t. 10, f. 1–11.
— Rankinii .... *Ag.*						*				Poiss. Foss. vol. iii, p. 249, t. 17, f. 1, 1872; ib. Barkas, loc. cit. p. 9, plate, f. 36. ? *P. affinis*, Ag.
— Woodi .... *Davis*			*	*						Foss. Fishes Carb. Limest. Gt. Brit. (Sci. Trans. Roy. Dub. Soc. vol. i, 2 ser. p. 458, t. 59, f. 12–15). Q. J. Geol. Soc. vol. xl, t. 27, f. 14–17.
CESTRACIONTIDÆ (COPODONTIDÆ).										
Pleurogomphus ...... *Agassiz*, 1859										PLACOIDEI.
— auriculatus ...... *Ag.*			*							MS. Enniskillen Coll.; ib. Davis, Foss. Fishes Carb. Limest. Gt. Brit. (Sci. Trans. Roy. Dub. Soc. vol. i, 2 ser. p. 472, t. 58, f. 15).
CESTRACIONTIDÆ (COCHLIODONTIDÆ).										
Psellodus .... *Agassiz*, MS. 1833										PLACOIDEI.
— aliformis ....: *M'Coy*			*							Ann. Mag. Nat. Hist. 1848, vol. ii, p. 129; ib. Brit. Pal. Foss. p. 638, t. 3 G, f. 10.
— angustus .... *Ag.*						*				*Vide* Xystrodus.
— Attheyi .... *W. G. Bark.*						*				Barkas, Monthly Review of Dental Surgery, vol. iv, p. 57, plate, f. 40–44, 1874.
— corrugatus ...... *Davis*			*							Foss. Fishes Carb. Limest. Gt. Brit. (Sci. Trans. Roy. Dub. Soc. vol. i, 2 ser. p. 444, t. 53, f. 25). Q. J. Geol. Soc. vol. xl, t. 27, f. 21.
— faveolatus ...... *M'Coy*			*							Ann. Mag. Nat. Hist. vol. ii, p. 219, 1848; ib. Brit. Pal. Foss. p. 639, t. 3 G, f. 11; ib. Davis, Foss. Fishes Carb. Limest. Gt. Brit. (Sci. Trans. Roy. Dub. Soc. vol. i, 2 ser. p. 445, t. 53, f. 26).
— gibbosus .... *Davis*			*							Foss. Fishes Carb. Limest. Gt. Brit. (Sci. Trans. Roy. Dub. Soc. vol. i, 2 ser. p. 445, t. 53, f. 27).
— Jonesii .... *Ag.*			*							Poiss. Foss. vol. iii, p. 174; ib. Portl. Geol. Rept. p. 468, t. 14 A, f. 6, 7. *P. transversus*, Ag. P. Jonesii, Davis, Foss. Fishes Carb. Limest. Gt. Brit. (Sci. Trans. Roy. Dub. Soc. vol. i, 2 ser. p. 442, t. 53, f. 20–23).
— obliquus .... *Ag.*	*									Poiss. Foss. vol. iii, p. 174; ib. M'Coy, Brit. Pal. Foss. p. 640, t. 3 I, f. 5; ib. Davis, Foss. Fishes Carb. Limest. Gt. Brit. (Sci. Trans. Roy. Dub. Soc. vol. i, 2 ser. p. 443, t. 53, f. 24).
— parallelus ...... *Ag.*										*Vide* Deltodus parallelus.
— sublævis .... *Ag.*										*Vide* Deltodus sublævis.
— transversus ...... *Ag.*		*								Poiss. Foss. vol. iii, p. 174; ib. Portl. Geol. Rept. p. 468, t. 14 A, f. 7. *P. Jonesii*, portion of tooth.

PISCES

SPECIES.	Calciferous Series.	Lower Limst. Shales.	Carboniferous Limst.	Up.Lst.Shale(Yoredale)	Millstone Grit.	Lower Coal Measures.	Middle Coal Measures.	Upper Coal Measures.	Perm sp.	REFERENCES.
Polyphractus .... *Agassiz*, 1843										*Vide* Diplopterus.
CESTRACIONTIDÆ (PETALODONTIDÆ).										
Polyrhizodus .... *M'Coy*, 1848										PLACOIDEI.
— attenuatus .... *Davis*			*							Foss. Fishes Carb. Limest. Gt. Brit. (Sci. Trans. Roy. Dub. Soc. vol. i, 2 ser. p. 505, t. 60, f. 14).
— Colei .... *Davis*			*							Foss. Fishes Carb. Limest. Gt. Brit. (Sci. Trans. Roy. Dub. Soc. vol. i, 2 ser. p. 502, t. 60, f. 9, 10). Q. J. Geol. Soc. vol. xl, p. 622, t. 27, f. 13.
— constrictus .... *Davis*			*							Foss. Fishes Carb. Limest. Gt. Brit. (Sci. Trans. Roy. Dub. Soc. vol. i, 2 ser. p. 506, t. 60, f. 15).
— elongatus .... *Davis*			*							Foss. Fishes Carb. Limest. Gt. Brit. (Sci. Trans. Roy. Dub. Soc. vol. i, 2 ser. p. 503, t. 60, f. 16 a, b).
— magnus .... *M'Coy*										*Vide* P. radicans.
— pusillus .... *M'Coy*										Ann. Mag. Nat. Hist. vol. ii, p. 126, 1848; ib. Brit. Pal. Foss. p. 642, t. 3 K, f. 2.
— radicans .... *Ag.*		*	*							Petalodus, Poiss. Foss. vol. iii, p. 174. *Poly. magnus*, M'Coy, Ann. Mag. Nat. Hist. vol. ii, p. 126, 1848; ib. Brit. Pal. Foss. p. 642, t. 3 K. f. 6-8. *Petalodus rectus*, Ag. Poiss. Foss. vol. iii, p. 174; ib. Portl. Geol. Rept. p. 468, t. 14, f. 9. *Helodus?* Davis, Foss. Fishes Carb. Limest. Gt. Brit. (Sci. Trans. Roy. Dub. Soc. vol. i, 2 ser. p. 500, t. 60, f. 7, 8).
— sinuosus .... *Davis*			*							Foss. Fishes Carb. Limest. Gt. Brit. (Sci. Trans. Roy. Dub. Soc. vol. i, 2 ser. p. 504, t. 60, f. 11-13).
HYBODONTIDÆ.										
Pristicladodus ...... *M'Coy*, 1854										PLACOIDEI.
— concinnus .... *Davis*			*							Foss. Fishes Carb. Limest. Gt. Brit. (Sci. Trans. Roy. Dub. Soc. vol. i, 2 ser. p. 385, t. 49, f. 23). Q. J. Geol. Soc. vol. xl, t. 26, f. 15.
— dentatus .... *M'Coy*			*							Brit. Pal. Foss. p. 642, t. 3 G, f. 2; ib. Davis, Foss. Fishes Carb. Limest. Gt. Brit. (Sci. Trans. Roy. Dub. Soc. vol. i, 2 ser. p. 384, t. 49, f. 22). Q. J. Geol. Soc. vol. xl, t. 27, f. 4.
— Goughii .... *M'Coy*			*							Brit. Pal. Foss. p. 643, t. 3 K, f. 11 ; ib. Davis, Foss. Fishes Carb. Limest. Gt. Brit. (Sci. Trans. Roy. Dub. Soc. vol. i, 2 ser. p. 385, t. 49, f. 27).
Pristodus .... *Agassiz*, MSS. 1859										
— falcatus .... *Ag.*			*							Enniskillen Coll. MS.; ib. Davis, Foss. Fishes Carb. Limest. Gt. Brit. (Sci. Trans. Roy. Dub. Soc. vol. i, 2 ser. p. 519, t. 61, f. 17-22); and *vide* Q. J. Geol. Soc. vol. xviii, p. 102 (Morris and Roberts); also Q. J. Geol. Soc. vol. xl, t. 26, f. 19, 20.
CESTRACIONTIDÆ (PSAMMODONTIDÆ).										
Psammodus .... *Agassiz*, 1838										PLACOIDEI.
— canaliculatus ...... *M'Coy*			*							Ann. Mag. Nat. Hist. vol. ii, p. 122; ib. Brit. Pal. Foss. p. 643, t. 3 G, f. 12.
— cinctus .... *Ag.*										*Vide* Helodus crassus.
— contortus .... *Ag.*										*Vide* Cochliodus contortus.
— cornutus .... *Ag.*										*Vide* Copodus.
— gibberulus .... *Ag.*										*Vide* Lophodus gibberulus.
— lævissimus .... *Ag.*										*Vide* Lophodus lævissimus.
— porosus .... *Ag.*			*	*						Poiss. Foss. vol. iii, p. 112, t. 13, f. 1-18; ib. Portl. Geol. Rept. t. 14 A, f. 1; ib. M'Coy, Brit. Pal. Foss. p. 644. *P. canaliculatus* (part). P. porosus, Pal. of Illinois, p. 107, 108, t. 11, f. 1, 3, 1866.
— rugosus .... *Ag.*			*	*						Poiss. Foss. vol. iii, p. 111, t. 12, f. 14-18; i, 19, f. 15. M'Coy, Brit. Pal. Foss. p. 644. *P. rugosus*, R. Etheridge, jun. Geol. Mag. Dec. II, vol. iv, p. 108, t. 13, f. 7-9; ib. Davis, Foss. Fishes Carb. Limest. Gt. Brit. (Sci. Trans. Roy. Dub. Soc. vol. i, 2 ser. p. 459, t. 56, f. 1-7; t. 57, f. 1-7). *P. rugosus*, De Kon. Desc. Anim. Foss. Terr. Carb. de la Belg. p. 616, t. 53, f. 8.
— subteres .... *Ag.*										*Vide* Orodus.

PALÆOZOIC.   PISCES.   CARBONIFEROUS.

SPECIES.	Calciferous Series.	Lower Lmst. Shales.	Carboniferous Lmst.	Up. Lst. Shale (Yoredale)	Millstone Grit.	Lower Coal Measures.	Middle Coal Measures.	Upper Coal Measures.	Pass up.	REFERENCES.
CŒLACANTHINI.										**GANOIDEI.**
Psammosteus ...... *Agassiz*, 1845										
— granulatus ...... *M'Coy*		*								Ann. Mag. Nat. Hist. 1848, vol. ii, p. 7.
— vermicularis ...... *M'Coy*		*								Ann. Mag. Nat. Hist. 1848, vol. ii, p. 7.
CESTRACIONTIDÆ (COCHLIODONTIDÆ).										
Psephodus ...... *Agassiz*, MSS, 1859					*					
Cochliodus ...... *Agassiz*, 1838										**PLACOIDEI.**
Helodus ...... *Agassiz*, 1838										
— magnus ...... *Ag.*			*							Cochliodus, Poiss. Foss. vol. iii, p. 174; ib. M'Coy, Brit. Pal. Foss. p. 622, Portlock, Geol. Rept. p. 466, t. 14*, f. 4. Helodus planus, Ag. vide M'Coy, Brit. Pal. Foss. p. 631, t. 3 I, f. 12-18. Psephodus, Davis, Foss. Fishes Carb. Limest. Gt. Brit. (Sci. Trans. Roy. Dub. Soc. vol. i, 2 ser. p. 439, t. 55, f. 1-14. Psephodus, De Kon. Fauna du Calc. Carb. de la Belg. p. 60, t. 4, f. 14-17.
HYBODONTIDÆ, or PLEURACANTHIDÆ.										
Pternodus ...... *Owen*, 1867										**PLACOIDEI.**
— productus ...... *Owen*						*				Trans. Odonto. Soc. vol. for 1867; ib. Geol. Mag. vol. iv, p. 325. ? *Diplodus*, (*Pleuracanthus*) *Gibbosus*.
CESTRACIONTIDÆ.										
Ptychacanthus ...... *Agassiz*, 1843 or 7										**PLACOIDEI.**
— sublævis ...... *Ag.*		*								Poiss. Foss. vol. iii, p. 23, t. 5, f. 1-3.
SAUROIDEI.										
Pygopterus ...... *Agassiz*, 1833										
Palæothrissum ... *Blainville*										
Nematopteryx ...... *Agassiz*										
Sauropsis ...... *Agassiz*										**GANOIDEI.**
— Bucklandi ...... *Hibbert*	*	*								Trans. Roy. Soc. Edinb. vol. xiii, p. 217, t. 7, f. 2.
— Greenockii ...... *Ag.*										Vide Nematopteychius.
— Jamesoni ...... *Ag.*		*								Poiss. Foss. pt. 2, p. 78.
ORODONTIDÆ.										
Rhamphodus ...... *Davis*, 1883										
— dispar ...... *Davis*			*							Foss. Fishes Carb. Limest. Gt. Brit. (Sci. Trans. Roy. Dub. Soc. vol. i, 2 ser. p. 402, t. 51, f. 17).
PALÆONISCIDÆ.										
Rhadinichthys ...... *Traquair*, 1877			*							**GANOIDEI (ACIPENSEROIDEI).**
— angustulus ...... *Trag.*	*									Rept. on Foss. Fishes, pt. 1. Ganoidei, Trans. Roy. Soc. Edinb. vol. xxx, p. 33, t. 2, f. 10, 11.
— brevis ...... *Trag.*	*									Proc. Roy. Soc. Edinb. vol. ix, p. 440.
— carinatus ...... *Trag.*	*									*Palæoniscus*, Ag. Poiss. Foss. vol. ii, pt. 1, p. 104 (1835), Atlas, vol. ii, t. 4 b, f. 1, 2.
— delicatulus ...... *Trag.*	*									Rept. on Foss. Fishes, pt. 1. Ganoidei, Trans. Roy. Soc. Edinb. vol. xxx, p. 29, t. 2, f. 6-9.
— fusiformis ...... *Trag.*	*									Rept. on Foss. Fishes, pt. 1. Ganoidei, Trans. Roy. Soc. Edinb. vol. xxx, p. 34, t. 3, f. 1-5.
— Grossarti ...... *Trag.*	*						?			Proc. Roy. Phys. Soc. Edinb. vol. iv, p. 244.
— Geikiei ...... *Trag.*	*									Rept. on Foss. Fishes, pt. 1. Ganoidei, Trans. Roy. Soc. Edinb. vol. xxx, p. 25, t. 1, f. 13-18.
— lepturus ...... *Trag.*	*									Proc. Roy. Soc. Edinb. vol. ix, p. 437.

PISCES.

SPECIES.	Calciferous Series.	Lower Limst. Shale.	Carboniferous Limst.	Up. Let. Shale (Yoredale)	Millstone Grit.	Lower Coal Measures.	Middle Coal Measures.	Upper Coal Measures.	Pass up.	REFERENCES.
Rhadinichthys (*continued*).										
— Mackonochii ...... *Traq*...........	*	...	...	...	...	*	...	...	...	Rept. on Foss. Fishes, pt. 1. Ganoidei, Trans. Roy. Soc. Edinb. vol. xxx, p. 30, t. 2, f. 12–16.
— monensis .... *Traq*............	...	...	...	...	...	*	*	...	...	*Palæoniscus*, Egert. Q. J. Geol. Soc. 1850. Rhad. Proc. Roy. Phys. Soc. Edinb. vol. iv, p. 241.
— ornatissimus ...... *Traq*...........	*	...	...	...	...	...	...	...	...	*Palæoniscus*, Ag. Poiss. Foss. vol. ii, pt. 2, p. 92, 93 (1835); Atlas, vol. ii, t. 10a, f. 6. Proc. Roy. Soc. Edinb. vol. ix, p. 437.
— tenuicauda .... *Traq*...........	...	...	*	...	...	...	...	...	...	Proc. Roy. Soc. Edinb. vol. ix, p. 444.
— tuberculatus ...... *Traq*...........	*	...	...	...	...	...	...	...	...	Rept. on Foss. Fishes, pt. 1. Ganoidei, Trans. Roy. Soc. Edinb. vol. xxx, p. 31, t. 4, f. 1–3.
— Wardi .... *Young*	...	...	...	...	*	...	...	...	...	*Palæoniscus*, Proc. Nat. Hist. Soc. Glasgow, vol. ii, pt. 1, p. 66 (1870). Rhad. Proc. Roy. Phys. Soc. Edinb. vol. iv, p. 239.
GLYPTODIPTERINI.										
Rhizodopsis .... *Huxley*, 1866...										**GANOIDEI.**
— sauroides .... *Will*.	...	...	...	...	*	...	...	...	...	Ann. Mag. Nat. Hist. vol. i, 4 ser. p. 349. *Holoptychius*, Williamson, Phil. Trans. 1849, p. 457, t. 42, f. 31–33. Young, Q. J. Geol. Soc. vol. xxii, p. 596, 597. *Gastrodus præpositus*, Owen, Trans. Odont. Soc. vol. for 1867; ib. Geol. Mag. vol. iv, p. 325.
— Sp. .... *Young*	...	...	...	...	...	...	...	...	...	Q. J. Geol. Soc. vol. xxii, p. 596, 597, woodcut, f. 8.
GLYPTODIPTERINI.										
Rhizodus .... *Owen*, 1840 ...										
Holoptychius ...... *Agassis*, 1836 ...										
Apedodus .... *Leidy*, 1856 ...										**GANOIDEI.**
— ferox .... *Owen*	...	*	...	...	...	...	...	...	...	Odontography, p. 75, t. 35, f. 2.
— gracilis............ *M'Coy*	...	*	...	...	...	...	...	...	...	Brit. Pal. Foss. p. 611, t. 3 G, f. 17.
— granulatus .... *Ag*.	...	...	...	...	...	...	...	...	...	*Vide* Holoptychius.
— Hibberti .... *Ag*.	*	...	...	*	v	...	...	...	...	*Holoptychius*, vol. ii, pt. 2, p. 180. Rhizodus, Traquair, Ann. Mag. Nat. Hist. vol. xv, 4 ser. p. 266.
— lanciformis .... *Newbery*	...	...	...	...	*	...	...	...	...	Kirkby and Atthey, Trans. Tyneside Nat. Field Club, vol. vi, p. 234, t. 6, f. 1–3. ? *Loxomma*.
— ornatus .... *Traq*............	*	...	...	...	...	...	...	...	...	Proc. Roy. Soc. Edinb. vol. ix, p. 659.
— Portlockii .... *Ag*.	*	...	*	...	?	...	...	...	...	Holoptychius, Poiss. Foss. vol. ii, p. 180 (name only).
— scales af., &c. ...... *Young*	...	...	...	...	...	...	...	...	...	Q. J. Geol. Soc. vol. xxii, p. 597, woodcut, f. 4, 5.
— striatus .... *Ag*.	...	...	*	...	...	...	...	...	...	*Vide* Holoptychius.
— structure of skull *Myall*	...	*	...	...	...	...	...	...	...	Q. J. Geol. Soc. vol. xxxi, p. 624, woodcut, p. 625.
Rhomboptychius ... *Huxley*, 1866 ...										**GANOIDEI.**
— Sp. .... *Young*	...	...	...	...	...	...	...	...	...	Q. J. Geol. Soc. vol. xxii, p. 604. Tooth and scales, p. 597, f. 1, 2. ? Mc-galichthys.
CESTRACIONTIDÆ (COPODONTIDÆ).										
Rhymodus .... *Agassis*, MSS. 1859										**PLACOIDEI.**
— oblongus .... *Davis*............	...	...	*	...	...	...	...	...	...	Foss. Fishes Carb. Limest. Gt. Brit. (Sci. Trans. Roy. Dub. Soc. vol. i, 2 ser. p. 473, t. 58, f. 18).
— transversus .... *Ag*.	...	...	*	...	...	...	...	...	...	MS. Enniskillen Coll.; ib. Davis, Foss. Fishes Carb. Limest. Gt. Brit. (Sci. Trans. Roy. Dub. Soc. vol. i, 2 ser. p. 473, t. 58, f. 17).
CTENODIPTERIDÆ ?										
Sagenodus .... *Owen*, 1867 ...										**DIPNOI.**
— inæqualis............ *Owen*	...	...	...	...	x	...	...	...	...	Trans. Odont. Soc. vol. for 1867. Geol. Mag. vol. iv, p. 325. ? *Ctenodus obliquus*.

PISCES.

SPECIES.	Calciferous Series	Lower Limst. Shales	Carboniferous Limst.	Up. Lst. Shale (Yoredale)	Millstone Grit	Lower Coal Measures	Middle Coal Measures	Upper Coal Measures	Pass up	REFERENCES.
COCHLIODONTIDÆ.										
Sandalodus .... *Newberry & Worthen*, 1866										
— minor .... *Davis*			•	•						Q. J. Geol. Soc. vol. xl, 1884, p. 626, t. 26, p. 17.
— Morrisii .... *Davis*			•							*Deltodus*, sp. Egerton, Morris and Roberts, Q. J. Geol. Soc. vol. xviii, p. 105, t. 3, f. 1. Sandalodus, Davis, Foss. Fishes Carb. Limest. Gt. Brit. (Sci. Trans. Roy. Dub. Soc. vol. i, 2 ser. p. 437, t. 54, f. 1-6).
CESTRACIONTIDÆ.										
Sphenacanthus ...... *Agassiz*, 1837										PLACOIDEI.
— serrulatus .... *Ag.*		•	•							Poiss. Foss. vol. iii, p. 24, t. 1, f. 11-13.
Stichacanthus ...... *De Koninck*, 1878					?					
— Tortworthensis ... *Davis*			•		•					Foss. Fishes Carb. Limest. Gt. Brit. (Sci. Trans. Roy. Dub. Soc. vol. i, 2 ser. p. 532, t. 65, f. 2).
CESTRACIONTIDÆ (COCHLIODONTIDÆ).										
Streblodus .... *Agassiz*, MS. 1858										PLACOIDEI.
Cochliodus (part) *Agassiz*, 1838										
— Colei .... *Ag.*			•							MSS. Enniskillen Coll.; ib. Davis, Foss. Fishes Carb. Limest. Gt. Brit. (Sci. Trans. Roy. Dub. Soc. vol. i, 2 ser. p. 425, t. 53, f. 5, 6).
— Egertoni .... *Ag.*			•							MSS. Enniskillen Coll.; ib. Davis, Foss. Fishes Carb. Limest. Gt. Drit. (Sci. Trans. Roy. Dub. Soc. vol. i, 2 ser. p. 426, t. 53, f. 7, 8).
— oblongus .... *Ag.*			•							*Cochliodus*, Rech. Poiss. Foss. vol. iii, p. 174; ib. Portl. Geol. Rept. t. 14, f. 5-10; ib. M'Coy, Brit. Pal. Foss. p. 623, t. 3 II, f. 19, t. 3 I, f. 18. Streblodus, Davis, Foss. Fishes Carb. Limest. Gt. Brit. (Sci. Trans. Roy. Dub. Soc. vol. i, 2 ser. p. 424, t. 53, f. 1-4).
RHIZODONTIDÆ.										
Strepsodus ... *Huxley & Young*, 1866										GANOIDEI (CROSSOPTERYGIDÆ).
— sauroides .... *Ag.* MS.	•	?				•	?			? *Gonatodus undatus*, Owen, Trans. Odonto. Soc. vol. for 1867. Young, Q. J. Geol. Soc. vol. xxii, p. 602, woodcut, p. 597, f. 3, tooth. Strepsodus sauroides, Trnq. Rept. on Foss. Fishes, pt. 1. Ganoidei, Trans. Roy. Soc. Edinb. vol. xxx, p. 18.
TARRASIIDÆ.										
Tarrasius............ *Traquair*, 1881										GANOIDEI?
— problematicus ...... *Traq.*	•									Rept. on Foss. Fishes, pt. 1. Ganoidei, Trans. Roy. Soc. Edinb. vol. xxx, p. 62, t. 4, f. 4-6.
CESTRACIONTIDÆ (COCHLIODONTIDÆ).										
Tomodus ... *Agassiz*, MS. 1843 or 1859										PLACOIDEI.
— convexus .... *Ag.*		•	•							MS. Enniskillen Coll.; ib. Davis, Foss. Fishes Carb. Limest. Gt. Brit. (Sci. Trans. Roy. Dub. Soc. vol. i, 2 ser. p. 446, t. 55, f. 15-18).
CESTRACIONTIDÆ.										
Tristychius .... *Agassiz*, 1837										PLACOIDEI.
— arcuatus .... *Ag.*		•								Poiss. Foss. vol iii, p. 22, t. 1ᵃ, f. 9-11. Stock on the Genus Tristychius, Ann. Mag. Nat. Hist. xii, 5 ser. 1883, p. 179, t. 7, f. 7-13, 15, 16, 18.
— minor .... *Portl.*			•							Geol. Rept. p. 464, t. 14, f. 6.
— fimbriatus .... *Stock*		•								On the Structure and Affinities of the Genus Tristychius, Ann. Mag. Nat. Hist. vol. xii, 5 ser. 1883, p. 177, t. 7, f. 1.
CŒLACANTHINI.										
Uronemus .... *Agassiz*, 1843										GANOIDEI.
— lobatus .... *Ag.*		•								Poiss. Foss. vol. ii, pt. 2, p. 178.
— magnus .... *Traq.*								•		Geol. Mag. Dec. II, vol. i, p. 554.

PISCES

SPECIES.	Calciferous Series.	Lower Limst. Shales.	Carboniferous Limst.	Up.Lst.Shale(Yoredale)	Millstone Grit.	Lower Coal Measures.	Middle Coal Measures.	Upper Coal Measures.	Poss up.	REFERENCES.
PLATYSOMIDÆ.										**GANOIDEI.**
Wardichthys .... *Traquair*, 1874...										Ann. Mag. Nat. Hist. vol. xv, 4 ser. p. 262, t. 16, f. 1-5, 1874; ib. Trans. Roy. Soc. Edinb. vol. xxix, p. 361, t. 4, f. 12-15; ib. Rept. on Foss. Fishes, pt. 1. Ganoidei, Trans. Roy. Soc. Edinb. vol. xxx, p. 55, t. 5, f. 21.
— cyclosoma .... *Traq*...............	•									
Xenacanthus ...... *Von Beyrich*, 1848										
— gibbosus............. *Ag*.										? Diplodus gibbosus.
CESTRACIONTIDÆ (COCHLIODONTIDÆ).										
Xystrodus .... *Agassiz*, MSS. 1859										**PLACOIDEI.**
— angustus .... *Ag*.			•							Pœcilodus angustus, Poiss. Foss. vol. iii, p. 174. Xystrodus, Davis, Foss. Fishes Carb. Limest. Gt. Brit. (Sci. Trans. Roy. Dub. Soc. vol.i, 2 ser. p. 449, t. 55, f. 19-21).
— Egertoni .... *Davis*...............			•							Foss. Fishes Carb. Limest. Gt. Brit. (Sci. Trans. Roy. Dub. Soc. vol. l, 2 ser. p. 450, t. 55, f. 22, 23).
— pulchellus .... *Davis*...............			•							Foss. Fishes Carb. Limest. Gt. Brit. (Sci. Trans. Roy. Dub. Soc. vol. i, 2 ser. p. 450, t. 55, f. 24).
— striatus .... *Ag*.			•			—				Cochliodus striatus, Poiss. Foss. vol. iii, p. 174; lb. M'Coy, Brit. Pal. Foss. p. 624, t. 3 l. f. 27. Xystrodus, Davis, Foss. Fishes Carb. Limest. Gt. Brit. (Sci. Trans. Roy. Dub. Soc. vol. i, 2 ser. p. 448, t. 54, f. 7-10).

AMPHIBIA.

SPECIES.	Calciferous Series.	Lower Limst. Shales.	Carboniferous Limst.	Up.Lst.Shale(Yoredale)	Millstone Grit.	Lower Coal Measures.	Middle Coal Measures.	Upper Coal Measures.	Poss up.	REFERENCES.
Sub-Kingdom, VERTEBRATA. Province, ICHTHYOPSIDA. Class I, *AMPHIBIA*.										
LABYRINTHODONTIDÆ.										
Amphicœlosaurus ... *Barkas*, 1873 ...										**AMPHIBIA.**
— Taylori .... *Bark*...............						•				Ill. Guide to Fish, Amphib. and Rept. remains, Northum. Carb. Strata, 1873, p. 104; Atlas, t. 10, f. 234 a, b, c.
LABYRINTHODONTIDÆ.										
Amphisaurus .... *Barkas*, 1873 ...										**AMPHIBIA.**
— amblyodus .... *Bark*...............			•							Scientific Opinion, vol. iii, p. 95. Ill. Guide to Fish, Amphib. and Rept. remains, Northum. Carb. Strata, p. 72-91; Atlas, t. 9, f. 192, t. 10, f. 221.
LABYRINTHODONTIDÆ.										
Anthracosaurus...... *Huxley*, 1862 ...										**AMPHIBIA.**
— Edgei .... *Baily*...............						•				Brit. Assoc. Rept. 1875, Trans. sect. p. 62.
— Russellii .... *Huxley*............						?	•			Q. J. Geol. Soc. vol. xix, p. 56, woodcuts, p. 59, 63; ib. Ann. Mag. Nat. Hist. vol. iv, 4 ser. p. 184, 1869. Barkas, Illustrated Guide to the Fish, Amphib. and Rept. remains of the Northum. Carb. Strata, 1873, p. 65, 73, 99; Atlas, t. 8, f. 186, t. 10, f. 228-230 (teeth).

AMPHIBIA

CARBONIFEROUS

SPECIES.	Calciferous Series.	Lower Limst. Shales.	Carboniferous Limst.	Up. Lst. Shale/Yoredale	Millstone Grit.	Lower Coal Measures.	Middle Coal Measures.	Upper Coal Measures.	Pass up.	REFERENCES.
Anthrakerpeton...... *Owen*, 1865										BATRACHIA.
— crassosteum......... *Owen*	...	...	...	...	...	•	...	...		Geol. Mag. vol. ii, p. 6; woodcuts, p. 6, 7, t. 1, 2: ib. Cardiff Naturalists' Soc. vol. ii, p. 106-110, t. 1, f. 1-10, 1868, 9; woodcuts, p. 108, 109.
LABYRINTHODONTIDÆ.										
Batrachiderpeton *Hancock & Atthey*										AMPHIBIA.
— lineatum .... *Han. & Att.*	...	...	...	...	...	•	...	...		Ann. Mag. Nat. Hist.; ib. Trans. Tyneside Nat. Field Club, vol. iv, pt. 1, p. 209.
Brachyscelis .... *Huxley*, 1867 ...										AMPHIBIA.
— Sp. .... *Huxley*	...	...	...	...	...	•	...	...		Trans. Roy. Irish Acad. vol. xxiv, p. 369.
Discospondylus...... *Huxley*, 1867 ...										
— Sp.	...	...	...	...	...	•	...	...		Trans. Roy. Irish Acad. vol. xxiv, p. 369.
LABYRINTHODONTIDÆ.										
Dolichosoma .... *Huxley*, 1867 ...										
— Emersoni............ *Huxley*	...	...	...	...	...	•	...	...		Trans. Roy. Irish Acad. vol. xxiv, p. 366, t. 21, f. 3, 1866.
LABYRINTHODONTIDÆ.										
Erpetocephalus ... *Huxley*, 1867 ...										
— rugosus .... *Huxley*	...	...	...	...	...	•	...	...		Trans. Roy. Irish Acad. vol. xxiv, p. 368, t. 23, f. 2.
Gastrodus............... *Owen*, 1867										BATRACHIA ?
— *præpositus* .... *Owen*										*Vide* Rhizodopsis sauroides.
LABYRINTHODONTIDÆ.										
Ichthyerpeton ...... *Huxley*, 1865 ...										AMPHIBIA.
— Bradleyæ............ *Huxley*	...	...	...	...	...	•	...	...		Trans. Roy. Irish Acad. vol. xxiv, p. 367, t. 23, f. 1, 1866.
LABYRINTHODONTIDÆ.										
Keraterpeton .... *Huxley*, 1865 ...										AMPHIBIA.
— galvani .... *Huxley*	...	...	...	...	...	•	...	...		Trans. Roy. Irish Acad. vol. xxiv, p. 359, t. 19, f. 1-4, 1866.
LABYRINTHODONTIDÆ.										
Labyrinthodontosaurus *Barkas*, 1872										AMPHIBIA ?
— Simmi .... *Barkas*	...	...	...	...	...	•	...	...		English Mechanic, May 19th, 1871, p. 207, fig. of tooth. Ill. Guide to Fish, Amphib. and Rept. remains, Northum. Carb. Strata, p. 75, 94, 1873.
LABYRINTHODONTIDÆ.										
Lepterpeton .... *Huxley*, 1865 ...										AMPHIBIA.
— Dobbsii .... *Huxley*	...	...	...	...	...	•	...	...		Trans. Roy. Irish Acad. vol. xxiv, p. 362, t. 21, f. 1, 2, 1866.
Leptognathosaurus *Barkas*, 1872 ...										AMPHIBIA.
— elongatus............ *Barkas*	...	...	...	...	...	•	...	...		Ill. Guide to Fish, Amphib. and Reptile remains, Northum. Carb. Strata, p. 106, 1873; Atlas, t. 10, f. 236.
LABYRINTHODONTIDÆ.										
Loxomma .... *Huxley*, 1862 ...										AMPHIBIA.
— Almanii .... *Huxley*	...	...	...	...	...	•	...	•		Q. J. Geol. Soc. vol. xviii, p. 291, t. 11, f. 1, 2; ib. Han. and Atthey, Ann. Mag. Nat. Hist. 1871, vol. vii, p. 77. Barkas, Ill. Guide to Fish, Amphib. and Rept. remains, Northum. Carb. Strata, p. 97.

PALÆOZOIC.   AMPHIBIA.   CARBONIFEROUS.

SPECIES.	Calciferous Series	Lower Limest. Shale	Carboniferous Limest.	Up.Lst.Shale(Yoredale)	Millstone Grit	Lower Coal Measures	Middle Coal Measures	Upper Coal Measures	Pass up	REFERENCES.
Macrosaurus ...... *Barkas*, 1873										**AMPHIBIA.**
— *polyspondylus* ...... *Barkas*					•					Ill. Guide to the Fish, Amphibia, and Rept. remains, Northumberland Carb. Strata, p. 58, 86; Atlas, t. 6, figs. 216, 217.
Megalerpeton *Young & Thomson*, 1869										**AMPHIBIA.**
— *plicidens* .... *Y. & T.*					•					Brit. Assoc. Report, 1869, vol. xxxix, p. 101 (sections).
— *simplex* .... *Y. & T.*					•					Brit. Assoc. Report, 1869, vol. xxxix, p. 101 (sections).
Megalocephalus ...... *Barkas*, 1873										**AMPHIBIA.**
— *macromma* ...... *Barkas*					•					Ill. Guide to the Fish, Amphibia, and Rept. remains, Northumberland Carb. Strata, p. 69, t. 8, f. 189.
LABYRINTHODONTIDÆ.										
Ophiderpeton .... *Huxley*, 1865										**AMPHIBIA.**
— *Brownriggii* ...... *Huxley*			•							Trans. Roy. Irish Acad. vol. xxiv, p. 364, t. 22, f. 1–4, 1867.
— *nanum* .... *Han. & Att.*			•							Ann. Mag. Nat. Hist. vol. i, 4 ser. p. 276.
— *? Wandesfordii* ... *Huxley*			•							*Vide* Urocordylus.
Orthosaurus ,,...... *Barkas*, 1873										
— *pachycephalus* ...... *Barkas*						•				Ill. Guide to the Fish, Amphibia, and Rept. remains, Northumberland Carb. Strata, p. 102, t. 9, f. 232.
Parabatrachus ...... *Owen*, 1853										
— *Colei* .... *Owen*				• ?						Q. J. Geol. Soc. vol. ix, p. 67, t. 2, f. 1.
LABYRINTHODONTIDÆ.										
Pholiderpeton ...... *Huxley*, 1869										
— *scutigerum* ,,...... *Huxley*						•				Q. J. Geol. Soc. vol. xxv, p. 309, t. 11, f. 1–7.
LABYRINTHODONTIDÆ.										
Pholidogaster ...... *Huxley*, 1862										**AMPHIBIA.**
— *pisciformis* .... *Huxley*			•							Q. J. Geol. Soc. vol. xviii, p. 294, t. 11, f. 3, 4.
Pteroplax .... *Hancock & Atthey*, 1868										
— *cornuta* .... *Han. & Att.*						•	•			Ann. Mag. Nat. Hist. vol. i, 4 ser. p. 266, t. 14, f. 1–3; t. 15, f. 1, 2.
— *brevicornis* ...... *Young*						?	•			Brit. Assoc. Report, 1869, vol. xxxix, p. 101, 102 (sections).
Streptodontosaurus *Barkas*, 1873										**AMPHIBIA.**
— *carinatus* .... *Barkas*						•				Ill. Guide to the Fish, Amphibia, and Rept. remains, Northumberland Carb. Strata, p. 107, t. 10, f. 237.
LABYRINTHODONTIDÆ.										
Urocordylus .... *Huxley*, 1866										**AMPHIBIA.**
— *reticulatus* ...... *Han. & Att.*					•					Ann. Mag. Nat. Hist. vol. iv, 4 ser. p. 182, 1869.
— *Wandesfordii* ...... *Huxley*			•							Trans. Roy. Irish Acad. vol. xxiv, p. 9, t. 10, f. 1, 2, 1867.

PERMIAN

or

DYAS GROUP.

PALÆOZOIC.

PERMIAN OR DYAS SPECIES.

SUCCESSION AND DISTRIBUTION OF THE PERMIAN SERIES.

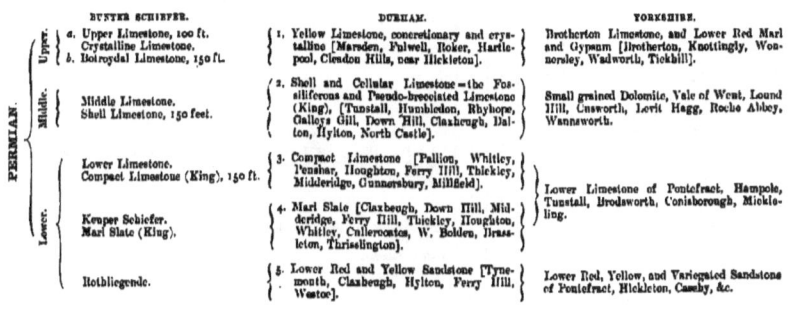

PALÆOZOIC.   PLANTÆ.   PERMIAN.

SPECIES.	LOWER GROUP.			UPPER GROUP.			REFERENCES.
	Passage Beds. Rothliegende.	Marl Slate.	Lower Limestone.	Middle Limestone.	Upper Limestone.	Pass. sup.	
Kingdom, PLANTÆ.							
Sub-Kingdom, CRYPTOGAMÆ.							
FILICINÆ.							
Alethopteris .... *Sternberg*, 1825...							
— Göpperti .... *Münst.*	*						*Caulerpites*, Beiträge f, p. 45, b. 4, f. 5. Geinitz, Leitpflanzen, das Rothliegenden, p. 14. *Caulerpites crenulatus*, Althaus. Dunker and v. Meyer, Palæonto. 1846, vol. l, p. 31, t. 1, f. 2. Geinitz, Dyas. Zechstein. und das Rothliegende, p. 147, 339, t. 16, f. 7, 8; Q. J. Geol. Soc. vol. xx, p. 154.

PALÆOZOIC.   PLANTÆ.   PERMIAN.

SPECIES.	LOWER GROUP.			UPPER GROUP.			REFERENCES.
	Passage Beds. Rothliegende.	Marl Slate.	Lower Limestone.	Middle Limestone.	Upper Limestone.	Plas. sp.	
ALGÆ...................................	...	...	...	...	•	...	*Vide* Kirkby, Q. J. Geol. Soc. vol. xvii, p. 309.
Broca							
— eulassioldes .... *Lloyd*	•	...	...	...	...	...	*Vide* Phillips, Geol, Oxford, p. 95.
CALAMITÆ.							
Calamites............... *Suckow*, 1784							
Calamodendron ... *Brong.*							
— approximatus .... *Brong.*	...	•	...	...	...	...	Howse, Ann. Mag. Nat. Hist. vol. xxx, p. 36, 1857.
— arenaceus ? .... *Brong.*	...	...	...	...	•	...	Végét. Foss. vol. i, p. 138, t. 25, f. 1; t. 26, f. 2. Kirkby, Q. J. Geol. Soc. vol. xx, p. 357. *Vide* notice of Genus: King, Perm. Foss. p. 8.
— remains of	...	•	...	...	...	...	Badly preserved.
Cardiocarpon .... *Brongniart*, 1828							
— triangulare .... *Geinitz*	...	•	...	...	...	...	Dyas, Zechst. und das Roth. p. 145. t. 31, f. 12-15; Q. J. Geol. Soc. vol. xx, p. 154.
Caulerpa .... *Agardh*, 1815	...	...	...	...	...	...	*Vide* Ullmannia.
— selaginoides ...... *Sternb.*	...	...	...	...	...	...	*Vide* Ullmannia.
Caulerpites .... *Sternberg*, 1833							
Caulerpa .... *Agarth*, 1815							
— oblonga							
— selaginoides ...... *Brong.*	...	...	...	...	...	...	} *Vide* Ullmannia.
— triangularis							
ALGÆ.							
Chondrites .... *Sternberg*, 1833							
Chondrus .... *Stackhouse*							
— Binneyi .... *King*	...	•	...	...	?	...	*Chondrus*, King, Mono. Permian Foss. Pal. Soc. p. 2, t. 1, f. 1. *Little cellular bodies*, &c. Binney, Trans. Manch. Geol. Soc. vol. i, p. 56, 1839.
— virgatus .... *Münst.*	...	•	...	...	...	...	Dyas, Zechst. und das Roth. p. 132, t. 24, f. 5. *Polysiphonia Sternbergiana*, King, Mono. Perm. Foss. Pal. Soc. p. 3, t. 1, f. 2. *Confervites*, ib. p. 3.
Chondrus................ *Stackhouse*							*Vide* Chondrites.
Cyclocarpon *Göppert & Fiedler*, 1847							
Cardiocarpon ...... *Brong.* 1828							
— Eiselianum .... *Geinitz*	...	•	...	...	...	...	Dyas, Zechst. und das Roth. p. 151, t. 34, f. 9-12.
— marginatum .... *Artis*	...	•	...	...	...	...	Antedil. Phytol. t. 22, f. B; ib. Geinitz, Dyas Zechst. und das Roth. p. 151, t 34, f. 8.
— tuberosum .... *Geinitz*	...	•	...	...	...	...	Dyas, Zechst. und das Roth. p. 151, t. 34, f. 17, 18.
Cyclopteris .... *Brongniart*, 1828							
Adiantites .... *Göpp.* 1836							
— dilatata ? .... *Lindl.*	...	...	...	...	...	...	*Vide* Howse, Ann. Mag. Nat. Hist. vol. xix, p. 36.
LYCOPODIACEÆ.							
Lepidodendron ? ... *Sternberg*, 1821							
— dilatatum ? .... *Lindl.*	...	•	...	...	...	...	Doubtful; imperfect remains.
— Sp. ?	...	•	...	...	...	...	Foss. Flora, t. 7, f. 2.

PLANTÆ.

SPECIES.	Passage Beds.	Rothliegende.	Marl Slate.	Lower Limestone.	Middle Limestone.	Upper Limestone.	Plas. sp.	REFERENCES.
FILICINÆ.								
Neuropteris .... *Brongniart*, 1822		•						*Vide* Howse, Ann. Mag. Nat. Hist. vol. xix, 2 ser. p. 38, 1857.
— gigantea		•						Catalogue, p. 5, 1848. Mono. Brit. Perm. Foss. Pal. Soc. p. 6, t. 1, f. 4.
— Huttoniana .... *King*		•						
ALGÆ.								
Polysiphonia ? .... *Greville*								
— Sternbergiana .... *King*		•						Mono. Brit. Perm. Foss. Pal. Soc. p. 3, t. 1, f. 2. ? Chondrites virgatus.
SIGILLARIEÆ.								
Sigillaria .... *Brongniart*, 1822								
— reniformis .... *Brong.*		•						Ann. Sci. Nat. vol. iv, p. 32, t. 2, f. 2. Lindl. Foss. Flora, t. 57, 71.
— Sp. .... *King*		?						Mono. Perm. Foss. Pal. Soc. p 10.
FILICINÆ.								
Sphenopteris .... *Brongniart*, 1822								
— dichotoma .... *Althaus*		•						Palæontographica, vol. i, p. 30, t. 4, f. 1. Über Einige neue Pflanzen Kupferschiefer.
— latifolia .... *Brong.*		•						Prodrome, p. 105, t. 57, f. 1-6.
— naumanni .... *Gutbier*		•						Rothl. p. 11, t. 6, f. 1-6. Geinitz, Die Leitpflanzen des Roth. und des Zechstein. der Permischen Form. p. 9.
Trigonocarpum .... *Brong.* 1828								L. & H. Foss. Flora, vol. ii, p. 193 b, f. 1-4.
— Nöggerathii		•						Howse, Ann. Mag. Nat. Hist. vol. xix, 2 ser. p. 48, 1857.
ALGÆ.								
Ullmannia .... *Göppert*, 1850								
Caulerpites .... *Sternberg*, 1833								
Caulerpa .... *Agardh*, 1825								
— Brouni .... *Göpp.*		•	•					Zeitschrift. d. deutsch. Geol. Gesellsch. 1850, vol. iii, p. 3, t. 14, f. 1-5. *Cupressites*, Bronn, Lethæa. Geogn. vol. i, t. 8, f. 5. *Voltzia brevifolia*, Brong. Kut. Verhandl. d. miner. Gesellsch. zu St. Petersb. t. 1, f. 1-3, 1844.
— selaginoides .... *Brong.*		•	•			•		*Fucoides*, Végét. Foss. vol. i, p. 73, t. 9, f. 2, 3. *Caulerpites*, Sternb. Versuch. p. 20. *Caulerpites*, Sternb. Geinitz, Verst. p. 21, t. 8, f. 9, 10. Ullmannia, Geinitz, Zechst. und das Roth. pt. 2, p. 155, t. 31, f. 17-20; t. 32. Geinitz, Leitpflanzen, p. 23. Etheridge, Q. J. Geol. Soc. vol. xx, p. 134. *Voltzia Phillipsii*, L. & H. Foss. Flora, vol. iii, p. 195. *Caulerpa ?* King, Mono. Perm. Foss. Pal. Soc. 1850, p. 3, t. 1, f. 3.
Voltzia .... *Brongniart*, 1828								*Vide* Ullmannia ?
— Phillipsii .... *L. & H.*		•						Foss. Flora, vol. iii, t. 195.
CONIFERÆ.								
Walchia .... *Sternberg*, 1815								
Ullmannia .... *Göpp.* 1850								
Caulerpites .... *Sternb.* (part)								
Lycopodites .... *Brong.* 1822								
— piniformis .... *Schloth.*		•						Geinitz, Dyas. Zechst. und das Roth. p. 143, t. 29, f. 5-7; t. 30, f. 1; t. 31, f. 2-10, 10*.

PALÆOZOIC.   AMORPHOZOA.   PERMIAN.

SPECIES.	Passage Beds. Rothliegende.	Marl Slate.	Lower Limestone.	Middle Limestone.	Upper Limestone.	Fuss up.	REFERENCES.
Sub-Kingdom, PROTOZOA.							
Province, ASTOMATA.							
Class, *AMORPHOZOA*.							
SPONGIA.							
Bothroconia .... *King*, 1849	...	...	...	*	...	...	Mono. Brit. Perm. Foss. Pal. Soc. p. 14, t. 2, f. 7. Geinitz, Dyas. Zechst. und das Roth. p. 124, t. 20, f. 48.
— plana................. *King*	...	...	...	*	...	...	
Mammillopora ...... *Brongniart*, 1825							
Lymnorea .... *Lamouroux*, 1821							
— mammillaris ...... *King*	...	...	...	*	...	...	Mason, Catalogue, p. 5, 1846. Mono. Perm. Foss. Pal. Soc. p. 12, t. 2, f. 3, 4.
Scyphia .... *Oken*, 1815							
— tuberculata .... *King*	...	...	...	*	...	...	Mono. Brit. Perm. Foss. Pal. Soc. p. 12, t. 2, f. 1, 2. Eudea, King, Hist. of Invertebrata in Perm. rocks N. of England, p. 6. Geinitz, Dyas. Zechst. und das Roth. p. 123, t. 20, f. 47.
Tragos .... *Schweigger*, 1820							
— Binneyi .... *King*	*	*	...	...	?	...	Mono. Brit. Perm. Foss. Pal. Soc. p. 13, t. 2, f. 6. Geinitz, Dyas. Zechst. und das Roth. p. 124, t. 20, f. 45.
— Tunstallensis ...... *King*	...	...	...	*	...	...	Mono. Brit. Perm. Foss. Pal. Soc. p. 13, t. 2, f. 5. Geinitz, Dyas. Zechst. und das Roth. p. 124, t. 20, f. 46.

RHIZOPODA.

SPECIES.	Passage Beds. Rothliegende.	Marl Slate.	Lower Limestone.	Middle Limestone.	Upper Limestone.	Fuss up.	REFERENCES.
Sub-Kingdom, PROTOZOA.							
Province, ASTOMATA.							
Class, *RHIZOPODA*. Dujardin.							
Polythalamia. Ehrenb.							
Foraminifera. D'Orb.							
STICHOSTEGIA.							
Dentalina............. *D'Orbigny*, 1826							
— communis .... *D'Orb.*	...	...	...	*	...	...	Mém. Soc. Géol. France, vol. iv. p. 13, t. 1, f. 4.
— Kingii .... *Jones*	...	...	...	*	*	...	King, Mono. Brit. Perm. Foss. Pal. Soc. p. 17, t. 6, f. 2, 3. Geinitz, Dyas. Zechst. und das Roth. p. 132, t. 20, f. 33.
— multicostata......... *D'Orb.*	...	...	...	*	...	...	Mém. Soc. Géol. France, vol. iv, pt. 1, p. 15, t. 1, f. 14, 15.

RHIZOPODA.

SPECIES.	Passage Beds	Rothliegende	Marl Slate	Lower Limestone	Middle Limestone	Upper Limestone	Foss. sp.	REFERENCES.
Dentalina (continued).								
— Permiana .... Jones	...	...	...	...	*	*	...	King, Mono. Brit. Perm. Foss. Pal. Soc. p. 17. t. 6, f. 1. Geinitz, Dyas. Zechst. und das Roth. p. 121, tab. 20, f. 32.
— Sp. .... King	...	...	...	...	...	...	...	Loc. cit. p. 17 (King).
Spirillina............ Ehrenb. 1841 ...								
— species of............ Jones	...	...	...	...	*	...	...	King, Mono. Perm. Foss. Pal. Soc. p. 18.
— pusilla .... Geinitz	...	...	...	...	*	...	...	Serpula, Dyas. Zechst. und das Roth. p. 39, t. 2, f. 15-21; t. xii, f. 1. Serpula, King, Mono. Brit. Perm. Foss, Pal. Soc. p. 57, t. 6, f. 7-9; ib. t. 18, f. 13.
ENALLOSTEGIA.								
Textularia .... Defrance, 1824								
— cuneiformis .... Jones	...	...	...	...	...	*	...	King, Mono. Perm. Foss. Pal. Soc. p. 18, t. 6, f. 6. Geinitz, Dyas. Zechst. und das Roth. p. 122, tab. 20, f. 34, 35.
— Jonesii .... Brady	...	...	...	...	*	...	*	Carb. and Perm. Foraminifera, Pal. Soc. 1876, p. 133, t. 10, f. 20-22. (T. cuneiformis, Jones.)
— multilocularis ...... Reuss	...	...	...	...	*	...	...	Geinitz, Dyas. p. 112, t. 20, f. 38.
— triticum .... Jones	...	...	...	...	*	...	...	King, Mono. Perm. Foss. Pal. Soc. p. 18, t. 6, f. 5. Geinitz, Dyas. Zechst. und das Roth. p. 122, tab. 20, f. 36, 37.
Trochamina								
— milioloides .... P. J. & K.	...	...	...	...	*	...	...	Ann. Mag. Nat. Hist. 4 ser. p. 390, t. 13, f. 9-14, 1869.
— pusilla .... Geinitz	...	...	...	...	*	...	...	Serpula, Verstein. Zechst. und das Roth. p. 6, t. 3, f. 3, 6. Kirkby, Q. J. Geol. Soc. vol. xvii, p. 306.

ACTINOZOA.

SPECIES.	Passage Beds	Rothliegende	Marl Slate	Lower Limestone	Middle Limestone	Upper Limestone	Foss. sp.	REFERENCES.
Sub-Kingdom, COELENTERATA.								
Class, ACTINOZOA.								
Anthozoa. Ehrenb.								
Sub-Class, Corallaria. M. Edwards.								
Alveolites .... Lamk. 1801	...	...	...	...	...	...	...	Vide Chætetes.
Aulopora .... Goldfuss, 1830								
— Voigtiana .... King	...	...	...	...	...	...	...	Vide Hippothoa (Polyzoon).
Calamopora .... Goldfuss								
— Mackrothii .... Geinitz	...	...	...	...	...	...	...	Vide Chætetes.

PALÆOZOIC.   ACTINOZOA.   PERMIAN.

SPECIES.	Passage Beds, Rothliegende.	Mergel Slate.	Lower Limestone.	Middle Limestone.	Upper Limestone.	Pass up.	REFERENCES.
CYATHOPHYLLIDÆ.							
Calophyllum .... *Dana*							
— *Donatianum* ...... *King*	...	...	...	...	...	...	*Vide* Polycœlia Donatiana.
FAVOSITIDÆ.							
Chætetes .... *Fischer*, 1837 ...							
Calamopora ...... *Goldfuss*							
Favosites (species)							
Monticulipora ... *D'Orb.*							
Stenopora .... *Lonsdale*							
— *Buchiana* .... *King*	...	...	...	*	...	...	*Alveolites*, Mono. Brit. Perm. Foss. Pal. Soc. p. 30, tab. 3, f. 10-13. *Chætetes*, M. Edw. & Jules Haime, Pal. Foss. des Terr. Palæoz. p. 274. M. Edw. Mono. Brit. Perm. Corals, Pal. Soc. p. 148.
— columnaris .... *Schloth.*	...	...	*	...	*	...	*Coralliolites*, Leonhard's Taschenb. für die Ges. Miner. p. 59, 1813. Akad. Münch. vol. iv, p. 23, t. 3, f. 10. *Stenopora*, King, Mono. Perm. Foss. Pal. Soc. p. 28, t. 3, f. 7-9. *Stenopora*, Geinitz, Dyas. Zechst. und das Roth. p. 113, tab. 21. *Chætetes*, M. Edw. and Haime, Pal. Foss. des Terr. Palæoz. p. 274. Mono. Brit. Foss. Cor. Pal. Soc. p. 148.
— Mackrothii .... *Geinitz*	...	...	*	...	*	...	*Calamopora*, Grundr. d. Verstein. p. 582. *Stenopora*, Geinitz, Dyas. Zechst. und das Roth. p. 113. *Stenopora columnaris*, Schloth. Geinitz, Dyas. Zechst. und das Roth. p. 113, tab. 21. C. Mackrothii, M. Edw. & Haime, Mono. Brit. Perm. Corals, Pal. Soc. p. 147. [*Favosites.*] *Calamopora*, King, Mono. Brit. Perm. Foss. Pal. Soc. p. 26, tab. 3, f. 3-6.
CYATHOPHYLLIDÆ.							
Petraia .... *Münster*, 1839 ...							
— profunda .... *Germar*	...	...	...	...	...	...	*Vide* Polycœlia profunda.
STAURIDÆ.							
Polycœlia .... *King*, 1849							
Calophyllum ...... *Dana*							
— Donatiana .... *King*	...	...	...	*	...	...	*Turbinolia*, King, Cat. of Org. Rem. of Perm. Rocks of Northumberland and Durham, p. 6. *Calophyllum*, King, Mono. Perm. Foss. Pal. Soc. p. 23, tab. 3, f. 1. *Cal. profundum* (Germar), Geinitz, Dyas. Zechst. und das Roth. p. 110, t. 20, f. 15-17. M. Edw. & J. Haime, Mono. Brit. Perm. Corals, Pal. Soc. p. 149.
— profunda .... *Germar*	...	...	...	*	...	...	*Cyathophyllum*, Verst. der Mansf. Kupfer Schiefern, p. 37. *Petraia*, King, Mono. Brit. Perm. Foss. p. 24, t. 3, f. 2. *Cyathophyllum*, Geinitz, Verstein. der Deutsch. Zechst. p. 17, tab. 7, f. 17, 1848. Pol. profunda, M. Edw. & J. Haime. Mono. Brit. Perm. Corals, Pal. Soc. p. 149. *Calophyllum*, Geinitz, Dyas. Zechst. und das Roth. p. 110, tab. 20, f. 15-17.
Stenopora .... *Lonsdale*							
Columnaris .... *Schloth.*	...	...	...	...	...	...	*Vide* Chætetes.

PALÆOZOIC. ECHINODERMATA. PERMIAN.

SPECIES.	Punge Beds	Rothliegende	Marl Slate	Lower Limestone	Middle Limestone	Upper Limestone	Pass up.	REFERENCES.
Sub-Kingdom, ANNULOSA.								
ANNULOIDA.								
Class, *ECHINODERMATA*.								
CIDARIDÆ.								
Archæocidaris......... *M'Coy*, 1840 ...								
Echinocrinus ...... *Agassis*, 1844 ...								
— Verneuliana ...... *King*					*			*Cidaris*, King, De Verneuil, Bull. Soc. Géol. France, 2 ser. vol. i, p. 25. *Cidaris*, ib. Géol. Russ. vol. i, p. 221. *C. Keyserlingi*, Geinitz, Versteinerungen, p. 16, t. vii, f. 1, 2. King, Mono. Brit. Perm. Foss. Pal. Soc. p. 53, t. vi, f. 22–24. *Eocidaris Keyserlingi*, Geinitz, Dyas. Zechst. und das Roth. p. 108, t. 20, f. 5–9. E. Keyserlingi, Desor. Synop. des Echin. Foss. p. 155, tab. 21, f. 15, 16. (*Palæocidaris*, Ag. & Desor.) *Palæchinus*, King, t. 6, f. 22–24.
CYATHOCRINIDÆ.								
Cyathocrinus .... *Miller*, 1821								
— ramosus .... *Schloth.*............		*			*			*Encrinurus*, Denkschr. d. k. Ak. d. Wiss. zu München, p. 20, t. 2, f. 8; t. 3, f. 9–13, 15. *C. planus*, Miller, Sedgw. Trans. Geol. Soc. 3 ser. vol. i, p. 120. *C. planus*, Howse, Trans. Tyneside Nat. Field Club, 1 ser. vol. iii, p. 259. King, Mono. Brit. Perm. Foss. Pal. Soc. p. 50, t. vi, f. 15–20.

ANNELIDA.

SPECIES.	Punge Beds	Rothliegende	Marl Slate	Lower Limestone	Middle Limestone	Upper Limestone	Pass up.	REFERENCES.
Sub-Kingdom, ANNULOSA.								
ANNELATA.								
Class, *ANNELIDA*.								
Annelida, tubes of, &c.			*					*Vide* Kirkby, Q. J. Geol. Soc. vol. xvii, p. 309.
Filograna............... *Berkeley*								
— Permiana............ *King*								*Vide* Serpula.
TUBICOLA.								
Serpula .... *Linnæus*								
— Permiana............ *King*			*	*				*Filograna*, Mono. Brit. Perm. Foss. Pal. Soc. p. 56. *Serpula or Dentalium*, Sedgw. Trans. Geol. Soc. Lond. 2 ser. vol. iii, p. 118. *Vide* Geinitz, Dyas. Zechst. und das Roth. p. 41.
— planorbites .... *Münst.*			*					Geinitz, Dyas. Zechst. und das Roth. p. 40, t. 10, f. 10–14. ? *Serpulites omphaloides*, Howse, Trans. Tyneside Nat. Field Club, vol. i, p. 258.
— pusilla............... *Geinitz*				*				*Vide* Spirillina.

PALÆOZOIC.   ANNELIDA.   PERMIAN.

SPECIES.	Passage Beds.	Rothliegende.	Marl Slate.	Lower Limestone.	Middle Limestone.	Upper Limestone.	Pass sp.	REFERENCES.
TUBICOLA.								
Spirorbis .... Lamarck, 1801...								
— helix................ King					*	*	...	Mono. Brit. Perm. Foss. Pal. Soc. p. 54, t. vi, f. 10, 11.
— Permianus .... King						*	...	Mono. Brit. Perm. Foss. Pal. Soc. p. 55, t. 6, f. 12, 13. Sp. planorbites, Münst. Geinitz, Dyas. p. 40, t. 10, f. 14.
TUBICOLA.								
Vermilia .... Lamarck, 1818...								
— obscura............ King					*		...	Mono. Brit. Perm. Foss. Pal. Soc. p. 56, t. 6, f. 14. *Serpula minutissima*, Howse, Trans. Tyneside Nat. Field Club, vol. i, p. 153. *Serpula pusilla*, Geinitz, Dyas, Zechst. und das Roth. p. 59, tab. x, f. 15–21; tab. xli, f. 1 (Spirillina). *Spirillina pusilla*, King, Jour. Geol. Soc. Dublin, vol. vii, p. 7, t. 1, f. 12.

CRUSTACEA.

SPECIES.	Passage Beds.	Rothliegende.	Marl Slate.	Lower Limestone.	Middle Limestone.	Upper Limestone.	Pass sp.	REFERENCES.
Sub-Kingdom, ANNULOSA.								
ARTICULATA.								
Class, *CRUSTACEA.*								
Bairdia .... M'Coy, 1844 ...								Vide Cythere.
CYTHERIDÆ ENTOMOSTRACA.								
Cythere .... Müller, 1785.....								
Cytherina............ Lamarck, 1818...								
Bairdia .... M'Coy, 1844 ...								
— acuta .... Jones						*	...	King, Mono. Brit. Perm. Foss. Pal. Soc. p. 63, t. 18, f. 10. *Bairdia?* J. & K. Trans. Tyneside Nat. Field Club, p. 163, t. 11, f. 16.
— ampla .... Reuss............		*		*		*	...	Jahresb. Wetter. Ges. 1854, p. 68, f. 7 a, b. Kirkby in Q. J. Geol. Soc. vol. xvii, p. 308. Bairdia, K. & J. Trans. Tyneside Nat. Field Club. vol. iv, p. 162, t. 11, f. 14; ib. App. p. 166, t. 11, f. 19 c, l.
— Berniciensis........ Kirkby						*	...	*Bairdia*, Ann. Mag. Nat. Hist. vol. xi, p. 330, t. 10, f. 15. Jones, Trans. Tyneside Nat. Field Club, vol. iv, p. 149, t. 9, f. 15.
— biplicata .... Jones						*	...	*Cytheris?* King, Mono. Brit. Perm. Foss. Pal. Soc. p. 63, t. 18, f. 8.
— brevicaudata ...... Jones					*	*	...	Trans. Tyneside Nat. Field Club, vol. iv, p. 161, t. 11, f. 9. Var. of *C. plebeia?*
— curta .... M'Coy					*	*	...	*Bairdia*, Synop. Carb. Foss. Ireland, p. 165, t. 23, f. 6. Cythere, King, Mono. Brit. Perm. Foss. Pal. Soc. p. 61, tab. 17, f. 21, 22; t. 18, f. 3. ? *C. plebeia.*
— elongata .... Münst.						*	...	Vide Subelongata.
— Geinitziana ...... Jones					*		...	King, Mono. Brit. Perm. Foss. Pal. Soc. p. 62, t. 6, f. 46; t. 18, f. 4. Bairdia, Reuss. Jahresb. d. Wetterau. Ges. p. 66, f. 1.

SPECIES.	Passage Beds.	Rothliegende.	Marl Slate.	Lower Limestone.	Middle Limestone.	Upper Limestone.	Pass. sp.	REFERENCES.
Cythere (*continued*).								
— gracilis .... *M'Coy*	...	...	...	...	•	...	...	Bairdia, Synop. Carb. Foss. p. 165, t. 23, f. 7; ib. King, p. 63, t. 18, f. 7.
— inornata .... *M'Coy?*	...	...	...	•	•	...	...	Syn. Char. &c. p. 167, t. 23, f. 18, 1844.
— Jonesiana .... *Kirkby*	...	...	...	...	•	...	...	Ann. Mag. Nat. Hist. 3 ser. vol. ii, p. 432, t. 11, f. 1, 2. Trans. Tyneside Nat. Field Club. vol. iv, p. 151, t. 11, f. 24, 25. *Bairdia gracilis*, Rouss. Jahresb. der Wetterau Ges. 1851-1853, p. 65. B. gracilis, Jones, Mono. Perm. Foss. Pal. Soc. p. 63, t. 18, f. 7.
— Kingii .... *Reuss*	...	...	•?	•	...	...	...	Bairdia, Jahresb. der Wetterau Ges. 1851, vol. iii, p. 67, *Bairdia*, Kirkby, Ann. Mag. Nat. Hist. 1858, vol. ii, 2 ser. p. 327, t. 10, f. 8; ib. K. & J, Trans. Tyneside Nat. Field Club, vol. iv, p. 48, t. 9, f. 8, woodcut 11.
— Kutorgiana .... *Jones*	...	...	...	...	•	...	...	King, Mono. Brit. Perm. Foss. Pal. Soc. p. 62, t. 18, f. 6. Kirkby and Jones, Tyneside Nat. Field Club, vol. iv, p. 39, t. 11, f. 3.
— Morrisiana .... *Jones*	...	...	...	•	...	...	...	King, Mono. Brit. Perm. Foss. p. 61, t. 18, f. 2. Kirkby and Jones, Permian Entomostraca, p. 38, t. 11, f. 1.
— mucronata .... *Reuss*	...	...	...	...	•	...	...	Bairdia, Jahresb. der Wetterau Ges. 1851, vol. iii, p. 67. *Bairdia*, Kirkby, Ann. Mag. Nat. Hist. 1858, 3 ser. vol. ii, p. 327, t. 10, f. 9-11.
— nuciformis .... *Jones*	...	...	...	•	...	...	...	King, Mono. Brit. Perm. Foss. Pal. Soc. p. 64, t. 18, f. 11. *Cytherella?* C. nuciformis, Kirkby & Jones, Permian Entomostraca, Trans. Tyneside Nat. Field Club, vol. iv, pt. 2, p. 40, t. 11, f. 7.
— plebeia. .... *Reuss*	...	...	...	•	•	...	...	Jahresb. der Wetterau Ges. 1854, p. 67, f. 5. *Bairdia curta*, Jones. *Bairdia plebeia*, Kirkby, Ann. Mag. Nat. Hist. vol. xi, p. 324, t. 10, f. 1, 2. *B. plebeia*, Jones & Kirkby, Permian Entomostraca, Tyneside Nat. Field Club, vol. iv, p. 141; var. C. elongata, Ann. Mag. Nat. Hist. 1858, 3 ser. vol. ii, p. 325, t. 10, f. 4; var. compressa, ib. p. 325, t. 10, f. 7; var. Neptuni, ib. p. 325, t. 10, f. 5.
— Rousiana .... *Kirkby*	...	...	...	...	•	...	...	Bairdia, Ann. Mag. Nat. Hist. 1858, 3 ser. vol. ii, p. 326, t. 10, f. 6.
— rhomboidea .... *Kirkby*	...	...	...	...	•	...	...	*Bairdia*, Ann. Mag. Nat. Hist. vol. xi, p. 433, t. 11, f. 3. Kirkby & Jones, Permian Entomostraca, Tyneside Nat. Field Club, vol. iv, p. 29. Var. of *C. plebeia?*
— Schaurothiana .... *Kirkby*	...	...	...	...	•	...	...	*Bairdia*, Ann. Mag. Nat. Hist. 3 ser. vol. ii, p. 329, t. 10, f. 14. Kirkby & Jones, Trans. Tyneside Nat. Field Club, vol. iv, p. 147, t. 9, f. 14.
— subelongata .... *Geinitz*	...	...	...	...	•	...	...	C. elongata, Jones, King, Mono. Brit. Perm. Foss. Pal. Soc. p. 62, t. 18, f. 5. C. elongata, Münst. ?
— subgracilis .... *Geinitz*	...	...	•	•	...	...	...	Dyas. Zechst. und das Roth. p. 34. *Bairdia gracilis*, Jones, King, Mono. Perm. Foss. Pal. Soc. p. 63, t. 18, f. 7.
— subreniformis .... *Kirkby*	...	...	...	...	•	...	...	Kirkby & Jones, Permian Entomostraca, Trans. Tyneside Nat. Field Club, vol. iv, p. 34-48, t. 9, f. 13; t. 11, f. 13. *Bairdia reniformis*, Kirkby, Ann. Mag. Nat. Hist. vol. xi, p. 329, t. 10, f. 13.
— truncata .... *Kirkby*	...	...	...	...	•	...	...	*Bairdia*, Ann. Mag. Nat. Hist. 1858, 3 ser. vol. ii, p. 433, t. 11, f. 4.
— Tyronica .... *Jones*	...	...	...	...	•	...	...	Kirkby & Jones, Permian Entomostraca, Trans. Tyneside Nat. Field Club, vol. iv, p. 40, t. 11, f. 6; ib. Jones, p. 46, t. 11, f. 20*. (*Cytherella?*) inornata, King, Mono. Perm. Foss. Pal. Soc. p. 63, t. 18, f. 9.
— ventricosa .... *Kirkby*	...	...	...	...	•	...	...	*Bairdia*, Ann. Mag. Nat. Hist. 1858, 3 ser. vol. ii, p. 326, t. 10, f. 3.
PHYLLOPODA.								
Dithyrocaris .... *Scouler*								Vide Kirkbya.
Leperditia								Vide Kirkbya.
Estheria .... *Strauss & Rüpp.* 1838								
— Portlocki .... *Jones*	...	•	...	...	...	...	...	Q. J. Geol. Soc. vol. xix, p. 141.
Kirkbya .... *Jones*, 1859								
— Permiana .... *Jones*	...	...	...	...	•	...	...	*Dithyrocaris*, Jones, King, Mono. Brit. Perm. Foss. Pal. Soc. p. 66, t. 18, f. 1. *Ceratiocaris*, Morris, Cat. p. 103. *Leperditia*, Kirkby, Ann. Mag. Nat. Hist. vol. xi, p. 434, t. 11, f. 5-13. Kirkbya, Kirkby & Jones, Permian Entomostraca, Trans. Tyneside Nat. Field Club, vol. iv, t. 8A, f. 1-9; t. 10, f. 5-13. Var. *K. glypta*, Jones, King, Mono. Brit. Perm. Foss. Pal. Soc. p. 66, t. 18, f. 12. *Dithyrocaris*, Jones, M'Coy, Pal. Foss. p. 87, t. 18, f. 12.
— glypta .... *Jones*	...	...	...	...	•	...	...	King, Mono. Brit. Perm. Foss. Pal. Soc. p. 66, t. 17, f. 12.

PALÆOZOIC.   CRUSTACEA.   PERMIAN.

SPECIES.	Lower Group.			Upper Group.				REFERENCES.
	Pompo Beds.	Rothliegende.	Marl Slate.	Lower Limestone.	Middle Limestone.	Upper Limestone.	Pses up.	
Prosoponiscus ...... *Kirkby*, 1857 ...								
Trilobites								
Palæocrangon ... *Salter*, 1861								
— problematicus ...... *Schloth*.........				*	*			*Trilobites*, Petrefact. 1820, p. 41. *Palæocrangon*, Schauroth. Zeitsch. deutsch. Geol. Ges. Ikl. 1854, vol. iv, p. 563, t. 22, f. 2. Prosoponiscus, Kirkby, Q. J. Geol. Soc. vol. xiii, p. 214, t. 7, f. 1-7. Var. Spence, Bate, Q. J. Geol. Soc. vol. xv, p. 137-140, t. 6, f. 1, 2, 4-7. Geinitz, Dyas. Zechst. und das Roth. p. 29, tab. x. f. 7, 8.

POLYZOA.

SPECIES.	Pompo Beds.	Rothliegende.	Marl Slate.	Lower Limestone.	Middle Limestone.	Upper Limestone.	Pses up.	REFERENCES.
Sub-Kingdom, MOLLUSCA.								
MOLLUSCOIDA.								
Class, *POLYZOA*. Thompson.								
Bryozoa. Ehrenb.								
Sub-Class, *Ciliobranchiata*. Farre.								
ESCHARIDÆ.								
Acanthocladia ...... *King*, 1849								
Ceratophytes ...... *Schloth*..........								
Gorgonia........... *Goldf*..............								
Retepora........... *Phill*..............								
Glauconome........ *Phill*..............								
Fenestella ...... *Lonsdale*								
Pennirotepora ... *D'Orb*.............								
— anceps .... *Schloth*.........				*	*			*Keratophytes*, Schloth. Denksch. Akad. München, vol. iv, p. 24, tab. 2, f. 7. *Kerat. anceps*, ib. Petref. p. 347. *Fenestella*, Howse, Trans. Tyneside Nat. Field Club, vol. i, p. 261. *Glauconome*, Morris, Cat. p. 124. King, Mono. Brit. Perm. Foss. Pal. Soc. p. 46, t. 5, f. 13-18. Kirkby, Q. J. Geol. Soc. vol. xvii, p. 307. Geinitz, Dyas. Zechst. und das Roth. p. 119, t. 22, f. 7, 8.
— dubia .... *Schloth*.........								*Keratophytes*, Petrefac. p. 340. *Vide* Thamniscus.
ELASMOPORIDÆ.								
Elasmopora...... *King*, 1849								Mono. Brit. Perm. Foss. Pal. Soc. p. 41, 42.
RETEPORIDÆ (FENESTELLIDÆ).								
Fenestella ...... *Miller, Lonsdale*, 1839								
Ceratophytes ...... *Schloth*..........								
Gorgonia........... *Goldfuss*..........								
Retepora........... *Phillips*								

PALÆOZOIC. POLYZOA. PERMIAN.

SPECIES.	Passage Beds.	Rothliegende.	Marl Slate.	Lower Limestone.	Middle Limestone.	Upper Limestone.	Pass sp.	REFERENCES.
Fenestella (*continued*).								
— Admosa .... *King*					*			*Vide* Thamniscus dubius.
— retiformis .... *Schloth.*					*			*Keratophytes*, Akad. München, vol. iv, p. 17-20, t. 1, f. 1, 2, 1820. *Gorgonia infundibuliformis*, Goldf. Petrefact. Germ. p. 20, tab. x, f. 11 p. 98, 99, tab. 36, f. 2 b, c. *Retepora flustracea*, Phill. Trans. Geol. Soc. 2 ser. vol. iii, p. 129, t. 12, f. 8. F. retiformis, King, Mono. Brit. Perm. Foss. Pal. Soc. p. 35, t. 2, f. 8-19. F. retiformis, Geinitz, Dyas. Zechst. und das Roth. p. 116, tab. 22, f. 1.
— virgulacea .... *Phill.*								*Vide* Synocladia.
Glauconome .... *Lonsdale*, 1839								*Vide* Acanthocladia.
CRISIDÆ.								
Hippothoa .... *Lamaroux*, 1821								
— Voigtiana .... *King*					*			*Aulopora*, King, Mono. Brit. Perm. Foss. Pal. Soc. p. 31, t. 3, f. 13. Kirkby, Q. J. Geol. Soc. vol. xlii, p. 217, t. 7, f. 14, 15. H. Voigtiana, Geinitz, Dyas. Zechst. und das Roth. p. 120, tab. 10, f. 24, 25.
RETEPORIDÆ.								
Phyllopora .... *King*, 1849								
Gorgonia .... *Geinitz*								
Fenestella .... *Miller*								
— Ehrenbergi .... *Geinitz*					*			*Gorgonia*, Grundriss der Verst. p. 585, t. xxiii*, f. 12. *Fenestella*, Ehrenbergi, Geinitz, Versteinerungen, p. 18, t. vii, f. 16-19. *Retepora Lonsdalei*, Howse, Trans. Tyneside Nat. Field Club, vol. i, p. 263, 1848. P. Ehrenbergi, King, Mono. Brit. Perm. Foss. Pal. Soc. p. 43, t. 5, f. 1-6. Retepora, Ehrenbergi, D'Orb. Prod. de Pal. Strat. vol. i, p. 169.
Retepora								*Vide* Phyllopora, pars; and Synocladia, pars.
Stenopora								*Vide* Chætetes.
FENESTELLIDÆ.								
Synocladia .... *King*, 1849								
Retepora .... *Phillips*								
— virgulacea .... *Phill.*			*	*	*			*Retepora*, Trans. Geol. Soc. Lond. 2 ser. vol. iii, p. 129, t. 12, f. 6, 1829. *Fenestella*, Howse, Trans. Tyneside Nat. Field Club, vol. i, p. 263, 1848. *Synocladia*, Geinitz, Dyas. Zechst. und das Roth. p. 118, t. 22, f. 3, 4. Synocladia, King, Mono. Brit. Perm. Foss. Pal. Soc. p. 39, t. 3, f. 14; t. 4, f. 1-8.
RETEPORIDÆ THAMNISCIDÆ.								
Thamniscus .... *King*, 1849								
— dubius .... *Schloth.*					*			*Keratophytes*, Schloth. Petrefact. p. 341. *Gorgonia*, Goldf. Petref. Germ. p. 18, 19, t. 7, f. 1 a-c. (*Hornera*) *Frn. ramosa*, King, Howse, Trans. Tyneside Nat. Field Club, vol. i, p. 261. Acanthocladia dubia, Schloth. Geinitz, Dyas. Zechst. und das Roth, p. 119, t. 22, f. 5, 6. Thamniscus, King, Mono. Brit. Perm. Foss. Pal. Soc. p. 44, t. 5, f. 7-12.

PALÆOZOIC.   BRACHIOPODA.   PERMIAN.

SPECIES.	Pompeck Beds	Rothliegende	Marl Slate	Lower Limestone	Middle Limestone	Upper Limestone	Pass up.	REFERENCES.
Sub-Kingdom, MOLLUSCA.								
MOLLUSCOIDA.								
Class, *BRACHIOPODA*.								
Palliobranchiata, Blainville.								
SPIRIFERIDÆ.								
Athyris .... *M'Coy*, 1844								
Spirigera .... *D'Orbigny*, 1847								
Terebratula .... *Auctorum*								
Cleiothyris .... *King*								
— pectinifera .... *Sow.*	...	...	...	•	•	...	...	*Atrypa*, Min. Con. vol. vii, p. 14, t. 616. *Atrypa*, Howse, Trans. Tyneside Nat. Field Club, vol. i, p. 253. *Spirigera*, ib. Ann. Mag. Nat. Hist. vol. xix, 2 ser. p. 51. *Athyris*, Geinitz, Dyas. Zechst. und das Roth. p. 86, t. 15, f. 49, 50. *Cleiothyris*, King, Mono. Brit. Perm. Moll. (Foss.) Pal. Soc. p. 138, t. 10, f. 1–10. *Athyris*, Dav. Mono. Brit. Perm. Brach. Pal. Soc. 1857, p. 20, 21, t. 1, f. 50–56; t. 2, f. 1–5. *Spirifer* (Athyris) *Royseri*, L'Eveillé, Mém. Soc. Géol. France, vol. ii, p. 39, t. 2, f. 18–20. Carb. group.
RHYNCHONELLIDÆ.								
Camarophoria .... *King*, 1844								
— globulina .... *Phill.*	•	...	...	•	•	...	...	*Terebratula*, Enc. Metrop. Geology, vol. iv, t. 3, f. 3, 1834. *T. corymbosa*, Howse, Trans. Tyneside Nat. Field Club, vol. i, p. 253, 1848. *C. globulina*, King, Mono. Brit. Perm. Foss. Pal. Soc. p. 120, t. 7, f. 22–25. *C. Schlotheimi*, Geinitz, Dyas. Zechst. und das Roth. p. 84, t. 15, f. 33–48. *C. globulina*, Dav. Mono. Brit. Perm. Brach. Pal. Soc. 1857, p. 27, t. 2, f. 26–31; App. ib. p. 268, t. 54, f. 20–25. ? *C. rhomboidea* (Carb.).
— Humbletonensis ... *Howse*	...	...	...	•	•	...	...	*Terebratula*, Cat. Foss. Perm. Syst. Northumberland and Durham. Tyneside Nat. Field Club, vol. i, pt. 3, p. 252, 1848. Ann. Mag. Nat. Hist. vol. xix, 2 ser. p. 50, t. 4, f. 3, 4, 1857. *C. multiplicata*, King, 1846 (MS. or Cat. name). Ann. Mag. Nat. Hist. vol. xvii, 1 ser. 1846. Cat. Org. Rem. Perm. Rocks Northum. and Durham, p. 7, 1848. Mono. Brit. Perm. Foss. p. 121, t. 7, f. 26–32; t. 8, f. 1–7. *C. Humbletonensis*, Dav. Mono. Brit. Perm. Brach. Pal. Soc. p. 27, t. 2, f. 9–15.
— multiplicata ...... *King*								*Vide C. Humbletonensis.*
— Schlotheimi .... *Von Buch*	...	...	...	•	•	...	...	*Terebratula*, Ueber Terebrateln, p. 39, t. 2, f. 32, 1834. *Terebratulites lacunosus* (part), Schloth. Leonhard's Taschenbuch, p. 56, 57, 1813. *C. Schlotheimi*, Geinitz, Dyas. Zechst. und das Roth. p. 84, t. 15, f. 33–38. *C. Schlotheimi*, King, Mono. Brit. Perm. Foss. Pal. Soc. p. 118, t. 7, f. 10–21; t. 8, f. 8; ib. Dav. Mono. Brit. Perm. Brach. Pal. Soc. p. 25, t. 2, f. 16–27. *Anomites crumena*, Mart. Pct. Derb. t. 36, f. 4. *Camarophoria crumena*, Dav. Mono. Brit. Carb. Brach. Pal. Soc. p. 113, t. 25, f. 3–9; App. ib. p. 767, t. 54, f. 16–18.
Cleiothyris .... *King*	...	...	...	...	...	...	...	*Vide* Athyris.
CRANIADÆ.								
Crania .... *Retzius*, 1781 ...								
Numulus .... *Stobæus*, 1732 ...								
Orbicula .... *Cuvier*, 1798, *Lam.*								
Craniolites .... *Schloth.*								
Crispus (animal) ... *Poli*, 1791								
Pseudo-crania ... *M'Coy*, 1852								
Spondylobolus ... *M'Coy*, 1852								
— Kirkbyi .... *Davis.*	...	...	...	...	...	•	...	Mono. Brit. Perm. Brach. Pal. Soc. 1857, p. 49, woodcut. Howse, Notes on the Perm. Syst. p. 15. *C. Kirkbyi*, Geinitz, Dyas. Zechst. und das Roth. p. 107, t. 15, f. 7; App. Dav. Mono. Carb. Perm. Brach. p. 270, t. 54, f. 35–38. ? *C. quadrata*, M'Coy, Synop. Carb. Foss. t. 20, f. 1.

PALÆOZOIC. BRACHIOPODA. PERMIAN.

SPECIES.	LOWER GROUP.			UPPER GROUP.			REFERENCES.
	Ponage Beds.	Kuhlingenda.	Marl Slate.	Lower Limestone.	Middle Limestone.	Upper Limestone.	Pass up.	
DISCINIDÆ.							
Discina .... *Lamarck*, 1819...			•	•	•	...	*Orbicula*, Grundriss. d. Verst. p. 498, and Versteinerungen, p. 11, t. 4, f. 15, 26, 1848., Discina, Dyas. Zechst. und das Roth. p. 106, t. 15, f. 8–11. *Discina spelæoncaria*, King, Mono. Brit. Perm. Foss. Pal. Soc. p. 83, t. 6, f. 28, 29. D. Koninckii, Dav. Mono. Brit. Perm. Brach. Pal. Soc. p. 50, t. 4, f. 27–29. *Discina nitida*, Phill. Geol. York. vol. II, p. 221, t. 9, f. 10–13. App. Dav. Mono. Brit. Carb. and Perm. Brach. Pal. Soc. p. 268, t. 54, f. 26.
— Koninckii .... *Geinitz*			...	...	...	...	
— nitida .... *Phill.*		...	...	...	...	...	*Vide* D. Koninckii.
— spelæoncaria......... *Schloth.*...........	...	...	...	...	...	...	*Vide* D. Koninckii.
Epithyris .... *Phillips*, 1841 ...	...	...	...	...	...	...	*Vide* Terebratula.
LINGULIDÆ.							
Lingula .... *Bruguière*, 1789							
— credneri .... *Geinitz*	•	•	•	•	...	...	Versteinerungen des Zechsteingebirges, p. 11, t. 4, f. 23–29. Dyas. Zechst. und das Roth. p. 106, t. 8, f. 1 G; t. 15, f. 12, 13. L. credneri, King, Mono. Brit. Perm. Foss. Pal. Soc. p. 83, t. 6, f. 25–27; ib. Dav. Mono. Brit. Perm. Brach. Pal. Soc. p. 51, f. 30, 31. Allied to Lingula mytiloides, Sow. (Carb.)
Martinia .... *M'Coy*	...	...	...	...	...	...	*Vide* Spirifera.
Orthisina .... *D'Orb.* 1847 ...	...	...	...	...	...	...	*Vide* Streptorhynchus.
Orthothrix .... *Geinitz*, 1848 ...	...	...	...	...	...	...	*Vide* Strophalosia.
PRODUCTIDÆ.							
Productus .... *J. Sowerby*, 1814							
Gryphites .... *Hoppe, Walch* ..							
Pyxis .... *Chemnitz* ..							
Anomites........... *Martin*							
Protonia........... *Link*							
Arbusculites ..... *Murray, Bronn*							
— clava .... *Sow.*	...	...	...	...	...	...	*Vide* P. horridus.
— horridus .... *J. Sow.*	...	...	•	•	•	...	*Gryphit.* Tob. Conr. Hoppe, Kurtze Beschreibung. versteinerter Gryphiten, p. 17. 1745. *Gryphites acut-atus*, Schloth. Leonh. Taschenb. f. d. Ges. Mineralogie, p. 58, t. 4, f. 1–3. P. horridus, Sow. Min. Con. vol. iv, p. 17, t. 319, f. 1, 1822. *P. clava*, Sow. Min. Con. t. 560, f. 2–6; ib. King, Mono. Brit. Perm. Foss. Pal. Soc. p. 87; t. 10, f. 29–31; t. 11, f. 1–13; ib. Dav. Mono. Brit. Perm. Brach. Pal. Soc. p. 33, t. 4, f. 13–26. P. horridus, Geinitz, Dyas. Zechst. und das Roth. p. 103, t. 19, f. 11–17; t. 20, f. 1; t. 21, f. 1, 2. Orthothrix excavatus, Verst. t. 6, f. 21.
— latirostratus......... *Howse*	...	...	...	...	•	...	Cat. Foss. Perm. Syst. Northum. and Durham. Trans. Tyneside Nat. Field Club, vol. i, pt. 3, p. 236, 1848. *P. umbonillatus*, King, Cat. Org. Rem. of Perm. Rocks Northum. and Durham, p. 8, 1848. Mono. Brit. Perm. Foss. Pal. Soc. p. 92, t. 11, f. 14–18. *Aulosteges*, King, Ann. Mag. Nat. Hist. vol. xvii, 2 ser. t. 12, f. 6. P. latirostratus, Geinitz, Dyas. Zechst. und das Roth. p. 102, t. 19, f. 7–10; ib. Dav. Mono. Brit. Perm. Brach. Pal. Soc. p. 36, t. 4, f. 1–12.
— umbonillatus ...... *King*	...	...	...	...	...	...	*Vide* P. latirostratus.
SPIRIFERIDÆ.							
Spirifera .... *Sowerby*, 1815 ...							
Anomia .... *Linn, Martin* ...							
Terebratulites ..... *Schloth. (part)*...							
Choristites .... *Fischer*, 1825 ...							
Trigonotreta ...... *Koenig*, 1825 ...							
	King, 1849						

PALÆOZOIC.   BRACHIOPODA.   PERMIAN.

SPECIES.	Passage Beds.	Rothliegende.	Marl Slate.	Lower Limestone.	Middle Limestone.	Upper Limestone.	Thun up.	REFERENCES.
Spirifera (*continued*).								
Delthyris .... *Dalman*, 1827 ...								
Brachythyris ...... *M'Coy* (*part*) ..								
Cyrtia .... *Dalman*, 1827 ...								
— alata .... *Schloth*	...	...	...	•	...	...		*Terebratulites*, Leonh. Taschenb. vol. vii, p. 58, t. 2, f. 1–3, 1813. *Sp. undulatus*, Sow. Min. Con. vol. iv, p. 119, t. 562, f. 1. *Sp. alatus*, Gcinitz, Dyas. Zechst. und das Roth. p. 87, t. 16, f. 1–7. *Trigonotreta*, King, Mono. Brit. Perm. Foss. Pal. Soc. p. 130, t. 9, f. 4–12. Spirifera, Dav. Mono. Brit. Perm. Brach. Pal. Soc. 1857, p. 13, t. 1, f. 23–36; t. 2, f. 6, 7.
— clannyana .... *King*	•	...	...	•	•	...		*Martinia*, Cat. Org. Rem. Perm. Rocks, Northum. and Durham, 1848. *M. Winchiana*, King, ib. p. 8, 1848; ib. Mono. Brit. Perm. Foss. Pal. Soc. p. 134, t. 10, f. 11–13; ib. p. 135, t. 10, f. 14–17. Sp. Clannyana, Geinitz, Dyas. Zechst. und das Roth. p. 91, t. 16, f. 19–25; ib. Dav. Mono. Brit. Perm. Brach. Pal. Soc. 1857, p. 15, t. 1, f. 47–49. Sp. Urii, Flémg. Brit. Anim. p. 376. App. Dav. Mono. Carb. and Perm. Brach. p. 267, t. 54, f. 14.
— Permiana .... *King*	...	...	...	•	•	...		*Trigonotreta*, Mono. Brit. Perm. Foss. Pal. Soc. p. 133, t. 2, f. 18–24. *Sp. alatus*, Schl. Geinitz, Dyas. Zechst. und das Roth. p. 87, t. 16, f. 1–7.
— undulata .... *Sow.*	...	...	...	...	...	...		*Vide* S. alata.
— Winchiana .... *King*	...	...	...	...	...	...		*Vide* S. clannyana.
Spiriferina .... *D'Orbigny*, 1847								
Spirifer (*part*) ... *of most Authors*								
— cristata .... *Schloth*	...	...	...	•	...	...		*Terebratulites*, Beitr. z. Naturg. d. Verst. in Akademie der Wissen. zu München, p. 28, t. 1, f. 3, 1816. *Spirifer cristatus*, Howse, Trans. Tyneside Nat. Field Club, vol. i, p. 254, 1848. *Cyrtia*, D'Orb. Prodr. de Pal. Strata, vol. i, p. 168. *Trigonotreta*, King, Mono. Brit. Perm. Foss. Pal. Soc. p. 127, t. 8, f. 9–14. Spiriferina, Dav. Mono. Brit. Perm. Brach. Pal. Soc. p. 17, t. 1, f. 37–40, 43, 46; t. 2, f. 43–45. Sp. cristatus, Geinitz, Dyas. Zechst. und das Roth. p. 88, t. 16, f. 8–11. Sp. octoplicata, Sow. Min. Con. p. 120, t. 562, f. 4.
— Jonesiana .... *King*	...	...	...	...	...	...		*Vide* S. multiplicata.
— multiplicata .... *Sow.*	...	...	...	•	•	...		*Spirifer*, Geol. Trans. 2 ser. vol. iii, p. 119, 1829. *Spirifer*, Howse, Trans. Tyneside Nat. Field Club, vol. i, p. 254, 1848. *Trigonotreta*, King, Mono. Brit. Perm. Foss. Pal. Soc. p. 129, t. 8, f. 15–18. *Sp. curvirostris*, De Vern. Bull. Soc. Géol. de France, vol. i, p. 28; ib. Geinitz, Dyas. Zechst. und das Roth. p. 89, t. 16, f. 12–16. Spiriferina, Dav. Mono. Brit. Perm. Brach. Pal. Soc. p. 19, t. 1, f. 41–44. *Trigonotreta Jonesiana*, King, Mono. Perm. Foss. Pal. Soc. p. 129, t. 8, f. 19.
Spirigera .... *D'Orbigny*, 1847	...	...	...	...	...	...		*Vide* Athyris; *Atrypa*, Min. Con.
STROPHOMENIDÆ.								
Streptorhynchus ... *King*, 1850								
Orthisina .... *D'Orbigny*								
Orthis .... *Dalman*, 1827 ...								
— pelargonatus ...... *Schloth*	...	...	...	•	•	...		*Terebratulites*, Donkschr. Akad. Münch. vol. vi, p. 28, t. 8, f. 21–24, 1816. *Spirifer minutus*, J. Sow. Trans. Geol. Soc. 2 ser. vol. iii, p. 119, 1829. *Orthis laspii*, Von Buch, Über Delthyris, p. 62, 1834. *Orthis*, Howse, Trans. Tyneside Nat. Field Club, vol. i, p. 255, 1848. Streptorhynchus, King, Mono. Brit. Perm. Foss. Pal. Soc. p. 108, t. 10, f. 18–28. Streptorhynchus, Dav. Mono. Brit. Perm. Brach. Pal. Soc. p. 32, t. 2, f. 31–42. *Orthis*, Geinitz, Dyas. Zechst. und das Roth. p. 92, t. 16, f. 26–34.
PRODUCTIDÆ.								
Strophalosia .... *King*, 1844								
Spondylus .... *Münster*, 1839 ...								
Orthis .... *Geinitz*, 1842 ...								
Leptænalosia ..... *King*, 1844								
? *Aulosteges* .... *Helmersen*, 1847								
Orthothrix .... *Geinitz*, 1848 ...								

PALÆOZOIC.   BRACHIOPODA.   PERMIAN.

SPECIES.	LOWER GROUP.				UPPER GROUP.			REFERENCES.
	Passage Beds.	Brachiopod.	Marl Slate.	Lower Limestone.	Middle Limestone.	Upper Limestone.	Pass sp.	
Strophalosia (*continued*).								
— cancrini .... *De Vern.*	...	...	...	...	...	...		*Vide* S. lamellosa.
— excavata .... *Geinitz*	...	...	...	...	...	...		*Vide* S. Lewisiana.
— Goldfussii .... *Münst.*	...	...	...	...	*	*	...	Spondylus, licitraga, vol. i, p. 43, t. 4, f. 3 a, b, 1819. Idem Zweite Auflage, p. 65, t. 4, f. 3a, b, 1843. *Productus*, Münst. De Koninck, Mono. du Genera Productus, p. 257, t. 11, f. 4 a-e; t. 15, f. 4 a, b, 1847. *Orthothrix*, Geinitz, Bull. Soc. Imp. des Nat. de Moscow XX, vol. ii, p. 86; ib. Versteinerungen, t. 5, f. 27, 28, ? 32, p. 14. Strophalosia, King, Mono. Brit. Perm. Foss. Pal. Soc. p. 96, t. 12, f. 1–12. Strophalosia, Dav. Mono. Brit. Perm. Brach. Pal. Soc. p. 39, t. 3, f. 1–10. Strophalosia, Geinitz, Dyas. Zechst. und das Roth. p. 96, t. 17, f. 21–29.
— lamellosa .... *Geinitz*	...	...	...	*	*	...	...	*Orthothrix*, Deutscher Zechst. Verstein. p. 14, t. 5, f. 16–26, 1848. Strophalosia lamellosa, Dyas. Zechst. und das Roth. p. 97, t. 18, f. 1–7. *Strophalosia Morrisiana*, King, Mono. Brit. Perm. Foss. Pal. Soc. p. 99, t. 12, f. 18–25, 27–32. *Leptaena cancrini*, M'Coy, Brit. Pal. Foss. p. 457. Strophalosia, Howse, Ann. Mag. Nat. Hist. vol. xix, 2 ser. p. 49, 1857. Strophalosia lamellosa, Dav. Mono. Brit. Perm. Brach. Pal. Soc. p. 44, t. 3, f. 24–41; ib. Ann. Mag. Nat. Hist. 1856, vol. xvii, p. 264.
— var. Lewisiana ... *De Kon.*	...	...	...	*	*	...	...	Mono. du Genera Productus, Mém. de la Soc. Roy. Liége, vol. iv, p. 263, t. 15, f. 5. *Orthothrix excavatus* (part), Geinitz, in Bull. de la Soc. Imp. des Nat. de Moscow XX, vol. ii, p. 85; ib. Zechst. Versteinerungen, p. 14, t. 5, f. 35–40; t. 6, f. 20, 21. Strophalosia excavata, Geinitz, Dyas. Zechst. und das Roth. p. 93, t. 17, f. 13–17. Strophalosia excavata, Geinitz, Dyas. Zechst. und das Roth. p. 93, t. 17, f. 1–19. Strophalosia Lewisiana, Dav. Mono. Brit. Perm. Brach. Pal. Soc. p. 43, t. 3, f. 19–23. *Productus spiriferus*, King, Cat. Org. Rem. Perm. Rocks, Durham, p. 8, 1848.
— Morrisiana .... *King*	...	...	...	...	*	...	...	*Vide* S. lamellosa.
— parva .... *King*	...	...	...	...	*	...	...	Mono. Brit. Perm. Foss. Pal. Soc. p. 102, t. 13, f. 33; var. of S. Goldfussii.
TEREBRATULIDÆ.								
Terebratula .... *Lhwyd*, 1699								
Semilunis .... *M'Coy*								
Epithyris .... *Phillips*, 1841								
Epithyris .... *King*, 1850								
Waldheimia ...... *King*								
Dielasma .... *King*								
— elongata .... *Schloth.*	...	...	...	*	*	*	...	*Terebratulites*, Akad. Münch. vol. iv, p. 27, t. 7, f. 7–14, 1816. T. elongatus et T. sufflatus, ib. Petrefactenkunde, p. 277. T. elongatus et complanatus, Schloth. *Epithyris*, King, Mono. Brit. Perm. Foss. Pal. Soc. p. 147, t. 6, f. 30–45. Terebratula, Dav. Mono. Brit. Perm. Brach. Pal. Soc. p. 9, t. 1, f. 5–7, 12–14, 18–22. Terebratula, Geinitz, Dyas. Zechst. und das Roth. p. 82, t. 15, f. 14–28. App. Dav. Carb. and Perm. Brach. p. 266, t. 54, f. 2–4.
— var. sufflata .... *Schloth.*	*	...	...	*	*	...	...	*Terebratulites*, Akad. Münch. vol. iv, p. 27, t. 7, f. 10, 11; ib. Petrefactenkunde, p. 277, 1820. T. elongata, Geinitz, Grundriss. d. Versteinerungen, p. 507, 508. *Epithyris*, King, Mono. Brit. Perm. Pal. Soc. p. 149, t. 7, f. 1–9. Terebratula, Dav. Mono. Brit. Perm. Brach. Pal. Soc. p. 10, t. 1, f. 8–11, 15–17, 21; t. 2, f. 2. *Tereb. sacculus*, Mart. Pet. Derb. t. 46, f. 1, 2. *Vide T. sacculus*, Carb. group.
Trigonotreta .... *Kœnig*, 1825								
— alata .... *Schloth.*	...	...	...	...	...	...		
— cristata .... *Schloth.*	...	...	...	...	...	...		
— multiplicata ...... *Sow.*	...	...	...	...	...	...		*Vide* Spirifera and Spiriferina.
— Jonesiana .... *King*	...	...	...	...	...	...		
— Permiana .... *King*	...	...	...	...	...	...		
— undulata .... *Sow.*	...	...	...	...	...	...		

PALÆOZOIC. CONCHIFERA. PERMIAN.

SPECIES.	Lower Group			Upper Group				REFERENCES.
	Pamage Beds.	Rothliegende.	Marl Slate.	Lower Limestone.	Middle Limestone.	Upper Limestone.	Foss up.	
Sub-Kingdom, MOLLUSCA.								
LAMELLIBRANCHIATA. Blainv.								
Class, *CONCHIFERA.* Lamarck.								
Pelecypoda. Goldfuss.								
Group, MONOMYARIA. Lamarck.								
MYTILIDÆ.								
Aucella.............. *Keyserling,* 1846								
Mytilus .... ⎫								
Myalina .... ⎬ (*pars*) *Auctorum*								
Modiola .... ⎭								
— Hausmanni .... *Goldf.*					•			*Mytilus,* Petrefact. Germaniæ, vol. ii, p. 168, t. 138, f. 4, 1837. *Myt. squamosus,* Sow. Trans. Geol. Soc. Lond. 2 ser. vol. iii, p. 120. *Myt. acuminatus,* Sow. Phill. Eucy. Geol. vol. i, p. 190, f. 2, 1837; ib. De Verneuil, Bull. Soc. Géol. de France, 2 ser. vol. i, p. 32, 1844. *Mytilus Hausmanni,* Goldf. Geinitz, Grundriss. d. Versteinerungen, p. 453, 1846; p. 9, 10, t. 4, f. 12, &c. *Mytilus squamosus,* Sow. King, Mono. Brit. Perm. Foss. Pal. Soc. p. 159, t. 14, f. 1–7. Ancella Hausmanni, Goldf. Geinitz, Dyas, Zechst. und das Roth. p. 72, 73, t. 14, f. 8–16.
AVICULIDÆ.								
Avicula .... *Klein,* 1753								
Monotis .... *Brown,* 1830								
— Garforthensis ...... *King*					?	•		Mono. Brit. Perm. Foss. Pal. Soc. p. 157, t. 13, f. 24.
— pinnæformis ...... *Geinitz*					•			Dyas. Zechst. und das Roth. p. 77, t. 14, f. 1–4. *P. prisca,* Howse.
— radialis .... *Phill.*								*Vide A.* speluncaria.
— speluncaria ...... *Schloth*				•	•			*Gryphites,* Akad. Münch. p. 30, t. 5, f. 1. *Ar. gryphæoides,* Sow. Trans. Geol. Soc. Lond. 2 ser. vol. iii, p. 119. Avicula, Geinitz Versteinerungen, p. 10, t. 4, f. 18, 19. *Monotis,* King, Mono. Brit. Perm. Foss. Pal. Soc. p. 155, t. 13, f. 5–21. Avicula speluncaria, Schloth, Geinitz, Dyas, Zechst. und das Roth. p. 74, t. 14, f. 5–7. *Avicula (monotis) radialis,* Phill, Ency. Met. vol. iv, t. 3, f. 5. King, Mono. Brit. Perm. Foss. Pal. Soc. p. 157, t. 13, f. 22, 23.
Bakevellia .... *King,* 1848								*Vide* Gervillia.
AVICULIDÆ.								
Gervillia .... *Defrance,* 1820...								
Bakevellia .... *King,* 1848								
Mytilus .... *Linnæus,* 1758 ...								
— antiqua............. *Münst.*				•	•	•		*Avicula,* Goldf. Petref. Germ. pt. 2, p. 126, t. 116, f. 7. *Avicula inflata, A. Binneyi, A. discors,* Brown, Trans. Manch. Geol. Soc. vol. i, p. 65, t. 4, f. 25, 28, 1841. Gervillia, Howse, Notes on the Perm. Syst. p. 29. *Bakevellia antiqua,* Münst. King, Mono. Brit. Perm. Foss. Pal. Soc. p. 168, t. 14, f. 28–34. Gerv. antiqua, Geinitz, Dyas, Zechst. und das Roth. p. 78, t. 14, f. 17–20; ib. Kirkby, Q. J. Geol. Soc. vol. xvii, p. 303.
— bicarinata .... *King*								*Vide G.* keratophyga.
— inflata .... *Brown*								*Vide G.* antiqua.
— keratophyga ...... *Schloth.*					•			*Mytilites,* Akad. Münch. vol. vi, p. 30, t. 5, f. 2. *Avicula* keratophyga, Goldf. Petrefacta, pt. 2, p. 126, t. 116, f. 6; ib. Howse, Trans. Tyneside Nat. Field Club, vol. i, p. 249, 1848. Gervillia, Howse, Notes on the Perm. Syst. p. 30, 1858. *Bakevellia,* King, Mono. Brit. Perm. Foss. Pal. Soc. p. 167, t. 14, f. 24–27. Gervillia, Geinitz, Dyas, Zechst. und das Roth. p. 77, t. 14, f. 21, 22. *B. bicarinata,* King, Mono. Perm. Foss. Pal. Soc. p. 170, t. 14, f. 41, 42.
— Sedgwickiana ...... *King*								*Bakevellia,* King, Mono. Brit. Perm. Foss. Pal. Soc. p. 171, t. 14, f. 38–40. Gervillia, Geinitz, Dyas, Zechst. und das Roth. p. 78, t. 14, f. 23–25.
— tumida............. *King*					•			*Bakevellia,* King, Mono. Brit. Perm. Foss. Pal. Soc. p. 170, t. 14, f. 35–37. *Avicula inflata,* Brown, Howse, Trans. Tyneside Nat. Field Club, vol. i, p. 250.

PALÆOZOIC.   CONCHIFERA.   PERMIAN.

SPECIES.	Pœnge Beds.	Rothliegende.	Marl Slate.	Lower Limestone.	Middle Limestone.	Upper Limestone.	Pass. sp.	REFERENCES.
Lima............ *Brug.* 1791								
— Permiana .... *King*					*		...	Mono. Brit. Perm. Foss. Pal. Soc. p. 154, t. 13, f. 4.
Monotis............ *Brown*, 1830	...	...	...	...	...	...		*Vide* Avicula.
PECTINIDÆ.								
Pecten .... *Linnæus*, 1758								
— pusillus .... *Schloth.*	...	...	...	...	*		...	*Discites*, Akad. Münch. vol. vi, p. 31, t. 6, f. 6, 1816; ib. Goldf. Petref. vol. ii, p. 72, t. 98, f. 8; ib. King, Mono. Brit. Perm. Foss. Pal. Soc. p. 153, t. 13, f. 1-3; ib. M'Coy, Brit. Pal. Foss. p. 477.
Pinna .... *Linnæus*, 1758								
— prisca .... *Münst.*	...	...	...	...	*		...	? Compressed Caulerpites selaginoides.
Sub-Kingdom, MOLLUSCA.								
LAMELLIBRANCHIATA.								
Class, *CONCHIFERA.* Lamarck.								
Pelecypoda. Goldfuss.								
Group, DIMYARIA. Lamarck.								
ANATINIDÆ.								
Allorisma .... *King*, 1844								
Myacites .... *Schloth.* 1820								
Hiatella ... *Fleming. Daudin*, 1801								
Sanguinolaria ... *Lam.* 1799								
— elegans............... *King*	...	...	...	...	*		...	De Verneuil, Bull. Soc. Géol. de France, 2 ser. vol. i, p. 30, 1844; ib. Ann. Mag. Nat. Hist. 1844, vol. xiv, p. 316. *Sanguinolites*, Howse, Trans. Tyneside Nat. Field Club, vol. i, p. 243, 1848. *Myacites lunulata*, ib. Notes on Perm. Strata, p. 37. A. elegans, King, Mono. Brit. Perm. Foss. Pal. Soc. p. 198, t. 16, f. 3-5. A. elegans, King, Geinitz, Dyas. Zechst. und das Roth. p. 57, t. 12, f. 14-17.
ARCIDÆ.								
Arca .... *Linnæus*, 1758								
Byssoarca .... *Swainson*, 1820								
— Kingiana............ *De Vern.*	...	...	...	...	*		...	Bull. Soc. Géol. de France, 2 ser. vol. i, p. 32, 1844. Geol. Russ. vol. i, p. 224; vol. ii, p. 313; t. 19, f. 11, 1845. *Byssoarca*, King, Mono. Brit. Perm. Foss. Pal. Soc. p. 174, t. 15, f. 10-12. *Macrodon*, King, Hist. Acc. of Inverteb. &c. p. 8, 1859. Arca Kingiana, Geinitz, Dyas. Zechst. und das Roth. p. 67, t. 13, f. 32.
— striata .... *Schloth.*	...	...	...	...	*		...	*Mytilites*, Denkschr. Akad. Münch. vol. vi, p. 31, t. 6, f. 3; ib. Petrefact. p. 298. *Cucullæa sulcata*, Sow. Trans. Geol. Soc. 2 scr. vol. iii, p. 119. *Macrodon*, Howse, Notes on the Perm. Syst. p. 32. *Macrodon striatus et tumidus*, King, Hist. Acc. of Inverteb. &c. p. 8. *Byssoarca*, King, Mono. Brit. Perm. Foss. Pal. Soc. p. 172, t. 15, f. 7-9. *Arca tumida*, Sow. Min. Con. vol. v, p. 116, t. 474, f. 3. *Byssoarca*, King, Mono. Brit. Perm. Foss. Pal. Soc. p. 173, t. 15, f. 1-5. Arca striata, Geinitz, Dyas. Zechst. und das Roth. p. 66, t. 13, f. 33-34.
— tumida............... *Sow.*	...	...	...	...	*		...	*Vide* A. striata.
ASTARTIDÆ.								
Astarte .... *Sowerby*, 1816								
Crassina .... *Lamarck*								
— Tunstallensis ...... *King*	...	...	...	...	*		...	Mono. Brit. Perm. Foss. Pal. Soc. p. 195, t. 16, f. 2. Howse, Notes on the Perm. Syst. p. 36.

365

PALÆOZOIC. CONCHIFERA. PERMIAN.

SPECIES.	LOWER GROUP.			UPPER GROUP.				REFERENCES.
	Pumage Beds.	Rothiegende.	Marl Slate.	Lower Limestone.	Middle Limestone.	Upper Limestone.	Pons sp.	
Astarte (*continued*).								
— Vallisneriana ...... *King*	...	...	...	•	...	...	...	Mono. Brit. Perm. Foss. Pal. Soc. p. 194, t. 16, f. 1; ib. Grünewaldt de Petref. Form. Calc. Cupr. p. 27, 42, f. 2; ib. Howse, Notes on the Perm. Syst. p. 35; ib. Geinitz, Dyas. und das Roth. p. 62, t. 12, f. 24-25.
Axinus .... Sowerby, 1821	...	...	...	...	...	...	...	*Vide* Schizodus, King.
Axinopsis .... Tate, 1868	...	...	...	...	...	...	...	*Vide* Schizodus.
Byssoarca	...	...	...	...	...	...	...	*Vide* Arca.
ANATINIDÆ.								
Cardiomorpha ...... *Koninck*, 1847 ...								
Cleidophorus ...... *Hall*, 1847								
? *Pleurophorus* ... *King*, 1848								
— *modioliformis* ...... *King*	...	...	...	...	...	...	...	*Vide* C. Pallasi.
— Pallasi .... *De Vern.*	...	...	...	•	...	...	...	*Modiola*, Bull. Soc. Géol. de France, vol. i, p. 32. *Mytilus*, Geol. Russ. and Urnl Mts. vol. ii, p. 316, t. 19, f. 16. Cardiom. *modioliformis*, King, Mono. Brit. Perm. Foss. Pal. Soc. p. 180, t. 14, f. 18-23. Cardiomorpha Pallasi, Howse, Notes on the Perm. Syst. p. 37, 1858. *Cleidophorus*, Geinitz, Dyas. Zechst. und das Roth. p. 70, t. 12, f. 29-31. *Myoconcha*, Howse, loc. cit.
Ctenodonta .... *Salter*, 1851	...	...	...	...	...	...	...	*Vide* Nucula.
ANATINIDÆ.								
Edmondia .... *De Koninck*, 1843								
Sanguinolaria ... *Auctorum*								
— *elongata*	...	...	...	...	...	...	...	*Vide* E. Murchisoniana.
— Murchisoniana ... *King*	...	...	...	•	...	...	...	Mono. Brit. Perm. Foss. Pal. Soc. p. 165, t. 14, f. 14-17. *Edmondia elongata*, Howse, Trans. Tyneside Nat. Field Club, vol. i, p. 243, 1848; ib. Mag. Nat. Hist. vol. xix, 1857, p. 312, t. 4, f. 10-13.
SOLEMYIDÆ.								
Janeia .... *King*, 1850	...	...	...	...	...	...	...	
— *biarmica* .... *De Vern.*	...	...	...	...	...	...	}	*Vide* Solemya.
— Phillipsiana ...... *King*	...	...	...	...	...	...		
NUCULIDÆ.								
Leda .... Schumacher, 1817								
Nucula .... *Auctorum*								
— speluncaria .... *Geinitz*	...	...	...	•	•	•	...	*Nucula*, Deutsch. Zechst. Versteinerungen, p. 9, t. 4, f. 6, 1848. *Nucula*, King, De Verneuil, Bull. Soc. Géol. de France, 2 sér. vol. i, p. 32, 1844. *Leda vinti*, King, Mono. Brit. Perm. Foss. Pal. Soc. p. 176, t. 15. f. 21, 32. Leda speluncaria, Howse, Notes on the Perm. Syst. p. 32; ib. Geinitz, Dyas. Zechst. und das Roth. p. 68, t. 13, f. 25-31.
— *vinti* .... *King*	...	...	...	...	...	...	...	*Vide* L. speluncaria.
Macrodon .... Lycett, 1845	...	...	...	...	...	...	...	*Vide* Arca.
ANATINIDÆ.								
Myacites .... Bronn, 1830								
Myopsis .... Agassiz, 1842 ...								
Pleuromya .... Agassiz, 1845								
Amphidesma ...... Lam. 1818								
— *elegans* .... *King*	...	...	...	...	...	...	...	*Vide* Allorisma.

PALÆOZOIC.   CONCHIFERA.   PERMIAN.

SPECIES.	Passage Beds	Rothliegende	Marl Slate	Lower Limestone	Middle Limestone	Upper Limestone	Boss sp.	REFERENCES.
MYTILIDÆ.								
Myalina .... *De Koninck*, 1844								
Aucella .... *Keyserling*, 1846								
— Hausmanni .... *Goldf.*			*	*	...	*	*	Petref. Germ. pt. 2, p. 168, t. 138, f. 4. *Mytilus squamosus*, Sow. Geol. Trans. 2 ser. vol. iii, p. 120; ib. Kirkby, Q. J. Geol. Soc. vol. xvii, p. 304; ib. King, Perm. Foss. p. 159, t. 14, f. 1-7. Myt. Hausmanni, Geinitz, Versteinerungen, t. 4, f. 9-11. *Myt. septifer*, King, Mono. Brit. Perm. Foss. Pal. Soc. t. 14, f. 8-13.
— squamosa .... *Sow.*			...	...	...	...		Vide M. Hausmanni.
? CYPRINIDÆ.								
Myoconcha .... *Sowerby*, 1825								
— costata .... *Brown*			*	*	*			*Arca*, Trans. Manch. Geol. Soc. vol. i, p. 32, t. 6, f. 34, 35. *Cardita*, Murchisoni, Geinitz, Versteinerungen, t. 6, f. 1-5. Myoconcha, Howse, Ann. Mag. Nat. Hist. vol. xix, 2 ser. p. 34, 1857.
— modioliformis			...	...	...			Vide Cardiomorpha Pallasi.
MYTILIDÆ.								
Mytilus .... *Linnæus*, 1758								
— septifer .... *King*			...	...	*	*		Mono. Brit. Perm. Foss. Pal. Soc. p. 161, t. 14, f. 6-13. M. Hausmanni, Goldf. Geinitz, Versteinerungen, t. 4, f. 14, 1848.
— squamosus .... *Sow.*								Trans. Geol. Soc. Lond. 2 ser. vol. iii, p. 120. M. Hausmanni, Goldf. Geinitz, Versteinerungen, p. 9, 10, t. 4, f. 12, &c.
NUCULIDÆ.								
Nucula .... *Lamarck*, 1801								
Ctenodonta .... *Salter*, 1851								
— Beyrichi .... *Schaur.*			...	...	*			Zeitschr. d. Deutsch. Geol. Ges. vol. vi, p. 551, t. 21, f. 4. *Nucula Tateiana*, King, Mono. Brit. Perm. Foss. Pal. Soc. p. 175. N. Beyrichi, Geinitz, Dyas. Zechst. und das Roth. p. 67, t. 13, f. 22-24.
— Tateiana .... *King*			...	...	...			Vide N. Beyrichi.
CYPRINIDÆ.								
Pleurophorus .... *King*, 1848								
— costatus .... *Brown*			...	...	*			*Arca*, Trans. Manch. Geol. Soc. vol. i, p. 66, t. 6, f. 34, 35. *Modiola costata*, De Verneuil, Bull. Soc. Géol. de France, 2 ser. vol. i, p. 32, 1844. *Cypricardia Murchisoni*, Geinitz, Deutsch. Zechst. Vorst. p. 9, t. 4, f. 1-5. *Myoconcha costata*, Howse, Trans. Tyneside Nat. Field Club, vol. i, p. 245, 1848; ib. Notes on the Perm. Syst. p. 12, 36, 1858. *Cleidophorus*, Suhnnroth, Zeitschr. d. Deutsch. Geol. Ges. vol. viii, p. 229, t. 11, f. 2. P. costatus, King, Mono. Brit. Perm. Foss. Pal. Soc. p. 181, t. 15, f. 13-30; ib. Geinitz, Dyas. Zechst. und das Roth. p. 71, t. 12, f. 32-35.
Psammobia .... *Lamarck*, 1818			...	...	...			Vide Tellina.
TRIGONIADÆ.								
Schizodus .... *King*, 1844								
Axinus .... *Sowerby*, 1821								
Myophoria .... *Bronn*, 1835								
Sedgwickia (pars) *M'Coy*, 1844								
Axinopsis .... *Tate*, 1868								
— dubius .... *Schloth.*			...	...	*			*Tellinites*, Akad. Münch. vol. iv, p. 31, t. 6, f. 4, 5, 1816. *Axinus obscurus*, ? Sow. Min. Con. vol. iv, p. 12, t. 314; ib. Trans. Geol. Soc. 2 ser. vol. iii, p 119, 1829. S. truncatus, King (part), Catalogue, p. 21. *Axinus*, Kirkby, Q. J. Geol. Soc. vol. xvii, p. 305, t. 7, f. 11, 12. *Axinus*, Howse. Notes on the Perm Syst. p. 11-34. *Lyonsia dubia*, D'Orb. Prod. de Pal. Strata, vol. i, p. 164. *Myophoria obscura*, Grünewaldt de Petref. Form. Calc. Cupr. p. 21, 2 Theil. *Axinus dubius*, Howse, Notes on the Perm. Syst. p. 11, 34. ? *A. elongatus*, *productus*, *undatus*, *pusillus*, *parvus*, and *Lucina minima*, Brown.

PALÆOZOIC.   CONCHIFERA.   PERMIAN.

SPECIES.	Passage Beds.	Rothliegende.	Marl Slate.	Lower Limestone.	Middle Limestone.	Upper Limestone.	Pass up.	REFERENCES.
Schizodus (*continued*).								
— obscurus .... *Sow.*					•	•	...	*Axinus*, Min. Con. vol. iv, p. 12, t. 314. Axinus, Howse, Trans. Tyneside Nat. Field Club, vol. i, p. 246. Schizodus, King, Mono. Brit. Perm. Foss. Pal. Soc. p. 189, t. 15, f. 23, 24. Schizodus, Geinitz, Dyas. Zechst. und das Roth. p. 65, t. 13, f. 13-21. *Axinus parvus, A. undatus*, Brown, Trans. Manch. Geol. Soc. vol. i, t. 6,
— Schlotheimi .... *Geinitz*						•	...	*Tellinites* dubius, Schloth. Akad. München. vol. iv, p. 31, t. 6, f. 4, 5. *Cucullæa Schlotheimi*, Geinitz, Mitth. aus dem Osterlande, Altenburg, vol. v, p. 74. Leonhard and Bronn, Jahrb. p. 638, t. 11, f. 6. *Corbula*, Geinitz, Grundriss d. Versteinerungen, p. 414, t. 19, f. 12. Schizodus, Schlotheimi, Geinitz, Versteinerungen, p. 8, 9, t. 3, f. 12-22; ib. Dyas. Zechst. und das Roth. p. 64, t. 13, f. 7-12. Schizodus, King, Mono. Brit. Perm. Foss. Pal. Soc. p. 191, t. 15, f. 31, 32?
— rotundatus .... *Brown*			•				...	*Axinus*, Trans. Manch. Geol. Soc. vol. i, p. 31, t. 6, f. 29. *A. pusillus*, ib. p. 31, t. 6, f. 32. Schizodus, King, Mono. Brit. Perm. Foss. Pal. Soc. p. 190, t. 15, f. 30.
— truncatus .... *King*					•		...	*Axinus*, King, De Verneuil, Bull. Soc. Géol. de France, 2 ser. vol. i, p. 31, 1844. Axinus truncatus, Howse, Trans. Tyneside Nat. Field Club, vol. i, p. 245, 246, 1848; ib. Notes on the Perm. Syst. p. 11-34. Schizodus, King, Mono. Brit. Perm. Foss. Pal. Soc. p. 193, t. 15, f. 25-29.
SOLEMYIDÆ.								
Solemya .... *Lamarck*, 1817...								
„ *Deshayes*, 1843 ...								
Solenomya .... *Bronn*								
— abnormis .... *Howse*				•	•		...	Ann. Mag. Nat. Hist. vol. xix, 1857, p. 309, t. 4, f. 8, 9. ? *S. biarmica*, De Veru.
— biarmica .... *De Vern.*								Bull. Soc. Géol. de France, 2 ser. vol. i, p. 30, 1840. Geol. Russ. vol. i, p. 223, vol. ii, p. 294, t. 19, f. 4. *Periploma*, D'Orb. Prod. de Strat. vol. i, p. 164. *Lyonsia biarmica*, ib. p. 164. *Solemya abnormis*, Howse, Ann. Mag. Nat. Hist. 1857, p. 309, t. 4, f. 8, 9. S. biarmica, ib. Notes on the Perm. Syst. p. 34, t. 11, f. 8, 9. Jancia, King, Mono. Brit. Perm. Foss. Pal. Soc. p. 178, t. 16, f. 7. Solemya biarmica, Geinitz, Dyas. Zechst. und das Roth. p. 60, t. 12, f. 18, 19.
— normalis .... *Howse*				•	•		...	Trans. Tyneside Nat. Field Club, vol. i, p. 244, 1848; ib. Notes on the Perm. Syst. p. 33, t. 11, f. 7, 1858. S. normalis, Geinitz, Dyas. Zechst. und das Roth. p. 61, t. 12, f. 20-21; ib. Howse, Ann. Mag. Nat. Hist. vol. xix, 1857, p. 308, t. 4, f. 7.
— Phillipsiana........ *King*					•		...	*Jancia*, King, Mono. Brit. Perm. Foss. Pal. Soc. p. 179, t. 16, f. 8. ? *S. normalis*, Howse.
TELLINIDÆ.								
Tellina .... *Linnæus*, 1758 ...								
— Dunelmensis ...... *Howse*				•	•		...	Trans. Tyneside Nat. Field Club, vol. i, p. 243, 1848; ib. Notes on the Perm. Syst. p. 39, t. 11, f. 14, 15, 1858. *Psammobia subpapyracea*, King, Mono. Brit. Perm. Foss. Pal. Soc. p. 200, t. 16, f. 6. T. Dunelmensis, Howse, Ann. Mag. Nat. Hist. 1857, t. 19, p. 312, t. 4, f. 14, 15.
— subpapyracea ..... *King*							...	*Vide* T. Dunelmensis.

PALÆOZOIC.   PTEROPODA.   PERMIAN.

PTEROPODA.

SPECIES.	LOWER GROUP.			UPPER GROUP.			REFERENCES.
	Passage Beds.	Rothliegende.	Marl Slate.	Lower Limestone.	Middle Limestone.	Upper Limestone.	Pass up.	

Sub-Kingdom, MOLLUSCA.
Class, *PTEROPODA.* Cuvier.
Aporobranchiata. Blainville.
HYALEIDÆ.
Theca .... *Sowerby* ....
       Morris, 1844 ....
Pugiunculus ...... *Barrande,* 1847
— Kirkbyi .... *Howse* .... • ..... Ann. Mag. Nat. Hist. vol. xix, 1857, p. 39; p. 472, t. 4, f. 27, restored figure: ib. Notes on the Perm. Syst. p. 52, t. 11, f. 27.

GASTEROPODA.

SPECIES.	Passage Beds.	Rothliegende.	Marl Slate.	Lower Limestone.	Middle Limestone.	Upper Limestone.	Pass up.	REFERENCES.

Sub-Kingdom, MOLLUSCA.
Province, ODONTOPHORA.
Class, *GASTEROPODA.*
CALYPTRÆIDÆ.
Calyptræa .... *Lamarouz,* 1801
Infundibulum ...... *Montf.* 1810 ......
— antiqua............ *Howse* .... • ..... Trans. Tyneside Nat. Field Club, vol. i, p. 241; ib. Ann. Mag. Nat. Hist. 1857, vol. xix, p. 464, t. 4, f. 16, 17. Patella Holleboeni, Schau. Ein. Beitrag. p. 557, t. 21, f. 8.

PYRAMIDELLIDÆ.
Chemnitzia .... *D'Orbigny,* 1839
— Roessleri .... *Geinitz* .... *Vide* Turbonilla.

CHITONIDÆ.
Chiton .... *Linnæus,* 1758 ...
— cordatus .... *Kirkby* .... • ... ▲ Q. J. Geol. Soc. vol. xv, p. 616, t. 16, f. 24–27, 34, 35? 1859; ib. Geol. Mag. vol. iv, p. 341, t. 16, f. 10, 11.
— Howseanus .... *Kirkby* .... • ..... Q. J. Geol. Soc. vol. xiii, p. 216, t. 7, f. 9–13; ib. vol. xv, p. 615, t. 16, f. 42–53. C. Howseanus, Geinitz, Dyas. Zechst. und das Roth. p. 54, woodcut 7, f. 1–9.
— Loftusianus......... *King* .... • ..... Ann. Mag. Nat. Hist. vol. xiv, p. 382, 1844. Charlesw. Lond. Jour. vol. i, p. 10; ib. King, Cat. Org. Rem. Perm. Rocks, p. 12. C. Loftusianus, King, Mono. Brit. Perm. Foss. p. 202, t. 16, f. 9–14; ib. Kirkby, Q. J. Geol. Soc. vol. xv, 1859, p. 611, t. 16, f. 31–41; ib. Geinitz, Dyas, Zechst. und das Roth. p. 53, woodcut 6, f. 1–10; ib. Geol. Mag. vol. iv, p. 340, t. 16, f. 17.

PALÆOZOIC.   GASTEROPODA.   PERMIAN.

SPECIES.	Passage Beds.	Rothliegende.	Marl Slate.	Lower Limestone.	Middle Limestone.	Upper Limestone.	Pass up.	REFERENCES.
CHITONIDÆ.								
Chitonellus .... *Lamarck*, 1819								
— antiquus .... *Howse*					*			*Calyptræa antiqua,* Howse, Cat. Perm. Foss. p. 24; ib. Trans. Tyneside Nat. Field Club, vol. i, p. 242; ib. Ann. Mag. Nat. Hist. 2 ser. vol. xix, p. 464, t. 4, f. 16, 17. Chitonellus, Q. J. Geol. Soc. 1859, vol xv, p. 619, t. 16, f. 15-23; ib. Geinitz, Dyas. Zechst. und das Roth. p. 15, woodcut 8, f. 1–3.
— distortus .... *Kirkby*					*			Q. J. Geol. Soc. 1859, vol. xv, p. 623, t. 16, f. 28–30. Geinitz, Dyas. p. 56, woodcut 8; p. 55, f. 10.
— Haucockianus .... *Kirkby*					*			Q. J. Geol. Soc. 1859, vol. xv, p. 621, t. 16, f. 1–13; ib. Geinitz, Dyas. Zechst. und das Roth. p. 56, woodcut 8; p. 55, f. 4–9.
— subantiquus ...... *Kirkby*					*			Geol. Mag. vol. iv, p. 341, t. 16, f. 12, 13.
DENTALIADÆ.								
Dentalium .... *Linnæus*, 1740								
— Sorbyi .... *King*					*			Mono. Brit. Perm. Foss. Pal. Soc. p. 218. Dentalium *Speyeri*, Geinitz, Howse, Notes on the Perm. Syst. p. 50, 1858. *D. Speyeri,* Geinitz, Über den Zechst. Wetterau, 1851; ib. Jahres. der Wetterau Gesell. 1850–51, p. 198. D. Sorbyi, Geinitz, Dyas. *D. Speyeri,* Dyas. Zechst. und das Roth. p. 57, t. 12, f. 7–13. D. Sorbyi, Kirkby, Q. J. Geol. Soc. vol. xvii, p. 302.
— Speyeri .... *Geinitz*								*Vide* D. Sorbyi.
Eulima .... *Risso*, 1826								
— symmetrica ...... *King*								*Vide* Macrocheilus.
Eulima symmetrica ... *Howse*								*Vide* Turbonilla symmetrica.
Euomphalus .... *Sowerby*, 1814								*Vide* Straparollus (Montf.).
Littorina .... *Ferussac*, 1821								
— helicina .... *Howse*								*Vide* Straparollus Permianus and Natica minima, Brown.
— Hercynica .... *Geinitz*								*Vide* Natica Leibnitziana, King.
Loxonema .... *Phillips*, 1841								
— fasciata .... *King*								*Vide* Turbonilla Phillipsii.
— Geinitziana ...... *King*								*Vide* Turbonilla Phillipsii.
— Swedenborgiana ... *King*								*Vide* Turbonilla (*Chemnitzia*) Rœssleri.
Macrocheilus .... *Phillips*, 1841								
Buccinum .... *Sp.*								
— symmetricus ...... *King*								*Vide* Turbonilla.
NATICIDÆ.								
Natica .... *Adanson*, 1757								
— Hercynica .... *Geinitz*								*Vide* N. Leibnitziana.
— Leibnitziana ...... *King*					*			Mono. Brit. Perm. Foss. Pal. Soc. p. 212, t. 16, f. 27, 28. *N. Hercynica,* Geinitz, Deutsch. Zechst. p. 7, t. 3, f. 11–13.
— minima .... *Brown*				*	*			Trans. Manch. Geol. Soc. vol. i, p. 64, t. 6, f. 22–24. Kirkby, Q. J. Geol. Soc. 1861, p. 362, t. 7, f. 7, 8. Natica minima, Brown, Geinitz, Dyas. Zechst. und das Roth. p. 50, t. 11, f. 20–22. ? Cast of *Rissoa obtusa. Natica Hercynica,* Geinitz, Deutsch. Zechst. p. 7, t. 3, f. 11–13.
HALIOTIDÆ.								
Pleurotomaria ...... *De France*, 1825								
Scissurella .... *D'Orbigny*, 1823								
— antrina .... *Schloth.*					*			*Tochilites* antrinus, Schloth. Denks. der K. Akad. Wissen. München, vol. vi, p. 32, t. 7, f. 6, 1816. P. *Sedgwickiana,* Howse, Trans. Tyneside Nat. Field Club, vol. i, p. 238. P. *Tunstallensis,* King, Mono. Brit. Perm. Foss. Pal. Soc. p. 216, t. 17, f. 3–5. P. antrina, Howse, Notes on the Perm. Syst. p. 49, t. 11, f. 21–25, 1858. P. antrina, Geinitz, Dyas. Zechst. und das Roth. p. 31, woodcut, f. 5. P. antrina, Howse, Ann. Mag. Nat. Hist. 1857, vol. xix, p. 470, t. 6, f. 21.

GASTEROPODA

SPECIES.	Passage Beds.	Rothliegende.	Marl Slate.	Lower Limestone.	Middle Limestone.	Upper Limestone.	Pass up.	REFERENCES.
Pleurotomaria (*continued*).								
— Linkiana .... *King*					•			*Vide* P. penen.
— nodulosa .... *King*					•			*Vide* P. Verneuili.
— penca .... *Verneuil*					•			Bull. Soc. Géol. de France, vol. i, p. 35; ib. Howse, Trans. Tyneside Nat. Field Club, vol. i, p. 238, 1848. *P. Linkiana*, King, Mono. Brit. Perm. Foss. Pal. Soc. p. 217, t. 17, f. 7, 8. *P. penca*, Geinitz, Dyas. p 52.
— Tunstallensis ...... *King*					•			*Vide* P. antrina.
— Verneuili .... *Geinitz*					•			Verstein. deutsch. Zechsteingebirges, p. 7, t. 3, f. 18. *P. nodulosa*, King, Mono. Brit. Perm. Foss. l'al. Soc p. 216, t. 17, f. 9. *P. Verneuili*, Howse, Notes on the Perm. Syst. p. 49; ib. Geinitz, Dyas. Zechst. und das Roth. p. 52, t. 12, f. 7-10.
LITTORINIDÆ.								
Rissoa .... *Freminville*, 1814								
— Gibsoni .... *Brown*								*Vide* R. Leighi.
— Leighi .... *Brown*					•			Trans. Manch. Geol. Soc. vol. i, p. 64, t. 6, f. 9-11. *R. Gibsoni*, Brown, Trans. Manch. Geol. Soc. vol. i, p. 64, t. 6, f. 15-17. *R. pusilla?* Brown, op. cit. p. 63, t. 4, f. 6-8; and *vide* Geinitz, Dyas. p. 48. R. Leighi, Q. J. Geol. Soc. 1861, p. 300, t. 17, f. 1-6.
— minutissima ...... *Brown*								*Vide* Turbo obtusus.
— obtusa .... *Brown*								*Vide* Turbo.
— pusilla .... *Brown*								*Vide* R. Leighi.
TURBINIDÆ.								
Straparollus .... *Montfort*, 1810								
Euomphalus ...... *Sowerby*, 1814								
— Permianus .... *King*					•			*Euomphalus*, King, Mono. Perm. Moll. Pal Soc. p. 211, t. 17, f. 10-12. Straparollus Permianus, King, Hist. and Account of Invertebrata, p. 8, 1859. S. Permianus, Geinitz, Dyas. Zechst. und das Roth. p. 51, t. 11, f. 23, 24. *Littorina Hercynica*, Howse, Notes on the Perm. Syst. p. 13; ib. p. 48.
Theca .... *Sowerby, Morris*, 1854								
Pugiunculus ...... *Barrande*, 1847								
— Kirkbyi .... *Howse*					•			Ann. Mag. Nat. Hist. vol. xix, 2 ser. p. 39, t. 4, f. 27; ib. Notes on the Perm. Syst. p. 51, t. 11, f. 27.
TURBINIDÆ.								
Turbo .... *Linnæus*, 1758								
Littorina .... *Auct.*								
— helicinus .... *Schloth.*					•	•		*Trochilites* helicinus, Petrefactenkunde, p. 161, 1820. T. *Mancuniensis*, Brown, Trans. Manch. Geol. Soc. vol. i, p. 63, t. 6, f. 1-3, 1841. *T. minutus*, ib. f. 4, 5. *T. Meyeri*, Mün. Goldf. Pet. Germ. vol. iii, p. 91, t. 192, f. 3. *Lit.* helicinus, Howse, Notes on the Perm. Syst. p. 13—46. T. helicinus, Geinitz, Dyas. Zechst. und das Roth. p. 49, t. 12, f. 3, 4. *Littorina* helicina, Howse, Ann. Mag. Nat. Hist. 1857, vol. xix, p. 468, t. 4, f. 19, 20.
— Mancuniensis ...... *Brown*					•			*Vide* T. helicinus.
— minutus .... *Brown*								*Vide* T. helicinus.
— obtusus .... *Brown*					•			*Rissoa*, Trans. Manch. Geol. Soc. vol. i, p. 64, t. 6, f. 19-21. *R. minutissima*, Brown, ib. p. 64, t. 6, f. 12-14. *R. obtusa*, King, Mono. Brit. Perm. Foss. p. 207, t. 16, f. 18. Turbo obtusus, Geinitz, Dyas. Zechst. und das Roth. p. 48, t. 11, f. 16, 17 (18? 19?).
— Permianus .... *King*					•			Catalogue, p. 13, 1848. Mono. Brit. Perm. Moll. &c. Pal. Soc. p. 206, t. 16, f. 16.
— Taylorianus ...... *King*					•			Mono. Brit. Perm. Foss. Pal. Soc. p. 207, t. 16, f. 15, 26. *Littorina helicina*, Howse, Notes on the Perm. Syst. p. 13, 1858. T. Taylorianus, Geinitz, Dyas. Zechst. und das Roth. p. 50, woodcut, f. 4 a, b, c.
— Thomsonianus ...... *King*					•			Catalogue, p. 13, 1848. *Littorina Tunstallensis*, Howse, Trans. Tyneside Nat. Field Club, vol. i, p. 240, 1848. T. Thomsonianus, King, Mono. Brit. Perm. Foss. Pal. Soc. p. 206, t. 16, f. 23, 24. ? Var. of Turbo helicinus.

PALÆOZOIC.   GASTEROPODA.   PERMIAN.

SPECIES.	Passage Beds	Rothiegende	Marl Slate	Lower Limestone	Middle Limestone	Upper Limestone	Pans up.	REFERENCES.
TURBINIDÆ.								
Turbonilla .... (*Leach*), *Risso*, 1826								
Chemnitzia .... *D'Orbigny*, 1839								
Loxonema .... *Phillips*, 1841 ...								
— Altenburgensis ... *Geinitz*	...	...	...	...	*	...	...	Verstein. deutsch. Zechst. p. 7, t. 3, f. 9, 10. *Turritella* Altenburgensis, Kirkby, Q. J. Geol. Soc. 1861, vol. xvii, p. 300, t. 7, f. 9, 10. *Rissoa Altenburgensis*, King, Geol. Soc. Dublin, vol. vii, p. 11, t. 1, f. 10, 11. Turbonilla, Geinitz, Dyas. Zechst. und das Roth. p. 48, f. 14, 15. *Loxonema fasciata*, King? Chemnitzia, Howse, Ann. Mag. Nat. Hist. 1857, vol. xix, p. 466, t. 4, f. 18.
— Phillipsii .... *Howse*	...	...	...	...	*	...	...	*Turritella*, Trans. Tyneside Nat. Field Club, vol. i, p. 240, 241, 1848. *Loxonema fasciata*, King, Cat. p. 13; ib. Mono. Brit. Perm. Foss. p. 209, t. 16, f. 30. *Lox. Geinitziana*, King, Mono. Brit. Perm. Foss. Pal. Soc. p. 210, t. 16, f. 31. Turbonilla, Geinitz, Dyas. Zechst. und das Roth. p. 47, t. 11, f. 11–13. *These may be the T. Altenburgensis of Geinitz.* *Turritella Tunstallensis*, Howse, Trans. Tyneside Nat. Field Club, vol. i, p. 3, 240, 241. *Chemnitzia Altenburgensis*, Howse.
— Roessleri .... *Geinitz*	...	...	...	...	*	...	...	Jahresber. d. Wetterau. Gesell. 1850–51. p. 198. *Loxonema Roessleri*, Schauroth, Zeitschr. d. deutsch. Geol. Gesell. vol. vi, p. 559, t. 21, f. 9. *Loxonema Swedenborgiana*, King, Mono. Brit. Perm. Foss. Pal. Soc. p. 210. *Chemnitzia Roessleri*, Kirkby, Q. J. Geol. Soc. 1857, vol. xiii, p. 216, t. 7, f. 8. Turbonilla, Geinitz, Dyas. Zechst. und das Roth. p. 47, t. 11, f. 9, 10. Chem. Roessleri, Howse, Trans. Tyneside Nat. Field Club, vol. i, p. 241; ib. Ann. Mag. Nat. Hist. 1857, vol. xix, p. 465.
— symmetrica .... *Howse*	...	...	...	...	*	...	...	*Eulima*, Trans. Tyneside Nat. Field Club, vol. i, p. 241; ib. Notes on the Perm. Syst. p. 41, 1858. *Macrocheilus*, King, Cat. p. 12; ib. Mono. Brit. Perm. Foss. Pal. Soc. p. 211, t. 16, f. 32, 33. *Turbonilla symmetrica*, Geinitz, Dyas. Zechst. und das Roth. p. 46, woodcut 3 a, b.
Turritella .... *Lamarous*, 1801								
Altenburgensis ... *Geinitz*	...	...	...	...	...	...	...	*Vide* Turbonilla.
Tunstallensis ...... *Howse*	...	...	...	...	...	...	...	*Vide* Turbonilla Phillipsii.

CEPHALOPODA.

SPECIES.	Passage Beds	Rothiegende	Marl Slate	Lower Limestone	Middle Limestone	Upper Limestone	Pans up.	REFERENCES.
Sub-Kingdom, MOLLUSCA.								
ODONTOPHORA.								
Class, *CEPHALOPODA*. Cuvier, 1798.								
Cephalophora. Blainville.								
NAUTILIDÆ.								
Nautilus .... *Linnaeus*, *Breyn*, 1732								
— Bowerbankianus... *King*	...	...	...	...	*	...	...	*Vide* N. Frieslebeni.

PALÆOZOIC.   CEPHALOPODA.   PERMIAN.

SPECIES.	LOWER GROUP.			UPPER GROUP.		REFERENCES.
	Passage Beds.	Rothliegende.	Marl Slate.	Lower Limestone.	Middle Limestone. Upper Limestone. Plate up.	
Nautilus (*continued*).						
— Frieslebeni .... *Geinitz*			•	• •	..	Leonhard and Bronn, Neues Jahrbuch, p. 637, t. 11, f. 1; Ib. Versteln. d. deutsch. Zechst. p. 6, t. 3, f. 7. N. Friesleben, Howse, Trans. Tyneside Nat. Field Club, vol. i, pt. 3, p. 237, 1848; Ib. Ann. Mag. Nat. Hist. vol. xix, p. 38, t. 4, f. 26; Ib. Notes on the Perm. Syst. Northum. and Durham, p. 51, t. 1, f. 26. N. Frieslebeni and *N. Bowerbankianus*, King, Mono. Brit. Perm. Foss. Pal. Soc. p. 219, 220, t. 17, f. 13-20. N. Friesleben, Geinitz, Dyas. Zechst. und das Roth. p. 42, t. 11, f. 7; Ib. Howse, Ann. Mag. Nat. Hist. 1859, vol. xix, p. 471, t. 4, f. 26.

PISCES.

SPECIES.	Passage Beds.	Rothliegende.	Marl Slate.	Lower Limestone.	Middle Limestone.	Upper Limestone. Plate up.	REFERENCES.
Sub-Kingdom, VERTEBRATA.							
ICHTHYOPSIDIA.							
Class, *PISCES*.							
SAUROIDEI.							
Acrolepis .... *Agassiz*, 1835 ...			•	•	..	..	Poiss. Foss. vol. ii, pt. 2, p. 80, 81, t. 52; Ib. Egerton, King, Mono. Brit. Perm. Foss. Pal. Soc. p. 234, t. 25, f. 1 a, b, c; Ib. Geinitz, Dyas. Zechst. und das Roth. p. 13; Ib. Kirkby, Ann. Mag. Nat. Hist. 3 ser. vol. ix, p. 269. *Vide* Kirkby, Q. J. Geol. Soc. vol. xx, 1864, p. 350; ib. Nat. Hist. Trans. Northumb. and Durham, vol. i, p. 72, 1865.
— Sedgwickii .... *Ag.*							
CŒLACANTHINI.							
Cœlacanthus .... *Agassiz*, 1836 ...							
— caudalis .... *Egert.*............			•	....	..	..	King, Mono. Brit. Perm. Foss. Pal. Soc. p. 236, t. 26, f. 2; ib. Geinitz, Dyas. Zechst. und das Roth. p. 8. Huxley, Mem. Geol. Soc. Dec. XII, p. 21, t. 5, f. 5, 1866.
— granulosus .... *Ag.*...............			•	....	..	..	Poiss. Foss. vol. ii, pt. 2, p. 172, 173, t. 62, 1839. C. granulatus, Egerton, King, Mono. Brit. Perm. Foss. Pal. Soc. p. 235, t. 28°. Huxley, Mem. Geol. Soc. Dec. XII, p. 12, 1866. (*Note.*)
PYCNODONTIDÆ ?							
Dorypterus........... *Germar*, 1842 ...							
— Hoffmannii .... *Germar*			•	....	..	..	Münst. Beiträge zur Petrefac. vol. v, p. 35, 37, t. 14, f. 4; Ib. Hancock and Howse, Q. J. Geol. Soc. vol. xxvi, p. 623, t. 42, 43.
PYCNODONTIDÆ.							
Eurysomus .... *Young*, 1866 ...							*Vide* Platysomus.
CESTRACIONTIDÆ.							
Gyracanthus .... *Agassis*, 1837 ...							
— formosus ? .... *Ag.*			•	....	..	..	Poiss. Foss. vol. iii, p. 17, t. 5, f. 4, 8. King, Mono. Brit. Perm. Foss. Pal. Soc. p. 221.
CESTRACIONTIDÆ.							
Gyropristis .... *Agassis*, 1843 ...							
— obliquus .... *Ag.*			•	....	..	..	Poiss. Foss. vol. iii, p. 177. De Verneuil, Bull. Soc. Géol. de France, 2 ser. vol. i, p. 38. King, Mono. Brit. Perm. Foss. Pal. Soc. p. 222.

PALÆOZOIC.   PISCES.   PERMIAN.

SPECIES.	Passage Beds.	Rothliegende.	Marl Slate.	Lower Limestone.	Middle Limestone.	Upper Limestone.	Pass. up.	REFERENCES.
LEPIDOSTEI.								
Palæoniscus .... *Agassiz*, 1833 ...								
Clupea............... *Linn.*								
Palæothrissum ... *Blainville*, 1818								
Palæoniscum ...... *Blainville*, 1818								
— Altsii .... *Kirkby*						•		Ann. Mag. Nat. Hist. 3 ser. vol. ix, p. 268; ib. Q. J. Geol. Soc. vol. xx, p. 355, t. 18, f. 3, 1864; ib. Trans. Nat. Hist. Soc. Northumb. and Durham, vol. i, p. 78, t. 9, f. 3.
— altus .... *Kirkby*						•		Q. J. Geol. Soc. vol. xx, p. 356, t. 17, f. 1, 1864. P. latus, Kirkby, Ann. Mag. Nat. Hist. 3 ser. vol. ix, p. 268; ib. Nat. Hist. Soc. Northumb. and Durham, p. 80, t. 9, f. 1.
— angustus .... *Ag.*						•		Kirkby, Q. J. Geol. Soc. vol. xx, p. 356.
— catopterus .... *Ag.*		•						Proceed. Geol. Soc. vol. ii, p. 206, 1835; ib. Poiss. Foss. vol. ii, p. 104, t. 4 b, f. 1, 2; ib. King, Mono. Brit. Perm. Foss. Pal. Soc. p. 226.
— comptus .... *Ag.*		•						Poiss. Foss. vol. ii, pt. 1, p. 97, t. 10 b, f. 1–3. Palæothrissum *magnum*, Blainv. Trans. Geol. Soc. Lond. 2 ser. vol. iii, p. 117, t. 8, f. 1, 2. *P. macrocephalum*, ib. t. 9, f. 2; ib. Phill. Ency. Metro. Geol. vol. vi, p. 610, t. 3, f. 9. King, Mono. Brit. Perm. Foss. Pal. Soc. p. 223, t. 21, f. 1 a, b; ib. Giebel, Fauna d. Vorw. vol. i, 3 ser. p. 245. Geinitz, Dyas. Zechst. und das Roth. p. 17.
— elegans .... *Sedg.*				•				*Palæothrissum*, Trans. Geol. Soc. Lond. 2 ser. vol. iii, p. 117, t. 9, f. 1. Palæoniscus, Ag. Poiss. Foss. vol. ii, p. 95, t. 10 b, f. 4, 5; ib. King, Mono. Brit. Perm. Foss. Pal. Soc. p. 223, t. 23, f. 1; ib. Geinitz, Dyas. Zechst. und das Roth. p. 16, t. 7, f. 2; ib. Giebel, Fauna d. Vorw. vol. i, 3 ser. p. 246.
— Frieslebeni .... *Blainville, Ag.* ...		•						Poiss. Foss. vol. ii, p. 66, t. 11, 12; ib. Geinitz, Dyas. Zechst. und das Roth p. 15, t. 6, f. 4–7; t. 7, f. 1; ib. Grundriss der Versteinerungskunde, p. 137, t. 7, f. 26.
— glaphyrus .... *Ag.*				•				Poiss. Foss. vol. ii, p. 98, t. 10 c, f. 1, 2; ib. Egerton, King, Mono. Brit. Perm. Foss. Pal. Soc. p. 224, t. 22, f. 3? 4 b. Geinitz, Zechst. Dyas. und das Roth. p. 18.
— latus............... *Kirkby*								*Vide* P. altus.
— longissimus .... *Ag.*			•	•	•			Poiss. Foss. vol. ii, p. 100, t. 10 c, f. 4; ib. King, Mono. Brit. Perm. Foss. Pal. Soc. p. 225, t. 21, f. 2; ib. Geinitz, Dyas. Zechst. und das Roth. p. 18.
— macropthalmus ... *Ag.*				•				Poiss. Foss. vol. ii, p. 99, t. 10 c, f. 3; ib. King, Mono. Brit. Perm. Foss. Pal. Soc. p. 225, t. 22, f. 2; ib. Geinitz, Dyas. Zechst. und das Roth. p. 17, t. 7, f. 3.
— varians .... *Kirkby*						•		Ann. Mag. Nat. Hist. 3 ser. vol. ix, p. 267; ib. Q. J. Geol. Soc. 1864, vol. xx, p. 353, t. 17, f. 2; ib. Trans. Nat. Hist. Soc. Northumb. and Durham, vol. i, p. 76, t. 9, f. 2.
PYCNODONTIDÆ.								
Platysomus .... *Agassiz*, 1833 ...								
Rhombus .... *Wolfart*								
Stromateus .... *Linn.*								
Uropteryx .... *Agassiz*								
Globulodus .... *Münster*								
— macrurus .... *Ag.*			•					Poiss. Foss. vol. ii, p. 170, t. 18, f. 1, 2. Sedgwick, Geol. Trans. 2 ser. vol. iii, t. 12, f. 1, 2, p. 118; ib. King, Mono. Brit. Perm. Foss. Pal. Soc. p. 227. t. 26, f. 1. *Globulodus elegans*, Münst. Beitr. vol. v, p. 47, t. 15, f. 7. *P. Fuldai*, Münst. Beitr. vol. v, p. 46, t. 6, f. 1. P. macrurus, Geinitz, Dyas. Zechst. und das Roth. p. 10, t. 4, f. 2 a (A. Zahne). *Eurysomus*, Young, Q. J. Geol. Soc. vol. xxii, p. 312, 313.
— parvus .... *Ag.*								*Vide* P. striatus.
— striatus........... *Ag.*			•					Poiss. Foss. vol. ii, p. 168, t. 17, f. 1–4. Sedgwick, Trans. Geol. Soc. Lond. 2 ser. vol. iii, t. 12, f. 3, 4. *Uropteryx*, Msc. Walchner. Geol. p. 270. Platysomus striatus, King, Mono. Brit. Perm. Foss. Pal. Soc. p. 231, t. 27, f. 1; t. 28, f. 1; ib. Geinitz, Dyas. Zechst. und das Roth. p. 9. *P. parvus*, Ag. Poiss. Foss. vol. ii, p. 170, t. 18, f. 3.
PYCNODONTIDÆ.								
Pycnodus........... *Agassiz*, 1833 ...								

PALÆOZOIC.   PISCES.   PERMIAN.

SPECIES.	Passage Beds.	Rothliegende.	Marl Slate.	Lower Limestone.	Middle Limestone.	Upper Limestone.	Passs up.	REFERENCES.
SAUROIDEI.								
Pygopterus .... *Agassiz*, 1833								
Palæothrissum ... *Blainville*, 1818								
Nemopteryx ...... *Agassiz*, 1843								
Sauropsis .... *Agassiz*, 1832								
— latus .... *Egert.*			•					King, Mono. Brit. Perm. Foss. Pal. Soc. p. 233, t. 24, f. 1.
— mandibularis ...... *Ag.*			•					Poiss. Foss. vol. ii, p. 76, t. 53, 53 *a*; ib. King, Mono. Brit. Perm. Foss. Pal. Soc. p. 232, t. 23, f. 1. Sedgwick, Trans. Geol. Soc. Lond. 2 ser. vol. iii, p. 118, t. 10, f. 1-3, 1829. *P. sculptus*, Ag. Poiss. Foss. vol. ii, p. 77. *P. Scoticus*, Bronn, Lethæa Geog. p. 128, t. 2. Geinitz, Dyas. Zechst. und das Roth. p. 12.
— Scoticus .... *Ag.*			•					*Vide P. mandibularis.*
— sculptus .... *Ag.*			•					*Vide P. mandibularis.*

ICHNITES (FOOTPRINTS OR FOOTSTEPS).

SPECIES.	Passage Beds.	Rothliegende.	Marl Slate.	Lower Limestone.	Middle Limestone.	Upper Limestone.	Passs up.	REFERENCES.
Actibatis .... *Jardine*, 1853								
— Triassæ .... *Jardine*			•					Ichnol. Annan. p. 16, t. 9.
Batrichnis .... *Harkness*, 1851								
— Lyellii .... *Hark.*			•					Ichnol. Annan. p. 17, t. 13. Labyrinth. Harkn. Ann. Mag. Nat. Hist. 1851, vol. vii, p. 95.
Chelaspodos .... *Harkness*, 1851								
— Jardinii .... *Hark.*			•					Ann. Mag. Nat. Hist. 1851, vol. vii, p. 92.
Chelichnus .... *Jardine*, 1850								
— ambiguus............ *Jardine*			•					Ichnol. Annan. p. 12, t. 6, and 11.
— Duncani .... *Owen*			•					Trans. Roy. Soc. Edinb. 1828, p. 194; ib. Owen, Brit. Assoc. Rept. 1841, p. 160; ib. Jardine, Ann. Mag. Nat. Hist. 1850, vol. vi, p. 208; ib. Ichnol. Annan. p. 10, 13, t. 2, 3, 8.
— gigas.................. *Jardine*			•					Ichnol. Annan. vol. i, p. 9, t. 1.
— obliquus .... *Hark.*			•					Ann. Mag. Nat. Hist. 1851, vol. vii, p. 93.
— plagiostopus........ *Jardine*			•					Ichnol. Annan. p. 13, t. 10.
— plancus .... *Hark.*			•					Ann. Mag. Nat. Hist. 1851, vol. vii, p. 92.
— titan.................. *Jardine*			•					Ichnol. Annan. p. 10.
Herpetichnus......... *Jardine*, 1850								
— Bucklandi .... *Jardine*			•					Ann. Mag. Nat. Hist. 1850, vol. vi, p. 208; ib. Ichnol. Annan. p. 15, t. 7.
— auroplanius .... *Jardine*			•					Ann. Mag. Nat. Hist. 1850, vol. vi, p. 208; ib. Ichnol. Annan. p. 14, t. 4, 5.
Saurichnis .... *Harkness*, 1851								
— acutus .... *Hark.*			•					Ann. Mag. Nat. Hist. 1851, vol. vii, p. 94.

AMPHIBIA.

SPECIES.	LOWER GROUP.			UPPER GROUP.			REFERENCES.
	Passage Beds.	Rothliegende.	Marl Slate.	Lower Limestone.	Middle Limestone.	Upper Limestone. / Pass up.	
Class, *AMPHIBIA.* Wagner, 1830.							AMPHIBIA.
LABYRITHNODONTA.							
Dasyceps .... *Huxley*, 1859 ...							Labyrinthodon, Lloyd, Brit. Assoc. Rept. 1849, vol. xix, p. 56. Dasyceps, Huxley, Mem. Geol. Surv. Warwickshire Coal Field, &c. (Howell) 1859, p. 52-56; woodcuts, p. 53, 55.
— Bucklandi .... *Huxley*		*					
Labyrinthodon .... Owen, 1841							
— *Bucklandi* .... *Lloyd*..............		*					*Vide* Dasyceps Bucklandi.
LABYRINTHODONTA.							
Lepidotosaurus *Hancock & Howse*, 1870							AMPHIBIA.
— Duffii .... *Han. & Howse*							Q. J. Geol. Soc. vol. xxvi, p. 556, t. 38.
LACERTILIA.							
Proterosaurus........ *H. Von Meyer* ...							LACERTILIA.
— Huxleyi .... *Han. & Howse*...		*					Q. J. Geol. Soc. vol. xxvi, p. 568, t. 40.
— Speneri............. *Meyer*...............		*					Fauna der Vorwelt. Saurier aus dem Kupfer. der Zechst. form.; ib. Hancock and Howse, Q. J. Geol. Soc. vol. xxvi, p. 566, t. 39.

INDEX.

Acanthocladis, *147, 247,* 358, *359.*
Acanthodes, 169, 319.
Acanthodopsis, 319.
Acantholepis, *29, 128.*
Acanthopyge, *38, 57, 58.*
Acanthospongia, 2, 201.
Acanthoteuthis, *166.*
Acaste, *38, 62, 63, 145.*
Acœrularia, 15, *16, 24,* 137, *138.*
Acidaspis, 38, *39,* 62, *68.*
Acondylacanthus, 319, *332.*
Acmœa, *103.*
Acroculia,110,*114,*163,294,295,*304.*
Acrolepis, 319, 373.
Acrosticbum, *197.*
Acrotreta, 74.
Actibatis, 375.
Actinoceras, 121, *123, 124, 125,* 309, *318.*
Actinoconchus, 250, 251.
Actinocrinites, 27.
Actinocrinus, 26, *29, 31, 33,* 142, 219, 220, 221, 224.
Actinocyathus, 24.
Actinodonta, *101, 105.*
Actinolepis, 169.
Actinopeltis, *38, 48.*
Actinophyllum, 1, *3.*
Actinostoma, 245, 246.
Actinoceos, *246.*
Adelocrinus, 142, *143,* 220.
Adiantites, 133, *134,* 180, 185, 191, *194, 197, 198,* 350.
Adiantoides, *180.*
Ælumina, 39.
Æglina, 38, 39.
Æolis, 66.
Aganides, *167, 311.*
Aganodus, 319.
Agaricia, *25.*
Ageliocrinites, 26.
Agelodus, 319, *326.*
Agnostus, 39, *44,* 69, *232, 234.*
Alethopteris, 180, *193, 194,* 349.
Alliorisma, 107, *109,* 277, *286, 290,* 365, *366.*
Alveolites, 2, 15, 137, *139,* 106, *108, 209, 211, 247, 253, 254.*
Alysites, *19.*
Amblypterus, 320, *324,* 327, *328.*
Amboccelia, *263.*
Ambonychia, 99, *102,* 270, 276.
Amoldiscus, 205.
Ammonites, *167, 311, 312.*
Amphicentrum, 320, *321.*
Amphicœlosaurus, 343.
Amphidesma, *162, 277,* 278, *286,* 290, *366.*

Amphissaurus, 343.
Amphispongia, 2.
Amphistegina, 202.
Amphitryon, 67.
Amphion, 40, *45,* 48, *51, 144.*
Amphora, *220.*
Amphorserinus, *219, 220, 221.*
Amplexus, 137, 207, *210.*
Ampullaria, *295, 302, 304.*
Ampyx, 40, *51.*
Amusium, *270, 271, 273, 275.*
Anabathra, 180, *186.*
Anatina, 277.
Ancylus, 295.
Aneimioides, *198.*
Angelina, 41.
Annelida, 34, *128.*
Annularia, 181.
Anodonta, 160.
Anodontopsis, *101,* 106, *107, 109,* 277, *278.*
Anomia, *73, 84, 93,* 94, *97,* 149, *150, 151,* 262, 270, 276, *361.*
Anoulites, 79, *86, 94,* 97, *138, 258, 259, 266, 268, 360, 361.*
Anopolenus, 41.
Antholithes, 181, *184.*
Anthracomya, 278.
Anthracoptera, 271, 279, *285.*
Anthracosaurus, 343.
Anthracosia, 278, 279, *280, 288, 290, 291.*
Anthrakerpeton, 344.
Anthrapalsemon, 232, *241.*
Apopedus, *141.*
Aphlebia, 181.
Aphrodita, *34.*
Aphyllum, *181.*
Aploceras, *122,* 126, *168.*
Aplocrinites, *28.*
Apiocrinus, 27.
Apiocystites, 26.
Apioceras, *121.*
Aptychopsis, 41.
Aptychus, 240.
Apus, *232.*
Arachnophyllum, 15, *24. 137.*
Araucarioxylon, *182, 186, 194.*
Arancarites, *184.*
Arbusculites, 206, *361.*
Arca, 101, *102, 107, 108,* 279, *280, 282, 288, 289,* 365, *166, 367.*
Archœocidaris, 221, *222,* 355.
Archœdiscus, 203.
Archœopora, 246.
Archœoteuthis, *171.*
Archegaricon, 181.
Archichthys, 320, *331.*

Architarbus, 243.
Arcites, *279, 280, 281.*
Arenicola, *34.*
Arenicolites, 34.
Argas, *41.*
Argus, *41,* 48, *58.*
Argus, *232, 238.*
Arionellus, 41.
Arthropleura, *239.*
Artisia, *181.*
Asaphagus, *41.*
Asaphus, 41, *42,* 43, *44,* 54, *57,* 60, 62, *65,* 64, 66, *68,* 70, *144, 145, 232,* 239, *240, 242.*
Ascoceras, 121.
Ascodictyon, 201.
Asmusia, *145.*
Aspidaria, 181.
Aspidides, *293.*
Aspidophyllum, 207.
Aspienioides, *198.*
Astacoderma, 43.
Astarte, *280, 287,* 365, 366.
Asterocrinites, 221.
Asterolepis, 169, *170, 175,* 320.
Asterophyllites, 181, 182, *183, 184, 187.*
Asteropiychius, 320, *321.*
Astrsea, *15, 16, 137, 138,* 140, *207,* 210, *213, 214.*
Astraeopora, 201, 207.
Astrocerium, *139, 211.*
Astrocrinites, 221, 229.
Astropodium, 221, *225.*
Astrothylacus, *218.*
Astylospongia, 2.
Atelocystites, 26.
Athyris, 74, 82, 91, 148, 149, *156,* 251, 252, *263,* 264, *265,* 266, *268,* 360, *362.*
Atoerinus, 221.
Atractopyge, *43,* 49.
Atrypa, 74, *81, 82, 86,* 89, 90, *91, 92, 93, 95, 98, 148,* 149, 150, *152, 153, 154, 155, 156, 158,* 251, 252, *253, 257,* 262, *265, 269,* 360, *362.*
Aturis, *313.*
Aucella, 364, *367.*
Auchenaspis, 128, 169.
Aulacophyllum, 16, *25.*
Aulonotreta, *85.*
Aulophyllum, 208, 209, *210, 211.*
Aulopora, 16, 24, 23, 71, 208, *213, 259.*
Aulostegea, *361, 362.*
Avicula, 99, *100, 106, 159,* 270, 271, *273, 274, 275, 277, 279, 286,* 364, *365.*

Aviculopecten, 159, 271, *272, 273, 274, 275, 277, 291.*
Axinopsis, *290,* 366.
Axinus, 160, *162,* 279, *280,* 284, *285, 290, 366, 367, 368.*
Azygograptus, 4.

Bairdia, 43, *232,* 233, *241,* 356, *357.*
Bakevellia, *364.*
Barrandia, 43, 44, *54,* 60.
Basilicus, *41, 47, 44.*
Batrachiderpeton, 344.
Batrichnis, 375.
Batterobyis, 137.
Battus, *39, 44.*
Bdelloscoma, 26, *31.*
Beaumontia, 208, *209.*
Bechera, *182.*
Bellinurus, 144, 233, 241, *242, 243.*
Bellerophon, *111,* 119, 120, 165, *166,* 292, 293, 294.
Benedenius, 320.
Berenicia, *71,* 246.
Bergeria, 189.
Beyrichia, 44, *50,* 65, 233.
Digenerina, 203.
Disiphites, *168.*
Bolboceras, *122, 126, 168.*
Borilis, 133, *134, 181, 182, 185.*
Bothriolepis, 169.
Dothrocomis, 352.
Bothrodendron, *182,* 200.
Botryoceras, *181.*
Bowmanites, 183.
Brachyacanthus, 169, *170.*
Brachymetopus, 233, 234.
Brachypleura, 67.
Brachyscelis, 344.
Brachythyris, *93, 155,* 252, 263, *264, 265, 363.*
Bradycinetus, 234, *276.*
Brongniartia, *44, 54, 53.*
Bronteopsis, 45.
Bronteus, 43, 44, 45, 144.
Bruckmannia. *182, 183.*
Bucania, *119, 120, 165,* 292.
Bucardites, *161.*
Bucculites, *264.*
Buccinum, *113,* 163, *164,* 295, *300, 302, 306, 370.*
Bulimella, *115.*
Bumastes, *55.*
Bumastus, *45, 55.*
Burmeisteria, *144,* 145.
Byssacanthus, 169.
Byssoarca, 101, *279, 280, 282,* 365, *366.*

3 C 377

INDEX

Cœlacanthus, 373.
Calamocladus, 181, 182, 184.
Calamites, 133, 134, 183, 184, 190, 350.
Calamopora, 18, 19, 21, 137, 138, 139, 208, 211, 212, 216, 246, 353, 354.
Calamostachys, 184.
Calamodendron, 134, 183, 184, 350.
Calceola, 19, 150, 151, 252, 255.
Calcippitæ, 3.
Calendrium, 103.
Callograptus, 4, 6.
Calipora, 212.
Calophyllum, 354.
Calymene, 45, 46, 47, 52, 58, 61, 63, 64, 144, 145, 146.
Calyptræa, 369, 370.
Camarium, 81.
Camarophoria, 150, 154, 158, 252, 253, 255, 262, 263, 269, 360.
Camerella, 77, 98.
Cameroceras, 123.
Campecaris, 144.
Campophyllum, 138, 208.
Campulites, 121, 230, 309.
Campylites, 230.
Campyloceras, 309, 313, 326.
Campylopleuron, 320.
Candona, 234.
Canina, 207, 218.
Caninia, 6, 22, 25, 210, 211, 218, 219.
Canobius, 320, 321.
Caphyra, 67.
Capulus, 110, 163, 294, 295.
Caracola, 46.
Carbonia, 234.
Carbonicola, 278, 279, 280, 288.
Carcharopsis, 321.
Cardiocarpon, 181, 350.
Cardiocarpum, 184.
Cardiola, 102, 107, 159.
Cardiomorpha, 280, 281, 283, 284, 290, 366, 367.
Cardinia, 278, 280, 288.
Cardita, 283, 367.
Cardium, 95, 102, 105, 159, 162, 181, 283.
Carinella, 246, 248.
Carpolithes, 184.
Carteria, 204.
Caryocaris, 46.
Caryocrinites, 26, 28, 33.
Caryophyllia, 16, 17, 208, 212, 214, 215.
Cassuarinites, 182.
Catenipora, 16, 19, 20.
Catillus, 270.
Cauda-Galli, 184.
Caulerpa, 350, 351.
Caulopteris, 349, 350, 351, 352, 365.
Caulopteris, 134, 184, 185.
Caunopora, 3, 136, 202.
Cellepora, 71, 246.
Cenocrinus, 219.
Centrotheca, 127.
Centrodus, 321.
Centropleurus, 51.

Cephalaspis, 128, 129, 169, 172, 173, 175, 176.
Cephalograptus, 8.
Ceratiocaris, 46, 47, 57, 234, 241.
Ceratophytes, 338.
Ceraurus, 47, 68.
Ceriopora, 3, 19, 21, 71, 72, 73, 147, 206, 246, 249.
Cerithioides, 295.
Chætetes, 16, 21, 22, 206, 208, 209, 211, 212, 217, 218, 246, 250, 353, 354, 359.
Chalazacanthus, 321.
Chasmops, 47, 62, 63, 64.
Cheilanthites, 135, 194, 197, 198.
Cheiracanthus, 170.
Cheirocrinus, 26, 27.
Cheirodus, 171, 321.
Cheirolepis, 170.
Cheirurus, 38, 41, 47, 48, 49, 62, 68, 144.
Chelaspodos, 375.
Chelichnus, 375.
Chelonichthys, 169, 170, 320.
Chelyophorus, 321.
Chemnitzia, 296, 299, 300, 369, 372.
Chiærodopsis, 321.
Chironia, 284.
Chiton, 70, 110, 296, 369.
Chitonellus, 296, 370.
Chomatodus, 321, 370.
Chondrites, 1, 34, 185, 350, 351.
Chondrus, 350.
Chonetes, 75, 76, 78, 150, 151, 152, 253, 254, 255, 256, 258, 265.
Chonophyllum, 16, 138.
Choristites, 99, 263, 361.
Cibellites, 221.
Cidaris, 221, 222, 355.
Cirrus, 110, 296, 297, 298, 305, 306, 307, 308.
Cladacanthus, 322, 327, 328.
Cladochonus, 24, 209, 212, 216, 217, 248.
Cladocora, 16, 17, 138.
Cladocrinites, 33, 143, 223.
Cladocrinus, 228.
Cladodus, 202, 322, 323.
Cladograptus, 4, 5, 6, 7, 12, 14.
Clavagella, 260.
Cleidophorus, 102, 103, 160, 161, 288, 366, 367.
Cleidotheca, 177, 128.
Cleiothyris, 360.
Clematograptus, 4.
Cleoderma, 118.
Cleodora, 118.
Climacammina, 203.
Climacograptus, 4, 8.
Climatius, 170, 173.
Climaxodus, 323, 331.
Cliona, 3, 3.
Clisiophyllum, 16, 209, 211.
Clupea, 374.
Clymenia, 166.
Cnemidium, 2.
Coccosteus, 170, 323.

Cochliodus, 323, 327, 329, 340, 342.
Codaster, 222.
Codonaster, 222, 226.
Cœlacanthus, 323, 324.
Cœlocrinus, 27, 29.
Cœnograptus, 5, 12.
Cœnites, 16, 21.
Cœlonodus, 324.
Colophyllum, 354.
Columnaria, 208, 209.
Compsacanthus, 324.
Conchites, 97, 268.
Conchodus, 171.
Conchyliolithus, 154, 156, 168, 253, 262, 263, 264, 265, 266, 268, 269, 354.
Coniferous Wood, 134.
Coniopteris, 293.
Conocardium, 105, 109, 160, 162, 280, 281, 288.
Conocephalites, 48.
Conocephalus, 48, 49.
Conocoryphe, 48, 49.
Conodonts, 43.
Conotubularia, 124.
Conularia, 117, 292.
Conus, 296, 307.
Cophinus, 37.
Copodus, 322, 339.
Coralliolites, 354.
Corallium, 19.
Corbis, 281.
Corbula, 160, 282, 284, 368.
Cordaites, 185, 187.
Cornulites, 34.
Cornuspira, 205.
Corydalis, 245.
Corydocephalus, 57.
Corynopteris, 185.
Corynegraptus, 5.
Corynoides, 5.
Cosninopora, 136.
Cosmacanthus, 171, 324, 332, 333.
Cosmopytchius, 324.
Crangopsis, 241.
Crania, 76, 90, 95, 150, 254, 255, 257, 261, 360.
Craniolites, 360.
Crassina, 280, 365.
Crepidopteris, 185, 193.
Cresela, 117, 125.
Cricacanthus, 324, 325.
Criocdus, 171.
Crispus, 350.
Crossopodia, 34, 329, 330.
Crotalocephalus, 49.
Crotalocrinus, 27.
Cruziana, 35.
Cryphæus, 49, 51, 62, 144, 145.
Cryptoceras, 121.
Cryptocrinus, 228.
Cryptolithus, 69.
Crypionymus, 41, 49.
Ctenacanthus, 171, 319, 325, 334.
Ctenodonta, 101, 102, 103, 104, 107, 108, 161, 287, 366, 367.
Ctenodus, 172, 325, 326.
Ctenopetalus, 326.

Ctenoptychius, 171, 319, 326, 329.
Cucullæa, 103, 160, 279, 282, 368.
Cucullella, 102, 103, 107, 109, 160, 365.
Cupressocrinus, 142, 222, 223, 227.
Curculoides, 244, 245.
Curtonotus, 160, 282.
Cyathaspis, 171.
Cyathaxonia, 17, 207, 210.
Cyatheides, 193, 194.
Cyatheites, 185.
Cyathocrinites, 33.
Cyathocrinus, 26, 27, 31, 32, 33, 142, 143, 222, 223, 227, 228, 355.
Cyathophyllum, 16, 17, 18, 22, 24, 137, 138, 140, 207, 209, 210, 211, 213, 215, 217, 218, 354.
Cyathopsis, 137, 207, 210, 215, 218, 219.
Cybele, 49, 52, 64.
Cycadites, 185.
Cyclaster, 26.
Cyclocarpon, 350.
Cycloceras, 121, 123, 125, 309, 315, 316.
Cyclocistoides, 27.
Cyclocladia, 185.
Cyclolites, 22.
Cyclonema, 110, 112, 115.
Cyclophyllum, 208, 209, 210, 211, 218.
Cyclopteris, 133, 185, 186, 191, 197, 350.
Cycloptychius, 326.
Cyclopyge, 38.
Cyclostigma, 134, 135, 186.
Cyclothyris, 90.
Cyclus, 234, 235.
Cycocystites, 28.
Cylindrites, 296.
Cynopodium, 326.
Cyperites, 186.
Cyphaspis, 49, 53.
Cyphoniscus, 49.
Cyprella, 235.
Cypricardia, 103, 104, 107, 108, 161, 162, 240, 282, 283, 289, 290, 292, 257, 261, 360.
Cypricardites, 105, 106, 108, 109.
Cypridella, 235.
Cypridellina, 235.
Cypridina, 50, 52, 57, 144, 234, 235, 236, 238.
Cypridinella, 236.
Cypridinopsis, 236, 242.
Cyprina, 280, 283.
Cypris, 233, 236, 240, 241.
Cyproxis, 49.
Cyrtia, 76, 150, 154, 264, 265, 267, 268, 362.
Cyrtina, 150, 155, 254, 257, 264, 266.
Cyrtoceras, 120, 121, 167, 309, 316.
Cyrtoceratites, 121.
Cyrtodonta, 104, 108.
Cyrtograptus, 5.
Cyrtolites, 110, 119, 120.
Cyrtotheca, 117, 118.
Cystiphyllum, 17.
Cystiphyllum, 17, 18, 139.

INDEX.

Cytherella, *237, 238, 241, 357.*
Cytherellina, *44, 50.*
Cythere, 50, 65, *232, 233, 234,* 236, 237, *238,* 240, 241, 356, 357.
Cytherina, *50, 65, 144, 232, 237, 238, 239, 356.*
Cytheris, *356.*
Cytheropsis, *50, 65.*

Dadoxylon, 135, 186, *199.*
Dalmannia, 50, *59,* 62, 64.
Dania, 211.
Daphnia, *235,* 236, 238.
Daphnoides, *236, 238.*
Dasyceps, 376.
Davidia, 104.
Davidsonia, 151.
Deiphon, 50.
Delphinula, 111.
Delthyris, 84, 93, 94, 156, 263, *362.*
Deltodus, 326, 347, *342.*
Deltoptychius, 327.
Dendrocrinus, 27.
Dendrodus, 171, 174.
Dendrograptus, 5, 12.
Dendropora, 211.
Dentalina, 204, 352, 353.
Dentalium, 230, 296, 297, *316,* 370.
Dexolites, 35.
Diastopora, 71, 246.
Dibunophyllum, 211.
Dicellograptus, 5, 6, 7.
Dichocrinus, 223, 225.
Dichograptus, 6.
Dichotomous Polyzoon, 14.
Dicksonides, *198.*
Diellitodus, 327.
Dicranogmus, *50, 57.*
Dicranograptus, 6.
Dicranopeltis, 50, 57.
Dictuophyllia, 140, 211, 215.
Dictyocaris, 50, 51.
Dictyograptus, 6.
Dictyonema, 6, *12.*
Dictyophyllum, 186.
Didymaspis, 171.
Didymograptus, 4, 6, 7, 8, *11,* 14.
Dielasma, 363.
Dikelocephalus, 51.
Dimerocrinites, 145.
Dimerocrinus, 27, 28.
Dimylous, 327.
Dinobolus, 76.
Dionide, 51.
Diphyphyllum, *18,* 211, 214.
Diplacanthus, 171, 172, 174.
Diplaura, *54, 145.*
Diplocrinus, 127.
Diplodus, 327, *334,* 338, *345.*
Diplograptus, 4, 8, 9, 10.
Diplorhina, 59.
Diplopterax, *172.*
Diplopterus, 172, 327, *339.*
Dipiosylon, 180, 186, *199.*
Diprismanthus, *212,* 327.
Diprion, 8, 9.
Dipterus, 172.
Dirinus, 297.

Discina, 76, 77, *83,* 98, 151, 254, 255, 361.
Discionocaria, 51.
Discites, 167, *310, 311, 314, 315,* 365.
Discophyllum, 3.
Discopora, 71.
Discospondylus, 344.
Dithyrocaris, 41, 51, 62, 144, 232, 238, 240, 357.
Dittodus, 327.
Ditrupa, 230.
Dolabra, 104, 160, 283.
Dolichosoma, 344.
Donax, 383, 290.
Dorycrinus, 221.
Dorypterus, 373.
Dysidea, 201.
Dysplanus, *51, 55, 56.*

Ecoptochile, 48, 51.
Eculiomphalus, 110, 120.
Echinocystites, 28.
Echino-encrinites, 28.
Echino-encrinus, *28.*
Echinocrinus, 221, 223, 355.
Echino-sphaerites, 26, 28, 29, 136, 142.
Ectillaenus, 51, 55.
Edmondia, 280, *281,* 283, 284, 289, 366.
Edriocaster, 26.
Edwardocrinus, 227.
Eichwaldia, 77, 89.
Eidothea, 52, 145, 239.
Elone, 230.
Elaeomopora, 73, 358.
Eleutherocrinus, 221.
Elenchus, 297.
Ellipsocephalus, 48, 51.
Ellipsolithes, 167, *310, 311.*
Elonichthys, 327, 328, *335.*
Emmonsia, 139.
Encrinites, 143, 225, *226,* 228.
Encrinurus, 40, 46, 49, 51, 53, *155.*
Encrinus, 220, 223, 227, 228.
Endoceras, 122.
Endogenites, 186.
Endophyllum, 139.
Endosiphonites, *166.*
Endothyra, 203.
Eunallocrinus, 28.
Enoplothensis, *166.*
Entobia, 2.
Entolium, 274.
Entomoconchus, *237,* 239.
Entomis, 52, 62, *144, 356.*
Entomolithes, 52.
Entomolithus, 237, 242.
Eutomostracites, 52, 61.
Eoeldaris, 355.
Eophrynus, 344.
Eoscorpius, 244.
Epithyris, 98, *158,* 268, *361, 363.*
Equisetides, 186, 187.
Equiseites, 183, 186, 187.
Equisetum, *186.*
Eremopteris, 186, *197, 198.*
Erinnys, 52.

Erismacanthus, *322, 328.*
Erismatolithus, *212, 213, 214, 215, 217.*
Erpetocephalus, 344.
Erycina, 284.
Escharina, 72.
Estheria, 145, *239, 357.*
Eucalyptocrinus, 29.
Eucephalaspis, 169, 173.
Eucladia, 29.
Euctenius, *325,* 328.
Eudea, 352.
Eugeniacrinites, 29.
Eugeniacrinus, 223.
Eukeraspis, *128,* 129, 172, 176.
Eulima, 297, *370, 372.*
Eumicrotis, 270.
Eunema, 110, 116.
Euneuropteris, 191, 192.
Euomphalus, 110, 111, *115,* 126, 120, 163, 294, 296, 297, 298, 304, 307, 308, 370, 371.
Euphemus, 129, 165, 292, 293, 294.
Euphoberia, 244.
Euphorbites, 196, 197.
Eurynotus, 328, *337.*
Eurycrinus, 223.
Eurypterus, 52, 54, 67, 145, 239, 244.
Eurysomus, 328, *333, 334.*
Euthacanthus, 172.
Exosiphonites, 122.

Favastraea, *158.*
Favistella, 209.
Favosites, 15, 16, 19, 21, 24, 71, 136, 137, 138, 139, 206, 208, 209, 211, 212, 246, 314.
Favopongia, 2.
Favularia, 187, 196, 197.
Fenestella, 72, 71, 147, 148, 246, 247, 248, 249, 358, 359.
Fenestrella, 246.
Fenestrellina, 72, 147.
Ficoidites, 131, 199.
Ficus, 223.
Filicites, 134, 180, 187, 191, 192, 193, 194, 197, 198.
Filograna, 331.
Fissodus, 328.
Fissurella, 299.
Fistulipora, 139, 140, 212.
Flabellaria, 183, 187.
Flemingia, 299, 307.
Flemingites, 187, 199.
Flosculario, 15, 178.
Flustra, 206, 247, 250.
Foraminites, 205.
Forbesia, 53, 66.
Forbesiocrinus, 223, 228.
Frasna, 35.
Fucoides, 1, 8, 9, 14, 16, 185, 151.
Fungites, 24.

Gampsonyx, 241.
Ganacrodus, 328.
Gancladus, 328.
Gastrodus, 147, 348.
Geocrinus, 31.
Geoporites, 20, 22, 140.
Gervillia, 270, 271, 274, 275, 364.

Gilbertsocrinus, 32, 223, 228.
Gladiolites, 10, 13, 14.
Glauconome, 72, 147, 247, 248, 249, 358, 359.
Gleichenites, 186, 191, 192.
Globalodus, 327, 374.
Globulus, 164, 302.
Glossodes, 329.
Glossodus, 329.
Glossograptus, 10.
Glyphaea, 233.
Glyphanodus, 329.
Glyptarca, 104.
Glyptocrinus, 27, 29.
Glyptocystites, 29.
Glyptolaemus, 173.
Glyptolepis, 173.
Glyptopomus, 173, 175.
Glyptosteus, 169.
Gnathacanthus, 329.
Gomphoceras, 122, 126, 127, 168, 317.
Gonambonites, 151.
Gonatodus, 329.
Goniatites, 167, 168, 311, 312, 313, 314.
Gonioceras, 123.
Goniocladia, 148.
Goniocrinites, 28.
Goniophora, 103, 104, 107.
Goniophyllum, 19, 23.
Goniopteris, 193.
Gorgonia, 10, 72, 147, 148, 212, 247, 358, 359.
Grammysia, 104, 106, 107, 108.
Graptolepis, 329.
Graptolithus, 6, 7, 8, 9, 10, 11, 12, 13, 14.
Graptopora, 6, 12.
Griffithides, 239, 240.
Grillaeris, 245.
Gryphites, 361, 364.
Gryphus, 98.
Gymnogramma, 131.
Gypidia, 88, 156, 257.
Gyracanthus, 329, 333, 373.
Gyroceras, 318.
Gyroceratites, 167.
Gyrolepis, 329.
Gyromices, 231.
Gyropristis, 373.
Gyroptychius, 173.

Halisoerites, 134, 135.
Hallia, 139.
Halocrinites, 222.
Halocrinus, 142.
Halonia, 187.
Halysites, 16, 19, 20.
Hapliston, 201.
Haplocrinus, 29, 223.
Haplophragmium, 203.
Harmodites, 20, 24, 25, 212, 226.
Harpacodus, 329.
Harpes, 49, 53, 145.
Harpidella, 49, 55.
Harpides, 52.
Haughtonia, 35.
Helianthaster, 142.

INDEX.

Helicites, 111.
Helleograptus, *4, 5, 10, 12.*
Hellootoma, *112,* 114, 115.
Hellerinites, *28.*
Heliolites, *17, 20, 22,* 23, 140, *141.*
Hellophyllum, *16, 24, 138,* 140.
Helix, *299, 305.*
Helminthites, 35.
Helminthochiton, 111.
Helodus, *122, 129,* 330, *332, 335, 339,* 340.
Hemiaspis, 53.
Hemicosmites, 29, *128.*
Hemicrypturus, *41.*
Hemicyclaspis, *128,* 169, 173.
Hemipronites, 267.
Hemithyris, 74, *75,* 77, 81, *82,* 89, 90, *91, 92, 93, 98, 151, 154, 253,* 255, 261, 262.
Hemitrypa, 148, 248.
Herpetichnus, 375.
Herpetocrinus, 30.
Heterangium, 187.
Heterophyllia, 212.
Heteropora, 72.
Hexacrinus, 142, *226.*
Hiatella, 290, *365.*
Himantopierus, 53, 66, 67, 146.
Hipparionyx, *149,* 152, 252.
Hippomya, 104.
Hipponyx, *110.*
Hippopodium, *161.*
Hippothoa, 353, 359.
Hippurites, 16, *182,* 186, *187.*
Histioderma, 35.
Holaspis, 173.
Holocephalina, 54.
Holopea, 112, *114.*
Holopella, 112, *113,* 129.
Holoptychius, 173, 176, *320,* 330, *341.*
Holurus, 331.
Homacanthus, 331.
Homalonotus, *44,* 54, *57,* 69, *144,* 145.
Homalopteon, *43,* 54, 55.
Homathorax, 173, *175.*
Homoeteus, 169.
Hoplonchus, 331.
Hoplopygus, 331.
Hormotoma, 112, 113.
Horners, 72, *73.*
Hortolus, *122, 124,* 167, *318.*
Hyalonema, 201.
Hydatica, 187.
Hydnophora, *212.*
Hydnopora, *212.*
Hydrelonocrinus, 223, *227.*
Hydriopora, 201.
Hydrolmæna, *55.*
Hymenocaris, 55.
Hymenophyllites, 188, *191, 197, 198.*
Hyolites, 117, 118.
Hyolithes, *122.*
Hypanthocrinus, 29, 30.
Hyphasmopora, 248.
Hypodema, 255.
Hypothiris, 78, 90, 91, 92, 93, 154, 261.
Hysterichtes, *153, 155.*

380

Ichthyerpeton, 344.
Ichthyocrinus, 30.
Ichthyolithus, 331, *333.*
Ichthyorachis, 248.
Ictinocephalus, 170, *173,* 174.
Iliænopsis, *45, 55.*
Illænus, *45, 51,* 55, *56,* 61.
Inachus, *111.*
Infundibulum, 107, 369.
Inoceramus, 99, *106,* 274, 276, *286.*
Intricaria, 72.
Involutina, 209.
Iridina, 284, 289.
Ischadites, *23.*
Ischnacanthus, *171,* 174.
Isoarca, *102,* 161.
Isocardia, 280, 284, 290.
Isocrinites, *228.*
Isocrinus, *33,* 143, 223, *228.*
Isodius, 331.
Isonema, *102.*
Isorhyncus, 89.
Isotelus, *41,* 42, 57.

Janassa, 223, *331.*
Jania, *366, 368.*
Jania, 209, 212, *216,* 248.
Janira, *275.*

Kellia, 283, 284.
Keraterpeton, 344.
Keratophytes, 358, 359.
Kirkbya, 57, 237, 240, 357.
Knorria, 134, *155,* 188, *195.*
Kœnigia, 57.
Koleoceras, 122, *123, 125.*
Koninckophyllum, 212.
Kutorgina, 78, 82.

La Bechela, 21.
Labodus, 331.
Labyrinthodon, *176.*
Labyrinthodontosaurus, 344.
Lacuna, 299.
Lagena, 203.
Lamnodus, *171,* 174.
Lampus, 98.
Lanistes, *284, 285.*
Leala, 240.
Leda, *102,* 104, 107, 161, 288, 366.
Leperditia, *10, 52,* 57, *65,* 145, *156, 237,* 240, *241, 337.*
Lepidaster, 30.
Lepidodendron, 134, *135, 181,* 188, *195,* 196, *197,* 200, 350.
Lepidophloios, 189.
Lepidophyllum, *188,* 189.
Lepidostrobus, 189.
Lepidotosaurus, 376.
Lepracanthus, 332.
Lepræna, *119, 324,* 332.
Lepiæna, *75,* 76, 78, 95, 97, 98, *150, 151, 152, 153, 157, 158, 253, 254, 255, 258,* 260, 261, 267, 268, *363.*
Lepisosalœla, *362.*
Leptagonia, *78,* 79, 95, 151, 256, 268.
Lepterpeton, 344.
Leptocheles, *46,* 57, *234, 241.*

Leptoculia, *75.*
Leptodomus, *104, 107, 108,* 161, *162, 282,* 284, *288.*
Lepiognathosaurus, 344.
Leptograptus, 7.
Leptoplastus, 60.
Leptoteuthis, *166.*
Lethea, *76,* 240, 276.
Lichas, *58, 45, 50,* 57, *58, 59,* 62, 70.
Lima, *261,* 270, 274, 365.
Limadia, 219.
Limaria, *16, 21.*
Limulus, *241, 242, 243.*
Lingula, 79, *82,* 152, 256, 361.
Lingulella, 79, 80.
Lingulocaris, 58.
Liodendrocyathus, *213,* 218.
Liepacanthus, 332.
Lithodendron, *213, 214.*
Lithodomus, 284, *285.*
Lithomantis, 145.
Lithomusnda, 190, 192.
Lithostrotion, *15, 24,* 207, *208, 211, 213, 214, 215,* 216, 217, 218.
Litorina, *110, 112,* 299, 308, *370, 372.*
Lituites, 122, *124,* 125, *127.*
Lituola, 203, 204.
Lituolites, 204.
Loganograptus, *4,* 6, 12.
Lomatoceras, 10, *11.*
Lomatophloios, *186,* 189, 199.
Lonsdalsia, *20, 21,* 140, 215, 217, *218.*
Lophodus, *130,* 331, *339.*
Lophophyllum, 210, 215.
Loxocerus, *313,* 315.
Loxomma, *115,* 341, 344.
Loxonema, *113,* 129, 163, 299, *301, 370, 372.*
Lucina, 280, 285, *367.*
Lumbricaria, 35.
Lunulacardium, 105, 109, *161, 162, 281,* 285.
Lutraria, *283,* 185, *286.*
Lychas, *281.*
Lychnophorites, 190.
Lycopodites, *134, 135,* 190, 200, *351.*
Lyginodendron, 190.
Lymnorea, *352.*
Lyonsia, *367, 368.*
Lyrodesma, *101,* 105, *109.*

Maclurea, *114,* 120.
Macrocheilus, 113, *115,* 163, 164, *295, 299,* 300, 301, *306, 370,* 372.
Macrodon, *165, 166.*
Macrosaurus, 345.
Macrostachya, *184,* 190.
Maotra, 285.
Madrepora, *17,* 20, 22, 23.
Madreporites, *17, 18,* 20.
Malleus, *273,* 275.
Mammillaria, 199.
Mammillopora, 353.
Manon, *139,* 140, *215, 352.*
Mariacrinus, 30.
Marsupiocrinus, 30.
Martinia, *93, 251,* 256, 264, *265,* 266, *267, 362.*

Matheria, *108.*
Medullosa, 190.
Medusacrinus, 224, *226.*
Megalaspis, 41.
Megalerpeton, 345.
Megalichthys, *331,* 332, 333.
Megalocephalus, 345.
Megalodon, 161.
Megalomus, 105.
Megaphytum, 190, 200.
Melania, *163,* 297, 299, *300,* 301.
Melaagrina, *271, 272, 273, 275,* 277.
Molocrinites, 220, *221.*
Molocrinus, 219, *224.*
Molonites, 224.
Morista, 81, *82,* 152.
Moristella, 74, 81, 82, 90, 91, 92, 94, 98.
Meristomya, *104.*
Mesenteripora, *71.*
Mesogomphus, 333.
Mesolopis, 333.
Mespilocrinus, 224.
Metacanthus, 62.
Metopias, *58.*
Metoptoma, 301.
Metriophyllum, 140.
Michelinia, 140, *212,* 115, 116.
Microconchus, *210, 211, 301.*
Microconodus, 333.
Microdiscus, 58.
Microdoma, 301, 307.
Millepora, *15, 21, 73,* 147, 148, 216, *246, 248,* 249.
Mioganodus, 333.
Mitra, *224, 225.*
Mitrodus, 333.
Modiola, *107, 108,* 161, *162,* 277, *278, 279, 284, 285, 286, 364, 367.*
Modiolopsis, 105, 106, *108.*
Mollepora, 216.
Monobolina, 82.
Monograptus, *10, 11, 12.*
Monoprion, 10.
Monoptera, 159, 276.
Monopteria, *100, 275.*
Monotis, 99, *159,* 270, *275, 286, 364, 365.*
Montastrea, *158.*
Monticularia, *21.*
Monticullipora, *15,* 16, 18, 21, *208, 216, 354.*
Mooroa, 58, 241.
Mortieria, 216.
Multicariuatus, *335.*
Murchisonia, *112,* 113, 114, *115, 116,* 164, *165, 295,* 301, 302, 305, 307.
Murchisonites, *12.*
Murex, 164.
Muscurpum, 190.
Mya, 106, 108, 279.
Myacites, *277,* 285, 286, 289, *365, 366.*
Myalina, 277, 286, 287, *364, 367.*
Mycloductylus, 30.
Mycloptaria, 190.
Myclopodus, 333.
Mylacodus, 333.

INDEX.

Mylax, 353.
Myocaris, 58, 59
Myoconcha, 367.
Myoloxylon, 190.
Myophoria, 286, 290, 367.
Myopsis, 286, 366.
Myrianites, 35.
Myriaphyllites, 182, 191.
Myriolepis, 333.
Mytilites, 364, 365.
Mytilocaris, 58.
Mytilus, 102, 105, 106, 107, 161, 261, 279, 286, 287, 364, 366, 367.

Narica, 302, 303.
Nation, 114, 164, 302, 307, 308, 370.
Naticodon, 302.
Naticopsis, 114, 302, 303.
Natiria, 303.
Nautilites, 167, 313.
Nautillipsites, 167.
Nautilus, 123, 166, 168, 231, 310, 311, 313, 314, 315, 328, 372, 373.
Nebulipora, 21, 22, 216.
Necrogammarus, 59.
Nemacanthus, 334, 333.
Nemagraptus, 12.
Nemaphyllum, 214.
Nematophyllum, 213, 214, 216.
Nematoptychius, 333, 340.
Nemertites, 35, 230.
Nemopteryx, 340, 375.
Neolimulus, 59.
Nephropteris, 185, 186.
Nereites, 35, 36.
Nerita, 110, 114, 164, 303.
Nesaeuretus, 59.
Neuropteridium, 191, 192.
Neuropteris, 191, 192, 351.
Nidulites, 2.
Nileus, 41, 51, 59.
Niobe, 59.
Nodomaria, 204.
Nodosinella, 204.
Noeggerathia, 133, 180, 191.
Nonionina, 203, 204.
Notochlaenides, 191.
Nucula, 101, 102, 103, 104, 107, 161, 287, 288, 366, 367.
Nuculoceras, 82, 94, 152.
Nuculana, 102, 288.
Nuculites, 103.
Numulus, 160.
Nuttainia, 57, 58, 59, 69.

Obolella, 78, 80, 81, 85.
Obolus, 82, 83.
Oceanus, 168.
Ochlodus, 334.
Octillaeus, 55.
Odontochile, 59, 62, 65, 64.
Odontopleura, 58, 59.
Odontopteris, 192.
Offa, 241.
Ogygia, 41, 42, 43, 44, 49, 60, 64, 68.
Oldhamia, 12.

Olenus, 60, 61, 68, 145, 146.
Ollacrinus, 224, 228.
Omphalia, 168.
Omphyma, 16, 17, 22.
Onchus, 46, 128, 174. 325, 334, 337.
Onoceras, 121, 123, 126, 309.
Oolina, 205.
Operculina, 205.
Ophiderpeton, 345.
Ophileia, 111, 113, 114, 307.
Ophiura, 32.
Oploscolex, 70.
Oracanthus, 334. 337.
Orbicella, 98.
Orbicula, 76, 77, 83, 90, 151, 254, 255, 257, 360, 361.
Orbiculites, 248.
Orbiculoida, 76.
Orbiculoides, 77, 83, 255.
Oreodus, 334.
Ormoceras, 121, 123, 309.
Orodus, 334, 335, 339.
Orognathus, 335.
Orthacanthus, 335, 337.
Orthambonites, 84, 86.
Orthis, 76, 78, 79, 82, 83, 84, 85, 86, 87, 88, 93, 94, 95, 96, 97, 98, 149, 150, 151, 152, 153, 157, 254, 257, 263, 264, 265, 267, 268, 362.
Orthisina, 84, 88, 157, 361, 362.
Orthoceras, 117, 118, 121, 122, 123, 124, 125, 126, 127, 167, 309, 313, 315, 316, 317, 318.
Orthoceratites, 124, 168, 309, 313.
Orthognathus, 335.
Orthonota, 104, 105, 106, 107, 108, 109, 162.
Orthonotus, 104.
Orthosaurus, 345.
Orthoteles, 257, 267.
Orthothrix, 157, 268, 261, 362, 363.
Ortonia, 230.
Osmunda, 191.
Osteolepis, 174.
Osteoplax, 331, 334.
Ostracacanthus, 335.
Otarion, 46, 61.
Otopteris, 185, 191.
Ottonia, 273.

Pachycrinites, 222.
Pachyodon, 279, 280, 288.
Pachysporangium, 1.
Paelythaea, 1.
Palaeacis, 201, 202, 207, 212, 216, 217.
Palaearca, 104, 108, 109.
Palaester, 30, 33.
Palaestarina, 30, 33.
Palaechinus, 31, 224.
Palaeocarabus, 232, 241.
Palaeochorda, 11.
Palaeocidaris, 221, 355.
Palaeis, 201.
Palaeocoma, 31.
Palaeocoryne, 206.

Palaeocrango, 234, 241, 243, 358.
Palaeocrania, 90.
Palaeocrinus, 222.
Palaeocyclus, 22.
Palaeodiscus, 31.
Palaeolithus, 8.
Palaeoniscum, 335, 374, 375.
Palaeoniscus, 327, 335, 340.
Palaeophytis, 134, 192.
Palaeopora, 20, 22, 23, 140.
Palaeopteris, 133, 134.
Palaeopyge, 61.
Palaeorbis, 231.
Palaeornilia, 210.
Palaeospatangus, 224.
Palaeothrissum, 335, 340, 374.
Palaeoxylon, 194.
Palinacites, 181, 193, 196, 199.
Pamphractus, 174, 175.
Panderia, 55, 56, 61.
Pandora, 284, 288.
Parabatrachus, 345.
Parabolina, 60, 61.
Paradoxides, 58, 47, 61, 62, 63.
Paradoxus, 52.
Parexus, 174.
Parka, 61, 145.
Pasceolus, 2.
Patella, 76, 114, 254, 302, 303, 304, 308, 369.
Pecopteris, 180, 185, 191, 192, 193, 194.
Pecten, 159, 283, 261, 270, 271, 272, 273, 274, 281, 363.
Pectenites, 253.
Pecunculus, 101, 102, 103, 108.
Peltocaris, 51, 62.
Peltura, 58, 61.
Pendulocrinus, 26.
Penneretipora, 72, 147, 247, 158.
Pentamerus, 88, 89, 92, 91, 153, 157, 158, 254, 257.
Pentairemalites, 224, 225.
Pentephyllum, 22.
Pentremites, 143, 222, 224, 225.
Periliolithus, 95.
Periechocrinus, 26, 31.
Periploma, 368.
Perischodomus, 225.
Perna, 375.
Petalaxis, 216.
Petalodopsis, 335.
Petalodus, 326, 335, 336, 337, 339.
Petalorhynchus, 336.
Petraia, 23, 138, 140, 141, 354.
Petrodus, 336.
Peuce, 194.
Phacops, 38, 43, 47, 49, 50, 59, 62, 63, 64, 65, 69, 144, 145, 146.
Phaneropleuron, 174, 336.
Phaneroteon, 336.
Phanerotina, 298.
Phanerotinus, 298, 304.
Phasianella, 164, 297, 299.
Phillipastrea, 141, 211, 217.
Phillipsia, 144, 146, 232, 233, 239, 240, 242.
Phillipsocrinus, 215.
Philomedes, 242.

Phoderacanthus, 337.
Phoenicosocrinus, 31, 33.
Pholadomya, 276, 286.
Pholiderpeton, 345.
Pholidogaster, 345.
Pholidops, 76.
Phragmoceras, 121, 122, 123, 126, 127, 317.
Phragmoceratites, 126.
Phriosocanthus, 337.
Phyllograptus, 13.
Phyllolepis, 174.
Phyllopora, 73, 359.
Phymatifer, 298, 304.
Physonemus, 334, 336, 337.
Phytocaris, 47.
Phytolithus, 194, 199, 200.
Picea, 194.
Pileopsis, 110, 163, 294, 295, 305, 304.
Piloceras, 121, 126, 309.
Pinites, 182, 186, 194.
Pinna, 261, 275, 365.
Pinnacodus, 337.
Pinnularia, 194.
Pisocrinus, 31.
Pissodendron, 194.
Pisus, 194, 195.
Placoparia, 64.
Placothorax, 175.
Plagiostoma, 274.
Planorbis, 297, 304.
Planorbis, 166.
Plasmopora, 20, 22, 23.
Platycanthus, 337.
Platyceras, 162, 294, 304.
Platycrinites, 221, 222, 225, 226.
Platycrinus, 31, 142, 143, 222, 223.
Platygnathus, 337, 175.
Platymya, 277.
Platynotus, 58, 59.
Platyostoma, 114.
Platyschisma, 111, 114, 116, 295, 298, 304, 305, 306, 307, 308.
Platysomus, 321, 328, 337, 373, 374.
Platystrophia, 89.
Plectambonites, 78, 95, 97.
Plectrodus, 138, 172, 175.
Plectrolepis, 328, 337.
Pleopterus, 174.
Pleurocanthus, 146, 337, 335, 337, 338, 340, 341.
Pleuroxytlites, 29, 31.
Pleurodictyum, 141.
Pleurodus, 338.
Pleurogomphus, 338.
Pleurograptus, 4, 5, 12, 13.
Pleuromya, 286, 366.
Pleurophorus, 102, 109, 288, 366, 367.
Pleurorhyncus, 105, 109, 160, 161, 162, 281, 288.
Pleurotoma, 113.
Pleurotomaria, 110, 113, 114, 115, 164, 296, 301, 304, 305, 306, 308, 370, 371.
Plutonia, 64.

381

INDEX.

Foscites, 195.
Pœcilodus, *126*, 338, *343*.
Polycœlia, 354.
Polycope, *276*, 242.
Polymorphium, 204.
Polyodonta, 102, 161, 287.
Polyphemopsis, 113, 115.
Polyphemus, *115*, *300*, 306.
Polyphractus, 172, 339.
Polypora, 72, 73, *147*, 148, *247*, 248, 249, 250.
Polyrhizodus, 336, 339.
Polysiphonia, *310*, 351.
Porambonites, 77, 89, 152.
Porcellia, 160, *294*, *315*.
Porites, 20, 22, 23, *25*, 140, *141*.
Portlockia, 62, 64, 65, 145, *146*, *295*, *300*, 306.
Posidonia, 99, *275*, 276.
Posidonomya, *145*, *239*, *270*, *274*, *275*, 276, *283*.
Poteriocrinus, *122*, *126*, 127, *168*, *316*, 317.
Poteriocrinus, 27, 31, 222, 224, 226, 227, *228*.
Pothocites, 195.
Præarcturus, 146.
Prestwichia, *233*, 241, 242, 243.
Primitia, 44, *50*, *57*, 65, 66.
Priodon, 10.
Prionotus, 4, 8, 9, *10*, 11.
Pristocladodus, 339.
Pristodus, 339.
Productus, 78, *90*, 96, 97, 98, *138*, *268*.
Productus, *151*, 153, *157*, 257, 258, 259, 260, 261, *268*, *275*, 361, *363*.
Proetus, 42, 49, *53*, 66.
Pronites, 88.
Propora, *20*, 22, *23*, 201, 217.
Proricaria, 146.
Protaster, 32, *33*, 143.
Proterosaurus, 376.
Protichnites, 66.
Protocystites, 32.
Protoechinus, 237.
Protopteris, 195.
Protospongia, 3.
Protovirgularia, 13.
Protozoa, 216.
Pruneocystites, 32.
Psammobia, *108*, 109, 367, 368.
Psammodus, *323*, *324*, *330*, *333*, 335, 339.
Psammosteus, 340.
Psephodus, *323*, *330*, 340.
Pseudaxinus, 109.
Pseudo-bambusia, 183.
Pseudocrania, 76, 90, *254*, 261, 360.
Pseudocrinites, 32, *33*.
Psilocephalus, 66.
Psilophyton, *134*, 135.
Pteraspis, 129, *166*, 169, *171*, 175, 176.
Pteris, 99.
Pterichthys, *173*, *174*, 175.
Pterinæa, 99, *100*, 159, *275*, 276.
Ptericrinus, *222*, *223*.
Pternodus, 340.
Pteronites, 276, 277.

382

Pteroplax, 345.
Pterothoca, 118.
Pterygotus, *46*, *47*, *53*, *54*, 66, 67, *129*, 146.
Ptilodictya, *52*, 73.
Ptilograptus, *5*, 13.
Ptychacanthus, 176, 340.
Ptychochartocyathus, *201*, 217.
Ptychoparia, 48.
Ptychophyllum, 24, *141*.
Ptychopteris, *184*.
Ptychopyge, *41*.
Ptycomphalus, *114*.
Ptylopora, 148, *248*, 249.
Pugiunculus, *118*, 369, 371.
Pullastra, *105*, *106*, *108*, *161*, *162*, *282*, 283, *289*, 291, *292*.
Pulvillus, 202.
Pustulipora, 249.
Pygmodus, 374.
Pygidium, 61.
Pygocephalus, 243.
Pygope, *98*.
Pygopteris, *327*, *333*, 340.
Pyrgia, 209, 217.
Pyritonema, 36.

Raphidhistia, 202.
Raphistoma, 115, 116.
Rastrites, 10, 13.
Receptaculites, *3*.
Redonia, 103, 108, 109.
Remopleurides, 67.
Renssclæria, 153.
Retepora, 72, 73, 147, 148, 247, 248, 249, 358, 359.
Reteporina, 72, 147.
Reticularia, 93, 261, 265, 266.
Retiograptus, *13*.
Retiolites, 10, 13, 14.
Retzia, 90, 153, *158*, *252*, 261, 269.
Rhabdocarpus, 195.
Rhabdomeson, 216, *248*, 249.
Rhabdopora, 217.
Rhadinichthys, *333*, 340, 341.
Rhamphodus, 340.
Rhinopora, *21*.
Rhizodopsis, *321*, 341, 344.
Rhizodus, 173, 176, 330, 332, 341.
Rhodea, 195.
Rhodocrinus, 27, *32*, 223, 224, 127, *228*.
Rhodophyllum, 217.
Rhœcrinus, 228.
Rhombina, 243.
Rhombopora, 216, 249, 250.
Rhombopteychius, 341.
Rhombus, 374.
Rhopaleocoma, *31*, 32.
Rhymodus, 341.
Rhynchonella, 74, 77, 78, *81*, 89, 90, 91, 92, 93, 98, *149*, *150*, *151*, *153*, *154*, *155*, *158*, *252*, *255*, *257*, 261, 262, 263, *268*, 269.
Rhynchophorm, 263.
Rhytidolepis, 196.
Ribieria, 109.
Rissoa, 299, *371*, *372*.

Rostellaria, 164, 301, 307.
Rotalia, 203.
Rotalina, 205.
Rotularia, 195, 198.

Sabella, 230.
Saccammina, 204.
Sagenaria, *134*, 135, *188*, 189, 195.
Sagenocrinus, 29, 32.
Sagenodus, 341.
Salterella, 36, 118.
Salteria, 67.
Sandalodus, 342.
Sanguinolaria, *108*, *109*, 162, *239*, *283*, 284, 286, 289, 290, *365*, 366.
Sanguinolites, *107*, *108*, *109*, 162, *239*, 283, 284, 286, 289, 290, *365*.
Sarcinula, *25*, 141, *217*.
Saurichnis, 375.
Sauropsis, 340, 375.
Scalites, *115*, 307.
Scaphaspis, 129, 175.
Scaphiocrinus, 226, 227.
Schizodus, 160, 161, 162, 277, *282*, *283*, 286, 290, 291, *366*, 367.
Schizopteris, 135.
Schizostoma, *111*, *115*, 297, *305*, *307*.
Schizotreta, 76, 82, 83, 255.
Scissurella, 370.
Sclerodus, *128*, 129, 177, 176.
Scolecodermα, 36.
Scolicites, 34.
Scolicotoma, 156.
Scolites, 36.
Scolithus, 34, 36.
Scyphia, 136, 352.
Scytalocrinus, 227.
Sedgwickia, 290, *292*, 367.
Selaginites, 188, 189, 196.
Seminula, 263, 269, 363.
Serpula, 142, *201*, 230, *231*, *333*, 355, *356*.
Serpularia, 298.
Serpulites, 36, 230.
Sigillaria, *181*, *187*, *188*, 189, *195*, 196, 197, *200*, 351.
Simplegas, 310.
Siphonaria, 307.
Siphonodendron, *273*, 214, *215*, 217.
Siphonophyllia, 25, 217, *218*, 219.
Siphonotreta, 93.
Slimonia, *53*, 66, 67.
Smithia, 141.
Solarium, 298, 307.
Solemya, 291, 368.
Solen, 109, 291.
Solenomya, 291, *368*.
Solenopsis, 290, 291.
Sparsispongia, 136, 202.
Sphænopteris, 135, *180*, *186*, *188*, *191*, 197, 198, 351.
Sphænopterium, 201, 202, 217.
Sphærexochus, *48*, 68.
Sphærocrinus, 222.
Sphærocrinus, 26, 28, 32, 33, *136*, *143*.
Sphærophthalmus, 60, 61, 68.

Sphærospongia, 3, *136*, 142, *145*.
Sphagodus, 67.
Sphenacanthus, 342.
Sphenophyllum, *195*, 198, 199.
Spirifer, *83*, *84*, *85*, *86*, 89, *93*, *95*, *155*, *251*, *253*, 267, 268, *362*.
Spirifera, *81*, *82*, 93, 94, *149*, *151*, *152*, 155, 156, *157*, *252*, 254, 256, *257*, 261, 263, 264, 265, 266, *268*, 361, 362, *363*.
Spiriferina, 155, 156, 157, 254, 264, 265, 266, 267, 362, *363*.
Spirigera, *74*, *81*, 90, 148, 156, *251*, *261*, 360, 362.
Spirigerina, *74*, *95*, *149*, 156, *252*.
Spirillina, 355, *355*.
Spiroglyphus, *210*, 231.
Spirolina, 203, 204.
Spirorbis, 36, 230, 231, 356.
Spirula, *167*.
Spirulites, *122*, *355*.
Spondyiobulus, 76, *95*, *234*, *360*.
Spondylus, *162*, *363*.
Spongarium, 3.
Spongophyllum, 141.
Stacheia, 204.
Staphylopteris, 199.
Staurocephalus, *58*, 47, 68.
Stauropteris, 199.
Steganodictyum, *176*.
Stella-Scolites, 37.
Stenopora, *18*, *19*, 24, *208*, 209, 212, 216, 217, *334*.
Stenotheca, 118.
Sternbergia, 135, *186*, *189*, 199.
Steropia, *233*, *243*.
Stichacanthus, 342.
Sictopora, *71*.
Stigmaria, 135, 199.
Straparollus, *111*, *297*, *298*, *304*, 307, *370*, 371.
Strebludus, *323*, 342.
Streblopteria, *275*.
Strephodes, *17*, 24, *138*, 141, 210, *217*.
Strepsodus, *331*, 342.
Streptelasma, *140*.
Streptodontosaurus, 345.
Streptorhynchus, *151*, *152*, *153*, *155*, *176*, 157, *251*, *256*, *257*, 263, 264, *265*, 266, 267, 268, *361*, 362.
Stricklandinia, 89, 94, 95.
Stringocephalus, 153, 156, 157, 158.
Stromateus, *337*, 374.
Stromatocerium, 3.
Stromatopora, 3, *136*, *141*, 202, 270.
Stromhodes, 15, 24, *138*, *141*, *215*, 217, 218.
Strophalosia, 151, 153, 157, 161, 267, 268, 361, 362, 363.
Strophomena, 76, 78, 79, *85*, 86, 87, *88*, 90, 95, *96*, 97, 98, *151*, 158, 255, 256, 258, 161, 168.
Stygina, 42, 68.
Stylastræa, 213, 68.
Stylaxis, 213, 214, 216, 218.
Styledophyllum, 215.
Stylina, 210.

INDEX.

Stylonurus, 68, 146, 147.
Subelymenia, *111*.
Sulcoretipora, *247*, 250.
Sulcuna, 243.
Sycoceras, 122.
Sycocrinites, 223, 228.
Sycocystites, *28*.
Symphysurus, 41.
Symphytocrinus, 29.
Synbathocrinites, 223.
Synbathocrinus, 228.
Synocladia, 250, 359.
Syringophyllum, 24, 25, 141.
Syringopora, 16, 20, 24, 212, 213, 218.
Syringothyris, 264, 266, 268.
Syriocrinus, 33.

Taniaster, *32*, 33, *143*.
Teniolopas, *207*.
Tarrasius, 342.
Taxocrinus, 26, 27, 28, 33, 143, *225*, 227, 228.
Tellina, *167*, 368.
Tellinites, *107*, *109*, *167*, *168*.
Tellinomya, *102*.
Temnocheilus, *113*, *114*, *115*, 218.
Tentaculites, 37, 143, *168*.
Terebra, *115*, *165*.
Terebratula, 74, 75, 77, 81, 82, 85, 88, 90, 91, 92, 98, *112*, *148*, 149, 150, *153*, *154*, *155*, *156*, 158, *151*, *252*, *253*, *257*, *261*, *262*, *265*, *268*, *269*, *302*, *360*, 363.
Terebratulites, 84, 90, 93, 95, *155*, *156*, *157*, *158*, *159*, *360*, *361*, *362*, *363*.
Teredo, 291.
Tetragonis, 3.
Tetragraptus, 7, *14*.

Tetramerocrinites, 229.
Tetramerocrinus, 33, *229*.
Tetrataxis, *205*.
Textilaria, *204*.
Textularia, *203*, 204, 353.
Thamniscus, 250, 359.
Thamnograptus, 14.
Thamnopora, *18*, *139*, *211*.
Theca, 118, 119, *125*, 369, 371.
Thecia, *22*, *23*, 25.
Thecidea, *151*.
Thelodus, 129.
Thilipsura, 69.
Thysanocrinus, *32*.
Tigillites, *16*.
Tiresias, 69.
Tithymalites, *187*, *189*.
Tomodus, 342.
Trachyderma, 37.
Tragos, *202*, 352.
Trapezium, *282*.
Trematis, 77, 98.
Trematopora, 71.
Tretaspis, 69, 70.
Tretoceras, *122*, *123*, *125*, 127.
Trichoides, 37.
Trichomanites, 135, *197*.
Trigonella, 90.
Trigonocarpum, 199, 351.
Trigonocrinus, 121, 317, 318.
Trigonotreta, 89, *155*, *161*, *362*, *363*.
Trilobites, *158*.
Trilobus, 63.
Trimerocephalus, 69, *144*, *147*.
Trimerus, 54, 69, *145*.
Trinodus, *39*, 40, 69.
Trinucleus, 40, 60, 69, 70, *146*.
Triplopterus, *176*.
Tripterus, 176.

Tristichopterus, 176.
Tristychius, 342.
Trochamnina, 205, 353.
Trochella, *295*, *299*, 307.
Trochilites, *170*, *171*.
Trochoceras, *127*.
Trochocrinus, 29, *33*.
Trocholites, *122*, *123*, 127.
Trochonema, *112*, 115, 116.
Trochurus, *58*, *68*, 70.
Trochus, *111*, *112*, *114*, *115*, 116, 165, *101*, *104*, *106*, 307, 308.
Tryplasma, 17.
Tryplesia, 86, *91*, 98.
Tubipora, *19*, *25*, *217*.
Tubiporites, *19*.
Turbinites, *111*.
Turbiporites, *208*, *218*.
Turbo, *110*, *113*, *114*, 116, 165, 297, *304*, 308, 371.
Turbonellina, *307*, 308.
Turbonilla, *169*, *170*, 372.
Turbonitella, 308.
Turbinolia, *19*, *22*, *140*, *141*, *207*, *210*, 211, 213, 354.
Turbinolopsis, *23*, *140*, 141.
Turrilopas, 70.
Turritella, *112*, *113*, *164*, 165, *299*, *302*, *307*, 308, *372*.

Ullmannia, *110*, 351.
Ulodendron, *182*, *188*, *190*, *196*, 200, *239*.
Umbrella, *103*, 308.
Uncites, 99, *157*, 158.
Ungula, 83.
Ungulina, *291*.
Unio, 278, 279, 280, 286, 291.
Uraster, *30*, *33*.

Urasterella, *30*, *33*, *142*.
Urocordylus, 345.
Uronectes, *241*, 243.
Uronemus, 342.
Uropteryx, *117*, *174*.

Valvulina, 205.
Vanuxemia, *109*.
Variolaria, *131*, *199*.
Venericardia, *119*.
Venerupis, *283*, *284*, *289*, 291.
Venus, *282*, *284*, *290*, 291, 292.
Vermetus, *163*, *164*, *165*.
Vermilia, 231, 356.
Verticillites, *3*, *71*, *147*.
Verticillopora, 3, *71*, *208*, *218*, *230*.
Vetacapsula, 200.
Vincularia, *247*, *250*.
Vioa, *2*.
Vulkmannia, *183*, *184*, 200.
Voltzia, 351.

Walchia, 200, 351.
Waldheimia, *158*, *268*, *363*.
Wardichthys, 343.
Webbina, *204*.
Woodocrinus, 229.
Woodwardites, 200.

Xenacanthus, *337*, 343.
Xylobius, 244.
Xystrodus, *323*, 343.

Zaphrentis, 15, 218, 219.
Zenaspis, *169*, 176.
Zethus, 46, *52*, 70, *144*.
Zygocrinus, 221, 229.

ADDENDA AND CORRIGENDA

TO THE

PALÆOZOIC PART OF THE FOSSILS OF THE BRITISH ISLANDS

STRATIGRAPHICALLY ARRANGED:

COMPRISING THE

CAMBRIAN, SILURIAN, DEVONIAN, CARBONIFEROUS,
AND PERMIAN SYSTEMS.

APPENDIX

TO THE

CAMBRIAN AND SILURIAN SPECIES

BROUGHT DOWN TO

THE END OF THE YEAR

1886.

PLANTÆ.

PALÆOZOIC. — CAMBRIAN AND SILURIAN.

SPECIES.	Har. St. David's.	Menevian.	Lingula Flags.	Tremadoc.	Arenig.	Llandeilo.	Caradoc or Bala.	Low. Llandovery.	Up. Llandovery.	Woolhope Lmst.	Wenlock Shale.	Wenlock Lmst.	Lower Ludlow.	Aymestry Lmst.	Upper Ludlow.	Tilest. & Passage.	Pass. up.	REFERENCES.
Kingdom, PLANTÆ.																		
Sub-Kingdom, CRYPTOGAMIA.																		
CONIFERÆ?																		
Berwynia .... *Hicks*, 1881																		
— Carruthersi ...... *Hicks*	...	...	...	...	...	...	•	?	...	...	...	...	...	...	...	...		Q. J. Geol. Soc. vol. xxxviii, p. 97, f. 1; p. 98, t. 3, f. 1-4.
ALGÆ.																		
Bythotrephis ...... *Hall*, 1847																		
— divaricata......... *Kidst.*	...	...	...	...	...	...	...	•	•	...	...	...	...	...	...	...		Cat. Pal. Plants Dept. Geol. Brit. Mus. (Nat. Hist.) p. 243.
— flexuosa .... *Emm.*	...	...	...	...	...	...	...	•	...	...	...	...	...	...	...	...		Cat. Pal. Plants Dept. Geol. Brit. Mus. (Nat. Hist.) p. 243.
— Harknessii ...... *Nich.*	...	...	...	...	...	•	...	...	...	...	...	...	...	...	...	...		Geol. Mag. vol. vi, p. 495, t. 18, f. A.
— major .... *Keep.*	...	...	...	...	...	...	...	•	...	...	...	...	...	...	...	...		Geol. Mag. Dec. II, vol. ix, p. 487, t. 11, f. 1, 2.
— minor .... *Keep.*	...	...	...	...	...	...	...	•	...	...	...	...	...	...	...	...		Geol. Mag. Dec. II, vol. ix, p. 487, t. 11, f. 3.
— radists .... *Nich.*	...	...	...	...	...	•	...	...	...	...	...	...	...	...	...	...		Geol. Mag. vol. vi, p. 496, t. 18 B.
— Sp.............., *Kidst.*	...	...	...	...	...	...	...	...	...	...	...	...	...	...	...	a		Var. of divaricata.
— Sp. .... *Kidst.*	...	...	...	...	...	...	...	...	•	...	...	...	...	...	...	...		An unknown or undescribed form.
ALGÆ?																		
Eophyton?......... *O. Torell*, 1868																		
— palmatum ...... *Nich.*	...	...	...	•	...	...	...	...	...	...	...	...	...	...	...	...		Geol. Mag. vol. vi, p. 497, t. 18, f. C.
— Sp.............. *Nich.*	...	...	...	•	...	...	...	...	...	...	...	...	...	...	...	...		Geol. Mag. vol. vi, p. 497.
ALGÆ.																		
Nematolites																		*Vide* W. Keeping, Geol. Mag. Dec. II, vol. ix, p. 489.
— dendroideum ... *Keep.*	...	...	...	...	...	...	...	•	...	...	...	...	...	...	...	...		Geol. Mag. Dec. II, vol. ix, t. 11, f. 12; Q. J. Geol. Soc. vol. xxxvii, p. 146.
— Edwardsii ...... *Keep.*	...	...	...	...	...	...	...	•	...	...	...	...	...	...	...	...		Geol. Mag. Dec. II, vol. ix, t. 11, f. 8-11; Q. J. Geol. Soc. vol. xxxvii, p. 156.
— tubularis......... *Keep.*	...	...	...	...	...	...	...	•	...	...	...	...	...	...	...	...		Q. J. Geol. Soc. vol. xxxvii, p. 156.
ALGÆ.																		
Nematophycus... *Carruthers*, 1872																		
— Hicksii............. *Ether.*	...	...	...	...	...	...	?	•	...	...	...	...	...	...	...	...		Q. J. Geol. Soc. vol. xxxvii, p. 482, t. 35, f. 1-6.
ALGÆ.																		
Palæochorda ...... *M'Coy*, 1848																		
— tardifurcata...... *Keep.*	...	...	...	...	...	...	...	•	...	...	...	...	...	...	...	...		Geol. Mag. Dec. II, vol. ix, p. 488, t. 11, f. 5. *Vide* Q. J. Geol. Soc. vol. xxxvii, p. 151, 170 (table).
CONIFERÆ.																		
Prototaxites ...... *Dawson*, 1859																		
— Hicksii .... *Ether.*	...	...	...	...	...	...	•	...	?	...	...	...	...	...	...	...		Q. J. Geol. Soc. vol. xxxvii, p. 103-107.
ALGÆ.																		
Retiofucus .... *Keeping*, 1882																		
— extensus .... *Keep.*	...	...	...	...	...	...	...	•	...	...	...	...	...	...	...	...		Geol. Mag. Dec. II, vol. ix, p. 488, t. 11, f. 6, 7. *Vide* Q. J. Geol. Soc. vol. xxxvii, p. 151.

RHIZOPODA.

SPECIES.	Har. St. David's.	Menevian.	Lingula Flags.	Tremadoc.	Arenig.	Llandeilo.	Caradoc or Bala.	Up. Llandovery.	Low. Llandovery.	Woolhope Limst.	Wenlock Shale.	Wenlock Limst.	Lower Ludlow.	Aymestry Limst.	Upper Ludlow.	Tilest. & Passage.	Pass. sp.	REFERENCES.
Kingdom, ANIMALIA.																		
Sub-Kingdom, PROTOZOA.																		
Class, *RHIZOPODA*.																		
Order, *Spongida*.																		
STROMATOPORIDÆ.																		
Clathrodictyon ... *Nicholson & Murie*, 1878																		
— vesiculosum ...... *N. & M.*	...	...	...	...	...	...	...	...	...	*	*	...	...	...	...	...	...	Jour. Linn. Soc. vol. xiv, p. 220, t. 2, f. 11–13; ib. Nich. & Ether. Mono. Sil. Foss. Girvan, p. 238, t. 19, f. 2.
HEXACTINELLIDÆ.																		
Dictyophyton ...... *Hall*, 1863																		
— Danbyi .... *M'Coy*	...	...	...	...	...	...	...	...	...	...	...	...	...	...	*	...	...	*Tetragonis*, Brit. Pal. Foss. p. 62, t. 1 D, f. 7, 8. Dictyophyton, Hinde, Cat. Foss. Sponges, Brit. Mus. Nat. Hist. p. 131.
Girvanella .... *Nicholson & Etheridge*, 1878	...	...	...	...	...	...	...	...	...	...	...	...	...	...	...	...	...	Mono. Sil. Foss. Girvan District, p. 23.
— problematica ... *Nich. & Ether.*	...	...	...	...	...	...	*	...	...	...	...	...	...	...	...	...	...	Mono. Sil. Foss. Girvan District, p. 23, t. 9, f. 24.
SPONGIDA.																		
Hyalonema .... *Gray*, 1835	...	...	...	...	...	...	...	...	...	...	...	...	...	...	...	...	...	Proc. Zool. Soc. vol. lii, p. 63.
— Girvanense ...... *Nich. & Ether.*	...	...	...	...	...	...	*	...	...	...	...	...	...	...	...	...	...	Mono. Sil. Foss. Girvan, p. 239, t. 19, f. 1.
POLLAKIDÆ.																		
Hyalostelia .... *Zittel*, 1878																		
Pyritonema ...... *M'Coy*, 1850																		
— fasciculus ...... *M'Coy*	...	...	...	...	...	*	...	...	...	...	...	...	...	...	...	...	...	*Pyritonema*, Brit. Pal. Foss. p. 10, t. 1 B, f. 13. Hyalostelia, Hinde, Cat. Foss. Sponges, Brit. Mus. Nat. Hist. p. 151.
SPONGIDA.																		
Ischadites ...... *Murchison*, 1839																		
— Grindrodi ...... *Salt.*	...	...	...	...	...	...	...	...	...	...	...	...	...	...	...	...	...	*Vide* I. Lindstræmi.
— Kœnigii .... *Murch.*	...	...	...	*	*	...	...	...	...	*	*	*	*	*	*	...	...	Sil. Syst. p. 697, t. 26, f. 11. *Vide* G. I. Hinde, Q. J. Geol. Soc. vol. xl, p. 836.
— Lindstræmi ...... *Hinde*	...	...	...	...	...	...	...	...	...	...	*	*	...	...	...	...	...	Q. J. Geol. Soc. vol. xl, p. 839, t. 36, f. 2; cf. *Ischadites Grindrodi?* Salt. MS.
— tessellatus ...... *Salt. MS.*	...	...	...	...	...	...	*	...	...	...	...	...	...	...	...	...	...	Siluria, 4 ed. 1867, p. 509. *Vide* Hinde, loc. cit. p. 839.
STAURODERMIDÆ.																		
Plectoderma ...... *Hinde*, 1883																		
— scitulum .... *Hinde*	...	...	...	...	...	...	...	...	...	...	...	...	...	...	*	...	...	Cat. Foss. Sponges, Brit. Mus. Nat. Hist. p. 132, t. 31, f. 1.
SPONGIDA.																		
Protospongia ...... *Salter*, 1864																		
— fenestrata ...... *Salter*	*	*	*	...	...	...	...	...	...	...	...	...	...	...	...	...	...	*Vide* Sollas, Q. J. Geol. Soc. vol. xxxvi, p. 363; woodcut, f. 1, p. 365, f. 2; ib. Hinde, Cat. Foss. Sponges, Brit. Mus. p. 129, t. 28, f. 2.
Pyritonema......... *M'Coy*, 1850																		
— antiqua .... *R. Ether.*	...	...	...	*	...	...	...	...	...	...	...	...	...	...	...	...	...	Reference doubtful.
— fasciculus ...... *M'Coy*	...	...	...	...	...	...	...	...	...	...	...	...	...	...	...	...	...	*Vide* Hyalostelia.

RHIZOPODA.

PALÆOZOIC. — CAMBRIAN AND SILURIAN.

SPECIES.	CAMBRIAN.			LOWER SIL.				UPPER SILURIAN.								REFERENCES.
	Har. St. David's.	Menevian.	Lingula Flags.	Tremadoc.	Arenig.	Llandeilo.	Caradoc or Bala.	Low. Llandovery.	Up. Llandovery.	Woolhope Lmst.	Wenlock Shale.	Wenlock Lmst.	Lower Ludlow.	Aymestry Lmst.	Upper Ludlow.	Tilest. & Passage.	Pass up.	
Class, *RHIZOPODA.* Order, *Reticularia.* Sub-Order, *Foraminifera.*																	
LITUOLIDA.																	
Saccammina ...... *Sars,* 1868 ...	...	...	...	...	...	...	...	...	...	...	...	...	...	...	...	...	Vidensk. Selsk. Förhandl. p. 248, 1866.
Carteria .... *Brady,* 1869 ...																	
— Carteri .... *H. B. Brady* ...	...	...	...	...	...	*	...	...	...	...	...	...	...	...	...	...	Ann. Mag. Nat. Hist. 4 ser. vol. vii, p. 177, 1871; Ib. Ether. & Nich. Mono. Sil. Foss. Girvan, p. 21, t. 9, f. 23; Ib. Mono. Carb. & Perm. Foram. Pal. Soc. p. 57, t. 1, f. 1–7; t. 12, f. 6.

HYDROZOA.

SPECIES.	Har. St. David's.	Menevian.	Lingula Flags.	Tremadoc.	Arenig.	Llandeilo.	Caradoc or Bala.	Low. Llandovery.	Up. Llandovery.	Woolhope Lmst.	Wenlock Shale.	Wenlock Lmst.	Lower Ludlow.	Aymestry Lmst.	Upper Ludlow.	Tilest. & Passage.	Pass up.	REFERENCES.
Sub-Kingdom, CŒLENTERATA.																		
Class, *HYDROZOA.*																		
Sub-Class, RHABDOPHORA. Allman. GRAPTOLITOIDEA. Lapworth.																		
Acanthograptus *Spencer,* 1878-9																		
— ramosus .... *Lapw.*	...	...	...	...	...	*	...	...	...	...	...	...	...	...	...	...	...	Q. J. Geol. Soc. vol. xxxvii, p. 174, t. 7, f. 5.
LEPTOGRAPTIDÆ.																		
Amphigraptus ... *Lapworth,* 1873																		
— divergens .... *Hall*	...	...	...	...	*	...	...	...	...	...	...	...	...	...	...	...	...	Grapto. Geol. Survey of Canada, Org. remains, Dec. II, p. 12, 13, f. 11. Lapw. Q. J. Geol. Soc. vol. xxxiv, p. 331.
— radiatus .... *Lapw.*	...	...	...	...	*	*	?	...	...	...	...	...	...	...	...	...	...	Q. J. Geol. Soc. vol. xxxiv, p. 331.
LEPTOGRAPTIDÆ.																		
Azygograptus *Nich. & Lapw.* 1875																		
— cœlebs .... *Lapw.*	...	...	...	...	*	...	...	...	...	...	...	...	...	...	...	...	...	Ann. Mag. Nat. Hist. 5 ser. vol. v, p. 159, t. 5, f. 16.
DICHOGRAPTIDÆ.																		
Bryograptus ...... *Lapworth,* 1880																		
— Callavei .... *Lapw.*	...	...	...	*	...	...	...	...	...	...	...	...	...	...	...	...	...	Ann. Mag. Nat. Hist. 5 ser. vol. v, p. 165, t. 5, f. 21.
— Kjerulfi .... *Lapw.*	...	...	...	*	...	...	...	...	...	...	...	...	...	...	...	...	...	Doubtful if British.
Calyptograptus... *Spencer,* 1878-9																		
— digitatus .... *Lapw.*	...	...	...	...	...	...	*	...	...	...	...	...	...	...	...	...	...	Q. J. Geol. Soc. vol. xxxvii, p. 174, t. 7, f. 6.
— plumosus .... *Lapw.*	...	...	...	...	...	...	*	...	...	...	...	...	...	...	...	...	...	Q. J. Geol. Soc. vol. xxxvii, p. 173, t. 7, f. 4.
DIPLOGRAPTIDÆ.																		
Cephalograptus... *Hopkinson,*																		
— cometa .... *Geinitz*	...	...	...	...	*	*	*	*	...	...	...	...	...	...	...	...	...	*Vide* Diplograptus cometa.

PALÆOZOIC.   HYDROZOA.   CAMBRIAN AND SILURIAN.

SPECIES.	Har. St. David's	Menevian.	Lingula Flags.	Tremadoc.	Arenig.	Llandeilo.	Caradoc or Bala.	Low. Llandovery.	Up. Llandovery.	Woolhope Lmst.	Wenlock Shale.	Wenlock Lmst.	Lower Ludlow.	Aymestry Lmst.	Upper Ludlow.	Tilest. & Passage.	Pass up.	REFERENCES.
RETIOLITIDÆ (GLADIOGRAPTIDÆ).																		
Clathrograptus ... *Lapworth*																		
— cuneiformis ...... *Lapw.*							*											Grapto. Co. Down, Belfast Nat. Field Club, p. 135, t. 6, f. 27, 1876-7.
DIPLOGRAPTIDÆ (*Lapworth*).																		
Climacograptus ... *Hall*, 1865 ...																		
— caudatus .... *Lapw.*							*											Grapto. Co. Down, Belfast Nat. Field Club, p. 138, t. 6, f. 34, 1876-7 (var. of C. scalaris).
— normalis .... *Lapw.*							*	*										Grapto. Co. Down, Belfast Nat. Field Club, p. 138, t. 6, f. 31 (var. of C. scalaris).
— perexcavatus ... *Lapw.*							*	*										Grapto. Co. Down, Belfast Nat. Field Club, p. 140, t. 6, f. 35, 1876-7 (Diplograptus).
— Scharenbergi ... *Lapw.*							*	*										Cat. West. Scott. Foss. t. 2, f. 36. Grapto. Co. Down, Belfast Nat. Field Club, p. 138, t. 6, f. 36, 1876-7 (var. of C. scalaris).
— tubuliferus ...... *Lapw.*							*											Belfast Nat. Field Club, 1876-7. p. 138, t. 6, f. 33.
— Wilsoni .... *Lapw.*						*												Cat. West. Scott. Foss. 1876, t. 2, f. 46; ib. Grapto. Co. Down, Belfast Nat. Field Club, p. 140, t. 6, f. 40.
DICHOGRAPTIDÆ.																		
Clonograptus ...... *Hall*																		
Dichograptus ... *Salter*, 1863 ...																		
Temnograptus Nicholson, 1876																		
— flexilis .... *Hall*				*														*Graptolithus*, Geol. Survey of Canada, Rept. of Progress, 1857, p. 119, t. 3, f. 2-6.
— rigidus......... *Hall*				*														*Graptolithus*, Geol. Survey of Canada, Rept. of Progress, 1857, p. 121, t. 4, f. 1-3; ib. Grapto. of Quebec Group, 1865, p. 105, t. 13, f. 1-5.
CORYNOIDEA.																		
Corynoides......... *Nicholson*, 1867																		
— curtus .... *Lapw.*							*											Cat. West. Scott. Foss. p. 9, t. 4, f. 92.
DIPLOGRAPTIDÆ (*Lapworth*).																		
Cryptograptus ... *Lapworth*, 1880																		
— antennarius...... *Hall*						*												*Graptolithus*, Geol. of Canada, 1863, p. 955. *Climacograptus*, ib. Canadian Org. remains, p. 112, t. 13, f. 11-13, 1865.
— Hopkinsoni...... *Nich.*						*												? Diplograptus.
— Schaeferi .... *Lapw.*							*											*Vide* Ann. Mag. Nat. Hist. 5 ser. vol. vi, p. 21.
— tricornis .... *Carr.*							* *											*Diplograptus*, loc. cit. p. 9. Cryptograptus, Lapw. Ann. Mag. Nat. Hist. 5 ser. vol. v, p. 174.
Ctenograptus...... *Nicholson*, 1876																		
— annulatus ...... *Nich.*																		*Dichograptus*? Ann. Mag. Nat. Hist. 4 ser. vol. ccxxxlii, t. 11, f. 4, 5, 1869.
MONOGRAPTIDÆ (*Lapworth*).																		
Cyrtograptus ... *Carruthers*, 1867																		
— Carruthersi ...... *Lapw.*								?		*								Geol. Mag. Dec. II, vol. iii, p. 544, t. 10, f. 6.
— Grayi .... *Lapw.*								?	?									Geol. Mag. Dec. II, vol. iii, p. 544, t. 10, f. 11.
— Linnarssoni...... *Lapw.*										*								Ann. Mag. Nat. Hist. 5 ser. vol. v, p. 158, t. 4, f. 12.
— tricornis .... *Carr.*										*								*Diplograptus*, Lapw. Ann. Mag. Nat. Hist. 5 ser. vol. v, p. 171, t. 5, f. 27.
GRAPTOLOIDEA.																		
Dawsonia .... *Nicholson*, 1873																		
— complanata ...... *Nich.*							* *											Ann. Mag. Nat. Hist. vol. ii, p. 142, 1873. Graptogonophores, Geol. Mag. vol. iii, p. 488. Ovarian capsules, Mono. Brit. Grapto. pt. i, p. 71. f. 42.

HYDROZOA.

PALÆOZOIC. — CAMBRIAN AND SILURIAN.

SPECIES.	Cambrian				Lower Sil.			Upper Silurian.							Pass up.	REFERENCES.
	Hav. St. David's.	Menevian.	Lingula Flags.	Tremadoc.	Arenig.	Llandeilo.	Caradoc or Bala.	Low. Llandovery.	Up. Llandovery.	Woolhope Lmst.	Wenlock Shale.	Wenlock Lmst.	Lower Ludlow.	Aymestry Lmst.	Upper Ludlow.	Tilest. & Passage.		
DICRANOGRAPTIDÆ.																		
Dicellograptus... *Hopkinson,* 1870																		
— caduceus .... *Lapw.*	...	...	...	...	...	...	*	...	...	...	...	...	...	...	...	...		Cat. West. Scott. Foss. p. 5, t. 4, f. 83; ib. Grapto. Co. Down, Belfast Nat. Hist. Field Club, p. 141, t. 7, f. 3, 1876.
— complanatus ... *Lapw.*	...	...	...	...	...	...	*	...	...	...	...	...	...	...	...	...		Ann. Mag. Nat. Hist. 5 ser. vol. v, p. 160, t. 5, f. 17.
— divaricatus ...... *Hall*	...	...	...	...	*	*	*	...	...	...	...	...	...	...	...	...		Grapto. Quebec Group, p. 13; ib. Lapw, Belfast Nat. Field Club, 1876, p. 141, t. 7, f. 10.
— furcatus ... *Hall*	...	...	...	...	...	...	*	...	...	...	...	...	...	...	...	...		? *Dicranograptus, Graptolithus,* Geol. Surv. Canada, Grapto. Quebec Group, p. 15, 40, 41, 46, 57.
— intortus .... *Lapw.*	...	...	...	...	...	...	*	...	...	...	...	...	...	...	...	...		Ann. Mag. Nat. Hist. 5 ser. vol. v, p. 161, t. 5, f. 19.
— patulosus ..... *Lapw.*	...	...	...	...	...	...	*	...	...	...	...	...	...	...	...	...		Ann. Mag. Nat. Hist. 5 ser. vol. v, p. 162, t. 5, f. 18.
— pumilus ...... *Lapw.*	...	...	...	...	...	...	*	...	...	...	...	...	...	...	...	...		*Vide* Q. J. Geol. Soc. vol. xxxiv, p. 331.
— sextans......... *Hall*	...	...	...	...	...	...	*	...	...	...	...	...	...	...	...	...		Pal. New York, vol. i, p. 273, t. 74.
DICRANOGRAPTIDÆ (*Lapworth*).																		
Dicranograptus ... *Hall,* 1865 ...																		
— Moffatensis...... *Lapw.*	...	...	...	...	...	...	*	...	...	...	...	...	...	...	...	...		*Vide* Dicellograptus.
— spinifer ...... *Lapw.*	...	...	...	...	...	*	*	...	...	...	...	...	...	...	...	...		Doubtful.
— tardiusculus	...	...	...	...	...	?	*	...	...	...	...	...	...	...	...	...		*Vide* Q. J. Geol. Soc. vol. xxxviii, p. 568, 586, 591.
— ziczac .... *Lapw.*	...	...	...	...	...	...	*	...	...	...	...	...	...	...	...	...		Cat. West. Scott. Foss. t. 3, f. 77; ib. Grapto. Co. Down, Belfast Nat. Field Club, p. 141, t. 6, f. 42*.
Dictyonema ...... *Hall,* 1852 ...																		
Dictyograptus Hopk....																		
— corrugatellum ... *Lapw.*	...	...	...	...	...	...	*	...	...	...	...	...	...	...	...	...		Q. J. Geol. Soc. vol. xxxvii, p. 172, t. 7, f. 3.
— delicatulum...... *Lapw.*	...	...	...	...	...	...	*	...	...	...	...	...	...	...	...	...		Q. J. Geol. Soc. vol. xxxvii, p. 172, t. 7, f. 2.
— Moffatensis ...... *Lapw.*	...	...	...	...	...	...	*	...	...	...	...	...	...	...	...	...		Cat. West. Scott. Foss. p. 7, t. 4, f. 97; ib. Belfast Nat. Field Club, 1876-7, p. 143, t. 7, f. 17.
— sociale............ *Salt.*	...	...	*	*	...	...	...	...	...	...	...	...	...	...	...	...		(Addenda.) ? *Dictyonema flabelliformis,* Eichw. Leth. Rossica, vol. i, p. 369; ib. F. Römer, Die Foss. Fauna der Silurischen Diluvis Geschube Sadenitz bie Oels in Niederschlesin, 4to. p. 32.
— venustum ...... *Lapw.*	...	...	...	...	...	*	...	...	...	...	...	...	...	...	...	...		Q. J. Geol. Soc. vol. xxxvii, p. 171, t. 7, f. 1.
DICHOGRAPTIDÆ.																		
Didymograptus ... *M'Coy,* 1851 ...																		
— constrictus ...... *Hall*	...	...	...	...	...	*	...	...	...	...	...	...	...	...	...	...		*Graptolithus,* Quebec Group, Geol. Surv. Canada, t. 1, f. 23-27, p. 76.
— similis .... *Hall*	...	...	...	...	*	*	...	...	...	...	...	...	...	...	...	...		Grapto. Quebec Group, Geol. Surv. Canada, p. 78, t. 2, f. 1-5.
— superstes .... *Lapw.*	...	...	...	...	...	*	...	...	...	...	...	...	...	...	...	...		Cat. West. Scott. Foss. p. 6, t. 3, f. 74. ? *Grapto. sagittarius,* Hall, Pal. New York, vol. i, t. 74. D. *superstes,* Grapto. Co. Down, Belfast Nat. Field Club, p. 142, t. 7, f. 15*.
DIPLOGRAPTIDÆ.																		
Dimorphograptus *Lapworth,* 1876																		
— acuminatus...... *Nich.*	...	...	...	...	...	...	*	...	...	...	...	...	...	...	...	...		*Vide* Diplograptus.
— elongatus........ *Lapw.*	...	...	...	...	...	...	*	...	...	...	...	...	...	...	...	...		*Diplograptus,* Geol. Mag. Dec. II, vol. iii, p. 574, t. 20, f. 12, 1876; ib. Belf. Nat. Field Club (Co. Down), p. 132, t. 6, f. 6.
— Swanstoni ...... *Lapw.*	...	...	...	...	...	...	*	...	...	...	...	...	...	...	...	...		*Diplograptus,* Geol. Mag. Dec. II, vol. iii, t. 20, f. 13; ib. Belfast Nat. Field Club (Co. Down), p. 132, t. 6, f. 5.
DIPLOGRAPTIDÆ.																		
Diplograptus ...... *M'Coy,* 1850 ...																		
— aculeatus ...... *Lapw.*	...	...	...	...	...	...	*	...	...	...	...	...	...	...	...	...		*Vide* Idiograptus.
— bimucronatus ... *Nich.*	...	...	...	...	...	...	*	...	...	...	...	...	...	...	...	...		Ann. Mag. Nat. Hist. 4 ser. vol. iv, p. 236, t. 11, f. 12. (Lasiograptus.)

PALÆOZOIC.   HYDROZOA.   CAMBRIAN AND SILURIAN.

SPECIES.	Har. St. David's	Menevian	Lingula Flags	Tremadoc	Arenig	Llandeilo	Caradoc or Bala	Low. Llandovery	Up. Llandovery	Woolhope Lst.	Wenlock Shale	Wenlock Lst.	Lower Ludlow	Aymestry Lst.	Upper Ludlow	Tiled. & Passage	Pass. sp.	REFERENCES.
Diplograptus (*continued*).																		
— euglyphus ...... *Lapw.*							•											*Diplog. dentatus*, Brong. Lapw. Belfast Nat. Field Club, 1876-7, t. 6, f. 13. *Diplog.* (*Glyptograptus*) *euglyphus*, Lapw. Ann. Mag. Nat. Hist. 5 ser. vol. v, p. 166, t. 4, f. 14.
— Hudsonicus................							•											Doubtful.
— modestus ...... *Lapw.*							•											Cat. West. Scott. Foss. p. 6, t. 2, f. 33; ib. Belfast Nat. Field Club, 1876-7, p. 132, t. 6, f. 8.
— perexcavatus ... *Lapw.*							•											*Vide* Climacograptus.
— physophora ...... *Nich.*							•	•										Ann. Mag. Nat. Hist. 4 ser. vol. i, t. 3, f. 7; ib. Lapw. 5 ser. vol. v, p. 165, t. 5, f. 26.
— rugosus .... *Emm.*							•	•										*Vide* Lapw. Ann. Mag. Nat. Hist. 5 ser. vol. v, p. 168.
— serra .... *Brong.*							•											Doubtful.
— socialis......... *Lapw.*							•											Ann. Mag. Nat. Hist. 5 ser. vol. v, p. 166, t. 4, f. 13.
— truncatus ...... *Lapw.*							•											Belfast Nat. Field Club (Grapto. Co. Down), p. 133, t. 6, f. 17.
LASIOGRAPTIDÆ.																		
(GLOSSOGRAPTIDÆ, *Lapw.*)																		
Glossograptus ... *Emmons*, 1855																		
— fimbriatus ...... *Hopk.*							•											? Diplograptus, Geol. Mag. vol. ix, p. 506, t. 12, f. 8.
— Hincksii .... *Hopk.*							•	•										Diplograptus, Geol. Mag. vol. ix, p. 507, t. 12, f. 9. Glossograptus, Lapw. Cat. West. Scott. Foss. p. 7, t. 2, f. 57; ib. Proc. Belfast Nat. Field Club (Sil. Rocks, Co. Down), p. 134, t. 6, f. 24.
DICHOGRAPTIDÆ.																		
Goniograptus...... *M'Coy*						•												Prodr. Pal. Vict. Dec. V.
— Thureaui .... *M'Coy*						•												*Vide* Lapw. Ann. Mag. Nat. Hist. 5 ser. vol. vi, p. 20. *Didymograptus*, ib. 4 ser. vol. xviii, p. 126.
Graptolithus ...... *His.*, *Linn.* 1751																		*Vide* Monograptus. (*Note.*—This Genus has been reconstructed and rearranged since catalogued on pp. 10-13 (loc. cit.). The names Graptolithus and Graptolites therefore now possess no generic value. All those species placed or arranged under the Genus Graptolithus on pp. 10, 11, 12, and 13 should be referred to Monograptus. The additional species are now all placed under this latter name.)
RETIOLITIDÆ.																		
Gymnograptus																		
— Linnarssoni...... *Tullb.*						•												*Vide* Lapw. Ann. Mag. Nat. Hist. 5 ser. vol. vi, p. 22.
LASIOGRAPTIDÆ.																		
Hallograptus ...... *Carruthers*																		
— bimucronatus ... *Nich.*					?	•												Diplograptus or Lasiograptus (*vide*).
— mucronatus...... *Hall*						•												*Vide* Diplograptus, p. 8 & 9, for references. (*Lasiograptus*.)
NEMAGRAPTIDÆ.																		
Helicograptus ... *Nicholson*, 1868																		
Cænograptus ... *Hall*, 1868																		
— explanatus ...... *Lapw.*						•												*Cænograptus*, Cat. West. Scott. Foss. p. 5, t. 4, f. 68.
— per-tenuis ...... *Lapw.*						•												*Cænograptus*, Cat. West. Scott. Foss. p. 5, t. 3, f. 67.
— surcularis ...... *Hall*						•												20th Rept. Geol. New York, 1870, p. 223, 226. *Cænograptus*, Lapw. Cat. West. Scott. Foss. p. 5, t. 1, f. 64.
Idiograptus ...... *Lapworth*, 1880																		
Diplograptus ..., *M'Coy*, 1850 ...																		
— aculeatus......... *Lapw.*						•												Ann. Mag. Nat. Hist. 5 ser. vol. v, p. 170, t. 6, f. 23 a-f.

PALÆOZOIC.   HYDROZOA.   CAMBRIAN AND SILURIAN.

SPECIES.	Har. St. David's.	Menevian.	Lingula Flags.	Tremadoc.	Arenig.	Llandeilo.	Caradoc or Bala.	Lor. Llandovery.	Up. Llandovery.	Woolhope Lmst.	Wenlock Shale.	Wenlock Lmst.	Lower Ludlow.	Aymestry Lmst.	Upper Ludlow.	Tilest. & Passage.	Pass. up.	REFERENCES.
GLOSSOGRAPTIDÆ (LASIOGRAPTIDÆ).																		
Lasiograptus...... *Lapworth*, 1873																		
— bimucronatus ... *Nich.*					?	•												*Diplograptus*, Ann. Mag. Nat. Hist. 1869, 4 ser. vol. iv, p. 236, t. 11, f. 12. (Diplograptus.)
— costatus .... *Lapw.*						•	•											*Vide* Lapw. Ann. Mag. Nat. Hist. 5 ser. vol. vi, p. 22.
— Harknessi ...... *Mich.*						•	•											*Vide* L. costatus.
— margaritatus ... *Lapw.*						•												Belfast Nat. Field Club (Grapto. Co. Down), p. 135, t. 6, f. 25.
— retusus........... *Lapw.*						•												Ann. Mag. Nat. Hist. 5 ser. vol. v, p. 175, t. 5, f. 24.
LEPTOGRAPTIDÆ.																		
Leptograptus...... *Lapworth*, 1873																		
Nemagraptidæ... *Hop.*																		
— capillaris .... *Carr.*						•												? *Nemagraptus* (*Cladograptus*). *Vide* Nemagraptus, loc. cit. p. 12.
— flaccidus......... *Hall*					•	•												Graptolites, Quebec Group, p. 143, t. 2; ib. Lapw. Belfast Nat. Field Club, 1876-7, p. 142, t. 7, f. 14.
MONOGRAPTIDÆ (*Lapworth*).																		
Monograptus ...... *Geinitz*, 1853...																		
Graptolithus... *His.*, *Linn.* 1751																		
Monoprion ...... *Barrande*, 1850																		
Graptolites...... *Auct.*																		
— argentius......... *Nich.*						•												Ann. Mag. Nat. Hist. 4 ser. vol. iv, p. 239, t. 11, f. 19.
— argutus .... *Lapw.*						•												Scottish Graptolites (Monograptidæ), Geol. Mag. Dec. II, vol. iii, p. 318, t. 10, f. 13; ib. Belfast Nat. Field Club (Co. Down), p. 131, t. 5, f. 5.
— Barrandei ...... *Suess.*						•	•											Böhmische Graptolithen, t. 9, f. 12; ib. Lapw. Geol. Mag. Dec. II, vol. iii, p. 500, t. 20, f. 5; ib. Belfast Nat. Field Club, Co. Down, p. 128, t. 5, f. 21.
— colonus........... *Barr.*							•											Grapts. de Bohême, t. 2, f. 1-3; ib. Nicholson, Q. J. Geol. Soc. vol. xxiv, t. 20, f. 9-11; ib. Lapw. Ann. Mag. Nat. Hist. 5 ser. vol. v, p. 152, t. 4, f. 3, 4. For references, see p. 10.
— var. dubius... *Suess.*							•											Böhmische Graptolithen, t. 9, f. 5; ib. Lapw. Scottish Monograptidæ, Geol. Mag. Dec. II, vol. iii, t. 20, f. 10.
— communis ...... *Lapw.*							•											Belfast Nat. Hist. Club, 1876-7, p. 128, t. 5, f. 16.
— concinnus........ *Lapw.*						?	•											Scottish Monograptidæ, Geol. Mag. Dec. II, vol. iii, p. 320, t. 11, f. 1; ib. Belfast Nat. Field Club, p. 130, t. 5, f. 19.
— convolutus ...... *His.*						•	•											Lethea Suecica, t. 38, f. 7. Lapw. Geol. Mag. Dec. II, vol. iii, p. 358.
Var. a. communis... *Lapw.*							•											⎰ Geol. Mag. Dec. II, vol. iii, p. 358, t. 13, f. 4 a, b.
— b. fimbriatus ... *Nich.*							•											⎟ Geol. Mag. Dec. II, vol. iii, p. 358, t. 13, f. 4 c, d. Scottish Monograptidæ
— c. proteus ...... *Barr.*							•											⎟ Geol. Mag. Dec. II, vol. iii, p. 358, t. 13, f. 4 e, f.
— d. spiralis ...... *Geinitz*							•											⎱ Geol. Mag. Dec. II, vol. iii, p. 358, t. 13, f. 4 g, h.
— crassus........... *Lapw.*							?											Ann. Mag. Nat. Hist. 5 ser. vol. v, p. 155, t. 4, f. 8.
— crenularis ...... *Lapw.*							•											Ann. Mag. Nat. Hist. 5 ser. vol. v, p. 153, t. 4, f. 10.
— crispus........... *Lapw.*						•	?		?									Scottish Graptolitidæ, Geol. Mag. Dec. II, vol. iii, p. 503, t. 20, f. 7; ib. Lapw. Belfast Nat. Field Club, 1876-7, p. 128, t. 5, f. 13.
— cyphus........... *Lapw.*							•											Scottish Monograptidæ, Geol. Mag. Dec. II, vol. iii, p. 352, t. 12, f. 3; ib. Belfast Nat. Field Club (Co. Down), p. 130, t. 5, f. 25.

HYDROZOA.

CAMBRIAN AND SILURIAN.

SPECIES.	Har. St. David's	Menevian	Lingula Flags	Tremadoc	Arenig	Llandeilo	Caradoc or Bala	Up. Llandovery	Low. Llandovery	Woolhope Lmst.	Wenlock Shale	Wenlock Lmst.	Lower Ludlow	Aymestry Lmst.	Upper Ludlow	Tilest. & Passage	Pass. up.	REFERENCES.
Monograptus (*continued*).																		
— galaensis .... *Lapw.*								*										Scottish Monograptidæ, Geol. Mag. Dec. II, vol. iii, p. 357, t. 12, f. 5; ib. Belfast Nat. Field Club (Co. Down), p. 129, t. 6, f. 1.
— var. basilicus ... *Lapw.*											*							Ann. Mag. Nat. Hist. 5 ser. vol. v, p. 152, t. 4, f. 6.
— gregarius......... *Lapw.*								*										Scottish Monograptidæ, Geol. Mag. Dec. II, vol. iii, p. 317, t. 10, f. 12; ib. Lapw. Belfast Nat. Field Club, 1876–7, p. 131, t. 5, f. 4.
— Halli .... *Barr.*								*	*									Grapto. de Bohême, 1850, p. 48, t. 2, f. 12–15.
— Hisingeri......... *Carr.*																		*Vide* p. 11.
— var. jaculum ... *Lapw.*								*										Scottish Monograptidæ, Geol. Mag. Dec. II, vol. iii, p. 351, t. 12, f. 2.
— var. nudus ...... *Lapw.*											*							Ann. Mag. Nat. Hist. 5 ser. vol. v, p. 156, t. 4, f. 7.
— *intermedius*...... *Carr.*																		*Vide* Graptolithus, loc. cit. p. 11.
— involutus .... *Lapw.*																		Var. of M. intermedius.
— Leintwardensis *Hopk.*														*				Geol. Mag. 1873, p. 520; 1875, p. 561. Lapw. Ann. Mag. Nat. Hist. 5 ser. vol. v, p. 149, t. 4, f. 1.
— lobiothecа .... *Lapw.*																		Scottish Monograptidæ, Geol. Mag. Dec. II, vol. iii, p. 352, t. 12, f. 4; ib. Belf. Nat. Field Club (Co. Down), p. 130, t. 5, f. 22.
— M'Coyi .... *Lapw.*								*	?	?								Grapto. Belfast Nat. Field Club (Co. Down), 1876–7, p. 130, t. 6, f. 2.
— pandus............ *Lapw.*																		Belfast Nat. Field Club (Co. Down), p. 129, t. 6, f. 3 (var. of M. lobiferus).
— proteus............ *Barr.*								*										*Vide* Lapw. Belfast Nat. Field Club, 1876–7, p. 128, t. 5, f. 18.
— Riccartonensis *Lapw.*									?		*							Belfast Nat. Field Club (Co. Down), p. 129, t. 5, f. 23; ib. Ann. Mag. Nat. Hist. 5 ser. vol. v, p. 155, t. 4, f. 8.
— Roemeri .... *Barr.*												*						*Vide* Lapw. Ann. Mag. Nat. Hist. 5 ser. vol. v, p. 151, t. 4, f. 5.
— runcinatus ...... *Lapw.*																		Scottish Monograptidæ, Geol. Mag. Dec. II, vol. iii, p. 301, t. 20, f. 4; ib. Belf. Nat. Field Club (Co. Down), p. 128, t. 5, f. 7.
— Salweyi .... *Hopk.*														*				*Vide* Lapw. Ann. Mag. Nat. Hist. 5 ser. vol. v, p. 150, t. 4, f. 2.
— Sandersoni ...... *Lapw.*								*										Scottish Monograptidæ, Geol. Mag. Dec. II, vol. iii, p. 320, t. 11, f. 2; ib. Belfast Nat. Field Club (Co. Down), p. 131, t. 5, f. 8.
— sexaicus .... *Tullb.*													*					*Vide* Lapw. Ann. Mag. Nat. Hist. 5 ser. vol. v, p. 368.
— spiralis........... *His.*								*										Leon. and Bronn. Jahrbuch für Min. 1842, t. 10. Lapw. Proc. Belfast Nat. Field Club, 1876–7, p. 128, t. 5, f. 12.
— triangulatus ... *Hark.*								*										Rastrites, Q. J. Geol. Soc. vol. vii, t. 1, f. 3; ib. Lapw. Geol. Mag. Dec. II, vol. iii, t. 13, f. 5; ib. Proc. Belfast Nat. Field Club, 1876–7, p. 125, t. 5, f. 14.
— vomerinus ...... *Nich.*								?	*									Mono. Brit. Grapto. p. 53, f. 21. Monograptus, Lapw. Scottish Monograp. Geol. Mag. Dec. II, vol. iii, p. 353, t. 12, f. 6.
Odontocaulis ...... *Lapworth*, 1881																		
— Keepingii ...... *Lapw.*								?	*									Q. J. Geol. Soc. vol. xxxvii, p. 176, t. 7, f. 7.
PHYLLOGRAPTIDÆ.																		
Phyllograptus ... *Hall*, 1865																		
— anna............... *Hall*																		Geol. Survey Canada, Grap. of the Quebec Group, p. 124, t. 16, f. 11–16.
— densus .... *Törnq.*					*													*Vide* Lapw. in Ann. Mag. Nat. Hist. 5 ser. vol. vi, p. 21.
NEMAGRAPTIDÆ (*Hop.*) (**LEPTOGRAPTIDÆ**, *Lapw.*)																		
Pleurograptus ... *Nicholson*, 1867																		
— radiatus .... *Lapw.*							*											*Vide* Ann. Mag. Nat. Hist. 5 ser. vol. iv, p. 427.

HYDROZOA.

CAMBRIAN AND SILURIAN.

SPECIES.	Har. St. David's.	Menevian.	Lingula Flags.	Tremadoc.	Arenig.	Llandeilo.	Caradoc or Bala.	Low. Llandovery.	Up. Llandovery.	Woolhope Lmst.	Wenlock Shale.	Wenlock Lmst.	Lower Ludlow.	Aymestry Lmst.	Upper Ludlow.	Tilest. & Passage.	Pass. sp.	REFERENCES.
Pterograptus ...... *Holm.* 1681																		
— *acutus* .... *Hopk.*					*													*Vide* Ptilograptus, Hall, p. 13, loc. cit.
MONOGRAPTIDÆ.																		
Rastrites .... *Barrande,* 1850																		
— *distans*............ *Lapw.*								*										Geol. Mag. Dec. II, vol. iii, p. 313, f. 2.
— *fugax* .... *Barr.*								*										Grapto. de Bohême, p. 66, t. 4, f. 1.
— *hybridus* .... *Lapw.*								*										Geol. Mag. Dec. II, vol. iii, p. 313, t. 10, f. 5. Var. of Rast. peregrinus.
LASIOGRAPTIDÆ (GLOSSOGRAPTIDÆ).																		
Retiograptus ...... *Hall,* 1865....... *Suess.* 1851 ...																		
— *tentaculatus* ... *Hall*					*													*Graptolithus,* Geol. Survey Canada, Rept. for 1857, p. 134. Retiograptus, ib. Canadian Org. Remains, Dec. II, 1865, p. 115, t. xiv, f. 6–8; ib. Lapw. Ann. Mag. Nat. Hist. 5 ser. vol. vi, p. 22, 188.
RETIOLITIDÆ.																		
Retiolites .... *Barrande,* 1850																		
Gladiograptus Hop. & Lapw.																		
— *fibratus* .... *Lapw.*						*												Belfast Nat. Field Club (Grapto. Co. Down), p. 136, t. 6, f. 28.
— *obesus* .... *Lapw.*								*										Rept. Brit. Assoc. 1871, p. 104 (Gala Group); ib. Belfast Nat. Field Club (Grapto. Co. Down), p. 137, t. 6, f. 29, 1876–7.
— var. *Daironi* ... *Lapw.*								*										Belfast Nat. Field Club (Grapto. Co. Down). p. 137, t. 6, f. 30.
DICHOGRAPTIDÆ.																		
Schizograptus ... *Nicholson,* 1876																		
— *reticulatus* ...... *Nich.*					*													*Dichograptus,* Q. J. Geol. Soc. vol. xxiv, p. 143, t. 5, f. 3–5.
DICHOGRAPTIDÆ.																		
Temnograptus ... *Nicholson,* 1876																		
— *multiplex*....... *Nich.*					*													? *Dichograptus,* Q.J. Geol. Soc. vol. xxiv, p. 129, t. 6, f. 1–3.
— *Nicholsoni* ...... *Lapw.*					*													? *Didymograptus,* p. 8, loc. cit.
DICHOGRAPTIDÆ.																		
Tetragraptus ...... *Salter,* 1863 ...																		
— *approximatus* ... *Nich.*					*													*Fide* Herrmann, Geol. Mag. Dec. III, vol. iii, p. 19 (woodcuts, p. 17, f. 5).
— *Bigsbyi* .... *Hall*					*													*Graptolithus,* Geol. Surv. Canada, Org. Remains, Dec. II, p. 86, t. 16, f. 22–30. ? *Phyllograptus similis,* Hall. ? *Tetragraptus,* Bigsbyi Linnars. Lapw.
— *denticulatus* ... *Hall*					*													*Graptolithus,* Geol. Surv. Canada, Rept. Progress, 1857, p. 132; ib. Quebec Group, p. 88, t. 4, f. 12–16.
— *fruticosus* ...... *Hall*					*													*Graptolithus,* Geol. Surv. Canada, Rept. Progress, 1857, p. 128; ib. Geol. Surv. of Canada (Grap. Quebec Group), p. 90, t. 5, f. 6–8, t. 6, f. 1–3.
THAMNOGRAPTIDÆ.																		
Thamnograptus... *Hall,* 1859 ...																		
— *Barrandii* ...... *Hall*					*													Cat. West. Scott. Foss. p. 7, t. 6, f. 95.
— *Scoticus* .... *Lapw.*					*								*					Cat. West. Scott. Foss. p. 7, t. 6, f. 94.
— *typus* .... *Hall*					*													*Vide* Phyllograptus.
DICHOGRAPTIDÆ.																		
Trichograptus ... *Nicholson,* 1876																		
— *fragilis*............ *Nich.*					*													*Vide* Dichograptus, loc. cit. p. 6.

PALÆOZOIC.   HYDROCORALLINÆ.   CAMBRIAN AND SILURIAN.

SPECIES.	CAMBRIAN.			LOWER SIL.				UPPER SILURIAN.								REFERENCES.
	Her. St. David's.	Menevian.	Lingula Flags.	Tremadoc.	Arenig.	Llandeilo.	Caradoc or Bala.	Low. Llandovery.	Up. Llandovery.	Woolhope Lmst.	Wenlock Shale.	Wenlock Lmst.	Lower Ludlow.	Aymestry Lmst.	Upper Ludlow.	Tilest. & Passage.	Pass up.	
Sub-Kingdom, CŒLENTERATA.																		
Sub-Class, HYDROCORALLINÆ.																		
ACTINOSTROMIDÆ.																		
Actinostroma...... *Nich.* 1886......																		
Stromatopora... Auct.																		HYDRACTINOIDA.
— astroites .... *Rosen.*									*									*Stromatopora,* Rosen. Ueber die Natur der Stromatoporen, p. 62, t. 2, f. 6, 7 (1867).
— intertextum...... *Nich.*									*									Ann. Mag. Nat. Hist. 5 ser. vol. xvii, p. 233, t. 7, f. 3-6; ib. Mono. Brit. Stromatoporoids, Pal. Soc. pt. 1, p. 76, woodcut, f. 10; f. A-D, 1886.
Amplexopora... *E. O. Ulrich,* 1882																		
— microstoma ,, .. *Foord.*									*									Ann. Mag. Nat. Hist. 5 ser. vol. xiii, p. 339-340, woodcut, p. 340 A-D.
CHÆTETIDÆ.																		
Callopora............ *Hall,* 1848......																		
Fistulipora...... M'*Coy,* 1849...																		
— Fletcheri .... *E. & H.*									*									*Monticulipora,* E. & H. Brit. Foss. Corals, Pal. Soc. p. 207, t. 62, f. 3. Callopora, Ann. Mag. Nat. Hist. 5 ser. vol. xiii, p. 122, t. 7, f. 5.
— gians .... *Nich.*									*									Ann. Mag. Nat. Hist. 5 ser. vol. xiii, p. 123, 124, woodcut, f. 1 A, B, t. 7, f. 6.
ACTINOSTROMIDÆ.																		
Clathrodictyon ... *Nich. & Mur.*																		HYDRACTINOIDA.
— fastigiatum...... *Nich.*									*									*Vide* Mono. Brit. Stromatoporoids, Pal. Soc. pt. 1, p. 78, f. 12 A, B, woodcuts.
LABECHIIDÆ.																		
Desmidopora ...... *Nicholson,* 1886																		
— alveolaris ...... *Nich.*									*									*Labechia,* Mono. Brit. Stromatoporoids, Pal. Soc. 1886, p. 83; ib. Geol. Mag. Dec. III, vol. iii, p. 291, t. 8, f. 1-8.
LABECHIIDÆ.																		
Labechia .... *Milne Edwards & J. Haime,* 1851																		HYDRACTINOIDA.
— conferta ...... *Lonsd.*									*									*Vide* Nicholson, Ann. Mag. Nat. Hist. 5 ser. vol. xviii, p. 11-13, woodcuts, p. 12 A, B; ib. Nich. Mono. Brit. Stromatoporoids, Pal. Soc. pt. 1, p. 82, woodcuts, f. 13 A, B, 1886.
CHÆTETIDÆ.																		
Monotrypa .... *Nicholson*																		
— crenulata........ *Nich.*									*	*								Ann. Mag. Nat. Hist. 5 ser. vol. xiii, p. 124, 125, woodcuts, f. 2 A-D.
— macropora ...... *Foord*										*								Ann. Mag. Nat. Hist. 5 ser. vol. xiii, p. 338, t. 12, f. 1.
STROMATOPOROIDÆ.																		
Stromatopora...... *Goldf.* 1830 ...																		MILLEPOROIDA.
— Carteri............ *Nich.*																		*Vide* Nich. Mono. Brit. Stromatoporoids, Pal. Soc. pt. 1, p. 92, t. 1, f. 6, 7.
— elegans............ *Rosen.*																		*Vide* Nich. Mono. Brit. Stromatoporoids, Pal. Soc. pt. 1, p. 92. (*Stromatopora discoidea,* Lonsd.)

PALÆOZOIC.   ACTINOZOA.   CAMBRIAN AND SILURIAN.

SPECIES.	Hist. St. David's.	Menevian.	Lingula Flags.	Tremadoc.	Arenig.	Llandeilo.	Caradoc or Bala.	Lwr. Llandovery.	Up. Llandovery.	Woolhope Lmst.	Wenlock Shale.	Wenlock Lmst.	Lower Ludlow.	Aymestry Lmst.	Upper Ludlow.	Tilest. & Passage.	Pass up.	REFERENCES.
Sub-Kingdom, CŒLENTERATA.																		
Class, *ACTINOZOA* or *MADREPORARIA*.																		
CALOSTYLINÆ.																		
Calostylis .... *Lindström*, 1868																		Öfversigt K. Vetenskaps-Akad. Förhandl.
— Lindströmi ..... *Nich. & Ether.*									•									Mono. Sil. Foss. Girvan, p. 65, t. 5, f. 2.
Cyathophyllum ... *Goldf.* 1826 ..																		
— Fletcheri .... *E. & H.*											•							*Vide* Palæocyclus, loc. cit. p. 22. Cyathophyllum, Duncan, Q. J. Geol. Soc. vol. xl, p. 174.
FAVOSITIDÆ.																		
Favosites....... *Lam.* 1816 ...																		
— Girvanensis ...... *N. & E.*								•			•							Mono. Sil. Foss. Girvan, p. 34, t. 1, f. 2.
— Mullockensis ... *N. & E.*									•									Mono. Sil. Foss. Girvan, p. 36, t. 2, f. 2; p. 281, t. 18, f. 5.
TUBIPORIDÆ.																		
Fistulipora .... *M'Coy*, 1849...																		
— cornavica .... *N. & F.*									•									Ann. Mag. Nat. Hist. 5 ser. vol. xvi, p. 515, t. 18, f. 2.
— crassa .... *Lonsd.*											•	•						*Heteropora*, Sil. Syst. t. 15, f. 14. Fistulipora, Nichol. Micro-palæontology, Ann. Mag. Nat. Hist. 5 ser. vol. xlii, p. 118, t. 7, f. 1, 2.
— dobunica .... *N. & F.*									•									Ann. Mag. Nat. Hist. 5 ser. vol. xvi, p. 511, t. 17, f. 3.
— favosa .... *N. & E.*									?		•							Mono. Sil. Foss. Girvan, p. 40, t. 2, f. 3.
— Lodensis .... *Nich.*												•						Ann. Mag. Nat. Hist. 5 ser. vol. xiii, p. 119, t. 7, f. 3.
— nummulina ..... *N. & F.*									•									Ann. Mag. Nat. Hist. 5 ser. vol. xvi, p. 506, t. 15, f. 2, woodcut, p. 507.
— pilula .... *N. & E.*								•										Mono. Sil. Foss. Girvan, p. 41, t. 3, f. 1.
FAVOSITIDÆ.																		
Halysites .... *Fischer*, 1813...																		
Catenipora ..... *Lamk.* 1816 ...																		
— Sp. .... *N. & E.*																		Mono. Sil. Foss. Girvan, p. 278–280, t. 18, f. 2–4. Horizon doubtful, but Upper Silurian in "Mud-stones."
? MILLEPORIDÆ.																		
Heliolites .... *Dana*, 1846 ...																		
— foliacea .... *N. & E.*												•	?					Mono. Sil. Foss. Girvan, p. 261, t. 16, f. 6, t. 17, f. 1.
— parasitica....... *N. & E.*									•									Mono. Sil. Foss. Girvan, p. 259, t. 16, f. 5.
CYATHOPHYLLIDÆ.																		
Lindströmia ... *Nich. & Thomson*, 1876																		Proc. Roy. Soc. Edinb. vol. ix, No. 95, p. 149.
— lævis .... *N. & E.*									•									Mono. Sil. Foss. Girvan, p. 90, t. 6, f. 4.
— sub-duplicata ... *M'Coy*									•			•						Mono. Sil. Foss. Girvan, p. 171, t. 9, f. 7, 8. Lindströmia, Nich. & Ether. Mono. Sil. Foss. Girvan, p. 86, t. 6, f. 2 (Petraia).
? MILLEPORIDÆ.																		
Lyopora ...... *Nich. & Ether.* 1878																		Mono. Girvan Fossils in Ayrshire, p. 25, 1878.
— favosa .... *M'Coy*								•										*Palæopora*, M'Coy, Ann. Mag. Nat. Hist. 2 ser. vol. vi, p. 285; ib. Brit. Pal. Foss. p. 15, t. 1 c, f. 3.∥ Lyopora, Nich. & Ether. Mono. Sil. Foss. Girvan, p. 25, t. 1, f. 1. ? Heliolites.
Palæocyclus *E. & H.* 1849 or 1851																		Referred to Cyathophyllum (Duncan).

PALÆOZOIC.   ACTINOZOA.   CAMBRIAN AND SILURIAN.

SPECIES.	Har. St. David's.	Menevian.	Lingula Flags.	Tremadoc.	Arenig.	Llandeilo.	Caradoc or Bala.	Up. Llandovery.	Lo. Llandovery.	Woolhope Lmst.	Wenlock Shale.	Wenlock Lmst.	Lower Ludlow.	Aymestry Lmst.	Upper Ludlow.	Tilest. & Passage.	Pass. up.	REFERENCES.
? MILLEPORIDÆ. ? HELIOPORIDÆ.																		
Plasmopora... *Nich. & Ether.* 1877																		Mono. Girvan Fossils, p. 52.
— Andersoni ...... *N. & E.*																		Mono. Sil. Foss. Girvan, p. 272, t. 18, f. 1.
— Grayi .... *N. & E.*							*											Mono. Sil. Foss. Girvan, p. 54, t. 3, f. 3.
MILLEPORIDÆ or HELIOPORIDÆ.																		
Plasmopora... *M. Edw. & Haime,* 1849																		Compt. Rend. vol. xxix, p. 262.
— Girvanensis ...... *N. & E.*							*			*								Mono. Sil. Foss. Girvan, p. 266, t. 17, f. 2.
— exsorta............ *N. & E.*										*								Mono. Sil. Foss. Girvan, p. 269, t. 17, f. 4.
CHÆTETIDÆ.																		
Præcopora ...*Nich. & Ether.* 1877																		Mono. Sil. Foss. Girvan District, p. 44.
— Grayæ .... *N. & E.*							*											Mono. Sil. Foss. Girvan, p. 48, woodcut, p. 46; Ann. Mag. Nat. Hist. 4 ser. vol. xx, p. 392.
MILLEPORIDÆ or HELIOPORIDÆ.																		
Propora... *M. Edw. & Haime,* 1849																		
— Edwardsii ...... *N. & E.*										*								Mono. Sil. Foss. Girvan, p. 270, t. 17, f. 3.
MONTICULIPORIDÆ.																		
Solenopora .... *Dybowski,* 1877																		
Stromatopora... *Goldf.*																		
— compacta,......... *Bill.*							*											Nich. & Ether. Geol. Mag. Dec. III, vol. ii, p. 519, t. 13, f. 2, 3, 9. ? *S. spongioides,* Dybowski, Die chætetiden der Ostbaltischen Silur. Formation, p. 124, t. 2, f. 11.
— var. Peachii..... *N. & E.* }																		
ZAPHRENTIDÆ.																		
Streptelasma ...... *Hall,* 1847																		Pal. New York, vol. i, p. 17.
— aggregatum... *N. & E.*																		Mono. Sil. Foss. Girvan, p. 71, t. 5, f. 3. (*Palæophyllum.*)
— æquisulcatum ... *M'Coy*							*											Petraia, Pal. Foss. p. 39, t. 1 B, f. 23, 24. Streptelasma, N. & E. Mono. Sil. Foss. Girvan, p. 79, t. 6, f. 3.
— Craigense ...... *M'Coy*							*											Strephodes, Ann. Mag. Nat. Hist. ? ser. vol. vi, p. 275. Streptolasma, N. & E. Mono. Sil. Foss. Girvan, p. 74, t. 5, f. 4. *Ptychophyllum,* Linds. 1873. (Cyathophyllum articulatum.)
— Europæum ...... *Römer*							*											Die Sil. Fauna von Sadewitz, p. 16, t. 4, f. 1; ib. N. & E. Mono. Sil. Foss. Girvan, p. 76, t. 6, f. 1. *S. corniculum,* Schmidt.
— Römeri .... *Duncan*											*							Q. J. Geol. Soc. vol. xl, p. 167, t. 7, f. 1-18.
PORITINÆ.																		
Stylarsæa ...... *Von Seebach,* 1866																		Zeitschr. d. deutsch. Geol. Ges. Bd. xviii, p. 304.
— occidentalis...... *N. & E.*							*											Mono. Sil. Foss. Girvan, p. 62, t. 4, f. 2.
MONTICULIPORIDÆ.																		
Tetradium .... *Dana,* 1846																		Wilkes's Expl. Exped. (Zoophytes, p. 701).
— Peachii .... *N. & E.*							*											Ann. Mag. Nat. Hist. 4 ser. vol. xx, p. 166; ib. Mono. Sil. Foss. Girvan, p. 31, t. 1, f. 3; t. 2, f. 1. ? Alveolites, R. E. Junr. Proc. Roy. Phys. Soc. Edinb. 1874-5, p. 61. *Vide* Solenopora compacta, var. Peachii, and Geol. Mag. Dec. III, vol. ii, p. 519.
TUBIPORIDÆ.																		
Thecostegites... *M. Edw. & Haime,* 1849																		Compt. Rend. vol. xxix, p. 261.
— Scoticus .... *N. & E.*							*											Mono. Sil. Foss. Girvan, p. 50, t. 4, f. 1.

ECHINODERMATA.

CAMBRIAN AND SILURIAN.

SPECIES.	CAMBRIAN.			LOWER SIL.				UPPER SILURIAN.							REFERENCES.
	Har. St. David's.	Menevian.	Lingula Flags.	Tremadoc.	Arenig.	Llandeilo.	Caradoc or Bala.	Low. Llandovery.	Up. Llandovery.	Woolhope Lmst.	Wenlock Shale.	Wenlock Lmst.	Lower Ludlow.	Aymestry Lmst.	Upper Ludlow.	Tilest. & Passage.	Pass. up.	

Sub-Kingdom, ANNULOIDA, Huxley.
Class, *ECHINODERMATA.*

ANOMALOCYSTIDÆ.
Atelocystites ...... *Billings*, 1858
Anomalocystites Hall, 1859 ...
Placocystites De Koninck, 1869
— Forbesianus...... *De Kon.* ....

CYSTOIDEA.
Placocystites, De Kon. Bull. Acad. Roy. Bruxelles, 2 ser. vol. xxvii, p. 57-65; lb. Geol. Mag. vol. vii, p. 360, t. 7, f. 1-5, 1870; lb. Dec. II, vol. vii, p. 195, t. 6, f. 16-21, 1880; woodcuts, p. 197. *Atelo. Fletcheri,* Camb. Cat. Addenda, p. xlvii, f. 1-7; p. 128, woodcut.

RHOMBIFERI.
Macrocystella...... *Calloway,* 1877
— Marie .... *Call.* ....

CYSTOIDEA.
Q. J. Geol. Soc. vol. xxxiii, p. 670, t. 24, f. 13.

TAXOCRINIDÆ.
Myelodactylus ... *Hall,* 1852 ...
Herpetocrinus Salt. 1873 .....
— Sp. .... *N. & E.* ....

CRINOIDEA.
Pal. New York, vol. ii, p. 191.

Mono. Sil. Foss. Girvan, p. 333, t. 21, f. 11, 12.

ASTEROIDÆ.
Palæaster .... *Salter,* 1856 ...
— Wyville-Thomsoni... *R. Ether.* ...

Brit. Assoc. Rept. 1856.
Vide Tetraster.

ASTEROIDÆ.
Tetraster...... *Ether. & Nich.* 1880
Palæaster ...... *Salter,* 1856 ...
— Wyville-Thomsoni *E. & N.* ......
— Sp. ....

Palæaster, Salter et Anct. (non J. Hall).
Mono. Sil. Foss. Girvan, p. 324, t. 21, f. 1-8.
Mono. Sil. Foss. Girvan, p. 325, t. 21, f. 9, 10.

ASTEROIDÆ.
Trichotaster ...... *Wright,* 1873
— plumiformis ... *Wright* ....

Mono. Brit. Echino. Pal. Soc. vol. xxxiv, p. 169.

PALÆOZOIC.   ANNELIDA.   CAMBRIAN AND SILURIAN.

SPECIES.	Har. St. David's.	Menevian.	Lingula Flags.	Tremadoc.	Arenig.	Llandeilo.	Caradoc or Bala.	Low. Llandovery.	Up. Llandovery.	Woolhope Lmst.	Wenlock Shale.	Wenlock Lmst.	Lower Ludlow.	Aymestry Lmst.	Upper Ludlow.	Tilest. & Passage.	Pass up.	REFERENCES.
Sub-Kingdom, ANNULOSA.																		
Div. ANARTHROPODA.																		
Class, *ANNELIDA*.																		
Orders, *Tubicola* } Palæozoic.																		
Errantia }																		
DORSIBRANCHIATA.																		
Arabellites .... *Hinde*, 1879 ...																		ERRANTIA (ANNELIDA POLYCHÆTA).
— anglicus .... *Hinde*												*			*			Q. J. Geol. Soc. vol. xxxvi, p. 375, t. 14, f. 17.
— cornutus .... *Hinde*												*						Q. J. Geol. Soc. vol. xxxv, p. 377, t. 18, f. 13-15.
— extensus .... *Hinde*												*						Q. J. Geol. Soc. vol. xxxvi, p. 374, t. 14, f. 12.
— obtusus .... *Hinde*												*						Q. J. Geol. Soc. vol. xxxvi, p. 375, t. 14, f. 16.
— similis .... *Hinde*												*			*			Q. J. Geol. Soc. vol. xxxv, p. 382-384, t. 20, f. 8.
— spicatus .... *Hinde*												*						Q. J. Geol. Soc. vol. xxxvi, p. 374, t. 14, f. 13.
— var. contractus *Hinde*												*						Q. J. Geol. Soc. vol. xxxvi, p. 375, t. 14, f. 14, 15.
— sulcatus .... *Hinde*												*						Q. J. Geol. Soc. vol. xxxv, p. 380, t. 19, f. 1.
DORSIBRANCHIATA.																		
Arenicolites ...... *Salter*, 1856 ...																		ERRANTIA.
— unicoriensis ...... *Cail.*	*																	Q. J. Geol. Soc. vol. xxxiv, p. 763.
DORSIBRANCHIATA.																		
Chondrites .... *Sternb.* 1833 ...																		ERRANTIA.
— verisimilis......... *Salt.*														*	*	*		Mem. Geol. Surv. Geol. Edinb. (sheet 32), p. 134, t. 1, f. 1, 2.
CEPHALOBRANCHIATA.																		
Conchicolites ... *Nicholson*, 1872																		TUBICOLA.
— gregarius......... *Nich.* }											*		*					Amer. Jour. Sci. March, 1872; ib. Q. J. Geol. Soc. vol. xxxviii,
— var. rugosus ...... *Nich.* }																		p. 382.
— Nicholsoni ...... *Vine*																		Q. J. Geol. Soc. vol. xxxvii, p. 381, t. 15, f. 2.
CEPHALOBRANCHIATA.																		
Cornulites .... *Schloth.* 1820																		TUBICOLA.
— scalariformis ... *Vine*											*							Q. J. Geol. Soc. vol. xxxvii, p. 379, t. 15, f. 1, 9, 10.
DORSIBRANCHIATA.																		
Eunicites .... *Ehlers*, 1868 ...																		ERRANTIA (ANNELIDA POLYCHÆTA).
— chiromorphus }																		
— var. minor ... } *Hinde*											*							Q. J. Geol. Soc. vol. xxxvi, p. 371, t. 14, f. 10.
— Clintonensis ...*Hinde*											*							Q. J. Geol. Soc. vol. xxxv, p. 381, t. 19, f. 21; ib. vol. xxxvi, p. 371.
— coronatus .... *Hinde*											*							Q.J.Geol. Soc. vol. xxxv, p.381, t.20, f.9; ib. vol.xxxvi, p.371.
— curtus .... *Hinde*											*							Q. J. Geol. Soc. vol. xxxvi, p. 370, t. 14, f. 1.
— unguiculus ...... *Hinde*											*							Q. J. Geol. Soc. vol. xxxvi, p. 372, t. 14, f. 11.
— varians......... *Grinnel*											*							*Nereidavus*, Amer. Jour. Sci. 1877, p. 229. Eunicites, Hinde, Q. J. Geol. Soc. vol. xxxv, p. 375, t. 18, f. 2, 3, 5; ib. vol. xxxvi, p. 371.
DORSIBRANCHIATA.																		
Lumbriconereites *Ehlers*, 1868 .																		
— insulis .... *Hinde*.........											*							Q. J. Geol. Soc. vol. xxxv, p. 383, t. 19, f. 22.

ANNELIDA

SPECIES.	Har. St. David's.	Menevian.	Lingula Flags.	Tremadoc.	Arenig.	Llandeilo.	Caradoc or Bala.	Low. Llandovery.	Up. Llandovery.	Woolhope Lmst.	Wenlock Shale.	Wenlock Lmst.	Lower Ludlow.	Aymestry Lmst.	Upper Ludlow.	Tilest. & Passage.	Pass. sp.	REFERENCES.
DORSIBRANCHIATA.																		
Myrianites .... *McLeay*, 1839																		ERRANTIA.
— Lapworthii ...... *Kees.*						*												Geol. Mag. Dec. II, vol. ix, p. 490, f. 16, 17; Q. J. Geol. Soc. vol. xxxvii, 1881, in table, p. 170.
ABRANCHIA.																		
Nemertites .... *McLeay*, 1839																		
— tenuis .... *M'Coy*					*													? Myrianites, p. 35, loc. cit.
DORSIBRANCHIATA.																		
Nereidavus .... *Grinnell*, 1877																		ERRANTIA.
— antiquus .... *Hinde*										*								Q. J. Geol. Soc. vol. xxxvi, p. 377, t. 14, f. 21.
DORSIBRANCHIATA.																		
Œnonites .... *Hinde*, 1879																		ERRANTIA (ANNELIDA POLYCHÆTA).
— asperus .... *Hinde*										*								Q. J. Geol. Soc. vol. xxxvi, p. 373, t. 14, f. 7, 8.
— cuneatus .... *Hinde*										*								Q. J. Geol. Soc. vol. xxxv, p. 377, t. 18, f. 11; ib. vol. xxxvi, p. 372.
— var. humilis ... *Hinde*										*								Q. J. Geol. Soc. vol. xxxvi, p. 372, t. 14, f. 6.
— inæqualis .... *Hinde*										*								Q. J. Geol. Soc. vol. xxxv, p. 376, t. 18, f. 8.
— insignificans ... *Hinde*										*								Q. J. Geol. Soc. vol. xxxvi, p. 373, t. 14, f. 5.
— naviformis ...... *Hinde*										*								Q. J. Geol. Soc. vol. xxxvi, p. 372, t. 14, f. 3.
— præacutus ...... *Hinde*										*								Q. J. Geol. Soc. vol. xxxvi, p. 373, t. 14, f. 4.
— regularis .... *Hinde*										*								Q. J. Geol. Soc. vol. xxxvi, p. 372, t. 14, f. 2.
— tubulatus .... *Hinde*										*								Q. J. Geol. Soc. vol. xxxvi, p. 373, t. 14, f. 9.
CEPHALOBRANCHIATA.																		
Ortonia .... *Nicholson*, 1872																		TUBICOLA.
— conica .... *Nich.*				*						*								Geol. Mag. vol. ix, p. 446, 1872.
— var. pseudo-punctata *Vine*										*								Q. J. Geol. Soc. vol. xxxviii, p. 383, t. 15, f. 3.
— serpuliformis ...... *Vine*										*								Q. J. Geol. Soc. vol. xxxviii, p. 384, t. 15, f. 4.
CEPHALOBRANCHIATA.																		
Psammosiphon ... *Vine*, 1882																		TUBICOLA.
— amplexus .... *Vine*										*								Q. J. Geol. Soc. vol. xxxviii, p. 391, t. 15, f. 8.
— elongatus .... *Vine*										*								Q. J. Geol. Soc. vol. xxxviii, p. 390.
Pyritonema .... *M'Coy*, 1850																		
— antiqua .... *R. Ether.*		*																? Spongida (Pollakidæ).
CEPHALOBRANCHIATA.																		
Spirorbis .... *Lamarck*, 1818																		TUBICOLA.
— arkonensis ...... *Nich.*										*								Q. J. Geol. Soc. vol. xxxviii, p. 384.
DORSIBRANCHIATA.																		
Staurocephalites *Hinde*, 1879																		ERRANTIA (ANNELIDA POLYCHÆTA).
— serrula .... *Hinde*										*								Q. J. Geol. Soc. vol. xxxvi, p. 376, t. 14, f. 18–20.
CEPHALOBRANCHIATA.																		
Tentaculites ...... *Schloth.* 1820																		TUBICOLA.
— multiannulatus *Vine*										*	*							Q. J. Geol. Soc. vol. xxxviii, p. 389, t. 15, f. 7.
— tenuis, var. attenuatus *Vine*											*							Q. J. Geol. Soc. vol. xxxviii, p. 388.
— Wenlockensis ... *Vine*											*							Q. J. Geol. Soc. vol. xxxviii, p. 389, t. 15, f. 5, 6, 11, 13.

PALÆOZOIC.   CRUSTACEA.   CAMBRIAN AND SILURIAN.

SPECIES.	Har. St. David's	Menevian	Lingula Flags	Tremadoc	Arenig	Llandeilo	Caradoc or Bala	Low. Llandovery	Up. Llandovery	Woolhope Lmst.	Wenlock Shale	Wenlock Lmst.	Lower Ludlow	Aymestry Lmst.	Upper Ludlow	Tilest. & Passage	Pass up.	REFERENCES.
Sub-Kingdom, ANNULOSA.																		
Class, CRUSTACEA.																		
ACIDASPIDÆ.																		
Acidaspis .... *Murchison*, 1839	...	...	...	...	...	...	...	...	...	...	...	...	...	...	...	...	...	Sil. Syst. p. 638.
— Grayæ .... *R. Ether.*	...	...	...	?	*	...	...	...	...	...	...	...	...	...	...	...	...	Proc. Roy. Phys. Soc. Edinb. p. 170, t. 2, f. 6-8; Ib. Mono. Sil. Foss. Girvan, p. 126, t. 8, f. 16; t. 9, f. 1-7.
— Sp. .... *N. & E.*	...	...	...	...	*	...	...	...	...	...	...	...	...	...	...	...	...	Mono. Sil. Foss. Girvan, p. 129, t. 9, f. 7 C.
— Sp. .... *N. & E.*	...	...	...	...	*	...	...	...	...	...	...	...	...	...	...	...	...	Mono. Sil. Foss. Girvan, p. 130, t. 9, f. 7 A.
ÆGLINIDÆ.																		
Æglina .... *Barrande*, 1847																		
— rediviva ? .... *Barr.*	...	...	...	...	*	...	...	...	...	...	...	...	...	...	...	...	...	*Allied to. Vide* Barr. Sil. Syst. Bohême, vol. i, Sup. t. 14, f. 11. *Vide* Post. & Goode. Proc. Geol. Assoc. vol. ix, p. 466, t. 8, f. 22.
— Sp. .... *P. & G.*	...	...	...	...	*	...	...	...	...	...	...	...	...	...	...	...	...	Proc. Geol. Assoc. vol. ix, p. 466, t. 8, f. 20.
— Sp. .... *P. & G.*	...	...	...	...	*	...	...	...	...	...	...	...	...	...	...	...	...	Proc. Geol. Assoc. vol. ix, p. 464, t. 8, f. 16.
AGNOSTIDÆ.																		
Agnostus .... *Brong.* 1822 ...	...	...	...	...	...	...	...	...	...	...	...	...	...	...	...	...	...	Hist. Nat. Crust. Foss. p. 8, 38.
— agnostiformis ... *M'Coy*	...	...	...	...	...	*	...	...	...	...	...	...	...	...	...	...	...	*Trinodus*, Sil. Foss. Ireland, p. 57, t. 4, f. 3. Agnostus, N. & E. Mono. Sil. Foss. Girvan, p. 200, t. 14, f. 6.
— dux .... *Call.*	...	...	...	*	...	...	...	...	...	...	...	...	...	...	...	...	...	Q. J. Geol. Soc. vol. xxxiii, p. 665, t. 24, f. 3.
— perrugatus ...... *Barr.*	...	...	...	...	...	*	...	...	...	...	...	...	...	...	...	...	...	Sil. Syst. Bohême, vol. i, Sup. p. 143, t. 14, f. 14-16; ib. N. & E. Mono. Sil. Foss. Girvan, p. 296, t. 20, f. 6, 7.
— reticulatus ...... *Ang.*	...	*	...	...	...	...	...	...	...	...	...	...	...	...	...	...	...	Pal. Scand. pt. 1, p. 8, t. 6, f. 10, 1854 (old title page).
TRINUCLEIDÆ.																		
Ampyx .... *Dalmans*, 1827																		
— Hornei .... *E. & N.*	...	...	...	...	*	...	...	...	...	...	...	...	...	...	...	...	...	Mono. Sil. Foss. Girvan, p. 184, t. 13, f. 4, 8.
— Macallumi ...... *Salt.*	...	...	...	...	*	...	...	...	...	...	...	...	...	...	...	...	...	N. & E. Mono. Sil. Foss. Girvan, p. 180, t. 13, f. 9-12.
— Maccoueochiei ... *E. & N.*	...	...	...	...	*	...	...	...	...	...	...	...	...	...	...	...	...	Mono. Sil. Foss. Girvan, p. 183, t. 14, f. 1.
Aptychopsis *H. Woodward*, 1872																		
— Salteri .... *H. Woodw.* ...	...	...	...	...	...	...	...	...	...	...	*	...	...	...	...	...	...	Geol. Mag. Dec. II, vol. ix, p. 389, t. 9, f. 17.
— Sp. .... *H. Woodw.* ...	...	...	...	*	...	...	...	...	...	...	...	...	...	...	...	...	...	Rept. on Foss. Phyllop. Palæoz. Rocks, Brit. Assoc. vol. liv, 1884, p. 91.
— Sp. .... *H. Woodw.* ...	...	...	...	...	...	...	...	...	...	...	...	*	...	...	...	...	...	Rept. on Foss. Phyllop. Palæoz. Rocks, Brit. Assoc. vol. liv, p. 92, 1884.
ASAPHIDÆ.																		
Asaphus .... *Brong.* 1822 ...																		
— nobilis .... *Barr.*	...	...	...	...	*	...	...	...	...	...	...	...	...	...	...	...	...	Syst. Sil. Bohême, p. 657, t. 31, 32, 35.
ASAPHIDÆ.																		
Barrandia .... *M'Coy*, 1849 ...																		
— falcata .... *P. & G.*	...	...	...	...	*	...	...	...	...	...	...	...	...	...	...	...	...	Proc. Geol. Assoc. vol. ix, p. 462, 463, t. 7, f. 14.
LEPERDITIADÆ.																		
Beyrichia .... *M'Coy*, 1846																		
— admixta .... *Jones*	...	...	...	...	...	...	...	...	...	...	*	...	...	...	...	...	...	Ann. Mag. Nat. Hist. 5 ser. vol. xvii, p. 359, t. 12, f. 5.
— var. antiquata ... *Jones*	...	...	...	...	...	...	...	...	...	...	...	*	...	...	...	...	...	Ann. Mag. Nat. Hist. 5 ser. vol. xvi, p. 167, t. 6, f. 8, 1885; Ib. Geol. Mag. Dec. II, vol. viii, p. 345.
— Colwallensis ...... *Holl*, MS.	...	...	...	...	...	...	...	...	...	*	...	...	...	...	...	...	...	Jones, Geol. Mag. Dec. II, vol. viii, p. 346, t. 10, f. 14.

CRUSTACEA

SPECIES	Har. St. David's.	Menevian.	Lingula Flags.	Tremadoc.	Arenig.	Llandeilo.	Caradoc or Bala.	Low. Llandovery.	Up. Llandovery.	Woolhope Lmst.	Wenlock Shale.	Wenlock Lmst.	Lower Ludlow.	Aymestry Lmst.	Upper Ludlow.	Tilest. & Passage.	Pass up.	REFERENCES
Beyrichia (continued).																		
— comma .... *Jones*							•					?						Mono. Sil. Foss. Girvan, p. 219, t. 15, f. 9.
— concinna .... *Jones*											?							Ann. Mag. Nat. Hist. 5 ser. vol. xvii, p. 356, t. 12, f. 22.
— gibba .... *Salt.*																		Uncertain or doubtful.
— granulata .... *Jones*										•								Ann. Mag. Nat. Hist. 5 ser. vol. xvii, p. 350, t. 12, f. 2, 1886.
— Hollii .... *Jones*		•						•										Geol. Mag. Dec. II, vol. viii, p. 343, t. 10, f. 7.
— impendens .... *Jones*							■											Mono. Sil. Foss. Girvan, p. 219, t. 15, f. 10.
— intermedia .... *Jones*											•							Ann. Mag. Nat. Hist. 5 ser. vol. xvii, p. 352, t. 12, f. 3, 4, 1886.
— Jonesii .... *Boll.*									?									Zeitschr. d. d. Geol. Ges. vol. viii, p. 322, f. 1, 2; ib. Jones, Ann. Mag. Nat. Hist. 5 ser. vol. xvii, p. 359.
— lacunata .... *Jones*										•								Ann. Mag. Nat. Hist. 5 ser. vol. xvii, p. 359, t. 12, f. 18–20.
— Maccoyiana .... *Jones*										•								Vide Ann. Mag. Nat. Hist. 5 ser. vol. xvii, p. 357, t. 12, f. 11–13.
— nuda .... *Jones*																		Ann. Mag. Nat. Hist. 5 ser. vol. xvii, p. 351.
— Scotica .... *Jones*										?								Ann. Mag. Nat. Hist. 5 ser. vol. xvii, p. 356, t. 12, f. 10, 1886.
— subtorosa .... *Jones*											•							Ann. Mag. Nat. Hist. 5 ser. vol. xvii, p. 353, t. 12, f. 6, 7, 1886.
— torosa .... *Jones*											•							Ann. Mag. Nat. Hist. 5 ser. vol. xvi, t. 6, f. 10–12; ib. vol. xvii, p. 354, 1885.
— tuberculata ...... *Salt.*										•								Jones, Ann. Mag. Nat. Hist. 5 ser. vol. xvii, p. 354, t. 12, f. 8, 9, 1886. ? B. Wilckensiana.
— var. gibbosa...... *Reuter*										•								Jones, Ann. Mag. Nat. Hist. 5 ser. vol. xvii, p. 349, t. 12, f. 1.
— sub var. clausa ... *Jones*										•								Ann. Mag. Nat. Hist. 5 ser. vol. xvii, p. 355.
LEPERDITIADÆ.																		
Bollia .... *Jones*, 1886																		
— bicollina .... *Jones*										•								Ann. Mag. Nat. Hist. 5 ser. vol. xvii, p. 361, t. 12, f. 14–16.
— uniflexa .... *Jones*										•								Ann. Mag. Nat. Hist. 5 ser. vol. xvii, p. 361, t. 12, f. 17.
— Vinei .... *Jones*										•	?							Ann. Mag. Nat. Hist. 5 ser. vol. xvii, p. 406, t. 13, f. 14.
— var. mitis .... *Jones*										•								Ann. Mag. Nat. Hist. 5 ser. vol. xvii, p. 406, t. 13, f. 13.
ASAPHIDÆ.																		
Bronteopsis ... *W. Thomson, MS.* 1857																		
— Scotica .... *Salt. MS.*						•												Nich. & Ether. Mono. Sil. Foss. Girvan, p. 167, t. 10, f. 21, 22; t. 11, f. 1–5.
BRONTEIDÆ.																		
Bronteus .... *Barni*, 1843																		
— Andersoni ...... *E. & N.*									•									Mono. Sil. Foss. Girvan, p. 162, t. 12, f. 3–5.
— Brongniarti ...... *Barr.*																		Syst. Sil. Bohême, p. 866, t. 42, 46.
— Sp. .... *E. & N.*							•											Mono. Sil. Foss. Girvan, p. 163, t. 12, f. 6.
NEBALIADÆ.																		
Caryocaris .... *Salter*, 1863																		
— Marrii .... *Hicks.*																		? Entomidella.
NEBALIADÆ. PHYLLOPODA (PHYLLOCARDIA).																		
Ceratiocaris ...... *M'Coy*, 1849																		
— angusta .... *Jones*													•					Vide Geol. Mag. Dec. III, vol. iii, p. 458–461.
— attenuata .... *Jones*											•							Vide Geol. Mag. Dec. III, vol. iii, p. 457–461.

PALÆOZOIC.   CRUSTACEA.   CAMBRIAN AND SILURIAN.

SPECIES.	Har. St. David's.	Menevian.	Lingula Flags.	Tremadoc.	Arenig.	Llandeilo.	Caradoc or Bala.	Low. Llandovery.	Up. Llandovery.	Woolhope Lmst.	Wenlock Shale.	Wenlock Lmst.	Lower Ludlow.	Aymestry Lmst.	Upper Ludlow.	Tilest. & Passage.	Pass. up.	REFERENCES.
Ceratiocaris (*continued*).																		
— cuspidata ...... *Jones*															*			*Vide* Geol. Mag. Dec. III, vol. iii, p. 457.
— costata .... *Salt.*													*		*			*Vide* Geol. Mag. Dec. III, vol. ii, p. 462.
— cassioides...... *Jones*													*					*Vide* Geol. Mag. Dec. III, vol. iii, p. 458.
— compta .... *Jones*													*					*Vide* Geol. Mag. Dec. III, vol. iii, p. 459-461.
— decora .... *Phill.*													*					*Vide* Geol. Mag. Dec. III, vol. ii, p. 465. *Onchus*, Phill. Mem. Geol. Surv. vol. ii, pt. i, p. 226, t. 30, f. 5.
— elliptica ...... *M'Coy*													*		*			*Vide* Geol. Mag. Dec. III, vol. ii, p. 466.
— elliptica ...... *M'Coy*													*					*Vide Emmelezoe elliptica. Vide Cer. ellipticus*, loc. cit. p. 46.
— gigas .... *Salter*															*			*Vide* Jones, Geol. Mag. Dec. III, vol. iii p. 456.
— globiformis.... *J. & W.*															*			*Vide* Geol. Mag. Dec. III, vol. ii, p. 462.
— Halliana...... *Jones*													*					*Vide* Geol. Mag. Dec. III, vol. iii, p. 457.
— inornata ...... *M'Coy*													*					*Vide* Geol. Mag. Dec. III, vol. ii, p. 460.
— lata .... *Jones*						*												*Vide* Geol. Mag. Dec. III, vol. iii, p. 458-461.
— laxa .... *Jones*													*					*Vide* Geol. Mag. Dec. III, vol. iii, p. 458.
— leptodactylus ... *M'Coy*													*					*Vide* Jones & Woodw. Geol. Mag. Dec. III, vol. ii, p. 387, 390. ? C. Halliana, Jones.
— minuta ...... *Jones*															*			Var. of robusta.
— papilio........ *Salter*															*			*Vide* Jones & Woodw. Geol. Mag. Dec. III, vol. ii, p. 392, t. 10, f. 1.
— Pardoeana ... *Latouche*													*					*Vide* Geol. Mag. Dec. III, vol. iii, p. 457.
— robusta........ *Salt.*													*					*Vide* Geol. Mag. Dec. III, vol. ii, p. 464.
— var. longa...... *Woodw.*													*					*Vide* Geol. Mag. Dec. III, vol. ii, p. 464.
— Ruthveniana ... *Jones*												*						*Vide* Geol. Mag. Dec. III, vol. iii, p. 459.
— Salteriana ... *J. & W.*													*					*Vide* Geol. Mag. Dec. III, vol. iii, p. 458-461.
— stygia .... *Salter*								*										*Vide* Jones & Woodw. Geol. Mag. Dec. III, vol. ii, p. 394, t. 10, f. 2.
— truncata ...... *Woodw.*							?	?							*			Geol. Mag. vol. viii, p. 106, t. 3, f. 2.
— valida .... *Jones*													*					*Vide* Geol. Mag. Dec. III, vol. iii, p. 456-461.
— Sp. .... *J. & W.*												*						Geol. Mag. Dec. III, vol. ii, p. 463.
— Sp. .... *J. & W.*													?					Geol. Mag. Dec. III, vol. ii, p. 464, 465.
CHEIRURIDÆ.																		
Cheirurus........... *Beyrich*, 1845																		
— trispinosus ..... *Young*									*									Proc. Nat. Hist. Soc. Glasgow, 1868, vol. i, pt. 1, p. 169-171, t. 1, f. 4-6; ib. Ether. Mono. Sil. Foss. Girvan, p. 105, t. 7, f. 10-17.
— Sp. .... *N. & E.*					*													Mono. Sil. Foss. Girvan, p. 203, t. 14, f. 11.
— Sp. .... *N. & E.*					*													Mono. Sil. Foss. Girvan, p. 203, t. 14, f. 12.
CONOCEPHALIDÆ.																		
Conocoryphe ...... *Corda*, 1847																		
— monile .... *Salt.*			?															*Vide* p. 49, loc. cit.; ib. Callaway, Q. J. Geol. Soc. vol. xxxiii, p. 665, t. 24, f. 4.
CONOCEPHALIDÆ.																		
Conophrys .... *Callaway*, 1877																		
— Salopiensis ...... *Call.*		*	*															Q. J. Geol. Soc. vol. xxiii, p. 667, t. 24, f. 7.

CRUSTACEA

CAMBRIAN AND SILURIAN

SPECIES.	Har. St. David's.	Menevian.	Lingula Flags.	Tremadoc.	Arenig.	Llandeilo.	Caradoc or Bala.	Low. Llandovery.	Up. Llandovery.	Woolhope Lmst.	Wenlock Shale.	Wenlock Lmst.	Lower Ludlow.	Aymestry Lmst.	Upper Ludlow.	Tilest. & Passage.	Pass up.	REFERENCES.
CHEIRURIDÆ.																		
Cybele .... *Lovén*, 1845 ...																		
— ovata .... *R. Ether.*					•													Mem. Geol. Surv. Lake District Quar. Sheet 101, S.E. p. 112; ib. Post. & Good. Proc. Geol. Assoc. vol. ix, p. 465, t. 8, f. 19.
Cyclopyge ... *Hawle & Corda*, 1847																		Prodrom. einer Monog. böh. Trilob. p. 64.
— armata .... *Barr.*						•												Æglina, Syst. Sil. Bohême, vol. i, Sup. p. 59; Sup. Atlas, t. 3, f. 1-14; t. 15, f. 16-19. Cyclopyge, N. & E. Mono. Sil. Foss. Girvan, p. 286, t. 19, f. 5-8.
— rediviva .... *Barr.*						•												Æglina, Syst. Sil. Bohême, vol. i, p. 665, t. 34, f. 5-13. Cyclopyge, N. & E. Mono. Sil. Foss. Girvan, p. 284, t. 19, f. 4.
PROETIDÆ.																		
Cyphaspis .... *Burm.* 1843 ...																		
— elegantula ...... *Angel.*											•							Salt. Mem. Geol. Surv. Dec. VII, p. 6. ? *C. pygmæus*.
CYPRIDINIDÆ.																		
Cypridina... *Milne Edwards*, 1837																		
— Sp. .... *Harv.*										?	?	?						Sil. Form. Pentland Hills, p. 43 (note), t. 3, f. 13.
CYPRIDINIDÆ.																		
Cyprosis .... *Jones*, 1881 ...																		OSTRACODA.
— Haswellii .... *Jones*													•					Geol. Mag. Dec. II, vol. viii, p. 338, t. 9, f. 6.
CYTHERIDÆ.																		
Cythere .... *O. F. Müller*, 1785																		Entomostraca, seu Insecta Test. p. 34, 63.
— Aldensis .... *M'Coy*					•													*Vide* loc. cit. p. 50. *Vide* Mono. Sil. Foss. Girvan, p. 216, t. 15, f. 1-3.
— var. major ...... *Jones*							•											Mono. Sil. Foss. Girvan, p. 216, t. 15, f. 4.
— Grayana .... *Jones*							•											Mono. Sil. Foss. Girvan, p. 217, t. 15, f. 5, 6.
ENERINURIDÆ.																		
Dindymene .... *Corda*, 1847 ...																		Prodrom. einer Monog. böhmischen Trilob. p. 119.
— Cordai .... *E. & N.*						•												Mono. Sil. Foss. Girvan, p. 115, t. 8, f. 8; p. 116, f. 5 A, B.
TRINUCLEIDÆ.																		
Dionide .... *Barrande*, 1846																		
— Lapworthii ...... *R. Ether.*						•												Mono. Sil. Foss. Girvan, p. 290, t. 20, f. 1.
— Sp. .... *N. & E.*						•												Mono. Sil. Foss. Girvan, p. 293-5, t. 20, f. 3-5.
PHYLLOCARIDA.																		
Dipterocaris ...... *Clarke*, 1883 ...																		
— Etheridgei ...... *Jones*					?	•												*Vide* Geol. Mag. Dec. III, vol. i, p. 353.
PHYLLOCARIDA.																		
Discinocaris *H. Woodward*, 1866																		
— gigas .... *H. Woodw.* ...							•	?										Geol. Mag. vol. ix, p. 564.
— Sp. .... *H. Woodw.* ...							•											Brit. Assoc. Rept. vol. liv, p. 79, 1884.
Emmelezoo .... *Jones*, 1886 ...																		
— crassistriata .... *Jones*														•				Geol. Mag. Dec. III, vol. iii, p. 460.
— elliptica .... *M'Coy*													•					*Ceratiocaris*, loc. cit. p. 46. *Vide* Geol. Mag. Dec. III, vol. iii, p. 460.

CRUSTACEA. CAMBRIAN AND SILURIAN.

SPECIES.	Har. St. David's	Menevian	Lingula Flags	Tremadoc	Arenig	Llandeilo	Caradoc or Bala	Low. Llandovery	Up. Llandovery	Wenlock Limestone	Wenlock Shale	Wenlock Limestone	Lower Ludlow	Aymestry Limestone	Upper Ludlow	Tilest. & Passage	Pass up.	REFERENCES.
Emmelezoe (continued).																		
— Maccoyana ...... *Jones*	...	...	...	...	...	...	...	...	...	...	•	...	...	...	...	...	...	Geol. Mag. Dec. III, vol. iii, p. 460. *Ceratiocaris elliptica*, M'Coy.
— tenuistriata ...... *Jones*	...	...	...	...	...	...	...	...	...	...	•	...	...	...	...	...	...	Geol. Mag. Dec. III, vol. iii, p. 460.
CHEIRURIDÆ.																		
Emerinurus ...... *Emmerich*, 1845																		
— calcareus ...... *Salt.*	...	...	...	...	...	...	...	•	•	...	...	...	...	...	...	...	...	Mem. Geol. Surv. Dec. VII, No. 4, p. 6, t. 4, f. 15, 1853; ib. E. & N. Mono. Sil. Foss. Girvan, p. 108-205, t. 10, f. 7.
— punctatus ...... *Brünn.*	...	...	...	...	...	...	•	...	...	...	...	...	...	...	...	...	...	*Vide* p. 52, loc. cit. for range and references.
— var. arenaceus... *Salt.*	...	...	...	...	...	...	•	...	?	...	...	...	...	...	...	...	...	*Vide* Mem. Geol. Surv. Brit. Org. Remains, Dec. VII, pt. 4, p. 6; ib. E. & N. Mono. Sil. Foss. Girvan, p. 109, t. 8, f. 1-4.
NEBALIADÆ.																		
Entomidella ...... *Jones*, 1873																		
— buprestis ...... *Salt.*	...	•	•	...	...	...	...	...	...	...	...	...	...	...	...	...	...	*Leperditia*, Brit. Assoc. Rept. 1865, p. 285. *Entomidella*, Ann. Mag. Nat. Hist. 4 ser. vol. xi, p. 417. (*Entomis*, loc. cit. p. 52.)
— divisa ...... *Jones*	...	...	...	...	...	...	...	...	...	...	...	...	...	...	•	...	...	*Entomis*, loc. cit. p. 52.
— Marrii ...... *Hicks*	...	...	•	...	...	...	...	...	...	...	...	...	...	...	...	...	...	? *Caryocaris Marrii* (*vide*).
PHYLLOPODA.																		**OSTRACODA.**
Entomis ...... *Jones*, 1861																		
— globulosa ...... *Jones*	...	...	...	...	...	...	•	...	...	...	...	...	...	...	...	...	...	Mem. Geol. Surv. of Scotland, No. 32, p. 137. Mono. Sil. Foss. Girvan, p. 223, t. 15, f. 12.
ASAPHIDÆ.																		
Eurymetopus *Post. & Goodch.* 1886																		
— Cambriana ...... *P. & G.*	...	...	...	...	...	•	...	...	...	...	...	...	...	...	...	...	...	Proc. Geol. Assoc. vol. ix, 1866. Proc. Geol. Assoc. vol. ix, p. 459, 460, t. 7, f. 10.
— Harrisoni ...... *P. & G.*	...	...	...	...	...	•	...	...	...	...	...	...	...	...	...	...	...	Proc. Geol. Assoc. vol. ix, p. 460, 461, t. 8, f. 21.
LEPERDITIDÆ.																		
Klœdenia ...... *Jones & Holl*, 1886																		**OSTRACODA.**
— intermedia ...} *J. & H.*																		*Beyrichia*, Ann. Mag. Nat. Hist. 4 ser. vol. iii, p. 218, t. 15, f. 7; ib. 5 ser. vol. xvii, p. 362, t. 12, f. 21.
— var. marginata }																		
LEPERDITIDÆ.																		**OSTRACODA.**
Leperditia ...... *Rouault*, 1851																		
— Baltica ...... *His.*	...	...	...	...	...	...	...	...	•	•	...	...	•	...	...	...	...	*Cythere*, Leth. Succ. p. 10, t. 1, f. 2. *Vide* Jones, Ann. Mag. Nat. Hist. 5 ser. vol. viii, p. 335-337, t. 19, f. 1-4.
— Hisingeri? ...... *Schmidt*	...	...	...	...	...	...	...	...	...	•	...	...	...	...	...	...	...	Mém. Acad. Imp. Sci. St. Pétersb. 7 ser. vol. xxi, No. 2, p. 16, t. 22, 23. *Vide* Jones, Ann. Mag. Nat. Hist. 5 ser. vol. viii, p. 339.
— primæva	•	...	...	...	...	...	...	...	...	...	...	...	...	...	...	...	...	} Doubtful references.
— umbonata ...... *Salt.*	...	...	...	...	...	•	...	...	...	...	...	...	...	...	...	...	...	
Lichapyge ...... *Callaway*, 1877																		
— cuspidata ...... *Call.*	...	...	•	...	...	...	...	...	...	...	...	...	...	...	...	...	...	Q. J. Geol. Soc. vol. xxxiii, p. 668, t. 24, f. 8.
LICHADIDÆ.																		
Lichas ...... *Dalmann*, 1826	...	...	...	...	...	...	...	...	...	...	...	...	...	...	...	...	...	Öfv. Vet. Akad. Handlingar för Aar. p. 93.
— Goldei ...... *E. & N.*	...	...	...	...	...	...	...	...	•	...	...	...	...	...	...	...	...	Mono. Sil. Foss. Girvan, p. 137, t. 10, f. 1.
— Sp. ...... *E. & N.*	...	...	...	...	...	...	•	...	...	...	...	...	...	...	...	...	...	Mono. Sil. Foss. Girvan, p. 135, t. 9, f. 13, 14.

CRUSTACEA.

CAMBRIAN AND SILURIAN.

SPECIES.	Har. St. David's.	Menevian.	Lingula Flags.	Tremadoc.	Arenig.	Llandeilo.	Caradoc or Bala.	Low. Llandovery.	Up. Llandovery.	Wenlock Lmst.	Wenlock Shale.	Lower Ludlow.	Aymestry Lmst.	Upper Ludlow.	Tilst. & Passage.	Pass. up.	REFERENCES.
OLENIDÆ.																	
Olenus .... *Dalmann*, 1826																	
— Salteri .... *Call.*			•														Q. J. Geol. Soc. vol. xxxiii, p. 666, t. 24, f. 5.
— triarthrus....... *Call.*			•														Q. J. Geol. Soc. vol. xxxiii, p. 666, t. 24, f. 6.
NEBALIADÆ.																	
Peltocaris........... *Salter*, 1863...																	
— sp................... *H. Woodw.*							?	•									*Vide* Rept. on the Foss. Phyllopoda, Brit. Assoc. vol. liv, p. 94, 1884.
PHYLLOCARDIA.																	**OSTRACODA.**
Physocaris......... *Salter*, 1860 ...																	Colpocaris & Solenocaris, Meek.
— vesica .... *Salter*............											•						*Vide* Geol. Mag. Dec. III, vol. ii, p. 467; for reference, vide p. 47, loc. cit.
PHYLLOPODA.																	
Phytocaris																	Caryocaris?
PHYLLOCARDIA.																	**MALACOSTRACA.**
Pinnocaris ... *R. Ether. Jun.* 1878							•										Proc. Roy. Phys. Soc. 1878, vol. iv, p. 167.
— Lapworthi ...... *R. E.*							•										Proc. Roy. Phys. Soc. Edinb. 1878, vol. iv, p. 169, t. 2, f. 3–5; ib. N. & E. Mono. Sil. Foss. Girvan, p. 210, t. 14, f. 17–20.
Placentula .... *Jones*, 1886 ...																	
— excavata .... *Jones & Holl.*							•										*Primitia*, Ann. Mag. Nat. Hist. 4 ser. vol. iii, 1869, p. 232, t. 15, f. 10–12, 16.
ASAPHIDÆ.																	
Platypeltis .... *Callaway*, 1877																	
— Crofti			•	•													Q. J. Geol. Soc. vol. xxxiii, p. 665, t. 24, f. 2.
LEPERDITIADÆ.																	
Primitia ...... *Jones & Holl*, 1865																	
— æqualis .... *Jones*									•								Ann. Mag. Nat. Hist. 5 ser. vol. xvii, p. 412, t. 14, f. 11.
— Barrandiana ... *Jones*							•		•								*Vide* Mono. Sil. Foss. Girvan, p. 210, t. 15, f. 11.
— cornata .... *Jones*									?								Ann. Mag. Nat. Hist. 5 ser. vol. xvii, p. 411, t. 14, f. 12, 13.
— diversa .... *Jones*									•								Ann. Mag. Nat. Hist. 5 ser. vol. xvii, p. 412, t. 14, f. 10.
— fabulina .... *Jones*									•								Ann. Mag. Nat. Hist. 5 ser. vol. xvii, p. 408, t. 14, f. 2.
— furcata .... *Jones*									•								Ann. Mag. Nat. Hist. 5 ser. vol. xvii, p. 413, t. 14, f. 15.
— humilis......... *Jones*									•								Ann. Mag. Nat. Hist. 5 ser. vol. xvii, p. 409, t. 14, f. 6, 9.
— ornata .... *Jones*									•								Ann. Mag. Nat. Hist. 5 ser. vol. xvii, p. 411, t. 14, f. 5.
— paucipunctata... *J. & H.*									•								Ann. Mag. Nat. Hist. 5 ser. vol. xvii, p. 409, t. 14, f. 3.
— semicircularis ... *Jones*							•										Q. J. Geol. Soc. vol. xxxiii, p. 463.
— umbilicata ...... *J. & H.*									•								Ann. Mag. Nat. Hist. 5 ser. vol. xvii, p. 410.
— valida .... *Jones*									•								Ann. Mag. Nat. Hist. 5 ser. vol. xvii, p. 409, t. 14, f. 7.
— var. angustata... *Jones*									•								Ann. Mag. Nat. Hist. 5 ser. vol. xvii, p. 410, t. 14, f. 4.
— var. breviata ... *Jones*									•								Ann. Mag. Nat. Hist. 5 ser. vol. xvii, p. 410, t. 14, f. 8.
PROETIDÆ.																	
Proetus .... *Ste'ninger*, 1831																	
— Girvanensis ... *E. & N.*							•										Mono. Sil. Foss. Girvan, p. 169, t. 12, f. 7–10.
— procerus .... *E. & N.*							•	•									Mono. Sil. Foss. Girvan, p. 174, t. 12, f. 11.

CRUSTACEA

SPECIES.	Har. St. David's.	Menevian.	Lingula Flags.	Tremadoc.	Arenig.	Llandeilo.	Caradoc or Bala.	Low. Llandovery.	Up. Llandovery.	Woolhope Lmst.	Wenlock Shale.	Wenlock Lmst.	Lower Ludlow.	Aymestry Lmst.	Upper Ludlow.	Tilest. & Passage.	Pass. up.	REFERENCES.
OLENIDÆ.																		
Remopleurides ... *Portlock*, 1843																		
— Barrandi........ *E. & N.*							*											Mono. Sil. Foss. Girvan, p. 151, t. 10, f. 13–16; t. 11, f. 16. (Caphyra ?)
— Sp. .... *E. & N.*							*											Mono. Sil. Foss. Girvan, p. 149, t. 10, f. 9.
— Sp. .... *E. & N.*							*											Mono. Sil. Foss. Girvan, p. 150, t. 10, f. 12.
PHYLLOPODA (PHYLLOCARDIA).																		
Solenocaris .... *J. Young*, 1868																		Proc. Nat. Hist. Soc. Glasgow, vol. i, p. 171.
— solenoides......... *Young*																		Proc. Nat. Hist. Soc. Glasgow, vol. i, p. 171, t. 1, f. 7.
Strepula .... *Jones*, 1885 ...																		
— beyrichioides ... *Jones*											*							Ann. Mag. Nat. Hist. 5 ser. vol. xvii, p. 405, t. 13, f. 2, 3.
— concentrica ...... *Jones*												*						Ann. Mag. Nat. Hist. 5 ser. vol. xvii, p. 404, t. 13, f. 1, 4, 6.
— irregularis ...... *Jones*											*							Ann. Mag. Nat. Hist. 5 ser. vol. xvii, p. 404, t. 13, f. 5–9, 15.
TRINUCLEIDÆ.																		
Trinucleus .... *Lhwyd*, 1689																		Lith. Brit. Ichnographia, p. 97.
— Bucklandi ...... *Barr.*							*											Syst. Sil. de Bohême, p. 621, t. 29, 30.
— Macconochiei ... *N. & E.*							*											Mono. Sil. Foss. Girvan, p. 288, t. 19, f. 5.
— seticornis ...... *His.*							*											*Vide* loc. cit. p. 70.
— var. Bucklandi *Barr.*							*											T. Bucklandi, Syst. Sil. Bohême, 1852, vol. i, p. 261, t. 29, f. 10–17; ib. N. & E Mono. Sil. Foss. Girvan, p. 190, t. 3, f. 13–20.
CIRRIPEDIA.																		
Turrilepas ... *H. Woodward*, 1865																		Q. J. Geol. Soc. vol. xxi, p. 486.
Plumulites ... *Barrande*, 1872																		
Oploscolex ... *Salter*, 1873 ...																		
— Peachii .... *R. E.*																		Mono. Sil. Foss. Girvan, p. 301, t. 20, f. 8–10.
— Scoticus .... *R. E.*							*											Proc. Roy. Phys. Soc. Edinb. 1878, vol. iv, p. 166, t. 2. f. 1, 2; ib. Mono. Sil. Foss. Girvan, p. 214, t. 14, f. 22–27.
PHYLLOPODA.																		
Xiphocaris .... *Jones*, 1866																		
— onus............... *Salt.*													*					*Ceratiocaris,* loc. cit. p. 46. Xiphocaris, Geol. Mag. Dec. III, vol. iii, p. 460.

ARACHNOIDEA

SPECIES.	Har. St. David's.	Menevian.	Lingula Flags.	Tremadoc.	Arenig.	Llandeilo.	Caradoc or Bala.	Low. Llandovery.	Up. Llandovery.	Woolhope Lmst.	Wenlock Shale.	Wenlock Lmst.	Lower Ludlow.	Aymestry Lmst.	Upper Ludlow.	Tilest. & Passage.	Pass. up.	REFERENCES.
Class, *ARACHNOIDEA.*																		
Groscorpionini?																		
Palæophonus ...... *R. S. Hunter,* read 1844																		
— Caledonicus...... *Hunter*															*			Trans. Edinb. Geol. Soc. vol. v, pt. 2, p. 187.

POLYZOA.

SPECIES.	Har. St. David's.	Menevian.	Lingula Flags.	Tremadoc.	Arenig.	Llandeilo.	Caradoc or Bala.	Low. Llandovery.	Up. Llandovery.	Woolhope Lmst.	Wenlock Shale.	Wenlock Lmst.	Lower Ludlow.	Aymestry Lmst.	Upper Ludlow.	Tilest. & Passage	Pass. up.	REFERENCES.
Sub-Kingdom, MOLLUSCA.																		
Province, MOLLUSCOIDA.																		
Class, *POLYZOA*. Thomson.																		
Ascodictyon *Nich. & Ether.* 1877																		
— filiforme .... *Vine*											•							Q. J. Geol. Soc. vol. xxxviii, p. 54; ib. Ann. Mag. Nat. Hist. 5 ser. vol. xiv, p. 78-81; woodcut 1, p. 79; p. 80, f. 2, No. 4, 5.
— radians .... *N. & E.*											•							Vine, Q. J. Geol. Soc. vol. xxxvii, p. 619.
— radiciforme ..... *Vine*											•							Q. J. Geol. Soc. vol. xxxvii, p. 53, f. 3 (woodcut); ib. Ann. Mag. Nat. Hist. 5 ser. vol. xiv, p. 82, 83 (f. 3, 1-6, woodcut).
— stellatum .... *N. & E.*											•							Ann. Mag. Nat. Hist. 4 ser. vol. xix, p. 464, t. 19, f. 1-6, 1877.
— var. siluriense ... *Vine*											•							Q. J. Geol. Soc. vol. xxxviii, p. 52, f. 1, 2 (woodcuts).
Discopora .... *Fleming,* 1828																		
— favosa .... *Lonsd.*											•							*Vide* Vine, Rept. Brit. Assoc. vol. li, 1881, p. 167.
RETEPORIDÆ.																		
Fenestella .... *Lonsdale,* 1839																		
— intermedia ...... *Shrub.*											•							Q. J. Geol. Soc. vol. xxxvi, p. 250, t. 11, f. 3.
— lineata .... *Shrub.*											•							Q. J. Geol. Soc. vol. xxxvi, p. 249, t. 11, f. 2.
— reteporata ...... *Shrub.*											•							Q. J. Geol. Soc. vol. xxxvi, p. 249, t. 11, f. 1.
TUBULIPORIDÆ.																		
Hornera .... *Lamouroux,* 1821																		
— crassa .... *Lonsd.*											•							Sil. Syst. p. 677, t. 15, f. 13. *Polypora.* Sil. 4 ed. p. 216, Foss. 50, f. 1, f. 41, f. 13. Horners, Vine, Q. J. Geol. Soc. vol. xxxviii, p. 60, f. 9, 10.
— delicatula .... *Vine*											•							Q. J. Geol. Soc. vol. xxxviii, p. 61.
RETEPORIDÆ.																		
Phyllopora .... *King,* 1849																		
— tumida .... *Vine*						•												Q. J. Geol. Soc. vol. xli, p. 109, woodcut, f. 1 A, B.
ESCHARIDÆ.																		
Pinnatopora ... *Shrubsole & Vine,* 1884																		
— Sedgwickii ...... *Shrub.*						•												Q. J. Geol. Soc. vol. xl, p. 330. ? Glauconome disticha. Ramipora Hochstetteri, var. carinata, R. Ether. Jour. Geol. Mag. 1879, p. 241.
RETEPORIDÆ.																		
Polypora .... *M'Coy,* 1844																		
— problematica ... *Vine*										•								Q. J. Geol. Soc. vol. xxxviii, p. 62.
ESCHARIDÆ.																		
Ptilodictya .... *Lonsdale,* 1839																		
— interporosa ..... *Vine*											•							Q. J. Geol. Soc. vol. xxxviii, p. 67, woodcut 14.
— Lonsdalei .... *Vine*											•							Q. J. Geol. Soc. vol. xxxviii, p. 64, woodcuts; p. 65, f. 11-13.
— Sp. .... *Vine*											•							Q. J. Geol. Soc. vol. xxxviii, p. 68.

POLYZOA

SPECIES	Har. St. David's	Menevian	Lingula Flags	Tremadoc	Arenig	Llandeilo	Caradoc or Bala	Low. Llandovery	Up. Llandovery	Woolhope Lmst.	Wenlock Shale	Wenlock Lmst.	Lower Ludlow	Aymestry Lmst.	Upper Ludlow	Tilest. & Passage	Pass. up.	REFERENCES
ENTALOPHORIDÆ.																		
Spiropora .... *Lamouroux*																		
Cricopora .... *Blainville*																		
— intermedia ...... *Vine*										*	*		*					Q. J. Geol. Soc. vol. xxxviii, p. 57, woodcuts, f. 7, 8.
— regularis .... *Vine*										*	*							Q. J. Geol. Soc. vol. xxxviii, p. 55, f. 4-6.
TUBULIPORIDÆ.																		
Stomatopora ...... *Goldfuss*																		
— dissimilis .... *Vine*											*							Q. J. Geol. Soc. vol. xxxvii, p. 615-617, woodcuts 1-8.
— var. compressa... *Vine*											*							Q. J. Geol. Soc. vol. xxxviii, p. 51.
— elongata .... *Vine*											*							Q. J. Geol. Soc. vol. xxxviii, p. 50.
ACANTHOCLADIDÆ.																		
Thamniscus ...... *King,* 1849 ...																		
— antiquus .... *Vine*							*											Q. J. Geol. Soc. vol. xli, p. 111, woodcut, f. 2.
— crassus............ *Lonsd.*											*							*Hornera,* Sil. Syst. p. 677, t. 15, f. 12. *Polypora,* Siluria, 4 ed. p. 216, Foss. 50, f. 1; t. 41, f. 13. *Hornera,* Vine, Q. J. Geol. Soc. vol. xxxvii, p. 60. *Thamniscus* Shrubsole, Q. J. Geol. Soc. vol. xxxviii, p. 344, woodcut.

BRACHIOPODA

SPECIES	Har. St. David's	Menevian	Lingula Flags	Tremadoc	Arenig	Llandeilo	Caradoc or Bala	Low. Llandovery	Up. Llandovery	Woolhope Lmst.	Wenlock Shale	Wenlock Lmst.	Lower Ludlow	Aymestry Lmst.	Upper Ludlow	Tilest. & Passage	Pass. up.	REFERENCES
Sub-Kingdom, MOLLUSCA.																		
Class, *BRACHIOPODA.*																		
OBOLIDÆ.																		
Acrothele ...... *Linnarsson,* 1875																		
— granulata ...... *Linrs.*					*	*												Bihangtill K. Svenska Vet. Akad. Handlingar, Band. 3, t. 4, f. 51, 1876; ib. Dav. Sup. Sil. Brach. Pal. Soc. vol. xxxvii, p. 214, t. 16, f. 29, 30.
OBOLIDÆ.																		
Acrotreta............ *Kutorga,* 1848																		
— costata............ *Dav.*					*													Sup. Sil. Brach. Pal. Soc. vol. xxxvii, p. 213, t. 16, f. 24.
SPIRIFERIDÆ.																		
Athyris............... *M'Coy,* 1844																		
— Inviuscula ...... *Sow.*										*	*							*Terebratula,* Sil. Syst. t. 13, f. 14. *Athyris,* Dav. Mono. Sil. Brach. Pal. Soc.
SPIRIFERIDÆ.																		
Atrypa............... *Dalman,* 1817																		
— asperula .... *Dav.*												*						Mono. Sil. Brach. Pal. Soc. p. 129, t. 14, f. 22 (Asper); ib. Dav. Sup. Sil. Brach. 1882, p. 212, t. 4, f. 8.

PALÆOZOIC.   BRACHIOPODA.   CAMBRIAN AND SILURIAN.

SPECIES.	CAMBRIAN.			LOWER SIL.				UPPER SILURIAN.							REFERENCES.
	Har. St. David's	Menevian.	Lingula Flags.	Tremadoc.	Arenig.	Llandeilo.	Caradoc or Bala.	Low. Llandovery.	Up. Llandovery.	Woolhope Lmst.	Wenlock Shale.	Wenlock Lmst.	Lower Ludlow.	Aymestry Lmst.	Upper Ludlow.	Tilest. & Passage.	Pass up.	
Atrypa (*continued*).																	
— Mawii .... *Dav.*	...	...	...	...	...	...	...	...	*	...	...	...	...	...	...	Sup. Sil. Brach. Pal. Soc. vol. xxxvi, p. 116, t. 4, f. 6.
— obovata .... *Sow.*	...	...	...	...	...	...	...	...	...	...	...	...	...	...	...	*Vide* Glassia obovata.
CRANIADÆ.																	
Crania .... *Retzius*, 1781																	
— Crofti .... *Dav.*	...	...	...	...	...	*	...	...	...	...	...	...	...	...	...	Sup. Mono. Sil. Brach. Pal. Soc. vol. xxxvii, p. 215, t. 17, f. 54-56.
SPIRIFERIDÆ.																	
Cyrtia .... *Dalmann*, 1827																	
— exporrecta ..... *Wahl.*	...	...	...	...	...	*	*	*	*	*	*	...	...	...	...	Spirifera, Dav. Mono. Sil. Brach. Pal. Soc. 1866, p. 99, t. 9, f. 13-24; Id. Sup. 1883, p. 137, t. 6, f. 13; t. 8, f. 4, 5.
— trapezoidalis ,.. *Dalm.*	...	...	...	...	...	...	...	...	...	...	...	...	...	...	...	*Vide* Spirifera exporrecta, loc. cit.
NUCULOSPIRIDÆ.																	
Dayia .... *Davidson*, 1881																	
— navicula .... *Sow.*																	*Vide* Rhynchonella.
LINGULIDÆ.																	
Dinobolus .... *Hall*, 1871																	
— Brimonti......... *Rouall*	...	...	...	...	...	*	...	...	...	...	...	...	...	...	...	Lingula, Bull. Soc. Géol. France, 2 ser. vol. vii, p. 728. *Vide* Dav. Sup. Sil. & Dev. Brach. Pal. Soc. vol. xxxv, p. 365, t. 40, f. 22, 23.
— Davidsoni ...... *Salt.*	...	...	...	...	...	?	*	*	...	...	...	...	...	...	...	*Vide* Obolus.
— Hicksii .... *Dav.*	...	...	...	*	...	...	...	...	...	...	...	...	...	...	...	Sup. Sil. Brach. Pal. Soc. vol. xxxvii, p. 212, t. 16, f. 19.
DISCINIDÆ.																	
Discina.............. *Lam.* 1817																	
— Balcletchiensis *Dav.*	...	...	...	*	*	...	...	...	...	...	...	...	...	...	...	Sup. Sil. Brach. Pal. Soc. vol. xxxvii, p. 210, t. 17, f. 41, 42.
— Cærfaiensis...... *Hicks*	*	...	...	...	...	...	...	...	...	...	...	...	...	...	...	Q. J. Geol. Soc. vol. xxvii, t. 15, f. 12; Ib. Sup. Sil. Brach. Pal. Soc. vol. xxxvii, p. 209, t. 17, f. 37, 38.
— Portlockii ...... *Geinitz*	...	...	...	...	...	...	...	...	...	...	...	...	...	...	...	Die Graptolithen, t. 1, 1882; ib. Dav. Sup. Sil. Brach. Pal. Soc. vol. xxxvii, p. 210, t. 17, f. 39, 40.
ATRYPIDÆ.																	
Glassia.............. *Davidson*, 1881																	
— elongata .... *Dav.*	...	...	...	...	...	...	...	...	*	...	...	...	...	...	...	Sup. Sil. Brach. Pal. Soc. vol. xxxvi, p. 119, t. 7, f. 9, 10; ib. Geol. Mag. Dec. II, vol. viii, p. 148, t. 5, f. 3, 4.
— obovata .... *Sow.*	...	...	...	...	...	...	...	...	*	...	...	...	...	...	...	Atrypa, Sil. Syst. t. 8, f. 9. Glassia, Sup. Sil. Brach. Pal. Soc. 1882, p. 116, t. 7, f. 11-20; woodcuts, p. 117; ib. Geol. Mag. 2 ser. vol. viii, p. 148, t. 5, f. 1, 2; woodcut, p. 149.
STROPHOMENIDÆ.																	
Leptæna .... *Dalmann*, 1827																	
— corrugatella ... *Dav.*																	*Vide* Strophomena.
— Etheridgei ...... *Dav.*	...	...	...	...	...	...	...	...	...	...	...	...	...	...	...	Sup. Mono. Sil. Brach. Pal. Soc. vol. xxxvii, p. 170, t. 12, f. 11, 12.
— Grayæ .... *Dav.*	...	...	...	...	...	*	...	...	...	...	...	...	...	...	...	Sup. Mono. Sil. Brach. Pal. Soc. vol. xxxvii, p. 171, t. 12, f. 23-25.
— Llandeiloensis... *Dav.*	...	...	...	...	...	*	...	...	...	...	...	...	...	...	...	Sup. Mono. Sil. Brach. Pal. Soc. vol. xxxvii, p. 171, t. 12, f. 26-29.
— segmentum ...... *Ang.* — var. cornuta...... *Dav.* }	...	...	...	...	...	...	...	...	...	...	*	...	...	...	...	Sup. Sil. Brach. Pal. Soc. vol. xxxvii, p. 166, t. 12, f. 1-3.
Leptocælia .... *Hall*, 1857																	
— hemisphærica... *Sow.*	...	...	...	...	...	...	...	...	...	...	...	...	...	...	...	*Vide* Atrypa Scotica.

BRACHIOPODA

SPECIES.	CAMBRIAN.			LOWER SIL.					UPPER SILURIAN.									REFERENCES.
	Har. St. David's.	Menevian.	Lingula Flags.	Tremadoc.	Arenig.	Llandeilo.	Caradoc or Bala.	Low. Llandovery.	Up. Llandovery.	Woolhope Lmst.	Wenlock Shale.	Wenlock Lmst.	Lower Ludlow.	Aymestry Lmst.	Upper Ludlow.	Tilest. & Passage.	Pass up.	
LINGULIDÆ.																		
Lingula ...... *Brug.* 1789 ...																		
— Brimonti ...... *Rouall* ...	...	...	...	...	...	?	...	...	...	...	...	...	...	...	...	...	...	Bull. Soc. Géol. France, 2 ser. vol. viii, p. 728; ib. Salt. Q. J. Geol. Soc. vol. xx, p. 294, t. 17, f. 6.
— Brodiei ...... *Dav.* ...	...	...	...	...	...	...	...	...	...	...	...	...	...	...	...	...	...	Sup. Mono. Sil. Brach. Pal. Soc. vol. xxxvii, p. 204, t. 17, f. 4.
— Canadensis ...... *Billings.* ...	...	...	...	...	...	...	*	...	...	...	...	...	...	...	...	...	...	Geol. Surv. Canada, Foss. vol. i, p. 114, f. 95; ib. Dav. Sup. Sil. Brach. Pal. Soc. vol. xxxvii, p. 202, t. 17, f. 1.
— morierei ...... *Tromelin* ...	...	...	...	...	...	...	*	...	...	...	...	...	...	...	...	...	...	Foss. palæozoiques (Tableau D), No. 65; ib. Dav. Sup. Sil. Brach. vol. xxxv, p. 354, t. 40, f. 25, 26.
— Philipi ...... *Dav.* ...	...	...	...	...	...	...	...	...	*	...	...	...	...	...	...	...	...	Sup. Mono. Sil. Brach. Pal. Soc. vol. xxxvii, p. 206, t. 17, f. 5.
— quadrata ...... *Eichw.* ...	...	...	...	...	...	...	*	...	...	...	...	...	...	...	...	...	...	Zool. specialis, vol. i, p. 273, t. 4, f. 2; ib. Dav. Sup. Sil. Brach. Pal. Soc. vol. xxxvii, p. 203, t. 17, f. 6-11.
LINGULIDÆ.																		
Lingulella ...... *Salter,* 1861 ...																		
— Nicholsoni ...... *Call.* ...	...	...	...	*	...	...	...	...	...	...	...	...	...	...	...	...	...	Q. J. Geol. Soc. vol. xxxiii, p. 668, t. 24, f. 11; ib. Dav. Sup. Mono. Sil. Brach. Pal. Soc. vol. xxxvii, p. 208, t. 17, f. 31, 32.
SPIRIFERIDÆ.																		
Meristina ...... *Suess.* 1851 ...																		
— didyma ...... *Dalm.* ...	...	...	...	...	...	...	...	...	...	...	...	...	...	...	...	...	...	*Vide* Meristella.
NUCLEOSPIRIDÆ.																		
Nucleospira ...... *Hall,* 1857 ...																		
— Vicaryi ...... *Dav.* ...	...	...	...	...	...	...	...	...	...	...	...	...	...	...	...	...	...	Sup. Mono. Sil. Brach. Pal. Soc. vol. xxxv, p. 355, t. 40, f. 29-31.
LINGULIDÆ.																		
Obolella ...... *Billings,* 1861-2																		
— sabrinæ ...... *Call.* ...	...	...	*	...	...	...	...	...	...	...	...	...	...	...	...	...	...	Q. J. Geol. Soc. vol. xxxiii, p. 669, t. 24, f. 12; ib. Dav. Mono. Sil. Brach. Pal. Soc. vol. xxxvii, p. 211, t. 16, f. 27, 28.
ORTHIDÆ.																		
Orthis ...... *Dalmann,* 1827																		
— Baleletchiensis *Dav.*	...	...	...	...	...	...	*	...	...	...	...	...	...	...	...	...	...	Sup. Mono. Sil. Brach. Pal. Soc. vol. xxxvii, p. 176, t. 12, f. 12-14.
— Dudleighensis ... *Dav.*	...	...	...	...	...	?	?	...	...	...	...	*	...	...	...	...	...	Q. J. Geol. Soc. vol. xxvi, p. 82, t. 5, f. 9-12 (Dudleigh Pebbles); ib. Dav. Sup. Mono. Sil. & Dev. Brach. vol. xxxv, p. 358, t. 41, f. 12-20; t. 42, f. 16-25.
— Crofti ...... *Dav.*	...	...	...	...	...	...	...	...	...	...	...	...	...	...	...	...	...	Sup. Mono. Sil. Brach. Pal. Soc. vol. xxxvii, p. 179, t. 13, f. 18, 19.
— elegantulina ...... *Dav.*	...	...	...	...	...	...	...	...	*	...	...	...	...	...	...	...	...	Sup. Mono. Sil. Brach. Pal. Soc. vol. xxxvii, p. 219, t. 13, f. 17; ib. Geol. Mag. Dec. II, vol. viii, p. 152, t. 5, f. 12.
— erratica ...... *Dav.*	...	...	...	...	...	*	...	...	...	...	...	...	...	...	...	...	...	Mono. Sil. Brach. Pal. Soc. p. 233, t. 32, f. 21-28; ib. Sup. Dav. & Sil. Brach. Pal. Soc. vol. xxxv, p. 356, t. 41, f. 1-9.
— Jonesi ...... *Dav.*	...	...	...	...	...	...	...	...	...	...	...	...	...	...	...	...	...	Sup. Mono. Sil. Brach. Pal. Soc. vol. xxxvii, p. 190, t. 11, f. 15, 16.
— Kiltuchœnsis ... *Dav.*	...	...	...	...	...	*	...	...	...	...	...	...	...	...	...	...	...	Sup. Mono. Sil. Brach. Pal. Soc. vol. xxxvii, p. 188, t. 13, f. 1, 2.
— Lapworthi ...... *Dav.*	...	...	...	...	...	*	...	...	...	...	...	...	...	...	...	...	...	Sup. Mono. Sil. Brach. Pal. Soc. vol. xxxvii, p. 176, t. 13, f. 9, 10.
— Lewisii ...... *Dav.*																		
— var. *Hughesii*... *Dav.*	...	...	...	...	...	...	...	...	...	...	...	...	...	...	...	...	...	*Vide* Skenidium.
„ *Woodlandensis*... *Dav.*																		

PALÆOZOIC. BRACHIOPODA. CAMBRIAN AND SILURIAN.

SPECIES.	CAMBRIAN.			LOWER SIL.					UPPER SILURIAN.							REFERENCES.
	Har. St. David's.	Menevian.	Lingula Flags.	Tremadoc.	Arenig.	Llandeilo.	Caradoc or Bala.	Low. Llandovery.	Up. Llandovery.	Wenlock Shale.	Wenlock Lmst.	Lower Ludlow.	Aymestry Lmst.	Upper Ludlow.	Tiles. & Passage Bds.	Pass. sp.	
Orthis (continued).																	
— nina .... Dav.	...	...	...	...	...	*	...	...	...	...	...	...	...	...	...	...	Sup. Mono. Sil. Brach. Pal. Soc. vol. xxxvii, p. 177, t. 13, f. 11.
— Philipi .... Dav.	...	...	...	...	...	*	...	...	...	...	...	...	...	...	...	...	Sup. Mono. Sil. Brach. Pal. Soc. vol. xxxvii, p. 188, t. 11, f. 13, 14.
— pulvinata .... Salt.	...	...	...	...	...	*	...	...	...	...	...	...	...	...	...	...	Q. J. Geol. Soc. vol. xx, p. 294, t. 17, f. 9; ib. Dav. Sup. Mono. Sil. Brach. Pal. Soc. vol. xxxv, p. 357, t. 41, f. 10, 11.
— Rankini .... Dav.	...	...	...	...	...	*	...	...	...	...	...	...	...	...	...	...	Sup. Mono. Sil. Brach. Pal. Soc. vol. xxxvii, p. 190, t. 11, f. 17-19.
— Shallockensis ... Dav.	...	...	...	...	...	...	...	...	...	...	...	...	...	...	...	...	Vide Skenidium.
— Vaticena .... Salt.	...	...	...	...	...	...	...	...	...	...	...	...	...	...	...	...	Vide O. lenticularis.
RHYNCHONELLIDÆ.																	
Pentamerus .... Sowerby, 1813																	
— Shallockensis ... Dav.	...	...	...	...	...	*	...	...	...	...	...	...	...	...	...	...	Sup. Mono. Sil. Brach. Pal. Soc. vol. xxxvii, p. 163, t. 9, f. 6-9.
CRANIADÆ.																	
Pholidops .... Hall, 1859																	
— implicata .... Sow.	...	...	...	...	...	...	...	...	...	...	...	...	...	...	...	...	Vide Crania.
RHYNCHONELLIDÆ.																	
Rhynchonella ...... Fischer, 1809																	
— Balclatchiensis ... Dav.	...	...	...	...	...	*	...	...	...	...	...	...	...	...	...	...	Sup. Mono. Sil. Brach. Pal. Soc. vol. xxxvii, p. 160, t. 10, f. 15, 16; t. 11, f. 23.
— Callawayiana ... Dav.	...	...	...	...	...	...	...	*	...	...	...	...	...	...	...	...	Sup. Mono. Sil. Brach. Pal. Soc. vol. xxxvii, p. 159, t. 10, f. 18.
— cuneatella ...... Dav.	...	...	...	...	...	*	...	...	...	...	...	...	...	...	...	...	Sup. Mono. Sil. Brach. Pal. Soc. vol. xxxvii, p. 200, t. 10, f. 11.
— Dayi .... Dav.	...	...	...	...	...	...	...	...	*	•	...	...	...	...	...	...	Sup. Mono. Sil. Brach. Pal. Soc. vol. xxxvii, p. 152, t. 10, f. 2.
— Girvanicnsis ... Dav.	...	...	...	...	...	*	...	...	...	...	...	...	...	...	...	...	Sup. Mono. Sil. Brach. Pal. Soc. vol. xxxvii, p. 155, t. 10, f. 26.
— Glassii .... Dav.	...	...	...	...	...	*	...	...	...	...	...	...	...	...	...	...	Sup. Mono. Sil. Brach. Pal. Soc. vol. xxxvii, p. 155, t. 10, f. 22. Atrypa depressa, Sow. Sil. Syst. p. 629, t. 13, f. 6.
— Jackii .... Dav.	...	...	...	...	...	...	*	...	...	...	...	...	...	...	...	...	Sup. Mono. Sil. Brach. Pal. Soc. vol. xxxvii, p. 158, t. 9, f. 30.
— Lapworthi ...... Dav.	...	...	...	...	...	*	...	...	...	...	...	...	...	...	...	...	Sup. Mono. Sil. Brach. Pal. Soc. vol. xxxvii, p. 154, t. 10, f. 7.
— Maccoyana ..... Dav.	...	...	...	...	...	...	*	...	...	...	...	...	...	...	...	...	Sup. Mono. Sil. Brach. Pal. Soc. vol. xxxvii, p. 161, t. 8, f. 33.
— Penchii .... Dav.	...	...	...	...	...	*	...	...	...	...	...	...	...	...	...	...	Sup. Mono. Sil. Brach. Pal. Soc. vol. xxxvii, p. 201, t. 11, f. 25.
— Scotica .... Dav.	...	...	...	...	...	*	...	...	...	...	...	...	...	...	...	...	Sup. Mono. Sil. Brach. Pal. Soc. vol. xxxvii, p. 201, t. 11, f. 26.
— Shallockensis ... Dav.	...	...	...	...	...	*	...	...	...	...	...	...	...	...	...	...	Sup. Mono. Sil. Brach. Pal. Soc. vol. xxxvii, p. 155, t. 10, f. 19.
— sub-borealis .... Dav.	...	...	...	...	...	*	...	...	...	...	...	...	...	...	...	...	Sup. Mono. Sil. Brach. Pal. Soc. vol. xxxvii, p. 149, t. 10, f. 5-6.
— Sp. .... Dav.	...	...	...	...	...	*	...	...	...	...	...	...	...	...	...	...	Sup. Mono. Sil. Brach. Pal. Soc. vol. xxxvii, p. 201, t. 11, f. 24.
DISCINIDÆ.																	
Siphonotreta ...... De Vern. 1845																	
— Scotica .... Dav.	...	...	...	...	...	...	*	...	...	...	...	...	...	...	...	...	Geol. Mag. new ser. vol. iv, p. 13, t. 2, f. 5, 6, 1877; ib. Sup. Mono. Sil. Brach. Pal. Soc. vol. xxxvii, p. 217, t. 16, f. 31-33.
STROPHOMENIDÆ.																	
Skenidium .... Hall, 1860																	
— Mystrophora ... Kayser, 1871																	
— Grayæ .... Dav.	...	...	...	...	...	*	...	...	...	...	...	...	...	...	...	...	Sup. Mono. Sil. Brach. Pal. Soc. vol. xxxvii, p. 175, t. 11, f. 3-5.

PALÆOZOIC.   BRACHIOPODA.   CAMBRIAN AND SILURIAN.

SPECIES.	Har. St. David's.	Menevian.	Lingula Flags.	Tremadoc.	Arenig.	Llandeilo.	Caradoc or Bala.	Low. Llandovery.	Up. Llandovery.	Woolhope Lmst.	Wenlock Shale.	Wenlock Lmst.	Lower Ludlow.	Aymestry Lmst.	Upper Ludlow.	Tilest. & Passage.	Pass up.	REFERENCES.
Skenidium (*continued*).																		
— Lewisii .... *Dav.*												•						*Orthis*, Mono. Sil. Brach. Pal. Soc. vol. 1869, p. 208, t. 26, f. 4–9. Skenidium, Sup. idem, vol. xxxvii, p. 173.
— var. Hughesii ... *Dav.*											•							*Orthis*, Mono. Sil. Brach. Pal. Soc. p. 254, t. 38, f. 26.
— „ Shallockensis *Dav.*												•						Sup. Mono. Sil. Brach. Pal. Soc. vol. xxxvii, p. 174, t. 11, f. 6, 7.
— „ Woodlandiense *Dav.*												•						Sup. Mono. Sil. Brach. Pal. Soc. vol. xxxvii, p. 174, t. 11, f. 1, 2.
SPIRIFERIDÆ.																		
Streptis (Atrypa) *Davidson*, 1881																		
— Grayii .... *Dav.*										?	•							*Atrypa*, Geol. Mag. Dec. II, vol. viii, p. 150, t. 5, f. 13. Streptis, Dav. Sup. Mono. Sil. Brach. Pal. Soc. vol. xxxvii, p. 139, t. 13, f. 14–22.
STROPHOMENIDÆ.																		
Streptorhynchus																		
— nasutus .... *Linds.*										•	•							Öfv. K. Akad. Förhandl. Stockholm, p. 371, t. 13, f. 15, 1860; ib. Dav. Mono. Sil. Brach. Pal. Soc. 1869, p. 201, t. 25, f. 1, 2.
RHYNCHONELLIDÆ.																		
Stricklandinia ... *Billings*, 1866																		
— Dalcletchieusis *Dav.*							•											Sup. Mono. Sil. Brach. Pal. Soc. vol. xxxvii, p. 166, t. 9, f. 27–29.
STROPHOMENIDÆ.																		
Strophomena ... *Rafinesque*, 1831																		
— Callawayiana ... *Dav.*						•												Sup. Mono. Sil. Brach. Pal. Soc. vol. xxxvii, p. 193, t. 16, f. 6, 7.
— semi-globosina ... *Dav.*						•												Sup. Mono. Sil. Brach. Pal. Soc. vol. xxxvii, p. 195, t. 15, f. 9–11; t. 41, f. 5, 6.
— Shallockensis ... *Dav.*												•						Sup. Mono. Sil. Brach. Pal. Soc. vol. xxxvii, p. 192, t. 11, f. 20, 21; t. 12, f. 30; t. 16, f. 8.
Terebratula .... *Llhwyd*, 1696																		
— navicula .... *Sow.*										•								*Vide* Dayia.
RHYNCHONELLIDÆ.																		
Triplesia .... *Hall*, 1859																		
— apiculata .... *Salt.*																		*Vide* Atrypa.
— incerta .... *Dav.*							•											*Atrypa*, Mono. Sil. Brach. Pal. Soc. p. 203, t. 24, f. 30; t. 25, f. 7, 8. Triplesia, Dav. Sup.; id. vol. xxxvii, p. 145, t. 8, f. 24–29.
— insularis .... *D'Eichw.*					•	•	•											*Orthis*, Mono. Sil. Brach. Pal. Soc. p. 273, t. 37, f. 8–15. Triplesia, Sup.; ib. vol. xxxvii, p. 143, t. 8, f. 17–22.
— spiriferoides ... *M'Coy*						•												*Orthis*, Dav. Mono. Sil. Brach. Pal. Soc. p. 275, t. 37, f. 3–7. Triplesia, Dav. Sup.; id. vol. xxxvii, p. 146, t. 8, f. 30.
— Wenlockensis ... *Dav.*												•						Sup. Mono. Sil. Brach. Pal. Soc. vol. xxxvii, p. 144, t. 8, f. 23.
TEREBRATULIDÆ.																		
Waldheimia ...... *Davidson*, 1881																		
— Glassii .... *Dav.*												•						Geol. Mag. Dec. II. vol viii, p. 146, t. 5, f. 6, 1881; ib. Sup. Mono. Sil. Pal. Soc. vol. xxxvi, p. 77, t. 4, f. 4.
— Mawii .... *Dav.*												•						Geol. Mag. Dec. II, vol. viii, p. 145, t. 5, f. 7, 8; p. 145; ib. Sup. Brit. Sil. Brach. Pal. Soc. vol. xxxvi, p. 76, t. 4, f. 1–3.
SPIRIFERIDÆ.																		
Whitfieldis .... *Davidson*, 1881																		
— tumida .... *Dalm.*							•			•	•	▼	•					*Vide* Meristella, and Dav. Sup. Mono. Sil. Brach. Pal. Soc. vol. xxxvi, p. 107, t. 5, f. 5, 6; t. 6, f. 1–9.

PALÆOZOIC. CONCHIFERA. CAMBRIAN AND SILURIAN.

SPECIES.	CAMBRIAN.			LOWER SIL.			UPPER SILURIAN.								REFERENCES.
	Har. St. David's.	Menevian.	Lingula Flags.	Tremadoc.	Arenig.	Llandeilo.	Caradoc or Bala.	Up. Llandovery.	Woolhope Lmst.	Wenlock Shale.	Wenlock Lmst.	Lower Ludlow.	Aymestry Lmst.	Upper Ludlow.	Tilest. & Passage.	Pass. sp.	
Sub-Kingdom, MOLLUSCA.																
Class, *PELECYPODA*																
Group, MONOMYARIA.																
AVICULIDÆ.																
Ambonychia ...... *Hall*, 1843 ...							•									ASIPHONIDA.
— tumida......... *Sollas*............	...	...	...	...	...	...	...	...	•	...	...	...	...	...		Sil. District of Rhymney, Q. J. Geol. Soc. vol. xxxv, p. 497, t. 24, f. 9.
AVICULIDÆ.																
Pterinea .... *Goldfuss*, 1832																ASIPHONIDA.
— posidoniæformis *M'Coy*	...	...	...	...	...	...	...	...	•	...	...	...	...	...		Synop. Sil. Foss. Ireland, p. 72, t. 2, f. 10.
Group, DIMYARIA.																
SOLENIDÆ.																
Cultellus......... *Schumacher*, 1860																SIPHONIDA.
— rectus .... *Salter*............	...	...	...	...	...	...	...	...	...	...	•	...	...	...		*Ceratosolen*, Ann. Mag. Nat. Hist. 3 ser. vol. v, p. 159; Ib. Sedgwick's Kendal Foss. Wordsworth's Letters on the Lakes, 1843-46 (Appendix). ? *Solen rectus*.
NUCULIDÆ.																
Leda .... *Schumacher*, 1817																SIPHONIDA.
— ambigua .... *Sollas*	...	...	...	...	...	...	...	...	•	...	...	...	...	...		Sil. District of Rhymney, Q. J. Geol. Soc. vol. xxxv, p. 497, t. 24, f. 7.
MYTILIDÆ.																
Modiolopsis ...... *Hall*, 1847......																ASIPHONIDA.
— acutipora......... *Sollas*	...	...	...	...	...	...	...	...	•	...	...	...	...	...		Sil. District of Rhymney, Q. J. Geol. Soc. vol. xxxv, p. 496, t. 24, f. 21, 22.
— inflata .... *M'Coy* }																
— var. elevata ...... *Sollas* }	...	...	...	...	...	...	...	...	•	...	...	...	...	...		Sil. District of Rhymney, Q. J. Geol. Soc. vol. xxxv, p. 496, t. 24, f. 2.
MYTILIDÆ.																
Orthonota .... *Conrad*, 1838																ASIPHONIDA.
— navicula .... *Sollas*	...	...	...	...	...	...	...	...	•	...	...	...	...	...		Sil. District of Rhymney, Q. J. Geol. Soc. vol. xxxv, p. 496, t. 24, f. 3.

GASTEROPODA.

SPECIES.	Har. St. David's.	Menevian.	Lingula Flags.	Tremadoc.	Arenig.	Llandeilo.	Caradoc or Bala.	Low. Llandovery.	Up. Llandovery.	Woolhope Lmst.	Wenlock Shale.	Wenlock Lmst.	Lower Ludlow.	Aymestry Lmst.	Upper Ludlow.	Tilest. & Passage.	Pass. up.	REFERENCES.
Province, ODONTOPHORA.																		
Class, *GASTEROPODA.*																		
TURBINIDÆ.																		
Cyclonema .... *Hall*, 1852																		HOLOSTOMATA.
— angulatum ...... *Sollas*											*							Sil. District of Rhymney, Q. J. Geol. Soc. vol. xxiv, p. 498, t. 24, f. 15.
— simplex .... *Sollas*											*							Sil. District of Rhymney, Q. J. Geol. Soc. vol. xxiv, p. 498, t. 24, f. 10.
— turbinatum ...... *Sollas*											*							Sil. District of Rhymney, Q. J. Geol. Soc. vol. xxiv, p. 499, t. 24, f. 1.
TURRITELLIDÆ.																		
Holopella .... *M'Coy*																		HOLOSTOMATA.
— gracilis .... *Sollas*											*							Q. J. Geol. Soc. vol. xxiv, p. 498, t. 24, f. 5.
— hydropica ...... *Sollas*											*							Q. J. Geol. Soc. vol. xxiv, p. 498, t. 24, f. 4.
— minuta .... *Sollas*											*							Q. J. Geol. Soc. vol. xxiv, p. 498, t. 24, f. 6.
HALIOTIDÆ.																		
Murchisonia ...... *D'Archiac et De Verneuil*, 1841																		HOLOSTOMATA.
— corpulenta ...... *Sollas*											*							Q. J. Geol. Soc. vol. xxv, p. 499, t. 24, f. 11.
— elegans .... *Sollas*											*							Q. J. Geol. Soc. vol. xxv, p. 499, t. 24, f. 8.

PLACOPHORA.

SPECIES.	Har. St. David's.	Menevian.	Lingula Flags.	Tremadoc.	Arenig.	Llandeilo.	Caradoc or Bala.	Low. Llandovery.	Up. Llandovery.	Woolhope Lmst.	Wenlock Shale.	Wenlock Lmst.	Lower Ludlow.	Aymestry Lmst.	Upper Ludlow.	Tilest. & Passage.	Pass. up.	REFERENCES.
Sub-Class, *PLACOPHORA.*																		
Order, *Chitonida.*																		
Helminthochiton *Salter*, 1846																		
— Grayiæ .... *H. Woodward*							*											Geol. Mag. Dec. III, vol. ii, p. 352, t. 9, f. 7–12.
— Griffithii .... *Salter*							*											Sil. Foss. Ireland, Addenda, p. 71, t. 5, f. 5 a–c.

PTEROPODA.

SPECIES.	CAMBRIAN.			LOWER SIL.			UPPER SILURIAN.								REFERENCES.
	Har. St. David's.	Menevian.	Lingula Flags.	Tremadoc.	Arenig.	Llandeilo.	Caradoc or Bala.	Low. Llandovery.	Up. Llandovery.	Woolhope Lmst.	Wenlock Shale.	Wenlock Lmst.	Lower Ludlow.	Aymestry Lmst.	Upper Ludlow.	Tilest. & Passage.	Pass up.	
Class, *PTEROPODA*.																		
HYALEIDÆ.																		THECOSOMATA.
Theca .... *Sowerby*, 1844																		
— lineata .... *Call.*				*														Q. J. Geol. Soc. vol. xxxiii, p. 668, t. 24, f. 9.

HETEROPODA.

SPECIES.	Har. St. David's.	Menevian.	Lingula Flags.	Tremadoc.	Arenig.	Llandeilo.	Caradoc or Bala.	Low. Llandovery.	Up. Llandovery.	Woolhope Lmst.	Wenlock Shale.	Wenlock Lmst.	Lower Ludlow.	Aymestry Lmst.	Upper Ludlow.	Tilest. & Passage.	Pass up.	REFERENCES.
Class, *HETEROPODA*.																		
ATLANTIDÆ.																		NUCLEOBRANCHIATA.
Bellerophon ...... *Montfort*, 1808																		
— Ialontus .... *Salt.*																		Doubtful species.
— Shinctonensis ... *Call.*			*															Q. J. Geol. Soc. vol. xxxiii, p. 668, t. 24, f. 10.

CEPHALOPODA.

SPECIES.	Har. St. David's.	Menevian.	Lingula Flags.	Tremadoc.	Arenig.	Llandeilo.	Caradoc or Bala.	Low. Llandovery.	Up. Llandovery.	Woolhope Lmst.	Wenlock Shale.	Wenlock Lmst.	Lower Ludlow.	Aymestry Lmst.	Upper Ludlow.	Tilest. & Passage.	Pass up.	REFERENCES.
Province, ODONTOPHORA.																		
Class, *CEPHALOPODA*.																		
Order, *Tetrabranchiata*.																		
NAUTILIDÆ.																		
Ascoceras .... *Barrande*, 1847														*				Bull. Soc. Géol. France, vol. xii, p. 74, t. 5, f. 20–28; ib. Syst. Silur. de Bohême, p. 354, t. 93, 94, f. 28–37; t. 96, f. 46–49; ib. Blake, Mono. Brit. Foss. Ceph. p. 208, t. 16, f. 10.
— Bohemicum...... *Barr.*																		
— vermiformis ... *Blake*													*	*				Mono. Brit. Foss. Ceph. p. 209, t. 16, f. 8.

CEPHALOPODA.

PALÆOZOIC. — CAMBRIAN AND SILURIAN.

SPECIES.	Har. St. David's.	Menevian.	Lingula Flags.	Tremadoc.	Arenig.	Llandeilo.	Caradoc or Bala.	Low. Llandovery.	Up. Llandovery.	Woolhope Lmst.	Wenlock Shale.	Wenlock Lmst.	Lower Ludlow.	Aymestry Lmst.	Upper Ludlow.	Tilest. & Passage.	Pass. up.	REFERENCES.
ORTHOCERATIDÆ.																		
Conoceras .... *Bronn, 1834* ...																		
— Llanvirnensis ... *Roberts*					*													Q. J. Geol. Soc. vol. xl, p. 636, t. 28.
ORTHOCERATIDÆ.																		
Cyrtoceras .... *Goldf. 1832* ...																		
— alternatum ...... *Blake*...........								*										Mono. Brit. Foss. Ceph. p. 185, t. 22, f. 4.
— contrarium ...... *Barr.*												*	*					Barr. Syst. Silur. de Bohém. vol. ii, p. 586, t. 146; ib. Blake, Mono. Brit. Foss. Ceph. p. 175, t. 19, f. 9, 10.
— corniculum ...... *Barr.*												*	*					Syst. Silur. de Bohém. vol. ii, p. 492, t. 121; ib. Blake, Mono. Brit. Foss. Ceph. p. 173, t. 19, f. 8.
— equisetum ...... *Blake*...........													*					Mono. Brit. Foss. Ceph. p. 181, t. 30, f. 7. ? *Phrag. nautilaceum*, Sow.
— extriatum ...... *Blake*...........													*					Mono. Brit. Foss. Ceph. p. 183, t. 5, f. 10, 11. *Lituites articulatus* (part), Sow. Sil. Syst. t. 11, f. 7 only.
— fortinsculum ... *Barr.*............													*					Syst. Silur. Bohém. vol. ii, p. 630, t. 207, f. 13–16; ib. Blake, Mono. Brit. Foss. Ceph. p. 178, t. 13, f. 3.
— *invaginatum* ,,, *Salt.*																		*Vide* Piloceras.
— isca .... *Blake*...........												*						Mono. Brit. Foss. Ceph. p. 174, t. 19, f. 6, 7.
— Llandoveryi... *Blake*...........								*										Mono. Brit. Foss. Ceph. p. 171, t. 21, f. 1.
— macrum .... *Blake*...........							*											Mono. Brit. Foss. Ceph. p. 169, t. 21, f. 5.
— magnum ...... *Blake*...........												*	*	*	*			Mono. Brit. Foss. Ceph. p. 178, t. 27, f. 3.
— plebeium ...... *Barr.*............													*					Syst. Silur. de Bohém. p. 525, t. 109–208; ib. Blake, Mono. Brit. Foss. Ceph. p. 176, t. 19, f. 5.
— precox .... *Salt.*																		*Vide* Blake, Mono. Brit. Foss. Ceph. p. 166, t. 18, f. 6, 7.
— reversum ...... *Blake*...........													*					Mono. Brit. Foss. Ceph. p. 169, t. 21, f. 5.
— Scoticum ...... *Blake*...........												*						Mono. Brit. Foss. Ceph. p. 185, t. 21, f. 4.
— subarcuatum ... *Portl.*							*											*Orthoceras*, Geol. Rept. p. 374, t. 26, f. 9. *Cyrtoceras*, Blake, Mono. Brit. Foss. Ceph. p. 182, t. 20, f. 7.
— uranus .... *Barr.*													*					Syst. Silur. de Bohém. vol. ii, p. 644, t. 196, f. 12–18; ib. Blake, Mono. Brit. Foss. Ceph. p. 180, t. 11, f. 3.
ORTHOCERATIDÆ.																		
Gomphoceras ...... *Sowerby, 1839*																		
— æqualo .... *Blake*...........												*	*					Mono. Brit. Foss. Ceph. p. 188, t. 26, f. 6.
— amygdala ...... *Barr.*												*	*					Syst. Silur. de Bohém. p. 273, t. 77, f. 23–26; t. 80, f. 1–17; ib. Blake, Mono. Brit. Foss. Ceph. p. 198, t. 25, f. 4, t. 23, f. 7.
— cinctum .... *Blake*...........												*						Mono. Brit. Foss. Ceph. p. 197, t. 23, f. 5.
— corona .... *Blake*...........												*						Mono. Brit. Foss. Ceph. p. 189, t. 26, f. 4, 5, 7.
— crater .... *Blake*...........												*	*					Mono. Brit. Foss. Ceph. p. 189, t. 23, f. 4–8.
— eia .... *Blake*...........												*						Mono. Brit. Foss. Ceph. p. 195, t. 22, f. 5.
— gratum .... *Barr.*												*						Syst. Silur. de Bohém. p. 320, t. 73, f. 6, 7; t. 82, f. 13–16.
— neglectum ...... *Blake*...........												*						Mono. Brit. Foss. Ceph. p. 197, t. 23, f. 3.
— obuvatum...... *Blake*...........												*						Mono. Brit. Foss. Ceph. p. 193, t. 22, f. 3.
AMMONITOIDEÆ.																		
Goniatites ? ...... *De Haan, 1815*																		
— nautilaceum ... *Sow.*............												*						*Phragmoceras*, Sil. Syst. p. 622, t. 10, f. 2. *Goniatites*, Blake, Mono. Brit. Foss. Ceph. p. 232, t. 27, f. 4.

CEPHALOPODA.

CAMBRIAN AND SILURIAN.

SPECIES.	Har. St. David's.	Menevian.	Lingula Flags.	Tremadoc.	Arenig.	Llandeilo.	Caradoc or Bala.	Low. Llandovery.	Up. Llandovery.	Woolhope Limst.	Wenlock Shale.	Wenlock Limst.	Lower Ludlow.	Aymestry Limst.	Upper Ludlow.	Tilest. & Passage.	Pass. up.	REFERENCES.
NAUTILIDÆ.																		
Lituites ? .... *Breynius*, 1732																		
— arietinus ...... *Barr.*	...	...	...	...	...	...	...	...	...	...	*	...	...	...	...	...	...	*Trochoceras*, Syst. Silur. de Bohém. vol. ii, p. 103, t. 17, 25, 103. Lituites, Blake, Mono. Brit. Foss. Ceph. p. 127, t. 31, f. 4.
NAUTILIDÆ.																		
Nautilus .... *Breynius*, 1732																		
— Bohemicus ...... *Barr.*	...	...	...	...	...	...	...	...	...	...	*	*	*	...	...	...	...	Syst. Silur. de Bohém. vol. ii, p. 32, 33; ib. Blake, Mono. Brit. Foss. Ceph. p. 210, t. 27, f. 1, 2. ? *Lituites Biddulphi*, Sow. Sil. Syst. t. 11, f. 8.
— Holtianus ...... *Blake*	...	...	...	...	...	...	...	...	...	...	...	...	*	...	...	...	...	*Lituites*, Salter. Cat. Mus. Pract. Geol. (name only). Nautilus, Blake, Mono. Brit. Foss. Ceph. p. 211, t. 28, f. 1.
— quadrans ...... *Blake*	...	...	...	...	...	...	...	...	...	...	*	*	*	...	*	...	...	Mono. Brit. Foss. Ceph. p. 212, t. 30, f. 1.
— Scoticus ...... *Blake*	...	...	...	...	...	...	*	*	*	...	...	...	...	...	...	...	...	Mono. Brit. Foss. Ceph. p. 215, t. 29, f. 6, t. 28, f. 4. (*Trochoites*.)
NAUTILIDÆ.																		
Ophidioceras ...... *Barrande*																		
— articulatum ...... *Sow.*	...	...	...	...	...	...	...	...	...	...	*	...	...	...	...	...	...	*Vide* Lituites (p. 122); also Blake, Mono. Brit. Foss. Ceph. p. 130, t. 18, f. 14, 15.
— geometricum ... *Blake*	...	...	...	...	...	...	...	...	...	...	*	...	...	...	...	...	...	Mono. Brit. Foss. Ceph. p. 231, t. 18, f. 16.
ORTHOCERATIDÆ.																		
Orthoceras .... *Breynius*, 1732																		
— aculeatum ...... *Hall*	...	...	...	...	?	*	...	...	...	...	...	...	...	...	...	...	...	Pal. New York, p. 189, t. 42, f. 7; ib. Blake, Mono. Brit. Foss. Ceph. p. 84, t. 3, f. 14.
— adornatum ...... *Barr.*	...	...	...	...	...	...	...	...	...	...	*	...	...	...	...	...	...	Syst. Silur. de Bohém. p. 299, t. 353, f. 7-9; ib. Blake, Mono. Brit. Foss. Ceph. p. 101, t. 3, f. 10.
— annulatum ...... *Sow.*	...	...	...	...	?	...	*	*	*	*	...	...	*	...	...	...	...	*Vide* Blake, loc. cit. p. 89.
— araucosum ...... *Barr.*	...	...	...	...	...	...	...	...	...	...	*	*	...	...	...	...	...	Syst. Silur. de Bohém. p. 283, t. 337-340; ib. Blake, Mono. Brit. Foss. Ceph. p. 124, t. 17, f. 2. ? *Endoceras proteiforme*, Rich. Geol. Mag. vol. ix, p. 102, woodcut, p. 103.
— Ardvellonse ...... *Blake*	...	...	...	...	...	...	*	...	...	...	...	...	...	...	...	...	...	Mono. Brit. Foss. Ceph. p. 145, t. 12, f. 1.
— argus .... *Barr.*	...	...	...	...	...	...	...	...	...	...	*	...	...	...	...	...	...	Syst. Silur. de Bohém. p. 476, t. 325.
— ascendens ...... *Blake*	...	...	...	...	...	...	...	...	...	...	*	...	...	...	...	...	...	Mono. Brit. Foss. Ceph. p. 132, t. 12, f. 7.
— Bacchus ...... *Barr.*	...	...	...	...	...	...	...	...	?	*	*	*	*	...	...	...	...	Syst. Silur. de Bohém. vol. ii, p. 270, 271; ib. Blake, Mono. Brit. Foss. Ceph. p. 111, t. 9, f. 3-7.
— baculoides ...... *Blake*	...	...	...	...	?	*	...	...	...	...	...	...	...	...	...	...	...	Mono. Brit. Foss. Ceph. p. 82, t. 3, f. 2.
— Barrandei ...... *Salt.*	...	...	...	...	...	...	...	...	...	...	*	...	...	...	...	...	...	Q. J. Geol. Soc. vol. vii, p. 177, t. 9, f. 19; ib. Blake, Mono. Brit. Foss. Ceph. p. 79, t. 18, f. 10-12; t. 19, f. 4.
— cochleatum ...... *Schloth.*	...	...	...	...	...	...	...	*	*	*	*	...	...	*	*	...	...	Min. Tasch. vol. vii, p. 4. ? *Actino. annularium*, Sow. Sil. Syst. t. 13, f. 24. O. cochleatum, Blake, Mono. Brit. Foss. Ceph. p. 161, t. 15, f. 7, 8. (*Actinoceras*.)
— druidii ...... *Blake*	...	...	...	...	...	...	*	...	...	...	...	...	...	...	?	...	...	Mono. Brit. Foss. Ceph. p. 145, t. 15, f. 1.
— Duponti ...... *Barr.*	...	...	...	...	...	...	*	...	*	...	...	...	...	...	...	...	...	Syst. Silur. de Bohém. p. 324, t. 285; ib. Blake, Mono. Brit. Foss. Ceph. p. 92, t. 5, f. 1-2.
— durinum ...... *Blake*	...	...	...	...	?	...	...	...	...	...	...	...	...	...	...	...	...	Mono. Brit. Foss. Ceph. p. 63, t. 3, f. 3. ? *O. undulosostriatum*, Salt. (non Hall), Q. J. Geol. Soc. vol. xv, p. 375, t. 13, f. 25, 26.
— Eoum ...... *Blake*	...	...	...	...	*	...	...	...	...	...	...	...	...	...	...	...	...	Mono. Brit. Foss. Ceph. p. 165, t. 16, f. 5. *Endoceras Eoum*, Wyatt-Edgell, Geol. Mag. vol. iii, p. 161 (name only). (*Conoceras*.)
— Etheridgii ...... *Blake*	...	...	...	...	...	...	...	...	...	...	...	...	...	...	...	...	...	Mono. Brit. Foss. Ceph. p. 104, t. 6, f. 3-6. (Range and position doubtful.)

CEPHALOPODA

PALÆOZOIC. — CAMBRIAN AND SILURIAN.

SPECIES.	CAMBRIAN.			LOWER SIL.				UPPER SILURIAN.									REFERENCES.
	Har. St. David's.	Menevian.	Lingula Flags.	Tremadoc.	Arenig.	Llandeilo.	Caradoc or Bala.	Low. Llandovery.	Up. Llandovery.	Woolhope Lmst.	Wenlock Shale.	Wenlock Lmst.	Lower Ludlow.	Aymestry Lmst.	Upper Ludlow.	Thick. & Passage.	Pass up.	
Orthoceras (*continued*).																		
— expansum ...... *Blake*								*										Mono. Brit. Foss. Ceph. p. 118, t. 6, f. 15. *O. lineare*, M'Coy, Sil. Foss. Ireland, p. 9 (non Münster).
— festinans ...... *Blake*								*										Mono. Brit. Foss. Ceph. p. 163, t. 17, f. 3. (*Endoceras*.)
— fretum ...... *Blake*												*		*	*			Mono. Brit. Foss. Ceph. p. 135, t. 14, f. 7.
— Grayi ...... *Blake*											*	*						Mono. Brit. Foss. Ceph. p. 102, t. 13, f. 6.
— Grindrodii ...... *Blake*													*					Mono. Brit. Foss. Ceph. p. 122, t. 9, f. 9.
— Hungaricum ... *Blake*														*				Mono. Brit. Foss. Ceph. p. 80, t. 18, f. 8.
— Kendalense ...... *Blake*													*					Mono. Brit. Foss. Ceph. p. 100, t. 3, f. 13.
— Nicholianum ... *Blake*							*			*	*	*			?			Mono. Brit. Foss. Ceph. p. 88, t. 3, f. 7, 8, 15.
— omissum ...... *Blake*													*		*			Mono. Brit. Foss. Ceph. p. 160, t. 15, f. 9.
— originale ...... *Barr*							*	*										Syst. Silur. de Bohêm. p. 206, t. 267; ib. Blake, Mono. Brit. Foss. Ceph. p. 110, t. 7, f. 5-10.
— pendens ...... *Blake*							*											Mono. Brit. Foss. Ceph. p. 122, t. 11, f. 2-5.
— pertinens ...... *Blake*						*	*											Mono. Brit. Foss. Ceph. p. 139, t. 3, f. 11.
— perversum ...... *Blake*									*	*	*							Mono. Brit. Foss. Ceph. p. 155, t. 16, f. 1, 2. ? *O. imbricatum*, Sow. M'Coy & Salter.
— pictum ...... *Blake*							*											Mono. Brit. Foss. Ceph. p. 144, t. 13, f. 5.
— recticinctum ... *Blake*											*	*						Mono. Brit. Foss. Ceph. p. 121, t. 11, f. 4. *O. centrale*, Barr. non Hisinger.
— reversum ...... *Blake*												*		*				Mono. Brit. Foss. Ceph. p. 138, t. 11, f. 7.
— Saturni ...... *Barr*							*	*			*							Syst. Silur. de Bohêm. p. 601, t. 255, 264; ib. Blake, Mono. Brit. Foss. Ceph. p. 135, t. 11, f. 6.
— semipartitum ... *Sow*																		Vide Tretoceras.
— subconicum ...... *D'Orb*							?			*								Prod. de Pal. vol. 1, p. 2. *O. conicum*, Sow. Murch. Sil. Syst. *O. subconicum*, Blake, Mono. Brit. Foss. Ceph. p. 150, t. 12, f. 9.
— truncatum ...... *Barr*								*							?			Syst. Silur. de Bohêm. p. 556, t. 341-343.
— undulocinctum ... *Blake*												*	*					Mono. Brit. Foss. Ceph. p. 120, t. 13, f. 9.
— velatum ...... *Blake*							*	*										Mono. Brit. Foss. Ceph. p. 87, t. 3, f. 12. *O. velatum*, Salt. MS.
— Xit ...... *Blake*												*						Mono. Brit. Foss. Ceph. p. 80, t. 18, f. 9.
— Sp. ...... *Keeping*								*										Geol. Mag. Dec. II, vol. ix, p. 491, t. 11, f. 18.
Orthoceratidæ.																		
Phragmoceras ... Broderip, 1839																		
— externum ...... *Blake*													*					Mono. Brit. Foss. Ceph. p. 206, t. 26, f. 3.
— imbricatum ...... *Barr*													*	?				Syst. Silur. de Bohêm. p. 212, t. 46, 175, 244.
— obliquum ...... *Blake*												*	*					Mono. Brit. Foss. Ceph. p. 203, t. 24, f. 7.
— prius ...... *Blake*											*							Mono. Brit. Foss. Ceph. p. 199, t. 24, f. 5.
— subexternum ... *Blake*													*					Mono. Brit. Foss. Ceph. p. 204, t. 25, f. 3.
Poterioceras ...... M'Coy, 1844 ...																		
— intortum ...... *Blake*													*					Mono. Brit. Foss. Ceph. p. 187, t. 24, f. 4.
Nautilidæ.																		
Trochoceras ...... Hall, 1852 ...																		
— cinerium ...... *Blake*								*										Mono. Brit. Foss. Ceph. p. 216, t. 20, f. 2. *P. compressum*, Portlock (non Sow.). Geol. Rept. Lond. p. 282, t. 28 B, f. 2.

CEPHALOPODA

SPECIES.	Har. St. David's.	Menevian.	Lingula Flags.	Tremadoc.	Arenig.	Llandeilo.	Caradoc or Bala.	Low. Llandovery.	Up. Llandovery.	Woolhope Lmst.	Wenlock Shale.	Wenlock Lmst.	Lower Ludlow.	Aymestry Lmst.	Upper Ludlow.	Tilest. & Passage.	Pass. up.	REFERENCES.
Trochoceras (*continued*).																		
— gyrans .... *Blake*.......												*						Mono. Brit. Foss. Ceph. p. 220, t. 29, f. 4.
— rapax .... *Barr*.......											*		*					Syst. Silur. de Bohém. vol. ii, p. 124, t. 21, 22.
— regulare ,....... *Blake*.......												*						Mono. Brit. Foss. Ceph. p. 221, t. 29, f. 7.
— remotum .... *Blake*.......									*									Mono. Brit. Foss. Ceph. p. 215.
— speciosum ...... *Barr*.......											*	*	*					Syst. Silur. de Bohém. vol. ii, t. 14, f. 12–15; ib. Blake, Mono. Brit. Foss. Ceph. p. 219, t. 29, f. 1, 2; t. 28, f. 3.
— striatum .... *Blake*.......											*		*					Mono. Brit. Foss. Ceph. p. 222, t. 29, f. 5; t. 30, f. 3, 4.

PISCES.

SPECIES.	Har. St. David's.	Menevian.	Lingula Flags.	Tremadoc.	Arenig.	Llandeilo.	Caradoc or Bala.	Low. Llandovery.	Up. Llandovery.	Woolhope Lmst.	Wenlock Shale.	Wenlock Lmst.	Lower Ludlow.	Aymestry Lmst.	Upper Ludlow.	Tilest. & Passage.	Pass. up.	REFERENCES.
Sub-Kingdom, VERTEBRATA.																		
Class, *PISCES*.																		
CEPHALASPIDÆ.																		GANOIDEI (OSTEOSTRACI).
Eucaspis .... *Lankester*, 1869																		
— Salweyi .... *Egerton*.......															*			*Vide* Geol. Mag. Dec. II, vol. viii, p. 293, t. 6. *Vide* p. 176 for references.

APPENDIX

TO THE

DEVONIAN SPECIES

BROUGHT DOWN TO

THE END OF THE YEAR

1886.

PLANTÆ.

PALÆOZOIC.

DEVONIAN, OR OLD RED SANDSTONE.

SPECIES.	Lower.	Middle.	Upper.	Pass. up.	REFERENCES.
Kingdom, PLANTÆ.					
Sub-Kingdom, CRYPTOGAMIA.					
CONIFERÆ.					
Araucaryoxylon ... *Krauss*, 1870 ...					
— Sp. .... *Sall.*	*	...	...	...	Doubtful determination.
Cyclostigma .... *Haughton*, 1860					
— Kiltorkense......... *Haugh.*	...	*	...	...	Nat. Hist. Review, vol. vi, t. 40, f. 1 ; vol. vii, p. 222. *Sagenaria Veltheimiana*, Baily, Geol. Surv. Ireland, Expl. sheets 192-199, p. 16, 19, 20, f. 1, and Expl. sheets 187, 195, 196, p. 14, 21, 22, f. 3.
LEPIDODENDRÆ.					
Knorria .... *Sternberg*, 1825					
— Bailyana .... *Schimp.*	...	...	...	...	*Vide* Sagenaria Bailyana.
PALÆOPTERIDÆ (FILICINÆ).					
Palæopteris .... *Schimper*, 1869					
— *Hibernica*	...	...	...	...	*Vide* Adiantites, p. 133, loc. cit. for references.
LYCOPODIACEÆ.					
Psilophyton .... *Dawson*, 1859 ...					
— Dechianum .... *Göpp.*	*	...	...	...	*Haliserites*, Neues Jahrbuch, 1847, p. 686. Psilophyton Carruthers, Jour. of Botany, vol. ii, p. 326, t. 137, f. 1, 3, 4, 1873. *Vide* Kidston, Cat. Pal. Plants, Brit. Mus. (Nat. Hist.) p. 232.
Sagenaria .... *Brongniart*, 1822					
— Bailyana .... *Schimp.*	...	...	*	...	Knorria, Traité Paléont. Végét. vol. ii, pt. 1, p. 48.
— Veltheimiana ...... *Schimp.* or *Baily*	...	...	*	...	*Vide* Cyclostigma Kiltorkense.
Sporochnus *Stur*, 1881 (non *Kutzing*)					
— Sp.	...	...	...	...	Allied to S. Krejčii. *Vide* Kidston, Cat. Pal. Plants, Brit. Mus. (Nat. Hist.) p. 238.

RHIZOPODA.

SPECIES.	Lower.	Middle.	Upper.	Pass. up.	REFERENCES.
Kingdom, ANIMALIA.					
Sub-Kingdom, PROTOZOA.					
Class, *RHIZOPODA*.					
Order, *Spongida*.					
Receptaculites ...... *Defrance*, 1827...					
— Neptuni .... *Defrance*	...	*	...	...	Dict. des Sci. Nat. vol. xlv, p. 45 ; Atlas, t. 68, f. 1 a–d : ib. F. Römer, Leth. Pal. vol. i, p. 290 ; Atlas, t. 38, f. 7a–c. *Vide* G. J. Hinde, Q. J. Geol. Soc. vol. xl, p. 841 ; ib. Hinde, On the Structure and Affinities of the Receptaculitidæ, &c. p. 795–835. Revision of the species, p. 835–849.
SPONGIDA.					
Sphærospongia ...... *Pengelly*, 1861 ...					
— tessellata .... *Phill.*	...	*	...	...	*Vide* G. J. Hinde, Q. J. Geol. Soc. vol. xl, p. 840 ; also loc. cit. p. 136, references.

PALÆOZOIC.   HYDROCORALLINÆ.   DEVONIAN,
                                                                 OR OLD RED SANDSTONE.

SPECIES.	Lower.	Middle.	Upper.	Pass up.	REFERENCES.	
Sub-Kingdom, CŒLENTERATA.						
Sub-Class, HYDROCORALLINÆ. Moseley.						
Order, *Stromatoporoidea.* Nich. & Mur.						
ACTINOSTROMIDÆ.						
Actinostroma .... *Nich.* 1886					HYDRACTINIOIDEA.	
Stromatopora ...... *Auct.*					*Stromatopora concentrica,* Auct. Ann. Mag. Nat. Hist. 5 ser. vol. xvii, p. 225, t. 6, f. 1–3.	
— clathratum .... *Nich.*		*	...	...		
— stellulatum .... *Nich.*		*	..	...	Ann. Mag. Nat. Hist. 5 ser. vol. xvii, p. 231, t. 6, f. 8, 9.	
LABECHIIDÆ.						
Labechia .... *Milne Edw.* 1851					HYDRACTINIOIDEA.	
— serotina .... *Nich.*		*	..	...	Mono. Brit. Stromatoporoidæ, Pal. Soc. 1886, p. 45; woodcut, f. 4, p. 46 (not described); ib. Ann. Mag. Nat. Hist. 5 ser. vol. xviii, p. 15, t. 2, f. 3, 4.	
STROMATOPOROIDÆ.						
Stromatopora .... *Goldfuss,* 1830 ...					MILLEPOROIDEA.	
— Dartingtonensis ... *Carter*		*	..	...	Ann. Mag. Nat. Hist. 5 ser. vol. vi, p. 339–347, t. 18, f. 1–5.	
STROMATOPOROIDÆ.						
Stromatoporella....... *Nicholson,* 1886					MILLEPOROIDEA.	
— damnoniensis ...... *Nich.*		*	..	...	Ann. Mag. Nat. Hist. 5 ser. vol. xvii, p. 237, t. 8, f. 3, 4.	
Amphipora .... *Schulz.*	...	...	...		Die Eifelkalk, von Hillesheim, 1883, p. 89.	Genera recognised in the Devonian Rocks of Britain, but their history not yet completed. *Vide* Nicholson, Mono. Brit. Stromatoporoida, Pal. Soc. vol. xxxix, 1885, p. 1–130.
Clathrodictyon .... *Nich. & Mur.*	...	...	...		Jour. Linn. Soc. vol. xiv, p. 220, 1878.	
Stachodes .... *Bargatzky*	...	...	...		Zeitschr. der deutschen Geol. Ges. Jahrg. p. 688, 1881.	
Stylodictyon .... *Nich. & Mur.*	...	...	...		Jour. Linn. Soc. vol. xiv, p. 221, 1878.	

ACTINOZOA.

SPECIES.	Lower.	Middle.	Upper.	Pass up.	REFERENCES.
Sub-Kingdom, CŒLENTERATA.					
Class, *ACTINOZOA.*					
CYATHOPHYLLIDÆ.					
Campophyllum *Edw. & Haime,* 1850					Z. RUGOSA.
— Sp. .... *Champ.*	...	*	...		Q. J. Geol. Soc. vol. xl, p. 498.
CYATHOPHYLLIDÆ.					
Cyathophyllum ...... *Goldfuss,* 1826 ...					Z. RUGOSA.
— bilaterale .... *Champ.*		*	...		Q. J. Geol. Soc. vol. xl, p. 503, t. 23, f. 4, 5.

PALÆOZOIC. ACTINOZOA. DEVONIAN, OR OLD RED SANDSTONE.

SPECIES.	Lower.	Middle.	Upper.	Pass up.	REFERENCES.
CYATHOPHYLLIDÆ.					
Lophophyllum *Edw. & Haime*, 1850					Z. RUGOSA.
— Sp. .... *Champ.*		*			Q. J. Geol. Soc. vol. xl, p. 499, t. 31, f. 3.
FAVOSITIDÆ?					
Raphidophora... *Nich. & Foord*, 1886					
— crinalis............ *Schlüter.*		*			Calamopora Sitzungsberichte der Niederrheinischen Gesellschaft in Bonn, 1881, p. 281. *Chaetetes Lonsdalei*, Ether. Journ. & Foord, Ann. Mag. Nat. Hist. 1884, vol. xiii, p. 474, t. 17, f. 2.
— stromatoporoides... *Römer*		*			*Chaetetes*, F. Römer, Lethæa Palæozoica, p. 459, f. 3 (1883). *Pachytheca siculimicans*, Schlüter, Sitzungsberichte der Niederrheinischen Gesellschaft in Bonn, 1885, p. 144. Raphidophora, Nich. Ann. Mag. Nat. Hist. 5 ser. vol. xvii, p. 393, t. 13, f. 5-7; t. 16, f. 1-7; p. 518, t. 17; woodcuts A-G, p. 519.
— Sp. .... *Nich.*		*			Ann. Mag. Nat. Hist. 5 ser. vol. xvii, p. 522, t. 17, f. 7-10.
CYATHOPHYLLIDÆ.					
Zaphrentis .... *Rafinesque*, 1820					Z. RUGOSA.
— calceoloides ...... *Champ.*		*			Q. J. Geol. Soc. vol. xl, p. 497, t. 21, f. 1.
— Sp. .... *Champ.*		*			Q. J. Geol. Soc. vol. xl, p. 499, t. 21, f. 4.
— Sp. .... *Champ.*		*			Q. J. Geol. Soc. vol. xl, p. 499, t. 21, f. 5.
— Sp. .... *Champ.*		*			Q. J. Geol. Soc. vol. xl, p. 500, t. 21, f. 7; t. 23, f. 1.
— Mudstonensis ...... *Champ.*		*			Q. J. Geol. Soc. vol. xl, p. 502, t. 23, f. 2.
— subgigantea......... *Champ.*		*			Q. J. Geol. Soc. vol. xl, p. 501, t. 22, f. 2-5.

ECHINODERMATA.

SPECIES.	Lower.	Middle.	Upper.	Pass up.	REFERENCES.
Sub-Kingdom, ANNULOIDA.					
Class, ECHINODERMATA.					
MELOCRINIDÆ.					
Hexacrinus .... *Austin*, 1850....					
— melo .... *Aust.*					*Vide* H. interscapularis, p. 142, loc. cit.
— pentangularis...... *Mill.*					*Vide* Platycrinus, p. 143, loc. cit.
TROOSTOBLASTIDÆ.					
Metablastus... *Ether. & Carp.* 1885					
— Sp.		*			Cat. Blastoides, loc. cit. p. 196-198 (no description).
PENTREMITIDÆ.					
Pentremitides......... *D'Orbigny*, 1849					
— Whidbornei .... *E. & C.*		*			Cat. Blastoides, Geol. Dept. Brit. Mus. (Nat. Hist.) p. 130, 171, t. 4, f. 7.

429

PALÆOZOIC.　　　　　　　　　MYRIAPODA.　　　　　　　　DEVONIAN,
　　　　　　　　　　　　　　　　　　　　　　　　　　　　OR OLD RED SANDSTONE.

SPECIES.	DEVONIAN.				REFERENCES.
	Lower.	Middle.	Upper.	Pass up.	
Class, *MYRIAPODA*.					
Order, *Diplopoda*.					
Sub-Order, ARCHIPOLYPODA. Scudder.					
ARCHIDESMIDÆ, Peach, 1881.					CHILOGNATHOUS MYRIAPOD.
Archidesmus .... Peach					
— Macnicoli............ Peach................	•				Proc. Roy. Phys. Soc. of Edinb. On some Foss. Myriapods from the Lower Old Red Sandstone of Forfarshire, p. 182, t. 2, f. 2. Vide Woodward, Geol. Mag. Dec. III, vol. iv, p. 4; also Zittel, Handbuch der Palæontologie, Band 2, 1885, p. 728, f. 896 (both mentioned only).
ARCHIDESMIDÆ, Peach.,					CHILOGNATHOUS MYRIAPOD.
Kampecaris............ Page, 1856					
— Forfarensis .... Page	•				Advanced Text-book of Geology, 1st ed. p. 135, f. 4. Peach, Proc. Roy. Phys. Soc. of Edinb. On some Foss. Myriapods from the Old Red Sandstone of Forfarshire, p. 179, t. 2, f. 1–19.

CRUSTACEA.

SPECIES.	Lower.	Middle.	Upper.	Pass up.	REFERENCES.
Sub-Kingdom, ANNULOSA.					
Div. ARTHROPODA.					
Class, *CRUSTACEA*.					
CYPRIDINIDÆ.					OSTRACODA.
Cyprosina .... Jones, 1881					
— Whidbornei.......... Jones	•				Geol. Mag. Dec. II, vol. viii, p. 338, t. 9. f. 1–3, 5.
CALYMENIDÆ.					
Homalonotus .... König, 1820					
— Champernownei ... H. Woodw.		•			Geol. Mag. Dec. II, vol. viii, p. 497, t. 13 A, B.
— goniopygeus ...... H. Woodw.	•				Geol. Mag. Dec. II, vol. ix, p. 157, 158, t. 6, f. 1.
— Sp. .... H. Woodw.	•				Geol. Mag. Dec. II, vol. ix, p. 157, 158, t. 6, f. 2.
POLYCOPIDÆ.					CLADOCOPA (OSTRACODA).
Polycope .... G. O. Sars, 1865					
— Devonica............ Jones	•				Geol. Mag. Dec. II, vol. viii, p. 340, t. 9, f. 4.

PALÆOZOIC.   BRACHIOPODA.   DEVONIAN,
                                                              OR OLD RED SANDSTONE.

SPECIES.	Lower.	Middle.	Upper.	Pass up.	REFERENCES.
Sub-Kingdom, MOLLUSCA.					
Class, *BRACHIOPODA*.					
ATHYRIDÆ.					
Athyris............... *M'Coy*, 1844					
— Glassii .... *Dav.*		*	...	...	Sup. Dev. Brach. Pal. Soc. vol. xxxvi, p. 24, t. 1, f. 21, 22.
— incerta .... *Dav.*	...	?	...	...	Sup. Dev. Brach. Pal. Soc. vol. xxxv, p. 338, t. 38, f. 5.
— rugata .... *Dav.*	...	*	...	...	Sup. Dev. Brach. Pal. Soc. vol. xxxvi, p. 26, t. 1, f. 25.
SPIRIFERIDÆ.					
Atrype .... *Dalman*, 1827...					
— latilinguis .... *Schnur.*	...	*	...	...	Terebratula, Beschreibungd. Eifel Brachiopoden, p. 183, t. 25, f. 1; ib. Dav. Sup. Dev. Brach. Pal. Soc. p. 41, t. 2, f. 9.
— trigonella .... *Dav.*	...	*	...	...	Sup. Mono. Dev. Brach. Pal. Soc. p. 40, t. 1, f. 19.
ATHYRIDÆ.					
Bifida .... *Davidson*, 1882...					
— Huntii .... *Dav.*	...	*	...	...	Mono. Brit. Dev. Brach. Pal. Soc. vol. xxxvi, p. 28, t. 1, f. 17, 18.
— lepida .... *Goldf.*	...	*	...	...	Terebratula, D'Arch. & De Vern. Trans. Geol. Soc. 2 ser. vol. vi, p. 368, t. 35, f. 3. Atrypa, Dav. Mono. Brit. Dev. Brach. Pal. Soc. p. 52, t. 10, f. 2. Bifida, Dav. Sup. Dev. Brach. Pal. Soc. vol. xxxvi, p. 28, woodcuts.
TEREBRATULIDÆ.					
Centronella............ *Billings*, 1861 ...					
— virgo .... *Phill.*	...	*	...	...	Terebratula, Pal. Foss. Cornw. & West. Som. p. 91, t. 35, f. 167. Centronella, Dav. Sup. Dev. Brach. Pal. Soc. vol. xxxvi, p. 14, t. 1, f. 7-9.
PRODUCTIDÆ.					
Chonetes .... *Fischer*, 1837 ...					
— Phillipsii............ *Dav.*	...	*	...	...	Sup. Dev. Brach. Pal. Soc. 1882, p. 54, t. 3, f. 23.
SPIRIFERIDÆ.					
Cyrtia .... *Dalman*, 1827...					
— Whidbornei............ *Dav.*	...	*	...	...	Sup. Dev. Brach. Pal. Soc. p. 37, t. 2, f. 6, 7, 1882.
ATHYRIDÆ.					
Glassia .... *Davidson*, 1881					
— Whidbornei............ *Das.*	...	*	...	...	Sup. Dev. Brach. Pal. Soc. p. 38, t. 1, f. 10-14, 1882.
ATHYRIDÆ.					
Kayseria .... *Davidson*, 1882...					
— lens .... *Phill.*	...	*	...	...	*Orthis*, Pal. Foss. Dev. & Cornw. p. 65, t. 26, f. 110 a, b. Atrypa, Dav. Mono. Dev. Brach. Pal. Soc. vol. iii, p. 51, t. 10, f. 1. Kayseria, Sup. Dev. Mono. vol. xxxvi, p. 21, t. 2, f. 11, 12. *Retzia lens*, Kayser, Die Brachiop. das Mittel-und ober-Dev. der Eifel, p. 161 (Deutschen Geol. Gesel. Jahrgang, 1871).
STROPHOMENIDÆ.					
Leptæna .... *Dalman*, 1827...					
— irregularis .... *Röm.*	...	*	...	...	Das Rheinische Uebersgebirge, p. 75, t. 4, f. 1, 1844; ib. Dav. App. to Sup. Pal. Soc. vol. xxxviii, p. 285, t. 20, f. 23.
— Lovienals .... *Dav.*	*	...	...	...	Dev. Brach. Pal. Soc. p. 84, t. 18, f. 13, 14.
TEREBRATULIDÆ.					
Maganteris .... ? *Suess.* 1856 ...					
— Vicaryi............ *Dav.*	...	*	...	...	Mono. Dev. Brach. Pal. Soc. t. 22, f. 15; ib. Sup. Dev. Brach. Pal. Soc. vol. xxxvi, p. 20, t. 3, f. 1.
ORTHIDÆ.					
Orthis .... *Dalman*, 1827...					
— Champernownei ... *Dav.*	*	?	...	...	Sup. Dev. Brach. Pal Soc. vol. i, 1882, p. 52, t. 3, f. 18. (*Strophomena*.)

PALÆOZOIC.   BRACHIOPODA.   DEVONIAN,
                                                              OR OLD RED SANDSTONE.

SPECIES.	Lower.	Middle.	Upper.	Foss. sp.	REFERENCES.
Orthis (*continued*).					
— calcar .... *Phil*.............	...	...	...	...	*Vide* Streptorhynchus crenistria.
— Eifelensis .... *De Vern.*	...	•	...	...	*Vide* Dav. Sup. Dev. Brach. Pal. Soc. p. 50, t. 3, f. 16.
— Hanoni .... *Rouait*	?	•	...	...	Cat. Foss. Pal. Rocks, Rennes, Bull. Soc. Géol. de France, 2 ser. vol. iv, p. 322; ib. Dav. Sup. Dev. Brach. Pal. Soc. vol. xxxv, p. 345, t. 38, f. 20.
— monnieri .... *Rouait*	...	•	...	...	Dav. Sup. Dev. Brach. Pal. Soc. vol. xxxv, p. 345, t. 40, f. 1-8.
— Pengelliana ...... *Dav*.	?	•	...	...	Sup. Dev. Brach. Pal. Soc. vol. xxxv, p. 51, t. 3, f. 19.
— redux ?............ *Barr.*	...	...	...	...	Silurische Brachiop. aus Böhmen Naturw. Abhandl. vol. ii, p. 49, t. 18, f. 6-9. Q. J. Geol. Soc. vol. xxvi, p. 82, t. 5, f. 9-12. ? O. redux, Barr. ? Salt. Q. J. Geol. Soc. vol. xx, p. 295, t. 17, f. 7; ib. Dav. Mono. Sil. Brach. Pal. Soc. p. 224, t. 28, f. 6-9 (Caradoc pebbles). Budleigh Salterton Pebble bed, *vide* Dav. Brachiopoda of the Budleigh Salterton bed. Supp. Dav. Brach. Pal. Soc. vol. iv, p. 358, f. 41, f. 12-20; t. 42, f. 16-25.
— var. Budleighensis *Dav.*					
— tetragona.......... *De Vern.*	?	•	...	...	Geol. Russia, vol. ii, p. 179; ib. Dav. Sup. Dev. Brach. Pal. Soc. p. 51, t. 3, f. 17, 1882.
PRODUCTIDÆ.					
Productus .... *Sowerby*, 1812 ...					
— Vicaryi............ *Salt.*	...	•	...	...	*Leptæna*, Q. J. Geol. Soc. vol. xx, p. 296, t. 17, f. 16, 17. Productus, id. vol. xxvi, p. 87, t. 6, f. 14; ib. Dav. Sup. Mono. Dev. Brach. Pal. Soc. vol. xxxv, t. 39, f. 14, 15.
RHYNCHONELLIDÆ.					
Rensselaeria .... *Hall*, 1859					
— striatissima ...... *Dav.*	...	•	...	...	Sup. Mono. Dev. Brach. Pal. Soc. vol. xxxvi, p. 19, t. 1, f. 20.
SPIRIFERIDÆ.					
Retzia .... *King*, 1849					
— longirostris ...... *Kayser*	...	•	•	...	Die Brachiopoden des Mittel-und ober-Devon der Eifel, p. 558, t. 10, f. 5.
RHYNCHONELLIDÆ.					
Rhynchonella........ *Fischer*, 1809 ...					
— Loei .... *Dav.*	...	•	...	...	Sup. Dev. Brach. Pal. Soc. p. 47, t. 2, f. 15.
— parallelipida ..... *Bronn*	...	•	...	...	*Vide* Dav. Sup. Dev. Brach. Pal. Soc. p. 42.
— Phillipsii .... *Dav.*	...	•	...	...	Sup. Dev. Brach. Pal. Soc. p. 43, t. 2, f. 14.
— Thebaulti......... *Rouait*	...	•	...	...	Bull. Soc. Géol. France, 2 ser. vol. viii, p. 376. Dav. Q. J. Geol. Soc. vol. xxvi, p. 81, t. 5, f. 5, 6; ib. Dav. Sup. Dev. Brach. Pal. Soc. vol. xxxv, p. 342, t. 38, f. 26-29.
— Winwodiana .... *Dav.*	...	•	...	...	Sup. Dev. Brach. Pal. Soc. vol. xxxv, p. 340, t. 38, f. 19.
Skenidium .... *Hall*, 1860					
— areola .... *Quenst.*	...	•	...	...	*Orthis*, Brachiopoda, p. 589, & Atlas, t. 57, f. 27. *Mystrophora*, Kayser, Die Brachiopoden des Mittel-und ober-Devon der Eifel, &c. 1871, p. 612, t. 13, f. 6. Skenidium, Dav. Sup. Dev. Brach. Pal. Soc. p. 49, t. 3, f. 11-14.
SPIRIFERIDÆ.					
Spiriferina .... *D'Orbigny*, 1847					
— octoplicata .... *Sow.*	...	•	...	...	Mono. Dev. Brach. Pal. Soc. p. 46, t. 6, f. 11-15; ib. Sup. Dev. Brach. Pal. Soc. vol. xxxv, p. 340, t. 38, f. 7, 8.
STROPHOMENIDÆ.					
Strophomena .... *Rafinesque*, 1820					
— Budleighensis ..... *Dav.*	...	•	...	...	Q. J. Geol. Soc. vol. xxvi, p. 86, t. 4, f. 1; ib. Dav. Sup. Dev. Brach. Pal. Soc. vol. xxxv, p. 349, t. 39, f. 4.
— Edgelliana .... *Dav.*	...	•	...	...	Q. J. Geol. Soc. vol. xxvi, p. 86, t. 6, f. 5-7; ib. Dav. Sup. Dev. Brach. Pal. Soc. vol. xxxv, p. 349, t. 39, f. 5-7.
— Etheridgii .... *Dav.*	...	•	...	...	Q. J. Geol. Soc. vol. xxvi, p. 85, t. 6, f. 10-12; ib. Dav. Sup. Dev. Brach. Pal. Soc. vol. xxxv, p. 350, t. 39, f. 10, 11.
— Roualti............ *Dav.*	...	•	...	...	Q. J. Geol. Soc. vol. xxvi, p. 85, t. 6, f. 8, 9; ib. Dav. Sup. Dev. Brach. Pal. Soc. vol. xxxv, p. 348, t. 39, f. 9.
— Vicaryi............ *Dav.*	...	•	...	...	Q. J. Geol. Soc. vol. xxvi, p. 85, t. 6, f. 6, 7; ib. Sup. Dev. Brach. Pal. Soc. vol. xxxv, p. 348, t. 39, f. 8.

PALÆOZOIC.   BRACHIOPODA.   DEVONIAN,
                                                              OR OLD RED SANDSTONE.

SPECIES.	Lower.	Middle.	Upper.	Pass up.	REFERENCES.
NUCLEOSPIRIDÆ.					
Uncites............... *Defrance*, 1828 ...					
— gryphus .... *Schloth*............		*			*Vide* Geol. Mag. Dec. II, vol. viii, p. 153, woodcuts 20, 21.
TEREBRATULIDÆ.					
Waldheimia .... *King*, 1850					
— Juvenis .... *Sow.*		*			*Atrypa*, Trans. Geol. Soc. 2 ser. vol. v, t. 56, f. 8. *Terebratula*, Phill. Pal. Foss. Dev. & Cornw. & W. Som. p. 90, t. 35, f. 165; as Terebratula, Dav. Mono. Brit. Dev. Brach. Pal. Soc. p. 8, t. 1, f. 10–15.
— Whidbornei......... *Dav.*		*			Sup. Mono. Dev. Brach. Pal. Soc. vol. xxxvi, p. 12, t. 1, f. 3, 4. *T. sacculus*, var. Dav. Mono. Brit. Dev. Brach. Pal. Soc. p. 6, t. 1, f. 1–8. (Macandrevia.)
— Sp. .... *Dav.*		*			Sup. Dev. Brach. Pal. Soc. vol. xxxvi, p. 13, t. 1, f. 5.

PELECYPODA.

SPECIES.	Lower.	Middle.	Upper.	Pass up.	REFERENCES.
Sub-Kingdom, MOLLUSCA.					
Class, *PELECYPODA*.					
GLOSSIDÆ.					
Cypricardia .... *Lamarck*, 1817...					
— læviusculus .... *Ether.*	*				Geol. Mag. Dec. II, vol. ix, p. 154, t. 4, f. 4, 5.
MYTILIDÆ.					
Modiolopsis .... *Hall*, 1847					
— Sp. .... *Ether.*	*				Geol. Mag. Dec. II, vol. ix, p. 154, t. 4, f. 4–6.

GASTEROPODA.

SPECIES.	Lower.	Middle.	Upper.	Pass up.	REFERENCES.
Class, *GASTEROPODA*.					
PYRAMIDELLIDÆ.					
Loxonema .... *Phillips*, 1841 ...					
— Sp. .... *R. Ether.*	*				Geol. Mag. Dec. II, vol. ix, p. 157, t. 4, f. 11.

APPENDIX

TO THE

CARBONIFEROUS SPECIES

BROUGHT DOWN TO

THE END OF THE YEAR

1886.

PALÆOZOIC. PLANTÆ. CARBONIFEROUS.

SPECIES.	Calciferous Series.	Lower Laml. Shales.	Carboniferous Laml.	Up. Lst. Shale (Yoredale)	Millstone Grit.	Lower Coal Measures.	Middle Coal Measures.	Upper Coal Measures.	Pass sp.	REFERENCES.
Kingdom, PLANTÆ.										
Sub-Kingdom, CRYPTOGAMIA.										
Alcicornopteris ...... *Kidston*, 1884										Trans. Roy. Soc. Edinb. vol. xxxiii, pt. 1, p. 152, t. 8, f. 11–15. *Rachophyllum lactum*, Kidst. (non Sternb.) Trans. Roy. Soc. Edinb. vol. xxx, p. 540.
— convoluta .... *Kidst.*	*						...			
EQUISETACEÆ.										
Amyelon .... *Williamson*										
— radiatus .... *Spencer*						*				Brit. Assoc. Trans. vol. li, p. 629, 1881.
— radicans .... *Will.*						*				Brit. Assoc. Trans. vol. lii, p. 268, 1882.
EQUISETACEÆ.										
Annularia .... *Sternberg*, 1822										
— radiata .... *Brong.*						*				Prodrome, p. 156.
— stellata .... *Schloth.*					*	*		*		*Casuarinites*, Flora d. Vorwelt, p. 32, t. 4.
Araucarioxylon ...... *Kraus*, 1870										
Pinites .... *Witham*										
Dadoxylon .... *Witham*										
Araucarites .... *Witham*										CONIFERÆ.
— Brandlingi .... *Witham*	*				?					*Pinites*, Internal Structure, Foss. Veget. p. 73, t. 9, f. 1–6; t. 10, f. 1–6; t. 16, f. 3. *Araucarioxylon*, Kidston, Cat. Pal. Plants, Dept. of Geol. & Pal. Brit. Mus. Nat. Hist. p. 261; ib. p. 220.
EQUISETACEÆ.										
Archæocalamites ...... *Peach*										
— radiatus .... *Peach*										*Vide* Asterocalamites scrobiculatus.
EQUISETACEÆ.										
Asterocalamites ...... *Schimper*, 1862										
· Bornia .... *Auct.*										
— scrobiculatus ...... *Schloth.*	*									*Calamites*, Petrefactenkunde, p. 402, t. 20, f. 4. *Asterocalamites*, Zeiller, Végét. Foss. du Terr. Houil. p. 17, t. 159, f. 2. *Archæocalamites radiatus*, Peach, Trans. Bot. Soc. Edinb. vol. xlii, p. 46. *Pothocites Grantoni*, Kidston, Ann. Mag. Nat. Hist. vol. xi, p. 297, t. 9–11; f. 9, 10, t. 12; f. 13–17.
ASTEROPHYLLITÆ.										
Asterophyllites ...... *Brong.* 1828										
— structure of..........										*Vide* Williamson. On the Organization of the Fossil Plants of the Coal Measures, Phil. Trans. Roy. Soc. vol. clxiv, p. 41–77, t. 3, f. 18–20; t. 4, f. 21–25; t. 5, f. 28–32; t. 7, f. 44–46; t. 8, f. 47–52.
EQUISETACEÆ.										
Astromyelon .... *Williamson*, 1883						*				? Root of Asterophyllites, Brit. Assoc. Trans. vol. li, p. 628, 1881; also Phil. Trans. Roy. Soc. vol. clxxiv, t. 27–31. *Vide* Spencer, Brit. Assoc. Report, vol. li, p. 628, 1881.
Bythrotrephis ...... *Hall*, 1847										ALGÆ.
— Scotica .... *Kidst.*	*									B. Sp. Trans. Roy. Soc. Edinb. vol. xxx, p. 534, woodcut; ib. Cat. Pal. Plants, Dept. Geol. & Pal. Brit. Mus. Nat. Hist. p. 22.
Calamites .... *Suckow*, 1784										*Vide* Williamson, Phil. Trans. Roy. Soc. 1883, vol. clxiv, t. 33, f. 19 (History and Structure of the Genus); also Mem. Lit. & Phil. Soc. Manchester, 3 ser. vol. iv, p. 155–183, t. 1–5.
Strobilus of Calamites... *Williamson*, 1871										*Vide* Mem. Lit. & Phil. Soc. Manchester, 3 ser. vol. iv, p. 248–265, t. 7–9.

PALÆOZOIC.   PLANTÆ.   CARBONIFEROUS.

SPECIES.	Calciferous Series.	Lower Lmst. Shale.	Carbmiferous Lmst.	Up. Lst. Shale (Yoredale)	Millstone Grit.	Lower Coal Measures.	Middle Coal Measures.	Upper Coal Measures.	Pass up.	REFERENCES.
EQUISETACEÆ.										
Calamocladus........ *Schimper*, 1869...										
Asterophyllites ... *Brong.* 1828										
— equisetiformis...... *Schloth.*						•	•			Flora d. Vorwelt, p. 30, t. 1, f. 1, 2; t. 2, f. 3. (*Asterophyllites*) *casuarinites*, Schloth. Flora d. Vorwelt, p. 30, t. 1, f. 1, 2; t. 2, f. 3.
— grandis............. *Sternb.*						•				*Asterophyllites*, Prodrome, p. 159. *Bechera*, Sternb. Vers. 1, fasc. iv, p. 30, t. 49, f. 1. Calamocladus, Schimp. Traité d. Paléont. Végét. vol. i, p. 325.
— longifolius .... *Brong.*						•	•			Prodrome, p. 159. *Bruckmannia*, Sternb. Vers. 1, fasc. iv, p. 29, t. 58, f. 1.
EQUISETACEÆ.										
Calamostachys ...... *Schimper*, 1869...										
— Binneyana .... *Schimp.*										*Vide* p. 184, loc. cit.; also consult Williamson, Phil. Trans. Roy. Soc. History & Structure of Calamo. vol. clxiv, p. 41–48, 1874, t. 6, f. 33–40; ib. vol. clxxi, pt. 2, p. 503–505, f. 13–15, t. 15, 16.
FILICINÆ.										
Calymmatotheca ... *Stur.* 1877.........										
— affinis .... *L. & H.*	•	•				•				*Sphenopteris*, Foss. Flora, vol. i, t. 45. *Vide* Kidston, Cat. Pal. Plants, Brit. Mus. Nat. Hist. p. 66. *Vide* Trans. Roy. Soc. Edinb. vol. xxxiii, pt. 1, p. 145, t. 9, f. 18–22.
— asteroides......... *Lesq.*									...	*Staphylopteris*, Rept. Geol. Surv. of Illin. vol. iv, p. 406, t. 14, f. 6, 7. Calymmatotheca, Kidston, Trans. Roy. Soc. Edinb. vol. xxxiii, pt. 1, p. 148.
— bifida .... *L. & H.*	•	•				•	•			*Sphenopteris*, Foss. Flora, vol. i, t. 53. ? *Staphylopteris Peachii*, Kidston (non Balfour), Trans. Roy. Soc. Edinb. vol. xxx, p. 539, t. 31, f. 6. *Vide* Kidston, ib. vol. xxxiii, pt. 1, p. 140, t. 8, f. 1–6; t. 9, f. 16, 17.
Cardiocarpon .... *Brongniart*, 1828										CYCADINEÆ.
— anomalum .... *Morris*						•	•			*Vide* p. 184, loc. cit. Williamson, Phil. Trans. Roy. Soc. vol. clxvii, pt. 1, f. 116–120, on plates.
— Buttorworthii ...... *Will.*						•	•			Phil. Trans. Roy. Soc. vol. clxvii, pt. 1, f. 129–134, on plates.
— compressum........ *Will.*						•	•			Phil. Trans. Roy. Soc. vol. clxvii, pt. 1, t. 15, f. 128ª.
— Gutbieri .... *Geinits*										Vers. d. Steinkf. in Sachsen. p. 39, t. 21, f. 23–25.
— subacutus .... *Grand'Eury*									...	*Samaropsis*, Flore Carbon. du Dépt. de la Loire, p. 281, t. 33, f. 5. *Note.*—Variously spelt, Cardiocarpus, Cardiocarpum, Cardiocarpon.
Carpolithes........... *Schloth.* 1820 ...										
— ovoideus .... *Göpp. & Berger*						•	•			*Rhabdocarpus*, Weiss. Foss. Flora d. Jüng. Steink. u. d. Roth. p. 206, t. 17, f. 4; t. 17, f. 10–14, 18–21; ib. Göpp. & Berger, Du Fruct. et Seminibus, p. 22, t. 1, f. 17.
FILICINÆ.										
Caulopteris........... *Lindley*, 1831 ...										
— minuta............. *Kidst.*	•									Trans. Roy. Soc. Edinb. vol. xxx, p. 541, t. 31, f. 1.
— peltigera .... *Brong.*									...	Sigillaria, Hist. d. Végét. Foss. p. 417, t. 138.
FUCOIDÆ.										
Chondrites .... *Sternberg*, 1833										ALGÆ.
— plumosa........... *Kidst.*	•									Trans. Roy. Soc. Edinb. vol. xxx, p. 532, t. 30, f. 3; t. 32, f. 2.
— simplex .... *Kidst.*	•									Trans. Roy. Soc. Edinb. vol. xxx, p. 533, t. 31, f. 14.
— Targionii .... *Brong.*										*Fucoides*, Hist. d. Végét. Foss. p. 56, t. 4, f. 4. *Chondrites*, Schimp. Traité de Paléont. Végét. vol. i, p. 170, t. 3, f. 7.
ALGÆ.										
Confervites .... *Brong.* 1828										
— acicularis.......... *Göpp.*	•								...	Foss. Flora d. Ubergaugs, p. 80, t. 41, f. 3.

PLANTÆ.

SPECIES.	Calciferous Series.	Lower Limit. Shales.	Carboniferous Lmst.	Up. Lst. Shale (Yoredale)	Millstone Grit.	Lower Coal Measures.	Middle Coal Measures.	Upper Coal Measures.	Pass sp.	REFERENCES.
Conostoma .... *Williamson*, 1877										
— intermedia............ *Will.*		...	.	...	...	*	...	...	...	Phil. Trans. Roy. Soc. vol. clxvii, pt. 1, p. 246, f. 87, on plate ali (Coal Measures), 1877.
— oblonga............ *Will.*		...	.	...	...	*	.	...	...	Phil. Trans. Roy. Soc. vol. clxvii, pt. 1, p. 243, f. 80, 81, on plate xii (Coal Measures), 1877.
— ovalis............... *Will.*		..	.	...	...	*	...	...	...	Phil. Trans. Roy. Soc. vol. clxvii, pt. 1, p. 244, f. 82, on plate xii (Coal Measures), 1897.
CYCADACEÆ.										
Cordaites............ *Unger*, 1850 ...										
— angulo-striatus ... *Grand'Eury* ...		...	...	...	...	*	...	...	...	Flore Carbon. du Dépt. de la Loire, p. 217, t. 19; ib. Zeiller, Végét. Foss. du Terr. Houil. p. 144, t. 175, f. 2, 3.
— principalis .... *Germar*............		...	...	...	...	*	...	...	...	*Flabellaria*, Vers. v. Wettin. u. Löbejun, p. 55, t. 33. *Pycnophyllum*, Schimper, Traité d. Paléont. Végét. vol. ii, p. 191.
Crossochorda .... *Schimper*										
Crossopodia ...... *M'Coy*										ALGÆ.
— carbonaria .... *Kidst.*		*	...	...	...	...	...	...	...	Trans. Roy. Soc. Edinb. vol. xxx, pt. 2, p. 533, t. 30, f. 4; t. 30, f. 4.
CYCADACEÆ.										
Cyclocarpus... *Göppert & Fiedler*, 1847										
— nummularius ...... *Göpp. & Fied.* ...		...	...	...	...	*	...	...	...	Die Foss. Früchte, p. 292, t. 28, f. 47.
Cyatopus .... *Spencer*, 1881 ...										FUNGI.
— carbonarius .... *Spencer*		...	...	...	*	?	...	...	...	Rept. Brit. Assoc. vol. li, p. 628, 1881.
PECOPTERIDÆ.										
Dactylotheca .... *Zeiller*, 1883......										
— plumosa .... *Artis*		...	...	...	?	*	*	...	...	*Pecopteris* (Filicites), Antedil. Phytol. p. 17, t. 17. *Cyatheites dentatus*, Göpp. Syst. Fil. Foss. p. 325.
PECOPTERIDÆ.										
Dicksonites .... *Sterzel*, 1883......										
— Pluckeneti .... *Schloth.*		...	...	...	...	*	*	...	...	*Vide* Pecopteris, *ante*, p. 194.
FILICINÆ.										
Dictyopteris .... *Gutbier*, 1835 ...										
— Brongniarti........ *Gutbier*		...	...	...	...	*	...	...	...	Vers. d. Zwick. Schwarzk, p. 63, t. 11, f. 7, 9, 10. *D. obliqua*, Lesquereux, Coal Flora Pennsylv. p. 146, t. 23, f. 4–6.
CYCADACEÆ.										
Dictyothalmus										
— Schrollianus......... *Göpp.*		...	...	...	...	*	...	...	...	Palæontographica, Beiträge z. Naturges. der Vorwelt: Zwölfter Band, Die Foss. Flora der Permischen Formation, p. 164, t. 24, f. 4–6; t. 25, f. 1–4.
Edraxylon .... *Williamson*		...	...	...	...	...	...	...	...	Removed to Rachiostoma.
SPHÆNOPTERIDÆ.										
Eremopteris .... *Schimper*, 1869...										
— cross.................. *Morris*		*	...	...	...	...	...	...	...	Kidston, Trans. Roy. Soc. Edinb. vol. xxx, p. 540. *Sphenopteris*, Morris, Geol. Russia, vol. ii, t. C, f. 3.
— Macconochii ...... *Kidst.*		*	...	...	...	..	...	...	...	Trans. Roy. Soc. Edinb. vol. xxx, p. 540, t. 22, f. 3.
SPHÆNOPTERIDÆ.										
Grand'Eurya .... *Zeiller*, 1883......										
— coralloides .... *Gutbier*		...	...	.	...	...	...	...	...	*Vide* Sphænopteris coralloides.

PLANTÆ

PALÆOZOIC.   CARBONIFEROUS.

SPECIES.	Calciferous Series	Lower Lmst. Shales	Carboniferous Lmst.	Up. Lst. Shale/Yoredale	Millstone Grit	Lower Coal Measures	Middle Coal Measures	Upper Coal Measures	Pass up	REFERENCES.
Halonia ...... *Lindley & Hutton*, 1833	...	...	...	...	...	...	...	...	...	Probably referable to Lepidophloios.
LYCOPODIACEÆ (SAGENARIACEÆ).										
Heterangium .... *Corda*, 1845										
— grievii .... *Will.*............	*	...	...	...	*	...	...	...	...	Williamson, Phil. Trans. Roy. Soc. vol. clxiii, p. 404, t. 28, 29, f. 47, 49, 1873.
Hexapterospermum *Williamson*, 1887										
— Nöggerathi .... *Will.*	...	...	...	...	...	...	*	...	...	Williamson, Phil. Trans. Roy. Soc. vol. clxvii, pt. 1, t. 16, f. 115 a, 115 b (Coal Measures). (? Range.)
Hymenophyllites ... *Göppert*, 1836 ...										
— delicatulus .... *Zeiller*	...	...	...	...	...	...	?	*	...	Ann. d. Sciences Nat. vol. xvi, f. 22, 23. ? *Zeilleria delicatula*, Sternb. (*vide.*)
Kaloxylon .... *Williamson*, 1861										
— Hookeri .... *Cash*............	...	...	...	...	*	...	...	...	...	*Vide* W. Cash, Rept. Brit. Assoc. vol. li, p. 627, 1881 (mentioned from Halifax hard seam).
GYMNOSPERMÆ.										
Lagenostoma .... *Williamson*, 1877										
— ovoides................ *Will.*	...	...	...	...	...	...	*	...	...	} On the Organization of the Fossil Plants of the Coal Measures, Phil. Trans. Roy. Soc. vol. clxvii, pt. 1, p. 233-245, f. 53-79, on plates 9-12 (Coal Measures), 1877.
— physoides.......... *Will.*	...	...	...	...	...	...	*	...	...	
LYCOPODIACEÆ.										
Lepidodendron ...... *Sternberg*, 1821 ...										
— elegans............... *Brong.*	...	...	*	...	...	...	...	...	...	} Branches of Lep. Sternbergii, *vide* p. 189.
— gracile................. *L. & H.*	...	...	...	...	...	...	*	...	...	
— Harcourti .... *Witham.*	*	...	...	...	*	...	*	...	...	Loc. cit. p. 189. For History, Structure, &c. *vide* Williamson, Phil. Trans. Roy. Soc. vol. clxxii, p. 283, t. 52, f. 9, 1882.
— modulatum .... *Lesq.*	...	...	...	...	...	...	*	...	...	Coal Flora of Pennsylv. p. 385, t. 64, f. 13, 14.
— Peachii .... *Kidst.*	...	...	*	...	...	...	...	...	...	Ann. Mag. Nat. Hist. 5 ser. vol. xv, p. 363, t. 11, f. 6.
— rhodeanum .... *Sternb.*	...	...	...	*	...	...	...	...	...	Vers. 1, fasc. 4, p. 12.
— rimosum .... *Sternb.*	...	...	...	...	...	...	*	...	...	*Vide* Sagenaria.
— selaginoides........ *Sternb.*	...	...	...	...	*	...	*	...	...	Loc. cit. p. 189. For structure, &c. *vide* Williamson, Phil. Trans. Roy. Soc. vol. clxxii, t. 47-53, f. 21; t. 54, 1882.
— serpentigerum .... *König*	...	...	...	...	...	...	*	...	...	Icones Fossilium Sectiles, t. 16, f. 195.
— Veltheimianum ... *Sternb.*	*	*	*	...	*	...	...	...	...	*Vide* Sagenaria, loc. cit. p. 195, & Kidston for Synonymy, &c. Ann. Mag. Nat. Hist. 5 ser. vol. xvi, p. 243, t. 3, f. 1; t. 4, f. 2-4; t. 6, f. 11.
										Note.—For Structure of Lepidodendron & Halonia, *vide* Williamson, Phil. Trans. Roy. Soc. vol. clxiv, t. 32-34.
LEPIDODENDREÆ.										
Lepidophloios ...... *Sternberg*, 1823										
— carinatus .... *Weiss*............	...	...	...	...	...	...	*	...	...	Foss. Flora d. Jüng. Steink. u. d. Roth. p. 155.
— laricinus .... *Sternb.*	...	...	*	*	...	...	?	...	...	Vers. 1, fasc. 4, p. 13. *Vide* Kidston, Cat. Foss. Plants, Dept. Geol. Brit. Mus. p. 169-172.
— Scoticus .... *Kidst.*	*	...	...	...	...	...	...	...	...	Cat. Pal. Plants, Dept. Geol. & Pal. Brit. Mus. 1886. *L. laricinus*, Macfar. Trans. Bot. Soc. Edinb. vol. xlv, p. 181, t. 7, 8.
LEPIDODENDREÆ.										
Lepidostrobus ...... *Brongniart*, 1828										
— anthemis .... *König*	...	...	...	...	...	...	*	...	...	Icones Fossilium Sectiles, t. 16, f. 200.
— fimbriatus .... *Kidst.*	*	...	...	...	...	...	*	...	...	Trans. Roy. Soc. Edinb. vol. xxx, p. 543, t. 31, f. 2-4.
— oblongifolius ...... *Lesq.*	...	...	...	...	...	...	*	...	...	Geol. Surv. Illin. vol. iv, p. 441, t. 30, f. 3.

PALÆOZOIC.   PLANTÆ.   CARBONIFEROUS.

SPECIES.	Calciferous Series.	Lower Lmst. Shales.	Carboniferous Lmst.	Up. Lst. Shale (Yoredale)	Millstone Grit.	Lower Coal Measures.	Middle Coal Measures.	Upper Coal Measures.	Pass up.	REFERENCES.
ALETHOPTERIDEÆ.										
Lonchopteris .... *Brongniart*, 1828										
— Bricii .... *Brong.*						•	?			Hist. d. Végét. Foss. p. 368, t. 131, f. 2, 3. *Woodwardites ? Robertsi*, Morris, Q. J. Geol. Soc. vol. xv, p. 82, f. 1, 2 (woodcuts).
— rugosa .... *Brong.*						•				Hist. d. Végét. Foss. p. 368, t. 131, f. 1. ? Lonchopteris Bricii, loc. cit.
LYCOPODIACEÆ.										
Lycopodites .... *Brongniart*, 1828										CONIFERCÆ.
— Stockii .... *Kidst.*	•									Ann. Mag. Nat. Hist. 5 ser. vol. xiv, p. 115, t. 5, f. 1-4.
LYCOPODIACEÆ.										
Lyginodendron ...... *Gourlie*, 1843 ..										
— Oldhamium .... *Will.*						•				Phil. Trans. Roy. Soc. vol. clxiii, p. 404, t. 22-27, 1873.
Malancoteste............ *Williamson*, 1877										
— oblonga .... *Will.*						?				On the Organization of the Foss. Plants of the Coal Measures, Phil. Trans. Roy. Soc. vol. clxvii, pt. 1, f. 88-93, on plate xiii (Coal Measures).
PECOPTERIDEÆ.										
Mariopteris............ *Zeiller*, 1879										
— latifolia .... *Brong.*										Sphenopteris, Brong. Hist. d. Végét. Foss. p. 205, t. 57, f. 1-4. Mariopteris, Zeiller, Bull. Soc. Géol. France, 3 ser. vol. vii, p. 92, t. 6.
— muricata .... *Schloth.*						•				Filicites, Flora d. Vorwelt, p. 54, 55, t. 12, f. 21-23. Mariopteris, Zeiller, loc. cit. p. 92.
— nervosa........ *Brong.*						•	•	•		Pecopteris, Hist. Végét. Foss. p. 297, t. 94, 95, f. 1, 2; t. 167, f. 1-4.
FILICINÆ.										
Megaphytum .... *Artis*, 1826										
— ponderosum........ *Artis*						•				Antedil. Phytol. t. 20 (*Ulodendron*).
Myriophyllodes... *Hick. & Cash.* 1881										
— Williamsoni ...... *H. & C.*						•				Hick. & Cash, Fossil stem from the Halifax Coal Measures (hard seam), Trans. Sect. C, Brit. Assoc. vol. li, p. 679.
FILICINÆ.										
Neuropteris .... *Brongniart*, 1822										
— Elrodi .... *Lesq.*						•				Coal Flora Pennsylv. p. 107, t. 13, f. 4.
— Germari .... *Göpp.*							?			Adiantites, Syst. Fil. Foss. p. 218. Neurop. Lesq. Coal Flora Pennsylv. p. 113, t. 18, f. 3-5.
— heterophylla and — Loshii } *Brong.*										Now referred to one species. *Vide* Kidston, Cat. Pal. Plants, Brit. Mus. p. 89-96.
FILICINÆ.										
Odontopteris .... *Brongniart*, 1822										
— Reichiana............ *Guth.*						•				Vers. d. Zwick Schwarzk, p. 65, t. 9, f. 1-3, 5, 7; t. 10, f. 13.
Oldcapora .... *Williamson*, 1881										
— anomala										*Fide* W. Cash. Rept. Brit. Assoc. vol. li, p. 627, 1881. (Mentioned from Halifax hard seam.)
CYCADACEÆ.										
Palæoxyris .... *Brongniart*, 1828										
— carbonaria .... *Schimp.*						?	?			Spirangium, Schimp. Traité d. Paléont. Végét. vol. xi, p. 516, 1870-1872. Palæoxyris, Kidst. Proc. Roy. Phys. Soc. Edinb. vol. ix, pt. 1, p. 61, t. 1, f. 2, 3, 1885-1886.
— helicteroides ...... *Morris*						•				Carpolithes, Trans. Geol. Soc. 2 ser. vol. v, t. 38, f. 12, 1840.

3 L   441

PLANTÆ

CARBONIFEROUS

SPECIES.	Calciferous Sandstone Series.	Lower Limest. Shales.	Carboniferous Limest.	Up. Lst. Shale (Yoredale)	Millstone Grit.	Lower Coal Measures.	Middle Coal Measures.	Upper Coal Measures.	Pass up.	REFERENCES.
Palæoxyris (*continued*).										
— Johnsoni ...... *Kidst.*						*				Proc. Roy. Phys. Soc. Edinb. vol. ix, pt. 1, p. 63, t. 1, f. 6, 1885-1886.
— Prendelii ...... *Lesq.*					*					*Spirangium*, Lesquereux, Rept. Geol. Surv. Illiu. vol. iv, p. 464, t. 27, f. 10.
— trispiralis ...... *Kidst.*					*					Proc. Roy. Phys. Soc. Edinb. vol. ix, pt. 1, p. 64, t. 1, f. 7, 1885-1886.
FILICINÆ.										
Pecopteris ...... *Brongniart*, 1828										
— candolliana ...... *Brong.*					*		?			Hist. d. Végét. Foss. p. 305, t. 100, f. 1.
FUNGI.										
Peronosporites ...... *Williamson*, 1882										
— antiquarius ...... *Will.*						*				Phil. Trans. Roy. Soc. vol. clxxii, t. 54, f. 28-30, 34; t. 48, f. 35-38.
CALAMODENDRÆ.										
Polypterocarpus ...... *Grand'Eury*, 1877										
— Sp.						*				La Flore Carbon. du Dépt. de la Loire, p. 185, 302, t. 15, f. 7, 11; t. 16, f. 2-4.
Polypterospermum *Williamson*, 1877										
— seed of ...... *Will.*							*			Phil. Trans. Roy. Soc. vol. clxvii, pt. 1, f. 135-137, ou plate xvi, 1877.
AROIDEÆ.										
Pothocites ...... *Patterson*, 1841										
— calamitioides ...... *Kidst.*	*									Ann. Mag. Nat. Hist. 5 ser. vol. xi, p. 305, t. 12, f. 13-17. ? *P. Grantoni*, Paterson.
— Grantoni ...... *Patterson*	*									Trans. Bot. Soc. Edinb. vol. i, t. 3, 1841. *Vide* Kidston, Ann. Mag. Nat. Hist. 5 ser. vol. xi, p. 300, t. 9, f. 1-5.
— Patersoni ...... *R. Ether.*	*	*								*Vide* Kidston, Ann. Mag. Nat. Hist. 5 ser. vol. xi, p. 302, 303, t. 10, f. 6-8; t. 11, f. 9, 10; t. 12, f. 14.
— Sp. ...... *R. Ether.*	*									Trans. Bot. Soc. Edinb. vol. xii, p. 162, 1874. Kidston, Ann. Mag. Nat. Hist. 5 ser. vol. xi, p. 304, t. 10, f. 8.
Pallotites ...... *Goldenberg*, 1855										
— unilateralis ...... *Kidst.*					*					Ann. Mag. Nat. Hist. 5 ser. vol. xvii, p. 494; woodcut, p. 495.
CYCADACEÆ.										
Pysmogphyllum ...... *Schimper*, 1870										
— flabellatum ...... *L. & H.*							*	*		*Naggerathia*, Foss. Flora, vol. i, t. 28, 29.
RACHIOPTERIDÆ.										
Rachiopteris ...... *Williamson*, 1874										
— aspera ...... *Will.*										
— bifractiensis ...... *Will.*										
— corrugata ...... *Will.*										
— cylindrica ...... *Will.*										All from the Coal Measures.
— diupsilon ...... *Will.*										On the Organization of the Foss. Plants of the Coal Measures, Williamson, Phil. Trans. Roy. Soc. vol. clxiv, pt. 2, p. 675-693 (in part of), 1874; also *vide* Brit. Assoc. Trans. vol. lii, p. 268, 1882. (Flora of the Halifax bed.)
— duplex ...... *Will.*										
— insignis ...... *Will.*										*Note.*—Prof. Williamson includes under this Genus several names adopted by Brongniart, viz.: *Zygopteris, Selenochlina, Selenopteris, Gyropteris, Ptylorachis,* and *Culopteris,* as well as *Arpoxylon* and *Stauropteris. Vide* Trans. Roy. Soc. 1879.
— Oldhamia ...... *Will.*										
— robusta ...... *Will.*										
— rostrata ...... *Will.*										
— tridentata ...... *Will.*										

PALÆOZOIC.   PLANTÆ.   CARBONIFEROUS.

SPECIES.	Calciferous Series	Lower Lmst. Shales	Carboniferous Lmst.	Up. Lst. Shale (Yoredale)	Millstone Grit	Lower Coal Measures	Middle Coal Measures	Upper Coal Measures	Pass up	REFERENCES.
FILICACEÆ.										
Renaultia .... *Zeiller*, 1883										
— microcarpa .... *Lesq.*						*				*Sphenopteris*, Coal Flora Pennsylv. p. 280, t. 47, f. 2; Ib. Kidston, Ann. Mag. Nat. Hist. 5 ser. vol. 2, p. 9, t. 1, f. 7-14.
CYCADACEÆ.										
Rhabdocarpus ... *Göpp. & Berger*, 1848										
— disciformis .... *Sternb.*						*				*Carpolithes*, Vers. 1, fasc. 4, p. 40, t. 7, f. 13.
— multistriatus ...... *Presl.*						*				*Carpolithes*, Lesq. Coal Flora Pennsylv. p. 578, t. 85, f. 22, 23.
— ovoides .... *Göpp. & Berg.*						*				De Fruct. et seminibus, p. 22, t. 1, f. 17.
FILICINÆ.										
Rhacophyllum ...... *Schimper*, 1869										
— crispum .... *Guth.*						*				*Fucoides*, Vers. d. Zwick Schwarzk. p. 13, t. 1, f. 11; t. 6, f. 18.
— lactuca............ *Sternb.*	*									Schimper, Paléont. Végét. t. 46, f. 1; t. 47, f. 2. *Schizopteris*, Presl. *Pachyphyllum*, Lesq.
FILICACEÆ.										
Rhacopteris .... *Schimper*, 1869										
Asplenites .... *Ettingsh.*										
— corrugata .... *Will.*										Vide Rachiopteris.
— flabellata .... *Tate*	*									*Sphenopteris*, Johnson's Botany of the Eastern Borders, p. 308, f. 3, 1853.
— Goikiei............ *Kidst.*	*									*Sphenopteris*, Trans. Roy. Soc. Edinb. vol. xxx, p. 535, t. 30, f. 5; t. 31.
NŒGGERATHIÆ or CONIFERÆ.										
Schutzia .... *Geinitz*, 1865										
Anthodiopsis ...... *Göpp.* 1865										
— anomala? .... *Geinitz*	*									Vide Kidston, Trans. Roy. Soc. Edinb. vol. xxx, pt. 2, p. 545, 546, t. 31, f. 10-12.
— Bennieana .... *Kidst.*	*									Ann. Mag. Nat. Hist. 5 ser. vol. xiii, p. 77, t. 5, f. 2.
— Sp................. *Kidst.*	*									Trans. Roy. Soc. Edinb. vol. xxx, p. 545, t. 31, f. 10-12.
SIGILLARIÆ.										
Sigillaria .... *Brongniart*, 1822										
— coriacea .... *Kidst.*							*	?		Ann. Mag. Nat. Hist. 5 ser. vol. xv, p. 360, t. 11, f. 2.
— discophora ...... *König*										*Lepidodendron*, Icones Fossil. Sect. t. 16, f. 194. ?-Ulodendron majus & U. minus, L. & H. Vide Kidston, Ann. Mag. Nat. Hist. 5 ser. vol. xvi, p. 251, t. 4, f. 5; t. 5, f. 8; t. 7, f. 12, 13.
— Lindleyi .... *Brong.*										Vide Caulopteris primæva.
— M'Murtriei .... *Kidst.*							*			Ann. Mag. Nat. Hist. 5 ser. vol. xv, p. 360, t. 11, f. 3-5.
— rugosa .... *Brong.*							*			Hist. d. Végét. Foss. p. 476, t. 144, f. 2.
— Taylori .... *Corr.*	*	*								Vide Ulodendron Taylori. Kidston, Ann. Mag. Nat. Hist. 5 ser. vol. xvi, p. 257 (Sigillaria).
— Utschneideri ...... *Brong.*										Hist. d. Végét. Foss. p. 453, t. 163, f. 2. Sig. correlata, Goldenb. Flora Sarœp. Foss. Heft ii, p. 36, t. 9, f. 3.
— Walchii .... *Sauveur*										Végét. Foss. d. Terr. Houil. de la Belgique, t. 57; Ib. Kidston, Ann. Mag. Nat. Hist. 5 ser. vol. xv, p. 361, t. 11, f. 1.

Note.—Vide Williamson, On the Genus Sigillaria, Trans. Roy. Soc. vol. clxvii, pt. 1, p. 126. Consult paper on Sigillaria by Prof. W. C. Williamson (Organization of the Fossil Plants of the Coal Measures), Phil. Trans. Roy. Soc. vol. clxvii, pt. 1, p. 216-263, description of roots, trunk, leaf-bases, leaf-scars, fruit-scars, fruit, f. 1-32, on plates 5-7, 1877.

PALÆOZOIC. PLANTÆ. CARBONIFEROUS.

SPECIES.	Calciferous Series.	Lower Lmst. Shale.	Carboniferous Lmst.	Up. Lst. Shale (Yoredale)	Millstone Grit.	Lower Coal Measures.	Middle Coal Measures.	Upper Coal Measures.	Pass up.	REFERENCES.
FILICINÆ.										
Sphenophyllum ...... *Brongniart*, 1828										
— cuneifolium .... *Sternb.*						•				*Rotularia*, Vers. 1, p. 33, t. 26, f. 4.
— nummularia......... *Gutb.*						•				Vers. d. Zwick Schwarzk, p. 43, 75, t. 4, f. 5; t. 10, f. 7, 8; t. 11, f. 3.
— Zobelii .... *Göpp.*						•				*Hymenophyllites*, Syst. Fil. Foss. p. 260, t. 36, f. 3. 4; ib. Gattungen d. Foss. Pflanzen, lief 3 u. 4, p. 55, t. 5, f. 3.
FILICINÆ.										
Sphenopteris .... *Brongniart*, 1828										
— coralloides .... *Gutbier*						•	•			Abdr. u. Verst. d. Zwickau Scharzkohl, p. 40, t. 5, f. 8, 1835 (Corynepteris), Grand'Eurya, Coralloides, Zeiller, Ann. Sci. Nat. 6 ser. Bot. t. 16, p. 206, 209; t. 12, f. 1–8, 1883. Sphænopteris, Coralloides, Zeiller, Etudes des Gîtes Minéraux de la France, Bassin Houiller de Valenciennes Desc. de la Flore Foss. p. 117–122; Atlas, t. 10, f. 1–5, pub. in 1886 (Text pub. in 1888).
— decomposita......... *Kidst.*	•									Trans. Roy. Soc. Edinb. vol. xxx, p. 538, t. 32, f. 1, 4, 5.
— excelsa .... *L. & H.*	•									Foss. Flora. t. 212; ib. Kidston, Trans. Roy. Soc. Edinb. vol. xxx, p. 537, t. 30, f. 2; t. 31, f. 7, 8.
— Geikiei............... *Kidst.*	•									Trans. Roy. Soc. Edinb. vol. xxx, pt. 2, p. 535, t. 30, f. 5; t. 31, f. 9.
— Machanekii .... *Ettings.*	•									*Trichomanites*, Denks. K. Akad. Wiss. vol. xxv, p. 101, f 12.
— Moravica .... *Ettings.*	•									*Trichomanes*, Denks. K. Akad. Wiss. vol. xxv, p. 100, t. 6, f. 4.
— Sauveurii............ *Crepin*							•			Bull. Soc. Roy. Belg. vol. xix, pt. 2, p. 17; vol. xx, pt. 2, p. 26.
— Schillingsii .... *Andrae*						•				Vorwelt Pflanzen, p. 22, t. 7, f. 1.
FILICINÆ.										
Spiropteris .... *Schimper*, 1869...										
— Sp.					•					Kidston, Cat. Palæoz. Plants, Dept. of Geology & Palæont. Brit. Mus. p. 142, 1886.
Sporocarpon .... *Williamson*, 1880										
— asteroides........... *Will.*						?	?			*Vide* Williamson, Phil. Trans. Roy. Soc. vol. clxxi, 1880, p. 493, 539, t. 17, 18, f. 28, 30–39; ib. vol. clxix, p. 348, 349, On the Organization of the Foss. Plants of the Coal Measures. (Position or range in the Coal Measures doubtful.)
— compactum .... *Will.*						?	?			
— elegans................ *Will.*						?	?			
— ornatum .... *Will.*						?	?			
— pachyderma......... *Will.*						?	?			
— tubulatum .... *Will.*						?	?			
FILICINÆ.										
Stachannularia ...... *Weiss*, 1876										
— tuberculata .... *Sternb.*						•				*Fruckmannia*, Vers. Einer Geognost botan. Donstell. du Flora der Vorwelt, 1. fasc. 4, p. 29, t. 4b, f. 2.
SPHENOPTERIDÆ.										
Staphylopteris ... *Presl. (Lesq. 1870)*										
Sorocladus .... *Lesq.* 1880.........										
— Peachii............... *Balfour*	•									Bot. Soc. Edinb. vol. xii, p. 176; ib. Q. J. Geol. Soc. vol. xxxiv, t. 8, p. 133; ib. Kidston, Trans. Roy. Soc. Edinb. vol. xxx, p. 539, t. 31, f. 6.
Stauropteris .... *Binney*, 1872										Referred to Rachiopteris.
SIGILLARIEÆ.										
Stigmaria .... *Brongniart*, 1822										
— rimosa .... *Goldenberg*						•				Sarsp. Foss. Heft iii, p. 15, t. 12, f. 3–6 (*abbreviata* on plate).

444

PALÆOZOIC.   PLANTÆ.   CARBONIFEROUS.

SPECIES.	Calciferous Series.	Lower Laner. Shales.	Carboniferous Laust.	Up-Ld.-Shale (Yoredale)	Millstone Grit.	Lower Coal Measures.	Middle Coal Measures.	Upper Coal Measures.	Perm up.	REFERENCES.
Traquaria .... Carruthers, 1875		...	...	...	?	?	...			Cryptogamic Macrospores resembling the Zygospores of some of the Desmideæ. Vide Williamson, Phil. Trans. Roy. Soc. vol. clxxi, pt. 2, 1880, p. 511-515, t. 18, 19, f. 40-50.
GYMNOSPERMÆ.										
Trigonocarpon ...... Brongniart, 1828										
— olivæforme .... Lindl.	...	...	...	...	...	•	...	...		Vide p. 199, loc. cit.; also Williamson, On the Organization of the Foss. Plants of the Coal Measures, Phil. Trans. Roy. Soc. vol. clxvii, pt. 1, f. 94-115, on plates.
FILICINÆ.										
Urnatopteris .... Kidston, 1884 ...										
Sphenopteris ...... Brong.										
— tenella .... Brong.	...	.	...	...	...	•	...	...	...	Sphenopteris, Hist. d. Végét. Foss. p. 186, t. 49, f. 1. Eusphenopteris, Kidston, Trans. Roy. Soc. Edinb. vol. vii, p. 129, t. 1, f. 1-6; ib. Ann. Mag. Nat. Hist. 5 ser. vol. x, p. 7, t. 1, f. 1-6. Vide Q. J. Geol. Soc. vol. xl, p. 594.
Volkmannia .... Sternberg, 1825										Zygosporites, vide Williamson, Phil. Trans. Roy. Soc. vol. clxix, p. 350, t. 25, f. 103, 1879. Fruits of Asterophyllites or Sphenophyllum, vide Williamson, On the Organization of Volkmannia Dawsoni, Mem. Lit. & Phil. Soc. Manchester, 3 ser. vol. v, p. 28-40, t. 1-3, 1871.
— Dawsoni .... Will.	...	...	...	...	...	?			...	
— parvula .... Will.	...	...	...	...	...	?	...	...		
Woodwardites .... Morris, 1859.....										
— Robertsi .... Morris	...	...	...	.	.	...	...	...	...	Vide Lonchopteris Bricii.
FILICINÆ.										
Zeilleria .... Kidston, 1884 ...										
Sphenopteris ...... Brong. 1828										
— avoldensis............. Stur.	...	...	...	...	...	•	...	...		Calymmatotheca, Morph. u. Syst. d. Culm. u. Carbonfarne Sitzb. d. K. Akad. d. Wissen. vol. lxxxviii, p. 171, f. 37. Zeilleria, Kidston, Trans. Roy. Soc. Edinb. vol. xxxiii, pt. 1, p. 148, t. 8, f. 8-10.
— delicatula............. Sternb.	...	...	...	...	...	•	...	...		Sphenopteris, Vers. Einer Geognost-botan. Donstell. du Flora der Vorwelt, 1. fasc. 3, p. 30, t. 26, f. 5; fasc. 4, t. 16. Zeilleria, Kidston, Q. J. Geol. Soc. vol xl, p. 592, t. 25, f. 1-12.
LYCOPODIACEÆ ?										
Zygosporites .... Williamson, 1880										
— brevipes .... Will.	...	...	...	...	...	?	?	...		Vide Williamson, Phil. Trans. Roy. Soc. vol. clxxi, 1880, p. 516, t. 19, f. 51-56, On the Organization of the Foss. Plants of the Coal Measures (range of the 3 species doubtful as to position in the Coal Measures); also, for Z. brevipes, vide Brit. Assoc. Rept. vol. li, 1881, p. 627.
— longipes .... Will.	...	...	...	...	...	?	?	...		
— oblongus .... Will.	...	...	...	...	...	?	?	...		

Note.—For much valuable information upon the structure and history of the Coal Measure plants of Germany, see Abhandlungen zur Geologischen Specialkarte von Preussen und den Thüringischen Staaten, Band v, Heft 2, 1884; Band vii, Heft 3, 1887. These cannot be extracted from owing to date of publication; 14 important Genera are described.

RHIZOPODA

SPECIES.	CARBONIFEROUS.								REFERENCES.
	Calciferous Series.	Lower Limst. Shales.	Carboniferous Limst.	Up. Lst. Shale (Yoredale)	Millstone Grit.	Lower Coal Measures.	Middle Coal Measures.	Upper Coal Measures.	Pass sp.	

SPECIES.									REFERENCES.
Kingdom, **ANIMALIA**.									
Sub-Kingdom, PROTOZOA.									
Class, *RHIZOPODA*.									
Order, SPONGIDA.									
MEGAMORMA.									
Doryderma .... *Zittel*, 1878									LITHISTIDÆ.
— Dalryense .... *Hinde*	*								Cat. Foss. Sponges, Brit. Mus. p. 210, t. 38, f. 7.
Dysidea .... *Carter*, 1878									
— antiqua .... *Carter*		*							Ann. Mag. Nat. Hist. 5 ser. vol. i, p. 139, t. 10, f. 7-9, 1878.
Geodia .... *Lamx.*									TETRACTINELLIDÆ.
— antiqua .... *Hinde*	*								Cat. Foss. Sponges, Brit. Mus. p. 208, t. 38, f. 5.
Haplistion ...... *Young & Young*, 1877									MONACTINELLIDÆ.
— Armstrongi .... *Y. & Y.*	*								Ann. Mag. Nat. Hist. 4 ser. vol. xx, p. 428, t. 15, f. 31-37.
— fractum .... *Hinde*	*								Cat. Foss. Sponges, Brit. Mus. p. 207, t. 38, f. 4.
Hemisterella ...... *H. J. Carter*, 1879									
— affinis .... *Carter*		*							Ann. Mag. Nat. Hist. 5 ser. vol. iii, p. 147, t. 21, f. 10, 1879.
— typus .... *Carter*		*							Ann. Mag. Nat. Hist. 5 ser. vol. iii, p. 146, t. 21, f. 9, 1879.
POLLAKIDÆ.									
Holasterella .... *Carter*, 1879									TETRACTINELLIDÆ.
— Bennici .... *Hinde*	*								Cat. Foss. Sponges, Brit. Mus. p. 153, t. 32, f. 5. *Incrusting sponge*, Y. & Y. Ann. Mag. Nat. Hist. vol. xx, p. 429, t. 15, f. 41.
— conferta .... *Carter*									Ann. Mag. Nat. Hist. 5 ser. vol. iii, p. 141, t. 21, f. 1-8; ib. Hinde, Cat. Foss. Sponges, Brit. Mus. p. 152, t. 33, f. 2.
— Wrightii .... *Carter*	*								Ann. Mag. Nat. Hist. vol. iv, p. 209, t. 14 B, f. 1-7; ib. Hinde, Cat. Foss. Sponges, Brit. Mus. p. 153, t. 32, f. 4.
— Youngi .... *Hinde*	*								Cat. Foss. Sponges, Brit. Mus. p. 152, t. 32, f. 3.
Hyalonema .... *Gray*, 1835									
— Smithii .... *Y. & Y.*	?		*						? *Acanthospongia*, Ann. Mag. Nat. Hist. 4 ser. vol. xx, p. 426, t. 14, f. 1-30.
POLLAKIDÆ.									
Hyalostelia .... *Zittel*, 1878									TETRACTINELLIDÆ.
— parallela .... *M'Coy*		*							*Serpula*, Synop. Carb. Foss. Ireland, p. 169, t. 23, f. 30. Hyalostelia, Hinde, Cat. Foss. Sponges, Brit. Mus. p. 151.
— Smithii .... *Y. & Y.*									*Acanthospongia*, Cat. Western Scot. Foss. p. 38. *Hyalonema*, Y. & Y. pars, Ann. Mag. Nat. Hist. vol. xx, p. 426, t. 14, f. 1-3, 5-12, 14-17. Hyalostelia, Hinde, Cat. Foss. Sponges, Brit. Mus. p. 150, t. 32, f. 1.
Pachastrella .... *O. Schmidt*, 1868									TETRACTINELLIDÆ.
— vetusta .... *Hinde*	*								Cat. Foss. Sponges, Brit. Mus. p. 209, t. 38, f. 6.
Pulvillus .... *H. J. Carter*, 1878									
— Thomsonii .... *Carter*		*							Ann. Mag. Nat. Hist. 5 ser. vol. i, p. 137, t. 10, f. 1-6, 1878.
Raphidhistia .... *H. J. Carter*, 1878									
— vermiculata .... *Carter*		?							Ann. Mag. Nat. Hist. 5 ser. vol. i, p. 140, t. 9, f. 15-19, 1878.

RHIZOPODA.

CARBONIFEROUS.

SPECIES.	Calciferous Series.	Lower Lmst. Shales.	Carboniferous Lmst.	Up. Lst. Shale (Yoredale)	Millstone Grit.	Lower Coal Measures.	Middle Coal Measures.	Upper Coal Measures.	Pass up.	REFERENCES.
MONACTINELLIDÆ.										MONACTINELLIDÆ.
Boniera............... *Schmidt*, 1862 ...										
— Carteri............... *Hinde*............			*							Cat. Foss. Sponges, Brit. Mus. p. 19, t. 1, f. 5. Spicule of a Renierid Sponge, Carter, Ann. Mag. Nat. Hist. 5 ser. vol. iii, p. 144, t. 21, f. 11.

ACTINOZOA.

SPECIES.	Calciferous Series.	Lower Lmst. Shales.	Carboniferous Lmst.	Up. Lst. Shale (Yoredale)	Millstone Grit.	Lower Coal Measures.	Middle Coal Measures.	Upper Coal Measures.	Pass up.	REFERENCES.
Sub-Kingdom, CŒLENTERATA.										
Class, *ACTINOZOA*, or *MADREPORARIA*.										
TUBIPORIDÆ.										
Fistulipora .... *M'Coy*, 1849 ...										
Calamopora .... *Goldf*. 1826										
— incrustans .... *Phill*...............			*							*Calamopora*, Geol. York. pt. 2, p. 290, t. 1, f. 63, 64. Berenicea (Diastopora), M'Coy, Synop. Carb. Foss. Ireland, p. 196, t. 26, f. 13. Fistulipora, Mich. & Foord, Ann. Mag. Nat. Hist. 5 ser. vol. xvi, p. 500–505; woodcut, p. 501, A-E.
— muscosa .... *N. & F.*............	*									Ann. Mag. Nat. Hist. vol. xvi, 5 ser. p. 505, t. 15, f. 3.
FAVOSITIDÆ.										
Monticulipora ...... *D'Orb*. 1850										
Calamopora ...... *Goldf*. 1826										
Favosites .... *Lamk*. 1816										
— tumida .... *Phill*...............			*							*Vide* Nicholson, Ann. Mag. Nat. Hist. 5 ser. vol. xii, p. 291–295; woodcut, f. 3 A, B, p. 292. (Synonymy.)
FAVOSITIDÆ.										
Stenopora .... *Lonsdale*, 1845...										
— Ilowelli............... *Nich*...............			*							Ann. Mag. Nat. Hist. 5 ser. vol. xii, p. 285–289; woodcut, p. 287, f. 1 A, B, C, t. 10.
— var. arctica .... *Nich*...............			*							Ann. Mag. Nat. Hist. 5 ser. vol. xii, p. 289–291; woodcut, f. 2 A, B, p. 290.

ECHINODERMATA

CARBONIFEROUS

SPECIES.	Calciferous Series.	Lower Limst. Shales.	Carboniferous Limst.	Up. Lst. Shales Yoredale.	Millstone Grit.	Lower Coal Measures.	Middle Coal Measures.	Upper Coal Measures.	Pass up.	REFERENCES.
Class, *ECHINODERMATA.*										
Order, BLASTOIDEA.										
NUCLEOBLASTIDÆ.										
Acentrotremites *Ether. & Carp.* 1882										
— ellipticus .... *Cumb.*			•							*Mitra elliptica*, Rel'quiæ Conservatæ, p. 33, t B, f. 1-3 (Middle Group), 1826, Acentrotremites, Ether. & Carp. Cat. Blastoides, Geol. Dept Brit. Mus. (Nat. Hist.) p. 235, t. 13, f. 17-19, 1886. (Non Pent. elliptica, Sby.)
Allogecrinus...... *Ether. & Carp.* 1861										
— Austinii .... *E. & C.*............	?		•							Ann. Mag. Nat. Hist. 5 ser. vol. vii, p. 281-292, t. 15, 16.
ASTROCRINIDÆ.										
Astrocrinus ...... *T. & T. Austin,* 1842										
Zygocrinus .... *Brown,* 1848										
„ *Römer,* 1848										
„ *De Koninck & Le Hon,* 1854										
Astrocrinites ...... *Ether,* 1876										
— Benniei .... *Ether.*			•							*Astrocrinites*, Q. J. Geol. Soc. vol xxxii, p. 103, t. 12, f. 1-11; t. 13, f. 12-22, 1876. Astrocrinus, Ether. & Carp. Cat. Blastoides, Geol. Dept. Brit. Mus. (Nat. Hist.) p. 301, t. 19, f. 1; t. 20, f. 3-10, 1886.
— tetragonus ...... *T. & T. Aust* ...			•							*Astrocrinites*, Ann Mag. Nat. Hist. vol. x, p. 110, 1842. *Astrocrinites*, Ether. Jour. Q. J. Geol. Soc. vol. xxxii, t. 13. f. 26, 1876. Astrocrinus, Ether. & Carp. Cat. Blastoides, Geol. Dept. Brit. Mus. (Nat. Hist.) p. 300 t. 20, f. 1, 2, 1886.
CODASTERIDÆ.										
(PHÆNOSCHISMIDÆ.)										
Codaster .... *M'Coy,* 1849 ...										
Codonaster .... *Römer,* 1851 ...										
Heteroschisma Wachsmuth, 1883-5										
— trilobatus............ *M'Coy*			•							Ann. Mag. Nat. Hist. vol. iii, p. 251, 1849; ib. Brit. Pal. Foss. fasc. 1, p. 123, t. 3 D, f. 8 (*Codonaster*, expl. plate). Codaster, Ether. & Carp. Cat. Blastoides, Geol. Dept. Brit. Mus. (Nat. Hist.) p 268, t. 12, f. 8; t. 13, f. 1-15; t. 18, f. 1, 1886.
— var. acutus .... *M'Coy*			•							Brit. Pal. Foss. fasc. 1, p. 123, t. 3 D, f. 7. *Pentremites* ? *astroformis*, Austin (MS.), Aun. Mag. Nat. Hist. vol. x, p. 111, 1842. *P. pentagonalis*, Forbes, Mem. Geol. Surv. vol. ii, pl. 2, p 529, f. a. Cod. trilob. var. acutus, Ether. & Carp. loc. cit. p. 169, t. 13, f. 9-12, 15; t. 16, f. 2, 1886.
GRANATOBLASTIDÆ. E. & C. 1886.										
Granatocrinus ...... *Troost,* 1850 ...										
„ *Hall,* 1862 ...										
Mitra (pars) ...... *Cumb.* 1826										
Orbitremites .... *Gray,* 1840										
— campanulatus ...... *M'Coy*			•							*Pentremites*, Brit. Pal. Foss. fasc. 1, p. 123, t. 3 D, f. 9. Granatocrinus, Ether. & Carp., Cat. Carb. Blastoides, Geol. Dept. Brit. Mus. (Nat. Hist.) p. 251, t. 8, f. 12-15; t. 9, f. 8-10; t. 10, f. 9, 10; t. 17, f. 3, 1886.
— Derbiensis .... *Sow.*									•	*Pentremites*, Zool. Jour. vol. ii, No. 7, p. 317, t. 11, f. 3; ib. Phill. Geol. York. pt. 2, p. 207, t. 3, f. 10. Granatocrinus, Ether. & Carp. Cat. Carb. Blastoides, Geol. Dept. Brit. Mus. (Nat. Hist.) p. 250, t. 6, f. 23; t. 9, f. 1-7; t. 11, f. 11-13; t. 17, f. 4, 1886.
— ellipticus............ *Sow.*			•							*Pentremites*, Zool. Jour. vol. ii, No. 7, p. 317, t. 11, f. 4, 1826; ib. Phill. Geol. York, pt. 2, p. 207, t. 3, f. 6-8, 1836. Granatocrinus, Ether. & Carp. Cat. Carb. Blastoides, Geol. Dept. Brit. Mus. (Nat. Hist.) p. 253, t. 6, f. 21; t. 8, f. 16-19; t. 10, f. 12-16; t. 17, f. 6, 7, 1886.

PALÆOZOIC.   ECHINODERMATA.   CARBONIFEROUS.

SPECIES.	Calciferous Series.	Lower Lmst. Shales.	Carboniferous Lmst.	Up. Lst. Shale (Yoredale)	Millstone Grit.	Lower Coal Measures.	Middle Coal Measures.	Upper Coal Measures.	Pass up.	REFERENCES.
Granatocrinus (*continued*).										
— McCoyii .... *E. & C.*	...	...	*	...	...	...	...	...	...	Cat. Carb. Blastoidea, Geol. Dept. Brit. Mus. (Nat. Hist.) p. 252, t. 10, f. 5–8, 1886.
— orbicularis .... *Sowby*............	...	...	*	...	...	...	...	...	...	*Pentatremites*, Zool. Jour. vol. v, No. 20, p. 456, t. 33, Supp. f. 5 ; ib. Phill. Geol. York. pt. 2, p. 207, t. 3, f. 9. Granatocrinus, Ether. & Carp. Cat. Carb. Blastoidea, Geol. Dept. Brit. Mus. (Nat. Hist.) p. 248, t. 9, f. 11–16; t. 17, f. 5.
— *piriformis* .... *E. & C.*	...	...	*	...	...	...	...	...	...	Doubtful species.
GRANATOBLASTIDÆ.										
Heteroblastus ... *Ether. & Carp.* 1886										
— Cumberlandi ...... *E. & C.*	...	*	...	...	...	...	...	...	...	Cat. Carb. Blastoidea, Geol. Dept. Brit. Mus. (Nat. Hist.) p. 257, t. 6, f. 1–6.
AGELACRINITIDÆ.										
Lepidodiscus... *Meek & Worthen,* 1868										
— Lebouri .... *Sladen*	*	...	...	...	...	...	...	...	...	*Agelacrinites squamosus*, Lebour, Ann. de la Soc. Géol. de Belg. vol. iii, p. 21. Lepidodiscus, W. P. Sladen, Q. J. Geol. Soc. vol. xxxv, p. 745, t. 37, f. 1–4.
PENTREMITIDÆ. D'Orbigny, 1852.										
Mesoblastus ...... *Ether. & Carp.* 1886										
— angulatus............ *Sowby*	...	...	*	...	...	...	...	...	...	*Pentremites*, Zool. Jour. vol. iv, No. 13, p. 89, 1828 ; Ib. vol. v, No. 20, t. 33, Supp. f. 1, 1834. *Pentremites*, Phill. Geol. York. pt. 2, p. 207, t. 3, f. 13. Mesoblastus, Ether. & Carp. Cat. Carb. Blastoidea, Geol. Dept. Brit. Mus. (Nat. Hist.) p. 185, t. 6, f. 7 ; t. 8, f. 7, 8 ; t. 17, f. 9, 1886.
— elongatus........... *Cumb*...........	...	...	*	...	...	...	...	...	...	*Mitra*, Reliquiæ Conservatæ, p. 35, t. A, f. 1–3 (2nd row). *Pentatremites oblonga*, Sby. Zool. Jour. vol. iv, No. 13, p. 90, 1828 ; ib. vol. v, t. 33, Supp. f. 3, 4, 1835. *Pent. oblongum*, Phill. Geol. York. pt. 2, p. 207, t. 3, f. 11, 12. Mesoblastus, Ether. & Carp. Cat. Carb. Blastoidea, Geol. Dept. Brit. Mus. (Nat. Hist.) p. 186, t. 6, f. 11 ; t. 8, f. 1–4 ; t. 11, f. 15 ; t. 17, f. 10.
— giganteus........... *E. & C.*	...	...	*	...	...	...	...	...	...	Cat. Carb. Blastoidea, Geol. Dept. Brit. Mus. (Nat. Hist.) p. 140, 183, 189 (provisional name).
— Rofei .... *E. & C.*	...	...	*	...	...	...	...	...	...	*Acentrotremites*, Sp. E. & C. Ann. Mag. Nat. Hist. vol. vi, p. 233, 1883. Meso. Rafei, E. & C. Cat. Carb. Blastoidea, Geol. Dept. Brit. Mus. (Nat. Hist.) p. 188, t. 4, f. 3, 4, 1886.
— Sowerbyii............ *E. & C.*	...	...	*	...	...	...	...	...	...	*Granatocrinus oblongus* (pars), E. & C. Ann. Mag. Nat. Hist. vol. ix, p. 239, 1882. Mesoblastus Sowerbyii, E. & C. Cat. Carb. Blastoidea, Geol. Dept. Brit. Mus. (Nat. Hist.) p. 187, t. 6, f. 12–14 ; t. 8, f. 5, 6.
CODASTERIDÆ.										
Orophocrinus ...... *Von Seebach,* 1864										
Dimorphicrinus... *D'Orbigny,* 1849										
Codonites ... *Meek & Worthen,* 1869										
— pentangularis ...... *Miller* (*pars*) ...	...	...	*	...	...	...	...	...	...	*Platycrinites*, Nat. Hist. Crinoidea, p. 83, 1821, t. 19, f. 2, 6, 7. *Pentremites*, Phill. Geol. York. pt. 2, p. 207, 1836. Orophocrinus, E. & C. Cat. Carb. Blastoidea, Geol. Dept. Brit. Mus. (Nat. Hist.) p. 292, t. 15, f. 5–9 ; t. 16, f. 8, 9 ; t. 17, f. 14. *Pentremites pretongus*, Baily (pars), Proc. Roy. Dub. Soc. vol. v, pt. 1, p. 31, t. 1, f. 2.
— *pretongus*............ *Baily*............	...	...	*	...	...	...	...	...	...	*Vide* O. pentangularis.
— verus .... *Cumb*.	...	...	*	...	...	...	...	...	...	*Mitra*, Reliquiæ Conservatæ, p. 31, t. B, f. 1, 2, 1826. *Pentatremites inflata*, Sby. Zool. Jour. vol. iv, p. 90, 1829 ; ib. vol. v, t. 33, Supp. f. 2, 1835. *Pentremites inflatus*, Phill. Geol. York. pt. 2, p. 207, t. 3, f. 1–3. Orophocrinus, E. & C. Cat. Carb. Blastoidea, Geol. Dept. Brit. Mus. (Nat. Hist.) p. 290, t. 12, f. 9 ; t. 13, f. 16 ; t. 15, f. 1–4 ; t. 16, f. 10 ; t. 17, f. 13.

ECHINODERMATA

SPECIES.	CARBONIFEROUS.							REFERENCES.
	Calciferous Series.	Lower Limst. Shales.	Carboniferous Limst.	Up. Lst. Shale (Yoredale)	Millstone Grit.	Lower Coal Measures.	Middle Coal Measures.	Upper Coal Measures.	Pass up.	

SPECIES.									REFERENCES.
ASTROCRINIDÆ.									IRREGULARIS (BLASTOIDEA).
Pentephyllum......... *Haughton*, 1859									
— Adarense .... *Haugh.*			*						New Carb. Echinoderm, Co. Limerick, Jour. Geol. Soc. Dublin, vol. viii, p. 183, t. 29, 1859; ib. E. & C. Cat. Carb. Blastoidea, Geol. Dept. Brit. Mus. (Nat. Hist.) p. 296, t. 16, f. 14–16, 1886.
PENTREMITIDÆ.									
Pentremitidea........ *D'Orbigny*, 1849...									
— *Whidbornei* ...... *E. & C.*									Devonian.
CODASTERIDÆ (PHÆNOSCHISMIDÆ).									
Phænoschisma... *Ether. & Carp.* 1882									
— acutum............... *Sowby*			*						*Pentatremites*, Zool. Jour. vol. v, No. 20, p. 456, t. 33, Supp. f. 6. *Pentremites*, Phill. Geol. York. pt. 2, p. 207, t. 3, f. 4, 5, 1836. Phænoschisma, E. & C. Cat. Carb. Blastoidea, Geol. Dept. Brit. Mus. (Nat. Hist.) p. 276, t. 14, f. 10–12, 1886.
— Bonniei .... *E. & C.*			*						*Pentremites*, Sp. Ethbr. Junr. Proc. Nat. Hist. Soc. Glasgow, vol. iv, pt. 2, p. 260, t. 5, f. 7. Phænoschisma, E. & C. Cat. Carb. Blastoidea, Geol. Dept. Brit. Mus. (Nat. Hist.) p. 278, t. 2, f. 3; t. 4, f. 5, 6, 1886.
NUCLEOBLASTIDÆ (SCHIZOBLASTIDÆ).									
Schizoblastus ... *Ether. & Carp.* 1882									
Granatocrinus (pars)... Meek & Worthen, 1886									
— Dailii .... *E. & C.*			*						Cat. Carb. Blastoidea, Geol. Dept. Brit. Mus. (Nat. Hist.) p. 222, 223, t. 16, f. 12, 13, 1886.
— Rofei .... *E. & C.*			*						*Granatocrinus*, E. & C. (MS.) Ann. Mag. Nat. Hist. vol. ix, p. 239, 1882. Schizoblastus, E. & C. Cat. Carb. Blastoidea, Geol. Dept. Brit. Mus. (Nat. Hist.) p. 228, t. 6, f. 17; t. 8, f. 9–11; t. 17, f. 2, 1886.

ANNELIDA.

SPECIES.									REFERENCES.
Sub-Kingdom, ANNULOSA.									
Class, *ANNELIDA.*									
DORSIBRANCHIATA.									ERRANTIA (ANNELIDA POLYCHÆTA).
Arabellites .... *Hinde*, 1879									
— Scoticus .... *Hinde*			*						Annelid jaws, Q. J. Geol. Soc. vol. xxxv, p. 386, t. 20, f. 24.
— similis .... *Hinde*			*						} Annelid jaws, Q. J. Geol. Soc. vol. xxxv, p. 385, t. 20, f. 20.
— var. arcuatus ...... *Hinde*			*						
Eunicites............... *Ehlers*									
— affinis .... *Hinde*			*						Annelid jaws, Q. J. Geol. Soc. vol. xxxv, p. 386, t. 20, f. 21–23.

CRUSTACEA.

SPECIES.	Calciferous Series.	Lower Lmst. Shales.	Carboniferous Lmst.	Up. Lst. Sinle(Yoredale)	Millstone Grit.	Lower Coal Measures.	Middle Coal Measures.	Upper Coal Measures.	Perm. up.	REFERENCES.
Class, CRUSTACEA.										
PHYLLOPODA.										
Acanthocaris .... *B. Peach*, 1881-2										
— attenuatus .... *Peach*..............	*	...	...	...	...	...	...	...	...	Crust. & Arach. Carb. Rocks, Scottish Border, Trans. Roy. Soc. Edinb. vol. xxx, p. 511, t. 28, f. 1.
CYPRIDÆ.										
Aglaia .... *Brady*										
— cypridiformis ...... *J. & K.*	*	...	*	...	...	...	...	...	...	*Vide* Q. J. Geol. Soc. vol. xlii, p. 500–512, name only.
Ancylus .... *Kirkby* ?										OSTRACODA.
— vinti .... ?................	...	...	...	...	...	*	...	...	...	*Vide* Kirkby, Geol. Mag. vol. iv, p. 389. May be crushed Estheria or Ancylus ? (univalve.)
DECAPODA MACCURA.										
Anthrapalæmon ...... *Salter*, 1861										DECAPODA.
— Etheridgii .... *B. Peach*	*	...	...	...	...	...	...	...	...	Trans. Roy. Soc. Edinb. vol. xxx, p. 76, t. 6, f. 3 a–g.
— var. latus .... *B. Peach*	*	...	...	...	...	...	...	...	...	Trans. Roy. Soc. Edinb. vol. xxx, p. 513, t. 28, f. 4.
— formosus .... *B. Peach*	*	...	...	...	...	...	...	...	...	Trans. Roy. Soc. Edinb. vol. xxx, p. 83, t. 8, f. 8; Ib. p. 512, t. 28, f. 3 a, b.
— Macconochii .... *B. Peach*	*	...	...	...	...	...	...	...	...	Q. J. Geol. Soc. vol. xxxv, p. 471, t. 23, f. 10; ib. Trans. Roy. Soc. Edinb. vol. xxx, p. 82, t. 8, f. 6 a–d.
— ornatissimus ...... *B. Peach*	*	...	...	...	...	...	...	...	...	Trans. Roy. Soc. Edinb. vol. xxx, p. 83, t. 8, f. 7. (Pseudo-Galathea.)
— Parki .... *B. Peach*	*	...	...	...	...	...	...	...	...	Trans. Roy. Soc. Edinb. vol. xxx, p. 78, t. 9, f. 4 a–f.
— Traquairii .... *B. Peach*	*	...	...	...	...	...	...	...	...	Trans. Roy. Soc. Edinb. vol. xxx, p. 80, t. 10, f. 5 a–f.
— Woodwardi .... *R. Ether.*	*	...	...	...	...	...	...	...	...	Q. J. Geol. Soc. vol. xxxv, p. 468, t. 28, f. 4–9.
CYPRIDÆ.										
Argillœcia .... *Sars*, 1865										OSTRACODA.
— æqualis .... *J. & K.*	*	...	*	...	...	...	...	...	...	*Vide* Geol. Mag. Dec. III, vol. ii, p. 537.
CYPRIDÆ.										
Bairdia .... *M'Coy*, 1844.....										PHYLLOPODA.
— ampla .... *Reuss*	...	...	*	*	...	...	...	...	*	Jahresb. der Wetterau Ges. p. 68, f. 7, *Vide* Jones, Q. J. Geol. Soc. vol. xxxv, p. 571, t. 28, f. 10–23; t. 29, f. 3; t. 32, f. 17, 18.
— amputata .... *Kirkby*	...	...	*	...	...	...	...	...	...	Cythere, Trans. Tyneside Nat. Field Club, vol. iv, p. 155–157, t. 11, f. 22. Bairdia, Q. J. Geol. Soc. vol. xxxv, p. 576, t. 31, f. 15–18.
— brevis .... *J. & K.*	*	...	*	...	...	...	...	...	...	Trans. Glasgow Geol. Soc. vol. ii, p. 221; Ib. Q. J. Geol. Soc. vol. xxxv, p. 575, t. 31, f. 1–8.
— circumcissa ...... *J. & K.*	...	...	*	...	...	...	...	...	...	Q. J. Geol. Soc. vol. xxxv, p. 578, t. 33, f. 13–16.
— curta .... *M'Coy*	...	*	*	...	...	...	...	...	...	*Vide* Jones, Q. J. Geol. Soc. vol. xxxv, p. 567, t. 28, f. 1–8.
— grandis .... *J. & K.*	...	...	*	...	...	...	...	...	...	*Vide* Jones, Q. J. Geol. Soc. vol. xxxv, p. 572, t. 29, f. 1, 2.
— legumen .... *J. & K.*	...	...	*	...	...	...	...	...	...	*Vide* Q. J. Geol. Soc. vol. xlii, p. 504.
— mucronata ...... *Reuss*	...	...	*	...	*	...	...	...	...	*Vide* Jones, Q. J. Geol. Soc. vol. xxxv, p. 572, t. 29, f. 11.
— nitida .... *J. & K.*	*	...	...	...	...	...	...	...	...	Q. J. Geol. Soc. vol. xxxv, p. 577, t. 32, f. 9–12.
— pruciaa .... *J. & K.*	...	...	*	...	...	...	...	...	...	Q. J. Geol. Soc. vol. xxxv, p. 577, t. 32, f. 1–6.
— siliquoides ...... *J. & K.*	*	*	...	...	...	...	...	...	...	Q. J. Geol. Soc. vol. xxxv, p. 576, t. 31, f. 9–14.
— subcylindrica ..... *Münst.*	*	...	..	...	...	...	...	...	...	*Vide* Q. J. Geol. Soc. vol. xlii, p. 507.
— subelongata ...... *J. & K.*	...	*	...	...	...	...	...	...	...	*Vide* Jones, Q. J. Geol. Soc. vol. xxxv, p. 573, t. 30, f. 1–11, 16.
— subgracilis ...... *Geinitz*	...	*	...	...	...	...	...	...	...	*Vide* Jones, Q. J. Geol. Soc. vol. xxxv, p. 575, t. 30, f. 17.

PALÆOZOIC. CRUSTACEA. CARBONIFEROUS.

SPECIES.	Calciferous Series.	Lower Lmst. Shales.	Carboniferous Lmst.	Up. Lst. Shale (Yoredale)	Millstone Grit.	Lower Coal Measures.	Middle Coal Measures.	Upper Coal Measures.	Perm sp.	REFERENCES.
Bairdia (*continued*).										
— submucronata ...... *J. & K.*		*	*							*B. mucronata*, Reuss, Jones, Q. J. Geol. Soc. vol. xxxv, p. 572, t. 29, f. 12-18.
— Sp			*							Q. J. Geol. Soc. vol. xxxv, p. 578, t. 32, f. 7, 8.
Berniz										
— Tatei .... *Jones* ...		*								*Vide* Q. J. Geol. Soc. vol. xlii, p. 503.
LEPERDITIADÆ.										
Beyrichella ...... *Jones & Kirkby*, 1886										
— cristata .... *J. & K.*	*		*							Geol. Mag. Dec. III, vol. iii, p. 438. t. 12, f. 6, 1886.
— reticosa .... *J. & K.*			*							? Beyrichia. (Cythere.)
LEPERDITIADÆ.										
Beyrichia .... *M'Coy*, 1846 ...										
— arcuata .... *Bean*		*	*		?	*	*			*Cypris*, Ann. Mag. Nat. Hist. vol. ix, p. 377; woodcut, f. 55. Beyrichia, J. & K. Geol. Mag. Dec. III, vol. iii, p. 438, t. 12, f. 12-14.
— bituberculata ...... *J. & K.*			*							*Vide* Q. J. Geol. Soc. vol. xlii, p. 504.
— Bradyana .... *J. & K.*			*							Geol. Mag. Dec. III, vol. iii, p. 438, t. 12, f. 11.
— craterigera .... *J. & K.*			*							Geol. Mag. Dec. III, vol. iii, p. 429, t. 12, f. 7 (MS.).
— crinita .... *J. & K.*			*							*Vide* Q. J. Geol. Soc. vol. xlii, p. 503.
— fastigiata .... *J. & K.*	*		*							Loc. cit. p. 233. *Vide* Geol. Mag. Dec. III, vol. iii, p. 438, t. 12, f. 8-10.
— tricollina .... *J. & K.*			*							*Vide* Geol. Mag. Dec. III, vol. ii, p. 536 (MS.).
— tuberculospinosa ... *J. & K.*			*							*Vide* Q. J. Geol. Soc. vol. xlii, p. 503.
— ventricornis .... *J. & K.*			*							*Vide* Q. J. Geol. Soc. vol. xlii, p. 504. (Beyrichella.)
LIMNADIADÆ.										
Beyrichiopsis ... *Jones & Kirkby*, 1886										OSTRACODA.
— cornuta .... *J. & K.*			*							Geol. Mag. Dec. III, vol. iii, p. 436, t. 11, f. 11, 1886.
— crinita .... *J. & K.*			*							Geol. Mag. Dec. III, vol. iii, p. 436. (Beyrichia.)
— fimbriata .... *J. & K.*	*		*							Geol. Mag. Dec. III, vol. iii, p. 434, t. 11, f. 3-10; t. 12, f. 5.
— fortis .... *J. & K.*	*		*							Geol. Mag. Dec. III, vol. iii, p. 435, t. 12, f. 1-3; var. *glabra*, f. 1, 2; var. *granulata*, f. 3.
— simplex .... *J. & K.*			*							Geol. Mag. Dec. III, vol. iii, p. 437, t. 12, f. 4.
— sublentata .... *J. & K.*			*							Geol. Mag. Dec. III, vol. iii, p. 437, t. 11, f. 1, 2.
PROETIDÆ.										
Brachymetopus ...... *M'Coy*, 1847 ...										
— discors .... *M'Coy*			*							*Phillipsia*, Synop. Carb. Foss. Ireland, p. 161, t. 4, f. 7. Brachymetopus, H. Woodw. Geol. Mag. Dec. II, vol. x, p. 536.
— Hibernicus .... *H. Woodw.*			*							Geol. Mag. Dec. II, vol. x, p. 536, t. 13, f. 3; ib. Mono. Brit. Carb. Trilobita, Pal. Soc. vol. xxxviii, p. 55, t. 8, f. 16.
— Maccoyi .... *Portl.*			*							*Phillipsia*, Geol. Rept. Londonderry, p. 309, t. 11, f. 6. Brachymetopus, H. Woodw. Geol. Mag. Dec. II, vol. x, p. 535, t. 13, f. 2.
— ouralicus .... *De Vern.*			*							*Phillipsia*, Geol. Russia, vol. ii, p. 378, t. 27, f. 16 a, b, 1845. Brachymetopus, Woodward, Mono. Brit. Carb. Trilob. Pal. Soc. vol. xxxviii, p. 48, t. 8, f. 1-8; ib. Geol. Mag. Dec. II, vol. x, p. 534, t. 13, f. 1.
PHYLLOPODA.										
Bythocypris										
— bilobata .... *Münst.*			*	*						*Vide* Q. J. Geol. Soc. vol. xlii, p. 512.

CRUSTACEA

SPECIES.	Calciferous Series.	Lower Limst. Shales.	Carboniferous Limst.	Up. Lst. Shale (Yoredale).	Millstone Grit.	Lower Coal Measures.	Middle Coal Measures.	Upper Coal Measures.	Perm sp.	REFERENCES.
Bythocypris (*continued*).										
— cornigera............ *J. & K.*			•							Cythere ?)
— cuneola............... *J. & K.*			•							Cythere ? } *Vide* Q. J. Geol. Soc. vol. xlii, p. 512.
— lunata .... *J. & K.*			•							Cythere ?)
— Phillipsians........... } *J. & Holl*		•	•							*Vide* Q. J. Geol. Soc. vol. xlii, p. 512.
— var. carbonica										
— sublunata........... *J. & K.*		...	•							Geol. Mag. Dec. III, vol. iii, p. 250, t. 7, f. 9–11. *Vide* Q. J. Geol. Soc. vol. xlii, p. 512.
Bythocythere .... *Sars*, 1865.......										**OSTRACODA.**
— antiqua............... *J. & K.*			•							*Vide* Q. J. Geol. Soc. vol. xlii, p. 503.
— Youngiana .... *J. & K.*			...		•					*Vide* Q. J. Geol. Soc. vol. xlii, p. 504.
Carbonia .... *Jones*, 1870										**OSTRACODA.**
— Dairdioides .... *J. & K.*						•				*Cythere*, Ann. Mag. Nat. Hist. 5 ser. vol. iv, p. 38, t. 3, f. 24–27.
— pungens .... *J. & K.*	•	...	•					•		*Cythere*, Ann. Mag. Nat. Hist. 4 ser. vol. v, p. 37, t. 3, f. 21–23.
— Rankiniana.......... *J. & K.*	•	...	•	...	•					*Cythere*, Ann. Mag. Nat. Hist. 4 ser. vol. v, p. 34, t. 3, f. 1–8. *Cythere*, Trans. Geol. Soc. Glasgow, vol. ii, p. 217, 1867.
— scalpellus............ *J. & K.*						•				Ann. Mag. Nat. Hist. 4 ser. vol. v, p. 36, t. 3, f. 14–17.
— secans .... *J. & K.*	•		•							*Cythere*, Ann. Mag. Nat. Hist. 4 ser. vol. v, p. 37, t. 3, f. 18–20. *Cythere*, loc. cit. 1867.
— subula .... *J. & K.*	•	...	•							*Cythere*, Ann. Mag. Nat. Hist. 4 ser. vol. v, p. 35, t. 3, f. 9–13. *Cythere*, loc. cit. 1867.
— Wardiana............ *J. & K.*					•					Trans. Geol. Soc. Glasgow.
PHYLLOPODA.										
Ceratiocaris,.......... *M'Coy*, 1850......										
— elongatus .... *B. Peach*	•									Trans. Roy. Soc. Edinb. vol. xxx, p. 74, t. 7, f. 2 a–d.
— oretonensis .... *H. Woodw.*		•								*Vide* Geol. Mag. Dec. III, vol. iii, p. 459.
— scorpioides .... *B. Peach*		•								New Crust. Lower Carb. Rocks of Eskdale & Liddesdale, Trans. Roy. Soc. Edinb. vol. xxx, p. 73, t. 7, f. 1 a–f.
— truncata .... *H. Woodw.*	...	•								*Vide* Geol. Mag. Dec. III, vol. iii, p. 459.
LIMULIDÆ.										
Cyclus .... *De Koninck*, 1841										
— testudo............... *B. Peach*	•									Crust. & Arach. Carb. Rocks of the Scottish Border, Trans. Roy. Soc. Edinb. vol. xxx, pt. 2, p. 527, t. 38, f. 9.
Cypridinella......... *J. K. & Brady*, 1874										
— Durrovii .... *J. K. & B.*......	?	•								Q. J. Geol. Soc. vol. xlii, p. 503–508 (name only).
CYTHERIDÆ.										
Cythere .... *Müller*, 1785......										*Vide* Cat. Western Scott. Foss. Carb. System, p. 44. ? Bythocypris.
— cuneola.............. *J. & K.*			•							*Vide* Q. J. Geol. Soc. vol. xlii, p. 503.
— gyripunctata .... *J. & K.*		•								*Vide* Q. J. Geol. Soc. vol. xlii, p. 503.
— Kirkbyana .... *J. & K.*		•								*Vide* Q. J. Geol. Soc. vol. xlii, p. 512.
— Moorei .... *J. & K.*			•							Ann. Mag. Nat. Hist. 5 ser. vol. xviii, p. 266, t. 9, f. 12, 1886.
— obtusa .... *J. & K.*		•								? Referable to Bythocypris.
— pyrula .... *J. & K.*		•								*Vide* Q. J. Geol. Soc. vol. xxxvi, p. 567.
— superba .... *J. & K.*		•								? Referable to Bythocypris.
— Thraso,............... *J. & K.*		•								

PALÆOZOIC. CRUSTACEA. CARBONIFEROUS.

SPECIES.	Culmiferous Series.	Lower Lmst. Shales.	Carboniferous Lmst.	Up. Lst. Shale (Yoredale)	Millstone Grit.	Lower Coal Measures.	Middle Coal Measures.	Upper Coal Measures.	Pass up.	REFERENCES.
Order, PLATYCOPA.										
CYTHERELLIDÆ.										
Cytherella .... *Jones*, 1849										
— æqualis............ *J. & K.*			*							Mono. Brit. Foss. Biv. Carb. Entom. Pal. Soc. vol. xxxviii, p. 74, t. 6, f. 14-16, 1884.
— attenuata.......... *J. & K.*	*		*							Geol. Mag. Dec. III, vol. iii, p. 252, t. 7, f. 14 (Leperditia.)
— Bennlei .... *J. K. & B.*			*							Mono. Brit. Foss. Carb. Biv. Entom. Pal. Soc. vol. xxxvii, p. 70, t. 6, f. 3-7; t. 7, f. 12, 1884.
— concinna .... *J. K. & B.*			*							Mono. Brit. Foss. Biv. Carb. Entom. Pal. Soc. vol. xxxviii, 1884, p. 71, t. 6, f. 9, 12, 19.
— extuberata .... *J. & K.*			*							Geol. Mag. Dec. III, vol. iii, p. 251, t. 7, f. 13. *Leperditia* Okeni, var. extuberata, Q. J. Geol. Soc. vol. xxxvi, p. 583.
— Hibernica......... *J. K. & B.*			*							Mono. Brit. Foss. Div. Carb. Entom. Pal. Soc. vol. xxxviii, 1884, p. 72, t. 6, f. 13.
— inflata .... *Münst.*			*							*Cythere*, Jahrb. für Min. &c. 1830, p. 65, No. 17. Cytherella, Jones & Kirkby, Ann. Mag. Nat. Hist. 1865, 3 ser. vol. xv, p. 408, t. 20, f. 8; ib. Mono. Brit. Foss. Biv. Carb. Entom. Pal. Soc. vol. xxxviii, 1884, p. 74, t. 7, f. 2
— Murchisoniana.... *J. & K.*			*							Ann. Mag. Nat. Hist. 4 ser. vol. xv, p. 57, t. 6, f. 13, 14.
— nuciformis .... *Jones*			*							*Cythere*, Mono. Perm. Foss. Pal. Soc. 1850, p. 64, t. 18, f. 11. Cytherella, Mono. Brit. Foss. Biv. Carb. Entom. Pal. Soc. vol. xxxviii, 1894, p. 73, t. 7, f. 14.
— obesa .... *J. K. & B.*			*							Mono. Brit. Foss. Biv. Carb. Entom. Pal. Soc. vol. xxxviii, p. 75, t. 7, f. 10, 1884.
— obliquata .... *J. K. & B.*			*							Mono. Brit. Foss. Biv. Carb. Entom. Pal. Soc. vol. xxxviii, 1884, p. 73, t. 7, f. 5.
— recta............... *J. K. & B.*			*							Mono. Brit. Foss. Biv. Carb. Entom. Pal. Soc. vol. xxxviii, 1884, p. 71, t. 6, f. 6, 11.
— rotundata......... *J. K. & B.*			*							Mono. Brit. Foss. Biv. Carb. Entom. Pal. Soc. vol. xxxviii, 1884, p. 76, t. 7, f. 15.
— scrobiculata ...... *J. K. & B.*			*							Mono. Brit. Foss. Biv. Carb. Entom. Pal. Soc. vol. xxxviii, 1884, p. 76, t. 6, f. 10.
— simplex .... *J. & K.*			*							Mono. Brit. Foss. Biv. Carb. Entom. Pal. Soc. vol. xxxviii, 1884, p. 75, t. 7, f. 3.
— Tatei .... *Jones*			*							Proc. Berwick Nat. Club, vol. x, p. 323, t. 2, f. 1; lb. Mono. Brit. Foss. Biv. Carb. Entom. Pal. Soc. vol. xxxviii, p. 74, t. 7, f. 1.
— valida .... *J. K. & B.*			*							Mono. Brit. Foss. Biv. Carb. Entom. Pal. Soc. vol. xxxviii, 1884, p. 70, t. 6, f. 2.
Darwinula .... *Brady*										OSTRACODA.
— berniciana .... *Jones*	*		*							Q. J. Geol. Soc. vol. xlii, p. 503-513 (name only).
Dithyrocaris .... *Scouler*, 1835										
— testudineus ...... *Scouler*	*									Q. J. Geol. Soc. vol. xxxv, p. 238; ib. p. 465, t. 23.
— Sp................. *R. Ether.*	*									Q. J. Geol. Soc. vol. xxxv, p. 466, t. 23, f. 2, 3.
— Sp................. *R. Ether.*										Q. J. Geol. Soc. vol. xxxv, p. 467.
Eurypterus .... *De Kay*, 1836										
— scabrosus .... *H. Woodw.*	*									Geol. Mag. Dec. III, vol. iv, p. 481-484, t. 13.
PROETIDÆ.										
Griffithides .... *Portlock*, 1843										TRILOBITA.
— acanthiceps ...... *H. Woodw.*			*							Mono. Brit. Carb. Trilob. vol. xxxvii, p. 32, t. 6, f. 2, 11; t. 7, f. 2, 3.
— brevispinus ...... *Woodw.*			*							Mono. Brit. Carb. Trilob. Pal. Soc. vol. xxxviii, p. 39, t. 7, f. 7, 8; ib. Geol. Mag. Dec. III, vol. i, p. 484, t. 16, f. 4.

PALÆOZOIC.   CRUSTACEA.   CARBONIFEROUS.

SPECIES.	Oldhamian Series	Lower Lime. Shales.	Carboniferous Lmst.	Up. Lst. Shale (Yoredale)	Millstone Grit.	Lower Coal Measures.	Middle Coal Measures.	Upper Coal Measures.	Perm. up.	REFERENCES.
Griffithides (*continued*).										
— calcaratus............ *M'Coy*			•	...	...	...	...	•	...	Synop. Carb. Foss. Ireland, p. 160, t. 4, f. 3; Ib. H. Woodw. Mono. Brit. Carb. Trilob. Pal. Soc. vol. xxxvii, p. 38, t. 7, f. 13.
— Carringtonensis ... *Ether. MS.* ...			•	...	...	...	...	•	...	H. Woodward, Mono. Brit. Carb. Trilob. Pal. Soc. vol. xxxviii, p. 41, t. 9, f. 6; ib. Geol. Mag. Dec. III, vol. i, p. 466, t. 16, f. 2.
— glaber .... *Woodw.*			•	...	...	...	...	•	...	Mono. Brit. Carb. Trilob. Pal. Soc. vol. xxxviii, p. 40, t. 9, f. 4; ib. Geol. Mag. Dec. III, vol. i, p. 485, t. 16, f. 5.
— globiceps .... *Phill.*			•	...	...	...	...	•	...	*Vide* also H. Woodward, Mono. Brit. Carb. Trilob. Pal. Soc. vol. xxxvii, p. 29, t. 6, f. 1, 3–6; ib. Geol. Mag. Dec. II, vol. x, p. 482, t. 12, f. 2, 1883.
— longiceps .... *Portl.*			•	...	...	...	...	•	...	*Vide* also H. Woodward, Mono. Brit. Carb. Trilob. Pal. Soc. vol. xxxvii, p. 33, t. 6, f. 7–9; ib. Geol. Mag. Dec. II, vol. x, p. 484, t. 12, f. 3, 1883.
— longispinus .... *Portl.*			•	...	...	...	...	•	...	*Vide* also H. Woodward, Mono. Brit. Carb. Trilob. Pal. Soc. vol. xxxvii, p. 36, t. 7, f. 5, 6; vol. xxxviii, p. 42, t. 9, f. 3; ib. Geol. Mag. Dec. II, vol. 2, p. 485, t. 12, f. 5.
— moriceps .... *H. Woodw.* ...			•	...	...	...	...	•	...	Geol. Mag. Dec. II, vol. x, p. 487, t. 13, f. 4; Ib. Mono. Brit. Carb. Trilob. Pal. Soc. vol. xxxviii, p. 39, t. 7, f. 9–12.
— obsoletus .... *Phill.*			•	...	...	...	...	•	...	*Asaphus*, Geol. York. vol. ii, p. 239, t. 22, f. 3–6, 1836. Griffithides, H. Woodw. Mono. Brit. Carb. Trilob. Pal. Soc. vol. xxxvii. p. 35. t. 6, f. 12.
— platycops........... *Portl.*			•	...	...	...	...	•	...	*Vide* also H. Woodward, Mono. Brit. Carb. Trilob. Pal. Soc. vol. xxxviii, p. 34, t. 6, f. 13.
— seminiferus .... *Phill.*			•	...	...	...	...	•	...	*Asaphus* seminiferus, Geol. York. vol. ii, p. 240, t. 22, f. 8–10, 1836. Griffithides, H. Woodw. Mono. Brit. Carb. Trilob. Pal. Soc. vol. xxxvii. p. 28. t. 5, f. 1–9; t. 8, f. 14; ib. Geol. Mag. Dec. II, vol. x, p. 481, t. 12, f. 1, 1883.
LEPERDITIADÆ.										
Kirkbya .... *Jones*, 1859										
— annectans............ *J. & K.*				...	...	...	...	•	...	Ann. Mag. Nat. Hist. 5 ser. vol. xv, p. 182, t. 3, f. 7; and var. bipartita, f. 8.
— costata .... *J. K. & B.*	•	...	•	...	...	...	...	...	...	Mono. Brit. Foss. Biv. Entom. p. 89, t. 7, f. 17; Ib. Ann. Mag. Nat. Hist. 5 ser. vol. xv, p. 186, t. 3, f. 13.
— plicata .... *J. & K.*			•	...	...	...	...	•	...	Ann. Mag. Nat. Hist. 5 ser. vol. xv, p. 184, t. 3, f. 9, 10; ib. Geol. Mag. Dec. III, vol. iii, p. 250, t. 7, f. 1–3.
— rigida .... *J. & K.*			•	...	...	...	...	...	...	Ann. Mag. Nat. Hist. 5 ser. vol. xv, p. 188, t. 3, f. 28.
— spiralis.............. *J. & K.*			•	...	...	...	...	...	...	Proc. Derw. Nat. Club, vol. x, p. 323, t. 2, f. 12, 13.
— tricollina .... *J. & K.*			•	...	...	...	...	...	...	Geol. Mag. Dec. III, vol. ii, p. 536 (MS.).
— umbonata........... *D'Eichw.*	•	...	•	...	...	...	...	...	...	*Vide* Ann. Mag. Nat. Hist. 5 ser. vol. xv, p. 180, t. 3, f. 2.
— variabilis .... *Jones*			•	...	...	...	...	...	...	Geol. Mag. Dec. III, vol. iii, p. 249, t. 7, f. 4, vars. 5–8.
CYPRIDÆ.										OSTRACODA.
Macrocypris .... *Brady*, 1868....										
— carbonica........... *Brady*			•	...	...	...	...	...	...	Q. J. Geol. Soc. vol. xlii, 1886, p. 512 (table).
— Jonesiana .... *J. & K.*			•	...	...	...	...	...	...	Geol. Mag. Dec. III, vol. iii, p. 251, t. 7, f. 12. *Bairdia*, Ann. Mag. Nat. Hist. 3 ser. vol. ii, p. 432, t. 11, f. 1, 2.
STOMAPODA.										
Necroscilla .... *H. Woodward*, 1879										
— Wilsoni .... *H. Woodw.*			...	...	...	•	...	...	...	Q. J. Geol. Soc. vol. xxxv, p. 551, t. 26, f. 3, 1879.
AMPHIPODA.										
Palæocaris...... *Meek & Worthen*, 1865										DECAPODA.
— Burnetti............ *H. Woodw.*			...	...	•	...	...	...	...	Geol. Mag. Dec. II, vol. viii, p. 533, t. 14, f. 3.
— Scoticus .... *B. Peach*	•	...	...	...	...	...	...	...	...	Trans. Roy. Soc. Edinb. vol. xxx, p. 85, t. 10, f. 10; ib. p. 515.

155

CRUSTACEA

SPECIES.	Calciferous Series.	Lower Land. Shales.	Carboniferous Lime.	Up. Lst. Shale (Yoredale)	Millstone Grit.	Lower Coal Measures.	Middle Coal Measures.	Upper Coal Measures.	Pass up.	REFERENCES.
PENÆIDÆ.										
Palæocrangon......... *Salter,* 1861										
Uronectes............. *Salter*										DECAPODA.
— elegans............ *B. Peach*	•	...	...	...	...	...	...	...	...	Trans. Roy. Soc. Edinb. vol. xxx, p. 515, t. 28, f. 8.
— Eskdalensis .... *B. Peach*	•	...	...	...	...	...	...	...	...	Trans. Roy. Soc. Edinb. vol. xxx, p. 84, t. 8, f. 9a–i.
PROETIDÆ.										
Phillipsia............... *Portlock,* 1843 ...										TRILOBITA.
— articulosa.......... *H. Woodw.*	...	...	•	...	...	...	...	...	...	Mono. Brit. Carb. Trilob. Pal. Soc. vol. xxxviii, p. 70, t. 10, f. 6–13.
— carinata .... *Salt. MS.*	...	...	•	...	...	...	...	...	...	Woodw. Mono. Brit. Carb. Trilob. Pal. Soc. vol. xxxviii, p. 44, t. 9, f. 7; ib. Geol. Mag. Dec. III, vol. i, p. 488, t. 16, f. 3.
— Cliffordi .... *H. Woodw.*	...	...	•	...	...	...	...	...	...	Mono. Brit. Carb. Trilob. Pal. Soc. vol. xxxviii, p. 69, t. 10, f. 8–12; ib. Geol. Mag. Dec. III, vol. i, p. 544, t. 16, f. 10.
— Colei .... *M'Coy*	...	...	•	...	...	...	...	...	...	*Vide* H. Woodw. Mono. Brit. Carb. Trilob. Pal. Soc. pt. 1, vol. xxxvii, p. 16, t. 2, f. 1–10; ib. Geol. Mag. Dec. II, vol. x, p. 449, t. 11, f. 2, 1883.
— Derbiensis .... *Martin*	...	...	•	...	...	...	...	...	...	*Vide* H. Woodw. Mono. Brit. Carb. Trilob. Pal. Soc. pt. 1, vol. xxxvii, p. 12, t. 1, f. 1–9; ib. Geol. Mag. Dec. II, vol. x, p. 448, t. 11, f. 1, 1883.
— Eichwaldi......... *Fischer*	...	...	•	...	...	...	...	...	...	*Asaphus,* Geognostico-Zool. per Ingriam. Balt. Prov. p. 54, t. 4, f. 4, 1825. Phillipsia, H. Woodw. Mono. Brit. Carb. Trilob. Pal. Soc. vol. xxxvii, p. 22, t. 4, f. 2, 4–11, 13, 14.
— var. mucronata ... *M'Coy*	...	...	•	...	...	...	...	...	...	Synop. Carb. Foss. Ireland, p. 162, t. 4, f. 5, 1844. *Griffithides,* Traquair, Jonr. Roy. Geol. Soc. Ireland, p. 213–218, f. 1–7, 1869. *Vide* H. Woodw. Mono. Brit. Carb. Trilob. Pal. Soc. vol. xxxvii, p. 23, t. 4, f. 1, 3, 12, 15.
— gemulifera .... *Phill.*	...	...	•	...	...	...	...	...	...	*Vide* H. Woodw. Mono. Brit. Carb. Trilob. Pal. Soc. pt. 1, vol. xxxvii, p. 17, t. 3, f. 1–8; ib. Geol. Mag. Dec. II, vol. x, p. 450, t. 11, f. 3.
— laticauda .... *H. Woodw.*	...	...	•	...	...	...	...	...	...	Mono. Brit. Carb. Trilob. Pal. Soc. vol. xxxviii, p. 42, t. 7, f. 4; ib. Geol. Mag. Dec. III, vol. i, p. 486.
— Leei .... *H. Woodw.*	...	...	•	...	...	...	...	...	...	Mono. Brit. Carb. Trilob. Pal. Soc. vol. xxxvii, p. 66, t. 10, f. 1–4; ib. Geol. Mag. Dec. III, vol. i, p. 541, t. 16, f. 6, 7.
— minor .... *H. Woodw.*	...	...	•	...	...	...	...	...	...	Mono. Brit. Carb. Trilob. Pal. Soc. vol. xxxvii, p. 68, t. 10, f. 5–8; ib. Geol. Mag. Dec. III, vol. i, p. 543, t. 16, f. 9.
— pustulata .... *De Kon. non Schloth.*	...	•	•	...	...	...	...	...	...	*Vide* p. 242 (this work), and P. gemulifera, H. Woodw. Mono. Brit. Carb. Trilob. Pal. Soc. vol. xxxvii, p. 17, t. 3, f. 1–8, 1883.
— quadrilimba...... *Phill.*	...	...	•	...	...	...	...	...	...	*Asaphus,* Geol. York. vol. ii, p. 239, t. 22, f. 1, 2, 1836. Phillipsia, H. Woodw. Mono. Brit. Carb. Trilob. Pal. Soc. vol. xxxvii, p. 26, t. 7, f. 1.
— scabra .... *H. Woodw.*	...	...	•	...	...	...	...	...	...	Mono. Brit. Carb. Trilob. Pal. Soc. vol. xxxviii, p. 43, t. 9, f. 5; ib. Geol. Mag. Dec. III, vol. i, p. 487, t. 16, f. 1.
— seminifera .... *Phill.*										*Vide* Griffithides.
— truncatula .... *Phill.*	...	...	•	...	...	...	...	...	...	*Vide* H. Woodw. Mono. Brit. Carb. Trilob. Pal. Soc. vol. xxxvii, p. 21, t. 3, f. 9–14; ib. Geol. Mag. Dec. II, vol. x, p. 451, t. 11, f. 4.
CYPRIDINIDÆ.										
Philomedes......... *Lilljeborg,* 1853										
— elongata .... *J. K. & B.*	...	...	...	...	...	•	...	...	...	Mono. Carb. Entom. Pal. Soc. vol. xxxvii, p. 81, t. 6, f. 1, 1884.
Phreatura........ *Jones & Kirkby,* 1886										OSTRACODA.
— concinna	...	...	...	•	...	...	...	...	...	MS. Geol. Mag. Dec. III, vol. ii, p. 539. *Vide* Q. J. Geol. Soc. vol. xlii, p. 507.
Pinnocaris .... *R. Etheridge, Jun.* 1878										
— Lapworthi .... *R. Ether.*										Roy. Phys. Soc. Edinb vol. iv, p. 169, t. 2, f. 3–5, 1878; ib. Foss. of Girvan, &c. p. 280, t. 14, f. 17–19.

PALÆOZOIC.   CRUSTACEA.   CARBONIFEROUS.

SPECIES.	Calciferous Series.	Lower Lmst. Shales.	Carboniferous Lmst.	Up. Lst. Shale (Yoredale)	Millstone Grit.	Lower Coal Measures.	Middle Coal Measures.	Upper Coal Measures.	Plan sp.	REFERENCES.
LIMULIDÆ.										
Prestwichia............ *Woodward*, 1867										XIPHOSURA.
— alternata .... *B. Peach*	*	...	...	...	...	...	...	...	...	Crust. & Arach. Carb. Rocks of the Scottish Border, Trans. Roy. Soc. Edinb. vol. xxx, pt. 2, p. 525, t. 28, f. 10.
PROETIDÆ.										
Proetus .... ? *Steininger*, 1830										Mono. Brit. Carb. Trilob. Pal. Soc. vol. xxxviii, p. 57, woodcut. *Phillipsia Brongniarti*, Baily, Mono. Geol. Survey Ireland, Expl. sheets 102 & 112, 2nd ed. p. 19, 1875. P. lævis, Woodw. Geol. Mag. Dec. 11, vol. 2, p. 446, woodcut.
— lævis............. *H. Woodw.*	...	*	...	...	...	...	...	...	...	
PENÆIDÆ.										
Pseudo-Galathea ... *B. Peach*, 1881-2										DECAPODA.
— ornatissima .... *B. Peach*	*	...	...	...	...	...	...	...	...	*Anthrapalæmon*, Trans. Roy. Soc. Edinb. vol. xxx, p. 83. Pseudo Galathea, p. 515, t. 28, f. 7.
— rotunda .... *B. Peach*	*	...	...	...	...	...	...	...	...	Trans. Roy. Soc. Edinb. vol. xxx, p. 514, t. 28, f. 6.
CYTHERIDÆ.										
Xestoleberis .... *Sars*, 1865........										OSTRACODA.
— subcorbuloides...... *J. & K.*	...	*	...	...	...	...	...	...	...	MS. Geol. Mag. Dec. III, vol. ii, p. 538.
Youngia .... *Jones & Kirkby*, 1886										
— rectidorsalis........... *J. & K.*	...	*	...	?	...	...	...	...	...	Q. J. Geol. Soc. vol. xlii, p. 507; ib. Cat. West. Scott. Foss. p. 45, 1876.

POLYZOA.

SPECIES.	Calciferous Series.	Lower Lmst. Shales.	Carboniferous Lmst.	Up. Lst. Shale (Yoredale)	Millstone Grit.	Lower Coal Measures.	Middle Coal Measures.	Upper Coal Measures.	Plan sp.	REFERENCES.
Sub-Kingdom, MOLLUSCA.										
Province, MOLLUSCOIDA.										
Class, POLYZOA. Thomson.										
(*Bryozoa*. Ehrenberg.)										
Arachnopora........ ? *D'Eichwald*, 1883										
— nexilis .... *De Kon.*	*	*	...	...	...	...	...	...	...	Vide p. 246, loc. cit.; also Vine, Brit. Assoc. Rept. on Carb. Polyzon, p. 83-85; woodcuts 1-3, p. 84.
Ascodictyon............ *Nicholson*, 1877										
— radians............... *Nich.*	...	...	...	...	*	?	...	...	...	Ann. Mag. Nat. Hist. 4 ser. vol. xix, p. 465, t. 19, f. 9-11.
DIASTOPORIDÆ.										
Ceramopora............ *Hall*, 1852										
— megastoma .... *M'Coy*	?	*	*	...	...	...	...	...	...	*Berenicea* (Diastopora), loc. cit. p. 246. Ceramopora, Vine, Q. J. Geol. Soc. vol. xxxvi, p. 366, t. 13, 1880.

PALÆOZOIC. POLYZOA. CARBONIFEROUS.

SPECIES.	Calciferous Series.	Lower Limst. Shales.	Carboniferous Lmst.	Up. Lst. Shale (Yoredale)	Millstone Grit.	Lower Coal Measures.	Middle Coal Measures.	Upper Coal Measures.	Pass up.	REFERENCES.
FENESTELLIDÆ.										
Fenestella .... *Lonsdale,* 1839...										
— crassa .... M'Coy	...	*	...	...	...	...	...	...	...	*Note.*—Mr. Shrubsole believes that the 26 *known* species may be reduced to
— membranacea ..... *Phill.*	...	*	...	...	...	...	...	...	...	the 5 named typical forms, all other species falling into the rank of Synonyms
— nodulosa .... *Phill.*	...	*	...	...	...	...	...	...	...	of one or other of the 5. (*Vide* p. 246, 247, loc. cit.); also *vide* Shrubsole,
— plebeia .... M'Coy	*	*	...	...	...	...	...	...	...	Q. J. Geol. Soc. vol. xxxv, p. 275-284 (Carb. fenestellidæ), 1879; and Vine,
— polyporata .... *Phill.*	...	*	...	...	...	...	...	...	...	Brit. Assoc. Rept. vol. l, 1880, p. 76.
ESCHARIDÆ.										
Glauconome .... *Goldfuss,* 1826...										
— aspera .... Y. & Y.............	...	...	*	...	...	...	...	...	...	*Vide* Cat. West. Scott. Foss. Carb. System, p. 47.
— flexicarinata...... Y. & Y.............	...	...	*	...	...	...	...	...	...	*Vide* Cat. West. Scott. Foss. Carb. System, p. 47.
— laxa .... Y. & Y.............	...	...	*	...	...	...	...	...	...	*Vide* Cat. West. Scott. Foss. Carb. System, p. 47.
— marginalis .... Y. & Y.............	...	...	*	...	...	...	...	...	...	*Vide* Cat. West. Scott. Foss. Carb. System, p. 47.
— retroflexa .... Y. & Y.............	...	...	*	...	...	...	...	...	...	*Vide* Cat. West. Scott. Foss. Carb. System, p. 47.

MYRIAPODA.

SPECIES.	Calciferous Series.	Lower Limst. Shales.	Carboniferous Lmst.	Up. Lst. Shale (Yoredale)	Millstone Grit.	Lower Coal Measures.	Middle Coal Measures.	Upper Coal Measures.	Pass up.	REFERENCES.
Sub-Kingdom, ARTHROPODA.										
Class, *MYRIAPODA.*										
Order, DIPLOPODA.										
Sub-Order, *Archipolypoda.*										
EUPHOBERIDÆ.										
Acantherpestes... Meek & Worthen, 1868										
— *Brodiei* .... *Scudder*............	...	...	...	...	...	...	...	...	...	*Vide* Euphoberia ferox.
EUPHOBERIDÆ.										
Euphoberia ... *Meek & Worthen,* 1868										
— ferox .... *Salter*...............										ARCHIPOLYPODA. *Vide* p. 244, loc. cit. E. ferox, Scudder, Mem. Boston Soc. Nat. Hist. vol. iii. No. 5, p. 157, 1882. *Acantherpestes Brodiei,* Scudder, 1882. *Vide* Dr. Woodward, Myriapods of the Coal Period, Geol. Mag. Dec. III, vol. iv, p. 2, f. 1, 2; p. 6-10, t. 1, f. 1-13; p. 116, 117, f. 1, 2, woodcuts. *Note.*—All the spined Myriapods from the Staffordshire Coal Field may be referred to this species (H. Woodward).
ARCHIJULIDÆ.										
Xylobius .... *Dawson,* 1859-60										
— Woodwardii......... *Scudder*...........	...	...	...	...	*	?	?	...	...	ARCHIPOLYPODA. *Vide* Geol. Mag. Dec. III, vol. iv, p. 5.

PALÆOZOIC.   ARACHNOIDEA.   CARBONIFEROUS.

ARACHNOIDEA

SPECIES.	CARBONIFEROUS.								REFERENCES.
	Calciferous Series.	Lower Limst. Shales.	Carboniferous Limst.	Up. Lst. Shale (Yoredale)	Millstone Grit.	Lower Coal Measures.	Middle Coal Measures.	Upper Coal Measures.	Pass up.	

SPECIES.									REFERENCES.
Class, *ARACHNOIDEA*.									
Fam. GNOSCORPIONINI. Scudder.									
Sub-Fam. *Cyclopthalmini*. Thorell.									
Glyptoscorpius ...... *B. Peach*, 1881–2									
— Caledonicus......... *B. Peach*	*	...	...	...	...	...	...	...	*Cycadites*, Salter, Mem. Geol. Surv. (E. Berwick, p. 58). Figured in Memoir on Map 33 (E. Lothian, p. 72, f. 22). Glyptoscorpius, Trans. Roy. Soc. Edinb. vol. xxx, p. 518, t. 29, f. 17, 18.
— perornatus .... *B. Peach*	*	...	...	...	...	...	...	...	Trans. Roy. Soc. Edinb. vol. xxx, p. 517, t. 29, f. 16.
— Sp..................................	*	...	...	...	...	...	...	...	} *Vide* p. 520, 521, t. 29, f. 20, 20 a, 21, 22.
— Sp..................................	*	...	...	...	...	...	...	...	

INSECTA.

SPECIES.	Calciferous Series.	Lower Limst. Shales.	Carboniferous Limst.	Up. Lst. Shale (Yoredale)	Millstone Grit.	Lower Coal Measures.	Middle Coal Measures.	Upper Coal Measures.	Pass up.	REFERENCES.
Sub-Kingdom, ARTHROPODA. (ANNULOSA.)										
Class, *INSECTA*.										
PROTOPHASMIDÆ.										ORTHOPTEROIDEA.
Archæoptilus .... *Scudder*	...	...	...	...	...	*	...	...		*Vide* Scudder, Bulletins U. S. Geol. Surv. vol. v, p. 40, 1886, No. 31.
— ingens .... *Scudd.*	...	...	...	...	*	...	...	...		*Vide* Zittel, Handb. der Pal. p. 757, 1885.
DICTYARIÆ.										ORTHOPTEROIDEA.
Blatta or Blattina (allied to)	...	...	...	...	...	*	...	...		Geol. Mag. vol. iv, p. 388, 389, t. 17, f. 6, 7. *Vide* Germar. Müns. Beitr. vol. v, t. 13; and Goldenberg, Dunker & Von Meyer, Palæon. vol. iv, p. 17.
HEMERISTINA.										
Brodia .... *Scudder*										NEUROPTEROIDEA.
— priscotincta ...... *Scudd.*	...	...	...	...	...	...	...	...		*Vide* Zittel, Handb. der Pal. p. 761, f. 951, 1885; also Scudder, Bulletins U. S. Geol. Surv. vol. v, p. 44, 1886, No. 31.
BLATTINARIÆ.										
Etoblattina .... *Scudder*, 1879 ...										ORTHOPTEROIDEA.
— Johnsoni .... *H. Woodw.*	...	...	...	...	*	...	...	...		Geol. Mag. Dec. III, vol. iv, p. 53, t. 2, f. 1.
— mantidioides ...... *Gold.*	...	...	...	...	?	...	...	...		*Blattina*, Sp. Kirkby, Geol. Mag. vol. iv, t. 7, f. 6.
— Peachii .... *H. Woodw.*	...	...	...	...	?	...	...	...		Geol. Mag. Dec. III, vol. iv, p. 433–435, t. 12, f. 1.

PALÆOZOIC.   INSECTA.   CARBONIFEROUS.

SPECIES.	Calciferous Series.	Lower Limst. Shales.	Carboniferous Limst.	Up.Lst.Shale(Yoredale)	Millstone Grit.	Lower Coal Measures.	Middle Coal Measures.	Upper Coal Measures.	Pass up.	REFERENCES.
BLATTINARIÆ.										
Leptoblattina ... *H. Woodward*, 1887										
— callis .... *H. Woodw.*					*					Geol. Mag. Dec. III, vol. iv, p. 433-435, t. 12, f. 2.
MYLACRIDÆ.										
Lithomylacris......... *Scudder*, 1879 ...										ORTHOPTEROIDEA.
— Kirkbyi .... *H. Woodw.*					*					Geol. Mag. Dec. III, vol. iv, p. 55, t. 2, f. 4.
HEMERISTINA.										
Lithosialis .... *Scudder*										
Corydalis .... *Lai.*										NEUROPTEROIDEA.
— Brongniarti........ *Mant.*					*					? *Corydalis*, Metals of Creation, vol. ii, p. 554, 1st ed. Scudder, Bulletins U. S. Geol. Surv. p. 44, 1886, No. 31.
PHASMIDÆ.										ORTHOPTEROIDEA.
Sp. of.................. *Kirkby*					*					Geol. Mag. vol. iv, p. 388, t. 17, f. 8.

BRACHIOPODA.

SPECIES.	Calciferous Series.	Lower Limst. Shales.	Carboniferous Limst.	Up.Lst.Shale(Yoredale)	Millstone Grit.	Lower Coal Measures.	Middle Coal Measures.	Upper Coal Measures.	Pass up.	REFERENCES.
Sub-Kingdom, MOLLUSCA.										
Class, *BRACHIOPODA.*										
PRODUCTIDÆ ?										
Aulacorhynchus ... *Dittmar*, 1871 ...										
Isogramma .... *Meek*, 1873										
— Davidsoni .... *Barrois*			*							Recherches sur les terrains anciens des Asturies et de la Galice, Mém. Soc. Géol. du Nord, vol. III, p. 326, t. 16, f. 6. *Chonetes concentricus*, Dav. Carb. Brach. Pal. Soc. p. 278, t. 55, f. 13 (non *C. concentrica*, De Kon.). Aulacorhynchus Davidsoni, *vide* App. to Supp. Brit. Foss. Brach. Pal. Soc. p. 283, t. 20, f. 22, 1884.
PRODUCTIDÆ.										
Chonetes .... *Fischer*, 1837 ...										
— concentricus ...... *De Kon.*............										*Vide* Aulacorhynchus Davidsoni.
— Laguessiana ...... *De Kon.*............	*	*	*	*	*	*				*C. Hardrensis*, *vide* Dav. App. to Supp. Brit. Foss. Brach. Pal. Soc. 1884, p. 280, t. 20, f. 20, 21.
TEREBRATULIDÆ.										
Terebratula........... *Llwyd*, 1699 ...										
— hastata.............. *Sow.*	*	*							?	*Vide* p. 269, loc. cit. Dielasma.
— sacculus .... *Martin*	*	*							?	*Vide* p. 269, loc. cit. Dielasma.
— vesicularis .... *De Kon.*............									?	*Vide* p. 269, loc. cit. Dielasma. T. vesicularis, De Kon. Anim. Foss. Bel. Suppl. t. 16, f. 10.

PELECYPODA.

SPECIES.	Calciferous Series.	Lower Limst. Shales.	Carboniferous Limst.	Up. Lst. Shale (Yoredale)	Millstone Grit.	Lower Coal Measures.	Middle Coal Measures.	Upper Coal Measures.	Pass up.	REFERENCES.
Sub-Kingdom, MOLLUSCA. Class, *PELECYPODA.* Goldfuss. Group, MONOMYARIA.										
AVICULIDÆ.										
Ambonychia .... *Hall*, 1847										
— vetusta............... *Sow.*	...	*	...	...	...	...	...			*Inoceramus*, Min. Con. vol. vi, p. 102, t. 584, f. 2. (*Posidonomya*?)
AVICULIDÆ.										
Avicula .... *Klein*, 1753										
— lævis .... *Brown*	...	*	...	...	...	...	...			*Catillus*, Manch. Trans. vol. i, p. 226, t. 7, f. 6, 7; ib. Foss. Conch. p. 167, t. 67, f. 22, 1849.

GASTEROPODA.

SPECIES.	Calciferous Series.	Lower Limst. Shales.	Carboniferous Limst.	Up. Lst. Shale (Yoredale)	Millstone Grit.	Lower Coal Measures.	Middle Coal Measures.	Upper Coal Measures.	Pass up.	REFERENCES.
Province, ODONTOPHORA. Class, *GASTEROPODA.*										
HALIOTIDÆ.										
Pleurotomaria......... *Defrance*, 1824										
— Youngiana .... *Armst.*	...	*	...	...	...	...	...			Trans. Geol. Soc. Glasgow, vol. ii, p. 75, t. 1, f. 8.

PISCES.

PALÆOZOIC. — CARBONIFEROUS.

SPECIES.	Calciferous Series.	Lower Lmst. Shales.	Carboniferous Lmst.	Up. Lst. Shale (Yoredale)	Millstone Grit.	Lower Coal Measures.	Middle Coal Measures.	Upper Coal Measures.	Pass sp.	REFERENCES.
Sub-Kingdom, VERTEBRATA.										
Class, *PISCES*.										
PLEURACANTHIDÆ.										
Agassacanthus ...... *Traquair*, 1884 ..										SELACHII.
— striatulus .... *Traq.*			*							Geol. Mag. Dec. III, vol. i, p. 64, 1884.
Anodontacanthus ... *J. W. Davis*, 1881										SELACHII.
— acutus .... *J. W. D.*					?					Q. J. Geol. Soc. vol. xxxvii, p. 428, t. 22, f. 10.
— fastigiatus .... *J. W. D.*							*			Q. J. Geol. Soc. vol. xxxvii, p. 428, t. 22, f. 12. ? Pleuracanthus.
— obtusus .... *J. W. D.*			*		?					Q. J. Geol. Soc. vol. xxxvii, p. 428, t. 22, f. 11.
CESTRACIONTIDÆ (COPODONTIDÆ).										
Characodus .... *Agassiz*, 1859 ...										PLACOIDEI.
— minimus .... *Davis*			*							Geol. Mag. Dec. III, vol. iii, p. 155; woodcut, f. 8, p. 150.
PALÆONISCIDÆ.										
Cryphæiolepis ...... *Traquair*, 1881										GANOIDEI.
— striatus .... *Traq.*			*							*Cœlacanthus*, Geol. Mag. 1881. Cryphæiolepis, Geol. Mag. Dec. II, vol. viii, p. 37, 491.
CTENODIPTERIDÆ.										
Ctenodus .... *Agassiz*, 1838 ...										DIPNOI.
— obliquus .... *Han. & Att.*					*					*Vide* loc. cit. p. 325.
— var. quinquecostatus *Traq.*					*					Geol. Mag. Dec. II, vol. x, p. 543, 1883; doubtful species.
Cynopodius............ *Traquair*, 1881..										SELACHII.
— crenulatus .... *Traq.*				*						Geol. Mag. Dec. II, vol. viii, p. 35.
Diodontopsodus ...... *J. W. Davis*, 1881										
— Sp. .... *J. W. D.*										Trans. Soc. C. Brit. Assoc. vol. li, p. 646, 1881. Pristodus.
PALÆONISCIDÆ.										
Elonichthys .... *Giebel*, 1848										GANOIDEI (ACIPENSEROIDEI).
— Aitkeni............. *Traq.*				*						Geol. Mag. Dec. III, vol. iii, p. 440.
— microlepidotus ... *Traq.*				*						Geol. Mag. Dec. III, vol. iii, p. 441.
— ortholepis .... *Traq.*	*									Geol. Mag. Dec. II, vol. i, p. 8-10.
— pectinatus .... *Traq.*				*						Geol. Mag. Dec. II, vol. ix, p. 545.
— serratus .... *Traq.*	*									Trans. Roy. Soc. Edinb. vol. xxx, p. 22, t. 1, f. 5-8.
Eurlepius .... *Traquair*, 1881...										SELACHII.
— elegans............. *Traq.*										Loc. cit. p. 328. *Vide* Traquair in Note, Geol. Mag. Dec. II, vol. viii, p. 36, 334. *Vide* Proc. Roy. Soc. Edinb. 1886-7, p. 430; ib. Proc. Roy. Phys. Soc. Edinb. 1879, p. 113-126. ? Ctenoptychius unilateralis, Berkas. *Vide* Geol. Mag. Dec. II, vol. viii, p. 335.
Ganopristodus ...... *Traquair*, 1881...										GANOIDEI.
— splendens........... *Traq.*				*						Geol. Mag. Dec. II, vol. viii, p. 37, 1881.
Lophacanthus ...... *Stock*, 1880										
— Taylori .... *Stock*..............					*					Ann. Mag. Nat. Hist. 5 ser. vol. v, p. 217. ? Pleuracanthus (Orthacanthus) cylindricus.

PALÆOZOIC.   PISCES.   CARBONIFEROUS.

SPECIES.	Calciferous Series.	Lower Lmst. Shales.	Carboniferous Lmst.	Up. Lst. Shale (Yoredale)	Millstone Grit.	Lower Coal Measures.	Middle Coal Measures.	Upper Coal Measures.	Perm up.	REFERENCES.
SAURODIPTERIDÆ.										
Megalichthys .... *Agassiz*, 1822 ...										GANOIDEI.
— Hibberti .... *Ag.*	*	*	*	...	*	*	*	*	...	*Vide* p. 333, loc. cit.; also Myall, Q. J. Geol. Soc. vol. xi, p. 347-352, f. 1-6, woodcuts.
— laticeps .... *Trag.*	*	...	...	...	...	...	...	...	...	Geol. Mag. Dec. III, vol. i, p. 115-121, t. 5, f. 1-6, 1884.
CESTRACIONTIDÆ (COPODONTIDÆ).										
Mylacodus .... *Agassiz*, 1859 ...										PLACOIDEI.
— variabilis .... *J. W. D.*	...	*	...	...	...	...	...	...	...	Geol. Mag. Dec. III, vol. iii, p. 154; woodcuts 5, 6, p. 150.
PLEURACANTHIDÆ.										
Pleuracanthus ...... *Agassiz*, 1837 ...										SELACHII (PLACOIDEI).
— cylindricus .... *Ag.*	...	...	...	...	*	...	...	...	...	Orthacanthus.
— elegans .... *Trag.*	...	*	...	...	...	...	...	...	...	Geol. Mag. Dec. II, vol. viii, p. 36, 1881.
— gracillimus .... *Trag.*	...	*	...	...	...	...	...	...	...	Geol. Mag. Dec. II, vol. ix, p. 540, 1882.
— horridulus .... *Trag.*	...	*	...	...	...	...	...	...	...	Geol. Mag. Dec. II, vol. ix, p. 541, 1882.
CESTRACIONTIDÆ.										
Psephodus .... *Agassiz*, MS. 1859										
Aspidodus ...... St. John & Worthen										PLACOIDEI.
— magnus .... *Ag.*	...	*	...	...	...	...	...	...	...	Traquair, Trans. Glasgow Geol. Soc. vol. vii, pt. 2, p. 392-402, t. 16, 1885; Ib. Geol. Mag. Dec. III, vol. ii, p. 337, t. 8, f. 1-4, 1885. (*Vide* also p. 340, loc. cit.)
— simplex .... *Davis*	...	*	...	...	...	...	...	...	...	Geol. Mag. Dec. III, vol. iii, p. 151; woodcuts 1, 2, p. 150, 1886.
PALÆONISCIDÆ.										
Rhadinichthys ...... *Traquair*, 1877...										GANOIDEI.
— macrodon .... *Trag.*	...	...	...	...	*	?	...	...	...	Geol. Mag. Dec. III, vol. iii, p. 441.
Rhizodopsis .... ; *Husley*, 1866 ...										
— sauroides .... *Will.*	...	...	...	*	...	...	...	...	...	Loc. cit. p. 347. *Vide* Traquair, On the Cranial Osteology of Rhizodopsis sauroides, Trans. Roy. Soc. Edinb. vol. xxx, pt. 1, p. 167-179; woodcuts, p. 169, 172, 177.
Rhymodus .... *Agassiz*, MS. 1859										
— convexus .... *J. W. D.*	...	*	...	...	...	...	...	...	...	Geol. Mag. Dec. III, vol. iii, p. 154; woodcut 7, p. 150, 1886.
RHIZODONTIDÆ.										
Strepsodus ...... *Husley & Young*, 1866										GANOIDEI.
— striatulus .... *Trag.*	...	*	...	...	...	...	...	...	...	Geol. Mag. Dec. II, vol. ix, p. 544, 1882.
CESTRACIONTIDÆ.										
Xystrodus .... *Agassiz*, 1859 ...										PLACOIDEI.
— Parkeri .... *J. W. D.*	*	*	...	...	...	...	...	...	...	Geol. Mag. Dec. III, vol. iii, p. 153; woodcuts 3, 4, p. 150, 1886.

AMPHIBIA.

SPECIES.	Calciferous Series.	Lower Lmst. Shales.	Carboniferous Lmst.	Up.Lst.Shale (Yoredale)	Millstone Grit.	Lower Coal Measures.	Middle Coal Measures.	Upper Coal Measures.	Pass up.	REFERENCES.
Class, *AMPHIBIA*.										
LABYRINTHODONTIDÆ.										
Anthracosaurus ...... *Huxley*, 1862										
— Russelli .... *Hux.*					?	*	*			Loc. cit. p. 343; also *vide* Athey on A. Russelli, Ann. Mag. Nat. Hist. 4 ser. vol. xviii, 1876, p. 146-167, t. 8-11.

PLANTÆ.

SPECIES.	Calciferous Series.	Lower Lmst. Shales.	Carboniferous Lmst.	Up.Lst.Shale (Yoredale)	Millstone Grit.	Lower Coal Measures.	Middle Coal Measures.	Upper Coal Measures.	Pass up.	REFERENCES.
Kingdom, PLANTÆ.										
INCERTÆ SEDIS.										
Calcisphæra............ *Williamson*, 1880										
— cancellata............ *Will.*										*Vide* Williamson, Phil. Trans. Roy. Soc. vol. clxxi, p. 510-525, t. 20, f. 67-80. Range in Coal Measures doubtful. Supposed Radiolarians or Foraminiferæ.
— fimbriata .... *Will.*										
— hexagonata .... *Will.*										
— sol .... *Will.*										
— spinosa .... *Will.*										
Odiospora .... *Williamson*, 1879										
— anomala .... *Will.*					?					Phil. Trans. Roy. Soc. vol. clxix.

INDEX TO APPENDIX.

Acantherpestes, *458*.
Acanthocaris, 450.
Acanthograptus, 391.
Acanthospongia, *446*.
Acentrotremites, 448, *449*.
Acidaspis, 404.
Acrothele, 412.
Acrotreta, 412.
Actinoceras, 421.
Actinostroma, 398, 428.
Adianites, *427*, *441*.
Æglina, 404, *407*.
Aganacanthus, 462.
Agelacrinites, *449*.
Aglaia, 451.
Agnostus, 404.
Alcicornopteris, 437.
Allogecrinus, 448.
Ambonychia, 417, 461.
Amphigraptus, 391.
Amphipora, 428.
Amplexopora, 398.
Ampyx, 404.
Amyelon, 437.
Ancylus, 451.
Annularia, 437.
Anomalocystites, *401*.
Anthodiopsis, *443*.
Anthracosaurus, 464.
Anthrapalæmon, 451, *457*.
Aptychopsis, 404.
Arabellites, 402, 450.
Aracarites, 437.
Araucaryoxylon, 427, 437.
Archæocalamites, 437.
Archæopora, 457.
Archæoptilus, 459.
Archidesmus, 430.
Archipolypoda, *458*.
Arenicolites, 402.
Argillœcia, 451.
Arpoxylon, *442*.
Asaphus, 404, *455*, *456*.
Ascoceras, 419.
Ascodictyon, 411, 457.
Asphidodus, *461*.
Asplenites, *445*.
Asterocalamites, 437.
Asterophyllites, 437, 438.
Astrocrinites, 448.
Astrocrinus, 448.
Astromyelon, 437.
Atelocystites, 401.
Athyris, 412, 431.
Atrypa, 412, 413, *415*, *416*, 431, *433*.
Aulacorhynchus, 460.

Avicula, 461.
Azygograptus, 391.

Bairdia, 451, 452, *455*.
Barrandia, 404.
Bellerophon, 419.
Berenicea, *457*.
Beroix, 452.
Berwynia, 389.
Beyrichella, 452.
Beyrichia, 404, 405.
Beyrichiopsis, 452.
Bifidia, 431.
Blatta, 459.
Blattina, 459.
Bollia, 405.
Bornia, *477*.
Brachymetopus, 452.
Brodia, 459.
Bronteopsis, 405.
Bronteus, 405.
Bruckmannia, *438*, *444*.
Bryograptus, 391.
Bythocypris, 452, 453.
Bythocythere, 453.
Bythrotrephis, 389, 437.

Calamites, 437.
Calamocladus, 438.
Calamopora, 429, *447*.
Calamostachys, 438.
Calcisphæra, 464.
Callopora, 398.
Calopteris, *442*.
Calostylis, 399.
Calymmatothecca, 438, *443*.
Calyptograptus, 391.
Campophyllum, 428.
Carbonia, 453.
Cardiocarpon, 438.
Carpolithes, 438, *441*, *443*.
Carteria, *391*.
Caryocaris, 405, *408*, *409*.
Casuarinites, 437.
Caulus, *461*.
Caulopteris, 438, *443*.
Centronella, 431.
Cephalograptus, 391.
Ceramopora, 457.
Ceratiocaris, 405, 406, *407*, *408*, 410, 453.
Ceratocalen, *417*.
Chætetes, 429.
Characodus, 462.
Cheirurus, 406.
Chondrites, 402, 438.

Chonetes, 431, 460.
Cladograptus, *395*.
Clathrodictyon, 390, 398, 428.
Clathrograptus, 392.
Climacograptus, 392, *394*.
Clonograptus, 392.
Codaster, *448*.
Codonaster, *448*.
Codonites, 449.
Cœlacanthus, *463*.
Cœnograptus, *394*.
Colpocaris, *409*.
Conchicolites, 402.
Confervites, 438.
Conoceras, 420.
Conocoryphe, 406.
Conophyca, 406.
Conostoma, 439.
Cordaites, 439.
Cornulites, 402.
Corynoides, 392.
Crania, 413, *415*.
Crossochorda, 439.
Crossopodia, *439*.
Cryphiolepis, 462.
Ctenodus, 462.
Ctenograptus, *392*.
Cultellus, 417.
Cyathelites, 439.
Cyathophyllum, 399, 428.
Cybele, 407.
Cycadites, 459.
Cyclocarpus, 439.
Cyclonema, 418.
Cyclopyge, 407.
Cyclostigma, 437.
Cyclus, 453.
Cynopodius, 462.
Cyphaspis, 407.
Cypricardia, 453.
Cypridina, 407.
Cypridinella, 453.
Cypris, 452.
Cyprosina, 430.
Cyprosis, 407.
Cyrtia, 413, 431.
Cyrtoceras, 420, *421*.
Cyrtograptus, 392.
Cythere, 407, *408*, 453, *454*.
Cytherella, 454.

Dactylotheca, 439.
Dadoxylon, *477*.
Darwinula, 454.
Dawsonia, 392.
Dayia, *413*, *416*.

Desmidopora, 398.
Dicellograptus, 393.
Dichograptus, *392*, *397*.
Dickeonites, 439.
Dicranograptus, 393.
Dictyograptus, *393*.
Dictyonema, 393.
Dictyophyton, 390.
Dictyopteris, 439.
Dictyothalmus, 439.
Didymograptus, 393, *397*.
Dimorphicrinus, *449*.
Dimorphograptus, 393.
Dindymene, 407.
Dinobolus, 413.
Diodontopsodus, *462*.
Dionide, 407.
Diplograptus, *391*, *392*, 393, 394, *395*.
Dipterocaris, 407.
Discina, 413.
Discinocaris, 407.
Discopora, 411.
Dithyrocaris, 454.
Doryderma, 446.
Dyxides, 446.

Edraxylon, *439*.
Elonichthys, 462.
Emmelezoe, 407, 408.
Encrinurus, 408.
Endoceras, *421*.
Entoblattina, 459.
Entomidella, *405*, 408.
Entomis, 408.
Entomostraca, 407.
Eophyton, 389.
Eremopteris, 439.
Euctenius, *462*.
Eunicites, 402, 450.
Euphoberia, 458.
Eurymetopus, 408.
Eurypterus, 454.
Eusphenopteris, *445*.

Favosites, 399, *447*.
Fenestella, 411, 458.
Filicites, *441*.
Fistulipora, 399, 447.
Flabellaria, *459*.
Fucoides, 438, *443*.

Ganopristodus, 462.
Geodia, 446.
Girvanella, 390.

INDEX.

Gladiograptus, *397.*
Glassia, 413, 431.
Glauconome, *411*, 458.
Glossograptus, 394.
Glyptograptus, *394.*
Glyptocorpius, 459.
Gomphoceras, 420.
Goniatites, 420.
Goniograptus, 394.
Granatocrinus, 448, 449, *450.*
Grand'Eurya, *439.*
Graptogonophores, 392.
Graptolites, *395.*
Graptolithus, *392, 393, 394, 395, 396, 397.*
Griffithides, 454, 455, *456.*
Gymnograptus, 394.
Gyropteris, *442.*

Haliserites, 427.
Hallograptus, 394.
Halonia, 440.
Halysites, 399.
Haplistion, 446.
Hellcograptus, 394.
Heliolites, 399.
Helminthochiton, 418.
Hemiasterella, 446.
Herpetocrinus, *401.*
Heterangium, 442.
Heteroblastus, 449.
Heteropora, 399.
Heteroschisma, *448.*
Hexacrinus, 429.
Hexapterospermum, 440.
Holasterella, 446.
Holopella, 418.
Homalonotus, 430.
Hornera, 411, *412.*
Hyalonema, 390, 446.
Hyalostelia, 390, 446.
Hymenophyllites, 440, *444.*

Idiograptus, *393,* 394.
Inoceramus, 461.
Ischadites, 390.
Isogramma, 460.

Kaloxylon, 440.
Kampecaris, 430.
Kayseria, 431.
Kirkbya, 455.
Klœdenia, 408.
Knorria, 427.

Labechia, 398, 428.
Lagenostoma, 440.
Lasiograptus, 395.
Leda, 417.
Leperditia, 408, *454.*
Lepidodendron, 440, *443.*
Lepidodiscus, 449.
Lepidophloios, 440.
Lepidostrobus, 440.
Leptæna, 413, *432.*
Leptohlattina, 460.
Leptocœlia, *413,* 431.
Leptograptus, 395.

Lichapyge, 408.
Lichas, 408.
Lindströmia, 399.
Lingula, *413,* 414.
Lingulella, 414.
Lithomylacris, 460.
Lithostalis, 460.
Lituites, *420,* 421.
Lonchopteris, 441, *445.*
Lophacanthus, 462.
Lophophyllum, 429.
Loxonema, 433.
Lumbricoonereites, 402.
Lycopodites, 441.
Lyginodendron, 441.
Lyopora, 399.

Macrocypris, 455.
Macrocystella, 401.
Malacosteste, 441.
Mariopteris, 441.
Megalichthys, 463.
Meganteris, 431.
Megaphytum, *441.*
Meristella, *414,* 416.
Meristina, 414.
Mesoblastus, 449.
Metablastus, 429.
Mitra, *448,* 449.
Modiolopsis, 417, 433.
Monograptus, *394,* 395, 396.
Monoprion, *395.*
Monotrypa, 398.
Monticulipora, 398, 447.
Murchisonia, 418.
Myelodactylus, 401.
Mylacodus, 463.
Myoschisma, 429.
Myrianites, 403.
Myriophylloides, 441.
Mystrophora, *432.*

Nautilus, 421.
Necroscilia, 455.
Nemagraptidæ, *395.*
Nemagraptus, *395.*
Nematolites, 389.
Nematophyceæ, 389.
Nemertites, 403.
Nereidavus, *402,* 403.
Neuropteris, 441.
Nœggerathia, 442.
Nucleospira, 414.

Obolella, 414.
Odiocpora, 441, 464.
Odontocaulis, 396.
Odontopteris, 441.
Œnonites, 403.
Oleneus, 409.
Ophidoceras, 421.
Oplocoalex, 410.
Orbitremites, *448.*
Orophocrinus, 449.
Orthis, 414, 415, *416,* 431, 432.
Orthoceras, *420,* 421, 421.
Orthonota, 417.
Ortonia, 403.

Pachastrella, 446.
Pachyphyllum, 443.
Pachytheca, 429.
Palæaster, 401.
Palæocaris, 455.
Palæochorda, 389.
Palæorangon, 456.
Palæocyclus, 399.
Palæophonus, 410, 459.
Palæophyllum, *400.*
Palæopora, *399.*
Palæopteris, *427.*
Palæoxyris, 441, 442.
Pocopteris, *439,* 441, 442.
Peltocaris, 409.
Pentamerus, 415.
Pentatreulites, *449, 450.*
Pentephyllum, 450.
Pontremites, *448,* 449, *450.*
Pentremitidea, 429, 450.
Peronosporites, 442.
Poirala, *399, 400.*
Phænoschisma, 450.
Phillipsia, *453,* 456.
Philomedes, 456.
Phoildops, 415.
Phragmoceras, 422.
Phreatura, 456.
Phyllograptus, 394, *397.*
Phyllopora, 411.
Physocaris, 409.
Phytocaris, 409.
Pinacopora, 400.
Pinites, *477.*
Planatopora, 411.
Pinnocaris, 409, 456.
Placontula, 409.
Placocystites, 401.
Plasmopora, 400.
Platycrinites, *429.*
Platycrinus, *429.*
Platypeltis, 409.
Plectoderma, 390.
Pleuracanthus, *462,* 463.
Pleurograptus, 396.
Plumolites, 410.
Polycope, 430.
Polypora, 411, *412.*
Polypterocarpus, 442.
Polypterospermum, 442.
Poterioceras, *422.*
Pothucites, 442.
Præopora, 400.
Prentwichia, 457.
Primitia, 409.
Pristodus, 462.
Productus, 432.
Proetus, 409, 457.
Propora, 400.
Protopongia, 390.
Prototaxites, 389.
Psammosiphon, 403.
Psephodus, 463.
Pseudo-Galathea, 457.
Psilophyton, 427.
Psilolites, 442.
Pterinæa, 417.
Pterograptus, 397.
Ptilodictya, 411.

Ptilograptus, 397.
Ptychopyllum, *400.*
Ptyiorachis, *442.*
Pulvillus, 446.
Pycnophyllum, *439.*
Pyritonema, *390, 445.*
Pyxmogphyllum, 442.

Rachiopteris, 442, *443.*
Rachophyllum, *437,* 443.
Ramipora, *411.*
Raphidhistia, 446.
Raphidophora, 429.
Rastrites, *396,* 397.
Receptaculites, 427.
Remopleurides, 410.
Renaultia, 443.
Reulera, 447.
Rensselleria, 432.
Retiofucus, 389.
Retiograptus, 397.
Retiolites, 397.
Retzia, 432.
Rhabdocarpus, *438,* 443.
Rhacopteris, 443.
Rhadinichthys, 463.
Rhizodopsis, 463.
Rhymodus, 463.
Rhynchonella, *413,* 415, 432.
Rotularia, *444.*

Saccammina, 391.
Sagenaria, *437,* 440.
Samaropsis, *438.*
Schizoblastus, 450.
Schizograptus, 397.
Schizopteris, *443.*
Schutzia, 443.
Selenoohlius, *442.*
Selenopteris, *442.*
Serpula, *446.*
Sigillaria, 443.
Siphonotreta, 415.
Skenidium, *414,* 415, 416, 432.
Solenocaris, 409, 410.
Solenopora, 400.
Sorocladus, *444.*
Sphenopteris, 439, *441.*
Sphærospongia, 427.
Sphenophyllum, 444.
Sphenopteris, *438, 443,* 444, *445.*
Spirangium, *441, 442.*
Spirifera, 413.
Spiriferina, 432.
Spiropora, 412.
Spiropteris, 444.
Spirorbis, 403.
Sporocarpon, 444.
Sporochnus, 427.
Stachannularia, 444.
Stachodes, 428.
Staphylopteris, 428, 444.
Staurocephalites, 403.
Staurapteris, *442, 444.*
Stenopora, 447.
Stigmaria, 444.
Strephodus, 400.
Stropsodus, 463.

INDEX.

Streptelasma, 400.
Streptis, 416.
Streptorhyncus, 416, *418*.
Strepula, 410.
Stricklandia, 416.
Stromatopora, 398, *400*, 412, 428.
Stromatoporella, 428.
Strophomena, 413, 416, 431, 432.
Stylarea, 400.
Stylodictyon, 428.

Temnograptus, 397.
Tentaculites, 403.
Terebratula, *422*, *416*, *431*, *433*, 460.
Tetradium, 400.

Tetragonis, *390*.
Tetragraptus, 397.
Tetraster, 401.
Thamniscus, 412.
Thamnograptus, 397.
Theca, 419.
Thecostegites, 400.
Traquaria, 445.
Tretocerus, *422*.
Trichograptus, 397.
Trichomanes, *444*.
Trichomanites, *444*.
Trichotaster, 401.
Trigonocarpon, 445.
Trinodus, *404*.

Trinucleus, 410.
Triplesia, 416.
Trochoceras, *421*, *422*, *423*.
Turrilepas, 410.

Ulodendron, *441*, *443*.
Uncites, 433.
Urnatopteris, 445.
Uronectes, 456.

Volkmannia, 445.

Waldheimia, 416, 433.
Whitfieldia, 416.
Woodwardites, *441*, *443*.

Xestoloberis, 457.
Xiphocaris, 410.
Xylobius, 458.
Xystrodus, 463.

Youngia, 457.

Zaphrentis, 429.
Zeilleria, *440*, 445.
Zonaspis, 423.
Zygocrinus, *448*.
Zygopteris, *442*.
Zygosporites, *442*.

CORRIGENDA AND ERRATA.

Page 5, line 6 from top, *for* calicularis *read* calycularis
" 19, line 12 from bottom, *for* catenulari *read* catenularium
" 26, line 14 from top, *for* Periechocrinus *read* Periechocrinus
" 27, line 24 from top, *for* Phill. *read* Mill
" 28, line 9 from bottom, *for* 291 *read* 191
" 36, line 7 from bottom, *for* Hall *read* Holl
" 38, line 1 at bottom, *for* Cyclopyge *read* Cyclopyge
" 40, line 16 from top, *for* multisegmentatis *read* multisegmentatus
" 40, line 28 from top, *for* Mammillatus *read* Mammillaris
" 41, line 10 from top, *read* Barrande *for* Woodward
" 41, line 18 from top, *add* 1852 *after* Barrande
" 45, line 12 from top, *for* Lethus *read* Zethus
" 47, line 6 from top, *after* f. 5 *add* Solen or Cultellus rectus
" 52, line 7 from top, *for* Sauberger *read* Sandberger
" 52, line 8 from top, *for* buprestris *read* Luprestis
" 53, line 15 from top, *for* Doranni *read* Doraxi
" 55, line 12 from top, *for* Saccocaris *read* Saccocaris
" 57, line 14 from top, *for* 138 *read* 183
" 58, line 3 from bottom, *after* t. 16, f. *add* 9, 10 (erase 8)
" 67, line 15 from top, *for* p. 72 *read* 71
" 72, line 19 from top, *for* regidula *read* rigidula
" 81, line 10 from top, *for* Camaricem *read* Camarium
" 95, line 15 from top, *for* Ptoctambonites *read* Ptoctambonites
" 99, line 9 from top, *for* aculicosta *read* acuticostata
" 107, line 6 from top, *for* ungiuculatus *read* unguiculatus
" 109, line 11 from top, *for* Pseudaxinus *read* Pseudaxinus
" 113, line 9 from top, *for* Hornotomia *read* Hormotoma
" 117, line 6 from bottom, *for* 228 *read* 288
" 123, line 10 from bottom, *for* 117 *read* 137
" 140, line 6 from bottom, *for* Streptelasma *read* Streptelasma
" 165, line 7 from top, *for* Boueii *read* Boucii
" 169, line 10 from top, *for* Crossopterigidæ *read* Crossopterygidæ
" 169, line 25 from bottom, *for* Auckenaspis *read* Auchenaspis
" 171, line 9 & 28 from top, *for* Crossopterigidæ *read* Crossopterygidæ
" 172, line 5 & 15 from top, *for* Crossopterigidæ *read* Crossopterygidæ
" 173, *for* Crossopterigidæ *read* Crossopterygidæ
" 174, line 2 & 3 from top, *for* Ichnacanthus *read* Ischnacanthus
" 174, line 4 & 20 from top, *for* Crossopterigidæ *read* Crossopterygidæ
" 174, line 2 & 4 from bottom *for* " " "
" 175, line 3 from top, *for* " " "
" 176, line 7, 25 & 28 from top, *for* " " "
" 176, line 4 & 5 from bottom, *for* Salwayi *read* Salweyi
" 182, line 7 from top, *under* Asterophylliæ *put* Calamocladus, Schimper, 1869
" 182, line 9 from bottom, *for* Pinnites *read* Pinites
" 183, line 10 from top, *after* Boruia *read* Endocalamites

Page 184, line 15 from top, *for* Cardiocarpum *read* Cardiocarpon. Variously spelt—Cardiocarpum, Cardiocarpus, Cardiocarpon
" 187, line 16 from top, *after* and *under* Halonia, *add* Fruiting branches of Lepidophloios
" 189, line 7 from bottom, *after* Foss. Flora, *for* vol. ii *put* vol. iii
" 190, line 5 from bottom, *for* parmatus *read* parmatum
" 190, line 11 from bottom, *for* Rimault *read* Renault
" 190, line 12 from bottom, *for* Myeloxylon *read* Myoxylon
" 194, line 7 & 9 from top, *for* Cyatheides *read* Cyatheites
" 194, line 22 from top, *for* Pinnites *read* Pinites
" 194, line 26 from top, *for* Bradlingi *read* Brandlingi
" 195, line 8 from top, *for* Accideæ *read* Aroideæ
" 195, line 9 from top, *after* Patterson *put* 1841
" 195, line 26 from top, *for* aculeata *read* aculeata
" 198, line 17 from top, *for* trifoliata *read* trifoliolata
" 198, line 13 from bottom, *for* Gymnogunmideæ *read* Gymnogrammideæ
" 199, bottom line *add* Carpolithus alatus *after* t. 7, f. 6
" 200, line 32 from top, *add* p. 252, 1870 *after* f. 1
" 231, line 15 from bottom, *for* Gyromicis *read* Gyromices
" 234, line 12 from top, *for* aqnes *read* Agnes
" 234, line 26 from top, *for* oretonensis *read* oretonensis
" 238, line 6 from bottom, *above* Entomis *put* Entomidæ
" 240, line 10 from top, *for* annoctans *read* auoctens
" 244, line 3 from top, *for* Curculoides *read* Curculioides
" 261, line 6 from bottom, *add* Eumetria *after* f. 45
" 261, line 8 from bottom, *add* Eumetria *after* f. 4-9
" 263, line 11 from bottom, *add* Martinia *after* f. 14, 15
" 264, line 18 from bottom, *add* Martinia *after* 1880
" 266, line 3 from top, *add* Martinia *after* f. 6, 7
" 269, bottom line, *add* Dielasma *after* f. 10
" 276, line 2 & 4 from top, *for* Beckeri *read* Becheri
" 282, line 1, *for* Myadæ *read* Myidæ
" 285, line 15 from bottom, *for* lithodomoides *read* lithodomoides
" 319, line 14 from top, *for* Ctenocanthus *read* Ctenacanthus
" 320, bottom line, *for* poletus *read* politus
" 326, line 24 from top, *for* Agelocdus *read* Agelodus
" 328, line 10 from top, *for* Euctenuis *read* Euctenius
" 337, line 3 from bottom, *for* attenuidentatus *read* alternatidentatus
" 343, line 3 from top, *for* 1874 *read* 1875
" 343, line 9 from bottom, *for* Amphicœlosaurus *read* Amphicœlidus
" 354, line 6 from bottom, *for* Polycœlia *read* Polycœlia
" 357, line 6 from bottom, *for* Leperditiæ *read* Leperditia
" 358, line 3 from bottom, *for* Ceratophytes *read* Keratophytes
" 366, line 7 from bottom, *for* Lycoti *read* Lycoti
" 409, line 10 from bottom, *for* paucipunctata *read* paucipuncta

468

www.ingramcontent.com/pod-product-compliance
Lightning Source LLC
Chambersburg PA
CBHW051857300426
44117CB00006B/437